ILLUSTRATED

TECHNICAL DICTIONARY

IN SIX LANGUAGES:

English, German, French, Russian, Italian, Spanish

Edited according to a novel method
by
Alfred Schlomann, Engineer

VOL. IX

MACHINE TOOLS

(Metal Working — Wood Working)

Compiled by

WILHELM WAGNER
Engineer, Secretary General of the "Polytechnischer Verein", Munich

---

With about 2400 illustrations and numerous formulae

NEW-YORK

London: CONSTABLE AND CO., LTD. — **Munich-Berlin:** R. OLDENBOURG — **Paris:** H. DUNOD ET E. PINAT — **St. Petersbourg:** BUCHHANDELS-GESELLSCHAFT "KULTUR" — **Milan:** SPERLING & KUPFER — **Barcelona:** LIBRERÍA NACIONAL y EXTRANJERA

PREFACE.

In the present volume, dealing with «Machine Tools», special care has been devoted to the collection and thorough sifting of the enormous phraseology caused by the extensive range of the subject covered. It was determined at the outset that none of the terms in vogue in the machine tool industry should be omitted; furthermore it was recognized as essential that special types of machine tools, and more especially wood working machines, should be also included on account of their great importance. It was also found advisable to conclude the volume with a special chapter dealing with the different kinds of timber required for special purposes, so that the specialist might not discover any lack of words of importance in connection with the wood working industry. Nevertheless it was essential to keep the length of the volume within bounds and consequently everything was omitted which did not appertain directly to the matter at issue. As examples of such omissions we may mention technical expressions of a purely general kind, wellknown tools and simple implements and accessories and especially such as are to be found in the preceding volumes of the Illustrated Technical Dictionaries. Great difficulty was also experienced in correctly placing expressions relating to various heads and chapters; as instances we may enumerate the words: «Drive, slide rest, head stock» and the like. A continual repetition of these terms, in the case of all machines in connection with which they are employed, was out of the question. It has been considered essential only to tackle such terms when mentioning the machine in the volume for the first time — and we have followed the broad rule of using all generic or common terms upon the first possible opportunity, and only special constructions have been dealt with subsequently.

A further difficulty was encountered in the case of those words the meaning of which is not precisely defined owing to their being used in different ways; for instance occasionally the terms «longitudinal» and «transverse» are confused one with the other according to the direction which is regarded as fundamental. One engineer terms a «longitudinal carriage» precisely that which another one would term a «transverse carriage»; it also may happen that the word «longitudinal» in one language requires to be translated «transverse» in another.

In every instance a special endeavour has been made to select the most suitable expression, and prepare the best drawing. There is no doubt that in several places, especially as regards the more general expressions, a different word to that actually selected could have been chosen, as differences of opinion were naturally unavoidable. The fact that many foreign collaborators, all men of note in their respective countries, have assisted in the production of this volume, entitles us to hope that it will survive severe criticism.

We trust that the arrangement adopted will meet with approval. A comprehensive view of the subject has been facilitated by making a uniform co-relationship between the main chapters; after dealing with the particular types, the mechanical parts have all been enumerated, after which the method of operation and the system of drive have then been dealt with. There is then given a description of the controlling and feed devices, after which the methods of fastening the pieces of work are dealt with. Each chapter concludes with an enumeration of the tools used for the corresponding machines.

The technical world of all civilised countries has participated in the preparation of this volume, as may be seen from the accompanying list of our collaborators. The assistance of our foreign friends has been rendered all the more valuable by means of personal exchanges of opinion and to this end the editors have made repeated journeys abroad, but the trouble and expense thus incurred have all it is felt gone to enhance the value of the work.

I express my thanks to all those whose efforts have been devoted to the completion of this volume, and more especially to Mr. Wilhelm Wagner, engineer and secretary general of the Polytechnischer Verein, München, for his services in sub-editing the matter in its entirety; furthermore also to Mr. Hans Riemann, engineer, who supplied the first collection of terms, and finally to the engineers Messrs. August Boshart, Edgard Charlier-Desmet, Pietro Contin, Douglas J. Cruickshank, Wetscheslaw Dobrotworsky, Victor Ruelens and Alexander Trettler.

My special thanks are due to the Verlagsbuchhandlung R. Oldenbourg of Munich-Berlin, who placed the very considerable sums required for the production of the present work at my disposal, and facilitated my work in every way possible.

Munich, November 1910.

The Editor:

Alfred Schlomann, Engineer.

List of Contributors and Revisors.

Revisors and Contributors to the German Section in Germany:

Hermann Fischer, Geh. Regierungsrat, Prof. an der Kgl. Techn. Hochschule zu Hannover.
Jos. Grossmann, städt. Gewerbehauptlehrer und Inspektor der Lehrwerkstätten für Holzbearbeitung, München.
Fr. W. Hülle, Ingenieur, Oberlehrer an der Kgl. Höheren Maschinenbauschule zu Stettin.
A. Lismann, Ingenieur, München.
Dipl. Ingenieur H. Rupprecht, Berlin SW. †.
Prof. Dr.-Ing. Georg Schlesinger, Berlin-Wilmersdorf.
Badische Maschinenfabrik und Eisengießerei Durlach, Durlach (Baden).
C. L. P. Fleck Söhne, Maschinenfabrik, Berlin-Reinickendorf.
Ludwig Loewe & Co., A.-G., Berlin.
Ernst Schieß, A.-G., Werkzeugmaschinenfabrik, Düsseldorf,

Other Contributors:

Aktiengesellschaft für Schmirgel- und Maschinenfabrikation, Bockenheim-Frankfurt a. M.
Alig & Baumgärtel, Präzisions-Werkzeugfabrik, Aschaffenburg.
Fritz Andree & Co., Spezialfabrik für Hilfswerkzeuge der Metallindustrie, Tempelhof-Berlin.
Billeter & Klunz, A.-G., Werkzeugmaschinenfabrik, Aschersleben.
G. Boley, Werkzeug- und Maschinenfabrik, Esslingen.
Bopp & Reuther, Armaturen-, Pumpen- und Wassermesserfabrik, Mannheim-Waldhof.
Borbecker Maschinenfabrik und Gießerei, Bergeborbeck.
Collet & Engelhard, G. m. b. H., Werkzeugmaschinenfabrik, Offenbach (Main).
Danneberg & Quandt, Berlin.
Deutsche Maschinen- und Werkzeugfabrik, G. m. b. H., Leipzig.
J. D. Dominicus & Söhne, Werkzeugmaschinenfabrik, Remscheid-Vieringhausen.
C. O. Dost, Maschinenfabrik, Magdeburg-S.
Werkstätte für Maschinenbau vorm. Ducommun, Mülhausen i. E.
Elsäßische Maschinenbau-Gesellschaft, Grafenstaden.
Maschinenfabrik Esterer, A.-G., Altötting.
C. & E. Fein, Elektrotechnische Fabrik, Stuttgart.
Fröhlich & Klüpfel, Maschinenfabrik, Unter-Barmen.
Gildemeister & Co., A.-G., Werkzeugmaschinenfabrik, Bielefeld.
Max Hasse & Co., Maschinenfabrik, Berlin.
Karl Hasse & Wrede, Fabrik für Präzisions-Werkzeugmaschinen, Berlin.
Heidenreich & Harbeck, Werkzeugmaschinenfabrik, Hamburg.
H. Hommel, G. m. b. H., Werkzeuge und Maschinenfabrikation, Mainz.
Holzhäuer'sche Maschinenfabrik-Gesellschaft m. b. H., Augsburg-Göggingen.
Maschinenbauanstalt Kirchner & Co., A.-G., Leipzig-Sellerhausen.
F. G. Kretschmer & Co., Maschinen für Metallbearbeitung, Frankfurt a. M.
Krumm & Co., G. m. b. H., Werkzeugfabrik, Remscheid-Vieringhausen.
Lange & Geilen, Maschinenfabrik, Halle a. S.

Ph. Löhe, Maschinenfabrik und Eisengießerei, Hennef a. S.
Maschinenfabrik Lorenz, Ettlingen.
Mayer & Schmidt, Schleifmaschinenfabrik, Offenbach a. M.
Naxos-Union, Gesellschaft des echten Naxos-Schmirgels, Julius Pfungst, Frankfurt a. M.
Deutsche Niles-Werkzeugmaschinen-Fabrik, Oberschöneweide b. Berlin.
G. Polysius, Eisengießerei und Maschinenfabrik, Dessau.
Sangerhäuser Aktien-Maschinenfabrik und Eisengießerei vorm. Hornung & Rabe, Sangerhausen.
Friedrich Schmaltz, G. m. b. H., Schleifmaschinen- und Schleifräderfabrik, Offenbach a. M.
Karl Schoening, Eisengießerei und Werkzeugmaschinenfabrik, Berlin-Reinickendorf.
Schubert & Salzer, Maschinenfabrik, A.-G., Chemnitz.
Schulze & Naumann, Maschinenfabrik, Cöthen (Anhalt).
Alfred H. Schütte, Werkzeugmaschinenfabrik, Köln a. Rh.
Hans Schwarz & Cie., Maschinen und Werkzeuge, Zürich.
Mühlenbauanstalt und Maschinenfabrik vorm. Gebrüder Seck, Dresden.
Berliner Werkzeugmaschinenfabrik, A.-G., vorm. L. Sentker, Berlin.
Werkzeugmaschinenfabrik «Union», vorm. Diehl, Chemnitz.
Karl Unger, Werkzeugmaschinenfabrik, Stuttgart.
Vereinigte Schmirgel- und Maschinenfabriken A.-G., Hannover-Hainholz.
Gustav Wagner, Maschinenfabrik, Reutlingen.
Wanderer-Fahrradwerke, vorm. Winklhofer & Jaenicke, A.-G., Schönau b. Chemnitz.
Karl Wetzel, Maschinenfabrik und Eisengießerei, Gera-R.
R. August Wilke, Maschinenfabrik, Braunschweig.

England and America:

Wilhelm O. Tannet, Haxey Road, Misterton, Gainsborough.
J. H. Bentley. Walkeringham, Gainsborough.
American Tool & Machine Co., Boston, Mass., U. S. A.
American Tool Works Company, Cincinnati, U. S.. A.
James Archdale & Co. Ltd., Birmingham.
Armstrong Bros. Tool Co., Chicago, Ill., U. S. A.
Athol Machine Company, Athol, Mass., U. S. A.
Becker-Brainard Milling Machine Co., Hyde Park, Mass., U. S. A.
Bowes Scott & Western, Ltd., London SW.
The Bridgeport Safety Emery Wheel Co., Inc., Bridgeport, U. S. A.
The Carborundum Company, Niagara Falls, N. Y., U. S. A.
Chicago Pneumatic Tool Company, New York, U. S. A.
Cincinnati Machine Tool Co., Cincinnati, O., U. S. A.
The Cincinnati Shaper Co., Cincinnati, Ohio, U. S. A.
The Cincinnati Tool Company, Cincinnati, O., U. S. A.
Croiser, Stephens & Co., Newcastle-on-Tyne.
Davy Brothers Ltd., Park Iron Works, Sheffield.
Diamond Machine Company, Providence, R. I., U. S. A.
The Dicke Tool Company, New York, U. S. A.
Dreses Machine Tool Co., Cincinnati, U. S. A.
Fulton Machine and Vise Co., Lowville, N. Y., U. S. A.
The Hisey-Wolf Machine Co., Cincinnati, Ohio, U. S. A.
Jones & Lamson Machine Co., Springfield, Vermont, U. S. A.
A. A. Jones, Pollard & Shipman, Ltd., Leicester.
The Kempsmith Manufacturing Co., Milwaukee, U. S. A.
The London Emery Works Co., London.
Morse Twist Drill & Machine Co., New Bedford, Mass., U. S. A.
The New Britain Machine Co., New Britain, Conn., U. S. A.

Newton Machine Tool Works, Inc. Philadelphia, U. S. A.
Nicholson File Company, Providence, R. I., U. S. A.
The Owen Machine Tool Co., Springfield, Ohio, U. S. A.
A. Ransome & Co. Ltd., Stanley Works, Newark on Trent.
I. T. Slocomb Co., Providence, R. I., U. S. A.
Stoever Foundry & Manufacturing Co., Myerstown, Pa, U. S. A.
Union Twist Drill Co., Athol, Mass., U. S. A.

France and Belgium:

MM. W. Brandès, Directeur de la Maison «Kirchner & Cie.», Paris.
Jean Pierre Frauenberg, Ingénieur-Conseil, Paris.
G. Richard, Agent général de la Société d'Encouragement pour l'Industrie Nationale, Paris.
H. Despaigne, Construction de Machines spéciales, Bruxelles.
Fabriques Réunies d'Emeri et de Machines, Paris.
Glaenzer, Perreaud et Thomine, Paris.

Russia:

N. N. Bramer, St. Petersburg.
Eugen Braun, Technological Engineer, St. Petersburg.
I. M. Cholmogoroff, Lecturer at the Polytechnical Institute, St. Petersburg.
M. Deschewoi, Professor at the Technological Institute, St. Petersburg.
P. W. v. Denffer, Professor at the Polytechnikum, Riga.
W. W. Dobrotworsky, Engineer, Munich.
L. W. Filippow, Technological Engineer, St. Petersburg.
A. D. Gatzuk, Professor at the Technological Institute, St. Petersburg.
G. N. Kiesewalter Esq., Technological Engineer, St. Petersburg.
R. W. Küttner, Representative of the Baden Machine Works Durlach, Moscow.
T. W. Njelubowitsch, Technological Engineer, St. Petersburg.
O. Riwosch, Technological Engineer, St. Petersburg.
R. R. Schwan, Technological Engineer, St. Petersburg.
N. N. Ssawwin, Professor at the Polytechnical Institute, St. Petersburg.
R. Wahlberg, Director of the Mechanical Machine Shops of H. R. H. Prince P. of Oldenburg, St. Petersburg.
E. S. Weinzweig, Engineer, Moscow.
N. S. Wereschtschagin, Professor at the Polytechnical Institute, St. Petersburg.
S. W. Wjachireff, Technological Engineer, St. Petersburg.
W. A. Wunsch, Representative of the Baden Machine Works Durlach, Moscow.
Polytechnical Union, St. Petersburg.
G. W. Schaub, Moulding and Casting Machine Works, St. Petersburg.
Schuchardt & Schütte, St. Petersburg.

Italy:

Carlo Naef, Via Manzoni, Milano.
Ingegnere Carlo G. Tizzoni, Milano.
Ingegnere G. Siegrist, Milano.

Spain:

Francisco Schulze, Bilbao.
Alfred H. Schütte, Máquinas y Herramientas de Precisión para Metales y Madera, Bilbao.

Contents.

A. Metal Working Machines.

I. **Planers, Shapers and Slotters** 1
Planers and Stands 1
Action and Method of Driving 6
Reversing and Feed Gear 14
Fixing of the Work 27
Tools 31
Shaping Machines 38
Slotting Machines 45

II. **Lathes** 56
Types 56
Body 63
Turning 68
Drive 76
Feed and Support 95
Fixing or Setting up the Piece of Work 110
Tools 120

III. **Drilling and Boring Machines** 129
Types and Frames 129
Method of Working, Drive and Feed 144
Fixing of Work and Drill 165

IV. **Screw Cutting Machines** 171

V. **Milling Machines** 176
Types and Frames 176
Method of Working and Drive 184
Milling Cutter 199
Cold Saws 206

VI. **Grinding Machines** 209
Types and Frames 209
Method of Working and Driving 212
Grindstones 221

VII. **Shearing and Punching Machines** 228
Types and Method of Driving 228
Method of Working 237

VIII. **Forging Machines** 245
Hammers 245
Forging Presses 264
Upsetting and Rivetting Machines 269
Bending and Straightening Machines or Rolls . . 290
Flanging Machines and Presses 297

IX. **Sand Moulding and Foundry Work Machines** 300

B. Wood Working Machines.

X. **Sawing Machines** 320
Frame Saws 321
Croß Cut Saws for Logs 353
Sweep Cutting Saws 355
Band Saws, Band Saw Machines, Band Sawing Machines 356
Circular Saws 360

XI. **Wood Planing Machines** 374
Veneer Planing Machines 374
Trying up and Thicknessing Machines 378
Moulding and Jointing Machines 392
Spindle Moulding Machines for Wood 397

XII. **Sand papering Machines** 403

XIII. **Mortising and Boring Machine** 407

XIV. **Wood Turning Lathes and Copying Lathes** . 414

XV. **Dove Tailing and Corner Locking Machines** . 424

XVI. **Wood Splitting Machines** 429

XVII. **Wood Bending Machines and Presses** 431

XVIII. **Cask Making Machines** 440

XIX. **Wheelwrights Machines** 448

XX. **Machines for Making Wood Matches** 452

XXI. **Wood Working Plants** 461
Equipment of Factory 461
Safety Guards 470

XXII. **Different Kinds of Timber** 475
Commercial Characteristic of Timber 475
Important Woods of Commerce 494

Alphabetical Index giving the Page and Column in which each Word is to be found
a) German, English, French, Italian and Spanish in one alphabet 507
b) Russian 664

I.

Hobel-, Feil- und Stoßmaschinen
Planers, Shapers and Slotters
Raboteuses, limeuses et machines à mortaiser
Строгальные, поперечно-строгальные и долбежные станки
Piallatrici, limatrici e stozzatrici
Acepilladoras, limadoras y mortajadoras

Hobelmaschinen und Gestelle
Planers and Stands
Raboteuses et bâtis
Строгальные станки и станины
Piallatrici ed incastellature 1
Acepilladoras y bastidores

Werkzeugmaschine (f)
machine tool
machine-outil (f)
машина (f) - орудіе (n)
macchina (f) utensile 2
máquina-herramienta (f)

Metallbearbeitung (f)
metal working
travail (m) des métaux
обработка (f) металловъ
lavorazione (f) dei metalli 3
trabajo (m) de los metales

Metallbearbeitungsmaschine (f)
metal working machine
machine (f) pour le travail des métaux
станокъ (m) для обработки металловъ; металлообдѣлочный станокъ 4
macchina (f) utensile per metalli
máquina (f) para el trabajo de los metales

Hobelmaschine (f)
planing machine, planer (A)
raboteuse (f), machine (f) à raboter

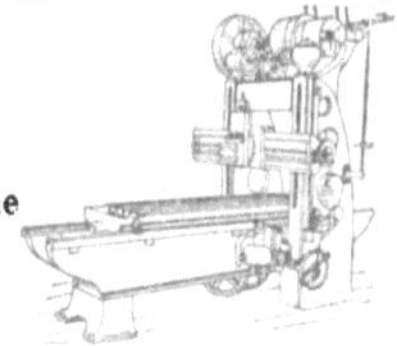

строга[те]льный станокъ (m)
piallatrice (f) 5
máquina (f) de cepillar, acepilladora (f)

1 Tischhobelmaschine (f)
table planing machine
raboteuse (f) *ou* machine (f) à raboter à table mobile

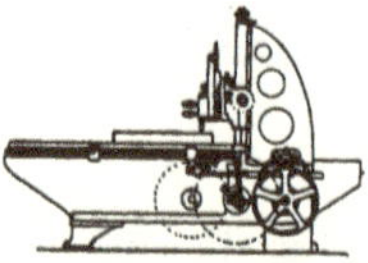

строга[те]льный станокъ (m) съ подвижнымъ столомъ
piallatrice (f) a tavola
máquina (f) de cepillar de mesa

---

2 Grubenhobelmaschine (f)
pit planer
raboteuse (f) *ou* machine (f) à raboter à fosse

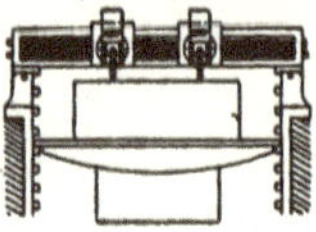

ямный строга[те]льный станокъ (m)
piallatrice (f) a fossa
máquina (f) de cepillar de foso

---

3 Säulenhobelmaschine (f), Einständerhobelmaschine (f), einseitig offene Hobelmaschine (f)
open side planer, single column planing machine
raboteuse (f) à montant unique, raboteuse (f) ouverte

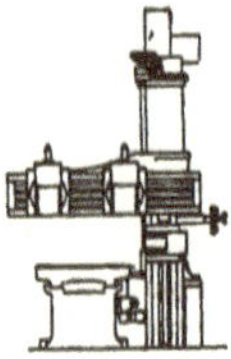

односторонній строгательный станокъ (m); строгальный станокъ съ одной стойкой; одноколонный строгальный станокъ
piallatrice (f) a un sol montante, piallatrice (f) a colonna semplice, piallatrice (f) a pilastro
máquina (f) de cepillar de columna, máquina (f) de cepillar de una columna, máquina (f) de cepillar abierta en un costado

---

4 Seiten[flächen]hobelmaschine (f)
side planing machine
raboteuse (f) latérale

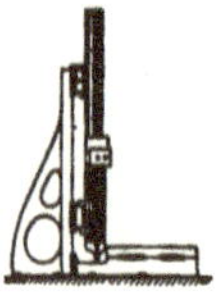

строгательный станокъ (m) для вертикальныхъ плоскостей; универсальный строгально-долбёжный станокъ
piallatrice (f) laterale
máquina (f) de cepillar por el costado

---

5 Langhobelmaschine (f) mit freier Arbeitseite
long planing machine with open side
raboteuse (f) *ou* machine (f) à raboter ouverte sur un côté

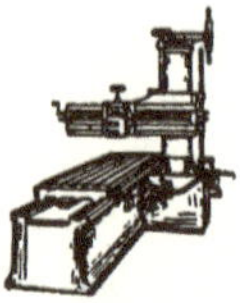

продольно-строга[те]льный станокъ (m) съ одной стойкой
piallatrice (f) con fianco di lavoro libero, piallatrice (f) longitudinale a fianco libero
máquina (f) de cepillar á lo largo con costado libre

---

6 Wagrechthobelmaschine (f), Horizontalhobelmaschine (f)
horizontal planing machine
raboteuse (f) *ou* machine (f) à raboter horizontale

горизонтально-строга[те]льный станокъ (m)
piallatrice (f) orizzontale
máquina (f) de cepillar horizontal

Senkrechthobelmaschine (f), Vertikalhobelmaschine (f)
vertical planing machine
raboteuse (f) *ou* machine (f) à raboter verticale

вертикально-строга[те]льный станокъ (m)
piallatrice (f) verticale
máquina (f) de cepillar vertical 1

Blechkantenhobelmaschine (f), Blechbesäummaschine (f)
plate edge planing machine
machine (f) à chanfreiner les tôles, chanfreineuse (f)

кромкострога[те]льный станокъ (m); станокъ для строганія кромокъ металлическихъ листовъ
piallatrice (f) per refilare lamiere 2
máquina (f) de cepillar los cantos de chapas, máquina (f) de cepillar los bordes de chapas

---

Keilnutenhobelmaschine (f), Nut[en]hobelmaschine (f), Keilnutenziehmaschine (f)
key way planing machine, key way cutting machine
machine (f) à raboter les rainures de clavettes, machine (f) à rainer

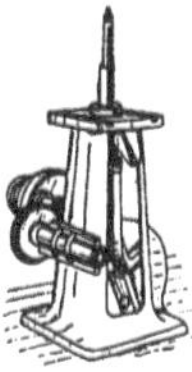

станокъ (m) для строганія шпоночныхъ канавокъ
piallatrice (f) per cave da chiavetta, piallatrice (f) per cave 3
acepilladora (f) para hacer ranuras de chavetas, acepilladora (f) de hacer ranuras

---

Zahnradhobelmaschine (f)
gear cutting machine
machine (f) à raboter les [roues d']engrenages

танокъ (m) для строганія зубьевъ колёсъ *или* для строжки зубчатыхъ колёсъ
piallatrice (f) per ingranaggi 4
máquina (f) de cepillar ruedas dentadas

Bogenhobelmaschine (f), Kurvenhobelmaschine (f)
planing machine for curves, radius planer
machine (f) à raboter les surfaces courbes, raboteuse (f) pour surfaces courbes

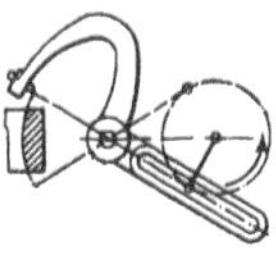

станокъ (m) для строганія вогнутыхъ *или* выпуклыхъ поверхностеи
piallatrice (f) per superfici curve 5
acepilladora (f) para superficies curvas

[vereinigte] Bogen- und Seitenhobelmaschine (f)
combined curve and side planing machine
raboteuse (f) combinée pour surfaces courbes et droites

комбинированный строга[те]льный станокъ (m) съ движеніемъ рѣзца по прямой или ио дугѣ круга
piallatrice (f) combinata per superfici piane e curve 6
máquina (f) de cepillar combinada para superficies derechas y curvas

1 Schlichtmaschine (f)
smoothing *or* finishing planing machine
machine (f) à planer, planeuse (f)
станокъ (m) для чистовой отдѣлки
macchina (f) per rifinire superfici piane
máquina (f) de planear, garlopa (f) mecánica

---

2 Schnellhobelmaschine (f)
high speed planing machine *or* planer
raboteuse (f) à grande vitesse
быстроходный строга[те]льный станокъ (m)
piallatrice (f) rapida per acciaio
acepilladora (f) rápida

---

3 Riffelmaschine (f), Walzenfurchmaschine (f)
groove cutting machine, roll fluting machine
machine (f) à canneler, canneleuse (f), machine (f) à canneler les cylindres
станокъ (m) для рифленія вальцовъ
macchina (f) da rigare, macchina (f) da scanalare cilindri
máquina (f) de estriar, estriadora (f), estriadora (f) de cilindros

---

4 Gewehrlaufziehmaschine (f), Schießwaffenziehmaschine (f)
gun rifling machine
machine (f) à rayer les canons de fusils
станокъ (m) для нарѣзанія стволовъ; станокъ для нарѣзки винтовыхъ канавокъ въ ружейныхъ стволахъ
macchina (f) da rigare canne da fucile, macchina (f) da trafilare canne d'armi da fuoco
máquina (f) de rayar cañones de armas

---

5 Hobelmaschinengestell (n), Hobelmaschinenbett (n)
frame of the planing machine
bâti (m) *ou* banc (m) de raboteuse

станина (f) строга[те]льнаго станка
incastellatura (f) di piallatrice
armazón (m) de acepilladora

---

6 Hobelmaschinenständer (m), Hobelmaschinenbock (m), Hobelmaschinensäule (f), Hobelmaschinenpfeiler (m)
main standard *or* upright *or* housing of planing machine
montant (m) *ou* colonne (f) *ou* pilier (m) de raboteuse

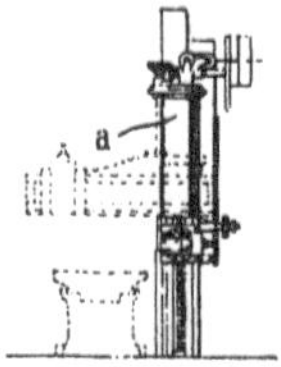

a

стойка (f) строгательнаго станка; колонна (f) [односторонняго] строгальнаго станка
montante (m) *o* colonna (f) *o* pilastro (m) di piallatrice
bastidor (m) de acepilladora, caballete (m) de acepilladora, columna (f) de acepilladora, pilar (m) *ó* pilastra (f) de acepilladora

---

7 Seitenbock (m)
lateral *or* side standard
colonne (f) latérale, montant (m) latéral, pilier (m) latéral

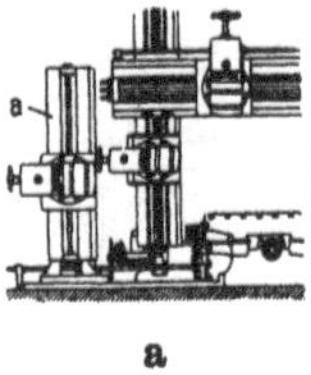

a

боковая стойка (f)
montante (m) laterale
caballete (m) lateral

Querhaupt (n), Traverse (f), Verbindungssteg (m), Verbindungsstück (n), Ständerzwischenstück (n)
connecting tie, tie bar
traverse (f) d'entretoisement, entretoise (f)

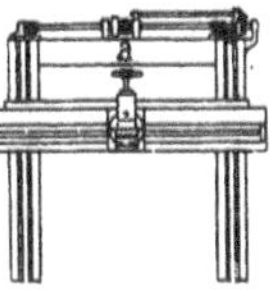
a

распорная поперечина (f) [соединяющая стойки строга[те]льнаго станка вверху]
traversa (f) di collegamento
puente (m) de unión, pieza (f) de unión 1

Querträger (m), Querschlitten (m), Querbalken (m)
cross slide, cross head, cross rail
chariot (m) transversal, traverse (f) mobile horizontale

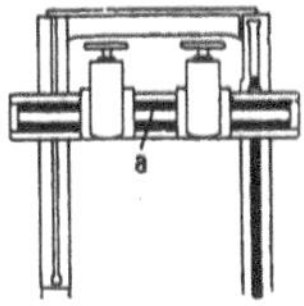
a

поперечныя салазки (f pl); поперечина (f) строга[те]льнаго станка [несущая рѣзцовый суппортъ]
traversa (f) mobile
carro (m) transversal, travesaño (m) 2

Ausleger (m)
arm
bras (m)

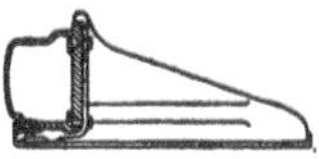

плечо (n); плечо, поддерживающее суппортъ одностороняго строга[те]льнаго станка
braccio (m), traversa (f)
brazo (m) 3

Hobelmaschinentisch (m), Hobeltisch (m), Hobelschlitten (m), Aufspanntisch (m)
planing machine table *or* platen
table (f) de raboteuse

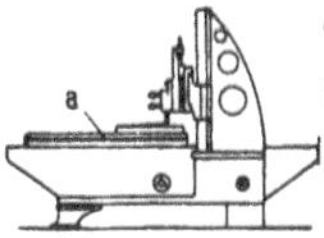
a

столъ (m) строга[те]льнаго станка
tavola (f) di piallatrice, tavola (f)
mesa (f) de acepilladora, mesa (f) de cepillar, carro (m) de cepillar, mesa (f) de sujeción 4

Tischlänge (f)
length of table
longueur (f) de la table

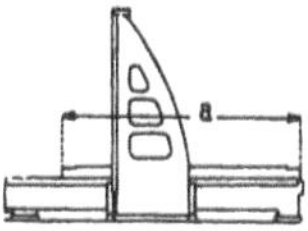
a

длина (f) стола
lunghezza (f) della tavola
longitud (f) de la mesa 5

Tischbreite (f)
width of table
largeur (f) de la table

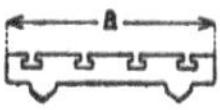
a

ширина (f) стола
larghezza (f) della tavola
anchura (f) de la mesa 6

1 **Arbeitsweise und Antrieb**
Action and Method of Driving
Mode de travail et mécanismes de mouvement
Способъ работы и передачи
Metodi di lavoro e comandi
Modo de trabajar y movimiento motor

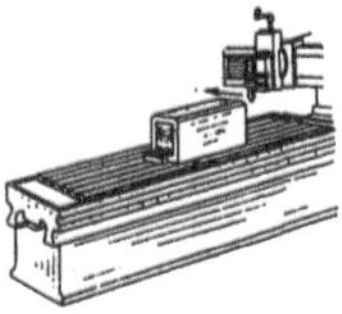

2 hobeln (v)
to plane
raboter (v)
строгать
piallare (v)
cepillar (v)

---

3 ein Werkstück behobeln (v)
to plane a piece of work
raboter (v) une pièce
обстрогать обрабатываемый предметъ
piallare (v) un pezzo
cepillar (v) una pieza

---

4 abhobeln (v)
to plane off
raboter (v), dresser (v) par rabotage
обстрогать, обстрагивать
piallare (v)
cepillar (v) ó poner á grueso ó acepillar

---

5 Hobeln (n), Behobeln (n)
planing
rabotage (m)
строганіе (n); обстрагиваніе (n)
piallatura (f)
acepilladura (f)

---

6 schroten (v), aus dem Groben abarbeiten (v), schruppen (v), schrubben (v), vorhobeln (v)
to rough plane
dégrossir (v)
строгать начерно
sgrossare (v), lavorare (v) dal greggio, sbozzare (v)
desbastar (v)

---

7 schlichten (v), fertighobeln (v)
to finish
finir (v), planer (v)
строгать начисто *или* чистовымъ проходомъ
rifinire (v)
planear (v)

---

8 Hobelarbeit (f)
planing work
travail (m) de rabotage
строгальная работа (f); работа строганія; строжка (f)
lavoro (m) di piallatura
trabajo (m) de cepillar

---

9 Arbeitsbewegung (f), Hauptbewegung (f), Schnittbewegung (f)
working motion, main motion
course (f) de travail *ou* effective
рабочее движеніе (n); главное движеніе
movimento (m) principale *o* di lavoro, corsa (f) (utile)
movimiento (m) de trabajo, corrida (f) principal

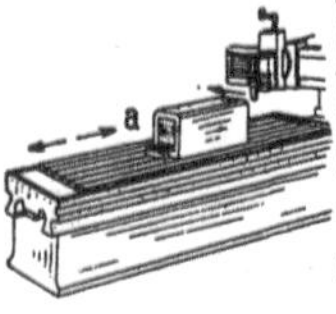

a

Hauptweg (m), Schnittweg (m)
working path
course (f)

рабочій ходъ (m)
direzione (f) principale, corsa (f) utile
corrida (f) *1*

Arbeitswiderstand (m), Zerspanungswiderstand (m)
working resistance
résistance (f)

рабочее сопротивленіе (n)
resistenza (f) al lavoro
resistencia (f) de trabajo *2*

Schnittwiderstand (m)
cutting resistance
résistance (f) à la coupe

сопротивленіе (n) рѣзанію
resistenza (f) al taglio
resistencia (f) de corte *3*

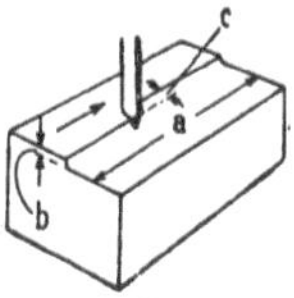

a

Schnittlänge (f)
cutting length, length of cut
longueur (f) de la passe

длина (f) строганія *или* строжки
lunghezza (f) del taglio
longitud (f) de corte *ó* de pasada *4*

---

b

Schnitthöhe (f)
cutting depth, depth of cut
profondeur (f) de la passe

глубина (f) строганія *или* строжки
altezza (f) del taglio
altura (f) de corte *5*

---

c

Schnittbreite (f), Vorschub (m)
cutting width, width of cut
largeur (f) de la passe

ширина (f) строганія *или* строжки; подача (f)
larghezza (f) del taglio
anchura (f) de corte *6*

Schnittgeschwindigkeit (f), Arbeitsgeschwindigkeit (f)
cutting *or* working speed
vitesse (f) de coupe, vitesse (f) de travail

скорость (f) рѣзанія; скорость рабочаго движенія
velocità (f) di taglio *o* di lavoro
velocidad (f) de corte, velocidad (f) de trabajo *7*

Schnittrichtung (f)
direction of cut
direction (f) de la coupe

направленіе (n) строганія *или* строжки
direzione (f) del taglio
dirección (f) de corte *8*

---

der Stahl nimmt *oder* macht mehrere Schnitte
the tool makes several cuts
l'outil fait plusieurs passes

рѣзецъ (m) дѣлаетъ нѣсколько проходовъ
l'utensile *o* il ferro fa parecchi tagli, il bulino prende più trucioli
el acero quita varios cortes *9*

Reibungswiderstand (m)
frictional resistance
résistance (f) de frottement

сопротивленіе (n) отъ тренія
resistenza (f) d'attrito
resistencia (f) de fricción *10*

1 Massendruck (m), Massenwirkung (f)
mass pressure
pression (f) des masses

давленіе (n) отъ инерціи движущихся массъ; давленія (n pl), возникающія вслѣдствіе дѣйствія силъ инерціи при измѣненіи скорости движущихся частей
pressione (f) totale *o* complessiva
presión (f) de la masa

---

2 Tischführung (f), Schlittenführung (f)
guidance of table
guidage (m) *ou* glissière (f) de la table, guidage (m) *ou* glissière (f) du chariot

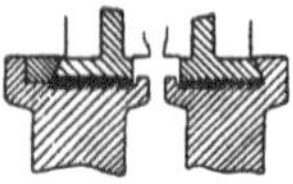

направляющія (f pl) стола
guide (f pl) della tavola
conducción (f) *ó* corredera (f) de la mesa, conducción (f) del carro

---

3 ebene Tischführung (f)
flat *or* level table guide
guidage (m) à glissières plates de la table

плоскія направляющія (f pl) стола
guide (f pl) piane della tavola
conducción (f) *ó* corredera (f) plana de la mesa

---

4 Gleitbahn (f) des Tisches
table slide *or* guide *or* track
glissière (f) de la table

направляющіе полозки (m pl) стола
slitte (f pl) della incastellatura
vía (f) de deslizamiento de la mesa

---

5 Gleitschiene (f)
slide, track, guide
chemin (m) de glissement, surface (f) de glissement du coulisseau

a

направляющій полозокъ (m)
slitta (f) della tavola
carril (m) de deslizamiento

---

6 Prismenführung (f)
prismatic guide *or* track
guidage (m) à glissières prismatiques

плоскія *или* обращённыя внизъ треугольныя направляющія (f pl); U-образныя *или* V-образныя направляющія
guide (f pl) prismatiche
conducción (f) *ó* corredera (f) prismática

---

7 Schweinsrückenführung (f), dachförmige Führung (f)
inverted **V** guide
guidage (m) à glissières prismatiques *ou* en Λ

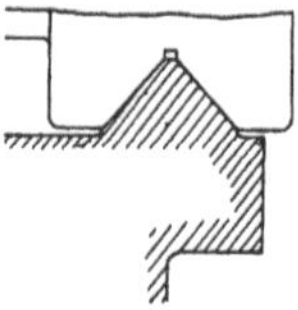

обращённыя вверхъ треугольныя направляющія (f pl); Λ-образныя направляющія (f pl); направляющія призматическаго сѣченія американскаго типа
guide (f pl) a Λ
conducción (f) *ó* corredera (f) de lomo bombeado

geschlossene Prismenführung (f)
prismatic guide with cover strip
guidage (m) à glissières prismatiques avec bande de retenue

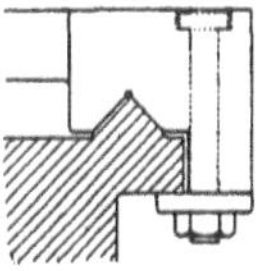

треугольныя направляющія (f pl) съ приспособленіемъ, препятствующимъ подъёму стола
guide (f pl) prismatiche con ribordo
conducción (f) *ó* corredera (f) prismática cerrada *1*

Tischfuß (m)
table foot
pied (m) de la table

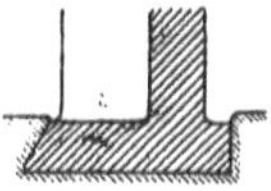

нижній направляющій полозокъ (m) стола
piede (m) della tavola
pie (m) de la mesa *2*

Tischgewicht (n)
weight of table
poids (m) de la table

вѣсъ (m) стола
peso (m) della tavola
peso (m) de la mesa *3*

Kippen (n) des Hobeltisches
tipping of the planing table
soulèvement (m) de la table

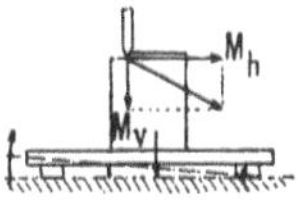

опрокидываніе (n) стола строга[те]льнаго станка
inclinazione (f) della tavola
inclinación (f) de la mesa de cepillar *4*

Entgleisen (n) des Hobeltisches
derailing of the planing table
déraillement (m) de la table, sortie (f) de la table de ses glissières

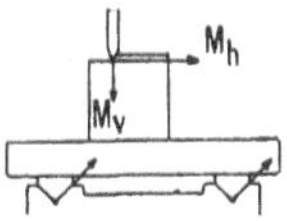

боковое смѣщеніе (n) стола строгательнаго станка; сдвиганіе (n) строгальнаго стола въ поперечномъ направленіи
deragliamento (m) della tavola
salida (f) de vía de la mesa de cepillar, descarrilamiento (m) de la mesa *5*

Tischantrieb (m), Antrieb (m) des Hobeltisches
drive of the table
commande (f) de la table

механизмъ (m), сообщающій движеніе столу строга[те]льнаго станка
comando (m) della tavola (della piallatrice)
movimiento (m) motor de la mesa, movimiento (m) motor de la mesa de cepillar *6*

Zahnstangenantrieb (m)
rack and pinion drive
commande (f) par crémaillère (et pignon)

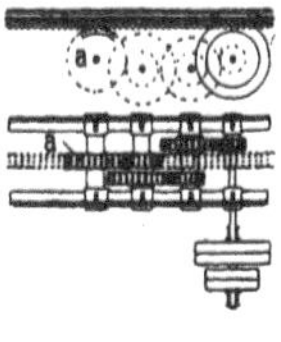

передача (f) при помощи зубчатой рейки
comando (m) a mezzo di cremagliera
movimiento (m) motor por cremallera *7*

Zahnrad (n)
pinion
roue (f) dentée *ou* d'engrenage

a

шестерня (f); зубчатое колесо (n)
ingranaggio (m), ruota (f) dentata, ruota (f) ad ingranaggio
rueda (f) dentada *8*

1 Doppelzahnstange (f)
double rack
crémaillère (f) double

двойная *или* сдвоенная зубчатая рейка (f)
cremagliera(f) *o* dentiera (f) doppia
cremallera (f) doble

---

2 Doppel[zahn]rad (n)
double pinion
roues (f pl) d'engrenages jumelées

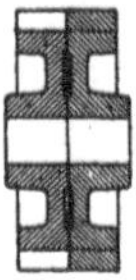

двойная *или* сдвоенная шестерня (f)
ingranaggio (m) doppio
engranaje (m) doble

---

3 Schnecken[zahnstangen]antrieb (m)
worm gear drive
commande (f) par vis sans fin et crémaillère

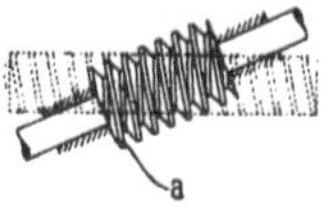

передача (f) при помощи червяка, сцѣпляющагося съ рейкой съ прямыми косыми зубцами
comando (m) a mezzo di vite senza fine *o* perpetua, comando (m) elicoidale a cremagliera
movimiento (m) motor á cremallera y tornillo sin fin

---

4 Schnecke (f)
worm
vis (f) sans fin

a

червякъ (m)
vite (f) senza fine *o* perpetua *od* elicoidale
tornillo (m) sin fin

---

5 Schrauben[zahnstangen]antrieb (m)
screw drive
commande (f) par crémaillère à denture hélicoïdale

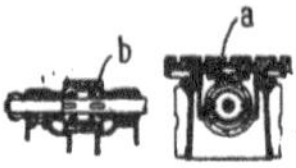

передача (f) при помощи червяка, сцѣпляющагося съ рейкой съ винтовыми (спиральными) зубцами
comando (m) a mezzo di cremagliera a denti elicoidali
movimiento (m) motor de cremallera helicoidal

---

6 Schraubenzahnstange(f)
screw rack, helical rack
plaque-écrou (f), crémaillère-écrou (f)

a

рейка (f) съ винтовыми *или* спиральными зубцами
cremagliera (f) a denti elicoidali
cremallera (f) helicoidal

---

7 Schrauben[zahn]rad (n)
screw wheel
roue (f) à denture hélicoïdale, roue (f) à vis sans fin

b

колесо (n) съ винтовыми *или* спиральными зубцами; многоходовой червякъ (m)
ingranaggio (m) *o* ruota (f) a denti elicoidali
engranaje (m) helicoidal

---

8 Schraubenspindel (f)
screw spindle
vis (f), arbre (m) fileté

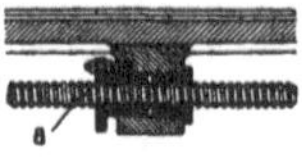

a

винтъ (m)
albero (m) filettato, vite (f)
husillo (m) helicoidal

Leitspindel (f)
guide spindle, guide screw
vis-mère (f)

ходовой винтъ (m)
vite (f) di comando *o* conduttrice
husillo (m) *ó* eje (m) guiador 1

Leitspindellagerung (f)
guide spindle bearing
coussinets (m pl) *ou* palier (m) de la vis-mère

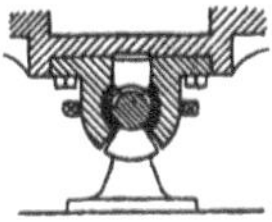

поддерживающіе подшипники (m pl) ходового винта
sopporti (m pl) *o* cuscinetti (m pl) della vite conduttrice 2
colocación (f) del husillo guiador en sus cojinetes

---

nachstellbare Leitspindelmutter (f)
adjustable guide spindle nut
écrou (m) réglable de la vis-mère

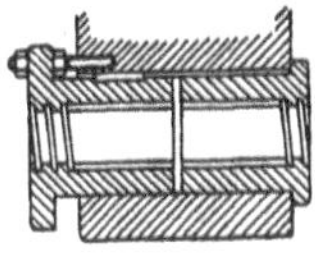

гайка (f) ходового винта, допускающая регулированіе
madrevite (f) regolabile della vite conduttrice, chiocciola (f) *o* bussola (f) regolabile della vite conduttrice 3
tuerca (f) graduable del eje guiador

Mutterschloß (n)
lock nut
dispositif (m) d'embrayage de l'écrou

приборъ (m), раздвигающій половинки гайки; замокъ (m) суппорта; замокъ гайки ходового винта
dispositivo (m) di innesto della madrevite, chiocciola (f) della vite 4
órgano (m) de cierre de la tuerca del husillo guiador

Seilantrieb (m)
rope drive
commande (f) par câble

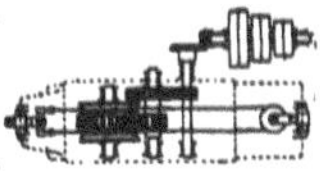

передача (f) канатомъ
comando (m) a fune 5
movimiento (m) motor por cable

---

geradlinig hin- und hergehende Hauptbewegung (f)
straight reciprocating main motion
mouvement (m) de va-et-vient en ligne droite

прямолинейно-возвратное главное движеніе (n)
movimento (m) rettilineo alternativo *o* di va e vieni 6
movimiento (m) principal de va y viene

Arbeitsgang (m) des Schlittens
working stroke of table
course (f) de travail de la table

рабочій ходъ (m) стола
corsa (f) utile del carrello 7
marcha (f) de trabajo de la mesa

Leergang (m) des Schlittens
return *or* idle stroke of table
marche (f) à vide de la table, retour (m), recul (m)

холостой ходъ (m) стола
corsa (f) a vuoto del carrello 8
marcha (f) del carro en vacío

1 Rückgang (m), Rücklauf (m)
return stroke
retour (m) *ou* recul (m) [de la table]
обратный ходъ (m)
corsa (f) di ritorno
retroceso (m), marcha (f) de retroceso

---

2 schneller *oder* beschleunigter Rückgang (m)
quick *or* accelerated return stroke
recul (m) *ou* retour (m) rapide, retour (m) accéléré
ускоренный обратный ходъ (m)
corsa (f) di ritorno rapida *od* accelerata
retroceso (m) rápido *ó* acelerado

---

3 den Rücklauf beschleunigen (v)
to accelerate the return stroke
accélerer (v) le retour
ускорить обратный ходъ
accelerare (v) la corsa di ritorno
acelerar (v) el retroceso

---

4 Tischgeschwindigkeit (f), Schlittengeschwindigkeit (f)
speed of table
vitesse (f) de la table
скорость (f) хода стола; скорость движенія стола
velocità (f) di andata della tavola *o* del carrello
velocidad (f) de la mesa

---

5 Rücklaufgeschwindigkeit (f)
return speed
vitesse (f) de retour
скорость (f) обратнаго хода
velocità (f) di ritorno
velocidad (f) de retroceso

---

6 Umkehrung (f) der Bewegung
reversing of motion
renversement (m) du mouvement
перемѣна (f) направленія движенія
inversione (f) di movimento
inversión (f) del movimiento

---

7 Richtungswechsel (m)
change of direction
changement (m) de marche
перемѣна (f) направленія
cambio (m) di direzione
cambio (m) de dirección

---

8 Hubwechsel (m)
reversal of stroke
changement (m) de l'amplitude de la course
перемѣна (f) длины хода
inversione (f) della corsa del carrello
cambio (m) de carrera

---

9 Maschinenhub (m)
stroke of machine
course (f) d'une machine
длина (f) хода станка
corsa (f) di lavoro di una macchina
carrera (f) de la máquina

---

10 Hobellänge (f) des Tisches
planing length of table
longueur (f) de rabotage, longueur (f) utile de la table

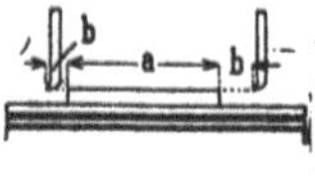

a

длина (f) строганія, допускаемая столомъ
lunghezza (f) della corsa della tavola
longitud (f) de cepillar de la mesa

b

Überweg (m)
excess of stroke (over actual cut)
excès (m) de la course (nécessaire pour le renversement de marche)

длина (f), на которую рѣзецъ заходитъ за конецъ обстрагиваемаго предмета; избытокъ (m) хода 1
corsa (f) a vuoto
camino (m) *ó* carrera (f) pasado, -a *ó* sobrante

---

verlorner Weg (m) des Schlittens
lost motion of table
course (f) perdue du chariot

безполезная часть (f) пути стола; нерабочая часть хода стола
corsa (f) a vuoto totale del carrello 2
camino (m) perdido del carro

Kurbelantrieb (m) des Schlittens
crank drive of slide table
commande (f) par bielle et coulisseau

передача (f) движенія столу при помощи кривошипнаго механизма
comando (m) della tavola a mezzo di manovella *o* di biella 3
movimiento (m) motor del carro á manivela

Kurbelgetriebe (n)
crank gear
(mécanisme (m) de) mouvement (m) par bielle et coulisseau

кривошипный механизмъ (m); кривошипная передача (f)
comando (m) a mezzo di manovella 4
movimiento (m) de impulsión á manivela

Kurbelantrieb (m) mit Ellipsenrädern
crank drive with elliptical wheels
commande (f) par manivelle et roues elliptiques

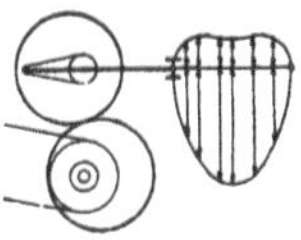

передача (f) при помощи кривошипнаго механизма и эллиптическихъ колёсъ (m); кривошипный механизмъ (m) съ эллиптическими колёсами 5
comando (m) a manovella con ingranaggio ellittico
movimiento (m) motor por manivela con ruedas elípticas

Kurbelschleife (f)
crank guide
coulisse (f) à excentrique

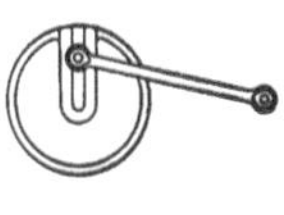

кривошипъ (m) съ кулиссою
disco (m) a glifo della manovella 6
corredera (f) de excéntrico

Umlaufschleife (f), drehende *oder* rotierende Kurbelschleife (f)
rotating crank gear
manivelle (f) à coulisseau tournant, coulisse (f) tournante de manivelle

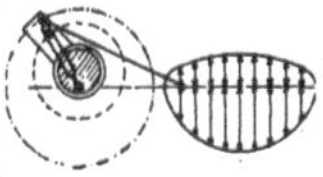

кривошипъ (m) съ вращающейся кулиссою
disco (m) rotante a glifo della manovella 7
corredera (f) móvil giratoria *ó* rotatoria de la manivela

1 **Kurbelschwinge (f), schwingende *oder* oszillierende Kurbelschleife (f)**
oscillating crank gear
coulisse (f) oscillante à manivelle

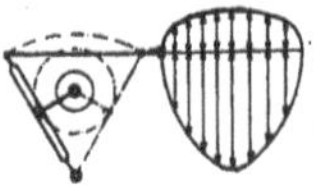

кривошипъ (m) съ качающейся кулиссою
disco (m) oscillante a glifo della manovella
corredera (f) de movimiento de péndulo *ó* oscilante

---

2 verstellbarer Kurbelzapfen (m)
adjustable crank pin
manneton (m) *ou* bouton (m) de manivelle réglable

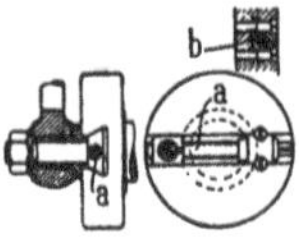

переставной палецъ (m) кривошипа
bottone (m) di manovella regolabile
espiga (f) graduable de la manivela

---

3 Stellschraube (f), Stellspindel (f)
set screw, adjusting screw
vis (f) de réglage

a

установочный винтъ (m)
vite (f) di aggiustaggio
tornillo (m) graduador

---

4 Paßstück (n), Stein (m)
fitted block
douille (f) de guidage

b

пригнанная вставка (f); колодка (f)
corsoio (m)
manguito (m) de guía

5 **Umsteuerung und Schaltung**

Reversing and Feed Gear

Avancement et changement de marche

Перемѣна направленія хода и сообщеніе подачи

Cambiamento di marcia ed avanzamento

Cambio de dirección y avance

6 umsteuern (v)
to reverse
changer (v) la marche, renverser (v) la marche

перемѣнить (мѣнять) направленіе хода
cambiare (v) *od* invertire (v) la marcia
invertir (v) la marcha

---

7 Umsteuerung (f)
reverse
changement (m) *ou* renversement (m) de marche

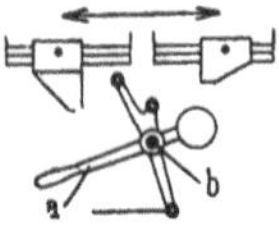

перемѣна (f) направленія хода; механизмъ (m) для перемѣны хода
cambiamento (m) *o* inversione (f) di marcia
cambio (m) de marcha, cambio (m) de dirección

---

8 zwangläufige Umsteuerung (f)
positive *or* forced reversing
renversement (m) de marche automatique *ou* forcé

перемѣна (f) направленія хода самимъ механизмомъ главнаго движенія; принудительная перемѣна хода
inversione (f) automatica del movimento
cambio (m) de marcha forzoso

selbsttätige Umkehr (f) der Bewegungsrichtung
automatic reversal of the direction of motion
renversement (m) automatique de la marche
автоматическое измѣненіе (n) направленія движенія
ritorno (m) automatico 1
inversión (f) automática de la dirección de movimiento

---

stoßfreier Hubwechsel (m)
change of stroke *or* motion without jerk
renversement (m) de marche sans à-coups
перемѣна хода безъ толчковъ *или* безъ ударовъ
cambiamento (m) di corsa senza urto 2
cambio (m) de carrera sin golpe

Begrenzung (f) der Weglänge, Hubbegrenzung (f)
limitation of length of path *or* stroke
limitation (f) de la longueur *ou* de l'amplitude de la course
ограниченіе (n) длины хода
limitazione (f) della lunghezza della corsa 3
limitación (f) de la carrera

Steuerungsantrieb (m)
control mechanism
mécanisme (m) de commande du changement de marche
приводъ (m) для перемѣны хода
comando (m) del cambio 4
movimiento (m) de cambio de marcha

Steuerungsvorrichtung (f)
reversing apparatus
commande (f) du changement de marche
механизмъ (m) *или* приспособленіе (n) для перемѣны хода
dispositivo (m) *o* meccanismo (m) del cambio 5
disposición (f) de cambio de marcha

Wendegetriebe (n), [Um-] Kehrgetriebe (n)
reversing gear
mécanisme (m) de renversement *ou* changement de marche
механизмъ (m) для измѣненія направленія хода
comando (m) di cambio della marcia, ingranaggi (m pl) di inversione 6
mecanismo (m) de inversión

Räderumsteuerung (f)
wheel reversing
renversement (m) de marche par roues d'engrenages
перемѣна (f) направленія хода при помощи зубчатыхъ колёсъ
cambio (m) di marcia ad ingranaggi 7
inversión (f) de movimiento por engranajes

Räderwendegetriebe (n)
wheel reversing gear
mécanisme (m) de renversement de marche par engrenages
механизмъ (m) для перемѣны хода при помощи зубчатыхъ колёсъ
meccanismo (m) ad ingranaggi di cambio della marcia 8
mecanismo (m) de inversión por engranajes

1 Stirnräderwendegetriebe (n)
spur wheel reversing gear
mécanisme (m) de renversement de marche par engrenages droits

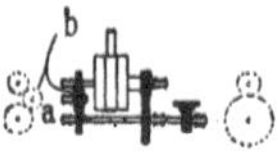

механизмъ (m) для перемѣны хода при помощи цилиндрическихъ колёсъ
meccanismo (m) di cambio della marcia ad ingranaggi cilindrici
mecanismo (m) de inversión por engranajes derechos

---

2 Rücklaufgetriebe (n)
return gear
harnais (m) de renversement de marche

a

устройство (n) для сообщенія обратнаго хода
meccanismo (m) *od* ingranaggi (m pl) della marcia di ritorno
mecanismo (m) de retroceso

---

3 Zwischenrad (n)
intermediate wheel
pignon (m) intermédiaire

b

промежуточное колесо (n)
ingranaggio (m) intermedio
rueda (f) interpuesta

---

4 Hohlradgetriebe (n)
internal gear wheel drive
[mécanisme (m) de] commande (f) par engrenage à denture intérieure

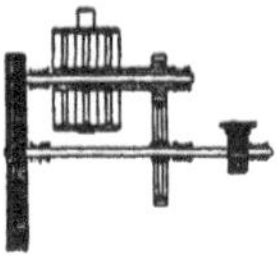

механизмъ (m) для измѣненія направленія хода, работающій при содѣйствіи колеса съ внутренними зубцами
meccanismo (m) ad ingranaggio a denti interni, meccanismo (m) *od* ingranaggio (m) a corona interna
mecanismo (m) de movimiento por rueda hueca

---

5 Kegelräderwendegetriebe (n)
bevel wheel change gear
mécanisme (m) de renversement de marche par pignons coniques

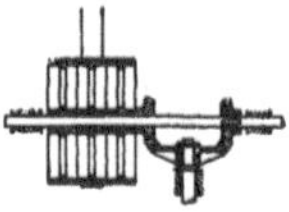

механизмъ (m) для измѣненія направленія хода при помощи коническихъ колёсъ
meccanismo (m) del ritorno ad ingranaggio d'angolo, ingranaggi (m pl) d'angolo per il ritorno
mecanismo (m) de movimiento de inversión por engranajes cónicos

---

6 Doppelrad (n)
double wheel
roue (f) d'angle à dentures concentriques, roue (f) double d'engrenages

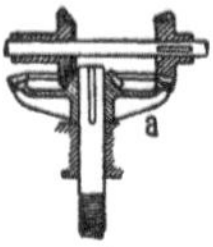

a

двойное зубчатое колесо (n); колесо съ двумя зубчатыми вѣнцами
ingranaggio (m) doppio
rueda (f) de engranajes concéntricos

Kegelräderwendegetriebe (n) mit Kegelkupplung
bevel wheel change gear with cone coupling
mécanisme (m) de renversement de marche par pignons coniques et embrayage à friction par cônes

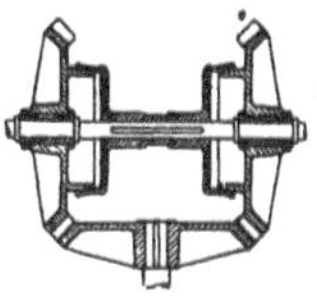

механизмъ (m) для измѣненія направленія хода, дѣйствующій при помощи коническихъ зубчатыхъ колёсъ съ фрикціонными муфтами
meccanismo (m) per il ritorno ad ingranaggi d'angolo con innesti conici, ingranaggi (m pl) d'angolo con innesti conici per il ritorno
mecanismo (m) de movimiento de inversión por engranajes cónicos con acoplamiento de fricción cónico 1

Riemenumsteuerung (f)
belt reverse
renversement (m) de marche par courroies

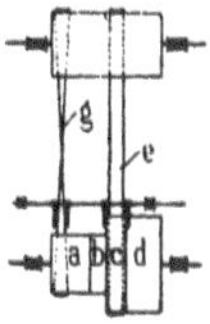

перемѣна (f) хода при помощи перевода ремней; сводка (f) ремней для перемѣннаго хода
cambio (m) per mezzo di cinghia
cambio (m) de marcha por correa, inversión (f) de la dirección de movimiento por correa 2

Riemenwendegetriebe (n)
belt reversing gear
mécanisme (m) de renversement de marche par courroies

a b c d e g

механизмъ (m) для перемѣны направленія хода при помощи перевода ремней; ременная передача (f) для перемѣны направленія хода
meccanismo (m) a cinghia per il comando di ritorno
mecanismo (m) de inversión de movimiento por correa 3

---

offener Riemen (m)
open belt
courroie (f) ouverte *ou* droite

e

прямой ремень (m)
cinghia (f) diritta
correa (f) abierta 4

---

gekreuzter Riemen (m)
crossed belt
courroie (f) croisée

g

перекрёстный ремень (m)
cinghia (f) incrociata
correa (f) cruzada 5

Rücklaufriemen (m)
return belt
courroie (f) pour la marche arrière

g

ремень (m) обратнаго хода
cinghia (f) di ritorno
correa (f) de marcha de retroceso 6

Festscheibe (f)
fixed pulley
poulie (f) fixe

b, c

коренной *или* рабочій шкивъ (m)
puleggia (f) fissa
polea (f) fija 7

1	Losscheibe (f) loose pulley poulie (f) folle	a, d	холостой шкивъ (m) puleggia (f) folle polea (f) loca
2	Riemenwechsel (m) change over of belt, shifting of belt changement (m) *ou* passe (f) de courroie		переводъ (m) ремня cambio (m) di cinghia cambio (m) de correa
3	gleichzeitige Verschiebung (f) beider Riemen simultaneous shifting of both belts déplacement (m) simultané des deux courroies	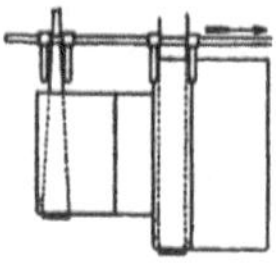	одновременный переводъ (m) *или* одновременная сводка (f) обоихъ ремней cambio (m) simultaneo delle due cinghie cambio (m) de posición simultáneo de ambas correas
4	aufeinanderfolgende Verschiebung (f) der Riemen successive shifting of the belts déplacement (m) successif des courroies	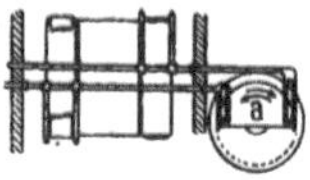	поочерёдный переводъ (m) *или* поочерёдная сводка (f) ремней spostamento (m) successivo delle cinghie per mezzo di disco cambio (m) de posición sucesivo de las correas
5	drehbares Schild (n), Kurvenscheibe (f) revolving plate plateau (m) *ou* disque (m) tournant [d'entraînement], plateau (m) à friction	a	поворотный щитъ (m) *или* дискъ (m), [управляющій переводомъ ремней] disco (m) girevole placa (f) giratoria
6	Steuerstange (f) reversing rod *or* bar tringle (f) *ou* barre (f) de manœuvre *ou* de commande		полоса (f) *или* тяга (f) *или* штанга (f) для перевода ремней asta (f) di cambio palanca (f) de dirección
7	Stiefelknechtsteuerung (f) catch reversing gear renversement (m) par taquet et doigt d'entraînement	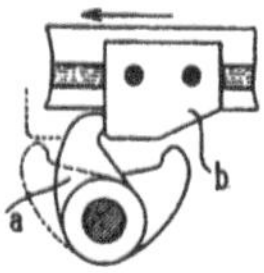	переводъ (m) ремня отъ поворотныхъ кулаковъ cambio (m) a mezzo di nasello inversión (f) de marcha por leva y tope
8	Stiefelknecht (m), Klaue (f) catch, cam came (f), doigt (m)	a	поворотный кулакъ (m) для перевода ремней nasello (m), camma (f) leva (f)
9	Frosch (m), Knagge (f), [verstellbarer] Anschlag (m), Umsteuerknagge (f) adjustable stop *or* dog taquet (m) *ou* butée (f) ajustable *ou* réglable	b	переставная упорка (f) на столѣ; упорка для перемѣны хода corsoio (m), registro (m) tope (m) graduable

Aufspannut (f) (für die Steuerknagge) slot for fixing the dog rainure (f) de fixation	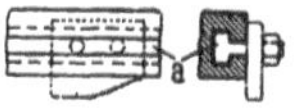 a	канавка (f) *или* пазъ (m) для укрѣпленія; канавка на столѣ, служащая для укрѣпленія упорокъ scanalatura (f) *o* corsia (f) per il fissaggio ranura (f) de sujeción	*1*
Steuerhebel (m) reversing lever levier (m) de changement *ou* de renversement de marche	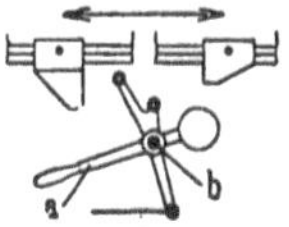 a	рукоятка (f) для перемѣны хода отъ руки leva (f) di comando del cambiamento palanca (f) de cambio *ó* inversión de marcha	*2*
Steuerwelle (f) reversing spindle *or* shaft arbre (m) de renversement	b	валъ (m), управляющій перемѣной хода albero (m) di comando del cambiamento, asta (f) pel cambiamento árbol (m) de cambio *ó* inversión de marcha	*3*
Handgriff (m), Griff (m) handle poignée (f), manette (f)		ручка (f) maniglia (f) empuñadura (f)	*4*
Handhebel (m) hand lever levier (m) à main		рукоятка (f) leva (f) a mano palanca (f) de mano	*5*
Schieber (m) mit Nut slide with cranked slot glissière (f) à coulisse	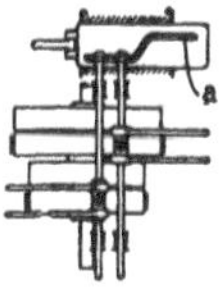 a	ползунъ (m) съ канавкой [управляющій переводомъ ремней] guidacinghie (f) ad aste scorrevoli *o* ad incastro distribuidor (m) con ranura	*6*
Drehschieber (m), Kurvenscheibe (f) oscillating plate plateau (m) oscillant	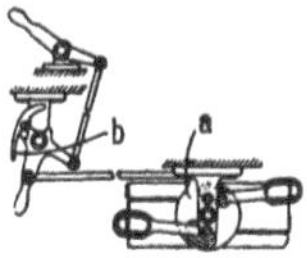 a	поворотный дискъ (m) [управляющій переводомъ ремней] guidacinghie (f) a disco oscillante, disco (m) oscillante distribuidor (m) giratorio	*7*
umlegbare Klaue (f) throw over *or* reversible claw cliquet (m) reversible	b	поворотный кулакъ (m); отводящаяся поворотомъ часть (f) на кулакѣ camma (f) *o* nasello (m) reversibile garra (f) *ó* uña (f) reclinable	*8*
gleichschenklige Frösche (m pl) equal stops taquets-tocs (m pl) *ou* butées (f pl) symétriques		упорки (f pl) одинаковой длины *или* формы corsoi (m pl) *o* naselli (m pl) simmetrici topes (m pl) simétricos	*9*

1 ungleichschenklige Frösche (m pl)
unequal stops
taquets (m pl) asymétriques

упорки (f pl) разной длины *или* неодинаковой формы
corsoi (m pl) *o* naselli (m pl) dissimmetrici
topes (m pl) dobles asimétricos

---

2 Federpuffer (m)
spring buffer
butoir (m) à ressort, tampon (m) à ressort

пружинный буферъ (m)
arresto (m) *o* repulsore (m) a molla
tope (m) de resorte

---

3 Drallumsteuerung (f)
reversing gear with helical motion
mécanisme (m) de renversement de mouvement par came hélicoïdale *ou* par arbre à rainure hélicoïdale

механизмъ (m) для перемѣны направленія хода, дѣйствующій отъ канавки на втулкѣ, помѣщённой на валу, управляющемъ передвиганіемъ отводокъ; винтовая сводка (f)
cambiamento (m) di marcia a mezzo di scanalatura elicoidale
cambio (m) de dirección por estriado *ó* árbol de ranura helicoidal

---

4 Umfaller (m), Umsteuerung (f) mit fallendem Gewicht
reversing gear with falling weight
renversement (m) de mouvement par contrepoids basculants

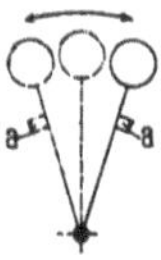

a

перекидной грузъ (m); перемѣна (f) хода при содѣйствіи перекидного груза
cambiamento (m) di marcia a mezzo di contrappeso
cambio (m) de dirección por caída de peso

---

5 Anschlag (m)
stop
butée (f), taquet-toc (m)

упоръ (m)
arresto (m)
tope (m)

---

6 Steuerungsvorrichtung (f)
reversing device
dispositif (m) de commande de mouvement (de retour)

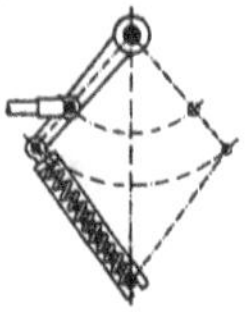

механизмъ (m) для перемѣны хода съ примѣненіемъ пружины
meccanismo (m) del cambio *o* di inversione di marcia
disposición (f) de transmisión de movimiento (de retroceso)

---

7 Kupplungsvorrichtung (f)
coupling device
[dispositif (m) d'] accouplement (m)

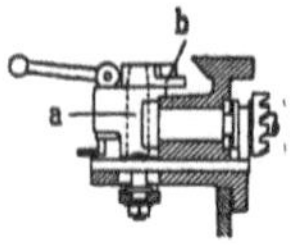

a b

приспособленіе (n) для сцѣпленія
meccanismo (m) di accoppiamento *o* di innesto
[disposición (f) de] acoplamiento (m)

---

8 kuppeln (v)
to couple
accoupler (v), assembler (v), embrayer (v)

сцѣп-ить (-лять)
accoppiare (v), innestare (v)
acoplar (v), embragar (v)

entkuppeln (v)
to uncouple
découpler (v), disjoindre (v), débrayer (v)

расцѣп-ить (-лять)
disaccoppiare (v), disinnestare (v) 1
desembragar (v)

---

selbstspannende Kupplung (f)
automatic coupling
accouplement (m) à serrage automatique

муфта (f), удерживающаяся сама собой въ занятомъ положенiи
innesto (m) automatico 2
acoplamiento (m) de tensión automática

Reib[ungs]kupplung (f) mit Doppelkegel
friction clutch with double cone
embrayage (m) (par cône) de friction double

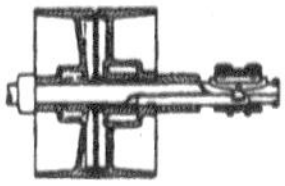

муфта (f) тренiя *или* фрикцiонная муфта съ двойнымъ конусомъ
innesto (m) a frizione 3
con doppio cono
embrague (m) de fricción con cono doble

---

elektromagnetische Umsteuerung (f)
electromagnetic reversing gear
[dispositif (m) de] renversement (m) de marche électro-magnétique

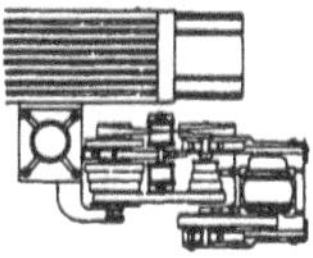

электромагнитный механизмъ (m) для перемѣны направленiя хода
cambio (m) *o* inversione 4
(f) di marcia elettromagnetico
cambio (m) de marcha electromagnético

Magnetspule (f)
magnet coil
bobine (f) d'induction

катушка (f) электромагнита
bobina (f) di magnete 5
carrete (m) magnético

Schleifkontakt (m)
sliding contact
frotteur (m), contact (m) à frottement, balai (m) de prise de courant

скользящiй контактъ (m)
contatto (m) per attrito 6
contacto (m) rozante

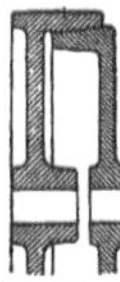

Reib[ungs]kupplung (f)
friction clutch
embrayage (m) à friction

муфта (f) тренiя; фрикцiонная муфта
innesto (m) a frizione 7
embrague (m) de fricción

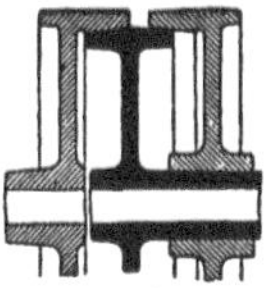

Doppelkegel (m)
double cone
cône (m) double

двойной конусъ (m)
cono (m) doppio 8
cono (m) doble

Spreizringkupplung (f)
spring ring coupling
accouplement (m) à segments extensibles

муфта (f) съ упругимъ разводимымъ кольцомъ
innesto (m) a frizione 9
ad anello
acoplamiento (m) de anillo de extensión

Momentsteuerung (f)
instantaneous reverse
(dispositif (m) de) renversement (m) de marche instantané *ou* rapide

механизмъ (m) прерывистой подачи
cambio (m) istantaneo 10
distribución (f) [para inversión de marcha] momentánea

1 Momentkupplung (f)
quick *or* rapid coupling
embrayage (m) *ou* accouplement (m) rapide

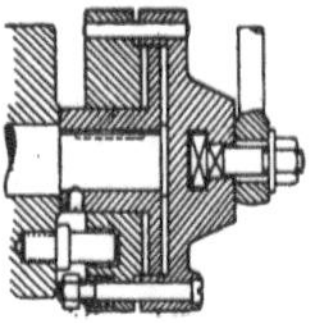

фрикціонное приспособленіе (n) для періодически дѣйствующей подачи
innesto (m) istantaneo
acoplamiento (m) momentáneo

---

2 Schaltsteuerung (f)
feed control
commande (f) de l'avancement (de l'outil *ou* de la pièce à usiner)

управленіе (n) подачей
comando (m) dell'avanzamento
mecanismo (m) de avance (del portaútil *ó* de la pieza á trabajar)

---

3 Vorschubbewegung (f), Schaltbewegung (f), Fortrückbewegung (f), Zuschiebungsbewegung (f)
feed motion
mouvement (m) de déplacement de l'outil *ou* de la pièce, avance (f) de l'outil, serrage (m)

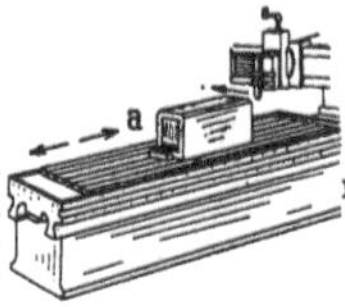

a

движеніе (n) подачи; боковое движеніе
movimento (m) di avanzamento, movimento (m) continuo in avanti, movimento (m) in avanti di avanzamento
movimiento (m) de arranque por trinquete, movimiento (m) de avance, movimiento (m) de alimentación

---

4 Schaltweg (m), Seitenweg (m)
feed path, lateral feed
sens (m) de déplacement, déplacement (m) latéral *ou* avance (f) latérale [de l'outil]

боковое передвиганіе (n); подача (f)
avanzamento (m) unitario
camino (m) de arranque, camino (m) lateral

---

5 Vorschub (m)
feed
avance (f), déplacement (m), serrage (m)

подача (f)
avanzamento (m)
avance (m), alimentación (f)

---

6 gerader Vorschub (m)
straight line feed
avance (f) *ou* déplacement (m) en ligne droite

прямолинейная подача (f); подача въ прямолинейномъ направленіи
avanzamento (m) rettilineo
avance (m) derecho

---

7 Momentvorschub (m)
quick *or* rapid feed
avance (f) *ou* déplacement (m) rapide

періодическая *или* прерывистая подача (f)
avanzamento (m) istantaneo
avance (m) instantáneo

---

8 Schaltwerk (n)
feed mechanism
mécanisme (m) d'avance *ou* de déplacement

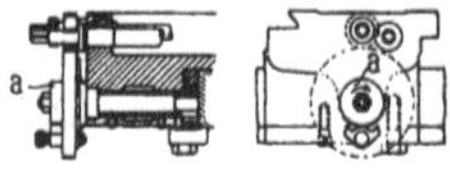

механизмъ (m) [для сообщенія] подачи
meccanismo (m) di avanzamento
distribución (f) de avance

Schaltrad (n) feed wheel roue (f) commandant l'avance	a	колесо (n) подачи ruota (f) di avanzamento rueda (f) de avance	*1*
Sperrad (n) ratchet wheel roue (f) à rochet	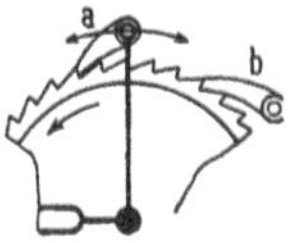	храповое колесо (n); храповикъ (m) ruota (f) d'arresto rueda (f) de trinquete	*2*
Schaltklinke (f), Sperrklinke (f) pawl cliquet (m)	a, b	собачка (f) храповика nottolino (m) di avanzamento *o* d'arresto trinquete (m), uña (f)	*3*
Schaltrad (n) mit Klemmklinke feed wheel with friction pawl roue (f) d'avance à chien *ou* à cliquet d'arcboutement	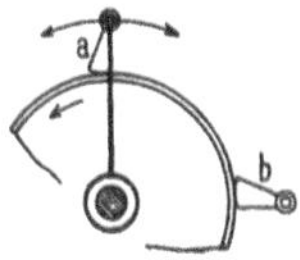	колесо (n) подачи съ фрикціонной собачкой ruota (f) di avanzamento con nottolino d'arresto a frizione rueda (f) de avance con trinquete de fricción	*4*
Klemmklinke (f) friction pawl cliquet (m) d'arc-boutement	a, b	[клиновая] фрикціонная собачка (f) nottolino (m) d'arresto a frizione trinquete (m) de fricción	*5*
Riemenrolle (f), Riem[en]scheibe (f) belt roller *or* pulley poulie (f) *ou* galet (m) *ou* rouleau (m) de guidage de la courroie	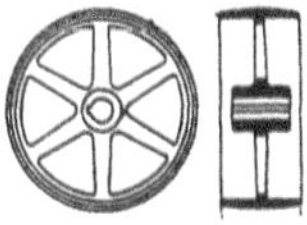	[ременный] шкивъ (m) rullo (m) *o* puleggia (f) per cinghia rodaja (f) para la correa	*6*
Schaltdose (f), geschlossenes Schaltwerk (n) enclosed feed gear boîte (f) du mécanisme de déplacement *ou* d'avance [de l'outil]	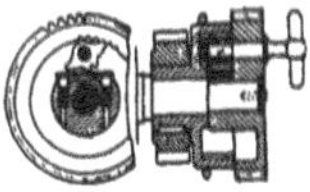	храповой механизмъ (m) подачи, помѣщённый въ закрытой коробкѣ scatola (f) di avanzamento, meccanismo (m) a scatola per l'avanzamento caja (f) de arranque, mecanismo (m) de arranque cubierto ó blindado	*7*
Hobelsupport (m) planing tool carriage chariot (m) *ou* porte-outil (m) [de machine]		[рѣзцовый] суппортъ (m) строгальнаго станка; суппортъ для строгальнаго рѣзца portaferri (m) di pialatrice carro (m) [de acepilladora	*8*

1 Querbalkenschaltwerk (n)
cross slide feed mechanism
mécanisme (m) de commande sur la traverse, mécanisme (m) de commande du chariot sur la traverse

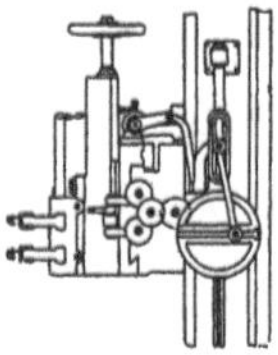

механизмъ (m) для подачи суппорта по поперечинѣ
meccanismo (m) di avanzamento sulla traversa
mecanismo (m) de arranque de traviesa

---

2 Kreuzschlitten (m)
tool box with crossed slides
porte-outil (m) à mouvement croisé *ou* à chariots croisés, chariot (m) sur traverse à mouvement monte et baisse

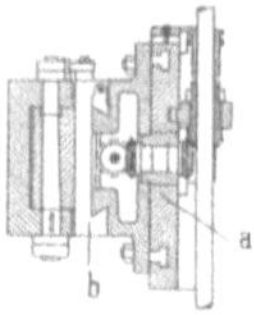

крестовыя салазки (f pl)
slitta (f) a croce, porta-utensili (m) a croce
carro (m) cruzado

---

3 Querschlitten (m), Querbalkensupport (m)
cross *or* traverse slide
chariot (m) transversal

a

поперечныя салазки (f pl)
slitta (f) trasversale
carro (m) transversal

---

4 senkrechter Schlitten (m), Vertikalschlitten (m), Vertikalsupport (m)
vertical slide
chariot (m) vertical

b

вертикальныя салазки (f pl)
slitta (f) verticale
carro (m) vertical

---

5 Senkrechthobeln (n), Vertikalhobeln (n)
vertical planing
rabotage (m) vertical

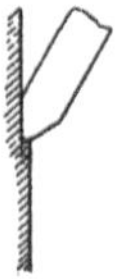

строганіе (n) *или* строжка (f) вертикальныхъ плоскостей
piallatura (f) verticale
el cepillar verticalmente

---

6 senkrecht *oder* vertikal hobeln (v)
to plane vertically
raboter (v) dans le sens vertical

строгать вертикальныя плоскости
piallare (v) verticalmente
cepillar (v) verticalmente

---

7 Schräghobeln (n)
angle planing
rabotage (m) oblique *ou* incliné

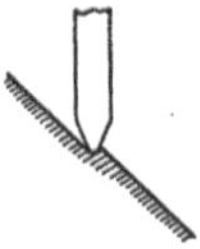

строганіе (n) *или* строжка (f) наклонныхъ плоскостей
piallatura (f) sotto angolo *od* obliqua
acepilladura (f) oblicua

---

8 schräg hobeln (v)
to plane at an angle
raboter (v) dans un sens incliné *ou* obliquement

строгать наклонныя плоскости
piallare (v) obliquamente *o* sotto angolo
cepillar (v) oblicuamente

Drehscheibe (f), Lyra (f), Leier (f)
swivel plate
base (f) *ou* assise (f) pivotante

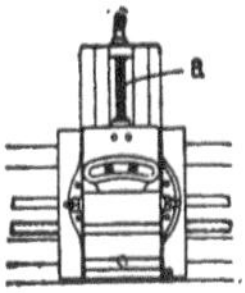

поворотный дискъ (m) *или* кругъ (m); поворотная часть (f); лира (f) 1
disco (m) girevole
placa (f) giratoria, lira (f)

Lyraspindel (f), Leierspindel (f)
screw spindle of swivel plate
vis (f) du support pivotant

a

шпиндель (m) поворотнаго диска; винтъ (m) подачи для верхнихъ салазокъ суппорта строга[те]льнаго станка 2
perno (m) del disco girevole
husillo (m) de la lira

Schaltschraube (f)
feeding screw
vis (f) d'avancement

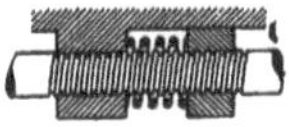

винтъ (m) подачи
vite (f) d'avanzamento 3
tornillo (m) del arranque

Leitspindel (f)
cross traverse screw
vis-mère (f)

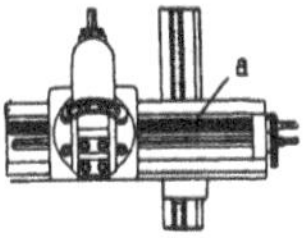

a

ходовой винтъ (m)
vite (f) conduttrice, vite (f) madre 4
husillo (m) guiador

Zahnstange (f)
rack
crémaillère (f)

зубчатая рейка (f)
cremagliera (f), dentiera (f) 5
cremallera (f)

Lenkstange (f)
feed connecting rod
bielle (f), barre (f) de guidage

шатунъ (m)
asta (f) di guida 6
barra (f) de guía

Ausrückung (f)
shifting the belt onto the loose pulley
déclanchement (m), débrayage (m)

расцѣпленіе (n); выключеніе (n) 7
disinnesto (m)
desembrague (m)

---

ausrücken (v)
to shift the belt onto the loose pulley
déclancher (v), débrayer (v)

расцѣп-ить (-лять); выключ-ить (-ать) 8
disinnestare (v)
desembragar (v)

---

einrücken (v)
to shift the belt onto the fast pulley
embrayer (v), enclancher (v), engrener (v)

сцѣп-ить (-лять); включ-ить (-ать) 9
innestare (v)
embragar (v), disparar (v)

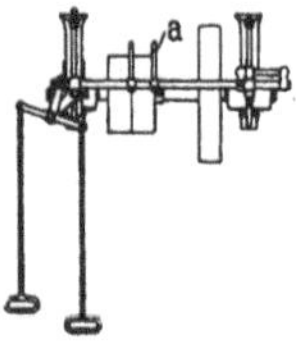

1	Riemenausrücker (m) belt shifter [dispositif (m) de] débrayage (m) de courroie, passe-courroie (m)		отводка (f) для ремня; механизмъ (m) для передвиганія ремня distacco (m) a cinghia disparador (m) de la correa
2	Riemenführer (m) belt guide guide (m) de courroie	a	направляющее приспособленіе (n) для ремня guidacinghia (f) conductor (m) de la correa
3	Riemengabel (f) belt fork fourchette (f) de courroie	a	переводная вилка (f) для ремня forchetta (f) di guida, forcella (f) per cinghia horquilla (f) para la correa
4	Selbstauslösung (f), selbsttätige Ausrückung (f) automatic shifting of belt onto the loose pulley débrayage (m) *ou* déclanchement (m) automatique		автоматическое расцѣпленіе (n) *или* выключеніе (n) disinnesto (m) automatico parada (f) automática
5	Rundhobeln (n) round *or* circular planing rabotage (m) circulaire *ou* en rond		обработка (f) строганіемъ *или* долбленіемъ цилиндрическихъ поверхностей stozzatura (f) *o* piallatura (f) *o* mortesatura (f) circolare acepilladura (f) circular *ó* convexa
6	rundhobeln (v) to plane circularly *or* round raboter (v) circulairement		обработать (обрабатывать) строганіемъ цилиндрическія поверхности stozzare (v) *o* piallare (v) *o* mortesare (v) circolarmente cepillar (v) circularmente *ó* convexo
7	Hohlrundhobeln (n) internal circular planing rabotage (m) circulaire en creux, rabotage (m) intérieur		обработка (f) строганіемъ вогнутыхъ поверхностей stozzatura (f) *o* piallatura (f) *o* mortesatura (f) circolare interna el cepillar cóncavo
8	hohlrund hobeln (v) to plane internal circular work raboter (v) circulairement et en creux, raboter (v) à l'intérieur		обработать (обрабатывать) строганіемъ вогнутыя поверхности stozzare (v) *o* piallare (v) *o* mortesare (v) interni circolari cepillar (v) cóncavo

Einspannung des Werkstücks

Fixing of the Work

Fixation de la pièce à usiner

Укрѣпленіе обрабатываемаго предмета

Montaggio dei pezzi da lavorare 1

Sujeción de la pieza á trabajar

Werkstück (n), Arbeitstück (n), Hobelstück (n)
piece of work, work [-ing] piece
pièce (f) à usiner, pièce (f) à travailler

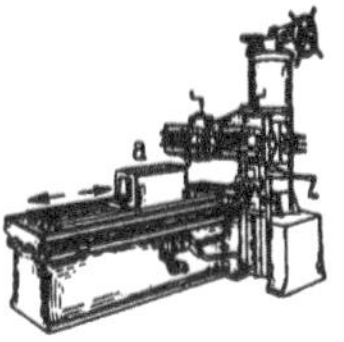

a

обрабатываемый предметъ (m)
pezzo (m) da lavorare 2
pieza (f) á trabajar ó de labor

Werkstückgewicht (n)
weight of piece of work
poids (m) de la pièce à usiner

вѣсъ (m) обрабатываемаго предмета
peso (m) del pezzo da lavorare 3
peso (m) de la pieza de labor

Einspannen (n), Aufspannen (n), Einrichten (n)
fixing, clamping, setting up
fixation (f), serrage (m)

закрѣпленіе (n); укрѣпленіе (n)
montaggio (m) 4
colocación (f), sujeción (f)

---

einspannen (v), aufspannen (v), einrichten (v)
to fix, to clamp, to set up, to fasten
fixer (v), serrer (v), bloquer (v)

закрѣп-ить (-лять); укрѣп-ить (-ять)
montare (v) 5
colocar (v), sujetar (v)

Befestigung (f) des Werkstücks durch Schrauben
fixing the piece of work by means of bolts
fixation (f) de la pièce à travailler au moyen de boulons

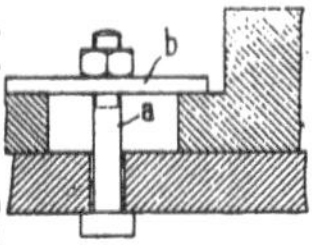

укрѣпленіе (n) *или* закрѣпленіе (n) обрабатываемаго предмета болтами
montaggio (m) di un pezzo a mezzo di viti 6
sujeción (f) de la pieza de labor por tornillos *ó* pernos

Aufspannschraube (f)
fixing bolt
boulon (m) de serrage *ou* de fixation

a

затягивающій *или* закрѣпляющій болтъ (m)
vite (f) di tensione *o* di montaggio 7
tornillo (m) *ó* perno (m) de sujeción

[Auf-]Spanneisen (n), Halter (m), Lasche (f)
clamp, clip
bride (f) de serrage

b

нажимная планка (f)
staffa (f) di montaggio *o* di fissaggio, briglia (f) 8
hierro (m) de sujeción, sujetador (m)

1 Spanneisen (n) für verschiedene Höhenlagen
clamp for various heights
dispositif (m) de serrage à hauteur réglable

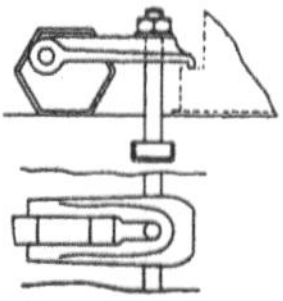

нажимная планка (f) для различныхъ высотъ
morsetto (m) di montaggio *o* fissaggio per altezze *o* spessori vari
hierro (m) de sujetar para diferentes alturas

---

2 gekröpftes Spanneisen (n)
clamp upset
bride (f) de serrage coudée

нажимная планка (f) съ отогнутымъ концомъ
staffa (f) *o* briglia (f) a gomito
hierro (m) acodado para sujetar

---

3 Stützung (f) des Spanneisens durch eine Schraube
supporting the clamp by means of a screw
support (m) de la bride de serrage par vis

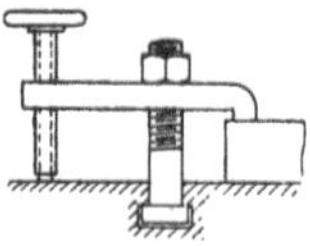

поддержанie (n) задняго конца нажимной планки посредствомъ винта
sostegno (m) della staffa a mezzo di vite
apoyo (m) del hierro de sujetar por tornillo

---

4 Stützung (f) des Spanneisens durch eine eiserne Treppe
supporting the clamp by means of a stepped packing block
support (m) de la bride de serrage par bloc à gradins

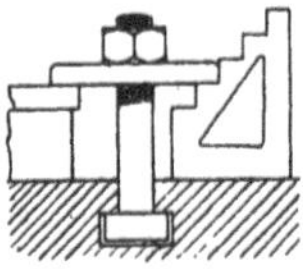

поддержанie (n) задняго конца нажимной планки посредствомъ ступенчатои стойки
sostegno (m) della staffa a mezzo di spessori a gradini
apoyo (m) del hierro de sujetar por escalerilla de hierro

---

5 zusammengesetzte Treppe (f)
stepped packing blocks one above the other
bloc (m) à gradins superposés

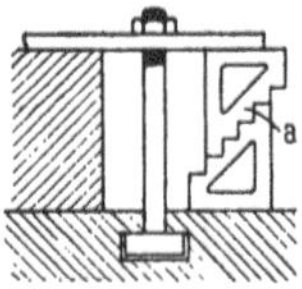

a

составная ступенчатая стойка (f)
scala (f) composta, spessore (m) a gradini composti
escalerilla (f) compuesta

---

6 Aufspannkloben (m), Spannkloben (m)
clamp dog
bloc (m) de serrage, griffe (f) de serrage, mors (m) de serrage

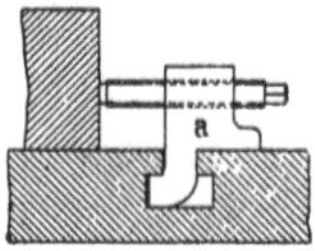

a

упорная колодка (f)
barra (f) di serraggio
garra (f) de sujeción

---

7 Aufspannut (f) mit ⊥ förmigem Querschnitt
⊥ slot
rainure (f) de serrage en ⊥

канавка (f) ⊥ образнаго сѣченія
scanalatura (f) a forma di ⊤ invertito
ranura (f) de sujeción con corte transversal de ⊤ invertida

kreisförmige Aufspannnut (f)
circular slot
rainure (f) de serrage circulaire

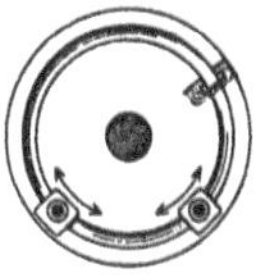

круговая канавка (f) для закрѣпленія упорокъ
scanalatura (f) circolare
ranura (f) de sujeción circular 1

Werkstückstütze (f)
work piece support
pièces (f pl) de serrage de la pièce à travailler

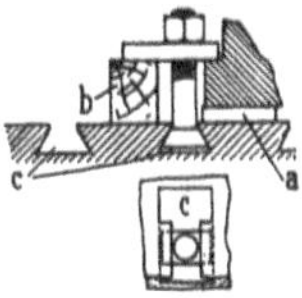

приспособленіе (n) для удержанія обрабатываемаго предмета
sostegno (m) dei pezzi da lavorare 2
soporte (m) para aguantar la pieza de labor

Unterlage (f)
setting up piece
pièce (f) d'épaisseur, cale (f)

a

подкладка (f)
grossezza (f) *o* spessore (m) di rialzo 3
calce (m)

Unterlegklotz (m)
packing up block
bloc (m), cale (f)

b

опорная колодка (f)
ceppo (m) *o* spessore (m) di sostegno 4
taco (m) para calzar

Aufspannut (f) mit schwalbenschwanzförmigem Querschnitt
dovetail slot
rainure (f) de serrage en queue d'aronde

c

канавка (f), имѣющая въ сѣченіи форму хвоста ласточки
scanalatura (f) a coda di rondine 5
ranura (f) de sujeción con corte transversal en forma de cola de milano

---

Beilage (f)
packing
cale (f)

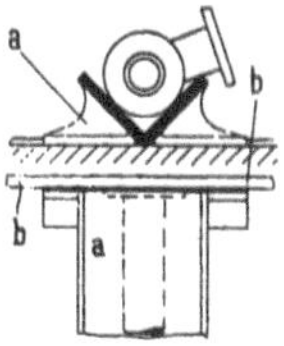

a

угловая подкладка (f); приспособленіе (n) для установки круглыхъ предметовъ (трубъ) 6
squadra (f) (per fissare i pezzi)
pieza (f) de apoyo intermedia

Anschlagleiste (f)
strip
bande (f) d'appui

b

упорная планка (f)
suola (f) della squadra (per fissare i pezzi) 7
listón (m) de tope

Winkelstück (n)
angle plate
équerre (f)

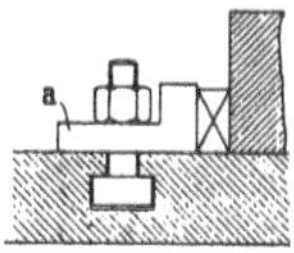

a

угольникъ (m)
squadra (f) angolare 8
pieza (f) angular

1
Unterlegkeil (m)
wedge
cale (f), coin (m)

клинъ (m) для установки по высотѣ
cuneo (m) di spessore, spessore (m) a cuneo
cuña (f) de calzar

2
Hakenschraube (f)
hook bolt
vis (f) à crochet *ou* à griffe

болтъ (m) съ загнутымъ крючкообразнымъ концомъ
vite (f) a gancio
tornillo (m) de gancho, escarpia (f)

3
Schraubbock (m)
screw block
vérin (m) à vis, support (m) à vis

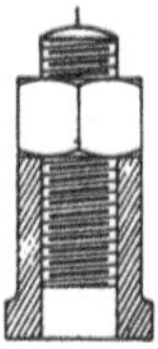

подъёмный козелокъ (m); установочный винтъ (m), дѣйствующій какъ домкратъ
cavalletto (m) a vite, martinetto (m) a vite
gato (m) de tornillo

4
Aufspannlappen (m), Einspannlappen (m)
fixing *or* holding flange
nervure (f) de serrage

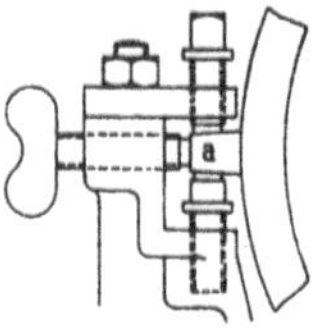

a

закрѣпное ребро (n)
naso (m) di fissaggio
nervadura (f) para apretar

5
Aufspannblock (m), Aufspannkasten (m)
vice
table-caisson (f) (à rainures), table (f) cubique

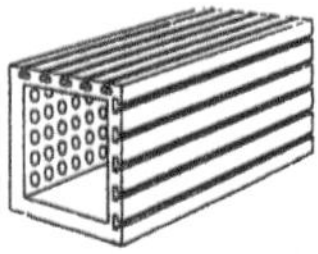

коробчатый столъ (m) съ канавками для укрѣпленія предметовъ
tavola (f) a cassa di montaggio dei pezzi
mesa (f) de sujeción cúbica

6
Aufspannwinkel (m)
grooved setting up table
table-équerre (f) de fixation à rainures

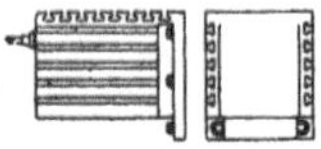

столъ (m) - угольникъ съ пазами; столъ (m) въ видѣ кронштейна для укрѣпленія предметовъ
tavola (f) di montaggio a squadra *o* ad angolo
escuadra (f) [de mesa] de sujeción

7
(wagrechte, senkrechte) Verschiebung (f) *oder* Verstellung (f) der Aufspannwinkel
(horizontal, vertical) movement of the table
déplacement (m) (horizontal, vertical) des tables-équerres de fixation (à rainures)

(горизонтальное, вертикальное) перемѣщеніе (n) столовъ-угольниковъ
spostamento (m) (orizzontale, verticale) della tavola a squadra
corrimiento (m) (horizontal, vertical) de la escuadra de sujeción

Verspannen (n) *oder* Verziehen (n) (Verbiegen) des Werkstücks
bending of the piece of work
faussage (m) par serrage de la pièce à travailler, gauchissement (m)

прогибъ (m) обрабатываемаго предмета отъ закрѣпленія
storcimento (m) del pezzo da lavorare
torcimiento (m) [de la pieza] *1*

Werkzeuge — **Инструменты**
Tools — **Utensili** *2*
Outils — **Útiles**

Hobelstichel (m), Hobelstahl (m), Hobelmeißel (m), [Hobelzäher (m)]
planing tool
outil (m) raboteur, lame (f) de rabot

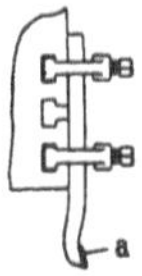

строгальный рѣзецъ (m)
ferro (m) *o* utensile (m) per piallare
acero (m) de cepillar *3*

Stahlschneide (f), Stichelschneide (f)
cutting edge
tranchant (m) de l'outil

a

рѣжущее ребро (n) *или* рѣжущая кромка (f) рѣзца; лезвіе (n) строгальнаго рѣзца
taglio (m) dell'utensile
corte (m) *ó* filo (m) del acero *4*

Schneidwinkel (m)
cutting angle
angle (m) d'entaillage de la surface de coupe, angle (m) de résistance

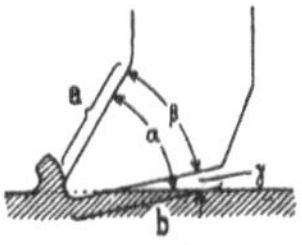

уголъ рѣзанія; передній уголъ (m) рѣзца
angolo (m) di taglio
ángulo (m) de frente *5*

α

Brustwinkel (m), Keilwinkel (m)
front rake
angle (m) de coupe *ou* de taillant *ou* d'affût

β

уголъ (m) рѣзца; уголъ (m) заостренія рѣзца
angolo (m) di resistenza
ángulo (m) de corte *6*

Ansatzwinkel (m), Anstell[ungs]winkel (m)
clearance angle
angle (m) d'attaque *ou* de dépouille

γ

задній уголъ (m) *или* уголъ наклона рѣзца
angolo (m) morto *o* di aggiunta
ángulo (m) de incidencia *7*

Brustfläche (f)
face of lip of tool
poitrail (m)

a

передняя плоскость (f) *или* грань (f) рѣзца
piano (m) anteriore
superficie (f) delantera *8*

Rückenfläche (f)
back of tool
face (f) d'appui, flanc (m)

b

задняя плоскость (f) *или* грань (f) рѣзца
piano (m) posteriore
superficie (f) trasera *9*

1 richtiges Anschleifen (n)
correct grinding
affûtage (m) exact

правильная заточка (f)
affilatura (f) esatta *o* giusta
afilado (m) correcto

---

2 verkehrtes Anschleifen (n)
incorrect grinding
affûtage (m) défectueux

неправильная заточка (f)
affilatura (f) sbagliata *o* errata
afilado (m) incorrecto

---

3 Querverschiebung (f) des Stahls
cross travel of the tool
déplacement (m) transversal de l'outil

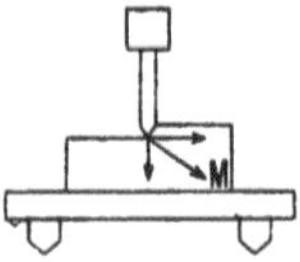

поперечное перемѣщеніе (n) рѣзца
spostamento (m) trasversale dell'utensile
deslizamiento (m) transversal del acero

---

4 Meißeldruck (m)
pressure of tool
pression (f) de l'outil

M

давленіе (n) на рѣзецъ
pressione (f) dell'utensile
presión (f) del acero

---

5 Span (m)
cutting, chip
copeau (m)

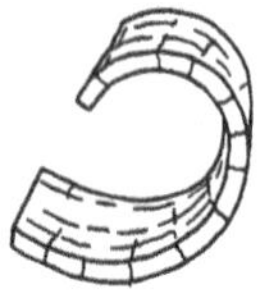

стружка (f)
truciolo (m)
viruta (f)

---

6 Schruppstahl (m)
roughing tool
outil (m) dégrossisseur

рѣзецъ (m) для черновой обработки; рѣзецъ для обдирки
utensile (m) da sbozzare *o* da sgrossare
acero (m) de desbastar

---

7 Schlichtstahl (m)
finishing tool
outil (m) finisseur

рѣзецъ (m) для чистовой обработки; отдѣлочный рѣзецъ
utensile (m) da rifinire *o* da finire
acero (m) de repasar *ó* terminar

---

8 Stichelerwärmung (f)
heating of the tool
échauffement (m) de l'outil

нагрѣваніе (n) рѣзца
riscaldamento (m) dell'utensile
calentamiento (m) del acero

---

9 Wärmeabfuhr (f), Wärmeabfluß (m)
reduction of the heat
rafraîchissage (m)

отвдееніе (n) тепла
sottrazione (f) di calore
descarga (f) del calor, aislamiento (m) del calor

---

10 Wärmeleitung (f)
conduction of heat
transmission (f) de la chaleur

теплопроводность (f)
trasmissione (f) di calore
conducción (f) del calor

---

11 Wärmeleitfähigkeit (f)
capacity for conduction of heat
pouvoir (m) conducteur de la chaleur, conductibilité (f) calorifique

теплопроводная способность (f); способность проводить тепло
conduttività (f) di calore
conductibilidad (f) del calor

Wasserkühlung (f)
water cooling
refroidissement (m) à l'eau

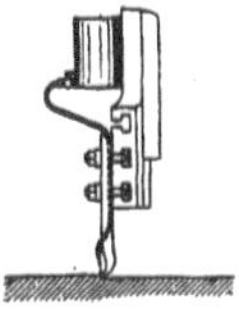

охлажденіе (n) водой
raffreddamento (m) ad acqua
refrigeramiento (m) por agua 1

Werkzeugstahl (m)
tool steel
acier (m) à outils

инструментальная сталь (f)
acciaio (m) da utensili *o* da attrezzi
acero (m) para herramientas 2

Stahl (m)
steel
acier (m)

сталь (f)
acciaio (m)
acero (m) 3

---

harter Stahl (m)
hard steel
acier (m) dur

твёрдая *или* жёсткая сталь (f)
acciaio (m) duro
acero (m) duro 4

---

mittelharter Stahl (m)
medium hard steel
acier (m) demi-dur

сталь (f) средней твёрдости
acciaio (m) mezzo duro
acero (m) semi-duro, acero (m) semi-dulce 5

Schweißstahl (m)
welding steel
acier (m) soudable

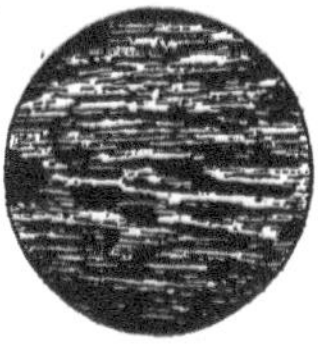

сварочная сталь (f)
acciaio (m) saldabile
acero (m) batido, acero (m) soldado, acero (m) forjado 6

Puddelstahl (m), [Herdfrischstahl (m)]
puddled steel
acier (m) puddlé

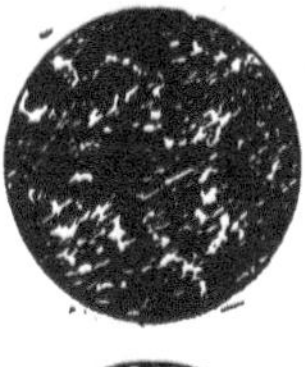

пудлинговая сталь (f); [кричная сталь]
acciaio (m) pudellato
acero (m) pudelado: hierro (m) colado refinado al carbón vegetal en fuego de afineria 7

Flußstahl (m)
hard *or* ingot steel
acier (m) fondu homogène, acier (m) homogène

литая сталь (f)
acciaio (m) omogeneo
acero (m) fundido 8

1 Bessemer[fluß]stahl (m)
Bessemer steel
acier (m) Bessemer

бессемеровская сталь (f)
acciaio (m) Bessemer
acero (m) Bessemer, acero (m) Bessemer dulce

---

2 Thomas[fluß]stahl (m)
Thomas steel
acier (m) Thomas

томасовская сталь (f)
acciaio (m) Thomas
acero (m) Thomas, acero (m) Thomas dulce

---

3 Siemens-Martin[fluß]-stahl (m)
open hearth steel
acier (m) Siemens-Martin *ou* S.-M., acier (m) Martin

мартеновская сталь (f); сименсъ-мартеновская сталь
acciaio (m) Martin
acero (m) Siemens-Martin, acero (m) Siemens-Martin dulce

---

4 Tiegelstahl (m), Tiegelflußstahl (m)
crucible steel
acier (m) [fondu] au creuset

тигельная сталь (f)
acciaio (m) al crogiuolo
acero (m) al crisol, acero (m) al crisol dulce

---

5 Feinstahl (m), Gärbstahl (m), Gerbstahl (m), Edelstahl (m), Raffinierstahl (m)
refined steel, shear steel
acier (m) corroyé, acier (m) d'affinage *ou* affiné

раффинированная сталь (f)
acciaio (m) affinato
acero (m) afinado, acero (m) fino, acero (m) refinado

---

6 Zementstahl (m), Kohlungsstahl (m), Brennstahl (m)
cemented steel
acier (m) cémenté

цементная сталь (f); томлёная сталь; морянка (f); томлянка (f)
acciaio (m) cementato
acero (m) cementado

---

7 Damaszener Stahl (m), damaszierter Stahl (m)
Damascus steel
acier (m) damasquiné

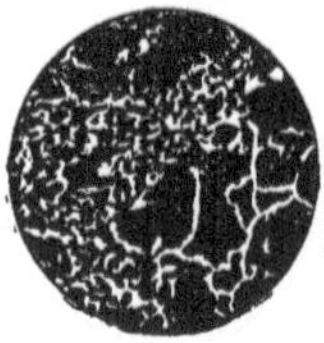

дамасская сталь (f); булатъ (m)
acciaio (m) damascato
acero (m) damascenado

Nickelstahl (m)
nickel steel
acier (m) au nickel, acier-nickel (m)

никкелевая сталь (f)
acciaio (m) al nickel 1
acero (m) al níquel

Chromstahl (m)
chromium steel
acier (m) chromé *ou* au chrome, acier-chrome (m)

хромистая сталь (f)
acciaio (m) al cromo 2
acero (m) al cromo

Wolframstahl (m)
Wolfram steel, tungstic steel
acier (m) au Wolfram, acier-tungstène (m)

вольфрамовая сталь (f)
acciaio (m) al Wolframio
acero (m) tungstenoso, acero (m) tungstenado, acero (m) al Wolfram 3

Manganstahl (m)
manganese steel
acier (m) au manganèse, acier-manganèse (m)

марганцовая сталь (f)
acciaio (m) al manganese 4
acero (m) al manganeso

Schnell[lauf]stahl (m), Schnellarbeitstahl (m), Rapidstahl (m)
high speed tool steel
acier (m) pour outils rapides *ou* à coupe rapide

быстрорѣжущая сталь (f); сталь для быстрой обработки металловъ 5
acciaio (m) rapido
acero (m) rápido

Stichelbefestigung (f)
method of holding tool
fixation (f) de l'outil

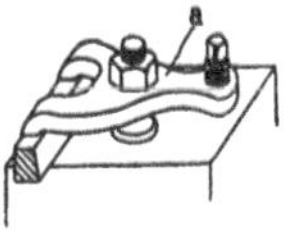

укрѣпленіе (n) рѣзца
piazzamento (m) dell'utensile 6
sujeción (f) de la herramienta

---

drehbares Spanneisen (n)
pivoted clamp
griffe (f) de serrage pivotante

a

поворотный зажимъ (m) для рѣзца
morsetto (m) portautensile girevole, gambero (m) 7
disposición (f) de sujeción giratoria, colocación (f) giratoria

---

Stichelhaus (n)
tool box, tool post
porte-outil (m)

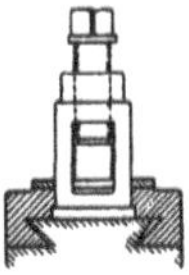

державка (f) рѣзца; стойка (f) для укрѣпленія рѣзца
morsetto (m) portautensile americano 8
porta-herramienta (m)

Stichelhausschlitten (m), Hobelsupport (m)
tool holder slide
chariot (m) porte-outil

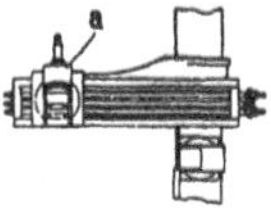

a

верхнія салазки (f pl) рѣзцоваго суппорта
slitta (f) del portautensile 9
carro (m) del porta-herramienta

1 Sticheltrāger (m), Stahlträger (m), Meißelträger (m), [Hobel-] Support (m)
tool carrier
porte-outil (m)

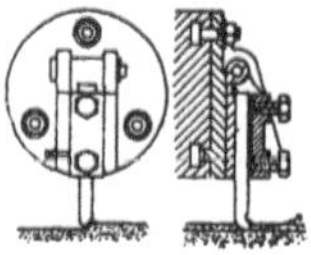

рѣзцовый суппортъ (m)
portautensile (m)
porta-útil (m), porta-acero (m), porta-buril (m)

---

2 Hobelstahleinspannvorrichtung (f)
device for securing planing tool
dispositif (m) de fixation pour outil à raboter, porte-outil (m) pour machine à raboter

приспособленіе (n) для закрѣпленія строгальнаго рѣзца; [фиг.:] откидная державка (f) рѣзца
dispositivo (m) per piazzare l'utensile da piallare
disposición (f) de sujetar el acero de cepillar

---

3 Stichelbüchse (f)
tool post *or* holder
cage (f) de fixation de l'outil

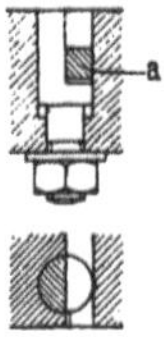

приспособленіе (n) для зажима рѣзца
bussola (f) per l'utensile
caja (f) de la herramienta

---

4 Stichelstiel (m)
shank of tool
corps (m) de l'outil

a

стержень (m) *или* стебель (m) рѣзца
gambo (m) dell'utensile
mango (m) de la herramienta

---

5 Stichelhalter (m), Werkzeughalter (m)
tool holder
porte-outil (m)

приспособленіе (n) для укрѣпленія рѣзца
portautensile (m)
porta-herramienta (m)

---

6 Stichelstange (f), stangenförmiger Werkzeugträger (m)
bar tool holder
barre (f) de porte-outil

оправка (f) съ рѣзцомъ
portautensile (m) a barra, barra (f) portautensile
barra (f) de la herramienta, porta-útil (m) en forma de barra

---

7 selbsttätige Meißelabhebung (f)
self acting lift of the tool
relèvement (m) automatique de l'outil

автоматическое отведенie (n) рѣзца
sollevamento (m) automatico dell'utensile
levantamiento (m) automático de la herramienta (al retroceder)

Klappenträger(m) hinged tool holder porte-outil (m) à charnière	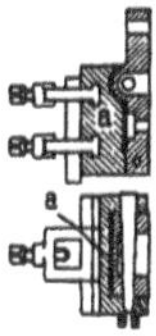 	суппортъ (m) съ откидной поворотной доской portautensile (m) a snodo porta-útil (m) de charnela	1
[gelenkige] Klappe (f) hinged plate battant (m) à charnière	a	шарнирно укрѣплённая доска (f) piastra (f) di sostegno del portautensile a snodo placa (f) á bisagra *ó* articulada	2
Doppelstahlhalter (m) mit elektromagnetischer Umsteuerung double tool holder with electromagnetic reverse porte-outil (m) à deux outils à changement de position au moyen d'un électro-aimant	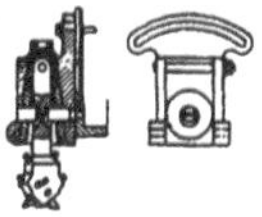	державка (f) для двухъ рѣзцовъ съ электромагнитнымъ механизмомъ для поворота при перемѣнѣ хода portautensile (m) a due ferri con cambiamento elettromagnetico porta-acero (m) doble con cambio de posición eléctromagnetico	3
den Stahl einstellen (v) to set the tool ajuster (v) l'outil, mettre (v) l'outil au point		установить рѣзецъ piazzare (v) l'utensile graduar (v) la herramienta	4
genau eben hobeln (v) to plane dead true raboter (v) exactement dans un plan, planer (v), dresser (v)		обстрагивать (f) гладко; обстрагивать точно по плоскости piallare (v) esattamente, piallare (v) un piano esatto cepillar (v) una superficie lisa con precisión	5
Richtplatte (f) surface plate marbre (m)	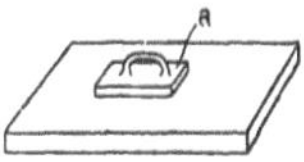 a	прави́льная *или* провѣрочная *или* рихтовальная плита (f) piano (m) di aggiustaggio mármol (m)	6
Lineal (n) straight edge règle (f)		линейка (f) regolo (m) regla (f)	7
Wasserwage (f) water level niveau (m) d'eau		ватерпасъ (m), уровень (m) livello (m) ad acqua *od* a bolla nivel (m)	8

1 Kurvenhobelapparat (m)
curve planing apparatus
machine (f) à raboter les surfaces courbes, raboteuse (f) de surfaces courbes

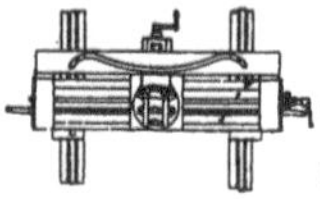

приборъ (m) для строжки кривыхъ поверхностей; кондукторъ (m)
dispositivo (m) per piallare superfici curve
aparato (m) de cepillar curvas

2 **Feilmaschinen**
Shaping Machines
Limeuses

Поперечно-строгальные станки
Limatrici
Máquinas limadoras

3 Feilmaschine (f), Shapingmaschine (f)
shaping machine, shaper
étau-limeur (m)

поперечно-строгальный станокъ (m); шепингъ-машина (f); шепингъ (m); [у рабочихъ:] самосуйка (f)
limatrice (f)
máquina (f) limadora, cepillo-limador (m)

4 Wagrechtfeilmaschine (f), Horizontalfeilmaschine (f)
horizontal shaping machine
étau-limeur (m) horizontal

поперечно-строгальный станокъ (m); шепингъ (m)
limatrice (f) orizzontale
máquina (f) limadora horizontal

5 doppelte Feilmaschine (f)
double shaping machine
étau-limeur (m) double

поперечно-строгальный станокъ (m) съ двумя суппортами; двойной шепингъ (m)
limatrice (f) doppia
limadora (f) doble, limadora (f) con dos portaútiles

6 Feilmaschine (f) für Längs-, Quer- und Rundhobeln
shaping machine for longitudinal, cross and circular shaping
étau-limeur (m) pour rabotage longitudinal et transversal et circulaire

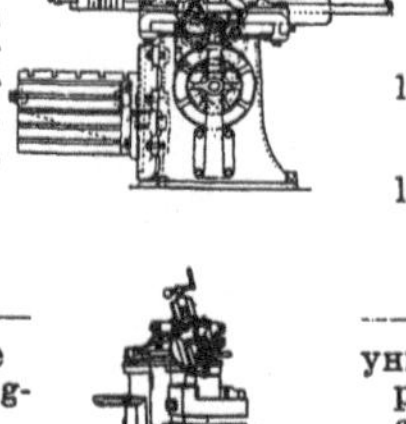

поперечно-строгальный станокъ (m) для продольнаго, поперечнаго и кругового строганія; шепингъ (m) для продольной, поперечной и круговой строжки
limatrice (f) longitudinale e trasversale e circolare
limadora (f) para cepillar longitudinalmente y transversalmente y en redondo

7 Universalfeilmaschine (f), Universalshapingmaschine (f)
universal shaping machine
étau-limeur (m) universel

универсальный поперечно-строгальный станокъ (m); универсальный шепингъ (m)
limatrice (f) universale
limadora (f) universal

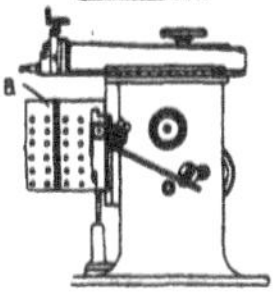

a

1

Arbeitstisch (m), Tisch (m)
[working] table
table (f) de fixation

рабочій столъ (m)
tavola (f)
mesa (f) (de sujeción)

2

Tischverstellung (f)
table adjustment
déplacement (m) *ou* ajustage (m) de la table

перестановка (f) стола
spostamento (m) della tavola
graduación (f) de la mesa

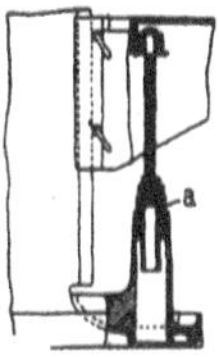

a

3

Stützmutter (f)
nut for elevating table
écrou (m) de levée de la table

гайка (f) для подъёма стола
vite (f) *o* madrevite (f) di sostegno *o* di innalzamento
tuerca (f) de levantamiento de la mesa

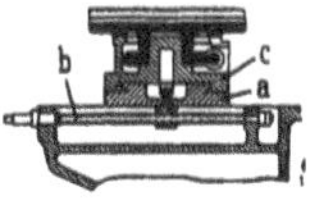

4

Kreuzschlitten (m), Kreuzsupport (m)
table with cross feeds, compound rest
chariot (m) *ou* table (f) à mouvements transversal et vertical

крестовый суппортъ (m)
slitta (f) a croce, tavola (f) a croce
carro (m) transversal y vertical, mesa (f) *ó* soporte (m) de movimientos en cruz

---

5 — a

Bettschlitten (m), Langschlitten (m), Längsschlitten (m)
bed *or* longitudinal slide, cross slide
chariot (m) porte-outil transversal, coulisseau (m) porte-outil

продольныя салазки (f pl) станины
slitta (f) *o* tavola (f) longitudinale
carro (m) de bancada, carro (m) transversal del soporte

---

6 — b

Längsschlittenspindel (f)
screw spindle for longitudinal slide
vis (f) de commande du mouvement longitudinal du porte-outil

ходовой винтъ (m) продольнаго самохода
vite (f) di comando del movimento longitudinale
eje (m) del carro longitudinal porta-útil

---

7 — c

Querschlitten (m)
transverse slide, table
chariot (m) transversal

поперечныя салазки (f pl)
slitta (f) *o* tavola (f) trasversale
carro (m) transversal

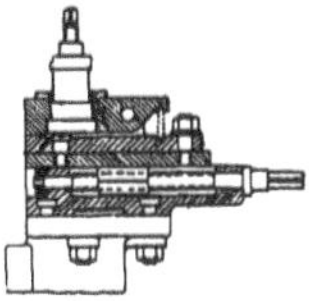

8

Querhobelsupport (m)
cross tool carriage *or* head
chariot (m) de porte-outil

рѣзцовый суппортъ (m) поперечно-строгальнаго станка
testa (f) *o* sopporto (m) portautensile trasversale
soporte (m) de cepillar de movimiento transversal

1	Stößelantrieb (m) drive of the ram commande (f) du coulisseau porte-outil		передача (f) движенія рѣзцовой призмѣ comando (m) dello slittone *o* del braccio mobile movimiento (m) motor del porta-útil
2	Antriebspindel (f) driving spindle arbre (m) de commande	a	валъ (m) приводнаго шкива albero (m) di comando husillo (m) principal del movimiento motor
3	Antriebstufenscheibe (f) driving cone pulley poulie (f) de commande à gradins, cône (m) de commande	b	приводный ступенчатый шкивъ (m) puleggia (f) a gradini di comando cono (m) de velocidades
4	Kurbelschleife (f), Exzenterschleife (f) slotted crank plate manivelle (f) à coulisse		вращающаяся кулисса (f) piastra (f) a manovella, piastra (f) ad eccentrico manivela (f) de corredera
5	Kulissenstein (m), Gleitstein (m), Gleitstück (n) slide *or* die block coulisseau (m)	a	кулиссный камень (m); ползунъ (m) corsoio (m) taco (m) *ó* pivote (m) de la corredera
6	Steinführung (f) guide *or* slide way coulisse (f)	b	кулисса (f) guida (f) del corsoio corredera (f) del pivote *ó* del taco
7	Gleitsteinzapfen (m), Kulissenzapfen (m) crank pin maneton (m) *ou* tourillon (m) de coulisseau		цапфа (f) кулиссы bottone (m) *o* perno (m) del corsoio espiga (f) de la corredera
8	Stangenkopf (m) connecting rod end tête (f) de bielle	a b	головка (f) шатуна testa (f) della biella cabeza (f) de la biela
9	Getriebe (n), Trieb (m) pinion pignon (m)	c	шестерня (f) pignone (m) *od* ingranaggio (m) motore engranaje (m) motor, piñón (m)
10	Zahnstange (f) rack crémaillère (f)	d	зубчатая рейка (f) cremagliera (f) cremallera (f)

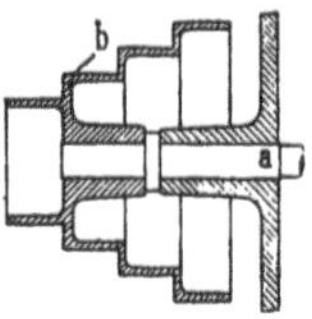

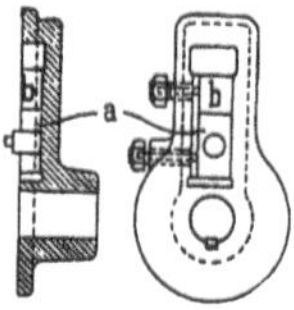

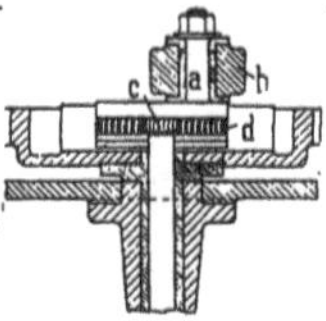

Spindel (f) zur Hubverstellung
spindle for regulating action *or* stroke
arbre (m) pour le réglage de course

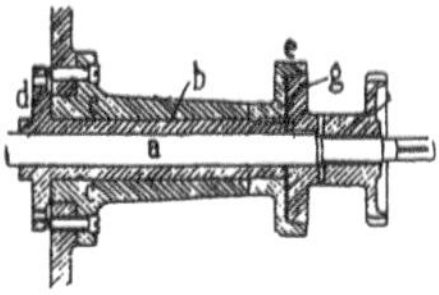

a

валикъ (m) для измѣненія длины хода
albero (m) per regolare la corsa
husillo (m) de graduación de la carrera 1

Hülse (f)
bush
douille (f), manchon (m)

b

втулка (f); трубка (f)
bussola (f)
manguito (m) 2

Hülsenlager (n)
sleeve
douille (f) formant palier

c

стаканъ (m), служащій для поддержанія втулки
sopporto (m) della bussola, manicotto (m)
cojinete (m) del manguito 3

Hülsenbund (m), Hülsenflansch (m)
flange of bush
collet (m) de la douille

d

фланецъ (m) втулки
corona (f) *o* ribordo (m) della bussola
brida (f) del manguito 4

Reibkupplung (f)
friction clutch
embrayage (m) à friction

e

фрикціонъ (m); муфта (f) тренія
innesto (m) a frizione
embrague (m) de fricción 5

Reibkegel (m)
friction disc *or* cone
cône (m) de friction

g

фрикціонный конусъ (m); конусъ тренія
cono (m) a frizione
cono (m) de fricción 6

Kegelreibungskupplung (f)
cone friction coupling
embrayage (m) par cônes de friction

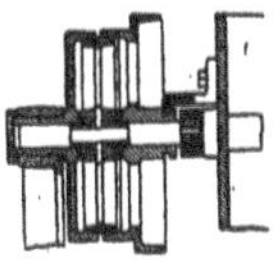

коническая фрикціонная муфта (f)
innesto (m) a coni di frizione
embrague (m) de conos de fricción 7

Antrieb (m) durch Umlaufschleife
drive by means of slotted crank plate
commande (f) par coulisse rotative

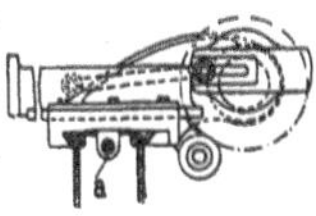

передача (f) движенія вращающейся кулиссой
comando (m) con manovella a disco
movimiento (m) por corredera rotatoria 8

Schaltschraube (f)
cross traverse screw for ram
vis (f) de l'avance transversale

a

винтъ (m) подачи
vite (f) di spostamento dello slittone
tornillo (m) del avance transversal 9

1 Federhebel (m)
spring lever
levier (m) à ressort

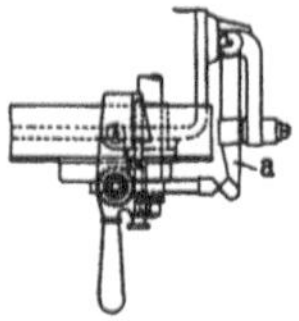

a

пружинный рычагъ (m)
leva (f) a molla
palanca (f) á resorte

---

2 Zahnstangenantrieb (m) des Stößels
rack and pinion drive of ram
commande (f) par crémaillère du porte-outil

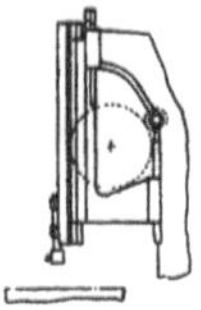

передача (f) движенія рѣзцовой призмъ отъ зубчатой рейки
comando (m) a cremagliera del braccio
movimiento (m) motor del porta-útil por cremallera

---

3 elektrischer Antrieb (m)
electric drive
commande (f) électrique

электрическій приводъ (m); передача (f) движенія отъ электродвигателя
comando (m) elettrico
movimiento (m) motor eléctrico

---

4 Exzentersteuerung (f)
eccentric control
commande (f) par excentrique

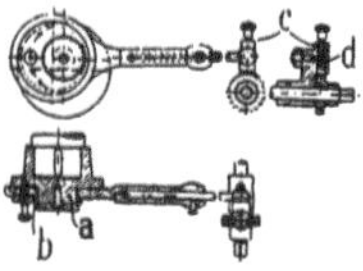

механизмъ (m) съ эксцентрикомъ, служащій для сообщенія подачи
cambiamento (m) di marcia *od* inversione (f) del movimento ad eccentrico
movimiento (m) motor por excéntrico

---

5 Exzentrizität (f)
eccentricity
excentricité (f)

эксцентриситетъ (m)
eccentricità (f)
excentricidad (f)

---

6 Steuerexzenter (n)
control eccentric
excentrique (m) de commande

a b

эксцентрикъ (m) механизма подачи
eccentrico (m) del cambiamento di marcia *o* dell'inversione del movimento
excéntrico (m) motor

---

7 Ausrücker (m)
disengaging latch
bouton (m) de débrayage

c

стержень (m) для расцѣпленія [собачки]
interruttore (m), bottone (m) *o* perno (m) di disinnesto
espiga (f) de desembrague

---

8 ausrückbare Sperrklinke (f)
disengaging pawl
cliquet (m) débrayable

d

собачка (f), допускающая расцѣпленіе
nottolino (m) disinnestabile
trinquete (m) desembragable

Exzenterzapfen (m)
eccentric pin
maneton (m) *ou* bouton (m) excentré

a

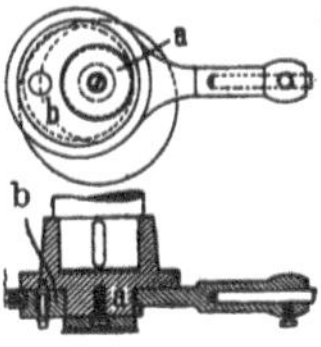

цапфа (f), на которую надѣвается эксцентрикъ
bottone (m) *o* perno (m) dell'eccentrico
espiga (f) del excéntrico *1*

Exzenterscheibe (f), Kurbelscheibe (f)
eccentric disc
plateau (m) [d'] excentrique, plateau (m) [de] manivelle

b

эксцентриковый дискъ (m)
disco (m) a manovella, disco (m) ad eccentrico
disco (m) excéntrico, disco-manivela (m) *2*

Schaltstange (f)
feed rod
biellette (f) de commande

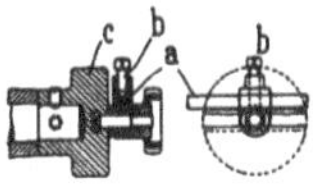

шатунчикъ (m) подачи
asta (f) di avanzamento
biela (f) de mando *3*

---

a

Klemmschraube (f)
set screw
vis (f) de serrage

b

зажимный винтъ (m)
vite (f) di serraggio
tornillo (m) de aprieto *4*

Stellscheibe (f)
regulating disc
disque (m) de réglage

c

дискъ (m), допускающій перестановку пальца
disco (m) regolatore, disco (m) graduato
disco (m) graduador *5*

Stößel (m) *oder* Schlitten (m) der Feilmaschine
slide *or* ram of shaper
coulisseau (m) porte-outil d'étau-limeur

рѣзцовая призма (f) поперечнострогальнаго станка
slittone (m), braccio (m) mobile
porta-útil (m) *ó* carro (m) de la limadora *6*

Stößelhub (m)
stroke of ram
mouvement (m) du (coulisseau) porte-outil, course (f) du coulisseau

ходъ (m) рѣзцовой призмы
corsa (f) dello slittone *o* del braccio mobile
movimiento (m) de avance del porta-útil *7*

Stößelführung (f)
ram guide
guidage (m) de coulisseau (porte-outil), glissières (f pl) du porte-outil

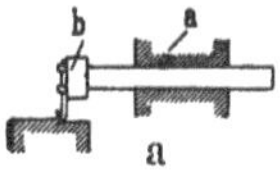

a

направляющія (f pl) рѣзцовой призмы
guida (f) dello slittone *o* del braccio mobile
guía (f) del porta-útil *8*

Stößelkopf (m)
ram head
tête (f) du coulisseau (porte-outil)

b

головка (f) рѣзцовой призмы
testa (f) dello slittone *o* del braccio mobile
cabezal (m) del porta-útil *9*

1	Stichelschlitten (m) tool slide chariot (m) porte-outil		верхнія салазки (f pl) суппорта, несущія рѣзецъ portautensile (m) dello slittone *o* del braccio mobile carro (m) del porta-útil
2	Handrad (n) hand wheel manette (f)		маховичокъ (m) volantino (m) a mano rueda (f) á mano
3	Kugelkurbel (f) ball handle, balanced crank manivelle (f) équilibrée	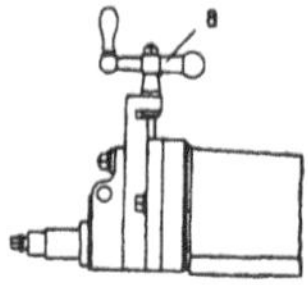	уравновѣшенная рукоятка (f) manovella(f) equilibrata manivela (f) equilibrada
4	Hobeln (n) hohler Flächen shaping of hollow surfaces mortaisage (m) *ou* rabotage (m) de surfaces concaves *ou* de pièces creuses		строганіе (n) *или* строжка (f) вогнутыхъ [цилиндрическихъ] поверхностей piallatura (f) di superfici concave ed interne el cepillar superficies cóncavas
5	Rundhobelvorrichtung (f) circular shaping device mécanisme (m) de rabotage de surfaces cylindriques	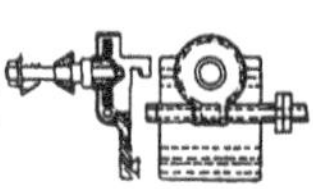	приспособленіе (n) для строганія по кругу; аппаратъ (m) для строганія цилиндрическихъ предметовъ dispositivo (m) per piallare tondo *o* circolare disposición (f) para cepillar redondo
6	Kegelräder hobeln (v) to shape bevel wheels tailler (v) *ou* mortaiser (v) les pignons *ou* roues coniques	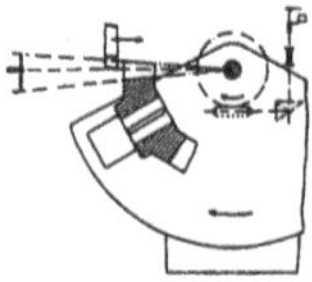	строгать зубцы коническихъ колёсъ piallare (v) ingranaggi conici acepillar (v) los engranajes cónicos
7	Kegelräderhobelvorrichtung (f) bevel wheel shaping device dispositif(m) pour tailler les pignons coniques	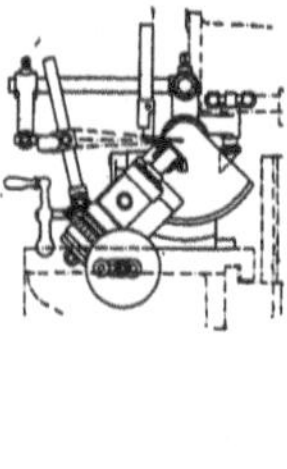	приспособленіе (n) для строжки коническихъ колёсъ; аппаратъ (m) для строганія зубцовъ коническихъ колёсъ dispositivo (m) per piallare gli ingranaggi conici disposición (f) para cepillar engranajes cónicos

Stoßmaschinen

Slotting Machines

Mortaiseuses

Долбежные станки (съ вертикальнымъ движеніемъ рѣзца)

Шепинги (съ горизонтальнымъ движеніемъ рѣзца) 1

Stozzatrici, mortesatrici

Mortajadoras

Stoßmaschine (f), Bestoßmaschine (f)
slotting machine
mortaiseuse (f), machine (f) à mortaiser

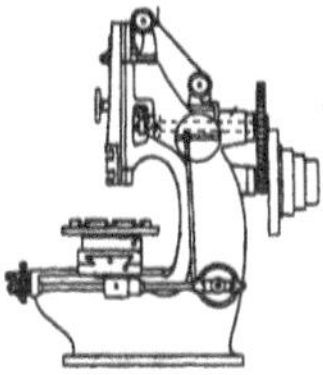

долбёжный станокъ (m)
stozzatrice (f), mortesatrice (f) 2
mortajadora (f), máquina (f) de mortajar

---

wag[e]rechte *oder* liegende Stoßmaschine (f), Horizontalstoßmaschine (f)
horizontal slotting machine
mortaiseuse (f) horizontale, étau-limeur (m)

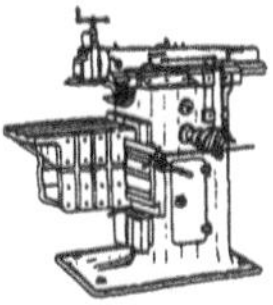

шепингъ (m)
stozzatrice (f) *o* mortesatrice (f) orizzontale 3
mortajadora (f) horizontal

Stoßmaschine (f) mit drehbarer Stößelführung
slotting machine with swivel plate for inclining the ram
mortaiseuse (f) à tête inclinable

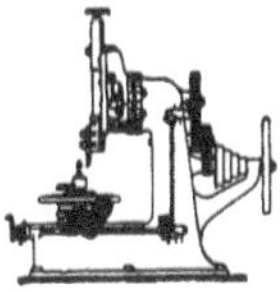

долбёжный станокъ (m) съ поворотными направляющими рѣзцовой призмы
stozzatrice (f) *o* mortesatrice (f) a portautensile *od* a slittone girevole 4
mortajadora (f) de cabezal inclinable *ó* giratorio

Nut[en]stoßmachine (f)
key way slotting machine
mortaiseuse-raineuse (f), mortaiseuse (f) à faire les rainures, mortaiseuse (f) à rainer

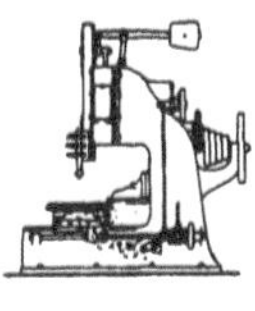

долбёжный станокъ (m), приспособленный для пробиранія шпоночныхъ канавокъ
macchina (f) per fare cave di chiavette, stozzatrice (f) per cave di chiavette 5
máquina (f) de hacer ranuras, mortajadora (f) de ranurar

Arbeitstisch (m)
table
plateau (m)

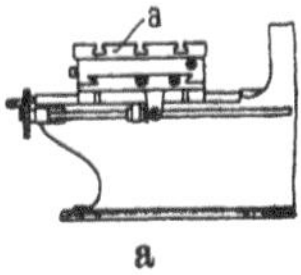

a

рабочій столъ (m)
tavola (f) 6
mesa (f)

1	Rundtisch (m), Rundsupport (m) round *or* circular table plateau (m) *ou* table (f) circulaire	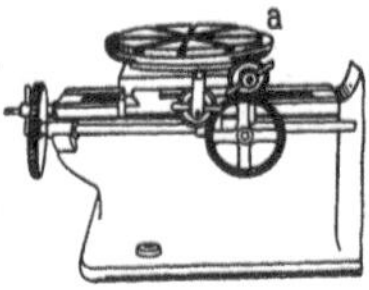	круглый столъ (m) суппорта tavola (f) circolare mesa (f) *ó* soporte (m) circular
2	Tisch (m) mit Ölrand table with retaining rim plateau (m) (tournant) *ou* table (f) (pivotante) à gouttière pour l'huile	a	столъ (m) съ канавкой *или* съ желобкомъ для масла tavola (f) con ribordo per l'olio mesa (f) de sujeción giratoria con gotera para el aceite
3	drehbarer Aufspanntisch (m) revolving table plateau (m) tournant	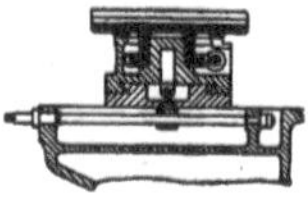	поворотный столъ (m) [для обработки по кругу] tavola (f) girevole *o* rotativa mesa (f) de sujeción giratoria
4	Froschplatte (f) table bed plate table (f) de fixation de la pièce	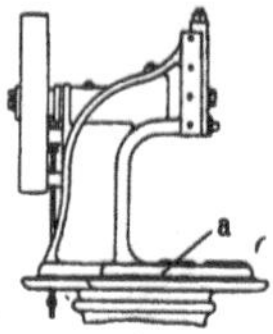 a	упорная колодка (f) piastra (f) a gola, piastra (f) di base mesa (f) de fijación de la pieza
5	Tür (f) door porte (f)	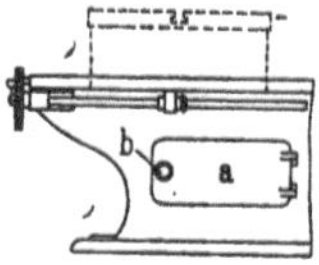 a	дверцы (f pl) porta (f) puerta (f)
6	Türknopf (m) doorknob bouton (m) *ou* poignée (f) de porte	b	кнопка (f) дверецъ bottone (m) della porta picaporte (m)
7	stoßen (v) to slot mortaiser (v), raboter (v) verticalement		долбить stozzare (v), mortesare (v) mortajar (v) *ó* cepillar (v) verticalmente
8	Bestoßen (n) des Werkstücks slotting the piece of work mortaisage (m) de la pièce		долбленіе (n) обрабатываемаго предмета; обдалбливаніе (n) предмета stozzatura (f) *o* mortesatura (f) di un pezzo escopleadura (v), acción (f) de mortajar

Langstoßen (n)
longitudinal slotting
mortaisage (m) longitudinal, chaufreinage (m)

продольное долбленіе (n); долбленіе вдоль
stozzatura (f) o mortesatura (f) longitudinale
el mortajar longitudinalmente 1

Querstoßen (n)
transverse slotting
mortaisage (m) transversal

поперечное долбленіе (n); долбленіе поперёкъ
stozzatura (f) o mortesatura (f) trasversale
el mortajar transversalmente 2

Rundstoßen (n)
circular slotting
mortaisage (m) circulaire

круговое долбленіе (n); долбленіе по кругу
stozzatura (f) o mortesatura (f) circolare
el mortajar circularmente 3

Nuten stoßen (v)
to slot *or* cut grooves
mortaiser (v), faire (v) des rainures, rainer (v)

долбить шпоночныя канавки
stozzare (v) o fare (v) cave
hacer (v) ranuras 4

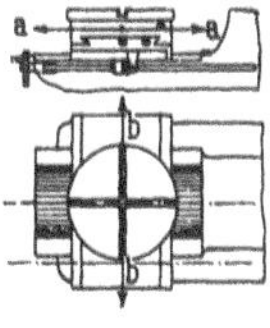

Längsgang (m) des Arbeitstisches
longitudinal motion of the table
mouvement (m) longitudinal de la table *ou* du plateau

a

продольное движеніе (n) *или* продольный ходъ (m) рабочаго стола
corsa (f) longitudinale della tavola
movimiento (m) longitudinal de la mesa 5

Quergang (m) des Arbeitstisches
transverse motion of the table
mouvement (m) transversal de la table *ou* du plateau

b

поперечное движеніе (n) *или* поперечный ходъ (m) рабочаго стола
corsa (f) trasversale della tavola
movimiento (m) transversal de la mesa 6

---

wagrechte *oder* horizontale Schlittenbewegung (f)
horizontal motion of slide *or* ram
mouvement (m) horizontal du coulisseau *ou* chariot

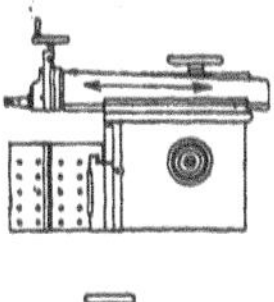

горизонтальное движеніе (n) рѣзцовой призмы шепинга
corsa (f) orizzontale dello slittone *o* del braccio mobile
movimiento (m) horizontal del carro *ó* cabezal 7

---

senkrechte *oder* vertikale Schlittenbewegung (f)
vertical movement of slide *or* ram
mouvement (m) vertical du chariot *ou* coulisseau porte-outil

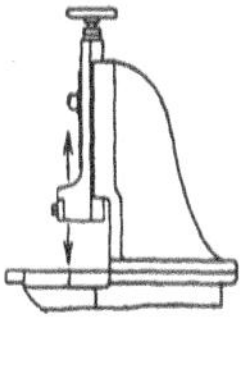

вертикальное движеніе (n) рѣзцовой призмы долбёжнаго станка
corsa (f) verticale dello slittone *o* del braccio mobile
movimiento (m) vertical del carro *ó* cabezal 8

1 Vorgelege (n)
countershaft
contre-arbre (m), renvoi (m) du mouvement

контръ-приводъ (m)
contralbero (m), rinvio (m)
contra-marcha (f)

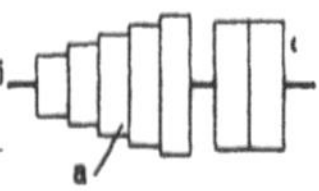

---

2 Stufenscheibe (f)
cone pulley
poulie (f) à gradins

ступенчатый шкивъ (m)
puleggia (f) a gradini
cono (m) de velocidades

a

---

3 Deckenvorgelege (n)
overhead countershaft
transmission (f) *ou* renvoi (m) de mouvement supporté par chaises

потолочный контръприводъ (m)
contralbero (m) pendente contro-soffitta
contra-marcha (f) de techo

---

4 Spindelstock (m)
head stock
tête (f) avec vis de commande

валъ (m) главной передачи
mandrino (m) del disco, albero (m) di comando
cabezal (m) de husillo

---

5 Kurbelschwinge (f)
oscillating crank lever
manivelle (f) oscillante [à coulisse]

кривошипъ (m) съ качающейся кулиссою
manovella (f) oscillante, disco (m) a manovella oscillante
manivela (f) oscilante de corredera

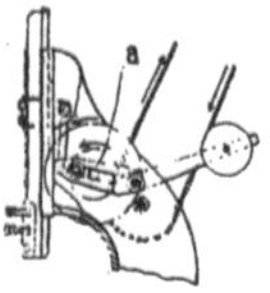

a

---

6 verstellbarer Kurbelzapfen (m)
adjustable crank pin
maneton (m) *ou* tourillon (m) de manivelle déplaçable *ou* réglable

переставной палецъ (m) *или* переставная цапфа (f) кривошипа
bottone (m) *o* perno (m) spostabile della manovella
espiga (f) graduable de la manivela

---

7 Antrieb (m) durch Kurbel und Lenkstange
driving by means of crank and connecting rod
commande (f) par manivelle et bielle

передача (f) движенія посредствомъ кривошипа и шатуна
comando (m) a mezzo di biella e manovella
movimiento (m) por manivela y biela

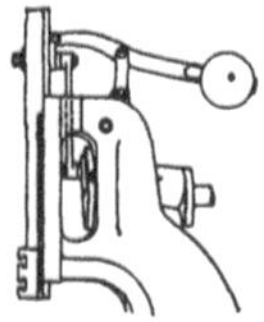

---

8 Schraubenantrieb (m) des Stößels
screw drive of ram
commande (f) du coulisseau porte-outil par vis

передача (f) движенія рѣзцовой призмѣ при помощи винта и гайки
comando (m) a vite dello slittone *o* del braccio mobile
movimiento (m) del porta-útil por tornillo sin fin

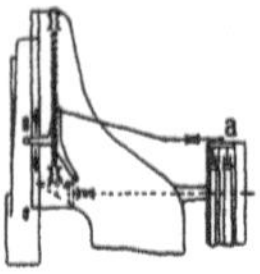

---

9 Riemenumsteuerung (f)
belt reversing
renversement (m) [de marche] par courroies

перемѣна (f) хода при помощи перевода ремней
inversione (f) del movimento a cinghia
cambio (m) de marcha por correas

a

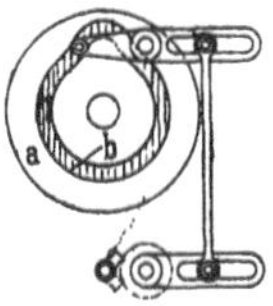

Steuerung (f) durch Kurvenscheibe
control by cam disc
commande (f) par plateau à coulisse courbe

подача (f) посредствомъ диска съ криволинейнымъ пазомъ
comando (m) dello slittone con disco a camma 1
movimiento (m) motor por disco de curvas

Kurvenscheibe (f), Kurvenzahnrad (n)
cam disc
plateau (m) à coulisse courbe, plateau (m) à came

a

дискъ (m) съ криволинейнымъ пазомъ *или* съ криволинейной канавкой 2
disco (m) a camma
disco (m) de curvas

Steuerkurve (f)
cam path
coulisse (f) courbe [de commande], came (f)

b

криволинейная канавка (f) для подачи
camma (f) curva del movimento *o* del comando 3
curva (f) motriz

Daumennut (f) auf ebener Fläche
cam slot on plane surface
rainure-came (f) *ou* coulisse (f) courbe pratiquée dans une surface plane

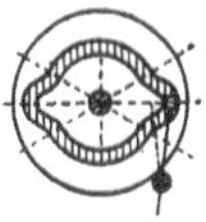

фигурная канавка (f) на плоскомъ дискѣ
camma (f) scanalata in superficie piana *o* sopra disco 4
curva (f) ranurada en superficie plana

Daumennut (f) auf walzenförmiger Fläche
cam slot on cylindrical surface
rainure-came (f) pratiquée dans une surface cylindrique

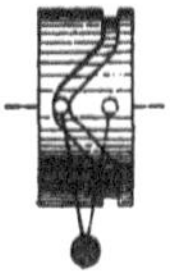

фигурная канавка (f) на цилиндрической поверхности
camma (f) scanalata in superficie cilindrica *o* sopra cilindro 5
curva (f) ranurada sobre cilindro

Feder (f)
key
clavette (f)

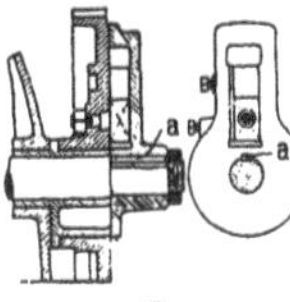

a

шпонка (f)
molla (f), chiavetta (f) 6
chaveta (f)

Kurbelwelle (f), Exzenterwelle (f)
eccentric shaft
arbre (m) à excentrique

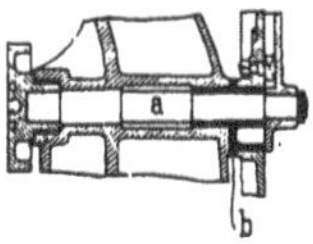

a

кривошипный валъ (m); эксцентриковый валъ
albero (m) dell'eccentrico *o* della manovella 7
árbol (m) de excéntrico

Lagerbüchse (f)
bushing
coussinet (m)

b

втулка (f) подшипника; [фиг.:] втулка съ эксцентрической цапфой на концѣ 8
cuscinetto (m), cuscinetto (m) a bussola
cojinete (m)

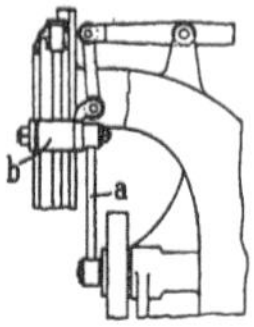

1	Steuergestänge (n) control rods (pl) bielles (f pl) et tringles (f pl) de commande		приспособленіе (n) для передачи движенія [призмѣ] aste (f pl) di comando *o* di movimento (dello slittone) bielas (f pl) y vástagos (m pl) de impulsión
2	Zugstange (f) connecting rod bielle (f)	a	шатунъ (m) biella (f) di comando biela (f) de tracción
3	Stellzapfen (m) adjustable pin tourillon (m) réglable	b	переставная цапфа (f) corsoio (m), spina (f) regolabile espiga (f) de graduación

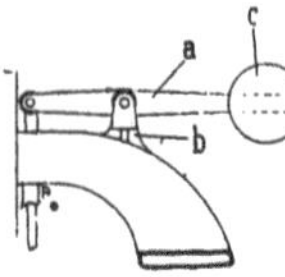

4	Hebel (m), Gewicht[s]-hebel (m) lever, weighted lever, lever with balance weight levier (m), levier (m) à contrepoids	a	рычагъ (m); рычагъ съ противовѣсомъ leva (f), leva (f) del contrappeso palanca (f), palanca (f) con contra-peso
5	Lagerbock (m) des Gewicht[s]hebels fulcrum bracket support (m) du levier à contrepoids	b	опора (f) для рычага съ противовѣсомъ sopporto (m) del fulcro della leva del contrappeso soporte (m) de la palanca de contra-peso
6	Gegengewicht (n) balance weight contrepoids (m)	c	противовѣсъ (m) contrappeso (m) contra-peso (m)

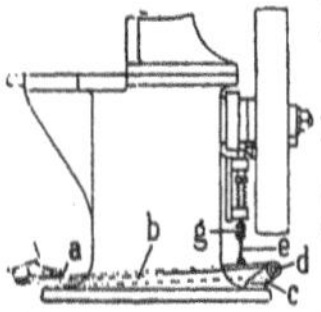

7	Auslösung (f) release déclanchement (m), débrayage (m)		разобщеніе (n); расцѣпленіе (n) disinnesto (m) desembrague (m)
8	Fußtritt (m) pedal pédale (f)	a	педаль (f) pedale (m) pedal (m)
9	Tritthebel (m) pedal *or* foot lever levier (m) à pédale	b	рычагъ (m) педали pedale (m), leva (f) a pedale palanca (f) á pedal
10	Trittlager (n) fulcrum bracket palier (m) de pédale	c	подшипникъ (m) [для оси поворота] педали sopporto (m) del fulcro del pedale cojinete (m) del pedal

Drehbolzen (m) fulcrum pin tourillon (m), axe (m)	d	болтъ (m), около котораго поворачивается педаль fulcro (m) di rotazione perno (m) de rotación	*1*
Trittstange (f) operating rod bielle (f) de pédale, tringle (f) de pédale	c	тяга (f) педали biella (f) del pedale biela (f) de pedal	*2*
Verbindungsöse (f) S-hook œillet (m) de raccordement	g	соединительная серьга (f) congiunzione (f), collegamento (m) anillo (m) de unión	*3*
Schwungrad (n) flywheel volant (m)	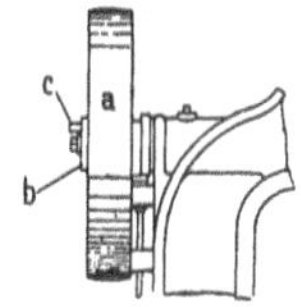 a	маховикъ (m) volante (m) volante (m)	*4*
Halt[e]scheibe (f) stop disc disque (m) d'arrêt	b	удерживающая шайба (f) renella (f) *o* disco (m) d'arresto *o* di ritegno disco (m) de parada	*5*
Mitnehmerbolzen (m) fixing set screw doigt (m) d'entraînement, ergot (m) d'entraînement	c	ведущій палецъ (m) spina (f) d'innesto espiga (f) de tope conductor	*6*
Selbstgang (m) des Vorschubs automatic feed mouvement (m) d'avance automatique		самоходъ (m) подачи avanzamento (m) automatico movimiento (m) de marcha automática	*7*
Sperrwerk (n) rack mechanism (mecanisme (m) d') encliquetage (m)		храповичный механизмъ (m) meccanismo (m) d'arresto disposición (f) de trinquete	*8*
Schaltspindel (f), Vorschubspindel (f), Schaltwelle (f) feed spindle, feed rod arbre (m) de commande [de l'avance]	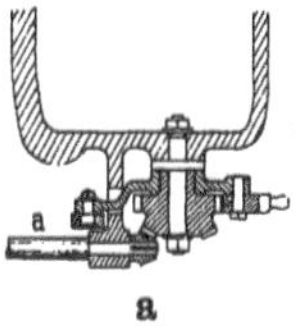 a	винтъ (m) подачи; валъ (m) подачи albero (m) di comando dell'avanzamento husillo (m) ó árbol (m) de disparo, husillo (m) de avance	*9*
Vorschubrad (n), Vorschubzahnrad (n) toothed feed wheel pignon (m) de commande de l'avance	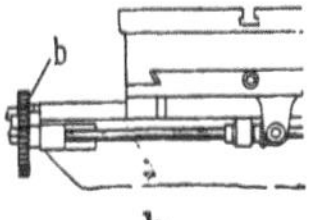 b	зубчатое колесо (n) подачи ingranaggio (m) di comando dell'avanzamento rueda (f) de avance, engranaje (m) de avance	*10*

1 Druckluftumsteuerung (f), Preßluftumsteuerung (f)
pneumatic reverse *or* reversing gear
[dispositif (m) de] renversement (m) de marche à l'air comprimé *ou* pneumatique

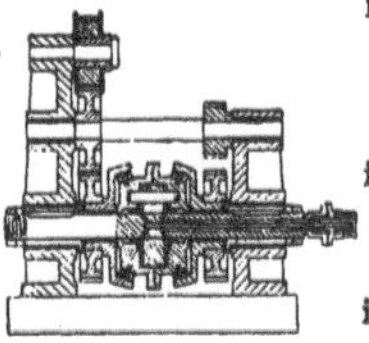

пневматическая перемѣна (f) хода; перемѣна хода при помощи сжатаго воздуха
inversione (f) del movimento *o* cambio (m) di marcia ad aria compressa
inversión (f) de marcha por aire comprimido

---

2 Stößel (m), Stoßmaschinenstößel (m), Stoßschlitten (m), Vertikalschlitten (m)
ram, slotting machine ram
coulisseau (m) de mortaiseuse

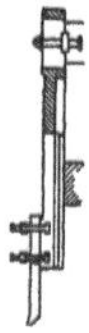

рѣзцовая призма (f) долбёжнаго станка; долбякъ (m)
slittone (m) *o* braccio (m) mobile
porta-útil (m), porta-útil (m) de una máquina mortajadora, carro (m) porta-útil

---

a

3 Werkzeughalter (m)
tool holder
porte-outil (m)

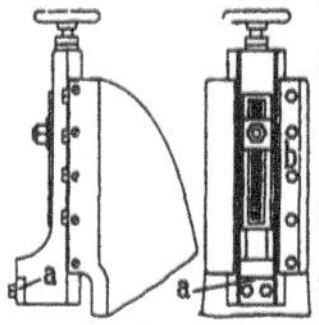

приспособленіе (n) для укрѣпленія рѣзца
portautensile (m)
porta-útil (m)

---

4 Stoßschlittenleiste (f), Führungsleiste (f)
gib
lardon (m) de guidage

b

направляющая полоса (f) для призмы
lardone (m) dello slittone *o* del braccio mobile
listón (m) del carro porta-útil, listón (m) de conducción

---

5 Schrägstellung (f) des Stößels
inclined position of ram
inclinaison (f) du coulisseau

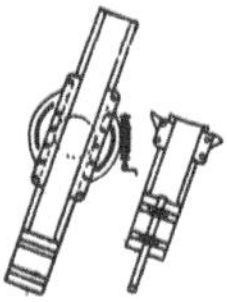

наклонная установка (f) рѣзцовой призмы
posizione (f) inclinata dello slittone *o* del braccio mobile
inclinación (f) del cabezal *ó* porta-útil

---

6 Hubhöhe (f) des Stößels
ram stroke length
hauteur (f) de course du coulisseau

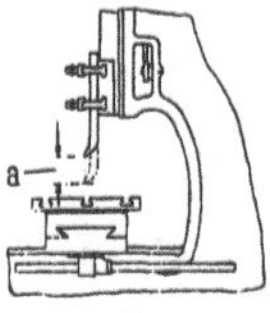

a

величина (f) хода рѣзцовой призмы
corsa (f) dello slittone *o* del braccio mobile
altura (f) de carrera del porta-útil, carrera (f) del porta-útil

---

7 Hubzahl (f) des Stößels
ram stroke number
nombre (m) de courses du coulisseau

число (n) ходовъ рѣзцовой призмы
numero (m) dei colpi *o* delle corse dello slittone *o* del braccio mobile
número (m) de carreras del porta-útil

verstellbarer Stößelzapfen (m)
adjustable ram pin
tourillon (m) réglable du coulisseau

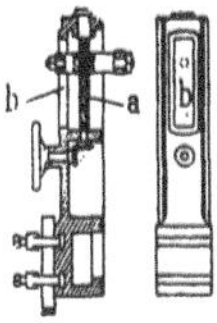

переставной палецъ (m) *или* переставная цапфа (f) рѣзцовой призмы
corsoio (m) regolabile dello slittone *o* del braccio mobile
espiga (f) graduable del cabezal 1

Stößelverstellung (f)
ram adjustment
réglage (m) [de la course] du coulisseau

a

перестановка (f) рѣзцовой призмы
regolazione (f) della corsa dello slittone *o* del braccio mobile
graduación (f) del cabezal porta-útil 2

Stößelaussparung (f)
slot in ram
évidement (m) [pour le passage] du coulisseau

b

выемка (f) въ рѣзцовой призмѣ
finestra (f) dello slittone *o* del braccio mobile
admisión (f) del porta-útil 3

Stoßstichel (m), Stahl (m), Meißel (m)
slotting tool
outil (m) à mortaiser

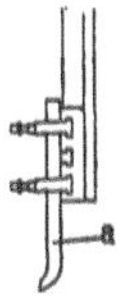

a

рѣзецъ (m) долбёжнаго станка
utensile (m) per stozzare, utensile (m) per mortesare
herramienta (f), acero (m), buril (m) 4

Ansetzen (n) des Stahls
setting of the slotting tool
mise (f) au point de l'outil

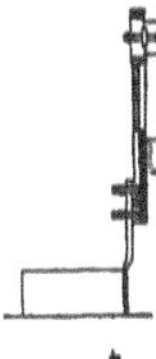

установка (f) рѣзца
messa (f) a punto dell'utensile, piazzamento (m) dell'utensile
aproximación (f) del útil 5

Nutstahl (m)
key way cutter
outil (m) à raboter les rainures

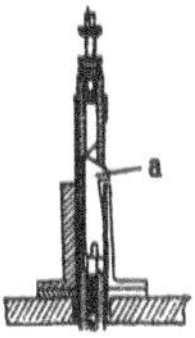

a

рѣзецъ (m) для пробиранія шпоночныхъ канавокъ
ferro (m) *od* utensile (m) da far cave
acero (m) de sacar ranuras 6

Räummaschine (f), Räumnadelmaschine (f)
die slotting machine
machine (f) à dégorger *ou* à aléser

станокъ (m) для ушиpенія отверстій
macchina (f) da spinare
máquina (f) de ensanchar ó de horadar 7

1	stehende Räummaschine (f) vertical die slotting machine machine (f) à dégorger verticale, machine (f) a défoncer	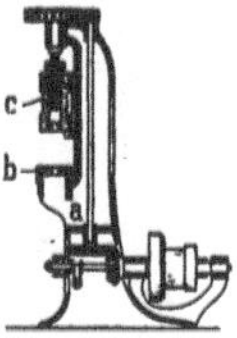	вертикальный станокъ (m) для уширенія отверстій macchina (f) verticale da spinare máquina(f) de ensanchar *ó* de horadar vertical
2	Ständer (m) *oder* Gestell (n) der Räummaschine frame of die slotting machine montant (m) de la machine à dégorger *ou* à défoncer	a	станина (f) станка для уширенія отверстій incastellatura (f) della macchina da spinare armazón (m) *ó* bastidor (m) de la máquina de alisar *ó* ensanchar *ó* horadar
3	Auflagetisch (m) table plateau (m) *ou* table (f) porte-pièce	b	столъ (m) tavola (f) mesa (f) de soporte para la labor
4	Räumnadelschlitten (m) sliding tool carriage chariot (m) porte-dégorgeoir, porte-découpoir (m), chariot (m) du porte-outil à défoncer	c	ползунъ (m), несущій оправку съ рѣзцами для расширенія отверстій testa (f) portautensile da spinare carro (m) porta-alisador *ó* porta-útil
5	Auskragung (f) throat porte-à-faux (m)		вырѣзъ (m) profondità (f) della gola vuela (f)
6	liegende Räummaschine (f) horizontal die slotting maschine machine (f) à dégorger *ou* à découper horizontale, machine (f) à défoncer horizontale	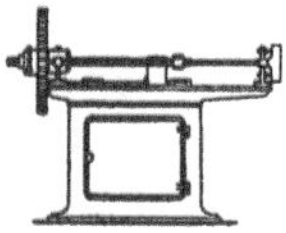	горизонтальный станокъ (m) для уширенія отверстій macchina (f) orizzontale da spinare máquina (f) de alisar *ó* ensanchar *ó* horadar horizontal
7	Tretschemel (m) treadle pédale (f)		педаль (f) pedale (m) *od* imposta (f) del piede sul pedale marcha (f) de pedal
8	Ausräumen (n), Aufräumen (n), Erweitern (n) der Löcher scraping out of holes défonçage (m), évidement (m), élargissement (m) de diamètre de trous, alésage (m)		уширеніе (n) отверстій *или* дыръ spinatura (f) di fori el alisar *ó* el escaricar agujeros, el entanchar agujeros
9	ausräumen (v), aufräumen (v) to scrape out dégorger (v), défoncer (v), découper (v), élargir (v)		уширять отверстіе spinare (v), passare (v) (una spina) alisar (v), limpiar (v)

die Räumnadel durch das Loch hindurchdrücken (v) [hindurchziehen (v)]
to pass the scraping out cutter through the hole
faire passer (v) le dégorgeoir à travers le trou

провести оправку съ уширяющими рѣзцами сквозь отверстіе
passare (v) la spina attraverso il foro, spinare (v) il foro 1
pasar (v) el alisador por el agujero

Räumnadel (f)
scraping out cutter
dégorgeoir (m), épinglette (f), porte-outil (m) à défoncer

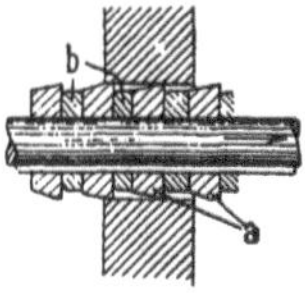

оправка (f) съ рѣзцами (m pl) для уширенія отверстій 2
spina (f) portautensili
alisador (m)

Schneidscheibe (f), schneidende Scheibe (f)
cutting disc
disque (m) coupant

a

круглый рѣзецъ (m)
disco (m) per tagliare *o* per spinare, coltello (m) a disco 3
disco-cortante (m)

---

führende Scheibe (f)
guide disc
disque (m) de guidage

b

установочная шайба (f)
disco (m) di guida 4
disco-guía (m)

Räumnadel (f) für Keilnuten
scraping cutter for key ways
dégorgeoir (m) pour façonner les rainures de clavette, broche (f) à mortaiser les rainures de clavette

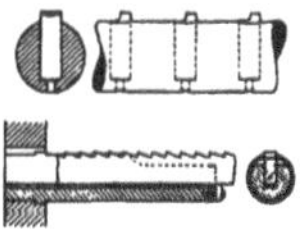

оправка (f) съ рѣзцами для пробиранія пазовъ
spina (f) *od* utensile (m) per cave da chiavetta 5
alisador (m) para ranuras de chavetas

II.

Drehbänke — Токарные станки
Lathes — Torni
Tours — Tornos

1 **Typen** — **Типы**
Types — **Tipi**
Types — **Tipos**

2 Metalldrehbank (f)
metal turning lathe
tour (m) à métaux

токарный станокъ (m) для обработки металловъ
tornio (m) per metalli
torno (m) para metales

---

3 liegende Drehbank (f)
horizontal lathe
tour (m) horizontal, tour (m) parallèle

горизонтальный токарный станокъ (m)
tornio (m) parallelo
torno (m) horizontal

---

4 Spitzendrehbank (f)
centre lathe
tour (m) à pointes

токарный станокъ (m) съ центрами; самоточка (f)
tornio (m) a punte
torno (m) de puntas

---

5 Handdrehbank (f)
hand lathe
tour (m) à main

ручной токарный станокъ (m)
tornio (m) a mano
torno (m) á mano

---

6 Fuß[tritt]drehbank (f), Drehbank (f) mit Fußtrittantrieb
foot *or* treadle lathe
tour (m) au pied *ou* à pédale

ножной токарный станокъ (m)
tornio (m) a pedale
torno (m) á pedal

---

7 Prismadrehbank (f)
bar *or* gantry lathe
tour (m) à banc prismatique

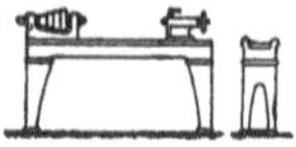

токарный станокъ (m) на призмахъ
tornio (m) con banco a prisma
torno (m) con bancada prismática

Drehstuhl (m) turn bench, hand tool lathe tour (m) d'horloger, tour (m) à archet		маленькій токарный станокъ (m) [для часовщиковъ] tornio (m) di precisione, tornio (m) ad archetto torno (m) de relojero *ó* de mecánica fina	*1*
Spitzendrehstuhl (m) dead centre hand tool lathe *or* turn bench tour (m) d'horloger à pointes	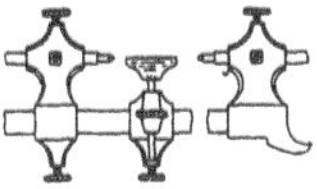	маленькій токарный станокъ (m) [для часовщиковъ] съ центрами tornio (m) di precisione a punte torno (m) de puntas para relojero *ó* mecánica fina	*2*
Stift[en]drehstuhl (m) watchmakers lathe tour (m) d'horloger		маленькій токарный станокъ (m) [для [часовщиковъ] съ штифтами tornio (m) da orologiaio torno (m) de mecánica fina	*3*
Drehrolle (f) grooved roller *or* pulley roulette (f), petite poulie (f) à gorge	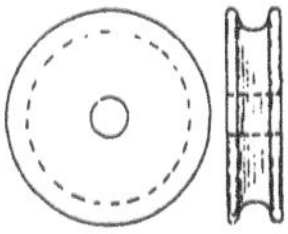	роликъ (m) disco (m) a gola, carrucola (f) rodaja (f)	*4*
Drehstift (m), Dorn (m) mandrel, arbor mandrin (m)	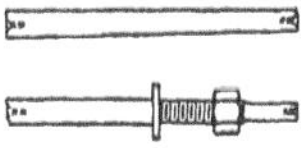	оправка (f) mandrino (m) husillo (m)	*5*
Dockendrehstuhl (m) turn bench with poppets tour (m) d'horloger à poupées		маленькій токарный станокъ (m) [для уасовщиковъ] съ вспомогательной средней бабкой tornio (m) d'orologiaio con mandrino torno (m) de mecánica fina	*6*
Handsupportdrehbank (f) hand lathe with slide rest tour (m) avec support à main, tour (m) parallèle à main	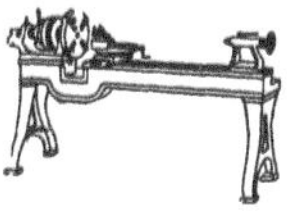	токарный станокъ (m) съ ручнымъ суппортомъ tornio (m) parallelo a mano torno (m) con soporte á mano	*7*
Supportdrehbank (f) slide lathe tour (m) à chariot sur support	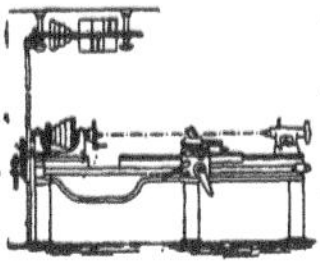	токарный станокъ (m) съ суппортомъ tornio (m) semplice torno (m) con soporte y carro mecánico	*8*

1 Leitspindeldrehbank (f), Leitspindelbank (f)
engine lathe, lathe with lead screw, screw cutting lathe
tour (m) à fileter

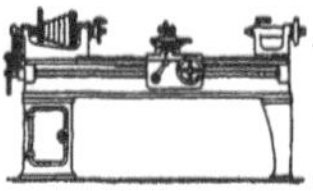

токарный станокъ (m) съ ходовымъ винтомъ; винторѣзный токарный станокъ (m); самоточка (f)
tornio (m) parallelo per filettare
torno (m) paralelo con husillo de guía

---

2 Leit- und Zugspindeldrehbank (f)
sliding and screw cutting lathe
tour (m) à charioter et à fileter

винторѣзный токарный станокъ (m) съ ходовымъ винтомъ и ходовымъ валикомъ; самоточка (f) съ ходовымъ винтомъ и ходовымъ валикомъ
tornio (m) parallelo per filettare e cilindrare
torno (m) mecánico paralelo para filetear y cilindrar

---

3 Drehbank (f) mit drehbarem Spindelstock
lathe with revolving head stock
tour (m) à poupée tournante *ou* commandée mécaniquement

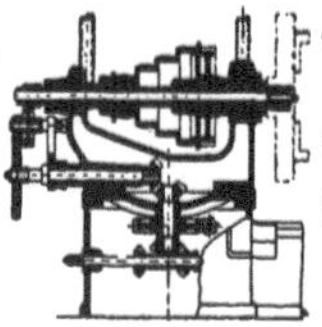

токарный станокъ (m) съ вращающейся передней бабкой
tornio (m) con testa del mandrino girevole
torno (m) paralelo con cabezal principal giratorio

---

4 Walzendrehbank (f)
roll lathe
tour (m) à [re]tourner les cylindres (de laminoir)

токарный станокъ (m) для обточки валковъ
tornio (m) per cilindri da laminatoio
torno (m) para tornear cilindros (de laminadores)

---

5 Wellendrehbank (f)
shaft turning lathe
tour (m) à arbres

токарный станокъ (m) для обточки валовъ
tornio (m) per alberi
torno (m) para ejes

---

6 Kurbelwellendrehbank (f)
crankshaft lathe
tour (m) à tourner les vilebrequins *ou* les arbres coudés, tour (m) à arbres coudés

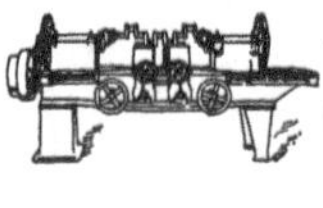

токарный станокъ (m) для обточки колѣнчатыхъ валовъ
tornio (m) per alberi a gomito
torno (m) especial para tornear cigüeñales ó ejes acodados

---

7 Achsschenkeldrehbank (f)
axle turning lathe
tour (m) pour les fusées d'essieux

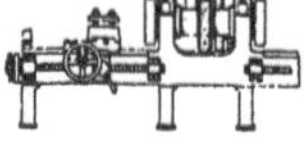

токарный станокъ (m) для обточки осевыхъ шеекъ
tornio (m) per intestare assi
torno (m) especial para tornear los extremos de ejes

Bolzendrehbank (f), Stift- und Bolzendrehbank (f)
stud lathe
tour (m) à boulons

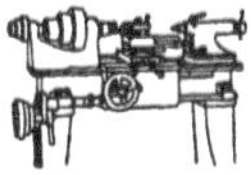

токарный станокъ (m) для штифтовъ и болтовъ
tornio (m) per bulloni
torno (m) para pernos

1

Riemenscheibendrehbank (f), Riemenrollendrehbank (f)
pulley lathe
tour (m) à poulies

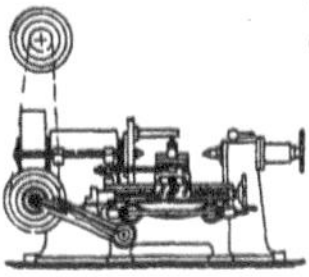

токарный станокъ (m) для обточки ременныхъ шкивовъ
tornio (m) per puleggie
torno (m) especial para tornear poleas de transmisión

2

Räder[-Spitzen]drehbank (f), Radsatzdrehbank (f)
wheel lathe
tour (m) à [tourner les trains de] roues, tour (m) à essieux *ou* trains montés

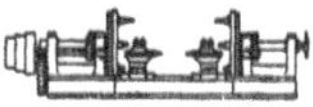

колёсный токарный станокъ (m) съ центрами; токарный станокъ для обточки колёсныхъ скатовъ
tornio (m) per ruote montate
torno (m) para tornear juegos de ruedas montadas

3

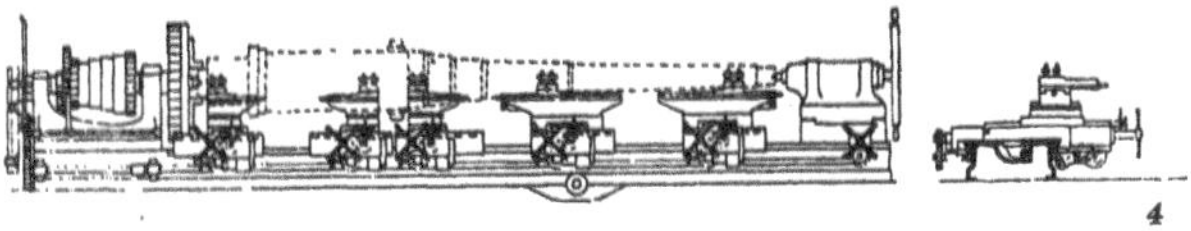

4

Geschütz[rohr]drehbank (f), Kanonenrohrdrehbank (f)
gun turning lathe
tour (m) à canons

пушечный токарный станокъ (m)
tornio (m) per cannoni
torno (m) para cañones

Räderplattendrehbank (f), Mutterplattendrehbank (f)
apron lathe
tour (m) à tablier

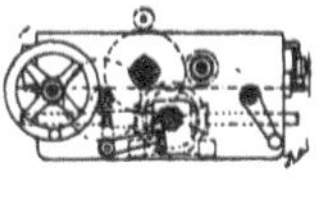

токарный станокъ (m) съ передней суппортной доской
tornio (m) con carrello con piastrone
torno (m) con placa-cubierta

5

Universaldrehbank (f), Universalwerkzeugmaschine (f)
universal lathe
tour (m) universel, machine-outil (f) universelle

универсальный токарный станокъ (m)
tornio (m) universale
torno (m) universal, máquina-herramienta (f) universal

6

Doppeldrehbank (f)
double lathe
tour (m) double

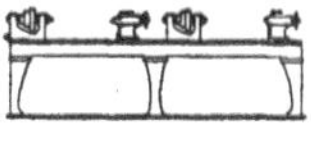

двойной токарный станокъ (m)
tornio (m) doppio
torno (m) mecánico doble

7

1 Schnelldrehbank (f)
high speed lathe
tour (m) à grande vitesse

быстроходный токарный станокъ (m)
tornio (m) rapido
torno (m) mecánico especial para acero rápido

---

2 Kopfdrehbank (f), Planscheibendrehbank (f), Scheibendrehbank (f)
face *or* chuck lathe
tour (m) en l'air, tour (m) à plateau

лобовой токарный станокъ (m); патронный токарный станокъ
tornio (m) frontale, tornio (m) di testa
torno (m) al aire

---

3 doppelte Radreifendrehbank (f), Radscheibendrehbank (f)
double wheel tyre lathe
tour (m) double à [tourner les] bandages

двойной токарный станокъ (m) для обточки бандажей
tornio (m) doppio per cerchioni
torno (m) especial doble para bandajes de ruedas

4 Radsterndrehbank (f)
lathe for turning wheel centres
tour (m) pour les centres de roues

токарный станокъ (m) для обточки и расточки ступицъ
tornio (m) per mozzi di ruote
torno (m) especial para cuerpos de ruedas

---

5 Gewindedrehbank (f), (Gewindeschneidmaschine (f))
thread cutting lathe
tour (m) à fileter

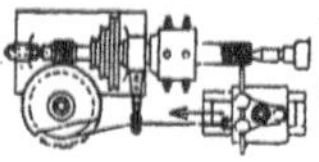

токарно-винторѣзный станокъ (m)
tornio (m) per filettare
torno (m) de filetear

---

6 Mutter[n]drehbank (f)
nut lathe
tour (m) à écrous

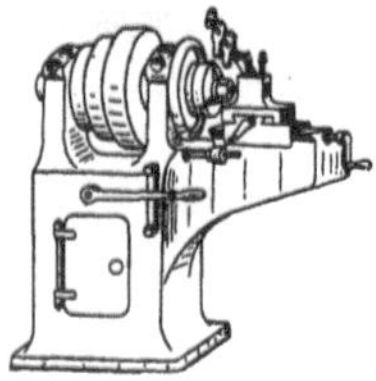

станокъ (m) для обточки
tornio (m) per dadi
máquina (f) de tornear tuercas

Drehbank (f) mit liegender Planscheibe, Karusselldrehbank (f), wag[e]rechte *oder* horizontale Plandrehbank (f), [senkrechte *oder* vertikale] Dreh- und Bohrbank (f), Drehmaschine (f), (Rundhobelmaschine (f))
vertical boring and turning machine *or* mill
tour (m) vertical, tour (m) à plateau horizontal, tour-alésoir (m)

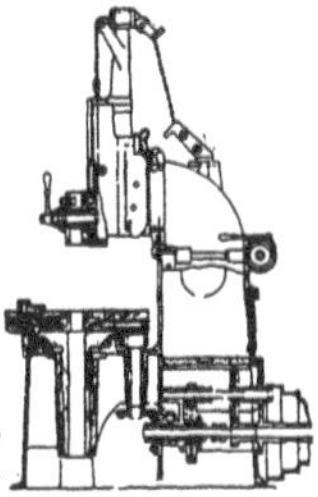

вертикальный патронный станокъ (m); карусельный [токарный] станокъ
tornio (m) e trapano (m) 1
verticale
torno (m) de plato horizontal

Formdrehbank (f), Fassondrehbank (f)
forming lathe, screw machine
tour (m) à profiler, tour (m) automatique

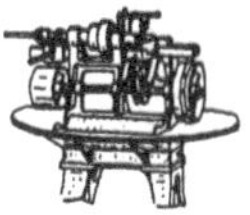

токарный станокъ (m) для фасонной обточки *или* для работы по шаблону; копировальный токарный
станокъ для фасонных предметовъ 2
tornio (m) da profilare
torno (m) automático para piezas perfiladas

Unrunddrehbank (f)
eccentric lathe
tour (m) à tourner les ronds excentriques

токарный станокъ (m) для обточки *или* для точенія некруглыхъ предметовъ
tornio (m) eccentrico 3
torno (m) para piezas perfiladas no circulares

Drehbank (f) mit Ovalwerk
lathe with oval chuck
tour (m) avec dispositif à tourner oval, tour (m) avec chuck oval

токарный станокъ (m) съ приборомъ для овальныхъ предметовъ
tornio (m) con disposi- 4
tivo per tornire ovale
torno (m) con disposición de tornear óvalos

Patronendrehbank (f)
gauge lathe
tour (m) à gabarit

патронный токарный станокъ (m)
tornio (m) con stella per 5
filettare
torno (m) con plantilla

Hinterdrehbank (f)
backing off *or* relieving lathe
tour (m) à dépouiller *ou* à détalonner

токарный станокъ (m) для задней заточки; токарный станокъ для снятія затылковъ
tornio (m) per profili
ribassati *o* per tornire 6
eccentricamente
torno (m) especial para tornear las fresas de perfil constante

1 Kopierdrehbank (f), Schablonendrehbank (f)
repetition *or* copying lathe
tour (m) à reproduire *ou* à copier, tour (m) à gabarit

копировальный токарный станокъ (m)
tornio (m) da copiare *od* a sciablona
torno (m) de copiar, torno (m) con disposición de tornear según plantillas

---

2 Revolverdrehbank (f), Stahlwechseldrehbank (f)
turret lathe
tour-revolver (m)

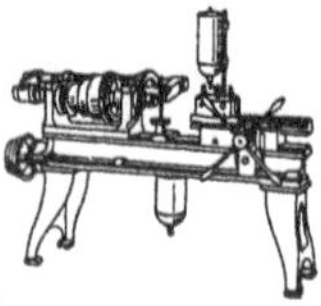

револьверный токарный станокъ (m)
tornio (m) a revolver
torno-revólver (m)

---

3 Automat (m), selbsttätige Drehbank (f)
automatic lathe
tour (m) automatique, tour (m) à façonner automatique, tour (m) à décolleter automatique

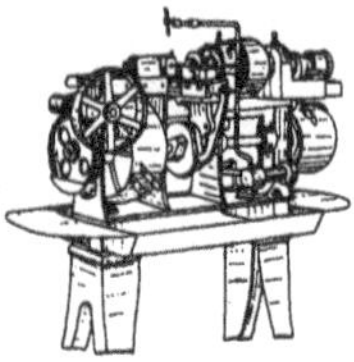

станокъ (m) -автоматъ (m)
tornio (m) automatico
torno (m) automático para perfilar y cortar de la barra

---

4 Kurbelzapfendrehbank (f)
crank pin lathe
tour (m) pour les boutons de manivelles *ou* les manivelles d'arbres coudés

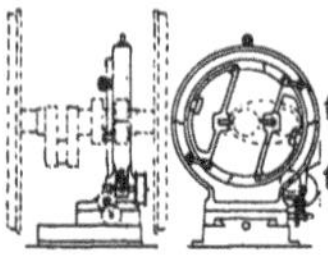

токарный станокъ (m) для обточки шеекъ колѣнчатыхъ валовъ
tornio (m) per bottoni di manovella
torno (m) para tornear la espiga de las manivelas

---

5 Abstech[dreh]bank (f)
slicing lathe
tour (m) à tronçonner, tour (m) à décolleter

[токарный] станокъ (m) для разрѣзанія на части
tornio (m) per tagliare
torno (m) de tronzar

---

6 Rändelmaschine (f), Molettiermaschine (f)
edge knurling machine
machine (f) à moletter, moletteuse (f)

станокъ (m) для точенія накатки
macchina (f) per godronare *o* per molettare
máquina (f) de producir el trabajo de la moleta

---

7 Guillochiermaschine (f)
machine for rose work *or* guilloche work
machine (f) à guillocher

станокъ (m) для узорной накатки; гильоширный станокъ
macchina (f) da segrinare *o* rabescare
máquina (f) de grabar el damasquinado

Gestell **Body** **Bâti**		**Станины** **Incastellatura** **Bastidor**	*1*
Drehbankbett (n), Bett (n) der Drehbank lathe bed banc (m) du tour	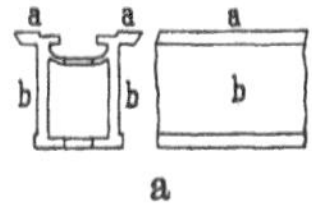	станина (f) токарнаго станка banco (m) del tornio bancada (f) del torno	*2*
Drehbankgestell (n), Drehbankfuß (m) body of lathe bed pied (m) *ou* socle (m) de tour	b	стойка (f) *или* нога (f) токарнаго станка piede (m) *o* zoccolo (m) del tornio bastidor (m) de torno, pie (m) de torno	*3*
Grundrahmen (m) foundation frame bâti (m), base (f)	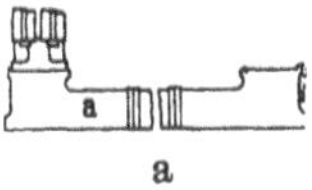	основная рама (f) zoccolo (m) *o* piedistallo (m) di fondazione bastidor (m) inferior	*4*
Auffangpfanne (f) cutting tray bac-collecteur (m)	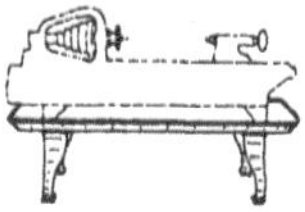	корыто (n); поддонъ (m) bacino (m) *o* recipiente (m) *o* vasca (f) per i trucioli recipiente (m)	*5*
Bettlänge (f) length of bed longueur (f) du banc	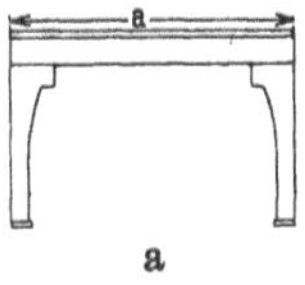	длина (f) станины lunghezza (f) del banco longitud (f) de la bancada	*6*
Bettoberfläche (f) surface of bed surface (f) du banc	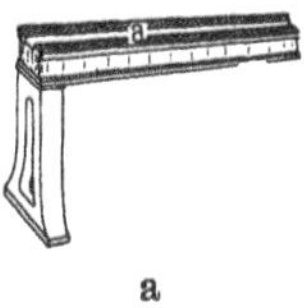	постель (f) *или* верхняя поверхность (f) станины superficie (f) del banco superficie (f) de la bancada	*7*
Durchhängen (n) *oder* Durchbiegung (f) des Drehbankbettes sag *or* deflection of the lathe bed flexion (f) du banc du tour	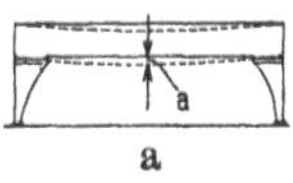	прогибъ (m) станины токарнаго станка flessione (f) del banco del tornio flexión (f) de la bancada, arco (m) de la bancada	*8*

1 Drehbankbettquerschnitt (m), Querschnitt (m) des Drehbankbettes
cross section of the lathe bed
section (f) transversale du banc du tour

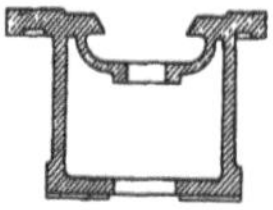

поперечное сѣченіе (n) станины токарнаго станка
sezione (f) del banco del tornio
corte (m) transversal del banco de torno *ó* de la bancada

---

2 gekröpftes Bett (n), Bett (n) mit Kröpfung
bed with gap
banc (m) rompu

станина (f) съ выемкой
banco (m) incavato *o* con incavo
bancada (f) cortada, bancada (f) con escote

---

3 Kröpfung (f)
crank
coude (m), échancrure (f)

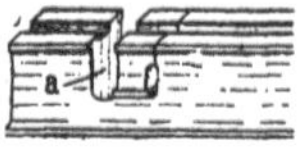

a

выемка (f)
gomito (m)
codo (m), escote (m)

---

4 Drehbankbett (n) mit vier Bahnen, doppeltes Drehbankbett (n)
lathe bed with four slides
banc (m) du tour à quatre glissières

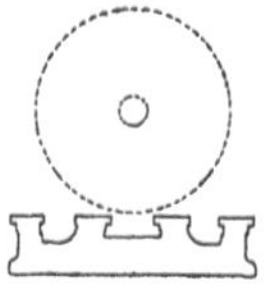

станина (f) токарнаго станка съ четырьмя направляющими; двойная станина токарнаго станка
banco (m) da tornio a quattro guide
bancada (f) de torno con cuatro superficies

---

5 Bettwange (f), Bettbalken (m)
track
banc (m)

балка (f) станины
guide (f pl)
banda (f)

---

6 gerade Wange (f)
straight bed
banc (m) droit

прямая балка (f) станины
guide (f pl) dritte
banda (f) derecha

---

7 gekröpfte Wange (f)
bed with gap
banc (m) entaillé

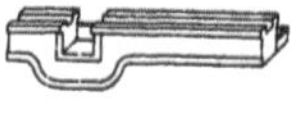

балка (f) станины съ выемкой
banco (m) con incavo
banda (f) con escote

---

8 Bettschlitten (m), Bettplatte (f)
bottom slide of saddle
selle (f) *ou* semelle (f) du chariot

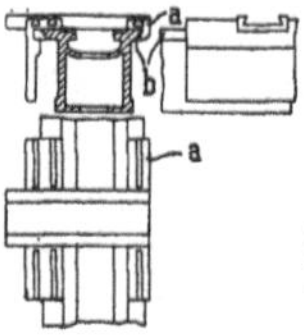

a

нижняя часть (f) суппорта; основныя *или* нижнія салазки (f pl) суппорта
slitta (f) del banco
placa (f) del carro

---

9 Bettplattenverschiebung (f)
travel of saddle
déplacement (m) de la selle du chariot

перемѣщеніе (n) основныхъ *или* нижнихъ салазокъ суппорта
spostamento (m) della slitta
desplazamiento (m) de la placa del carro

Schlittenführung (f), Prismenführung (f), Bettplattenführung (f)
carriage guide, saddle guide
guidage (m) du chariot

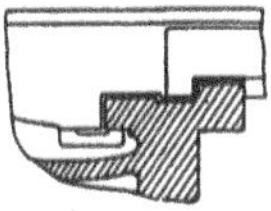

направляющія (f pl) основныхъ *или* нижнихъ салазокъ суппорта
guide (f pl) del carrello, guide (f pl) della slitta
conducción (f) del carro 1

Schlittenbahn (f), Gleitbahn (f)
slide
glissière (f) de chariot

направляющія (f pl)
piano (m) di scorrimento *o* di guida
plano (m) de deslizamiento del carro 2

Gleitfläche (f)
slip face *or* surface
surface (f) de glissement

поверхность (f) скольженія
superficie (f) dei piani di scorrimento
superficie (f) de deslizamiento 3

---

auswechselbare Gleitbahn (f)
interchangeable slip *or* slide
glissière (f) interchangeable (de table)

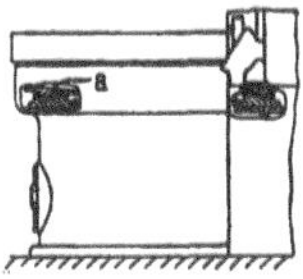

a

смѣнныя направляющія (f pl)
piano (m) di scorrimento intercambiabile
plano (m) de deslizamiento intercambiable 4

---

vordere Schrägleiste (f)
front beveled gib
rebord (m) extérieur avant en biseau

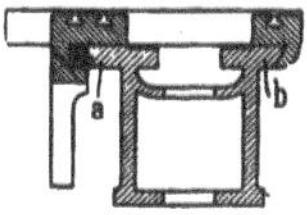

a

передняя направляющая (f) со скошеннымъ выступомъ
listone (m) inclinato anteriore
listón (m) biselado delantero 5

---

hintere Schrägleiste (f)
back beveled gib
bord (m) biseauté extérieur, arrière (m) de la glissière

b

задняя направляющая (f) со скошеннымъ выступомъ
listone (m) inclinato posteriore
listón (m) biselado trazero 6

Schrägfläche (f)
bevel face
face (f) du biseau

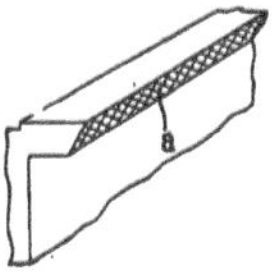

a

скошенная *или* наклонная поверхность (f)
superficie (f) del listone inclinato
frente (f) oblicua [ó inclinada] 7

Leistenhöhe (f)
depth of slide
épaisseur (f) de la glissière

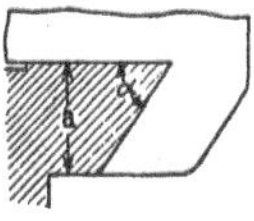

a

толщина (f) направляющаго выступа
spessore (m) del ribordo, altezza (f) del listone inclinato
altura (f) del listón 8

1 Kantenwinkel (m) der Leiste
angle of slide bevel
angle (m) du biseau de la glissière

α

угол (m) срѣза направляющаго выступа
angolo (m) del ribordo *o* del listone inclinato
ángulo (m) de inclinación del listón

---

2 nachstellbare [Führungs-]Leiste (f), Beilage (f)
adjustable guide gib *or* strip
lardon (m) *ou* listel (m) de guidage réglable

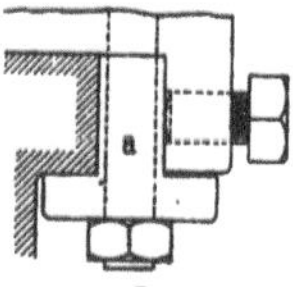

a

регулируемая направляющая (f)
listone (m) di guida registrabile
listón (m) de guía ajustable

---

3 keilförmige Leiste (f)
slide with wedge adjustment
listel (m) *ou* lardon (m) conique

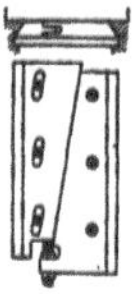

направляющая (f) клинообразной формы [сѣченія]
listone (m) a cuneo, riporto (m) a sezione cuneiforme
listón (m) con corte transversal en forma de cuña

---

4 Leistenschraube (f)
gib screw
vis (f) de réglage du listel *ou* du lardon

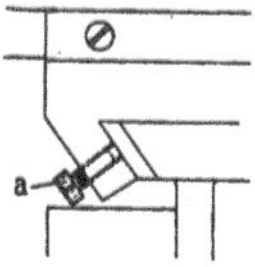

a

установочный винтъ (m) для направляющей
vite (f) di registro del lardone
tornillo (m) del listón

---

5 Anspannung (f) der Leiste
adjusting of the slide
serrage (m) du listel *ou* lardon de guidage

закрѣпленіе (n) направляющей
aggiustaggio (m) del lardone
ajuste (m) del listón

---

6 Schweinsrücken-führung (f)
inverted vee slide *or* slip
guidage (m) à glissières en V renversé

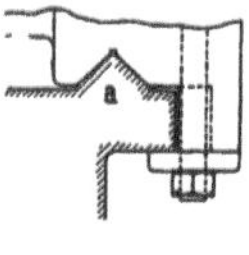

обращённыя вверхъ треугольныя направляющія; Λ-образныя направляющія; направляющія (f pl) призматическаго сѣченія [американскаго типа]
guide (f pl) a Λ *od* in forma di Λ
guía (f) en Λ

---

7 Schweinsrücken (m)
inverted vee
V renverse (m) de guidage

a

призма (f), обращённая вверхъ
prisma (m) in forma *od* a sezione di Λ
prisma (m) de guía

---

8 offene Schweinsrücken-führung (f)
plain V slide *or* slip
guidage (m) en V ouvert

направляющія (f pl) V-образнаго сѣченія
guide (f pl) a prismi in forma di Λ
guía (f) prismática abierta *ó* invertida

dreikantige Führung (f)
triangular guide
guidage (m) triangulaire

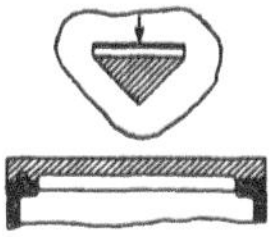

трёхгранныя направляющія (f pl)
guide (f pl) triangolari *od* a tre piani
guia (f) triangular 1

---

dreieckiger *oder* dreikantiger Führungsstab (m)
triangular section guide bar
barre (f) de guidage [à section] triangulaire

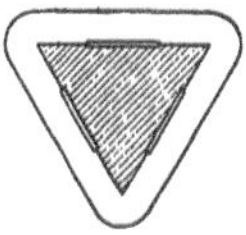

направляющій стержень (m) трёхграннаго *или* треугольнаго сѣченія
barra (f) di guida triangolare
barra (f) triangular de guia 2

---

vierkantige Führung (f)
rectangular section guide bar
barre-guide (f) rectangulaire

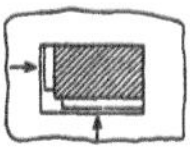

четырёхгранныя направляющія (f pl)
guide (f pl) rettangolari
guia (f) rectangular 3

---

rechteckiger Führungsstab (m)
rectangular guide bar
barre (f) de guidage [à section] rectangulaire

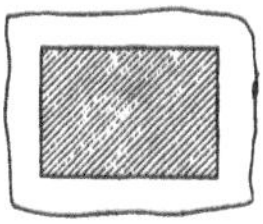

прямоугольный направляющій стержень (m) съ прямыми углами
barra (f) di guida rettangolare
guia (f) rectangular 4

---

runder Führungsstab (m)
round guide bar
barre (f) de guidage [à section] ronde

круглый направляющій стержень (m)
barra (f) di guida rotonda
barra (f) de guia redonda 5

Führung (f) im Kreise
circular guide
guidage (m) circulaire *ou* en cercle

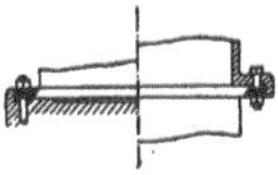

круговыя направляющія (f pl)
guide (f pl) circolari
guia (f) circular 6

Querbett (n)
cross gantry
banc (m) transversal

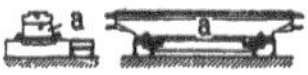

a

поперечныя салазки (f pl)
banco (m) trasversale
bancada (f) transversal 7

Supportquerbett (n)
cross gantry saddle
banc (m) transversal avec chariot

поперечныя салазки (f pl) суппорта
banco (m) trasversale del sopporto
bancada (f) transversal de soporte 8

Drehschemel (m)
rotatable base
embase (f) tournante

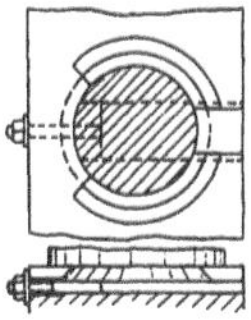

поворотный кругъ (m) суппорта
base (f) girevole
asiento (m) giratorio 9

1	**Dreharbeit** **Turning** **Travail de tournage**	**Токарная работа** **Lavoro di tornitura** **Trabajo de torneo**
2	Arbeitsbewegung (f), Schnittbewegung (f) working motion, cutting motion mouvement (m) *ou* course (f) de travail	рабочее движеніе (n) movimento (m) di lavoro movimiento (m) de trabajo
3	Umlaufgeschwindigkeit (f) des Werkstücks speed of rotation vitesse (f) de rotation de la pièce à travailler	окружная *или* периферическая скорость (f) обрабатываемаго предмета velocità (f) di rotazione del pezzo da lavorare velocidad (f) de rotación de la pieza de labor
4	sekundliche Arbeitsgeschwindigkeit (f) speed time of the work vitesse (f) de travail par seconde	рабочая скорость (f) въ секунду velocità (f) di lavoro al secondo velocidad (f) de trabajo por segundo
5	Schnittgeschwindigkeit (f) cutting speed vitesse (f) de coupe	скорость рѣзанія (f) velocità (f) di taglio velocidad (f) de corte
6	Geschwindigkeitsänderung (f) change *or* variation of speed variation (f) de vitesse	измѣненіе (n) скорости cambio (m) *o* variazione (f) di velocità variación (f) de la velocidad
7	Widerstand (m) in der Arbeitsrichtung, Schnittwiderstand (m) resistance in the direction of working résistance (f) dans la direction de travail	сопротивленіе (n) въ направленіи работы resistenza (f) nella direzione del lavoro *o* nel senso del lavoro resistencia (f) en la dirección de trabajo
8	Stichelwiderstand (m) tool resistance résistance (f) de l'outil	сопротивленіе (n) рѣзца resistenza (f) dell'utensile resistencia (f) de la herramienta
9	Eindringen (n) des Drehstahls penetration of the tool pénétration (f) de l'outil	углубленіе (n) рѣзца penetrazione (f) dell'utensile penetración (f) de la herramienta

Schnitthöhe (f)
depth of cut
profondeur (f) de la passe, profondeur (f) de coupe *ou* de pénétration *ou* d'entaillage

высота (f) срѣза
profondità (f) del taglio
altura (f) *ó* profundidad (f) de corte — 1

Span (m), Drehspan (m)
chip
copeau (m)

стружка (f)
truciolo (m)
viruta (f) — 2

Wirkungszone (f), Zerspanungszone (f)
zone of action of the tool
zone (f) d'action

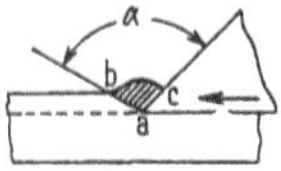

a b c

сфера (f) дѣйствія
zona (f) d'azione dell'utensile
zona (f) de acción — 3

Wirkungswinkel (m), Zerspanungswinkel (m)
angle of action
angle (m) d'action

α

уголъ (m) дѣйствія
angolo (m) d'azione dell'utensile
ángulo (f) de acción — 4

---

keilförmige Gestalt (f) des Werkzeugs
wedge shape of tool
outil (m) en coin

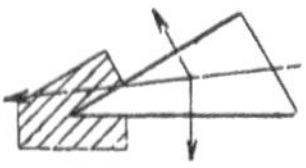

клинообразная форма (f) инструмента
forma (f) a cuneo dell'utensile
forma (f) cónica de la herramienta — 5

Spanbildung (f)
formation of a cutting
formation (f) d'un copeau

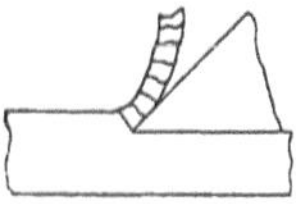

образованіе (n) стружки
formazione (f) di truciolo
formación (f) de la viruta — 6

Spanablösung (f), Spanabhebung (f)
detachment of a cutting
détachement (m) d'un copeau

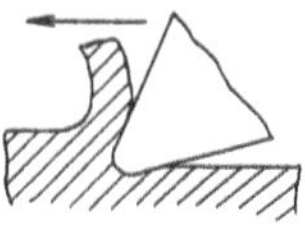

отдѣленіе (n) стружки
distacco (m) del truciolo
desprendimiento (m) de la viruta — 7

Trennungsfläche (f)
separation surface
surface (f) de séparation

A B

плоскость (f) отдѣленія стружки
superficie (f) di distacco *o* di separazione
superficie (f) de separación — 8

---

einen Span abheben (v)
to take off a cutting
enlever (v) un copeau

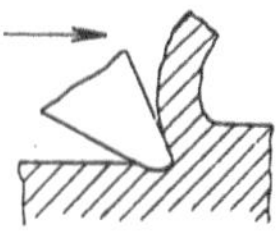

удалить стружки
staccare (v) un truciolo
levantar (v) una viruta — 9

1	Spanschicht (f) layer of cutting stries (fpl) de copeaux	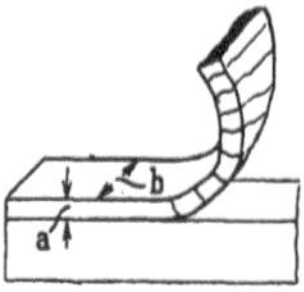	слой (m) стружекъ strato (m) del truciolo capa (f) de virutas
2	Spanstärke (f) thickness of cutting épaisseur (f) du copeau	a	толщина (f) стружки spessore (m) del truciolo espesor (m) *ó* grueso (m) de la viruta
3	Spanbreite (f) width of cutting largeur (f) du copeau, largeur (f) de coupe	b	ширина (f) стружки larghezza (f) del truciolo *o* del taglio anchura (f) de la viruta
4	schraubenartig gewundener Span (m) spiral cutting copeau (m) en spirale	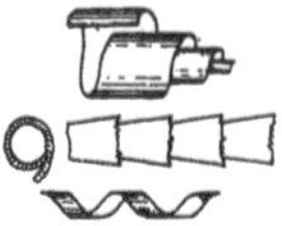	вьющаяся (винтообразно) стружка (f) truciolo (m) avvolto *o* arrotolato viruta (f) espiral
5	der Span rollt sich auf the cutting rolls up le copeau s'enroule sur lui-même	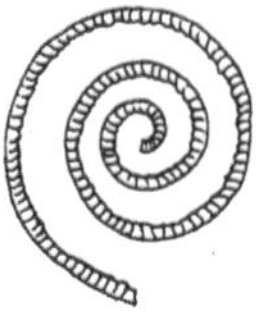	стружка (f) свёртывается [плоской спиралью] il truciolo si avvolge *o* si arrotola la viruta se enrolla
6	Arbeitsgang (m), Schnittgang (m) running with cut, course of work marche (f) en travail		рабочій ходъ (m) marcia (f) di lavoro marcha (f) del trabajo
7	Leergang (m) running idle marche (f) à vide		холостой ходъ (m) marcia (f) a vuoto marcha (f) en vacío
8	Arbeitsverbrauch (m) im Leergang consumption of power when running idle énergie (f) dépensée à vide, travail (m) absorbé à vide		работа (f) при холостомъ ходѣ consumo (m) di forza nella marcia a vuoto gasto (m) de energía al marchar en vacío
9	Umdrehungsachse (f), Drehachse (f) axis of rotation axe (m) de rotation		ось (f) вращенія asse (m) di rotazione eje (m) de rotación
10	das Arbeitstück ausrichten (v) *oder* einmitteln (v) *oder* zentrieren (v) to centre (center) the work centrer (v) la pièce à travailler		вывѣрять *или* центрировать *или* направлять обрабатываемый предметъ centrare (v) il pezzo da lavorare centrar (v) la pieza de trabajo, ajustar (v) la pieza de trabajo

Ausrichten (n), Einmitteln (n), Zentrieren (n)
centering, adjusting, centering
centrage (m)

вывѣрка (f); центрировка (f)
centramento (m), aggiustamento (m) 1
el centrar, ajuste (m)

---

drehen (v)
to turn
tourner (v)

точить
tornire (v) 2
tornear (v)

Dreher (m), Drehbankarbeiter (m)
turner
tourneur (m)

токарь (m)
tornitore (m) 3
tornero (m)

Drehfläche (f)
turning surface
surface (f) de tournage

поверхность (f) обтачиванія *или* точенія 4
superficie (f) da tornire
superficie (f) de tornear

Metalldrehen (n)
metal turning
tournage (m) des métaux

обтачиванiе (n) металловъ
tornitura (f) del metallo 5
torneo (m) de metales

---

abdrehen (v), runddrehen (v)
to turn off
tourner (v), charioter (v), cylindrer (v)

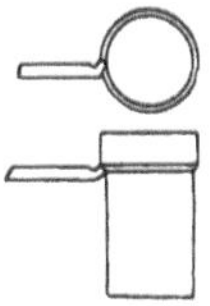

обточить; обтачивать
tornire (v), cilindrare (v) 6
cilindrar (v)

Abdrehen (n), Runddrehen (n)
turning off
tournage (m), chariotage (m)

обтачиванiе (n)
tornitura (f), cilindratura (f) 7
el cilindrar

---

ausdrehen (v), auf der Drehbank ausbohren (v)
to turn *or* to bore out on the lathe
aléser (v) sur le tour

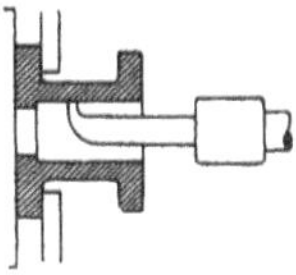

разсверливать *или* растачивать на токарномъ станкѣ 8
forare (v) al tornio, alesare (v)
barrenar (v) en el torno

Ausdrehen (n)
turning out
alésage (m)

разсверливанiе (n); расточка (f)
alesatura (f) 9
el tornear interiormente

---

langdrehen (v)
to turn longitudinally
charioter (v) longitudinalement

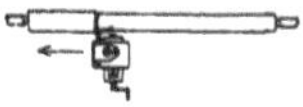

обтачивать по длинѣ
tornire (v) *o* cilindrare (v) in lungo 10
cilindrar (v)

Langdrehen (n)
turning along
chariotage (m) longitudinal

продольное обтачиванiе (n) *или* точенiе (n)
tornitura (f) *o* cilindratura (f) in lungo 11
el cilindrar

1 freidrehen (v), plandrehen (v)
to face
dresser (v) un plateau

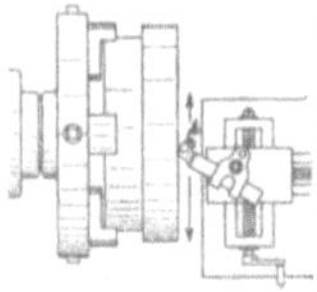

обтачивать на планшайбѣ *или* на патронѣ
sfacciare (v) *o* tornire (v) in piano
tornear (v) al aire, refrentar (v)

---

2 Plandrehen (n), Freidrehen (n)
facing
dressage (m) d'un plateau

обтачиванiе (n) на планшайбѣ *или* на патронѣ; поперечное точенiе (n)
sfacciatura (f) *o* tornitura (f) in piano
el refrentar, el tornear al aire

---

3 kegelig *oder* konisch drehen (v)
to turn taper
tourner (v) conique

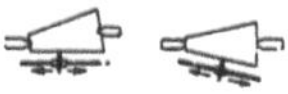

точить на конусъ
tornire (v) conico
tornear (v) cónico

---

4 Kegeligdrehen (n), Konischdrehen (n)
taper turning
tournage (m) conique

коническая обточка (f); обработка (f) конусовъ на токарномъ станкѣ
tornitura (f) conica
el tornear cónico

---

5 Formdrehen (n), Fassondrehen (n)
profile turning
façonnage (m), profilage (m) [au tour]

обтачиванiе (n) по фасону; обточка (f) по шаблону фасонныхъ предметовъ сложнаго профиля
sagomatura (f), tornitura (f) a sagoma
el tornear piezas perfiladas

---

6 Unrunddrehen (n), Passigdrehen (n)
eccentric turning
tournage (m) de ronds excentriques

обточка (f) по некруглой поверхности
tornitura (f) eccentrica
el tornear piezas no redondas, el tornear bombeado

---

7 Kugeldrehen (n), Balligdrehen (n)
spherical turning
tournage (m) de sphères

обточка (f) по шаровой поверхности
tornitura (f) di sfere
el tornear esferas

---

8 hinterdrehen (v)
to back off, to relieve
dépouiller (v), détalonner (v), dégager (v)

заточить заднюю поверхность; снять затылокъ
tornire (v) in profilo *od* a scalo *od* a spoglia
retornear (v), rebajar (v) á torno los dientes de las fresas de perfil constante

---

9 Hinterdrehen (n)
backing off, relieving
dépouillement (m), détalonnage (m)

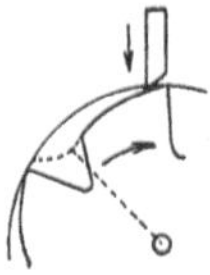

задняя заточка (f)
tornitura (f) in profilo *od* a scalo *od* a spoglia
el retornear los dientes de fresas de perfil constante

nach der Seite hinterdrehen (v)
to back off the side faces
tourner (v) latéralement un profil invariable, dépouiller (v) latéralement
заточить заднюю поверхность бока
tornire (v) in profilo laterale *o* lateralmente 1
retornear (v) lateralmente

---

vordrehen (v)
to take a preparatory cut
dégrossir (v) au tour
обточить кругомъ
sgrossare (v) *o* dare (v) la prima passata al tornio 2
empezar (v) á tornear

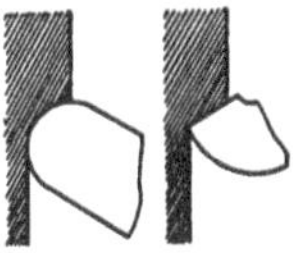

schruppen (v)
to rough turn
dégrossir (v), décrouter (v)
обтачивать начерно
sgrossare (v), sbozzare (v) 3
desbastar (v)

Schruppen (n)
rough turning
dégrossissage (m), ébauchage (m)
черновая обточка (f); обдирка (f)
sgrossatura (f), sbozzatura (f) 4
el desbastar

Schnellgrobdreherei (f)
rapid rough turning
dégrossissage (m) *ou* ébauchage (m) rapide
быстрая обточка (f) вчернѣ; быстрая черновая обточка
sgrossatura (f) rapida 5
el desbastar á torno rápido

---

nachdrehen (v)
to take a finishing cut
repasser (v), finir (v), rafraîchir (v)
обточить начисто
finire (v) *o* dare (v) la seconda passata al tornio 6
repasar (v) al torno

---

sauber drehen (v)
to turn smoothly
finir (v)
обточить начисто
tornire (v) liscio *o* fino 7
terminar (v) de tornear

Schlichtdrehen (n)
smooth turning
finissage (m) au tour
чистовая обточка (f)
rifinitura (f), lucidatura (f) 8
el alisar al torno

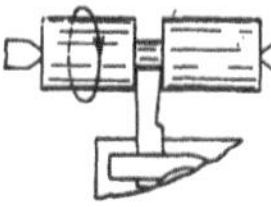

ein Stück abstechen (v) *oder* einstechen (v)
to cut off a piece
saigner (v) *ou* tronçonner (v) une pièce au tour
разрѣзать кусокъ
tagliare (v) un pezzo al tornio 9
tronzar (v) *ó* cortar (v) un pedazo

---

von der Stange arbeiten (v)
to work from the bar
travailler (v) à la barre
работать отъ рейки
lavorare (v) *o* tornire (v) dalla barra 10
trabajar (v) de la barra

---

zwischen festen *oder* toten Spitzen drehen (v)
to turn between dead centres
tourner (v) entre pointes fixes
обтачивать между неподвижными *или* мёртвыми центрами
tornire (v) fra punte *o* contropunte fisse 11
tornear (v) entre puntas fijas

1 genau gedrehte Fläche (f)
truly turned surface
surface (f) exactement tournée

точно обточенная поверхность (f)
superficie (f) tornita esattamente, tornitura (f) esatta
superficie (f) refrentada exactamente

---

2 mit dem Zirkel nachmessen (v), mit dem Taster messen (v), abtastern (v)
to check with the calipers
vérifier (v) les dimensions au calibre *ou* au compas d'épaisseur

обмѣрить кронциркулемъ
verificare (v) *o* controllare (v) col calibro
verificar (v) con el compás

---

3 Fühlhebel (m)
lever gauge
vérificateur (m) à levier

чувствительный рычагъ (m) [для провѣрки центровъ]
calibro (m) di precisione a leva
palanca (f) de contacto

---

4 das fertige Stück glätten (v) *oder* polieren (v)
to polish the finished work
polir (v) la pièce finie

полировать готовый кусокъ
lisciare (v) il pezzo finito *o* lavorato
alisar (v) la pieza terminada

---

5 durch Abschmirgeln glätten (v)
to polish with emery
polir (v) à l'émeri

полировать наждакомъ
lisciare (v) allo smeriglio
alisar (v) con esmeril

---

6 Gewinde eindrehen (v), auf der Drehbank Gewinde schneiden (v)
to turn a thread
fileter (v)

нарѣзáть (нарѣзать) (рѣзьбу) на токарномъ станкѣ
filettare (v) al tornio
roscar (v)

---

7 Gewindeschneiden (n) auf der Drehbank
cutting thread on the lathe
filetage (m) sur le tour

нарѣзанie (n) винтовой рѣзьбы на токарномъ станкѣ
filettatura (f) al tornio
el roscar en torno

---

8 eine hyperbol[oid]ische Fläche erzeugen (v)
to produce a hyperbolic surface
engendrer (v) une surface hyperbolique

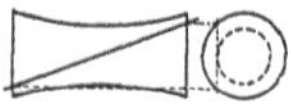

придать гиперболическую форму
ottenere (v) *o* produrre (v) una superficie iperbolica
producir (v) una superficie hiperbólica

---

9 rändeln (v)
to knurl
moleter (v)

накатывать
orlare (v), godronare (v), molettare (v)
moletear (v)

---

10 stetige Drehung (f) des Werkstücks
continuous rotation of the work piece
rotation (f) continue de la pièce à travailler

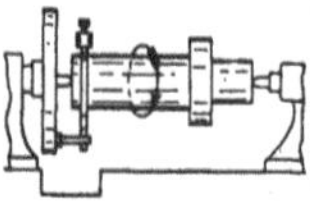

непрерывное вращенie (n) обрабатываемаго предмета
rotazione (f) continua del pezzo da lavorare
rotación (f) continua de la pieza de trabajo

das Werkstück kreist *oder* dreht sich *oder* rotiert
the work revolves
la pièce à travailler tourne

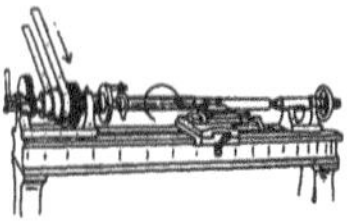

обрабатываемый
предметъ (m) вра-
щается 1
il pezzo da lavorare gira
la pieza de labor gira

---

der Stichel kreist *oder* dreht sich *oder* rotiert
the tool revolves
l'outil tourne *ou* est animé d'un mouvement circulaire

рѣзецъ (m) вращается
l'utensile gira 2
la herramienta gira

---

rundlaufen (v)
to rotate
tourner (v) rond

круговое движенiе (n)
girare (v) a tondo 3
girar (v) en redondo

---

das Werkstück läuft [genau] rund
the work runs exactly true
la pièce à travailler tourne rond

обрабатываемый предметъ (m) совершаетъ точно круговое движенiе
il pezzo da lavorare gira 4
a tondo
la pieza á trabajar gira concentricamente

---

das Werkstück schlägt
the work runs untrue *or* out of truth
la pièce à travailler voile

обрабатываемый предметъ (m) бьётъ
il pezzo da lavorare non 5
gira a tondo
la pieza golpea

---

das Werkstück wackelt *oder* schlottert
the work shakes
la pièce à travailler tremble

обрабатываемый предметъ (m) качается
il pezzo da lavorare sob- 6
balza
la pieza tiembla

Schlottern (n) des Werkstücks
shaking of the work piece
vibration (f) *ou* trépidation (f) de la pièce à usiner

качанiе (n) обрабатываемаго предмета
sobbalzamento (m) *o*
tremolio (m) del pezzo 7
(da lavorare)
trepidación (f) de la pieza

---

zittern (v), rattern (v), vibrieren (v)
to chatter
brouter (v)

дрожать; вибрировать
vibrare (v) 8
vibrar (v), temblar (v)

Zittern (n) des Drehstahls
chattering of the tool
broutage (m) de l'outil

дрожанiе (n) рѣзца
vibrazione (f) dell'utensile 9
vibración (f) de la herramienta

Schnarren (n)
rattling
broutage (m), tremblement (m) [produisant un grincement *ou* ronflement]

дрожанiе (n); шумъ (m) отъ дрожанiя
stridimento (m), stridore 10
(m)
sonido (m) de carraca

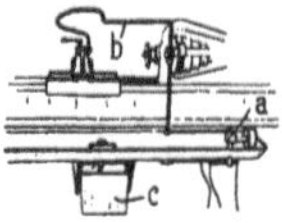

1 schmieren (v)
to oil, to lubricate, to grease
lubrifier (v), graisser (v)

смазать; смазывать
lubrificare (v)
lubrificar (v)

---

2 Schmieren (n)
oiling, lubricating, greasing
lubrification (f), graissage (m)

смазка (f)
lubrificatura (f)
lubricación (f), engrasado (m)

---

3 Ölpumpe (f)
oil pump
pompe (f) à huile

a

масляный насосъ (m)
pompa (f) dell'olio
bomba (f) de aceite

---

4 Rohrleitung (f)
piping
canalisation (f), tuyauterie (f), conduite (f)

b

трубопроводъ (m)
tubazione (f)
tubería (f)

---

5 Ölbehälter (m)
oil tank
réservoir (m) d'huile

c

резервуаръ (m) для масла
serbatoio (m) *o* vaschetta (f) dell'olio
depósito (m) de aceite

6 **Antrieb**
Drive
Commande

Передача
Comando
Mecanismo de accionamiento

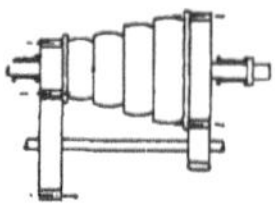

7 Spindelstock (m), Spindelkasten (m)
head stock, mandrel stock
poupée (f), poupée (f) fixe *ou* motrice

передняя (шпиндельная) бабка (f)
testa (f) del mandrino
cabezal (m) de husillo, caja (f) de husillo

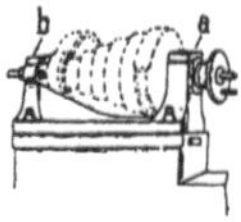

8 Docke (f), Spindeldocke (f), Lagerbock (m)
fast head stock
poupée (f) de tour

подшипникъ (m) передней бабки
sopporto (m) del mandrino
soporte (m) del husillo, cabezal (m)

---

9 Vorderdocke (f)
front bearing
palier (m) [d']avant de la poupée

a

передній подшипникъ (m) [передней бабки]
sopporto (m) anteriore
cabezal (m) delantero

---

10 Hinterdocke (f)
back bearing
palier (m) [d']arrière de la poupée

b

задній подшипникъ (m) [передней бабки]
sopporto (m) posteriore
cabezal (m) trasero

Spindel (f), Drehbankspindel (f), Laufspindel (f), Arbeit[s]spindel (f) spindle broche (f) *ou* arbre (m) principal		шпиндель (m) токарнаго станка mandrino (m) del tornio árbol (m), husillo (m), husillo (m) de torno, husillo (m) de trabajo	1
Spindelgeschwindigkeit (f) speed of spindle vitesse (f) de la broche		скорость (f) шпинделя velocità (f) del mandrino velocidad (f) del árbol	2
Spindelachse (f) axis of spindle axe (m) de la broche	a	ось (f) шпинделя asse (m) del mandrino eje (m) del árbol	3
Spindellagerung (f) bearing of spindle montage (m) de la broche dans son support	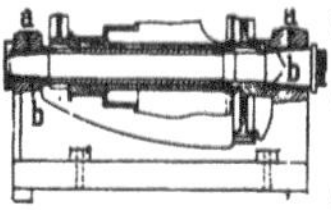	подшипники (m pl) для шеекъ шпинделя sostegno (m) *od* appoggio (m) del mandrino soporte (m) del husillo	4
Spindellager (n) spindle bearing coussinet (m) *ou* portée (f) de la broche de tour	a	подшипникъ (m) шпинделя cuscinetto (m) del mandrino cojinete (m) del husillo	5
Lagerbüchse (f) bush coussinet (m)	b	втулка (f) подшипника bussola (f), cuscinetto (m) a bussola casquillo (m) del cojinete	6
Kapselmutter (f) cap nut écrou (m) à chapeau		сгонная гайка (f); колпачковая гайка dado (m) a cappello *od* a bussola tuerca (f) de tapa	7
kegelförmige Führung (f) tapered *or* conical bearing coussinet (m) conique à l'intérieur, guidage (m) conique	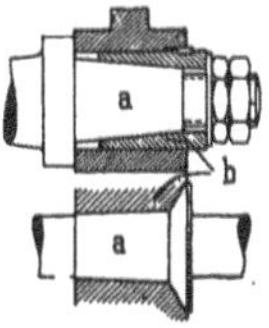	подшипникъ (m) съ конической внутренней поверхностью guida (f) conica, cuscinetto (m) conico guía (f) de forma cónica	8
kegel[förm]iger *oder* konischer Laufzapfen (m) conical *or* tapered journal portée (f) conique, tourillon (m) conique	a	коническая шейка (f) *или* цапфа (f) collare (m) conico espiga (f) de forma cónica, espiga (f) cónica	9
kegel[förm]ige *oder* konische Lagerschale (f) conical bushing [coquille (f) de] coussinet (m) conique	b	коническій вкладышъ (m) подшипника cuscinetto (m) conico, bussola (f) conica casquillo (m) de cojinete cónico	10

1 walzenförmige Führung (f)
cylindrical bearing
coussinet (m) cylindrique à l'intérieur

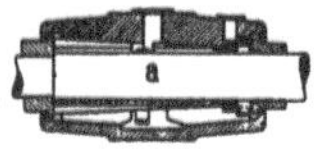

подшипникъ (m) съ цилиндрической внутренней поверхностью
guida (f) cilindrica interna, appoggio (m) cilindrico interno
guía (f) cilíndrica

---

2 walzenförmiger *oder* zylindrischer Laufzapfen (m)
cylindrical journal
collet (m) cylindrique

a

цилиндрическая шейка (f) *или* цапфа (f)
collare (m) cilindrico
espiga (f) cilíndrica de rotación

---

3 Drucklager (n), Schublager (n)
thrust bearing
palier (m) à rondelles de butée

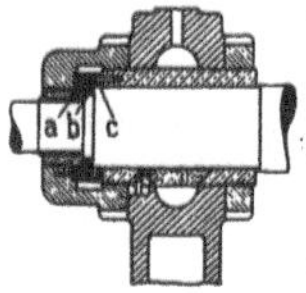

упорный подшипникъ (m); подшипникъ съ упорнымъ приспособленіемъ
cuscinetto (m) di pressione assiale *o* di spinta
cojinete (m) de presión

---

4 Druckring (m)
thrust ring
rondelle (f) de butée

a, b, c

упорное кольцо (n)
anello (m) di pressione assiale, ralla (f)
arandela (f) de presión

---

5 Kugel[druck]lager (n)
ball thrust bearing
butée (f) à billes

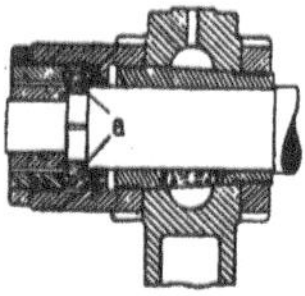

упорный шариковый подшипникъ (m); подшипникъ съ упорнымъ шариковымъ приспособленіемъ
cuscinetto (m) *o* ralla (f) di pressione *o* di spinta a sfere
cojinete (m) [de presión] de anillo de bolas

---

6 Kugelring (m)
ball race
bague (f) *ou* rondelle (f) à billes

a

шариковое кольцо (n); кольцо, вращающееся на шарикахъ
anello (m) a sfere
anillo (m) de bolas

---

7 nachstellbare Stützung (f)
adjustable support
butée (f) réglable

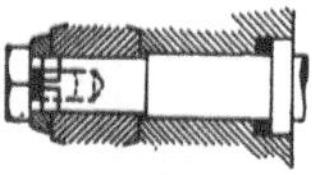

устанавливаемая опора (f); устанавливаемый упоръ (m)
pressione (f) *o* spinta (f) registrabile
tope (m) de contrapresión graduable

---

8 einstellbarer Spurzapfen (m)
adjustable thrust journal
pivot (m) réglable

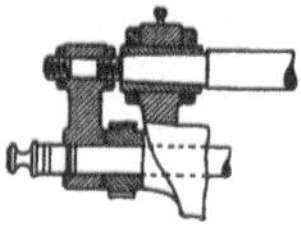

устанавливаемая опорная пята (f)
piletta (f) *o* perno (m) registrabile
pivote (m) graduable

---

9 Stellring (m)
adjustable spring collar
collier (m) élastique

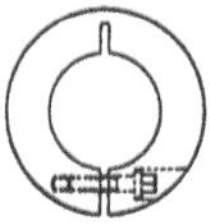

установочное кольцо (n)
anello (m) di pressione
anillo (m) elástico

Stellschraube (f), Druckschraube (f)
setting screw
prisonnier (m), vis (f) de fixation

установочный винтъ (m); нажимный винтъ
vite (f) di pressione 1
tornillo (m) de presión, prisionero (m)

---

a

Druckzapfen (m)
point
butée (f)

упорная цапфа (f)
perno (m) di pressione 2
espiga (f) de presión

---

b

Schlitz (m)
slit, notch
fente (f)

прорѣзъ (m)
fessura (f), taglio (m) 3
ranura (f)

Arbeit[s]spindel (f) mit konischem und zylindrischem Laufzapfen
spindle with conical and cylindrical neck *or* journal
broche (f) à portées coniques et cylindriques

шпиндель (m) съ коническoй и цилиндрической шейками *или* цапфами
mandrino (m) a collare conico e cilindrico 4
husillo (m) de trabajo con espigas cónicas y cilíndricas

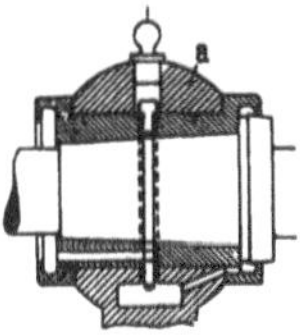

Ringschmierung (f)
ring lubrication
graissage (m) *ou* lubrification (f) à bague

кольцевая смазка (f)
lubrificazione (f) ad anello 5
engrase (m) automático por anillo

---

a

abnehmbarer Deckel (m)
detachable cap
chapeau (m) *ou* couvercle (m) amovible

съёмная крышка (f)
cappelletto (m) *o* coperchio (m) smontabile 6
tapa (f) postiza

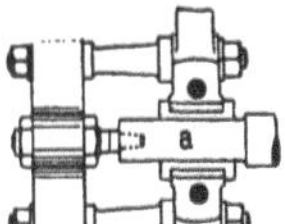

Schwanzlager (n)
tail bearing
coussinet (m) arrière

заднiй подшипникъ (m)
cuscinetto (m) a coda 7
cojinete (m) cónico graduable

---

a

Schwanzzapfen (m)
tail journal
portée (f) arrière

задняя цапфа (f) *или* шейка (f)
colletto (m) a coda 8
espiga (f) de cola

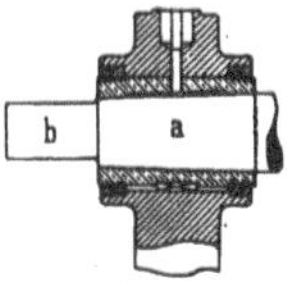

b

Schwanzende (n)
tail end
extrémité (f) arrière *ou* queue (f) *ou* fusée (f) de l'arbre

заднiй конецъ (m) шпинделя
estremità (f) del colletto 9
final (m) de la cola, extremo (m) de la espiga

1 entlastetes Schwanzlager (n)
relieved tail bearing
coussinet (m) arrière déchargé, coussinet (m) arrière à butée indépendante

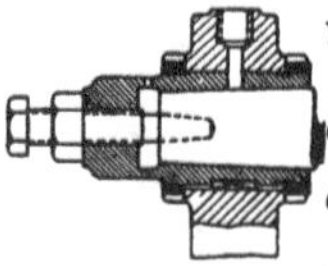

разгружённый задній подшипникъ (m) [шпинделя]
cuscinetto (m) registrabile a coda
cojinete (m) cónico equilibrado

---

2 Hauptlager (n)
main bearing
coussinet (m) *ou* palier (m) principal

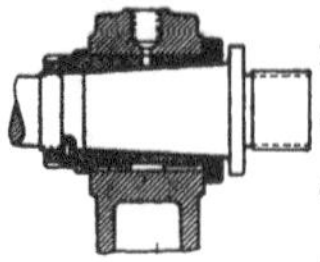

передній [коренной] подшипникъ (m)
cuscinetto (m) principale
cojinete (m) principal

---

3 Spindelantrieb (m)
spindle drive
commande (f) de la broche

передача (f) къ шпинделю
comando (m) del mandrino
movimiento (m) motor del husillo

---

4 kreisförmiger Hauptweg (m)
circular cutting path
chemin (m) parcouru par l'outil dans le tournage circulaire

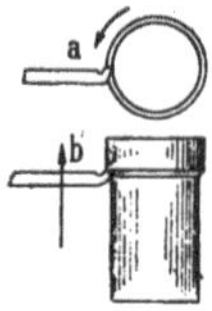

a

круговое главное рабочее движеніе (n)
marcia (f) a taglio circolare
camino (m) principal circular

---

5 Umdrehungszahl (f), Tourenzahl (f)
number of revolutions
nombre (m) de tours

число (n) оборотовъ
numero (m) dei giri
número (m) de revoluciones

---

6 Geschwindigkeitsstufe (f)
rate of speed
[degré (m) de] vitesse (f)

ступени (f pl) скоростей
gradazione (f) di velocità
[escala (f) de] velocidad (f)

---

7 stufenweise Geschwindigkeitsänderung (f)
stepped variation of speed
variation (f) graduelle de la vitesse

измѣненіе (n) скорости скачками
variazione (f) graduale di velocità
cambio (m) de velocidad gradual

---

8 allmähliche Geschwindigkeitsänderung (f)
gradual variation of speed
variation (f) progressive de la vitesse

постепенное измѣненіе (n) скорости
variazione (f) progressiva di velocità
variación (f) paulatina de la velocidad

---

9 Übersetzungsverhältnis (n)
ratio of gear
rapport (m) de multiplication

передаточное число (n); передача (f)
rapporto (m) degli ingranaggi
multiplicación (f), relación (f) de transmisión

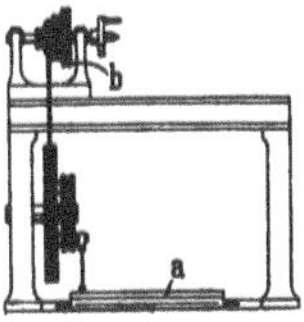

Fußantrieb (m)
treadle drive
commande (f) à pédale

ножной приводъ (m)
comando (m) a pedale
movimiento (m) á pedal 1

---

a

Tretschemel (m)
treadle
pédale (f)

педаль (f)
pedale (m)
pedal (m) 2

---

b

Schnurwirtel (m)
cord pulley
cône (m) de poulies à cordes, poulie (f) à corde

шкивъ (m) для круглаго *или* для шнурового ремня
puleggie (f pl) a corda *od* a gola 3
poleas (f pl) ranuradas para correa redonda *ó* cordón

Riemenantrieb (m), Drehbankantrieb (m) mittels Treibriemen
belt drive
commande (f) de tour par courroie

ременной приводъ (m) токарнаго станка
comando (m) a cinghia 4
movimiento (m) á correa

Treibriemen (m)
driving belt
courroie (f) de commande

приводный ремень (m)
cinghia (f) di comando 5
correa (f)

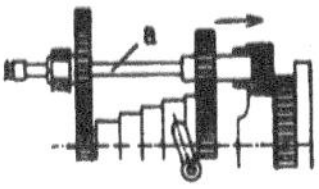

Vorgelege (n)
transmission *or* intermediate gear
renvoi (m) [de mouvement], transmission (f) intermédiaire

контръ-приводъ (m)
rinvio (m) 6
contra-marcha (f)

---

a

Vorgelegewelle (f)
countershaft
arbre (m) de renvoi

валъ (m) контръ-привода
albero (m) del rinvio 7
árbol (m) de la contramarcha

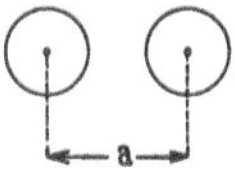

a

Achsenabstand (m), Achsenentfernung (f)
distance between centres
distance (f) d'axe en axe *ou* de centre en centre

разстояніе (n) между осями
distanza (f) degli assi 8
distancia (f) entre ejes

Deckenvorgelege (n)
overhead transmission gear
renvoi (m) de plafond, transmission (f) supportée par chaises pendantes

потолочный контръприводъ (m)
contralbero (m) 9
contra-marcha (f) de techo

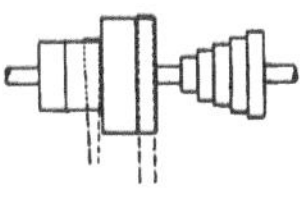

Deckenvorgelege (n) mit schnellem Rücklauf
overhead countershaft with quick return gear
renvoi (m) de mouvement à retour rapide

потолочный контръприводъ (m) для ускореннаго обратнаго хода
contralbero (m) con ritorno rapido 10
contra-marcha (f) con retroceso rápido

1 zweifaches Deckenvorgelege (n)
two speed overhead countershaft
renvoi (m) de mouvement à chaise pendante à deux vitesses

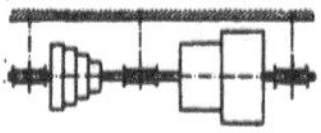

потолочный контрприводъ (m) съ двумя скоростями
contralbero (m) a due velocità
contra-marcha (f) de techo doble

---

2 drehbares Vorgelege (n)
swivelling countershaft
renvoi (m) de mouvement pivotant

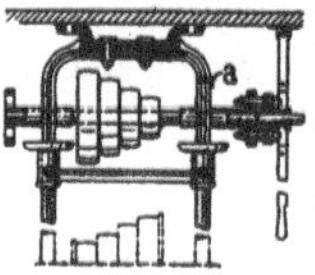

вращающійся *или* поворотный контрприводъ (m)
contralbero (m) *o* rinvio (m) girevole
contra-marcha (f) giratoria

---

3 Vorgelegeträger (m)
countershaft suspension arm
chaise (f) de renvoi, support (m) de renvoi

a

подвѣска (f) контрпривода
sopporto (m) del contralbero *o* del rinvio
soporte (m) de la contramarcha

---

4 sich gleichlaufend gegeneinander verschiebende Wellen (f pl)
shafts movable in the direction of the axle
arbres (m pl) à rotation dans le même sens se déplaçant l'un par rapport à l'autre

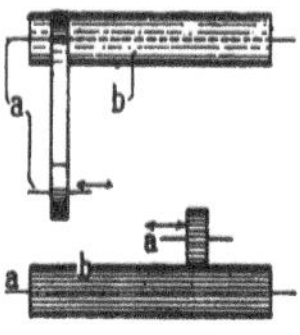

a

валы (m pl), вращающіеся въ одну сторону и перемѣщающіеся одинъ относительно другого
alberi (m pl) rotanti parallelamente e scorrevoli in senso trasversale
árboles (m pl) girando en el mismo sentido y de deslizamiento contrario

---

5 [Wellen-]Trommel (f)
drum
tambour (m)

b

барабанъ (m)
tamburo (m)
tambor (m)

---

6 Stufenriemenantrieb (m), Stufenrollenantrieb (m) durch Treibriemen
cone pulley drive
commande (f) par poulies à gradins et courroie

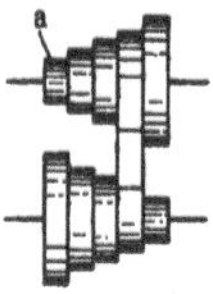

ступенчатая ременная передача (f); передача ступенчатыми шкивами
comando (m) a mezzo di puleggie a gradini
cambio (m) de velocidades por poleas escalonadas *ó* conos de varias velocidades

---

7 Stufenrolle (f), Stufenscheibe (f)
cone pulley
poulie (f) à gradins, poulie (f) étagée, cône (m) étagé *ou* à gradins

a

ступенчатый шкивъ (m)
puleggia (f) a gradini
polea (f) escalonada

---

8 Transportstufenscheibe (f)
feed cone pulley
poulie (f) à gradins de renvoi, cône (m) de renvoi

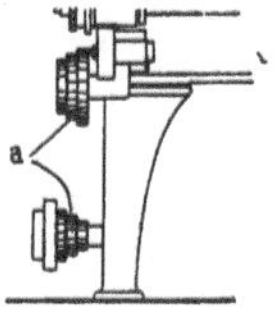

a

передаточный ступенчатый шкивъ (m)
puleggia (f) a gradini di rinvio *o* di trasporto
cono (m) de contramarcha

mehrstufige Riemenrolle (f) multistep cone pulley poulie (f) à gradins *ou* étagée	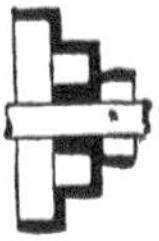	шкивъ (m) съ нѣсколькими ступенями; многоступенчатый шкивъ puleggia (f) a più gradini polea (f) graduada	*1*
halbgeschränkter Riemen (m) quarter twist belt courroie (f) demi-croisée	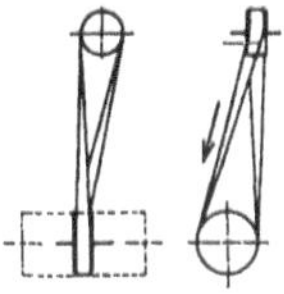	полуперекрёстный *или* полускрещенный ремень (m) cinghia (f) semiincrociata correa (f) semi-cruzada	*2*
Leitrolle (f) jockey *or* guide pulley poulie (f) de guidage, galet (m) de guidage	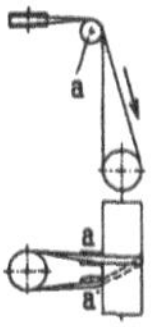 a	направляющій роликъ (m) rullo (m) di guida rodaja (f) de guia	*3*
Einrücken (n) des Vorgeleges throwing in the countershaft embrayage (m) du renvoi		включеніе (n) *или* сцѣпленіе (n) контръпривода attacco (m) del contralbero embrague (m) de la contra-marcha	*4*
Ausrücken (n) throwing out of gear, disengaging débrayage (m)		выключеніе (n); расцѣпленіе (n) distacco (m), disinnesto (m) desembrague (m)	*5*
den Riemen von der losen Rolle auf die feste Rolle überführen (v) *oder* verschieben (v) to shift the belt from the loose to the fast pulley faire (v) passer la courroie de la poulie folle sur la poulie fixe	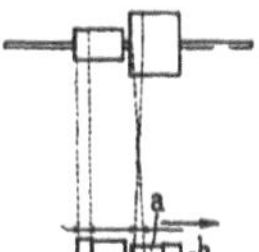	перевести ремень съ холостого на рабочій шкивъ trasportare (v) *o* far scorrere (v) la cinghia dalla puleggia folle sulla fissa pasar (v) la correa de la polea loca á la polea fija	*6*
lose Rolle (f) loose pulley poulie (f) folle	a	холостой шкивъ (m) puleggia (f) folle polea (f) loca	*7*
feste Rolle (f) fixed *or* fast pulley poulie (f) fixe	b	рабочій шкивъ (m) puleggia (f) fissa polea (f) fija	*8*

1 Anlauf (m) der Rolle
beveled lip of the pulley
rebord (m) conique de la poulie

коническая заточка (f) шкива
rialzo (m) della puleggia
superficie (f) de subida de la polea loca à la fija

---

2 Gleiten (n) *oder* Rutschen (n) des Riemens
slipping of the belt
glissement (m) *ou* patinage (m) de la courroie

скольженіе (n) ремня
scorrimento (m) della cinghia
el patinar de la correa

---

3 Riemengabel (f)
belt fork
fourche (f) à courroie

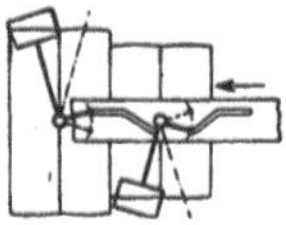

отводка (f); вилка (f) для перевода ремня
forcella (f) della cinghia
horquilla (f) para la correa

---

4 geschlossene Riemengabel (f)
closed belt fork
fourche (f) à courroie fermée

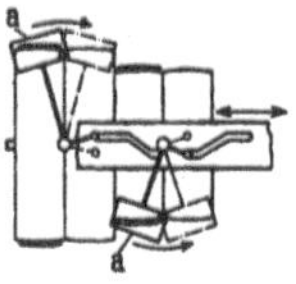

замкнутая отводка (f); замкнутая вилка (f) для перевода ремня
forcella (f) chiusa della cinghia
horquilla (f) cerrada para la correa

---

5 Riemenführer (m), Riemenleiter (m)
belt guide
guide-courroie (m)

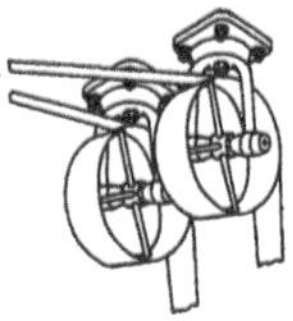

направляющія (n pl) ремня
guida (f) della cinghia, guida-cinghia (f)
conductor (m) de la correa

---

6 Schnurantrieb (m)
cord drive
commande (f) par corde

передача (f) круглымъ *или* шнуровымъ ремнемъ
comando (m) a fune
movimiento (m) motor por cordón

---

7 mehrrilliger Schnurlauf (m)
multiple grooved cord pulley
poulie (f) à gradins pour corde

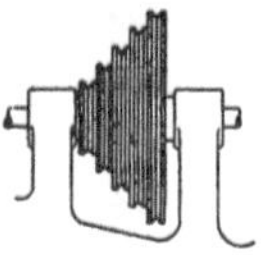

ступенчатый шкивъ (m) съ канавками для круглыхъ *или* шнуровыхъ ремней
puleggia (f) a più gole
polea (f) graduada con ranuras para cordón

---

8 Kettenantrieb (m)
chain drive
commande (f) par chaîne

цѣпная передача (f)
comando (m) a catena
movimiento (m) motor por cadena

Räderantrieb (m)
toothed gear drive
commande (f) par engrenages

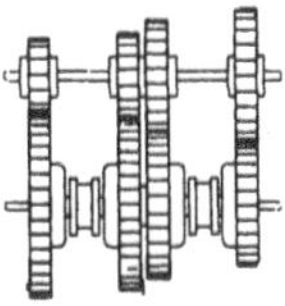

зубчатая передача (f)
comando (m) ad ingranaggi
movimiento (m) motor por engranajes derechos 1

Rädervorgelege (n)
spur wheel countershaft *or* back gear
contre-arbre (m) à harnais

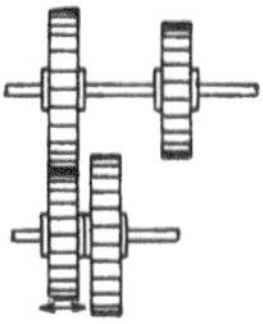

зубчатый переборъ (m)
rinvio (m) ad ingranaggi
contra-marcha (f) de engranajes derechos 2

---

ausrückbares [Räder-] Vorgelege (n)
disengageable back gear
contre-arbre (m) débrayable *ou* à débrayage

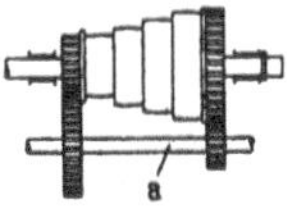

расцѣпной зубчатый переборъ (m)
contralbero (m) *o* rinvio (m) a distacco *od* a disinnesto
contra-marcha (f) de desembrague 3

Verschiebung (f) der Räder auf der Vorgelegewelle
moving the wheels along the countershaft
déplacement (m) des roues sur l'arbre intermédiaire du harnais

перемѣщенiе (n) зубчатыхъ колёсъ по переборной оси
spostamento (m) degli ingranaggi sul contralbero
traslación (f) de los engranajes sobre el árbol de la contramarcha 4

Verschiebung (f) der Vorgelegewelle
moving the countershaft
déplacement (m) de l'arbre intermédiaire du harnais

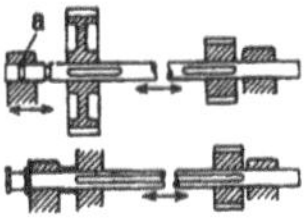

перемѣщенiе (n) переборной оси
spostamento (m) dell'albero del rinvio
desplazamiento (m) del árbol de la contramarcha 5

Einsteckstift (m)
stop pin
goujon (m)

a

закрѣпляющая шпилька (f)
spina (f) d'innesto
pasador (m) 6

Stufenrolle (f) mit Vorgelegen
stepped cones with countershaft gear
poulie (f) à gradins avec harnais d'engrenages

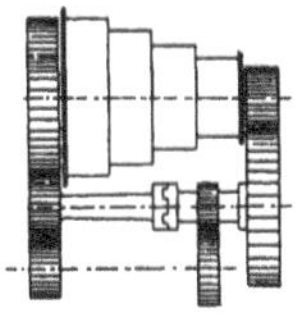

ступенчатые шкивы (m pl) съ зубчатымъ переборомъ
puleggia (f) a gradini con rinvio
cono (m) escalonado con contra-marcha de engranajes 7

1 doppeltes Rädervorgelege (n)
double wheel gear
renvoi (m) double à harnais

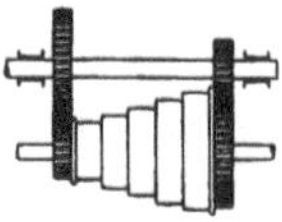

двойной зубчатый переборъ (m)
rinvio (m) doppio ad ingranaggi, ingranaggio (m) doppio di ritardo
contra-marcha (f) doble de engranajes derechos

---

2 Stufenrädergetriebe (n)
variable speed wheel gear, stepped wheel gear
harnais(m)d'engrenages à roues étagées

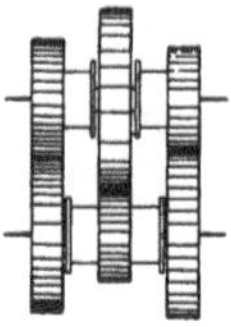

ступенчатая зубчатая передача (f)
ingranaggi (m pl) gradinati a velocità variabile
mecanismo (m) de movimiento motor por engranajes derechos escalonados

---

3 Stufenrad (n)
coned pulley
cône (m) de pignons

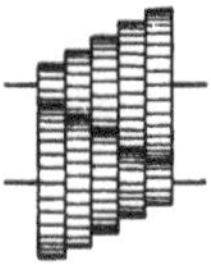

ступенчатый зубчатый наборъ (m)
ingranaggio (m) a gradini
engranaje (m) escalonado

---

4 Radschutzkappe (f)
gear case
capot (m) protecteur *ou* enveloppe (f) protectrice de roues

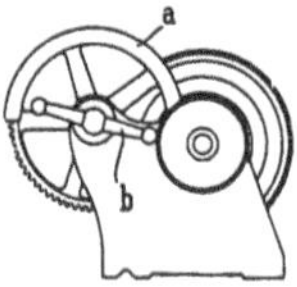

a

предохранительный кожухъ (m); чехолъ (m) зубчатаго колеса
cuffia (f) di protezione degli ingranaggi
cubierta (f) protectora para los engranajes

---

5 Umlegegriff (m) [für das Rädervorgelege]
back gear shaft handle
poignée (f) d'embrayage du harnais d'engrenages

b

ручка (f) для перестановки перебора
manubrio (m) *o* leva (f) di attacco *o* di disinnesto [del rinvio ad ingranaggi]
palanca (f) para embragar la contramarcha de engranajes

---

6 verdecktes Vorgelege (n)
encased back gear
harnais(m)d'engrenages intérieurs

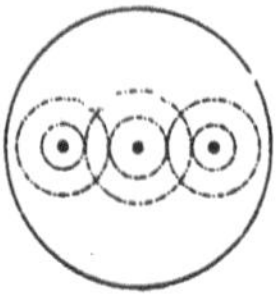

закрытый зубчатый переборъ (m)
rinvio (m) coperto, cassa (f) degli ingranaggi
contra-marcha (f) cubierta

[Richardssches] Stufenrädergetriebe (n) mit Zwischenrädern
Richards' back gear with intermediate wheels
cônes (m pl) de pignons avec roues intermédiaires Richards, boîte (f) de vitesse Richards

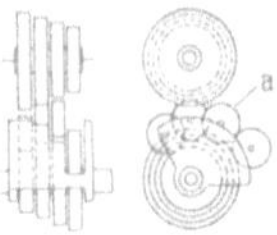

ступенчатая зубчатая передача (f) Ричардса при помощи промежуточныхъ колёсъ
cassa (f) *o* rinvio (m) di ingranaggi a gradini con ingranaggi intermedi sistema «Richards»
disposición (f) de engranajes escalonados con ruedas intermedias sistema Richards 1

Zwischenrad (n)
intermediate wheel
roue (f) intermédiaire

a

промежуточное колесо (n)
ingranaggio (m) intermedio di trasporto
rueda (f) intermedia 2

[Nortonsches] Stufenrädergetriebe (n) mit ausschwenkbarem Zwischenrad
Norton's stepped gear with swinging intermediate wheel
harnais (m) d'engrenages Norton avec roue intermédiaire basculante *ou* boîte de vitesse Norton

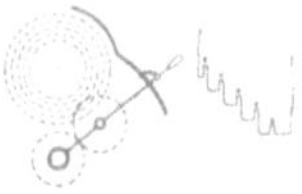

зубчатая передача (f) Нортона съ передвижной шестерней; смѣнная передача Нортона
rinvio (m) *o* cassa (f) di ingranaggi a gradini con ingranaggio intermedio disinnestabile sistema «Norton»
disposición (f) de engranajes escalonados sistema Norton con rueda intermedia 3

Auswechseln (n) der Räder
changing the wheels
changement (m) *ou* remplacement (m) des roues

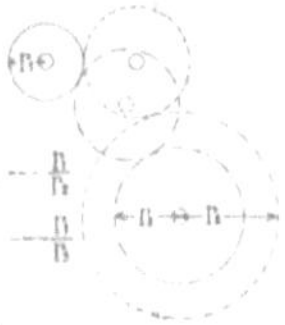

смѣна (f) колёсъ
cambio (m) degli ingranaggi
el cambiar los engranajes 4

Wechselrädergetriebe (n)
change gear
harnais (m) d'engrenages à changement de vitesse

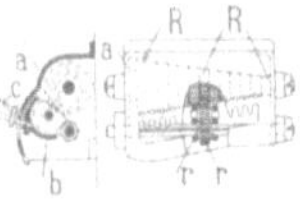

смѣнная зубчатая передача (f)
comando (m) *o* cassa (f) di ingranaggi con cambio di velocità
disposición (f) de cambio de velocidades por engranajes 5

Wechselräder (n pl)
change wheels
roues (f pl) de changement de vitesse

R, r

смѣнныя колёса (n pl); колёса для перемѣны скорости
ingranaggi (m pl) di ricambio
engranajes (m pl) de cambio de velocidad 6

Satzräder (n pl)
set of wheels
roues (f pl) du jeu d'engrenages

R

наборъ (m) смѣнныхъ колёсъ
ingranaggi (m pl) di assortimento
engranajes (m pl) de juego 7

1 Herzhebel (m)
reversing lever
levier (m) de renversement de marche

рукоятка (f) трензеля [механизма для измѣненія направленія вращенія ходового винта]
leva (f) d'inversione
palanca (f) de cambio

2 Räderkasten (m)
gear case, wheel box
boîte (f) d'engrenages, boîte (f) de [changement de] vitesse

переборная коробка (f)
cassa (f) d'ingranaggi
caja (f) de los engranajes de cambio de velocidad

3 Tasche (f)
frame
platine (f) [à engrenages]

каретка (f)
scatola (f) dell'ingranaggio intermediario
bolsillo (m)

4 Fallsperre (f), Federstellhebel (m)
spring trigger
cliquet (m)

собачка (f); защёлка (f)
crichetto (m) d'arresto
trinquete (m) de caída

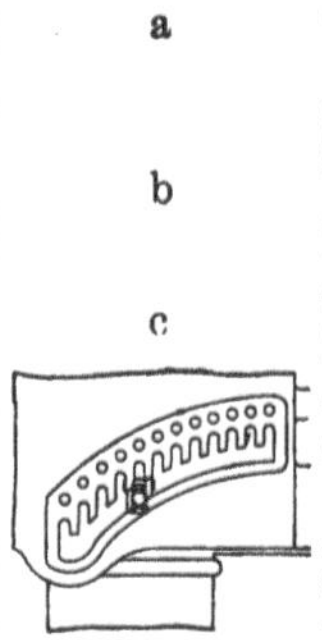

5 Kamm (m)
slotted adjustment plate
ouvertures (f pl) en dents de peigne

гребёнка (f); рядъ (m) отверстій въ видѣ гребёнки
scala (f) dentata
abertura (f) dentada

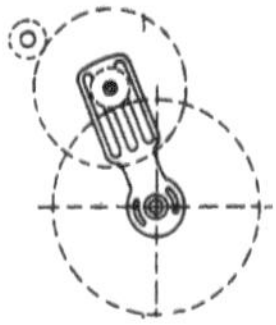

6 Stelleisen (n), Pferdekopf (m), Schere (f)
quadrant, adjustment plate
tête (f) de cheval, lyre (f)

гитара (f); большой трензель (m)
testa (f) di cavallo, quadrante (m)
guitarra (f)

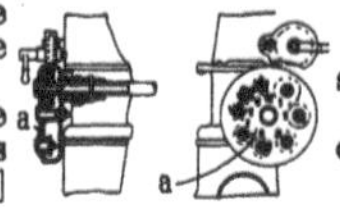

7 Wechselräderkasten (m), Wechselrädergehäuse (n), Wechselräderdose (f)
change gear box *or* case
boîte (f) à engrenages de [changement de] vitesse

коробка (f) со смѣнными зубчатыми колёсами
scatola (f) degli ingranaggi di cambio
caja-revólver (f) conteniendo los engranajes de cambio

8 Schild (n)
shield
plaque (f) à cadran

щитокъ (m)
placca (f) a quadrante
placa (f)

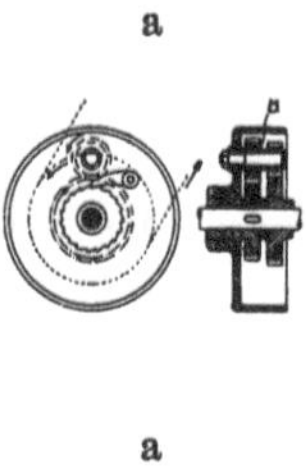

9 Planeten[rad]getriebe (n), Umlaufräder (n pl)
planet gear
harnais (m) d'engrenages planétaires

планетная *или* планетарная передача (f)
cassa (f) d'ingranaggi a movimento planetario *od* a ruote secondarie
engranaje (m) de movimiento planetario

10 Doppelrad (n)
double wheel
roues (f pl) jumellées

двойное [зубчатое] колесо (n)
ruota (f) doppia *o* gemella
rueda (f) *ó* engranaje (m) doble

Umlaufrad (n), Planetenrad (n)
planet pinion
[roue (f)] satellite (m)

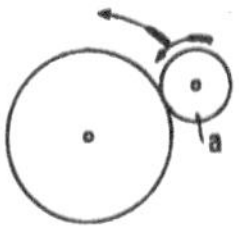

a

планетное *или* планетарное колесо (n)
ruota (f) *o* pignone (m) secondario
engranaje (m) secundario *ó* satélite 1

Umkehr (f) der Drehrichtung
reversal of the direction of rotation
changement (m) du sens de rotation

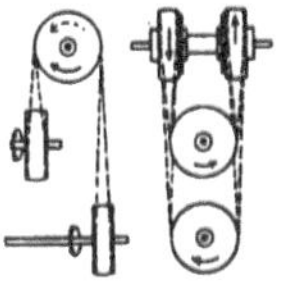

перемѣна (f) направленія вращенія
inversione (f) del senso di rotazione
inversión (f) de la dirección de rotación 2

Wendegetriebe (n), [Um-] Kehrgetriebe (n)
reversing gear
mécanisme (m) de renversement *ou* d'inversion du sens de rotation

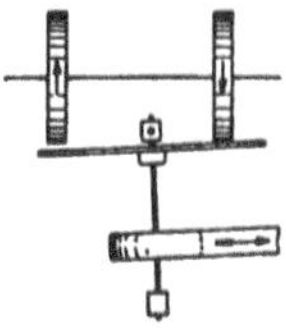

механизмъ (m) для перемѣны направленія вращенія
meccanismo (m) di inversione del senso di rotazione
mecanismo (m) de inversión de marcha 3

Wendeherz (n), Herz (n)
tumbler, stud wheel plate
cœur (m) de renversement

малый трензель (m); перекидной механизмъ (m)
crociera (f) d'inversione
corazón (m) de inversión 4

Wendegetriebe (n) mit Reibkupplung
reversing gear with friction coupling
[mécanisme (m) de] renversement (m) du sens de rotation par embrayage à friction

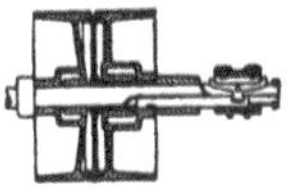

механизмъ (m) для измѣненія направленія вращенія при помощи фрикціонной муфты
meccanismo (m) d'inversione con innesto a frizione
mecanismo (m) de cambio con acoplamiento de fricción 5

Gegengetriebe (n), Differentialgetriebe (n)
differential gear
différentiel (m), mécanisme (m) à différentiel

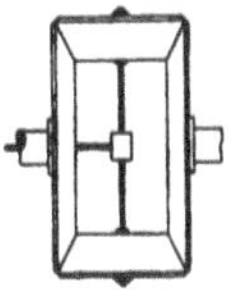

дифференціальная передача (f)
meccanismo (m) differenziale
mecanismo (m) de movimiento contrario, mecanismo (m) de movimiento diferencial 6

Wurmradgetriebe (n)
screw gear, worm gear
[mécanisme (m) de] commande (f) par roue et vis sans fin

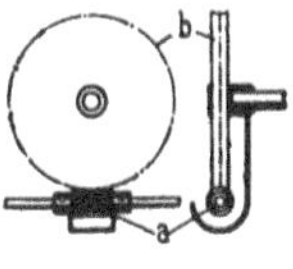

червячная передача (f)
meccanismo (m) a vite perpetua
mecanismo (m) de movimiento de tornillo sin fin 7

1	verschiebbare Schraube (f), Wurm (m), Schraube (f) ohne Ende, Schnecke (f) worm, endless screw vis (f) sans fin déplaçable	a	червякъ (m); безконечный винтъ (m) vite (f) perpetua spostabile tornillo (m) sin fin graduable
2	Wurmrad (n), Schnekkenrad (n) worm wheel roue (f) [à denture] hélicoïdale	b	червячное *или* винтовое колесо (n) ruota (f) per vite perpetua, ingranaggio (m) a denti elicoidali rueda (f) helicoidal
3	Reibräderantrieb (m), Reibantrieb (m) friction drive commande (f) à friction *ou* par roues à friction	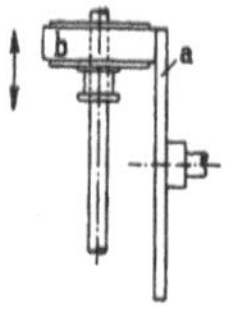	фрикціонный приводъ (m) comando (m) con dischi a frizione movimiento (m) motor por poleas *ó* ruedas de fricción
4	Reib[ungs]getriebe (n) friction gear mécanisme (m) *ou* commande (f) à friction		фрикціонная передача (f) meccanismo (m) a frizione movimiento (m) motor de fricción
5	Reibscheibe (f), Friktionsscheibe (f) friction disc plateau (m) de friction	a	фрикціонный дискъ (m) disco (m) a frizione plato (m) de fricción
6	verschiebbare Walze (f) sliding drum rouleau (m) deplaçable	b	передвижной фрикціонный цилиндръ (m) rullo (m) spostabile cilindro (m) desplazable lateralmente
7	Reibantrieb (m) mit zwei Scheiben friction drive with two discs commande (f) à friction par deux plateaux	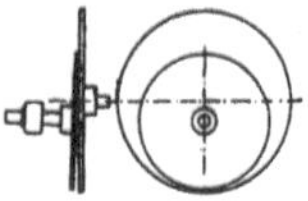	фрикціонная передача (f) съ двумя дисками тренія comando (m) a frizione con due dischi movimiento (m) de fricción de dos discos
8	Reibantrieb (m) mit Doppelkegelrädern friction drive with double conical wheels commande (f) à friction par deux roues biconiques, mécanisme (m) de friction à deux roues coniques	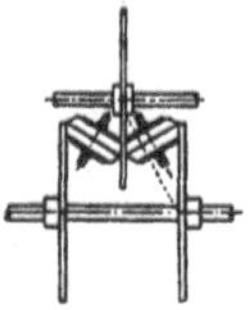	фрикціонная передача (f) съ двумя коническими колёсами comando (m) a frizione con due dischi conici movimiento (m) de fricción por ruedas de doble cono

Reib[ungs]kegelantrieb (m)
friction cone drive
commande (f) à friction par cônes

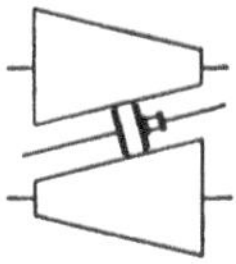

фрикціонная передача (f) съ двумя коническими барабанами и промежуточнымъ роликомъ; передача Эванса; передача Барнгурста 1
comando (m) a frizione con coni *o* con rulli conici
movimiento (m) motor por conos de fricción

---

kegel[förm]iges *oder* konisches Reib[ungs]vorgelege (n)
cone gear with friction strap
renvoi (m) de mouvement par cônes de friction

фрикціонная передача (f) при помощи коническихъ барабановъ
contralbero (m) *o* rinvio (m) con coni *o* con rulli conici a frizione 2
contra-marcha (f) de fricción cónica

---

verstellbare Riementrommeln (f pl)
„Reeves" variable gear
tambours (m pl) coniques à courroie extensibles

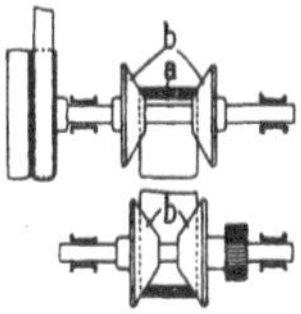

передвижные барабаны (m pl); передача (f) Ривса
tamburi (m pl) conici estensibili a cinghia 3
tambores (m pl) graduables para correas achaflanadas

Keilriemen (m)
wedge shaped belt
courroie (f) en coin

a

клиновой ремень (m)
cinghia (f) conica *od* a △ 4
correa (f) achaflanada

Keilriemenrolle (f)
conical disc pulley
galet (m) *ou* poulie (f) *ou* rouleau (m) pour courroie en coin

b

шкивъ (m) для клинового ремня
puleggia (f) per cinghia conica *o* per cinghia ad △ 5
polea (f) para correa achaflanada

---

elektrischer Antrieb (m)
electric drive
commande (f) électrique

токарный станокъ (m) съ электрическимъ приводомъ; токарный станокъ съ передачей отъ электродвигателя 6
comando (m) elettrico
movimiento(m)eléctrico

Kreuzgelenk (n), Hookesches Gelenk (n)
universal *or* Hooke's joint
joint (m) universel *ou* articulation (f) universelle de Hooke, cardan (m)

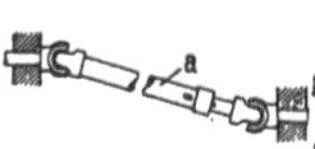

шарнирное соединеніе (n) Гука; универсальный шарниръ (m) Кардана
giunto (m) universale *od* a cardano di Hooke 7
articulación (f) en cruz sistema Hooke

1 verstellbare Zwischenwelle (f), Teleskopwelle (f)
adjustable intermediate shaft
arbre (m) extensible

a

промежуточный валикъ (m)
albero (m) intermedio estensibile
árbol (m) intermedio graduable

---

2 die Stufenscheibe kuppeln (v)
to couple the cone pulleys
accoupler (v) *ou* coupler (v) la poulie étagée *ou* à gradins

сцѣпить ступенчатый шкивъ
innestare (v) *od* attaccare (v) *od* accoppiare (v) la puleggia a gradini
acoplar (v) la polea escalonada

---

3 mit der Stufenscheibe gekuppeltes Zahnrad (n)
spur wheel coupled with step pulley
engrenage (m) accouplé avec poulie à gradins

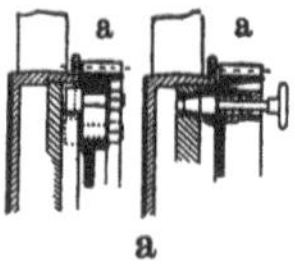

зубчатое колесо (n), сцѣплённое со ступенчатымъ шкивомъ
puleggia (f) a gradini innestata all'ingranaggio
engranaje (m) acoplado á la polea escalonada

---

4 Mitnehmer (m)
driver, catch
toc (m) *ou* verrou (m) d'entraînement

сцѣпка (f); приспособленіе (n) для сцѣпленія
tappo (m) di presa *o* d'innesto
tope (m) de conducción

---

5 Mitnehmerschraube (f)
driving *or* catch bolt
vis (f) de blocage du toc *ou* verrou d'entraînement

a

сцѣпляющій болтъ (m)
vite (f) del tappo di presa
tornillo (m) del tope de conducción

---

6 selbsttätig einspringender Mitnehmer (m)
automatically engaging driver *or* catch
verrou (m) d'entraînement à ressort *ou* à enclanchement automatique

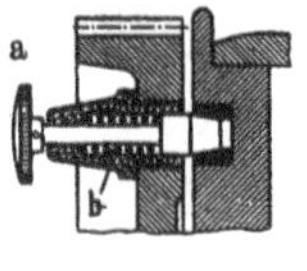

автоматическая сцѣпка (f); автоматически сцѣпляющій стержень (m)
tappo (m) di presa automatico *od* a molla
tope (m) de conducción de disparo automático

---

7 Mitnehmerknopf (m)
knob of catch
molette (f) *ou* bouton (m) verrou d'entraînement

a

головка (f) сцѣпки
bottone (m) *o* pomello (m) del tappo di presa
cabeza (f) de tope conductor

---

8 Mitnehmerfeder (f)
driver *or* catch spring
ressort (m) du verrou d'entraînement

b

пружина (f) сцѣпки
molla (f) del tappo di presa
resorte (m) del tope conductor

---

9 die Vorgelegewelle verriegeln (v)
to lock the back gear shaft
bloquer (v) *ou* verrouiller (v) l'arbre du harnais d'engrenage

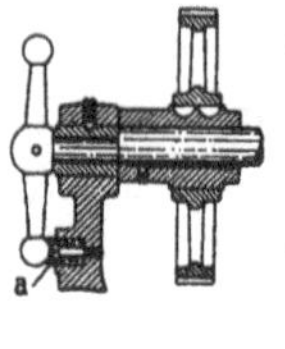

закрѣпить переборный валикъ *или* переборную ось
bloccare (v) *o* fissare (v) *o* fermare (v) l'albero del rinvio
asegurar (v) el eje de la contra-marcha

Federriegel (m) spring bolt verrou (m) à ressort	a	пружинный замокъ (m) *или* запоръ (m) bloccaggio (m) *o* fissaggio (m) a molla cierre (m) á resorte	*1*
Spindelstock (m) mit Zahnkupplung head stock with dog clutch *or* claw coupling poupée (f) à accouplement à griffes	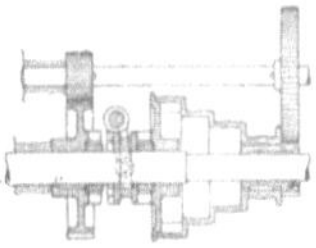	шпиндель (m) съ зубчатой муфтой testa (f) di tornio a mandrino [con manicotto a denti], mandrino (m) con innesto a denti cabezal (m) de husillo con acoplamiento de garras	*2*
Klauenkupplung (f), Zahnkupplung (f) claw *or* clutch coupling accouplement (m) à griffes	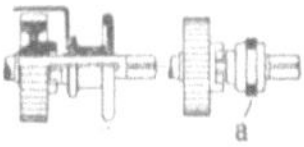	зубчатая муфта (f); кулачная муфта innesto (m) a griffe *od* a denti acoplamiento (m) de uñas *ó* garras	*3*
Halsring (m) neck ring, yoke ring bague (f) à gorge	a	хомутикъ (m); вилка (f) anello (m) del collare arandela (f)	*4*
Doppelkuppelstück (n) double coupling piece pièce (f) d'accouplement double	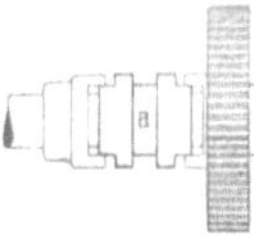 a	двойная сцѣпная муфта (f) manicotto (m) *od* innesto (m) doppio pieza (f) de acoplamiento doble	*5*
Stiftkupplung (f) pin coupling accouplement (m) par cheville *ou* doigt *ou* goupille	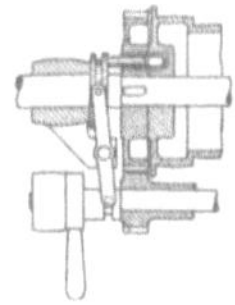	сцѣпленіе (n) штифтомъ; муфта (f) съ пальцемъ innesto (m) a spina acoplamiento (m) por pasadores *ó* pivotes	*6*
stoßfreies Einrücken (n) der Kupplung throwing in the coupling without shock embrayage (m) sans à-coups (de l'accouplement)		сцѣпленіе (n) муфтой безъ ударовъ innesto (m) senza urto embrague (m) del acoplamiento sin golpe	*7*
Reib[ungs]kupplung (f) friction clutch *or* coupling accouplement (m) à friction, embrayage (m) à friction	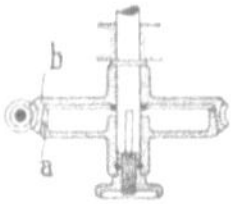	муфта (f) тренія; фрикціонная муфта innesto (m) a frizione acoplamiento (m) de fricción	*8*
Reibkegel (m) male friction cone cône (m) [mâle] de friction	a	фрикціонный конусъ (m) cono (m) a frizione cono (m) de fricción	*9*

1	Gegenkegel (m) female friction cone cône (m) [femelle] de friction	b	контръ-конусъ (m) contro-cono (m), cono (m) femina contra-cono (m)
2	Handhebel (m) zum Einrücken der Kupplung hand lever for throwing in the clutch levier (m) d'embrayage d'un accouplement		рукоятка (f) для сцѣпленія муфты leva (f) per l'innesto a frizione palanca (f) á mano para embragar el acoplamiento
3	Sichel (f), sichelförmiger Hebel (m) toggle lever, crescent shaped lever levier (m) en forme de croissant	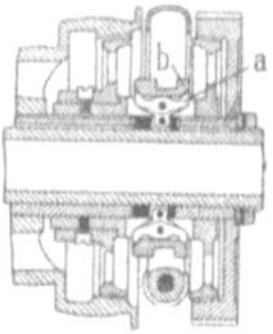 a	серпъ (m); серповидный рычажокъ (m) leva (f) a forcella palanca (f) en forma de hoz
4	Schließring (m) sliding ring bague (f) *ou* anneau (m) de blocage *ou* d'embrayage	b	запорное кольцо (n) anello (m) di blocco *o* d'innesto anillo (m) de cierre
5	Zylinder[reib]kupplung (f) cylinder friction coupling accouplement (m) à friction cylindrique	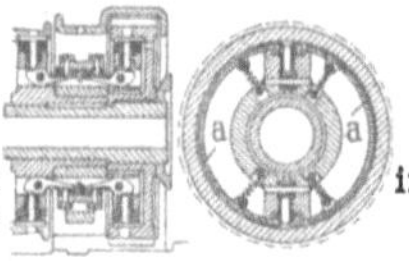	цилиндрическая муфта (f) тренія; цилиндрическая фрикціонная муфта; цилиндрическая муфта сцѣпленія innesto (m) cilindrico a frizione *od* a frizione ad anello acoplamiento (m) de fricción cilindrico
6	Bremsring (m), Bremsband (n), Spreizring (m) brake band bague (f) de friction, bague (f) de frein, ruban (m) de frein	a	тормазное кольцо (n); тормазная лента (f) nastro (m) di freno anillo (m) ó cinta (f) de freno
7	Reibrollenantrieb (m) friction roller drive commande (f) par galets de friction *ou* par rouleaux de friction	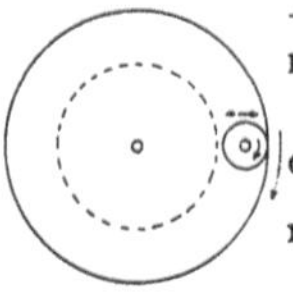	передача (f) при помощи фрикціоннаго ролика comando (m) con rulli a frizione movimiento (m) por rodajas de fricción

Vorschub und Support **Feed and Support** **Mécanisme d'avancement et support**	**Подача и суппортъ** **Avanzamento e sopporto** **Mecanismo de avance y soporte**	1
Anstellen (n) des Drehstahls application of the turning tool mise (f) au point de l'outil, (approche (f) de l'outil)	установка (f) рѣзца messa (f) a punto *od* avvicinamento (m) dell'utensile aplicación (f) de la herramienta de tornear	2
Vorschub (m), Zuschiebung (f) feed avance (f)	подача (f) avanzamento (m) avance (m), alimentación (f)	3
Schaltbewegung (f) feed motion mouvement (m) d'avance	движенie (n) подачи movimento (m) di avanzamento movimiento (m) de avance	4
Schaltweg (m), Zuschiebungsweg (m) direction of feed direction (f) de l'avance	ходъ (m) подачи direzione (f) di avanzamento distancia (f) de avance	5
geradliniger Schaltweg (m) straight feed avance (f) rectiligne	прямолинейный ходъ (m) подачи avanzamento (m) rettilineo camino (m) de avance rectilíneo	6
Dauervorschub (m), Dauerschaltung (f) continuous *or* uninterrupted feed avance (f) continue	непрерывная подача (f) avanzamento (m) continuo avance (m) continuo	7
Sprungschaltung (f) irregular feed avance (f) par cliquet	прерывная подача (f) avanzamento (m) a tempi *od* a scatti avance (m) de salto	8
Druckschaltung (f) automatic feed avance (f) automatique	нажимная подача (f) avanzamento (m) automatico a pressione avance (m) por presión	9
Planvorschub (m) cross feed avance (f) transversale	поперечная подача (f) avanzamento (m) trasversale avance (m) plano	10

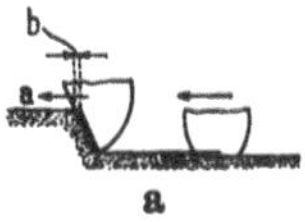

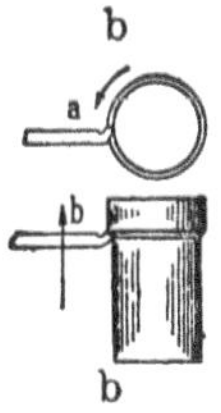

1	Schaltwerk (n) traverse gear, traverse *or* rack feed gear dispositif (m) d'avance par cliquet	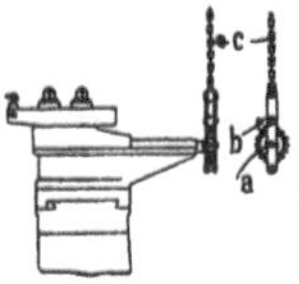	механизмъ (m) подачи съ храповикомъ meccanismo (m) dello avanzamento *o* di comando dell' avanzamento mecanismo (m) de avance por cadena y rueda de trinquete
2	Schaltrad (n) ratchet wheel roue (f) à cliquet *ou* à rochet	a	храповикъ (m) ruota (f) a nottolino rueda (f) de trinquete
3	Klinke (f), Sperrzahn (m) pawl cliquet (m)	b	собачка (f) nottolino (m) trinquete (m)
4	Schaltkette (f) feed *or* traverse chain chaîne (f) de commande	c	храповая цѣпь (f); передаточная цѣпь catena (f) di comando dell'avanzamento cadena (f) de avance
5	Kegeligdrehen (n) *oder* Konischdrehen (n) mit Leitlineal taper turning from guide *or* former bar tournage (m) conique au moyen d'une règle	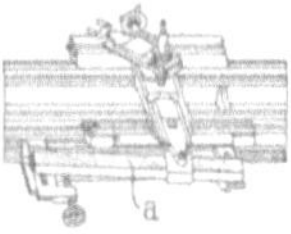	точеніе (n) конусовъ *или* коническое точеніе по направляющей линейкѣ tornitura (f) conica a mezzo di guida rettilinea el tornear cónico con escuadra-guía
6	Leitlineal (n) guide *or* former bar règle (f) *ou* dispositif (m) pour tourner cône	a	направляющая линейка (f) guida (f) rettilinea escuadra (f) guía
7	Stichelverschiebung (f) nach Lehre *oder* Schablone movement of tool from copy *or* former bar mouvement (m) de l'outil guidé par gabarit	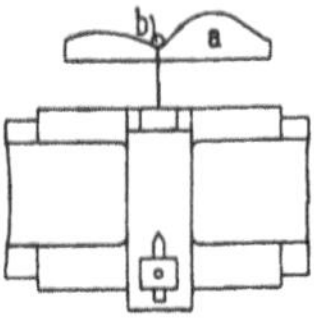	передвиженіе (n) рѣзца по шаблону movimento (m) dell'utensile guidato da sciablona movimiento (m) de avance de la herramienta guiado por patrón *ó* plantilla
8	Führungslehre (f), Schablone (f) copy, former, jig gabarit (m)	a	направляющій шаблонъ (m) sciablona (f) plantilla (f) *ó* patrón (m) de guía
9	Führungsrolle (f), Leitrolle (f) copy roller, former roller roulette (f) à gabarit *ou* de guidage	b	направляющій роликъ (m) rullo (m) di guida, rullo (m) copiatore rodaja (f) de guía

Führungsfinger (m), Kopierstift (m)
guide finger
touche (f) guidée, touche (f) à gabarit

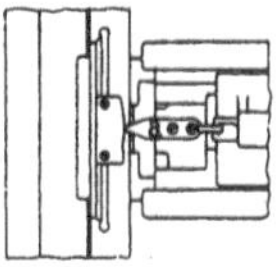

a

направляющій палецъ (m); копировальный штифтъ (m)
dito (m) *o* spina (f) di guida
espiga (f) de guia *ó* de copiar 1

---

geschlossene Führung (f)
slotted former bar
gabarit (m) à guidage fermé

замкнутая направляющая (f) овальныхъ предметовъ
guida (f) continua
guia (f) cerrada 2

Ovalwerk (n)
oval turning device
dispositif (m) pour tourner oval

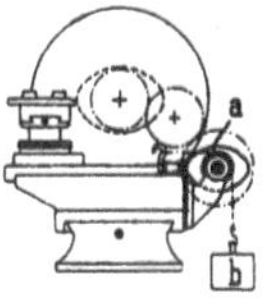

овально-токарный станокъ (m)
dispositivo (m) da tornire ovale
disposición (f) para tornear óvalos 3

---

ovale *oder* eiförmige Schablone (f)
oval copy *or* former
gabarit (m) oval

a

овальный шаблонъ (m)
sciablona (f) *o* guida (f) ovale
plantilla (f) óvala 4

Spanngewicht (n)
tension weight
contrepoids (m) de tension

b

натяжной грузъ (m) *или* противовѣсъ (m)
contrappeso (m) di tensione, tenditore (m)
contra-peso (m) de tensión 5

Hinterdrehvorrichtung (f)
backing off *or* relieving device
dispositif (m) à dépouiller *ou* à détalonner

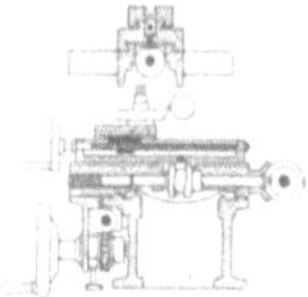

приспособленіе (n) для задней заточки
dispositivo (m) per tornire eccentricamente a scalo *od* a spoglia
disposición (f) de retornear, disposición (f) para tornear automáticamente los rebojos de los dientes de fresas de perfil constante 6

---

seitliche Hinterdrehvorrichtung (f)
lateral backing off *or* relieving device
dispositif (m) à dépouiller latéralement

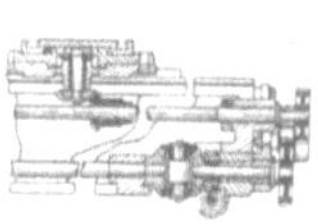

временное приспособленіе (n) для задней заточки
dispositivo (m) per tornire lateralmente a scalo *od* a spoglia
disposición (f) de retornear lateralmente 7

Support (m)
saddle *or* carriage
support (m) à chariot

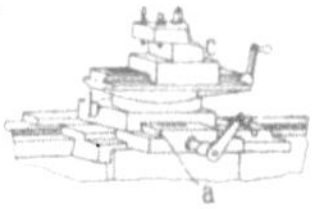

суппортъ (m)
carrello (m)
carro-soporte (m) 8

1 Drehbanksupport (m)
lathe saddle *or* carriage
chariot (m) de tour

суппортъ (m) токарнаго станка
carrello (m) del tornio
carro-soporte (m) de torno

---

2 Untersupport (m)
bottom slide
chariot (m) *ou* support (m) inférieur

a b

нижній суппортъ (m); нижняя часть (f) суппорта
sopporto (m) inferiore
soporte (m) inferior

---

3 Obersupport (m)
top rest *or* slide
support (m) du porte-outil

c

верхній суппортъ (m)
sopporto (m) superiore
soporte (m) superior

---

4 Kreuzsupport (m)
compound slide rest
support (m) à chariots croisés

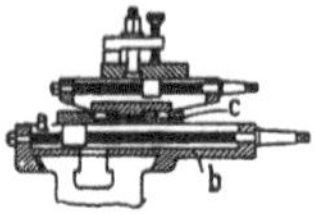

крестовый суппортъ (m)
sopporto (m) a croce
soporte (m) de movimiento en cruz

---

5 Kreuzschlitten (m), Kreuzschieber (m)
cross slide
chariot (m) à mouvements croisés (ensemble des deux chariots)

a

крестовыя салазки (f pl)
slitta (f) trasversale *od* a croce
carro-soporte (m) de movimiento en cruz

---

6 Bettschlitten (m), Längsschlitten (m)
main saddle *or* carriage
chariot (m) longitudinal

b

продольныя салазки (f pl); салазки продольнаго самохода
slitta (f) del banco
carro-soporte (m) longitudinal

---

7 Planschlitten (m), Querschlitten (m)
cross slide
chariot (m) transversal

c

поперечныя салазки (f pl); салазки поперечнаго самохода
slitta (f) trasversale
carro-soporte (m) transversal

---

8 Drehscheibe (f), Drehschemel (m), Wendeplatte (f)
swivelling base
plateau (m) tournant *ou* pivotant, assise (f) pivotante

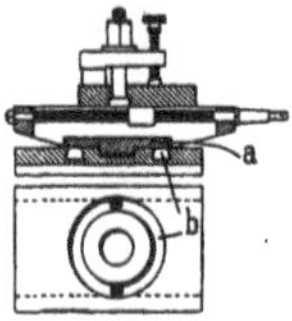

a

поворотный кругъ (m)
suola (f) *o* piastra (f) girevole
asiento (m) giratorio del carro

---

9 Kreisnut (f)
circular groove
rainure (f) circulaire

b

круговой пазъ (m); круговая канавка (f)
scanalatura (f) circolare
ranura (f) circular

---

10 Quersupport (m)
parting slide, parting tool slide
support (m) à saigner, support (m) transversal

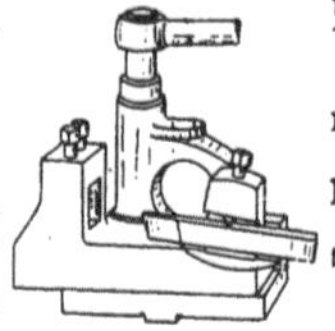

поперечно-патронный суппортъ (m)
portautensili (m), portaferro (m)
soporte (m) transversal

Schraubenquersupport (m)
parting slide with screw feed
chariot (m) transversal à vis
винтовой поперечный суппортъ (m)
portautensili (m) *o* portaferro (m) a vite
carro (m) transversal de tornillo 1

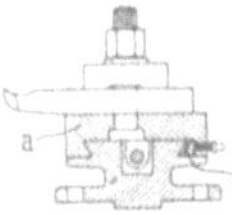

a

Werkzeugschlitten (m), Schieber (m)
tool box *or* post
chariot (m) porte-outil
рѣзцовыя салазки (f pl); суппортъ (m) рѣзцодержателя: рѣзцодержательный суппортъ
portautensili (m), portaferro (m)
carro (m) porta-útil 2

---

b

Stelleiste (f), Stellschiene (f)
vee slip *or* strip
listel (m) *ou* lardon (m) réglable
зажимная *или* зажимающая пластинка (f)
lardone (m)
listón (m) para la graduación 3

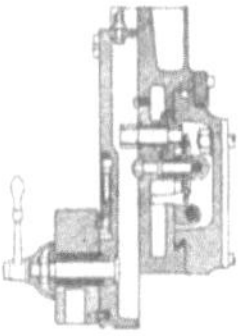

Stichelhausschlitten (m) mit Stahlwechselkopf für stehende Drehbank
turret slide rest with swivel head for vertical turning mill
chariot (m) à revolver pour tour vertical
рѣзцовыя салазки (f pl) съ револьверной головкой для вертикальнаго токарнаго станка
testa (f) portautensili a revolver per tornio verticale
carro (m) porta-útil revólver para torno vertical 4

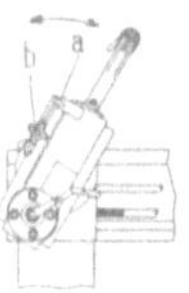

verstellbarer Werkzeugschlitten (m) [für stehende Drehbank]
adjustable slide rest for vertical turning mill
chariot (m) porte-outil pivotant pour tour-alésoir vertical
переставляемыя рѣзцовыя салазки (f pl) [для вертикальнаго станка]
testa (f) portautensili girevole per tornio verticale
carro (m) porta-útil inclinable para torno vertical 5

---

a

herausklappbarer Anschlag (m)
throw out stop
butée (f) à rabattement extérieur
выдвижной упоръ (m) *или* палецъ (m)
arresto (m)
tope (m) á bisagra 6

---

b

Anschlagstern (m)
star stop
étoile (f) de butée
упорная звѣздчатка (f)
volantino (m) dell'arresto
estrella (f) de tope 7

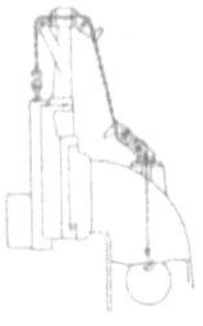

Kettenführung (f)
chain guide device
dispositif (m) de guidage pour chaîne
направляющія (f pl) для цѣпи
dispositivo (m) di guida a catena
guía (f) de porta-útil por cadena 8

1 Fassonsupport (m)
forming rest
chariot (m) [de tour] à façonner

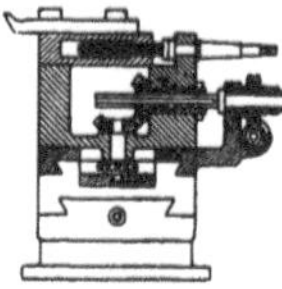

суппортъ (m) для фасонной точки
carrello (m) per sagomare
carro-soporte (m) para tornear perfiles

---

2 Kurvensupport (m)
curve forming rest
chariot (m) à gabarit, chariot (m) à reproduire *ou* façonner *ou* profiler des courbes

суппортъ (m) для точки криволинейныхъ поверхностей
sopporto (m) per profilare
carro-soporte (m) para tornear curvas

---

3 Kugelsupport (m)
ball forming rest
chariot (m) à tourner les sphères *ou* billes

суппортъ (m) для точки шаровыхъ поверхностей
sopporto (m) per tornire sfere
carro-soporte (m) para tornear esferas

---

4 Handsupport (m)
hand slide rest
chariot (m) à main

ручной суппортъ (m)
sopporto (m) a mano
carro-soporte(m) á mano

---

5 Handauflage (f)
hand tool rest, T-rest
support (m) d'outil à main

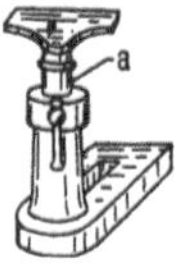

подручникъ (m)
sopporto (m) a ventaglio
apoyo (m) de mano

---

6 schmaler Einstecker (m) *oder* Stecker (m) *oder* Einsatz (m)
narrow T-rest
support (m) à main étroit, équerre (f) étroite

a

узкій подручникъ (m)
ventaglio (m) [del sopporto] stretto
apoyo (m) estrecho postizo

---

7 breiter Einstecker (m) *oder* Stecker (m) *oder* Einsatz (m)
broad T rest
support (m) à main large

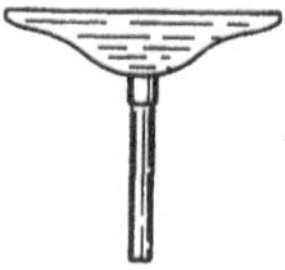

широкій подручникъ (m)
ventaglio (m) [del sopporto] lungo
apoyo (m) ancho postizo

---

8 Supportunterteil (m)
rest base
base (f) du support

нижняя часть (f) суппорта
base (f) del carrello
base (m) del soporte

Einstellen (n) des Supports bringing the saddle into position mise (f) au point du chariot		установка (f) суппорта messa (f) a punto del carrello graduación (f) del carro-soporte	1
Zurückkurbeln (n) des Supports running back the saddle by hand retour (m) de chariot à la main par manivelle	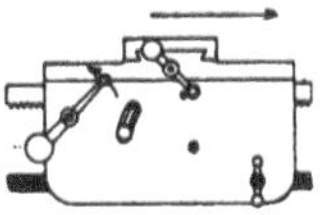	обратное передвиганіе (n) суппорта ritorno (m) del carrello a mezzo di volantino a mano el hacer retroceder el carro-soporte por manivela	2
Gewindeuhr (f) thread indicator indicateur (m) de filetage		указатель (m) рѣзьбы indicatore (m) del filetto indicador (m) de pasos de rosca	3
Supportsteuerung (f) operating gear for saddle commande (f) du chariot		управленіе (n) суппортомъ [comando (m) dell']inversione (f) di marcia del carrello movimiento (m) del carro-soporte	4
Handsteuerung (f) hand operating gear for saddle commande (f) à la main	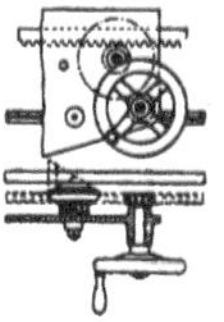	управленіе (n) отъ руки inversione (f) della marcia a mano movimiento (m) á mano	5
Längsverschiebung (f) des Bettschlittens longitudinal travel of saddle déplacement (m) longitudinal du chariot		продольное передвиганіе (n) нижнихъ салазокъ spostamento (m) longitudinale del carrello *o* della slitta avance (m) longitudinal del carro	6
Längsgang (m) longitudinal travel *or* traverse mouvement (m) longitudinal		продольный ходъ (m) movimento (m) longitudinale marcha (f) longitudinal	7
Längszug (m) longitudinal traverse motion *or* gear mécanisme (m) d'avance longitudinale automatique		механизмъ (m) продольнаго самохода avanzamento (m) longitudinale disposición (f) de marcha longitudinal	8
Querzug (m) cross traverse motion *or* gear mécanisme (m) d'avance transversale automatique		механизмъ (m) поперечнаго самохода avanzamento (m) trasversale disposición (f) de marcha transversal	9

1 Planzug (m)
surfacing motion *or* gear
mouvement (m) de dressage, avancement (m) transversal automatique

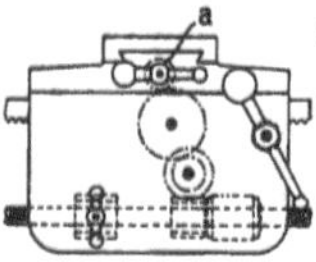

механизмъ (m) поперечнаго самохода
avanzamento (m) del portautensili per spianare
disposición (f) de movimiento de planear

---

2 Planrad (n)
pinion on cross traverse screw
roue (f) de commande du (mouvement de) dressage *ou* d'avance transversale

a

колесо (n) поперечнаго хода
volantino (m) dell'avanzamento del portautensili per spianare
rueda (f) de planear *ó* de avance transversal

---

3 Selbstgang (m) des Supports
self-act travel of saddle
avancement (m) automatique du chariot

самоходъ (m) суппорта
movimento (m) *o* spostamento (m) automatico del carrello
marcha (f) automática del carro-soporte

---

4 Selbstzug (m)
self-act
commande (f) automatique

механизмъ (m) самохода
avanzamento (m) automatico
marcha (f) automática

5 Verrieglung (f) *oder* Sperrung (f) der Selbstzüge
locking the self-act
blocage (m) des avances automatiques, verrouillage (m) des mouvements automatiques *ou* de la commande automatique

запиранie (n) самоходовъ
bloccaggio (m) degli avanzamenti automatici
obstrucción (f) de las marchas automáticas

---

6 den Selbstzug verriegeln (v) *oder* sperren (v)
to lock the self-act
bloquer (v) l'avance automatique, verrouiller (v) la commande automatique

запирать самоходъ
bloccare (v) l'avanzamento automatico
obstruir (v) *ó* embragar (v) la marcha automática

---

7 Längskupplung (f)
sliding coupling for longitudinal travel of saddle
embrayage (m) [de la commande]du mouvement longitudinal

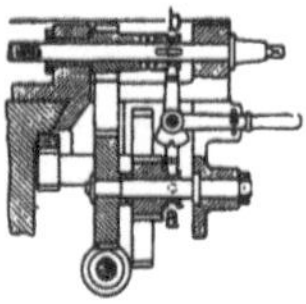

a

включенie (n) продольной подачи
innesto (m) dell'avanzamento longitudinale
acoplamiento (m) longitudinal

Plankupplung (f) sliding coupling for cross traverse embrayage (m) [de la commande] transversal *ou* de dressage	b	включеніе (n) поперечной подачи innesto (m) dell'avanzamento trasversale acoplamiento (m) del movimiento transversal *ó* de planear	*1*
Bettplattenschürze (f), Schürze (f), Schloßplatte (f), Räderplatte (f), Schlittenschild (n), Supportbrett (n) carriage apron tablier (m) du chariot	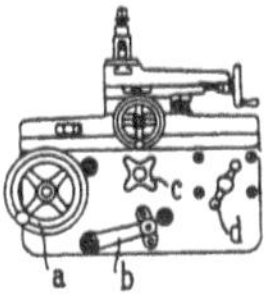	передняя суппортная доска (f) piastrone (m) del carrello placa-cubierta (f) del mecanismo de alimentación del carro	*2*
Handrad (n) hand wheel manette (f)	a	маховичокъ (m) volantino (m) a mano rueda (f) á mano	*3*
Ausrücker (m), Umschalthebel (m) clasp nut engaging lever, reversing lever levier (m) d'embrayage *ou* de débrayage [des mouvements croisés]	b	отводка (f); рычагъ (m) для перемѣны хода leva (f) di disinnesto, leva (f) di comando dell'inversione leva (f) de embrague de los movimientos en cruz	*4*
Kreuzgriff (m) star handle croisillon (m)	c	крестообразная ручка (f) volantino (m) a croce manilla (f) en cruz	*5*
Knebelgriff (m) T-handle manette (f)	d	Т-образная ручка (f) maniglia (f) manilla (f) de puños	*6*
Mutterplatte (f) apron tablier (m), plaque-écrou (f)	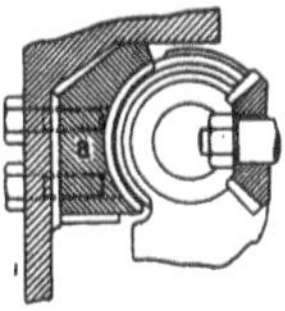	передняя суппортная доска (f) piastrone (m) del carrello placa-cubierta (f) para el mecanismo del carro	*7*
Längsschloß (n) longitudinal feed gear [dispositif (m) d']embrayage (m) du mouvement longitudinal	a 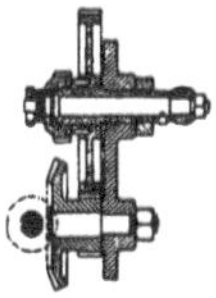	сцѣпленіе (n) продольнаго самохода innesto (m) del movimento longitudinale mecanismo (m) de embrague del movimiento longitudinal *ó* de cilindrar	*8*
Planschloß (n) cross traverse *or* transverse feed gear, surfacing gear [dispositif (m) d']embrayage (m) du mouvement transversal *ou* de dressage	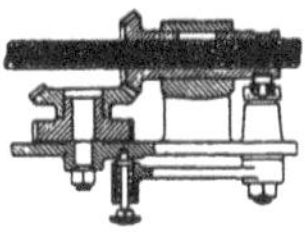	сцѣпленіе (n) поперечнаго самохода innesto (m) del movimento trasversale mecanismo (m) de embrague del movimiento transversal *ó* de refrentar	*9*

1	Planschloß (n) mit Klemmkupplung surfacing gear with friction coupling [dispositif (m) d']embrayage (m) du mouvement transversal par bague de serrage	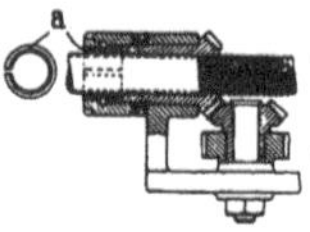	сцѣпленіе (n) поперечнаго самохода съ зажимной муфтой innesto (m) a frizione del movimento trasversale embrague (m) del movimiento de planear con acoplamiento de presión
2	geschlitzter Klemmkegel (m) splite friction cone cône (m) de serrage fendu	a	зажимной конусъ (m) съ разрѣзомъ cono (m) spaccato di frizione cono (m) de presión dividido parcialmente
3	Planschloß (n) mit verschiebbarem Stirnrad surfacing gear thrown in *or* out by sliding gear wheel [dispositif (m) d'] embrayage (m) du mouvement transversal avec engrenage déplaçable	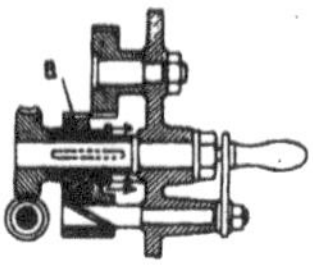	сцѣпленіе(n)поперечнаго самохода съ передвижной шестерней innesto (m) del movimento trasversale a mezzo di ingranaggio cilindrico spostabile *o* scorrevole embrague (m) de planear con engranaje derecho corredizo
4	verschiebbares Stirnrad (n) sliding gear wheel roue (f) d'engrenage déplaçable	a	передвижная шестерня (f) ingranaggio (m) cilindrico spostabile *o* scorrevole engranaje (m) derecho corredizo
5	Planschloß (n) mit einschwenkbarem Stirnrad surfacing gear with gear wheel to swing in *or* out of gear [dispositif (m) d'] embrayage (m) du mouvement transversal avec engrenage basculant	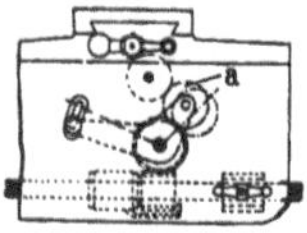	сцѣпленіе (n) поперечнаго самохода съ отводимой шестерней innesto (m) del movimento trasversale a mezzo di ingranaggio cilindrico montato su braccio di leva embrague (m) de planear con engranaje derecho de movimiento de balanza
6	einschwenkbares *oder* ausschwenkbares Stirnrad (n) gear wheel swinging in *or* out of gear roue (f) d'engrenage basculant	a	отводимая шестерня (f) ingranaggio (m) cilindrico montato su braccio di leva engranaje (m) derecho de movimiento de balanza
7	Auswechslung (f) der Stähle replacing *or* changing the tool remplacement (m) des outils		перемѣна (f) рѣзцовъ cambio (m) dell'utensile *o* del ferro cambio (m) de útiles

Auswechselbarkeit (f)
interchangeability (of tools)
interchangeabilité (f)
смѣняемость (f)
permutabilità (f) 1
intercambiabilidad (m)

Stahlwechsel (m)
change of tool
changement (m) *ou* remplacement (m) d'outil
смѣна (f) *или* перемѣна (f) рѣзца
cambio (m) dell'utensile 2
o del ferro
cambio (m) de útil

Stahlwechsel (m) durch Verschieben in gerader Linie
change of tool by cross travel of a line of tools
changement (m) d'outil par déplacement d'une barre d'outil

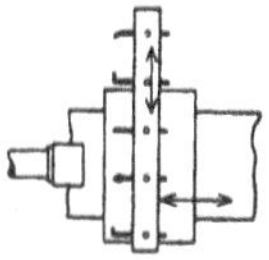

перемѣна (f) рѣзцовъ посредствомъ передвиженія ихъ по прямой
cambio (m) dell'utensile 3
a movimento *o* spostamento rettilineo
cambio (m) de útil corriendolo en linea recta

Verschieben (n) der einander gegenüber eingespannten Stichel
cross travel of back and front tool
déplacement (m) des outils se faisant vis-à-vis

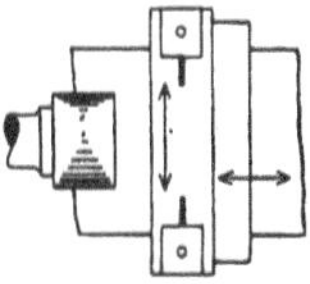

передвиженіе (n) противоположныхъ рѣзцовъ
movimento (m) *o* spostamento (m) di due 4
utensili piazzati di fronte
el cambiar de posición á los útiles

Stahlwechselschlitten (m)
multiple tool slide
chariot (m) à outils multiples

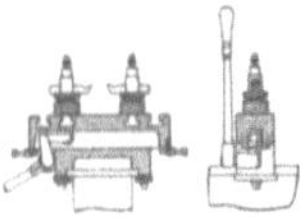

салазки (f pl) смѣнныхъ рѣзцовъ
testa (f) *o* carrello (m)
a cambiamento di 5
utensile
carro (m) de cambio de útiles

Drehen (n) der trommelförmig angeordneten Stichel
revolving of cylindrical tool box
rotation (f) d'un porte-outils revolver

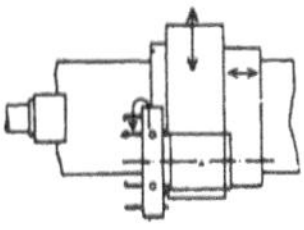

поворачиваніе (n) рѣзцовъ, расположенныхъ по барабану
rotazione (f) del tamburo portautensili 6
rotación (f) de los útiles dispuestos en forma de tambor

Drehen (n) der sternförmig angeordneten Stichel
revolving of the turret
rotation (f) des outils disposés en étoile

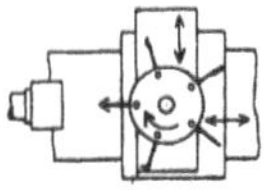

поворачиваніе (n) рѣзцовъ, расположенныхъ звѣздообразно
rotazione (f) del portautensili a stella 7
rotación (f) de los útiles dispuestos en forma de estrella

Revolversupport (m)
revolving tool box saddle
revolver (m)

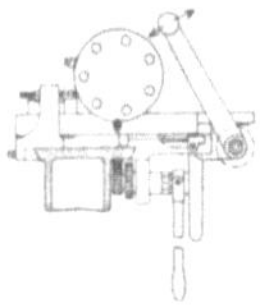

револьверный суппортъ (m)
testa (f) *o* portautensili 8
(m) revolver
soporte-revólver (m)

1	Drehvorrichtung (f) des Revolverkopfs revolving mecanism of revolving tool box commande (f) de la rotation de la tourelle-revolver	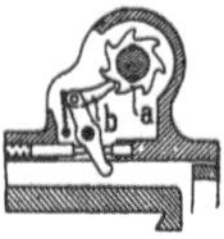	устройство (n) для поворачиванія револьверной головки dispositivo (m) per la rotazione del revolver rueda (f) de trinquete del soporte-revólver
2	Sperrad (n) ratchet wheel roue (f) à rochet *ou* à cliquet	a	храповикъ (m) ruota (f) d'arresto rueda (f) de trinquete
3	Sperrklinke (f) pawl cliquet (m)	b	собачка (f) nottolino (m) di arresto trinquete (m)
4	Verrieglung (f) des Drehkopfs locking the revolving tool box blocage (m) *ou* verrouillage (m) du revolver *ou* de la tourelle	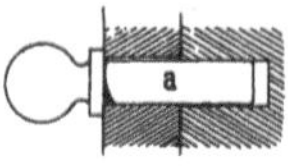	запиранie (n) револьверной головки [штифтомъ] bloccaggio (m) della testa a revolver fijación (f) del cabezal giratorio
5	verriegeln (v) to lock verrouiller (v), bloquer (v)		запирать bloccare (v) la testa a revolver fijar (v)
6	Pflock (m) plug cheville (f), fiche (f)	a	штифтъ (m); болтъ (m); палецъ (m) spina (f) pasador (m)
7	Schließkeil (m) locking pin coin (m) de verrouillage		закрѣпная чека (f) bietta (f) di chiusura cuña (f) de fijación
8	Riegel (m) lock, catch verrou (m)	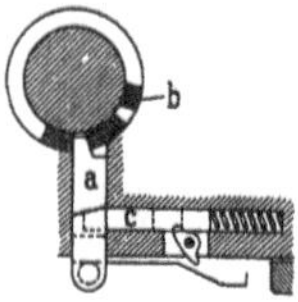	запоръ (m) catenaccio (m) pasador (m)
		a	
9	Sperring (m) locking ring bague (f) *ou* virole (f) de verrouillage *ou* de blocage	b	стопорное кольцо (n) anello (m) di blocco con tacche anillo (m) de fijación, anillo (m) prisionero
10	Federriegel (m) spring catch pène (m) à ressort	c	пружинная задвижка (f) catenaccio (m) a molla pasador (m) de resorte
11	Zahnriegel (m) toothed locking ring verrou (m) à dents	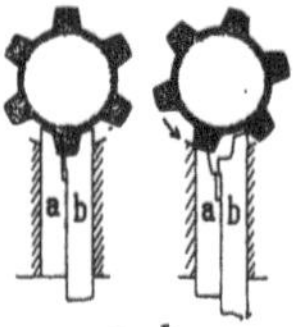a, b	зубчатая задвижка (f) catenaccio (m) dentato pasador (m) dentado

Entrieglung (f) *oder* Freigeben (n) des Drehkopfs
unlocking the tool head
déblocage (m) *ou* dégagement (m) du revolver

выдвиганіе (n) задвижки револьверной головки; освобожденіе (n) револьверной головки
disinnesto (m) della testa a revolver
libramiento (m) del cabezal giratorio — 1

Drehkopf (m) mit Schlitten
capstan head slide
chariot (m) à revolver

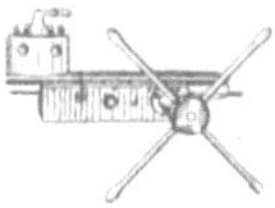

револьверная головка (f) съ салазками
revolver (m) montato su carrello
cabezal-revólver (m) con su propio carro — 2

Materialvorschub (m), Werkstückvorschub (m)
forward feed of material
avancement (m) de la barre

подача (f) матеріала; подача обрабатываемаго предмета
avanzamento (m) della barra *o* del pezzo da lavorare
avance (m) del material — 3

---

selbsttätige Vorschubvorrichtung (f)
automatic forward feed
[dispositif (m) d']avancement (m) automatique

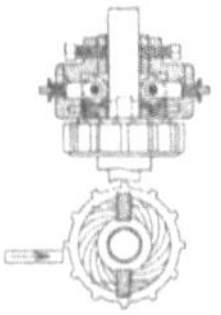

самодѣйствующая *или* автоматическая подача (f)
dispositivo (m) dell'avanzamento automatico
disposición (f) de avance automático — 4

Anschlag (m)
stop
butée (f), taquet-toc (m)

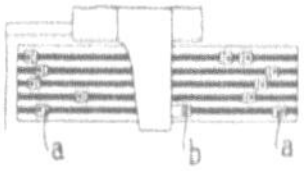

a

упорный кулачокъ (m)
arresto (m), nasello (m) di arresto
tope (m) — 5

Gegenanschlag (m)
counter stop
contre-butée (f)

b

противоположный упорный кулачокъ (m)
contro-arresto (m), contro-nasello (m) di arresto
contra-tope (m) — 6

Anschlagschraube (f)
stop screw
vis (f) de butée

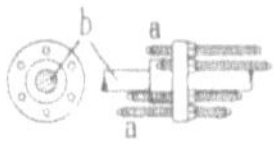

a

упорный винтъ (m)
vite (f) dell'arresto
tornillo (m) de tope — 7

Anschlagwelle (f)
spindle stop
arbre (m) de butée

b

упорный валикъ (m)
albero (m) *o* perno (m) del dispositivo di arresto
árbol (m) de tope — 8

Anschlagbügel (m)
stirrup stop
étrier (m) de butée

упорный хомутъ (m)
arco (m) di arresto
arco (m) de tope — 9

1	sternförmiger Anschlag (m) star shaped stop étoile (f) de butée	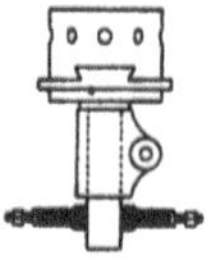	упорная звѣздчатка (f) stella (f) degli arresti tope (m) en forma de estrella
2	Anschlag (m) mit drehbaren Klinken stop with throw over catch butée (f) à cliquets	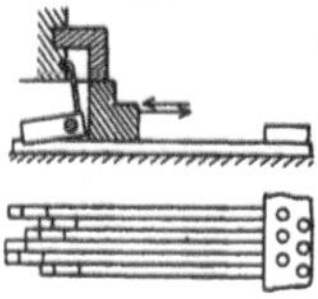	упоръ (m) съ поворотными кулачками arresto (m) con nottolino girevole tope (m) con trinquetes giratorios
3	selbsttätige Anschlagvorrichtung (f) automatic stop arrangement dispositif (m) de butées automatiques	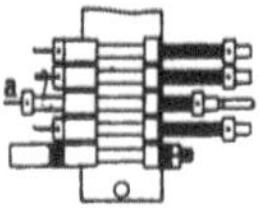 	самодѣйствующее упорное устройство (n) dispositivo (m) automatico di arresto disposición (f) automática de topes
4	vorschiebbarer Arbeit[s]stichel (m) adjustable cutter *or* tool outil (m) ajustable	a	передвижной рѣзецъ (m) utensile (m) *o* ferro (m) *o* coltello (m) spostabile buril (m) *ó* útil (m) graduable
5	Werkzeugbüchse (f) magazine tool holder porte-outils (m) à magasin	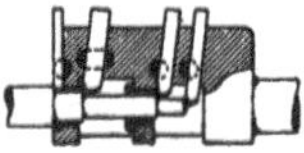	втулка (f) рѣзца portautensili (m) multiplo *od* a bussola porta-útiles (m) para varias herramientas
6	Zugspindel (f) feed rod *or* shaft arbre (m) de chariotage	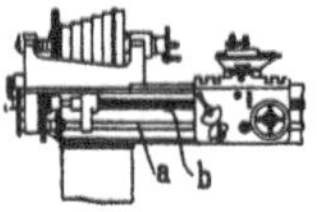 	ходовой валикъ (m) albero (m) di trasporto husillo (m) *ó* barra (f) de refrentar
7	Leitspindel (f) leading screw vis-mère (f)	a b	ходовой винтъ (m) madrevite (f), vite (f) conduttrice husillo (m) guiador roscado
8	Selbstausrückung (f) der Zugspindel self-act disengaging gear of feed shaft [dispositif (m) de] débrayage (m) automatique de l'arbre de chariotage		самодѣйствующее выключеніе (n) ходового валика; приспособленіе (n) для автоматической остановки ходового валика disinnesto (m) automatico dell'albero di trasporto desembrague (m) automático del husillo de refrentar

längsgenutete *oder* langgenutete Zugspindel (f)
splined feed shaft
arbre (m) de chariotage à rainure

ходовой валикъ (m) съ продольной канавкой
albero (m) di trasporto con scanalatura per il lungo 1
husillo (m) de refrentar con ranura á lo largo

---

festes Außenlager (n)
fixed pillow block
lunette (f) fixe

неподвижный люнетъ (m)
sopporto (m) fisso a manicotto, lunetta (f) fissa 2
luneta (f) fija

Leitzahnstange (f)
rack for travelling the saddle
crémaillère (f)

ведущая зубчатая рейка (f)
cremagliera(f)(di tornio) 3
cremallera (f) conductora

---

nachstellbare [Längs-] Stützung (f) der Leitspindel
longitudinally adjustable leading screw support
butée (f) réglable de la vis-mère

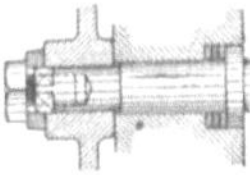

установочный упорный подшипникъ (m) ходового винта
regolazione (f) assiale della madrevite *o* della vite conduttrice 4
apoyo (m) longitudinal graduable del husillo guiador

Leitspindelstütze (f)
leading screw support
coussinet (m) de la vismère

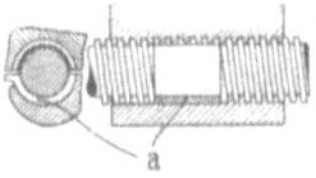

a

подпорка (f) ходового винта
sopporto (m) della vite madre *o* della vite conduttrice 5
apoyo (m) del husillo guiador

Leitspindelmutter (f), Leitspindelschloß (n)
nut for leading screw
écrou (m) de la vis-mère

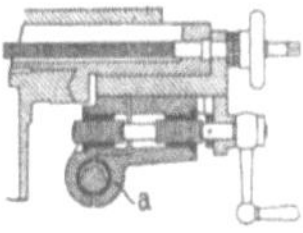

a

[маточная] гайка (f) ходового винта
madrevite (f) della vite madre *o* conduttrice 6
tuerca (f) matriz del husillo guiador

Mutterschloß (n)
clasp nut
écrou (m) embrayable sur la vis-mère

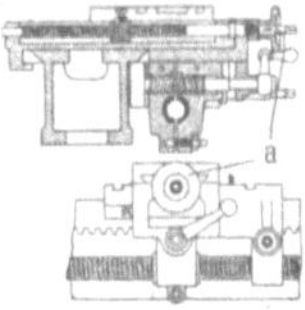

[маточный] замокъ (m) ходового винта; замокъ самохода
innesto (m) della madrevite 7
mecanismo (m) de la tuerca-matriz

Querschlittenschraube (f)
cross slide screw, cross traverse *or* surfacing screw
vis (f) de chariot transversal

a

винтъ (m) поперечныхъ салазокъ
vite (f) di trasporto trasversale del carrello 8
tornillo (m) ó husillo (m) del carro transversal

1 Mutter[schloß]hälfte (f)
half nut
demi-écrou (m)

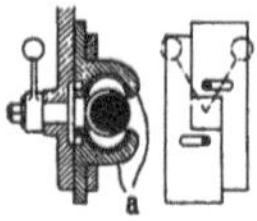

a

половинчатая *или* раздвижная [маточная] гайка (f)
metà (f) della madrevite
mitad (f) de tuerca

---

2 Nutenscheibe (f), Kurvenscheibe (f)
grooved disc
disque (m) à rainures

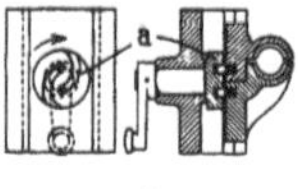

a

распредѣлительная доска (f); шайба (f) съ канавками
disco (m) scanalato
disco (m) de ranura

---

3 selbsttätige Ausrückvorrichtung (f) der Leitspindel
automatic disengaging gear of leading screw
[dispositif (m) de] débrayage (m) automatique de la vis-mère

самодѣйствующее выключенiе (n) ходового винта
dispositivo (m) automatico per l'innesto della vite madre *o* conduttrice
disposición (f) de disparo automático del husillo guiador

---

4 Planspindel (f), Quersupportspindel (f)
surfacing screw
vis (f) du chariot transversal

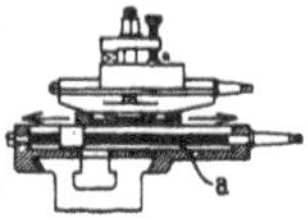

a

шпиндель (m) поперечнаго хода
vite (f) del carrello trasversale
husillo (m) del movimiento transversal del carro

Einspannung des Werkstücks

5 **Fixing *or* Setting up the Piece of Work**

Serrage de la pièce à usiner

Закрѣпленie предмета

Fissaggio del pezzo da lavorare

Sujeción de la pieza de labor

---

6 das Werkstück einspannen (v)
to put the work in the lathe
monter (v) *ou* serrer (v) la pièce à usiner

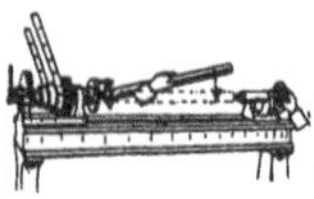

установить обрабатываемый предметъ [между центрами]
montare (v) *o* fissare (v) il pezzo da lavorare
sujetar (v) la pieza de labor

---

7 Losnehmen (n), Abspannen (n)
taking out the work
enlever (v) *ou* desserrer (v) [la pièce à usiner]

снятiе (n) со станка [обрабатываемаго предмета]
smontaggio (m)
el quitar la pieza de labor

---

8 Umspannen (n)
chucking the work, setting up the work, griping the work
remise (f) en place par serrage [de la pièce à travailler]

переставить предметъ [на центрахъ]
smontaggio (m) e montaggio (m) del pezzo
el sujetar de nuevo [la pieza de labor]

das Arbeitsstück zwischen Spitzen einspannen (v)
to place *or* hold the work between centres
monter (v) la pièce à usiner entre les pointes

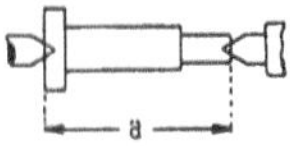

установить обрабатываемый предметъ между центрами
montare (v) *o* fissare (v) tra *o* sulle punte 1
sujetar (v) la pieza de labor entre puntas

Werkstücklänge (f)
length of piece of work
longueur (f) de la pièce à usiner

a

длина (f) обрабатываемаго предмета
lunghezza (f) del pezzo da lavorare 2
longitud (f) de la pieza de labor

Spitzenlagerung (f)
bearing centre, centre hole
centrage (m) de la pointe, portée (f) de la pointe, logement (m) de la pointe

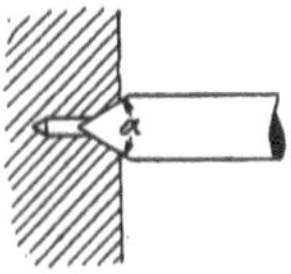

установка (f) на центрахъ; опора (f) на центрахъ 3
alloggio (m) della punta
apoyo (m) de la punta

Spitzenwinkel (m)
angle of centre
angle (m) de la pointe

α

уголъ (m) заостренія центра
angolo (m) della punta 4
ángulo (m) de la punta

---

tote *oder* feste Spitze (f)
dead centre, fixed centre
pointe (f) fixe

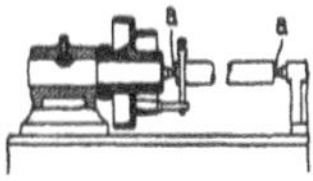

a

неподвижный центръ (m)
punta (f) fissa *o* morta 5
punta (f) fija

---

laufende *oder* lebende Spitze (f)
running centre, live centre
pointe (f) tournante

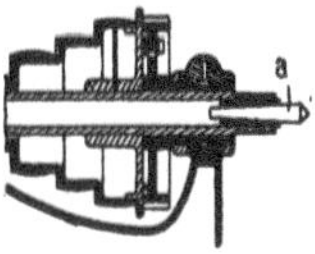

a

вращающійся центръ (m)
punta (f) girevole
punta (f) móvil *ó* giratoria alrededor de su eje 6

---

verschiebbare Spitzen (f pl)
movable centres, centres with endlong movement
pointes (f pl) déplaçables

подвижные *или* передвижные центры (m pl)
punte (f pl) spostabili assialmente 7
puntas (f) móviles en sentido longitudinal

Spitzenweite (f), Spitzenlänge (f), Spitzenentfernung (f)
distance *or* width between centres
écartement (m) des pointes, distance (f) entre les pointes

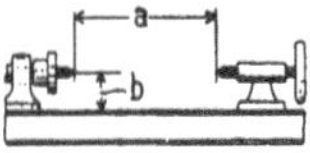

a

разстояніе (n) между центрами
distanza (f) tra le punte 8
admisión (f) *ó* distancia (f) entre puntas

Spitzenhöhe (f), Dockenhöhe (f), Stichhöhe (f)
pitch *or* height of centres
hauteur (f) des pointes

b

высота (f) центровъ
altezza (f) delle punte sul banco 9
altura (f) de puntas

1	Spitzenachse (f), Spitzenlinie (f) axis of centres axe (m) des pointes	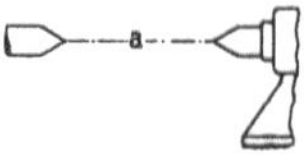 a	ось (f) центровъ asse (m) delle punte eje (m) *ó* centro (m) de las puntas
2	gegeneinander versetzte Spitzen (f pl) centres out of line pointes (f pl) excentrées *ou* désaxées		центры (m pl), смѣщён- ные *или* сдвинутые одинъ относительно другого punte (f pl) scentrate puntas (f pl) descentra- das
3	toter Gang (m), [Spiel (n)] back lash, [play] jeu (m)		мёртвый ходъ (m); игра (f) giuoco (m) marcha (f) muerta
4	Ausgleichung (f) des toten Ganges taking up of the back lash rattrapage (m) du jeu	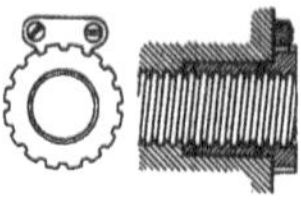	уничтоженіе (n) мёрт- ваго хода *или* игры ripresa (f) del giuoco rectificación (f) de la marcha muerta
5	Mitnehmer (m), Führer (m) driver toc (m)		поводковый патронъ (m) briglia (f) tope (m) conductor
6	Mitnehmerscheibe (f) driving plate plateau (m) à toc	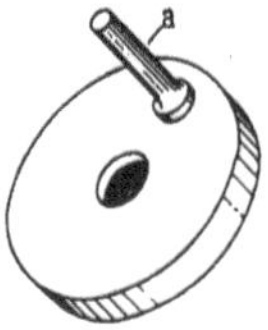	шайба (f) *или* дискъ (m) поводковаго па- трона piattaforma (f) mena- briglia, menabriglia (m) disco (m) *ó* plato (m) con tope conductor
7	Mitnehmerstift (m) driving plate pin pousse-toc (m), doigt (m) d'entrainement	a	палецъ (m) поводко- ваго патрона; пово- докъ (m) spina (f) del mena- briglia, menabriglia (m) pivote (m) conductor, espiga (f) conductora
8	Mitnehmerdruck (m) driving pressure pression (f) du toc		давленіе (n) пальца по- водковаго патрона pressione (f) del mena- briglia presión (f) del tope con- ductor
9	Parallelmitnehmer (m) parallel carrier toc (m) à étrier	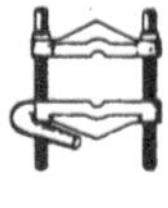	параллельный повод- ковый патронъ (m) menabriglia (m) paral- lelo tope (m) conductor paralelo

selbstausgleichender Mitnehmer (m)
„Clements" driver
toc (m) à compensation automatique

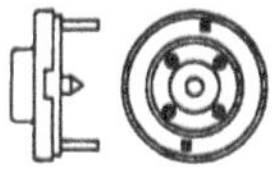

уравновѣшенный поводковый патронъ (m)
menabriglia (m) a compensazione automatica
tope (m) conductor de compensación automática 1

Drehherz (n), Drehbankherz (n), Herz (n)
carrier
toc (m) d'entraînement

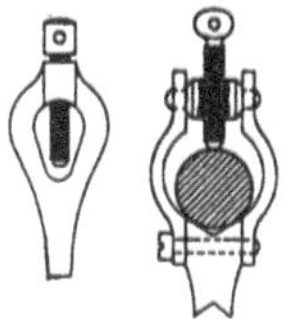

хомутикъ (m)
briglia (f)
perro (m) 2

Dorn (m)
mandrel
mandrin (m)

оправка (f)
punta (f), mandrino (m)
espiga (f) 3

---

fester Dorn (m)
fixed mandrel
mandrin (m) fixe

неподвижная оправка (f)
punta (f) fissa
espiga (f) fija 4

---

den Dorn eintreiben (v)
to drive in the mandrel
caler (v) le mandrin, emmancher (v) le mandrin

насадить *или* посадить на оправку
far (v) entrare la punta, inserire (v) il mandrino
calar (v) la espiga 5

Dorneintreibapparat (m)
mandrel press, apparatus for driving in mandrels
appareil (m) à caler le mandrin

приспособленіе (n) *или* приборъ (m) для насадки *или* для посадки на оправку
apparecchio (m) per far entrare la punta *o* per inserire il mandrino
aparato (m) de calar espigas 6

---

ausdehnbarer Dorn (m), Expansionsdorn (m), nachstellbarer Dorn (m)
expanding mandrel
mandrin (m) extensible

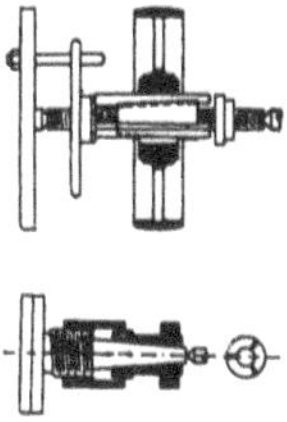

раздвижная оправка (f)
punta (f) *o* mandrino (m) estensibile *od* espansibile
espiga (f) de extensión 7

---

selbstausrichtender *oder* selbstzentrierender Dorn (m)
automatic expanding mandrel
mandrin (m) à centrage automatique

самоцентрирующая оправка (f)
punta (f) *o* mandrino (m) autocentrante
espiga (f) de centrar automática 8

1	Futter (n), Drehbankfutter (n), Spannfutter (n) chuck, lathe chuck chuck (m), mandrin (m) de serrage	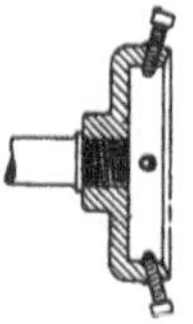	патронъ (m) токарнаго станка [для закрѣпленія обтачиваемыхъ предметовъ] piattaforma (f) da tornio plato (m) de sujeción para torno
2	Klemmfutter (n) clamping chuck chuck (m), mandrin (m) de serrage		разрѣзной патронъ (m) съ зажимнымъ кольцомъ piattaforma (f) di fissaggio plato (m) *ó* mandril (m) de garras
3	Schraubenfutter (n) bell chuck chuck (m) *ou* mandrin (m) à vis	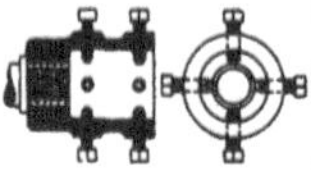	винтовой патронъ (m); чашечный патронъ piattaforma (f) a viti, coppaia (f), testa (f) di gatto mandril (m) de tornillos
4	Backenfutter (n) jaw chuck chuck (m) *ou* mandrin (m) à griffes, mandrin (m) à mâchoires *ou* à mordaches		кулачный патронъ (m); патронъ съ захватками piattaforma (f) a griffe mandril(m) de mordazas
5	Zweibackenfutter (n) two jawed chuck chuck (m) *ou* mandrin (m) à deux mâchoires *ou* mordaches	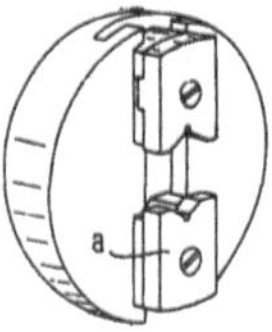	патронъ (m) съ двумя захватками *или* кулаками piattaforma (f) a due griffe plato (m) *o* mandril (m) de dos mordazas
6	Spannbacke (f) gripping jaw griffe (f) de serrage, mâchoire (f) de serrage, mordache (m) de serrage	a	зажимной кулакъ (m); захватка (f) griffa (f) mordaza (f) de sujeción
7	selbstausrichtendes *oder* selbstzentrierendes Futter (n) self-centreing chuck mandrin (m) de serrage à centrage automatique, chuck (m) autocentreur		самоцентрирующій патронъ (m) piattaforma (f) autocentrante mandril (m) concéntrico *ó* de centrar automático
8	Spannpatrone (f) conical grip, collet, spring for grip chuck douille (f) de serrage, pince (f) américaine	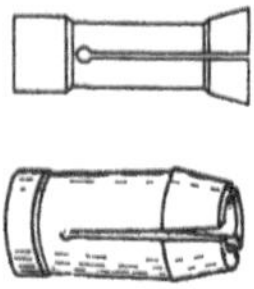	зажимный патронъ (m); гильза (f) bussola (f) di chiusura *o* di serraggio boquilla (f) de sujeción

Universalfutter (n)
universal chuck
chuck (m) *ou* mandrin (m) universel

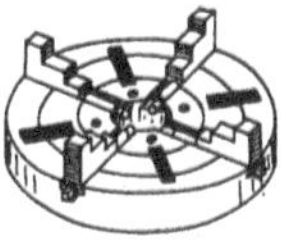

универсальный патронъ (m)
piattaforma (f) universale 1
mandril (m) universal

Patenthebelfutter (n)
patent lever chuck
chuck (m) à serrage instantané par levier

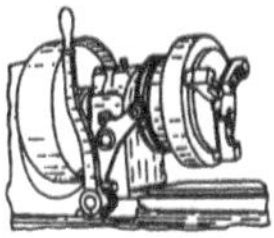

патентованный рычажный патронъ (m)
piattaforma (f) ad apertura a mezzo di leva 2
od a leva patentata
mandril (m) de cierre á palanca patentado

[elektro] magnetisches Futter (n)
magnetic chuck
mandrin (m) [électro-] magnétique

[электро] магнитный патронъ (m)
piattaforma (f) magnetica 3
mandril (m) electromagnético

Aufspannplatte (f)
plate for fixing work
plateau (m) de fixation *ou* de serrage

шайба (f) для укрѣпленія обрабатываемаго предмета 4
piattaforma (f) di fissaggio
placa (f) de sujeción

Planscheibe (f)
face plate
plateau (m)

планшайба (f)
piattaforma (f) 5
plato (m) de torno

---

senkrechte *oder* stehende *oder* vertikale Planscheibe (f)
vertical face plate
plateau (m) vertical

вертикальная планшайба (f)
piattaforma (f) ad asse orizzontale 6
plato (m) vertical

Scheibendrehung (f) mit Zahnkranz
driving *or* revolving the face plate through rim gear wheel
rotation (f) du plateau par couronne dentée

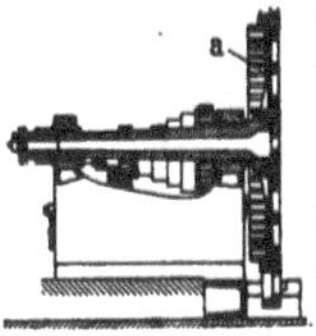

a

вращеніе (n) планшайбы при помощи зубчатаго вѣнца *или* обода
piattaforma (f) a corona dentata 7
rotación (f) del plato por corona dentada

---

selbstausrichtende Planscheibe (f), Universalplanscheibe (f)
universal face plate
plateau (m) universel

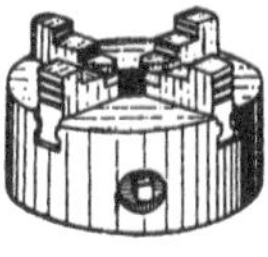

самоцентрирующая планшайба (f); универсальная планшайба
piattaforma (f) universale 8
plato (m) concéntrico, plato (m) universal

1 Aufspannloch (n)
hole *or* slot of face plate
trou (m), rainure (f) de fixation *ou* de serrage

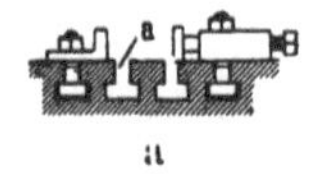

отверстіе (n) для закрѣпленія обрабатываемаго предмета
scanalatura (f) *o* foro (m) di fissaggio
agujero (m) *ó* ranura (f) de sujeción

---

2 Spannkloben (m), Aufspannfrosch (m), Frosch (m)
dog for face plate
coussinet (m) de serrage, pompe (f) de serrage

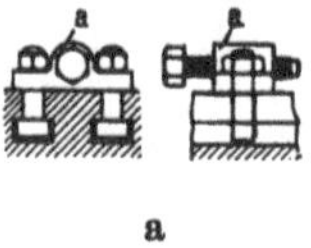

зажимный кулакъ (m)
morsetto (m) di fissaggio
grapa (f) de sujeción

---

3 elektromagnetische Befestigung (f) des Werkstücks
holding the work by electromagnetic action
fixation (f) électromagnétique de la pièce à usiner

электромагнитное укрѣпленіе (n) обрабатываемаго предмета
fissaggio (m) *o* montaggio (m) magnetico del pezzo da lavorare
sujeción (f) electromagnética de la pieza de labor

---

4 wagrechte *oder* liegende *oder* horizontale Planscheibe (f)
horizontal face plate
plateau (m) horizontal

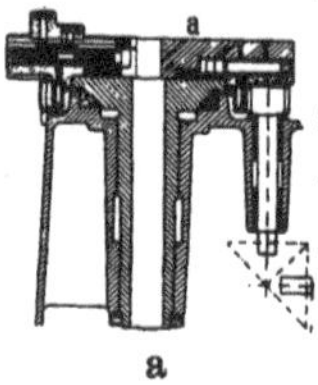

горизонтальная планшайба (f)
piattaforma (f) ad asse verticale
plato (m) horizontal

---

5 liegende Planscheibe (f) mit Kreisführung
horizontal face plate with circumferential bearing
plateau (m) horizontal à guidage circulaire

горизонтальная планшайба (f) съ круговыми направляющими
piattaforma (f) orizzontale a guida circolare
plato (m) horizontal con conducción circular

---

6 Drehtisch (m)
revolving table
table (f) tournante

вращающійся столъ (m)
tavola (f) girevole
mesa (f) giratoria

---

7 Stützklotz (m)
supporting block
bloc (m) de support

подставка (f); подпорка (f); стойка (f)
blocco (m) di sostegno
taco (m) de calce *ó* de soporte

---

8 Reitstock (m), Reitdocke (f), fahrende Docke (f)
loose head stock, puppet *or* poppet head, tailstock, tail block, foot block
poupée (f) mobile, contre-poupée (f)

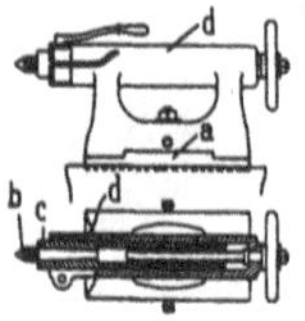

задняя бабка (f); подвижная бабка
contropunta (f), fantina (f)
contra-punta (f), cabezal (m) móvil

Reitstockuntersatz (m) bottom slide of tail stock *or* puppet head semelle (f) [de la contre-poupée]	a	нижняя доска (f) задней бабки suola (f) della contropunta parte (f) inferior de la contra-punta	*1*
Reitstockspitze (f) loose head stock *or* puppet head centre, back centre pointe (f) de la contre-poupée, contre-pointe (f)	b	центръ (m) задней бабки punta (f) della fantina *o* della contropunta, contropunta (f) punta (f) de la contra-punta ó del cabezal móvil	*2*
Reitnagel (m), Pinne (f) back centre contre-pointe (f)	c	центръ (m) задней бабки fuso (m) della contropunta contra-punta (f)	*3*
Reitnagelhülse (f), Reitstockhülse (f) back centre socket, barrel *or* sleeve of puppet head *or* tail stock douille (f) de la contre-pointe	d	втулка (f) центра задней бабки bussola (f) del fuso *o* della contropunta, manicotto (m) *o* bussola (f) della contropunta casquillo (m) de la contra-punta, casquillo (m) del cabezal móvil	*4*
Reitstock (m) mit äußerer Spindel tail stock with projecting screw spindle *or* mandrel contre-poupée (f) avec vis découverte	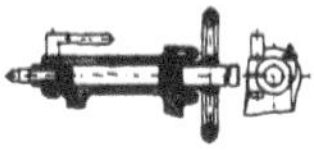	задняя бабка (f) съ открытымъ винтомъ contropunta (f) semplice contra-punta (f) con husillo exterior	*5*
Reitstock (m) mit innerer Spindel tail stock with internal screw spindle *or* mandrel contre-poupée (f) avec vis intérieure	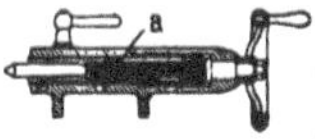	задняя бабка (f) съ закрытымъ *или* съ внутреннимъ винтомъ contropunta (f) con bussola contra-punta (f) con husillo interior	*6*
Patrone (f) mandrel, spindle douille (f) filetée	a	пустотѣлый шпиндель (m) съ нарѣзкой manicotto (m) di comando della punta boquilla (f) de la contra-punta	*7*
Reitnagelverschiebung (f) durch Handrad endlong movement of the back centre by handwheel déplacement (m) de la contre-pointe par volant à main	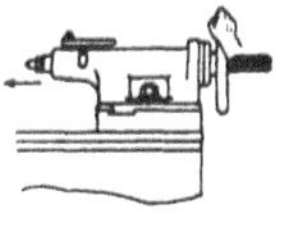	перемѣщеніе (n) центра задней бабки при помощи маховичка spostamento (m) della punta a mezzo di volantino a mano movimiento (m) de la contra-punta por medio de rueda á mano	*8*

1 Reitnagelverschiebung (f) durch Mutter und Rädervorgelege
endlong movement of the back centre by means of gearing
déplacement (m) de la contre-pointe par écrou et harnais d'engrenages

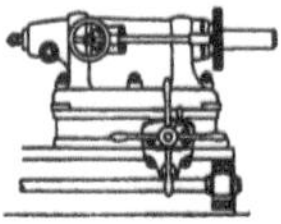

перемѣщеніе (n) центра задней бабки при помощи гайки и зубчатой передачи
spostamento (m) della punta a mezzo di volantino e ingranaggi
movimiento (m) de la contra-punta por tuerca y contramarcha de engranaje

---

2 Querverschiebung (f) des Reitstocks
setting out of alignment *or* centre, setting over the tail stock *or* puppet head
déplacement (m) latéral de la contre-poupée

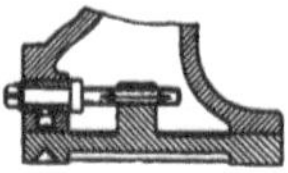

поперечное сдвиганіе (n) задней бабки
movimento (m) trasversale della contropunta
movimiento (m) transversal de la contrapunta

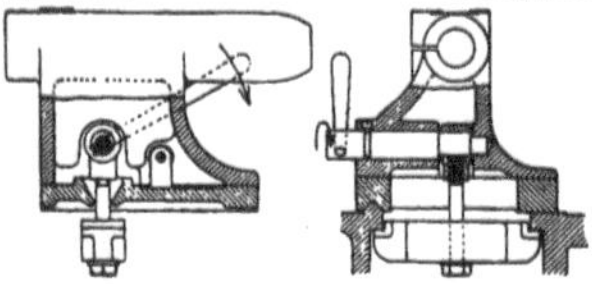

3 Festklemmung (f) des Reitstocks
clamping the tail stock *or* puppet head to the lathe bed
fixation (f) de la contre-poupée, blocage (m) de la contre-poupée

закрѣпленіе (n) задней бабки
bloccaggio (m) *o* blocco (m) della contropunta
sujeción (f) de la contrapunta

---

4 Exzenterklemmung (f)
eccentric clamping, clamping by eccentric
fixation (f) par excentrique

закрѣпленіе (n) при помощи эксцентрика
bloccaggio (m) *o* blocco (m) a mezzo di eccentrico
sujeción (f) excéntrica

---

5 den Reitnagel festklemmen (v) *oder* feststellen (v)
to clamp the back centre
bloquer (v) *ou* immobiliser (v) la contre-pointe

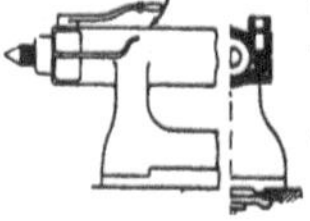

закрѣпить центръ задней бабки
bloccare (v) la punta della contropunta
sujetar (v) á la contrapunta (por medio de palanca prisionera)

---

6 Kugelgriff (m)
handle
manette (f)

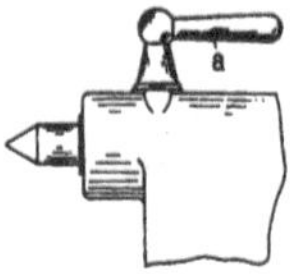

a

ручка (f) [зажимного приспособленія]
maniglia (f)
manilla (f)

Drehkreuzreitstock (m)
tail stock *or* puppet head moved by capstan handwheel
contre-poupée (f) à croisillon

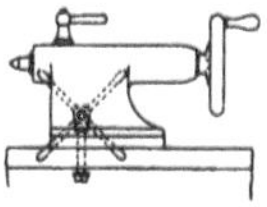

задняя бабка (f), передвигающаяся по двумъ взаимно перпендикулярнымъ направленіямъ
contropunta (f) a volante a croce
contra-punta (f) con manilla en cruz 1

Hebelreitstock (m)
puppet head operated by lever
contre-poupée (f) à levier

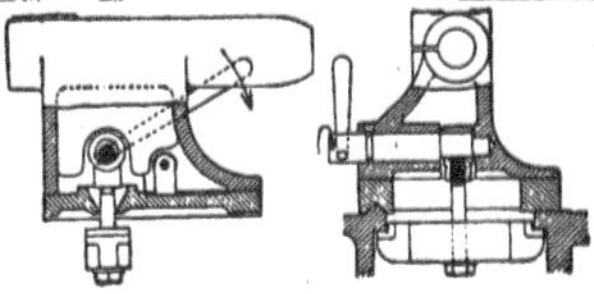

задняя бабка (f) съ рычагомъ
contropunta (f) a leva
contra-punta (f) á palanca 2

Reitstock (m) mit angetriebener Mitnehmerscheibe (für Wellendrehbänke)
tail stock with revolving driving plate
contre-poupée (f) avec plateau commandé *ou* tournant

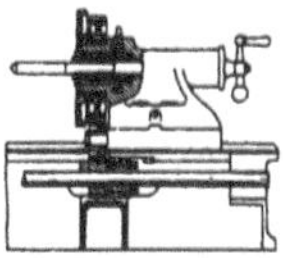

задняя бабка (f) съ вращающимся поводковымъ патрономъ
contropunta (f) con piattaforma direttamente comandata
contra-punta (f) con plato conductor de movimiento propio 3

Hilfsdocke (f)
auxiliary puppet head
poupée (f) auxiliaire

вспомогательный подшипникъ (m) бабки
contropunta (f) ausiliare
contra-punta (f) auxiliar 4

Brille (f), Lünette (f)
stay
lunette (f)

люнетъ (m)
lunetta (f)
luneta (f) 5

Setzstock (m), [fest]-stehende Brille (f)
fixed stay
lunette (f) fixe

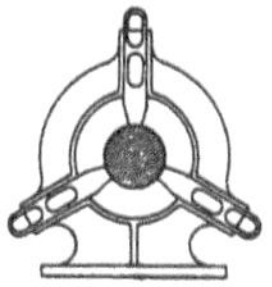

неподвижный люнетъ (m)
lunetta (f) fissa
luneta (f) fija 6

Unterstützungsgabel (f), Unterstützungsbock (m)
fork stay
fourche (f) de soutien

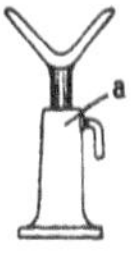

поддерживающая вилка (f)
lunetta (f) a forchetta
horquilla (f) de soporte 7

Spannkopf (m)
radius head
tête (f) de serrage

a

зажимная головка (f)
testa (f) di fissaggio
cabeza (f) de sujeción 8

Führungsbüchse (f)
guide bush
douille (f) de guidage de la lunette

поддерживающій люнетъ (m)
bussola (f) di guida
caja (f) de guía en la luneta 9

1 laufende *oder* mitgehende Brille (f)
travelling stay, follow rest
lunette (f) à suivre, lunette (f) mobile

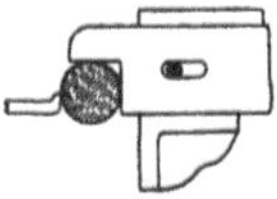

подвижной люнетъ (m)
lunetta (f) scorrevole
luneta (f) móvil *ó* de seguir

---

2 Hohldocke (f)
bell mouth centre plate
contre-pointe (f) fraisée

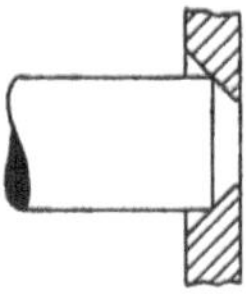

люнетъ (m) съ конической дырой [для внутренней разсверловки]
contropunta (f) cava
contra-punta (f) hueca

3

Werkzeuge	**Инструменты**
Tools	**Utensili**
Outils	**Herramientas**

4 Drehstahl (m), Stahl (m), Drehstichel (m), Drehmeißel (m), Dreheisen (n), Drehwerkzeug (n)
lathe tool, turning tool
outil (m) à charioter, outil (m) de tour

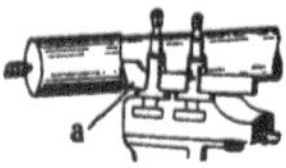

a

рѣзецъ (m)
ferro (m) *o* coltello (m) per tornio, utensile (m)
acero (m) de tornear, acero (m), herramienta (f) de tornear

---

5 Stahlhärte (f)
grade *or* hardness *or* temper of the tool
dureté (f) de l'acier, dureté (f) de l'outil

твёрдость (f) рѣзца
durezza (f) dell'acciaio
dureza (f) del acero

---

6 Schneidkraft (f)
cutting power
capacité (f) *ou* force (f) de coupe

рѣжущее усилие (n); стойкость (f) рѣжущей кромки
potere (m) *o* capacità (f) di taglio
fuerza (f) constante de corte

---

7 Schneidwirkung (f)
cutting action
cisaillement (m)

рѣжущее дѣйствіе (n)
effetto (m) di taglio
acción (f) *ó* eficacia (f) de corte

---

8 Schneide (f), Stahlschneide (f)
cutting point
taillant (m) *ou* tranchant (m) de l'outil

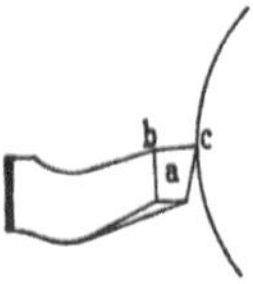

a

лезвіё (n)
unghia (f) dell'utensile
filo (m) *ó* corte (m) del acero

---

9 Schneidkante (f), Schneidlinie (f)
cutting edge
arête (f) tranchante *ou* tranchant (m) d'un outil, fil (m)

b c

рѣжущая кромка (f)
tagliente (m) (dell'utensile)
canto (m) *ó* linea (f) de corte

Schneidbrust (f), Werkzeugbrust (f) face of tool poitrail (m) d'outil	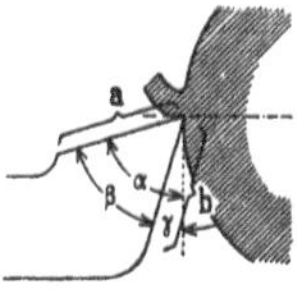 a	передняя грань (f) рѣзца faccia (f) dell'utensile frente (m) del corte del útil	1
Schneidrücken (m) back edge face (f) dorsale du tranchant	b	задняя грань (f) рѣзца dorso (m) dell'utensile dorso (m) del corte	2
Hauptschneide (f) main cutting edge tranchant (m) principal		главная рѣжущая кромка (f) tagliente (m) principale corte (m) principal	3
Schneidwinkel (m) cutting angle angle (m) de coupe	α	уголъ (m) рѣзанія angolo (m) di taglio ángulo (m) de incidencia	4
Brustwinkel (m), Keilwinkel (m) front rake taillant (m), angle (m) d'affûtage	β	уголъ (m) [заостренія] рѣзца angolo (m) dell'unghia *o* dell'affilatura ángulo (m) de corte	5
Ansatzwinkel (m), Anstell[ungs]winkel (m) clearance angle angle (m) d'attaque *ou* de dépouille	γ	задній уголъ (m) angolo (m) di piazzamento dell'utensile ángulo (m) de ataque	6
schräg gestellte Schneide (f) oblique *or* side cutting edge tranchant (m) oblique		наклонно установленный рѣзецъ (m) tagliente (m) obliquo corte (m) inclinado	7
der Stahl wird stumpf the tool becomes dull *or* blunt l'outil s'émousse		рѣзецъ (m) тупится l'utensile si ottunde el acero se desafila	8
abgenutzte *oder* stumpf gewordene Schneide (f) worn out *or* blunt cutting edge tranchant (m) émoussé	 a	затупившійся рѣзецъ (m); сработавшійся рѣзецъ tagliente (m) ottuso corte (m) desgastado	9
Schärfung (f) des Stahls grinding *or* sharpening the tool affûtage (m) de l'outil		затачиваніе (n) рѣзца affilatura (f) dell'utensile el afilar el útil	10
Arbeitshitze (f) heat generated by cutting action échauffement (m) de travail *ou* produit par le travail		нагрѣвъ (m) во время работы; нагрѣвъ при работѣ riscaldamento (m) dovuto al lavoro calentamiento (m) por le trabajo	11

1	Stichelerwärmung (f) heating of the tool échauffement (m) de l'outil		нагрѣванiе (n) рѣзца riscaldamento (m) dell'utensile calentamiento (m) del útil
2	Wärmeabfuhr (f) reduction of the heat enlèvement (m) de la chaleur		отведенiе (n) тепла sottrazione (f) di calore descarga (f) de calor
3	Kühlung (f) des Stichels cooling the tool rafraîchissement (m) *ou* refroidissement (m) de l'outil	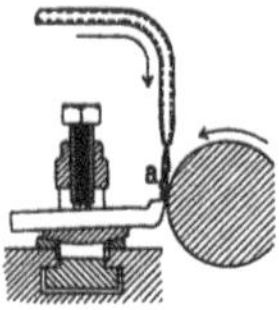 	охлажденiе (n) рѣзца raffreddamento (m) dell'utensile refrigeramiento (m) del útil
4	Kühlwasser (n) cooling water eau (f) de rafraîchissement *ou* de refroidissement	a	охлаждающая вода (f); вода для охлажденiя acqua (f) di raffreddamento agua (f) de refrigerar
5	Seifenwasser (n) soapy water eau (f) de savon		мыльная вода (f) acqua (f) saponata agua (f) de jabón
6	Terpentinöl (n) turpentine huile (f) de térébenthine		скипидаръ (m) [терпентинъ (m)] trementina (f) aceite (m) de trementina
7	Schnell[dreh]stahl (m), Schnellaufstahl (m), Rapidstahl (m) high speed turning tool acier (m) [à tourner] rapide, acier (m) à grande vitesse		быстрорѣжущая сталь (f) utensile (m) rapido in acciaio acero (m) rápido
8	Handstahl (m) hand tool outil (m) à main	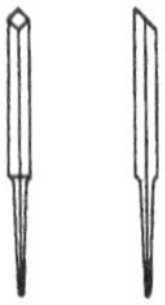	рѣзецъ (m) для обточки отъ руки; ручной токарный рѣзецъ utensile (m) a mano acero (ó útil) á mano
9	Supportstahl (m) tool for slide rest outil (m) pour support		рѣзецъ (m) для обточки на суппортѣ utensile (m) per sopporto útil (m) para el soporte
10	Abdrehstahl (m) turning tool outil (m) de tourneur		токарный рѣзецъ (m) utensile (m) per tornire acero (m) de tornear

Spitzstahl (m)
pointed tool
outil (m) pointu

остроконечный рѣзецъ (m) 1
utensile (m) a punta
útil (m) puntiagudo

Einstechstahl (m), Einstichstahl (m), Abstechstahl (m)
cutting off *or* parting tool
outil (m) droit à saigner, outil (m) droit à tronçonner

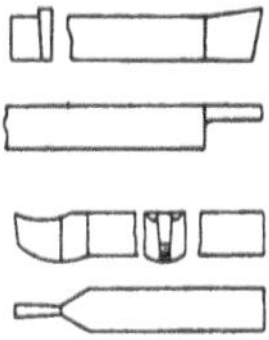

отрѣзной рѣзецъ (m); подрѣзной рѣзецъ
utensile (m) per tagliare *o* troncare 2
acero (m) de tronzar

---

rechter Messerstahl (m), rechtes Seitenmesser (n)
right hand (side) tool
outil (m) à droite, outil (m) à saigner à droite

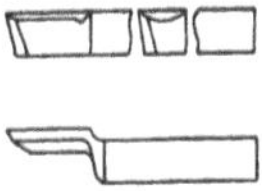

правый рѣзецъ (m)
utensile (m) per sfacciare a destra 3
útil (n) de corte á derecha

---

linker Messerstahl (m), linkes Seitenmesser (n)
left hand (side) tool
outil (m) à gauche, outil (m) à saigner à gauche

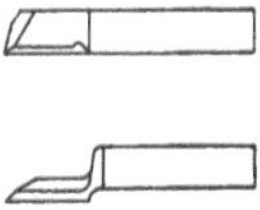

лѣвый рѣзецъ (m)
utensile (m) per sfacciare a sinistra 4
útil (m) de corte á izquierda

---

gerader Messingdrehstahl (m)
straight tool for brass
outil (m) droit pour pièces en laiton

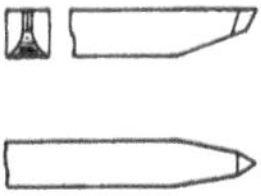

прямой рѣзецъ (m) для обточки латуни
utensile (m) diritto per bronzo 5
útil (m) derecho para metal

Grabstichel (m)
graver, graving *or* ploughing tool
outil (m) à défoncer

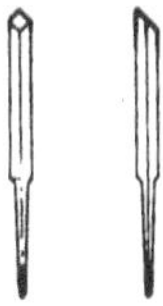

грабштихель (m); грабштихъ (m)
bulino (m), utensile (m) per sfondare 6
buril (m)

Rundstahl (m), abgerundeter Stahl (m)
round nosed tool
outil (m) arrondi

закруглённый рѣзецъ (m)
utensile (m) a tagliente rotondo 7
útil (m) de corte redondo

Schruppstahl (m), Schroppstahl (m), Schrotstahl (m)
roughing tool
outil (m) à dégrossir

черновой рѣзецъ (m); проходной рѣзецъ
utensile (m) per sgrossare *o* sbozzare 8
útil (m) de desbastar

1	Schruppstahl (m) mit gerader Schneide straight faced roughing tool with outil (m) droit à dégrossir	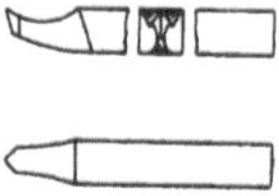	черновой рѣзецъ (m) съ прямымъ лезвіёмъ; проходной рѣзецъ съ прямой рѣжущей кромкой utensile (m) diritto per sgrossare *o* per sbozzare útil (m) de desbastar con corte derecho
2	Schruppstahl (m) mit runder Schneide round faced roughing tool outil (m) à dégrossir à tranchant arrondi	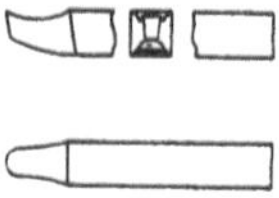	черновой рѣзецъ (m) съ закруглённымъ лезвіёмъ; проходной рѣзецъ съ закруглённой рѣжущей кромкой utensile (m) tondo per sgrossare *o* per sbozzare útil (m) de desbastar con corte redondo
3	linksgehender Schruppstahl (m) left hand *or* down bent roughing tool outil (m) dégrossisseur à gauche	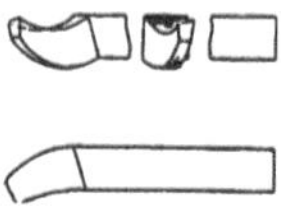	лѣвый черновой *или* проходной рѣзецъ (m) utensile (m) sinistro per sgrossare útil (m) de desbastar de marcha á izquierda
4	Schlichtstahl (m) flat finishing tool outil (m) finisseur	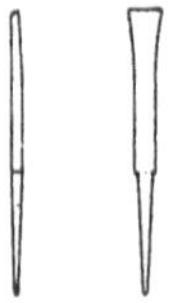	чистовой *или* отдѣлочный рѣзецъ (m); шпажка (f) utensile (m) per rifinire útil (m) de terminar (alisar)
5	flacher *oder* breiter Schlichtstahl (m) broad nosed finishing tool outil (m) finisseur plat	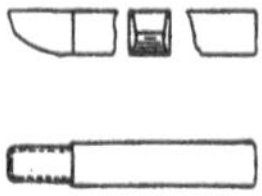	плоскій чистовой рѣзецъ (m); широкій отдѣлочный рѣзецъ utensile (m) piatto per rifinire útil (m) de terminar con corte plano
6	federnder Schlichtstahl (m), Gänsehals (m), Federstahl (m) goose neck, spring tool outil (m) finisseur formant ressort	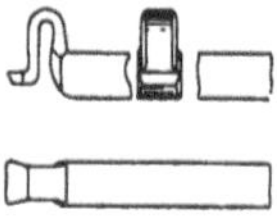	пружинящій чистовой *или* пружинный отдѣлочный рѣзецъ (m) utensile (m) ripiegato per rifinire útil (m) de terminar de efecto de resorte
7	Formstichel (m), Formstahl (m), Fassonstahl (m) forming tool outil (m) à profiler *ou* à façonner	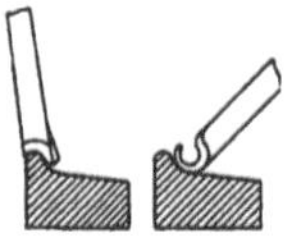	фасонный рѣзецъ (m) utensile (m) per sagomare útil (m) de perfilar, buril (m) de perfilar

Hakenstahl (m), Drehhaken (m)
hook tool
outil (m) à crochet

токарный крючокъ (m)
utensile (m) a becco
acero (m) en forma de gancho 1

Spitzhaken (m)
pointed hook tool
plane (f) à crochet

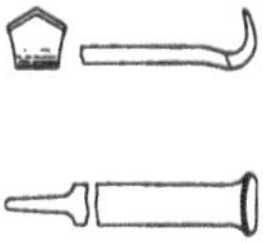

проходной токарный крючокъ (m) съ острой рѣжущей кромкой
utensile (m) a becco appuntito 2
acero (m) de gancho puntiagudo

Schlichthaken (m)
finishing hook tool
plane (f) à finir

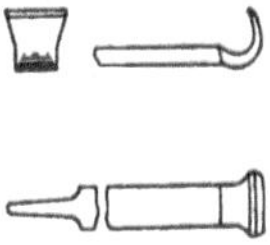

чистовой *или* отдѣлочный токарный крючокъ (m)
utensile (m) a becco per rifinire 3
acero (m) para terminar

Ausdrehstahl (m), Bohrstahl (m)
boring tool
outil (m) à aléser

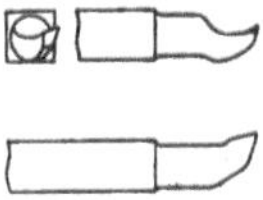

рѣзецъ (m) для расточки отверстій
utensile (m) per tornire internamente *o* degl'interni 4
acero (m) de tornear interior

Winkeleindrehstahl (m)
inside turning *or* recessing tool
outil (m) à chambrer d'équerre

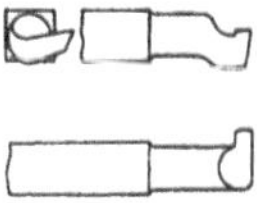

рѣзецъ (m) крючкомъ для расточки угловыхъ отверстій
utensile (m) a becco per tornire internamente 5
acero (m) de tornear en ángulo

Halbmondstahl (m)
segment *or* radius tool
outil (m) en croissant

боковой полукруглый токарный (m) рѣзецъ
utensile (m) a mezza luna 6
acero (m) en forma de media luna

Gewindestahl (m), Gewindestrehler (m)
chaser, chasing tool
peigne (m) à fileter

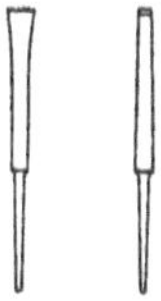

гребёнка (f); рѣзьбовой рѣзецъ (m)
utensile (m) *o* pettine (m) per filettare 7
acero (m) de roscar, peine (m) de filetear

Außengewindestahl (m), Gewindestahl (m) für Außengewinde
male *or* outside screw cutting tool
outil (m) à fileter extérieurement

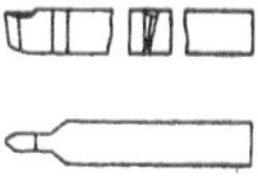

рѣзецъ (m) для нарѣзки винтовъ
utensile (m) per filettare bulloni 8
acero (m) de roscar *ó* filetear exteriormente

1	Innengewindestahl (m), Gewindestahl (m) für Innengewinde female *or* inside screw cutting tool outil (m) à fileter intérieurement, outil (m) à tarauder	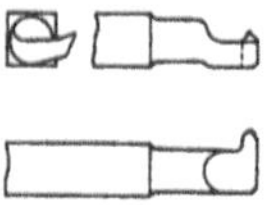	рѣзецъ (m) для нарѣзки внутренней рѣзьбы; рѣзецъ для нарѣзки гаекъ utensile (m) per filettare madreviti acero (m) de filetear *ó* roscar interiormente
2	Einzelstichel (m) single tool outil (m) indépendant		одиночный рѣзецъ (m) utensile (m) singolo útil (m) á buril independiente
3	Befestigung (f) des Werkzeugs clamping the tool fixation (f) de l'outil	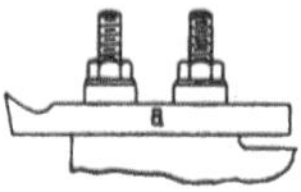	укрѣпленіе (n) рѣзца fissaggio (m) *o* montaggio (m) dell'utensile sujeción (f) del útil
4	Stichelschaft (m), Stichelstiel (m) shank of tool corps (m) de l'outil, manche (m) de l'outil	a	стержень (m) рѣзца gambo (m) *o* stelo (m) dell'utensile cuerpo (m) *ó* mango (m) del útil
5	den Stahl einspannen (v) *oder* festspannen (v) to clamp the tool tightly fixer (v) *ou* serrer (v) l'outil		зажать *или* укрѣпить рѣзецъ fissare (v) *o* montare (v) l'utensile sujetar (v) el acero
6	Stahlhalter (m), Stichelhalter (m), Meißelhalter (m), Werkzeughalter (m), Werkzeugträger (m) tool rest *or* support *or* holder, slide rest porte-outil (m), porte-lame (m)	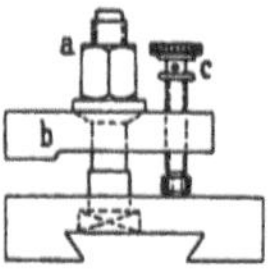	зажимъ (m) для рѣзца; рѣзцодержатель (m) portautensile (m) porta-útil (m)
7	Druckschraube (f) clamping bolt vis (f) de serrage	a	нажимной винтъ (m) vite (f) di pressione tornillo (m) de presión á prisionero
8	Klemmplatte (f) clamping plate plaque (f) de serrage	b	нажимная доска (f) piastra (f) di fissaggio placa (f) de presión
9	Stellschraube (f) adjusting screw vis (f) de réglage	c	установочный винтъ (m) vite (f) di regolazione tornillo (m) de graduación

Stichelhaus (n)
tool post, post tool holder, tool box
porte-outils (m) à logement

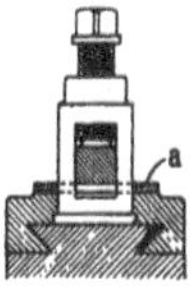

[суппортный] зажимъ (m) для рѣзца
portautensili (m) americano
porta-útil (m) cerrado 1

Unterlegring (m)
washer, packing ring
bague (f) d'assise

a

подкладочное кольцо (n)
anello (m) d'appoggio e di spessore 2
anillo (m) de asiento

Keilstützung (f) des Stichels
packing up of the tool with a wedge
calage (m) de l'outil par coin

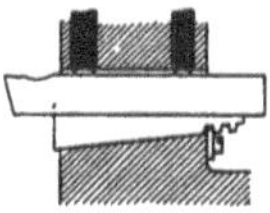

укрѣпленіе (n) рѣзца при помощи клина
messa (f) a punto dell'utensile a mezzo di chiavetta 3
asiento (m) de cuña ó cónico del útil

---

drehbares Stichelhaus (n)
swivelling tool post
porte-outils (m) pivotant

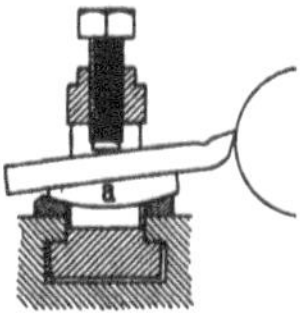

поворотный рѣзцодержатель (m); поворотный зажимъ (m) для рѣзца 4
portautensili (m) girevole americano
porta-útil (m) giratorio

Meißelteller (m)
tool packing piece
cale (f) de réglage de l'outil

a

подкладка (f)
piastra (f) o disco (m) dell'utensile 5
calce (m) del útil

Stichelbüchse (f), Werkzeugbüchse (f)
tool box, tool holder
porte-outils (m) à lunette

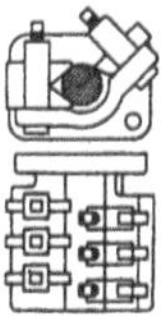

головка (f) для зажима рѣзцовъ
portautensili (m) con lunetta per cilindrare 6
caja (f) de sujeción de la herramienta

Werkzeugbüchse (f) für Abstechstichel
tool holder for cutting off tool
porte-outils (m) à lunette pour outils à tronçonner

головка (f) для зажима отрѣзныхъ рѣзцовъ
portautensili (m) per troncare 7
caja (f) de sujeción para buriles de tronzar

Werkzeugbüchse (f) mit drehbarem Stichelhalter
tool box with swivel tool holder
montage (m) à lunette porte-outils tournant

головка (f) съ поворотнымъ зажимомъ для рѣзцовъ
portautensili (m) con utensile girevole 8
caja (f) de sujeción de la herramienta con porta-útil giratorio

1 deutsches Stichelhaus (n)
German type of tool *or* slide rest
porte-outils (m) allemand

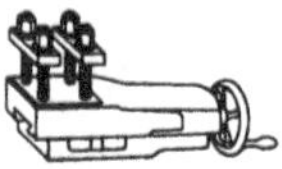

нѣмецкій зажимъ (m) для рѣзцовъ
portautensili (m) tedesco
porta-útil (m) alemán

---

2 englisches Stichelhaus (n)
English type of tool *or* slide rest
porte-outils (m) anglais

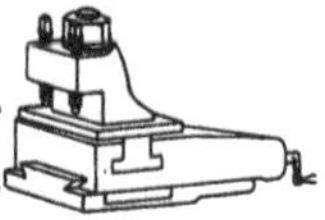

англійскій зажимъ (m) для рѣзцовъ
portautensili (m) inglese
porta-útil (m) inglés

III.

Bohrmaschinen
Drilling and Boring Machines
Machines à percer
Сверлильные станки
Trapani
Taladradoras

Typen und Gestelle
Types and Frames
Types et bâtis
Типы и станины
Tipi ed incastellature
Tipos y bastidores

1

Bohrmaschine (f)
boring machine, drilling machine
machine (f) à percer *ou* à aléser, foreuse (f), perceuse (f), machine (f) à forer, forerie (f)

сверлильный станокъ (m)
trapano (m)
taladradora (f), máquina (f) de taladrar

2

---

liegende Bohrmaschine (f), Horizontalbohrmaschine (f), Ausbohrmaschine (f)
horizontal boring machine
machine (f) à percer horizontale, machine (f) à aléser horizontale

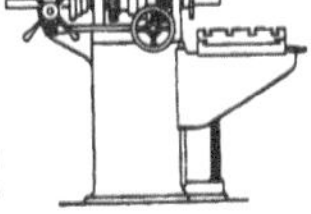

горизонтально-сверлильный станокъ (m); горизонтальный сверлильный станокъ
trapano (m) orizzontale
taladradora (f) horizontal, barrenadora (f) horizontal

3

---

liegende Bohrmaschine (f) mit fester Spindellagerung, (Bohr-, Dreh-, und Fräsmaschine (f))
horizontal boring machine with fixed bearings for boring spindle
machine (f) à aléser horizontale avec porte-broche fixe

горизонтальный сверлильный станокъ (m) съ неперемѣщающейся *или* съ неподвижной шпиндельной бабкой; горизонтальный сверлильный и фрезерный станокъ
trapano (m) orizzontale a testa fissa
barrenadora (f) horizontal con cabezal portahusillo fijo

4

1 stehende Bohrmaschine (f), Vertikalbohrmaschine (f)
vertical drilling machine
machine (f) à percer *ou* à forer verticale

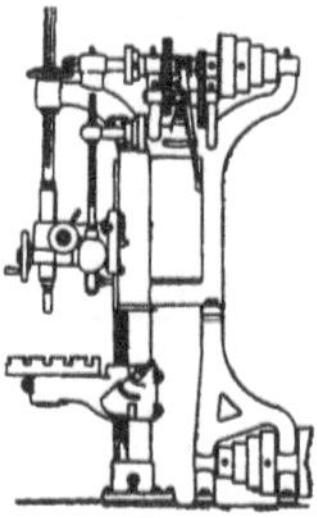

вертикальный сверлильный станокъ (m)
trapano (m) verticale a colonna
taladradora (f) vertical de columna

---

2 Handbohrmaschine (f)
hand drilling machine
machine (f) à percer à main

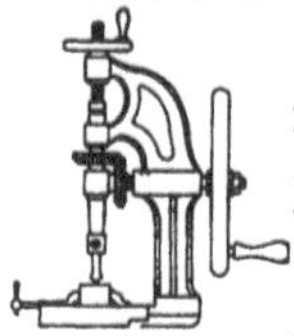

ручной сверлильный станокъ (m)
trapano (m) a mano
taladradora (f) á mano

---

3 Bohrmaschine (f) mit Antrieb durch Fußtritthebel
drilling machine with drive by foot lever
machine (f) à percer à commande par pédale

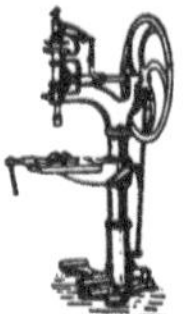

сверлильный станокъ (m) съ ножнымъ приводомъ *или* съ педалью
trapano (m) a comando per pedale
máquina (f) de taladrar de impulsión por pedal

---

4 Wandbohrmaschine (f)
wall drilling machine
machine (f) à percer *ou* à forer murale

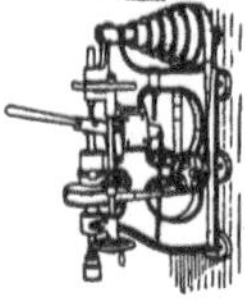

настѣнный *или* стѣнной сверлильный станокъ (m)
trapano (m) murale
taladradora (f) mural

---

5 Deckenbohrmaschine (f)
drilling machine fixed to underside of floor, ceiling drilling machine
machine (f) à percer de plafond

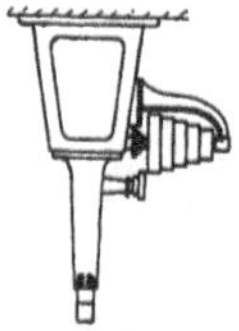

подвѣсный [къ потолку] *или* потолочный сверлильный станокъ (m)
trapano (m) da soffitto *o* pendente
taladradora (f) de techo

---

6 freistehende Bohrmaschine (f)
self-contained vertical drilling machine
machine (f) à percer indépendante

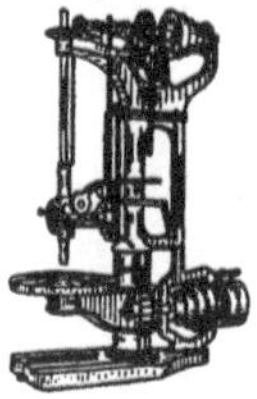

свободно-стоящій сверлильный станокъ (m)
trapano(m)ad incastellatura indipendente
taladradora (f) de columna independiente

Säulenbohrmaschine (f)
pillar drilling machine
machine (f) à percer à colonne

сверлильный станокъ (m) на колоннѣ
trapano (m) a colonna verticale
taladradora (f) de columna — 1

Auslegerbohrmaschine (f), Radialbohrmaschine (f), Kranbohrmaschine (f), Flügelbohrmaschine (f)
radial drilling machine
machine (f) à percer radiale

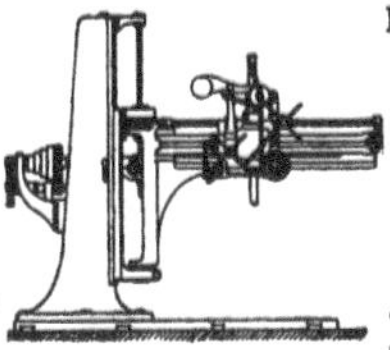

радіальный сверлильный станокъ (m); радіально-сверлильный станокъ (m); радіально-сверлильный станокъ (m) на колоннѣ *или* на стойкѣ
trapano (m) radiale
taladradora (f) radial — 2

Ausladung (f) der Radialbohrmaschine
depth of throat, maximum radius of spindle
portée (f) de la machine à percer radiale

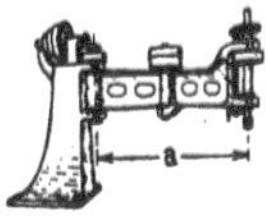

a

вылетъ (m) радіально-сверлильнаго станка
massimo raggio (m) ammissibile
alcance (m) de la taladradora radial — 3

Bohrmaschine (f) mit gelenkigem Ausleger
drilling machine with pivoted *or* jointed arm
machine (f) à percer radiale à bras articulé

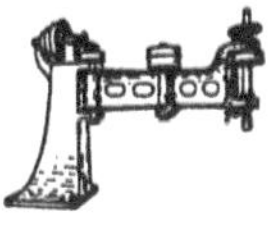

сверлильный станокъ (m) съ колѣнчатымъ рукавомъ *или* колѣнчатой поперечиной; шарнирный сверлильный станокъ
trapano (m) radiale a braccio snodato
taladradora (m) de brazo articulado — 4

Kranbohrmaschine (f) mit rundem Säulenständer
radial drilling machine with arm mounted on cylindrical column
machine (f) à percer radiale à colonne cylindrique

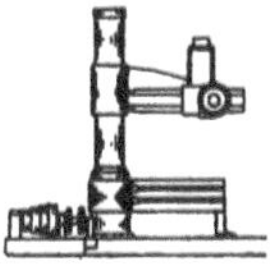

радіально-сверлильный станокъ (m) съ круглой колонной
trapano (m) radiale a colonna
taladradora (f) radial de columna cilíndrica — 5

Drehkranbohrmaschine (f), am Drehkran verschiebbare Bohrmaschine (f)
drilling machine mounted on swinging jib
machine (f) à percer radiale à potence *ou* montée en grue pivotante

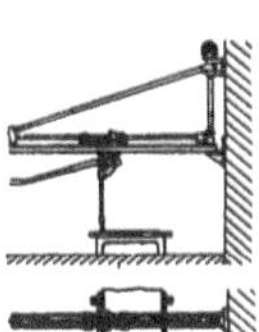

сверлильный станокъ (m), установленный на поворотномъ стѣнномъ; кранѣ стѣнной поворотный сверлильный станокъ
trapano (m) radiale murale [a carrello], trapano (m) radiale montato su mensola girevole
taladradora (f) radial mural *ó* colocada en grúa mural giratoria — 6

1 fahrbare Deckenbohrmaschine (f), fahrbare Hängebohrmaschine (f)
overhead travelling drilling machine
perceuse (f) suspendue mobile

передвижной висячій сверлильный станокъ (m); передвижной потолочный *или* подвѣсный сверлильный станокъ
trapano (m) da soffitto trasportabile
taladradora (f) de suspensión móvil

---

2 Schnellbohrmaschine (f)
high speed drilling machine
machine (f) à percer rapide

быстроходный сверлильный станокъ (m)
trapano (m) sensitivo rapido
taladradora (f) rápida

---

3 Universalbohrmaschine (f)
universal boring machine
machine (f) à percer universelle

универсальный сверлильный станокъ (m)
trapano (m) universale
taladradora (f) universal

---

4 selbsttätige *oder* automatische Bohrmaschine (f)
automatic *or* self-acting boring machine, self-acting drilling machine
perceuse (f) *ou* machine (f) à percer automatique

автоматическій сверлильный станокъ (m); сверлильный станокъ съ самоходомъ; самоходный сверлильный станокъ
trapano (m) automatico
taladradora (m) automática

---

5 mehrspindlige *oder* mehrfache Bohrmaschine (f)
multiple spindle drilling machine
machine (f) à percer *ou* perceuse (f) à forets multiples, machine (f) à percer multiple

многошпиндельный сверлильный станокъ (m)
trapano (m) multiplo
taladradora (f) de varios husillos, taladradora (f) múltiple

---

6 Daumenscheibe (f)
cam
plateau (m) *ou* disque (m) à doigts d'entraînement

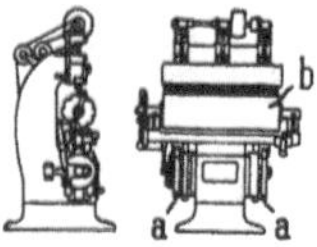

a

кулачный дискъ (m)
camma (f) a disco, disco (m) delle camme
disco (m) á levas

---

7 Walze (f), Trommel (f)
cylinder, drum, roll, roller
cylindre (m), tambour (m)

b

цилиндръ (m); барабанъ (m)
tamburo (m)
cilindro (m), tambor (m)

---

8 Spindelreihe (f)
series *or* set of spindles
ligne (f) *ou* série (f) de broches

рядъ (m) шпинделей
fila (f) di mandrini
serie (f) de husillos

Lochreihe (f)
series of holes
ligne (f) *ou* série (f) de trous

рядъ (m) отверстій; рядъ дыръ 1
fila (f) di fori
serie (f) de agujeros

---

mehrspindlige Bohrmaschine (f) mit Stahlwechsel
multiple spindle drilling machine with capstan head, turret head boring machine
machine (f) à percer revolver

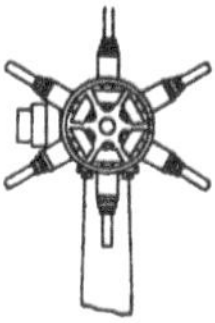

многошпиндельный сверлильный станокъ (m) съ револьверной головкой
trapano (m) revolver 2
taladradora (f) múltiple con cambio de herramienta

Bohrmaschine (f) zum Ausbohren der rechtwinklig zu einander stehenden Kurbelzapfenlöcher
quartering machine
machine (f) à percer les logements de boutons de manivelles placées à 90°

спеціальный [сверлильный] станокъ (m) для сверленія дыръ подъ прямымъ угломъ для кривошипныхъ пальцевъ [въ ведущихъ колёсахъ паровозовъ]
trapano (m) per forare i sopporti del perno della manovella collocati a 90° 3
máquina (f) para taladrar los agujeros para botones de manivelas á 90°

Schienenbohrmaschine (f)
machine for drilling rails, rail drilling machine
machine (f) à percer les rails

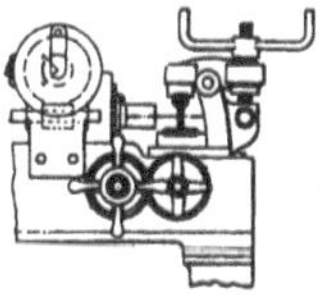

[сверлильный] станокъ (m) для сверленія дыръ въ рельсахъ
trapano (m) per rotaie 4
máquina (f) especial para taladrar carriles

Nietlochbohrmaschine (f)
machine for drilling rivet holes, boiler shell drilling machine
machine (f) à percer les trous de rivets, perceuse (f) de trous de rivets

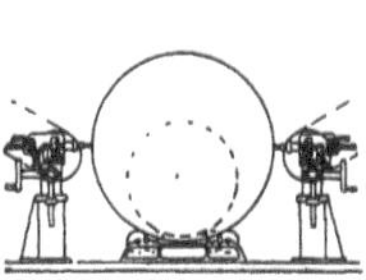

[сверлильный] станокъ (m) для сверленія заклёпочныхъ отверстій [въ барабанахъ котловъ]
trapano (m) per fori da chiodature 5
taladradora (f) para perforar los agujeros para remaches

Kesselbohrmaschine (f)
boiler drilling machine
machine (f) à percer pour chaudières

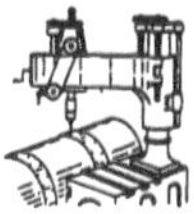

сверлильный станокъ (m) для котельныхъ работъ
trapano (m) per caldaie 6
taladradora (f) especial para calderería

Rollenbahn (f)
rolling path *or* bearing
chemin (m) de roulement sur galets

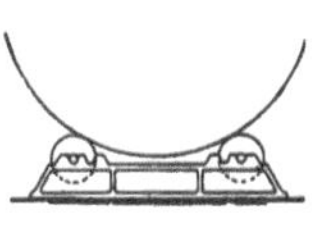

станина (f) съ роликами для установки предмета (котла)
piano (m) di sostegno con rulli 7
camino (m) de rodar sobre rodillos

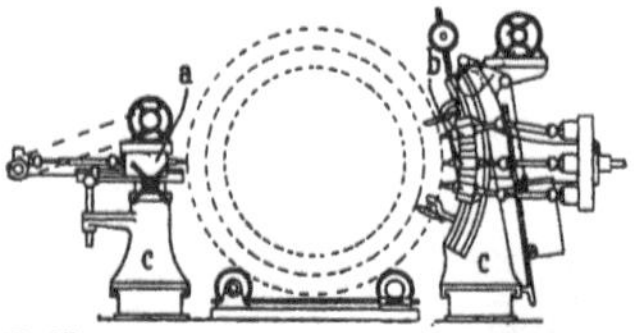

1	Bohrmaschine (f) für Längsnähte drilling machine (multiple spindle) for longitudinal seams machine (f) multiple à percer les coutures de rivetage longitudinales	a	[сверлильный] станокъ (m) для сверленія дыръ продольныхъ котельныхъ швовъ trapano (m) per chiodature longitudinali taladradora (f) para uniones longitudinales de remaches
2	Bohrmaschine (f) für Quernähte drilling machine (multiple spindle) for circumferential seams machine (f) multiple à percer les coutures de rivetage transversales	b	[сверлильный] станокъ (m) для сверленія дыръ поперечныхъ котельныхъ швовъ trapano (m) per chiodature trasversali taladradora (f) para uniones transversales de remaches
3	verschiebbarer Ständer (m) traversing column, traversing standard montant (m) à déplacement	c	передвижная колонка (f) *или* стойка (f) montante (m) spostabile bastidor (m) *o* columna (f) móvil en sentido horizontal
4	Merkstift (m) pointer index (m)		указатель (m); индексъ (m) bulino (m), punteruolo (m) indice (m)

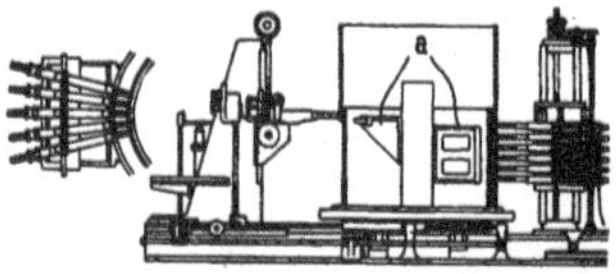

5	Kesselmantelbohrmaschine (f) boiler shell drilling machine machine (f) à percer les corps de chaudières		[сверлильный] станокъ (m) для сверленія дыръ въ барабанахъ котловъ trapano (m) per caldaie *o* per lamieroni di caldaia máquina (f) especial para taladrar cubiertas de calderas
6	Gegenhalter (m) holder-up, dolly device tas (m)	a	поддержка (f) contrasto (m), contraforte (m) sostenedor (m), sufridera (f)

versetzbare *oder* transportable elektromagnetische Bohrmaschine (f)
portable electrical drilling machine
machine (f) à percer électrique portative

переносный электромагнитный сверлильный станокъ (m)
trapano (m) trasportabile elettromagnetico 1
taladradora (f) eléctromagnética transportable *ó* portátil

Nietlochbohrmaschine (f) für Flammrohrflanschen
drilling machine for rivet holes in boiler tube flanges
machine (f) à percer les brides des tubes de foyers

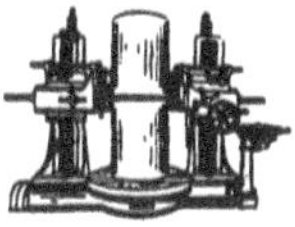

[сверлильный] станокъ (m) для сверленія заклёпочныхъ отверстій во фланцахъ жаровыхъ трубъ
trapano (m) per le flangie dei tubi da focolare 2
máquina (f) especial para taladrar los agujeros en las bridas de tubos de calderas

---

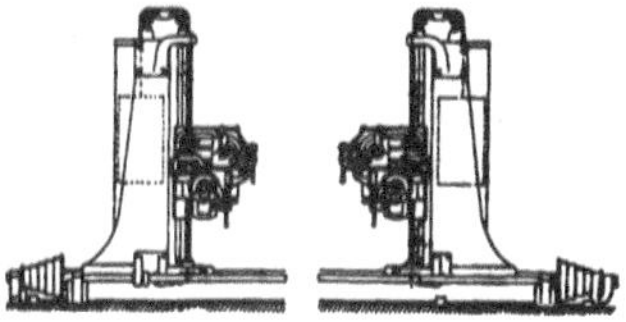

doppelte Bohr- und Fräsmaschine (f)
duplicate combined boring and milling machine
machine (f) à percer [*ou* aléser] et à fraiser double

двойной сверлильно-фрезерный станокъ (m)
trapano (m) doppio combinato con fresatrice, trapano-fresatrice (m) 3
máquina (f) doble de perforar y fresar

Gewehrlaufbohrmaschine (f), Flintenbohrmaschine (f)
boring machine for small arms
machine (f) à percer les canons de fusils

станокъ (m) для высверливанія ружейныхъ стволовъ
trapano (m) per canne da fucile 4
taladradora (f) para barrenar los cañones de escopetas

Geschützrohrbohrmaschine (f), Kanonenrohrbohrmaschine (f)
gun boring machine
machine (f) à forer les canons

станокъ (m) для высверливанія орудій; пушечный сверлильный станокъ
alesatrice (f) *o* trapano (m) per cannoni, barenatrice (f) per masselli da cannone 5
barrenadora (f) de cañones

1 Zylinderbohrmaschine (f)
cylinder boring machine
machine (f) à aléser les cylindres

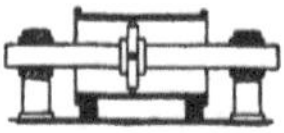

цилиндро-сверлильный станокъ (m); станокъ (m) для разсверливанія цилиндровъ
alesatrice (f) *o* barenatrice (f) per cilindri
máquina (f) de barrenar cilindros

---

2 stehende Ausbohrmaschine (f)
vertical boring machine
machine (f) à aléser verticale

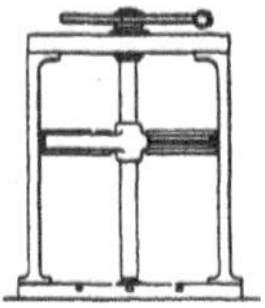

вертикальный цилиндро-сверлильный станокъ (m)
alesatrice (f) *o* barenatrice (f) verticale
máquina (f) de alisar vertical

---

3 liegende Ausbohrmaschine (f)
horizontal boring machine
machine (f) à aléser horizontale

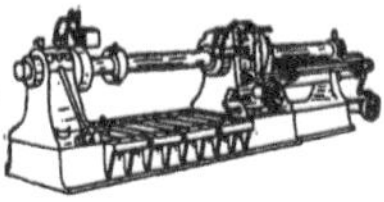

горизонтальный цилиндро-сверлильный станокъ (m)
alesatrice (f) *o* barenatrice (f) orizzontale
máquina (f) de alisar horizontal

---

4 Ausbohrmaschine (f) mit senkrecht verschiebbarem Spindelkasten und wag[e]recht verschiebbarem Ständer
boring machine with vertical adjustment of head stock and horizontal traverse of column
machine (f) à aléser avec poupée déplaçable verticalement et montant à déplacement horizontal

цилиндро-сверлильный станокъ (m) съ вертикально перемѣщающейся шпиндельной бабкой и съ подвижной въ горизонтальномъ направленіи стойкой
alesatrice (f) *o* barenatrice (f) con testa mobile verticalmente e montante mobile orizzontalmente
máquina (f) de alisar con cabezal de husillo de movimiento vertical y bastidor de movimiento horizontal

---

5 Ausbohrmaschine (f) mit senkrecht verschiebbarem Spindelkasten und festem Ständer
boring machine with vertical adjustment of head stock and with fixed column
machine (f) à aléser avec poupée déplaçable verticalement et montant fixe

цилиндро-сверлильный станокъ (m) съ вертикально перемѣщающейся шпиндельной бабкой и съ неподвижной стойкой
alesatrice (f) *o* barenatrice (f) con testa mobile verticalmente e montante fisso
máquina (f) de alisar con cabezal de husillo de movimiento vertical y bastidor fijo

tragbare Ausbohrmaschine (f)
portable boring machine
machine (f) à aléser transportable, alésoir (m) portatif

переносный цилиндросверлильный станокъ (m)
alesatrice (f) *o* barenatrice (f) portatile 1
máquina (f) portátil de alisar

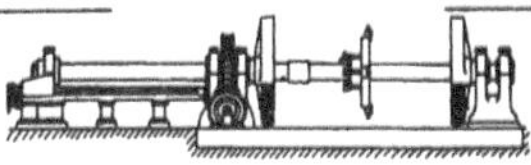

Schwärmer (m) (Maschine)
boring machine with flying cutter
machine (f) à porte-outil tournant *ou* pivotant [alésoir]

цилиндро-сверлильный станокъ (m) съ вращающимся суппортомъ 2
macchina (f) per sfacciare *o* tornire in piano
máquina (f) con porta-útil basculante

fliegender Stirnsupport (m), Schwärmer (m)
facing arm, flying cutter
support (m) volant, porte-outil (m) pivotant

вращающійся суппортъ (m) для обточки фланцевъ [на цилиндро-сверлильныхъ и подобныхъ станкахъ] 3
portautensile (m) per sfacciare *o* tornire in piano
porta-útil (m) basculante

Schwärmerarm (m)
arm of flying cutter
bras (m) de porte-outil [tournant], bras (m) de support à dresser les brides

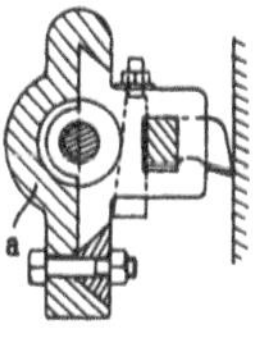

a

плечо (n) суппорта для обточки фланцевъ [на цилиндро-сверлильныхъ и подобныхъ станкахъ] 4
braccio (m) del portautensile per sfacciare
brazo (m) del porta-útil basculante

Schwärmer (m) mit geteilter Nabe
facing arm with split boss
porte-outil (m) tournant à moyeu en deux pièces

вращающійся суппортъ (m) для обточки фланцевъ [на цилиндро-сверлильнихъ и подобныхъ станкахъ] съ разрѣзной втулкой (ступицей) 5
portautensile (m) per sfacciare con mozzo spaccato
porta-útil (m) giratorio de brida partida

Schwärmer (m) zum Bearbeiten der Kurbelkröpfungen
facing arm for milling a crank pin
porte-outil (m) tournant pour manivelles d'arbres coudés

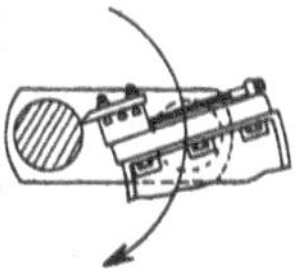

вращающійся суппортъ (m) для обточки шеекъ колѣнчатыхъ валовъ
portautensile (m) per sfacciare i piani dei gomiti (degli alberi a gomito) 6
porta-útil (m) giratorio para los codos de los árboles de manivela

1 Preßluftbohrmaschine (f)
pneumatic drilling *or* boring machine
foreuse (f) pneumatique, perceuse (f) à air comprimé

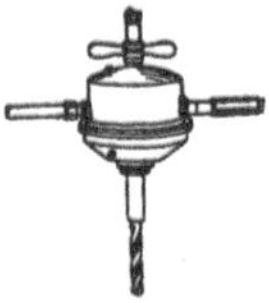

пневматическая сверлильная машина (f)
trapano (m) ad aria compressa
taladradora (f) de aire comprimido

---

2 Bohrmaschinenständer (m), Bohrmaschinensäule (f), Bohrmaschinenbock (m), Bohrmaschinenpfeiler (m)
drilling *or* boring machine column *or* pillar *or* standard *or* upright
colonne (f) *ou* montant (m) de machine à percer

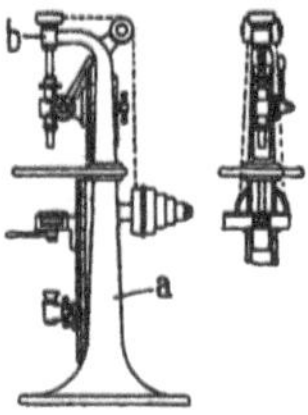

a

стойка (f) *или* колонна (f) *или* станина (f) сверлильнаго станка
incastellatura (f) *o* colonna (f) *o* pilastro (m) di trapano
bastidor (m) de máquina de taladrar

---

3 Säulenkopf (m), Ständerkopf (m)
head of pillar *or* post
tête (f) du montant *ou* de la colonne

b

головка (f) колонны *или* стойки
parte (f) superiore dell'incastellatura *o* della colonna *o* del pilastro
cabeza (f) de la columna

---

4 gebogener Bock (m)
column *or* standard with bent *or* cranked head, standard with overhanging arm
bâti (m) à col de cygne, bâti (m) coudé

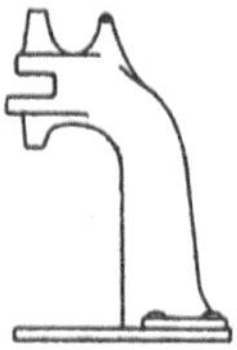

изогнутая станина (f) *или* стойка (f)
incastellatura (f) a collo d'oca ripiegato
bastidor (m) inclinado hacia adelante

---

5 Hauptsäule (f), Hauptpfeiler (m)
main column
fût (m), colonne (f)

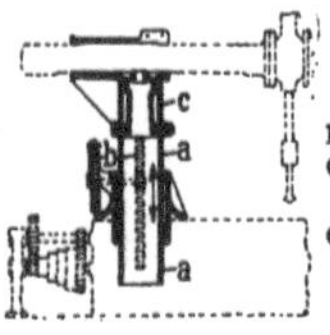

a

колонна (f); стойка (f)
colonna (f) *o* pilastro (m) principale
columna (f) principal

---

6 Zahnstangenwinde (f), Windwerk (n)
rack and pinion gear *or* motion
crémaillère (f) de levée

b

подъёмное приспособленіе (n) съ зубчатой рейкой и шестернёй
verricello (m) a cremagliera
gato (m) de cremallera

drehbarer Säulenkopf (m)
pivoted *or* swivel head of column
tête (f) de colonne pivotante

c

поворотная головка (f) колонны
testa (f) girevole della colonna
cabeza (f) de la columna giratoria 1

Wandplatte (f), Wandbett (n)
wall plate
plaque (f) murale

стѣнная рама (f); стѣнная плита (f)
piastra (f) *o* placca (f) a muro
bancada (f) mural 2

Grundplatte (f), Fußplatte (f), Fundamentplatte (f)
foundation *or* base plate
plaque (f) de fondation

основная плита (f); фундаментная плита (f)
piastra (f) *o* placca (f) di fondazione
placa (f) de asiento *ó* de fundación 3

Aufspannplatte (f)
bed plate
plaque (f) de fixation

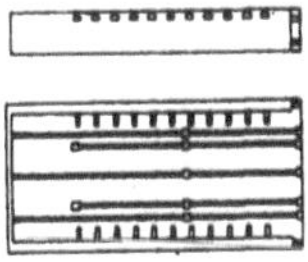

столъ (m) *или* плита (f) съ канавками для укрѣпленія обрабатываемаго предмета
tavola (f) per fissare i pezzi
placa (f) de sujeción 4

Aufspanntisch (m), Aufspannwinkel (m)
overhung table
console (f) *ou* équerre (f) de fixation

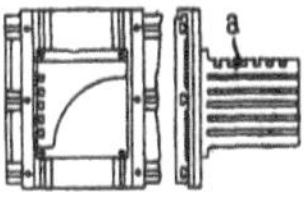

a

кронштейнъ (m) съ канавками для укрѣпленія обрабатываемаго предмета
tavola (f) a squadra
mesa (f) de sujeción 5

---

verschiebbarer Winkel (m)
overhung table with vertical adjustment
équerre (f) *ou* console (f) mobile *ou* coulissante

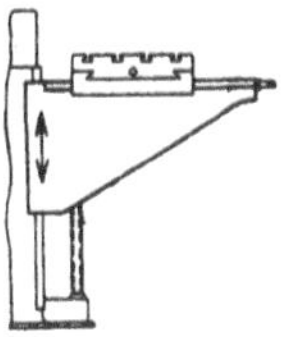

перемѣщающійся *или* устанавливающійся кронштейнъ (m)
mensola (f) spostabile
mesa (f) corrediza 6

Winkel (m) mit Tragstütze
overhung table provided with supports
banc (m) *ou* équerre (f) *ou* console (f) levable avec jambe de soutien

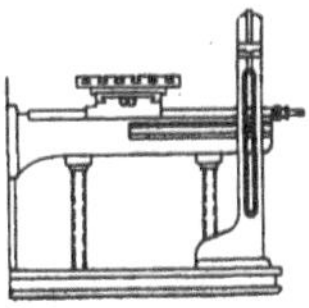

кронштейнъ (m) съ поддерживающей стойкой
tavola (f) con sostegni
consola (f) *ó* mesa (f) de sujeción con soportes 7

1 Bohrtisch (m)
drilling machine table
plateau (m) *ou* table (f) de perçage

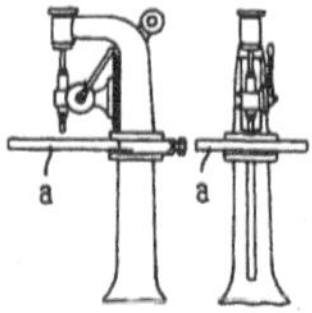

a

сверлильный столъ(m); столъ сверлильнаго станка
tavola (f) di trapano
mesa (f) de taladrar

---

2 Tischträger (m), Tischhalter (m), Tischarm (m)
supporting table arm
support (m) de table

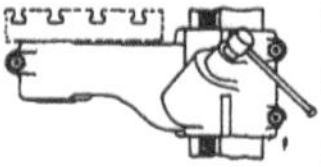

консоль (m) *или* кронштейнъ (m) для стола
mensola (f) *o* sopporto (m) della tavola
soporte (m) de mesa

---

3 [senkrecht] verschiebbarer Bohrtisch (m), Bohrtisch (m) mit senkrechter Prismenführung
drilling machine table with vertical adjustment
table (f) de perçage déplaçable verticalement

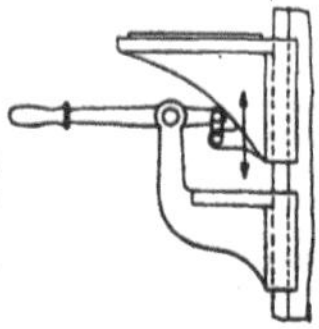

сверлильный столъ (m), перемѣщающійся вертикально
tavola (f) di trapano spostabile verticalmente
mesa (f) de taladrar de movimiento vertical

---

4 ausschwenkbarer Bohrtisch (m)
swivelling table of drilling machine
table (f) de perçage pivotante

сверлильный столъ (m), поворачивающійся *или* откидывающійся въ сторону
tavola (f) girevole di trapano
mesa (f) giratoria alrededor de la columna

---

5 seitliches Ausschwenken (n)
sideway swivel
pivotant (m) latéral

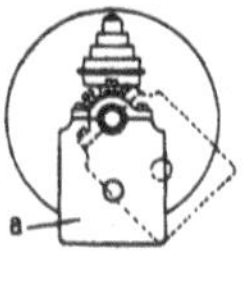

отведенiе (n) *или* поворачиванiе (n) въ сторону
spostamento (m) laterale, ripiegatura (f) laterale
desplazamiento (m) lateral, giración (f)

---

6 Bohrtisch (m) mit Kreuzschlitten *oder* mit Kreuzsupport
drilling machine table with cross sliding table
table (f) de perçage avec chariots [à mouvements] croisés

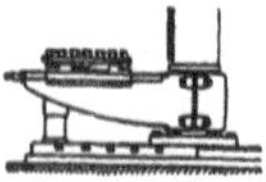

сверлильный столъ (m) съ крестовыми салазками
tavola (f) con slitte a croce
mesa (f) de taladrar con carros de movimiento en cruz

---

7 Kipptisch (m), [in allen Ebenen] kippbarer Bohrtisch (m)
tilting table
table (f) de perçage pivotante

a

универсальный наклонный столъ (m)
tavola (f) ribaltabile
mesa (f) de taladrar con movimiento de báscula

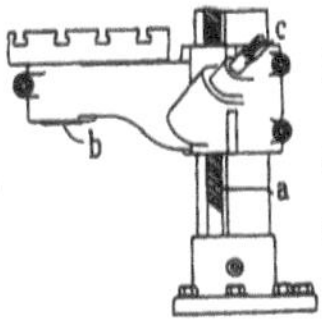

Zahnstange (f) mit schrägen Zähnen
rack with helical teeth
crémaillère (f) à denture hélicoïdale

рейка (f) съ косыми зубьями *или* зубцами [для подъёма стола]
cremagliera (f) con denti elicoidali
cremallera (f) con dientes inclinados, cremallera (f) oblicua *1*

a

Tischzapfen (m)
pivot *or* centre pin of table
tourillon (m) *ou* pivot (m) de plateau

b

цапфа (f) стола
perno (m) della tavola
pivote (m) de la mesa *2*

Stellschnecke (f), Hubschraube (f)
adjusting *or* elevating endless screw
vis (f) sans fin de relevage

c

червякъ (m) для установки *или* для подъёма
vite (f) di comando dell'innalzamento
tornillo (m) sin fin de elevación *3*

Handkreuz (n)
cross handle
croisillon (m)

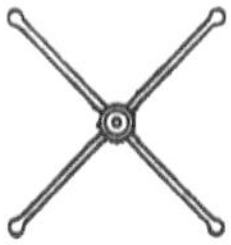

крестовая рукоятка (f)
manovella (f) a croce *od* a crociera, crociera (f), volantino (m)
palanca (f) en cruz *4*

Ausleger (m), Auslegerarm (m), Auslegerbalken (m)
arm
bras (m) [radial], volée (f)

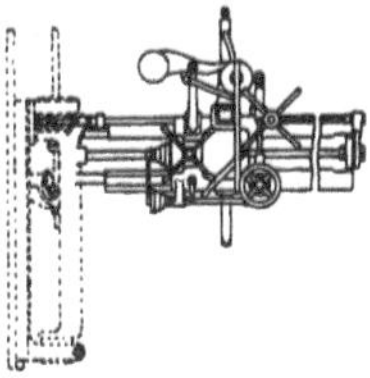

поперечина (f); поперечная балка (f); плечо (n); рукавъ (m)
braccio (m)
brazo (m) *5*

---

zweischildiger Ausleger (m)
double sided arm
bras (m) à flasques

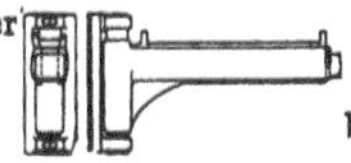

рукавъ (m), состоящій изъ двухъ балокъ; поперечина (f), состоящая изъ двухъ балокъ
braccio (m) con sezione a cassa
brazo (m) de dos flancos *6*

Gelenkausleger (m)
pivoted *or* articulated *or* hinged arm
bras (m) articulé, bras (m) à articulation

колѣнчатая поперечина (f); шарнирный рукавъ (m)
braccio (m) articolato *o* snodato
brazo (m) articulado *7*

a

1 Auslegergelenk (n)
pivot *or* articulation of arm
articulation (f) de bras

b

шарниръ (m) поперечины; колѣно (n) рукава
articolazione (f) *o* snodo (m) del braccio
articulación (f) de brazo

---

2 Gelenkpunkt (m)
pivot, articulation, hinge
pivot (m) d'articulation

ось (f) шарнира; точка (f) вращенія колѣна
fulcro (m), snodo (m)
pivote (m) de articulación

---

3 drehbarer und senkrecht verstellbarer Ausleger (m)
swivel arm with vertical adjustment
bras (m) radial pivotant à déplacement vertical

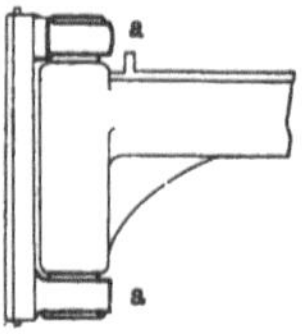

поворотная поперечина (f) съ вертикальнымъ перемѣщеніемъ; поворотный рукавъ (m), перемѣщающійся вертикально
braccio (m) girevole e spostabile verticalmente
brazo (m) giratorio y de movimiento vertical

---

4 Drehlager (n)
pivot bearing
coussinet (m) de pivotement

a

опорная часть (f) поворотной поперечины
sopporto (m) dei perni del braccio
cojinete (m) del movimiento giratorio del porta-brazo

---

5 wag[e]recht und senkrecht verschiebbarer Ausleger (m)
arm with horizontal and vertical adjustment
bras (m) radial à déplacement horizontal et vertical

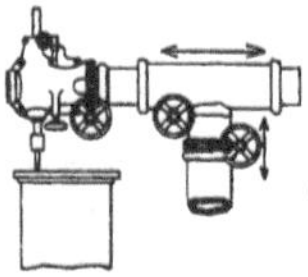

поперечина (f), перемѣщающаяся горизонтально и вертикально; рукавъ (m) съ горизонтальнымъ и вертикальнымъ перемѣщеніемъ
braccio (m) spostabile orizzontalmente e verticalmente
brazo (m) de movimiento horizontal y vertical

---

6 Doppelgelenkrahmen (m) der Wandbohrmaschine
double hinged *or* double jointed *or* compound swivel arm for wall drilling machine
bras (m) à double articulation de perceuse murale

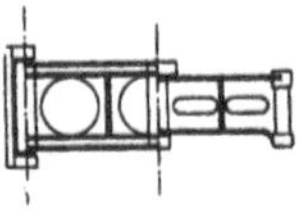

двухколѣнчатая поперечина (f) *или* двухшарнирный рукавъ (m) стѣнного сверлильнаго станка
braccio (m) a due snodi *od* a due articolazioni del trapano murale
brazo (m) de doble articulación del taladradora mural

---

7 Armversteifung (f), Armführung (f)
support *or* stay of arm
soutien (m) *ou* appui (m) de bras

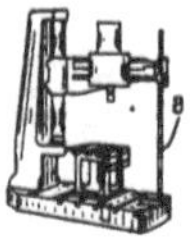

a

поддержка (f) для конца рукава; направляющая (f) плеча
sostegno (m) del braccio
apoyo (m) del brazo

Setzstock (m), Lünettenständer (m)
supporting standard
montant (m) à lunette

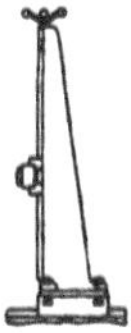

задняя стойка (f) люнета
montante (m) *o* pilastro (m) ausiliare del reggipunta
soporte (m) de contrapunta 1

Bohrsupport (m)
drill spindle support
support (m) de perçage

сверлильный суппортъ (m)
sopporto (m) *o* cuscinetto (m) del mandrino
soporte (m) de taladrar 2

Bohrschlitten (m)
sliding drill head *or* arm, drill head with vertical adjustment
poupée (f) *ou* chariot (m) de guidage

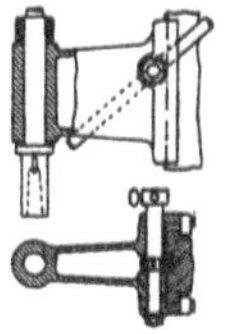

переставная бабка (f) [сверлильнаго станка]
braccio (m) a slitta del mandrino
carro (m) *ó* cabezal (m) porta-útil 3

---

verschiebbare Röhre (f)
sliding sleeve *or* socket
douille (f) coulissante

подвижная трубка (f)
manicotto (m) spostabile
tubo (m) móvil 4

Ankörnvorrichtung (f)
centreing apparatus
dispositif (m) à centrer

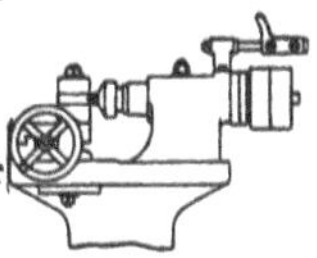

приспособленіе (n) для нанесенія центровъ
dispositivo (m) per centrare
disposición (f) de centrar 5

---

einstellbarer Arm (m)
adjustable arm
bras (m) réglable

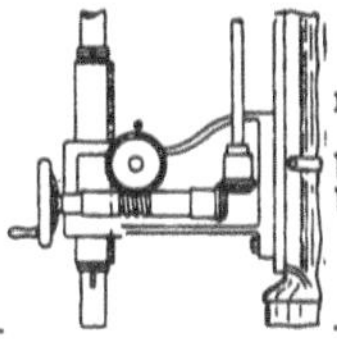

перемѣщающаяся поперечина (f)
braccio (m) spostabile
brazo (m) graduable 6

Doppellager (n)
double bearing
palier (m) à double portée

двойная опора (f); двойной подшипникъ (m)
sopporto (m) doppio *od* a due cuscinetti *od* a doppio imbusso
cojinete (m) doble 7

1	verschiebbares Doppellager (n) sliding double bearing double palier (m) à déplacement		двойная подвижная опора (f); двойной подвижной подшипникъ (m) sopporto(m)doppio scorrevole spostabile a due cuscinetti cojinete (m) doble graduable
2	selbstausrichtende *oder* selbstzentrierende [Ein-] Spannvorrichtung (f) self-centreing apparatus dispositif (m) de serrage à centrage automatique	a 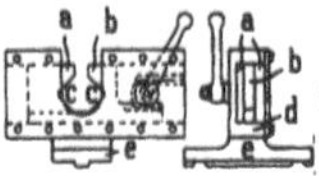	автоматически центрирующее зажимное приспособленіе (n); самоустанавливающіе тиски (m pl) apparecchio (m) per serrare autocentricamente, morsa (f) autocentrante disposición (f) de centrar automática
3	Spannbacken (m pl) gripping jaws mors (m) *ou* mâchoires (f pl) griffes de serrage	a, b	зажимающія губы (f pl) *или* губки (f pl) ganascia (f) della morsa mordazas (f pl) de sujeción
4	Ausklinkung (f) der Maulflächen V shaped gripping surface of jaws ouverture (f) des mâchoires *ou* joues	c	вырѣзъ (m) зажимающихъ поверхностей губ[ок]ъ tacca (f) delle ganascie mella (f) de las mordazas
5	Spanntasche (f), Backenführung (f) pocket *or* guide for gripping jaws étau (m) de serrage	d	рамка (f) съ направляющими для зажимающихъ губ[ок]ъ cassa (f) della morsa *o* delle ganascie bolsa (f) de sujeción
6	Spannbock (m), Fuß (m) frame of apparatus support (m) de serrage	e	стойка (f) тисокъ sopporto (m) della morsa soporte (m) de las mordazas
7	**Arbeitsweise, Antrieb und Schaltung** **Method of Working, Drive and Feed** **Méthodes de travail, commandes**		**Способъ работы, передача вращенія и подача сверла** **Metodi di lavoro, comando ed avanzamento** **Sistemas de trabajo, movimientos**
8	bohren (v) to drill, to bore percer (v), forer (v)	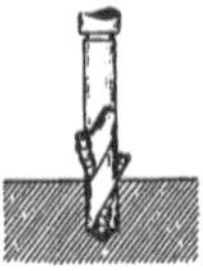	сверлить forare (v), trapanare (v) taladrar (v), perforar (v)
9	Bohren (n), Einbohren (n) (eines Loches) drilling *or* boring (of a hole) perçage (m) d'un trou		сверленіе (n) *или* высверливаніе (n) (отверстія) foratura (f), trapanatura (f) el taladrar de un agujero

der Bohrer dreht sich, der Bohrer läuft the drill revolves le foret tourne		сверло (n) вращается il mandrino *o* la punta gira la broca gira	1
Löcher bohren (v) to drill holes percer (v) des trous		сверлить отверстія *или* дыры forare (v), trapanare (v) fori taladrar (v) agujeros	2
Lochbohren (n) drilling of holes perçage (m) de trous		сверленіе (n) отверстій *или* дыръ foratura (f), trapanatura (f) di fori el taladrar agujeros	3
Bohrervorschub (m), Bohrerverschiebung (f) feed of drill avance (f) du foret		подача (f) сверла spostamento (m) assiale *od* avanzamento (m) del mandrino *o* della punta avance (m) de la broca	4
Bohrerdrehung (f) rotation of drill rotation (f) du foret		вращательное (рабочее) движеніе (n) сверла rotazione (f) del mandrino rotación (f) de la broca	5
Bohrdruck (m) pressure applied to drill pression (f) axiale du foret *ou* de perçage		осевое давленіе (n) сверла *или* при сверленіи pressione (f) sul mandrino *o* sulla punta presión (f) de la perforación	6
Druckschraube (f) pressure pin vis (f) de butée	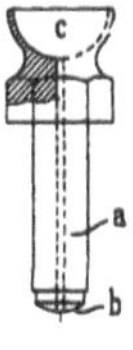	упорный винтъ (m) vite (f) di pressione rosca (f) de presión *ó* de tope	7
Druckzapfen (m) shank of pin tige (f) de la vis de butée	a	стержень упорнаго винта gambo (m) *o* spina (f) di pressione espiga (f) de la rosca de presión *ó* de tope	8
Spurfläche (f) rounded face bout (m) du pivot	b	опорная поверхность (f) цапфы superficie (f) premente punta (f) redondeada del pivote	9
Ölnapf (m) oil cup pot (m) à huile	c	чашечка (f) для масла serbatoio (m) *o* vaschetta (f) per l'olio recipiente (m) de aceite	10

1 nach Schablone bohren (v)
to drill to gauge *or* template
percer (v) sur gabarit

сверлить по шаблону
forare (v) usando un garbo *o* un modello
taladrar (v) con plantilla

---

2 Schablone (f)
template, gauge, gage
gabarit (m)

шаблонъ (m); направляющая (f)
garbo (m), modello (m)
plantilla (f), patrón (m)

---

3 Bohrerabstand (m), Teilung (f)
pitch of drills
écartement (m) des forets, distance (f) d'axe en axe des forets

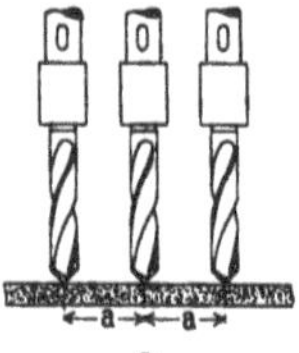

a

разстоянiе (n) между свёрлами
distanza (f) tra i centri dei mandrini *o* delle punte
distancia (f) de broca á broca

---

4 Lochabstand (m)
pitch of holes
pas (m) *ou* écartement (m) des trous, distance (f) d'axe en axe des trous

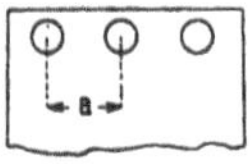

a

разстоянiе (n) между центрами отверстiй *или* дыръ
distanza (f) tra i fori
distancia (f) entre los agujeros

---

5 das Loch vorzeichnen (v)
to mark off the hole
pointer (v) *ou* repérer (v) *ou* centrer (v) *ou* marquer (v) le trou

намѣчать *или* размѣчать отверстiя
segnare (v) *o* marcare (v) il centro del foro
marcar (v) el agujero

---

6 das Loch ankörnen (v)
to centre the hole
pointer (v) *ou* amorcer (v) le trou

накерн-ить (-ять); намѣчать центры дыръ помощью кернера
bulinare (v) il centro del foro, centrare (v) il foro
marcar (v) el agujero con el punzón

---

7 Körnervertiefung (f), Körnerschlag (m)
centre mark *or* pop
trou (m) de pointeau, centre (m)

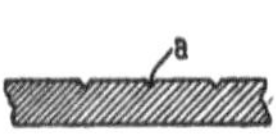

a

углубленiе (n), сдѣланное кернеромъ
centratura (f), bulinatura (f) del centro
marca (f) ó huella (f) del punzón

---

8 vorbohren (v)
to rough drill
percer (v) un avant-trou

сверлить на́черно
sbozzare (v) il foro
hacer (v) previamente un agujero (de menor diámetro que el definitivo)

nachbohren (v), fertigbohren (v)
to drill a finished hole
aléser (v), repercer (v), repasser (v), reforer (v)

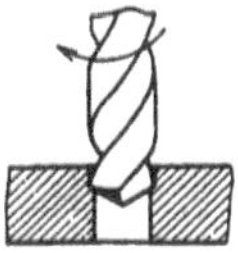

сверлить на́чисто
finire (v) *o* ripassare (v) il foro
dar (v) el segundo taladro (para terminar el agujero) 1

---

ausbohren (v)
to bore out
aléser (v)

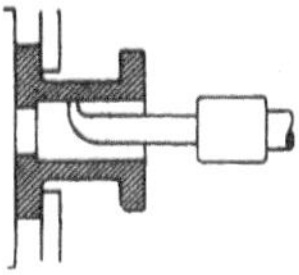

разсверливать *или* растачивать отверстіе
allargare (v) *od* alesare (v) un foro, fare (v) un foro passante
alisar (v) 2

---

zylindrische Bohrung (f)
cylindrical boring
alésage (m) cylindrique

сверленіе (n) цилиндрическихъ отверстій
foratura (f) cilindrica
taladro (m) cilindrico 3

---

kegelige *oder* konische Bohrung (f)
conical boring
alésage (m) conique

сверленіе (n) коническихъ отверстій
foratura (f) conica
taladro (m) cónico 4

---

blindes Loch (n), Sackloch (n)
recess *or* blind hole
trou (m) borgne

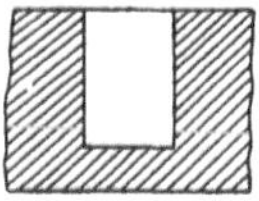

несквозное *или* глухое отверстіе (n)
foro (m) cieco
agujero (m) ciego, agujero (m) sin salida 5

Bohrgrat (m), Grat (m)
bur, burr
bavure (f)

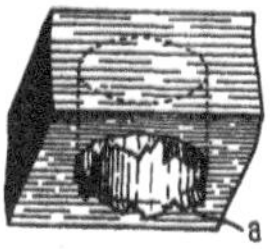

a

заусенцы (m pl) *или* грать (m) [при сверленіи]
bava (f), bava (f) del foro
rebarba (f) de taladrar 6

Ausbohren (n) runder Löcher
boring of cylindrical holes
alésage (m) de trous cylindriques

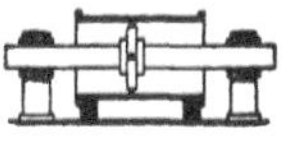

разсверливаніе (n) *или* расточка (f) цилиндрическихъ отверстій
trapanatura (f) di fori cilindrici
el alisar agujeros cilíndricos 7

Ausbohren (n) kegel[förm]iger Löcher
boring of conical holes
alésage (m) de trous coniques

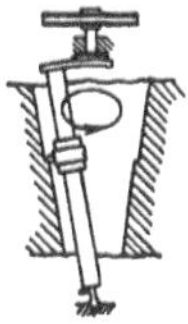

разсверливаніе (n) *или* расточка (f) коническихъ отверстій
trapanatura (f) di fori conici
el alisar agujeros cónicos 8

1 Versenken (n)
countersinking
fraisage (m) [d'un trou]

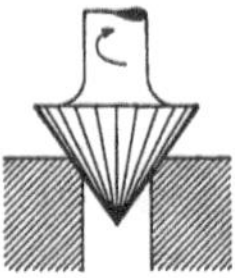

раззенковка (f); зенкованіе (n); зинкованіе (n)
accecatura (f) *od* incassatura (f) [di un foro]
el avellanar de un agujero

---

2 Bohrgerät (n)
boring tools, drilling tools, drills
outils (m pl) de perçage

сверлильный инструментъ (m); принадлежности (f pl) для сверленія
utensili (m pl) per forare
herramientas (f pl) para taladrar

---

3 Bohrspindelkreis (m)
path of spindle
cercle (m) décrit par le foret

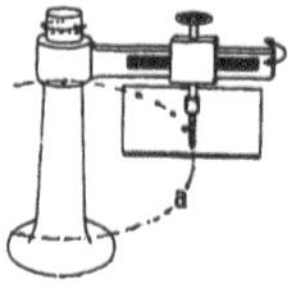

a

кругъ (m), описываемый сверлильнымъ шпинделемъ
circolo (m) descritto dal mandrino, circolo (m) del mandrino
círculo (m) que describe el husillo porta-brocas

---

4 Bohrlänge (f), Bohrtiefe (f)
depth of bore
course (f) *ou* longueur (f) de perçage

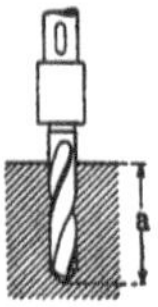

a

глубина (f) сверленія
profondità (f) trapanabile *o* forabile
profundidad (f) de taladrar

---

5 Aufreiben (n)
reaming
alésage (m)

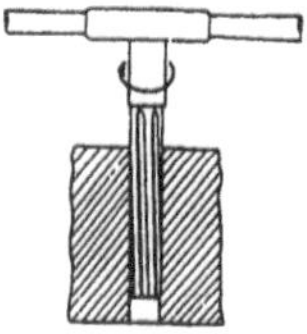

обработка (f) *или* отдѣлка (f) отверстія развёрткою
alesatura (f), alesaggio (m)
el escariar

---

6 abschwärmen (v)
to face
dresser (v) [avec le support tournant], déraser (v)

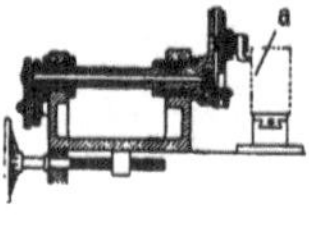

обработать (обрабатывать) вращающимся суппортомъ боковыя поверхности [фланцы]
sfacciare (v) *o* tornire (v) di testa *o* in piano
tornear (v) con útil giratorio

---

7 abgeschwärmte Fläche (f)
faced surface
surface (f) dressée [au support tournant]

a

поверхность (f), обработанная вращающимся суппортомъ
piano (m) sfacciato *o* tornito di testa
superficie (f) torneada con útil giratorio

Bohrmaschinenbetrieb (m) action *or* operation of drilling machine fonctionnement (m) de machine à percer		дѣйствіе (n) сверлильнаго станка funzionamento (m) del trapano funcionamiento (m) de máquina de taladrar	*1*
Verlaufen (n) des Bohrers running out of the drill déviation (f) du foret	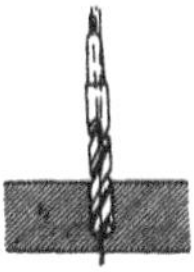	отклоненіе (n) сверла отъ точнаго направленія deviazione (f) della punta deviación (f) de la broca	*2*
Bohrspindel (f) drilling machine spindle broche (f), barre (f) d'alésage, arbre (m) porte-foret		сверлильный шпиндель (m) mandrino (m) porta-punta husillo (m) porta-útil	*3*
drehende Hohlspindel (f) revolving hollow spindle broche (f) creuse [rotative].		вращающійся полый *или* пустотѣлый сверлильный шпиндель (m) mandrino (m) cavo e girevole árbol (m) de taladrar rotatorio y hueco	*4*
Ausrichten (n) der Bohrspindel setting the drill spindle réglage (m) *ou* mise (f) au point de la broche		устанавливать сверлильный шпиндель на центръ messa (f) a punto del mandrino el centrar el árbol *ó* husillo de taladrar	*5*
Führung (f) der verschiebbaren Bohrspindel, Bohrspindelführung (f) bushing for sliding drill spindle guidage (m) de la broche *ou* de l'arbre porte-foret	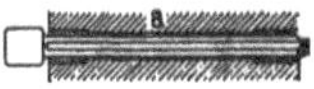	направленіе (n) сверлильнаго шпинделя guida (f) *o* bussola (f) del mandrino spostabile guía (f) del husillo porta-broca móvil	*6*
Bohrhülse (f), Führungsbüchse (f) sleeve douille (f) de guidage de la broche de perçage	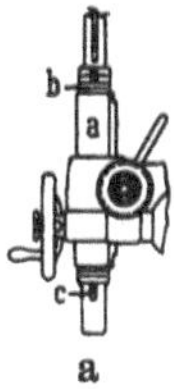a	втулка (f), направляющая сверлильный шпиндель manicotto (m) *o* bussola (f) del mandrino casquillo (m) de guía del husillo	*7*

1 Stoßring (m)
friction ring
rondelle (f) de butée

b

упорное кольцо (n)
anello (m) *o* ralla (f) di controspinta
arandela (f) de presión

---

2 Keil[treiber]loch (n)
drift hole
trou (m) de coin à chasser

c

отверстіе (n) для натяжного клина
foro (m) *o* finestra (f) *o* apertura (f) per scacciare la punta
agujero (m) para la cuña de sacar la broca

---

3 Weißmetallkegel (m), Weißmetallfutter (n)
white metal cone
cône (m) en métal antifriction

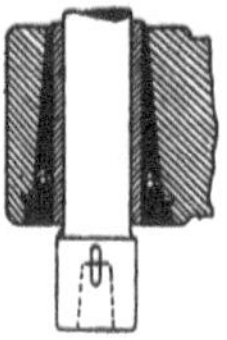

a

коническая втулка (f) изъ бѣлаго металла
cuscinetto (m) conico di metallo antifrizione
cojinete (m) cónico de metal antifricción

---

4 genutete Büchse (f), Hülse (f) für Führung der Spindel in Nut und Feder
keyed bush
douille (f) à rainure

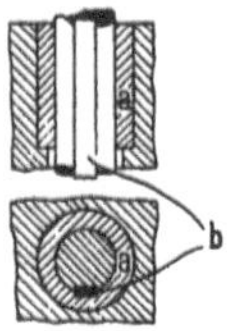

a

втулка (f) со шпонкой; втулка для направленія шпинделя при помощи шпонки и шпоночной канавки
bussola (f) inchiavettata
casquillo (m) ranurado

---

5 Führungsstab (m), Führungsleiste (f), Führungsfeder (f), Federkeil (m)
feather, key
clavette (f)

b

направляющая шпонка (f)
chiavetta (f) di guida
chaveta (f)

---

6 Bohrspindellagerung (f)
bearing of spindle
montage (m) *ou* support (m) de la broche de perçage

установка сверлильнаго шпинделя
sopporti (m pl) *o* cuscinetti (m pl) del mandrino
disposición (f) del husillo porta-brocas en su cojinete

---

7 gespaltenes Halslager (n) der Bohrspindel
bracket for drill spindle with slit for clamping
support (m) de la broche à bride fendue (pour le serrage)

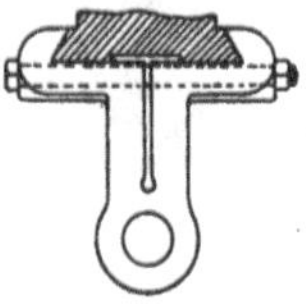

направляющая втулка (f) сверлильнаго шпинделя съ разрѣзомъ для укрѣпленія
sopporto (m) *o* cuscinetto (m) a collare del mandrino con spaccatura per il fissaggio
cojinete (m) partido del árbol porta-brocas

konzentrisch nachstellbares Lager (n)
concentric adjustable bearing
coussinet (m) *ou* palier (m) à rattrapage de jeu concentrique

подшипникъ (m) съ концентрически подтягивающимися *или* перемѣщающимися вкладышами
sopporto (m) *o* cuscinetto (m) regolabile concentricamente *od* a regolazione concentrica
cojinete (m) graduable concentricamente 1

---

nachstellbare Büchse (f) *oder* Buchse (f)
adjustable bush
douille (f) à rattrapage de jeu

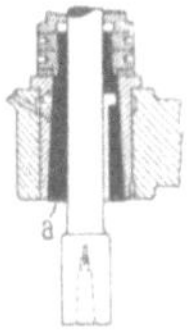

устанавливающаяся втулка (f); перемѣщающiйся вкладышъ (m)
bussola (f) regolabile
casquillo (m) graduable 2

---

kegeliger *oder* konischer Laufzapfen (m)
conical collet
bague (f) conique de guidage

a

коническая цапфа (f) [въ видѣ втулки]
bussola (f) conica, cuscinetto (m) conico
anillo (m) cónico de guía 3

Anziehen (n) der Ringmutter
tightening the ring nut
serrage (m) de l'écrou

подтягиванiе (n) кольцевой гайки
serraggio (m) della madrevite ad anello, chiusura (f) dell'anello filettato
aprieto (m) de la tuerca-arandela 4

Zwillingspindellagerung (f), doppelte Spindellagerung (f)
double spindle bearing
douilles (f pl) pour deux broches

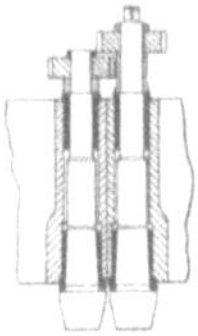

установка (f) въ опорахъ двухъ сверлильныхъ шпинделей
sopporti (m pl) *o* cuscinetti (m pl) di mandrini abbinati
disposición (f) de cojinetes para árbol doble 5

---

verstellbare Bohrspindel (f)
adjustable spindle
broche (f) réglable, porte-foret (m) réglable

перемѣщающiйся *или* переставливающiйся сверлильный шпиндель (m)
mandrino (m) spostabile
árbol (m) porta-broca graduable 6

---

verstellbares Spindelgehäuse (n)
adjustable head stock
poupée (f) mobile

переставная шпиндельная бабка (f)
testa (f) spostabile del mandrino
cabezal (m) de husillo graduable 7

1 senkrechte Spindelkastenverschiebung (f), Vertikalverstellung (f) des Spindelkastens
vertical movement of head stock
déplacement (m) vertical du chariot *ou* porte-broche *ou* de la poupée

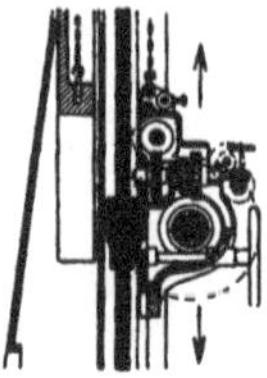

вертикальное перемѣщеніе (n) шпиндельной бабки
spostamento (m) *o* movimento (m) verticale della testa del mandrino
movimiento (m) vertical del cabezal portahusillo

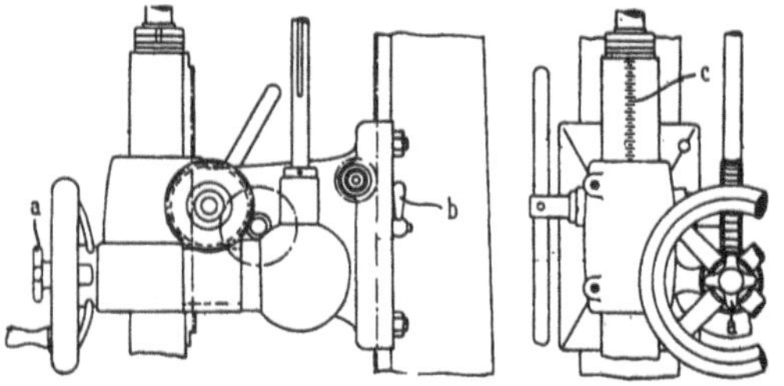

2 Kreuzgriff (m), Klemmgriff (m), Klemmmutter (f)
handle locking
croisillon (m), bouton (m) de serrage

a

крестовая рукоятка (f) для включенія самохода
volantino (m) *o* crociera (f) di attacco (dell'avanzamento automatico)
botón (m) de presión

---

3 Bremsknebel (m), Bremsgriff (m), Bremsschlüssel (m)
locking handle *or* lever
manette (f) de frein

b

рукоятка (f) для установки *или* для закрѣпленія
leva (f) *o* manovella (f) di fissaggio
manilla (f) de presión

---

4 Gradteilung (f)
graduations
graduation (f), échelle (f) graduée

c

шкала (f)
graduazione (f)
graduación (f) para la profundidad del agujero

---

5 Verstellbarkeit (f) der Bohrspindellage
adjustability of drill spindle
réglage (m) de la position de la broche de perçage

подвижность (f) сверлильнаго шпинделя; возможность (f) измѣнить положеніе сверлильной оправки
regolabilità (f) *o* variabilità (f) della posizione del mandrino
disposición (f) de graduación de la posición del husillo de taladrar

quer zur Achse verschiebbare Bohrspindel (f)
spindle with transverse travel
broche (f) mobile transversalement à l'axe

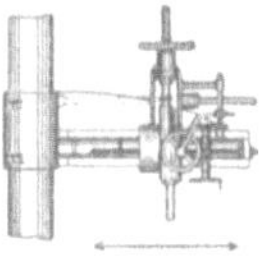

сверлильный шпиндель (m), имѣющій поперечное (перпендикулярно своей оси) перемѣщеніе; сверлильный суппортъ (m), перемѣщающійся по рукаву
mandrino (m) spostabile parallelamente con spostamento normale al suo asse
árbol (m) de taladrar de movimiento transversal 1

Handverschiebung (f) der Bohrspindel, Vorstellung (f) der Bohrspindel von Hand
hand feed of the boring spindle
avance (f) de la broche à la main

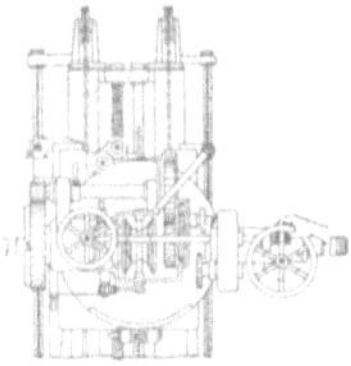

ручная подача (f) сверлильнаго шпинделя
avanzamento (m) a mano del mandrino *o* della barra di alesaggio
movimiento (m) de traslación á mano del husillo de taladrar 2

Lager (n), Traglager (n)
pedestal
palier (m)

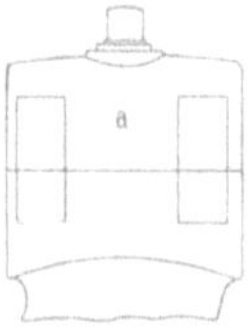

подшипникъ (m)
sopporto (m)
cojinete (m) 3

Lagerdeckel (m)
pedestal cap
chapeau (m) de palier

a

крышка (f) подшипника
cappello (m) *o* coperchio (m) del sopporto
tapa (f) del cojinete 4

Riemenrücker (m), Ausrücker (m)
belt shifter
passe-courroie (m)

отводка (f) для ремня
guida-cinghia (m)
disparo (m) de correa 5

Riemenrückergriff (m)
belt shifter handle
poignée (f) de passe-courroie

a

рукоятка (f) отводки для ремня
impugnatura (f) del guidacinghia
manilla (f) de disparo de la correa 6

Schaltgabel (f), Schalthebel (m)
operating lever
fourche (f) d'embrayage, levier (m) d'embrayage

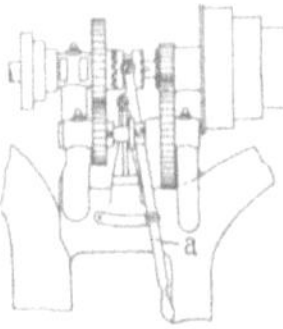

a

рукоятка (f) сцѣпного механизма; рычагъ (m) сцѣпного механизма
leva (f) di innesto e disinnesto
horquilla (f) *o* palanca (f) de embrague 7

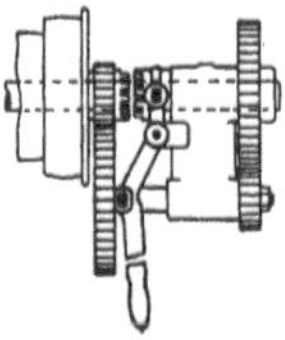

1 Spindelstock (m), Spindelkasten (m)
head stock
poupée (f)
шпиндельная бабка (f)
organi (mpl) di comando del mandrino, testa (f) del mandrino
cabezal (m) motor

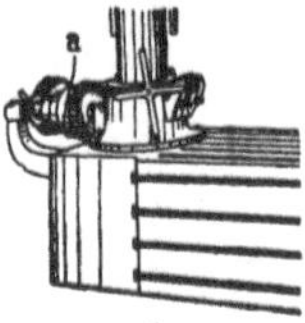

2 fester Spindelstock (m)
fast head stock
poupée (f) fixe
неподвижная шпиндельная бабка (f)
testa (f) fissa del mandrino
cabezal (m) motor fijo

---

a

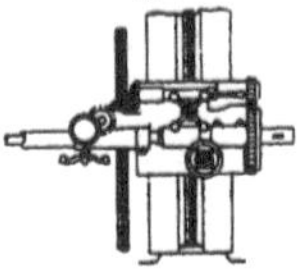

3 beweglicher Spindelstock (m)
sliding head stock *or* carriage
poupée (f) mobile, chariot (m) porte-broche mobile
подвижная шпиндельная бабка (f)
testa (f) mobile del mandrino
cabezal (m) motor móvil

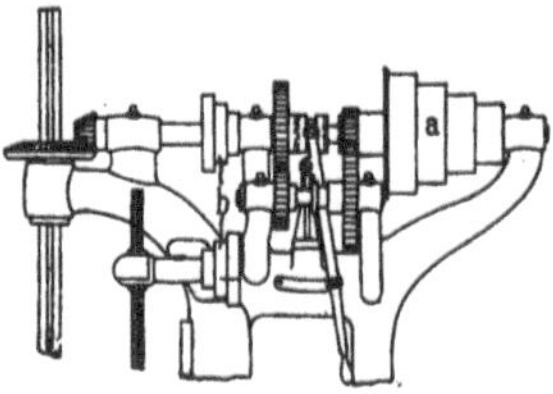

4 Stufenscheibe (f), Stufenrolle (f)
cone pulley
poulie (f) à gradins
ступенчатый шкивъ (m)
puleggia (f) a gradini
polea (f) graduada *ó* escalonada, cono (m) de velocidades

a

---

5 Stufenscheibe (f) für den Vorschub, Transportstufenscheibe (f)
feed cone pulley
poulie (f) à gradins du mécanisme d'avance
b
ступенчатый шкивъ (m) механизма для подачи
puleggia (f) a gradini dell'avanzamento
polea (f) escalonada motriz

---

6 mehr- (drei-, vier-, fünf-) stufige Riemenscheibe (f)
multiple (three, four, five) stepped cone
poulie (f) à trois, quatre, cinq etc. gradins
многоступенчатый (трёхступенчатый, четырёхступенчатый, пятиступенчатый) шкивъ (m)
puleggia (f) a più gradini (tre, quattro, cinque)
polea (f) múltiple (para tres, cuatro, cinco velocidades)

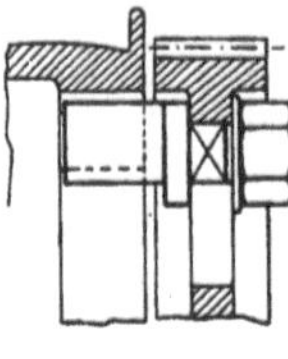

7 Mitnehmerschraube (f)
locking *or* driving *or* catch pin
vis (f) de blocage du taquet *ou* verrou d'entraînement
сцѣпляющій болтъ (m)
vite (f) di presa, tappo (m) di presa a vite
tornillo (m) conductor *ó* de arrastre

selbsttätiger Mitnehmer (m), federnder Arretierstift (m)
automatic catch
taquet (m) *ou* verrou (m) d'entraînement à ressort *ou* à enclanchement automatique

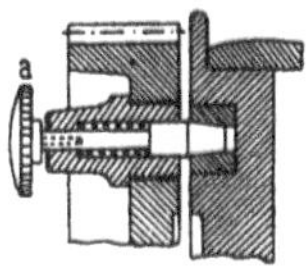

автоматически сцѣпляющій штифтъ (m) *или* болтъ (m)
tappo (m) di presa automatico 1
espiga (f) automática de arrastre

Mitnehmerknopf (m), Mitnehmergriff (m)
head *or* knob of catch
bouton (m) *ou* molette (f) du verrou d'entraînement

a

головка (f) сцѣпляющаго штифта
pomello (m) *o* bottone (m) del tappo di presa 2
botón (m) de la espiga de arrastre

Stufenriemen (m)
belt of cone pulleys
courroie (f) des poulies à gradins

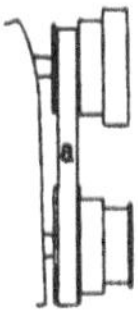

a

ремень (m) ступенчатаго шкива
cinghia (f) della puleggia a gradini 3
correa (f) para poleas escalonadas

Spindelstock (m) mit Zahnkupplung *oder* Klauenkupplung
head stock with claw coupling *or* dog clutch
poupée (f) avec embrayage à griffes

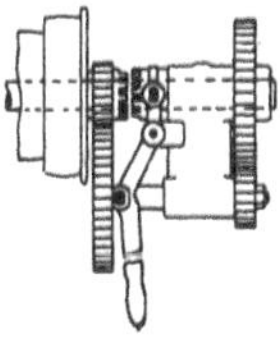

шпиндельная бабка (f) съ зубчатой *или* съ кулачной муфтой
testa (f) motrice con innesto a denti 4
cabezal (m) motor con acoplamiento de dientes

Spindelstock (m) mit Stiftkupplung
head stock with pin coupling
poupée (f) avec accouplement à tige

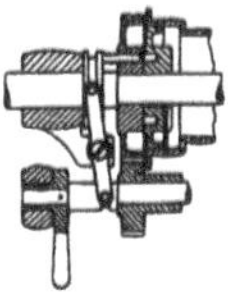

шпиндельная бабка (f) со сцѣпленіемъ посредствомъ штифтовъ *или* пальцевъ
testa (f) motrice con innesto a spina 5
cabezal (m) motor con acoplamiento de espiga

Wechselräder (n pl), Satzräder (n pl)
change wheels
engrenages (m pl) de changement de vitesse

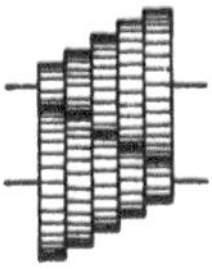

смѣнныя зубчатыя колёса (n pl)
ingranaggi (m pl) di ricambio 6
ruedas (f pl) de engranaje de cambio de velocidad

Antrieb (m) der auf- und absteigenden Bohrspindel
method of driving sliding drill spindle
commande (f) du mouvement de rotation de la broche

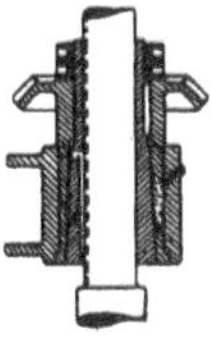

передача (f) къ шпинделю, перемѣщающемуся вверхъ и внизъ
comando (m) del movimento di ascesa e discesa del mandrino 7
mecanismo (m) del movimiento giratorio del árbol de taladrar

1
nachgiebiges Antriebmittel (n), federndes Zwischenglied (n)
elastic *or* non-rigid coupling device
accouplement (m) élastique à friction

эластичная передача (f)
comando (m) elastico *o* flessibile
acoplamiento (m) elástico de fricción

2
Triebhülse (f), Bohrspindelhülse (f)
spindle sleeve, driving sleeve
douille (f) d'entraînement

a

втулка (f) *или* трубка (f), передающая вращеніе шпинделю
bussola (f) di comando motrice
casquillo (m) de arrastre

3
Riemenrolle (f)
belt pulley
poulie (f) de commande pour courroie

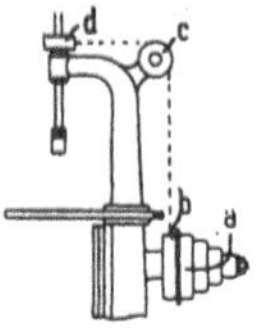

a, b, c, d

шкивъ (m) [для ремня]
puleggia (f) per cinghia
polea (f) para correa

4
Antriebrolle (f)
driving pulley
poulie (f) motrice

a

ведущій шкивъ (m)
puleggia (f) motrice *o* di comando
polea (f) motriz

5
Leitrolle (f), Führungsrolle (f)
guide pulley
galet (m) de guidage de la courroie

c

направляющій шкивъ (m); направляющій роликъ (m)
rullo (m) di guida, galoppino (m)
polea (f) ó rollo (m) de guía

6
Seilantrieb (m) der Bohrspindel
rope drive of boring spindle
commande (f) de la broche par câble

шнуровая передача (f) вращенія къ сверлильному шпинделю
comando (m) a fune del mandrino
movimiento (m) motor por cable del árbol de taladrar

7
Schneckenradantrieb (m), Wurmradantrieb (m)
worm wheel drive
commande (f) par roue et vis sans fin

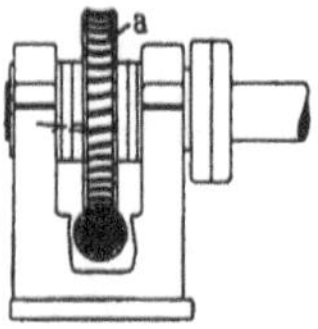

червячная передача (f)
comando (m) a mezzo di ruota e vite perpetua *o* senza fine
movimiento (m) motor por tornillo sin fin y rueda helicoidal

8
Schneckenrad (n), Wurmrad (n)
worm wheel
roue (f) à vis sans fin

a

червячное колесо (n)
ingranaggio (m) a vite perpetua *o* senza fine
rueda (f) helicoidal

Bohrspindelantrieb (m) durch mehrgängige Schraube
drive of bore spindle with multiple thread screw
commande (f) de la broche par vis sans fin á plusieurs filets

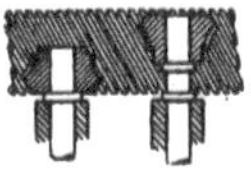

передача (f) вращенія сверлильному шпинделю помощью многоходового винта
comando (m) del mandrino a mezzo di vite 1
a più filetti
movimiento (m) del árbol de taladrar por tornillo de varios filetes

---

Bohrspindelantrieb (m) durch Kurbeln
crank drive of boring spindles
commande (f) des broches par manivelles

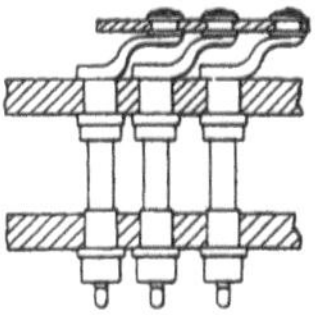

передача (f) вращенія сверлильнымъ шпинделямъ помощью кривошиповъ
comando (m) dei mandrini a mezzo di manovelle 2
movimiento (m) del árbol de taladrar por manivelas

Antrieb (m) durch Reibrad, Friktionsantrieb (m)
friction wheel drive
commande (f) par plateau et roue à friction

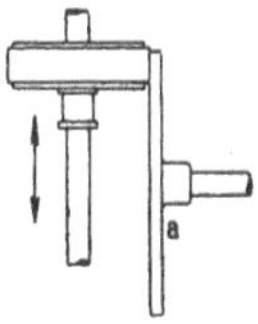

фрикціонная передача (f)
comando (m) a mezzo di ruota a frizione *o* 3
di disco a frizione
movimiento (m) por disco de fricción

Reibrad (n), Reibscheibe (f)
friction disc
roue (f) à friction, plateau (m) à friction

a

фрикціонное колесо (n); фрикціонный дискъ (m)
ruota (f) *o* disco (m) a 4
frizione
rueda (f) de fricción, disco (m) de fricción

Bohrspindelantrieb (m) durch Reibkegel
spindle drive by friction cone
commande (f) de la broche par cônes à friction

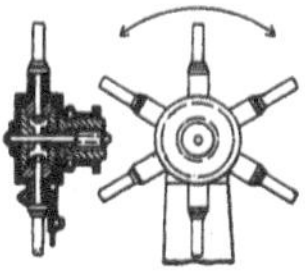

передача (f) вращенія сверлильному шпинделю помощью коническихъ фрикціонныхъ колёсъ
comando (m) del mandrino a mezzo di coni 5
a frizione
movimiento (m) del árbol porta-brocas por cono de fricción

Antrieb (m) durch Hyperbelräder *oder* durch hyperbol[oid]ische Räder
hyperbolic wheel drive
commande (f) par roues hyperboliques

передача (f) помощью гиперболическихъ колёсъ
comando (m) a mezzo 6
di ruote iperboliche
movimiento (m) por ruedas hiperbólicas

1 Antrieb (m) durch Kreuzgelenk
drive by universal joint
commande (f) par joint universel *ou* à la Cardan

передача (f) помощью универсальнаго шарнира
comando (m) a mezzo di giunto snodato *o* giunto di Cardano
movimiento (m) por articulación universal ó de Cardan

---

2 Kreuzgelenk (n)
Cardan shaft *or* universal joint
joint (m) à la Cardan, joint (m) universel

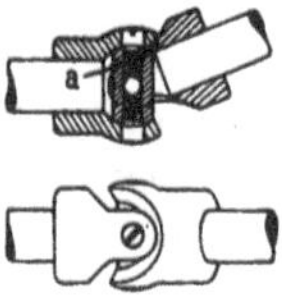

универсальный шарниръ (m); шарниръ Кардана; шарниръ Гука
giunto (m) snodato, giunto (m) di Cardano
articulación (m) universal ó de Cardan

---

3 Herzstück (n)
centre piece
rotule (f) de joint Cardan

a

крестовина (f) [универсальнаго шарнира]
perno (m) dello snodo
pieza (f) central, rótula (f)

---

4 Klauenmuff (m), Klauenmuschel (f), Kuppelmuff (m)
claw coupling *or* dog clutch sleeve
manchon (m) d'accouplement

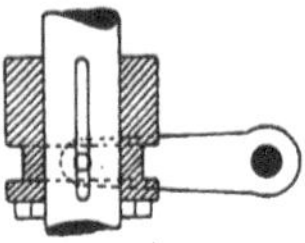

сцѣпная муфта (f)
manicotto (m) di innesto
manguito (m) de acoplamiento

---

5 ausrückbare Kupplung (f)
disengaging coupling
accouplement (m) débrayable

раздвижная муфта (f)
innesto (m) disinnestabile
acoplamiento (m) desembragable

---

6 Klauenkupplung (f), Zahnkupplung (f)
dog clutch, claw coupling
embrayage (m) à dents, embrayage (m) à griffes

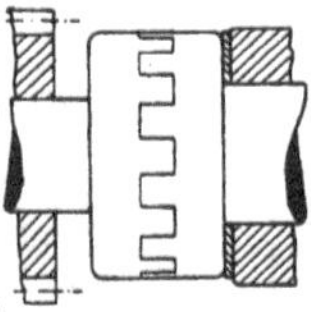

кулачная муфта (f); зубчатая муфта
innesto (m) a denti
acoplamiento (m) de garras ó de dientes

---

7 Springkeil (m), Ziehkeil (m), Kuppelkeil (m), Kuppelfeder (f), Kuppelklinke (f)
spring coupling catch
clavette (f) d'accouplement à ressort

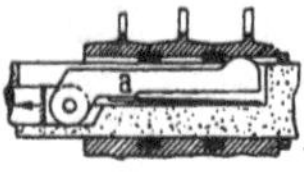

a

пружинная шпонка (f)
saliscendi (m) *o* nasello (m) di innesto
trinquete (m) de acoplamiento

---

8 Vorschub (m) *oder* Schaltung (f) *oder* Zustellung (f) der Bohrspindel
feed of spindle
avance (f) de la broche

подача (f) шпинделя
avanzamento (m) del mandrino
avance (m) del husillo de taladrar

Vorschubgeschwindigkeit (f), Zuschiebungsgeschwindigkeit (f)
rate of feed
vitesse (f) d'avance

скорость (f) подачи
velocità (f) di avanzamento, avanzamento (m) unitario
velocidad (f) de avance 1

Vorschubwelle (f), Vorschubspindel (f), Schaltspindel (f), Schaltschraube (f)
feed spindle
arbre (m) d'avance, vis (f) d'avance

валикъ (m) для подачи; винтъ (m) для подачи
albero (m) di comando dell'avanzamento
árbol (m) ó husillo (m) de avance, tornillo (m) de avance 2

Schaltrad (n)
feed gear wheel
roue (f) d'avance

зубчатое колесо (n) механизма подачи
ruota (f) *od* ingranaggio (m) di comando dell'avanzamento
rueda (f) ó volante (m) del movimiento de avance 3

Spillrad (n), Sternrad (n), Handrad (n)
capstan hand wheel
volant (m) à poignées

ручной маховичокъ (m); звѣздчатка (f)
ruota (f) timoniera, volantino (m) a ruota timoniera
rueda (f) de timón 4

Handvorschub (m)
hand feed
avance (f) à la main

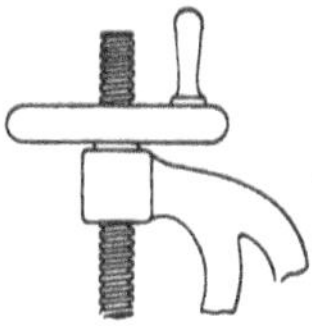

подача (f) въ-ручную; подача отъ руки; ручная подача
avanzamento (m) a mano
avance (m) á mano 5

Handsteuerung (f)
hand control
commande (f) à main

управленіе (n) [станкомъ] въ-ручную; управленіе [станкомъ] отъ руки
inversione (f) del movimento della marcia a mano
disposición (f) de los movimientos á mano 6

Handzuschiebung (f) der Bohrspindel
hand feed of drill spindle
avance (f) de la broche à la main

ручная подача (f) сверлильнаго шпинделя
avanzamento (m) a mano del mandrino
avance (m) del husillo de taladrar á mano 7

1 Bohrspindelverschiebung (f) mittels Handhebel
feed of drill spindle by hand lever
avance (f) de la broche par levier à main

подача (f) сверлильнаго шпинделя посредствомъ рукоятки
spostamento (m) del mandrino a mezzo di leva a mano
movimiento (m) del husillo de taladrar á palanca

---

2 Schaltgriff (m)
handle of operating lever
poignée (f) à cliquet, manette (f)

a

рукоятка (f) механизма подачи
impugnatura (f) con leva di arresto
manilla (f) de maniobra

---

3 Gegengewicht[s]hebel (m)
balance weight lever
levier (m) à contrepoids

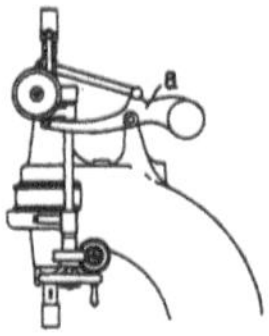

рычагъ (m) противовѣса
leva (f) contrappesata
palanca (f) de contrapeso

a

---

4 Vorschubbewegung (f) *oder* Bohrspindelverschiebung (f) durch Zahnstange und Rad
rack feed of drill spindle
avance (f) de la broche par pignon et crémaillère

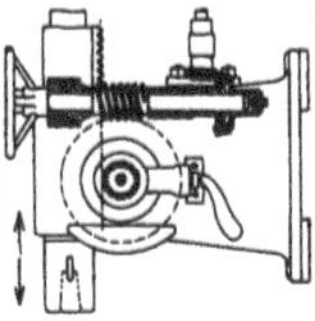

подача (f) сверлильнаго шпинделя посредствомъ шестерни съ рейкой
spostamento (m) del mandrino a mezzo di ingranaggio e cremagliera
avance (m) del husillo de taladrar por cremallera y piñon

---

5 Bohrspindel (f) mit Zahnstange
drill spindle with rack
broche (f) à crémaillère

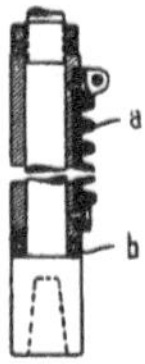

сверлильный шпиндель (m) съ зубчатой рейкой
mandrino (m) con cremagliera
husillo (m) de taladrar con cremallera

---

6 Schaltzahnstange (f)
feed rack
crémaillère (f) d'avance

a

зубчатая рейка (f) механизма подачи
cremagliera (f) di comando dell'avanzamento
cremallera (f) del movimiento de avance

---

7 Rundzahnstange (f)
circular rack
crémaillère (f) à section circulaire

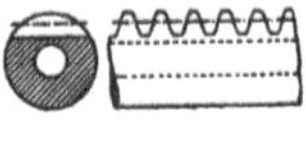

зубчатая рейка (f) круглаго сѣченія
cremagliera (f) a sezione circolare
cremallera (f) de sección circular

Kugellager (n), Drucklager (n)
ball bearing
coussinet (m) *ou* palier (m) à billes

b

шариковый подшипникъ (m); опора (f) съ шариками
cuscinetto (m) a sfere
cojinete (m) de bolas 1

Kette (f) mit Gegengewicht
chain with balance weight
chaîne (f) à contrepoids

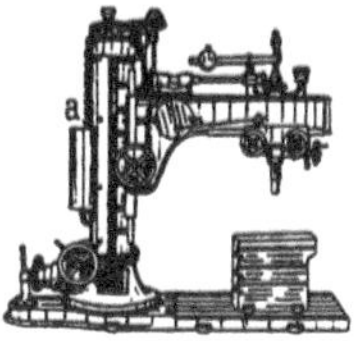

цѣпь (f) съ противовѣсомъ
catena (f) con contrappeso
cadena (f) con contrapeso 2

Bohrspindel (f) mit Schraubenantrieb *oder* mit Schaltschraube
drill spindle with screw feed
broche (f) à avance par vis

a

сверлильный шпиндель (m) съ винтовой подачей
mandrino (m) con comando a vite
husillo (m) de taladrar con movimiento de avance por tornillo 3

---

selbsttätige Bohrstange (f)
self-acting boring bar
barre (f) d'alésage automatique

скалка (f) *или* оправка (f) для разсверливанія съ автоматической подачей
barra (f) di alesaggio automatica
barra (f) de alisar automática, árbol (m) de barrenar de avance automático 4

Bohrstange (f) mit innenliegender *oder* gleichachsiger Schaltschraube
boring bar with internal concentric feed screw
barre (f) d'alésage avec vis du mouvement d'avance concentrique

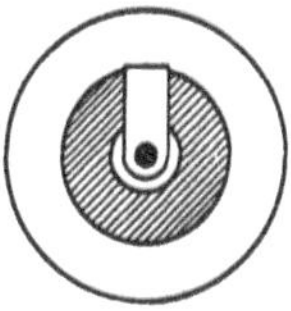

скалка (f) *или* оправка (f) для разсверливанія съ расположеннымъ внутри *или* концентрично винтомъ для подачи
barra (f) di alesaggio con vite interna *o* concentrica di comando dell'avanzamento
barra (f) de alisar *ó* árbol (m) de barrenar con tornillo de avance interior 5

Bohrstange (f) mit einseitig *oder* exzentrisch liegender Schaltschraube
boring bar with eccentric feed screw
barre (f) d'alésage avec vis de commande de l'avance excentrique

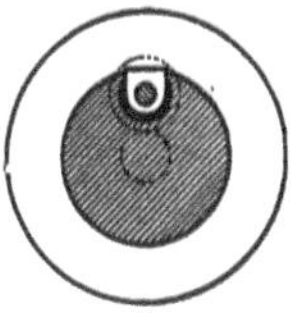

скалка (f) *или* оправка (f) для разсверливанія съ расположеннымъ сбоку *или* эксцентрично винтомъ для подачи
barra (f) di alesaggio con vite eccentrica di comando dell'avanzamento
árbol (m) de alisar y barrenar con tornillo de avance excéntrico 6

1 Vorschub (m) *oder* Schaltung(f) durchExzenter, Exzentersteuerung (f)
eccentric feed motion
dispositif (m) d'avance par excentrique

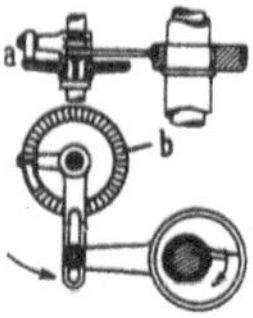

подача (f) отъ эксцентрика
dispositivo (m) dell'avanzamento ad eccentrico
movimiento (m) de avance por excéntrica

---

2 Kronradgèsperre (n)
ratchet feed
mécanisme (m) d'avance par roue à rochet à denture latérale et cliquet

a

механизмъ (m) подачи, состоящій изъ храпового колеса съ зубцами на боковой поверхности и собачки
nottolino (m) di arresto (sulla corona dentata)
mecanismo (m) de avance por engranaje de corona y trinquete

---

3 Kronrad (n), Sperrad (n)
crown wheel
roue (f) à rochet

b

храповое колесо (n) съ зубцами на боковой поверхности
corona (f) dentata
engranaje (m) de corona

---

4 Druckschaltung (f), Schaltung (f) durch Reibräder
friction feed motion
commande (f) de l'avance par friction

подача (f) помощью фрикціонныхъ колёсъ
dispositivo (m) a frizione dell'avanzamento
impulsión (f) por presión de ruedas de fricción

---

5 schnellerVorschub(m) von Hand, Schnellhandsteuerung (f)
quick hand motion for lowering the spindle
commande (f) de l'avance rapide à main

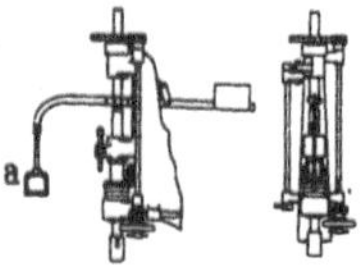

ручная подача (f) въ быстроходныхъ станкахъ
dispositivo (m) di avanzamento veloce a mano
impulsión (f) rápida del avance á mano

---

6 Handhebel (m)
hand lever
levier (m) à main

a

ручной рычагъ (m)
leva (f) a mano
palanca (f) á mano

---

7 Schaltmutter (f)
nut for feed screw
écrou (m) de commande de l'avance

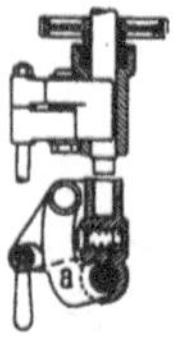

гайка (f) винта для подачи
madrevite (f) dell'avanzamento
tuerca (f) de impulsión vertical

---

8 ausrückbare Mutter (f)
nut capable of disengagement
écrou (m) débrayable

расцѣпляющаяся [съ винтомъ] гайка (f); расцѣпная гайка
madrevite (f) disinnestabile
tuerca (f) desembragable

Mutterbacken (m)
arm of the nut
coussinet (m) d'écrou

a

щеки (fpl) расцѣпляющейся гайки
cuscinetto (m) *o* ganascia (f) di madrevite
mordazas (fpl) de la tuerca
1

Bohrschlitten (m) mit Handsteuerung
drill spindle carriage with hand feed
poupée (f) *ou* chariot (m) de perçage avec avance *ou* descente à la main

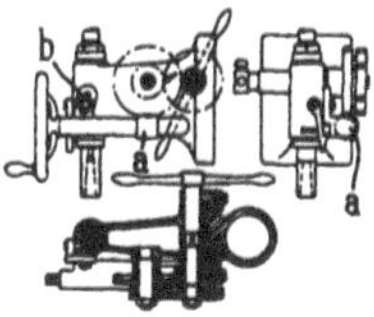

переставная бабка (f) сверлильнаго шпинделя съ ручной подачей
testa (f) del mandrino con avanzamento a mano
carro (m) de taladrar con impulsión á mano
2

Fallschnecke (f)
worm with disengaging motion
vis (f) sans fin débrayable, vis (f) basculante

a

расцѣпляющійся, откидывающійся червякъ (m)
vite (f) perpetua *o* senza fine distaccabile
tornillo (m) sin fin desembragable *ó* de báscula
3

Fangschraube (f)
locking screw
vis (f) d'embrayage

b

болтъ (m), ограничивающій ходъ; упорный винтъ (m)
vite (f) di innesto
tornillo (m) de embrague
4

Bohrschlitten (m) mit getrennter Steuerung
drill spindle carriage with independent feed motion
poupée (f) *ou* chariot (m) de perçage à commandes séparées du déplacement vertical

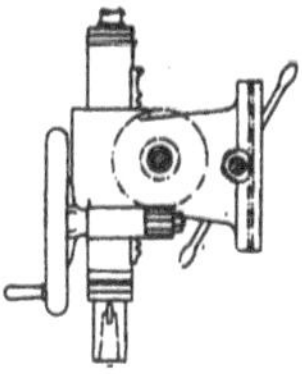

переставная бабка (f) сверлильнаго шпинделя съ отдѣльнымъ отъ шпинделя механизмомъ для перемѣщенія
testa (f) del mandrino con avanzamento indipendente
carro (m) de taladrar con impulsión separada
5

---

selbsttätiger Vorschub (m), selbsttätige Bohrerzuschiebung (f)
self-acting feed of spindle
avance (f) automatique, descente (f) automatique

автоматическая подача (f) сверла; самоходъ (m) сверла
avanzamento (m) *o* discesa (f) automatica del mandrino
avance (m) automático de la broca
6

Selbstauslösung (f) *oder* automatische Auslösung (f) *oder* Selbstausrückung (f) des Vorschubs
automatic disconnection of feed
débrayage (m) automatique de l'avance

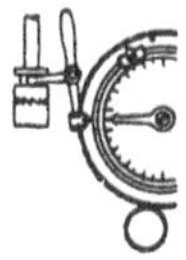

автоматическое расцѣпленіе (n) подачи
disinnesto (m) automatico dell'avanzamento *o* della discesa
desembrague (m) automático del avance de la herramienta
7

1 Selbstgang (m), Selbststeuerung (f)
self-acting feed
avance (f) automatique, descente (f) automatique

автоматическая подача (f); самоходъ (m)
avanzamento (m) automatico, discesa (f) automatica
impulsión (f) automática, avance (m) automático

---

2 Bohrschlitten (m) mit Selbststeuerung *oder* mit selbsttätigem Vorschub
drill spindle carriage with self-acting feed
poupée (f) *ou* chariot (m) de perçage avec avance automatique

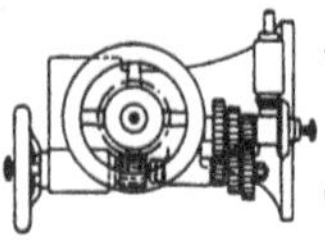

переставная бабка (f) сверлильнаго шпинделя съ самоходомъ
testa (f) del mandrino con avanzamento automatico *o* con discesa automatica
carro (m) de taladrar de movimiento de avance automático

---

3 Ausrückung (f) der Selbststeuerung
disconnecting the self-acting gear
débrayage (m) de l'avance automatique

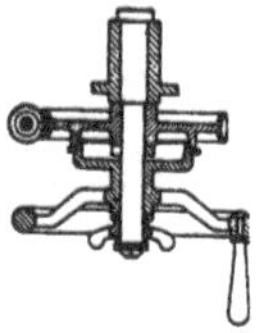

приспособленіе (n) для остановки самохода; выключеніе (n) *или* расцѣпленіе (n) самохода
disinnesto (m) dell'avanzamento automatico *o* della discesa automatica
desembrague (m) del avance automático

---

4 Selbstverrieglung (f) *oder* automatische Verrieglung (f) des Handgriffs
automatic locking of the hand wheel
blocage (m) *ou* verrouillage (m) automatique de la poignée

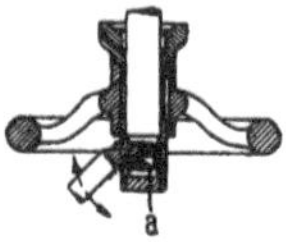

автоматическое закрѣпленіе (n) рукоятки
blocco (m) automatico del volantino a mano
fijación (f) automático de la manilla

---

5 Riegel (m)
bolt, latch
verrou (m)

a

запоръ (m)
catenaccio (m), spina (f)
pasador (m), cerrojo (m)

---

6 Ausrückstift (m), Ausrückknopf (m)
button for feed disconnection
bouton (m) de débrayage

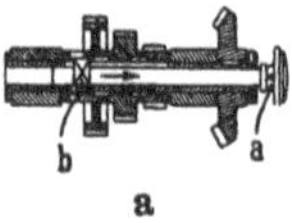

кнопка (f) для расцѣпленія
pomello (m) *o* bottone (m) di disinnesto
botón (m) de desembrague

---

a

7 Ziehkeil (m)
draw key
clavette (f) mobile *ou* coulissante

b

передвижная шпонка (f)
chiavetta (f) scorrevole
cuña (f) de acoplamiento

---

8 Selbstausrückung (f) *oder* Selbstauslösung (f) der Zahnkupplung
automatic disengagement of claw coupling *or* dog clutch
débrayage (m) automatique de l'accouplement à griffes

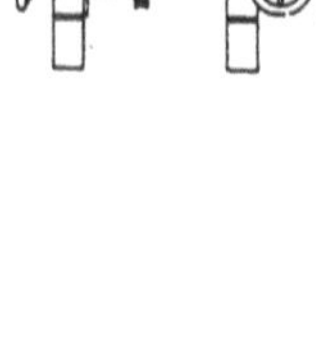

автоматическое выключеніе (n) *или* автоматическое расцѣпленіе (n) зубчатой муфты
disinnesto (m) automatico dell'innesto a denti
desembrague (m) automático del acoplamiento de engranajes

Selbstausrückung (f) der Reibkupplung
automatic disengagement of friction coupling
débrayage (m) automatique de l'accouplement à friction

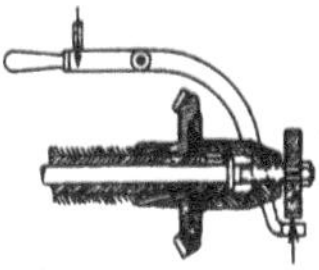

автоматическое выключеніе (n) *или* автоматическое расцѣпленіе (n) фрикціонной муфты
disinnesto (m) automatico dell'innesto a frizione 1
desembrague (m) automático del acoplamiento de fricción

Getriebeausklinkung (f)
disengaging mechanism of feed
déclanchement (m) *ou* débrayage (m) du mécanisme de l'avance

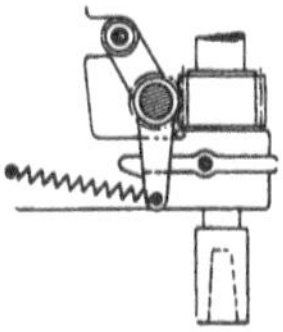

расцѣпленіе (n) механизма подачи
disinnesto (m) del meccanismo di comando 2
desembrague (m) del movimiento de avance

---

wandernder Bohrkopf (m) für Haupt- und Schaltbewegung
boring head with rotative and sliding motions
noix (f) d'alésage rotatif avec mouvement d'avance

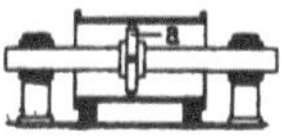

a

суппортъ (m) сверлильнаго станка съ вращательнымъ движеніемъ и подачей [поступательнымъ движеніемъ]
testa (f) della barra di alesaggio con movimento di rotazione e di avanzamento 3
cabezal (m) de taladrar móvil para movimiento de rotación y de avance

---

wandernde Bohrstange (f)
boring bar with rotary and sliding motion
barre (f) d'alésage coulissante

скалка (f) *или* оправка (f) [для расточки], имѣющая подачу
barra (f) di alesaggio con movimento di avanzamento 4
barra (f) de taladrar corrediza

Werkstückbefestigung und Bohrer

Fixing of Work and Drill

Serrage de la pièce à usines et de l'outil

Укрѣпленіе обрабатываемаго предмета и сверла

Dispositivi di fissaggio e punte da trapano 5

Sujeción de la pieza de labor y del hierro

Werkstückbefestigung (f) *oder* Aufspannen (n) durch Keile und Gegenkeile
fixing work by wedges
fixation (f) de la pièce par coins et contrecoins

закрѣпленіе (n) обрабатываемаго предмета при помощи клиньевъ
fissaggio (m) del pezzo a mezzo di cunei e controcunei 6
sujeción (f) de la pieza de labor por medio de cuñas y contracuñas

1 Parallelschraubstock (m)
parallel vice
étau-parallèle (m)

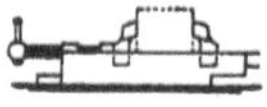

параллельные тиски (m pl)
morsa (f) parallela
tornillo (m) paralelo

---

2 sperriges Werkstück (n)
awkward *or* unwieldy working piece
pièce (f) à travailler encombrante

громоздкій предметъ (m)
pezzo (m) ingombrante
pieza (f) de labor de dimensiones dificiles de colocar

---

3 Schieneneinspannvorrichtung (f)
holder for drilling rails
dispositif (m) à fixer les rails

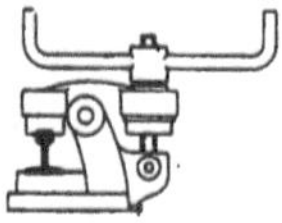

приспособленіе (n) для зажиманія рельсъ; зажимъ (m) для рельсъ
dispositivo (m) per fissare le rotaie, morsa (f) per rotaie
disposición (f) de sujetar carriles

---

4 Zentriervorrichtung (f), Aufspannvorrichtung (f) für Ankörnmaschinen
fixing device for centreing machine
dispositif (m) de fixation pour machines à centrer

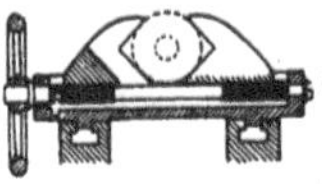

приспособленіе (n) *или* тиски (m pl) для зажиманія предмета на центровочномъ станкѣ
dispositivo (m) di fissaggio *o* morsa (f) per macchine da centrare
disposición (f) de sujeción para máquinas de centrar

---

5 Bohrer (m)
drill
foret (m), mèche (f)

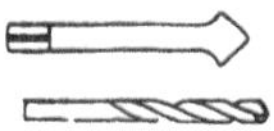

сверло (n)
punta (f) da trapano
broca (f), mecha (f), taladro (m)

---

6 Spitzbohrer (m)
pointed drill
foret (m) *ou* mèche (f) à langue d'aspic

перовое сверло (n); [перка (f)]
punta (f) comune, mecchia (f) appuntita
broca (f) forjada ordinaria de punta

---

7 Zentrumbohrer (m)
centre drill
mèche (f) *ou* foret (m) à téton *ou* à centre

центровое сверло (n) центровая перка (f)
punta (f) a centro
broca (f) de centrar

---

8 Spiralbohrer (m)
twist drill
foret (m) hélicoïdal, mèche (f) hélicoïdale

спиральное сверло (n); американское сверло
punta (f) a spirale, punta (f) americana
broca (f) espiral

Kanonenbohrer (m)
gun boring drill
foret (m) à canon, mèche (f) à canon

пушечное сверло (n)
punta (f) a cannone
broca (f) para horadar cañones 1

Versenkbohrer (m), Versenker (m), Krauskopf (m)
countersink, rosebit
fraise (f) conique *ou* champignon

зенковка (f); зинковка (f); фреза (f) для коническаго разсверливанія отверстій
punta (f) per acciecare, acciecatoio (m) 2
broca (f) avellanadora, fresa (f) á centrar

Ankörnbohrer (m)
countersinking bit
mèche (f) *ou* foret (m) à centrer

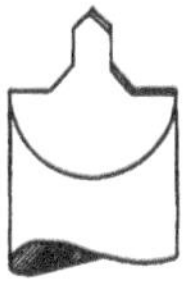

сверло (n) для нанесенія *или* для намѣтки центровъ 3
punta (f) per centrare
broca (f) de marcar

---

dreiteiliger Ankörnbohrer (m)
countersinking bit in three pieces
foret (m) à centrer combiné

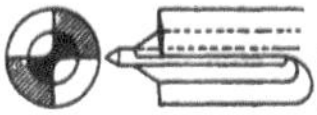

составное (изъ трехъ частей) сверло (n) для нанесенія центровъ
punta (f) per centrare combinata 4
broca (f) de marcar compuesta de tres partes

Ankörnmaschine (f)
centreing machine
machine (f) à centrer

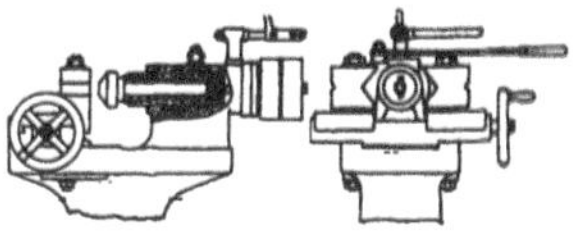

станокъ (m) для высверливанія центровыхъ отверстій; центровочный станокъ; центровальный станокъ
macchina (f) da centrare 5
máquina (f) de centrar (piezas cilindricas para ser torneadas entre puntas)

Bohrerbefestigung (f)
method of drill holding
fixation (f) du foret

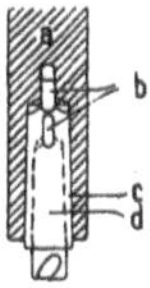

закрѣпленіе (n) сверла
fissaggio (m) *o* montaggio (m) della punta 6
sujeción (f) de la broca

[Bohr-]Spindelkopf (m), Kopf (m) der Bohrspindel
spindle nose
nez (m) de la broche

a

головка (f) сверлильнаго шпинделя
testa (f) del mandrino del trapano 7
cabeza (f) del husillo de taladrar

1 Keilloch (n)
cotter hole
trou (m) pour coin à chasser

b

клиновое отверстіе (n)
finestra (f) *od* apertura (f) per la chiavetta
agujero (m) de la cuña

---

2 Einsatzstück (n), Bohrhülse (f), Konushülse (f)
socket
douille (f) *ou* manchon (m) conique de réduction

c

переходный *или* вспомогательный патронъ (m)
bussola (f) di riduzione
boquilla (f)

---

3 Bohrerzapfen (m), konischer Zapfen (m)
shank of drill
cône (m) du foret

d

головка (f) сверла
gambo (m) *o* coda (f) della punta
espiga (f) *ó* mango (m) de la broca

---

4 Ausbohrkopf (m), Bohrkopf (m), Bohrfutter (n)
cutter head
plateau (m) d'alésage, plateau (m) porte-lames

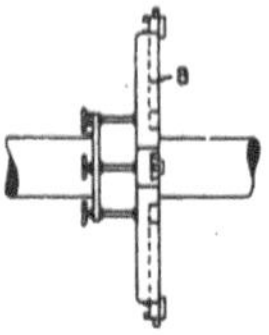

a

патронъ (m) сверлильнаго станка
testa (f) *o* mandrino (m) *o* piattaforma (f) portapunta
cabezal (m) de taladrar, mandril (m)

---

5 Revolverbohrkopf (m)
revolving cutter head
porte-foret (m) revolver

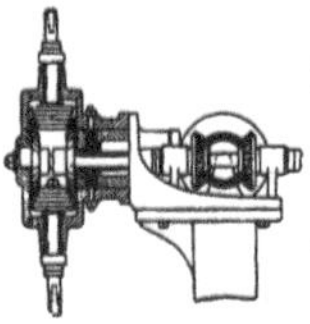

револьверный патронъ (m) сверлильнаго станка
testa (f) *o* piattaforma (f) portapunta a revolver
cabezal-revólver (m) para taladrar

---

6 Lagerung (f) der Bohrstange in Kugelzapfen
ball socketed bearing for boring bar
support (m) de la barre d'alésage à coussinet sphérique

a

установка (f) сверлильной оправки на шаровой цапфѣ *или* пятѣ
sopporto (m) sferico della barra da alesare
colocación (f) de la barra de taladrar en espiga esférica

---

7 Sternrad (n), Faulenzer (m)
star wheel
manette (f)

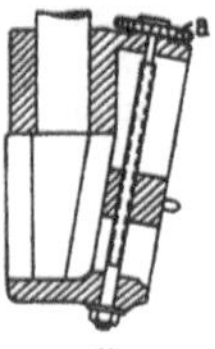

a

звѣздчатка (f); звѣздочка (f)
volantino (m), crociera (f)
rueda (f) á mano

Bohrstange (f), Bohrspindel (f), Ausbohrspindel (f), Bohrwelle (f)
cutter *or* boring bar *or* spindle
barre (f) *ou* arbre (m) d'alésage

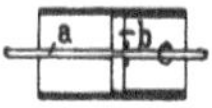

a

сверлильная оправка (f) *или* скалка (f); растачивающая оправка (f)
barra (f) di alesaggio *o* per ripassare fori 1
barra (f) *ó* eje (m) de barrenar

Bohrmesser (n), Bohrschneide (f), Bohrmeißel (m), Bohrstichel (m)
boring cutter
lame (f) d'alésage

b

рѣзецъ (m) для разсверливанія; растачивающій рѣзецъ
ferro (m) *od* utensile (m) *o* coltello (m) da alesatrice 2
acero (m) *ó* cuchilla (f) de barrenar

Halter (m) für Ausbohrstähle
cutter holder
porte-outils (m) d'alésage

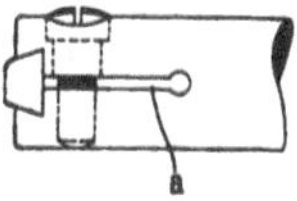

державка (f) рѣзцовъ для разсверливанія
portautensili (m) per utensili da alesare 3
porta-cuchillas (m)

---

geschlitzte Bohrstange (f)
slit nosed boring bar
barre (f) d'alésage fendue

a

разрѣзная оправка (f) *или* скалка (f) для разсверливанія
barra (f) di alesaggio spaccata 4
barra (f) de barrenar partida

Bohrstange (f) für kegel[förm]ige Löcher
boring bar for conical holes
barre (f) d'alésage pour trous coniques

[сверлильная] оправка (f) *или* скалка (f) для разсверливанія коническихъ отверстій 5
barra (f) di alesaggio per fori conici
barra (f) de taladrar para agujeros cónicos

Bohrstange (f) für zwei Stichel
boring bar for two cutters
barre (f) d'alésage pour deux outils

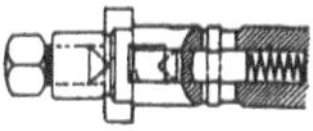

оправка (f) *или* скалка (f) для разсверливанія двумя рѣзцами
barra (f) di alesaggio per due utensili 6
barra (f) *ó* árbol (m) de barrenar para dos cuchillas

Bohrstange (f) für nachstellbare Stichel
boring bar for adjustable cutter
barre (f) d'alésage pour outils ajustables *ou* réglables

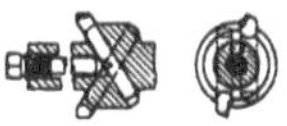

оправка (f) *или* скалка (f) для разсверливанія устанавливающимися рѣзцами
barra (f) di alesaggio per utensili registrabili 7
árbol (m) de barrenar para herramientas graduables

---

auswechselbare Bohrstange (f)
changeable boring bar
barre (f) d'alésage interchangeable *ou* amovible

смѣнная оправка (f) *или* скалка (f) для разсверливанія
barra (f) di alesaggio ricambiabile 8
árbol (m) de barrenar intercambiable

1 Schwärmer (m), fliegender Support (m)
facing arm
porte-outil (m) tournant à dresser *ou* à déraser, dresseur (m), support (m) à dresser

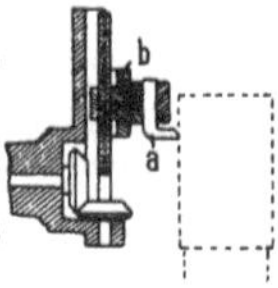

вращающійся патронъ (m) *или* суппортъ (m) [для обточки фланцевъ цилиндровъ]
testa (f) portautensili per sfacciare *o* per tornire di testa *o* in piano
porta-útil (m) de trabajo giratorio

---

2 Schwärmerstichel (m)
tool of facing arm
lame (f) de porte-outil tournant à dresser *ou* à déraser, dresseur (m)

a

рѣзецъ (m) къ вращающемуся патрону [для обточки фланцевъ цилиндровъ]
utensile (m) per sfacciare *o* tornire di testa *o* in piano
herramienta (f) *ó* cuchilla (f) del porta-útil giratorio

---

3 gekröpfter Stichel (m)
cranked tool
outil (m) coudé, lame (f) coudée

a

изогнутый рѣзецъ (m)
utensile (m) curvo
cuchilla (f) acodada

---

4 Schwärmerstichelhaus (n)
tool box for facing arm
logement (m) de porte-outils dresseur

b

рѣзцовая коробка (f) вращающагося патрона [для обточки фланцевъ цилиндровъ]
portautensili (m) per sfacciare *o* tornire di testa *o* in piano
castillete (m) del porta-útil giratorio

IV.

Gewindeschneidmaschinen
Screw Cutting Machines
Machines à fileter les vis *ou* à tarauder les écrous
Станки для нарѣзанія винтовой рѣзьбы
Macchine da filettare
Máquinas de roscar

Gewindeschneidmaschine (f), Schraubenschneidmaschine (f)
screw cutting machine
machine (f) à fileter les vis *ou* à tarauder les écrous *ou* pour boulonnerie

станокъ для нарѣзанія винтовой рѣзьбы; винторѣзный станокъ (m)
macchina (f) da filettare, filettatrice (f)
máquina (f) de roscar *ó* de roscar tornillos 1

Bolzengewindeschneidmaschine (f), Spindelschneidmaschine (f)
bolt screwing machine
machine (f) à fileter les boulons *ou* les vis

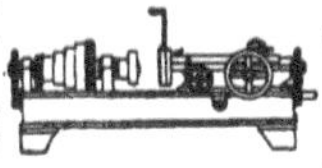

болторѣзный станокъ (m)
macchina (f) da filettare bulloni *o* viti, filettatrice (f) per viti *o* bulloni
máquina (f) de roscar pernos *ó* husillos 2

Mutter[n]schneidmaschine (f), Gewindebohrmaschine (f)
nut tapping machine
machine (f) à tarauder (les écrous)

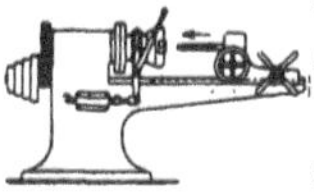

станокъ (m) для нарѣзки гаекъ
filettatrice (f) per dadi, macchina (f) da maschiare
máquina (f) de roscar *ó* de cortar tuercas 3

Spannstock (m), Rahmen (m)
saddle, vice
chariot (m) de serrage, étau (m) de fixation

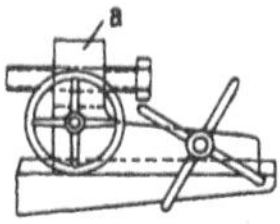

тиски (m pl) болторѣзнаго станка
morsa (f), morsetto (m)
carro (m) de sujeción 4

Klemmbacke (f)
gripping jaw
mordache (f) *ou* coussinet (m) de serrage

a

зажимная губа (f)
ganascia (f) della morsa
mordaza (f) de sujeción 5

1 Zentrierkopf (m), zentrisch spannendes Futter (n)
self-centreing chuck
chuck (m) *ou* plateau (m) de serrage à centrage automatique

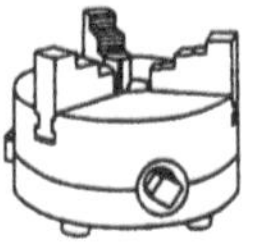

самоцентрирующій патронъ (m)
piattaforma (f) *o* mandrino (m) autocentrante
plato (m) de centrar

---

2 Dreibackenfutter (n)
chuck with three jaws
chuck (m) à trois mâchoires

зажимной патронъ (m) съ тремя плашками
mandrino (m) a tre ganasce
plato (m) de centrar de tres mordazas

---

3 Vierbackenfutter (n)
chuck with four jaws
chuck (m) à quatre mâchoires

зажимной патронъ (m) съ четырьмя плашками
mandrino (m) a quattro ganasce
plato (m) de centrar de cuatro mordazas

---

4 Hohlspindel (f)
hollow spindle
arbre (m) creux

полый шпиндель (m); пустотѣлый винтовой стержень (m)
mandrino (m) cavo
husillo (m) hueco

---

5 Schneideisen (n), Schneidkluppe (f), Kluppe (f)
screw die
filière (f), porte-filière (m)

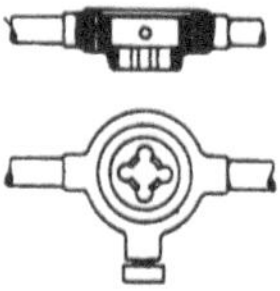

клуппъ (m); клупикъ (m)
filiera (f)
terraja (f)

---

6 Gewindeschneidbacke (f), Schneidbacke (f)
screw stocks, chaser (A)
coussinet (m) de filière

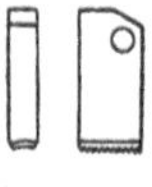

плашки (f pl); лисички (f pl)
cuscinetto (m) per filettare
mordaza (f) *ó* cojinete (m) de roscar

---

7 zweiteiliges Schneideisen (n)
screw die in halves
filière (f) à deux coussinets

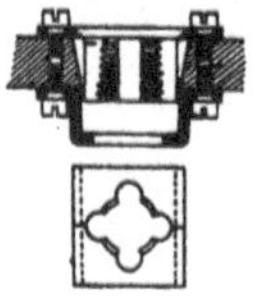

клуппъ (m) *или* клупикъ (m), состоящій изъ двухъ частей; сдвоенный клуппъ
cuscinetto (m) in due metà *o* in due parti
terraja (f) de cojinete partido

---

8 [Gewinde-]Schneidkopf (m)
screwing chuck
cage (f) de filière

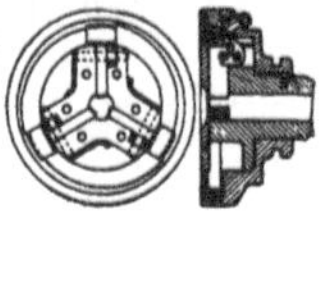

болторѣзная головка (f); винторѣзный патронъ (m)
filiera (f), testa (f) portacuscinetti, mandrino (m) portacuscinetti
bastidor (m) de hilera

selbstauslösender Schneidkopf (m) screwing chuck with automatic release cage (f) de filière automatique, filière (f) à ouverture automatique		болторѣзная головка (f) съ автоматическимъ раздвиганіемъ плашекъ filiera (f) ad apertura automatica bastidor (m) de hilera automático	*1*
umlaufender *oder* rotierender Schneidkopf (m) rotary screwing chuck filière (f) rotative	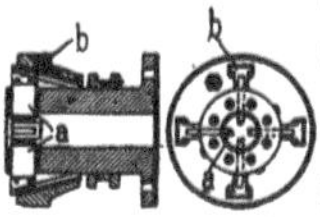	вращающаяся болторѣзная головка (f) filiera (f) rotativa *o* girevole hilera (f) giratoria	*2*
Schneidmesser (n) cutting die peigne (f) de filière	a	плашка (f) coltello (m) *o* pettine (m) della filiera acero (m) *ó* cuchillo (m) de roscar	*3*
Stahlkappe (f) steel cap chapeau (m) en acier [porte-outil]	b	стальная головка (f) [для укрѣпленія плашки] piastra (f) di ritegno dei coltelli zapato (m) porta-cuchillo, sombrero (m) porta-cuchillo	*4*
feststehender Schneidkopf (m) fixed die head filière (f) fixe	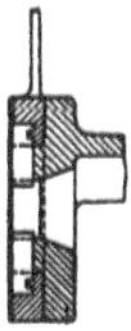	неподвижная болторѣзная головка (f) filiera (f) fissa hilera (f) fija	*5*
Gewindebohrer (m), Schneidbohrer (m) screw tap taraud (m)	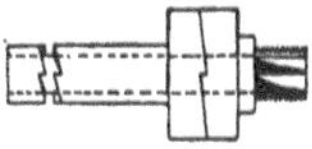	метчикъ (m) maschio (m) macho (m) de roscar	*6*
nachstellbarer Gewindeborer (m) adjustable tap taraud (m) ajustable		регулируемый метчикъ (m); метчикъ съ перемѣнными перестанавливаемыми плашками maschio (m) aggiustabile macho (m) graduable	*7*
fahrbare Bohr- und Gewindeschneidmaschine (f) portable drilling and tapping machine machine (f) à tarauder et à percer transportable	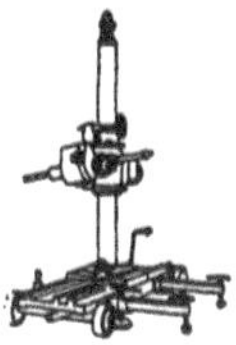	переносный сверлильно-нарѣзной станокъ (m) trapano-filettatrice (f) trasportabile máquina (f) portátil de barrenar y roscar	*8*

1 Gewinde[kalt]walzmaschine (f)
screw thread rolling machine
machine (f) à laminer (à froid) les filets de vis

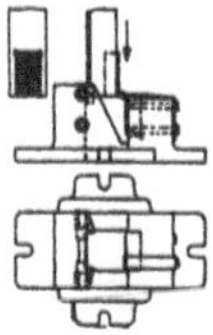

станокъ (m), нарѣзающій винтъ путёмъ [холодной] прокатки
laminatrice (f) a freddo per filettare
máquina (f) de roscar en frio á presión

---

2 Gewindefräsmaschine (f)
thread milling machine
machine (f) à fraiser les vis

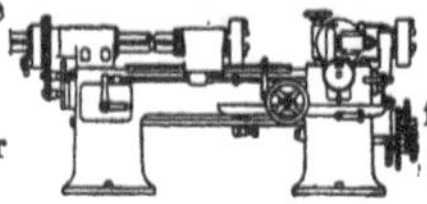

фрезерный винторѣзный станокъ (m); станокъ для фрез[ер]ованія винтовъ
fresatrice (f) per filettare, macchina (f) per fresare le viti
máquina (f) de fresar roscas

---

3 Gewinde (n)
thread
filet (m), filetage (m)

нарѣзка (f); рѣзьба (f)
filetto (m)
filete (m)

---

4 Whitworthgewinde (n)
Whitworth thread
filet (m) Whitworth, filetage (m) au pas Whitworth

нарѣзка (f) *или* рѣзьба (f) Витворта
filetto (m) Whitworth
filete (m) Whitworth

---

5 Sellersgewinde (n)
Sellers thread
filet (m) Sellers

нарѣзка (f) *или* рѣзьба (f) Селлерса
filetto (m) Sellers
filete (m) Sellers

---

6 Gewinde (n) des Vereins deutscher Ingenieure
V. d. I. (Association of German Engineers) thread
filet (m) de l'association des ingénieurs allemands

нарѣзка (f) *или* рѣзьба (f) Союза германскихъ инженеровъ
filetto (m) dell'associazione degli ingegneri tedeschi
filete (f) de la asociación de los ingenieros alemanes

---

7 Löwenherzgewinde (n)
Löwenherz thread
filet (m) système Löwenherz

нарѣзка (f) *или* рѣзьба (f) Лёвенгерца
filetto (m) alla Löwenherz
filete (m) sistema Löwenherz

---

8 nternationales metrisches Gewinde (n), S-J-Gewinde (n), Millimetergewinde (n)
metric thread
filet (m) millimétrique *ou* du système décimal

нарѣзка (f) S-J; международная метрическая рѣзьба (f)
filetto (m) metrico *o* decimale
filete (m) métrico *ó* del sistema decimal

---

9 Spitzgewinde (n)
angular *or* triangular thread
filet (m) triangulaire

остроугольная нарѣзка (f); треугольная рѣзьба (f)
filetto (m) triangolare
filete (m) triangular

Flachgewinde (n)
square thread
filet (m) plat, filet (m) rectangulaire, filet (m) carré
прямоугольная нарѣзка (f) *или* рѣзьба (f)
filetto (m) quadrangolare
filete (m) cuadrado 1

Trapezgewinde (n)
trapezoidal thread
filet (m) trapézoïdal
трапецевидная нарѣзка (f) *или* рѣзьба (f)
filetto (m) trapeziforme
filete (m) trapezoidal 2

Gasgewinde (n)
gas thread
filet (m) des tuyaux à gaz
газовая нарѣзка (f); рѣзьба (f) для газовыхъ трубъ
filetto (m) per tubi da gas
filete (m) de los tubos de gas 3

V.

Fräsmaschinen / Milling Machines / Fraiseuses

Фрезерные станки / Fresatrici / Fresadoras

1 **Typen und Gestelle**
Types and Frames
Types et bâtis

Типы и станины
Tipi e incastellature
Tipos y bastidores

2 Fräsmaschine (f)
milling machine
machine (f) à fraiser, fraiseuse (f)

фрезерный *или* шарошечный станокъ (m)
fresatrice (f)
máquina (f) de fresar, fresadora (f)

---

3 Metallfräsmaschine (f)
metal milling machine
fraiseuse (f) *ou* machine (f) à fraiser les métaux

фрезерный *или* шарошечный станокъ (m) для металловъ; станокъ для фрез[ер]ованія металловъ; металлофрезерный станокъ
fresatrice (f) per metalli
fresadora (f) para metales

---

4 Handfräsmaschine (f), Fräsmaschine (f) mit Handvorschub
hand milling machine
fraiseuse (f) *ou* machine (f) à fraiser [avec chariots *ou* avance] à main

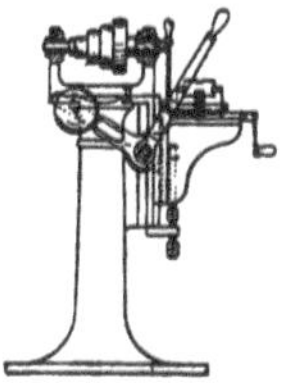

фрезерный *или* шарошечный станокъ (m) съ подачей отъ руки
fresatrice (f) a mano
fresadora (f) á mano, fresadora (f) con los movimientos de la mesa á mano

---

5 allgemeine Fräsmaschine (f), Universalfräsmaschine (f)
universal milling machine
fraiseuse (f) universelle, machine (f) à fraiser universelle

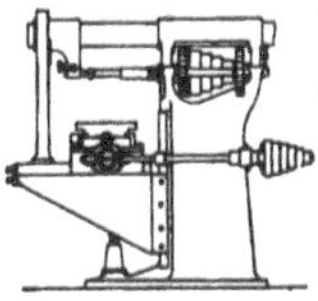

универсальный фрезерный *или* шарошечный станокъ (m)
fresatrice (f) universale
fresadora (f) universal

Planfräsmaschine (f)
surface milling machine
fraiseuse (f) *ou* machine (f) à fraiser raboteuse

фрезерный станокъ
(m) для плоскостей;
шарошечный ста-
нокъ для фрез[ер]о- 1
ванія плоскостей
fresatrice (f) a pialla
fresadora (f) de planear

Langfräsmaschine (f), Parallelfräsmaschine (f)
"Lincoln" pattern milling machine
fraiseuse (f) parallèle, machine (f) à fraiser longitudinale

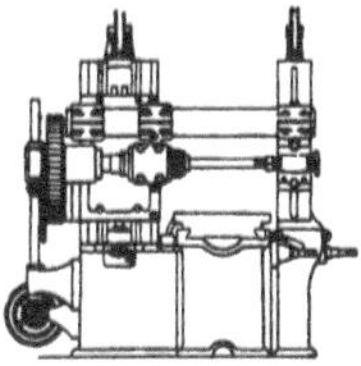

фрезерный станокъ
(m) строгальнаго
типа; продольный
шарошечный ста-
нокъ; продольно-
фрезерный станокъ 2
fresatrice (f) Lincoln, fresatrice (f) automatica
fresadora (f) paralela, fresadora (f) Lincoln

Langlochfräsmaschine (f), [Keil-] Nutenfräsmaschine (f)
machine for milling grooves
fraiseuse (f) double *ou* machine (f) double à fraiser les rainures

шпоночно-фрезерный станокъ (m)
fresatrice (f) per cave
o per scanalature 3
fresadora (f) doble de hacer ranuras

---

doppelte Langfräsmaschine (f), Langfräsmaschine (f) mit doppeltem *oder* zweiseitigem Antrieb
double horizontal milling machine
fraiseuse-raboteuse (f) double

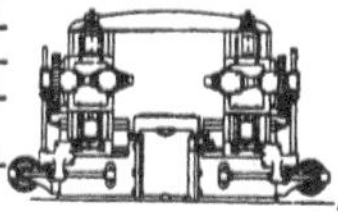

двойной продольный
фрезерный *или* ша-
рошечный станокъ
(m); фрезерный ста-
нокъ строгальнаго
типа съ двумя гори- 4
зонтальными шпин-
делями
fresatrice (f) doppia a pialla
fresadora-acepilladora (f) doble

---

einspindlige Fräsmaschine (f)
single spindle milling machine
machine (f) à fraiser verticale simple *ou* à une broche

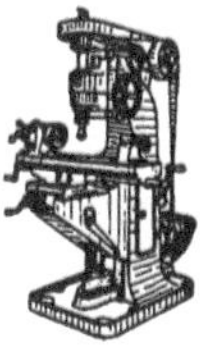

одношпиндельный
фрезерный *или* ша-
рошечный станокъ
(m)
fresatrice (f) verticale ad 5
un mandrino
fresadora (f) de un husillo

---

zweispindlige Fräsmaschine (f)
double spindle milling machine
machine (f) à fraiser verticale double *ou* à deux broches

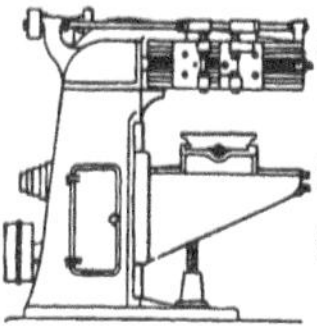

двухшпиндельный
фрезерный *или* ша-
рошечный станокъ
(m)
fresatrice (f) verticale a 6
due mandrini
fresadora (f) de dos husillos

1 Doppelfräsmaschine (f)
double milling machine
machine (f) à fraiser double *ou* machine (f) à fraiser à deux broches horizontales

двойной фрезерный станокъ (m); шарошечный станокъ съ двумя противоположными бабками
fresatrice (f) doppia
fresadora (f) de dos cabezales [para piezas de robinetería]

---

2 Schnellfräsmaschine (f)
high speed milling machine
fraiseuse (f) rapide *ou* à acier rapide, machine (f) à fraiser rapide

быстроходный фрезерный *или* шарошечный станокъ (m)
fresatrice (f) rapida
fresadora (f) rápida

---

3 senkrechte *oder* vertikale Fräsmaschine (f), Vertikalfräsmaschine (f), Fräsmaschine (f) mit senkrechter Spindel
vertical milling machine
machine (f) à fraiser *ou* fraiseuse (f) verticale

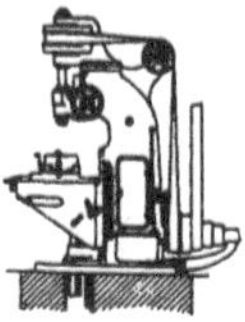

вертикальный фрезерный станокъ (m); шарошечный станокъ съ вертикальнымъ шпинделемъ
fresatrice (f) verticale
fresadora (f) de husillo vertical

---

4 Langfräsmaschine (f) mit Walzenfräser (zum Planfräsen großer ebener Flächen)
slab milling machine
fraiseuse-raboteuse (f) (pour dresser de grandes surfaces)

фрезерный станокъ (m) строгальнаго типа для шарошенія большихъ плоскостей; продольно-шарошечный станокъ для фрез[ер]ованія большихъ плоскостей
fresatrice (f) a pialla per grandi superfici
fresadora-acepilladora (f) (para grandes superficies)

---

5 Räderfräsmaschine (f), Zahnräderfräsmaschine (f)
gear cutting machine
machine (f) à fraiser à tailler les engrenages

зуборѣзный фрезерный станокъ (m) шарошечный ста нокъ для нарѣзан зубчатыхъ колёсъ
fresatrice (f) per ingranaggi *o* per denti d'ingranaggi
fresadora (f) de tallar engranajes

---

6 Schneckenradfräsmaschine (f), Wurmradfräsmaschine (f)
worm gear milling machine
machine (f) à fraiser les roues hélicoïdales *ou* pour vis sans fin

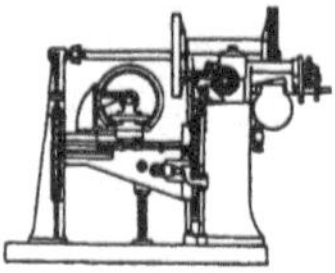

фрезерный *или* шарошечный станокъ (m) для нарѣзанія червячныхъ колёсъ
fresatrice (f) per ingranaggi a denti elicoidali
máquina (f) de tallar ruedas helicoidales

Schneckenfräsmaschine (f), Wurmfräsmaschine (f)
milling machine for worms *or* endless screw
machine (f) à fraiser les vis sans fin

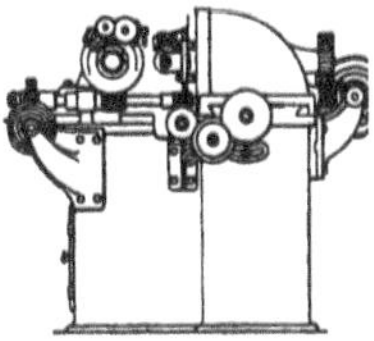

фрезерный *или* шарошечный станокъ (m) для нарѣзанія червяковъ
fresatrice (f) per viti perpetue *o* senza fine
máquina (f) de fresar husillos de tornillo sin fin *1*

Ansatzfräsmaschine (f), Armaturenfräsmaschine (f)
machine for milling valves, cocks etc.
machine (f) à fraiser les embases

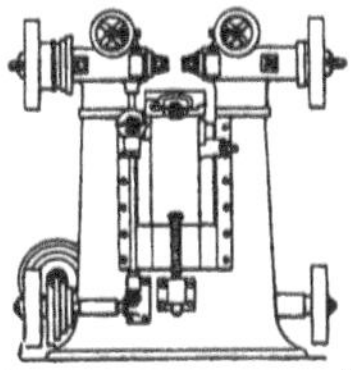

фрезерный *или* шарошечный станокъ (m) для нарѣзанія арматурныхъ частей
fresatrice (f) doppia per piani paralleli
fresadora (f) de dos cabezales para embases *2*

Kurvenfräsmaschine (f)
curve milling machine
machine (f) à fraiser en courbes, machine (f) à fraiser à reproduction suivant gabarit, fraiseuse (f) à copier *ou* à reproduire les courbes

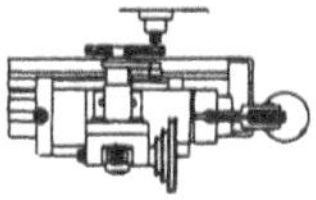

станокъ (m) для фрез[ер]ованія фасонныхъ канавокъ и кулаковъ; шарошечно-копировальный станокъ (m) для фрез[ер]ованія кривыхъ поверхностей по шаблону
fresatrice (f) per superfici curve
máquina (f) de fresar curvas *3*

Kopierfräsmaschine (f)
copy milling machine
machine (f) à fraiser suivant gabarit, fraiseuse (f) à copier *ou* à reproduire

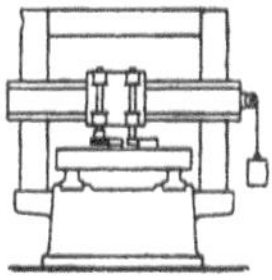

копировальный фрезерный станокъ (m); копировально-шарошечный станокъ
fresatrice (f) *o* macchina (f) da copiare, pantografo (m)
fresadora (f) copiadora *4*

Kopierspindel (f), Führungsspindel (f)
copy spindle
tige (f) de contact, doigt (m) à suivre

копирующій шпиндель (m); направляющій шпиндель
dito (m) copiatore, spina (f) copiatrice
varilla (f) de copiar *5*

---

selbsttätige *oder* automatische Fräsmaschine (f)
self-acting *or* automatic milling machine
fraiseuse (f) automatique, machine (f) à fraiser automatique

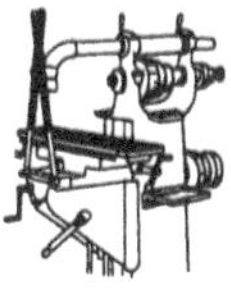

автоматическій фрезерный станокъ (m); самодѣйствующій шарошечный станокъ
fresatrice (f) automatica
fresadora (f) automática [para planear y perfilar con fresa cilíndrica] *6*

1 liegende Bohr- und Fräsmaschine (f)
horizontal boring and milling machine
machine (f) à percer *ou* à aléser et fraiser horizontale

горизонтально-сверлильный и фрезерный *или* шарошечный станокъ (m)
alesatrice-fresatrice (f) orizzontale combinata
máquina (f) de barrenar y fresar horizontal

---

2 senkrechte Abrichtmaschine (f) mit Messerköpfen
vertical rotary planing machine *or* planer
fraiseuse-raboteuse (f) à plateau porte-outils vertical

вертикальный строга[те]льный станокъ (m) съ вращающимся патрономъ, несущимъ рѣзцы
fresatrice (f) a pialla con piattaforma portautensili verticale
fresadora-acepilladora (f) con plato porta-útiles vertical

---

3 wagrechte Abrichtmaschine (f) mit Messerköpfen
vertical spindle rotary planing machine
fraiseuse-raboteuse (f) à plateau porte-outils horizontal

горизонтальный строга[те]льный станокъ (m) съ вращающимся патрономъ, несущимъ рѣзцы
fresatrice (f) a pialla con piattaforma portautensili orizzontale
fresadora-acepilladora (f) con plato porta-útiles horizontal

---

4 Fräsmaschinenständer (m), Ständer (m), Fräsmaschinengestell (n)
milling machine standard *or* upright
montant (m) *ou* bâti (m) de machine à fraiser

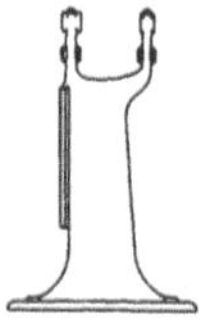

станина (f) шарошечнаго станка; станина фрезернаго станка
incastellatura (f) della fresa
cuerpo (m) de la fresadora

---

5 kastenartiges Untergestell (n), Untersatz (m)
box section underframe
bâti (m) creux [formant armoire]

коробчатая станина (f)
basamento (m) a cassa
parte (f) inferior hueca [que puede servir de armario]

---

6 Hauptständer (m), Hauptbock (m)
main standard
montant (m) principal, bâti (m) principal

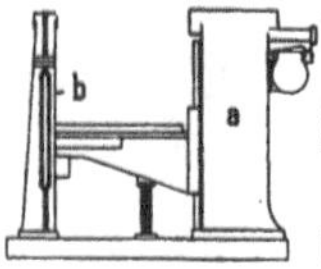

a

главная стойка (f)
incastellatura (f) principale, montante (m) principale
bastidor (m) principal

Seitenständer (m), Nebenbock (m)
auxiliary standard
montant (m) de guidage

b

боковая *или* вспомогательная стойка (f)
sostegno (m) *o* montante (m) ausiliare 1
soporte (m) auxiliar

Bügelgestell (n), C-förmiges Gestell (n)
C-form standard
bâti (m) en forme de C, bâti (m) en col de cygne

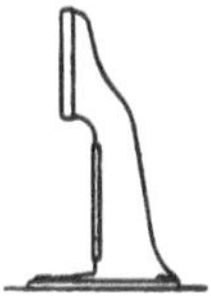

станина (f) съ вылетомъ; станина вида буквы C
incastellatura (f) a C *od* a collo d'oca 2
bastidor (m) en forma de C

Säule (f)
column, pillar
colonne (f), montant (m)

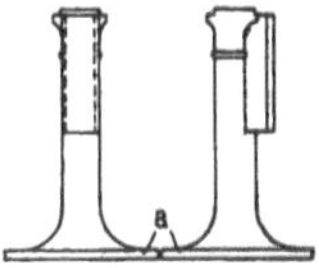

колонна (f); стойка (f)
colonna (f), pilastro (m) 3
columna (f)

Säulenfuß (m)
foot of pillar *or* of column
base (f) de la colonne

a

подножка (f) колонны *или* стойки
piastra (f) di base della colonna, piede (m) della colonna 4
pie (m) de la columna

Vorgelegearm (m), Arm (m)
arm
bras (m)

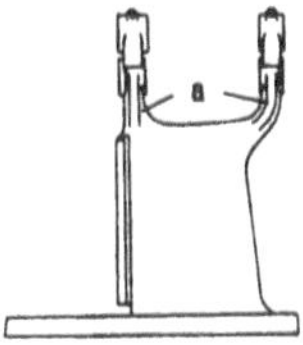

a

рукавъ (m)
braccio (m) 5
brazo (m)

Tür (f), Kastentür (f)
frame door
porte (f) [de l'armoire à outils]

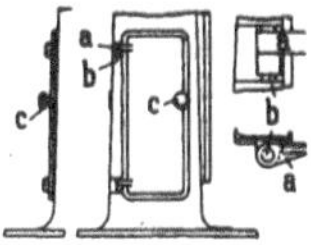

дверца (f) *или* дверь (f) ящика
porta (f) dell'armadio 6
puerta (f) del armario

[Tür-]Knagge (f), Kloben (m)
hinge
charnon (m), douille (f)

a

приливъ (m) для дверного шарнира
cerniera (f) 7
anillo (m) de bisagra

Scharnierstift (m)
hinge pin
broche (f) de charnière

b

стержень (m) *или* болтъ (m) шарнира
spina (f) della cerniera 8
espiga (f) de la bisagra

Kordelknopf (m), [Tür-]Knopf (m)
knob
bouton (m) [de porte] molleté

c

задрайка (f); ручка (f); завёртка
maniglia (f) a forma di bottone, bottone (m) 9
manilla (f) en forma de botón

1	Werkzeugschale (f) tool shelf, tool pan plateau (m) à outils	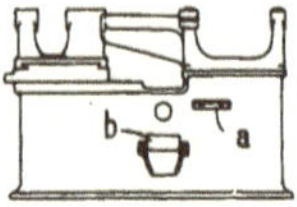 a	раковина (f) *или* выемка (f) для инструментовъ rastrelliera (f) degli utensili, piastra (f) portautensili tabla (f) porta-herramientas
2	Spanfall (m) cuttings pit *or* shoot bac (m) à copeaux	b	стружкопріемникъ (m) recipiente (m) per i trucioli receptor (m) de virutas
3	Frästisch (m), Aufspanntisch (m) milling machine table table (f) de fraiseuse, table (f) de machine à fraiser, table (f) de fixation	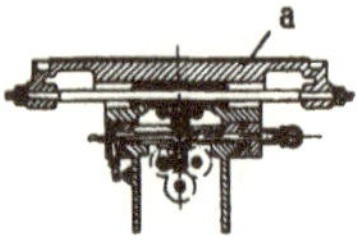 a	столъ (m) фрезернаго *или* шарошечнаго станка tavola (f) della fresa mesa (f) de fresadora
4	Winkeltisch (m), Konsole (f) knee, angle table console (f) de la table	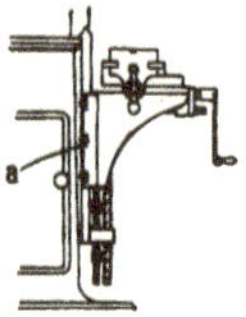	кронштейнъ (m) *или* консоль (f) [рабочаго стола] mensola (f) mesa (f) de consola móvil
5	Leistenschraube (f) gib-screw vis (f) du listel	a	зажимной винтъ (m) vite (f) del lardone tornillo (m) prisionero del listón
6	[Ver-]Stellspindel (f), [Ver-]Stellschraube (f) regulating screw vis (f) de relevage	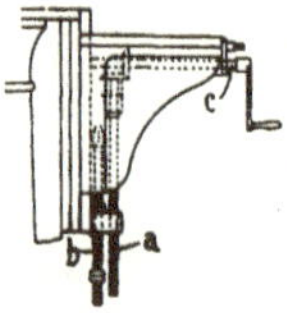 a	установочный винтъ (m); винтъ для подниманія и опусканія vite (f) di sollevamento husillo (m) del movimiento de la mesa, tornillo (m) de levantamiento
7	Anschlagspindel (f) stop spindle tringle (f) portant les butées	b	упорный шпиндель (m) *или* болтъ (m) [для ограниченія хода суппорта *или* стола] albero (m) degli arresti husillo (m) del tope
8	Hubspindel (f), Antriebspindel (f) für das Hubwerk spindle for actuating raising *or* lowering screw arbre (m) de relevage	c	шпиндель (m) для подъёма vite (f) di manovra del sollevamento husillo (m) del curso de la mesa

Schraubenwinde (f) bottle jack vérin (m)	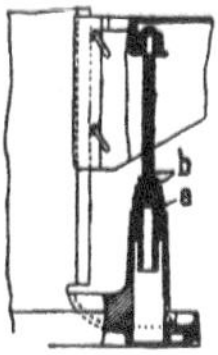	винтовой домкратъ (m) verricello (m) a vite gato (m) de husillo roscado	1
Stützmutter (f) supporting nut écrou-support (m)	a	подпорная *или* опорная гайка (f) madrevite (f) di sostegno tuerca (f) de soporte	2
Ausziehspindel (f), Teleskopspindel (f) telescopic screw vis (f) télescopique	b	телескопическій шпиндель (m) vite (f) telescopica husillo (m) telescópico	3
Kastenbett (n) box bed socle (m) *ou* bâti (m) formant caisson	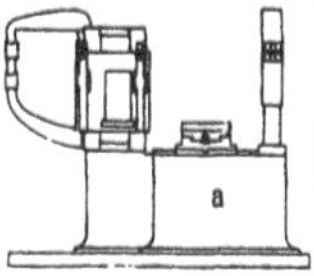 a	коробчатая станина (f) incastellatura (f) a cassa bancada (f) en forma de caja	4
Tischhalter (m) trunnion of table support (m) de la table	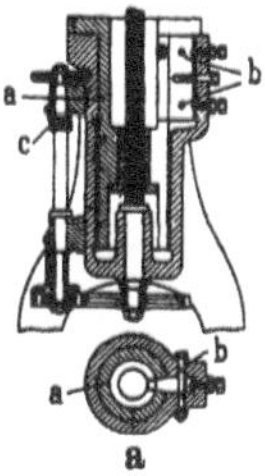 a	подпора (f) *или* опора (f) стола sopporto (m) della tavola sujetador (m) de la mesa	5
Klemmbolzen (m) clamping bolt boulon (m) de serrage	b	зажимной болтъ (m) bullone (m) di chiusura *o* di serraggio tornillo (m) de aprieto	6
Teilring (m) graduated ring anneau (m) gradué, anneau (m) diviseur	c	дѣлительное кольцо; кольцо (n) съ дѣленіемъ anello (m) divisore anillo (m) divisor	7
Spannbrücke (f) bridge plate bride (f) de serrage *ou* de fixation	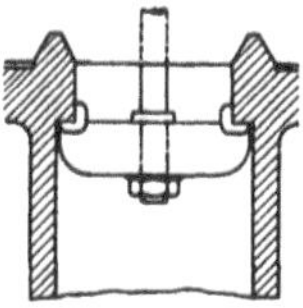	зажимная скоба (f); мостикъ (m) ponte (m), staffa (f) puente (m) de tensión	8

1 Tragstück (n), [Konsol-] Schieber (m), Langschlitten (m), Längsschlitten (m)
cross slide, support
support (m) à glissières de la table

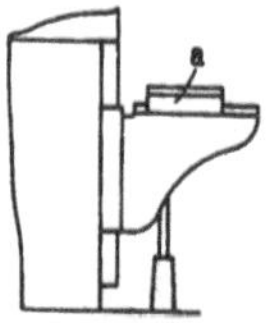

суппортныя салазки (f pl) стола; поперечныя салазки (f pl)
carrello (m) trasversale della tavola
soporte (m) corredizo de la mesa

---

2 Aufspanntisch (m), Tisch (m), Querschlitten (m)
table
table (f) *ou* plateau (m) [de fixation]

столъ (m) для укрѣпленія предметовъ; продольныя салазки (f pl)
tavola (f) di fissaggio dei pezzi
mesa (f) de sujeción

---

3 drehbarer Aufspanntisch (m)
revolving table for setting up work
table (f) de fixation pivotante

поворотный *или* вращающійся столъ (m) для укрѣпленія предметовъ
tavola (f) di fissaggio girevole *o* dei pezzi girevole
mesa (f) de sujeción giratoria

---

4 Drehscheibe (f), Drehtisch (m), Wendeschemel (m), Drehteil (m)
revolving base plate
plaque (f) pivotante

a

поворотный дискъ (m); вращающійся кругъ (m)
suola (f) *o* disco (m) girevole
disco (m) giratorio, placa (f) giratoria, mesa (f) giratoria

---

5 **Arbeitsweise und Antrieb**
Method of Working and Drive
Méthode de travail, commande

Способъ работы и передача
Metodo di lavoro ed avanzamento
Sistemas de trabajo, mecanismo de accionamiento

---

6 Fräsarbeit (f)
milling work
[travail (m) de] fraisage (m)

фрезерная *или* шарошечная работа (f)
fresatura (f), lavoro (m) alla fresatrice, lavoro (m) di fresa
trabajo (m) de fresar

---

7 Leistungsfähigkeit (f) des Fräsers
capacity of the milling cutter
débit (m) de la fraise, capacité (f) de travail de la fraise

производительность (f) шарошки *или* фрезы *или* фрезера
rendimento (m) della fresa
rendimiento (m) *ó* capacidad (f) de la fresa

---

8 kommaförmiger Span (m), Kommaspan (m)
comma shaped cutting
copeau (m) [en forme de] virgule

стружка (f) въ видѣ запятой
truciolo (m) a virgola *od* in forma di virgola
viruta (f) de forma de coma

fräsen (v) to mill fraiser (v)		фрез[ер]овать; шарошить fresare (v) fresar (v)	*1*
Fräsen (n) milling fraisage (m)		фрез[ер]ованіе (n) шарошеніе (n) fresatura (f) fresado (m)	*2*
Fräserei (f) milling shop atelier (m) de fraisage		фрез[ер]овочная (f); фрез[ер]овочная мастерская (f) officina (f) di fresatura, riparto (m) delle fresatrici departamento (m) de fresado	*3*
abfräsen (v) to mill off fraiser (v), enlever (v) à la fraise		отфрез[ер]овать fresare (v), ridurre (v) alla fresa quitar (v) á fresa	*4*
eine ebene Fläche fräsen (v), gerade fräsen (v) to mill a plan surface fraiser (v) une surface plane, dresser (v) à la fraise		шарошить *или* фрез[ер]овать плоскость fresare (v) un piano, fare (v) un piano a mezzo di fresa fresar (v) una superficie plana	*5*
Planfräsen (n) horizontal milling fraisage (m) horizontal, dressage (m) à la fraise	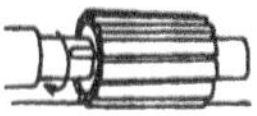	горизонтальное шарошеніе (n); фрез[ер]ованіе (n) плоскостей fresatura (f) orizzontale *o* di un piano fresado (m) en plano, el planear á fresa	*6*
Langfräsen (n) longitudinal *or* longsway milling fraisage (m) en long, fraisage (m) longitudinal		продольное шарошеніе (n) *или* фрез[ер]ованіе (n) fresatura (f) longitudinale, fresatura (f) per il lungo fresado (m) longitudinal	*7*
Nuten fräsen (v) to mill grooves fraiser (v) des rainures, rainer (v) à la fraise		шарошить канавки *или* пазы; фрез[ер]овать шпоночныя дорожки fresare (v) cave *o* scanalature fresar (v) ranuras	*8*
Einfräsen (n) von Nuten milling of grooves fraisage (m) de rainures, entaillage (m) de rainures à la fraise, défonçage (m) de rainures à la fraise	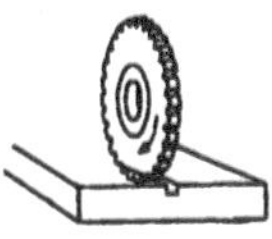	фрез[ер]ованіе (n) шпоночныхъ канавокъ; шарошеніе (n) шпоночныхъ дорожекъ fresatura (f) di cave *o* di scanalature fresado (m) de ranuras en una pieza	*9*

1 rundfräsen (v)
to mill circularly
tourner (v) à la fraise, fraiser (v) circulairement *ou* des surfaces cylindriques

производить токарную работу при помощи фрезы; фрез[ер]овать цилиндрическія поверхности при вращеніи фрез[ер]уемаго предмета; обтачивать круглые предметы фасонною фрезою
fresare (v) circolarmente
fresar (v) circularmente

---

2 Rundfräsen (n)
circular milling
tournage (m) à la fraise, fraisage (m) de surfaces cylindriques

производство (n) токарной работы при помощи фрезы; фрез[ер]ованіе (n) цилиндрическихъ поверхностей при вращеніи фрез[ер]уемаго предмета; фасонно-фрезерная обточка (f) круглыхъ прелметовъ
fresatura (f) circolare
fresado (m) circular

---

3 Zahnräder fräsen (v)
to mill teeth of gear *or* spur wheels
fraiser (v) des engrenages, tailler (v) des engrenages à la fraise

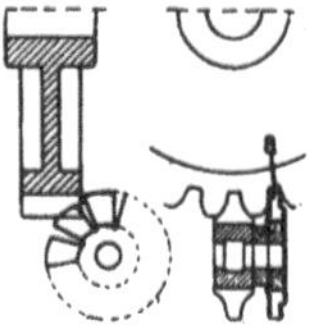

фрез[ер]овать *или* шарошить зубчатыя колёса
fresare (v) ingranaggi *o* denti d'ingranaggio
fresar (v) ruedas dentadas, tallar (v) engranajes

---

4 Zahnflankenfräsen (n)
milling faces of teeth
fraisage (m) des flancs de denture

фрез[ер]ованіе (n) *или* шарошеніе (n) боковыхъ поверхностей зубьевъ
fresatura (f) dei piani degli ingranaggi *o* dei denti d'ingranaggio
el fresar los flancos de los dientes de ruedas

---

5 Vorschneiden (n) der Zahnlücken, Vorfräsen (n) der Zähne
roughing out the space between the teeth
ébauchage (m) des dents (des vides entre les dents)

a

первая подготовительная фрез[ер]овка (f) впадинъ зубьевъ; первый черновой проходъ (m) при вышарошиваніи впадинъ зубьевъ
sbozzatura (f) *o* sgrossatura (f) degli ingranaggi *o* dei denti d'ingranaggio
tallado (m) previo de los huecos entre los dientes

---

6 Fräswinkel (m)
milling angle
angle (m) de fraisage

a

уголъ (m) шарошенія *или* фрез[ер]ованія; уголъ наклона дѣлительнаго шпинделя
angolo (m) della fresatura
ángulo (m) de fresar

nach der Lehre *oder* nach der Schablone fräsen (v), (kopierfräsen (v))
to mill from a copy *or* template
fraiser (v) suivant gabarit

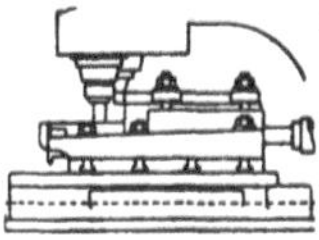

шарошить (m) *или* фрез[ер]овать по шаблону
fresare (v) su garbo *o* su modello 1
fresar (v) según plantilla

Fräserkühlung (f)
cooling of the cutter
rafraichissement (m) *ou* refroidissement (m) de la fraise

охлажденіе (n) шарошки *или* фрезы *или* фрезера
raffreddamento (m) della fresa 2
refrigeramiento (m) de la fresa

Kühlflüssigkeit (f)
cooling liquid
liquide (m) de refroidissement

охлаждающая жидкость (f)
liquido (m) raffreddante 3
liquido (m) refrigerante

Ölbehälter (m), Ölgefäß (n)
oil tank
réservoir (m) à huile

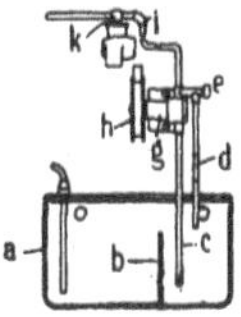

a

резервуаръ (m) для масла
serbatoio (m) *o* recipiente (m) per l'olio 4
depósito (m) de aceite

Zwischenwand (f)
dividing wall
cloison (m)

b

перегородка (f)
paratoia (f), parete (f) di divisione 5
pared (f) de separación

Saugrohr (n)
suction pipe
tuyau (m) d'aspiration

c

всасывающая труба (f)
tubo (m) d'aspirazione 6
tubo (m) de aspiración

Überlaufrohr (n)
overflow pipe
tuyau (m) de trop-plein

d

труба (f) переполненія; сливная *или* переливная труба
tubo (m) di troppo-pieno 7
tubo (m) de desagüe

Überlaufventil (n)
overflow valve
robinet (m) *ou* valve (f) [de réglage] du trop-plein

e

кранъ (m) переполненія; сливной вентиль (m)
valvola (f) di troppo-pieno 8
válvula (f) de desagüe

Flügelpumpe (f)
centrifugal pump
pompe (f) à ailettes

g

крыльчатый насосъ (m)
pompa (f) ad alette *o* centrifuga 9
bomba (f) de aletas

Ölpumpenantrieb (m)
drive of oil pump
commande (f) de la pompe à huile

h

приводъ (m) насоса для масла
comando (m) della pompa dell'olio 10
mecanismo (m) motor de la bomba de aceite

1 Kurbelscheibe (f)
crank plate
plateau (m) à manivelle

дискъ (m) съ кривошипомъ *или* съ рукояткой; кривошипный дискъ
disco (m) a manovella
disco (m) de manivela

---

2 Kniestück (n)
elbow
coude (m), genou (m)

i

колѣно (n)
gomito (m), raccordo (m) a gomito
codo (m)

---

3 Kugelstück (n)
ball joint
joint (m) sphérique

k

шаровое соединенiе (n)
raccordo (m) sferico
pieza (f) de unión esférica

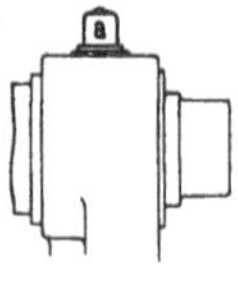

4 Schmierhelm (m)
lubricator cap
chapeau (m) *ou* couvercle (m) de graisseur

крышка (f) маслёнки
coperchio (m) *o* tappo (m) del lubrificatore
cubierta (f) de engrasador

a

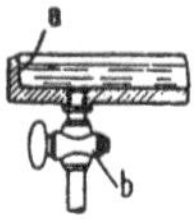

5 Sammeln (n) der Kühlflüssigkeit
collection of the cooling liquid
recueillement (m) du liquide refroidissant

собиранiе (n) охлаждающей жидкости
raccolta (f) del liquido raffreddante
el recoger el liquido refrigerante

---

6 umlaufende Rinne (f)
collecting trough
rigole (f) collectrice circulaire

a

окружающiй *или* ободный жёлобъ (m)
ribordo (m) per l'olio
canalón (m) en la circunferencia

---

7 Hahn (m), Ablaßhahn (m)
cock
robinet (m)

b

кранъ (m); спускной кранъ
robinetto (m)
llave (m) de paso

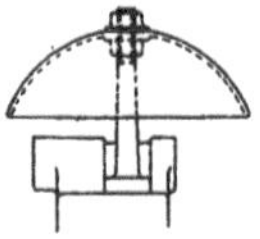

8 Glocke (f)
bell
timbre (m)

звонокъ (m)
campana (f), campanello (m)
timbre (m)

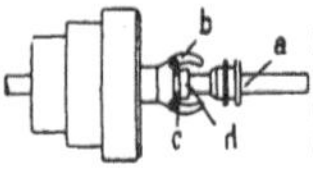

9 Antriebwelle (f)
driving shaft
arbre (m) de commande

приводный *или* главный валъ (m)
albero (m) di comando
árbol (m) motor, eje (m) motor

a

---

10 Kreuzkopf (m) [des Deckenvorgeleges]
crosshead of overhead countershaft
étrier (m) *ou* crosse (f) [de commande du renvoi de plafond], chape (f) *ou* bride (f) du renvoi de plafond

b

ползунъ (m) потолочнаго контръ-привода
testa (f) a croce del rinvio da soffitta *o* del rinvio pendente
brida (f) cruzada de la contra-marcha de techo

Kniehebel (m) toggle lever levier (m) coudé, genou (m)	c	колѣнчатый рычагъ (m) leva (f) a ginocchio palanca (f) acodada ó angular	*1*
Stellmutter (f) adjusting nut écrou (m) de fixation *ou* de réglage	d	установочная гайка (f) dado (m) di fissaggio *o* di regolazione tuerca (f) de graduación	*2*
Klemmanschlag (m) clamping ring stop bague (f) à serrage (réglable) de butée	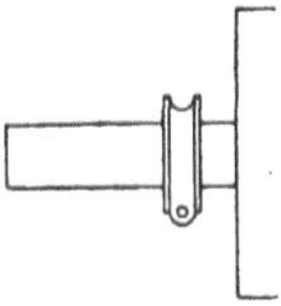	зажимный упоръ (m) anello (m) di arresto tope (m) [ó collar (m)] graduable [sujetado á presión]	*3*
Zwischenwelle (f), Zwischenspindel (f) intermediate spindle arbre (m) intermédiaire	a 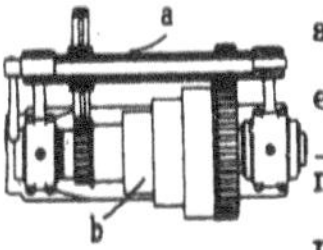	промежуточный валъ (m); промежуточный шпиндель (m) albero (m) intermedio, asse (m) intermedio eje (m) intermedio, husillo (m) intermedio	*4*
Antriebstufenscheibe (f) stepped driving cone poulie (f) de commande étagée *ou* à gradins, cône (m) de commande	b	приводный ступенчатый шкивъ (m) puleggia (f) a gradini di comando polea (f) motriz escalonada	*5*
Einsatzscheibe (f) supporting disc disque (m) *ou* plateau (m) interchangeable	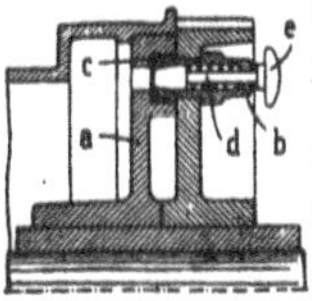	вставная шайба (f); вставной дискъ (m) disco (m) divisore intercambiabile disco (m) intercambiable	*6*
Indexhülse (f) index sleeve douille (f) graduée	a b	втулка (f) указателя manicotto (m) dell'indice casquillo (m) con indice	*7*
Indexring (m) index ring bague (f) divisée	c	кольцо (n) указателя anello (m) dell'indice anillo (m) del indice	*8*
Indexstift (m) index pin doigt (m) de diviseur	d	штифтъ (m) указателя; указатель (m) indice (m) púa (f) del indice	*9*
Knopf (m) button, knob bouton (m)	e	кнопка (f) pomello (m), bottone (m) botón (m)	*10*
Tischbewegung (f) movement of table mouvement (m) de la table		ходъ (m) стола movimento (m) della tavola movimiento (m) de la mesa	*11*

1 Kurbel (f)
crank lever *or* handle
manivelle (f)

ручной кривошипъ (m); ручка (f)
manovella (f)
manivela (f)

---

2 Kurbelgriff (m), Griff (m)
grip, handle
poignée (f) de manivelle

a

рукоятка (f)
impugnatura (f) *o* manubrio (m) della manovella
mango (m) de la manivela

---

3 innenliegender *oder* zentraler Tischantrieb (m)
internal table operating gear
commande (f) de la table dans le bâti

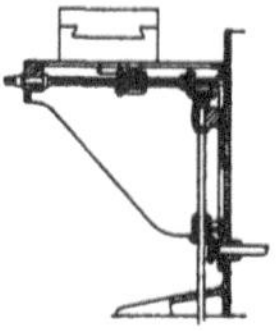

внутренняя передача (f) стола; передача стола, расположенная внутри станины
comando (m) della tavola interno all'incastellatura
movimiento (m) de la mesa dispuesto interiormente

---

4 außenliegender Tischantrieb (m)
external table operating gear
commande (f) extérieure de la table [au bâti]

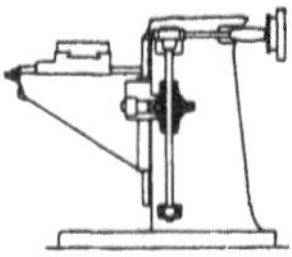

наружная передача (f) стола; передача стола, расположенная снаружи станины
comando (m) della tavola esterno all'incastellatura
movimiento (m) de la mesa dispuesto exteriormente

---

5 Quergang (m) des Aufspanntisches
cross traverse of the table
déplacement (m) *ou* mouvement (m) transversal de la table

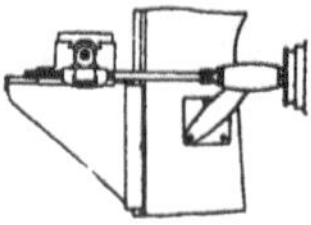

поперечный самоходъ (m) стола; [въ Россіи чаще:] продольный самоходъ стола
spostamento (m) longitudinale della tavola
movimiento (m) transversal de la mesa

---

6 Ausrückung (f) des Aufspanntisches
throwing out the gear for traversing the table
débrayage (m) de la table

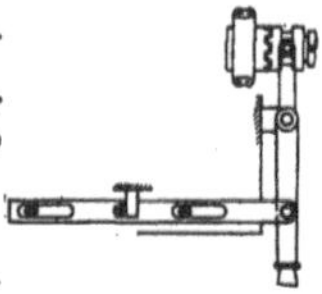

выключеніе (n) стола
disinnesto (m) della tavola
desembrague (m) de la mesa de sujeción

---

7 Kugelgelenkübertragung (f), Kreuzgelenkübertragung (f)
transmission by shaft with universal *or* ball socket joint
transmission (f) à rotule, transmission (f) par cardan *ou* par articulation universelle

шаровая шарнирная передача (f)
trasmissione (f) ad albero telescopico snodato
transmisión (f) articulada

Gelenkwelle (f), gelenkige Welle (f)
shaft with universal joints (ball and socket joint)
arbre (m) articulé *ou* à articulation

a

шарнирный валъ (m)
albero (m) snodato con giunti di cardano
eje (m) articulado 1

Kugelgelenk (n)
universal *or* ball and socket joint
articulation (f) à rotule

b

шаровой *или* гуковъ шарниръ (m)
giunto (m) di cardano *o* snodato a ginocchio
articulación (f) esférica 2

Kugelzapfen (m)
ball
rotule (f)

a

шаровая цапфа (f) *или* головка (f)
rotula (f)
espiga (f) de extremo esférica, articulación (f) esférica, rótula (f) 3

Kugelmuffe (f)
ball socket
manchon (m) *ou* coussinet (m) à logement sphérique

b

шаровая муфта (f); муфта съ шаровымъ гнѣздомъ
cuscinetto (m) della rotula
cojinete (m) esférico 4

---

ausziehbare Gelenkwelle (f)
telescopic shaft
arbre (m) articulé télescopique

выдвижной *или* телескопическій шарнирный валъ (m); раздвижной валикъ (m) шарнира
albero (m) telescopico snodato
eje (m) articulado extensible 5

---

ausziehbare Spindel (f)
telescopic spindle
arbre (m) télescopique d'avancement

a

выдвижной *или* телескопическій шпиндель (m)
albero (m) telescopico
eje (m) extensible 6

Spindelhülse (f)
spindle sleeve
douille (f) de l'arbre, douille (f) de la broche

b

втулка (f) шпинделя
manicotto (m) dell'albero, albero (m) a manicotto
casquillo (m) del eje 7

Ausziehrohr (n), Teleskoprohr (n)
telescopic tube
tuyau (m) télescopique

телескопическая труба (f)
tubo (m) telescopico
tubo (m) telescópico 8

Säulenstütze (f)
pillar support
colonnette (f)

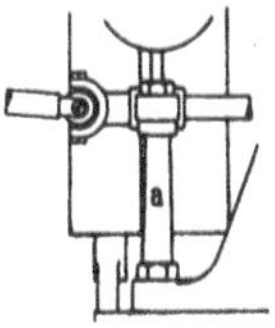

a

подпорная *или* опорная колонка (f)
sostegno (m) della colonna
apoyo (m) de columna 9

1 Räderknie (n)
jointed gear plate
coude (m) articulé à pignons coniques

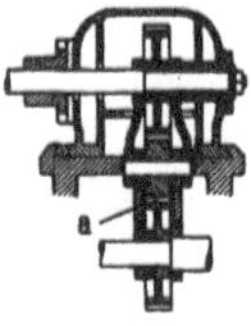

a

зубчатая передача (f) изъ трёхъ цилиндрическихъ колёсъ, оси которыхъ связаны шарнирно
ingranaggio (m) a gomito *od* a ginocchio
codo (m) articulado de engranajes

---

2 Vorschubschneckengetriebe (n)
worm gear feed
mécanisme (m) d'avance par roue et vis sans fin

червячная передача (f) подачи
meccanismo (m) di avanzamento a vite senza fine
mecanismo (m) de tornillo sin fin del movimiento de avance

---

3 achsrechter *oder* achsialer Vorschub (m) des Werkstücks zum Fräser
axial travel of the work up to the cutter
déplacement (m) axial de la pièce (à travailler) vers la fraise

осевая *или* аксіальная подача (f) предмета къ шарошкѣ
avanzamento (m) del pezzo contro la fresa in direzione dell'asse del mandrino
avance (m) axial de la pieza de labor contra la fresa

---

4 das Werkstück der Drehrichtung des Fräsers entgegenführen (v), gegen das Material fräsen (v)
to feed the work against the teeth of the cutter
avancer (v) la pièce à travailler dans le sens opposé à celui de rotation de la fraise

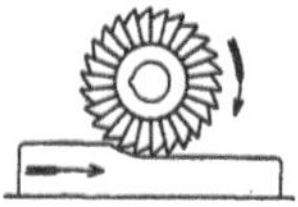

подавать предметъ по направленію обратному вращенію шарошки
avanzare (v) il pezzo in senso contrario alla rotazione della fresa
conducir (v) la pieza de labor contra la dirección en que rueda la fresa

---

5 das Werkstück in der Richtung des Fräsers vorbeiführen (v), mit dem Material fräsen (v)
to feed the work in the direction with the cutter
avancer (v) la pièce à travailler dans le sens de rotation de la fraise

подавать предметъ по направленію вращенія шарошки
avanzare (v) il pezzo nel senso della rotazione della fresa
conducir (v) la pieza de labor en la dirección de rotación de la fresa

---

6 Schraubenräderantrieb (m) des Rücklaufs
drive of return screw wheel
commande (f) du retour *ou* recul [de la table] par roues à denture helicoïdale

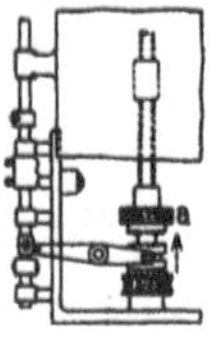

a

передача (f) обратнаго движенія винтовыми *или* червячными колёсами
comando (m) di ritorno a mezzo d'ingranaggi a denti elicoidali
movimiento (m) de retroceso por engranajes helicoidales

Tischspindel (f)
spindle for table
vis (f) de la table

винтъ (m) подачи стола
vite (f) della tavola
husillo (m) de la mesa 1

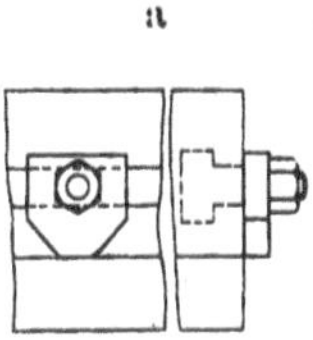

Anschlagkloben (m), Stoßknagge (f), Umsteuerknagge (f)
stop
taquet (m) de butée

упорный кулачокъ (m) [для измѣненія направленія хода]
arresto (m), nasello (m) di arresto 2
tope (m) á taco (graduable para limitar el movimiento automático)

Ausrückung (f) mit Fallschnecke
disengagement by dropping the worm out of gear
débrayage (m) par vis sans fin basculante

расцѣпленіе (n) *или* выключеніе (n) *или* остановъ (m) при помощи падающаго червяка
disinnesto (m) a mezzo di vite perpetua *o* senza fine a caduta 3
desembrague (m) con husillo sin fin de caida *ó* articulado

Fallschnecke (f)
out of gear falling worm
vis (f) sans fin basculante

a

падающій червякъ (m)
vite (f) perpetua *o* senza fine a caduta
husillo (m) de rosca sin fin de caida *ó* articulado 4

Schneckenlager (n)
worm bearing
coussinet (m) de la vis sans fin

b

подшипникъ (m) червяка
cuscinetto (m) della vite perpetua *o* senza fine 5
cojinete (m) del tornillo sin fin

Schneckengehäuse (n), Wurmgehäuse (n), Wurmtasche (f)
casing *or* pocket for worm
enveloppe (f) *ou* boite (f) de la vis sans fin

b

кожухъ (m) *или* коробка (f) червяка
guardia (f) della vite perpetua *o* senza fine 6
caja (f) del husillo sin fin

Gesperre (n) der Zahnräderfräsmaschine
locking device of the gear cutting machine
encliquetage (m) de la fraiseuse à tailler les engrenages

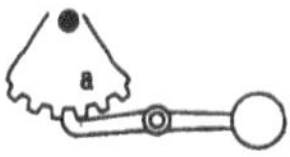

остановъ (m) станка для шарошенія зубчатыхъ колёсъ
arresto (m) di fresatrice per ingranaggi *o* per denti di ingranaggi 7
trinquete (m) de detención de la máquina de tallar engranajes

---

Lehrrad (n), Teilrad (n)
dividing wheel
roue (f) à diviser, roue (f) à divisions

a

дѣлительное колесо (n)
ruota (f) dividente, disco (m) divisore 8
rueda (f) de dividir

1	Einrücker (m), Einrückhebel (m), Rückhebel (m), Einschalthebel (m) engaging lever levier (m) d'embrayage	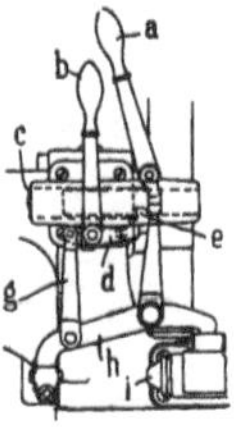 a	рычагъ (m) [для] включенія leva (f) di innesto palanca (f) de embrague
2	Ausrückhebel (m), Rückhebel (m) disengaging lever levier (m) de débrayage	b	рычагъ (m) [для] выключенія leva (f) di disinnesto palanca (f) de desembrague
3	Anschlagstange (f) stop rod tige (f) *ou* tringle (f) de débrayage	c	упорный стержень (m) barra (f) d'arresto varilla (f) de tope
4	Anschlaghaken (m), Sperrklinke (f) claw stop griffe (f) de butée	d	упорный крюкъ (m) *или* крючокъ (m); собачка (f) gancio (m) *o* nottolino (m) d'arresto garra (f) de tope
5	Kerbe (f), Rast (f) notch cran (m)	e	зарубка (f) tacca (f) entalladura (f)
6	Gabelhebel (m), Scharnierhebel (m) forked end lever levier (m) à fourche *ou* à chape	g	рычагъ (m) въ видѣ вилки; вилкообразный рычагъ leva (f) a forchetta palanca (f) en forma de horquilla
7	Auslöshebel (m) releasing lever levier (m) de déclic *ou* de débrayage	h	расцѣпляющій рычагъ (m) leva (f) di disinnesto palanca (f) de levantar
8	Ausrückknopf (m) catch button *or* knob bouton (m) de débrayage *ou* de déclic	i	выключающая кнопка (f) pomello (m) *o* bottone (m) di disinnesto botón (m) del desembrague
9	Rückholfeder (f) return spring ressort (m) de rappel	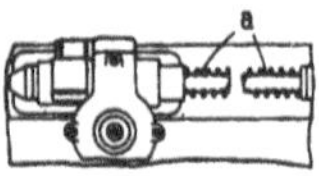	пружина (f) [для] обратнаго дѣйствія molla (f) di richiamo muelle (m) de retroceso

Fräs[er]spindel (f), Fräserwelle (f), Arbeitspindel (f) cutter arbor *or* spindle arbre (m) porte-fraise, mandrin (m) porte-fraise		фрезерный *или* шарошечный шпиндель; рабочій шпиндель; шпиндель фрезерной бабки mandrino (m) porta-fresa husillo (m) porta-fresa, husillo (m) de fresar, husillo (m) de trabajo	*1*
Hauptfrässpindel (f) main milling spindle broche (f) de fraisage principale	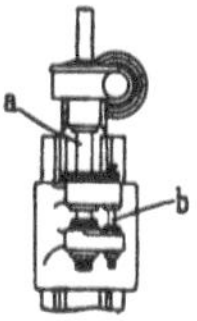	главный фрезерный *или* шарошечный шпиндель (m) mandrino (m) principale della fresa husillo (m) de fresar principal	*2*
Nebenfrässpindel (f), Hilfs[fräs]spindel (f) auxiliary milling spindle broche (f) de fraisage auxiliaire	a b	вспомогательный фрезерный шпиндель(m); вспомогательный шарошечный шпиндель mandrino (m) ausiliare *o* secondario husillo (m) de fresar secundario	*3*
verschiebbare Frässpindel (f) sliding spindle broche (f) porte-fraise mobile *ou* coulissante	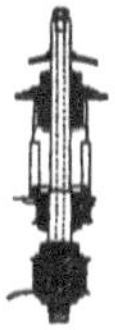	передвижной фрезерный *или* шарошечный шпиндель (m) mandrino (m) portafresa spostabile assialmente husillo (m) de fresar graduable	*4*
Spindellagerung (f) bearing of spindle montage (m) de la broche dans ses coussinets	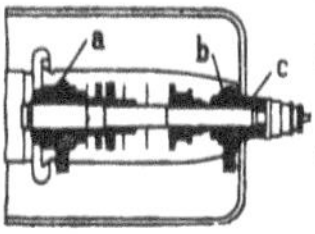	подшипники (m pl) шпинделя sopporti (m pl) *o* cuscinetti (m pl) del mandrino colocación (f) del husillo de fresar en sus cojinetes	*5*
vordere Lagerbüchse (f), vordere Lagerhülse (f) front bushing coussinet (m) [d']avant	a	передняя подушка (f) *или* втулка (f) стакана cuscinetto (m) anteriore casquillo (m) del cojinete delantero	*6*
hintere Lagerbüchse (f), hintere Lagerhülse (f) back bushing coussinet (m) [d']arrière	b	задняя подушка (f) *или* втулка (f) стакана cuscinetto(m) posteriore casquillo (m) del cojinete trasero	*7*
Kapselmutter (f) cap nut raccord (m) taraudé	c	колпачковая гайка (f) dado (m) chiuso a capsula unión (f) de rosca	*8*

Keil[treiber]loch (n), Auswerferschlitz (m)
1 drift hole *or* slot
rainure (f) pour chasse clavette

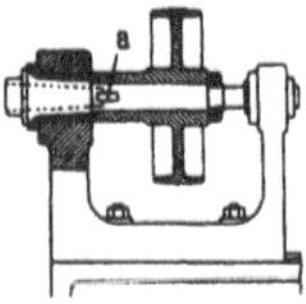

a

отверстіе (n) для выбрасыванія клина
finestra (f) *od* apertura (f) per levare la fresa
ranura (f) para sacar la cuña

---

verstellbares *oder* verschiebbares Fräserwellenlager (n)
2 adjustable bearing for arbor *or* cutter spindle
portée (f) déplaçable de la broche de fraisage

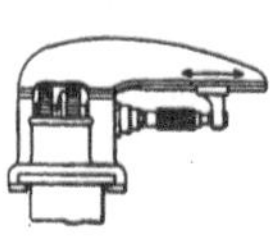

переставной подшипникъ (m) фрезернаго шпинделя
reggipunta (m) regolabile del mandrino *o* del portafrese
soporte (m) de apoyo graduable para el árbol porta-fresa

Feineinstellung (f) *oder* Justierung (f) der Frässpindel
fine adjustment of the
3 milling cutter arbor
mise (f) au point précise de la broche de fraisage, réglage (m) de l'arbre porte-fraise

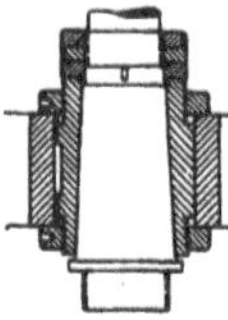

точная установка (f) фрезернаго шпинделя
aggiustaggio (m) di precisione del mandrino portafrese
graduación (f) de precisión del árbol porta-fresa

Spindelkasten (m), Spindelstock (m), Spindel-
4 bock (m)
spindle head stock
poupée (f)

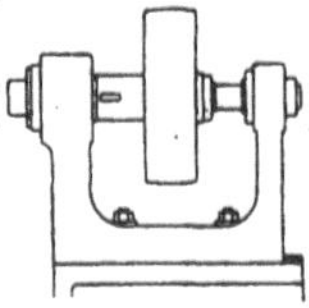

фрезерная бабка (f)
testa (f) motrice, testa (f) del mandrino
cabezal (m) principal

---

festliegender Spindel-
5 stock (m)
fast head stock
poupée (f) fixe

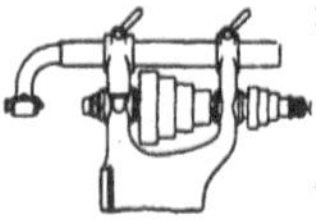

неподвижная фрезерная бабка (f)
testa (f) motrice fissa, testa (f) fissa del mandrino
cabezal (m) principal fijo

---

verschiebbarer Spindelstock (m)
6 movable head stock
poupée (f) *ou* chariot (m) porte-broche mobile

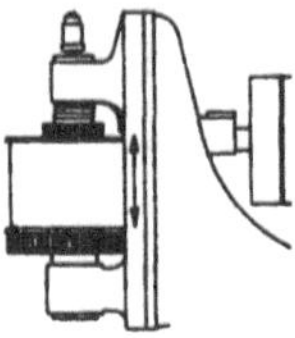

подвижная фрезерная бабка (f)
testa (f) motrice scorrevole *o* spostabile, testa (f) spostabile del mandrino
cabezal (m) móvil graduable longitudinalmente

1

Kehrgetriebekasten (m), Wendegetriebekasten (m)
reversing *or* return gear box
boîte (f) du mécanisme de changement de marche

коробка (f) механизма для измѣненія направленія хода
cassa (f) *o* scatola (f) per l'inversione di marcia
caja (f) del mecanismo de inversión de marcha

2

Oberhänger (m), Gegenhalter (m), Gegenarm (m), Spitzenhalter (m)
overhanging arm
nez (m) de support de la broche fraiseuse

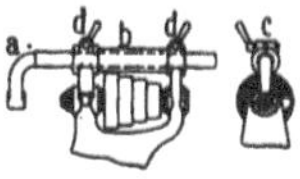

a

поддерживающій рукавъ (m); поддерживающее колѣно (n)
reggipunta (m), braccio (m) reggipunta
brazo (m) superior para enmangar el husillo de fresar

3

Rohr (n), Führung (f), Futter (n)
sleeve
fourreau (m), douille (f)

b

трубка (f); втулка (f); направляющая (f)
manicotto (m), manica (f)
tubo (m)

4

geschlitzte Armführung (f)
split clamping bearing
[collet (m) de] guidage (m) fendu du nez

c

разрѣзная направляющая втулка (f) поддерживающаго колѣна *или* рукава
cuscinetti (m pl) *o* collari (m pl) spaccati del reggipunta
tubo (m) partido del brazo de conducción

5

Spannkloben (m)
clamping lugs
collier (m) *ou* collet (m) de serrage

d

зажимъ (m); зажимной хомутъ (m)
morsetto (m) di chiusura *o* di serraggio
mordazas (f pl) de sujeción

6

Gegenspitze (f), Reitnagel (m), Körnerspitze (f)
dead centre
contre-pointe (f), pointe (f) de la contre-poupée

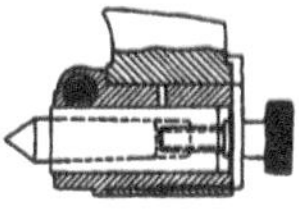

задній центръ (m); упорный центръ (m)
contropunta (f)
contra-punta (f), punta (f) de la contrapunta

7

Fräs[er]dorn (m)
milling arbor
mandrin (m) de fraisage

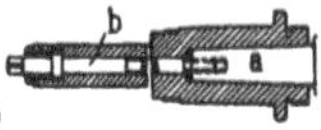

a

валикъ (m) фрезы; фрезерная оправка (f)
mandrino (m) portafrese
husillo (m) porta-fresa, mango (m) de la fresa

8

Spannschraube (f)
tightening up screw
vis (f) de serrage

b

зажимной винтъ (m)
vite (f) di fissaggio *o* di chiusura
tornillo (m) de sujeción

9

Differentialgewinde (n)
differential thread
filet (m) différentiel

дифференціальная рѣзьба (f) *или* нарѣзка (f)
filetto (m) differenziale
rosca (f) diferencial

1 Differential[spann]-mutter (f)
differential nut
écrou (m) à filets différentiels

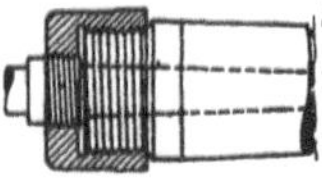

дифференціальная гайка (f)
madrevite (f) differenziale
tuerca (f) de paso diferencial

---

2 Differential[spann]-schraube (f)
differential screw
vis (f) à filets différentiels

дифференціальный винтъ (m)
vite (f) differenziale
tornillo (m) de paso diferencial

---

3 Aufnahmebock (m)
toe bearing
support (m), vérin (m) de soutien

подпорка (f)
cavalletto (m) *o* verricello (m) di sostegno
soporte (m)

a

---

4 Aufnahmedorn (m)
toe pin
mandrin (m)

b

оправка (f)
mandrino (m) del verricello
mandril (m), espiga (f) porta-útil

---

5 Hohldorn (m)
hollow mandrel
mandrin (m) creux, mandrin (m) à manchon

пустотѣлая *или* полая оправка (f)
mandrino (m) cavo
espiga (f) hueca, mandril (m) de manguito

---

6 Teilkopf (m), Teilapparat (m), Haubitze (f)
dividing head
appareil (m) diviseur, poupée (f) à diviseur

дѣлительная бабка (f) *или* головка (f); дѣлительный аппаратъ (m)
testa (f) da dividere
cabezal (m) divisor

---

7 Teilspindel (f)
dividing spindle
broche (f) de la poupée à diviser

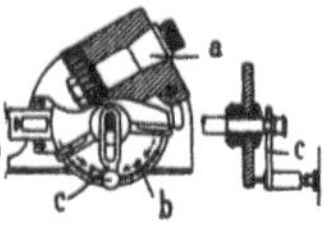

дѣлительный шпиндель (m); шпиндель дѣлительной бабки
mandrino (m) della testa da dividere
husillo (m) divisor

a

---

8 Teilscheibe (f), Lochscheibe (f)
dividing plate
plateau (m) diviseur

b

дѣлительный кругъ (m)
disco (m) divisore
plato (m) divisor

---

9 Körnerkreis (m)
path described on the dividing plate
cercle (m) des points de division, cercle (m) du plateau diviseur

окружность (f), образуемая отверстіями на дѣлительномъ кругѣ
circolo (m) dei fori di divisione
circulo (m) (m) de puntos de división

---

10 Teilkurbel (f)
dividing arm
alidade (f) de division

c

дѣлительная рукоятка (f)
manovella (f) dividente
manivela (f) de división

verstellbares *oder* einstellbares *oder* schwenkbares Spindelgehäuse (n) swivelling overhanging arm poupée (f) inclinable	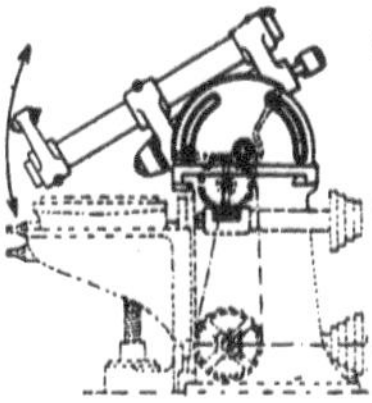	поворотная дѣлительная бабка (f); поворотная колодка (f) въ дѣлительной бабкѣ testa (f) motrice inclinabile, testa (f) inclinabile del mandrino cabezal (m) principal inclinable	*1*
Universalteilkopf (m) universal dividing head poupée (f) diviseuse universelle	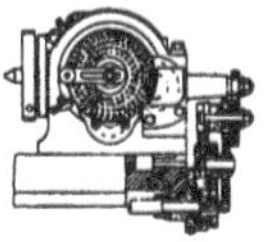	универсальная дѣлительная бабка (f) *или* головка (f) testa (f) da dividere universale cabezal (m) divisor universal	*2*
Reitstock (m) poppet, tail stock contre-poupée (f)	 a	задняя бабка (f) contropunta (f) contra-punta (f)	*3*
Normalkonus (m), Morsekonus (m), metrischer Konus (m), Einheitskegel (m) standard cone, Morse's cone cône (m) normal [de l'arbre]		нормальный конусъ (m); конусъ Морзе; метрическій конусъ cono (m) *o* conicità (f) normale cono (m) normal (del árbol)	*4*
Rundfräsvorrichtung (f) circular milling device dispositif (m) à fraiser circulairement	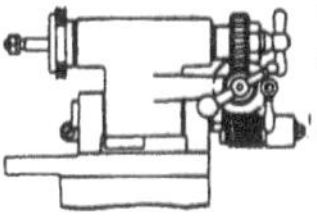	приспособленіе (n) для шарошенія по кругу dispositivo (m) per fresare circolarmente disposición (f) de fresar circularmente (ó mesa circular de movimiento automático)	*5*

Fräser — **Фрезы**
Milling Cutter — **Frese** *6*
Fraises — **Fresas**

Fräser (m) milling cutter fraise (f)	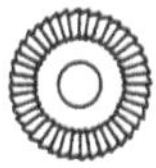	шарошка (f); фреза (f); фрезеръ (m) fresa (f) fresa (f)	*7*
Fräserteilung (f), Umfangteilung (f) pitch of cutter teeth pas (m) de la fraise	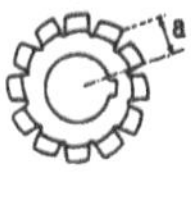 a	дѣленіе (n) зубьевъ шарошки *или* фрезы; шагъ (m) зубьевъ фрезера passo (m) della fresa división (f) de la fresa	*8*

1 genuteter Fräser (m), geriefter Fräser (m), Fräser (m) mit genuteten *oder* gerieften Schneidzähnen
grooved milling cutter
fraise (f) à denture cannelée

шарошка (f) *или* фреза (f) съ назубренными *или* съ продороженными рѣжущими кромками; фрезеръ (m) съ поперечными канавками на рѣжущихъ кромкахъ [для лучшаго отдѣленія стружки]
fresa (f) a dente triangolare
fresa (f) con dientes ranurados

---

2 hinterdrehter Fräser (m), Fräser (m) mit hinterdrehten Schneidzähnen
backed off milling cutter
fraise (f) à dépouiller, fraise (f) à profil constant, fraise (f) à denture détalonnée *ou* dégagée

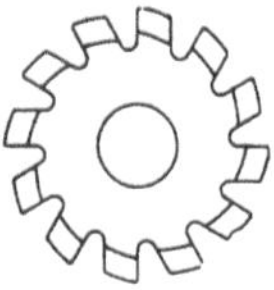

шарошка (f) съ зубьями съ задней заточкой; фреза (f) со спиральной заточкой зубьевъ; фрезеръ (m) съ постояннымъ профилемъ зубьевъ [не мѣняющимся при переточкѣ
fresa (f) a profilo invariabile
fresa (f) de perfil constante, fresa (f) retorneada de perfil constante

---

3 schräg hinterdrehter Fräser (m)
milling cutter with diagonally backed off teeth
fraise (f) à denture détalonnée *ou* dégagée obliquement, fraise (f) à dépouiller oblique

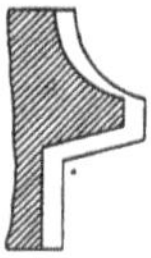

шарошка (f) съ зубьями съ косой задней заточкой; фреза (f) *или* фрезеръ (n) съ косыми спирально заточенными зубьями постояннаго профиля
fresa (f) a profilo invariabile obliquo
fresa (f) retorneada oblicuamente

---

4 Radialfräser (m), Fräser (m) mit radialen Nuten
radial *or* side milling cutter
fraise (f) à denture latérale *ou* radiale, fraise (f) en bout

радіальная шарошка (f) *или* фреза (f); радіальный фрезеръ (m)
fresa (f) a denti radiali
fresa (f) radial

---

5 Stirnfräser (m), Kopffräser (m)
face and side cutter
fraise (f) à deux faces, fraise (f) cylindrique et en bout combinée

лобовая шарошка (f) *или* фреза (f); лобовой фрезеръ (m)
fresa (f) a taglienti laterali *od* a fianchi taglienti
fresa (f) con corte al frente

kegeliger *oder* konischer Fräser (m), Fräser (m) für kegelige *oder* konische Löcher
coned milling cutter
fraise (f) tronconique

коническая шарошка (f) *или* фреза (f); конический фрезеръ (m) 1
fresa (f) conica
fresa (f) cónica

Versenker (m), Senker (m)
countersink
fraise (f) conique

зенковка (f); зинковка (f); зенковочная шарошка (f) *или* фреза (f); зенковочный фрезеръ (m); коническая фреза (f) 2
fresa (f) acciecatrice, acciecatoio (m)
fresa (f) cónica, avellanador (m)

Planfräser (m)
facing cutter
fraise (f) de fraiseuse-raboteuse

шарошка (f) для фрез[ер]ованія плоскостей; фреза (f) *или* фрезеръ (m) для шарошенія плоскостей 3
fresa (f) da far piani *o* da spianare
fresa (f) de fresadora-acepilladora

Walzenfräser (m) mit geraden *oder* parallelen Nuten
cylindrical cutter with straight grooves
fraise (f) cylindrique rectiligne *ou* axiale

осевая шарошка (f) *или* фреза (f) съ прямыми зубьями; цилиндрическій фрезеръ (m) съ прямыми желобками 4
fresa (f) cilindrica a denti diritti
fresa (f) cilíndrica, fresa (f) axial

Walzenfräser (m) mit Spiralnuten
cylindrical cutter with spiral grooves
fraise (f) cylindrique à dresser à dents hélicoïdales

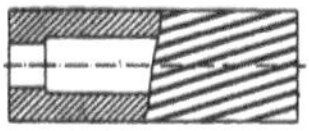

осевая шарошка (f) *или* фреза (f) со спиральными зубьями; цилиндрическій фрезеръ (m) съ витыми 5 желобками
fresa (f) cilindrica a denti elicoidali
fresa (f) cilíndrica de planear

Fingerfräser (m)
end mill
fraise (f) à queue

концевая шарошка (f) *или* фреза (f); концевой фрезеръ (m)
fresa (f) con gambo *o* con coda 6
fresa (f) escariadora con espiga

Spiralfräser (m)
spiral milling cutter
fraise (f) à denture hélicoïdale

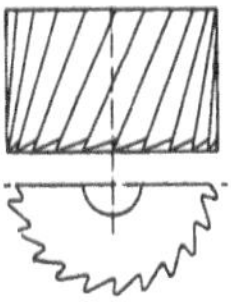

шарошка (f) *или* фреза (f) *или* фрезеръ (m) со спиральными зубьями
fresa (f) a denti elicoidali 7
fresa (f) con ranuras ó dientes espirales

1 Formfräser (m), Profilfräser (m)
formed *or* profile cutter
fraise (f) profilée *ou* à profiler, fraise (f) de forme

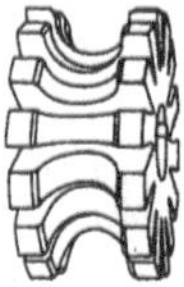

фасонная шарошка (f) *или* фреза (f); фасонный фрезеръ (m)
fresa (f) sagomata, fresa (f) a profilo
fresa (f) perfilada, fresa (f) de forma

---

2 Kugelfräser (m), Kugelknopf (m)
spherical cutter
fraise (f) sphérique

шаровая шарошка (f) *или* фреза (f); шаровой фрезеръ (m)
fresa (f) sferica
fresa (f) esférica

---

3 Zahnformfräser (m), Zahnprofilfräser (m)
cutter for gear wheels
fraise (f) à [tailler les] engrenages

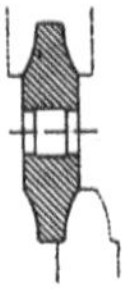

зуборѣзная шарошка (f); фреза (f) для зубчатыхъ колёсъ; фрезеръ (m) для нарѣзанія зубчатыхъ колёсъ
fresa (f) per ingranaggi
fresa (f) para tallar engranajes, fresa (f) de módulo

---

4 Zahnstangenfräser (m)
rack milling cutter
fraise (f) pour [tailler les] crémaillères

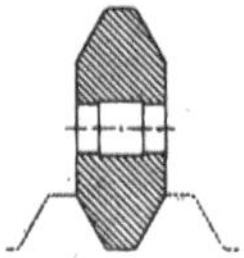

шарошка (f) *или* фреза (f) *или* фрезеръ (m) для нарѣзанія зубчатыхъ реекъ
fresa (f) per cremagliere
fresa (f) para dentar cremalleras

---

5 Schneckenfräser (m), Wurmfräser (m)
worm hob
fraise (f) hélicoïdale, fraise (f) pour vis-mère cylindrique

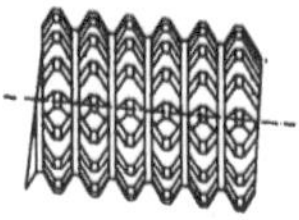

червячная шарошка (f); винтовая фреза (f); фрезеръ (m) для нарѣзанія червячныхъ и винтовыхъ колёсъ
fresa (f) a vite senza fine, fresa (f) elicoidale
fresa (f) helicoidal, fresa (f) sin fin

---

6 Abwälzverfahren (n)
cutting gear teeth by helicoidal cutter
fraisage (m) par fraise hélicoïdale, fraisage (f) par vis-mère en développante, procédé (m) de fraisage par développante

фрез[ер]ованіе (n) по развёрткѣ
fresatura (f) a sviluppante
procedimiento (m) de fresar dientes con fresa helicoidal

Schneidscheibe (f), Schneidrad (n), walzenförmiger *oder* zylindrischer Scheibenfräser (m)
face and side cutter
fraise (f) à disque, fraise (f) cylindrique

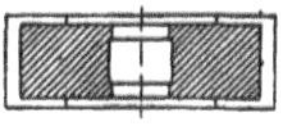

дисковая шарошка (f) *или* фреза (f); дисковый фрезеръ (m)
fresa (f) a disco ed a tre taglienti
fresa (f) cilindrica 1

---

kegeliger *oder* konischer Scheibenfräser (m)
conical side milling cutter
fraise (f) angulaire

коническая дисковая шарошка (f) *или* фреза (f); коническій дисковый фрезеръ (m) 2
fresa (f) a disco conica
fresa (f) angular

Nutenfräser (m)
grooving cutter
fraise (f) à rainer

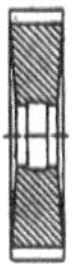

цилиндрическая шпоночная шарошка (f) *или* фреза (f); цилиндрическій фрезеръ (m) для шпоночныхъ канавокъ *или* пазовъ 3
fresa (f) per cave
fresa (f) para ranuras, fresa (f) para muescas

Einlocher (m)
hole boring cutter
fraise (f) à aléser

шарошка (f) для развёртыванія дыръ; фреза (f) - развёртка (f) 4
fresa (f) per allargare fori, allargatoio (m) a fresa
escariador-fresa (m)

Schlitzfräser (m)
slot cutter
fraise (f) à rainer

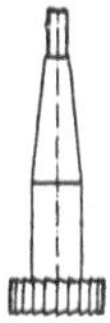

шарошка (f) *или* фреза (f) *или* фрезеръ (m) для прорѣзки узкихъ канавокъ *или* пазовъ 5
fresa (f) con gambo per cave *o* per scanalatura
fresa (f) para ranuras delgadas

Winkelfräser (m)
angle cutter
fraise (f) conique d'angle

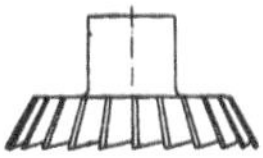

угловая шарошка (f) *или* фреза (f); угловой фрезеръ (m) 6
fresa (f) conica *o* ad angolo
fresa (f) angular

Gewindebohrernutenfräser (m), runder Nutenfräser (m)
fluting cutter for taps
fraise (f) à tailler les rainures de tarauds

шарошка (f) *или* фреза (f) для канавокъ метчиковъ и развёртокъ; круглый фрезеръ (m) для полукруглыхъ шпоночныхъ канавокъ 7
fresa (f) per scanalare maschi
fresa (f) para ranuras de machos de roscar

1 Spiralbohrernutenfräser (m), Formfräser (m) für Spiralbohrernuten
cutter for fluting twist drills
fraise (f) à tailler les gorges de forets hélicoïdaux

шарошка (f) *или* фреза (f) для [нарѣзанія] канавокъ спиральныхъ свёрлъ; фасонный фрезеръ (m) для спиральныхъ свёрлъ
fresa (f) per scanalare punte a spirale
fresa (f) para vaciar las ranuras helicoidales de las brocas espirales

---

2 Innenfräser (m)
internal milling cutter
fraise (f) à rectifier les alésages *ou* aléseuses

внутренняя фреза (f) *или* шарошка (f); внутренній фрезеръ (m)
fresa (f) per interni *o* per fori
fresa (f) hueca, fresa (f) interior

---

3 Fräser (m) mit eingesetzten Schneidzähnen
cutter with inserted teeth
fraise (f) à dents rapportées

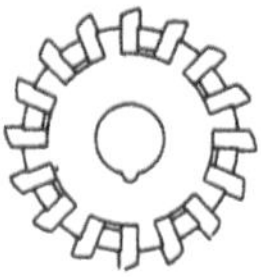

шарошка (f) *или* фреза (f) *или* фрезеръ (m) со вставными зубьями
fresa (f) a denti rimessi *od* a denti riportati
fresa (f) de dientes postizos

---

4 Fräskopf (m), Messerkopf (m)
cutter head
tête (f) de fraisage, plateau (m) porte-lames, plateau-fraiseur (m)

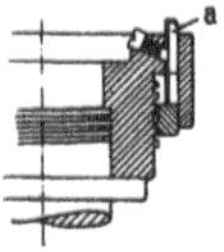

шарошечная *или* фрезерная головка (f)
testa (f) portafrese
cabezal (m) porta-fresas, cabezal (m) porta-cuchillas

---

5 Schneidzahn (m), Fräsmesser (n), Messer (n), Einsatz[fräser]stahl (m)
cutter, knife
lame (f)

a

фрезерный зубъ (m); вставной фрезерный рѣзецъ (m)
lama (f) rimessa *o* riportata, coltello (m) rimesso *o* riportato
lámina (f) de cuchilla, acero (m) de fresar postizo

---

6 auswechselbares Einzelmesser (n)
interchangeable cutter *or* knife
lame (f) amovible, lame (f) interchangeable

a

смѣнный вставной фрезерный зубъ (m) *или* рѣзецъ (m)
lama (f) *o* coltello (m) ricambiabile
cuchilla (f) suelta intercambiable

---

7 Einzelfräser (m), einfacher Fräser (m)
single cutter
fraise (f) simple

одинарная шарошка (f); обыкновенная фреза (f); простой фрезеръ (m)
fresa (f) semplice
fresa (f) sencilla

Gruppenfräser (m), Satzfräser (m), zusammengesetzter Fräser (m)
grouped cutters
fraises (f pl) combinées, fraises (f pl) accouplées

составная шарошка (f); комбинированная фреза (f); сборный фрезеръ (m)
frese (f pl) aggruppate, fresa (f) composta
fresas (f pl) agrupadas, fresas (f pl) combinadas 1

Fräsersatz (m)
set of cutters
jeu (m) de fraises

наборъ (m) шарошекъ *или* фрезъ *или* фрезеровъ 2
giuoco (m) di frese
juego (m) de fresas

Fräserbefestigung (f)
method of fixing cutters
fixation (f) de la fraise

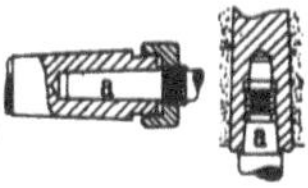

закрѣпленіе (n) шарошки *или* фрезы *или* фрезера
montaggio (m) *o* fissaggio (m) *o* piazzamento (m) della fresa 3
sujeción (f) de la fresa

---

den Fräser aufspannen (v) *oder* befestigen (v)
to fix the cutter
fixer (v) *ou* monter (v) la fraise

закрѣпить шарошку *или* фрезу *или* фрезеръ
montare (v) *o* fissare (v) *o* piazzare (v) la fresa 4
sujetar (v) la fresa

Fräserzapfen (m)
tapered shank of milling arbor
queue (f) *ou* tige (f) de fraise

a

цапфа (f) шарошки *или* фрезы *или* фрезера
coda (f) *o* gambo (m) *o* stelo (m) della fresa 5
espiga (f) *ó* mango (m) de la fresa

Reibahle (f)
reamer
aléseur (m), alésoir (m)

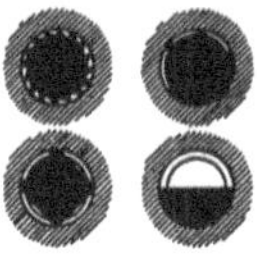

развёртка (f)
alesatore (m), alesatoio (m), allargatoio (m) 6
escariador (m)

---

walzenförmige *oder* zylindrische Reibahle (f)
cylindrical reamer
alésoir (m) cylindrique

цилиндрическая развёртка (f)
alesatore (m) cilindrico 7
escariador (m) cilindrico

---

kegelige *oder* konische Reibahle (f)
conical reamer
alésoir (m) conique

коническая развёртка (f)
alesatore (m) conico 8
escariador (m) cónico

Handreibahle (f)
hand reamer
alésoir (m) à main

ручная развёртка (f)
alesatore (m) a mano 9
escariador (m) á mano

Maschinenreibahle (f)
machine reamer
alésoir (m) à commande mécanique

машинная развёртка (f)
alesatore (m) meccanico
escariador (m) de impulsión mecánica 10

1 **Kaltsägen**
Cold Saws
Scies à froid
Пилы для холодной распиловки
Seghe a freddo
Sierras en frío

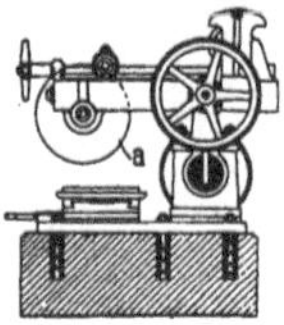

2 Kaltsäge (f)
cold saw
scie (f) à froid
пила (f) для холодной распиловки
sega (f) a freddo
sierra (f) en frío para metales

---

3 kaltsägen (v)
to saw cold
scier (v) à froid
распиливать въ холодномъ состоянiи; пилить въ холодномъ видѣ
segare (v) a freddo
serrar (v) en frío

---

4 Kreissäge (f)
circular saw
scie (f) circulaire
a
круглая пила (f)
sega (f) circolare
sierra (f) circular

---

5 drehbarer Bügel (m)
swivelling stirrup
étrier (m) pivotant
вращающiйся *или* поворотный хомутъ (m)
braccio (m) della lama girevole
arco (m) giratorio

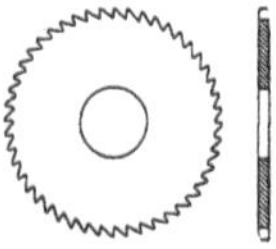

6 Säge[n]blatt (n)
saw blade
lame (f) de scie
пильный листъ (m); полотно (n) пилы; [фиг.:] пильный дискъ (m) *или* кругъ (m)
disco (m) da sega, sega (f)
hoja (f) de sierra (circular)

7 Schrägstellen (n) der Säge
setting the saw blade at an angle
inclinaison (f) de la scie
установка (f) пилы подъ угломъ
inclinazione (f) del disco della sega
inclinación (f) de la hoja de serrar

---

8 Sägeschlitten (m)
saw carriage
chariot (m) porte-scie
салазки (f pl) пилы; пильныя салазки; салазки, несущiя пилу
carrello (m) della sega
carro (m) porta-sierras

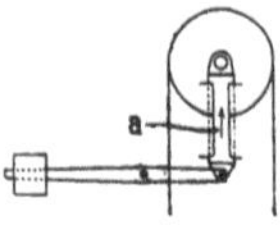

9 selbsttätiges *oder* sich selbst einstellendes Schlittenlager (n)
self-adjustable sliding bearing
palier (m) coulissant à réglage automatique *ou* réglant lui-même sa position
a
самоустанавливающiйся подшипникъ (m) салазокъ
sopporto (m) del carrello a registrazione automatica
cojinete (m) de graduación automática

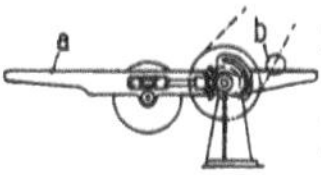

Sägearm (m)
arm carrying the saw
bras (m) porte-scie

a

рукавъ (m) *или* рама (f) *или* рычагъ (m) пилы
braccio (m) *o* leva (f) portasega
brazo (m) porta-sierras 1

Belastungsgewicht (n) zur Selbstreglung des Vorschubs
balance for regulating saw feed
contrepoids (m) de réglage automatique de l'avance

b

противовѣсъ (m) *или* грузъ (m) для автоматическаго регулированія подачи
contrappeso (m) per la registrazione automatica dell'avanzamento *o* per regolare automaticamente l'avanzamento
contra-peso (m) para la graduación automática del avance 2

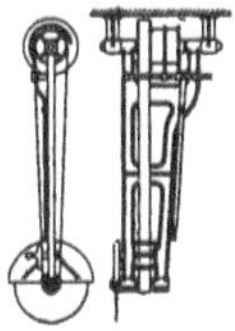

Pendelsäge (f)
pendulum saw
scie-pendule (f), machine (f) à scier oscillante

качающаяся *или* маятниковая пила (f)
sega (f) a pendolo *od* oscillante
sierra (f) de péndulo 3

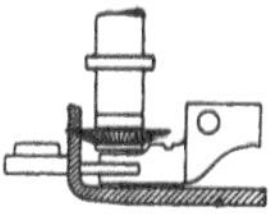

Blech[kanten]-beschneidmaschine (f)
machine for trimming off flanged plates
machine (f) à araser les tôles

станокъ (m) для обрѣзанія [загнутыхъ] кромокъ желѣзныхъ листовъ; кромочно-обрѣзной станокъ
macchina (f) per tagliare lamiere
máquina (f) *ó* sierra (f) de recortar chapas 4

---

gespannte Säge (f)
span-saw
scie (f) montée

натянутая лента (f) пилы
sega (f) tesa, sega (f) a nastro fisso
sierra (f) tendida 5

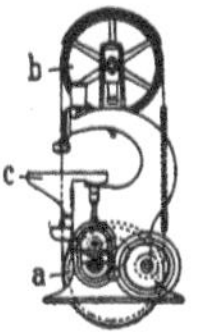

Bandsäge (f)
band saw
scie (f) à ruban

ленточная пила (f)
sega (f) a nastro
sierra (f) de cinta, sierra (f) sin fin 6

Treibrolle (f), Triebrolle (f), Leitrolle (f)
driving pulley, guide pulley
poulie (f) de commande, poulie (f) de menée (du ruban)

a

направляющій шкивъ (m) *или* роликъ (m)
puleggia (f) *o* volante (m) di comando
polea (f) motriz, polea (f) de guia 7

Spannrolle (f)
tension pulley
galet (m) de tension

b

натяжной шкивъ (m)
rullo (m) tenditore
ruedecilla (f) de tensión 8

Sägetisch (m)
table (of band saw)
table (f) de la scie

c

столъ (m) ленточный пилы
tavola (f) della sega
mesa (f) de la sierra 9

1 Seitenführung (f)
side guidance
guidage (m) latéral

боковыя направляющія (f pl)
guida (f) laterale
guía (f) lateral

---

2 Rückenführung (f)
back guidance
guidage (m) dorsal

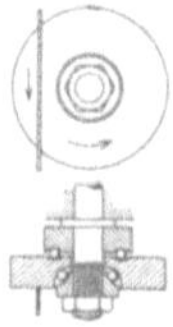

заднія направляющія (f pl)
guida (f) posteriore, guida (f) sul dorso della sega
guía (f) posterior

---

3 Vorschubregler (m)
feed regulator
régulateur (m) de l'avance

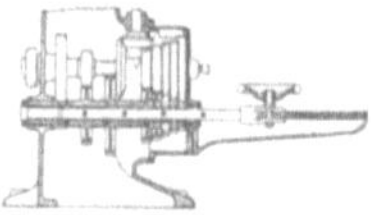

регуляторъ (m) подачи
regolatore (m) dell'avanzamento
regulador (m) del avance

---

4 Hubsäge (f), Hacksäge (f), Maschinensäge (f), Eisensäge (f)
power hack saw
scie (f) alternative, machine (f) à scier alternative

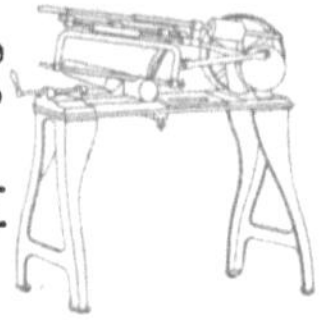

приводная ножёвка (f); станокъ (m) съ ножёвкой для металла
sega (f) alternativa a freddo
sierra (f) en frio de movimiento de manivela ó de corredera

---

5 Schraubstocksäge (f), Anschraubsäge (f), transportable Säge (f)
portable saw
scie (f) portative

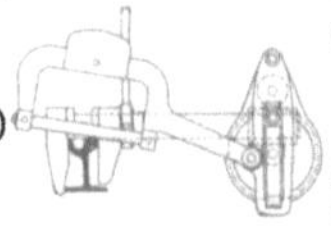

пильный станокъ (m) съ тисками; переносный пильный станокъ
sega (f) trasportabile
sierra (f) portátil

VI.

Schleifmaschinen
Шлифовальные и точильные станки
Grinding Machines
Mole, rettificatrici
Machines à meuler
Máquinas de afilar

Typen und Gestelle
Types and Frames
Types et bâtis

Типы и станины
Tipi ed incastellature 1
Tipos y bastidores

Schleifmaschine (f)
grinding machine, grinder
machine (f) à meuler

шлифовальный станокъ (m)
mola (f), rettificatrice (f) 2
máquina (f) de amolar

Schleifmaschine (f) für ebene Flächen, Flächenschleifmaschine (f)
surface grinding machine
machine (f) à dresser à la meule, machine (f) à meuler *ou* à rectifier les surfaces

шлифовальный станокъ (m) для отдѣлки *или* для обработки плоскостей
mola (f) *o* rettificatrice (f) per piani 3
máquina (f) de afilar superficies planas, máquina (f) de rectificar superficies planas con muela

---

Kolbenringschleifmaschine (f)
piston ring grinding machine
machine (f) à rectifier les segments de piston

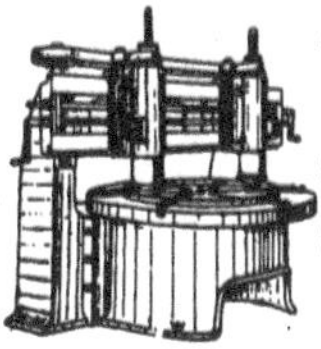

шлифовальный станокъ (m) для отдѣлки *или* для обработки поршневыхъ колецъ
rettificatrice (f) per anelli di stantuffi 4
máquina (f) de rectificar con muela los anillos de pistón

1 Rundschleifmaschine (f)
circular grinding machine
machine (f) à ébarber les pièces rondes, machine (f) à meuler les arbres

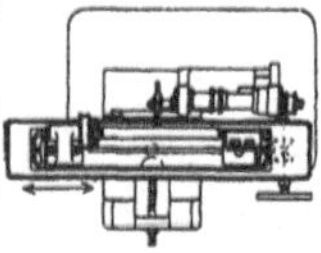

шлифовальный станокъ (m) для отдѣлки *или* для обработки тѣлъ вращенія
rettificatrice (f) per cilindri e per superfici cilindriche esterne
máquina (f) de rectificar con muela piezas cilíndricas

---

2 Hohlschleifmaschine (f)
internal grinding machine
machine (f) à rectifier les alésages

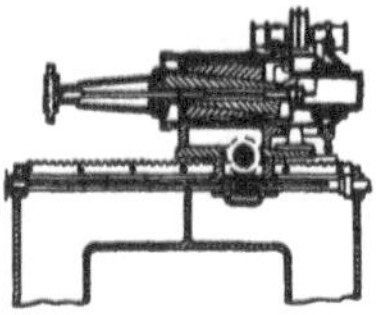

шлифовальный станокъ (m) для отдѣлки *или* для обработки отверстій
rettificatrice (f) per interni
máquina (f) de rectificar interiormente

---

3 Büchsenschleifmaschine (f)
machine for grinding bushes
meule (f) à rectifier les douilles intérieurement

шлифовальный станокъ (m) для отдѣлки *или* для обработки втулокъ
rettificatrice (f) per bussole
máquina (f) de rectificar interiormente los casquillos

---

4 Zylinderschleifmaschine (f)
cylinder grinding machine
machine (f) à meuler *ou* rectifier les cylindres

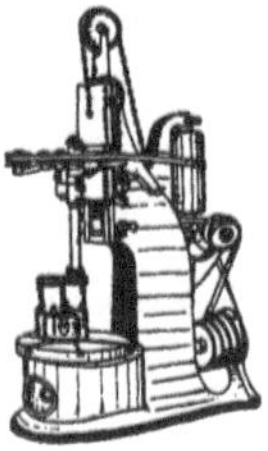

цилиндро-шлифовальный станокъ (m); шлифовальный станокъ для отдѣлки *или* для обработки внутренней поверхности цилиндровъ; станокъ для расшлифовыванія цилиндровъ
rettificatrice (f) per cilindri *o* per interni di cilindri
máquina (f) de rectificar cilindros

---

5 Werkzeugschleifmaschine (f)
tool grinder, tool grinding machine
machine (f) à affûter les outils, affûteuse (f)

станокъ (m) для заточки инструмента; точильный станокъ [для инструментовъ]
affilatrice (f), macchina (f) per affilare utensili
máquina (f) de afilar herramientas

---

6 Bohrerschleifmaschine (f)
drill grinding machine
machine (f) à affûter les forets

станокъ (m) для заточки [торцовъ] свёрлъ; точильный станокъ для свёрлъ
affilatrice (f) per punte a spirale *o* americana
máquina (f) de afilar brocas espirales

Spitzenschleifmaschine (f)
grinding apparatus for lathe centres
machine (f) à meuler *ou* rectifier les pointes

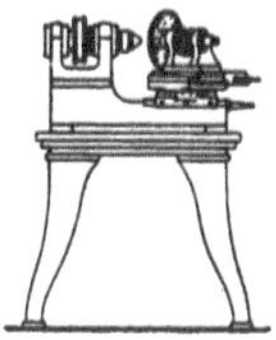

станокъ (m) для заточки остроконечныхъ предметовъ; шлифовальный станокъ для отдѣлки остроконечныхъ предметовъ 1
rettificatrice (f) per punte da tornio
máquina (f) de rectificar puntas

---

allgemeine Werkzeugschleifmaschine (f)
universal tool grinding machine
affûteuse (f) universelle

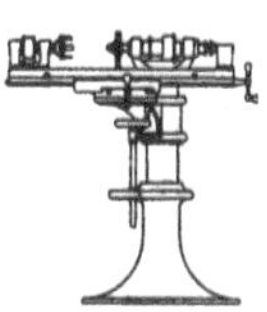

универсальный станокъ (m) для заточки инструмента; универсальный точильный станокъ для инструментовъ
affilatrice (f) universale, macchina (f) universale per affilare utensili 2
máquina (f) universal de afilar herramientas

Sägeschärfmaschine (f)
saw sharpening machine
machine (f) à affûter les lames de scies

станокъ (m) для точки пильныхъ дисковъ
affilatrice (f) per dischi da sega *o* per seghe 3
máquina (f) de afilar sierras

Scheibenschleifmaschine (f) mit Vorlage
grinding wheels with work rests
machine (f) à meuler *ou* affûter avec support des pièces

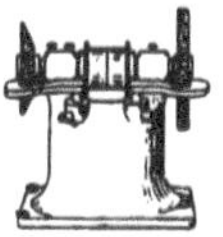

точильный станокъ (m) съ [плоскимъ и конуснымъ] точильными кругами и подручниками 4
mola (f) a dischi con portapezzo
máquina (f) de afilar con apoyo

Feilmaschine (f)
filing machine
limeuse (f)

пильный станокъ (m) станокъ для отточки пильныхъ зубцовъ 5
limatrice (f)
máquina (f) de limar

Schleifscheibenschlitten (m), Werkzeugschlitten (m)
grinding wheel slide, tool slide
chariot (m) porte-meule

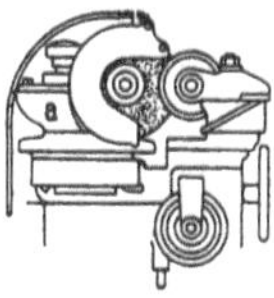

a

подвижной суппортъ (m), несущій шлифовальный кругъ
carrello (m) portamola 6
carro (m) porta-muelas, carro (m) porta-herramientas

1 **Arbeitsweise und Antrieb**
Methods of Working and Driving
Méthodes de travail, commande

Способъ работы и передача
Metodi di lavoro e di comando
Sistemas de trabajo, movimiento motor

2 schleifen (v)
to grind
meuler (v), (un outil:) affûter (v), affiler (v), aiguiser (v), rectifier (v) à la meule

точить; заострять; шлифовать
molare (v), affilare (v), rettificare (v)
afilar (v), rectificar (v) con muela

---

3 grobschleifen (v)
to rough *or* coarse grind
ébarber (v), dégrossir (v)

грубо отшлифовать; обдирать при помощи шлифовальнаго круга
sgrossare (v) alla mola
desbastar (v) con muela

---

4 vorschleifen (v)
to grind preparatory
dégrossir (v) à la meule

отшлифовать нáчерно
fare (v) la prima passata alla mola
desbastar (v) previamente con la muela

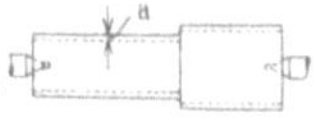

a

5 Schleifzugabe (f)
grinding allowance
surépaisseur (f) pour le meulage

припускъ (m) на шлифовку *или* на доводку
tolleranza (f) per la rettificazione, il soprappiù
margen (m) para la rectificación, espesor (m) dado demás á la pieza para la rectificación

---

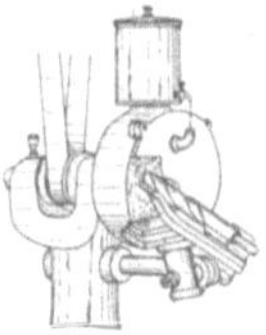

6 naß schleifen (v)
to grind wet
affûter (v) *ou* aiguiser (v) *ou* meuler (v) en arrosant

точить съ водой
molare (v) *o* affilare (v) *o* rettificare (v) ad umido
afilar (v) en húmedo *ó* con agua

---

7 Naßschleifen (n)
wet grinding
meulage (m) *ou* affûtage (m) à l'eau *ou* en mouillant *ou* en arrosant

заточка (f) съ водой; мокрая точка (f)
molatura (f) *o* affilatura (f) *o* rettificazione (f) ad umido
afilado (m) en húmedo

Schleifschmant (m), Schliff (m), Schleifel (m), Schlips (m)
grindstone swarf
cambouis (m) (provenant du meulage)

сбитая въ пѣну смѣсь (f) воды и шлифовальной пыли
fanghiglia (f) prodotta dall'affilare
polvo (m) mezclado de aceite producido al afilar 1

---

trocken schleifen (v)
to grind dry
meuler (v) *ou* affûter (v) *ou* rectifier (v) *ou* aiguiser (v) à sec

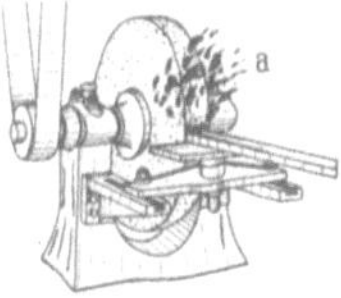

точить безъ воды
molare (v) *o* affilare (v) *o* rettificare (v) a secco
afilar (v) en seco, rectificar (v) en seco 2

Trockenschleifen (n)
dry grinding
meulage (m) *ou* affûtage (m) à sec

заточка (f) безъ воды; сухая точка (f)
molatura (f) *o* affilatura (f) *o* rettificazione (f) a secco
rectificación (f) en seco 3

Schleifstaub (m)
grindstone dust
poussière (f) de meulage

a

шлифовальная пыль (f)
polvere (f) prodotta dall'affilare
polvo (m) producido al afilar 4

Staubabsaugung (f), Absaugen (n) des Staubes
catching the dust by suction
aspiration (f) de la poussière

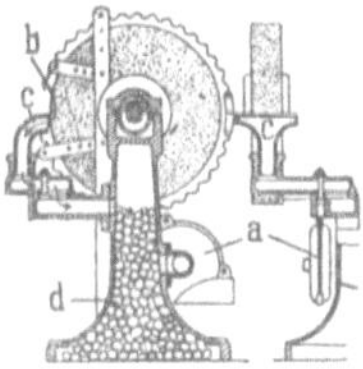

высасыванiе (n) пыли
aspirazione (f) della polvere
aspiración (f) (automática) del polvo 5

Sauger (m), Staubabsauger (m), Ventilator (m)
suction fan
aspirateur (m) de poussière, ventilateur (m) aspirant

a

пылевысасыватель (m); пылевысасывающiй вентиляторъ (m); эксгаусторъ (m)
aspiratore (m), ventilatore (m)
aspirador (m), aspirador (m) del polvo, ventilador (m), exhaustor (m) 6

Schleudersauger (m)
centrifugal fan
aspirateur (m) centrifuge

a

центробѣжный высасывающiй вентиляторъ (m)
aspiratore (m) centrifugo
aspirador (m) centrifugo 7

Absaug[e]stelle (f)
place where suction is applied
point (m) d'aspiration

b

мѣсто (n), гдѣ происходитъ высасыванiе
punto (m) di aspirazione
punto (m) de aspiración 8

1 hohle Auflage (f)
hollow rest
coude (m) d'aspiration

c

отсасывающее пустотѣлое колѣно (n)
sopporto (m) portapezzo cavo
codo (m) de aspiración

---

2 Kok[s]füllung (f)
coke filling
remplissage (m) de coke

d

заполненіе (n) коксомъ
riempimento (m) di coke
relleno (m) de cok

---

3 eine ebene Fläche schleifen (v), planschleifen (v)
to grind a flat surface
dresser (v) *ou* rectifier (v) à la meule, meuler (v) une surface plane

точить плоскость; отдѣлать шлифованіемъ плоскость
rettificare (v) una superficie piana
rectificar (v) una superficie plana con muela

---

4 Planschleifen (n), Schleifen (n) einer ebenen Fläche
surface grinding, plane grinding
meulage (m) d'une surface plane, dressage (m) *ou* rectification (f) d'une surface à la meule

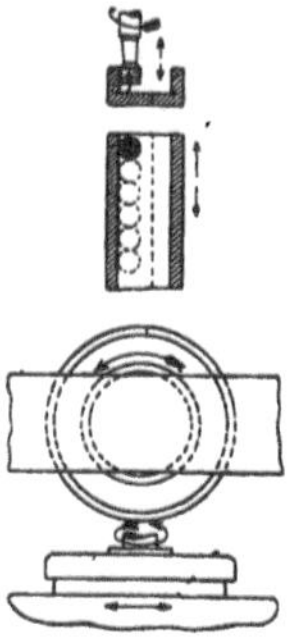

точеніе (n) плоскостей; отдѣлка (f) шлифованіемъ плоскостей
rettificazione (f) di una superficie piana
rectificación (f) de una superficie plana con muela

---

5 Planschliff (m)
flat surface grinding
rectification (f) *ou* dressage (m) d'une surface plane à la meule, meulage (m) d'une surface plane

шлифовка (f) плоскостей; шлифованіе (n) плоскихъ поверхностей
rettificazione (f) di un piano
el planear con muela, afilado (m) plano

---

6 Rundschleifen (n)
circular grinding
tournage (m) à la meule, rectification (f) *ou* meulage (m) circulaire des arbres

отдѣлка (f) шлифованіемъ тѣлъ вращенія
rettificazione (f) cilindrica, rettificazione (f) di una superficie cilindrica
rectificación (f) de piezas cilíndricas con muela

---

7 Rundschliff (m)
circular grinding
meulage (m) *ou* rectification (f) circulaire, tournage (m) à la meule

шлифовка (f) тѣлъ вращенія; шлифованіе (n) цилиндрическихъ отверстій
rettificazione (f) di una superficie cilindrica
rectificación (f) cilíndrica con muela

ein walzenförmiges Werkstück schleifen (v)
to grind a cylinder *or* roll
meuler (v) une pièce cylindrique

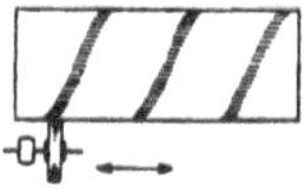

отшлифовать цилиндрическій предметъ
rettificare (v) una superficie cilindrica
rectificar (v) con muela una pieza cilindrica 1

Kegelschleifen (n), Abschleifen (n) einer kegelförmigen Fläche
cone grinding, grinding conically
meulage (m) *ou* tournage (m) à la meule d'une surface conique, rectification (f) de cônes

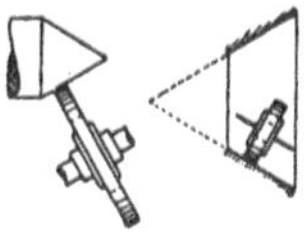

отдѣлка (f) шлифованіемъ конусовъ *или* коническихъ поверхностей
rettificazione (f) di un pezzo conico
rectificación (f) de una superficie cónica con muela 2

---

ausschleifen (v), innenschleifen (v)
to grind internally *or* out
rectifier (v) *ou* meuler (v) intérieurement, aléser (v) à la meule

расшлифовывать *или* располировать внутри
rettificare (v) interni *od* internamente
rectificar (v) interiormente con muela 3

Ausschleifen (n)
internal grinding, grinding out
alésage (m) à la meule, rectification (f) des alésages à la meule

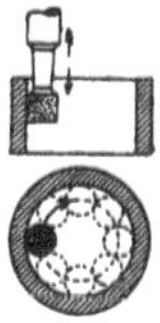

отдѣлка (f) шлифованіемъ отверстій; расшлифовка (f) *или* располировка (f) отверстій камнемъ
rettificazione (f) interna *o* di un interno
el alisar interiormente con muela 4

Ausschleifen (n) zylindrischer Löcher
internal grinding of cylindrical holes
meulage (m) *ou* alésage (m) à la meule *ou* rectification (f) de trous cylindriques

расшлифовка (f) *или* располировка (f) цилиндрическихъ дыръ
rettificazione (f) di fori cilindrici
el alisar con muela agujeros cilíndricos 5

Bodenschleifen (n)
grinding the bottom of a recess *or* cavity
meulage (m) *ou* planage (m) *ou* dressage (m) de fonds

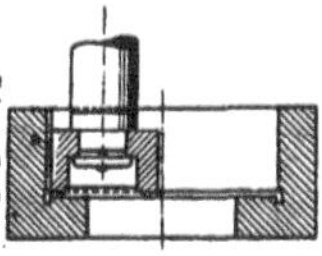

отдѣлка (f) шлифованіемъ основаній отверстій; расшлифовка (f) *или* располировка (f) днищъ
rettificazione (f) di fondi
el rectificar ó el planear fondos con muela 6

Rillenschleifen (n)
grinding out grooves
meulage (m) de rainures

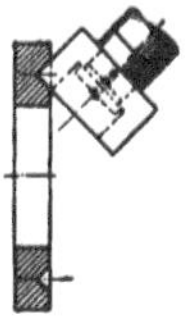

отдѣлка (f) шлифованіемъ бороздокъ *или* канавокъ
rettificazione (f) di scanalature
el sacar ranuras con muela 7

1 Fertigbearbeitung (f) des Werkstücks
finishing a working piece
finissage (m) de la pièce à usiner

отдѣлка (f) начисто *или* окончательная отдѣлка обрабатываемаго предмета
rifinimento (m) di un pezzo
terminación (f) de la pieza de labor

---

2 fertigschleifen (v)
to finish by grinding
finir (v) à la meule

отдѣлать начисто на шлифовальномъ станкѣ
rifinire (v) alla mola
terminar (v) con muela una pieza

---

3 Feinschleifen (n)
accurate grinding
meulage (m) de précision

точная шлифовка (f); доводка (f)
rettificazione (f) di precisione
rectificación (f) de precisión con muela

---

4 Toleranztabelle (f)
table of limits
tableau (m) de tolérance

таблица (f) допусковъ
tabella (f) delle tolleranze
tabla (f) de tolerancia

---

5 Nachmessung (f)
checking over the dimensions
vérification (f) des dimensions

провѣрка (f) размѣровъ
controllo (m)
verificación (f) de las dimensiones

---

6 polieren (v), glanzschleifen (v)
to polish
polir (v) (à la meule)

полировать
polire (v), polire (v) a lucido
pulir (v)

---

7 hoch[glanz]polieren (v)
to burnish
brunir (v), polir (v) à reflets

тонко отполировать
brunire (v)
bruñir (v)

---

8 Politur (f)
polish
poli (m), polissage (m)

полировка (f); политура (f); глянецъ (m)
politura (f)
pulimento (m)

---

9 Hoch[glanz]politur (f)
brillant polish
bruni (m), brunissage (m)

высокая тонкая полировка (f)
brunitura (f)
bruñido (m)

---

10 schärfen (v)
to sharpen
affûter (v), aiguiser (v), affiler (v)

точить; оттачивать; заострять
affilare (v)
afilar (v)

das Schleifrad funkt
the grinding wheel sparks
la meule lance des étincelles

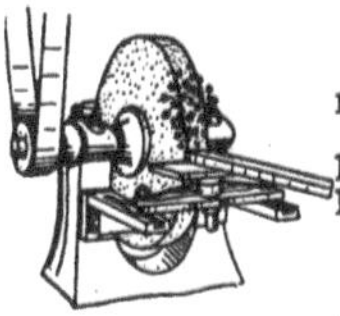

шлифовальное колесо (n) даётъ искры 1
la mola dà scintille
la muela despide chispas

Funkengarbe (f)
ray of sparks
gerbe (f) d'étincelles

снопъ (m) искръ
fascio (m) di scintille 2
haz (f) de chispas

---

die Schleifscheibe verglast
the grinding wheel becomes glazed
la meule se vitrifie

точильный кругъ (m) салится [т. е. принимаетъ на себя частички обрабатываемаго предмета] 3
la mola si vetrifica
la muela se vitrifica

Schleifer (m)
grinder
meuleur (m)

шлифовщикъ (m)
rettificatore (m), lavorante (m) alla mola 4
afilador (m), amolador (m)

Schleiferei (f)
grindery
atelier (m) de meulage, meulerie (f)

шлифовальня (f); шлифовальная мастерская (f)
riparto (m) delle mole, officina (f) di molatura 5
departamento (m) del afilado

Maschinenschliff (m)
machine grinding
meulage (m) à la machine

машинная *или* механическая шлифовка (f) 6
molatura (f) meccanica
afilado (m) á máquina

Werkzeugschleiferei (f)
tool grindery
atelier (m) d'affûtage

мастерская (f) для точенія инструментовъ; точильня (f)
riparto (m) delle affilatrici, officina (f) di affilatura di utensili 7
departamento (m) de afilar las herramientas

Schleifmaschinen-spindelstock (m)
grinding machine head stock
poupée (f) de machine à meuler

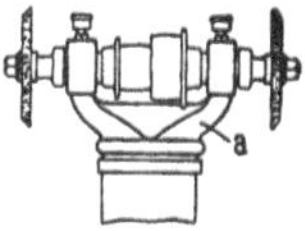

бабка (f) точильнаго станка
testa (f) del mandrino della mola 8
cabezal (m) de husillo de máquina de afilar

Schleifsteinspindel (f), Schleifspindel (f), Schleifsteinwelle (f)
grinding wheel spindle
arbre (m) porte-meule

a

шлифовальный шпиндель (m); шпиндель шлифовальнаго камня
mandrino (m) della mola, albero (m) porta-mola 9
árbol (m) ó husillo (m) porta-muela

1 Schleifsteindorn (m)
grinding wheel arbor
mandrin (m) de meule

оправка (f) для точильнаго камня
mandrino (m) della mola
mandril (m) ó espiga (f) porta-muela

a

---

2 Schleifsteinspindellagerung (f)
arrangement of bearing for grinding wheel spindle
[montage (m) dans son] support (m) de l'arbre porte-meule

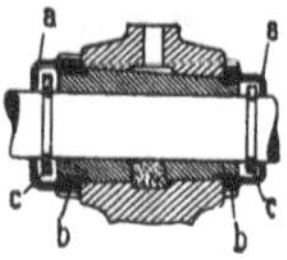

расположенiе(n) шпинделя въ подшипникахъ шлифовальнаго станка
sopporto (m) del mandrino della mola
[colocación (f) del] cojinete (m) porta-husillo de afilar

---

3 Schutzkappe (f), Schleifsteinschutzhaube (f), Schleifsteinhülle (f)
grinding wheel bearing protecting cover
capot (m) *ou* protecteur (m) *ou* garde (m) de meule

a

предохранительный колпачокъ (m)
cuffia (f) *o* guardia (f) di protezione
cubierta (f) protectora para muelas

---

4 Ringmutter (f)
ring nut
écrou (m) à bague

b

кольцевая гайка (f)
madrevite (f) ad anello, anello (m) filettato
tuerca (f) de anillo

---

5 Filzscheibe (f)
felt washer
rondelle (f) en feutre

c

войлочный дискъ (m) *или* кружокъ (m)
disco (m) *o* renella (f) di feltro
disco (m) de fieltro

---

6 Spindellagerung (f) für zwei Schleifsteine
arrangement of bearings for spindle carrying two grinding wheels
[montage (m) dans son] support (m) de la broche pour deux meules

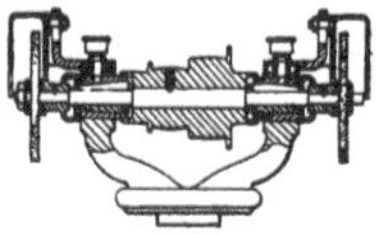

расположенiе (n) шпинделя въ подшипникахъ при двухъ точильныхъ камняхъ
sopporto (m) per mandrino a due mole
[colocación (f) de] cojinetes (m pl) porta-árboles para dos muelas

---

7 selbsttätige Feineinstellung (f) der Schleifscheibe
self-acting fine feed of the grinding wheel
avance (f) automatique de précision de la meule

автоматическая точная установка (f) точильнаго круга
avanzamento (m) automatico della mola
graduación (f) automática de precisión de la muela

---

8 außerachsig gebohrte Spindel (f)
eccentrically bored spindle
broche (f) désaxée *ou* excentrée

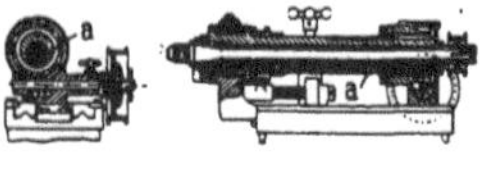

эксцентрично просверленный шпиндель (m)
mandrino (m) eccentrico
árbol (m) taladrado excéntricamente

Planetenspindel (f) spindle with eccentric *or* planet motion broche (f) à mouvement planétaire *ou* excentrique	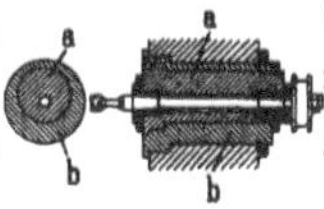	планетный шпиндель (m) mandrino (m) a movimento planetario árbol (m) de movimiento excéntrico compuesto	*1*
Hohlspindel (f) hollow spindle arbre (m) creux	a	полый *или* пустотѣлый шпиндель (m) mandrino (m) cavo árbol (m) hueco *ó* taladrado	*2*
Außenspindel (f) outside spindle bague (f) extérieure excentrée	b	внѣшній *или* наружный шпиндель (m) manicotto (m) eccentrico manguito (m) exterior	*3*
Längsvorschub (m) der Schmirgelscheibe longitudinal traverse of the emery wheel avancement (m) longitudinal de la meule [en] émeri		продольная подача (f) наждачнаго круга avanzamento (m) assiale della mola avance (m) longitudinal de la muela de esmeril	*4*
Schleifmaschinenlünette (f), Schleifmaschinenbrille (f) grinder rest lunette (f) de machine à meuler	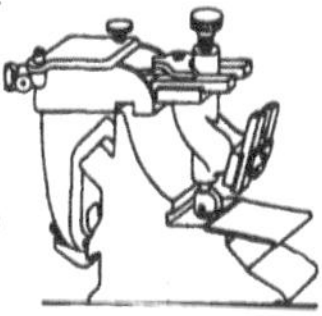	люнетъ (m) *или* люнетта (f) шлифовальнаго станка lunetta (f) di rettificatrice luneta (f) de máquina de afilar	*5*
Gegenhalter (m) poppet tas (m) *ou* contre-poupée (f) d'appui	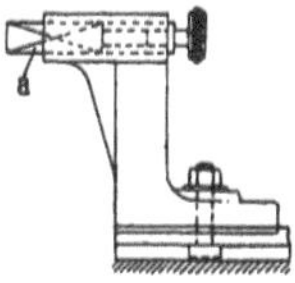 a	поддержка (f); упорка (f) contropunta (f) contra-punta (f) de apoyo	*6*
Aufspanndorn (m) arbor mandrin (m)		оправка (f) mandrino (m) di fissaggio *o* di montaggio della mola espiga (f) *ó* mandril (m) de sujeción	*7*
Schlitzschraube (f) set screw with notched head vis (f) à tête fendue	a	винтикъ (m) съ прорѣзомъ vite (f) con spaccatura *o* con spacco tornillo (m) de cabeza ranurada	*8*
kegeliger *oder* konischer Aufspanndorn (m) conical arbor mandrin (m) conique	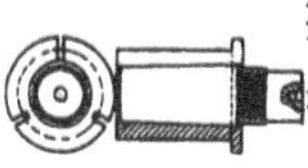	коническая оправка (f) mandrino (m) conico di fissaggio mandril (m) cónico *ó* espiga (f) cónica de sujeción	*9*

1 magnetische Spannvorrichtung (f), Magnetspannvorrichtung (f)
magnetic holding device
dispositif (m) de fixation électromagnétique, table (f) de fixation magnétique

электромагнитное приспособленіе (n) для закрѣпленія обрабатываемаго предмета
dispositivo (m) magnetico di fissaggio
disposición (f) de sujeción electromagnética

---

2 magnetisches Spannfutter (n), Magnetfutter (n)
rotary magnetic chuck
mandrin (m) électromagnétique

магнитный *или* электромагнитный патронъ (m)
piattaforma (f) magnetica
mandril (m) electromagnético

---

3 magnetisch festspannen (v)
to hold by magnetic action
fixer (v) par l'adhérence électromagnétique

удерживать электромагнитнымъ путёмъ; закрѣпить обрабатываемый предметъ при помощи электромагнитнаго патрона
fissare (v) a mezzo di magnete
sujetar (v) magnéticamente

---

4 Schleifkontakt (m)
sliding contact
contact (m) glissant, balai (m)

скользящій контактъ (m); щётка (f)
contatto (m) per attrito
contacto (m) rozante

---

5 Befestigung (f) des Werkstücks durch Kitten
securing the work piece with cement
fixation (f) de la piece à usiner par collage

закрѣпленіе (n) обрабатываемаго предмета при помощи клея
fissaggio (m) *o* montaggio (m) del pezzo da lavorare per mezzo di materia adesiva
sujeción (f) de la pieza con masilla

---

6 Spezialmitnehmer (m)
special carrier
dispositif (m) d'entrainement spécial, chuck (m) spécial

спеціальный хомутикъ (m) *или* поводокъ (m)
menabriglia (m) speciale
tope (m) de arrastre especial

---

7 Schleifen (n) eines Werkzeuges
grinding a tool
affûtage (m) d'un outil

точеніе (n) инструмента
affilatura (f) di un utensile
afilado (m) de una herramienta

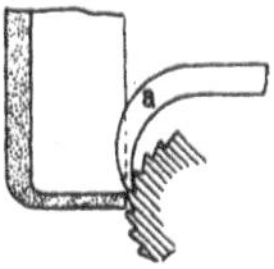

a

Führungsfinger (m), Finger (m) guide finger doigt (m) [de guidage]	крючокъ (m), направляющій инструментъ [при точкѣ каждаго зубца фрезы, развёртки и пр.] punta (f) di guida dedo (m) de guia	*1*

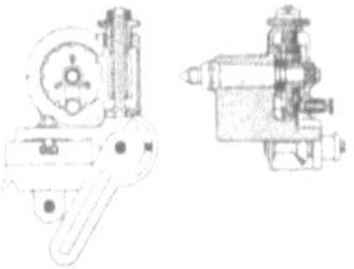

Schleifteilkopf (m) dividing head for grinding machine appareil (m) diviseur pour machines à meuler *ou* à affûter *ou* à rectifier	дѣлительная бабка (f) шлифовальнаго станка testa (f) da dividere per affilatrici *o* rettificatrici aparato (m) divisor para máquina de afilar	*2*

Schleifsteine **Grindstones** **Meules**	**Точильные камни** **Mole** **Piedras de afilar**	*3*

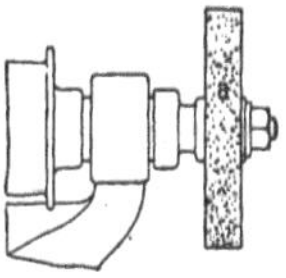

a

Schleifstein (m), Schleifscheibe (f), Schleifrad (n) grindstone, grinding wheel meule (f), pierre (f) à aiguiser *ou* à affûter	точило (n); точильный камень (m); точильный кругъ (m) mola (f) muela (f), piedra (f) de afilar, rueda (f) de afilar	*4*
Schleiffläche (f) grinding surface surface (f) de meulage	рабочая поверхность (f) точильнаго камня superficie (f) arruotante superficie (f) de afilar	*5*
Schleifstein (m) grindstone, grinding stone pierre (f) à affûter *ou* à aiguiser	точильный камень (m) pietra (f) da affilare, mola (f) piedra (f) de afilar	*6*
Korn (n) des Schleifsteins grain of the grinding stone grain (m) de la meule	зернистость (f) точильнаго камня grana (f) della mola grano (m) de la muela	*7*
grob[körnig]er *oder* rauher Schleifstein (m) coarse grained *or* rough grinding stone meule (f) à gros grain	крупнозернистый *или* грубый точильный камень (m) mola (f) a grana grossa muela (f) de grano grueso	*8*
halblinder Schleifstein (m) medium grained grinding stone meule (f) demi-douce	среднезернистый точильный камень (m) mola (f) a grana mezzo-dolce *o* mezzana muela (f) semi-dulce	*9*

1	linder Schleifstein (m) fine grained grinding stone meule (f) douce	мелкозернистый точильный камень (m) mola (f) a grana dolce muela (f) dulce
2	harter Schleifstein (m) hard grinding stone meule (f) dure	твёрдый точильный камень (m) mola (f) dura muela (f) dura
3	weicher Schleifstein (m) soft grinding stone meule (f) tendre	мягкій точильный камень (m) mola (f) tenera muela (f) blanda
4	Schleifmittel (n), Schleifmaterial (n) grinding material, abrasive substances (f pl) abrasives	шлифовальный матеріалъ (m); матеріалъ, служащій для точильныхъ работъ sostanza (f) *o* materiale (m) *o* materia (f) arruotante materiales (m pl) de afilar
5	Sandstein (m) sandstone grès (m)	песчаникъ (m) arenaria (f) piedra (f) arenisca, gres (m)
6	Tonsandstein (m) argillaceous sand stone grès (m) argileux	глинистый песчаникъ (m) arenaria (f) argillosa piedra (f) arenisco-arcillosa
7	Kieselsandstein (m) siliceous sand stone grès (m) siliceux	кремнистый песчаникъ (m) arenaria (f) silicea piedra (f) arenisco-siliciosa
8	Kalksandstein (m) calcareous sand stone grès (m) calcaire	известковый песчаникъ (m) arenária (f) calcare piedra (f) arenisco-caliza
9	Wetzschiefer (m) turkey stone, hone schiste (m) *ou* ardoise (f) à aiguiser *ou* repasser	точильный сланецъ (m) schisto (m), schisto (m) per affilare, pietra (f) da cote piedra (f) de afilar pizarreña
10	Arkansasstein (m), Kansasstein (m) Arkansas stone, Kansas stone pierre (f) du Kansas	оселокъ (m) „Арканзасъ" pietra (f) del Kansas piedra (f) Arkansas
11	Schmirgel (m) emery émeri (m)	наждакъ (m) smeriglio (m) esmeril (m)
12	Schmirgelpulver (n) emery powder émeri (m), poudre (f) d'émeri, émeri (m) pulvérisé *ou* en poudre 	наждачный порошокъ (m); наждакъ (m) въ порошкѣ polvere (f) di smeriglio polvo (m) de esmeril

Schmirgelstein (m), Schmirgelscheibe (f) emery stone meule (f) en émeri	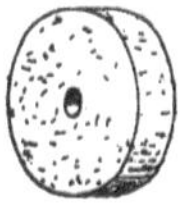	наждачный кругъ (m) mola (f) *o* cote (f) di smeriglio disco (m) *ó* piedra (f) *ó* muela (f) de esmeril	*1*
Schmirgelleinwand (f), Schmirgelleinen (n) emery cloth toile (f) d'émeri, toile (f) à l'émeri, toile (f) émerisée		наждачный холстъ (m); наждачное полотно (n) tela (f) smerigliata tela (f) de esmeril	*2*
Schmirgelpapier (n) emery paper papier (m) [à l']émeri		наждачная бумага (f) carta (f) smerigliata papel (m) de esmeril	*3*
Korundum (n), Korund (m) corundum corindon (m)		корундъ (m); алмазный шпатъ (m) corindone (m) corundun (m)	*4*
Korubin (n) corubin corindon (m), rubis (m)		искусственный корундъ (m); корубинъ (m) rubino (m) per uso industriale corindon (m)	*5*
Karborund[um] (n) carborundum carborundum (m)		карборундъ (m) carborundum (m) carborundum (m)	*6*
Karborundum[schleif-]scheibe (f) carborundum grinding wheel meule (f) en carborundum		карборундовый точильный кругъ (m) mola (f) di carborundum muela (f) de carborundum	*7*
Alundum (n) alundum alumine (f) hydratée (pour le meulage)		алундумъ (m); вещество (n), получаемое изъ аморфнаго гидрата-окиси алюминія alundum (m) alúmina (f) hidratata (para afilar)	*8*
Wasserstein (m) whetstone pierre (f) à l'eau		оселокъ (m) *или* точильный брусокъ (m) для мокрой точки cote (f) ad acqua piedra (f) de agua	*9*
Ölstein (m) oilstone pierre (f) à l'huile		оселокъ (m) *или* точильный брусокъ (m) для точки съ масломъ cote (f) ad olio piedra (f) de aceite	*10*
Schleifrad (n) grinding wheel meule (f)		точильный *или* шлифовальный кругъ (m) mola (f) muela (f) *ó* piedra (f) *ó* disco (m) de afilar	*11*

1 Schleifring (m)
grinding cylinder
meule (f) annulaire

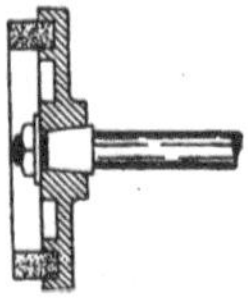

точильное кольцо (n); шлифовальная шайба (f)
corona (f) di una mola
anillo (m) de afilar, muela (f) en forma de anillo

---

2 Tassenscheibe (f)
cup wheel
meule-assiette (f), meule (f) en cuvette

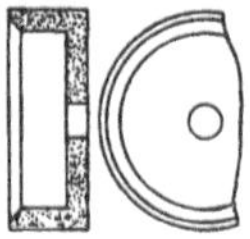

чашеобразный точильный *или* шлифовальный кругъ (m); чашка (f); горшокъ (m)
mola (f) a coppa *od* a tazza
muela (f) en forma de plato

---

3 Kegelscheibe (f)
coned cutter grinding wheel
meule (f) conique

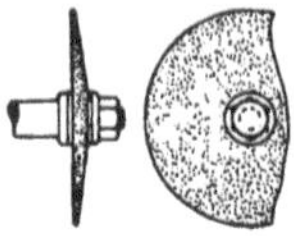

коническій точильный кругъ (m); фасонный шлифовальный кругъ
mola (f) a disco conico
muela (f) cónica

---

4 Kronenschleifstein (m)
face grinding wheel
meule (f) de front

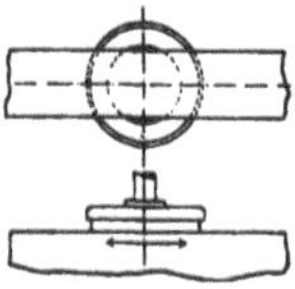

концевой точильный *или* шлифовальный кругъ (m)
mola (f) a corona
muela (f) en forma de corona

---

5 fliegender *oder* fliegend angebrachter Schleifstein (m)
overhung grinding wheel
meule (f) en porte-à-faux

точильный камень (m) на вѣсу; шлифовальный кругъ (m), надѣтый на свѣшивающемся концѣ [шпинделя]
mola (f) montata in isbalzo
muela (f) volante

---

6 Doppelschleifstein (m)
double grinding wheels machine (f) à meuler double

точильный *или* шлифовальный станокъ (m) съ двумя кругами
mola (f) doppia, macchina (f) doppia per molare
muela (f) doble

---

7 Schleifsteinbefestigung (f)
method of mounting *or* securing the grinding wheel
fixation (f) de la meule

закрѣпленіе (n) точильнаго *или* шлифовальнаго круга
fissaggio (m) *o* montaggio (m) della mola
sujeción (f) de la muela

---

8 Schleifscheibendorn (m)
grinding wheel arbor *or* spindle
broche (f) de meule

оправка (f) точильнаго *или* шлифовальнаго круга
mandrino (m) della mola
espiga (f) *ó* mandril (m) porta-muela

Einklemmen (n) *oder* Einspannen (n) des Schleifsteins
clamping of the grinding wheel
serrage (m) de la meule (entre deux brides)

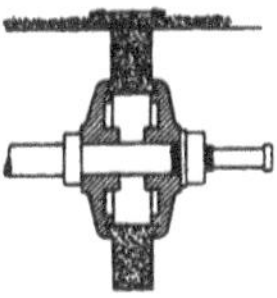

зажатіе (n) точильнаго *или* шлифовальнаго круга
fissaggio (m) *o* montaggio (m) della mola 1
sujeción (f) de la muela entre bridas

Einkitten (n) des Schleifsteins
cementing in of the grinding wheel
cimentage (m) *ou* collage (m) de la meule

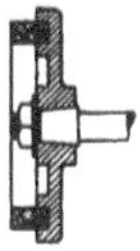

вклейка (f) [точильнаго *или* шлифовальнаго круга]
cementatura (f) della mola 2
sujeción (f) de la muela con masilla

---

ruhiges, genaues Laufen (n) des Schleifsteins
steady *or* exact (true, balanced) running of the grinding wheel
marche (f) équilibrée et uniforme de la meule

спокойный, правильный ходъ (m) точильнаго *или* шлифовальнаго круга
marcia (f) regolare della mola 3
rotación (f) *ó* marcha (f) de la muela tranquila y exacta

---

den Schleifstein abrichten (v) *oder* ablehren (v)
to true *or* dress *or* trim the grinding wheel
dresser (v) la meule

провѣр-ить (-ять) размѣры точильнаго *или* шлифовальнаго круга
equilibrare (v) *o* raddrizzare (v) *o* calibrare (v) la mola 4
rectificar (v) la muela

Ablehren (n) des Schleifsteins
truing *or* trimming *or* dressing the grinding wheel
dressage (m) *ou* rectification (f) de la meule

провѣрка (f) размѣровъ точильнаго *или* шлифовальнаго круга
calibratura (f) della mola 5
rectificación (f) de la muela

Abdrehen (n) *oder* Abziehen (n) der Schmirgelscheibe mittels eines Diamants
trimming *or* truing the emery *or* grinding wheel with a diamond
dressage (m) *ou* rectification (f) de la meule au diamant

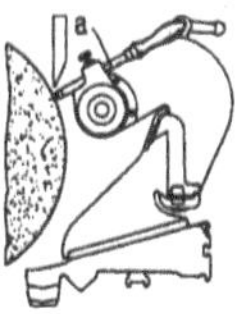

правка (f) круговъ алмазомъ
tornitura (f) *o* raddrizzatura (f) della mola 6
a mezzo di diamante
el tornear *ó* el igualar la muela con diamante

Diamanthalter (m)
diamond toolholder
monture (f) de diamant, porte-diamant (m)

a

оправка (f) для алмаза
utensile (m) con diamante, diamante (m) 7
útil (m) porta-diamante

1 Schleifscheiben-abnützung (f)
wear of the grinding wheel
usure (f) de la meule
износъ (m) точильнаго круга; изнашиванie (n) шлифовальнаго круга
usura (f) *o* consumo (m) della mola
desgaste (m) de la muela

---

2 Bersten (n) der Schleifscheibe
rupture *or* bursting of the grinding wheel
rupture (f) de la meule

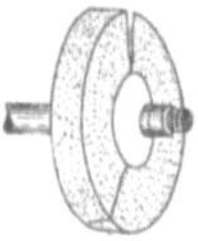

растрескиванie (n) точильнаго круга; лопанie (n) шлифовальнаго круга
spaccatura (f) della mola
el reventar de la muela

---

3 Zerspringen (n) der Schleifscheibe
flying off of the grinding wheel
éclatement (m) de la meule

разрывъ (m) на части точильнаго *или* шлифовальнаго круга
rottura (f) della mola con projezione dei pezzi
el hacerse pedazos de la muela

---

4 Schutzbügel (m)
guard
garde (f) de protection

a

предохранительный чехолъ (m)
cuffia (f) *o* guardia (f) di protezione
arco (m) *ó* cerco (m) de protección

---

5 glätten (v)
to glaze
polir (v)
полировать; лощить
polire (v), brunire (v)
alisar (v)

---

6 Glaspapier (n)
glass paper
papier (m) de verre

стеклянная бумага (f); шкурка (f)
carta (f) vetrata
papel (m) de lija

---

7 Kupferpolierscheibe (f)
copper burnishing wheel, buff
disque (m) à brunir le cuivre

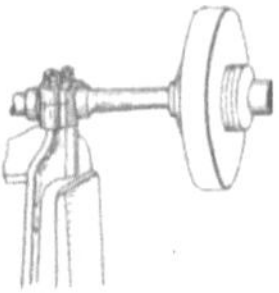

мѣдный полировальный кругъ (m) *или* дискъ (m)
disco (m) *o* ruotella (f) di rame per polire *o* per brunire
disco (m) de pulir el cobre

---

8 Schleifpulver (n)
burnishing *or* polishing powder
poudre (f) à meuler
шлифовальный порошокъ (m)
polvere (f) per molare
polvo (m) de pulir

---

9 Polierrot (n), englisch Rot (n)
polishing *or* buffing ochre
ocre (f) à polir, rouge (m) d'Angleterre
самородная окись (f) желѣза; крововикъ (m); крокусъ (m), примѣняемый при полированiи желѣзныхъ предметовъ
rossetto (m) inglese
pasta (f) de pulir

Polierdorn (m)
buffing *or* polishing cone
brunissoir (m) conique

полировальный конусъ (m)
mandrino (m) conico per polire *o* per brunire
espiga (f) cónica de pulir 1

Polierbüchse (f) mit Halter
polishing clamp
pince (f) à polir

полировальный хомутикъ (m) съ ручкой; жимки (m pl)
portapezzo (m) per pezzi da polire *o* da brunire 2
caja (f) *ó* casquillo (m) de pulir con portador

VII.

Scheren und Lochmaschinen
Shearing and Punching Machines
Cisailles et poinçonneuses
Ножницы и дыропробивные станки
Cesoie e punzonatrici
Tijeras y punzonadoras

Arten und Antrieb
1 **Types and Method of Driving**
Types et commandes
Типы и передачи
Tipi e comandi
Tipos y movimiento motor

2 Schere (f)
shears
cisaille (f)

ножницы (f pl)
cesoia (f), trancia (f)
tijeras (f pl)

---

3 Maschinenschere (f)
shearing machine
cisaille (f), cisaille (f) mécanique

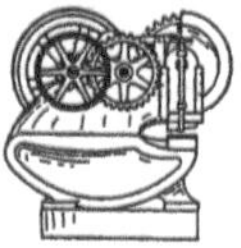

механическія ножницы (f pl)
cesoia (f) *o* trancia (f) meccanica
máquina (f) de cortar

---

4 Parallelschere (f), Rahmenschere (f), Guillotinschere (f)
guillotine [shears]
cisaille (f) à guillotine

параллельныя ножницы (f pl); ножницы съ параллельными ножами
cesoia (f) *o* trancia (f) a ghigliottina
tijera (f) paralela *ó* de guillotina

---

5 Bogenschere (f), Hebelschere (f)
power driven crocodile shearing machine
cisaille (f) à levier, cisaille (f) à mâchoire

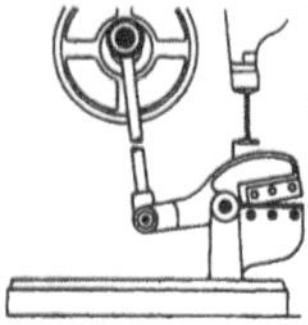

рычажныя ножницы (f pl)
cesoia (f) *o* trancia (f) a leva
tijera (f) de palanca

Kreisschere (f)
circular shears
cisaille (f) à molettes, cisaille (f) circulaire

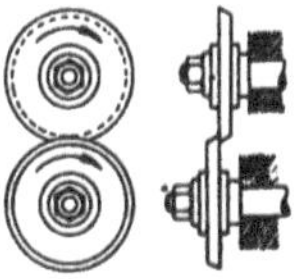

круглыя ножницы (f pl); ножницы, въ которыхъ служатъ ножами два вращающихся диска
cesoia (f) circolare, cesoia (f) a dischi
tijera (f) circular 1

Rundschneidmaschine (f), Rundschere (f)
shearing machine for round plates
cisaille (f) pour couper rond

ножницы (f pl) для вырѣзанія дисковъ
cesoia (f) circolare per dischi
tijera (f) para cortar redondo 2

Eisenspaltwerk (n), Schneidwerk (n)
slitting mill *or* rollers
appareil (m) à découper des bandes de tôle

рѣзной станъ (m)
apparecchio (m) per tranciare *o* dividere metalli
aparato (m) *ó* disposición (f) de cortar metales 3

Hebelschere (f), Alligatorschere (f)
hand lever *or* crocodile hand lever shearing machine
cisaille (f) à levier, cisaille (f) à main

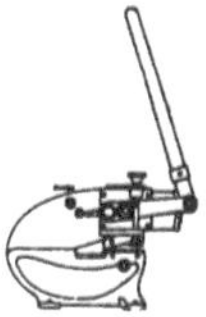

рычажныя ножницы (f pl)
cesoia (f) *o* trancia (f) a leva a mano
tijera (f) á palanca, tijera (f) á mano 4

Stockschere (f), Bockschere (f)
bench shears
cisaille (f) d'établi à main

стуловыя ножницы (f pl)
cesoia (f) *o* trancia (f) da banco
tijera (f) á palanca 5

Tafelschere (f)
printers *or* bookbinders shears
cisaille (f) à balancier, cisaille (f) à main pour feuillards

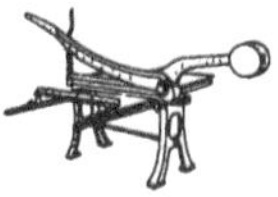

столовыя ножницы (f pl); ножницы со столомъ для обрѣзки листовъ
cesoia (f) a tavola
cizalla (f), tijera (f) de mesa 6

Winkelhebelschere (f)
angle lever shears
cisaille (f) à levier coudé

колѣнчатыя рычажныя ножницы (f pl)
cesoia (f) *o* trancia (f) a leva d'angolo
cizalla (f) de palanca acodada 7

Maulschere (f)
double lever shears
cisaille (f) à double levier

двухрычажныя ножницы (f pl)
trancia (f) a doppia guancia mobile
cizalla (f) de palanca doble 8

1 Schere (f) mit Exzenterantrieb
shearing machine with eccentric driving shaft
cisaille (f) à commande par excentrique

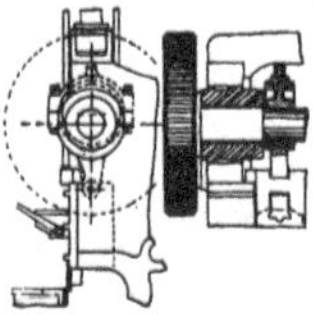

ножницы (f pl) съ эксцентриковымъ приводомъ
trancia (f) con comando ad eccentrico
tijera (f) de movimiento excéntrico

---

2 Schere (f) mit Dampfantrieb, Dampfschere (f)
shearing machine with direct acting steam engine
cisaille (f) à vapeur

паровыя ножницы (f pl); ножницы съ приводомъ отъ паровой машины
trancia (f) a vapore, trancia (f) con motore a vapore
tijera (f) movida directamente por vapor, tijera (f) combinada de vapor para la impulsión directa

---

3 Wasserdruckschere (f), Wasserschere (f), hydraulische Schere (f)
hydraulic shearing machine
cisaille (f) hydraulique

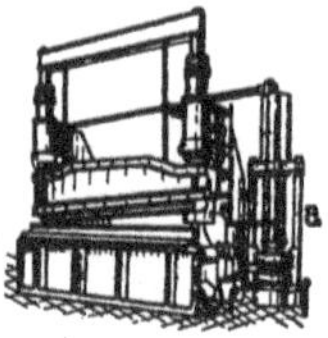

гидравлическія ножницы (f pl); ножницы съ гидравлическимъ приводомъ
trancia (f) idraulica
tijera (f) hidráulica

---

4 Wasserdruckpresse (f)
hydraulic pressure pump
presse (f) hydraulique

a

гидравлическій прессъ (m)
pressa (f) idraulica
prensa (f) hidráulica

---

5 Wasserdruckschere (f) für Stahlblöcke
hydraulic shearing machine for blooms and billets
cisaille (f) hydraulique à blooms *ou* billettes

гидравлическія ножницы (f pl) *или* ножницы съ гидравлическимъ приводомъ для рѣзки стальныхъ болванокъ
trancia (f) idraulica per lingotti
tijera (f) hidráulica para bloques de acero *ó* tochos de acero

---

6 drehbare Schere (f), Schere (f) auf drehbarem Gestell
revolving shearing machine
cisaille (f) pivotante

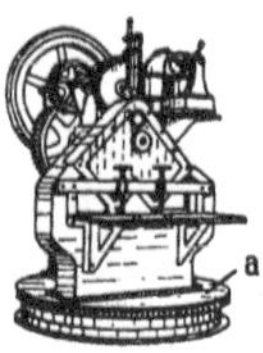

поворотныя ножницы (f pl); ножницы на поворотномъ кругѣ
trancia (f) girevole
tijera (f) montada para girar sobre su zócalo, tijera (f) giratoria

---

7 Drehscheibe (f)
revolving bed plate
plateau (m) tournant

a

поворотный кругъ (m); поворотная плита (f)
piattaforma (f) girevole
disco (m) giratorio

Blechscher[maschin]e(f)
plate cutting *or* shearing machine
cisaille (f) à tôle

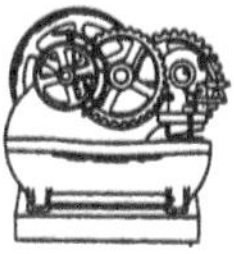

листовыя ножницы (f pl); ножницы для рѣзки листовъ
trancia (f) *o* cesoia (f) per lamiere
tijera (f) para cortar chapas *1*

Handblechschere (f)
hand shears, snips
cisaille (f) à main pour tôle

ручныя листовыя ножницы (f pl); ручныя ножницы для рѣзки листового желѣза
cesoia (f) a mano, forbice (f)
tijeras (f pl) á mano para cortar chapas *2*

Schrotschere (f)
scrap shearing machine
cisaille (f) à mitraille, cisaille (f) pour riblons *ou* lopins

ножницы (f pl) для рѣзки листовъ на мелкія части
trancia (f) da sbavare *o* da sgrossare
tijera (f) para cortar retazos de metal, cizalla (f) para tochos *3*

Trägerschere (f)
joist *or* I-iron shearing machine
cisaille (f) à poutrelles *ou* à profilés

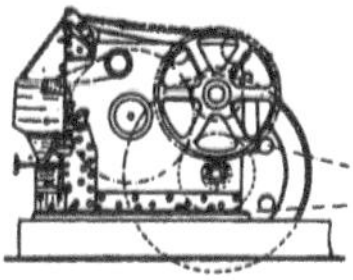

ножницы (f pl) для рѣзки тавровыхъ балокъ
trancia (f) per ferri a doppio T, trancia (f) per ferri profilati
tijera (f) para cortar escuadras *4*

Winkeleisenschere (f)
angle iron shearing machine
cisaille (f) à cornières

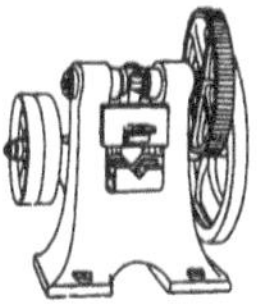

ножницы (f pl) для рѣзки углового желѣза
trancia (f) per ferri d'angolo
tijera (f) para cortar hierro-ángulo *5*

Rohrschneider (m), Röhrenabschneider (m)
pipe cutter
appareil (m) à tronçonner les tuyaux

труборѣзный станокъ (m)
tagliatubi (m)
corta-tubos (m) *6*

1 Lochmaschine (f), Durchschnitt (m), Durchstoß (m), Lochwerk (n), Durchbruchmaschine (f), Stanze (f), Lochstanze (f), [Loch-] Stanzmaschine (f)
punching machine
machine (f) à poinçonner, poinçonneuse (f)

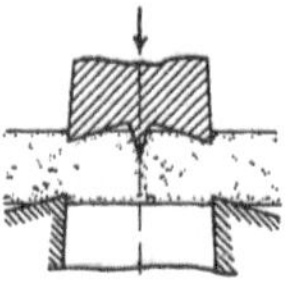

дыропробивный прессъ (m); дыропробивный станокъ (m); медвѣдка (f); комаръ (m)
punzonatrice (f)
punzonadora (f), máquina (f) de punzonar

---

2 Schraubenstanze (f), Schraubendurchschnitt (m), Handspindelpresse (f)
hand power screw punching press
poinçonneuse (f) à balancier *ou* à vis

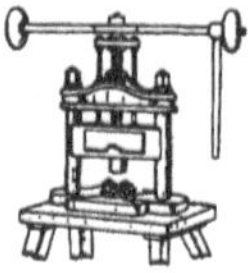

винтовой дыропробивный прессъ (m)
punzonatrice (f) a vite
prensa (f) de husillo movida á mano, balancin (m)

---

3 Hebelstanze (f), Hebeldurchschnitt (m)
lever punch
poinçonneuse (f) à levier

рычажный дыропробивный прессъ (m)
punzonatrice (f) a leva
punzonadora (f) á palanca

---

4 Stanze (f) *oder* Durchschnitt (m) mit wag[e]rechter Stempellage
horizontal punching machine
machine (f) à poinçonner *ou* poinçonneuse (f) horizontale

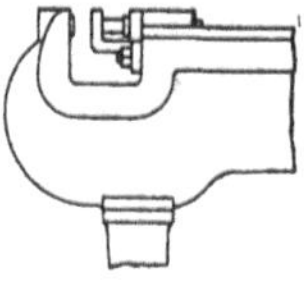

дыропробивный прессъ (m) съ горизонтально расположеннымъ пу[а]нсономъ *или* штемпелемъ
punzonatrice (f) orizzontale
punzonadora (f) horizontal

---

5 doppelte *oder* zweiseitige Stanze (f), doppelter Durchschnitt (m)
double punching machine
poinçonneuse (f) double

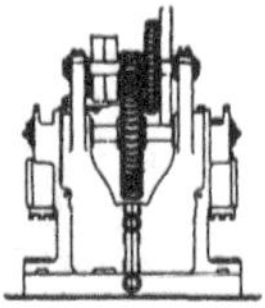

двойной дыропробивный прессъ (m)
punzonatrice (f) doppia
punzonadora (f) doble

---

6 [vereinigte *oder* kombinierte] Scher- und Lochmaschine (f)
combined punching and shearing machine
cisaille-poinçonneuse (f), machine (f) à cisailler et à poinçonner combinée

дыропробивный прессъ (m) съ ножницами; скомбинированные дыропробивный прессъ (m) и ножницы (f pl)
trancia (f) e punzonatrice (f) combinata
tijera (f) á motor combinada con punzonadora

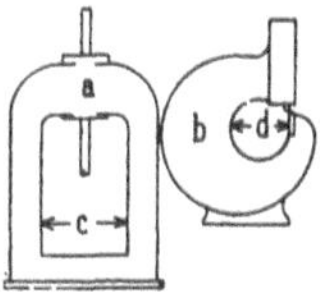

Scherengestell (n) shears frame bâti (m) de cisaille		станина (f) ножницъ incastellatura (f) della cesoia *o* della trancia bastidor (m) de tijera	*1*
torförmiges *oder* rahmenförmiges Gestell (n) stirrup frame bâti (m) à cage, bâti (m) fermé	a	рамообразная станина (f) incastellatura (f) a telaio *o* a gabbia bastidor (m) de tijera en forma de marco	*2*
bügelförmiges Gestell (n) bear frame bâti (m) à col de cygne, bâti (m) à gorge, bâti (m) en C	b	дугообразная станина (f) incastellatura (f) a collo d'oca, incastellatura (f) a gola bastidor (m) arqueado *ó* en forma de C	*3*
Gestellweite (f) width inside frame largeur (f) du bâti, écartement (m) des montants	c	разстоянiе (n) между стойками станинъ larghezza (f) *o* luce (f) della incastellatura luz (f) entre montantes	*4*
Ausladung (f) [des Bügels] depth of gap portée (f), profondeur (f) de gorge	d	вылетъ (m) profondità (f) della gola abertura (f) del arco	*5*

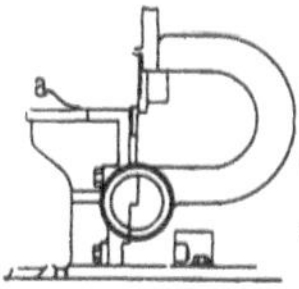

Auflegetisch (m) *oder* Tisch (m) der Schere, Scherenauflegtisch (m) shearing machine table table (f) de cisaille	a	рабочiй столъ (m) ножницъ tavola (f) della cesoia *o* della trancia mesa (f) de la tijera	*6*

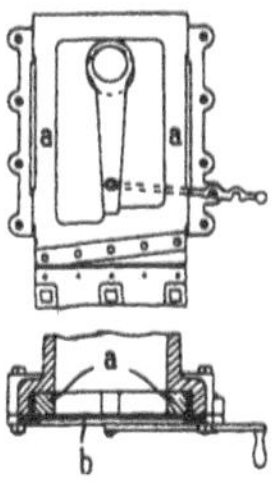

Schlittenführung (f) der Schere guidance of the shear blade in a slide guidage (m) du chariot entre glissières		направляющiя (f pl) салазокъ ножей guida (f) della slitta *o* del portalama della cesoia conducción (f) del carro porta-útil entre las guias	*7*
Scherblattschlitten (m), Schlitten (m) der Schere, Stößel (m) shear blade slide chariot (m) porte-lame de cisaille	a	салазки (f pl) ножей ножницъ slitta (f) portalama, slitta (f) portacoltelli carro (m) porta-útil de la tijera	*8*

1 Deckplatte (f), Führungsplatte (f)
cover plate
plaque (f) de recouvrement

b

крышка (f)
piastra (f) di chiusura, coperchio (m)
placa (f) de cubierta

---

2 Rollenfeld (n), Rollengestell (n)
feed rollers, roller path
train (m) à rouleaux

a

роликовый столъ (m)
treno (m) a rulli
plano (m) de rollos

---

3 Hebelantrieb (m)
lever motion
commande (f) par levier

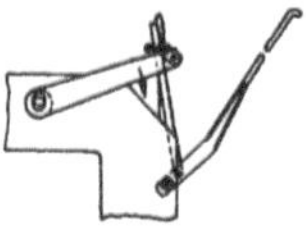

рычажная передача (f); рычажный приводъ (m)
comando (m) a leva
movimiento (m) á palanca

---

4 Drückerschaltwerk (n)
pressure mechanism
mécanisme (m) d'avancement par roue à rochet et cliquet *ou* poussoir

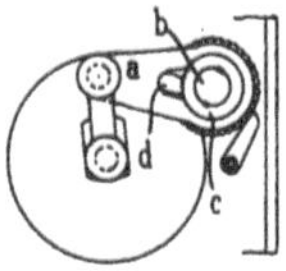

механизмъ (m) передачи движенія посредствомъ качающагося рычага и храповаго устройства
meccanismo (m) di avanzamento a crichetto
mecanismo (m) de impulso por trinquete ó vástago de presión

---

5 Schwinghebel (m)
reciprocating lever
levier (m) oscillant

a

качающійся рычагъ (m)
leva (f) oscillante
palanca (f) oscilante

---

6 Exzenterwelle (f)
eccentric shaft
arbre (m) à excentrique

b

эксцентриковый валъ (m)
albero (m) ad eccentrico
eje (m) excéntrico

---

7 Druckring (m)
pressure ring
bague (f) de pression

c

нажимное кольцо (n)
anello (m) di pressione
anillo (m) de presión

---

8 Drücker (m)
pressure pitman
poussoir (m)

d

собачка (f)
nasello (m) premente, punzone (m)
vástago (m) de presión

---

9 Kniehebel (m)
toggle lever
levier (m) à genouillère

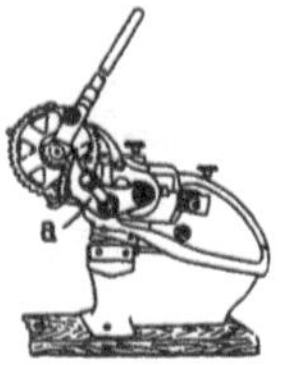

a

колѣнчатый рычагъ (m)
leva (f) a gomito
palanca (f) acodada

Exzenter (n)
eccentric
excentrique (m)

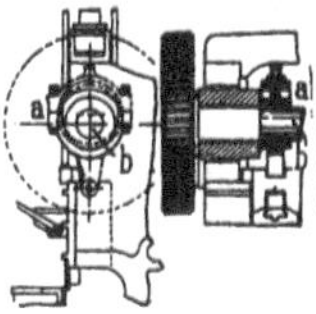

эксцентрикъ (m)
eccentrico (m)
excéntrica (f) 1

a

Exzenterzapfen (m)
eccentric pin
tourillon (m) d'excentrique, bouton (m) d'excentrique

b

эксцентрическая цапфа (f)
perno (m) dell'eccentrico 2
espiga (f) excéntrica

Exzenterauslösung (f)
eccentric disengagement
débrayage (m) par excentrique

расцѣпленіе (n) эксцентрика
disinnesto (m) ad eccentrico 3
disparo (m) por excéntrica

Schraubenantrieb (m), Scherenantrieb (m) durch Schraube
screw drive
commande (f) de cisaille par vis

винтовой приводъ (m) ножницъ
comando (m) a vite 4
impulsión (f) por tornillo

Daumenantrieb (m), Scherenantrieb (m) durch einen Daumen
cam drive
commande (f) [de cisaille] par came

кулачный приводъ (m) ножницъ
comando (m) a camma 5
impulsión (f) por leva

Daumen (m)
cam
came (f)

палецъ (m); кулакъ (m)
camma (f) 6
leva (f)

Daumenscheibe (f), Hubscheibe (f)
cam plate
plateau (m) *ou* disque (m) à came

a

кулачная шайба (f); кулачный дискъ (m)
disco (m) a camma, camma (f) di comando dell'alzata 7
disco (m) de leva, disco (m) de carrera

Kurbel (f)
crank
manivelle (f)

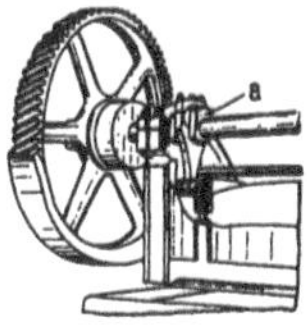

кривошипъ (m)
manovella (f) 8
manivela (f)

a

1 Schwungradantrieb (m), Scherenantrieb (m) durch Schwungrad
fly wheel drive
commande (f) de cisaille par volant

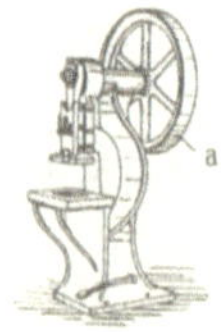

приводъ (m) ножницъ отъ маховика
comando (m) della trancia a mezzo di volante
movimiento (m) de la tijera por volante

---

2 Schwungrad (n)
fly wheel
volant (m)

a

маховикъ (m); маховое колесо (n)
volante (m)
volante (m)

---

3 Scherenantrieb (m) durch Dampfmaschine
steam drive of shears
commande (f) [de cisaille] à vapeur

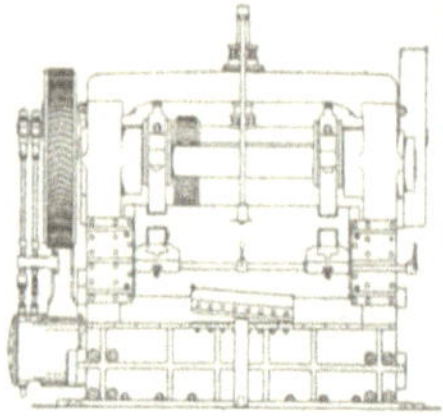

приводъ (m) ножницъ отъ паровой машины
comando (m) della trancia a mezzo di motore a vapore
movimiento (m) por vapor directo, movimiento (m) de la tijera por máquina de vapor acoplada directamente

---

4 Lenkstange (f)
connecting rod
bielle (f)

шатунъ (m)
biella (f)
biela (f)

---

5 Scherenantrieb (m) durch Druckwasser
hydraulic drive of shears
commande (f) [de cisaille] hydraulique

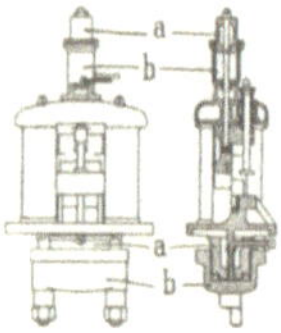

гидравлическій приводъ (m) ножницъ
comando (m) della trancia a mezzo di acqua compressa
movimiento (m) por presión hidráulica

---

6 Mönch[s]kolben (m), Mönch (m), Obermönch (m)
hydraulic piston
piston (m) hydraulique, plongeur (m)

a

нырялo (n); поршень (m); скалка (f)
stantuffo (m) tuffante
macho (m)

---

7 Nonne (f), Untermönch (m)
cylinder
cylindre (m) hydraulique

b

гидравлическій цилиндръ (m)
cilindro (m)
hembra (f)

---

8 Ausrückung (f) des Scherblattantriebs
throwing the shears out of motion
débrayage (m) du mouvement de la lame de cisaille

остановка (f) ножа у ножницъ
disinnesto (m) del comando della slitta portalama *o* portacoltelli
disparo (m) [ó paro] del movimiento de la hoja de tijera

Arbeitsweise **Method of Working** **Mode de travail**		**Способъ работы** **Metodo di lavoro** **Sistema de trabajar**	*1*
schneiden (v) to cut couper (v)		рѣзать tagliare (v), tranciare (v) cortar (v)	*2*
Schnitt (m) cut coupe (f)		разрѣзъ (m); рѣзаніе (n) taglio (m), tranciatura (f) corte (m)	*3*
Schnittwiderstand (m) resistance to cutting résistance (f) à la coupe *ou* au cisaillement		сопротивленіе (n) рѣзанію resistenza (f) alla rescisione resistencia (f) de corte	*4*
abscheren (v) to shear cisailler (v), enlever (v) à la cisaille		срѣзáть; срѣзать tranciare (v) recortar (v)	*5*
Abscherung (f) shearing cisaillement (m)		срѣзываніе (n) tranciatura (f) el racortar	*6*
Abscher[ungs]richtung (f) direction of shearing direction (f) de cisaillement	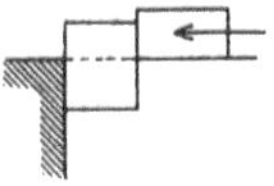 a	направленіе (n) срѣзыванія direzione (f) del taglio dirección (f) de corte	*7*
Scherfläche (f), Abscherungsfläche (f), Abscherungsquerschnitt (m) section of shear surface (f) *ou* section (f) de cisaillement	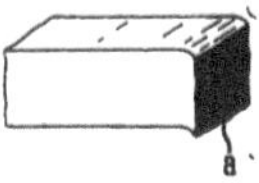 a	площадь (f) срѣзыванія superficie (f) *o* sezione (f) tranciata superficie (f) *ó* sección (f) de corte	*8*
Scher[en]winkel (m), Kreuzungswinkel (m) angle of shear blades angle (m) de la coupe *ou* inclinaison (f) des lames	 α	уголъ (m) между рѣжущими кромками ножей у ножницъ; уголъ рѣзанія angolo (m) di taglio ángulo (m) del corte *o* de cruziamiento de las cuchillas	*9*
abschneiden (v) to cut off cisailler (v), couper (v)		срѣзáть; срѣзать tagliare (v), tranciare (v) cortar (v), recortar (v)	*10*

1 Beschneiden (n) der Bleche
shearing the plates
rognage (m) de tôles

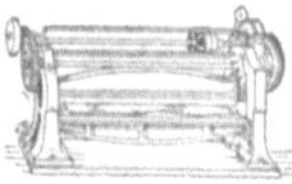

обрѣзка (f) листовъ
tranciatura (f) *o* taglio (m) delle lamiere
el recortar de las chapas

---

2 entgraten (v), abgraten (v)
to take off the burr
ébarber (v)

скашивать углы; сглаживать неровности; снять заусенцы
sbavare (v)
desbarbar (v)

---

3 Bleche zerschneiden (v)
to cut a plate *or* sheet
couper (v) des tôles, cisailler (v)

разрѣза́ть (разрѣзать) листы
tranciare (v) *o* tagliare (v) lamiere
cortar (v) chapas

---

4 in Streifen schneiden (v)
to cut in strips
découper (v) en bandes *ou* en feuillards

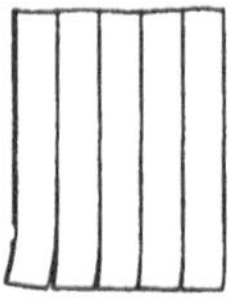

разрѣза́ть (разрѣзать) на полосы
tagliare (v) in striscie
cortar (v) en tiras

---

5 ausschneiden (v)
to cut out
découper (v)

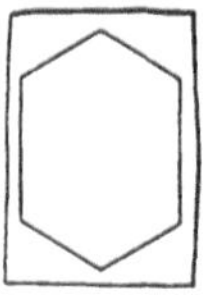

вырѣз-ать (-ывать)
tranciare (v) in sagoma *od* a stampo, punzonare (v)
calar (v)

---

6 Querschneiden (n)
cross *or* transverse cutting
cisaillement (m) transversal, coupe (f) transversale

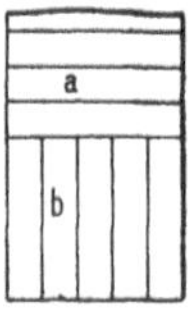

a

разрѣзание (n) поперёкъ (m)
taglio (m) trasversale
corte (m) transversal

---

7 Längsschneiden (n)
longitudinal cutting
cisaillement (m) longitudinal, coupe (f) longitudinale

b

разрѣзание (n) вдоль
taglio (m) longitudinale
corte (m) longitudinal

---

8 Kippen (n) *oder* Ecken des Werkstücks
tipping *or* kicking up of the work
inclinaison (f) de la pièce à cisailler

наклоненie (n) обрабатываемаго предмета
sollevamento (m) *od* inclinazione (f) del pezzo da lavorare
inclinación (f) de la pieza de labor

Niederhalten (n) des Werkstücks [durch Wasserdruck *oder* Schrauben]
holding down the work by hydraulic *or* screw pressure
maintien (m) de la pièce à cisailler [par pression hydraulique *ou* par vis]

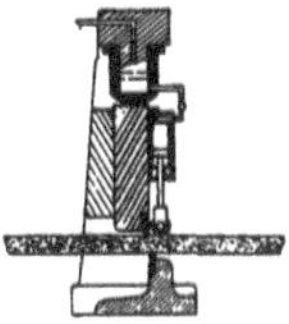

удерживаніе (n) обрабатываемаго предмета [при помощи гидравлическаго *или* винтового давленія]
assoggettatura (f) *o* fissatura (f) del pezzo a mezzo di pressione idraulica *od* a vite 1
fijación (f) de la pieza de labor [por presión de agua *ó* tornillos]

---

stanzen (v)
to punch
poinçonner (v)

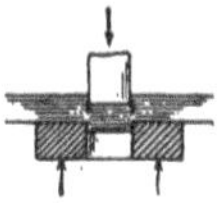

штамповать; проби-ть (-вать) отверстія
punzonare (v) 2
punzonar (v)

---

lochen (v), Löcher stanzen (v), durchlochen (v), Löcher ausschlagen (v)
to punch holes, to perforate
poinçonner (v)

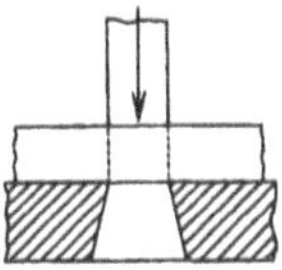

проби-ть (-вать) *или* выби-ть (-вать) *или* продав-ить (-ливать) отверстія
forare (v) con punzone, punzonare (v), perforare (v) 3
punzonar (v)

Lochen (n)
punching (of holes)
poinçonnage (m)

пробивка (f) *или* продавливаніе (n) отверстій
punzonatura (f) (di fori) 4
punzonamiento (m)

Putzen (m)
punching
débouchure (f), découpure (f)

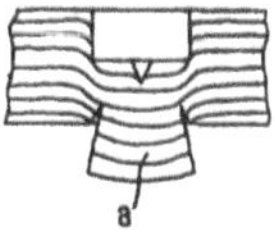

a

выдавка (f); продавка (f)
grano (m) 5
disco (m) recortado con el punzón

---

gelochtes Blech (n)
punched plate
tôle (f) perforée

желѣзный листъ (m) съ продавленными отверстіями
lamiera (f) perforata *o* punzonata 6
chapa (f) agujerada

Stoßzahl (f)
number of punchings
nombre (m) de coups *ou* de courses

число (n) отверстій
numero (m) delle corse dell'utensile 7
número (m) de golpes

Lochung (f)
perforation
perforation (f)

отверстіе (n)
perforazione (f), punzonatura (f) 8
perforación (f)

---

geschnittenes Loch (n)
cut out hole
trou (m) découpé

вырѣзанное отверстіе (n)
foro (m) punzonato 9
agujero (m) cortado

1 glattwandiges Loch (n)
smooth hole
trou (m) [à paroi] lisse

отверстіе (n) съ гладкими стѣнками
foro (m) a pareti liscie, foro (m) liscio
agujero (m) de paredes lisas

---

2 rundes Loch (n)
round *or* circular hole
trou (m) rond

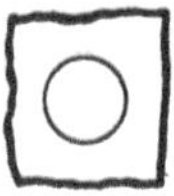

круглое отверстіе (n)
foro (m) rotondo
agujero (m) redondo

---

3 rechteckiges Loch (n)
rectangular hole
trou (m) rectangulaire

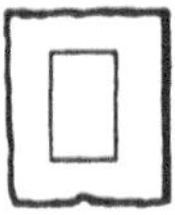

прямоугольное отверстіе (n)
foro (m) rettangolare
agujero (m) rectangular

---

4 Scherblatt (n), Scherbacke (f)
shear blade
lame (f) de cisaille

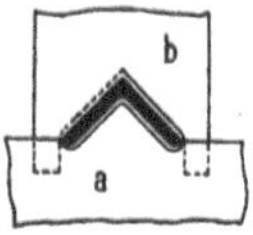

a, b

ножъ (m) у ножницъ
lama (f) *o* coltello (m) di cesoia *o* di trancia
lámina (f) de tijera, lámina (f) cortante, cuchilla (f)

---

5 Brustfläche (f) des Scherblattes
front of cutting edge of shear blade
surface (f) latérale de la lame de cisaille

c

боковая скошенная поверхность (f) ножа у ножницъ
unghia (f) della lama del coltello
superficie (f) de frente de la cuchilla

---

6 Scherblattkante (f)
[cutting] edge of the shear blade
arête (f) de lame de cisaille

d e

лезвіе (n) *или* лезвеё (n) *или* рѣжущая кромка (f) ножа у ножницъ
filo (m) della lama del coltello
canto (m) de la cuchilla

---

7 Kantenwinkel (m), Schneidwinkel (m)
angle of backing off
angle (m) de coupe de la lame

α, β

уголъ (m) между лезвіями *или* между рѣжущими кромками у ножей
angolo (m) tagliente dell'unghia
ángulo (m) del canto

---

8 Scherblattüberlappung (f)
overlap of shear blades
chevauchement (m) des lames de cisaille

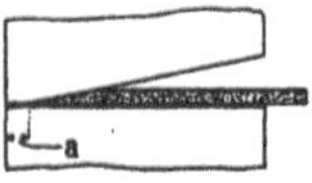

a

перекрыша (f) ножей
parte (f) accavallata delle lame dei coltelli
solapa (f) de las cuchillas

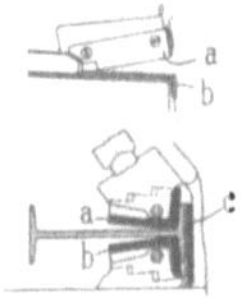

Obermesser (n)
top shear blade
lame (f) supérieure

a

верхній ножъ (m)
lama (f) *o* coltello (m) superiore
cuchilla (f) superior 1

Untermesser (n)
bottom shear blade
lame (f) inférieure

b

нижній ножъ (m)
lama (f) *o* coltello (m) inferiore
cuchilla (f) inferior 2

Seitenmesser (n)
cross cut shear blade
lame (f) latérale

c

боковой ножъ (m)
lama (f) *o* coltello (m) laterale
cuchilla (f) lateral 3

---

tätiges *oder* bewegliches Scherblatt (n)
movable shear blade
lame (f) mobile de la cisaille

a

подвижной *или* рабочій ножъ (m)
lama (f) *o* coltello (m) mobile
cuchilla (f) móvil 4

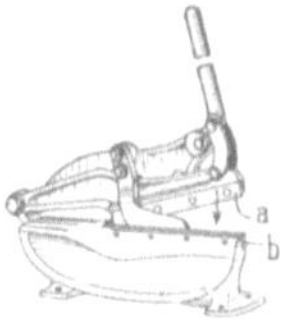

---

stützendes *oder* festes Scherblatt (n)
fixed shear blade
lame (f) fixe de la cisaille

b

неподвижный *или* опорный ножъ (m)
lama (f) fissa, coltello (m) fisso
cuchilla (f) fija 5

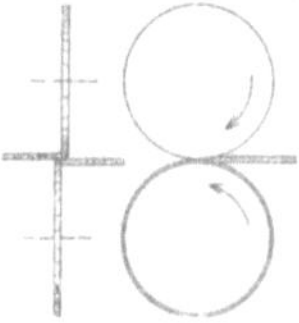

kreisförmiges Scherblatt (n)
circular shear blade
lame (f) circulaire de cisaille

ножъ (m) въ видѣ круглаго стального диска; дисковый ножъ
lama (f) *o* coltello (m) circolare
cuchilla (f) circular 6

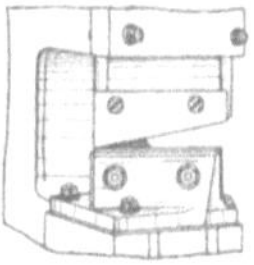

Scherenmaul (n)
mouth of shears
mâchoire (f) de cisaille

раскрытіе (n) *или* зѣвъ (m) ножницъ
gola (f) della cesoia *o* della trancia
boca (f) de la tijera 7

Hub (m) des Scherblattes, Scherblatthub (m), Hubhöhe (f)
stroke of shear blade
course (f) de la lame de cisaille

ходъ (m) ножа у ножницъ; величина (f) хода
corsa (f) della lama, alzata (f) del coltello
carrera (f) de la cuchilla 8

1 Kauen (n), Auseinanderdrängen (n) der Scherblätter
springing away of the shear blade
mâchonnement (m), déviation (f) des lames

распиранiе (n) ножей у ножницъ
deviamento (m) delle lame *o* dei coltelli
deviación (f) de las (hojas de) cuchillas

---

2 Lochstempel (m), Stempel (m), Schneidstempel (m), Durchschnitt (m), Oberstanze (f)
punch
poinçon (m)

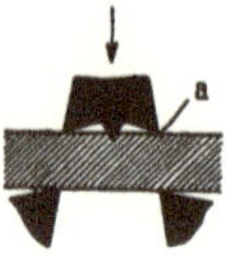

пу[а]нсонъ (m); штемпель (m)
punzone (m)
punzón (m)

---

3 Stempelkante (f)
edge of the punch
bord (m) tranchant de poinçon, arête (f) de poinçon

a

рѣжущая кромка (f) пу[а]нсона *или* штемпеля
tagliente (m) del punzone
canto (m) *ó* corte (m) del punzón

---

4 Stempelkörner (m)
center punch
pointe (f) du poinçon

a

кернеръ (m) пу[а]нсона
punta (f) del punzone
punta (f) del punzón

---

5 Stempelkopf (m)
nose of the punch
tête (f) du poinçon

a

головка (f) пу[а]нсона *или* штемпеля
gambo (m) *o* stelo (m) del punzone
cabeza (f) del punzón

---

6 Stempel (m) mit gebogener Endfläche
punch with V shaped nose
poinçon (m) à tête bombée

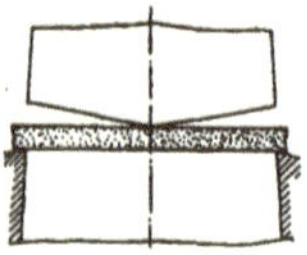

пу[а]нсонъ (m) *или* штемпель (m) съ выпуклой рабочей поверхностью
punzone (m) con tagliente arcuato
punzón (m) con punta central, punzón (m) combado

---

7 Stempel (m) mit gewellter Endfläche
punch with fluted *or* corrugated nose
poinçon (m) à tête ondulée

пу[а]нсонъ (m) *или* штемпель (m) съ волнистой рабочей поверхностью
punzone (m) con tagliente ondulato
punzón (m) con extremo ondulado

---

8 Durchschlag (m)
punch, drift
poinçon (m) à main, chasse-rivet (m)

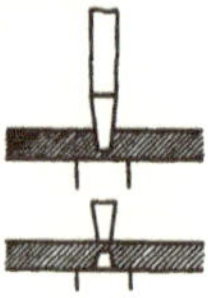

пробойникъ (m); бородокъ (m)
punzone (m) a mano, punteruolo (m)
punzón (m) á mano

Lochring (m), Lochscheibe (f), Matrize (f), Mater (f), Unterscheibe (f), Unterstanze (f)
die
matrice (f) de poinçonneuse

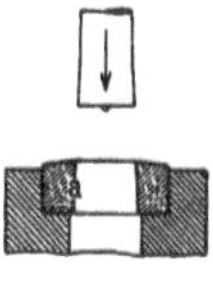

a

матрица (f)
matrice (f)
matriz (f) 1

Lochringöffnung (f), Matrizenöffnung (f)
hole in the die
ouverture (f) *ou* calibre (m) de matrice

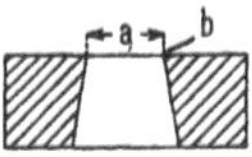

a

отверстіе (n) матрицы
apertura (f) *o* calibro (m) della matrice
abertura (f) de la matriz 2

Lochringrand (m), Matrizenrand (m)
edge *or* rim of hole in the die
bord (m) *ou* arête (f) de matrice

b

кромка (f) матрицы
orlo (m) *o* labbro (m) del foro della matrice
borde (m) de la matriz 3

Lochringkante (f)
cutting edge of hole in the die
arête (f) de la matrice

кромка (f) матрицы
orlo (m) tagliente della matrice
canto (m) de la matriz 4

Stempelbefestigung (f)
holding the punch
fixation (f) du poinçon

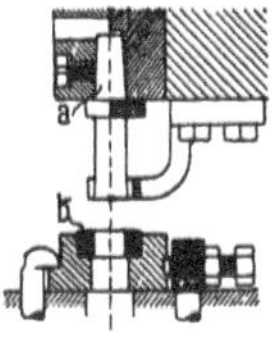

a

укрѣпленіе (n) пу[а]нсона; закрѣпленіе (n) штемпеля
fissaggio (m) *o* montaggio (m) del punzone
sujeción (f) del punzón 5

Lochringbefestigung (f)
holding the die
fixation (f) de la matrice

b

укрѣпленіе (n) *или* закрѣпленіе (n) матрицы
fissaggio (m) *o* montaggio (m) della matrice
sujeción (f) de la matriz 6

Lochringplatte (f)
die plate
étampe (f)

a

доска (f) съ матрицами
piastra (f) portamatrice
estampa (f) 7

---

aus Stäbchen zusammengesetzter Lochring (m)
die plate composed of small bars
matrice (f) composée de barrettes

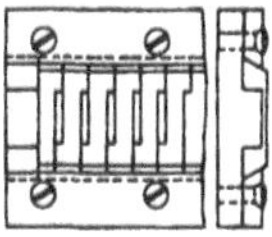

матрица (f), собранная изъ отдѣльныхъ брусковъ *или* состоящая изъ отдѣльныхъ пластинокъ; сборная матрица
matrice (f) composta di barrette
matriz (f) compuesta de varillas 8

Untersatz (m), Tasse (f), [Lochringuntersatz (m)]
die holder
tas (m), étampe (f)

a 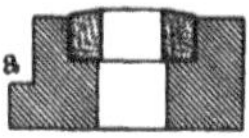 a

a

подкладка (f) матрицы; чашка (f)
portamatrice (m)
tase (m) 9

1 Gegenstanze (f)
counter punch
contre-poinçon (m), tas (m), étampe (f)

контръ-пу[а]нсонъ (m)
controstampo (m)
contra-punzón (m)

---

2 Ineinanderpassen (n) der Stanzen
marriage of the punches, movement of punch in and out of the die
ajustement (m) du poinçon à la matrice

пригонка (f) пу[а]нсона къ матрицѣ
adattamento (m) del punzone alla matrice
ajuste (m) del punzón con la matriz

---

3 Stempelweg (m), Hub (m)
stroke of the punch
course (f) du poinçon

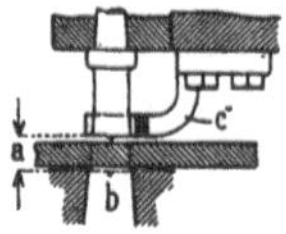

a

ходъ (m) пу[а]нсона
corsa (f) del punzone
camino (m) del punzón

---

4 Lochkanal (m)
clearance hole
trou (m) de débourrage

b

каналъ (m); отверстіе (n)
apertura (f) di scarico
agujero (m) de destapamiento

---

5 Abstreifer (m), Abstreicher (m), Niederhalter (m)
stripper
arracheur (m)

c

придержка (f) [для предупрежденія подъёма листа]
dispositivo (m) per levar fuori (il punzone)
separador (m)

---

6 fester Abstreifer (m)
fixed stripper
arracheur (m) fixe

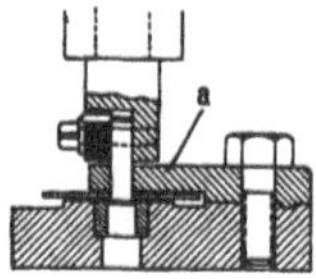

a

неподвижная придержка (f)
dispositivo (m) fisso per levar fuori (il punzone)
separador (m) fijo

---

7 einstellbarer Abstreifer (m)
adjustable stripper
arracheur (m) réglable

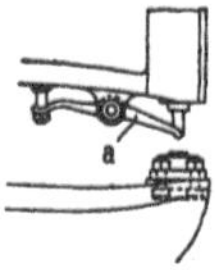

устанавливаемая придержка (f)
dispositivo (m) regolabile per levar fuori (il punzone)
separador (m) graduable

---

8 Abstreiferarm (m)
stripper lever
levier (m) d'arracheur

a

плечо (n) придержки
braccio (m) del dispositivo per levar fuori (il punzone)
brazo (m) de separador

VIII.

Schmiedemaschinen — Forging Machines — Machines à forger — Ковочныя машины — Macchine per forgiare — Máquinas de forjar

Hämmer **Hammers** **Marteaux**		**Молота** **Martelli** **Martillos**	*1*
Helmhammer (m), Winkelhammer (m), Stielhammer (m), Hebelhammer (m) sledge hammer marteau (m) à manche	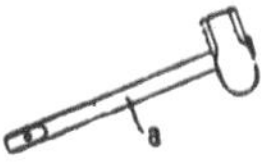	рычажный молотъ (m) martello (m) *o* mazza (f) a manico martillo (m) de mango	*2*
Hammerhelm (m), Helm (m) hammer shaft manche (m) de marteau	a	молотовище (n); ручка (f) молота manico (m) del martello *o* della mazza mango (m) de martillo, palanca (f) de martillo	*3*
Daumenhammer (m) cam hammer marteau (m) à came		кулачный молотъ (m) maglio (m) a camme martinete (m) de leva	*4*
Stirnhammer (m) front *or* slogging hammer marteau (m) à chasse, chasse-carrée (f)	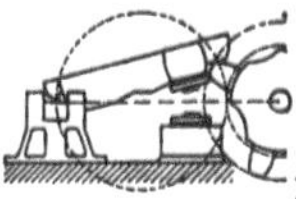	лобовой молотъ (m) mazzetta (f) a due mani, mazza (f) martillo (m) derecho	*5*
Brusthammer (m), Aufwerfer (m) helving hammer marteau (m) à devant, masse (f)	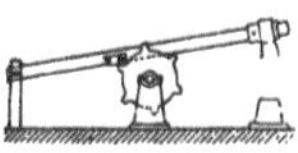	среднебойный молотъ (m) maglio (m) a leva *od* a saliscendi martillo (m) mecánico de palanca, martinete (m)	*6*
Schwanzhammer (m) tilt hammer, tail hammer, trip hammer marteau (m) à levier		хвостовой молотъ (m); заднебойный молотъ maglio (m) a leva *o* ad altalena martillo (m) de báscula, martinete (m) de cola	*7*

1	Drehzapfen (m) fulcrum pin tourillon (m)	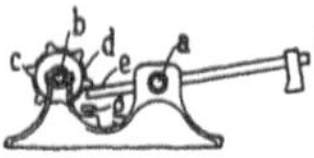	валокъ perno (m) *o* fulcro (m) della leva espiga (f) giratoria
		a	
2	Hammerwelle (f) cam spindle arbre (m) du marteau	b	валъ (m) *или* ось (f) молота albero (m) della camma di comando eje (m) del martillo
3	Hebekopf (m), Daumen (m), Hebedaumen (m), Däumling (m) [lifting] cam came (f) [de soulèvement]	c	поднимающая лодыжка (m); поднимающій кулакъ (m) *или* кулачокъ (m) camma (f) [di sollevamento] leva (f) [de elevación]
4	Wellkranz (m) crown roue (f) à cames	d	барабанъ (m) съ кулаками corona (f) a camme rueda (f) con levas
5	Streichblech (n) striking plate tôle (f) de frottement	e	доска (f) *или* вставка (f), принимающая ударъ lamiera (f) di strisciamento, lamiera (f) di battuta della camma chapa (f) de rozamiento
6	Reitel (m) stop buttoir (m)	g	отбой (m) arresto (m) tope (m)
7	Hammerhülse (f) hirst, helve ring douille (f) pour le manche du marteau		хомутъ (m) *или* кольцо (n) *или* бугель (m) молотовища occhio (m) *o* foro (m) del martello casquillo (m) del martello
8	Tritthammer (m), Fußhammer (m) treadle hammer marteau (m) à pédale		ножной *или* педальный молотъ (m); молотъ (m) съ ножнымъ приводомъ; станокъ Оливера maglio (m) a pedale martillo (m) á pedal, martinete (m) á pedal
9	Wipphammer (m) wipple hammer martinet (m) à ressort		качающійся молотъ (m); рычажный молотъ съ ножнымъ приводомъ maglio (m) a molle *od* a leva con molle martillo (m) *ó* martinete (m) de resortes á pedal
10	Dampfaufschläger (m) steam striker *or* hammer mouton (m) à vapeur, marteau (m) à devant à vapeur		паровой ударникъ (m) maglietto (m) a vapore martinete (m) de vapor

Maschinenhammer (m)
machine hammer
marteau (m) mécanique

приводный молотъ (m)
maglio (m) a comando
meccanico 1
martillo (m) mecánico,
martinete (m)

Wasserhammer (m)
hydraulic hammer
marteau (m) hydraulique

гидравлическій молотъ (m)
maglio (m) idraulico 2
martillo (m) ó martinete
(m) hidráulico

Gleishammer (m), Rahmenhammer (m), Parallelhammer (m)
drop hammer
mouton (m), marteau (m) à chute libre

пестовой молотъ (m)
maglio (m) a caduta
libera, martinetto (m)
parallelo 3
martillo (m) ó martinete
(m) de caida libre

---

stehender *oder* senkrechter Hammer (m), Vertikalhammer (m)
vertical hammer
mouton (m), marteau (m) vertical

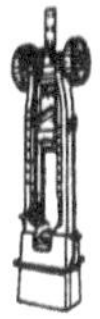

вертикальный молотъ (m)
maglio (m) verticale, 4
berta (f)
martillo (m) ó martinete
(m) vertical

Fallhammer (m)
drop hammer, drop stamp
mouton (m) à chute libre

молотъ (m) съ падающей бабой 5
maglio (m) a caduta
martillo (m) de caida

Fallwerk (n)
drop work
mouton (m) à estamper

копёръ (m)
martinetto (m), mon- 6
tone (m)
martillo (m) de caida

Stoßwerk (n)
stamping work, fly press
balancier (m)

винтовой прессъ (m)
pressa (f) da stampare,
bilanciere (m) 7
prensa (f) de balancín
o de husillo

Reib[ungs]hammer (m), Friktionshammer (m)
friction hammer
marteau (m) à friction

фрикціонный молотъ
(m); молотъ тренія
maglio (m) a frizione 8
martinete (m) de fricción

1	Reib[ungs]rolle (f) friction roll rouleau (m) à friction	a	фрикціонный роликъ (m) rullo (m) di frizione rueda (f) de fricción, tambor (m) de fricción
2	Wickelhammer (m) flexible belt drop stamp mouton (m) à courroie	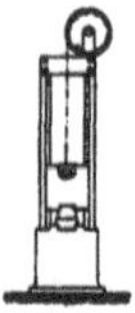	молотъ (m) съ наматывающимъ барабаномъ maglio (m) a caduta ed a cinghia, berta (f) a cinghia martillo (m) de correa
3	Wickelrolle (f), Wickeltrommel (f) winding drum poulie (f) d'enroulement	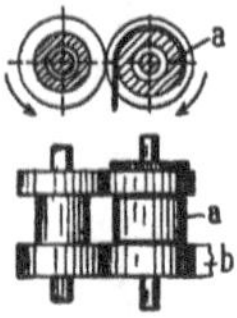 a	наматывающій роликъ (m); наматывающій барабанъ (m) rullo (m) *o* tamburo (m) di avvolgimento tambor (m) de enrollamiento
4	Backenbremse (f) shoe brake frein (m) à sabot	b	тормазъ (m) съ колодкой freno (m) a ceppi freno (m) de mordazas
5	Riemenreibhammer (m) friction roll drop hammer mouton (m), marteau (m) à courroie de friction	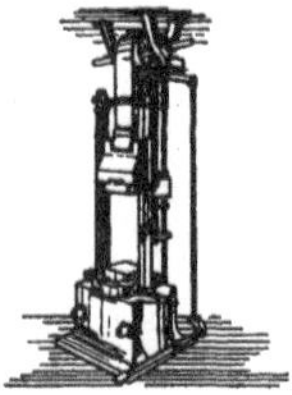	молотъ (m) съ натяжнымъ (фрикціоннымъ) ремнемъ; ременный молотъ; мутонъ (m) maglio (m) di frizione a cinghia, maglio (m) a cinghia, berta (f) di frizione a cinghia martillo (m) de caída con correa de fricción
6	Riemenabhebevorrichtung (f) belt lifting arrangement dispositif (m) d'enlèvement de courroie	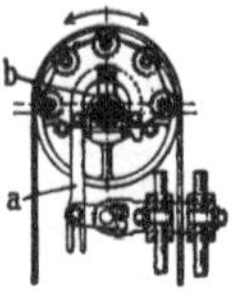	устройство (n) для скидыванія ремня dispositivo (m) per il sollevamento della cinghia disposición (f) de separación de la correa
7	Abheber (m) lifter appareil (m) d'enlèvement	a	скидывающій рычагъ (m) apparecchio (m) di sollevamento della cinghia separador (m)
8	Sattel (m) saddle selle (f)	b	сѣдёлка (f); сѣдло (n) sella (f) asiento (m)

Stangenreibhammer (m)
board drop stamp, friction drop hammer actuated by flat surface board
marteau (m) à planche

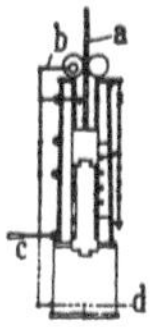

фрикціонный молотъ (m) съ доской
maglio (m) *o* berta (f) a tavola
martillo (m) de caída por fricción de tabla 1

Hubstange (f)
lifter board
planche (f)

a

подъёмная доска (f)
tavola (f) di sollevamento
tabla (f) de elevación 2

Winkelhebel (m)
cranked lever
levier (m) coudé

b

колѣнчатый рычагъ (m)
leva (f) a squadra
palanca (f) de ángulo 3

Handhebel (m)
hand lever
levier (m) à main

c

рукоятка (f); рычагъ (m)
leva (f) a mano
palanca (f) á mano 4

Trethebel (m)
foot *or* pedal lever
levier (m) à pedale *ou* à pied

d

подножка (f); педаль (f)
leva (f) a pedale, pedale (m)
palanca (f) á pie, pedal (m) 5

Steuerhebel (m)
operating lever
levier (m) de commande

рычагъ (m) для управленія *или* для регулированія хода
leva (f) di comando *o* dell'inversione di marcia
palanca (f) de distribución *ó* de manejo 6

---

keilförmige Hubstange (f)
taper lifter
planche (f) conique

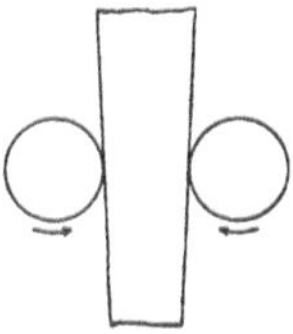

клинообразная подъёмная доска (f)
tavola (f) a cuneo
tabla (f) de elevación de forma cónica 7

Hubstangenbefestigung (f)
fastening for lifter
fixation (f) de la planche

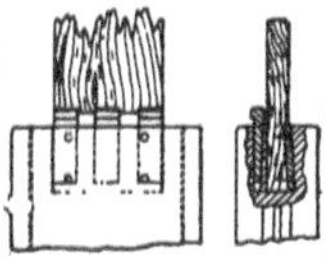

закрѣпленіе (n) подъёмной доски
attacco (m) della tavola
sujeción (f) de la tabla de elevación 8

Stangenreibhammer (m) mit Müllerschem Antrieb
board drop stamp with Müller drive
marteau (m) à planche avec commande Müller

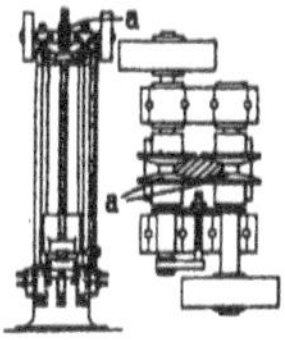

фрикціонный молотъ (m) съ доской съ приводомъ Мюллера
maglio (m) *o* berta (f) di frizione a tavola con comando sistema Müller
martillo (m) de caída de fricción de tabla con disposición de impulso sistema Müller 9

1 Hubrolle (f), Hubwalze (f)
lifting roll
galet (m) de levée

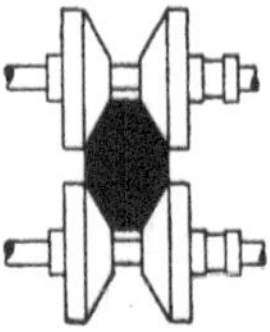

подъёмный роликъ (m)
rullo (m) di solleva-mento
rollo (m) de elevación

---

2 Dampfhammer (m)
steam hammer
marteau-pilon (m) à vapeur

паровой молотъ (m)
maglio (m) a vapore
martillo-pilón (m) á vapor

---

3 einfach wirkender Dampfhammer (m)
single acting steam hammer
marteau-pilon (m) à simple effet

паровой молотъ (m) простого дѣйствія
maglio (m) a vapore a semplice effetto
martillo-pilón (m) á vapor de efecto simple

---

4 Dampfhammer (m) mit feststehendem Zylinder
steam hammer with fixed cylinder
marteau-pilon (m) avec cylindre fixe

паровой молотъ (m) съ неподвижнымъ цилиндромъ
maglio (m) a vapore a cilindro fisso
martillo-pilón (m) con cilindro de vapor fijo

---

5 Dampfhammer (m) mit einseitigem *oder* C-förmigem Gestell
steam hammer with single standard, overhanging type steam hammer
marteau-pilon (m) avec montant en col de cygne, marteau-pilon (m) à simple jambage

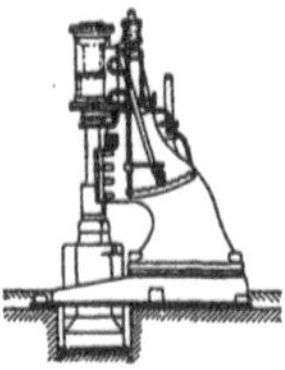

паровой молотъ (m) съ односторонней станиной *или* э-образной станиной
maglio (m) a vapore ad un sol montante
martillo-pilón (m) á vapor de bastidor sencillo *ó* en forma de C

---

6 Dampfhammer (m) mit zweiseitigem Gestell
steam hammer with double standard, arch type steam hammer
marteau-pilon (m) avec double montant *ou* à double jambage

паровой молотъ (m) съ двусторонней станиной
maglio (m) a vapore a due montanti *od* a gabbia
martillo-pilón (m) á vapor con bastidor doble

---

7 Dampfstiefel(m), Dampfzylinder (m)
steam cylinder
cylindre (m) à vapeur

паровой цилиндръ (m)
cilindro (m) del vapore
cilindro (m) de vapor

Stiefelweite (f) bore of cylinder alésage (m) du cylindre	a	внутренній діаметръ (m) цилиндра diametro (m) interno del cilindro diámetro(m) del cilindro	*1*
Hammerkolben (m) hammer piston piston (m) du marteau	b	поршень (m) молота stantuffo (m) della mazza émbolo (m) del martillo	*2*
Kolbenfläche (f) area of piston surface (f) du piston		площадь (f) поршня superficie (f) dello stantuffo superficie (f) del émbolo	*3*
Kolbenstange (f) piston rod tige (f) de piston	c	поршневой стержень (m); штокъ (m) поршня stelo (m) *o* gambo (m) dello stantuffo vástago (m) de émbolo	*4*
Hammersteuerung (f) hammer valve gear distribution (f) du marteau		парораспредѣленіе (n) молота distribuzione (f) *o* comando (m) dell'inversione di marcia della mazza battente distribución (f) del martillo	*5*
Kolbensteuerung (f), Steuerung (f) durch den Kolben piston valve gear distribution (f) par piston, admission (f) par piston	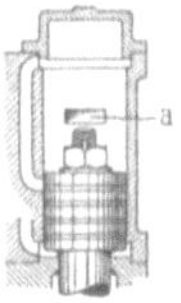	поршневое парораспредѣленіе (n) distribuzione (f) a [mezzo di] stantuffo distribución (f) por el émbolo	*6*
Ausströmkanal (m), Auspuffkanal (m) exhaust port lumière (f) *ou* ouverture (f) d'échappement	a	выпускной каналъ (m) apertura (f) *o* finestra (f) di scappamento canal (m) de escape	*7*
Schiebersteuerung (f) slide valve gear distribution (f) *ou* admission (f) par tiroir		золотниковое распредѣленіе (n); парораспредѣленіе круглыми золотниками distribuzione (f) a cassetto distribución (f) de caja	*8*
Steuerkasten (m) steam chest boîte (f) de distribution	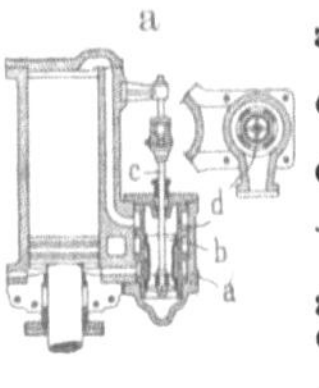	золотниковая коробка (f) camera (f) di distribuzione caja (f) de distribución	*9*
Steuerschieber (m) operating valve valve (f) d'admission	b	золотникъ (m) cassetto (m) di distribuzione distribuidor (m)	*10*

1	Schieberbewegung (f) movement of valve mouvement (m) du tiroir *ou* de la valve d'admission		движенiе (n) золотника movimento (m) del cassetto movimiento (m) del distribuidor
2	Schieberstange (f) valve rod tige (f) de tiroir *ou* de piston	c	штокъ (m) золотника; золотниковый стержень (m); золотниковая тяга (f) *или* скалка (f) gambo (m) *o* stelo (m) del cassetto biela (f) de distribuidor
3	Ringkanal (m) annular port passage (m) annulaire	d	кольцевой каналъ (m) canale (m) *o* passaggio (m) circolare canal (m) de anillo
4	Hahnsteuerung (f) regulation by stop cock distribution (f) par robinet		распредѣленiе (n) кранами distribuzione (f) a robinetti distribución (f) de grifos
5	Ventilsteuerung (f) valve regulation distribution (f) par soupape		клапанное распредѣленiе (n) distribuzione (f) a valvole distribución (f) de válvula
6	Handsteuerung (f) hand regulation distribution (f) à main		управленiе (n) отъ руки distribuzione (f) a mano distribución (f) á mano
7	Selbststeuerung (f) automatic *or* self-regulation distribution (f) automatique		самодѣйствующее управленiе (n) distribuzione (f) automatica distribución (f) automática
8	doppeltwirkender Dampfhammer (m) double acting steam hammer marteau-pilon (m) à vapeur à double effet		паровой молотъ (m) двойного дѣйствiя maglio (m) a vapore a doppio effetto martillo-pilón (m) á vapor de doble efecto
9	Dampfhammer (m) mit Oberdampf steam hammer admitting steam above the piston marteau-pilon (m) à vapeur avec admission sur le piston	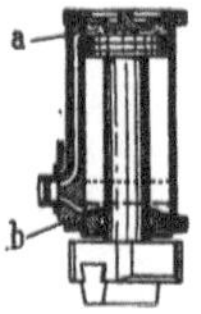	паровой молотъ (m) съ верхнимъ паромъ maglio (m) a vapore con ammissione superiore del vapore martillo-pilón (m) á vapor con entrada de vapor encima del émbolo
10	Oberdampf (m) steam admitted above the piston vapeur (f) admise au-dessus du piston	a	верхнiй паръ (m); паръ надъ поршнемъ vapore (m) ammesso superiormente vapor (m) que entra encima del émbolo

Unterdampf (m)
steam admitted below the piston
vapeur (f) admise au-dessous du piston

b

нижній паръ (m); паръ подъ поршнемъ
vapore (m) ammesso in- 1
feriormente
vapor (m) que entra debajo del émbolo

---

der Dampf tritt unter (über) den Kolben
the steam enters under (above) the piston
la vapeur entre sous le piston (*ou* au dessus du piston)

паръ (m) поступаетъ подъ поршень (надъ поршнемъ)
il vapore entra sotto 2
(sopra) lo stantuffo
el vapor entra debajo (encima) del émbolo

---

der Dampf dehnt sich aus *oder* expandiert
the steam expands
la vapeur se détend

паръ (m) расширяется
il vapore si espande 3
el vapor se expansiona

Verbundhammer (m), Zweizylinderhammer (m)
compound steam hammer, two cylinder steam hammer
marteau (m) à deux cylindres

паровой молотъ (m) компаундъ; двухцилиндровый паровой молотъ
maglio (m) a vapore 4
compound, maglio (m) a due cilindri
martinete (m) de dos cilindros

Kurbelhammer (m)
hammer operated by a crank
marteau (m) *ou* martinet (m) à manivelle

кривошипный молотъ (m)
maglio (m) a manovella
martinete (m) de (re- 5
sortes y) disco de manivela

Kurbel (f)
crank
manivelle (f)

кривошипъ (m)
manovella (f) 6
manivela (f)

Transmissionshammer (m)
belt driven hammer
marteau (m) à transmission

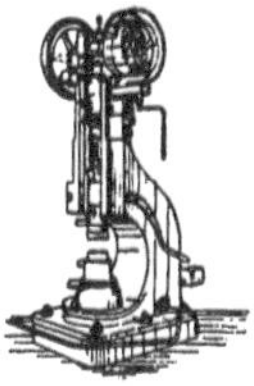

приводный молотъ (m)
maglio (m) a trasmissione
martinete (m) mecánico 7
movido por transmisión

Lufthammer (m), pneumatischer *oder* atmosphärischer Hammer (m)
pneumatic hammer
marteau (m) pneumatique

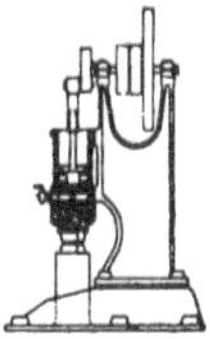

молотъ (m) съ пневматическимъ буферомъ
maglio (m) pneumatico 8
od atmosferico
martillo (m) de forjar neumático

1	Luftdruckhammer (m) compressed air hammer marteau (m) pneumatique *ou* à air comprimé	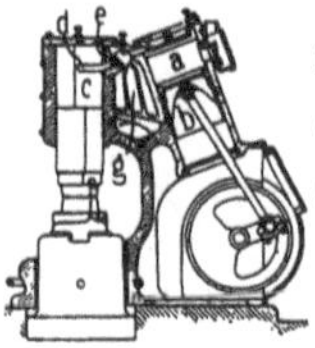 	компрессорный молотъ (m) maglio (m) ad aria compressa martillo (m) de forjar á efecto de aire comprimido
2	Luftpumpenstiefel (m), Luftpumpenzylinder (m) air pump cylinder cylindre (m) à air	a	цилиндръ (m) воздушнаго насоса; цилиндръ компрессора cilindro (m) della pompa d'aria cilindro (m) de la bomba de aire
3	Luftpumpenkolben (m) air pump piston piston (m) pneumatique	b	поршень (m) воздушнаго насоса; поршень компрессора stantuffo (m) della pompa d'aria émbolo (m) de la bomba de aire
4	Bärzylinder (m) hammer cylinder cylindre (m) du mouton	c	цилиндръ (m), служащій бабой молота cilindro (m) della mazza battente cilindro (m) de la maza
5	Saugkanal (m) suction port *or* passage conduit (m) *ou* canal (m) d'aspiration, lumière (f)	d	каналъ (m) всавыванія canale (m) di aspirazione canal (m) de aspiración
6	Druckkanal (m) pressure port *or* passage conduit (m) *ou* canal (m) *ou* lumière (f) d'admission de l'air comprimé	e	каналъ (m) нагнетанія canale (m) di compressione canal (m) de presión
7	Windkammer (f) air chamber *or* reservoir chambre (f) *ou* réservoir (m) à air	g	воздушная камера (f) camera (f) d'aria cámara (f) de aire
8	Steuerventil (n) regulating valve valve (f) d'admission *ou* de distribution		распредѣлительный клапанъ (m) valvola (f) di distribuzione válvula (f) de distribución
9	zweistufige Kompression (f) compound *or* two stage compression compression (f) compound *ou* à deux étages		двухкратное сжатіе (n) compressione (f) in due stadi *o* compound compresión (f) escalonada *ó* baja y alta

Einzylinderstufenkompressor (m)
single cylinder two stage air compressor
compresseur (m) d'air monocylindrique étagé

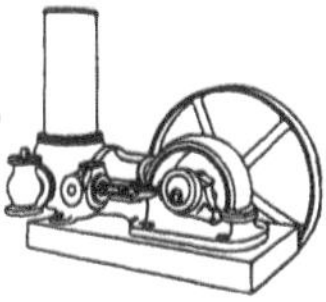

воздушный компрессоръ (m) однократнаго сжатія
compressore (m) d'aria monocilindrico a compressione graduata
compresor (m) de aire de un cilindro y presión escalonada 1

Einzylinderstufenkompressor (m) mit Dampfantrieb
steam driven single cylinder two stage air compressor
compresseur (m) d'air à vapeur monocylindrique étagé

паровой воздушный компрессоръ (m) однократнаго сжатія
compressore (m) d'aria monocilindrico a compressione graduata con comando a vapore
compresor (m) de aire de presión escalonada de un cilindro movido directamente por vapor 2

Rückkühlung (f)
re-cooling
refroidissement (m) à circulation de retour

обратное охлажденіе (n)
raffreddamento (m) a circolazione
refrigeración (f) por circulación 3

Zwischenkühler (m)
intercooler
refroidisseur (m) intermédiaire

a

промежуточный охладитель (m)
camera (f) di raffreddamento intermedia, raffreddatore (m) intermedio
refrigeración (f) intermedia 4

Zwilling[s]kompressor (m)
twin compressor
compresseur (m) duplex *ou* jumellé

двойной компрессоръ (m)
compressore (m) a cilindri accoppiati
compresor (m) duplex 5

Verbundkompressor (m)
compound compressor
compresseur (m) compound

сопряжённый компрессоръ (m)
compressore (m) compound *o* composito
compresor (m) compound 6

Druckluftwerkzeug (n), Preßluftwerkzeug (n)
pneumatic tool
outil (m) à air comprimé, outil (m) pneumatique

пневматическій инструментъ (m); инструментъ для работы сжатымъ воздухомъ
utensile (m) ad aria compressa
herramientas (f pl) de aire comprimido, herramientas (f pl) neumáticas 7

Druckluft (f), Preßluft (f)
compressed air
air (m) comprimé

сжатый воздухъ (m)
aria (f) compressa
aire (m) comprimido 8

1	Drucklufthammer (m), Preßlufthammer (m) pneumatic hammer frappeur (m) pneumatique *ou* à air comprimé	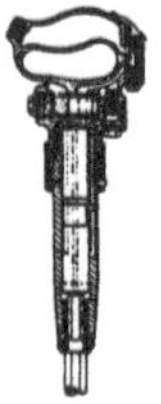	пневматическій молот[ок]ъ (m) martello (m) ad aria compressa martillo (m) de aire comprimido *ó* neumático
2	Druckluftmeißel (m) pneumatic chipper *or* chisel frappeur (m) pneumatique à buriner, burin (m) pneumatique		пневматическое зубило (n) scalpello (m) ad aria compressa cincelador (m) neumático, martillo (m) neumático *ó* de cincelar
3	Druckluftstemmer (m) pneumatic caulker *or* caulking tool frappeur (m) pneumatique à mater		рѣзецъ (m) воздушнаго молот[к]а scalpello (m) da accieсare *o* ribattere ad aria compressa martillo (m) neumático de retocar *ó* de remachar
4	Werkzeughülse (f) tool socket *or* coupling sleeve manchon (m) d'accouplement, douille (f) d'emmanchement	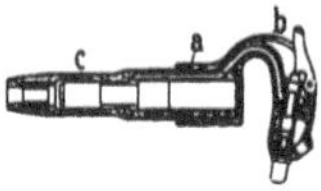 a	гильза (f) *или* втулка (f) инструмента manicotto (m) di accoppiamento [dell'utensile all'impugnatura] casquillo (m) de la herramienta
5	Handgriff (m) handle poignée (f)	b	ручка (f) impugnatura (f) mango (m)
6	Werkzeugstiefel (m) barrel cylindre (m), fût (m)	c	цилиндръ (m) инструмента cilindro (m) *od* affusto (m) dell'utensile cilindro (m) de la herramienta
7	Gashammer (m) gas driven hammer marteau (m) à gaz		газовый молотъ (m) maglio (m) a gas martillo (m) de gas
8	Petroleumhammer (m), Erdölhammer (m) petroleum driven hammer marteau (m) à pétrole, marteau (m) à huile minérale		керосиновый молотъ (m) maglio (m) a petrolio *o* ad olio pesante martillo (m) de petróleo
9	Federhammer (m) spring hammer marteau (m) à ressort		пружинный молотъ (m) maglio (m) a molle martillo (m) *ó* martinete (m) de resortes

Blattfederhammer (m)
laminated spring hammer
marteau (m) à ressort à lames

рессорный молотъ (m)
maglio (m) a balestra
martillo (m) de forjar de resortes de hojas superpuestas 1

Bradleyscher Hammer (m)
Bradley hammer
martinet (m) Bradley, marteau-cingleur (m)

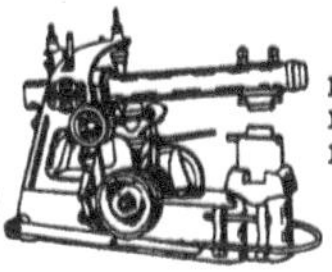

молотъ (m) Брадлея
maglio (m) Bradley
martillo (m) de forjar Bradley 2

Kurbelhammer (m) mit geführtem Stiefel
crank hammer with sliding cylinder
marteau (m) à manivelle avec cylindre guidé

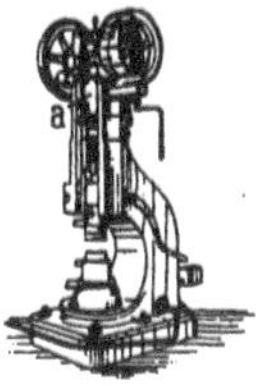

a

кривошипный молотъ (m) съ направляемымъ *или* съ качающимся цилиндромъ
maglio (m) a manovella con cilindro guidato 3
martillo (m) de disco de manivela con cilindro entre guias

Kurbelhammer (m) mit festem Stiefel
crank hammer with fixed cylinder
marteau (m) à manivelle avec cylindre fixe

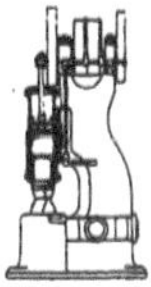

кривошипный молотъ (m) съ неподвижнымъ цилиндромъ
maglio (m) a manovella con cilindro fisso 4
martillo (m) de disco de manivela con cilindro fijo

Regeln (n) des Hammers durch Bremsen
brake regulation of hammer
réglage (m) du marteau par freinage

управленіе (n) молотомъ посредствомъ тормаза
regolazione (f) della mazza battente a mezzo di freno 5
el regular del martillo por medio del freno

Spindelpresse (f), Schraubenpresse (f)
screw press, fly press
presse (f) à vis, presse (f) à friction

a

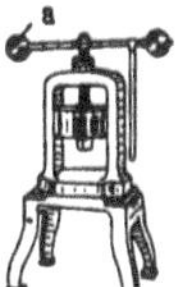

винтовой прессъ (m)
pressa (f) a vite
prensa (f) de husillo *ó* de tornillo 6

Schwungkugel (f)
fly wheel ball
balancier (m)

a

противовѣсъ (m) для уравновѣшиванія дѣйствія кривошипа
palla (f) del regolatore *o* del bilanciere 7
bola (f) de vuelo

1 Schnellhammer (m)
rapid action hammer
marteau (m) rapide, martinet (m)

быстроходный молотъ (m)
maglio (m) rapido *o* ad azione rapida
martillo (m) rápido

---

2 Hammergestell (n)
hammer frame *or* body *or* standard
bâti (m) de marteau

станина (f) молота
incastellatura (f) del maglio
bastidor (m) de martillo

---

3 einbeiniges Hammergestell (n)
single standard hammer frame, overhanging standard
bâti (m) de marteau à un seul montant *ou* à simple jambage

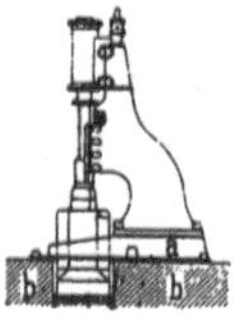

одноногая *или* односторонняя станина (f) молота
incastellatura (f) del maglio ad un montante
bastidor (m) simple *ó* de una columna

---

4 Hammergestellfußplatte (f)
hammer frame base plate
plaque (f) de fondation d'assise de marteau, plaque (f) d'assise de jambage

a

плита (f) подъ станиной молота
piastra (f) di fondazione del maglio
placa (f) de pie del martillo

---

5 Gestellfundament (n)
frame foundation
fondation (f) du bâti

b

фундаментъ (m) подъ станиной
fondazione (f) dell'incastellatura
fundamento (m) del bastidor

---

6 zweibeiniges Hammergestell (n)
double standard hammer frame
bâti (m) de marteau-pilon à deux montants *ou* à double jambage

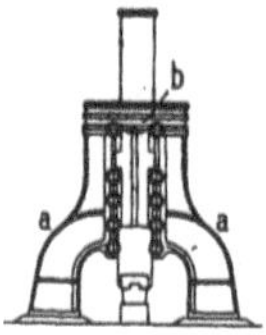

двухногая *или* двусторонняя станина (f) молота
incastellatura (f) del maglio a due montanti *o* a montante doppio
bastidor (m) doble de martillo-pilón

---

7 Pfeiler (m)
standard
montant (m), pilier (m)

a

станина (f)
montante (m), pilastro (m)
columna (f)

---

8 Querhaupt (n)
cross head
crosse (f)

b

поперечина (f)
traversa (f) di collegamento
cabeza (f) superior

---

9 Hammergerüst (n)
hammer foundation grilling
fondation (f) en bois de marteau-pilon

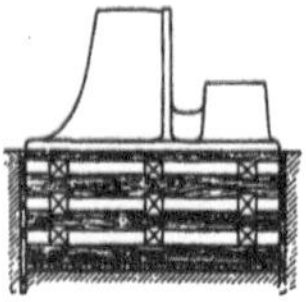

рама (f) молота
armatura (f) *o* fondazione (f) del maglio
fundamento (m) de madera del martillo

den Hammer prellen (v) to let the hammer rebound laisser (v) rebondir le mouton		дать молоту отбой ammortizzare (v) il colpo della mazza rebotar (v) el martillo	*1*
elastischer Puffer (m) elastic buffer butoir (m) élastique, amortisseur (m)		упругій буферъ (m) respingente (m) elastico tope (m) elástico	*2*
Federprellung (f) spring cushioning amortissement (m) par ressort	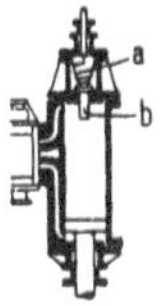 	пружинный отбой (m) ammortizzazione (f) a molla rebote (m) por muelles	*3*
Feder (f) spring ressort (m)	a	пружина (f) molla (f) muelle (m), resorte (m)	*4*
Wickelfeder (f) volute spring ressort (m) en spirale	a	спиральная пружина (f) molla (f) a spirale resorte (m) espiral	*5*
Prellbolzen (m) recoil spindle tige (f) de butée *ou* d'amortisseur	b	отбойный болтъ (m) stelo (m) ammortizzatore espiga (f) de rebote	*6*
Luftprellung (f) air cushioning amortissement (m) par l'air		воздушный отбой (m) ammortizzazione (f) ad aria rebote (m) de aire	*7*
Luftpuffer (m) air buffer butée (f), amortisseur (m) à air		воздушный буферъ (m) respingente (m) ad aria amortiguador (m) de aire	*8*
Luftkissen (n) air cushion coussin (m) d'air		воздушная подушка (f) cuscino (m) d'aria almohada (f) de aire	*9*
Dampfprellung (f) steam cushioning amortissement (m) par la vapeur		отбой (m) паромъ; паровой отбой ammortizzazione (f) a vapore rebote (m) de vapor	*10*
Dampfpuffer (m) steam cushion amortisseur (m) butoir à vapeur		паровой буферъ (m) respingente (m) a vapore amortiguador (m) de vapor	*11*

1	Gummipuffer (m) rubber buffer amortisseur (m) *ou* butoir (m) *ou* tampon (m) en caoutchouc	 a	резиновый буферъ (m) respingente (m) di gomma *o* di caucciù tope (m) *ó* amortiguador (m) de goma
2	Kautschukring (m) india rubber ring bague (f) en caoutchouc		каучуковое кольцо (n) anello (m) di gomma *o* di caucciù anillo (m) de caucho
3	hölzerner Puffer (m) wood buffer amortisseur (m) *ou* butoir (m) en bois	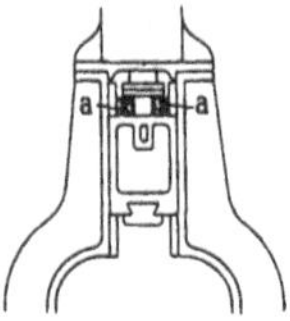	деревянный буферъ (m) respingente (m) di legno tope (m) de madera
4	Pufferklotz (m) buffer block bloc (m) d'amortisseur *ou* de butoir	a	буферный брусъ (m) cuscinetto (m) *o* blocco (m) di legno taco (m) de tope
5	Amboß (m) anvil enclume (f)	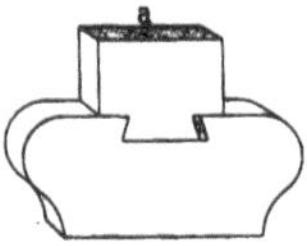	наковальня (f) incudine (f) yunque (m)
6	Amboßbahn (f) anvil face table (f) d'enclume	a	наличникъ (m) *или* лицо (n) наковальни piano (m) *o* faccia (f) dell'incudine estampa (f) inferior, superficie (f) de la estampa
7	auswechselbare Amboßbahn (f) interchangeable anvil face *or* pallet bloc (m) interchangeable, étampe (f) interchangeable	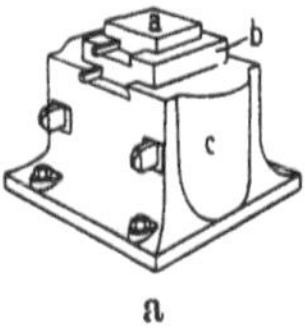 a	смѣнный наличникъ (m) наковальни piano (m) dell'incudine ricambiabile estampa (f) inferior intercambiable
8	Amboßeinsatz (m) intermediate block étampe (f), porte-étampe (m)	b	вставка (f) наковальни portaincudine (m), blocco (m) intermediario asiento (m) para el yunque, asiento (m) para la estampa inferior

Unteramboß (m), Schabotte (f), Schawatte (f) anvil block chabotte (f)	c	шаботъ (m); стулъ (m) chabotte (f), blocco (m) di base chabota (f), yunque (m) inferior	*1*
geteilter Unteramboß (m) anvil block in sections chabotte (f) en plusieurs pièces	 a	составной шаботъ (m) *или* стулъ (m) chabotte (f) divisa in più parti, blocco (m) di base diviso in più parti chabota (f) partida *ó* yunque (m) inferior partido	*2*
Amboßstock (m), Hammerstock (m) anvil cushion bloc (m) à chabotte	b	поднаковальня (f) ceppo (m) dell'incudine *o* del maglio bloque (m) de asiento de la chabota	*3*
hölzerner Amboßstock (m) wooden anvil cushion matelas (m) à chabotte en bois	b	деревянная поднаковальня (f) ceppo (m) di legno dell'incudine bloque (m) de asiento de madera	*4*
elastische Amboßstützung (f) durch Holzstöcke elastic anvil foundation on wood blocking fondation (f) élastique, assise (f) élastique de chabotte en bois, matelas (m) de chabotte	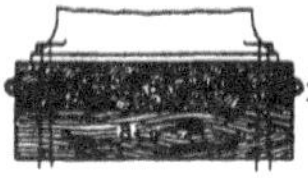	упругая подкладка (f) подъ наковальней изъ деревянныхъ брусьевъ fondazione (f) elastica dell'incudine a mezzo di ceppi di legno asiento (m) elástico de madera para la chabota	*5*
Holz[unter]lage (f), Holzschicht (f) wood blocking matelas (m) *ou* couche (f) de bois	a	деревянная подкладка (f) strato (m) *o* spessore (m) di legno cama (f) *ó* capa (f) de madera	*6*
Amboß (m) mit besonderem *oder* eigenem Fundament anvil with independent foundation enclume (f) à fondation indépendante	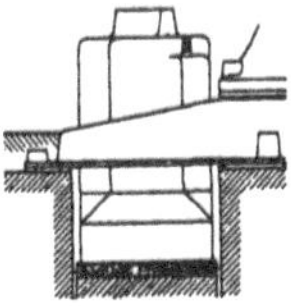	наковальня (f) съ отдѣльнымъ *или* со своимъ основаніемъ incudine (f) a fondazione indipendente yunque (m) con fundamento propio	*7*
Hammerkopf (m) hammer head étampe (f), tête (f) du marteau	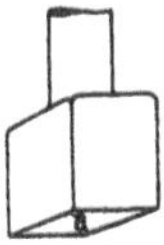	головка (f) молота; боёкъ (m) mazza (f) battente cabeza (f) de mazo	*8*
Hammerbahn (f) hammer face frappe (f) du marteau	a	наличникъ (m) молота piano (m) della mazza battente superficie (f) del mazo *ó* de la estampa	*9*

1	Hammerklotz (m), Bär (m) hammer tup masselotte (f), mouton (m)		баба (f) massa (f) battente, montone (m) mazo (m)
2	auswechselbare Hammerbahn (f) interchangeable hammer face étampe (f) *ou* frappe (f) interchangeable	 a	смѣнный наличникъ (m) молота piano (m) ricambiabile della mazza battente embutidera (f) intercambiable
3	Bärgewicht (n) weight of tup poids (m) du mouton *ou* de la masse tombante		вѣсъ (m) бабы peso (m) della mazza battente peso (m) del mazo
4	Hammerschlag (m) blow of hammer coup (m) de marteau		ударъ (m) молота colpo (m) della mazza golpe (m) de martillo
5	Schlagstärke (f) des Hammers strength of blow of hammer force (f) de frappe du marteau		сила (f) удара молота forza (f) *o* potenzialità (f) del colpo della mazza fuerza (f) de golpe del martillo
6	Fallhöhe (f) height of fall course (f) *ou* hauteur (f) de frappe	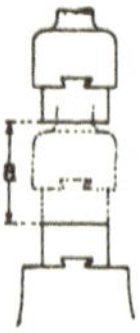 a	высота (f) паденія altezza (f) di caduta, corsa (f) della mazza altura (f) de caída
7	Fallzeit (f) time of fall temps (m) de frappe		продолжительность (f) паденія tempo (m) di caduta *od* impiegato per cadere tiempo (m) de caída
8	Fallgeschwindigkeit (f) speed of fall vitesse (f) de frappe		скорость (f) паденія velocità (f) di caduta della mazza velocidad (f) de caída
9	der Bär fällt the tup falls le mouton tombe	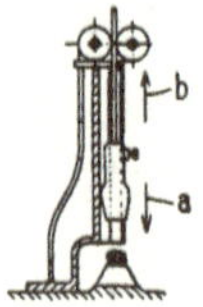 a	баба (f) падаетъ la mazza battente discende *o* cade el mazo cae

der Bär wird gehoben, der Bär steigt
the tup is raised
la masselotte *ou* le mouton est soulevé[e] *ou* monte

b

баба (f) поднимается
la mazza battente ascende *o* rimonta
el mazo es elevado, el mazo sube *1*

Hubzeit (f)
time of lifting
temps (m) de soulèvement *ou* de montée

продолжительность (f) подъёма
tempo (m) di ascesa *od* impiegato per ascendere
tiempo (m) de elevación *2*

Steiggeschwindigkeit (f)
speed of lifting
vitesse (f) de soulèvement *ou* de montée

скорость (f) подъёма
velocità (f) di ascesa
velocidad (f) de subida *3*

Schlagzahl (f)
number of blows
nombre (m) de coups

число (n) ударовъ
numero (m) dei colpi
número (m) de golpes *4*

---

außerachsiger Schlag (m)
side blow
coup (m) désaxé

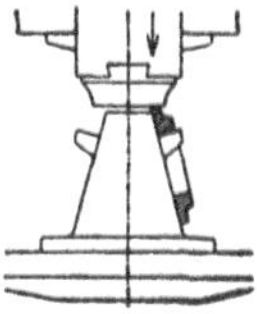

внѣосевой *или* не центральный ударъ (m)
colpo (m) scentrato
golpe (m) desviado de su eje *5*

Hammerstange (f)
lifting bar
tige (f) du marteau

стержень (m) молота
gambo (m) *o* stelo (m) della mazza battente
vástago (m) de martillo *6*

Bärführung (f), Hammerführung (f), Klotzführung (f)
hammer guides
guidage (m) de la masse *ou* du mouton, glissières (f pl) de la masse

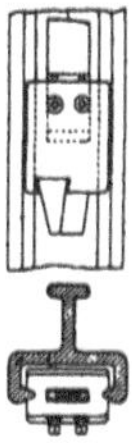

направляющія (f pl) *или* параллели (f pl) бабы
guide (f pl) della mazza battente
correderas (f pl) del mazo *7*

---

nachstellbare Bärführung (f)
adjustable guides
glissières (f pl) réglables *ou* à rattrapage de jeu

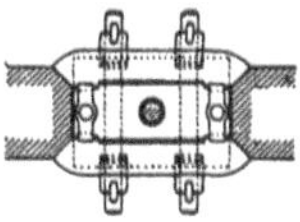

переставляемыя направляющія (f pl) бабы
guide (f pl) registrabili della mazza battente
correderas (f pl) del mazo graduables á medida de su desgaste *8*

---

hämmern (v)
to hammer
marteler (v)

ковать
martellare (v), battere (v), forgiare (v)
martillar (v) *9*

---

das Eisen strecken (v)
to draw out the iron
étirer (v) le fer

подкатывать *или* тянуть желѣзо (n)
stirare (v) il ferro
estirar (v) el hierro *10*

1 im Gesenk schmieden (v)
to swage
estamper (v), matricer (v)

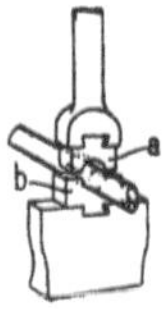

штамповать; ковать въ штампахъ
forgiare (v) su stampo
forjar (v) en estampa

---

2 Obergesenk (n)
top swage
étampe (f) *ou* matrice (f) supérieure

a

верхній штампъ (m); вершникъ (m); матрица (f); верхняя матрица
stampo (m) superiore
estampa (f) superior, embutidera (f)

---

3 Untergesenk (n)
bottom swage
étampe (f) *ou* matrice (f) inférieure

b

нижній штампъ (m); нижникъ (m); матрица (f) нижняя
stampo (m) inferiore
estampa (f) inferior

---

4 **Schmiedepressen**
Forging Presses
Presses à forger

Ковочные пресса
Presse per forgiare
Prensas de forjar

5 Druckwerk (n), Presse (f)
press
presse (f)

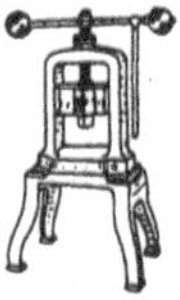

прессъ (m); [фиг.:] винтовой прессъ
pressa (f)
prensa (f)

---

6 Prägwerk (n)
stamping press
presse (f) à matricer *ou* à estamper

чеканочный *или* штамповочный прессъ (m)
pressa (f) per coniare *o* per stampare
prensa (f) de estampar

---

7 Exzenterpresse (f)
eccentric press
presse (f) à excentrique

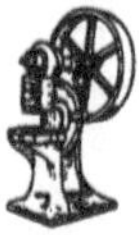

эксцентриковый прессъ (m)
pressa (f) ad eccentrico
prensa (f) excéntrica

---

8 Kniehebelpresse (f)
toggle lever press
presse (f) à levier coudé *ou* à genouillère

колѣнчатый прессъ (m); прессъ съ колѣнчатымъ рычагомъ
pressa (f) a leva articolata *od* a gomito
prensa (f) de eje acodado

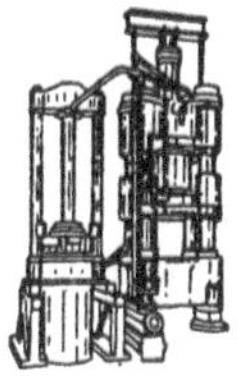

Druckwasserschmiedepresse (f), hydraulische Schmiedepresse (f)
hydraulic forging press
presse (f) à forger hydraulique

гидравлическій ковочный *или* ковальный прессъ (m)
pressa (f) idraulica per forgiare
prensa (f) hidráulica de forjar 1

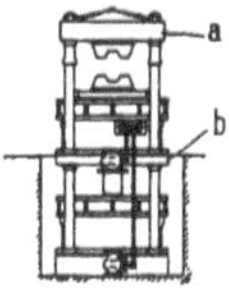

Dampfdruckschmiedepresse (f)
steam power forging press
presse (f) à forger à vapeur

паровой ковочный *или* ковальный прессъ (m)
pressa (f) a vapore per forgiare
prensa (f) de forjar de presión de vapor 2

---

a

Kopfplatte (f), Querhaupt (n)
cross head
chapiteau (m) d'entretoisement supérieur

поперечина (f); траверса (f)
cappello (m), traversa (f)
travesía (f) superior 3

---

b

Zwischenboden (m)
floor level
plaque (f) intermédiaire d'entretoisement

промежуточное днище (n)
piastra (f) intermedia
placa (f) intermedia de arriostramiento 4

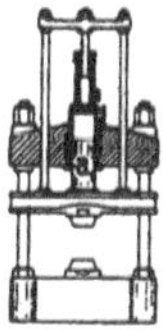

Preßkolben (m)
press plunger
piston (m) de compression

поршень (m) пресса
stantuffo (m) premente
émbolo (m) de presión 5

---

a

Mönch[s]kolben (m)
hydraulic ram *or* plunger
piston (m) plongeur, piston (m) hydraulique

ныряло (n); плунжеръ (m)
stantuffo (m) tuffante
émbolo (m) macho 6

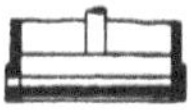

Scheibenkolben (m)
solid piston, disc piston
piston (m) à plaque *ou* à disque

плоскій поршень (m); дисковый поршень (m)
stantuffo (m) a piatto *od* a disco
émbolo (m) de disco 7

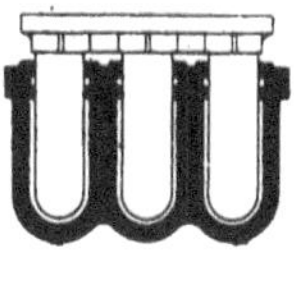

nebeneinanderliegende Kolben (m pl)
triplicate (quadruple etc.) plungers
pistons (m pl) parallèles

совмѣстно сопряжённые поршни (m pl); рядомъ лежащіе поршни
stantuffi (m pl) paralleli
émbolos (m pl) gemelos *ó* colocados uno al lado de otro 8

1 hintereinanderliegende Kolben (m pl)
tandem pistons
pistons (m pl) en tandem, pistons (m pl) concentriques

послѣдовательно сопряжённые поршни (m pl)
stantuffi (m pl) sovrapposti a tandem
émbolos (m pl) gemelos ó colocados uno detrás de otro

---

2 Lederringliderung (f)
leather packing
garniture (f) de piston en bagues de cuir

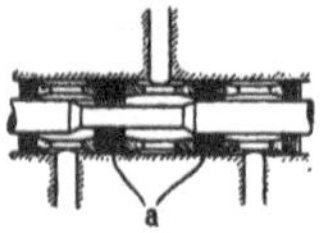

кожаная кольцевая прокладка (f)
guarnizione (f) di anelli di cuoio
empaquetadura (f) de arandelas de cuero, empaque (m) de arandelas de cuero

---

3 Lederring (m)
leather ring
bague (f) en cuir, joint (m) en cuir

a

кожаное кольцо (n)
anello (m) di cuoio
arandela (f) de cuero, anillo (m) de cuero

---

4 Stulpenliderung (f), Stulpliderung (f)
cup leather packing
garniture (f) en cuir embouti

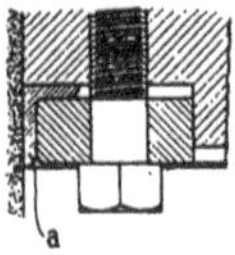

манжетное уплотняющее кольцо (n); манжетное уплотненіе (n); манжетная набивка (f)
guarnizione (f) ad angolo *od* a manicotto
empaquetadura (f) de cuero embutido

---

5 Lederstulp (m)
leather cup
cuir (m) embouti

a

кожаная манжета (f)
bordo (m) *o* ribordo (m) di cuoio
anillo (m) de cuero embutido

---

6 doppelte Liderung (f)
double U leather packing
cuir (m) embouti double

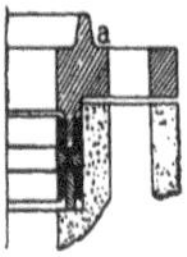

двойное уплотненіе (n); двойная набивка (f)
guarnizione (f) ad U
empaque (m) doble de cuero embutido

---

7 Brille (f), Stopfbüchsbrille (f)
gland, stuffing box gland
bride (f), bride (f) de boîte à presse-étoupe

a

сальниковая крышка (f); нажимная втулка (f) сальника
briglia (f), briglia (f) del premistoppa
tapa (f) del prensa-estopas

---

8 Druckfläche (f)
area of pressure
surface (f) de pression

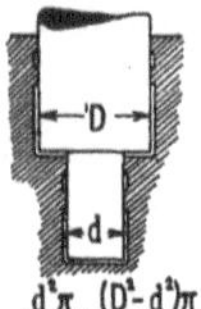

$\frac{d^2\pi}{4}, \frac{(D^2-d^2)\pi}{4}$

поверхность (f) давленія
superficie (f) *o* sezione (f) di pressione
superficie (f) de presión

Gegendruckfläche (f), Differential[druck]-fläche (f)
area of counter pressure
surface (f) de contre-pression

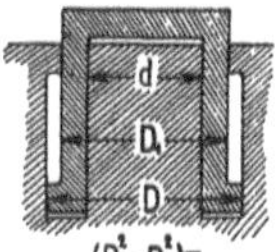

$\frac{(D^2-D_1^2)\pi}{4}$

поверхность (f) противодавленія
superficie (f) *o* sezione (f) di contropressione 1
superficie (f) de contrapresión

Druckflüssigkeit (f), Preßflüssigkeit (f)
pressure fluid
liquide (m) sous pression

напорная жидкость (f)
liquido (m) premente 2
liquido (m) comprimido

Flüssigkeitsdruck (m)
fluid pressure
pression (f) du liquide

давленіе (n) жидкости
compressione (f) del liquido 3
presión (f) del liquido

Überdruck (m)
pressure above the atmospheric
pression (f) effective

рабочее давленіе (n)
pressione (f) 4
presión (f) efectiva

Wasserdruckreglung (f)
regulation of water pressure
réglage (m) de la pression d'eau

регулированіе (n) водяного напора
regolazione (f) della pressione d'acqua 5
graduación (f) de la presión hidráulica

Druckübersetzer (m)
pressure transmittor
multiplicateur (m) de pression

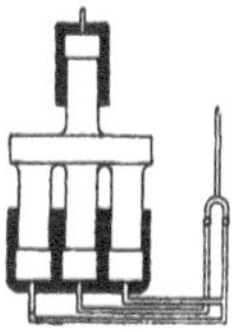

приборъ (m) для преобразованія давленія; мультипликаторъ (m)
moltiplicatore (m) di pressione 6
multiplicador (m) de presión

Druckwasserspeicher (m), [Druckwasser-] Akkumulator (m), Kraftsammler (m)
hydraulic accumulator
accumulateur (m) hydraulique

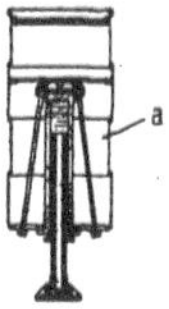

аккумуляторъ (m) напорной воды; гидравлическій аккумуляторъ; силособиратель (m) 7
accumulatore (m) idraulico
acumulador (m) hidráulico

Belastungsgefäß (n)
weight case
boite (f) de charge

a

грузовой резервуаръ (m)
cassa (f) *o* recipiente (m) del contrappeso 8
recipiente (m) de carga

Belastungsring (m)
ring weight, weight ring
anneau (m) *ou* plaque (f) de charge

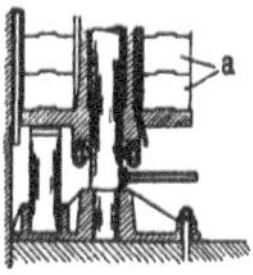

a

грузовое кольцо (n)
anello (m) *o* disco (m) di contrappeso 9
anillo (m) de carga

1 Entlüftungsventil (n)
air release valve
soupape (f) d'échappement d'air

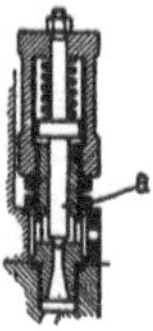

воздушный клапанъ (m); клапанъ для выпуска воздуха
valvola (f) di scappamento dell'aria
válvula (f) de escape de aire

---

2 Ventilkegel (m)
valve cone
pointeau (m) de soupape

a

конусъ (m) клапана
tappo (m) della valvola
cono (m) de válvula

---

3 Druckwasserspeicher (m) mit Luftbelastung, Luftakkumulator (m)
hydraulic accumulator working by compressed air
accumulateur(m) hydropneumatique

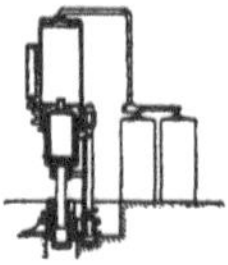

гидравлическій аккумуляторъ (m) съ воздушнымъ резервуаромъ для давленія; гидропневматическій аккумуляторъ; воздушный аккумуляторъ
accumulatore (m) idraulico a carico d'aria compressa, accumulatore (m) idro-pneumatico
acumulador (m) hidráulico con carga de aire

---

4 Druckpumpe (f)
pressure pump
pompe (f) de compression

нагнетательный насосъ (m)
pompa (f) premente
bomba (f) de presión

---

5 Pumpenkolben (m)
pump piston *or* plunger
piston (m) de pompe

a

поршень (m) насоса
stantuffo (m) della pompa
émbolo (m) de bomba

---

6 Riemenpumpe (f)
belt driven pump
pompe (f) commandée par courroie

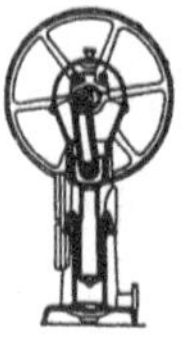

приводный насосъ (m)
pompa (f) a trasmissione *o* con comando a cinghia
bomba (f) movida por correa

---

7 Dampfpumpe (f)
steam pump
pompe (f) à vapeur

паровой насосъ (m)
pompa (f) a vapore
bomba (f) á vapor

---

8 Wasserdruckpumpe (f)
hydraulic pump
pompe (f) à commande hydraulique

водонапорный насосъ (m)
pompa (f) a comando idraulico, pompa (f) idraulica
bomba (f) de impulsión hidráulica

Druckwasserbetrieb (m)
hydraulic working
commande (f) hydraulique

дѣйствіе (n) напорной водой
funzionamento (m) ad acqua compressa 1
accionamiento (m) hidráulico

Steuern (n) der Presse
controlling the press
distribution (f) de la presse

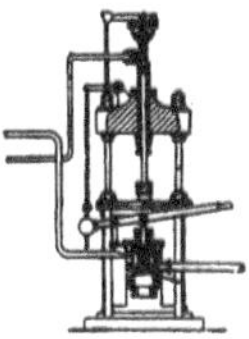

управленіе (n) прессомъ
distribuzione (f) *o* comando (m) della pressa 2
distribución (f) de la prensa

Stauch- und Nietmaschinen
Upsetting and Rivetting Machines
Machines à refouler et à river

Осадочныя и клепальныя машины
Macchine da ricalcare e da ribadire 3
Máquinas de recalcar y remachar

Stauchmaschine (f)
upsetting machine, jolting machine
machine (f) à refouler

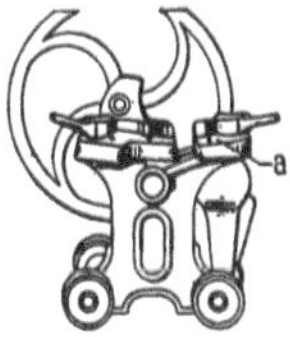

a

осадочная машина (f); высаживающій станокъ (m) 4
macchina (f) da ricalcare
máquina (f) de recalcar

Einklemmvorrichtung (f)
gripping apparatus
dispositif (m) de serrage

a

зажимное приспособленіе (n); зажимный приборъ (m); зажимъ (m) 5
dispositivo (m) di serraggio
disposición (f) de sujetar

---

selbstspannende Zange (f)
self gripping jaw
pince (f) automatique

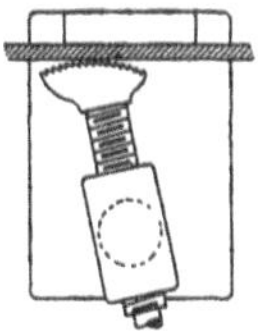

самозахватывающія клещи (f pl); самозажимающіе тиски (m pl); самодѣйствующія клещи 6
pinza (f) *o* griffa (f) automatica di serraggio
mordaza (f) de sujeción automática

Stauchen (n) gerader Stäbe
upsetting *or* jumping up of straight bars
refoulement (m) de barres droites

высаживаніе (n) *или* осаживаніе (n) прямыхъ полосъ
ricalcatura (f) di barre dritte 7
el recalcar barras derechas

1 stauchen (v)
to upset, to jump up
refouler (v)

высаживать; осаживать
ricalcare (v)
recalcar (v)

---

2 Schweißmaschine (f)
welding machine
machine (f) à souder

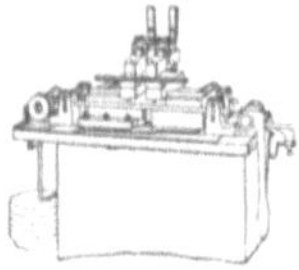

сварочный станокъ (m); сварочная машина (f)
macchina (f) da saldare e da soprasaldare
máquina (f) de soldar

---

3 Universalstauch- und Schweißmaschine (f)
universal upsetting and welding machine
machine (f) à forger et à souder universelle

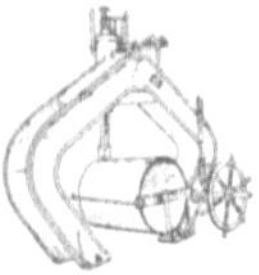

универсальный высаживающій и сварочный станокъ (m); универсальная осадочная и сварочная машина (f)
macchina (f) universale da ricalcare e da saldare
máquina (f) universal de recalcar y soldar

---

4 schweißen (v)
to weld
souder (v) (sans intermédiaire d'une composition)

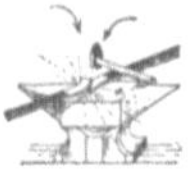

свари-ть (-вать)
saldare (v), soprasaldare (v)
soldar (v) (al fuego)

---

5 Schweißung (f)
welding
soudure (f), soudage (m)

сварка (f); варка (f); свариваніе (n)
saldatura (f)
soldadura (f)

---

6 Schweißhitze (f), Schweißtemperatur (f)
welding heat *or* temperature
température (f) de soudure *ou* soudage

сварочный жаръ (m); сварочная температура (f)
temperatura (f) *o* calore (m) di saldatura
temperatura (f) de soldadura

---

7 Schweißstelle (f)
point of weld
soudure (f)

свариваемое мѣсто (n); мѣсто сварки
punto (m) *o* posizione (f) della saldatura
sitio (m) de la soldadura

---

8 Schweißnaht (f)
welded joint *or* seam
joint (m) de soudure, ligne (f) de soudure

сварной *или* сварочный шовъ (m)
traccia (f) della saldatura
costura (f) de la soldadura

---

9 stumpfes Schweißen (n)
butt welding
soudure (f) par rapprochement, soudure (f) par bouts

свариваніе (n) въ стыкъ; сварка (f) въ притыкъ
saldatura (f) di due estremità *od* in testa
soldadura (f) de extremos

stumpf schweißen (v)
to butt weld
souder (v) par rapprochement, souder (v) par bouts

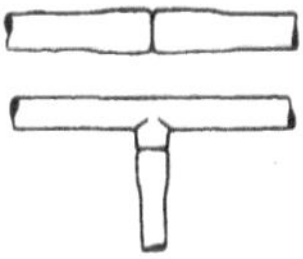

свари-ть (-вать) въ стыкъ *или* въ притыкъ
saldare (v) le estremità *o* le teste
soldar (v) el extremo *ó* por corte derecho *1*

überlappt schweißen (v)
to lap weld
souder (v) par recouvrement

[когда рѣчь идетъ о брусковомъ *или* о полосовомъ желѣзѣ:] свари-ть(-вать) въ накладку; [когда рѣчь идётъ о листовомъ желѣзѣ:] свари-ть (-вать) въ нахлёстку
saldare (v) per sovrapposizione
soldar (v) extremos superpuestos *2*

Zuschärfung (f) der Stoßflächen
bevelling the ends to be welded
amincissement (m) des faces de recouvrement

скашиванiе (n) стыковъ; сдѣлать *или* оттянуть *или* задѣлать ласки
assottigliamento (m) delle estremità *o* delle teste da saldare
achaflanamiento (m) de las superficies de contacto *3*

Zusammenschweißen (n) von zwei Stangen (Blechen usw.)
welding of two bars [plates etc.]
soudure (f) de deux barres (de deux tôles)

сварка (f) двухъ прутковъ (листовъ и пр.)
saldatura (f) unita di due barre *o* di due lamiere
unión (f) por soldadura de dos varas (chapas etc.) *4*

Anschweißen (n)
welding on
soudure (f) d'un bout de pièce

приварка (f)
saldatura (f)
soldadura (f) de un trozo *5*

Rohrschweißung (f)
pipe *or* tube welding
soudure (f) de tubes *ou* de tuyaux

сварка (f) *или* приварка (f) *или* наварка (f) трубъ
saldatura (f) di tubi
soldadura (f) de tubos *6*

---

stumpfgeschweißte Schienenenden (n pl)
butt welded rail ends
bouts (m pl) de rails soudés par rapprochement

сваренные въ стыкъ концы рельсовъ
estremità (f pl) di rotaie saldate in testa
extremos (m pl) de railes soldados en sección derecha *7*

Schweißverfahren (n)
welding manner
procédé (m) de soudure

способъ (m) { сварки / варки / свариванiя }
processo (m) di saldatura
procedimiento (m) de soldar *8*

1	autogene Schweißung (f) autogenous welding soudure (f) autogène		кислородно-газовая сварка (f) *или* варка (f); кислородно-газовое свариваніе (n) saldatura (f) autogena soldadura (f) autógena
2	Sauerstoff (m) oxygen oxygène (m)	O	кислородъ (m) ossigeno (m) oxígeno (m)
3	Wasserstoff (m) hydrogen hydrogène (m)	H	водородъ (m) idrogeno (m) hidrógeno (m)
4	Azetylen (n) acetylene acétylène (m)	C_2H_2	ацетиленъ (m) acetilene (m) acetileno (m)
5	Calciumkarbid (n) calcium carbide carbure (m) de calcium	CaC_2	кальціумъ-карбидъ (m); кальцій-карбидъ (m) carburo (m) di calcio carburo (m) de calcio
6	Entwickler (m) generator générateur (m), gazogène (m)	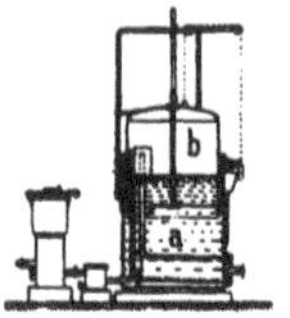	генераторъ (m) generatore (m), gasogeno (m) generador (m)
7	Wasserbehälter (m) water tank réservoir (m) d'eau	a	водяной бакъ (m) *или* пріемникъ (m) *или* резервуаръ (m); водовмѣстилище (n) serbatoio (m) d'acqua depósito (m) de agua
8	Gasbehälter (m), Gassammler (m), Gasometer (n) gasholder, gasometer gazomètre (m)	b	газгольдеръ (m); газометръ (m) gasometro (m) gasómetro (m)
9	Leuchtgas (n) ligting gas gaz (m) d'éclairage		свѣтильный газъ (m) gas (m) illuminante gas (m) de alumbrado
10	Benzin (n) benzine benzine (f), essence (f) de pétrole	C_6H_6	бензинъ (m) benzina (f) bencina (f)
11	Schweißbrenner (m) welding burner lampe (f) *ou* brûleur (m) à souder		сварочная горѣлка (f) cannello (m) per saldare, ferruminatorio (m) lámpara (f) *ó* quemador (m) de soldar
12	Schweißdraht (m) welding wire fil (m) à souder		сварочная проволока; (f) сварочный прудокъ filo (m) per saldare alambre (m) de soldar

autogenes Schneiden (n) autogenous fusing coupure (f) autogène		кислородно-газовое рѣзаніе (n) tagliatura (f) autogena corta (f) autógena	1
Schneidbrenner (m) fusing burner brûleur (m) à découper		рѣжущая горѣлка (f) cannello (m) per tagliare soplete (m) cortante	2
Vorwärmung (f) der Schnittstelle preheating *or* preliminary heating of the faces to be fused réchauffage (m) de la place à couper		предварительный подогрѣвъ (m) *или* предварительное подогрѣваніе (n) разрѣза riscaldamento (m) del punto *o* della posizione da tagliare calentamiento (m) prévio del sitio de corte	3
aluminothermisches Verfahren (n) alumino-thermic welding process procédé (m) aluminothermique		термитный способъ (m) processo (m) di saldatura all'ossido di alluminio procedimiento (m) alumino-térmico	4
Überhitzen (n) von Gußeisenbädern overheating of molten cast iron surchauffage (m) de bains de fonte de fer		перегрѣвъ (m) *или* перегрѣваніе (n) чугунной ванны soprariscaldamento (m) *o* surriscaldamento (m) della ghisa fusa *o* dei bagni di ghisa fusa recalentamiento (m) de baños de hierro colado	5
Auffrischen (n) mattgewordener Stahlbäder reviving of sluggish steel in the ladle *or* crucible régénération (f) de bains d'acier décarburé		свѣжеваніе (n) переспѣвшихъ стальныхъ плавокъ ravvivatura (f) di una fusione di acciaio *o* di un bagno di acciaio fuso el avivar baños flojos de acero	6
selbsttätiges *oder* automatisches Schweißverfahren (n) automatic welding process procédé (m) de soudure automatique	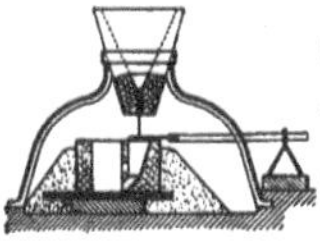	способъ (m) автоматической сварки processo (m) di saldatura automatico procedimiento (m) automático de soldadura	7
Zwischengußverfahren (n) process of intermediate fusing procédé (m) de soudure par coulée		способъ (m) сварки проливаніемъ [термитомъ] свариваемыхъ поверхностей processo (m) di fusione intermedia procedimiento (m) de colada intermedia [fundición]	8

1 Thermiteisenumguß (m)
band *or* collar of thermit iron welded on
enveloppe (f) de fer thermite
проливанiе (n) термитомъ свариваемыхъ поверхностей
ricoprimento (m) di termite
revestimiento (m) de hierro térmite

---

2 Thermit (n)
thermit
thermite (f)
термитъ (m)
termite (f)
térmite (m)

---

3 Thermiteisen (n)
thermit iron
fer-thermite (m)
термитовое желѣзо (n); желѣзо (n) -термитъ (m)
ferro (m) termitico
hierro-térmite (m)

---

4 Eisenzusatz (m)
filling up punchings
addition (f) de fer
присадка (f) *или* прибавленiе (n) желѣза
aggiunta (f) di ferro
añadidura (f) de hierro

---

5 Titanthermit (n)
titanium thermit
thermite (f) au titane
титановый термитъ (m)
termite (f) al titanio
titanio térmite (m)

---

6 Lunkerthermit (n)
sinter thermit
thermite (f) pour retassure
термитъ (m) для заварки усадочныхъ пустотъ
termite (f) incrostante
térmite (m) para mermas ó transversales

---

7 Erwärmungsmasse (f)
material to be heated
masse (f) de réchauffement
нагрѣвающая масса (f); нагрѣвающiй составъ (m)
massa (f) riscaldante
masa (f) de calentamiento

---

8 Entzündungsgemisch (n)
ignition mixture
mélange (m) inflammable
воспламенительная смѣсь (f)
miscela (f) infiammante
mezcla (f) inflamable

---

9 Magnesitpulver (n)
magnesite powder
poudre (f) de magnésite, poudre (f) de carbonate de magnésium
магнезитовый порошокъ (m)
polvere (f) di magnesio
magnesita (f) en polvo

---

10 Sturmstreichholz (n)
flaming vesta, fusee
tison (m)
вѣтровыя спички (f pl)
miccia (f)
tizón (m)

---

11 Klemmapparat (m) für Stumpfschweißen
clamp apparatus for butt welding
appareil (m) de serrage pour soudure par rapprochement

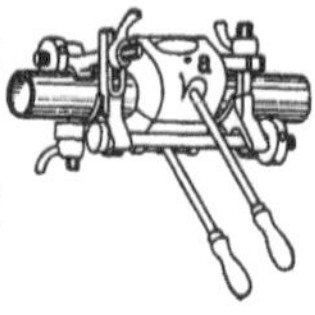

зажимной аппаратъ (m) *или* тиски (m pl) для сварки въ стыкъ
dispositivo (m) di serraggio per saldatura di testa
aparato (m) de presión para soldar por sección derecha

zweiteilige gußeiserne Rohrform (f) cast iron tube mould in halves moule (m) cylindrique en deux pièces en fonte	a	половинчатыя изложницы (f pl) для отливки трубъ forma (f) di ghisa in due metà per tubi molde (m) de hierro colado de dos partes para tubos	*1*
Schmelztiegel (m) melting crucible creuset (m)		плавильный тигель (m) crogiuolo (m) crisol (m)	*2*
Spitztiegel (m) conical bottomed crucible creuset (m) conique	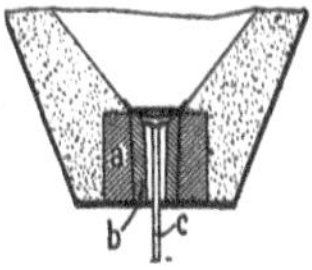	остроконечный тигель (m); коническій тигель crogiuolo (m) a punta crisol (m) cónico	*3*
Magnesiastein (m) magnesia stone brique (f) *ou* pierre (f) en magnésie	a	магнезіальный кирпичъ (m) magnesite (f) piedra (f) magnesia	*4*
Stopfen (m) thimble obturateur (m)	b	пробка (f) turacciolo (m) obturador (m)	*5*
Verschlußplättchen (n) closing disc, plug plaque (f) de fermeture		запорная пластинка (f) disco (m) *o* piatto (m) di chiusura plaquita (f) de cierre	*6*
Asbestscheibe (f) asbestos washer disque (m) en amiante		азбестовый дискъ (m) guarnizione (f) di asbesto *o* di amianto disco (m) de mica	*7*
Abstichstift (m) tapping pin tige (f) de coulée	c	затычка (f) gambo (m) del disco *o* del piatto palanca (f) de sangrar	*8*
Tiegelhalter (m) crucible shank porte-creuset (m)		тигельный ухватъ (m) portacrogiuolo (m) tenedor (m) de crisol	*9*
Füllöffel (m) hand ladle *or* scoop cuiller (f) de coulée		разливной ковшикъ (m); разливная ложка (f) cucchiaione (m) *o* tazza (f) per colare cuchara (f) de fundición	*10*
Handschaufel (f) spade, shovel pelle (f) à main		ручная лопата (f); лопатка (f) pala (f) pala (f) á mano	*11*
Schweißzange (f) crucible tongs pince (f) à souder		варочныя *или* сварочныя клещи (f pl) pinza (f) per saldare tenaza (f) de soldar	*12*

1	Greifklaue (f) clamping apparatus appareil (m) à pince	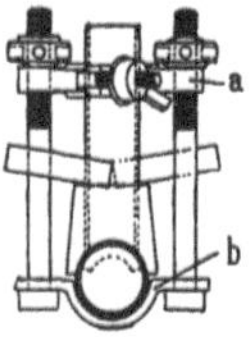a	зажимные клещи (m pl); зажимной хомутъ (m) apparecchio (m) di serraggio garra (f) de sujeción
2	Rohrschelle (f) tube *or* pipe support bride (f) pour maintenir le tuyau	b	трубочный зажимъ (m); ухватъ (m); стремя (n) briglia (f) *o* sopporto (m) per il tubo brida (f) para sujetar el tubo
3	Außenfeuer (n) external fire feu (m) extérieur		наружная топка (f) fuoco (m) esterno fuego (m) exterior
4	Innenfeuer (n) internal fire feu (m) intérieur		внутренняя топка (f) fuoco (m) interno fuego (m) interior
5	Abstechen (n) des Thermiteisens chipping off the thermit iron perçage (m) du trou de coulée du fer thermite		выпускъ (m) желѣзотермита *или* термитоваго желѣза spezzatura (f) della termite horadamiento (m) del agujero de colada del hierro-térmite
6	Eingußform (f) casting mould *or* form moule (m) de coulée, forme (f) de coulée	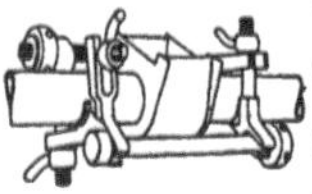	форма (f) для литья; изложница (f) scatola (f) *o* forma (f) per la fusione molde (m) de colada en forma de embudo
7	Einlaufrinne (f) running *or* pouring gate tubulure (f) *ou* goulot (m) de coulée, trou (m) de coulée	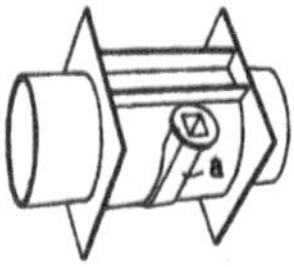a	пріёмный желобъ (m) canale (m) *o* foro (m) di colata tubuladura (f) de entrada
8	Einlaufkanal (m) running *or* pouring channel canal (m) de coulée	a	пріёмный каналъ (m) canale (m) di colata canal (f) de entrada
9	Einlauftrichter (m) runner, running head entonnoir (m) d'introduction		пріёмная воронка (f) tramoggia (f) di colata embudo (m) de entrada

Steigtrichter (m)
rising head, riser
entonnoir (m) de coulée

воронка (f)
imbuto (m) della colata
embudo (m) de subida 1

Überlaufschnauze (f)
overflow lip
bec (m) de trop-plein

переливной стволъ (m) *или* каналъ *или* выпоръ (m)
scaricatore (m), canale (m) di scarico
boca (f) de rebosar 2

Schlackenkasten (m)
slag box
boîte (f) à scorie

ящикъ (m) для шлаковъ
cassa (f) delle scorie
caja (f) de escorias 3

Schutzbrille (f), Brille (f) mit dunklen Gläsern
protective spectacles, coloured spectacles
lunettes (f pl) à verres fumés

предохранительныя очки (n pl); очки съ тёмными стёклами
occhiali (m pl) di protezione *od* affumicati
lentes (f pl) de protección con cristales oscuros 4

Gießkopf (m)
runner
masselotte (f)

прибыль (f)
massello (m), testa (m) di una colata
cabeza (f) de pieza de fundición 5

Gießtrichterrohr (n)
runner pipe
tuyau (m) de l'entonnoir de coulée

литниковый каналъ (m)
tubo (m) della tramoggia di colata *o* dell'imbuto di colata
tubo (m) del embudo de fundir [*ó* de salida] 6

Schlacke (f)
slag
scorie (f)

шлакъ (m)
scoria (f)
escoria (f) 7

Korundschlacke (f)
corundum slag
scorie (f) de corindon

корундовый шлакъ (m)
scoria (f) silicea
escoria (f) de „corund" 8

Aluminiumoxyd (n), künstlicher Korund (m)
aluminium oxide, artificial corundum
oxyde (m) d'aluminium, corindon (m) artificiel

окись (f) алюминія; искусственный корундъ (m)
ossido (m) di alluminio, corindone (m) artificiale
„corund" (m) artificial, óxido (m) de aluminio 9

Lunker (m)
shrinkage hole
retassure (f)

усадочная раковина (f)
soffiatura (f)
merma (f) 10

Nietmaschine (f), Nieter (m)
riveting machine, riveter
machine (f) à river, riveuse (f)

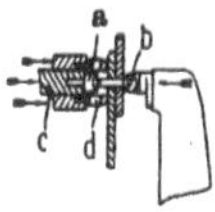

клепальная машина (f); клепальный станокъ (m)
macchina (f) per ribadire, chiodatrice (f)
máquina (f) de remachar, remachadora (f) 11

1 Schelleisen (n), Kopfsetzer (m), Döpper (m), Nietstempel (m), Druckstempel (m), Krone (f), Schließkopfgesenk (n)
snap set, snap head die
bouterolle (f)

a

обжимка (f) клепальной машины; подвижная штампа (f) клепальнаго станка
stampo (m) per chiodi, buttarola (f)
boterola (f), estampa (f) de cerrar el remache

---

2 Gegenhalter (m), Vorhalter (m), Anpreßstempel (m), Stempel (m)
holder up, dolly, head cup, stationary rivet die
tas (m)

b

поддержка (f) клепальной машины; неподвижная штампа (f) клепальнаго станка
controstampo (m), contraforte (m)
sufridera (f), contraestampa (f)

---

3 Arbeitskolben (m), Druckkolben (m)
ram
piston (m), piston (m) de pression

c

рабочій поршень (m)
stantuffo (m) premente
émbolo (m) de trabajo *ó* de presión

---

4 Blechschlußring (m), Plattendrücker (m), Plattenpresser (m), Blechschluß (m)
plate closer *or* holder, closing die
pied (m) de biche serreur

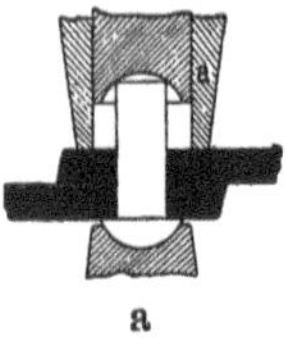

a

обжимка (f) *или* обдавка (f) для листовъ; кольцо (n), прижимающее листы
anello (m) di pressione, premi-placca (m), premi-lamiera (m)
disposición (f) de oprimir las chapas

---

5 Rückzugkolben (m)
drawback piston
piston (m) de rappel

a

поршень (m) обратнаго хода
stantuffo (m) di ritorno
émbolo(m) de retroceder

---

6 Ausladung (f) *oder* Maultiefe (f) der Nietmaschine
gap *or* throat depth of riveting machine
portée (f) de la riveuse

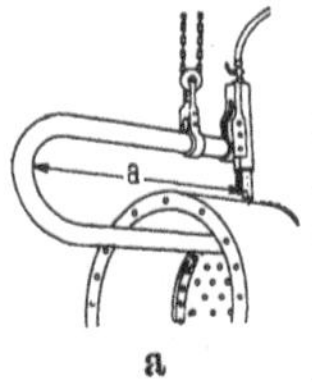

a

вылетъ (m) машины *или* станка
profondità (f) della gola
abertura (f) de la remachadora

---

7 feststehende *oder* stabile Nietmaschine (f)
stationary riveting machine
machine (f) à river fixe, riveuse (f) fixe

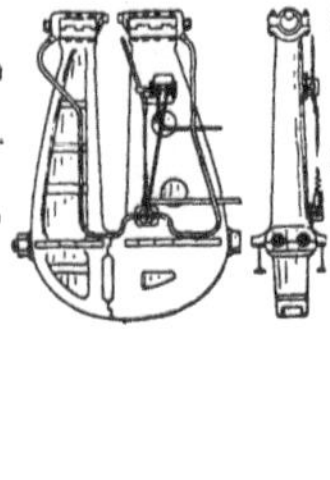

неподвижная клепальная машина (f); неподвижный клепальный станокъ (m)
macchina (f) per ribadire fissa, chiodatrice (f) *o* ribaditrice (f) fissa
máquina (f) de remachar fija *ó* estacionaria

bewegliche *oder* versetz-
bare *oder* transportable
Nietmaschine (f)
transportable riveting
machine
machine (f) à river
transportable, riveuse
(f) transportable

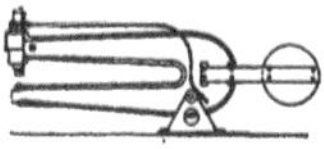

подвижная клепаль-
ная машина (f); по-
движной клепальный
станокъ (m)
macchina (f) per ribadire
trasportabile, chioda-
trice (f) *o* ribaditrice
(f) trasportabile
máquina (f) de remachar
semi-portátil 1

---

tragbare Nietmaschine
(f)
hand portable riveter
machine (f) à river *ou*
riveuse (f) portative

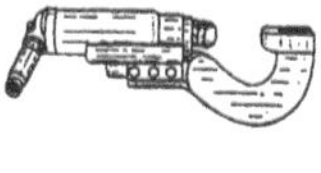

переносная клепаль-
ная машина (f); пере-
носный клепальный
станокъ (m)
macchina (f) per ribadire
portatile, chiodatrice
(f) *o* ribaditrice (f)
portatile
máquina (f) de remachar
portátil 2

---

fahrbare Nietmaschine
(f)
portable riveting ma-
chine
machine (f) à river *ou*
riveuse (f) déplaçable

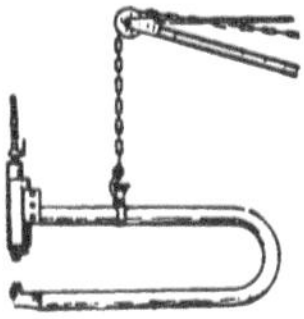

передвижная клепаль-
ная машина (f); кле-
пальный станокъ (m),
подвѣшенный къ
крану
macchina (f) per ribadire
scorrevole, chiodatrice
(f) *o* ribaditrice (f) scor-
revole
máquina (f) de remachar
desplazable 3

---

lot- und wag[e]recht
drehbare Nietmaschine
(f)
vertically and horizon-
tally adjustable rivet-
ing machine
machine (f) à river à
suspension universelle

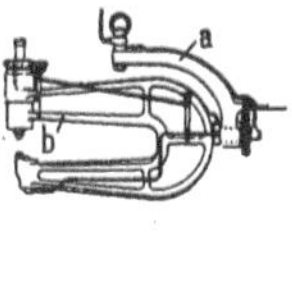

клепальная машина (f),
вращающаяся во-
кругъ горизонталь-
ной и вертикальной
оси; клепальный
станокъ (m) съ уни-
версальнымъ подвѣ-
сомъ
macchina (f) per ribadire
o chiodatrice (f) *o* ri-
baditrice (f) a sospen-
sione universale
máquina (f) de remachar
giratoria vertical-
mente y horizontal-
mente 4

Aufhängebügel (m),
Bügel (m), Hänger (m)
suspension bow
étrier (m) de suspension

a

подвѣска (f); подвѣс-
ной рычагъ (m); под-
вѣсная обойма (f)
braccio (m) di sospen-
sione
arco (m) de suspensión 5

Maulschenkel (m)
main jaw
branche (f) de l'étrier

b

рычагъ (m) станины,
образующій зѣвъ
incastellatura (f)
pierna (f) del arco de
suspensión 6

1 Zwischenaufhängebügel (m)
intermediate suspension bow
étrier (m) intermédiaire de suspension

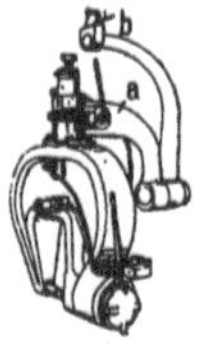

a

промежуточный подвѣсной рычагъ (m); промежуточная подвѣсная обойма (f)
braccio (m) intermedio
arco (m) intermedio de suspensión

---

2 Aufhängebolzen (m)
suspension bolt
tourillon (m) de suspension

b

болтъ (m) подвѣски *или* подвѣсной обоймы
perno (m) di sospensione
perno (m) de suspensión

---

3 Nietmaschine (f) für trommelförmige Körper, Nietmaschine (f) für doppelte Nietung
boiler *or* cylinder riveting machine
machine (f) à river *ou* riveuse (f) pour pièces cylindriques *ou* pour double rivure

[клепальная] машина (f) для склёпыванія цилиндровъ; [клепальный] станокъ (m) для одновременной склёпки двухъ швовъ
ribaditrice (f) *o* chiodatrice (f) per pezzi formati a tamburo *o* per chiodature doppie
máquina (f) de remachar para piezas cilíndricas, máquina (f) de remachar para remachado doble

---

4 verstellbare Nietmaschine (f)
adjustable riveting machine
machine (f) à river *ou* riveuse (f) réglable

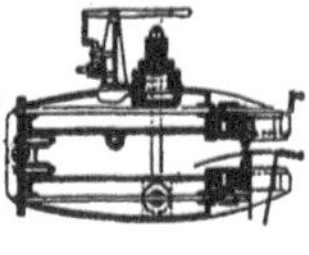

переставная клепальная машина (f); регулируемый клепальный станокъ (m)
ribaditrice (f) *o* chiodatrice (f) regolabile
máquina (f) de remachar graduable

---

5 Handnietmaschine (f)
hand riveting machine
machine (f) à river *ou* riveuse (f) à main

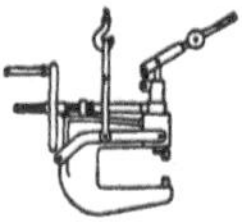

ручная клепальная машина (f); ручной клепальный станокъ (m)
chiodatrice (f) *o* ribaditrice (f) a mano
máquina (f) de remachar á mano

---

6 Hammernietmaschine (f)
hammer riveting machine
machine (f) à river à marteau, riveuse (f) à marteau, marteau (m) à river

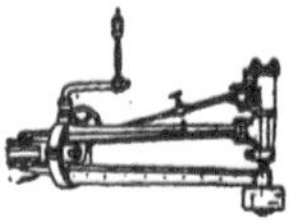

клепальный станокъ (m) - молотъ (m); клепальный молотъ (m)
chiodatrice (f) *o* ribaditrice (f) a martello
máquina (f) de remachar [á efecto] de martillo

---

7 Hebelnietmaschine (f)
lever riveting machine
riveuse (f) à levier, machine (f) à river à levier

рычажная клепальная машина (f); рычажный клепальный станокъ (m)
ribaditrice (f) *o* chiodatrice (f) a leva
máquina (f) de remachar [á efecto] de palanca

Kniehebelnietmaschine (f)
toggle joint riveting machine
machine (f) à river à levier articulé

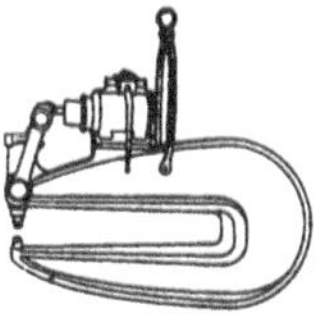

клепальная машина (f) *или* клепальный станокъ (m) съ колѣнчатымъ рычагомъ
chiodatrice (f) *o* ribaditrice (f) a leva articolata *od* a gomito
máquina (f) de remachar de palanca acodada 1

Schraubennietmaschine (f)
screw riveting machine
machine (f) à river à vis, riveuse (f) à vis

винтовая клепальная машина (f); винтовой клепальный станокъ (m)
ribaditrice (f) *o* chiodatrice (f) a vite
máquina (f) de remachar de tornillo 2

Kurbelnietmaschine (f)
crank driven riveting machine
machine (f) à river *ou* riveuse (f) à manivelle

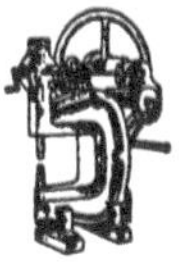

клепальная машина (f) съ кривошипомъ; клепальный станокъ (m), работающій при посредствѣ кривошипа
ribaditrice (f) *o* chiodatrice (f) a manovella
máquina (f) de remachar de manivela 3

---

mittels Transmission betriebene Nietmaschine (f)
belt driven riveting machine
machine (f) à river à courroie

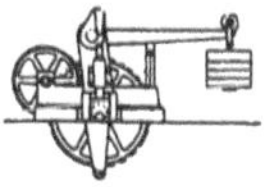

приводная клепальная машина (f); приводный клепальный станокъ (m)
chiodatrice (f) *o* ribaditrice (f) a trasmissione
máquina (f) de remachar movida por transmisión 4

Dampf[druck]nietmaschine (f)
steam driven riveting machine
riveuse (f) à vapeur, machine (f) à river à vapeur

паровая клепальная машина (f); паровой клепальный станокъ (m)
chiodatrice (f) *o* ribaditrice (f) a vapore
máquina (f) de remachar por presión de vapor 5

Druckluftnietmaschine (f), Preßluftnietmaschine (f)
pneumatic riveting machine
machine (f) à river *ou* riveuse (f) pneumatique

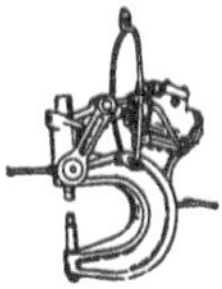

клепальная машина (f), работающая сжатымъ воздухомъ; пневматическій клепальный станокъ (m)
ribaditrice (f) *o* chiodatrice (f) ad aria compressa
máquina (f) de remachar por presión de aire 6

1	Wasserdrucknietmaschine (f), hydraulische Nietmaschine (f), Druckwassernietmaschine (f) hydraulic riveting machine machine (f) à river *ou* riveuse (f) hydraulique	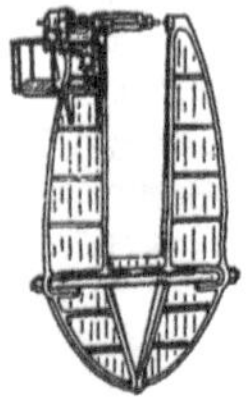	гидравлическая клепальная машина (f); гидравлическій клепальный станокъ (m) ribaditrice (f) *o* chiodatrice (f) idraulica *o* ad acqua compressa máquina (f) de remachar hidráulica
2	elektrische Nietmaschine (f) electric riveting machine riveuse (f) électrique	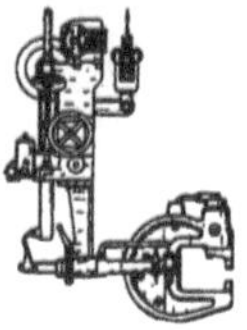	электрическая клепальная машина (f); электрическій клепальный станокъ (m) ribaditrice (f) *o* chiodatrice (f) elettrica *od* a comando elettrico máquina (f) de remachar eléctrica
3	nieten (v), vernieten (v) to rivet river (v), riveter (v)		склёпывать chiodare (v), ribadire (v) remachar (v), roblonar (v)
4	Nieten (n), Herstellen (n) einer Nietverbindung riveting rivetage (m)		склёпываніе (n) ribaditura (f), chiodatura (f) remachado (m), roblonado (m)
5	Nietung (f), Vernietung (f), Nietverbindung (f) riveted joint rivure (f), assemblage (m) par rivet	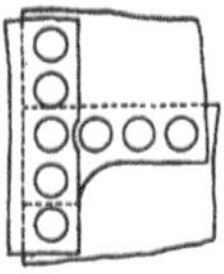	клёпка (f); склёпка (f); заклёпочное соединеніе (n) ribaditura (f), chiodatura (f) unión (f) por remachado
6	Niete (f), Niet (m *oder* n) rivet rivet (m)		заклёпка (f) ribattino (m), chiodo (m), rivetto (m) remache (m), roblón (m)
7	Heftniete (f) tacking rivet rivet (m) provisoire, rivet (m) de repérage	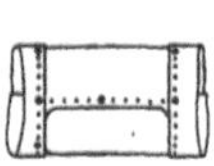	временная заклёпка (f); сшивка (f) ribattino (m) *o* chiodo (m) provvisorio remache (m) provisional
8	Nietschraube (f) screwed rivet rivet (m) fileté, vis (f) de rivetage	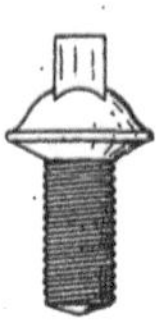	ввёртышъ (m); винтовая шпилька (f) ribattino (m) *o* chiodo (m) filettato tornillo (m) de remache

Nietlöcher schneiden (v) *oder* stanzen (v)
to punch rivet holes
poinçonner (v) des trous de rivets

пробовать заклёпочныя отверстія
punzonare (v) i fori per ribattini *o* chiodi 1
punzonar (v) agujeros para el remachado

Nietlöcher aufreiben (v)
to broach *or* ream rivet holes
aléser (v) des trous de rivets

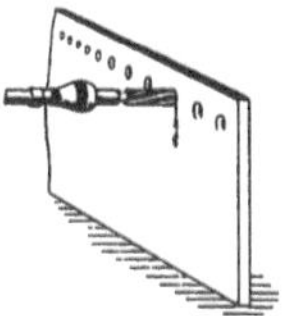

развёртывать заклёпочныя отверстія
alesare (v) i fori per ribattini *o* per chiodi 2
escariar (v) agujeros de remaches

Nietlöcher bohren (v)
to drill rivet holes
percer (v) *ou* forer (v) des trous de rivets

сверлить (высверливать) заклёпочныя отверстія
forare (v) *o* trapanare (v) i fori per ribattini *o* per chiodi 3
taladrar (v) agujeros para remaches

Versenken (n) der Nietlöcher
countersinking of the rivet holes
fraiser (v) *ou* noyer (v) des trous de rivets

зенковка (f) *или* зенкованіе (n) *или* зинковка (f) *или* коническая заточка (f) заклёпочныхъ отверстій 4
acciecatura (f) dei fori per ribattini *o* per chiodi
avellanar (v) los agujeros para remaches

---

versenken (v)
to countersink
fraiser (v) *ou* noyer (v) des trous

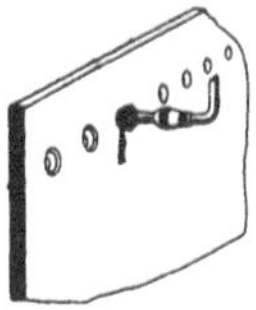

зенковать; зинковать; раззенковывать 5
acciecare (v)
avellanar (v)

Aufeinanderpassen (n) der Nietlöcher
matching *or* fitting together of the rivet holes
ajustage (m) des trous de rivets l'un sur l'autre

припонка (n) заклёпочныхъ отверстій
appaiare (v) i fori 6
ajuste (m) de los agujeros de remaches

---

die Niete einziehen (v), die Niete einstecken (v), die Niete eintreiben (v)
to drive in the rivet
poser (v) *ou* placer (v) le rivet

встав-ить (-лять) *или* вогнать (вгонять) *или* всадить (всаживать) заклёпку
introdurre (v) *o* piazzare (v) *o* conficcare (v) il chiodo 7
introducir (v) el remache *ó* roblón

1 die Niete anziehen (v)
to set a rivet
serrer (v) le rivet par accotement des tôles

притянуть заклёпку; придавить (прижать) плотно листы съ цѣлью выдавить стержень заклёпки
introdurre (v) *o* piazzare (v) *o* tirare (v) a fondo il chiodo
embutir (v) el remache

---

2 Nieten[an]zieher (m)
rivet set
accosteur (m), serre-tôle (m), bouterolle (f) creuse

обжимка (f); обдавка (f)
utensile (m) per introdurre *o* tirare a fondo il chiodo
embutidor (m) de remache

---

3 Stauchen (n) der Niete
clenching a rivet
refoulement (m) *ou* clinchage (m) *ou* écrasement (m) du rivet

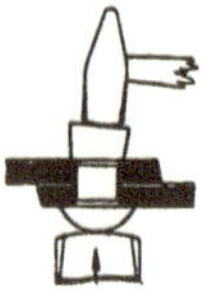

осаживанiе (n) заклёпки
ricalcatura (f) del chiodo
recalcamiento (m) del remache

---

4 die Niete stauchen (v)
to clench a rivet
refouler (v) *ou* clincher (v) *ou* écraser (v) le rivet

осадить (осаживать) заклёпку
ricalcare (v) il chiodo
recalcar (v) el remache

---

5 Nietkopf (m)
rivet head
tête (f) de rivet

головка (f) заклёпки
testa (f) *o* capocchia (f) del chiodo
cabeza (f) de remache

---

6 den Schließkopf bilden (v)
to form the closing head
former (v) la seconde tête *ou* la tête de fermeture

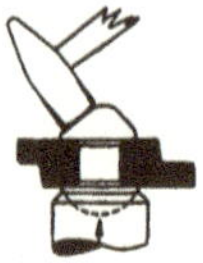

образовать высадную *или* замыкающую *или* вторую головку; высадить вторую головку
formare (v) la testa *o* la capocchia ribadita
formar (v) la cabeza de cerrar

---

7 Schließkopf (m)
closing head
seconde tête (f), tête (f) de fermeture

a

высадная *или* замыкающая *или* вторая головка (f) заклёпки
capocchia (f) *o* testa (f) ribadita
cabeza (f) de cierre

---

8 gegenhalten (v)
to hold up
maintenir (v) le rivet au moyen du tas *ou* de la contre-bouterolle

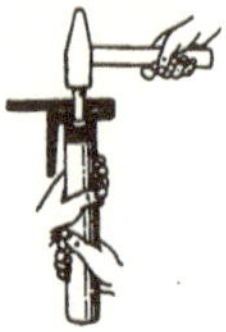

поддерживать заклёпку
tenere (v) a posto il chiodo a mezzo del controstampo *o* contrafforte
sufrir (v) ó tener (v) en contra

das Schließkopfgesenk auf die Niete drücken (v)
to press the snap head die against the rivet
presser (v) la bouterolle sur le rivet

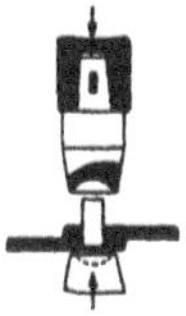

нажать обжимку высадной головки на заклёпку
pressare (v) *o* comprimere (v) la buttarola *o* lo stampo contro il chiodo
tener (v) la boterola contra el remache 1

Stiftnietung (f)
pin riveting
rivetage (m) *ou* rivure (f) à tige *ou* à goupille sans tête

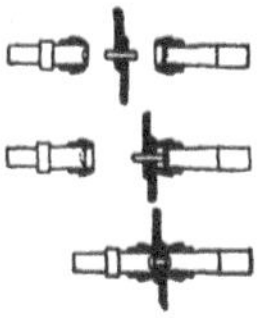

клёпка (f) съ одновременнымъ образованіемъ обѣихъ головокъ
ribaditura (f) *o* chiodatura (f) doppia delle due teste di una spina
remachado (m) de espigas sin cabeza, formación (f) simultánea de las dos cabezas de remache 2

Nietnaht (f)
rivet *or* riveted seam
joint (m) rivé, file (f) de rivets

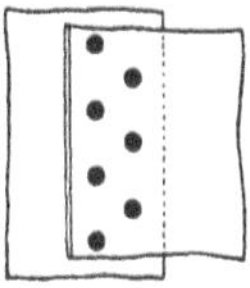

заклёпочный швъ (m)
fila (f) di chiodi, chiodatura (f)
hilera (f) *ó* costura (f) de remaches 3

Überlappen (n)
overlapping
recouvrement (m)

нахлёстываніе (n); напускъ (m)
sovrapposizione (f)
sobreposición (f) 4

überlappen (v)
to lap
recouvrir (v)

нахлёстывать; образовать перекрытіе въ напускъ *или* въ нахлёстку
sovrapporre (v)
sobreponer (v) 5

Überlappungsnietung (f)
lap riveting
rivure (f) à recouvrement

заклёпочный швъ (m) въ напускъ *или* въ нахлёстку
ribaditura (f) *o* chiodatura (f) a orli sovrapposti
remachado (m) por sobreposición de los dos extremos 6

überlaschen (v)
to place a butt trap over joint
river (v) à couvre-joint

сдѣлать стыкъ съ накладкой
ribadire (v) *o* chiodare (v) con coprigiunto
cubrir (v) la junta 7

Laschennietung (f)
butt riveted joint
rivure (f) à couvre-joint

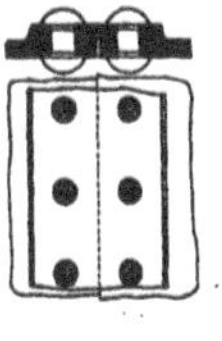

заклёпочный швъ (m) съ накладкой
chiodatura (f) *o* ribaditura (f) con coprigiunto
remachado (m) á eclise *ó* de cubrejunta 8

1 Niethammer (m)
riveting hammer
marteau-riveur(m), marteau (m) de rivetage, rivoir (m)

клепало (n); заклёпочный молотокъ (m); заклёпникъ (m)
martello (m) per ribadire
martillo (m) de remachar

---

2 Schellhammer (m)
snap hammer
bouterolle (f) à manche

обжимка (f) съ глазомъ
martello (m) a stampo
martillo-estampa (m)

---

3 Nietwinde (f)
screw dolly
vérin (m) de rivetage

винтовая поддержка (m)
martinetto (m) per ribadire *o* per chiodare
torno (m) de remache

---

4 Nietpfanne (f)
dolly
bouterolle (f)

a

поддержка (f) для заклёпки
cunetta (f)
boterola (f)

---

5 Nietwippe (f)
lever dolly
levier (m) à bouterolle

упорная *или* рычажная поддержка (f); журавъ (m)
leva (f) del martinetto
leva (f) á boterola *ó* á estampa

---

6 Nietzange (f)
riveting tongs (pl)
pince (f) à rivets

заклёпочныя клещи (f pl)
tenaglia (f) per chiodi
tenaza (f) de remache

---

7 Nietgriff (m)
riveting handle
fourche (f) à rivets

захватка (f) для заклёпокъ
forcella (f) per chiodi
mango (m) de remache

---

8 Dichthalten (n) der Nietnaht
keeping tight of the riveted joint
étanchéité (f) de la rivure

плотность (f) заклёпочнаго шва
tenuta (f) della chiodatura
junta (f) hermética de la costura de remaches

---

9 Nieten verstemmen (v)
to caulk the rivets
mater (v) des rivets

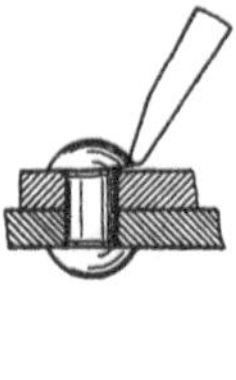

чеканить *или* расчекани-ть (вать) заклёпку
calafatare (v) *o* acciecare (v) i chiodi
calafatear (v) remaches

Stemmen (n), Verstemmung (f), Verstemmen (n) caulking, fullering matage (m)		чеканка (f); расчеканка (f) acciecatura (f), calafataggio (m) calafateo (m)	*1*
Stemmnaht (f) caulked *or* caulking seam matage (m), joint (m) maté		чеканенный *или* подчеканенный шовъ (m) fila (f) di chiodi *o* chiodatura (f) calafatata linea (f) de calafateo	*2*
Stemmkante (f) caulking edge bord (m) maté *ou* à mater	a	подчеканиваемая кромка (f) orlo (m) *o* bordo (m) calafatato borde (m) de calafateo	*3*
Handstemmung (f) hand caulking matage (m) à la main		чеканка (f) въ-ручную; ручная чеканка calafataggio (m) a mano calafateo (m) á mano	*4*
Stemmeißel (m), Stemmsetze (f) caulking tool *or* chisel burin (m) à mater, matoir (m)	a	чеканка (f) utensile (m) per calafatare *o* per acciecare corta-frío (m) de calafatear	*5*
pneumatische Stemmung (f) pneumatic caulking matage (m) pneumatique		пневматическая чеканка (f) calafataggio (m) pneumatico *o* con utensile pneumatico calafateo (m) neumático	*6*
Stemmhammer (m) caulking hammer marteau (m) à mater	a	молотокъ (m) для чеканки martello (m) per calafatare martillo (m) de calafatear y retacar	*7*
Nachstemmen (n) recaulking rematage (m) nouveau, matage (m)		подчеканка (f) ricalafataggio (m) calafateo (m) de nuevo, el retacar	*8*
Nietnahtfestigkeit (f) strength of a rivet seam résistance (f) de la rivure		прочность (f) заклёпочнаго шва resistenza (f) della chiodatura resistencia (f) de la costura de remaches	*9*

1
Nietwiderstand (m)
resistance of the rivet
résistance (f) du rivet

сопротивленіе (n) заклёпки
resistenza (f) del chiodo *o* del rivetto
resistencia (f) del remache

2
Nietdruck (m), Nietpressung (f)
riveting pressure
pression (f) de rivetage

давленіе (n), производимое заклёпкой
pressione (f) del chiodo *o* del rivetto
presión (f) de remache

3
Handnietung (f)
hand riveting
rivetage (m) à la main

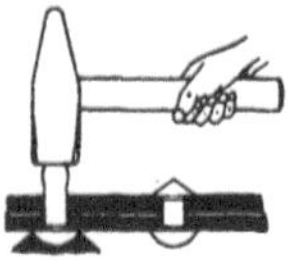

ручная склёпка (f); клёпка въ-ручную
ribaditura (f) *o* chiodatura (f) a mano
remachado (m) á mano

4
Maschinennietung (f), Nietung (f) mit der Maschine
machine riveting
rivure (f) *ou* rivetage (m) à la machine

машинная склёпка (f); клёпка (f) при помощи машины
chiodatura (f) *o* ribaditura (f) a macchina
remachado (m) á máquina

5
Druckwassernietung (f), hydraulische Nietung (f)
hydraulic riveting
rivure (f) *ou* rivetage (m) hydraulique

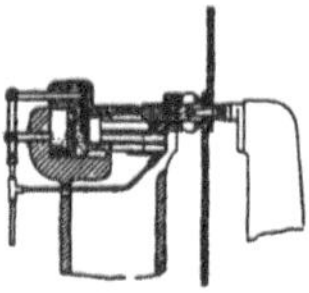

гидравлическая склёпка (f); клёпка (f) гидравлическимъ инструментомъ
ribaditura (f) *o* chiodatura (f) a pressione idraulica
remachado (m) hidráulico *ó* por agua de presión

6
Druckluftnietung (f), pneumatische Nietung (f)
pneumatic riveting
rivetage (m) *ou* rivure (f) pneumatique

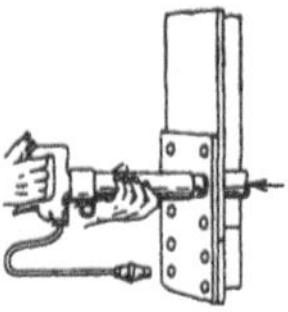

пневматическая склёпка (f); клёпка (f) сжатымъ воздухомъ
ribaditura (f) *o* chiodatura (f) ad aria compressa
remachado (m) por aire comprimido, remachado (m) neumático

7
elektrische Nietung (f)
electric riveting
rivetage (m) *ou* rivure (f) électrique

электрическая склёпка (f); клёпка (f) при помощи электричества
ribaditura (f) *o* chiodatura (f) elettrica
remachado (m) eléctrico

8
warme Nietung (f)
hot riveting
rivetage (m) *ou* rivure (f) à chaud

горячая склёпка (f) *или* клёпка (f)
chiodatura (f) *o* ribaditura (f) a caldo
remachado (m) en caliente

Warmnieten (n)
riveting hot
rivetage (m) à chaud

горячее склёпываніе (n)
ribaditura (f) o chiodatura (f) a caldo 1
remachado (m) caliente

Nieten erhitzen (v), Nieten glühend machen (v)
to heat rivets
chauffer (v) les rivets

нагрѣ-ть (-вать) заклёпку до краснаго каленія
scaldare (v) i chiodi o i rivetti 2
calentar (v) ó caldear (v) remaches

Stauchtemperatur (f) (der Niete)
suitable temperature for riveting
température (f) de l'écrasement du rivet

температура (f) расковки [заклёпки]
calore (m) o temperatura (f) di ricalcatura dei chiodi o dei rivetti 3
temperatura (f) de recalcar del remache

Nietwärmofen (m)
rivet forge
four (m) à chauffer les rivets

горнъ (m) для нагрѣва[нія] заклёпокъ
forno (m) per scaldare i chiodi o i rivetti 4
horno (m) de caldear ó de calentar remaches

Kühlhalten (n) des Schelleisens durch Kühlwasser
cooling of the riveting snaps with water
refroidissement (m) à l'eau de la bouterolle

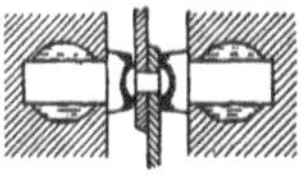

охлажденіе (n) обжимки водою
raffreddamento (m) ad acqua dello stampo per chiodi o per rivetti 5
refrigeramiento (m) de la boterola por agua

---

kalte Nietung (f)
cold riveting
rivure (f) *ou* rivetage (m) à froid

холодная склёпка (f) *или* клёпка (f)
chiodatura (f) o ribaditura (f) a freddo 6
remachado (m) en frío

Kaltnieten (n)
riveting cold
rivetage (m) à froid

холодное склёпываніе (n); склёпываніе въ холодную
ribaditura (f) o chiodatura (f) a freddo 7
remachado (m) frío

---

die Nietverbindung lösen (v)
to break a rivet joint
dériveter (v) *ou* défaire (v) une rivure

разъедин-ить (ять) *или* разбирать (разобрать) заклёпочное соединеніе
disfare (v) o togliere (v) una chiodatura 8
soltar (v) la unión de remaches

---

entnieten (v), Nieten herausschlagen (v)
to punch *or* knock *or* drive out the rivets
dériveter (v) *ou* faire sauter (v) *ou* chasser (v) des rivets

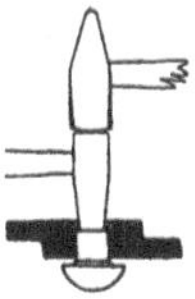

расклепать, расклёпывать заклепочное соединеніе; выби-ть (-вать) заклёпки
cacciare (v) o levare (v) i chiodi o i rivetti 9
soltar (v) remaches á golpe

1 Nieten ausbohren (v)
to drill out rivets
enlever (v) les rivets par perçage *ou* au forage

высверлить заклёпки
trapanare (v) i chiodi *o* i rivetti
barrenar (v) remaches para quitarlos

---

2 den Nietkopf auskreuzen (v)
to chop off a rivet head
bédaner (v) la tête du rivet

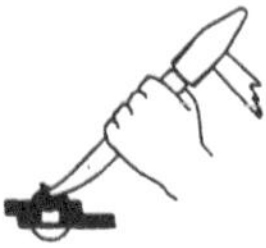

срубить головку заклёпки крейцмейселемъ
far saltare (v) *o* scalpellare (v) la capocchia
descabezar (v) el remache

---

3 **Biege- und Richtmaschinen**

Bending and Straightening Machines *or* Rolls

Machines à plier *ou* cintrer *ou* dresser

Загибочные и правильные станки; станки для сгибанія и правки

Macchine da piegare *o* da curvare *o* da raddrizzare

Máquinas de curvar y enderezar

4 Bieg[e]maschine (f)
bending machine
machine (f) à plier *ou* à cintrer

загибочный *или* загибной *или* сгибающій *или* гибочный станокъ (m); станокъ для сгибанія
macchina (f) da piegare *o* da curvare
máquina (f) de curvar

---

5 biegen (v)
to bend
cintrer (v), plier (v)

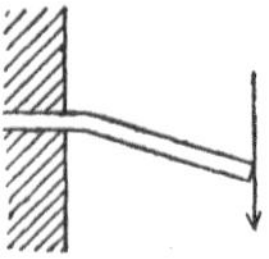

сгибать
piegare (v), curvare (v)
curvar

---

6 Biegen (n)
bending
cintrage (m), pliage (m)

сгибаніе (n)
piegatura (f), curvatura (f)
curvadura (f)

---

7 durchbiegen (v)
to deflect, to sag
incurver (v), courber (v), plier (v), cintrer (v)

изгибать; прогибать
[in]curvare (v)
curvar (v)

---

8 Durchbiegen (n)
deflection
pliage (m), cintrage (m), fléchissement (m)

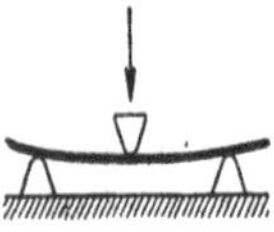

изгибаніе (n); прогибаніе (n)
[in]curvatura (f)
curvadura (f)

Biegung (f)
bend
cintrage (m), flexion (f), courbure (f)

сгибъ (m)
piegatura (f), curvatura (f)
curvadura (f) 1

---

biegbar (adj)
pliable (adj), bendable (adj)
pliable (adj), flexible (adj)

сгибающійся
pieghevole (agg), flessibile (agg)
curvable (adj) 2

---

um einen Dorn biegen (v)
to bend round a block
plier (v) *ou* courber (v) *ou* cintrer (v) autour d'un mandrin *ou* d'une broche *ou* d'une tige

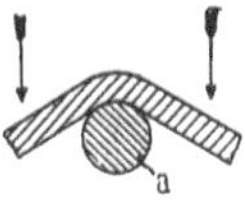

сгибать на оправкѣ
piegare (v) *o* curvare (v) su mandrino *o* stelo
curvar (v) alrededor de una espiga 3

Biegedorn (m)
bending block
mandrin (m) de pliage *ou* de cintrage

a

оправка (f) для сгибанія
mandrino (m) *o* spina (f) per la piegatura *o* per la curvatura
espiga (f) de curvar 4

Biegestelle (f)
bending point
point (m) de cintrage *ou* de pliage

a

мѣсто (n) сгиба
punto (m) della curvatura *o* della piegatura
punto (m) de curvar 5

Biegewinkel (m) Abbiegungswinkel (m)
angle of bending
angle (m) de cintrage *ou* de pliage

α

уголъ (m) сгиба
angolo (m) di piegatura *o* curvatura
ángulo (m) de curvar *ó* de doblez 6

---

um 90° (neunzig Grad) biegen (v)
to bend to 90° (ninety degrees)
plier (v) à 90° (à quatre-vingt dix degrés)

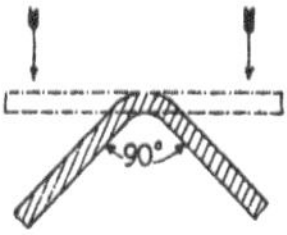

сгибать (согнуть) на 90° (на девяносто градусовъ)
piegare (v) *o* curvare (v) a 90° (novanta gradi)
curvar (v) *ó* doblar (v) á 90° (á noventa grados) 7

---

eine Röhre biegen (v)
to bend a pipe *or* tube
cintrer (v) *ou* courber (v) un tuyau

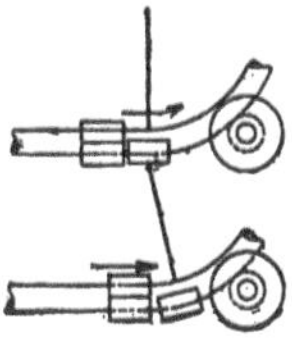

сгибать (согнуть) трубу
piegare (v) *o* curvare (v) un tubo
curvar (v) un tubo 8

1 Krümmung (f) des Werkstücks
bending of a piece of work
courbure (f) *ou* coudage (m) de la pièce à usiner

кривизна (f) обрабатываемаго предмета
piegatura (f) *o* curvatura (f) del pezzo [da lavorare]
curva (f) de la pieza de labor

---

2 Einspannvorrichtung (f)
gripping apparatus *or* device
dispositif (m) de fixation

зажимное устройство (n) *или* приспособленіе (n)
dispositivo (m) di serraggio
disposición (f) de sujeción

---

3 Biegekopf (m)
bending head
tête (f) *ou* matrice (f) *ou* pilon (m) de pliage

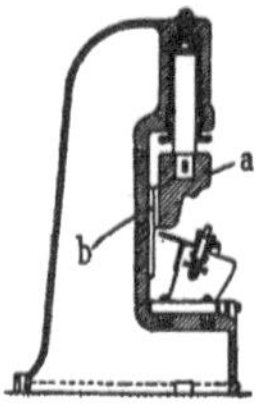

сгибающая *или* загибочная головка (f)
punzone (m) *o* testa (f) per piegare
cabezal (m) de curvar

a

---

4 Biegekopfführung (f)
bending head slide
guidage (m) de la tête de coudage *ou* de pliage

b

направляющія (f pl) сгибающей *или* загибочной головки
guida (f) del punzone *o* della testa per piegare
conducción (f) del cabezal de curvar

---

5 Biegebacken (f pl)
bending blocks
joues (f pl) des matrices de pliage *ou* de coudage

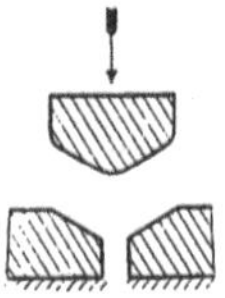

сгибающія плашки (f pl); сгибающіе кулачки (m pl)
matrice (f) per piegare
mordazas (f pl) del cabezal de curvar

---

6 Biegemaschine (f) mit festen Backen
bending machine with fixed blocks
machine (f) à plier *ou* à couder avec matrices fixes

загиб[оч]ный станокъ (m) съ постоянными плашками
piegatrice (f) *o* curvatrice (f) con matrice fissa
máquina (f) de curvar con mordazas fijas

---

7 Stabbiegemaschine (f)
bar bending machine
machine (f) à cintrer *ou* plier *ou* courber les arbres *ou* les barres

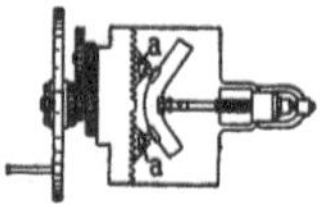

станокъ (m) для сгибанія полосъ *или* стержней
macchina (f) da curvare *o* piegare barre
máquina (f) de curvar varillas

stützende Backe (f)
supporting block
matrice (f) d'appui

a

подпорная плашка (f); подпорный кулачокъ (m)
guancia (f) d'appoggio
mordaza (f) de apoyo *1*

Biegepresse (f)
bending press
presse (f) à plier *ou* à cintrer *ou* à couder

загиб[оч]ный прессъ (m)
pressa (f) per piegare *o* curvare
prensa (f) de curvar *2*

---

mittels Walzen biegen (v)
to bend by means of rolls
cintrer (v) au moyen de rouleaux *ou* de cylindres

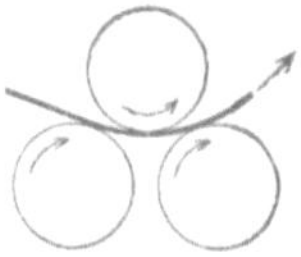

сгибать посредствомъ валковъ
curvare (v) a mezzo di rulli *o* di cilindri
curvar (v) por medio de rodillos *ó* de cilindros *3*

Walzenbiegemaschine (f), Biegewalzwerk (n), Biegemaschine (f) mit Walzen
bending rolls
machine (f) à cintrer à rouleaux

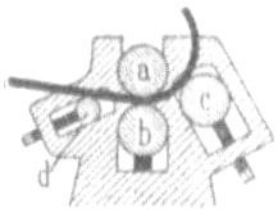

загиб[оч]ный станокъ (m) съ валками
macchina (f) a cilindri *o* a rulli per curvare, curvatrice (f) a cilindri *o* a rulli
máquina (f) de curvar de cilindros *4*

Führungswalze (f)
guide roll
rouleau (m) de guidage

a, b

направляющій валокъ (m)
rullo (m) *o* cilindro (m) di guida
rodillo (m) *ó* cilindro (m) de guía *5*

Biegewalze (f), biegende Walze (f)
bending roll
cylindre (m) de cintrage, cylindre (m) principal

c

загибочный *или* сгибающій валокъ (m)
rullo (m) *o* cilindro (m) curvatore
rodillo (m) *ó* cilindro (m) de curvar *6*

Vorbiegewalze (f)
preliminary bending roll
rouleau (m) d'avant-cintrage, cylindre (m) de cintrage préliminaire

d

валокъ (m) для подготовительнаго сгибанія
rullo (m) *o* cilindro (m) alimentatore
rodillo (m) *ó* cilindro (m) de la primera curvadura *7*

Mittelwalze (f)
middle roll
rouleau (m) du milieu

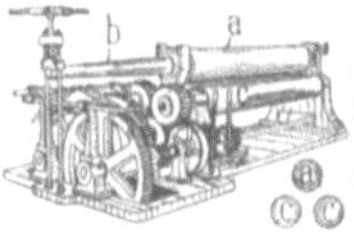

a

средній валокъ (m)
rullo (m) *o* cilindro (m) di mezzo *o* intermedio
rodillo (m) *ó* cilindro (m) central *8*

Walzenschwanz (m)
tail of roll, gudgeon
tige (f) *ou* queue (f) de cylindre

b

конецъ (m) *или* хвостъ (m) валка
gambo (m) *o* coda (f) del cilindro *o* del rullo
apéndice (m) de cilindro *9*

1 Seitenwalze (f)
side roll
rouleau (m) latéral *ou* de côté

c

боковой валокъ (m)
rullo (m) *o* cilindro (m) laterale
cilindro (m) *ó* rodillo (m) lateral

---

2 verstellbare Walze (f)
adjustable roll
rouleau (m) réglable

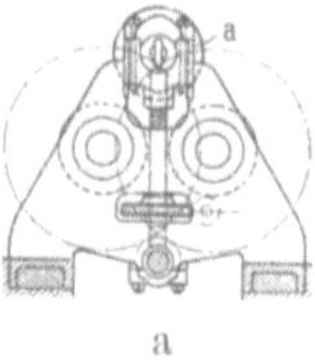

переставляемый *или* регулируемый валокъ (m)
rullo (m) *o* cilindro (m) regolabile *o* spostabile
cilindro (m) *ó* rodillo (m) graduable

---

3 Stützrolle (f)
supporting roll
rouleau (m) d'appui *ou* de support

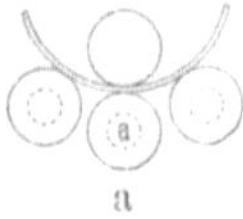

подпорный роликъ (m)
cilindro (m) *o* rullo (m) di sostegno
rollo (m) de apoyo

---

4 Zapfenlagerung (f)
spindle bearing
support (m) à tourillon

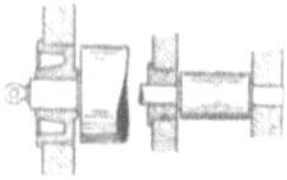

подшипники (m pl) шеекъ
sopporto (m) dei perni *o* dell'asse dei cilindri
apoyo (m) de espigas

---

5 Kammzapfen (m)
trunnion *or* spindle with collars
tourillon (m) à collet à trèfle

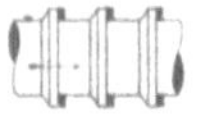

гребенчатая шейка (f) *или* цапфа (f)
perno (m) a collari *o* ad anelli
espiga (f) con anillos

---

6 Ausheben (n) der Walze
taking out the roll
enlèvement (m) du rouleau

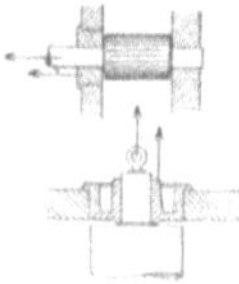

выниманіе (n) валка
spostamento (m) *o* sollevamento (m) del cilindro *o* del rullo
levantamiento (m) del rodillo

---

7 Durchgang (m) des Bleches
passing through of plate
passage (m) de la tôle

проходъ (m) листа
passaggio (m) della lamiera
paso (m) de la chapa

---

8 Blechbiegemaschine (f)
plate bending machine
machine (f) à cintrer les tôles

станокъ (m) для сгибанія листовъ
macchina (f) da curvare lamiere
máquina (f) de curvar chapas

---

9 Winkeleisenbiegemaschine (f)
angle iron bending machine
machine (f) à cintrer les cornières

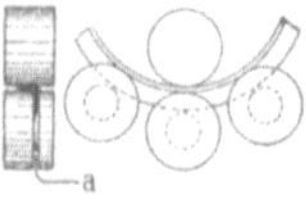

станокъ (m) для сгибанія углового желѣза
macchina (f) da curvare ferri d'angolo
máquina (f) de curvar cantoneras

Walzenfurche (f) groove for angle web rainure (f) du cylindre	a	ручей (m) *или* канавка (f) *или* пазъ (m) валка scanalatura (f) del cilindro *o* del rullo ranura (f) *ó* surco (m) en el cilindro	*1*
nachstellbare Walzenfurche (f) adjustable groove for angle web rainure (f) réglable du cylindre	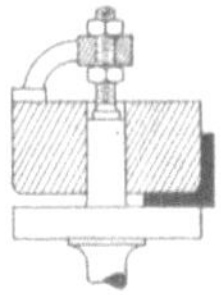	переставляемый ручей (m) *или* пазъ (m) валка; переставляемая канавка (f) валка scanalatura (f) regolabile del cilindro *o* del rullo ranura (f) *ó* surco (m) graduable del cilindro	*2*
Reifenbiegemaschine (f) tyre bending machine machine (f) à cintrer les bandages *ou* les cercles	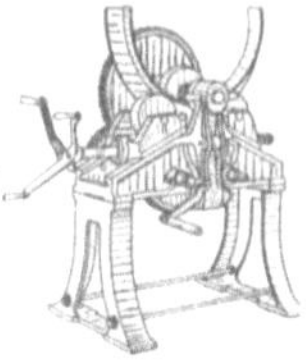	станокъ (m) для сгибанія обручей macchina (f) da curvare cerchioni máquina (f) de curvar llantas	*3*
tragbare Schienenbiegemaschine (f) portable rail bending machine machine (f) portative à cintrer les rails	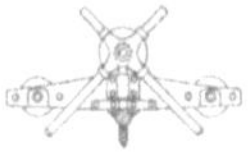	переносный станокъ (m) для сгибанія рельсъ macchina (f) portatile da curvare rotaie máquina (f) portátil de curvar carriles	*4*
Richtmaschine (f), Spannmaschine (f) straightening machine machine (f) à dresser	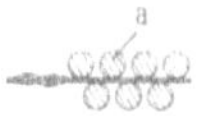	прави́льный станокъ (m); станокъ для правки macchina (f) da raddrizzare *o* da spianare máquina (f) de enderezar	*5*
Richtrolle (f) straightening roll rouleau (m) à dresser *ou* de dressage	a	прави́льный валокъ (m) cilindro (m) *o* rullo (m) spianatore rollo (m) *ó* cilindro (m) de enderezar	*6*
richten (v) to straighten dresser (v)		править spianare (v), raddrizzare (v) enderezar (v)	*7*
Richten (n) (Geraderichten) von Wellen straightening of shafts dressage (m) d'arbres	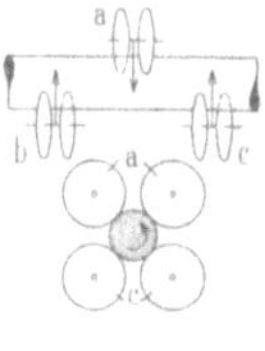	правка (f) валовъ raddrizzatura (f) di alberi enderezamiento (m) de árboles	*8*
Rollenpaar (n) pair of rolls paire (f) de rouleaux	a, b, c	пара (f) валковъ paio (m) *o* serie (f) di cilindri *o* di rulli par (m) de rollos *ó* cilindros	*9*

1 Wellenrichtmaschine (f)
shaft straightening machine
machine (f) à dresser les arbres

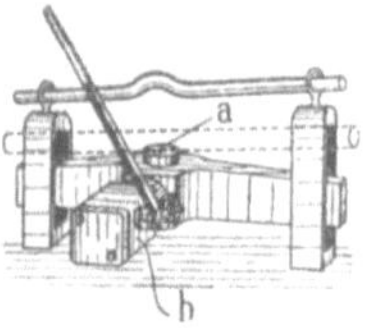

станокъ (m) для правки валовъ
macchina (f) da raddrizzare alberi
máquina (f) de enderezar árboles

---

2 Biegestempel (m)
bending ram
mandrin (m) pour couder les arbres, mouton (m) (hydraulique) de coudage

a

загибочный *или* сгибающій поршень (m)
montone (m) *o* stantuffo (m) per curvare
macho (m) de curvar

---

3 Handpreßpumpe (f)
hand pressure pump
pompe (f) hydraulique à main

b

ручной гидравлическій насосъ (m)
pompa (f) premente a mano
bomba (f) de presión á mano

---

4 Schienenrichtmaschine (f)
rail straightening machine
machine (f) à dresser les rails

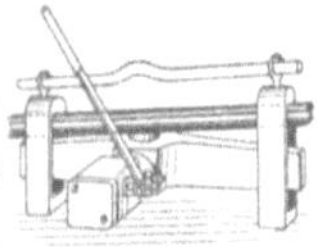

станокъ (m) для правки рельсъ
macchina (f) da raddrizzare le rotaie
máquina (f) de enderezar railes

---

5 Winkeleisenrichtmaschine (f)
angle iron straightening machine
machine (f) à dresser les cornières

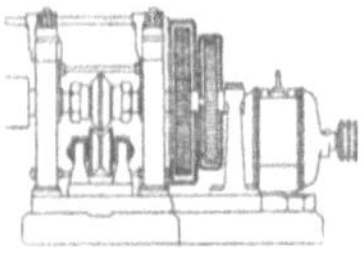

станокъ (m) для правки углового желѣза
macchina (f) da raddrizzare i ferri d'angolo
máquina (f) de enderezar escuadras

---

6 zweiteilige Richtrolle (f)
straightening rolls in halves
rouleau (m) de dressage en deux pièces

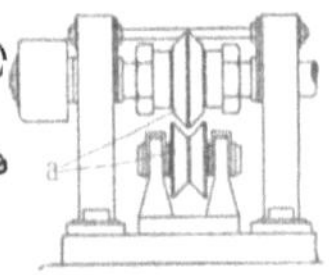

правильный валокъ (m), состоящіи изъ двухъ частей
rullo (m) *o* cilindro (m) per raddrizzare diviso in due pezzi
rollo (m) *ó* cilindro (m) de enderezar de dos partes

---

7 Blechrichtmaschine (f), Blech[ent]spannmaschine (f)
plate straightening machine *or* rolls
machine (f) à dresser *ou* à planer les tôles

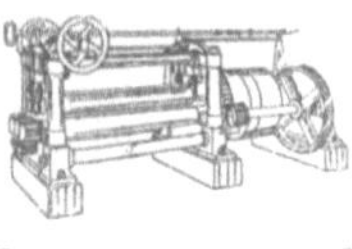

станокъ (m) для правки желѣзныхъ листовъ
macchina (f) da spianare lamiere
máquina (f) de enderezar chapas

---

8 Tragrolle (f)
travelling roll
rouleau-porteur (m), cylindre-porteur (m)

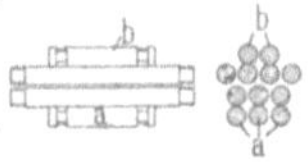

a

поддерживающій роликъ (m)
rullo (m) di sostegno
rollo (m) portador

Stützrolle (f), Stützwalze (f)
supporting roll
rouleau (m) *ou* cylindre (m) d'appui

b

подпорный роликъ (m) *или* валикъ (m)
rullo (m) *o* cilindro (m) di contrasto *o* puntello 1
rollo (m) *ó* rodillo (m) de apoyo

Buckel (m), Beule (f)
bump
bosse (f)

горбина (f); выгнутое мѣсто (n)
gobba (f), incurvatura (f) 2
abolladura (f)

Mulde (f)
hollow, dent
creux (m)

вогнутое мѣсто (n)
insenatura (f), conca (f) 3
hueco (m)

Krämp- und Kümpelmaschinen
Flanging Machines and Presses
Machines à border et à emboutir

Станки для штамповки и отгибанія кромокъ
Macchine da bordare e da aggraffare 4
Máquinas de bordear y embutir

Krämpmaschine (f), Bördelmaschine (f), [Siekenmaschine (f), Gesimswalzwerk (n)]
flanging machine
machine (f) à border

машина (f) для загибанія бортовъ; станокъ (m) для загибанія кромокъ; станокъ для отгиба бортовъ; станокъ для образованія фланцевъ 5
macchina (f) da bordare, bordatrice (f)
máquina (f) de bordear

---

krämpen (v), bördeln (v)
to flange
border (v)

загнуть (загибать) кромку; отогнуть (отгибать) воротникъ; фланцевать 6
bordare (v), fare (v) il bordo
bordear(v), rebordear(v)

---

mittels Rollen krämpen (v)
to flange with rolls
border (v) au moyen de galets *ou* de roulettes

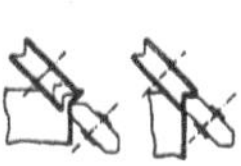

загибать кромку *или* фланцевать при помощи катковъ
bordare (v) a mezzo di rulli *o* dischi 7
bordear (v) con rodajas

Abbiegemaschine (f)
bending *or* flanging machine
machine (f) à plier

станокъ (m) для загибанія листовъ
macchina(f) da curvare *o* da piegare, piegatrice (f), curvatrice (f) 8
máquina (f) plegadora

1	Umschlagmaschine (f) cramp folding machine machine (f) à plier		станокъ (m) для загибанія закруглённыхъ бортовъ piegatrice (f), macchina (f) da curvare máquina (f) de volver
2	Kümpelmaschine (f), Kümpelpresse (f) circular flanging press machine (f) à border circulaire, presse (f) (hydraulique) à border les fonds de cuves	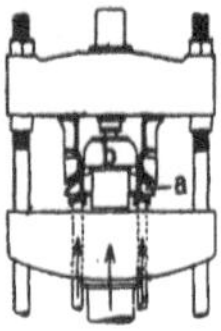	прессъ (m) для загибанія кромокъ *или* бортовъ; прессъ для штамповки *или* для штампованія кромокъ; штамповальный прессъ; кюмпельпрессъ (m) pressa (f) per bordare, bordatrice (f) a pressione prensa (f) de bordear fondos
3	Formplatte (f) female die, die plate matrice (f), matrice (f) à border *ou* cuveler	a	неподвижная матрица (f) штамповальнаго пресса matrice (f), femmina (f) placa (f) de molde, matriz (f)
4	Kümpelstempel (m) plunger die plongeur (m) *ou* poinçon (m) emboutisseur	b	подвижная матрица (f) штамповальнаго пресса punzone (m), maschio (m) estampa (f) de embutir
5	kümpeln (v) to flange emboutir (v)	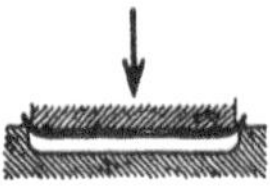	загнуть (загибать) кромку; отогнуть (отгибать) воротникъ; фланцевать; штамповать bordare (v), flangiare (v) embutir (v), rebordear (v)
6	Kümpelung (f) circular flanging emboutissage (m)	 a	отштампованный предметъ (m); предметъ, обработанный подъ штамповальнымъ прессомъ bordatura (f), flangiatura (f) embutido (m) de una chapa
7	Kümpeln (n) dicker Eisenbleche circular flanging of thick plates emboutissage (m) de tôles épaisses	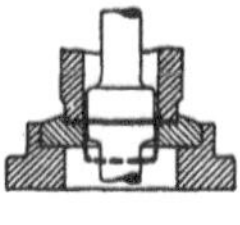	загибаніе (n) кромокъ у толстыхъ листовъ; штамповка (f) кромокъ у толстыхъ листовъ bordatura (f) o flangiatura (f) di grosse lamiere embutido (m) de chapas gruesas de hierro

Kümpeln (n) des Randes von Löchern
lipping the rim of holes
rabattement (m) des bords de trous

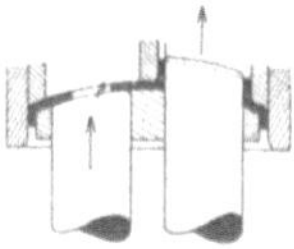

загибаніе (n) кромокъ у отверстій; штамповка (f) кромокъ у отверстій
bordatura (f) *o* flangiatura (f) di fori
embutido (m) de los bordes de agujeros 1

---

allmählich wirkende Kümpelmaschine (f)
gradually working flanging press
machine (f) à border progressivement

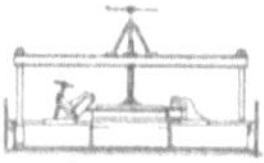

станокъ (m), постепенно загибающій кромки
pressa (f) a bordatura progressiva, bordatrice (f) a pressione progressiva
máquina (f) de embutir progresivamente 2

Krämp- und Kümpelmaschine (f)
flanging press
machine (f) *ou* presse (f) à emboutir

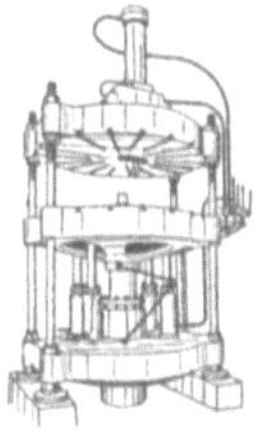

станокъ (m), для штамповки и отгибанія кромокъ
bordatrice (f) universale
prensa (f) de bordear y embutir 3

---

sieken (v)
to bead
border (v)

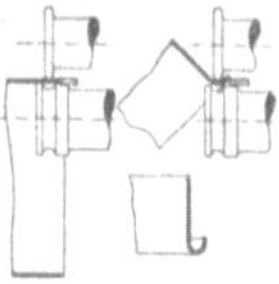

загибать борты съ проволокою
rivoltare (v) il bordo
rebordear (v) 4

Einlegen (n) eines Drahtes in die Sieke
laying a wire in the bead
insertion (f) d'un fil de fer dans le rebord

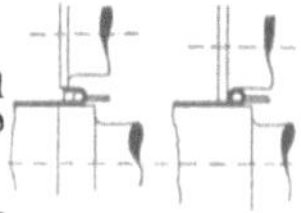

закладываніе (n) проволоки въ загибъ борта
inserzione (f) di un filo nel bordo rivoltato
colocación (f) de un alambre en el reborde 5

---

falzen (v)
to fold
plier (v)

фальцевать; образовывать фалецъ *или* фальцъ
aggraffare (v), schiacchiare (v) le agraffe
plegar (v) 6

---

liegender Falz (m)
flat folded seam
pli (m) couché

горизонтальный фалецъ (m) *или* фальцъ (m)
aggraffatura (f) ribaltata
plegado (m) echado 7

---

stehender Falz (m)
projecting folded seam
pli (m) droit

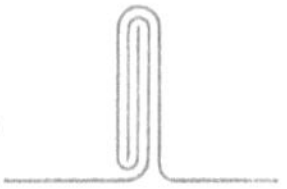

вертикальный фалецъ (m) *или* фальцъ (m)
aggraffatura (f) diritta
plegado (m) erguido 8

IX.

Form- und Gießereimaschinen

Sand Moulding and Foundry work Machines

Machines à mouler (pour fonderies)

Формовочныя и литейныя машины

Macchine per formare e per fonderia

Máquinas de moldear para fundiciones

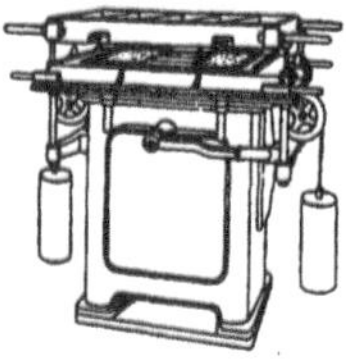

1 Formmaschine (f)
moulding machine
machine (f) à façonner les moules, machine (f) à mouler

формовочная машина (f)
macchina (f) per formare, formatrice (f)
máquina (f) de moldear

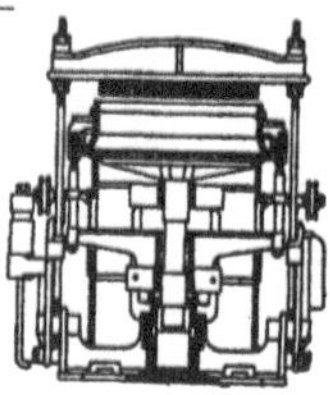

2 Druckwasserformmaschine (f), hydraulische Formmaschine (f)
hydraulic moulding machine
machine (f) à mouler hydraulique

гидравлическая формовочная машина (f)
formatrice (f) o macchina (f) per formare idraulica
máquina (f) de moldear hidráulica

---

3 Druckwassersammler (m), Akkumulator (m)
hydraulic accumulator
accumulateur (m) hydraulique

аккумуляторъ (m); гидравлическій аккумуляторъ (m)
accumulatore (m) per pressione idraulica
acumulador (m) hidráulico

4 Dampfpreßpumpe (f)
steam pressure pump
pompe (f) de compression à vapeur

паровой гидравлическій насосъ (m)
pompa (f) premente a vapore
bomba (f) de presión á vapor

Formverfahren (n)
moulding process
procédé (m) de moulage

способъ (m) *или* методъ (m) формовки
procedimento (m) della formatura, formatura (f), staffatura (f) 1
procedimiento (m) de moldear

Handformerei (f)
hand moulding
moulage (m) à la main

ручная формовка (f); формовка въ ручную
formatura (f) a mano, staffatura (f) a mano 2
moldeado (m) á mano

Maschinenformerei (f)
machine moulding
moulage (m) mécanique

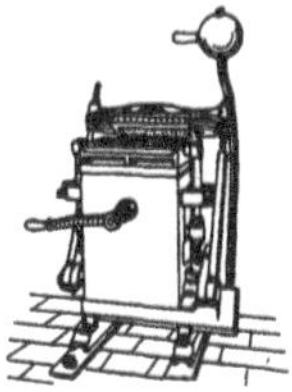

машинная формовка (f)
formatura (f) *o* staffatura (f) meccanica 3
moldeado (m) mecánico *ó* á máquina

Modellplattenformerei (f)
pattern plate moulding
moulage (m) au gabarit *ou* à la planche

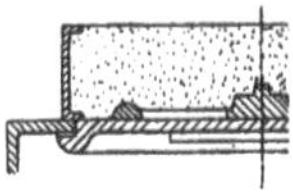

формовка (f) при помощи модельныхъ досокъ
formatura (f) *o* staffatura (f) a placca-modello 4
moldeado (m) con placas de modelos

---

formen (v)
to mould
mouler (v)

формовать
formare (v), staffare (v) 5
moldear (v)

---

einformen (v)
to mould
mouler (v) dans . . . .

отформовать въ . . . .
formare (v) in 6
moldear (v) en . . . .

Sanddichten (n), Sandverdichtung (f), Verdichtung (f) des Sandes
compression *or* consolidation of the sand
tassement (m) du sable

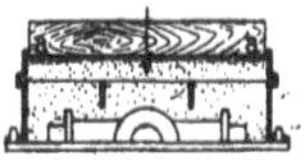

уплотненіе (n) земли
compressione (f) della terra 7
apisonamiento (m) de la arena

Sandrücken (m)
face of the sand
face (f) supérieure du sable

a a

верхній добавочный слой (m) песку въ опокѣ
piano (m) *o* superficie (f) della sabbia 8
superficie (f) superior de la arena

---

einstampfen (v)
to ram
damer (v), fouler (v), tasser (v)

утрамбовывать
battere (v) *o* costipare (v) *o* comprimere (v) *o* pestare (v) la terra 9
apisonar (v)

1 **Aufstampfen (n) des Sandes**
ramming of the sand
damage (m) *ou* foulage (m) du sable

утрамбовка (f) песка
compressione (f) *o* calcatura (f) della terra
apisonamiento (m) de la arena sobre el molde

---

2 den Sand abgleichen (v) *oder* abrichten (v)
to part the sand
égaliser (v) le sable

выравни-ть (-вать) песокъ
livellare (v) *o* spianare (v) la terra
igualar (v) la arena

---

3 Richtscheit (n)
parting strickle
règle (f) à égaliser

a

правило (n)
regolo (m) *o* legno (m) per livellare *o* per spianare
regla (f) de igualar

---

4 Formhälfte (f)
half of mould
demi-moule (m), moitié (f) du moule

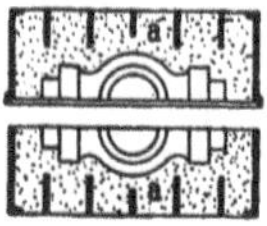

a

половинка (f) опоки
mezzaforma (f), mezzastaffa (f)
mitad (f) del molde

---

5 das Modell herausziehen (v)
to draw out the pattern
retirer (v) le modèle, démouler (v)

вынуть модель
ritirare (v) *o* levare (v) il modello
retirar (v) el modelo

---

6 Ausziehen (n) des Modells
drawing out of the pattern
enlèvement (m) du modèle, démoulage (m)

вынимание (n) модели
sollevamento (m) *o* ritiro (m) del modello
retirada (f) del modelo

---

7 Abziehen (n) der Modellplatte [vom Formkasten]
withdrawal of the pattern plate from the mould box
enlèvement (m) de la plaque à modèle hors du châssis

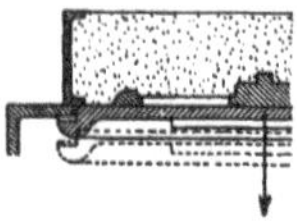

удаленіе (n) модельной доски [съ опоки]
estrazione (f) della placca-modello dalla forma *o* dalla staffa
retirada (f) de la placa de modelo de la caja del molde

---

8 Abheben (n) des Formkastens von der Modellplatte
withdrawal of the mould box from the pattern plate
enlèvement (m) du châssis de moulage de la plaque à modèle

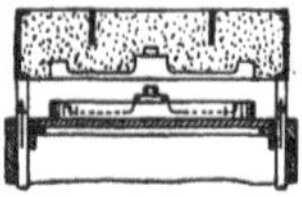

удаленіе (n) опоки съ модельной доски
estrazione (f) della forma *o* della staffa dalla placca-modello
levantamiento (m) de la caja del molde de la placa de modelo

---

9 Formkasten (m)
moulding box, flask
châssis (m) *ou* forme (f) de moulage

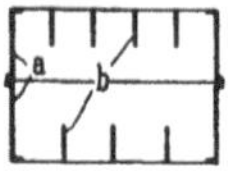

опока (f)
staffa (f), forma (f)
caja (f) de moldes

Oberkasten (m)
top box
châssis (m) supérieur, forme (f) supérieure

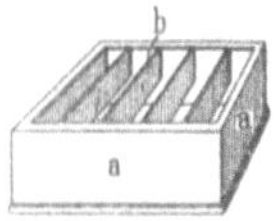

верхняя опока (f)
staffa (f) superiore 1
caja (f) superior

Unterkasten (m)
bottom box
châssis (m) inférieur, forme (f) inférieure

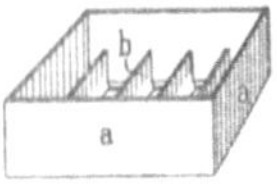

нижняя опока (f)
staffa (f) inferiore 2
caja (f) inferior

Kastenwand (f)
wall *or* side of box
paroi (f) de la forme *ou* du châssis

a

боковая стѣнка (f) опокъ
parete (f) della staffa 3
pared (f) de la caja

Sandträger (m), Schore (f)
bar for retaining the sand, grid
cloison (f) de retenue du sable

b

поперечное ребро (n) для удержанія формовочнаго песка
nervatura (f) *o* traversa (f) della staffa 4
tabique (m) de retención de la arena

Abschlagformkasten (m)
loose box
châssis (m) à retirer avant la coulée, châssis (m) démontable

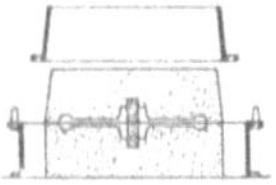

разъёмная *или* откидная опока (f)
falsa-staffa (f) 5
caja (f) de molde desmontable

Modell (n)
pattern
modèle (m)

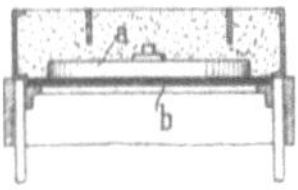

a

модель (f)
modello (m) 6
modelo (m)

Modellplatte (f)
pattern plate
plaque (f) à modèle

b

модельная доска (f)
placca-modello (f) 7
placa (f) de modelo

Rahmen (m)
frame
cadre (m)

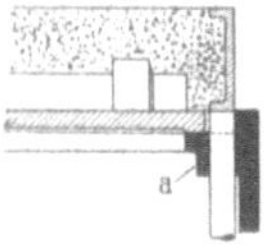

a

рама (f)
telaio (m) 8
marco (m)

Füllrahmen (m), Aufsetzrahmen (m)
filling frame
cadre (m) de remplissage

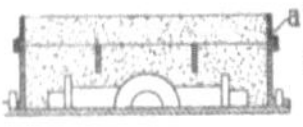

a

рама (f) для наполненія опоки пескомъ
telaio (m) provvisorio, telaio (m) per caricare la terra 9
marco (m) de llenar

1	Sandtrichter (m) funnel trémie (f) à sable	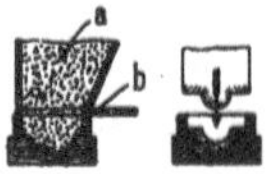 a	воронка (f) для насыпанія песка tramoggia (f) della sabbia embudo (m) para la arena
2	Verschlußschieber (m) cut off plate registre (m) [de fermeture]	b	задвижка (f) tiretto (m) di chiusura placa (f) corrediza de cierre
3	Druckplatte (f) presser plate plaque (f) de [répartition de la] pression, contre-moule (m)	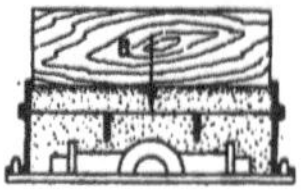 a	нажимная доска (f) *или* плита (f) legnaccio (m) placa (f) de presión
4	Druckklotz (m) contour presser plate bloc (m) de [répartition des] pression[s]	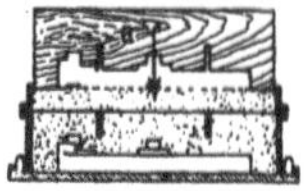 a	нажимная колодка (f) legnaccio (m) sagomato bloque (m) de madera para la presión
5	Formdeckel (m) top part of mould box châssis (m) de couverture *ou* couvercle (m) de moule	 a	крышка (f) опоки crociera (f) cubierta (f) del molde
6	Abhebe[form]maschine (f), Maschine (f) mit Abhebewagen moulding machine with lifting carriage machine (f) à démouler, chariot (m) servant au démoulage	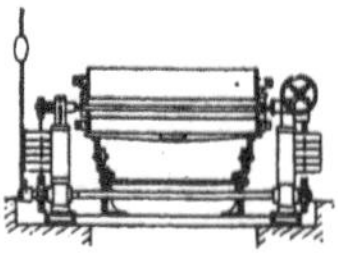	формовочная машина (f) со съёмной опокой macchina (f) per formare con estrazione della forma a carrello carro (m) de máquina para retirar moldes
7	Abhebevorrichtung (f) lifting device démouleuse (f), appareil (m) de démoulage, appareil (m) à enlever les châssis	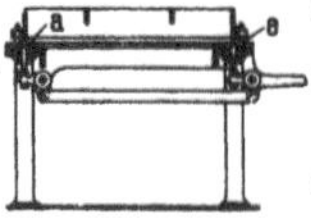	приспособленіе (n) для сниманія опоки dispositivo (m) per l'estrazione della mezza-staffa disposición (f) de levantar las cajas
8	Abhebestift (m) guide pin tige (f) à soulever les châssis, tige (f) de démouleuse	a	приподнимающій штифтъ (m) *или* стержень (m) spina (f) di estrazione espiga (f) de levantar las cajas
9	Abhebemaschine (f) für flache Gegenstände lifting type machine for flat castings machine (f) à démouler pour pièces plates	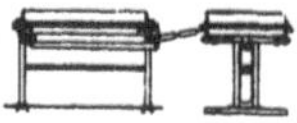	формовочная машина (f) со съёмной опокой для формованія плоскихъ предметовъ macchina (f) per formare pezzi piatti máquina (f) de retirar moldes para objetos planos

Handformmaschine (f) mit Stiftenabhebung
hand moulding machine with pin lifting arrangement
machine (f) pour le moulage à la main à tige de soulèvement *ou* de démoulage

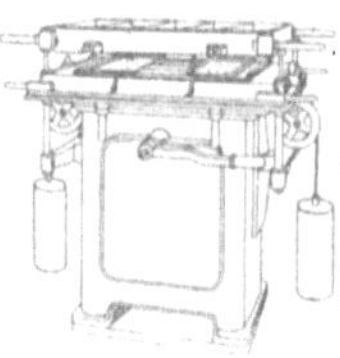

ручная формовочная машина (f) *или* машина для ручной формовки съ подъёмомъ опоки при помощи штифтовъ
macchina (f) da formare a mano con sollevamento a spina della staffa 1
máquina (f) de moldear á mano con elevación por espigas

Druckwasserformmaschine (f) *oder* hydraulische Formmaschine (f) mit Stiftenabhebung
hydraulic moulding machine with pin lifting arrangement
presse (f) hydraulique de moulage avec tiges de soulèvement *ou* de démoulage

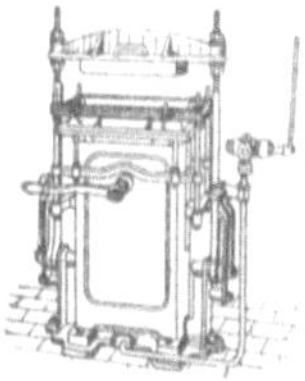

гидравлическая формовочная машина (f) съ подъёмомъ опоки при помощи штифтовъ
macchina (f) idraulica da formare con sollevamento a mano a mezzo spina della staffa 2
máquina (f) de moldear hidráulica con elevación por espigas

Drehtischformmaschine (f)
moulding machine with rotary table
machine (f) à mouler avec plateau tournant

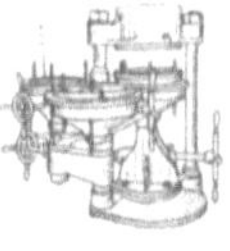

формовочная машина (f) съ поворотнымъ столомъ
macchina (f) da formare con piattaforma girevole 3
máquina (f) de moldear con mesa giratoria

Abhebe[form]maschine (f) mit Wendeplatte, [Wendeplattenabhebeformmaschine (f)]
turnover type moulding machine
machine (f) à démouler avec plaque à modèle renversable

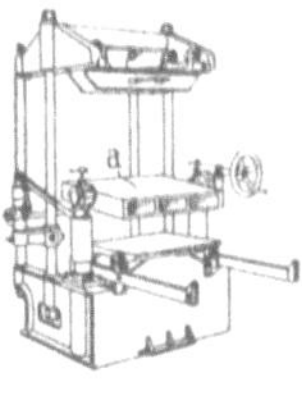

формовочная машина (f) со съёмной опокой и съ вращающейся *или* съ поворотной доской 4
macchina (f) da formare con piattaforma rovesciabile
máquina (f) de moldear con placa de inversión

Wendeplatte (f), drehbare Modellplatte (f)
turnover top table
plaque (f) à modèle renversable

a

вращающаяся *или* поворотная модельная доска (f)
placca-modello (f) rovesciabile 5
placa (f) de inversión, placa (f) de modelos reversible

1 Handformmaschine (f) mit Wendeplatte *oder* drehbarer Modellplatte
hand moulding machine with turnover pattern plate
machine (f) à mouler à la main avec plaque à modèle renversable

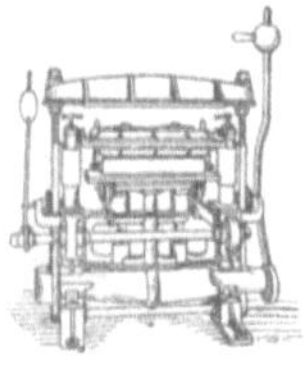

ручная формовочная машина (f) съ вращающейся *или* съ поворотной модельной доской
macchina (f) da formare a mano con piattaforma rovesciabile [attorno a perno orizzontale]
máquina (f) de moldear á mano con placa de modelos reversible

---

2 hydraulische Formmaschine (f) mit Wendeplatte, Wendeplattenabhebemaschine (f) mit Druckwasserpresse, Formmaschine (f) mit Wendeplatte und Druckwasseraushebung
hydraulic moulding machine with turnover table
machine (f) hydraulique à mouler avec plaque renversable à modèle

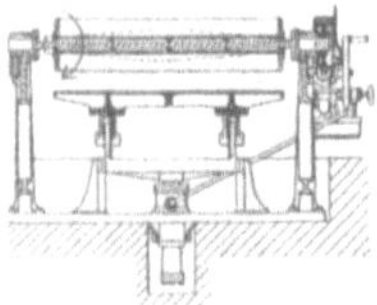

гидравлическая формовочная машина (f) со съёмной опокой и съ вращающейся *или* съ поворотной доской
macchina (f) idraulica per formare a mano con piattaforma rovesciabile [attorno a perno orizzontale]
máquina (f) de moldear hidráulica con placa de inversión, máquina (f) de moldear con placa reversible y levantamiento hidráulico

---

3 Doppelformmaschine (f)
moulding machine *or* press with two travelling pattern tables
machine (f) à mouler double effet

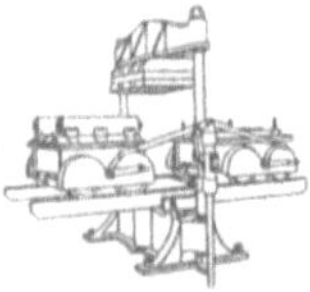

сдвоенная формовочная машина (f)
macchina (f) da formare doppia
máquina (f) de moldear de doble efecto

---

4 Durchziehen (n) [von Modellteilen]
pull through of pattern
moulage (m) par introduction et enlèvement du modèle *ou* par modèle rentrant

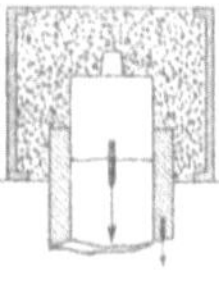

вытягиванiе (n) частей модели
estrazione (f) del modello su macchina a pettine
introducción (f) del modelo en la máquina de peine

---

5 Durchzug[form]maschine (f), Durchzieh[form]maschine (f)
stripping plate moulding machine
machine (f) à mouler à modèle rentrant *ou* à plateau-peigne

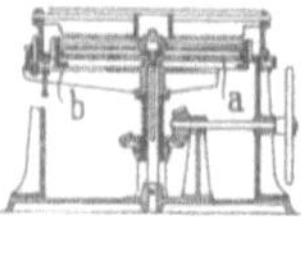

вытяжная формовочная машина (f)
macchina (f) da formare a pettine
máquina (f) de moldear de peine, máquina (f) de moldear de pasar el modelo de un lado á otro

---

6 Tischplatte (f)
table
table (f) de support des modèles

a

столъ (m)
portamodello (m) su macchina a pettine
placa (f) de mesa

Abstreifplatte (f), Durchziehplatte (f), Durchzugplatte (f) stripping plate plaque (f) à traverser *ou* à mouler à traversière (pour corps creux)	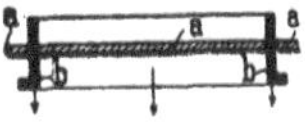 a	вытяжная плита (f) pettine (m) placa (f) de pasar	*1*
Durchzugring (m) centreing frame *or* ring couronne (f) à mouler centreuse	b	вытяжное кольцо (n) portamodello (m) corona (f) de moldear, corona (f) de pasar el modelo	*2*
Riemenscheibenformmaschine (f), Riemenrollenformmaschine (f), Durchziehmaschine (f) zum Einformen von Riemenrollen pulley moulding machine machine (f) pour moulage des poulies	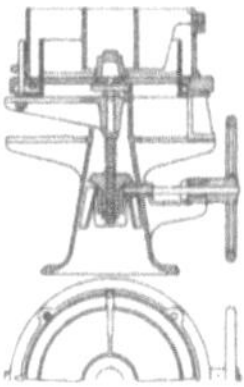	машина (f) для формовки ременныхъ шкивовъ; вытяжная формовочная машина для ременныхъ шкивовъ macchina (f) per formare puleggie máquina (f) de moldear poleas de transmisión	*3*
Riemenscheibenformmaschine (f) für große Durchmesser machine for moulding large pulleys machine (f) à mouler les poulies de grand diamètre	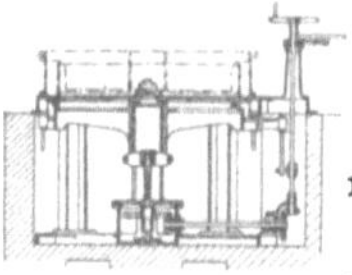	машина (f) для формовки ременныхъ шкивовъ большого діаметра; формовочная машина для ременныхъ шкивовъ большого діаметра macchina (f) per formare puleggie di grande diametro máquina (f) de moldear poleas de transmisión de grande diámetro	*4*
Kranzmodell (n) rim pattern modèle (m) à couronne		модель (f) обода modello (m) di una corona modelo (m) de una corona	*5*
Riemenscheibenmodellsatz (m) set of pulley patterns jeu (m) de modèles pour machines à mouler les poulies	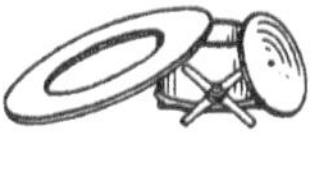	наборъ (m) моделей для формовки ременныхъ шкивовъ giuoco (m) di modelli per formare una puleggia juego (m) de modelos para poleas de transmisión	*6*
Formkasten (m) der Riemenscheibenformmaschine moulding box *or* flask for pulley moulding machine châssis (m) de la machine à mouler les poulies	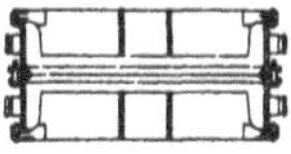	опока (f) машины для формовки ременныхъ шкивовъ staffa (f) speciale per puleggie caja (f) de moldes de la máquina de moldear poleas de transmisión	*7*

1 Teleskopriemenscheibenformmaschine (f)
telescopic moulding machine for pulleys
machine (f) télescopique à mouler les poulies

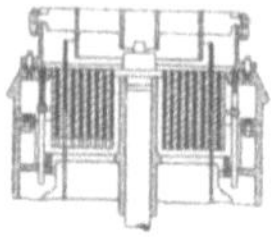

телескопическая машина (f) для формовки ременныхъ шкивовъ: телескопическая формовочная машина для ременныхъ шкивовъ
macchina (f) a telescopio per formare puleggie
máquina (f) telescópica de moldear poleas

---

2 Formmaschine (f) für Rippenrohre, Rippenrohrformmaschine (f)
moulding machine for ribbed pipes
machine (f) à mouler les tuyaux à ailettes

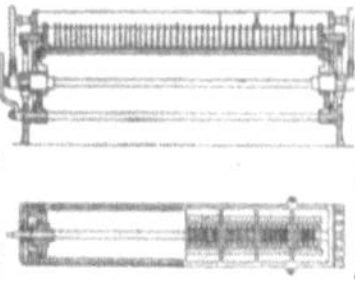

машина (f) для формовки ребристыхъ трубъ; формовочная машина для ребристыхъ трубъ
macchina (f) per formare radiatori
máquina (f) de moldear tubos de aletas

---

3 Handformmaschine (f) für bauchige Gegenstände
hand moulding machine for bellied articles
machine (f) pour le moulage à la main *ou* le façonnage des moules de pièces à forme rebondie *ou* ventrue

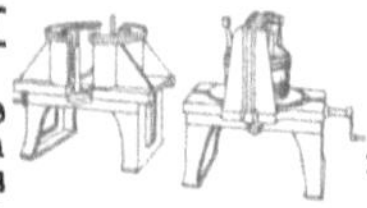

машина (f) для ручной формовки выпуклыхъ предметовъ; ручная формовочная машина для выпуклыхъ предметовъ
macchina (f) per formare pentole
máquina (f) de moldear á mano para potes etc.

---

4 Drehtischformmaschine (f) mit Abhebe- und Durchziehvorrichtung
stripping plate moulding machine with turning table
machine (f) à mouler et à démouler avec passage du modèle à travers la table tournante, machine (f) à plateau-peigne tournant

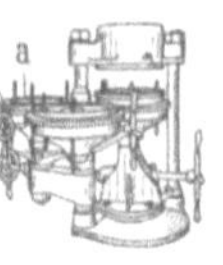

формовочная машина (f) со съёмнымъ и съ вытяжнымъ приспособленіями
macchina (f) a pettine con piattaforma spostabile
máquina (f) de moldear con mesa giratoria con disposición de levantar y pasar el modelo

---

5 [Einzel-]Aushubtisch (m)
single lifting table
table (f) tournante à levée

a

отдѣльный столъ (m) для выниманія
piattaforma (f) spostabile
mesa (f) giratoria levadiza

---

6 Kernformmaschine (f)
core making machine
machine (f) à mouler les noyaux *ou* à noyauter

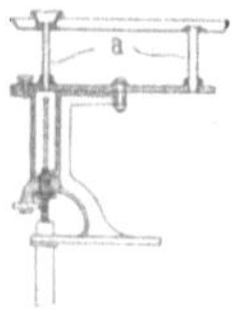

машина (f) для формовки шишекъ *или* сердечниковъ
macchina (f) per formare nocciuoli *o* anime
máquina (f) de moldear machos de fundición

Kernbüchse (f) core box tuyau (m) à noyau	a	шишечная втулка (f) *или* трубка (f) scatola (f) d'anima, cassa (f) d'anima, cassa (f) a nocciuolo tubo (m) de machos	1
Lochkern (m) [central] core noyau (m) de corps creux	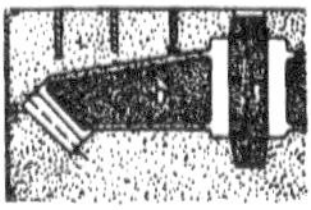 a	шишка (f) *или* сердечникъ (m) для полыхъ тѣлъ nocciuolo (m) di un foro macho (f) para cuerpo hueco	2
Kernstück (n) core [for forming arms] noyau (m)	b	шишка (f); сердечникъ (m) nocciuolo (m), anima (f) pieza (f) de macho	3
Kerndrehbank (f) core turning lathe tour (m) à façonner les noyaux *ou* à noyauter		станокъ (m) для обточки шишекъ *или* сердечниковъ tornio (m) per tornire anime *o* nocciuoli torno (m) para hacer machos	4
Formpresse (f), Preßformmaschine (f) moulding press machine (f) à mouler par pression, presse (f) à mouler		формовочный прессъ (m) pressa (f) da formare máquina (f) de moldear á presión, prensa (f) de moldear	5
Aufsatzrahmen (m) filling frame cadre (m) supérieur	 a	рама (f) для наполненія опоки пескомъ telaio (m) provvisorio a legnaccio marco (m) superior	6
Gegen[druck]platte (f) presser plate plaque (f) supportant la pression, contre-moule (m)	b	прижимная плита (f) legnaccio (m) placa (f) de contra-presión	7
ausschwenkbare Gegendruckplatte (f) presser plate with throw over motion plaque (f) de pression à bascule	 a	откидная прижимная плита (f) traversa (f) superiore ribaltabile placa (f) de contra-presión de báscula	8

*1 Druckwasserformpresse (f), hydraulische Formpresse (f)
hydraulic moulding press
presse (f) hydraulique à mouler

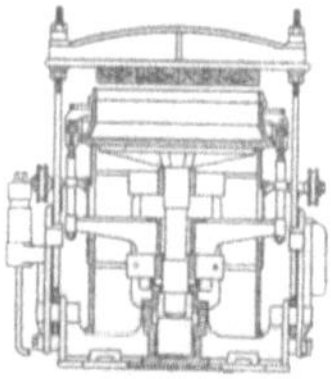

гидравлическій формовочный прессъ (m)
pressa (f) idraulica da formare
prensa (f) de moldear hidráulica

---

2 Hauptnonne (f)
cylinder for ramming piston
cylindre (m)

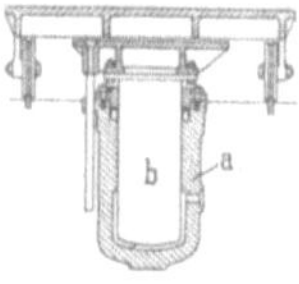

a

цилиндръ (m) пресса
cilindro (m) principale
cilindro (m)

---

3 Mönch (m)
ramming piston
piston (m) plongeur

b

ныряло (n); поршень (m) -скалка (f); плунжеръ (m)
stantuffo (m)
chupón (m)

---

4 Bockformmaschine (f)
upright moulding machine
machine (f) à mouler à chevalet

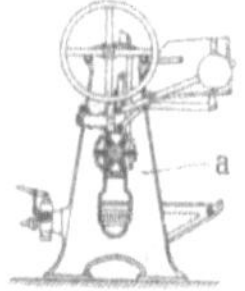

машина (f) *или* станокъ (m) съ рамой въ видѣ кóзелъ
macchina (f) da formare a cavalletto
máquina (f) de moldear sobre soporte de caballete

---

5 Bock (m)
standard, frame
chevalet (m)

a

кóзлы (m pl)
cavalletto (m), incastellatura (f) a cavalletto
caballete (m)

---

6 Formpresse (f) mit drehbarer Wendeplatte
moulding press with rotatable turnover plate
presse (f) à mouler avec plaque renversable

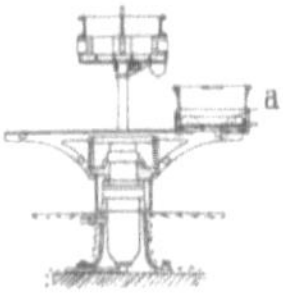

формовочный прессъ (m) съ поворотной и опрокидывающейся модельной плитой
pressa (f) da formare con piattaforma spostabile
prensa (f) de moldear con placa de inversión giratoria

---

7 Formwagen (m)
mould trolley *or* carriage
chariot (m) de machine à mouler

a

формовочная телѣжка (f) *или* каретка (f)
carrello (m) porta-staffa
carro (m) porta-moldes

---

8 Doppelpresse (f), doppelte Formpresse (f), Formmaschine (f) für Doppelpressung
moulding machine with double ramming action
presse (f) à mouler à double effet

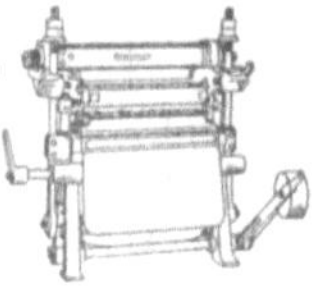

двойной формовочный прессъ (m)
pressa (f) da formare due faccie
prensa (f) de moldear de doble efecto, prensa (f) de moldear doble

Ausrichtmaschine (f), Zentriermaschine (f)
centreing moulding machine
presse (f) de précision *ou* à centrer les châssis

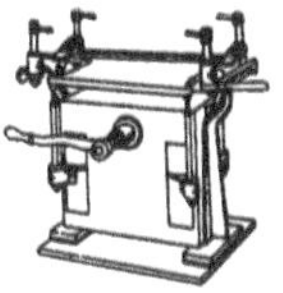

машина (f) *или* станокъ (m) для точной установки модельной доски *или* плиты
macchina (f) per precisare la posizione delle staffe
prensa (f) de precisión 1

Ausrichtrahmen (m), Zentrierrahmen (m)
centreing frame
cadre (m) de presse de précision *ou* à centrer les châssis

рама (f) для точной установки модельной доски *или* плиты; центрирующая рама
telaio (m) per centrare le staffe
marco (m) de prensa de precisión 2

Herdringmaschine (f)
hearth ring machine
machine (f) à mouler les cercles de fourneau de cuisine

машина (f) для формовки конфорокъ; формовочная машина для конфорокъ
macchina (f) da formare anelli per cucine *o* per stufe
máquina (f) de moldear anillos de cocinas 3

Zahnräderformmaschine (f), Räderformmaschine (f)
gear wheel moulding machine
machine (f) à mouler les roues dentées

машина (f) для формовки зубчатыхъ колёсъ; формовочная машина для зубчатыхъ колёсъ
macchina (f) per formare ingranaggi
máquina (f) de moldear engranajes 4

Formen (n) von Zahnrädern
moulding of gear wheels
moulage (m) de roues dentées

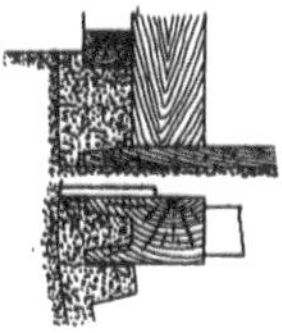

формовка (f) зубчатыхъ колёсъ; формовка шестеренъ
formatura (f) d'ingranaggi
moldeado (m) de engranajes 5

Zahnräderschabloniermaschine (f)
machine for moulding gear wheels by means of a tooth block
machine (f) à mouler les engrenages au moyen d'un fouloir porte-segment *ou* segment-fouloir *ou* trousse

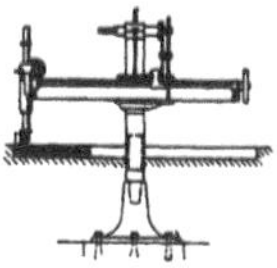

машина (f) для формовки зубчатыхъ колёсъ по шаблону
macchina (f) a sagoma *od* a sciablona per formare ingranaggi
máquina (f) de moldear engranajes por aparato divisor y plantilla 6

1 Schablonenhalter (m), Modellträger (m), Stößel (m)
tooth block holder
fouloir (m) porte-segment, segment-fouloir (m), trousse (f)

шаблонодержатель (m); поддержка (f) *или* держатель (m) шаблона
pilastro (m) *o* colonna (f) della sagoma *o* della sciablona
porta-plantilla (m), porta-modelo (m)

---

2 Zahnlückenmodell (n)
tooth block
modèle (m) de segment de denture

a

шаблонъ (m) впадинъ зубчатаго колеса
modello (m) del dente
modelo (m) de huecos de los dientes

---

3 allseitig beweglicher (senkrecht und wagerecht verschiebbarer) Schablonenhalter (m) *oder* Modellträger (m)
pattern holder with horizontal and vertical movement
fouloir (m) porte-segment mobile horizontalement et verticalement

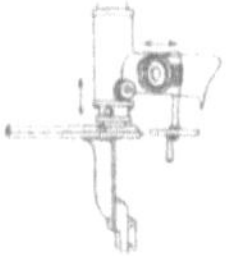

шаблонодержатель(m), свободно передвигающійся во всѣ стороны
portasagoma (m) (bandiera) mobile universale [verticale ed orizzontale]
porta-modelo (m) *ó* plantilla (m) móvil en todos sentidos

---

4 Formstößelführung (f)
pattern plate raising and lowering gear
guide (m) du porte-segment

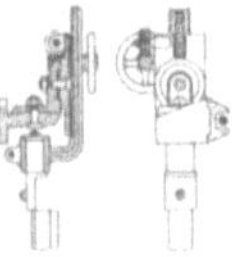

направляющія (f pl) шаблонодержателя
guida (f) del portasagoma
conducción (f) *ó* guía (f) de porta-modelo

---

5 Zahnräderdurchzugformmaschine (f)
stripping plate gear wheel moulding machine
machine (f) à mouler les engrenages avec plateau-peigne, machine (f) à mouler les engrenages avec traversée [de la table par le modèle]

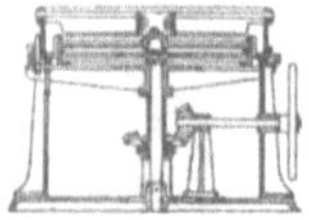

вытяжная формовочная машина (f) для зубчатыхъ колёсъ; вытяжная формовочная машина для шестеренъ
macchina (f) da formare ingranaggi a pettine *o* a settore
máquina (f) de moldear ruedas de engranajes con peine

---

6 Formen (n) der Zahnräder mit Durchzugringen
moulding of gear wheels with stripping plates
moulage (m) des engrenages avec modèle à segments traversant la table

формовка (f) зубчатыхъ колёсъ при помощи вытяжныхъ колецъ
formatura (f) a pettine *o* a settore degli ingranaggi
moldeado (m) de las ruedas dentadas con sectores que atraviesan la mesa

Säulenzahnräderformmaschine (f), Zahnräderformmaschine (f) auf einer Säule
gear wheel moulding machine mounted on a column
machine (f) à mouler les engrenages à colonne

формовочная машина (f) на колоннѣ для зубчатыхъ колёсъ; машина на колоннѣ для формовки шестеренъ
macchina (f) a colonna per formare ingranaggi
máquina (f) de moldear engranajes montada sobre una columna 1

Tischzahnräderformmaschine (f)
gear wheel moulding machine with table
machine (f) à mouler les engrenages avec table

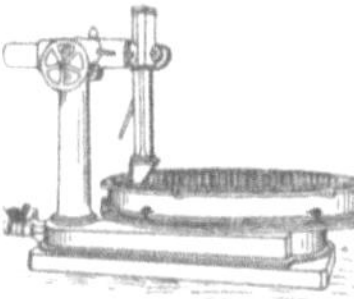

формовочная машина (f) со столомъ для зубчатыхъ колёсъ; машина со столомъ для формовки шестеренъ
macchina (f) a tavola per formare ingranaggi
máquina (f) de moldear engranajes de mesa 2

Wandformmaschine (f)
gear wheel moulding machine attaching to the wall
machine (f) à mouler murale *ou* fixée à une paroi

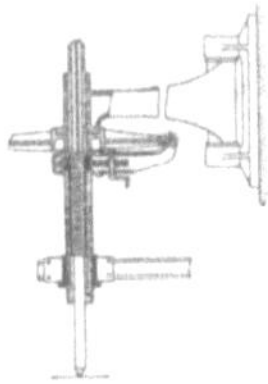

настѣнная формовочная машина (f)
macchina (f) da parete *o* murale per formare
máquina (f) de moldear mural 3

Zahnräderformmaschine (f) mit zwei Planscheiben
gear wheel moulding machine with two face plates
machine (f) à mouler les roues dentées avec deux plateaux

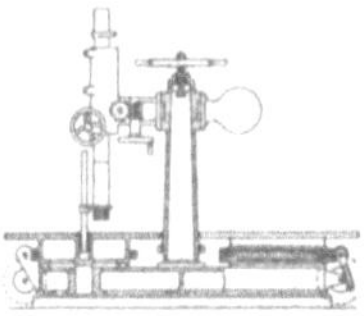

машина (f) съ двумя планшайбами для формовки зубчатыхъ колёсъ; формовочная машина съ двумя планшайбами для шестеренъ
macchina (f) a due piattaforme per formare ingranaggi
máquina (f) de moldear engranajes con dos platos 4

Formmaschine (f) für kleine Zahnräder
small gear wheel moulding machine
machine (f) à mouler les petites roues dentées

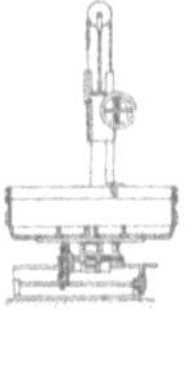

машина (f) для формовки шестеренъ; формовочная машина для шестеренъ
macchina (f) per formare piccoli ingranaggi
máquina (f) de moldear para engranajes pequeños 5

1 Formsandsiebmaschine (f), Siebwerk (n)
rotary sieve for moulding sand
machine (f) à tamiser (le sable de moulage)

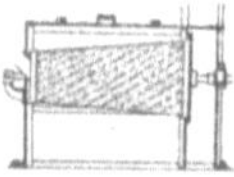

машина (f) для просѣиванія формовочнаго песка
crivello (m) *o* staccio (m) per la terra di fonderia
máquina (f) de cribar *ó* tamizar arena de fundición

---

2 Schüttelsieb (n)
shaking sieve
tamis (m) oscillant

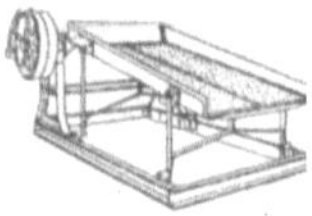

грохотъ (m) со встряской
crivello (m) *o* staccio (m) a scosse
tamiz (m) de trepidación

---

3 Sandsieb (n) mit Preßluftbetrieb
portable pneumatic screen shaker
machine (f) à tamiser pneumatique

сито (n) для просѣиванія песка, дѣйствующее сжатымъ воздухомъ
crivello (m) *o* staccio (m) ad aria compressa per sabbia
tamiz (f) de arena con trepidación por presión de aire

---

4 [Form-]Sandmischmaschine (f)
sand mixing machine
machine (f) à mélanger le sable de moulage

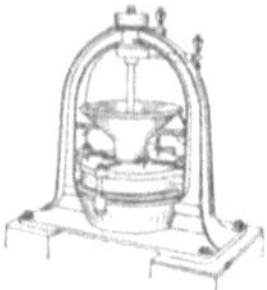

машина (f) для смѣшиванія [формовочнаго] песка
mescolatrice (f) per la terra di fonderia
máquina (f) de mezclar la arena de fundición

---

5 Schlag[stift]maschine (f)
disintegrator
malaxeur (m)[-diviseur (m)], désintégrateur (m)

дезинтеграторъ (m)
disintegratore (m)
máquina (f) de mezclar arena con discos de espigas

---

6 Schlagstift (m)
beater bar
broche (f) à mélanger

ударникъ (m)
punta (f) *o* spina (f) disintegratrice
espiga (f) de golpear

---

7 stehende Sandmischmaschine (f) mit Glockengehäuse
vertical cone mixer
malaxeur (m) de sable vertical avec capote (en fonte)

вертикальная машина (f) съ колоколообразнымъ кожухомъ для смѣшиванія песка
mescolatrice (f) a campana per la terra
máquina (f) de mezclar arena vertical con campana de cubierta

---

8 Kugelmühle (f)
ball mill
broyeur (m) à boulets

бочка (f) *или* барабанъ (m) съ ядрами; шаровая мельница (f)
molino (m) a palle
molino (m) de bolas

Kollergang (m), Rollgang (m), Rollmühle (f) edge runner broyeur (m) à meules	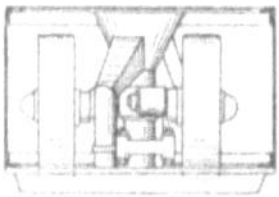	бѣгуны (m pl) molassa (f) molino (m) de dos piedras ó discos verticales	1
den Sand trocknen (v) to dry the sand sécher (v) le sable		сушить песокъ seccare (v) la terra secar (v) la arena	2
sich drehender *oder* rotierender Sandtrockenofen (m) rotary sand dryer séchoir (m) rotatif pour sable de moulage	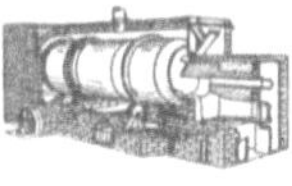	вращающаяся печь (f) для просушки песка essiccatore (m) rotativo per la terra secadero (m) rotatorio para arena	3
Kerntrockenofen (m) core drying stove séchoir (m) à noyaux	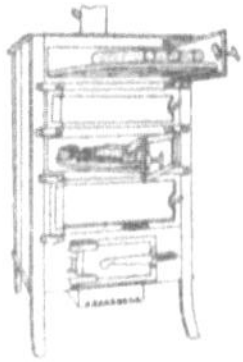	сушильная печь (f) для сердечниковъ *или* шишекъ forno (m) per essiccare le anime horno (m) de secar machos de fundición	4
Trockenofen (m) für Gußformen mould drying oven séchoir (m) à moules de fonderie	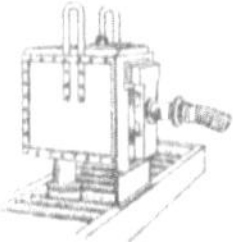	сушильная печь (f) для просушки литейныхъ формъ forno (m) per essiccare le forme horno (m) de secar para moldes de fundición	5
Gußstück (n) casting pièce (f) coulée	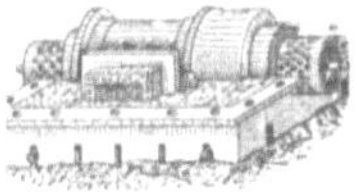	отливка (f) pezzo (m) fuso pieza (f) de fundición	6
Gußkruste (f) skin of casting croûte (f) de coulée		корка (f) отливки crosta (f) di fusione cascarilla (f) de fundición	7
den Guß putzen (v) to clean the casting nettoyer (v) les pièces de fonte, ébarber (v) les pièces de fonte, polir (v) et décaper (v) les pièces de fonte, dessabler (v)		чистить *или* отдѣлать отливку sbavare (v) *o* pulire (v) la ghisa limpiar (v) las piezas de fundición	8
Gußputzmaschine (f) casting cleaning machine machine (f) pour le nettoyage *ou* l'ébarbage des fontes	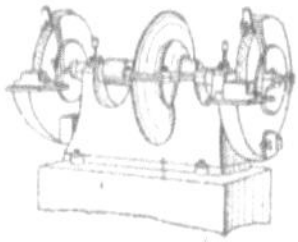	отдѣлочный станокъ (m) для отливокъ; машина (f) для чистки отливокъ macchina (f) da sbavare la ghisa, pulitrice (f) máquina (f) de limpiar las piezas de fundición	9

1 Putztrommel (f), Scheuerfaß (n)
cleaning drum *or* cage, tumbling barrel, rumbler
tambour (m) *ou* tonneau (m) *ou* cage (f) à nettoyer les fontes

барабанъ (m) *или* бочка(f) для чистки отливокъ; отдѣлочный барабанъ; вращающійся барабанъ
macchina (f) *o* tamburo (m) per sbavatura, botte (f) rotante per sbavatura
tambor (m) de limpiar piezas de fundición

---

2 Sandstrahlgebläse (n)
sand blast apparatus
appareil (m) de nettoyage à jet de sable

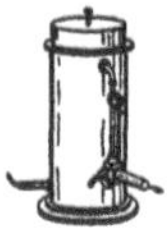

аппаратъ (m) для чистки отливокъ посредствомъ песочной струи; песчаноструйный *или* пескоструйный аппаратъ
macchina (f) a getto di sabbia
aparato (m) de limpiar piezas de fundición por chorro de arena

---

3 Sandstrahldüse (f)
sand blast nozzle
tuyère (f) (de machine) à dessabler *ou* nettoyer les fontes, tuyère (f) (de machine) à jet de sable

сопло (n) песчаноструйнаго *или* пескоструйнаго аппарата
ugello (m) per getto di sabbia
tobera (f) del chorro de arena

---

4 Schlitzdüse (f)
broad flat nozzle
tuyère (f) à fente (de ventilateur à jet de sable)

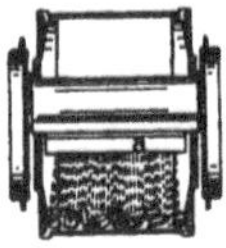

a

сопло (n) съ узкой щелью
ugello (m) a fessura
tobera (f) de abertura ancha

---

5 Düsenbacke (f)
side of nozzle
joue (f) de la tuyère

щека (f) сопла
faccia (f) dell'ugello
cara (f) de tobera

---

6 Blasrohr (n)
blast pipe
tuyau (m) du jet de sable

мундштукъ (m) для обдуванія отливокъ
tubo (m) del getto
tubo (m) del chorro de arena

---

7 Sandförderer (m), Sandelevator (m)
sand conveyer, sand elevator
transporteur (m) de sable de moulage, élévateur (m) de sable de moulage

транспортёръ (m) для песка; элеваторъ (m) для песка
elevatore (m) della sabbia
elevador (m) de arena

---

8 Sandkasten (m)
sand box
caisse (f) à sable

песочница (f); ящикъ (m) *или* резервуаръ (m) для песка
cassa (f) della sabbia
caja (f) de arena

Sandstrahlputzmaschine (f) mit hin- und hergehendem Tisch
sand blast machine with travelling table
machine (f) à jet de sable avec table à mouvement alternatif

песко-струйная очистительная машина (f) *или* пескодувный аппаратъ (m) съ прямолинейно-возвратнымъ движенiемъ стола
ventilatore (m) *o* getto (m) a sabbia con tavola portagetti a movimento di va e vieni 1
máquina (f) de limpiar fundición por chorro de arena con mesa de va y viene

---

Rollbahntisch (m)
roller table
table (f) montée sur roues

a

столъ (m) на роликахъ
tavola (f) a carrello, tavola (f) a rulli 2
mesa (f) montada sobre rollos

Sandstrahlputzmaschine (f) mit Drehtisch
sand blast machine with rotating table
machine (f) à nettoyer les fontes, machine (f) à jet de sable avec table rotative

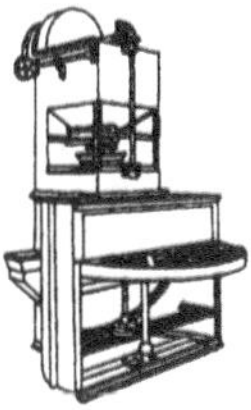

песко-струйная очистительная машина (f) *или* пескодувный аппаратъ (m) съ вращающимся столомъ
ventilatore (m) *o* getto (m) di sabbia con tavola a giostra *o* con tavola rotante 3
máquina (f) de limpiar fundición con mesa giratoria

Sandstrahlputzmaschine (f) mit umlaufender Trommel
sand blast machine with revolving drum
machine (f) à nettoyer les fontes *ou* à jet de sable à tambour rotatif

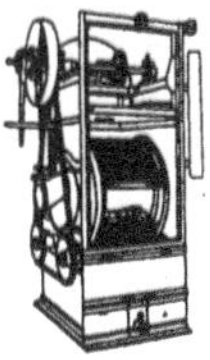

песко-струйная очистительная машина (f) *или* пескодувный аппаратъ (m) съ ротацiоннымъ барабаномъ
ventilatore (m) *o* getto (m) di sabbia con tamburo 4
máquina (f) de chorro de arena con tambor rotatorio

Sandstrahlputzmaschine (f) mit endlosem Förderband
sand blast machine with endless feed belt
machine (f) à jet de sable avec ruban transporteur sans fin

песко-струйная очистительная машина (f) *или* пескодувный аппаратъ (m) съ транспортеромъ въ видѣ безконечной ленты
ventilatore (m) *o* getto (m) di sabbia a nastro continuo *o* a nastro senza fine 5
máquina (f) de chorro de arena con cinta transportadora

1 Freistrahlgebläse (n)
free jet blast
appareil (m) à nettoyer les fontes à jet libre

аппаратъ (m) для очистки отливокъ свободной песочной струёй
ventilatore (m) *o* getto (m) di sabbia libero
aparato (m) de limpiar piezas de fundición de chorro de arena libre

---

2 Strahlrohr (n) aus Hartgummi
blast pipe nozzle of ebonite
tuyau (m) de jet de sable en caoutchouc durci

a

стволъ (m) изъ твердаго каучука для направленія струи
tubo (m) di gomma indurita per getto di sabbia
tubo (m) de caucho endurecido

---

3 Schlauch (m)
flexible pipe
tuyau (m) flexible

b

гибкій рукавъ (m) шлангъ (m)
tubo (m) flessibile
tubo (m) flexible, manguera (f)

---

4 Blashaus (n)
sand blast room
cabine (f) de l'appareil à projection de sable

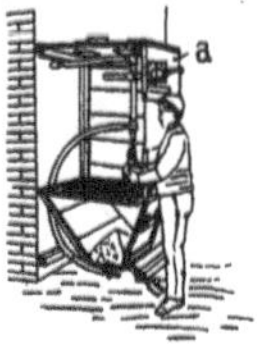

a

будка (f) для чистки отливокъ посредствомъ свободной песочной струи
cabina (f) del getto di sabbia
caseta (f) de limpieza por chorro libre de arena

---

5 Putzhaus (n)
cleaning *or* fettling shop
local (m) pour le nettoyage à jet de sable

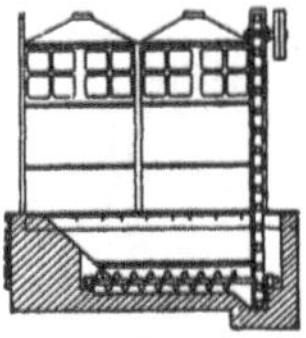

обрубная (f)
camera (f) di ripulitura
sitio (m) para la limpieza por chorro libre de arena

---

6 Staub[schutz]helm (m)
dust helmet
casque (m) de protection contre la poussière

шлемъ (m), предохраняющій отъ пыли
maschera (f) di protezione della polvere, maschera (f) a filtro
casco (m) con antifaz-protector contra el polvo

---

7 Staubsammler (m)
dust collector
collecteur (m) de poussière

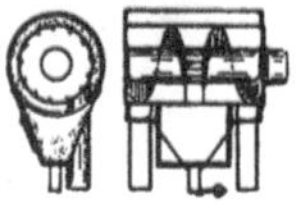

пылесобиратель (m)
collettore (m) di polvere
recogedor (m) de polvo

Schlauchfilter (n)
fine sand filter
tuyau (m) *ou* tube (m) de filtration

трубчатый фильтръ (m); фильтрующій рукавъ (m)
tubo (m) filtrante, filtro (m) a tubo
filtro (m) de tubo 1

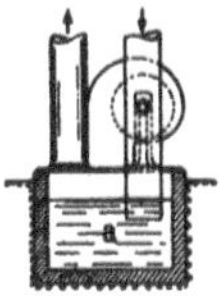
a

Wassergrube (f)
water tank
bassin (m) de dépôt des poussières

бассейнъ (m) съ водой
fossa (f) d'acqua
foso (m) de agua para reloger el polvo 2

Entstaubung (f)
dust removal
enlèvement (m) *ou* aspiration (f) des poussières

отводъ (m) *или* удаленіе (n) пыли
aspirazione (f) della polvere
limpieza (f) del polvo por aspiración 3

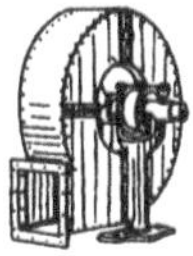

Kreiselentstauber (m), Zentrifugalexhaustor (m)
centrifugal dust exhausting fan
aspirateur (m) centrifuge des poussières

центробѣжный пылесосъ (m); отсасывающій вентиляторъ (m); центробѣжный эксгаусторъ (m)
aspiratore (m) centrifugo *od* a palette
aspirador (m) *ó* exhaustor (m) centrífugo 4

X.

Sägemaschinen — Sawing Machines — Scies — Пильные станки — Seghe — Máquinas de serrar

1 Holzbearbeitungsmaschine (f)
wood working machine
machine (f) à bois

станокъ (m) для обработки дерева; деревообдѣлочный станокъ
macchina (f) per la lavorazione del legno
máquina (f) de trabajar la madera

---

2 Holzsäge (f)
wood saw
scie (f) à bois

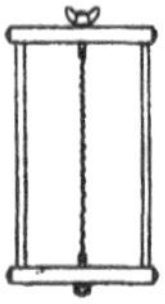

пила (f) для рѣзки дерева
sega (f) per il legno
sierra (f) para madera

---

3 Langsäge (f)
ripping saw, saw for longitudinal cutting
scie (f) en long

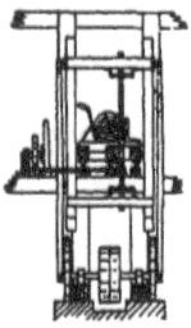

продольная пила (f)
sega (f) per segare in lungo, sega (f) alternativa
sierra (f) de serrar á lo largo

---

4 Quersäge (f)
(reciprocating) cross cutting saw
scie (f) à tronçonner

поперечная пила (f)
sega (f) per tagli trasversali, sega (f) per segare di traverso, sega (f) per segare trasversalmente
sierra (f) de tronzar

---

5 Rahmensägemaschine (f)
frame sawing machine
scie (f) alternative à cadre

лѣсопильная рама (f); рамная пила (f)
sega (f) intelaiata, sega (f) a telaio
sierra (f) de bastidor cuadrado

Gattersägen
Frame Saws
Scies alternatives

Лѣсопильныя рамы
Seghe alternative multiple 1
Sierras alternativas

Vertikalgatter (n), senkrechtes *oder* stehendes Gatter (n)
vertical saw frame
scie (f) alternative verticale à cadre

вертикальная лѣсопильная рама (f); вертикальный пильный станокъ (m)
sega (f) alternativa verticale 2
sierra (f) de láminas verticales de movimiento alternativo, sierra (f) vertical alternativa

---

Bügelgatter (n), bügelförmiges Gatter (n)
bow saw frame
scie (f) à archet

хомутообразный поставъ (m)
sega (f) alternativa con telaio in forma di C 3
od aperto
sierra (f) alternativa de bastidor de arco

Seitengatter (n), Endgatter (n), Saumgatter (n)
side blade saw frame
scie (f) verticale alternative *ou* à cadre à une lame sur le côté

боковой поставъ (m)
sega (f) a telaio doppio a lama laterale
sierra (f) alternativa de 4
láminas laterales, sierra (f) alternativa para recortar

Mittelgatter (n), Blockgatter (n)
centre blade saw frame
scie (f) verticale alternative *ou* à cadre avec lame au milieu du châssis

серединный поставъ (m)
sega (f) a telaio a lama
centrale 5
sierra (f) alternativa de bastidor cerrado y láminas centrales

---

Doppelgatter (n), [Saumgatter (n)]
double blade saw frame
scie (f) verticale alternative *ou* à cadre à deux lames

поставъ (m) для двухъ пилъ
sega (f) alternativa a due lame, sega (f) a telaio a due lame
sierra (f) alternativa doble (para escuadrar troncos)

Bundgatter (n), Vollgatter (n)
multiple blade saw frame
scie (f) verticale alternative *ou* à cadre à plusieurs lames

поставъ (m) для нѣсколькихъ пилъ
sega (f) a telaio a lame multiple, sega (f) alter-
nativa multipla 7
sierra (f) alternativa de bastidor para láminas múltiples

Bindung (f)
fixing of saws
attache (f) des lames (à la traverse)

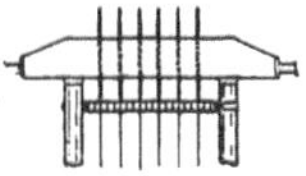

поперечное укрѣпленіе (n) пилъ въ рамѣ
attacco (m) *o* fissaggio
(m) delle lame 8
unión (f) de las láminas (á la traviesa)

1 fahrbares Vollgatter (n)
portable log frame
scie (f) verticale alternative à plusieurs lames sur chariot

передвижная лѣсопильная рама (f); передвижной пильный станокъ (m)
sega (f) alternativa verticale trasportabile
sierra (f) alternativa portátil [montada sobre carro]

---

2 Doppelbundgatter (n)
double log (deal) frame
scie (f) verticale alternative double (à plusieurs lames)

двойная лѣсопильная рама (f); двойной пильный станокъ (m)
sega (f) alternativa verticale doppia
sierra (f) alternativa doble para láminas múltiples

---

3 Spaltgatter (n), Trenngatter (n)
deal frame, gang saw
scie (f) verticale alternative à refendre

разрѣзная лѣсопильная рама (f); распускной пильный станокъ (m)
sega (f) alternativa verticale per rifendere *o* per tavole
sierra (f) vertical alternativa para serrar tablones

---

4 Doppelspaltgatter (n), Doppeltrenngatter(n), Doppelpfostengatter (n), doppeltes Spaltgatter (n)
double *or* compound deal frame
scie (f) verticale alternative double à refendre

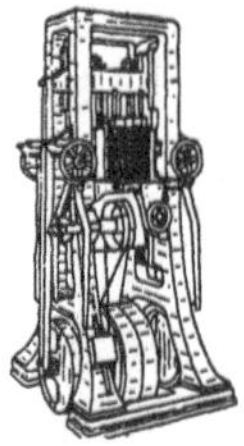

двойная разрѣзная лѣсопильная рама (f); двойной распускной пильный станокъ (m)
sega (f) alternativa verticale doppia per rifendere *o* per tavole
sierra (f) vertical alternativa doble para serrar tablones

---

5 Schwartengatter (n)
side log frame for squaring logs
scie (f) verticale alternative à équarrir les grumes

разрѣзная лѣсопильная рама (f) для горбылей; распускной лѣсопильный станокъ (m) для горбылей
sega (f) alternativa verticale per squadrare tronchi
sierra (f) alternativa para escuadrar troncos

Spannwerkvollgatter (n), Vollgatter (n) mit Spannwerk, Spanngatter (n)
log frame with tension apparatus
scie (f) verticale alternative avec appareil amortisseur

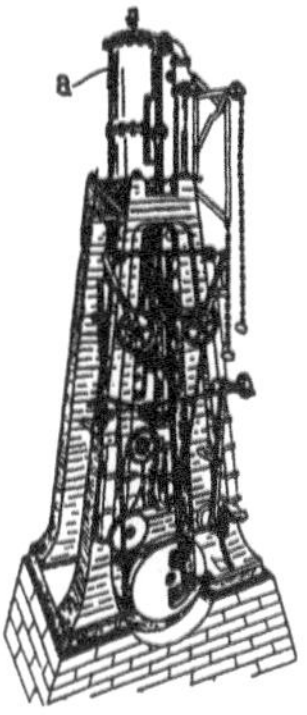

лѣсопильная рама (f) *или* пильный станокъ (m) съ компрессіоннымъ приспособленіемъ *или* съ компрессіоннымъ уравнителемъ 1
sega (f) alternativa verticale con ammortizzatore degli urti
sierra (f) vertical alternativa con amortiguador

Spannwerk (n)
tension apparatus
amortisseur (m)

a

компрессіонное приспособленіе (n); компрессіонный уравнитель (m)
ammortizzatore (m) degli urti 2
disposición (f) de amortiguar

Spannwerkspaltgatter (n), Spannwerktrenngatter (n)
deal frame with tension apparatus
scie (f) verticale alternative avec appareil amortisseur

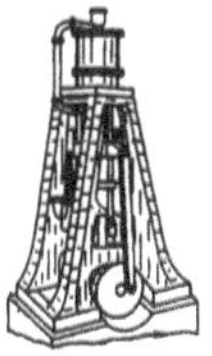

разрѣзная лѣсопильная рама (f) съ компрессіоннымъ приспособленіемъ; распускной пильный станокъ (m) съ компрессіоннымъ приспособленіемъ
sega (f) alternativa verticale per tavole con ammortizzatore degli urti 3
sierra (f) vertical alternativa para serrar tabla con amortiguador

---

Walzengatter (n), Gatter (n) mit Walzenvorschub
vertical timber *or* log frame with roller feed
scie (f) verticale alternative avec avance par cylindres

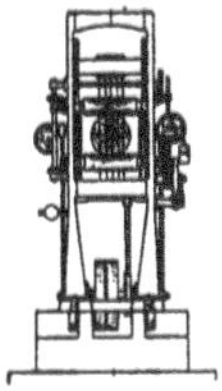

лѣсопильная рама (f) *или* пильный станокъ (m) съ вальцевой подачей
sega (f) alternativa verticale con avanzamento a rulli 4
sierra (f) vertical alternativa con avance automático por cilindros

---

Schlittengatter (n), Gatter (n) mit Schlittenvorschub
vertical timber *or* log frame with rack carriage feed
scie (f) verticale alternative avec chariot à crémaillère

лѣсопильная рама (f) *или* пильный станокъ (m) съ подвижной платформой
sega (f) alternativa verticale con tavola scorrevole 5
sierra (f) vertical alternativa con avance por carro y cremallera

1 Hochgatter (n)
log *or* deal frame for deep cutting
scie (f) verticale alternative à longue course

двухэтажная лѣсопильная рама (f); двухэтажный пильный станокъ (m)
sega (f) alternativa a corsa lunga
sierra (f) vertical alternativa de bastidor alto

---

2 Hängegatter (n)
central driven log frame
scie (f) verticale alternative suspendue

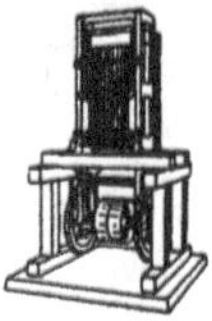

лѣсопильная рама (f), подвѣшенная на опорахъ; пильный станокъ (m), подвѣшенный на опорахъ
sega (f) alternativa verticale sospesa
sierra (f) vertical alternativa suspendida

---

3 Gatter (n) mit Unterantrieb *oder* mit unterem Antrieb
vertical log frame with driving gear underneath
scie (f) verticale alternative à commande inférieure

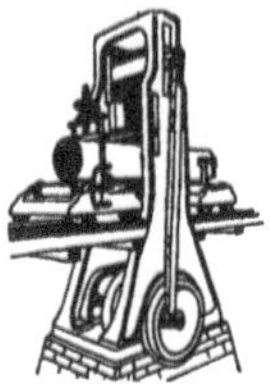

лѣсопильная рама (f) *или* пильный станокъ (m) съ нижнимъ приводомъ
sega (f) alternativa verticale a più lame con comando inferiore *o* comandata dal basso
sierra (f) vertical alternativa de movimiento de impulso en la parte inferior

---

4 Gatter (n) mit Seitenantrieb *oder* mit seitlichem Antrieb
vertical log frame with side driving gear
scie (f) verticale alternative à commande latérale

лѣсопильная рама (f) *или* пильный станокъ (m) съ боковымъ приводомъ
sega (f) alternativa verticale a più lame con comando laterale *o* comandata lateralmente
sierra (f) vertical alternativa de impulso lateral

---

5 Gatter (n) mit Oberantrieb *oder* mit oberem Antrieb
top *or* overhead driven vertical log frame
scie (f) verticale alternative à commande supérieure

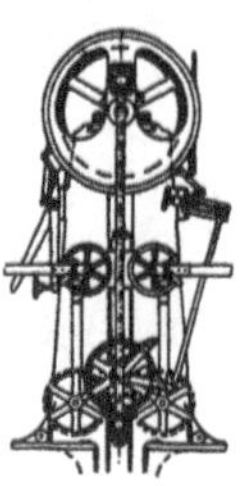

лѣсопильная рама (f) *или* пильный станокъ (m) съ верхнимъ приводомъ
sega (f) alternativa verticale a più lame a comando superiore *o* comandata superiormente
sierra (f) vertical alternativa de impulso en la parte superior

Feinsäge (f)
fine saw, veneering saw
scie (f) pour feuilles de placage

фанерная пильная рама (f); фанерный пильный станокъ (m)
sega (f) per lavori leggieri
sierra (f) para cortes finos 1

Horizontalgatter (n), wag[e]rechtes *oder* liegendes Gatter (n), horizontale *oder* liegende Blocksäge (f)
horizontal frame with single bladed saw
scie (f) horizontale alternative (à une lame)

горизонтальная лѣсопильная рама (f); горизонтальный пильный станокъ (m)
sega (f) alternativa orizzontale 2
sierra (f) alternativa horizontal [de una lámina para troncos]

Horizontalgatter (n) mit mehreren Sägen
horizontal log frame with gang of saw blades, horizontal gang saw
scie (f) horizontale alternative à plusieurs lames

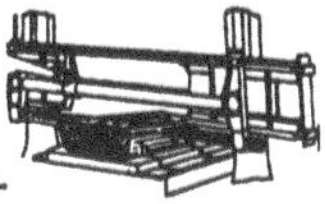

горизонтальная лѣсопильная рама (f) *или* горизонтальный пильный станокъ (m) съ нѣсколькими пилами
sega (f) alternativa orizzontale multipla *od* a più lame 3
sierra (f) horizontal alternativa para hojas múltiples

---

horizontales *oder* liegendes Spaltgatter (n) *oder* Trenngatter (n)
horizontal deal frame
scie (f) horizontale alternative à refendre

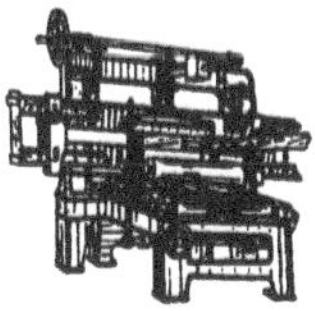

горизонтальная разрѣзная лѣсопильная рама (f); горизонтальный распускной пильный станокъ (m)
sega (f) alternativa orizzontale per rifendere *o* per tavole 4
sierra (f) alternativa horizontal para serrar tablas

Gatterquersäge (f)
cross cut frame saw
scie (f) horizontale alternative à tronçonner

лѣсопильная рама (f) *или* пильный станокъ (m) для поперечной распиловки
sega (f) a telaio per tagli trasversali 5
sierra (f) alternativa para tronzar

Furniersäge (f)
veneer saw
scie (f) à placage

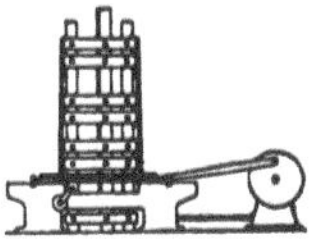

фанерный станокъ (m); фанерная пила (f)
sega (f) da ebanista per impellicciature 6
sierra (f) para sacar chapas

1 Gatterrahmen (m), Rahmen (m), Gatter (n), Sägerahmen (m)
saw frame
châssis (m), cadre (m) (de scie à lames)

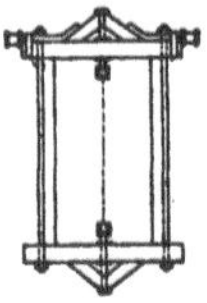

рама (f) пильнаго станка
telaio (m) della sega alternativa
cuadro (m) *ó* bastidor (m) de sierra alternativa

---

2 lichte Rahmenweite (f)
inside width of frame
largeur (f) intérieure du châssis

просвѣтъ (m) рамы
larghezza (f) utile *o* luce (f) del telaio
luz (f) entre bastidores, admisión (f) interior

---

3 hölzernes Sägengestell (n)
wooden saw frame
bâti (m) de scie en bois

деревянная рама (f) пильнаго станка
telaio (m) *od* armatura (f) della sega in legno
bastidor (m) de sierra alternativa hecho de madera

---

4 Führung (f) des Gatterrahmens, Gatterführung (f)
saw frame guide
guide (m) du châssis

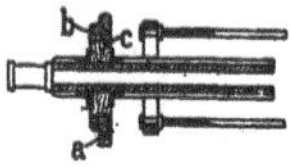

направляющія (f pl) рамы пильнаго станка
guida (f) del telaio
guía (f) del bastidor porta-sierras

---

5 Gleitbahn (f)
slide bar
glissière (f)

a

направляющая (f); параллель (m)
slitte (f pl)
plano (m) de deslizamiento

---

6 Laufschiene (f) mit Schweinsrückenführung
slide bar with hollowed face
glissière (f) concave

b

направляющая (f) *или* параллель (f) треугольнаго сѣченія
slitta (f) a guide convesse *od* a guide trapezie
rail (m) de deslizamiento de sección bombeada *ó* lomo bombeado

---

7 Gleitklotz (m)
slide block
bloc (m) de glissière

c

ползунъ (m)
corsoio (m)
taco (m) de deslizamiento

---

8 Pockholzklotz (m)
guaiac wood *or* lignum vitae block
bloc (m) en bois de gaïac

бакаутовый ползунъ (m)
ceppo (m) di legno duro, ceppo (m) di legno di guaiaco
taco (m) de guayaco

---

9 Gatterwelle (f)
axle of frame cross head
arbre (m) de commande du châssis

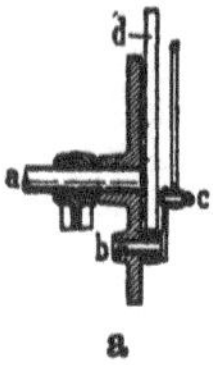

a

валъ (m) лѣсопильной рамы *или* пильнаго станка
albero (m) di comando del telaio
árbol (m) motor de la sierra alternativa

Gatterkurbel (f) driving crank manivelle (f) de commande du châssis	b, c	кривошипъ (m) лѣсопильной рамы *или* пильнаго станка manovella (f) di comando del telaio manivela (f) de la sierra alternativa	*1*
Hauptkurbel (f) main crank manivelle (f) principale	b	главный кривошипъ (m) manovella (f) principale, manovella (f) manivela (f) principal	*2*
Gegenkurbel (f) cross *or* feed motion crank contre-manivelle (f)	c	обратный кривошипъ (m); контръ-кривошипъ (m) contromanovella (f) contra-manivela (f)	*3*
Gatterstelze (f), Lenkerstange (f) connecting rod of frame bielle (f) du châssis	d	шатунъ (m) *или* дышло (n) лѣсопильной рамы; шатунъ пильнаго станка biella (f) di comando del telaio biela (f) motriz	*4*
Treibriemen (m) driving belt courroie (f) de commande		приводный ремень (m) cinghia (f) motrice correa (f) motriz	*5*
Gattergewicht (n) weight of frame poids (m) du châssis		вѣсъ (m) пильной рамы; вѣсъ рамы пильнаго станка peso (m) del quadro *o* del telaio peso (m) del cuadro *ó* marco porta-sierras	*6*
Gatterfundament (n) frame foundation fondation (f) de la scie alternative	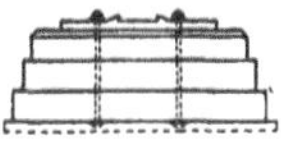	фундаментъ (m) рамы fondazione (f) *o* zoccolo (m) della sega alternativa base (f) *ó* zócalo (m) de sierra alternativa	*7*
Gatterständer (m) frame standard montant (m) de la scie alternative	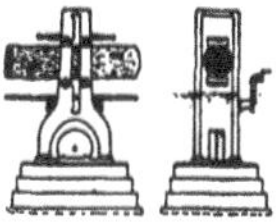	станина (f) рамы пильнаго станка montante (m) della sega alternativa verticale bastidor (m) de sierra alternativa	*8*
Gattersäule (f) column of log frame (for sliding) colonne (f) *ou* montant (m) de scie alternative (à glissières)		колонка (f) для направленія пильной рамы; колонка для направленія рамы пильнаго станка montante (m) *o* colonna (f) della sega alternativa columna (f) de sierra alternativa (de correderas)	*9*

1	Gatterstiel (m), Gatterschenkel (m), Gatterstab (m), Gatterrahmenrohr (n) frame side bar barre (f) latérale de scie alternative	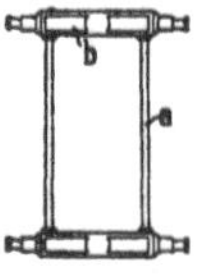 a	продольный стержень (m) *или* стойка (f) рамы пильнаго станка tirante (m) del telaio barra (f) lateral *ó* de unión de bastidor porta-sierras
2	Gatterriegel (m), Querriegel (m), Gatterrahmenplatte (f) frame cross bar *or* beam traverse (f) du châssis	b	поперечина (f) рамы пильнаго станка traversa (f) del telaio traviesa (f) del bastidor porta-sierras
3	Einspannung (f) *oder* Befestigung (f) des Sägeblatts fixing of saw blade fixation (f) *ou* serrage (m) de la lame	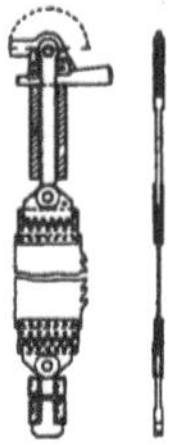	укрѣпленіе (n) пильнаго полотенца *или* полотна fissaggio (m) delle lame, montatura (f) delle lame sujeción (f) de la hoja de serrar
4	das Sägeblatt nach dem Lot einhängen (v) to fix the saw blade vertically fixer (v) la lame verticalement		поставить пильное полотенце отвѣсно fissare (v) *o* montare (v) le lame di sega fijar (v) la posición vertical de la hoja de sierra por medio de la plomada
5	Einhängen (n) placing the saw blade in position montage (m) des lames		постановка (f) [пильныхъ полотонцевъ] montaggio (m), fissaggio (m), calettamento (m) colocación (f) de las hojas *ó* laminas de serrar
6	Sägensteller (m) sawyer [ouvrier (m)] poseur (m) de lames de scie		пилоставъ (m) montatore (m) delle seghe obrero (m) encargado de poner las láminas de sierra
7	Register (n) spacing bar registre (m) pour maintenir l'intervalle entre les lames	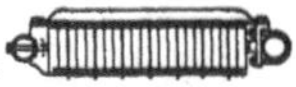	установочное приспособленіе (n) registro (m) registro (m) para la colocación de las hojas
8	Absteifung (f) der Sägeblätter stiffening of the saw blades raidissement (m) des lames	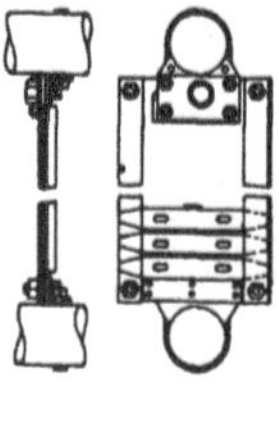	боковое подпираніе (n) пильныхъ полотенцевъ cuneo (m) per tener al posto le lame delle seghe *o* per fissare le lame delle seghe atiesamiento (m) de las hojas de serrar

absteifen (v)
to stiffen
raidir (v)

подпирать сбоку
tener (v) al posto, fissare (v) 1
atiesar (v)

Spannbügel (m)
clip
étrier (m) de tension

a

зажимная скоба (f); зажимный хомутъ (m)
staffa (f), staffa (f) di collegamento 2
estribo (m) de sujeción

Sägeblatteinlage (f), Schablone (f)
saw blade gauge
calibre (m), jauge (f)

калибръ (m); прокладка (f); шашка (f)
calibro (m), sagoma (f), garbo (m) 3
plantilla (f), calibre (m)

Holzlehre (f), Lehrklotz (m)
wood gauge block
calibre (m) *ou* jauge (f) en bois

деревянный калибръ (m); деревянная прокладка (f) *или* шашка (f) 4
calibro (m) di legno
calibre (m) de madera

Stahllehre (f)
steel gauge
calibre (m) *ou* jauge (f) en acier

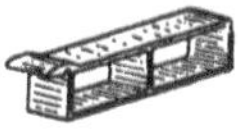

стальной калибръ (m); стальная прокладка (f) *или* шашка (f) 5
calibro (m) di acciaio
calibre (m) de acero

Sägeangel (f), Angel (f), Säge[n]gehänge (n)
saw buckle
[chape (f) de] suspension (f) de la scie

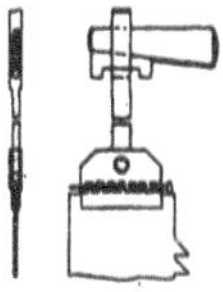

приспособленіе (n) для закрѣпленія пилъ; ручка (f)
attacco (m) *o* morsetto (m) *od* occhio (m) della sega 6
pieza (f) porta-sierra, mecanismo (m) porta-sierras

Oberangel (f)
top buckle
[chape (f) de] suspension (f) supérieure

верхнее приспособленіе (n) для закрѣпленія пилъ; верхняя ручка (f)
attacco (m) *o* morsetto (m) *od* occhio (m) superiore 7
pieza (f) porta-sierra superior

Falzleiste (f)
cross strip for attaching to buckle
agrafe (f)

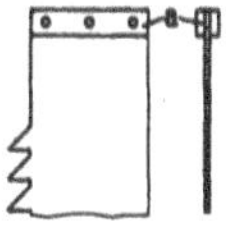
a

скошенная планка (f)
rinforzo (m), listello (m) di rinforzo 8
listón (m) de escuadra

Unterangel (f)
bottom buckle
[chape (f) de] suspension (f) inférieure

нижнее приспособленіе (n) для закрѣпленія пилъ; нижняя ручка (f)
attacco (m) *o* morsetto (m) *od* occhio (m) inferiore 9
pieza (f) porta-sierra inferior

1 einfache quadratische Angel (f)
plain square buckle
chape (f) simple carrée

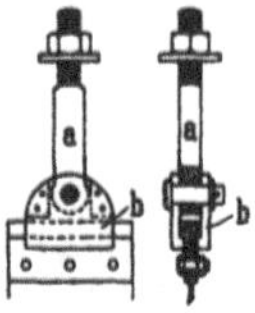

a

обыкновенный квадратный натяжной стержень (m); обыкновенная ручка (f)
attacco (m) *o* morsetto (m) semplice quadrangolare
porta-sierra (m) simple cuadrado

---

2 Sägekappe (f)
saw cap
agrafe (f)

b

коробка (f) пилы
tirante (m) *o* agraffa (f) del morsetto *o* della sega
sombrero-grapa (m) de la hoja de serrar

---

3 Keilangel (f)
key *or* wedge buckle
chape (f) à clavette

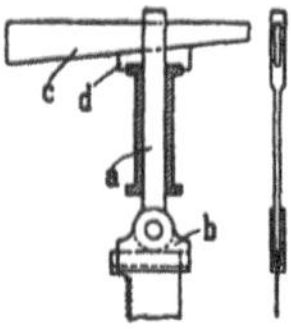

a

ручка (f) *или* натяжной стержень (m) съ клиньями
attacco (m) *o* morsetto (m) a chiavetta e controchiavetta
porta-sierra (m) de cuña

---

4 Angelbacke (f), Einschiebebacke (f)
cap cheek
joue (f) de chape

b

коробка (f) *или* захватка (f) для укрѣпленія пилъ; коробка для вставки пильныхъ полотенцевъ
guancia (f) del morsetto *o* dell'attacco
mordaza (f) del porta-sierra

---

5 Angelkeil (m)
cotter, wedge
clavette (f)

c

клинъ (m) ручки *или* натяжного стержня
chiavetta (f)
cuña (f) del porta-sierra

---

6 Blattkeil (m)
flat cotter
clavette (f) plate

c

плоскій клинъ (m)
chiavetta (f) piatta
cuña (f) plana

---

7 Doppelkeil (m)
gib and cotter
clavette (f) double

c, d

двойной клинъ (m)
chiavetta (f) doppia
cuña (f) doble

---

8 Beilegerahmen (m)
supplementary frame
châssis (m) auxiliaire

вспомогательная рама (f)
telaio (m) ausiliare
cuadro (m) auxiliar

---

9 Keilaufsetzer (m)
gib
contre-clavette (f)

нажимная чека (f)
controchiavetta (f)
contra-cuña (f)

---

10 [Sägen-]Keilhammer (m)
hammer for driving saw keys
marteau (m) à chasser les clavettes

молотокъ (m) для вгонки клиньевъ
martello (m) per le chiavette
mazo (m) para quitar las cuñas

Exzenter[säge]angel (f)
saw buckle with eccentric adjustment
chape (f) excentrique

приспособленiе (n) для закрѣпленiя пилъ эксцентрикомъ
attacco (m) *o* morsetto (m) ad eccentrico 1
porta-sierra (m) excéntrico

Anzugschlüssel (m), Exzenterangelschlüssel (m), Schlüssel (m) zur Exzenterangel
key for tightening eccentrics
clef (f) à serrer les excentriques

натяжной ключъ (m) для эксцентриковаго укрѣпленiя
chiave (f) di serraggio, chiave (f) per chiudere il morsetto *o* l'attacco ad eccentrico 2
llave (f) para el porta-sierra excéntrico

Sägeangel (f) mit Hebelspannung
buckle with lever tension
chape (f) à tension par levier

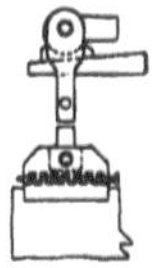

приспособленiе (n) для закрѣпленiя пилы натяжнымъ рычагомъ
attacco (m) *o* morsetto (m) a leva 3
porta-sierra (m) de tensión á palanca

[Sägeblatt-] Spannexzenter (n)
eccentric for tension of saw blade
excentrique (m) à tendre les lames

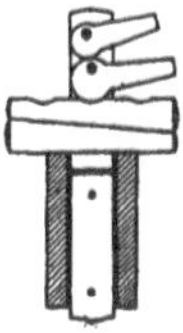

натяжной эксцентрикъ (m) для пилъ
eccentrico (m) di tensione delle lame 4
excéntrica (f) de tensión de la hoja de serrar

Horizontalgattersäge[n]angel (f)
buckle for horizontal frame saw
chape (f) d'une lame de scie horizontale

приспособленiе (n) для закрѣпленiя пилъ въ горизонтальномъ пильномъ станкѣ
attacco (m) *o* morsetto (m) di sega orizzontale 5
porta-sierra (m) para sierra alternativa horizontal

---

mit Stahlleiste beschlagene Säge (f)
saw with steel end strips
lame (f) avec agrafe rivée en acier

пила (f) со стальной планкой
sega (f) con rinforzo di acciaio 6
hoja (f) de sierra rematada por listones de acero

Stahlleiste (f)
steel strip
agrafe (f) en acier

a

стальная планка (f)
rinforzo (m) di acciaio, listello (m) di rinforzo in acciaio 7
listón (m) de acero

1
Sägen (n)
sawing
sciage (m)
пилка (f); распилка (f); распиловка (f)
segatura (f), taglio (m) a sega
aserrado (m)

2
sägen (v)
to saw
scier (v)
пилить
segare (v)
serrar (v), aserrar (v)

3
aussägen (v)
to saw out
découper (v)
выпили-ть (-вать)
traforare (v), contornare (v), ritagliare (v)
calar (v), contornear (v)

4
Gatterschnitt (m)
flitch cut
débitage (m) au moyen de la scie verticale
распилъ (m) на лѣсопильной рамѣ
taglio (m) di tronchi
corte (m) por sierra alternativa

5
Bretterschnitt (m)
board cut
débitage (m) en planches

распилъ (m) на доски
taglio (m) di tavole
corte (m) de serrar tablas

6
Schnittfuge (f), Schlitz (m)
saw kerf, notch made by saw
trait (m) de scie

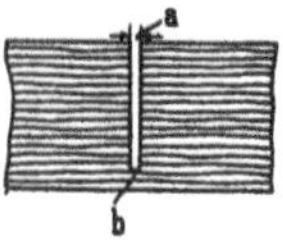

пропилъ (m)
taglio (m)
entalladura (f), raja (f)

7
Schlitzweite (f)
width of kerf
largeur (f) du trait
a
ширина (f) пропила
larghezza (f) del taglio
anchura (f) de la entalladura

8
Schlitzsohle (f)
bottom of kerf
fond (m) du trait
b
подошва (f) пропила
fondo (m) *o* fronte (f) del taglio
fondo (m) de la entalladura

9
Vorrücken (n) der Säge
forward travel of saw
avancement (m) de la lame
подвиганіе (n) *или* подача (f) пилы
avanzamento (m) *o* corsa (f) della sega
avance (m) de la sierra

10
Sägengeschwindigkeit (f), Arbeitsgeschwindigkeit (f)
speed of saw
vitesse (f) de sciage, vitesse (f) de travail
скорость (f) пилы; рабочая скорость
velocità (f) di taglio, velocità (f) di lavoro
velocidad (f) de la sierra, velocidad (f) de trabajo

11
Schnittleistung (f)
cutting capacity
rendement (m) du débitage
производительность (f) пилы
rendimento (m) della sega
rendimiento (m) de corte

12
Schnittverlust (m)
loss due to cutting
perte (f) due au trait
потери (f pl) на пропилъ
perdita (f) di taglio
pérdida (f) en el corte

Säge[n]vorgang (m)
forward stroke of saw
avancement (m) de la lame

движенiе (n) пилы впередъ
corsa (f) utile *o* corsa (f) di andata *od* avanzata (f) della sega 1
avance (m) de la hoja

Säge[n]rückgang (m)
back *or* return stroke of saw
retour (m) de la lame

движенiе (n) пилы назадъ
corsa (f) di ritorno della sega, ritorno (m) della sega 2
retroceso (m) de la hoja

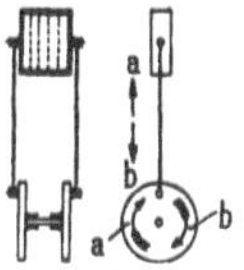

Säge[n]aufgang (m)
up stroke of saw
marche (f) ascendante *ou* course (f) de la lame

a

движенiе (n) пилы вверхъ; подъёмъ (m) пилы
ascesa (f) *od* alzata (f) *o* corsa (f) di ascesa della sega 3
subida (f) de la hoja

Säge[n]niedergang (m)
down stroke of saw
marche (f) descendante (f) *ou* course (f) de la lame

b

движенiе (n) пилы внизъ; опусканiе (n) пилы
discesa (f) *o* corsa (f) di discesa della sega 4
bajada (f) de la hoja

Langschneiden (n) des Holzes
cutting the wood longitudinally
sciage (m) en long du bois

продольная распил[ов]ка (f) дерева
taglio (m) per il lungo *o* longitudinale *o* secondo la fibra 5
aserrado (m) á lo largo de la madera

---

langschneiden (v)
to cut longitudinally
scier (v) en long

распиливать вдоль
segare (v) secondo la fibra *o* per il lungo *o* longitudinalmente 6
serrar (v) á lo largo

Querschneiden (n) des Holzes
cross cutting the wood *or* timber
tronçonnage (m) du bois

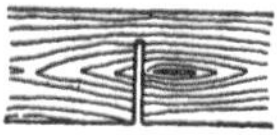

поперечная распил[ов]ка (f) дерева
taglio (m) di traverso *o* trasversale *o* normale alla fibra 7
tronzado (m) de la madera

---

querschneiden (v), querabschneiden (v)
to cross cut, to cut across
scier (v) en travers, tronçonner (v)

пилить *или* разрѣзать поперёкъ
segare (v) di traverso *o* trasversalmente *o* normalmente alla fibra 8
tronzar (v)

Geradführung (f) des Gatters, geradlinige Gatterführung (f)
straight line guidance of saw frame
guidage (m) droit du châssis

прямолинейное движенiе (n) пилы
guida (f) diritta del taglio 9
conducción (f) rectilinea de la sierra

1 Bogenführung (f) des Gatters
curved guidance of saw
guidage (m) courbe de la lame

дуговое движенiе (n) пилы
guida (f) curva del telaio
conducción (f) curvada de la sierra

---

2 Gatterantrieb (m)
driving motion of saw gate
commande (f) du chassis

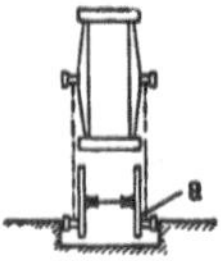

приводъ (m) лѣсопильной рамы *или* пильнаго станка
comando (m) del telaio
movimiento (m) de impulso de la sierra alternativa

---

3 Kurbelschwungrad (n)
crank fly wheel
volant-manivelle (m)

a

маховикъ (m) съ кривошипомъ
volante (m) a manovella
volante (m) de la manivela

---

4 Peitschen (n) der Riemen
sagging of the belt
fouettement (m) de la courroie

захлёстыванiе (n) *или* бiенiе (n) *или* подпрыгиванiе (n) ремней
ondulazione (f) *od* oscillazione (f) della cinghia
el golpear de las correas

---

5 Backenbremse (f)
shoe brake
frein (m) à sabot

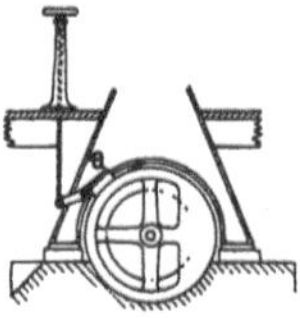

a

тормазъ (m) съ колодкой
freno (m) a ceppo
freno (m) de mordazas

---

6 das Holz um neunzig Grad (90°) kanten (v)
to sqare the timber
équarrir (v) le bois

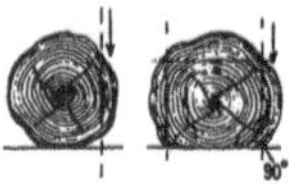

кантовать бревно на девяносто градусовъ
squadrare (v) i tronchi
escuadrar (v) la madera

---

7 Abschwarten (n) der Baumstämme (durch Seitengatter)
squaring the log (by side log frame)
enlèvement (m) des dosses *ou* des flaches des troncs, équarrissage (m)

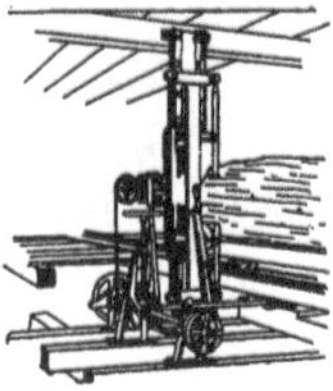

обтёска (f) бревна (на боковомъ поставѣ)
squadratura (f) *o* scortecciatura (f) dei tronchi (con sega laterale)
el quitar la albura y la corteza (por sierra alternativa de recortar)

vorgebeiltes Holz (n)
log roughly dressed by axe
tronc (m) dégrossi à la hache

a

дерево (n), предварительно обтёсанное топоромъ
tronco (m) squadrato coll'accetta 1
tronco (m) recortado á golpe de hacha

Überhängen (n) *oder* Überhang (m) der Sägeblätter, Busen (m)
overhanging of the saw blade
inclinaison (f) des lames

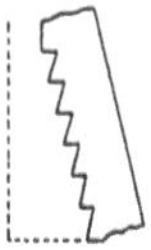

перевѣшиваніе (n) пилы
inclinazione (f) delle lame 2
inclinación (f) de las hojas

überhängende Zahnspitzenlinie (f)
overhanging of saw teeth line
inclinaison (f) de la ligne des pointes de dents

перевѣшивающаяся линія (f) зубцовъ
inclinazione (f) *o* sbalzo (m) *o* sporto (m) della sega 3
linea (f) de puntas de dientes inclinada

überhängen (v)
to overhang
incliner (v)

перевѣшиваться
sospendere (v) in isbalzo, attaccare (v) inclinato, piazzare (v) con inclinazione 4
colgar (v) con inclinación

---

die Hölzer ausrichten (v)
to aline *or* adjust the timber
aligner (v) la pièce à scier, ajuster (v) la pièce à scier

выравнить брёвна
piazzare (v) dritto il legname 5
poner (v) derechas las maderas

Anschnittende (n) des Blockes
log end to be sawn off
extrémité (f) de la pièce à scier *ou* à débiter

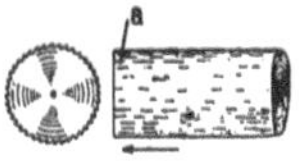

a

мѣсто (n), съ котораго начинается рѣзаніе
estremità (f) del tronco da segare (al principio del taglio) 6
extremo (m) del tronco donde empieza el corte

Holzdurchgang (m)
passing (*or* travelling) through of the timber
passage (m) de la pièce à scier

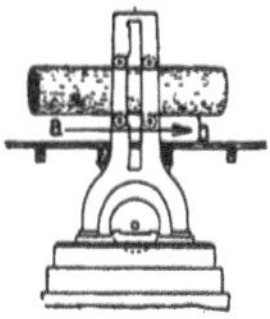

проходъ (m) дерева
passaggio (m) dei tronchi 7
paso (m) de la madera

Holzeinfuhrseite (f)
feed side, forward end of saw
entrée (f) de la pièce à scier

a

входная сторона (f)
lato (m) d'introduzione dei tronchi 8
lado (m) de entrada de la madera

1	Holzausfuhrseite (f) back end of saw sortie (f) de la pièce à scier	b	выходная сторона (f) lato (m) di uscita *o* sortita dei tronchi lado (m) de salida de la madera
2	vorrücken (v) to advance avancer (v)		надвигать; подавать avanzare (v) avanzar (v)
3	Schaltung (f) feed gear embrayage (m) (pour la mise en marche) du chariot	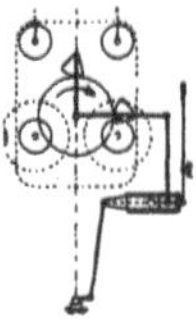	механизмъ (m) для подачи *или* для надвиганія meccanismo (m) dell'avanzamento embrague (m) del movimiento de impulso
4	schalten (v) to put in gear, to put in motion embrayer (v) le chariot (pour la mise en marche)		подавать iniziare (v) l'avanzamento embragar (v) para el avance
5	Seilvorschub (m) rope feed avancement (m) par câble		надвиганіе (n) помощью каната avanzamento (m) a mezzo di fune avance (m) por cable
6	Walzenzuschiebung (f), Werkstückzuschiebung (f) durch Walzen roller feed aménage (m) *ou* entraînement (m) de la pièce par rouleaux	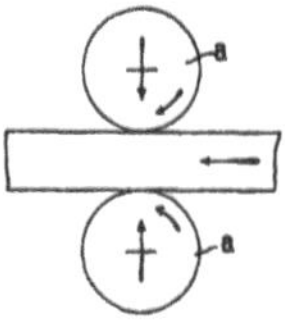 	вальцевая подача (f); надвиганіе (n) обрабатываемаго предмета вальцами avanzamento (m) a mezzo di rulli avance (m) automático de la pieza por cilindros *ó* rodillos
7	Zuschiebungswalze (f), Speisewalze (f), Vorschubwalze (f), Zugwalze (f), Zuführungswalze (f) feed roller rouleau (m) d'entraînement *ou* d'aménage	a	подающіе вальцы (m pl); ведущіе валки (m pl) *или* катки (m pl) rullo (m) di avanzamento cilindro (m) *ó* rodillo (m) de avance
8	Druckwalze (f), Druckrolle (f) pressure roller rouleau-presseur (m)	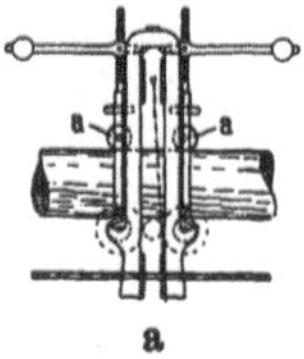 a	нажимной валикъ (m); нажимной роликъ (m) rullo (m) di pressione rodillo (m) de presión

glatte Walze (f)
smooth roller
rouleau (m) lisse

гладкій валецъ (m) *или* валокъ (m)
rullo (m) liscio
rodillo (m) liso 1

---

gerauhte Walze (f), geriefte Walze (f), Rippelwalze (f)
fluted roller
rouleau (m) cannelé

рифлёный валецъ (m); бороздчатый валокъ (m)
rullo (m) scanalato
rodillo (m) ranurado, rodillo (m) acanalado ó dentado 2

Spiralwalze (f)
spiral fluted roller
rouleau (m) avec cannelures hélicoïdales

спиральный валецъ (m) *или* валокъ (m)
rullo (m) con scanalature ad elica
rodillo (m) de ranuras espirales 3

Einzugwalze (f)
drawing in roller
rouleau (m) d'introduction

пріёмный валецъ (m) *или* валокъ (m)
rullo (m) di alimentazione, rullo (m) alimentatore
rodillo (m) de introducción 4

---

senkrechte *oder* vertikale Zuschiebungswalze (f)
vertical feed roller
rouleau (m) vertical d'aménage

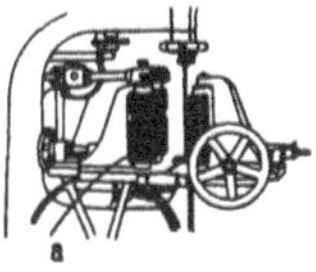

a

стоячій подающій валецъ (m); вертикальный питающій валокъ (m)
rullo (m) verticale di alimentazione
rodillo (m) de introducción vertical 5

---

mehrteilige Zuschiebungswalze (f)
feed roller in sections
rouleau (m) sectionné

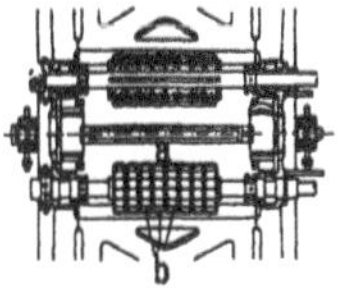

a

составной подающій валецъ (m); составной питающій валокъ (m)
rullo (m) di alimentazione formato da dischi
rodillo (m) de introducción de partes múltiples 6

Zahnring (m)
fluted disc
disque (m) denté

b

зубчатый кружокъ (m)
disco (m) dentato
anillo (m) dentado 7

Blechkappe (f)
sheet iron cover
tôle (f) protectrice

a

желѣзный кожухъ (m); кожухъ изъ листового желѣза
cappa (f) di lamiera, guardia (f) di protezione
cubierta (f) de chapa 8

Reinigungsbürste (f), Bürste (f)
cleaning brush
brosse (f) de nettoyage

b

чистильная щётка (f); щётка (f)
spazzola (f) per la pulitura
cepillo (m) de limpieza para quitar el serrín 9

1 Walzenzuschiebung (f) *oder* Walzenvorschub (m) für rohe Baumstämme
roller feed for rough logs
entraînement (m) *ou* aménage (m) par rouleaux pour bois en grume

вальцевая подача (f) для сырого лѣса; вальцевая подача для брёвенъ
avanzamento (m) dei tronchi a mezzo di rulli
avance (m) de los troncos por rodillos

---

2 Anpreßvorrichtung (f) (für obere Vorschubwalzen)
pressure mechanism (for top feed rollers)
appareil (m) de pression (pour les rouleaux d'aménage supérieurs)

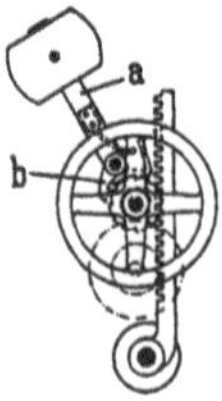

нажимное приспособленіе (n) для верхнихъ ведущихъ вальцовъ *или* валковъ
dispositivo (m) per dare la pressione ai rulli
disposición (f) de presión (para rodillos de avance superiores)

---

3 Gewicht[s]hebel (m)
balance weight lever
levier (m) à contrepoids

a

рычагъ (m) съ грузомъ *или* съ противовѣсомъ
leva (f) del contrappeso
palanca (f) de contrapeso

---

4 Sperrklinke (f)
pawl
cliquet (m), chien (m)

b

собачка (f) храповика
nottolino (m) di arresto
uña (f) de trinquete

---

5 Sperrhebel (m)
ratchet lever
levier (m) d'arrêt

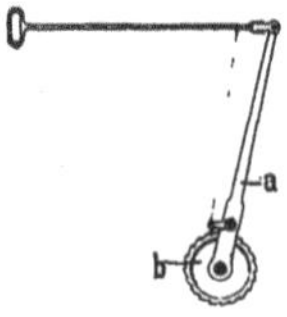

рычагъ (m) храповика
leva (f) di arresto
palanca (f) de trinquete

a

---

6 Sperrad (n)
ratchet wheel
roue (f) à rochet

b

храповое колесо (n); храповикъ (m)
ingranaggio (m) o ruota (f) di arresto
rueda (f) de trinquete

---

7 gleichmäßiger Vorschub (m) durch Riemen, Reibräder und Schneckengetriebe
regular feed by means of belt and friction gear and worm gear
avance (f) régulière par courroies et engrenages et vis sans fin

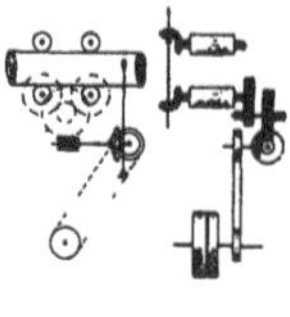

равномѣрная подача (f) посредствомъ ремней, колёсъ тренія и червячной передачи
avanzamento (m) continuo a mezzo di cinghia e di ruote di frizione e di vite perpetua
avance (m) uniforme por correa y ruedas de fricción y engranajes de tornillo sin fin

durch Ketten angetriebene Vorschubwalze (f)
chain driven feed roller
rouleau (m) d'aménage commandé par chaîne

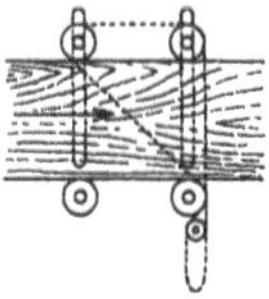

вальцы (m pl) *или* валки (m pl), приводимые цѣпью
rullo (m) alimentatore comandato da catena
rodillo (m) de avance impulsado por cadena 1

Kettenrolle (f)
chain roller
roue (f) à chaîne

цѣпной роликъ (m)
ingranaggio (m) della catena
rollo (m) de cadena 2

---

ruckweiser *oder* intermittierender Klinkenvorschub (m) mit Zahnradübersetzung
unsteady feed by ratchet gearing
avance (f) saccadée par roue à rochet et engrenage

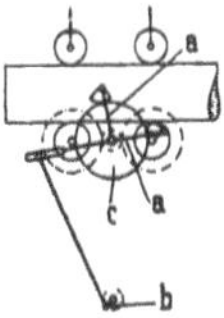

періодическая подача (f) съ фрикціонной собачкой и зубчатой передачей
avanzamento (m) intermittente a mezzo di crichetto e rapporto di ingranaggi
avance (m) intermitente de trinquete engranajes 3

Schwinge (f)
rocking lever
levier (m) oscillant

a

качающійся рычагъ (m)
leva (f) oscillante
palanca (f) oscilante 4

Schleppkurbel (f), Vorschubkurbel (f)
driving crank
manivelle (f) d'entraînement

b

ведомый кривошипъ (m); кривошипъ подачи
manovella (f) motrice
manivela (f) de arrastre 5

Schaltrad (n)
feed wheel, ratchet wheel
roue (f) de commande de l'avance

c

податочное колесо (m)
ruota (f) di avanzamento
rueda (f) de impulso del avance 6

Stoßrad (n), Schiebrad (n), Zahnscheibe (f)
ratchet wheel
roue (f) à rochet

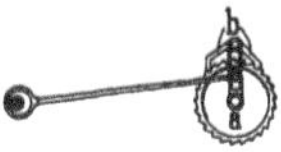

храповое колесо (n); храповикъ (m)
ingranaggio (m) divisore di avanzamento
rueda (f) de trinquete 7

Schiebklaue (f)
pawl
cliquet (m)

a

b

собачка (f) храповика
nottolino (m), crichetto (m)
uña (f) del trinquete 8

Zuschiebungsvorrichtung (f) für Horizontalgatter
feed motion of carriage for horizontal log frame
appareil (m) d'aménage pour scies horizontales alternatives

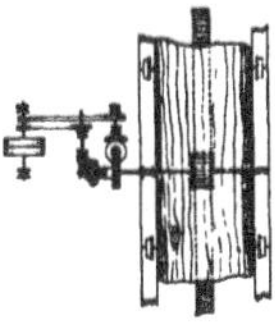

надвигающее приспособленіе (n) для горизонтальныхъ пилъ
meccanismo (m) di avanzamento delle seghe alternative orizzontali
disposición (f) de avance para sierras alternativas horizontales 9

1 Schneiden (n) windschiefer Flächen, Krummschneiden (n)
cutting of crooked *or* warped surfaces
sciage (m) de surfaces gauches *ou* déjetées

вырѣзываніе (n) кривыхъ поверхностей; кривая распиловка (f)
segatura (f) di superfici storte seguendo le fibre
aserrado (m) de superficies torcidas

---

2 Sprengen (n), Führen (n) krummgewachsener Stämme
springing, guiding of crooked logs
guidage (m) de troncs courbés

регулировка (f) положенія бревна; веденіе (n) кривыхъ стволовъ
guida (f) di tronchi storti
conducción (f) de troncos torcidos

---

3 Zangenwagen (m) mit Sprengvorrichtung *oder* Seitenverschiebung
timber trolley with springing arrangement
wagonnet (m) à griffes pour le sciage des bois courbes

клещевая телѣжка (f) съ приспособленіемъ для регулировки положенія бревна
carrello (m) con arpioni e dispositivo per tagli curvi
carro (m) con disposición de garras para el aserrado de troncos torcidos

---

4 Rundholzraum- und Längenmesser (m)
apparatus for cubing and measuring the length of timber
appareil (m) à cuber et à mesurer la longueur des bois

приборъ (m) для измѣренія объёма и длины дерева
apparecchio (m) per misurare la cubatura e lunghezza del legname tondo
aparato (m) de cubicar y medir la longitud de los troncos

---

5 Blockhebewagen (m)
carriage *or* trolley *or* truck for lifting logs *or* timber
wagonnet (m) de lavage des gros bois

телѣжка (f) для подъёма колодъ
carro (m) per tronchi
carro (m) para el transporte de troncos

---

6 Blockwagen (m), Stammwagen (m), Blockeinspannwagen (m), Blockzuführungswagen (m), Blockkarren (m), Karre (f), Klotzwagen (m), Zuschiebungskarren (m), Prügelwagen (m)
bogie carriage, travelling carriage (for log saw)
chariot (m) d'aménage pour grumes à débiter

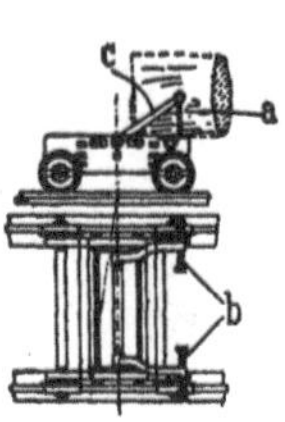

телѣжка (f) для колодъ *или* для брёвенъ
carro (m) *o* carrello (m) per tronchi
carro (m) para troncos

Zange (f) clip, claw, dog griffe (f)	a	зажимныя клещи (f pl) *или* щёки (f pl) arpione (m) garra (f)	*1*
Einspannschraube (f) setting up screw vis (f) de serrage	b	зажимной винтъ (m) vite (f) di fissaggio tornillo (m) de sujeción	*2*
Zangenarm (m), Spannarm (m), [Spannklaue (f)] claw arm bras (m) de la griffe de serrage	c	плечо (n) зажимной щеки braccio (m) dell'arpione *o* di fissaggio brazo (m) de la garra	*3*
Wagenbaum (m), Balken (m) beam poutre (f) (du chariot)	a	продольный брусъ (m) телѣжки trave (f) del carro viga (f) (del carro)	*4*
Querriegel (m) tie bolt, cross bar traverse (f)	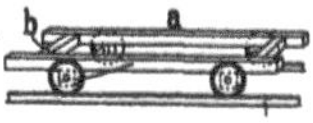 b	поперечный брусъ (m) телѣжки collegamento (m), trave (f) trasversale travesaño (m) (del carro)	*5*
Wagenrücklauf (m) return motion for carriage retour (m) du chariot, marche (f) en arrière du chariot		обратный ходъ (m) телѣжки ritorno (m) del carrello, corsa (f) di ritorno del carrello retroceso (m) del carro	*6*
Bretteinspannwagen (m) travelling carriage for deals *or* scantlings wagonnet (m) d'aménage pour débiter les grumes		телѣжка (f) съ зажимомъ для досокъ carrello (m) per segare tronchi in tavole carro (m) de conducción de los troncos	*7*
Einspannen (n) des Blockendes clamping *or* gripping *or* fixing the end of the log fixation (f) de l'extrémité de la grume		укрѣпленіе (n) конца бревна fissaggio (m) di un tronco sulle estremità sujeción (f) del extremo del tronco	*8*
Einspannrahmen (m), Rahmen (m) clamping frame cadre (m) de serrage		зажимная рама (f) morsa (f) *o* telaio (m) di fissaggio prensa (f) de sujeción	*9*
Zwinge (f) hand screw cramp *or* holdfast étau (m) [de serrage]	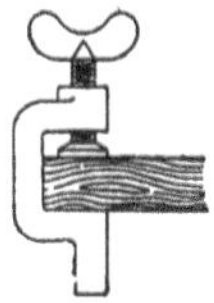	зажимъ (m) съ барашкомъ morsetto (m) sargento (m)	*10*

1 Blockwagen (m) mit senkrechter Einspannvorrichtung
log carriage with vertical clamping arrangement
wagonnet (m) à grumes à serrage vertical

телѣжка (f) для колодъ съ вертикальнымъ зажимомъ
carrello (m) per tronchi con morsa ad apertura verticale
carro (m) para troncos con tornillo vertical de presión y sujeción

---

2 einarmiger Blockzuführungswagen (m)
travelling carriage with single clamping arm
wagonnet (m) avec simple appareil à griffes

одностоечная телѣжка (f) для подачи колодъ
carrello (m) per l'avanzamento dei tronchi con morsa semplice
carro (m) para troncos de una garra de sujeción

---

3 Blockwagen (m) mit zwei Zangen, Zangenwagen (m), zangenförmiger Blockwagen (m)
log carriage with two gripping irons
wagonnet (m) à deux griffes

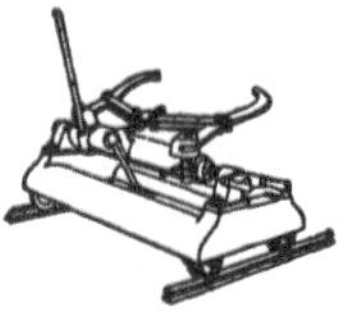

телѣжка (f) съ клещевымъ зажимомъ; шведскія клещи (f pl)
carrello (m) per l'avanzamento dei tronchi con due arpioni
carro (m) para troncos con garras dobles

---

4 Rollenbock (m)
roller standard, roll stand
support (m) à rouleau

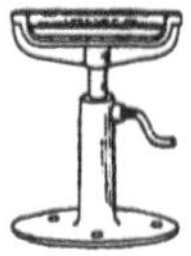

катокъ (m) на стойкѣ
sopporto (m) a rulli, cavalletto (m) a rulli
soporte (m) con rodillo horizontal

---

5 Bretterwagen (m) mit seitlicher Einspannung
timber carriage with side cramping arrangement
wagonnet (m) à deux griffes pour serrage latéral des planches

телѣжка (f) для досокъ съ боковымъ зажимомъ
carrello (m) per segare tavole con fissaggio laterale a vite
carro (m) para tablas con sujeción lateral por dos garras

---

6 Bretterwagen (m) mit seitlicher Verschiebung
timber carriage with cross traverse motion
wagonnet (m) pour planches à deux griffes à déplacement latéral

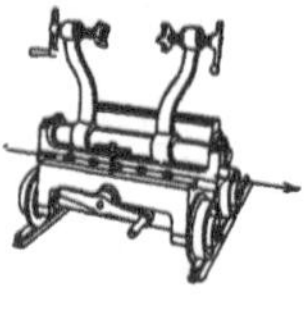

телѣжка (f) для досокъ съ боковымъ перемѣщеніемъ зажимного приспособленія
carrello (m) per segare tavole con arpioni spostabili trasversalmente
carro (m) de dos garras para tablas con desplazamiento lateral

Schlittenvorschub (m)
sliding advancement of carriage
avance (f) par chariot

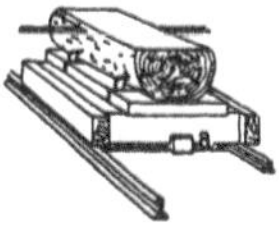

подача (f) салазками
avanzamento (m) su slitte
avance (m) por plataforma corrediza 1

Schlitten (m)
slide
chariot (m)

a

салазки (f pl)
slitta (f)
plata-forma (f) corrediza 2

Führungstisch (m)
table
chariot (m) d'aménage (sur rails)

салазки (f pl) для надвиганія бревна
tavola (f) scorrevole *o* di guida
mesa (f) de conducción (sobre carriles) 3

Seitenwagen (m)
side carriage
chariot (m) latéral

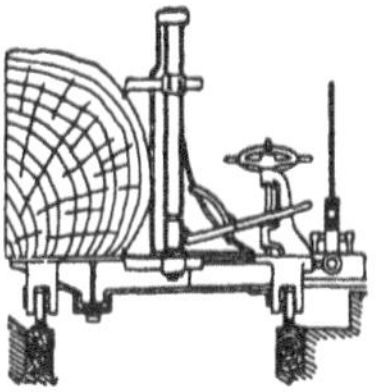

боковая телѣжка (f)
carrello (m) a corsia laterale
carro (m) lateral 4

Wagen (m) mit Docke, Dockenwagen (m)
carriage with angle and dog hook
chariot (m) avec équerre d'appui

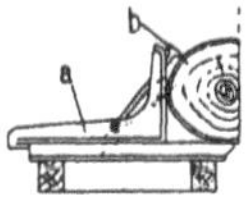

телѣжка (f) со стойками *или* съ упорными угольниками
carrello (m) con squadra
carro (m) con escuadra de apoyo 5

Docke (f), Stützwinkel (m)
angle, fence
équerre (f) d'appui

a

стойка (f); упорный угольникъ (m)
squadra (f) di appoggio
escuadra (f) de apoyo 6

Klammerhaken (m), Klammer (f), Haken (m)
dog hook
griffe (f) de serrage

b

крюкъ (m)
arpione (m)
gancho (m) de grapa 7

Dockenverschiebung (f) durch Schrauben
screw adjustment of log carriage fence
déplacement (m) du guide d'équerre par vis

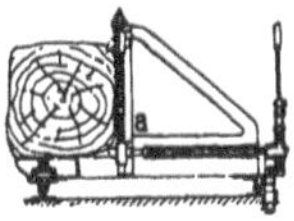

передвиженіе (n) стоекъ *или* упорныхъ угольниковъ посредствомъ винтовъ
comando (m) della squadra a mezzo di vite
deplazamiento (m) de la escuadra por husillo 8

---

verschiebbare Docke (f), verschiebbarer Stützwinkel (m)
adjustable head stock of log fence
équerre (f) d'appui déplaçable

a

передвижная стойка (f); передвижной угольникъ (m)
squadra (f) spostabile
escuadra (f) de apoyo graduable 9

1 verstellbarer Docken-haken (m)
adjustable dog hook
crochet (m) *ou* griffe (f) d'équerre ajustable

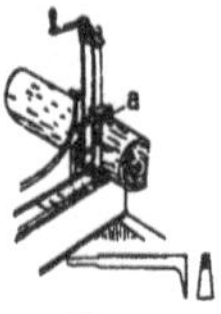

a

переставной крюкъ (m)
arpione (m) aggiustabile *o* spostabile
gancho (m) graduable de la escuadra

---

2 Verklammerung (f) des Stammes
gripping *or* screwing of the log
serrage (m) de la bille *ou* du tronc par griffes

закрѣпленіе (n) ствола посредствомъ крюковъ
fissaggio (m) dei tronchi a mezzo di arpioni
sujeción (f) del tronco por grapas

---

3 verklammern (v)
to grip
serrer (v) au moyen de griffes

закрѣплять посредствомъ крюковъ
fissare (v) a mezzo di arpioni
sujetar (v) por medio de grapas

---

4 Brechstange (f), Hebstange (f)
pinching bar
levier (m) à grumes

ломъ (m)
leva (f), ago (m)
palanca (f) para levantar troncos

---

5 Kanthaken (m), Wendehaken (m)
claw ended lever for rolling logs, cant dog, rolling dog
crochet (m) pour rouler *ou* retourner les troncs

багровый крюкъ (m)
leva (f) per rotolare i tronchi
palanca (f) de gancho para dar vuelta á los troncos

---

6 Nagelwinde (f)
toggle motion nail puller
arrache-clous (m)

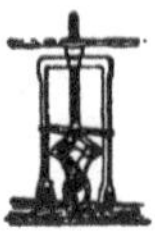

винтовыя клещи (f pl); домкратъ (m) для выдёргиванія гвоздей
tenaglia (f) a vite
saca-clavos (m) de tornillo

---

7 Hasenmaul (n)
lever nail puller
arrache-clous (m) à levier

заяцъ (m) [для выдергиванія гвоздей]
tenaglia (f) a leva
saca-clavos (m)

Floßnagel (m)
log raft nail
clou (m) de radeau

корабельный гвоздь (m)
chiodo (m) per zatteroni
clavo (m) de balsa
1

Blockaufzug (m)
hauling gear *or* conveyer for landing floating logs
treuil (m) pour grumes flottées

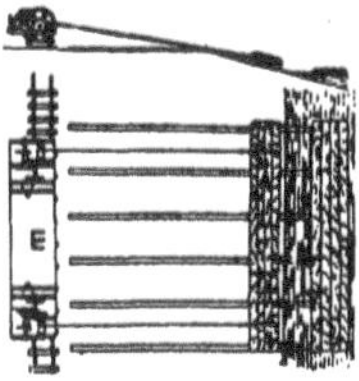

устройство (n) для подъёма брёвенъ
elevatore (m) per tronchi galleggianti
elevador (m) de maderas flotantes [de balsas]
2

Block[aufzug]winde (f), Stammholzwinde (f), Klotzwinde (f)
log conveyer, winch for log hauling gear
treuil (m) pour grumes

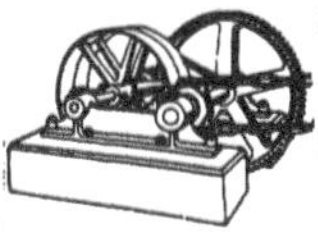

воротъ (m) *или* лебёдка (f) для подъёма брёвенъ; самотаска (f) для брёвенъ
argano (m)
torno (m) mecánico para la elevación de troncos
3

Sägeblatt (n)
saw blade
lame (f) de scie

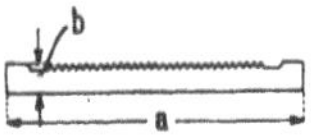

полотенце (n) пилы; пильное полотенце
sega (f), lama (f) da sega
hoja (f) de sierra, lámina (f) de sierra
4

Blattlänge (f)
length of blade
longueur (f) de la lame

a

длина (f) полотенца
lunghezza (f) della sega, lunghezza (f) della lama
longitud (f) de la hoja
5

Blattbreite (f)
width of blade
largeur (f) de la lame

b

ширина (f) полотенца
larghezza (f) della sega, larghezza (f) della lama
anchura (f) de la sierra
6

---

verzahnte Länge (f)
length of toothed portion
longueur (f) dentée

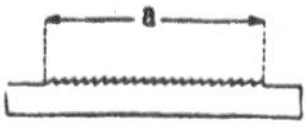

a

длина (f) линіи зубцовъ
lunghezza (f) totale dei denti
longitud (f) de la parte dentada
7

Vollgattersäge[blatt (n)] (f), Mühlsägeblatt (n)
log frame saw blade
lame (f) de scie alternative

полотенце (n) лѣсопильнаго станка
lama (f) da sega alternativa
hoja (f) de sierra alternativa
8

No.	Deutsch / English / Français		Русский / Italiano / Español
1	einfach wirkende Säge (f) saw blade for cutting in one direction scie (f) travaillant dans un sens	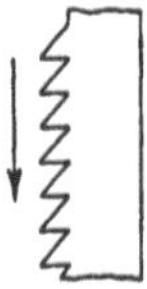	пила (f), работающая въ одну сторону sega (f) ad effetto semplice hoja (f) de sierra de efecto simple
2	zweiseitig *oder* doppelt wirkende Säge (f) saw blade for cutting in both directions scie (f) travaillant dans les deux sens	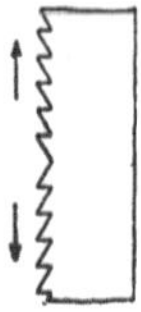	пила (f), работающая въ обѣ стороны sega (f) a doppio effetto hoja (f) de sierra de efecto doble
3	Schrotsäge (f), Brettsäge (f), Spaltsäge (f) ripping saw blade scie (f) de long, scie (f) à refendre		продольная пила (f) sega (f) comune, refendino (m) sierra (f) de sacar tablas
4	Spannsäge (f), gespannte Säge (f) span saw scie (f) à monture, scie (f) allemande		пила (f) въ рамѣ; пила съ натянутымъ полотенцемъ sega (f) ad arco, sega (f) a telaio, refendino (m) sierra (f) de arco
5	Sägebogen (m), Sägengestell (n) frame *or* body of saw châssis (m) de scie		лучокъ (m); рама (f) пилы telaio (m) *o* arco (m) della sega arco (m) de sierra, bastidor (m) de sierra
6	Sägenspannung (f) tension of saw blade tension (f) de la lame de scie		натяженіе (n) пильнаго полотенца tensione (f) della sega tensión (f) de la hoja de sierra
7	elastische Spannung (f) des Sägeblatts elastic tension of saw blade tension (f) élastique de la lame		упругое *или* эластичное натяженіе (n) пильнаго полотенца tensione (f) elastica della sega tensión (f) elástica de la hoja
8	ungespannte Säge (f) saw not under tension scie (f) à lame non tendue *ou* lâche		пила (f) съ ненатянутымъ полотенцемъ sega (f) allentata sierra (f) de hoja floja
9	Sägerücken (m) back edge of saw dos (m) de la lame	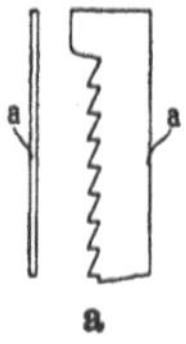	задняя спинка (f) полотенца dorso (m) della lama di sega espalda (f) de la hoja de sierra

Sägezahn (m) saw tooth dent (f) de scie	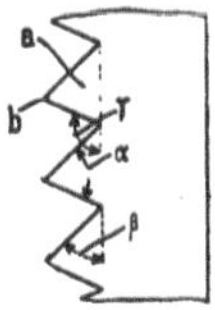 a	зубецъ (m) пилы dente (m) della sega diente (m) de la hoja de sierra	*1*
Zahnspitze (f) tooth point pointe (f) *ou* sommet (m) de la dent	b	вершина (f) *или* остріе (n) зубца punta (f) del dente, estremità (f) del dente punta (f) del diente	*2*
Zahnspitz[en]winkel (m) angle of tooth point angle (m) du sommet de la dent	*α*	уголъ (m) заостренія; уголъ при вершинѣ зубца; уголъ между передней и задней гранями зубца angolo (m) della punta del dente ángulo (m) de la punta del diente	*3*
Rückenwinkel (m) angle of back of tooth angle (m) du dos de la dent	*β*	задній уголъ (m); уголъ между линіей зубцовъ и ихъ задней площадкой angolo (m) della base del dente ángulo (m) de la espalda	*4*
Brustwinkel (m) angle of cutting edge angle (m) d'attaque de la dent	*γ*	передній уголъ (m); уголъ между линіей зубцовъ и ихъ передней (главной) площадкой; уголъ рѣзанія angolo (m) del tagliente del dente ángulo (m) de frente	*5*
Zahnteilung (f) pitch of teeth distance (f) *ou* pas (m) entre les pointes *ou* sommets	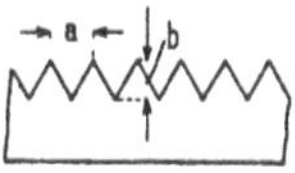 a	шагъ (m) *или* дѣленіе (n) пилы passo (m) dei denti distancia (f) *ó* paso (m) entre los dientes	*6*
Zahntiefe (f) depth of tooth hauteur (f) des dents	b	высота (f) зубца altezza (f) *o* profondità (f) dei denti profundidad (f) del diente	*7*
Zahnwurzel (f) root of tooth largeur (f) de la dent	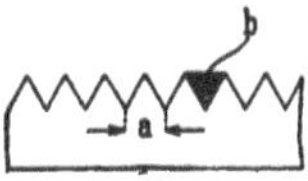 a	основаніе (n) зубца larghezza (f) della base del dente base (f) del diente	*8*

1 Zahnlücke (f)
tooth space
creux (m) des dents

b

промежутокъ (m) между зубцами
spazio (m) *o* distanza (f) fra i denti
hueco (m) entre dientes

---

2 Randdicke (f)
thickness at point of tooth
épaisseur (f) à la pointe *ou* au sommet

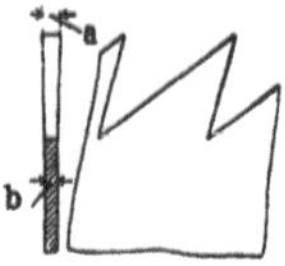

толщина (f) зубца у вершины
spessore (m) della punta dei denti
espesor (m) de la punta del diente

a

---

3 Blattdicke (f) der Säge, Sägeblattdicke (f)
thickness of saw blade
épaisseur (f) de la lame

b

толщина (f) пильнаго полотенца
spessore (m) della sega *o* della lama da sega
espesor (m) de la hoja de sierra

---

4 Wolf[s]zahn (m)
gullet tooth
dent (f) de loup

волчій зубецъ (m)
dente (m) a becco di pappagallo
diente (m) de lobo

---

5 M-förmiger Zahn (m), Stockzahn (m)
M-tooth
dent (f) en M

M-образный зубецъ (m)
dente (m) a M
diente (m) de forma de M

---

6 Kehlenzahn (m)
briar *or* parrot tooth
dent (f) à gorge

серповидный зубецъ (m)
dente (m) a gola
diente (m) de garganta

---

7 Kransägezahn (m)
gullet tooth
dent (f) en biseau

волчій зубецъ (m)
dente (m) a becco
diente (m) biselado

---

8 unterbrochene Verzahnung (f)
interrupted tooth formation
denture (f) interrompue

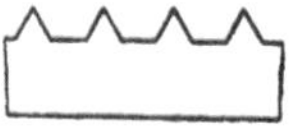

рядъ (m) зубцовъ съ перерывами
dentatura (f) a denti spezzati
diente (m) interrumpido

---

9 ununterbrochene Verzahnung (f)
continuous tooth formation
denture (f) régulière

непрерывный рядъ (m) зубцовъ
dentatura (f) continua *od* a denti continui
diente (m) normal

---

10 Einreißen (n) der Zähne
flaws *or* cracking at tooth gullet
fêlure (f) des dents

трещины (f pl) у зубцовъ
incrinatura (f) dei denti
rajas (f pl) de los dientes

hinterlochtes *oder* perforiertes Sägeblatt (n), Sägeblatt (n) mit hinterlochten Zähnen perforated tooth saw (American pattern) scie (f) perforée	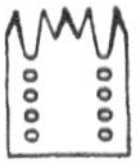	пильное полотенце (n) съ отдушинами sega (f) perforata hoja (f) de sierra perforada	*1*
Säge (f) mit eingesetzten Zähnen saw with inserted teeth scie (f) à dents rapportées		пила (f) со вставными зубцами sega (f) a denti rimessi *od* a denti riportati hoja (f) de sierra con dientes postizos	*2*
eingesetzter [Säge-]Zahn (m) inserted (saw) tooth dent (f) rapportée		вставной зубецъ (m) dente (m) rimesso *o* riportato diente (m) postizo de sierra	*3*
geschränkte Zähne (m pl) teeth with side set dent (f) à laquelle on a donné de la voie	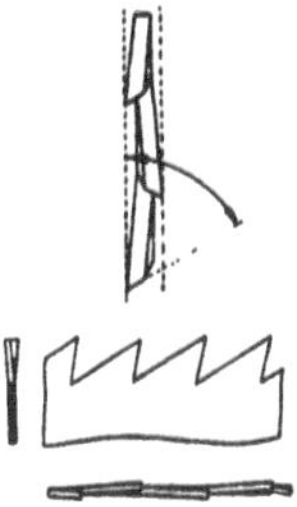	разведённые зубцы (m pl) denti (m pl) colla strada, denti (m pl) stradati dientes (m pl) triscados	*4*
Schrank (m), Schränkungsbreite (f) width of set, width over set voie (f), largeur (f) du trait de scie	 a	разводъ (m) зубьевъ *или* зубцовъ пилы; ширина (f) развода strada (f), larghezza (f) della strada anchura (f) del triscado	*5*
[das Sägeblatt] schränken (v) to set the saw teeth donner (v) de la voie [à la lame de scie]		разводить пилу dare (v) la strada ai denti triscar (v) la hoja de sierra	*6*
Schränken (n), Aussetzen (n), Setzen (n) setting voie (f)		разводка (f) зубьевъ *или* зубцовъ dare (v) la strada el triscar	*7*
Schränkeisen (n) saw set tourne-à-gauche (m)		разводка (f) utensile (m) per dare la strada hierro (m) de triscar	*8*

1	Schränkzange (f) saw setting pliers pince (f) à donner de la voie	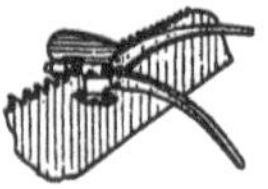	разводные щипцы (m pl) tenaglia (f) per dare la strada tenazas (m pl) de triscar
2	Schränkgerät (n), Schränkapparat (m) saw setting apparatus appareil (m) à donner de la voie		разводной приборъ (m) *или* аппаратъ (m); приборъ для разводки зубьевъ apparecchio (m) per dare la strada aparato (m) de triscar
3	Schränkmaschine (f) saw setting machine machine (f) à donner de la voie	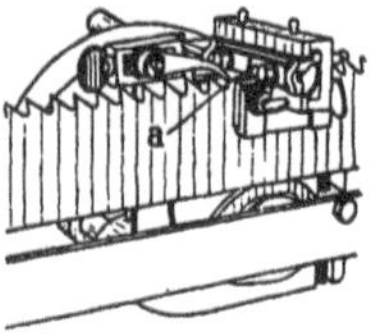	машина (f) для разводки зубьевъ macchina (f) per dare la strada máquina (f) de triscar
4	Schränkbacke (f) setting jaw joue (f) de la pince à donner de la voie	a	щека (f) разводныхъ щипцовъ guancia (f) *o* cuscinetto (m) per dare la strada mordaza (f) de triscar
5	Stauchen (n) der Sägezähne swaging *or* jumping up the saw teeth écrasement (m) *ou* refoulement (m) des dents	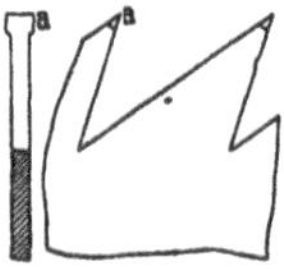	расклёпка (f) зубьевъ *или* зубцовъ ricalcatura (f) dei denti della sega el recalcar de las puntas de los dientes
6	gestauchte Zahnspitze (f) swaged tooth point pointe (f) de dent aplatie *ou* refoulée	a	расклёпанная вершина (f) зубца *или* зуба punta (f) del dentericalcata punta (f) de diente recalcada
7	Zahnstaucher (m) swaging die outil (m) pour écraser les dents [de scie]		приборъ (m) для расклёпки зубцовъ utensile (m) per ricalcare i denti recalcador (m) de dientes
8	das Sägeblatt nachzahnen (v) to re-cut the saw teeth redenter (v) la lame de scie		штамповать зубцы изношеннаго полотенца ridentare (v) una sega, fare (v) i denti a nuovo ad una sega repasar (v) la hoja de sierra

Ausschneiden (n) *oder* Ausstanzen (n) der Zähne
stamping out the teeth
estampage (m) des dents

штампованіе (n) зубцовъ
tranciatura (f) *o* punzonatura (f) dei denti 1
punzonado (m) de los dientes

---

ausschneiden (v), ausstanzen (v)
to stamp out
estamper (v) [les dents]

штамповать
tranciare (v), punzonare (v) 2
punzonar (v)

Ausschneiden (n) des Zahngrundes
stamping out the tooth gullet
estampage (m) des creux

штампованіе (n) впадинъ зубцовъ
tranciatura (f) *o* punzonatura (f) del fondo del dente 3
punzonado (m) del fondo de los dientes

Sägezahnschere (f)
hand press for stamping out saw
appareil (m) à estamper les dents

штампъ (m) для пилъ
punzonatrice (f) *o* trancia (f) per denti di sega 4
punzonadora (f) para dentar hojas de sierras

Sägezahnschermaschine (f)
machine for stamping out saw teeth
machine (f) à estamper les dents

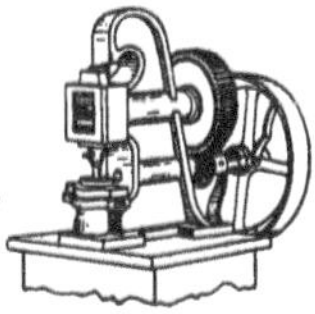

штамповальный станокъ (m) для пилъ
macchina (f) per tranciare denti di sega 5
máquina (f) punzonadora para dentar

Schärfen (n) der Sägezähne
sharpening the saw teeth
affûtage (m) des dents

точка (f) *или* точеніе (n) пилъ
affilatura (f) dei denti 6
afilado (m) de los dientes de sierra

---

schärfen (v)
to sharpen
affûter (v)

точить; натачивать
affilare (v) 7
afilar (v)

Sägefeile (f)
saw file
lime (f) pour dents (de scie)

напилокъ (m) для точки пилъ
lima (f) per affilare seghe, triangolo (m) per affilare seghe, lima (f) da sega 8
lima (f) para afilar sierras

1 Säge[n]schärfmaschine (f), Schärfmaschine (f) für Sägeblätter
saw sharpening machine
machine (f) à affûter les dents de scie, affûteuse (f)

станокъ (m) для точки пилъ; точильный станокъ для пилъ
macchina (f) da affilare, affilatrice (f)
máquina (f) de afilar hojas de sierra

---

2 Seitenfeile (f)
side file
lime (f) latérale

напилокъ (m) для точки боковыхъ кромокъ
lima (f) piatta
lima (f) lateral

---

3 Spannbank (f)
saw sharpener's bench
banc (m) à étau, banc (m) d'affût

верстакъ (m) съ тисками для точки пилъ
banco (m) per fissare le seghe da affilare *o* per tendere le seghe da affilare
banco (m) de sujeción

---

4 Säge[n]richtscheit (n), Säge[n]richtlineal (n)
straight edge used for dressing the teeth
règle (f) à dresser les dents

линейка (f) для вывѣрки пилъ
regolo (m) per raddrizzare i denti di sega
regla (f) de igualar sierras

---

5 Ausschleifen (n) des Zahngrundes
filing the tooth gullet
affûtage (m) des creux de dents

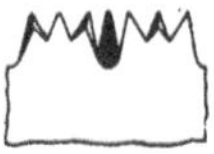

точка (f) *или* точенiе (n) впадинъ зубцовъ
affilatura (f) del fondo dei denti
afilado (m) *ó* vaciado (m) del fondo de los dientes

---

6 die Sägezähne gerade (schräg) schleifen (v)
to sharpen the teeth square across (to alternating angles)
affûter (v) droit (incliné) les dents

оттачивать зубцы прямо (косо)
affilare (v) diritto (inclinato) i denti
afilar (v) derecho (inclinado) los dientes

---

7 Gradschliff (m) der Zähne
sharpening the teeth square across
affûtage (m) droit des dents

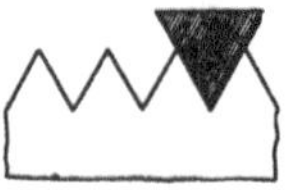

прямая [от]точка (f) зубцовъ
affilatura (f) diritta dei denti
afilado (m) derecho de los dientes

---

8 Schrägschliff (m) der Zähne
sharpening the teeth to alternating angles, bevelling the front edge of teeth
affûtage (m) *ou* aiguisage (m) incliné des dents

косая [от]точка (f) зубцовъ
affilatura (f) obliqua dei denti
afilado (m) inclinado de los dientes

selbsttätige Schrägschliffvorrichtung (f)
self acting saw sharpening machine with swivel head for bevelling the front edge of teeth
appareil (m) pour l'aiguisage incliné automatique des dents

автоматическій станокъ (m) для косой [от]точки пилъ
macchina (f) automatica per affilare i denti obliquamente
disposición (f) automática para afilar con inclinación 1

---

sich drehende *oder* rotierende Schmirgelscheibe (f)
revolving emery wheel *or* disc
meule (f) à émeri

вращающійся наждачный кругъ (m)
mola (f) rotante a smeriglio
disco (m) de esmeril giratorio 2

Steifsägen

Cross Cut Saws for Logs

Scies à tronçonner

Пилы съ жесткимъ полотенцемъ

Seghe a lama rigida *od* a lama volante 3

Sierras de lámina tiesa, sierras de tronzar

Steifigkeit (f)
rigidity
raideur (f)

жёсткость (f)
rigidezza (f)
tiesura (f), rigidez (f) 4

Mulaysäge (f)
Mulay saw
scie (f) de Mulay, scie (f) à lame lâche

пила (f) Мюлай съ ненатянутымъ полотенцемъ
sega (f) Mulay
sierra (f) de Mulay, sierra (f) de hoja floja 5

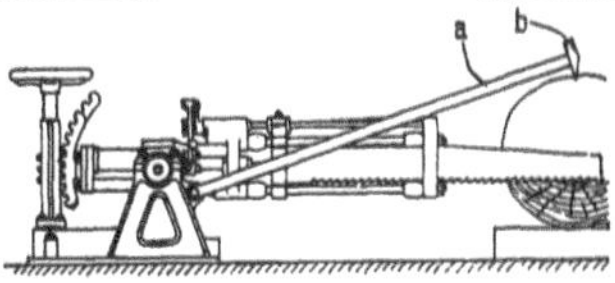

Quersäge (f), Trummsäge (f), Fuchsschwanzquersäge (f), Fuchsschwanz (m)
log saw, cross cut saw machine
scie (f) à tronçonner, scie (f) à manche

поперечная пила (f) для брёвенъ *или* для колодъ *или* для кряжей
sega (f) per tagli trasversali a lama volante, sega (f) per segare trasversalmente *o* per intestare
sierra (f) transversal, sierra (f) de tronzar, sierra (f) transversal de serrote 6

1 Haltarm (m)
hinged dog hook arm
bras (m) à crampon

a

рычагъ (m) для удержанія брёвенъ *или* колодъ *или* кряжей
braccio (m) di ritegno, braccio (m) dell'arpione
brazo (m) de sujeción

---

2 Haken (m)
dog hook
crampon (m)

b

крюкъ (m)
arpione (m)
gancho (m)

---

3 Baumfällsäge (f), Quersäge (f) zum Baumfällen, Baumstammquersäge (f)
tree feller, tree felling saw
scie (f) à abattre les arbres

пила (f) для валки деревьевъ
sega (f) per abbattere tronchi
sierra (f) horizontal de talar árboles

---

4 Baumfällsäge (f) mit Dampfantrieb
steam tree feller
scie (f) à vapeur à abattre les arbres

паровая пила (f) для валки деревьевъ
sega (f) con comando a vapore per abbattere tronchi
sierra (f) á vapor de talar árboles

---

5 fahrbare elektrische Baumfällsäge (f)
portable electric tree feller
scie (f) à abattre transportable à commande électrique

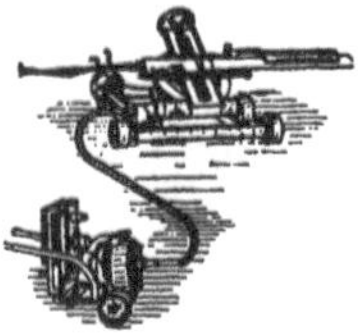

подвижная электрическая пила (f) для валки деревьевъ
sega (f) trasportabile con comando elettrico per abbattere tronchi
sierra (f) portátil eléctrica de tronzar árboles

---

6 Abkürzsäge (f), Stammablängesäge (f)
cross cut saw for logs
scie (f) à tronçonner les grumes

поперечная пила (f) для брёвенъ *или* для колодъ *или* для кряжей
sega (f) per intestare tronchi *o* per tagli trasversali di tronchi
sierra (f) de tronzar á dimensión los troncos

---

7 Ablängen (n) von Baumstämmen
cutting logs to length
tronçonner (v) les grumes

поперечное разрѣзываніе (n) брёвенъ *или* колодъ *или* кряжей
taglio (m) trasversale dei tronchi, suddivisione (f) di tronchi
tronzar (v) á dimensión los árboles cortados

---

8 ablängen (v)
to cut to length
tronçonner (v)

разрѣзать поперёкъ; отрѣзать
troncare (v), tagliare (v) trasversalmente
tronzar (v) á dimensión

Deutsch / English / Français		Русский / Italiano / Español	
Zugsäge (f), Waldsäge (f), Bauernsäge (f) double handed cross cut saw scie (f) passe-partout		поперечка (f); поперечная пила (f); двухручная пила seghetto (m), filetta (f) sierra (f) de tracción	1
Mondsäge (f), Bauchsäge (f), Wiegensäge (f) felling saw scie (f) en forme de croissant *ou* passe-partout, scie (f) à tronçonner		выгнутая поперечка (f); выгнутая поперечная пила (f); выгнутая двухручная пила sega (f) a pettine, pettine (m) sierra (f) curva	2
Schweifsägen **Sweep Cutting Saws** **Scies à chantourner**		**Прорѣзныя пилы** **Seghe da traforo ed a lama rigida** **Sierras de calar ó de contornear**	3
Schweifsäge (f), Ausschneidesäge (f), Wippsäge (f), Dekoupiersäge (f), Laubsäge (f) fret saw, fret sawing machine, fret cutting machine scie (f) à chantourner *ou* à découper	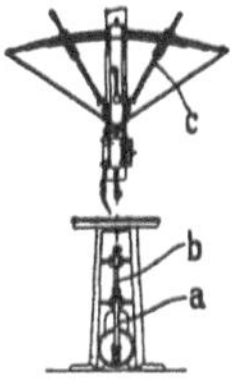	прорѣзная *или* ажурная пила (f) sega (f) da traforo alternativa a balestra per contornare sierra (f) de calar ó de marquetería	4
Lenkstange (f) reciprocating rod bielle (f) de commande	a	шатунъ (m) biella (f) di comando biela (f)	5
Führungsstange (f) guide rod tige (f) de commande	b	направляющая штанга (f); направляющій штокъ (m) asta (f) di guida varilla (f) de conducción	6
Spannstange (f) tension rod barre (f) de tension	c	натяжная струна (f) tirante (m) tirante (m)	7
freistehende Ausschneidesäge (f) self-contained jigger *or* fret saw machine scie (f) isolée à découper (sauteuse)	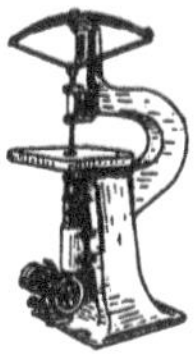	свободностоящая прорѣзная *или* ажурная пила (f) sega (f) a balestra con incastellatura indipendente sierra (f) de calar de bastidor independiente	8

Bandsägen

Band Saws,
1 **Band Saw Machines,**
Band Sawing Machines

Scies à ruban, scies sans fin

Ленточныя пилы

Seghe a nastro

Sierras de cinta

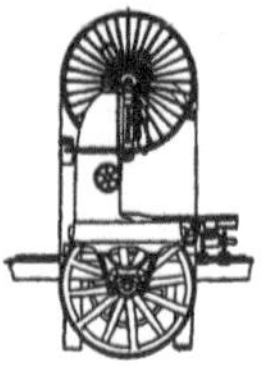

2 Blockbandsäge (f)
band saw for logs
scie (f) à ruban pour débiter les grumes

ленточная пила (f) для [распиловки] брёвенъ *или* колодъ *или* кряжей
sega (f) a nastro per tronchi
sierra (f) de cinta para bloques de madera *ó* troncos

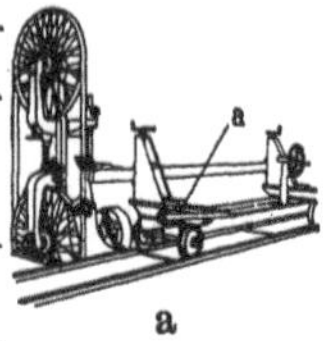

3 Bandsäge (f) mit Laufwagen
band saw with travelling carriage
scie (f) à ruban avec chariot d'aménage

ленточная пила (f) съ тележкой
sega (f) a nastro con carrello di alimentazione
sierra (f) de cinta con carro corredizo

4 Laufwagen (m)
travelling carriage
chariot (m) d'aménage

тележка (f)
carrello (m) di alimentazione
carro (m) corredizo

5 doppelte verstellbare Stutzbandsäge (f) *oder* Abkürzbandsäge (f)
double adjustable vertical band sawing machine for cutting logs
double scie (f) à ruban pour débiter les billes à longueur *ou* pour raccourcir les grumes

двойная перестанавливающаяся ленточная пила (f) для укорачиванія *или* для поперечной рѣзки
sega (f) a nastro doppia e regolabile *o* per intestare tronchi *o* per tagliare tronchi in lunghezza
sierra (f) de cinta doble para tronzar y cortar á medida

6 Tischbandsäge (f)
band sawing machine with table
scie (f) à ruban avec table

ленточная пила (f) со столомъ
sega (f) a nastro con tavola
sierra (f) de cinta con mesa

Bandsägetisch (m)
band saw table
table (f) de scie à ruban

a

столъ (m) ленточной пилы
tavola (f) della sega a nastro 1
mesa (f) de sierra de cinta

---

selbsttätiger Vorschub (m) der Bandsäge
automatic feed of band sawing machine
avance (f) automatique d'une scie à ruban

автоматическая подача (f) ленточной пилы
avanzamento (m) automatico della sega a nastro 2
avance (m) automático de la sierra de cinta

---

abnehmbarer Walzenvorschub (m)
removable roller feed
appareil (m) d'avance par rouleaux démontable

съёмная вальцевая подача (f)
apparecchio (m) di alimentazione a rulli smontabile 3
disposición (f) de avance por rodillos desmontable

Kreisschneideapparat (m)
circle cutting arrangement
dispositif (m) pour le sciage circulaire

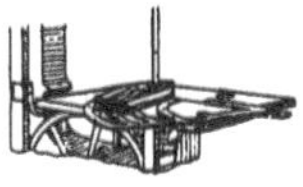

приборъ (m) для рѣзки по кругу
apparecchio (m) per segare circolarmente 4
aparato (m) de serrar circularmente

---

liegende Blockbandsäge (f)
horizontal log band saw
scie (f) horizontale à ruban pour grumes

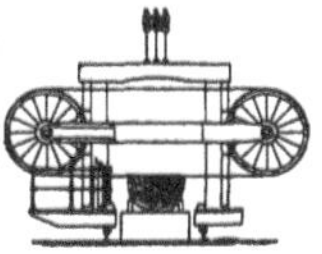

горизонтальная ленточная пила (f) для [распиловки] брёвенъ *или* колодъ *или* кряжей
sega (f) a nastro orizzontale per tronchi 5
sierra (f) de cinta horizontal para cortar bloques *ó* troncos

---

verstellbare Bandsäge (f)
horizontal band saw with vertically adjustable pulleys
scie (f) à ruban à poulies porte-lame ajustables [et lame inclinable]

ленточная пила (f), допускающая установку въ наклонномъ положеніи
sega (f) a nastro inclinabile 6
sierra (f) de cinta de volantes graduables [y hoja inclinable]

Bandrolle (f), [Band-] Sägerolle (f)
saw pulley
poulie (f) porte-lame

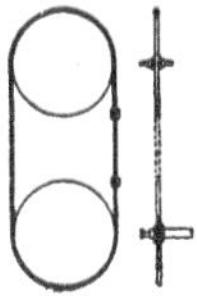

шкивъ (m) ленточной пилы: пильный шкивъ
puleggia (f) *o* volante (m) della sega 7
volante (m) de sierra sin fin

1 Tangentialspeichenrad (n)
saw pulley with tangential spokes
poulie (f) à rais tangents au moyeu

колесо (n) *или* шкивъ (m) съ тангентными спицами
puleggia (f) *o* volante (m) a raggi tangenziali
volante (m) porta-sierra con rayos tangenciales

---

2 die Rollenflächen reinhalten (v)
to keep the face of the pulley clean
tenir (v) propre la surface des poulies

содержать въ чистотѣ поверхность шкивовъ
tener (v) pulito il cerchione della puleggia *o* del volante
tener (v) limpias las superficies de las llantas de los volantes

---

3 Bandrollenwelle (f)
saw pulley spindles *or* shafts
arbre (m) de la poulie porte-lame

a

ось (f) пильнаго шкива
albero (m) del volante della sega
eje (m) de la polea *ó* volante porta-sierras

---

4 zweiseitige Lagerung (f)
double bearing
poulie (f) entre deux paliers, palier (m) double

укрѣпленіе (n) съ обѣихъ сторонъ шкива; двустороннее укрѣпленіе
sopporto (m) doppio
volante (v) suspendido entre dos cojinetes

---

5 fliegende Lagerung (f)
overhung bearing
palier (m) en porte à faux

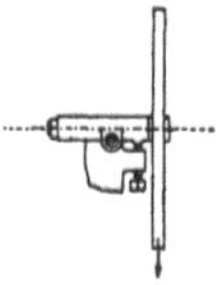

укрѣпленіе (n) шкива на вѣсу [внѣ опоръ]
sopporto (m) semplice, sopporto (m) in isbalzo
suspensión (f) del volante en un cojinete

---

6 Blattführung (f), Bandsägeführung (f)
band saw guide
guidage (m) de la lame

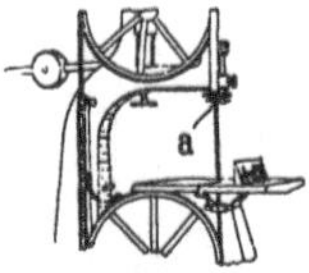

a

направляющая (f) пильной ленты
guida (f) della sega, guida (f) del nastro
conducción (f) de la hoja de sierra

---

7 Rückenführung (f)
back guide
guidage (m) dorsal de la lame

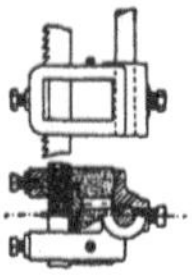

задняя направляющая (f); направляющая для задней кромки пильной ленты
guida (f) posteriore, guida (f) sul dorso della sega *o* del nastro
conducción (f) [de la hoja sin fin] por el lomo

Seitenführung (f)
lateral *or* side guide
guidage (m) latéral

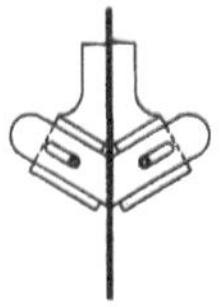

боковыя направляющія (f pl) ленты
guida (f) [doppia] laterale 1
conducción (f) [de la hoja de sierra] por los costados

Spannrolle (f)
tension pulley
galet (m) de tension

натяжное колесо (n); натяжной роликъ (m)
puleggia (f) tenditrice, volante (m) tenditore 2
rodaja (f) de tensión

Belastungsgewicht (n)
balance weight
contrepoids (m)

a

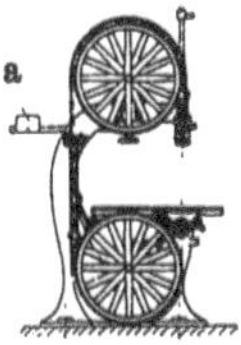

грузъ (m) для натягиванія; натяжной грузъ 3
contrappeso (m)
contra-peso (m)

Schnitthöhe (f) der Bandsäge
depth of cut of band saw
hauteur (f) du trait *ou* course (f) de la scie à ruban

a

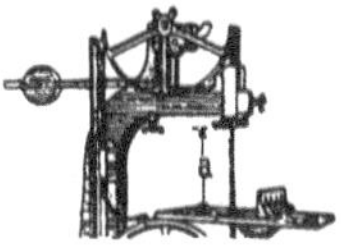

a

высота (f) пропила ленточной пилы
altezza (f) di taglio della sega, altezza (f) ammissibile sulla 4
sega
altura (f) de corte de la sierra de cinta

Bandsägeblatt (n), Bandsäge (f)
band saw blade
lame (f) de scie à ruban

пильная лента (f)
nastro (m) *o* lama (f) della sega
hoja (f) de sierra de 5
cinta, hoja (f) de sierra sin fin

Bandsägefeilmaschine (f)
band saw sharpening machine
machine (f) à affûter à la lime les lames de scie à ruban

машина (f) для [от]точки ленточныхъ пилъ напильникомъ
affilatrice (f) di sega a nastro, macchina 6
(f) per affilare seghe a nastro
máquina (f) de afilar sierras de cinta

Bandsägefeil- und Schränkapparat (m)
band saw sharpening and setting machine
appareil (m) à affûter et donner de la voie pour scies à ruban

аппаратъ (m) для [от]точки напильникомъ и разводки ленточныхъ пилъ
apparecchio (m) per 7
affilare e per dare la strada
aparato (m) de afilar y triscar sierras de cinta

1 Löten (n) des Bandsägeblattes
brazing the band saw
brasure (f) de la lame de scie à ruban

[c]пайка (f) ленточной пилы
saldatura (f) della sega a nastro
soldadura (f) de la sierra sin fin

---

2 Lötapparat (m) für Bandsägeblätter, Bandsägelötapparat (m)
brazing apparatus for band saw blades
appareil (m) à braser les lames de scie à ruban

приборъ (m) для [c]пайки ленточныхъ пилъ
apparecchio (m) per saldare seghe a nastro
aparato (m) de soldar sierras de cinta

---

3 Lötzange (f)
brazing pincers *or* tongs
pince (f) à braser

a

паяльныя клещи (f pl)
tenaglia (f) *o* pinza (f) da saldare
tenaza (f) para soldar

4 **Kreissägen**
Circular Saws
Scies circulaires

Круглыя пилы
Seghe circolari
Sierras circulares

5 sich drehende *oder* rotierende Säge (f)
revolving saw
scie (f) à disque tournant, scie (f) circulaire

вращающаяся пила (f)
sega (f) a disco girevole
sierra (f) rotatoria *ó* circular

---

6 feststehende *oder* stationäre Kreissäge (f)
fixed *or* stationary circular saw bench
scie (f) circulaire fixe

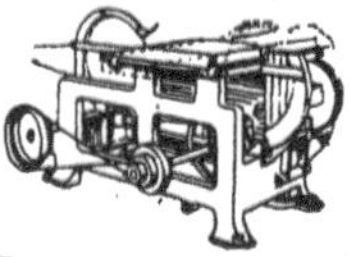

неподвижная *или* стаціонарная круглая пила (f)
sega (f) circolare ad incastellatura fissa
sierra (f) circular estacionaria *ó* fija

---

7 fahrbare Kreissäge (f)
portable circular saw bench
scie (f) circulaire sur chariot

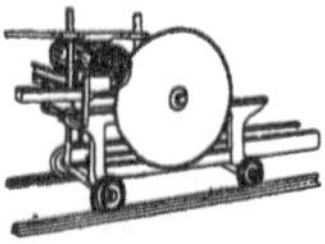

передвижная круглая пила (f)
sega (f) circolare trasportabile
sierra (f) circular portátil *ó* transportable

---

8 Kreissäge (f) mit Eisenstuhl *oder* mit Eisengestell
circular saw bench with iron frame
scie (f) circulaire avec bâti en fer

круглая пила (f) на чугунной станинѣ
sega (f) circolare con incastellatura di ghisa
sierra (f) circular con bastidor de hierro

---

9 Kreissäge (f) mit Holzstuhl *oder* mit Holzgestell
circular saw bench with wooden framework
scie (f) circulaire avec bâti en bois

круглая пила (f) на деревянной станинѣ
sega (f) circolare con incastellatura di legno
sierra (f) circular con bastidor de madera

Blockkreissäge (f)
circular saw for logs
scie (f) circulaire pour grumes

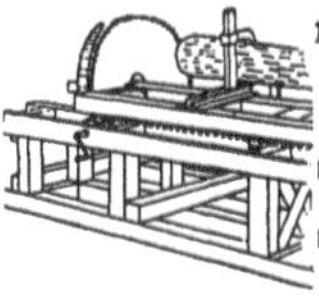

круглая пила (f) для [распиловки] брёвенъ *или* колодъ *или* кряжей
sega (f) circolare per segare tronchi
sierra (f) circular para troncos 1

Langholzkreissäge (f)
circular saw for length cutting *or* long lengths
scie (f) circulaire pour des bois longs

пила (f) для продольной распиловки *или* рѣзки
sega (f) circolare per tagli lunghi *o* per legname lungo
sierra (f) circular para maderas largas 2

Grubenholzkreissäge (f)
circular saw for pit props
scie (f) circulaire pour bois de charpente de mines

круглая пила (f) для рудничныхъ крѣпей
sega (f) circolare da carpentiere
sierra (f) circular para maderas de minas 3

Kantholzkreissäge (f)
circular saw for squaring logs
scie (f) circulaire à équarrir les grumes

круглая пила (f) для тёсанаго дерева *или* для брусьевъ
sega (f) circolare per squadrare tronchi
sierra (f) circular para escuadrar troncos 4

Oberwagen (m) mit Parallelverschiebung
top carriage with parallel sliding motion
chariot (m) supérieur à avance parallèle

a

стойки (f pl) для брёвенъ съ параллельнымъ перемѣщеніемъ
carrello (m) superiore ad avanzamento parallelo
carro (m) superior de avance paralelo 5

Unterwagen (m)
bottom carriage
chariot (m) inférieur

b

нижняя тележка (f)
carrello (m) inferiore
carro (m) inferior 6

Trennkreissäge (f)
ripping circular saw, circular rip saw
scie (f) circulaire à refendre

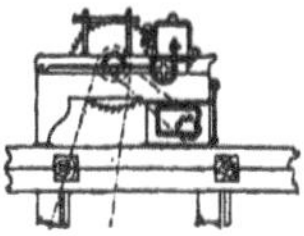

разрѣзная круглая пила (f)
sega (f) circolare per rifendere
sierra (f) circular para sacar tablas 7

Lattenkreissäge (f)
circular saw for laths
scie (f) circulaire pour lattes

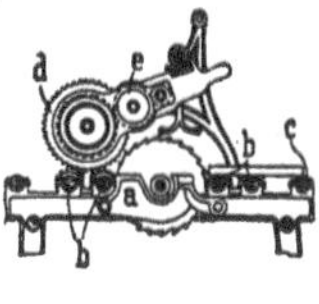

планочная круглая пила (f); круглая пила для изготовки рѣшетника
sega (f) circolare per assicelle
sierra (f) circular para hacer listones 8

1	Brücke (f) bridge piece support (m) transversal	a	опора (f) ponte (m), traversa (f) puente (m), soporte (m) transversal
2	geriefte Walze (f) grooved roller rouleau (m) cannelé	b	рифлёный валикъ (m) rullo (m) scanalato rodillo (m) ranurado *ó* acanalado
3	glatte Walze (f) smooth roller rouleau (m) lisse	c	гладкій валикъ (m) rullo (m) liscio rodillo (m) liso
4	Sternscheibe (f) star wheel roue (f) dentée	d	зубчатый дискъ (m) disco (m) dentato *od* a punte per l'avanzamento del legno disco (m) dentado
5	Tasche (f) gear case boîte (f) [d'engrenages]	e	кожухъ (m) copertura (f) dell'ingranaggio, guardia (f) di protezione caja (f) (de engranajes)
6	Besäumkreissäge (f) circular saw for edging boards scie (f) circulaire à dresser et à équarrir		обрѣзная круглая пила (f); круглая пила для обрѣзки кромокъ доски sega (f) circolare da refilare *o* da raddrizzare sierra (f) circular para recortar [cortar derecho]
7	Besäumen (n) von Brettern edging of boards dresser (v) *ou* aligner (v) les planches		обрѣзаніе (n) досокъ refilatura (f) *o* raddrizzatura (f) delle tavole el recortar tablas
8	Parallelsaumkreissäge (f), Doppelbesäumkreissäge (f) circular saw for parallel sawing scie (f) circulaire à dresser parallèlement *ou* scier les deux bords parallèlement		двойная обрѣзная круглая пила (f) sega (f) doppia da refilare *o* da raddrizzare sierra (f) circular doble para recortar los dos costados
9	gleichachsig gelagerte Sägeblätter (n pl) saw blades mounted on one spindle scies (f pl) circulaires montées sur le même arbre	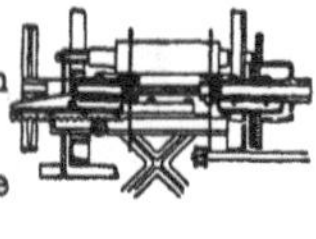	пильные диски (m pl) на общей оси *или* на общемъ валу seghe (f pl) circolari montate sullo stesso asse hojas (f pl) circulares montadas sobre el mismo eje

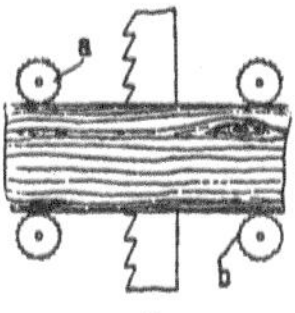

a

Zuschiebungswalze (f)
front feed roller
rouleau (m) d'aménage

надвигающій валикъ (m)
rullo (m) di avanzamento *o* di entrata *o* di alimentazione *od* anteriore
rodillo (m) de avance, rodillo (m) de introducción 1

---

b

Abzugwalze (f)
back roller
rouleau (m) de sortie

отводящій валикъ (m)
rullo (m) posteriore *o* di sortita
rodillo (m) de salida 2

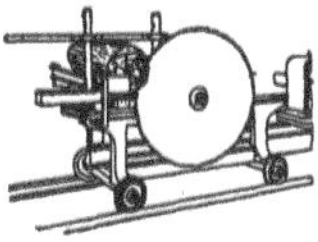

Querkreissäge (f)
circular cross cut saw
scie (f) circulaire à tronçonner

поперечная круглая пила (f)
sega (f) circolare per tagliare trasversalmente *o* per tagli trasversali *o* per intestare
sierra (f) circular de tronzar 3

Schwellenquersäge (f)
circular cross cut saw for railway sleepers
scie (f) pour traverses de chemin de fer

поперечная круглая пила (f) для шпалъ
sega (f) per traversine
sierra (f) circular para traviesas de ferrocarril 4

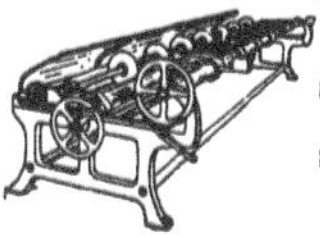

mehrfache Querkreissäge (f)
multiple cross cut saw
scie (f) circulaire multiple à tronçonner

многократная поперечная круглая пила (f); триммеръ (m)
sega (f) multipla per tagli trasversali
sierra (f) circular de tronzar de hojas múltiples 5

Kreissäge (f) mit Blockkarren
circular saw with log carriage *or* trolley
scie (f) circulaire avec chariot pour grumes

круглая пила (f) съ телѣжкой для подачи брёвенъ *или* колодъ *или* кряжей
sega (f) circolare con carrello per tronchi
sierra (f) circular con carro para troncos 6

Spießbock (m)
trolley with holding spike
crampon (m) de fixation

шипъ (m)
cavalletto (m) a ruote *o* carrello (m) con arpione
garra (f) de sujeción 7

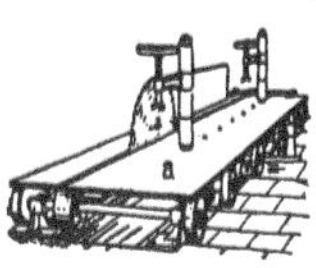

Kreissäge (f) mit selbsttätigem Lauftisch
circular saw with self-acting travelling table
scie (f) circulaire avec chariot automatique

круглая пила (f) съ автоматической подачей стола
sega (f) circolare con tavola ad avanzamento automatico
sierra (f) circular con mesa de avance automático 8

1 Lauftisch (m), fahrbarer Tisch (m), Laufwagen (m)
travelling table
chariot (m), plateau (m) roulant, table (f) roulante *ou* glissante

a

подвижной столъ (m); подвижная телѣжка (f)
tavola (f) scorrevole
mesa (f) corrediza, carro (m) corredizo

---

2 Tischkreissäge (f)
circular saw bench
scie (f) circulaire à table

круглая пила (f) съ неподвижнымъ столомъ
sega (f) circolare con tavola
sierra (f) circular de mesa

---

3 Tischfläche (f)
surface of table
surface (f) de la table

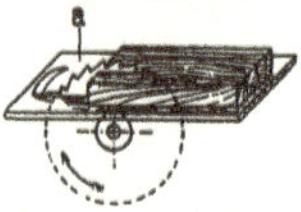

a

плоскость (f) стола
superficie (f) *o* piano (m) della tavola
superficie (f) de mesa

---

4 Gleitwalze (f)
guide roller
rouleau (m) de support

a

подпирающій *или* поддерживающій валикъ (m)
rullo (m) trasportatore *o* di alimentazione
rodillo (m) de deslizamiento

---

5 Tischführungslineal (n)
parallel fence
guide (m) parallèle

a

направляющая линейка (f)
guida (f) parallela *o* per il lungo *o* longitudinale
escuadra (f) de guía en la mesa

---

6 Führungsbacke (f)
fence plate
joue (f) de guidage

a

направляющая линейка (f)
piano (m) *o* dorso (m) della guida, cuscini (m pl) della guida
cara (f) de la guía

---

7 Führungsrolle (f)
guide roller
rouleau (m) de guidage

b

направляющій роликъ (m)
rullo (m) di guida
rodillo (m) de guía

---

8 Zuschieb[ungs]rad (n)
front feed roller
galet (m) d'aménage

a

ведущая зубчатка (f); зубчатка для надвиганія
ingranaggio (m) di alimentazione *o* di entrata
rueda (f) de introducción

Abzugrad (n)
back roller
galet (m) de sortie

b

отводящая зубчатка (f); зубчатка для отодвиганія
ingranaggio (m) di sortita
rueda (f) de salida 1

Tischlerkreissäge (f)
joiner's saw bench
scie (f) circulaire pour menuiserie

столярная круглая пила (f)
sega (f) circolare da ebanista
sierra (f) circular para carpinteros 2

[vertikale] Feinkreissäge (f)
vertical circular saw for thin boards
scie (f) circulaire verticale pour feuillures

вертикальная круглая пила (f) для [рѣзки] тонкихъ дощечекъ *или* фанерокъ
sega (f) circolare per lavori leggieri
sierra (f) circular vertical para cortes finos 3

Abkürzkreissäge (f) mit Schiebetisch *oder* mit verschiebbarem Tisch
circular saw for cutting to length with hand sliding table
scie (f) circulaire à raccourcir avec table mobile

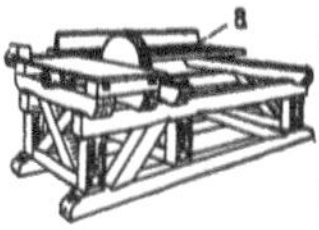

круглая пила (f) для укорачиванія съ подвижнымъ столомъ
sega (f) circolare per accorciare *o* per tagli trasversali con tavola scorrevole
sierra (f) circular para tronzar á dimensión con mesa corrediza 4

---

seitlicher Schiebetisch (m)
table with lateral travel
table (m) mobile latérale

a

подвижной столъ (m) съ одной стороны пилы
tavola (f) laterale scorrevole
mesa (f) lateral corrediza 5

Kreissäge (f) mit verstellbarem Tisch
circular saw with tilting *or* canting table
scie (f) circulaire avec table à bascule

круглая пила (f) съ переставанливающимся столомъ
sega (f) circolare con tavola inclinabile
sierra (f) circular con mesa inclinable [graduable] 6

---

verstellbarer Sägetisch (m)
tilting *or* canting table
table (f) de scie inclinable

переставанливающійся пильный столъ (m)
tavola (f) inclinabile della sega
mesa (f) de sierra graduable 7

---

schwingender *oder* pendelnder Tisch (m)
pendulum table
table (f) oscillante

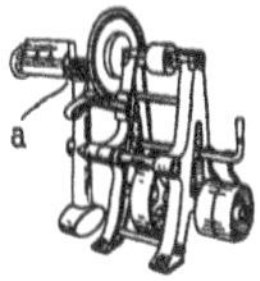

a

качающійся пильный столъ (m)
tavola (f) oscillante
mesa (f) oscilante, mesa (f) de péndulo 8

1 Tischkreissäge (f) mit hoch und tief stellbarem Tisch
circular saw bench with rising and falling table
scie (f) circulaire à plateau monte et baisse *ou* à table déplaçable verticalement

станокъ (m) съ круглой пилой и съ перестанавливающимся вверхъ и внизъ столомъ
sega (f) circolare con tavola a spostamento verticale
sierra (f) circular con mesa de subir y bajar

---

2 Tischkreissäge (f) mit hoch und tief stellbarem Sägeblatt
circular saw bench with rising and falling spindle
scie (f) circulaire à table avec arbre porte-lame déplaçable

станокъ (m) съ круглой пилой и съ перестанавливающимся вверхъ и внизъ пильнымъ дискомъ
sega (f) circolare con lama a spostamento verticale
sierra (f) circular con hoja de subir y bajar

---

3 Abkürzsäge (f) mit wanderndem Sägeblatt
circular saw for cutting to length mounted on swinging carriage
scie (f) à tronçonner à lame mobile horizontalement

пила (f) для укорачиванія съ надвиганіемъ пильнаго диска
sega (f) circolare per accorciare *o* per tagli trasversali con lama a movimento di andirivieni
sierra (f) circular de cortar *ó* dimensión con hoja de traslación

---

4 [Rahmen-]Gehrungssäge (f)
saw for mitre cutting
scie (f) à onglet [d'encadrement]

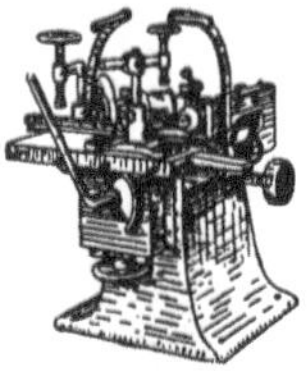

пила (f) для рѣзанія подъ угломъ
sega (f) circolare con disco per tagli d'angolo
sierra (f) circular para cortar ingletes

---

5 Säulenkreissäge (f)
circular saw mounted on column *or* pillar
scie (f) circulaire sur colonne

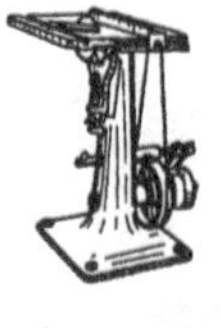

круглая пила (f) на колоннѣ
sega (f) circolare con incastellatura a colonna
sierra (f) circular montada sobre columna

---

6 Schindelkreissäge (f), Schindelmaschine (f)
circular saw for roof shingles
scie (f) circulaire à bardeaux

гонторѣзная круглая пила (f); гонтовая машина (f)
sega (f) circolare per assicelle
sierra (f) circular para pequeñas tablas

Daubenfüg[e]säge (f)
stave jointing saw
scie (f) à jointer les douves

круглая пила (f) для опиливанія клёпокъ
sega (f) per doghe
sierra (f) circular para hacer juntas de duelas
1

Daubenabkürzsäge (f)
stave cross cut saw
scie (f) à raccourcir les douves

пила (f) для укорачиванія клёпокъ
sega (f) per accorciare *o* per tagliare le doghe [a lunghezza] *o* per intestare le doghe
sierra (f) circular doble para cortar las duelas á dimensión
2

Bestoßkreissäge (f)
circular saw for squaring the ends of boards
scie (f) circulaire à araser

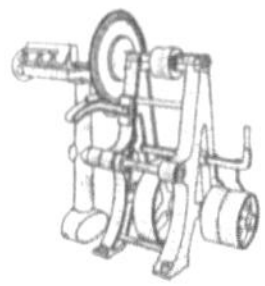

форматная круглая пила (f)
sega (f) circolare per smussare *o* per intestare *o* per tagliare a lunghezza stabilita
sierra (f) circular para recortar á espesor el extremo de las tablas
3

Parkettstabbestoßmaschine (f)
machine for parquetry work
machine (f) à araser les frises de parquet

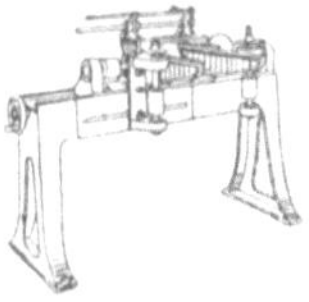

станокъ (m) для пригонки паркетинъ; паркетно-пригонный станокъ
macchina (f) per accorciare *o* per intestare assicelle da pavimento *o* per tagliare a lunghezza le assicelle per pavimenti
máquina (f) para recortar tablas de entarimado (parquet)
4

---

selbsttätige Parkettbestoßmaschine (f)
automatic machine for parquetry work
machine (f) automatique à raccourcir les frises de parquet

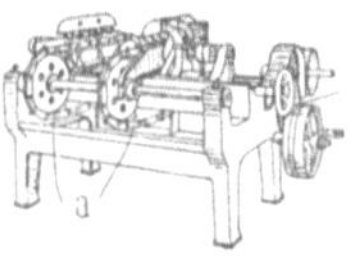

автоматическій паркетно-пригонный станокъ (m)
macchina (f) automatica per accorciare *o* per intestare assicelle per pavimenti *o* per tagliare a lunghezza le assicelle per pavimenti
máquina (f) automática para recortar tablas de entarimado
5

Bandkette (f), Transportkette (f)
feed chain
chaîne (f) de transport *ou* d'aménage

a

транспортная цѣпь (f)
catena (f) di trasporto *o* di alimentazione
cadena (f) transportadora
6

1 Bodenrundschneid[e]-maschine (f)
cask head rounding machine
machine (f) à arrondir les planchettes des fonds de tonneaux

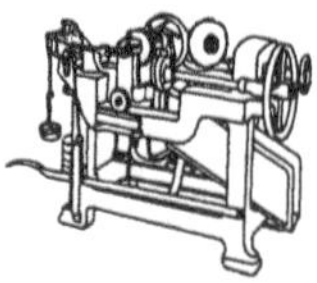

станокъ (m) для выдѣлки *или* для вырѣзыванія круглыхъ днищъ
macchina (f) per ritondare i fondi di botti *o* di barili
sierra (f) de recortar circularmente los fondos de barriles

---

2 Brennholzkreissäge (f) mit beweglicher Schneidlade
circular saw for fire wood with movable cradle
scie (f) circulaire pour bois de chauffage avec porte-bûche oscillant

дроворѣзная круглая пила (f) съ подвижнымъ129 лоткомъ
sega (f) circolare per legna da ardere con portaceppo
sierra (f) circular para madera de combustión con porta-madera móvil

---

3 Schneidlade (f)
movable cradle
porte-bûche (m)

a

лотокъ (m)
portaceppo (m)
porta-maderas (f)

---

4 Spreißelwagen (m)
faggot trolley
wagonnet (m) pour transporter les fagots

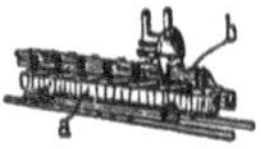

a

тележка (f) для вóзки хвороста
vagonetto (m) per fascine, carrello (m) per fasci
carro (m) transportador para fogotes de leña

---

5 Spreißel (m)
faggot
bois (m) à fagot

b

хворостъ (m)
fascina (f), fascio (m)
maderas (f pl) partidas, fogotes (m pl) de leña

---

6 Bündelpresse (f)
faggot bundling press
presse (f) à botteler

вязаночный прессъ (m)
pressa (f) per fascine *o* per fasci
prensa (f) para hacer haces

---

7 liegende Kreissäge (f), Horizontalkreissäge (f)
horizontal circular saw bench
scie (f) circulaire horizontale

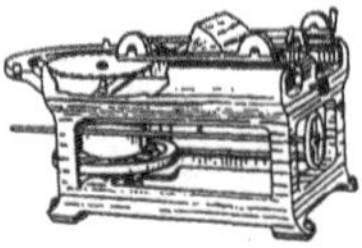

горизонтальная круглая пила (f)
sega (f) circolare ad asse verticale, sega (f) circolare orizzontale
sierra (f) circular horizontal

---

8 Feinsäge (f) mit liegendem Blatt
horizontal circular saw for fine *or* thin
scie (f) circulaire horizontale à feuillures *ou* pour travail de précision

горизонтальная круглая пила (f) для рѣзки тонкихъ дощечекъ
sega (f) circolare orizzontale per lavori leggeri, sega (f) ad asse verticale per lavori leggeri
sierra (f) circular horizontal para cortes finos

Holzzuschieb[e]wagen (m)
hand travelling timber trolley *or* carriage
chariot (m) d'aménage du bois

a

телѣжка (f) для подачи *или* для надвиганія дерева
carrello (m) di alimentazione del legname *o* di avanzamento del legname 1
carro (m) para introducir las maderas

Querkreissäge (f) mit Handvorschub
cross cut saw with hand feed motion
scie (f) circulaire à tronçonner avec aménage du bois à la main

поперечная круглая пила (f) съ ручной подачей
sega (f) circolare per tagli trasversali con avanzamento a mano 2
sierra (f) de tronzar con avance *ó* introducción á mano

Kreissäge (f) mit selbsttätigem Vorschub
circular saw bench with automatic feed
scie (f) circulaire avec aménage automatique

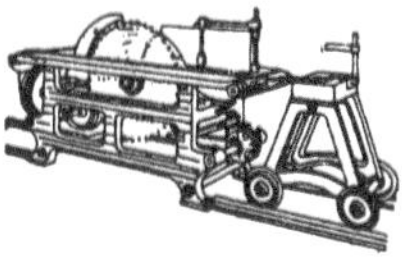

круглая пила (f) съ автоматической подачей
sega (f) circolare ad alimentazione automatica *o* ad avanzamento automatico 3
sierra (f) circular con avance automático

Schlittenkreissäge (f), Kreissäge (f) mit Schlittenvorschub
circular saw bench with table travelling on rollers
scie (f) circulaire à plateau roulant sur galets

круглая пила (f) съ телѣжкой *или* съ подвижнымъ столомъ
sega (f) circolare con dispositivo di avanzamento a slitta 4
sierra (f) circular con avance de plataforma corrediza

Pendel[kreis]säge (f), Schwingsäge (f), schwingende Säge (f), Balanciersäge (f)
pendulum circular saw
scie (f) circulaire à pendule

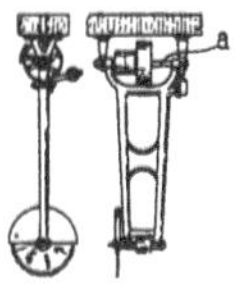

маятниковая круглая пила (f); висячая круглая пила
sega (f) a pendolo, sega (f) oscillante 5
sierra (f) circular de péndulo, sierra (f) circular suspendida

---

Aufhängeachse (f)
pivot shaft
arbre (m) de suspension

a

подвѣсная ось (f)
asse (m) di sospensione 6
eje (m) de suspensión

---

fahrbare Pendel[kreis]säge (f)
portable pendulum circular saw
scie (f) [circulaire] à pendule sur roues

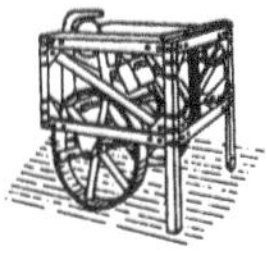

передвижная маятниковая круглая пила (f)
sega (f) a pendolo *o* oscillante trasportabile 7
sierra (f) de péndulo portátil

1 Pendel[kreis]säge (f) mit elektrischem Antrieb
pendulum circular saw with electric drive
scie (f) [circulaire] à pendule avec commande électrique

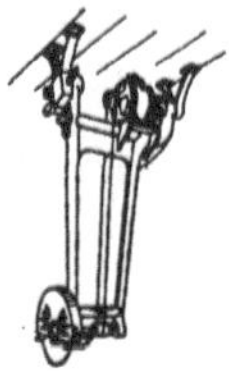

маятниковая круглая пила (f) съ электрическимъ приводомъ
sega (f) oscillante *od* a pendolo con comando elettrico
sierra (f) de péndulo movida directamente por motor eléctrico

---

2 Pendelsäge (f) mit Unterantrieb
pendulum saw driven from below
scie (f) à pendule avec commande inférieure

маятниковая пила (f) съ нижнимъ приводомъ
sega (f) oscillante *od* a pendolo comandata dal basso
sierra (f) de péndulo con disposición de impulso en la parte inferior

---

3 Kappsäge (f), [Radiussäge (f)]
vertical oscillating circular saw
scie (f) [circulaire] verticale oscillante

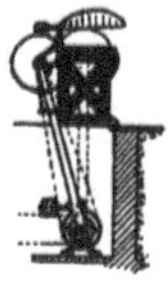

маятниковая пила (f); [фиг.:] обратная маятниковая пила
sega (f) circolare oscillante [con tavola]
sierra (f) circular vertical oscilante [de péndulo]

---

4 liegende *oder* horizontale Kappsäge (f)
horizontal oscillating circular saw
scie (f) [circulaire] horizontale oscillante

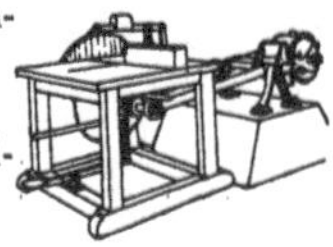

радiальная пила (f); горизонтальная подвѣсная пила
sega (f) circolare orizzontale ed oscillante [con tavola]
sierra (f) circular horizontal oscilante [de péndulo]

---

5 Baumstammquerkreissäge (f)
log cross cutting circular saw with radial arm
scie (f) circulaire à tronçonner les grumes

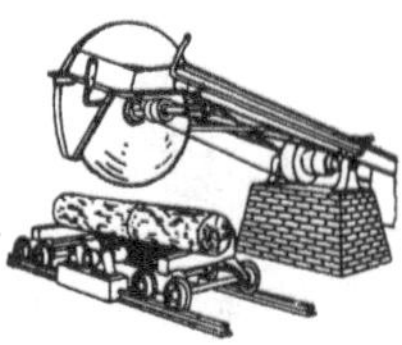

поперечная круглая пила (f) для распиловки колодъ *или* брёвенъ
sega (f) circolare a bilanciere per tronchi
sierra (f) circular para tronzar troncos

---

6 Taumelsäge (f), schwankende *oder* wankende Kreissäge (f), Schaukelsäge (f)
drunken saw blade
scie (f) circulaire oscillante

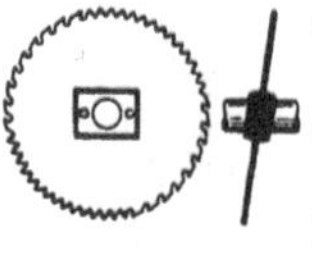

колеблющаяся пила (f); пила съ косой осью; пьяная пила
sega (f) circolare a lama oscillante, sega (f) circolare obliqua
hoja (f) de sierra circular oscilante

verstellbare Nutsäge (f)
drunken saw blade for grooving
scie (f) circulaire oscillante réglable à rainurer

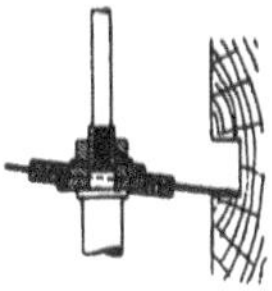

перестанавливающаяся пила (f) для пазовъ; пила съ косой осью; пьяная пила
lama (f) di sega oscillante e regolabile 1
hoja(f) circular oscilante para ranurar ó acanalar

Kreissägewelle (f)
saw spindle
arbre (m) pour scie circulaire

валъ (m) круглой пилы; пильный (m) валъ
albero (m) della lama, asse (m) della sega circolare 2
eje (m) para sierra circular

Kreissägeblattbefestigung (f)
fixing of saw blade
fixation (f) de la scie circulaire

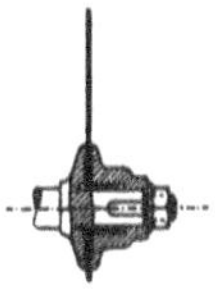

закрѣпленіе (n) пильнаго диска
piazzamento (m) o fissaggio (m) della sega circolare 3
disposición (f) de sujeción de la hoja circular

Ausrichten (n) der Kreissäge
adjusting the circular saw
ajustage (m) de la scie circulaire

вывѣрка (f) круглой пилы
aggiustaggio (m) o messa (f) a punto della sega circolare 4
graduación (f) de la sierra circular

Sägeblattführung (f), Sägeblattstützung (f)
saw blade guide
guidage (m) de la lame de scie circulaire

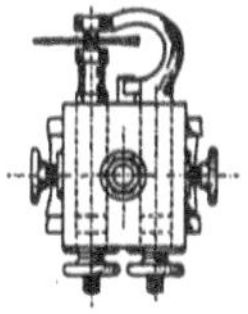

направляющія (f pl) для пильныхъ дисковъ
guide (f pl) della sega circolare 5
guía (f) de la hoja de sierra circular

Packdose (f)
packing box
boite (f) de bourrage

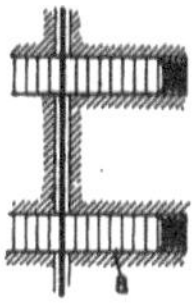

сальникъ (m)
scatola (f) di guarnizione 6
caja (f) de colocación ó de empaquetadura

Packung (f)
packing
bourrage (m)

a

набивка (f)
guarnizione (f) 7
empaquetadura (f)

---

getalgte Baumwolle (f), mit Talg durchsetzte Baumwolle (f)
tallowed cotton packing
coton (m) imbibé de suif

просаленная бумажная прядь (f)
cotone (m) insevato, guarnizione (f) imbevuta di sevo 8
cotón (m) de sebo, algodón (m) impregnado en sebo

1 Lederscheibe (f)
leather disc
disque (m) de cuir

кожаный кружокъ (m)
guarnizione (f) di cuoio
disco (m) de cuero

---

2 verstellbare Kreissägelagerung (f)
adjustable bearing for circular saw
palier (m) réglable pour scies circulaires

перестанавливающійся подшипникъ (m) круглой пилы
cuscinetti (m pl) regolabili della sega circolare
montaje (m) graduable del eje de la sierra circular

---

3 Kreissägeblatt (n)
circular saw blade
lame (f) de scie circulaire

пильный дискъ (m); дискъ круглой пилы
sega (f) circolare, lama (f) da sega circolare
hoja (f) de sierra circular

---

4 kegelig *oder* konisch geschliffenes Sägeblatt (n)
saw blade with bevelled cutting edge
lame (f) de scie à biseau

конически заострённый пильный дискъ (m)
sega (f) circolare ad entrata conica, lama (f) da sega circolare ad entrata conica
hoja (f) de sierra afilada conicamente

---

5 Trommelsäge (f), Zylindersäge (f), Kron[en]säge (f)
cylinder saw
scie (f) cylindrique

цилиндрическая пила (f)
sega-trapani (f)
sierra (f) de tambor, hoja (f) de serrar cilindrica

---

6 Mulde (f)
trough
auge (f)

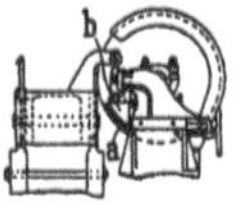

a

корыто (n)
truogolo (m)
hoyo (m)

---

7 Räumplatte (f)
delivering plate
plaque (f) de dégagement

b

пластинка (f) для вытаскиванія клёпокъ
placca (f) di scarico
placa (f) de desalojar

---

8 faßförmige Säge (f)
barrel saw
tambour (m) pour faire des douves bombées

бочковидная пила (f)
sega (f) con tamburo in forma di fusto
sierra (f) en forma de barril

Kugelschal[en]säge (f), Konkavsäge (f)
concaved circular saw
scie (f) circulaire concave

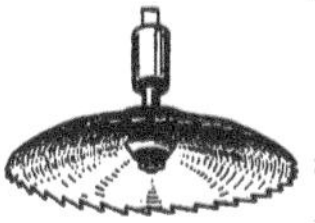

станокъ (m) съ шарообразной *или* со сферической пилой; станокъ съ вогнутой пилой
sega (f) circolare concava
sierra (f) cóncava 1

---

kugelflächiges Sägeblatt (n), Sägeblatt (n) mit Kugelfläche
concave circular saw blade
lame (f) de scie circulaire concave

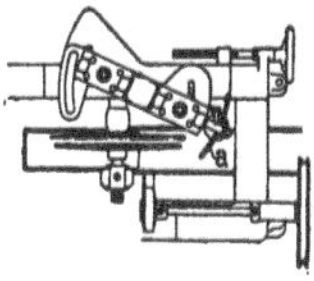

a

шарообразная *или* сферическая пила (f); вогнутая пила
lama (f) da sega a calotta, sega (f) circolare concava 2
hoja (f) de sierra de forma cóncava

XI.

Holzhobelmaschinen

Wood Planing Machines

Raboteuses à bois

Деревострога[те]льные станки

Piallatrici per il legno

Máquina de cepillar madera

---

1 **Spanhobelmaschinen**
Veneer Planing Machines
Machines à faire les feuilles de placage
Станки, обрабатывающіе дерево снятіемъ стружки
Piallatrici per impellicciature
Máquinas de hacer chapas de madera

2 Holzhobelmaschine (f) mit Hobeleisen und Zugbewegung
wood planing machine with movable plane iron
machine (f) à raboter le bois avec déplacement horizontal de l'outil *ou* rabot

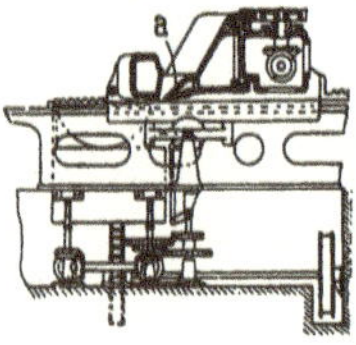

деревострога[те]льный станокъ (m) съ поступательнымъ движеніемъ струга
piallatrice (f) per legno con tavola a coltello scorrevole
máquina (f) de cepillar madera con cuchillas y avance útil ó cepillo

---

3 Hobel (m)
plane
rabot (m)

a

стругъ (m)
pialla (f)
cepillo (m)

---

4 Spanhobelmaschine (f), Spanschneidmaschine (f), Spanschneider (m), Furnierhobelmaschine (f), Furnierschneidmaschine (f)
veneer [cutting] machine
machine (f) à faire les feuilles de placage

фанер[оч]но-строга[те]льный станокъ (m)
piallatrice (f) *o* macchina (f) per impellicciature
máquina (f) de hacer chapas de madera

Spanmesser (n), Furniermesser (n), Stahllamelle (f)
fixed plane iron
couteau (m) *ou* lame (f) de couteau pour feuilles de placage

ножъ (m) въ фанер-[оч]но-строга[те]льномъ станкѣ
coltello (m) *o* lama (f) fissa per impellicciature 1
cuchilla (f) *ó* lámina (f) para cortar chapas de madera

Ritzmesser (n), Ritzelmesser (n)
scoring knife
couteau (m) à trusquiner, couteau (m) à tracer les feuilles de placage

рѣзецъ (m) для надрѣзанія строгальной стружки; круглолущильный рѣзецъ 2
lama (f) per tracciare impelliciature dai tronchi
cuchilla (f) de trazar las chapas de madera

Messerschlitten (m), Schlitten (m)
cutter *or* knife slide
chariot (m) à couteaux

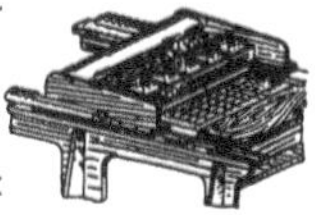

ножевой ползунъ (m); салазки (f pl) съ ножами
slitta (f) del portacoltello, slitta (f) del portalama 3
carro (m) de cuchillas

Messerträger (m)
cutter *or* knife holder
porte-couteaux (m)

ножевой суппортъ (m); суппортъ для ножа
portacoltello (m), portalama (m) 4
porta-cuchillas (m)

Messerstütze (f)
knife supports
appui (m) de la lame

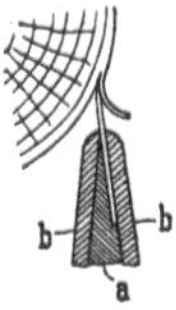

опора (f) для ножа
sopporto (m) della lama *o* del coltello 5
apoyo (m) de lámina

a

Überlageisen (n)
knife back irons
contre-fer (m)

b

желѣзная накладка (f)
guancia (f) portalama 6
contra-cuchilla (f)

Kuppelstück (n)
coupling arrangement
accouplement (m)

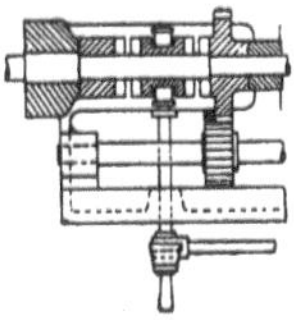

соединительный механизмъ (m)
innesto (m) 7
acoplamiento (m)

Späne schneiden (v)
to cut veneers
faire (v) des copeaux

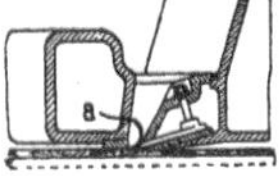

снимать стружку
tagliare (v) impellicciature 8
sacar (v) virutas, sacar (v) chapas de madera

1 Span (m), Furnier (n)
veneer
copeau (m), feuille (f) de placage

a

стружка (f); фанера (f)
impellicciatura (f)
chapa (f) de madera, hoja (f) de madera

---

2 Furnierschneidmaschine (f) mit geradem Schnitt
horizontal veneer machine with straight cut
machine (f) à faire les feuilles de placage à mouvement horizontal

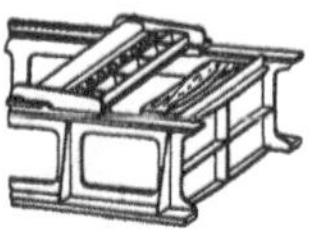

фанер[оч]ный станокъ (m) *или* фанерорѣзальная машина (f) съ прямолинейнымъ движеніемъ ножа
piallatrice (f) per impellicciature a taglio orizzontale
máquina (f) de hacer chapas de madera con corte derecho horizontal

---

3 Furnierschälmaschine (f), Rundschälmaschine (f), Furnierschneidmaschine (f) mit Spiralschnitt
veneer peeling machine [with spiral cut]
machine (f) à dérouler les bois ronds

круглолущильный станокъ (m); фанерорѣзальная машина (f) для снятія спиральныхъ фанеръ; фанер[оч]ный станокъ съ вращательнымъ движеніемъ кряжа
piallatrice (f) rotativa per impellicciature
máquina (f) de desenrollar madero redondo

---

4 Schachtelspanteilmaschine (f)
box veneer cutting machine
machine (f) à découper les feuilles *ou* bandes minces pour boîtes

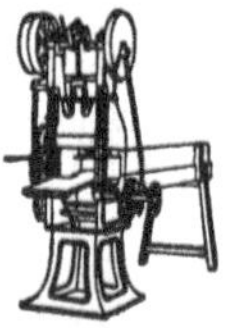

станокъ (m) для нарѣзки коробочной дран[к]и
macchina (f) per tagliare assicelle da scatole
máquina (f) de cortar tiras para cajas de las chapas de madera

---

5 Schachtelspan (m)
box veneer
feuille (f) *ou* bande (f) mince pour boîtes

коробочная драань (f) *или* дранка (f)
assicella (f) per scatole
hoja (f) de madera para cajas

---

6 Schachtelzargenteilmaschine (f)
[box] dovetailing machine
machine (f) à découper les bords des tablettes *ou* planchettes latérales pour boîtes

станокъ (m) для изготовленія ящичныхъ боковыхъ стѣнокъ
macchina (f) per tagliare le congiunzioni delle assicelle per scatole
máquina (f) de cortar en los costados de las chapas para cajas las colas de milano

---

7 Schachtelzarge (f)
[box] dovetail
bord (m) de tablette *ou* planchette latérale pour boîtes

боковая стѣнка (f) ящика
congiunzione (f) di assicelle per scatole
borde (m) de costado de caja

Holzwoll[e]maschine (f)
wood wool making machine
machine (f) à faire la laine de bois

станокъ (m) для древесной шерсти
macchina (f) per fare lana di legno *o* di bosco
máquina (f) de hacer lana de madera 1

---

doppelte Holzwoll[e]maschine (f)
double wood wool making machine
machine (f) double à faire la laine de bois

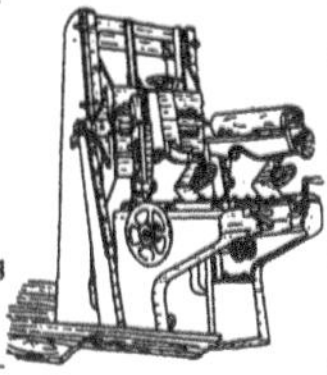

двойной станокъ (m) для древесной шерсти
macchina (f) doppia per fare lana di legno *o* di bosco
máquina (f) de hacer lana de madera de doble efecto 2

---

drehbare Einspannvorrichtung (f)
rotatable cramping apparatus
appareil (m) de fixation tournant

вращающееся нажимное приспособленіе (n)
dispositivo (m) girevole per fissare il tronco
porta-maderas (m) giratorio 3

Ballenpresse (f), Packpresse (f)
baling *or* packing press
presse (f) verticale à emballer

прессъ (m) для тюковъ
pressa (f) per balle, pressa (f) per colli
prensa (f) para empaquetar lana de madera 4

Preßkasten (m)
press framework
châssis (m) de la presse à emballer

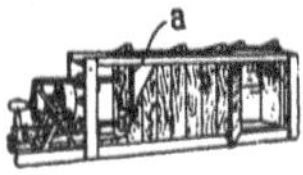

прессовальный ящикъ (m)
cassa (f) della pressa per balle *o* per colli
caja (f) de la prensa de lana de madera 5

Preßdeckel (m)
preß head
couvercle (m) de la presse

a

прессующая крышка (f)
coperchio (m) della pressa
cubierta (f) de la caja de la prensa 6

---

selbsttätige doppelte Ballenpresse (f)
double automatic baling press
presse (f) automatique double à emballer

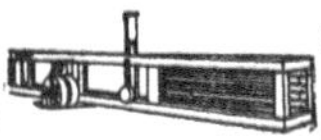

двойной автоматическій прессъ (m) для тюковъ
pressa (f) doppia automatica per balle *o* per colli
prensa (f) automática doble para lana de madera 7

Spinnmaschine (f) für Holzwoll[e]seile
wood wool rope spinning machine
machine (f) à corder les fibres de bois

станокъ (m) для свиванія канатовъ изъ древесной шерсти
macchina (f) per torcere lana di legno *o* di bosco
máquina (f) de hacer trenza de lana de madera 8

1	Spindeldüse (f) spindle nozzle douille (f)	a	осевая пріёмная трубка (f) bussola (f) casquillo (m) del husillo
2	Wickeltrommel (f) winding drum tambour (m) d'enroulement	b	барабанъ (m) для намотки tamburo (m) di avvolgimento tambor (m) de enrollar
3	Holzwoll[e]seil (n) wood wool rope corde (f) en fibre de bois	c	канатъ (m) изъ древесной шерсти fune (f) *o* corda (f) di lana di legno *o* di bosco trenza (f) de lana de madera
4	Hobelmaschine (f) für Holzgeflechtspäne wood planing machine for cord fibres machine (f) à varloper pour copeaux à treillis		строга[те]льный станокъ (m) для стружекъ, предназначенныхъ для древесныхъ плетеній piallatrice (f) per fibre di legno [da essere intrecciate] cepillo (m) de hacer virutas uniformes para cestas
5	Hobelmaschine (f) für Bierklärspäne planing machine for beer finings machine (f) à varloper pour copeaux de clarification de la bière		строга[те]льный станокъ (m) для стружекъ, служащихъ для освѣтленія пива piallatrice (f) per trucioli per chiarificare la birra cepillo (m) para producir virutas de clarificar cerveza
6	Farbholzraspel (f) planer for coloured wood machine (f) à varloper les bois de teinture		станокъ (m) *или* машина (f) для измельченія красильныхъ деревьевъ raspa (f) per legni coloranti cepillo (m) para producir virutas de maderas colorantes

7

Abricht- und Dickenhobelmaschinen

Trying up and Thicknessing Machines

Machines à dégauchir et machines à tirer d'épaisseur

Пригонные и строга[те]льные станки

Piallatrici da piano e da spessore

Máquinas de aplanar y de poner á grueso

8	Flächenhobelmaschine (f) planing machine for surfacing machine (f) à dégauchir	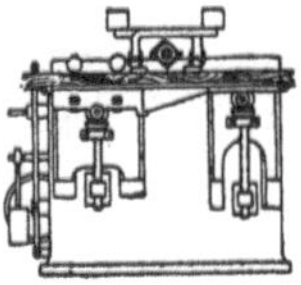	строга[те]льный станокъ (m) для плоскостей piallatrice (f) da piano máquina (f) de cepillar superficies

Abziehmaschine (f)
planing machine
machine (f) à dresser

чистильный станокъ (m)
piallatrice (f) di finimento 1
máquina (f) de planear

Parallelhobelmaschine (f)
parallel planing machine
machine (f) à raboter *ou* à planer

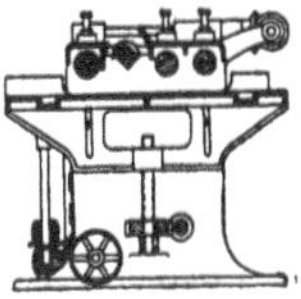

строга[те]льный станокъ (m) для параллельныхъ плоскостей
piallatrice (f) per superfici parallele, piallatrice (f) da spessore 2
máquina (f) de cepillar de cilindros paralelos

Abrichthobelmaschine (f), Abrichtmaschine (f)
smooth planing machine, smoothing planer
machine (f) à corroyer *ou* à dégauchir

пригонный строга[те]льный станокъ (m)
piallatrice (f) da piano e filo 3
máquina (f) de planear, máquina (f) de labrar

Säulenabrichtmaschine (f)
light type planing machine mounted on column
machine (f) à dégauchir sur colonne

малый пригонный станокъ (m) на колоннѣ
piallatrice (f) da piano e filo con incastellatura a colonna 4
máquina (f) de planear sobre columna

Langhobelmaschine (f), Tangentialhobelmaschine (f)
planing machine for long work
raboteuse (f) à cylindres (dans le sens des fibres)

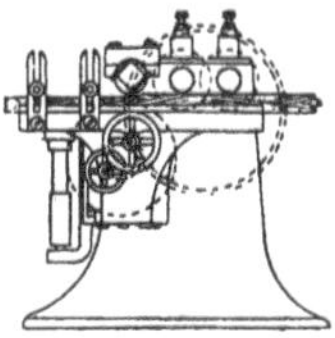

продольно-строга[те]льный станокъ (m)
piallatrice (f) a cilindri per pezzi lunghi da tavole 5
máquina (f) de cepillar á lo largo de la madera, máquina (f) de cepillar tangencialmente

---

Planhobelmaschine (f)
surface planing machine, surfacer
planeuse (f)

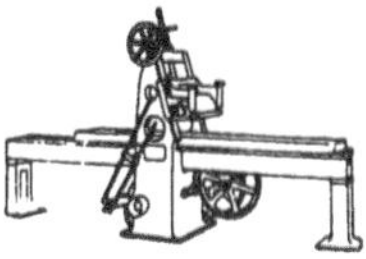

продольно-строга[те]льный станокъ (m)
piallatrice (f) da piano 6
plancadora (f), acepilladora-planeadora (f)

Querhobelmaschine (f)
squaring up machine
raboteuse (f) à disque tournant

поперечно-строга[те]льный станокъ (m)
piallatrice (f) per squadrare *od* a coltelli trasversali 7
acepilladora (f) transversal

1 Scheibenhobelmaschine (f)
revolving disc planing machine
machine (f) à dégauchir à disque

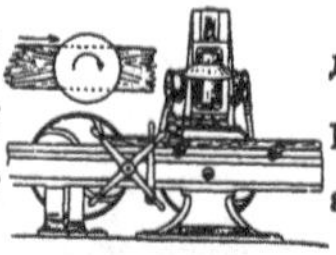

дисковый строга[те]льный станокъ (m)
piallatrice (f) con coltelli a disco
acepilladora (f) de discos

---

2 Balkenhobelmaschine (f)
planing machine for timber balks *or* beams
raboteuse (f) pour poutres

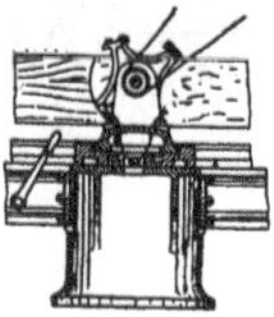

строга[те]льный станокъ (m) для брусьевъ
piallatrice (f) per travi
acepilladora (f) para vigas

---

3 Kegelscheibenhobelmaschine (f)
planing machine with conical cutter disc
varlopeuse (f), raboteuse (f) à disque porte-fers conique

строга[те]льный станокъ (m) съ конически расположенными ножами *или* съ конусообразнымъ ножевымъ дискомъ
piallatrice (f) con portacoltelli a disco conico
acepilladora (f) de portacuchillos cónico

---

4 Walzenhobelmaschine (f)
planing machine with cylindrical cutters
raboteuse (f) à cylindres

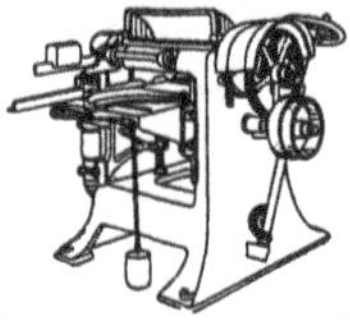

вальцовый строга[те]льный станокъ (m)
piallatrice (f) a rulli
acepilladora (f) de poner á grueso con rodillos

---

5 Walzenhobelmaschine (f) mit wag[e]rechten und senkrechten Messerwellen
planing machine with horizontal and vertical cutter blocks
raboteuse (f) à cylindres avec arbres porte-outils horizontaux et verticaux, raboteuse (f) à trois et quatre faces

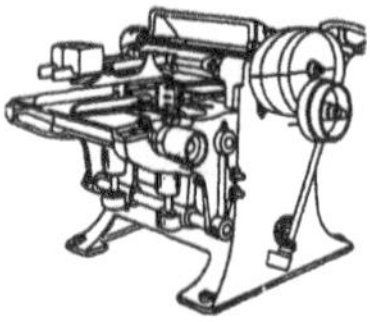

вальцовый строга[те]льный станокъ (m) съ горизонтальными и вертикальными ножевыми валами
piallatrice (f) a rulli con coltelli verticali ed orizzontali
acepilladora (f) con porta-cuchillos horizontal y vertical

---

6 Walzenhobelmaschine (f) mit frei liegendem Messerkopf
planing machine with independent cutter head
raboteuse (f) à arbre porte-outils en porte-à-faux

вальцовый строга[те]льный станокъ (m) съ свободнолежащей ножевой головкой
piallatrice (f) a rulli con portacoltelli in sbalzo
acepilladora (f) con cabezal de cuchillos libre, acepilladora (f) abierta en un costado

einseitige Walzenhobelmaschine (f)
planing machine open side
raboteuse (f) à cylindres pour le travail sur une face

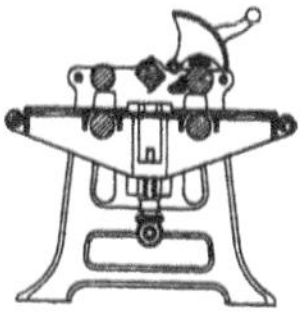

односторонній вальцовый строга[те]льный станокъ (m)
piallatrice (f) a rulli ed a un portacoltelli
acepilladora (f) de cilindros para trabajar en un solo lado *1*

---

zweiseitige (drei-, vierseitige) Walzenhobelmaschine (f)
two side (three side, four side) planer
raboteuse (f) à cylindres pour le travail sur deux (trois *ou* quatre) faces

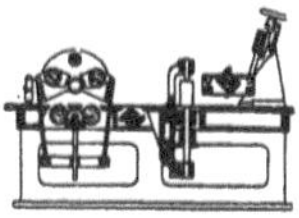

двух-, трёх- и четырёхсторонній строга[те]льный станокъ (m)
piallatrice (f) a rulli ed a due (tre *o* quattro) portacoltelli
acepilladora (f) de cilindros para trabajar dos (tres y cuatro) costados *2*

Rundstabhobelmaschine (f)
rounding machine
machine (f) à faire les bâtons ronds

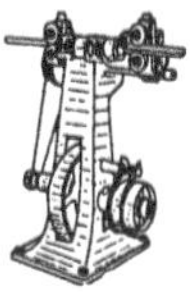

строга[те]льный станокъ (m) для круглыхъ брусковъ
macchina (f) per fare *o* per tagliare bastoni tondi *o* per arrotondare bastoni
máquina (f) para hacer palos redondos *3*

Dick[t]enhobelmaschine (f), Bretterhobelmaschine (f)
thicknessing machine for planks
machine (f) à tirer d'épaisseur, raboteuse (f) pour planches

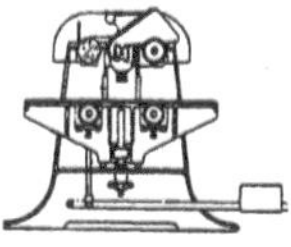

строга[те]льный станокъ (m) для досокъ [любой толщины]
piallatrice (f) da spessori
acepilladora (f) de poner á grueso *4*

Brettchenhobelmaschine (f)
thicknessing machine for boards
machine (f) à raboter les planchettes

строга[те]льный станокъ (m) для дощечекъ
piallatrice (f) per assicelle
acepilladora (f) para tablitas *5*

Leistenhobelmaschine (f)
moulding *or* fillet moulding machine, molding machine
machine (f) à raboter les filets

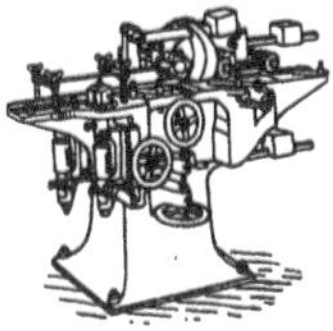

строга[те]льный станокъ (m) для брусочковъ
piallatrice (f) per listoni
acepilladora (f) para listones *6*

1 Parkettstabhobelmaschine (f)
planing machine for parquetry fillets
machine (f) à raboter les planches étroites *ou* lames de parquet

строга[те]льный станокъ (m) для паркетныхъ планокъ
piallatrice (f) per listelli da pavimenti
acepilladora (f) para tablas de entarimado

---

2 Türfüllungsplattenmaschine (f)
panel raising machine
machine (f) à dresser les panneaux de porte

станокъ (m) для скашиванія филёнокъ
piallatrice (f) per fodrine da serramenti
acepilladora (f) para cuarterones de puerta

---

3 Kettentischhobelmaschine (f)
chain type table planing machine
machine (f) à dégauchir à plateau sans fin

строга[те]льный станокъ (m) со столомъ въ видѣ безконечной цѣпи
piallatrice (f) con tavola a catena senza fine
acepilladora (f) de mesa articulada sin fin

---

4 Handhobelmaschine (f)
hand planing machine
machine (f) à dégauchir à aménage du bois avec la main

ручной строга[те]льный станокъ (m)
piallatrice (f) a mano
máquina (f) de labrar [con conducción de la madera á mano]

---

5 Schnellhobelmaschine (f)
high speed planing machine *or* planer
raboteuse (f) rapide

быстро-строга[те]льный станокъ (m)
piallatrice (f) rapida
acepilladora (f) rápida

---

6 Aufrauhmaschine (f)
machine for roughing *or* striating veneer
machine (f) à strier les feuilles de placage

станокъ (m) для приданія шероховатостей
macchina (f) da striare
máquina (f) de estriar las chapas

---

7 hobeln (v)
to plane
raboter (v)

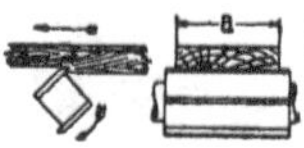

строгать
piallare (v)
cepillar (v)

---

8 Hobelbreite (f)
width of planed surface
largeur (f) à raboter

a

рабочая ширина (f) строга[те]льнаго станка
larghezza (f) da piallare, larghezza (f) piallabile
anchura (f) de cepillar

Hobelsohle (f) face of the plane face (f) d'un rabot		нижняя поверхность (f) колодки (f) струга superficie (f) inferiore della pialla superficie (f) inferior del cepillo	1
Handhobel (m) hand plane rabot (m)	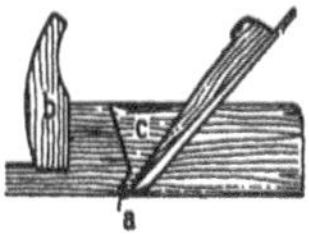 	рубанокъ (m); ручной стругъ (m) pialla (f) cepillo (m)	2
Hobelmaul (n) opening in the plane face ouverture (f) de la mortaise	a	отверстіе (n) [въ колодкѣ рубанка *или* струга] для желѣзка apertura (f) inferiore della pialla abertura (f) de la superficie inferior del cepillo	3
Hobelnase (f) handle of the plane poignée (f)	b	рогъ (m) рубанка *или* струга impugnatura (f) della pialla empuñadura (f)	4
Spanloch (n) plane hole lumière (f)	c	нижній прорѣзъ (m) въ колодкѣ струга luce (f) della pialla lumbrera (f)	5
abrichten (v) to surface, to square up, to try up dégauchir (v)		пригонять raddrizzare (v), spianare (v) aplanar (v), enderezar (v), igualar (v)	6
gegen den Span schneiden (v) to cut against the grain couper (v, en soulevant le copeau	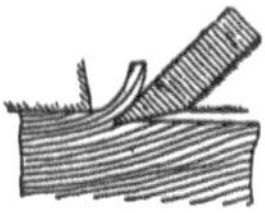	рѣзать противъ волоконъ tagliare (v) contro la fibra cortar (v) contra la viruta	7
die Messerschneiden arbeiten stark gegen den Span the edges of the tools cut deep against the grain le tranchant du fer soulève fortement le copeau		рѣжущія кромки (f pl) сильно наклонены противъ волоконъ l'utensile prende troppo contro la fibra los cortes trabajan fuertemente contra la viruta	8
die Schneidkante liegt gleichlaufend zur Faser the cutting edge is parallel to the grain le tranchant est parallèle aux fibres	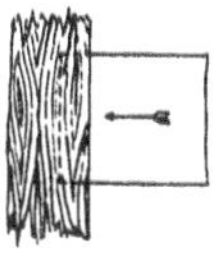	рѣжущая кромка (f) расположена параллельно волокнамъ il tagliente è parallelo alla fibra el corte está paralelo á las fibras	9

1 die Schneidkante liegt schräg gegen die Faser
the cutting edge cuts obliquely to the grain
le tranchant est oblique aux fibres

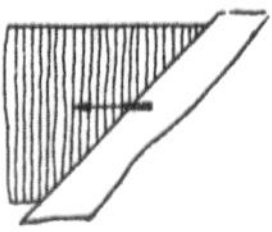

рѣжущая кромка (f) расположена наклонно къ волокнамъ
il tagliente è obliquo alla fibra
el corte va oblicuamente contra las fibras

---

2 die Schneidkante liegt quer zur Faser
the cutting edge cuts across the grain
le tranchant est transversal aux fibres

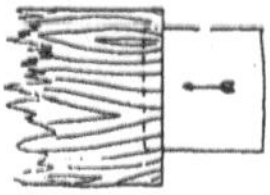

рѣжущая кромка (f) расположена поперёкъ волоконъ
il tagliente è normale alla fibra
el corte va transversalmente contra las fibras

---

3 die Schneidkante hängt nach vorn über
the cutting edge is inclined in a forward direction
la face de l'outil est inclinée en avant sur la direction du mouvement

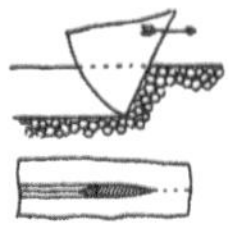

рѣжущая кромка (f) наклонена впередъ
il tagliente è inclinato in avanti sopra la direzione del movimento
el corte está inclinado hacia adelante

---

4 [Arbeits-]Meßapparat (m) für Hobelmaschinen
planing machine measuring apparatus *or* register
appareil (m) pour mesurer la longueur rabotée

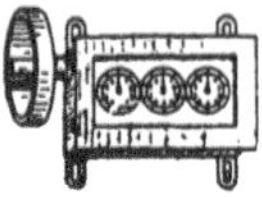

счётный *или* измѣрительный приборъ (m) для строгальныхъ станковъ
misuratore (m) per pialle, misuratore (m) per le lunghezze piallate, contatore (m)
aparato (m) contador para medir el trabajo de las máquinas de cepillar

---

5 Zuführen (n) des Werkstücks auf ebener Tischfläche
feeding of work on table
aménage (m) de la pièce à travailler sur la surface de la table

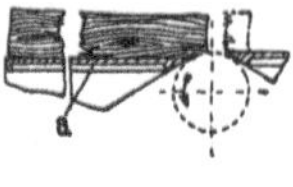

надвиганіе (n) *или* подача (f) обрабатываемаго предмета по гладкой поверхности стола
avanzamento (m) *o* condotta (f) del pezzo da lavorare sopra il piano della tavola
conducción (f) de la pieza de labor á la herramienta sobre la superficie de la mesa

---

6 Auflegetisch (m)
front table
table (f)

a

приёмный столъ (m)
tavola (f) di condotta
mesa-soporte (f), mesa (f) de colocación

---

7 Tischfläche (f)
surface of table
surface (f) de la table

a

столечница (f)
superficie (f) *o* piano (m) della tavola
superficie (f) de la mesa

Führungsleiste (f), Führungsbacke (f), Anschlagbacke (f), Führungslineal (n) fence règle (f) *ou* guide (f) sur la table	b	направляющая линейка (f); направляющій угольникъ (m) guida (f) della tavola escuadra (f) de conducción	1
Druckleiste (f), Druckschiene (f) pressure bar guide-presseur (m)	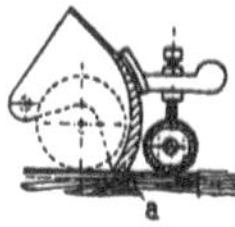 a	нажимная полоса (f) regolo (m) di pressione, regolo (m) premente guía (f) de presión	2
Druckfeder (f) pressure spring ressort (m) de pression *ou* de guidage	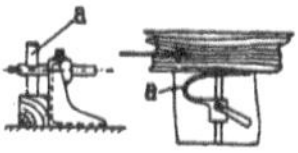 a	нажимная пружина (f) molla (f) premente muelle (m) de presión	3
Druckklotz (m) pressure block bloc-presseur (m)	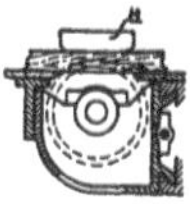 a	нажимный брусокъ (m); нажимная колодка (f) ceppo (m) premente taco (m) de presión	4
Zuschiebungseinrichtung (f) feeding arrangement dispositif (m) d'aménage *ou* d'avance		приспособленіе (n) для надвиганія; приспособленіе для подачи dispositivo (m) dell'avanzamento *o* dell'alimentazione disposición (f) de introducción, disposición (f) de avance	5
Walzenzuschiebung (f) geschnittener Hölzer feeding of cut wood by rollers aménage (m) à cylindres des bois débités	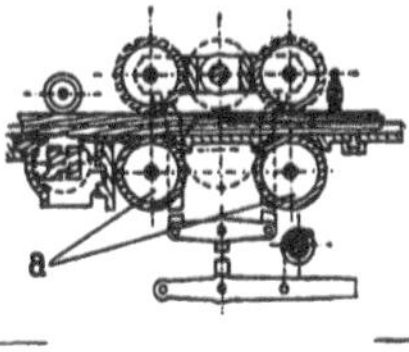	подача (f) нарѣзаннаго лѣса валками *или* роликами *или* вальцами avanzamento (m) dei legni tagliati a mezzo di rulli introducción (f) de maderas cortadas por rodillos	6
Zuschiebungswalze (f) feed roller cylindre (m) *ou* rouleau (m) d'aménage	a	питающій валикъ (m) *или* роликъ (m); ведущій валецъ (m) rullo (m) alimentatore *o* d'avanzamento *o* trasportatore rodillo (m) de introducción, cilindro (m) de avance	7
Druckwalze (f), Schleppwalze (f) pressure roller cylindre-presseur (m), rouleau (m) d'entraînement *ou* de pression	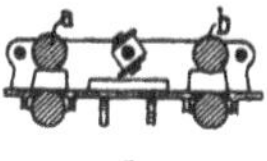 a	нажимный валикъ (m) *или* роликъ (m) rullo (m) di pressione cilindro (m) ó rodillo (m) de presión ó de arrastre	8

1 Abzugwalze (f)
discharging roller
cylindre (m) *ou* rouleau (m) de sortie

b

отводящій валикъ (m) *или* роликъ (m)
rullo (m) di sortita
cilindro (m) *ó* rodillo (m) de salida

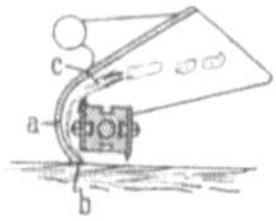

2 Spanschirm (m)
chip guard
garde-copeaux (m)

щитъ (m) для стружекъ
guardia (f) di protezione contro i trucioli
guarda-virutas (m)

---

3 Spanlenker (m)
chip deflector
guide-copeaux (m)

a

листъ (m) для направленія стружекъ
curva (f) direttrice dei trucioli
guía-virutas (m)

---

4 Spanbrecher (m)
chip breaking lip, chip breaker
brise-copeaux (m)

b

приспособленіе (n) для надламыванія стружекъ
rompitrucioli (m)
quiebra-virutas (m), rompe-virutas (m)

---

5 Putzspan (m)
finishing *or* cleaning chip
copeau (m) de finissage

c

стружка (f), снятая чистильными ножами
truciolo (m) di finimento
viruta (f) de acabado

---

6 Spänezerreißapparat (m), Vorrichtung (f) zum Zerkleinern von Putzspänen
apparatus for tearing off the shavings
dispositif (m) pour découper les copeaux de finissage

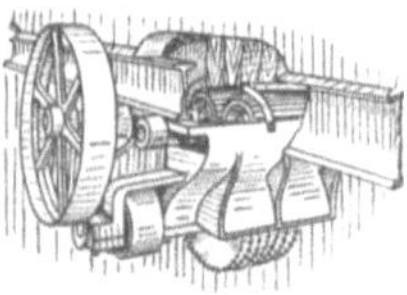

приборъ (m) для размельченія стружекъ, снятыхъ чистильными ножами
rompitrucioli (m) *o* sminuzzatore (m) per trucioli di finimento
aparato (m) *ó* disposición (f) para desmenuzar virutas de acabado

---

7 Maschinenhobelmesser (n)
machine plane iron *or* knife
lame (f) de rabot

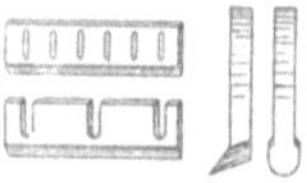

строгальный ножъ (m)
coltello (m) di piallatrice
cuchilla (f) de máquinas de cepillar

---

8 Grundmesser (n), Sohlenmesser (n)
ground planing knife
pousse-avant (m)

a

ножъ (m) для отдѣленія подрѣзаннаго дерева
coltello (m) a bedano
cuchilla (f) de acabar

---

9 Vorschneidmesser (n), Vorschneider (m)
roughing knife
lame (f) à dégrossir

b

подрѣзной ножъ (m)
coltello (m) incisore *o* sbozzatore
cuchilla (f) de desbaste

rechter Anschliff (m)
correct application of cutter *or* blade
affûtage (m) droit du tranchant

a

обыкновенная отточка (f) фасонныхъ ножей
affilatura (f) esatta
afilado (m) derecho 1

---

verkehrter Anschliff (m)
incorrect application of cutter *or* blade
affûtage (m) renversé du tranchant

a

обратная отточка (f) фасонныхъ ножей
affilatura (f) sbagliata
afilado (m) invertido 2

Doppeleisen (n)
plane iron with back iron, double plane iron
fer (m) avec contre-fer

двойное желѣзко (n)
ferro (m) doppio, ferro (m) con controferro
acero (m) ó cuchilla (f) con contra-cuchilla 3

Abziehmesser (n), Putzmesser (n)
back iron, finishing knife
couteau (m) de finissage

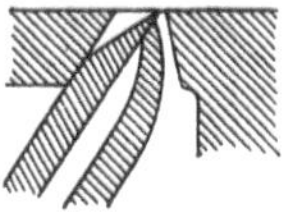

шлихтовальный *или* чистильный *или* отдѣлочный ножъ (m)
ferro (m) *o* coltello (m) di finimento
cuchilla (f) de acabado 4

---

feststehendes Putzmesser (n)
fixed back iron
lame (f) *ou* couteau (m) fixe de finissage

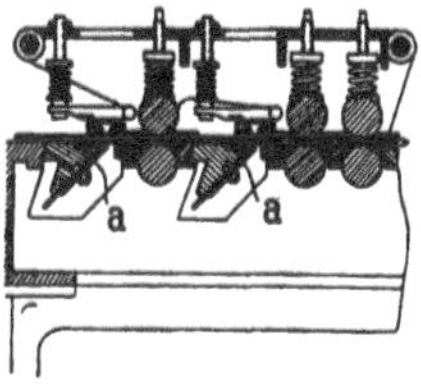

a

неподвижный чистильный ножъ (m)
ferro (m) *o* coltello (m) fisso di finimento
cuchilla (f) de acabado fija 5

---

gekrümmtes Messer (n)
curved knife *or* blade
lame (f) *ou* couteau (m) *ou* fer (m) recourbé

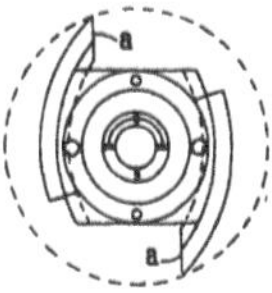

a

кривой ножъ (m)
coltello (m) arcuato
cuchilla (f) curbada 6

Messer (n) aus einem Stück
solid cutter in one piece
lame (f) *ou* couteau (m) d'une seule pièce

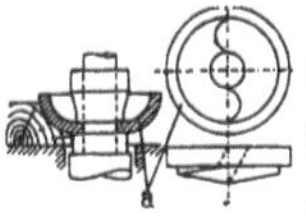

a

ножъ (m) изъ одного куска
ferro (m) *o* coltello (m) in un sol pezzo
cuchilla (f) de una pieza 7

1 Fasenmesser (n)
chamfering iron
lame (f) *ou* fer (m) à biseau

ножъ (m) для скашиванія
coltello (m) *o* ferro (m) piano
cuchilla (f) abiselada

---

2 Formhobelmesser (n), Profil[hobel]messer (n), Fassonhobelmesser (n)
moulding iron
lame (f) profilée, fer (m) profilé

профильный ножъ (m); фасонный ножъ
coltello (m) *o* ferro (m) sagomato
cuchilla (f) perfilada

---

3 Schruppmesser (n)
hollow cylindrical planing tool
outil (m) à dégrossir

черновой ножъ (m)
ferro (m) da sgrossare *o* da sbozzare
cuchilla (f) circular de desbastar

---

4 Scheibenmesser (n)
knife for cutter disc
fer (m) à disque

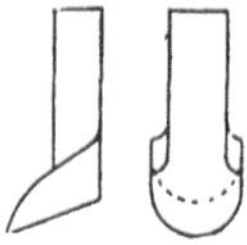

ножъ (m) для строгальнаго диска
ferro (m) con tagliente a disco curvo
cuchilla (f) de disco

---

5 Kegelscheibe (f)
conical cutter disc
disque (m) porte-lames conique

конусообразный ножевой дискъ (m); коническій строгальный дискъ
disco (m) conico (porta-coltelli)
porta-cuchillas (m) de disco cónico

---

6 Kegelscheibenmesser(n)
knife for conical cutter disc
outil (m) pour porte-lames conique

a

ножъ (m) для коническаго строгальнаго диска
ferro (m) a disco conico
útil (m) para porta-cuchillas cónico

---

7 Walzenmesser (n)
knife for cutter block
fer (m) sur bloc tournant

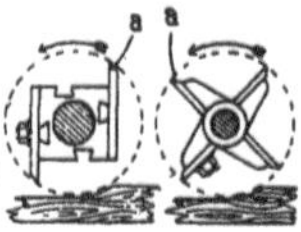

a

вращающійся ножъ (m)
coltello (m) di porta-coltelli rotativo
cuchilla (f) sobre cabezal giratorio

---

8 die Messer auswechseln (v)
to change the knives *or* cutters
échanger (v) les fers

перемѣнять ножи
cambiare (v) i coltelli *o* i ferri
cambiar (v) las cuchillas

Messerkopf (m)
cutter block *or* head
porte-outils (m)

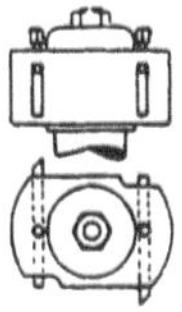

ножевая головка (f)
portacoltelli (m) a trottola
cabezal (m) porta-cuchillas 1

Lippe (f)
lip
lèvre (f) (du porte-fer)

a

скосъ (m) ножевой головки
bordo (m) 2
labio (m) *ó* contra-fuerte (m) del porta-cuchillas

---

bohrerartiger Messerkopf (m)
boring cutter block
porte-outils (m) à forme d'alésoir *ou* de mêche de foret

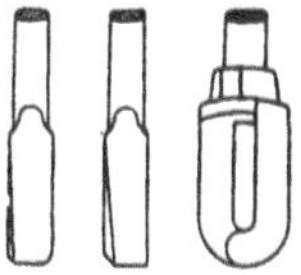

сверловидная ножевая головка (f)
utensile (m) in forma di punta *o* di trapano 3
cabezal (m) de cuchillas en forma de mecha *ó* broca

Messerkopf (m) mit krummer Schneide
cutter block with hook tool
porte-outil (m) avec fer à tranchant courbé

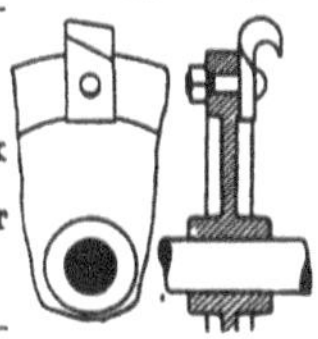

ножевая головка (f) съ крючковиднымъ рѣзцомъ
portautensili (m) con ferro *o* coltello curvo *od* a becco 4
cabezal (m) con cuchillas con corte de media caña

Messerkopf (m) mit Messern aus gedrehten Stahlkörpern
cutter block with turned steel cutters
porte-outils (m) avec couteaux-disques

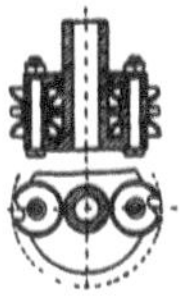

ножевая головка (f) съ точёными стальными ножами
portautensili (m) con ferri a profilo costante 5
cabezal (m) con cuchillas-discos

Messerkopf (m) für lange Messer
cutter block for long cutters
porte-outil (m) pour fers longs

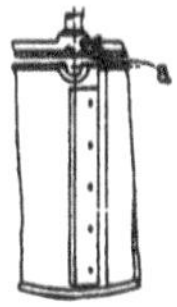

ножевая головка (f) для длинныхъ ножей
portautensili (m) per ferri *o* coltelli lunghi 6
cabezal (m) para cuchillas largas

Messerlehne (f)
knife blade support
appui (m) du fer

a

упоръ (m) ножа
sostegno (m) del ferro *o* del coltello 7
apoyo (m) de cuchilla

Messerkopf (m) der Dickenhobelmaschine
cutter head *or* cutter block for thicknessing machine
porte-outils (m) de raboteuse à tirer d'épaisseur

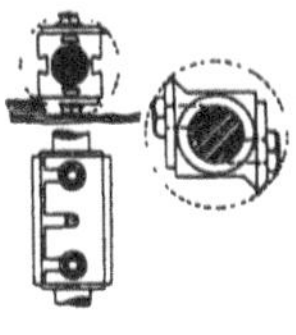

ножевая головка (f) строга[те]льнаго станка
portautensili (m) per piallatrice da spessori 8
cabezal (m) de cuchillas de la máquina de poner á grueso

1 Messerkopf (m) mit hohlaufliegenden Messern
cutter block with hollow faces
porte-outils (m) à faces entaillées

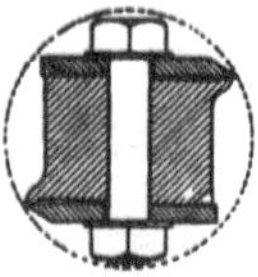

ножевая головка (f) съ полостью подъ ножами
portautensili (m) con ferri con aggiustaggio al tagliente
cabezal (m) de superficies escotadas

---

2 Messerkopf (m) mit gekrümmten Messern
cutter block with curved knives *or* cutters
porte-outil (m) avec fers courbés

ножевая головка (f) съ кривыми ножами
portautensili (m) con ferri *o* con coltelli curvi
cabezal (m) con cuchillas curvadas

---

3 Rundhobelkopf (m)
cutter block for rounding *or* dowel machine
arbre (m) porte-outils rond

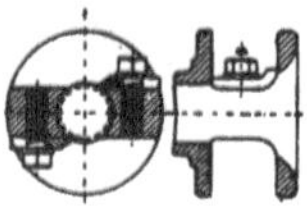

кругло-строгающая ножевая головка (f)
utensile (m) per piallare superfici cilindriche
cabezal (m) de cepillar redondo

---

4 Messerstiel (m)
shank of cutter *or* tool
manche (m) *ou* tige (f) du couteau *ou* de la lame

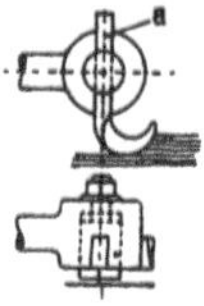

a

хвостъ (m) ножа
gambo (m) dell'utensile
mango (m) de la cuchilla

---

5 Messerbefestigung (f) durch Schrauben
fixing *or* securing the knives *or* cutters by set screws
fixation (f) du fer par vis

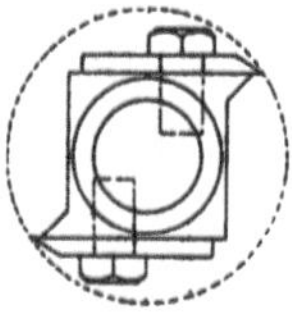

укрѣпленіе (n) ножей болтами
fissaggio (m) del ferro *o* del coltello a mezzo di vite
sujeción (f) de la cuchilla por tornillo

---

6 Messerbefestigung (f) durch Deckel
fixing *or* securing the knives by cover plates
fixation (f) du fer au moyen d'une pièce rapportée

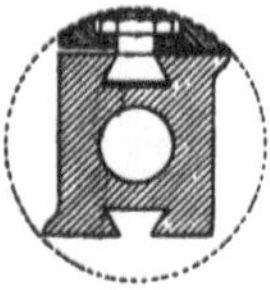

укрѣпленіе (n) ножа крышкою
fissaggio (m) del ferro *o* del coltello a mezzo di pezzo riportato
sujeción (f) de la cuchilla con cubierta y tornillo

---

7 Messerbefestigung (f) durch Nuten und Ring
fixing the cutter by means of grooved rings
fixation (f) du fer au moyen d'encoches et de bagues

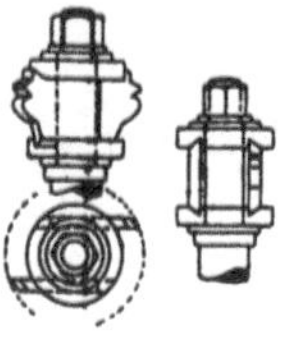

укрѣпленіе (n) ножей кольцами съ пазами
fissaggio (m) del ferro *o* del coltello a mezzo di dado ed anello
sujeción (f) de las cuchillas con ranuras y anillos

runde Messerwelle (f), Sicherheitswelle (f), Messerwalze (f)
cylinder cutter *or* cutter block, safety cutter block
arbre (m) porte-outils

ножевой валикъ (m)
portautensili (m) a trottola
cilindro (m) de cuchillas 1

Messerspindel (f), Messerwelle (f)
cutter block spindle
arbre (m) porte-outils

ножевой валъ (m); ножевой шпиндель (m)
albero (m) del portautensili a trottola 2
árbol (m) porta-cuchillas, eje (m) porta-cuchillas

---

a

Messerkopfzapfen (m)
cutter shank
tourillon (m) sur lequel est fixé le porte-outil

b

цапфа (f) ножевого вала
spina (f) *o* perno (m) del portautensili a trottola 3
espiga (f) para el cabezal de cuchillas

Ablehren (n) des Messerkopfes
gauging the cutter block
calibrage (m) du porte-outil

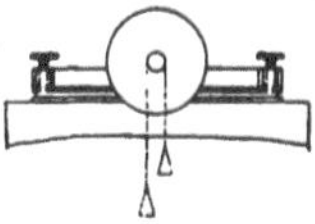

вывѣрка (f) ножевой головки
calibratura (f) del porta-utensili 4
calibrado (m) del cabezal porta-cuchillas

---

ablehren (v)
to gauge
calibrer (v)

вывѣрять
calibrare (v) 5
calibrar (v)

---

abwägen (v)
to level
équilibrer (v)

взвѣшивать
bilanciare (v) 6
balancear (v)

Schwerachse (f)
axis passing through centre of gravity
axe (m) passant par le centre de gravité

ось (f) тяжести
asse (m) del baricentro 7
eje (m) de gravidad

Drehachse (f)
axis of rotation
axe (m) de rotation

ось (f) вращенія
asse (m) di rotazione 8
eje (m) de rotación

Messerausgleicher (m), Messerbalancierapparat (m)
cutter balancing machine
appareil (m) à équilibrer les fers à raboter

приборъ (m) для уравновѣшиванія ножей
apparecchio (m) per bilanciare i coltelli a piallare 9
aparato (m) de balancear las cuchillas

Hobelkasten (m), Messerkasten (m), Schublade (f)
drawer for cutters
tiroir (m) à fers

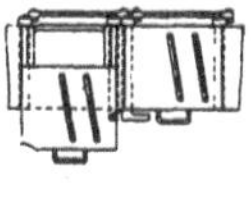

коробка (f) съ ножами
cassa (f) *o* cassetto (m) per ferri *o* coltelli da piallatrici 10
caja (f) de cuchillas de cepillar

1 Putzmesserkasten (m), Abziehmesserkasten (m)
drawer for dressing knives
tiroir (m) à fers à polir

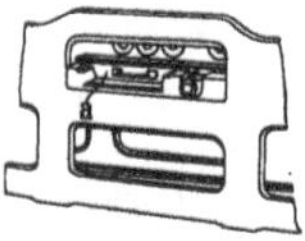

a

коробка (f) съ чистильными ножами
cassa (f) *o* cassetto (m) per ferri *o* coltelli da finitrici
caja (f) de cuchillas de acabado

---

2 Hobelmesserschleifmaschine (f)
grinding machine for plane irons
machine (f) à affûter les fers à raboter

точильный станокъ (m) для строга[те]льныхъ ножей
affilatrice (f) per ferri *o* per coltelli di piallatrici
máquina (f) de afilar cuchillas de cepillar

3 **Kehl- und Fügemaschinen**

Moulding and Jointing Machines

Machines à faire les moulures, les rainures et languettes

Строга[те]льные станки для фасонныхъ работъ и для фугованія

Piallatrice per sagome *o* per congiunzioni

Máquinas de hacer molduras, cajas y espigas

4 Kehl[hobel]maschine (f)
wood moulding *or* molding machine
machine (f) à (faire les) moulures

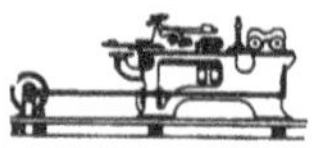

строга[те]льный станокъ (m) для фасонныхъ работъ; калёвочно-строга[те]льный станокъ
piallatrice (f) per sagome, sagomatrice(f), profilatrice (f)
máquina (f) de hacer molduras

---

5 vierseitige Hobel- und Kehlmaschine (f)
four cutter planing and moulding machine
machine (f) à faire les moulures sur quatre faces *ou* à quatre rouleaux à lames

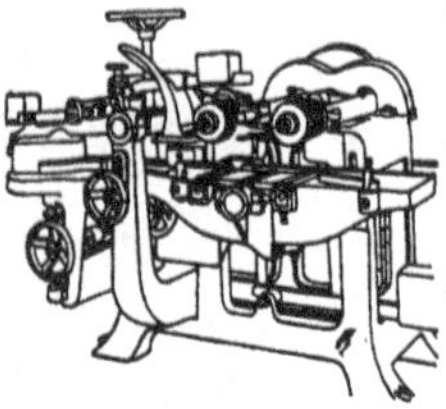

четырёхсторонній строга[те]льно-калёвочный станокъ (m)
piallatrice (f) a quattro ferri, sagomatrice (f) a quattro ferri
máquina (f) de cepillar y hacer molduras con cuatro ejes de cuchillas

Kehlmaschine (f) für kegelige *oder* konische Leisten, Sarghobelmaschine (f)
moulding machine for conical strips
machine (f) à faire les moulures coniques [pour cercueils]

калёвочный станокъ (m) для косыхъ планокъ; строга[те]льный станокъ для гробовъ
sagomatrice (f) per cornici coniche [per bare] 1
máquina (f) de cepillar molduras cónicas [para ataudes]

Kehlung (f)
moulding
moulure (f)

калёвка (f)
sagoma (f), cornice (f), profilo (m) 2
moldura (f), perfil (m)

---

gekehltes Brett (n)
moulded board, moulding, molding
planche (f) moulurée

доска (f) съ калёвкою; фасонная *или* профильная доска
tavola (f) con sagoma, tavola (f) sagomata 3
tabla (f) con moldura

Kehlleistendruckgerät (n)
pressure apparatus for moulding machine
appareil (m) à presser pour moulureuses

нажимъ (m) для калёвокъ
dispositivo (m) di pressione per sagomatrici *o* per profilatrici 4
aparato (m) de presión para máquina de hacer molduras

Kehlkopf (m)
moulding cutter block
porte-outils (m) à moulurer

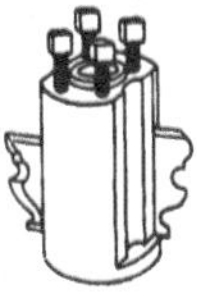

калёвочная головка (f)
portaferri (m) per sagomatrici *o* per profilatrici 5
cabezal (m) porta-cuchillas

Kehlmesser (n)
moulding iron *or* cutter
fer (m) à moulurer

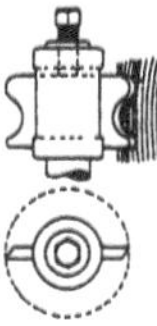

калёвочный ножъ (m); фигурный *или* профильный ножъ
ferro (m) *od* utensile (m) per sagomare *o* per profilare 6
cuchilla (f) perfilada

Einstellvorrichtung (f) *oder* Justierapparat (m) für Formmesser
apparatus for adjusting moulding irons *or* knives
dispositif (m) pour l'ajustage des fers à profiler

установочное приспособленіе (n) для профильныхъ ножей; приспособленіе для установки профильныхъ ножей
dispositivo (m) per la messa a punto dei ferri *o* degli utensili per sagomare *o* per profilare 7
disposición (f) de ajuste de las cuchillas de perfilar

1 Kehlmesserschleifmaschine (f)
moulding knife grinding machine
affûteuse (f) pour fers à moulurer

точильный станокъ (m) для профильныхъ ножей
affilatrice (f) multipla per ferri da sagomare *o* da profilare
máquina (f) múltipla de afilar cuchillas perfiladas

---

2 Fügemaschine (f)
jointing machine
machine (f) à rainer

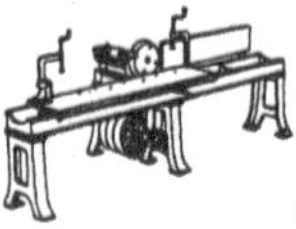

фуговальный станокъ (m); станокъ для фугованія
macchina (f) per congiunzioni *o* per tirare a filo
máquina (f) de ensamblar

---

3 Nutmaschine (f), Spundmaschine (f)
tonguing and grooving machine
machine (f) à rainer, machine (f) à languetter

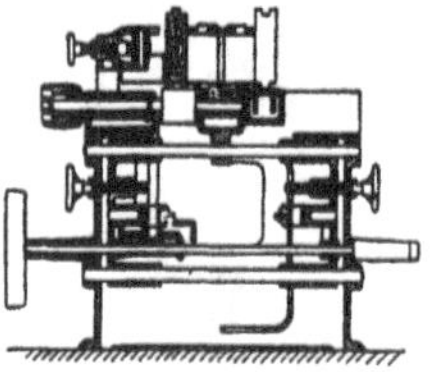

станокъ (m) для шпунтованія
macchina (f) per incastri
máquina (f) de machihembrar

---

4 doppelte Spundmaschine (f)
double tonguing and grooving machine
machine (f) double à bouveter (rainer et languetter)

двойной станокъ (m) для шпунтованія
macchina (f) doppia per incastri
máquina (f) doble de machihembrar

---

5 Walzenspundmaschine (f)
tonguing and grooving machine with revolving cutter block
machine (f) à cylindres pour faire des rainures et languettes

станокъ (m) для шпунтованія съ вальцевой подачей
macchina (f) per incastri a coltelli rotativi
máquina (f) de machihembrar de cilindros

Universalabricht-hobel- und Fügemaschine (f) mit Langlochbohrapparat
universal trying up planing and jointing machine with long hole boring apparatus
machine (f) universelle à dégauchir, à bouveter, à moulurer etc., pourvue d'un appareil à percer et à mortaiser horizontalement

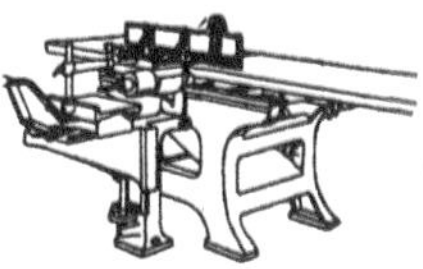

универсальный строга[те]льный станокъ (m) для пригонки и фугованія съ продольно-сверлильнымъ приборомъ
piallatrice (f) universale con trapano
máquina (f) universal de labrar con barrena horizontal
1

Fügen (n) der Bretter
jointing the boards
jointage (m)

фугованіе (n) досокъ
congiungimento (m) di tavole
ensamblaje (m)
2

Fugenfläche (f)
jointing surface *or* edge joint (m)

a

стыкъ (m) *или* кантъ (m) доски
piano (m) di contatto, giunta (f), superficie (f) della congiunzione
superficie (f) de ensamblaje
3

---

fügen (v)
to joint
jointer (v)

фуговать; пригнать
tirare (v) a filo
ensamblar (v)
4

---

nuten (v)
to groove
rainer (v)

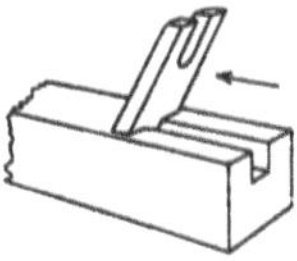

пазовать; фальцевать; желобить
scanalare (v), fare (v) un incastro
ranurar (v), sacar (v) ranuras
5

Nut[e] (f)
groove
rainure (f)

a

пазъ (m); фальцъ (m); жёлобъ (m)
scanalatura (f), incastro (m), femmina (f)
ranura (f)
6

Nutlänge (f)
length of groove
longueur (f) d'une rainure

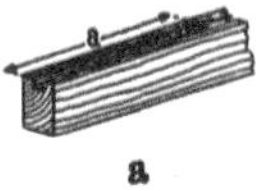

a

длина (f) паза; длина фальца; длина жёлоба
lunghezza (f) di una scanalatura *o* di un incastro *o* di una femmina
largo (m) de ranura
7

Feder (f)
tongue
languette (f)

a

гребень (m)
linguetta (f), maschio (m)
lenguetta (f), espiga (f)
8

1 Spunden (n) der Bretter
grooving and tonguing of boards
bouvetage (m) des planches

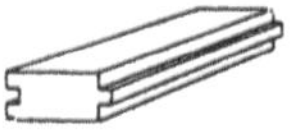

шпунтованіе (n) досокъ
incastratura (f) di una tavola
machihembrado (m) de las tablas

---

2 spunden (v), mit Nut und Feder versehen (v)
to groove and tongue
bouveter (v), rainurer (v) et languetter (v)

шпунтовать; снабжать пазомъ и гребнемъ
sagomare (v) una tavola a maschio e femmina, fare (v) maschi e femmine
machihembrar (v), provecer (v) de macho y hembra

---

3 Spund (m)
groove and tongue
bouvette (f), rainure (f) et languette (f)

шпунтъ (m)
maschio (m) e femmina (f)
macho (m) y hembra (f)

---

4 Spundung (f)
grooving and tonguing
bouvetage (m), assemblage (m) de rainure et languette

шпунтовое соединеніе (n); шпунтъ (m)
congiunzione (f) *od* incastratura (f) a maschio e femmina
machihembrado (m)

---

5 Quadratspundung (f)
square grooving and tonguing
bouvetage (m) rectangulaire

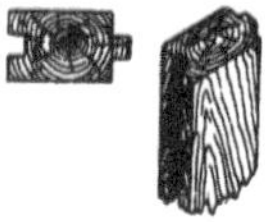

квадратный шпунтъ (m)
congiunzione (f) *od* incastratura (f) a maschio e femmina quadrati
machihembrado (m) á ángulo recto

---

6 Keilspundung (f)
vee grooving and tonguing
bouvetage (m) triangulaire

треугольный шпунтъ (m)
congiunzione (f) *o* incastratura (f) a maschio e femmina triangolari
machihembrado (m) triangular

---

7 Spundpfahl (m)
grooved post
barre (f) bouvetée, montant (m) à feuillures

шпунтовая свая (f)
palo (m) scanalato, travetto (m) scanalato
montante (m) acanalado

---

8 Spundbohle (f)
grooved plank
madrier (m) bouveté

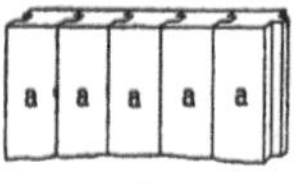

a

шпунтовый брусъ (m)
tavolone (m) con maschio e femmina
tablón (m) machihembrado

---

9 Verschalungsbrett (n)
match boarding
planche (f) pour assemblage (pour coffrage, cloison etc.)

a

обшивочная доска (f)
assicella (f) rivestimenti
tabloncillo (m) machihembrado (para paredes)

Nutkopf (m)
grooving cutter
outil (m) à rainer

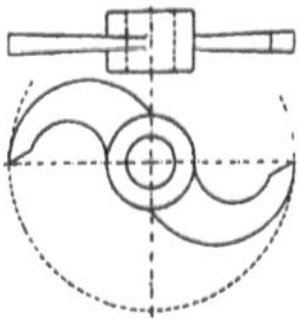

пазовая головка (f); головка для выбирания паза
utensile (m) *o* portautensile (m) per scanalare
cabezal (m) de sacar ranuras 1

Nutmesser (n), Nuteisen (n)
grooving iron
couteau (m) *ou* fer (m) à rainer

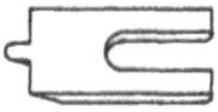

пазовый ножъ (m)
utensile (m) *o* coltello (m) da scanalare *o* fare femmine
cuchilla (f) de sacar ranuras 2

Querschneide (f)
cross cutting edge
taillant (m) transversal

a

поперечная рѣжущая кромка (f)
tagliente (m) trasversale
corte (m) transversal 3

Seitenschneide (f)
side cutting edge
taillant (m) latéral

b

боковая рѣжущая кромка (f)
tagliente (m) laterale
corte (m) lateral 4

Spundmesser (n), Spundeisen (n)
tonguing iron
couteau (m) *ou* fer (m) à bouveter

ножъ (m) для шпунтовъ
utensile (m) *o* coltello (m) per fare linguette *o* maschi
cuchilla (f) de machihembrar 5

Nut- und Federhobel (m)
hand grooving and tonguing plane
bouvet (m) male et femelle

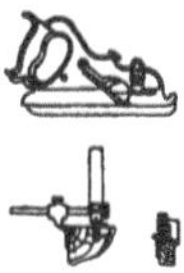

рубанокъ (m) *или* стругъ (m) для паза и гребня; нутубель (m) и федергубель (m); дорожникъ (m); пазовикъ (m)
pialla (f) per maschi e femmine
acanalador (m) de mano 6

Holzfräsmaschinen
Spindle Moulding Machines for Wood
Machines à fraiser le bois

Деревофрезерные станки
Fresatrici per legno 7
Máquinas de fresar madera

Fräsmaschine (f), Fräse (f), Holzfräsmaschine (f)
vertical spindle moulding machine
machine (f) à fraiser, fraiseuse (f) pour le bois, toupie (f)

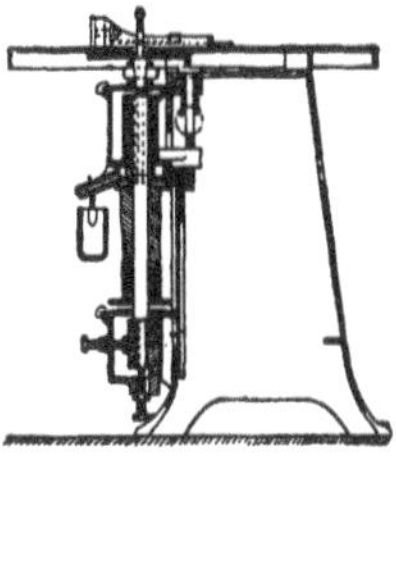

фрезерный станокъ (m); деревофрезерный станокъ
fresatrice (f) per legno
fresadora (f) para madera, tupí (f) 8

1 Tischfräsmaschine (f), Tischfräse (f)
moulding machine with table
fraiseuse (f) à table, toupie (f) verticale

фрезерный станокъ (m) со столомъ
fresatrice (f) a tavola per legno, toupie (f) con tavola
fresadora (f) de mesa con husillo vertical

---

2 doppelte Tischfräse (f)
double spindle moulding and shaping machine with table
fraiseuse (f) double à table, toupie (f) double

двойной фрезерный станокъ (m) со столомъ
fresatrice (f) doppia
fresadora (f) doble, tupí (f) de dos husillos

---

3 Oberfräse (f), Versenkmaschine (f), Bildhauerfräse (f)
recessing and shaping machine, top spindle moulder
fraiseuse (f) pour sculpteur *ou* défonceuse

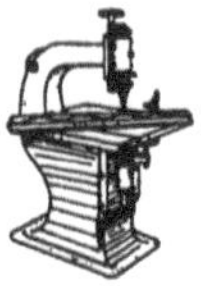

верхній фрезерный станокъ (m); вертикально-фрезерный станокъ (m); скульптурный фрезерный станокъ
fresatrice (f) per intagliare
fresadora (f) con husillo de trabajo en el brazo superior [para trabajos de escultura etc.]

---

4 Bockfräse (f)
horizontal moulding machine on hollow standard
fraiseuse (f) à support, toupie (f) horizontale

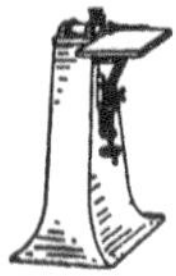

фрезерный станокъ (m) на козлахъ
fresatrice (f) a colonna *od* a cavalletto
fresadora (f) montada sobre zócalo

---

5 Zahnmodellfräse (f)
toothed wheel (pattern) shaping machine
fraiseuse (f) pour modèles de roues dentées

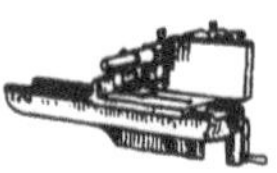

фрезерный станокъ (m) для выдѣлки моделей зубчатыхъ колёсъ
fresatrice (f) per modellare denti
fresadora (f) para hacer modelos de dientes de engranajes

---

6 Kettenfräs[maschin]e (f)
chain cutter moulding machine
mortaiseur (m) à chaine dentée

цѣпной фрезерный станокъ (m)
fresatrice (f) a catena, macchina (f) a catena per fare cave
fresadora (f) de cadena cortante, escopleadora (f) de cadena de fresar

Fräserkette (f)
chain cutter
chaîne (f) dentée

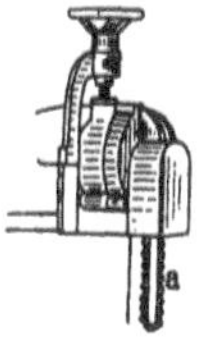

a

фрезерная цѣпь (f)
utensile (m) a catena, catena (f) tagliente 1
cadena (f) cortante, cadena (f) de fresar

Kettensäge (f)
chain *or* link tooth saw
scie (f) à dents articulées

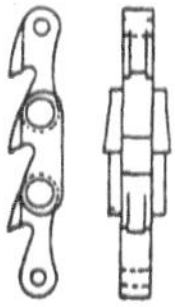

цѣпная пила (f)
sega (f) a catena
sierra (f) de dientes articulados 2

Universaltischlereimaschine (f)
general joiner, general joiners' machine
machine (f) universelle à travailler le bois

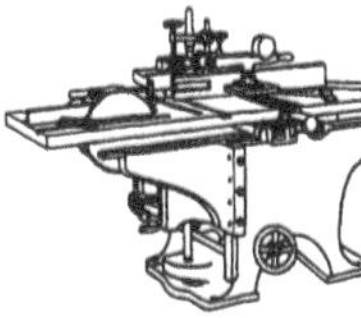

универсальный столярный станокъ (m)
macchina (f) universale per legno 3
máquina (f) universal de labrar madera

Auskehlgerät (n), Kannelierapparat (m)
fluting apparatus
appareil (m) à canneler

приборъ (m) для выдѣлки желобковъ [на колоннахъ]
apparecchio (m) per scanalare *o* per sagomare *o* per profilare 4
aparato (m) de acanalar, aparato (m) de hacer estrias

Holzfräser (m), Fräser (m), Fräse (f)
cutter for spindle moulding machine
fraise (f) pour le travail du bois

фреза (f) для дерева; фрезеръ (m); шарошка (f) 5
fresa (f) per legno
fresa (f) para madera

Stabfräser (m)
rounding cutter
fraise (f) pour barreaux

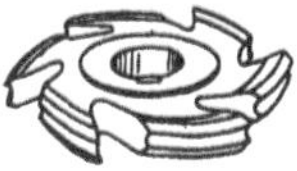

планочная фреза (f) *или* шарошка (f); планочный фрезеръ (m) 6
fresa (f) per sagomare aste *o* per arrotondare
fresa (f) para varillas

Formfräser (m), Profilfräser (m)
profile cutter
fraise (f) à façonner, fraise (f) à profiler

фасонная фреза (f) *или* шарошка (f); фасонный фрезеръ (m)
fresa (f) per sagomare *o* per profilare 7
fresa (f) perfilada *ó* para perfilar

1 Fügefräser (m)
jointing cutter
fraise (f) pour faire les joints

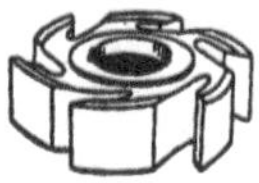

фуговальная фреза (f) *или* шарошка (f); фуговальный фрезеръ (m)
fresa (f) per spianare *o* per tirare a filo
fresa (f) para juntas

---

2 Falzfräser (m)
rebating cutter
fraise (f) à feuillures

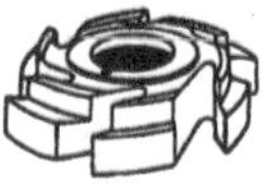

фреза (f) *или* шарошка (f) *или* фрезеръ (m) для выбиранія четвертей *или* уголковъ
fresa (f) per mezzo a mezzo
fresa (f) para ensambladuras

---

3 Nutfräser (m)
grooving cutter
fraise (f) à rainures

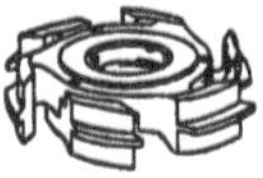

пазовый фрезеръ; пазовая фреза (f) *или* шарошка (f); фрезеръ (m) для выбиранія пазовъ
fresa (f) per scanalature *o* per femmine
fresa (f) para ranuras

---

4 Spundfräser (m)
tonguing cutter
fraise (f) à bouveter, fraise (f) pour languettes

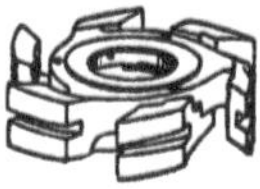

шпунтовая фреза (f) *или* шарошка (f); шпунтовый фрезеръ (m)
fresa (f) per linguette *o* per maschi
fresa (f) para machihembrar

---

5 Kron[en]fräser (m)
profile cutter
fraise (f) à profiler

карнизная фреза (f) *или* шарошка (f); карнизный фрезеръ (m)
fresa (f) a campana per sagomare *o* per profilare
fresa (f) de corona para trabajos perfilados, molduras etc.

---

6 Auskehlfräser (m), Kannelierfräser (m)
moulding cutter
fraise (f) à canneler

фреза (f) *или* шарошка *или* фрезеръ (m) для нарѣзанія желобковъ
fresa (f) per scanalare *o* per sagomare *o* per profilare
fresa (f) de acanalar, fresa (f) de corona para molduras

---

7 Schnellfräser (m)
high speed cutter
fraise (f) rapide

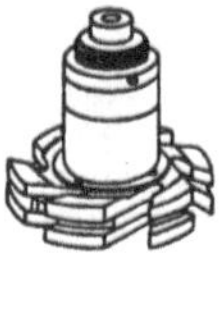

быстро-рѣжущая фреза (f) *или* шарошка (f); быстрорѣжущій фрезеръ (m)
fresa (f) in acciaio rapido
fresa (f) rápida

Fräser (m) mit beweglichen Flügeln
winged cutter
fraise (f) extensible

фреза (f) *или* шарошка (f) *или* фрезеръ (m) съ подвижными рѣзцами
fresa (f) con coltelli oscillanti
fresa (f) de aletas portacuchillas móviles 1

Messereinsetzgerät (n)
apparatus for fixing cutters
appareil (m) à fixer les couteaux

установочный приборъ (m) для ножей
apparecchio (m) per fissare i coltelli
aparato (m) de fijación de las cuchillas 2

Zapfenschneidmaschine (f), Zapfenschneid- und Schlitzmaschine (f)
tenoning machine
machine (f) à faire les tenons

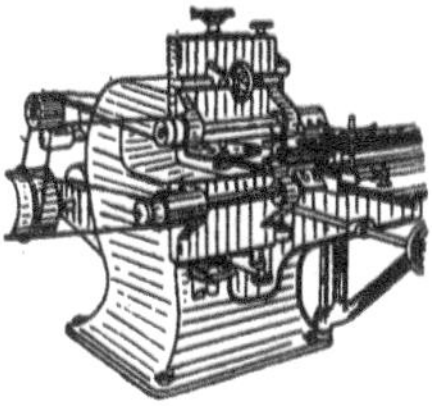

шипорѣзный станокъ (m); станокъ для рѣзки шиповъ и выбиранія пазовъ
tenonatrice (f)
máquina (f) de hacer espigas 3

Latten- und Leistenschlitzmaschine (f)
rebating machine
machine (f) à faire les enfourchements

шипорѣзный станокъ (m) для рѣшетника и планокъ
tenonatrice (f) per listelli e sagome
máquina (f) de sacar ranuras para listones y varillas 4

Schlitzscheibe (f)
grooving cutter block
disque (m) à enfourchements

пазорѣзный дискъ (m)
portautensile (m) a disco per tenonatrice
disco (m) porta-cuchillas para sacar ranuras 5

Zapfenschneidgerät (n)
tenoning apparatus
appareil (m) à faire les tenons

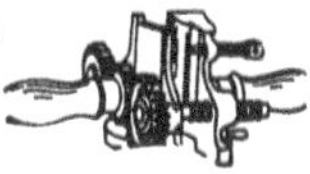

шипорѣзный приборъ (m)
apparecchio (m) per fare tenoni
aparato (m) de sacar espigas 6

Zapfen schneiden (v)
to tenon
tenonner (v)

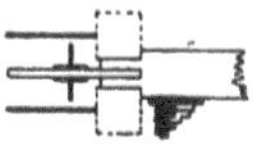

нарѣзать шипы
fare (v) un tenone, tenonare (v)
cortar (v) espigas 7

1 verzapfen (v)
to tenon and mortise
assembler (v) à tenon et mortaise

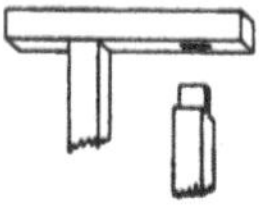

загонять шипъ въ гнѣздо
congiungere (v) con tenone e cava
espigar (v)

---

2 Zapfen (m)
tenon
tenon (m)

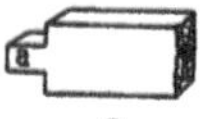

a

шипъ (m)
tenone (m)
espiga (f)

---

3 Schlitz (m)
notch for tenon
enfourchement (m)

a

пазъ (m)
cava (f) *o* tenone (m) doppio
ranura (f) de espiga

---

4 Zapfenloch (n)
mortise
mortaise (f)

гнѣздо (n)
cava (f)
mortaja (f), agujero (m) de espiga

---

5 Schlitz- und Zapfeneisen (n)
cutter for tenons and mortises
fer (m) à enfourcher et à tenonner

a

пазорѣзъ (m) и шипорѣзъ (m)
utensile (m) *o* coltello (m) per tenonatrice
cuchilla (f) de espiga

XII.

Sandpapiermaschinen
Sand Papering Machines
Machines à poncer au papier de verre
Шлифовальные станки со шкуркою
Politrici a carta vetrata
Máquinas de lijar

1
Schleifmaschine (f), Holzschleifmaschine (f)
disc sand papering machine
machine (f) à poncer le bois

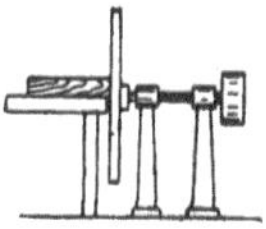

шлифовальный станокъ (m) для дерева
politrice (f) per legno
máquina (f) de lijar madera

2
Sandpapier[schleif]-maschine (f)
sand papering machine
machine (f) à poncer au papier de verre

шлифовальный станокъ (m) со шкуркою
politrice (f) a carta vetrata per legno
máquina (f) de lijar

3
Sandpapiermaschine (f) zum Flächenschleifen
surface sand papering machine
machine (f) à poncer les surfaces

шлифовальный станокъ (m) со шкуркою для ровныхъ поверхностей
politrice (f) a carta vetrata per piani
máquina (f) de lijar superficies

4
wag[e]rechte *oder* horizontale Sandpapierschleifmaschine (f)
horizontal disc sand papering machine
machine (f) à poncer horizontale avec plateau à papier de verre

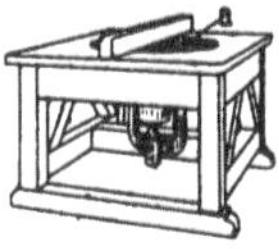

горизонтальный шлифовальный станокъ (m) со шкуркою
politrice (f) a disco orizzontale ed a carta vetrata
máquina (f) de lijar horizontal

5
Schleifscheibe (f)
sand disc
plateau (m) à poncer

a

шлифовальный дискъ (m)
disco (m) per polire
disco (m) de lijar

1 doppelte Sandpapierschleifmaschine (f)
double disc sand papering machine
machine (f) à poncer au papier de verre à double plateau

двойной шлифовальный станокъ (m) со шкуркою
politrice (f) a carta vetrata ed a due dischi
máquina (f) de lijar con dos discos centrales

---

2 Auflegetisch (m)
table
support (m)

a

столъ (m) для поддержки предметовъ
tavola (f)
mesa (f) de colocación

---

3 Riemenschleifmaschine (f), Schleifmaschine (f) mit endlosem Riemen
endless belt sanding machine
machine (f) à poncer à courroie

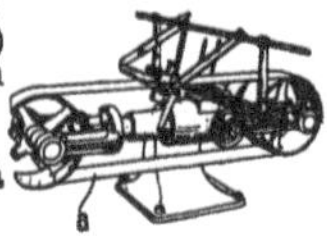

ременной шлифовальный станокъ (m); шлифовальный станокъ съ безконечнымъ ремнемъ *или* съ безконечной лентой
politrice (f) a nastro *od* a cinghia
máquina (f) de lijar de correa sin fin

---

4 Schleifriemen (m), Schleifband (n)
sand belt
courroie (f) à poncer

a

шлифовальный ремень (m); шлифовальная лента (f)
nastro (m) *o* cinghia (f) per polire
correa (f) *ó* cinta (f) de lijar

---

5 doppelte Riemenschleifmaschine (f)
double belt sanding machine
machine (f) à poncer avec deux courroies

двойной ременной шлифовальный станокъ (m)
politrice (f) doppia a nastro *od* a cinghia
máquina (f) de lijar de dos correas

---

6 Trommelschleifmaschine (f), Sandpapiermaschine (f) mit Schleiftrommel
drum sander
machine (f) à tambour-ponceur (au papier de verre)

шлифовальный станокъ (m) съ барабаномъ; шлифовальный станокъ съ барабаномъ, обтянутымъ шкуркою
politrice (f) a carta vetrata ed a tamburo
máquina (f) de lijar de tambor

---

7 Schleiftrommel (f), Schleifwalze (f)
sand *or* grinding cylinder
tambour (m) ponceur

a

шлифовальный барабанъ (m); шлифовальный валикъ (m)
tamburo (m) politore *o* di politrice
tambor (m) *ó* cilindro (m) de lijar

---

8 Schleifmaschine (f) mit (Langbeinschem) Ausleger
radial arm sand papering machine
machine (f) à poncer à bras articulé (de Langbein)

шлифовальный станокъ (m) съ качающимся плечомъ [системы Лангбейна]
politrice (f) a braccio snodato
máquina (f) de lijar con brazo articulado »Langbein«

schleifen (v), abschleifen (v)
to sand paper
polir (v), poncer (v)

шлифовать
polire (v)
pulir (v), lijar (v) 1

Abschleifen (n) des Holzes
sand papering of wood
ponçage (m) du bois

шлифовка (f) дерева
politura (f) del legno 2
el lijar la madera

Sandpapier (n)
sand paper
papier (m) de sable

песчаная бумага (f); шкурка (f)
carta (f) renata *o* coperta di rena 3
papel (m) de lija

Glaspapier (n)
glass paper
papier (m) de verre

стеклянная бумага (f)
carta (f) vetrata 4
papel (m) de vidrio

Flintsteinpapier (n)
flint glass paper
papier (m) de sable quartzeux

кремневая бумага (f)
carta (f) con polvere di quarzo 5
papel (m) de arena cuarzosa

Poliermaschine (f)
polishing machine
machine (f) à polir *ou* à poncer

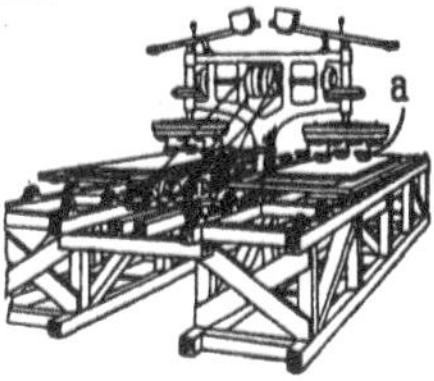

полировальный станокъ (m); полировочная машина (f)
macchina (f) da lucidare, lucidatrice (f) 6
máquina (f) de pulir superficies

Polierballen (m)
polishing cup
polissoir (m) en forme de coupe

a

полировальный томпонъ (m)
lucidatore (m) a palla 7
tampón (m) de pulir

---

das Holz polieren (v)
to polish wood
polir (v) *ou* poncer (v) le bois

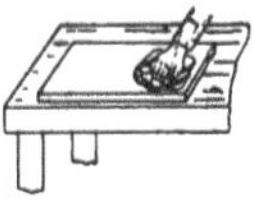

полировать дерево
lucidare (v) il legno 8
pulir (v) la madera

Politur (f) des Holzes
wood polish
polissage (m) du bois

полировка (f) дерева
lucidatura (f) del legno 9
pulimento (m) de la madera

Politurflüssigkeit (f), Politur (f)
liquid polish
matière (f) *ou* liquide (m) à polir

политура (f)
liquido (m) per polire, vernice (f) liquida 10
liquido (m) *ó* material (m) de pulir

Politurlack (m)
varnish
vernis (m) à polir

полировальный лакъ (m)
vernice (f) per lucidare il legno, vernice (f) a pennello, lacca (f) 11
barniz (m) de pulir

1 Spirituslack (m)
spirit *or* clear varnish
vernis (m) à l'alcool
спиртный лакъ (m)
vernice (f) a spirito
barniz (m) de alcohol

---

2 Auftragen (n) des Politurlackes
varnishing
application (f) du vernis à polir
наведенie (n) полировальнаго лака
applicazione (f) della vernice
aplicación (f) del barniz de pulir

---

3 farbig polieren (v)
to stain
polir (v) en colorant
полировать красками
verniciare (v) a colore, colorare (v)
pulir (v) en colores

---

4 farbige Politur (f)
stain
matière (f) colorante pour polir
цвѣтная политура (f)
vernice (f) colorata
material (m) de pulimento en colores

---

5 Deckpolitur (f)
finishing coat of varnish
couche (f) de matière à polir
послѣдняя полировка (f)
ultima mano (f) di vernice
ultima mano (f) de barniz de pulir

XIII.

Stemm- und Holzbohrmaschinen
Mortising and Boring Machines
Machines à percer et à mortaiser pour le bois

Долбежные и сверлильные станки
Mortesatrici e trapani per legno
Máquinas de mortajar y barrenar para madera

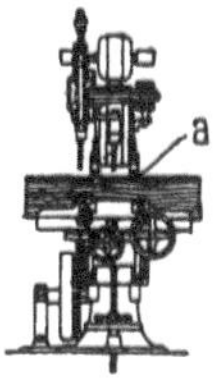

Stemmaschine (f)
mortising machine
machine (f) à mortaiser

долбёжный станокъ (m)
mortesatrice (f), stozzatrice (f), macchina (f) 1
per far cave
mortajadora (f) con barrena vertical

---

a

Stützplatte (f)
holding down plate
cale (f)

упорная колодка (f)
piastra (f) di appoggio 2
calce (f)

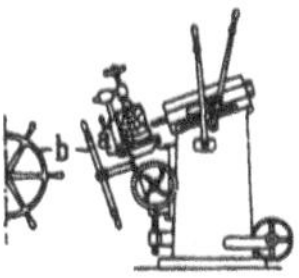

Platte (f), Befestigungsplatte (f)
cramping table
plaque (f) de fixation

плита (f) для укрѣпленія предметовъ
tavola (f) di fissaggio 3
placa (f) de sujeción

---

a

b

Spillrad (n)
capstan hand wheel
volant (m) de commande de l'avance de la pièce

ручное колесо (n)
volante (m) di spostamento 4
volante (m) a mano para el avance de la mesa

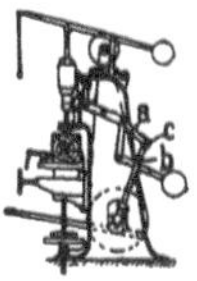

Lenker (m)
link
dispositif (m) de direction

передаточный рычагъ (m)
leva (f) articolata 5
disposición (f) de conducción

a

1	Lenkstange (f) connecting rod bielle (f)	b	шатунъ (m) biella (f) [di guida] biela (f)
2	Gelenkbolzen (m) pivot boulon(m)d'articulation	c	шарнирный болтъ (m) perno (m) perno (m) de articulación
3	Handstemmaschine (f) hand mortising machine mortaiseuse (f) à main, perceuse (f) à main	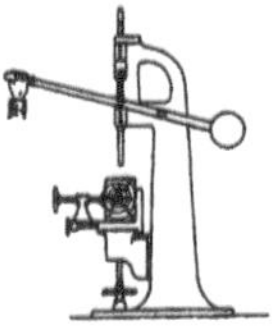	ручной долбёжный станокъ (m); ручная долбёжная машина (f) mortesatrice (f) *o* stozzatrice (f) a mano, macchina (f) per far cave a mano mortajadora (f) á mano
4	Langlochbohr- und Stemmaschine (f) boring und mortising machine for deep holes machine (f) à faire des mortaises profondes	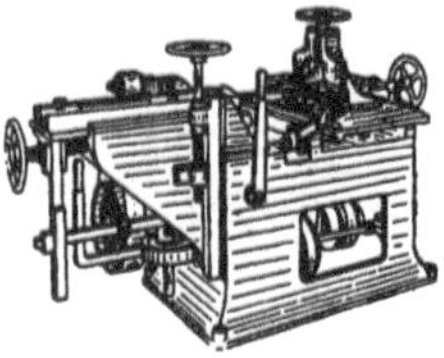	продольно-сверлильный станокъ (m) съ долбёжнымъ приборомъ mortesatrice (f) *o* stozzatrice (f) combinata con trapano máquina (f) de barrenar y hacer mortajas profundas
5	Langlochbohrmaschine (f), [Nutmaschine (f)] slot mortising machine machine (f) à percer des trous longs	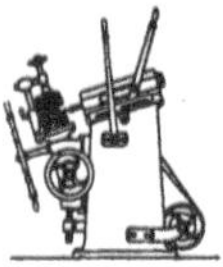	продольно-сверлильный станокъ (m) macchina (f) per forare *o* far cave máquina (f) de barrenar agujeros largos
6	Langlochbohrer (m) slot mortising bit foret (m) long	a	пазовое сверло (n) punta (f) per cave mecha (f) larga
7	Gehrungsschneidmaschine (f), Gehrungsschneidgerät (n) mitre cutting machine appareil (m) à couper en biais *ou* à onglets		станокъ (m) для рѣзки подъ угломъ trancia (f) per tagli ad angolo, trancia (f) per cornici máquina (f) de cortar al sesgo, máquina (f) de cortar ingletes

Holzschere (f) wood gullotine *or* shears cisaille (f) à [découper les bandes de] bois	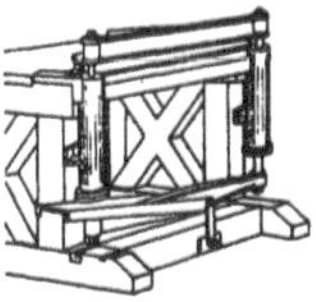	ножницы (f pl) для дерева trancia (f) per legno cizalla (f) para cortar madera	*1*
Zapfenlöcher stemmen (v) to cut mortise holes *or* mortises mortaiser (v), creuser (v) une mortaise		долбить (выдалбливать) гнѣздо для шиповъ mortesare (v), stozzare (v), far (v) cave escoplear (v), mortajar (v)	*2*
Stemmstichel (m) mortise chisel bédane (m)		долбёжное долото (n) bedano (m), scalpello (m) bedano (m)	*3*
Lochbeitel (m) mortise chisel bec (m) d'âne, bédane (m)		шиповое долбёжное долото (n) bedano (m), scalpello (m) bedano (m)	*4*
Viereisen (n) self-coring mortising chisels bédane (m) à tranchants disposés en rectangle	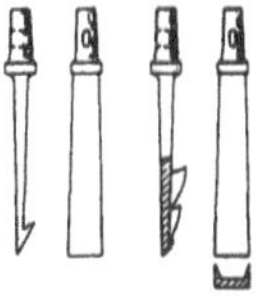	долото (n) съ боковыми рѣжущими кромками bedano (m) *o* scalpello (m) a tre taglienti bedano (m) de cortes rectangulares, bedano (m) rectangular	*5*
doppeltes Viereisen (n) double mortising chisel double bédane (m) rectangulaire	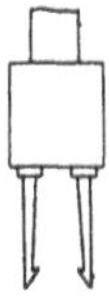	двойное долото (n) съ боковыми рѣжущими кромками bedano (m) *o* scalpello (m) doppio a tre taglienti bedano (m) rectangular doble	*6*
Hohlstichel (m) hollow mortising chisel bédane (m) creux		полое долото (n) bedano (m) cavo con punta a spirale interna bedano (m) ó escoplo (m) hueco	*7*
Schraubenbohrer (m) des Hohlstichels auger for hollow mortising chisel mèche (f) hélicoidale du bédane creux	a	винтовое сверло (n) внутри полаго долота punta (f) a spirale del bedano mecha (f) espiral especial para bedanos huecos	*8*

1	Lochbohrmaschine (f), Holzbohrmaschine (f) wood boring *or* drilling machine perceuse (f) [à bois]	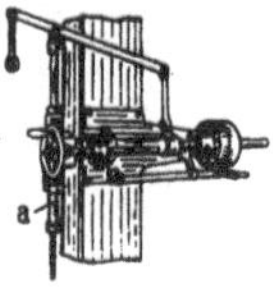	деревосверлильный станокъ (m); сверлильный станокъ для дерева trapano (m) per legno máquina (f) de taladrar para madera
2	Bohrspindel (f) boring spindle porte-foret (m), porte-mèche (m)	a	сверлильный шпиндель (m) mandrino (m) *o* albero (m) portapunta del trapano husillo (m) porta-taladro
3	Bohrspindelbewegung (f) von Hand hand feed of boring *or* drill spindle avance (f) du porte-mèche à la main	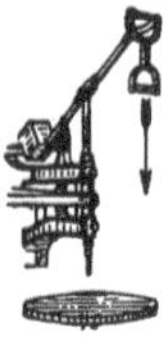	надвиганіе (n) сверлильнаго шпинделя отъ руки avanzamento (m) a mano del mandrino *o* dell'albero portapunta bajada (f) del husillo de taladrar á mano
4	einspindlige [Loch-] Bohrmaschine (f) single spindle boring *or* drilling machine perceuse (f) à un porte-mèche *ou* à broche unique		одношпиндельный сверлильный станокъ (m); сверлильный станокъ съ однимъ шпинделемъ trapano (m) ad una punta máquina (f) de taladrar de un husillo para madera
5	mehrspindlige [Loch-] Bohrmaschine (f) multiple spindle boring *or* drilling machine machine (f) à percer triple, perceuse (f) à plusieurs porte-forets *ou* broches		многошпиндельный сверлильный станокъ (m); сверлильный станокъ съ нѣсколькими шпинделями trapano (m) multiplo máquina (f) de taladrar múltiple para madera
6	freistehende Bohrmaschine (f) vertical drilling machine machine (f) à percer isolée *ou* sur fût		свободно-стоящій сверлильный станокъ (m) trapano (m) a colonna máquina (f) de taladrar de columna

Wandbohrmaschine (f) wall drilling machine machine (f) à percer d'applique		стѣнной сверлильный станокъ (m) trapano (m) murale máquina (f) de taladrar mural ó de pared	*1*
Schnellbohrmaschine (f) high speed drilling machine machine (f) à percer rapide	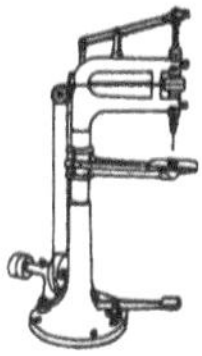	быстросверлильный станокъ (m) trapano (m) rapido *o* veloce máquina (f) de taladrar rápida	*2*
kleine wag[e]rechte *oder* horizontale Bohrmaschine (f) small horizontal boring machine petite machine (f) à percer horizontale		малый горизонтальный сверлильный станокъ (m) trapano (m) orizzontale piccolo pequeña máquina (f) de taladrar horizontal	*3*
Lochbohrer (m) auger foret (m), mèche (f)		сверло (n) punta (f) a tortiglione *o* da girabecchino barrena (f) helicoidal, mecha (f) helicoidal *ó* espiral	*4*
Einziehschraube (f) screwed centre point pointe (f) de la mèche	a	втяжной винтъ (m) punta (f) centrale a vite punta (f) de introducción de la mecha	*5*
Förderschraube (f) spiral, helix mèche (f)	b	винтовыя поверхности (f pl) для отвода стружекъ elica (f) mecha (f) espiral	*6*
Lochbohrer (m) mit Vorschneider auger bit with advance cutter mèche (f) à saillies		сверло (n) съ боковыми кромками для подрѣзанія волоконъ punta (f) ad orecchie mecha (f) *ó* barrena (f) espiral con labios cortantes	*7*
herabhängender Vorschneider (m) end projecting advance cutter pointe (f) en saillie	a	висячая боковая рѣжущая кромка (f) tagliente (m) ad orecchie labio (m) cortante	*8*
Spitzbohrer (m) common bit, pointed end drill foret (m) à langue d'aspic		перовое сверло (n); обыкновенное сверло; пёрка (f) punta (f) comune barrena (f) *ó* mecha (f) de punta aguda	*9*

1 Schneckenbohrer (m)
gimlet bit, twisted shell bit
foret (m) hélicoïdal fraiseur

улиткообразное сверло (n)
punta (f) da succhiello *od* a spirale
mecha (f) helicoidal, barreno (m) helicoidal

---

2 Zentrumbohrer (m)
centre bit
foret (m) à téton

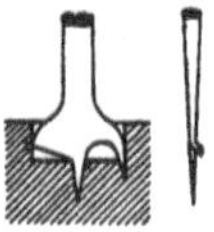

центровое сверло (n)
punta (f) a tridente, punta (f) comune da girabecchino
mecha (f) de tres puntas

---

3 Versenker (m)
countersinking bit
fraise (f) conique, fraise (f) champignon

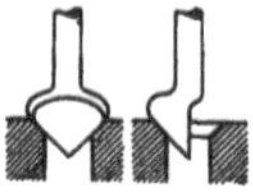

зенковка (f); зинковка (f); развуровка (f)
acciecatoio (m)
avellanador (m)

---

4 Schraubenbohrer (m), Spiralbohrer (m)
twist drill, auger
foret (m) hélicoïdal *ou* américain

витое *или* спиральное сверло (n); американское сверло
punta (f) a tortiglione, punta (f) elicoidale
mecha (f) espiral americana

---

5 Löffelbohrer (m)
spoon bit
foret (m) à cuiller, gouge (f)

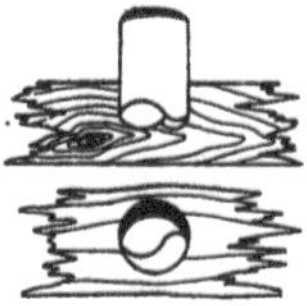

ложечное сверло (n)
punta (f) a sgorbia *od* a cucchiaio
mecha (f) de cañon *ó* de gubia, gubia (f)

---

6 Ringbohrer (m)
ring auger bit
foret (m) annulaire

сверло (n) съ кольцеобразной рѣжущей кромкой
punta (f) a corona piatta
mecha (f) anular de dos cortes

---

7 Aufräumer (m)
taper reamer, taper bit
dégorgeoir (m)

развёртка (f)
allargatoio (m), alesatore (m)
escariador (m)

Gewindebohrer (m) tap for wood taraud (m) à bois	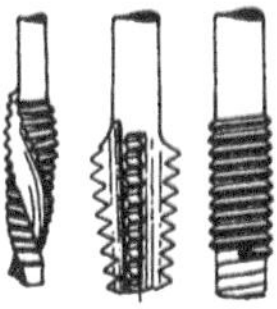	сверло (n) для нарѣзки гаекъ [въ деревѣ] maschio (m) per legno mecha (f) de roscar	1
Hohlbohrer (m) hollow boring bit foret (m), tarière (f)		полое сверло (n) punta (f) cava mecha (f) hueca, taladro (m)	2

XIV.

Holzdrehbänke und Kopiermaschinen

Wood Turning Lathes and Copying Lathes

Tours pour le travail du bois et machines à copier

Токарные по дереву станки и копировальные станки

Torni per legno e macchine da copiare o pantografi

Tornos para madera y copiadoras

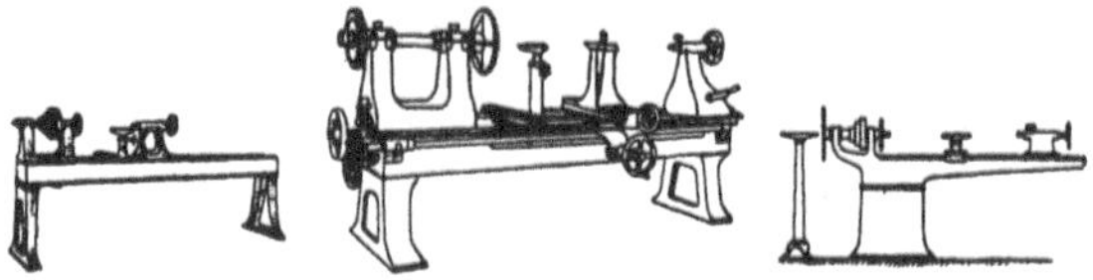

1 Holzdrehbank (f)
wood turning lathe
tour (m) à bois
токарный по дереву станокъ (m)
tornio (m) per legno
torno (m) para madera

2 Drehstuhl (m)
oriental (hand) lathe
tour (m) à main
лучковый станокъ (m)
tornio (m) a mano
torno (m) primitivo á mano

3 Wippe (f), Wippdrehbank (f)
dead centre *or* pole lathe
tour (m) à pédale
токарный станокъ (m) съ лучковымъ ножнымъ приводомъ; ножной лучковый токарный станокъ
tornio (m) a violino a pedale
torno (m) primitivo á pedal

Supportholzdrehbank (f)
wood turning lathe with hand tool rest
tour (m) à bois avec chariot à main

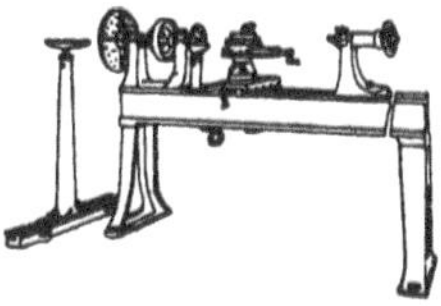

обыкновенный токарный по дереву станокъ (m) съ суппортомъ
tornio (m) con sopporto a croce 1
torno (m) para madera con carro-soporte

Universalholzdrehbank (f)
universal wood turning lathe
tour (m) universel à bois

универсальный токарный по дереву станокъ (m)
tornio (m) universale per legno 2
torno (m) universal para madera

Schablonendrehbank (f)
lathe for repitition work, lathe for reproducing
tour (m) à reproduire

токарный станокъ (m) для точки по шаблону 3
tornio (m) da copiare
torno (m) de reproduçir

Passigdrehbank (f)
lathe for eccentric turning
tour (m) à guillocher

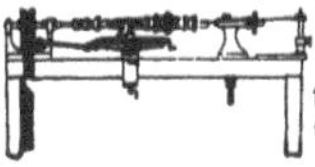

токарный станокъ (m) для точки некруглыхъ предметовъ 4
tornio (m) da sagomare
torno (m) para grabar

Ovaldrehbank (f)
oval turning lathe
tour (m) ovale

токарный станокъ (m) для точки предметовъ овальнаго сѣченія; овально-токарный по дереву станокъ 5
tornio (m) da tornire ovale
torno (m) para tornear ovalado

Ovalwerk (n)
oval mechanism
poupée (f) de tour ovale

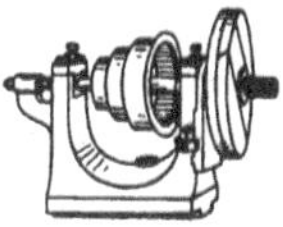

патронъ (m) для точки предметовъ овальнаго сѣченія
apparecchio (m) per ovali 6
cabezal (m) de torno para tornear ovalado

Kopiermaschine (f), Fassonniermaschine (f)
copying lathe
machine (f) à façonner *ou* à copier *ou* à reproduire

копировальный станокъ (m); копировальная машина (f) 7
macchina (f) da copiare *o* da sagomare
torno (m) de copiar

1 doppelte Kopiermaschine (f)
double copying machine
machine (f) double à copier

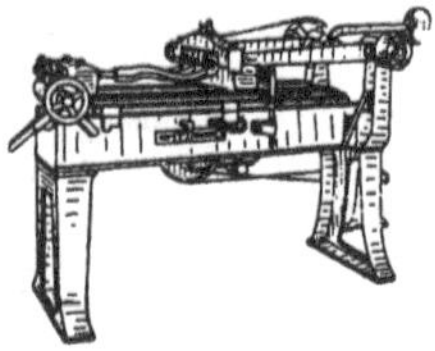

двойной копировальный станокъ (m)
macchina (f) doppia da copiare
copiadora (f) doble

---

2 Linkskopiermaschine (f)
left hand copying machine
fraiseuse (f) à reproduire [dite »à gauche«]

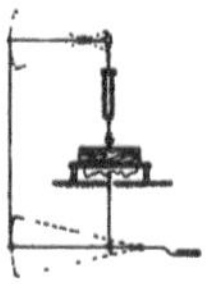

копировальный станокъ (m) для обратныхъ профилей
macchina (f) da copiare secondo sagoma (a sinistra)
fresadora-copiadora (f) á izquierda

---

3 Speichenkopiermaschine
spoke copying machine (f)
tour (m) pour reproduire les rayons de roues

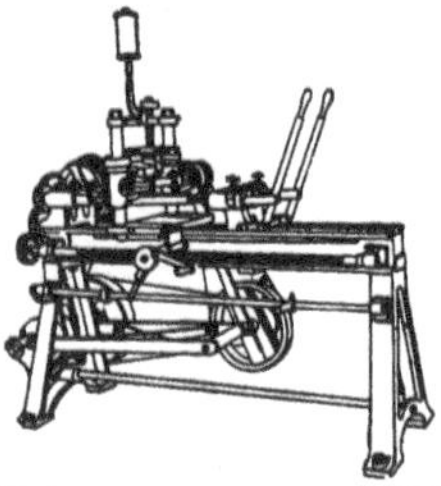

копировальный станокъ (m) для выдѣлки спицъ
macchina (f) da copiare raggi
copiadora (f) especial para rayos de ruedas

---

4 Kopierdrehbank (f)
copying lathe
tour (m) à copier *ou* à façonner

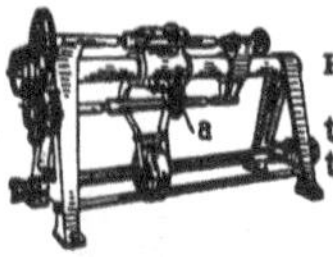

копировально-токарный станокъ (m)
tornio (m) da copiare
torno-copiador (m)

---

5 Kopierrolle (f)
copying roller
galet (m) de gabarit

a

копировальный роликъ (m)
rotella (f) copiatrice
rodaja (f) de copiar

---

6 Kopierfräsmaschine (f)
copying milling machine
tour (m) à fraise à copier

копировальный фрезерный станокъ (m)
fresatrice (f) da copiare
fresadora-copiadora (f)

Formdrehbank (f),
Fassondrehbank (f),
Drehbank (f) mit Kurvensupport
profiling lathe with curved rest
tour (m) à façonner avec porte-outil à profiler

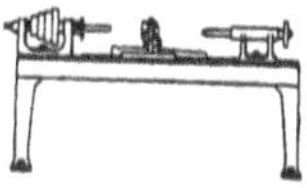

фасонный токарный станокъ (m); токарный станокъ съ движеніемъ суппорта по шаблону
tornio (m) da sagomare, tornio (m) con sopporto a guide curve 1
torno (m) de perfilar con soporte para curvas

Holzkugeldrehbank (f)
wood ball turning lathe
tour (m) pour boules en bois

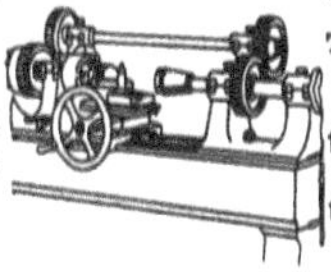

токарный станокъ (m) для точенія *или* для точки шаровъ
tornio (m) per sfere di legno 2
torno (m) para hacer bolas de madera

Rundstabhobelmaschine (f)
rod turning machine, rounding machine
tour (m) pour bâtons ronds *ou* à façonner des barreaux cylindriques

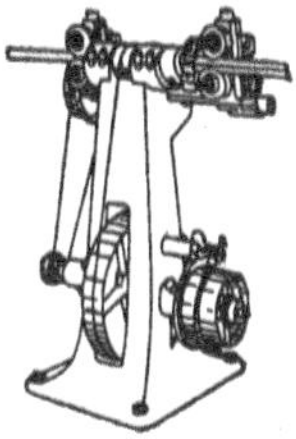

станокъ (m) для обтачиванія квадратныхъ стержней *или* брусочковъ
macchina (f) per arrotondare bastoni 3
máquina (f) de hacer palos redondos

Runddrehmaschine (f) für gebogene Hölzer
bent wood turning machine
machine (f) à tourner les bois courbés

токарный станокъ (m) для гнутаго дерева
macchina (f) per arrotondare legno incurvato 4
máquina (f) de tornear palos curvados

Schnitzmaschine (f),
Kopiermaschine (f)
copying machine
machine (f) à sculpter

рѣзной станокъ (m), работающій по шаблону; копировальный станокъ (m)
pantografo (m) *o* macchina (f) da copiare per scolpire 5
máquina (f) de copiar

[Holz] drehen (v),
drechseln (v)
to turn [wood]
tourner (v) le bois

точить *или* обтачивать дерево на токарномъ станкѣ 6
tornire (v) legno
tornear (v) madera

1	Abrunden (n) rounding off tournage (m) en arrondissant	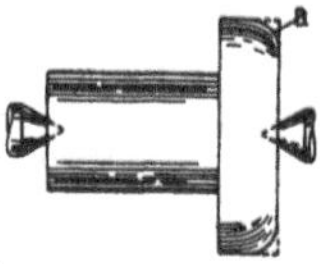	обточка (f); округленіе (n) arrotondatura (f) redondeado (m) de los cantos
2	abrunden (v) to round off arrondir (v)		обтачивать; округлять arrotondare (v) redondear (v)
3	Abrundung (f) rounding off arrondi (m)	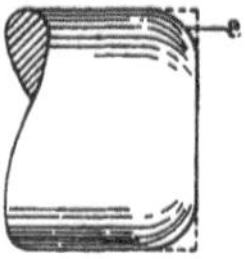 a	закругленіе (n) arrotondatura (f) redondeado (m)
4	Abfasen (n) chamfering off biseautage (m)	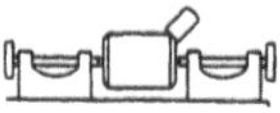	скашиваніе (n) smussatura (f) biselado (m)
5	abfasen (v) to chamfer biseauter (v)		скашивать smussare (v) biselar (v)
6	abgefaste Kante (f) chamfered edge arête (f) taillée en biseau *ou* biseautée	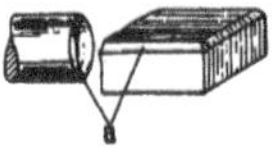 a	скошенная кромка (f) *или* фаска (f) angolo (m) smussato canto (m) biselado
7	Auflage (f), Vorlage (f) hand tool rest support (m) à main	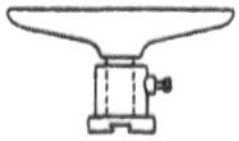	подручникъ (m) sopporto (m) a ventaglio apoyo (m) para la mano
8	Einsteckschiene (f) shank of tee rest support (m) à enfourcher	 a	стержень (m) подручника perno (m) (di fissaggio) espiga (f) de colocación
9	Ständerauflage (f) hand tool rest on stand support (m) à colonne	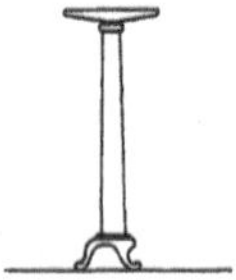	подручникъ на стойкѣ (f) colonna (f) con sopporto apoyo (m) sobre columna
10	Support (m) slide rest chariot (m)	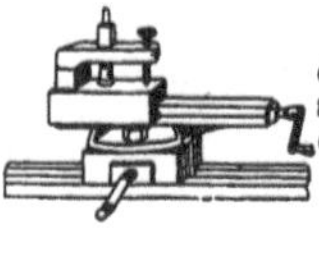	суппортъ (m) sopporto (m) a croce carro (m)

Höhensupport (m) zum Fräsen
adjustable milling rest
support (m) à fraise montant et descendant

суппортъ (m) для фрезованія, переставливаемый по высотѣ
sopporto (m) verticale per fresare
soporte (m) móvil para fresar 1

Felgenbohrsupport (m)
wheel felloe [*or* rim] boring rest *or* table
support (m) montant et descendant pour percer les jantes

суппортъ (m) для сверленія косяковъ
sopporto (m) per forare le corone delle ruote
soporte (m) para barrenar llantas 2

Werkzeugführung (f) durch Lehren
guidance of the tool in conformity with the gauge
guidage (m) de l'outil suivant un gabarit

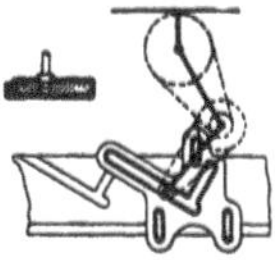

направленіе (n) инструмента по шаблону
condotta (f) dell'utensile secondo sagoma
conducción (f) de las herramientas por plantillas 3

Führungsstift (m)
guide pin *or* finger
doigt (m) *ou* tige (f) de guidage

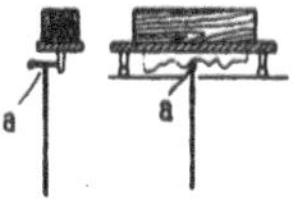

a

направляющій стержень (m)
dito (m) *o* punta (f) di guida
espiga (f) de conducción 4

Spindelstock (m)
fast head stock
poupée (f)

передняя *или* шпиндельная бабка (f)
testa (f) del tornio
cabezal (m) principal 5

Scheibe (f)
disc
plateau (m)

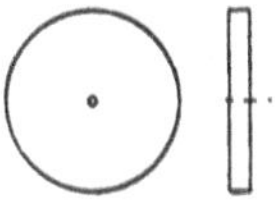

шайба (f); круглая пластина (f)
piattaforma (f)
disco (m), plato (m) 6

Spitze (f)
point
pointe (f)

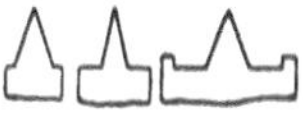

центръ (m)
punta (f)
punta (f) 7

Dreizack (m), Zwirl (m), dreizackige Spindelspitze (f)
three pronged fork centre
pointe (f) triple d'arbre de tour, trident (m)

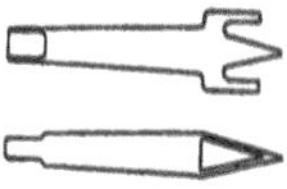

трёхзубая вилка (f)
punta (f) a tridente
punta (f) de torno de triple punta 8

---

vierzackige Spindelspitze (f)
four pronged fork centre
pointe (f) quadruple d'arbre de tour

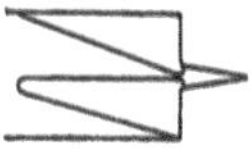

четырёхзубая вилка (f)
punta (f) a quattro denti
punta (f) cuadruple de torno 9

1 Stachelfutter (n)
chuck with holdfasts
mandrin (m) à pointes

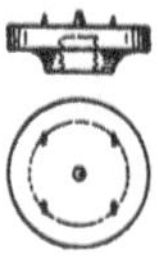

зубчатый патронъ (m)
piattaforma (f) a punte
plato (m) de puntas

---

2 Spindelspitze (f) mit scharfem Ring
ring centre
pointe (f) d'arbre avec anneau taillé à angle aigu

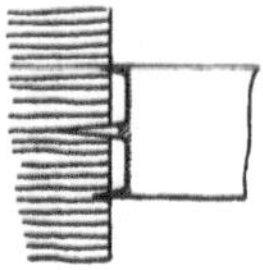

вилка (f) съ острымъ кольцомъ
punta (f) ad anello tagliente
punta (f) de husillo con anillo de corte agudo

---

3 Klemmfutter (n), Spannfutter (n)
clamping chuck
mandrin (m) de fixation

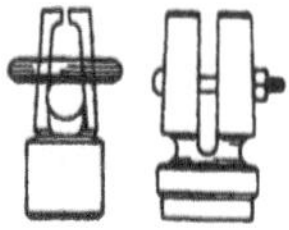

зажимной патронъ (m)
mandrino (m) a morsetto
mandril (m) de sujeción

---

4 Spundfutter (n), Einschlagfutter (n)
socket chuck
mandrin (m) creux

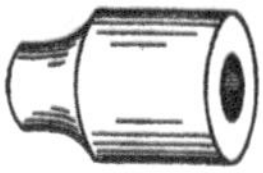

простой патронъ (m)
mandrino (m) cavo
mandril (m) de agujero simple

---

5 Teilspund (m)
socket in halves
mandrin (m) creux en deux parties

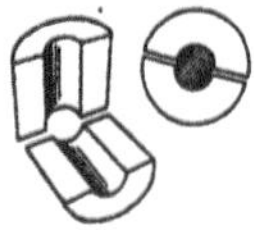

патронъ (m), состоящій изъ двухъ частей
mandrino (m) cavo diviso
mandril (m) partido

---

6 Kreuzspund (m), Kreuzfutter (n)
split socket chuck
mandrin (m) creux en quatre sections

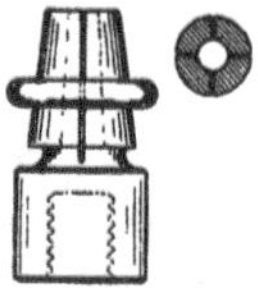

патронъ (m), состоящій изъ четырёхъ частей
mandrino (m) spaccato
mandril (m) partido en cruz

---

7 Schraubenfutter (n)
screw point chuck
mandrin (m) à visser

патронъ (m) на винтѣ
mandrino (m) a vite
mandril (m) con espiga de tornillo

---

8 Kugelspannfutter (n)
ball turning chuck
mandrin (m) creux pour boules

патронъ (m) для закрѣпленія шаровъ
mandrino (m) per sfere
mandril (m) para sujetar bolas

Reitstock (m)
poppet head, tail stock
contre-poupée (f)

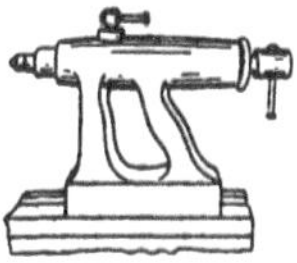

задняя *или* подвижная бабка (f)
contropunta (f)
contra-punta (f), cabezal (m) de contra-punta 1

Reitstockspitze (f)
tail centre
pointe (f) de la contre-poupée

центръ (m) задней *или* подвижной бабки
punta (f) della contro-punta
punta (f) del cabezal de contra-punta 2

Brillenständer (m)
stay
[support (m) à] lunette (f)

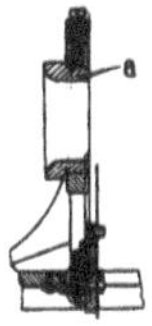

стойка (f) съ люнетомъ
sopporto (m) della lunetta
porta-luneta (m) 3

---

a

Brille (f), Hohldocke (f)
stay bush
lunette (f)

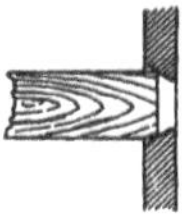

люнетъ (m)
lunetta (f)
luneta (f) 4

Drehstichel (m), Drehstahl (m), Meißel (m)
turning tool
outil (m) pour tourner, ciseau (m), burin (m), couteau (m)

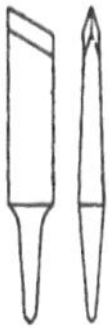

токарный рѣзецъ (m); токарное долото (n)
scalpello (m) da tornitore
buril (m), acero (m) de tornear 5

Schrotstahl (m), Schruppmesser (n)
roughing tool
ciseau (m) *ou* burin (m) à dégrossir

рѣзецъ (m) для черновой обработки
scalpello (m) da tornitore per sbozzare
acero (m) de desbastar 6

Plattstahl (m)
flat pointed roughing tool
ciseau (m) *ou* burin (m) plat à dégrossir

плоскій рѣзецъ (m) для черновой обработки
ferro (m) *o* utensile (m) per sbozzare, scalpello (m) piatto
buril (m) plano 7

Hohlbeitel (m)
1 gouge
gouge (f)

полукруглое долото (n)
sgorbia (f)
gubia (f)

Drehröhre (f)
2 turning gouge
ciseau (m) à lame cintrée

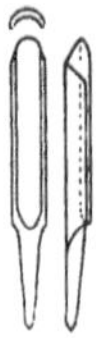

полукруглое долото (n)
sgorbia (f) stretta
gubia (f) de cañón

Hohlkehlenstahl (m)
wood turning tool for
3 shaping grooves
ciseau (m) pour rainures demi-rondes

полукруглое долото (n) для выниманія галтелей
scalpello (m) per tornire cave
buril (m) para media caña

Formstichel (m), Fassonmesser (n), Profilmesser (n)
4 profiling *or* figure forming tool
couteau (m) à profiler

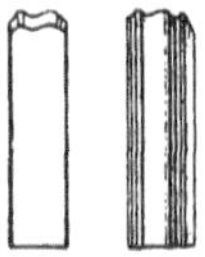

фасонный ножъ (m); профильный ножъ
scalpello (m) sagomato *o* profilato, coltello (m) per sagomare
cuchilla (f) perfilada, cuchilla (f) de moldear

---

drehbarer Formstichel (m)
5 circular profiling tool
outil (m) à profiler tournant

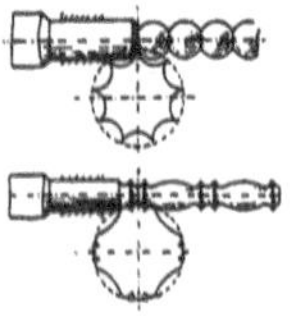

поворотный фасонный ножъ (m)
utensile (m) girevole per sagomare *o* per profilare
herramienta (f) de perfilar giratoria

Ausdrehstahl (m), Ausdrehhaken (m)
6 boring tool
lame (f) *ou* couteau (m) de finissage

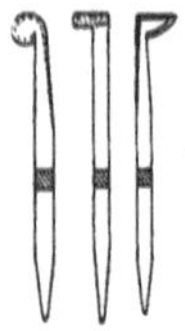

крючокъ (m) [для точенія]
scalpello (m) per scavare internamente
hierro (m) para limpiar

Bodeneisen (n)
cranked *or* inside corner tool
couteau (m) pour tourner les fonds

крючокъ (m) для обточки дна
utensile (m) per tornire fondi 1
hierro (m) para fondear

Krummeißel (m)
hook tool
lame (f) recourbée

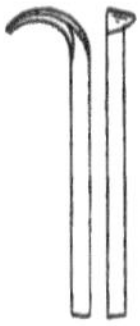

изогнутый крючокъ (m)
utensile (m) curvo per scavare 2
hierro (m) curvado

XV.

Zinkenschneidmaschinen und Rahmenmaschinen

Dove Tailing and Corner Locking Machines

Machines à faire les tenons à queue (pour caisses) et à assembler

Шипорѣзные станки и станки для выдѣлки рамъ

Macchine per far giunture ad incastri e macchine per congiungere telai di legno

Máquinas para cortar empalmes de espigas para tablas de madera, máquinas de ensamblar

---

1 Zinkenschneidmaschine (f), Maschine (f) zum Schneiden von Zinken
dovetailing machine
machine (f) à faire les tenons (pour caisse)

шипорѣзный *или* шиповальный *или* лапорѣзный станокъ (m); станокъ для рѣзки шиповъ
macchina (f) per far giunture ad incastri
máquina (f) de cortar empalmes

---

2 Zinkenfräsmaschine (f), Zinkenfräse (f)
spindle moulder for dovetailing
machine (f) à fraiser les tenons

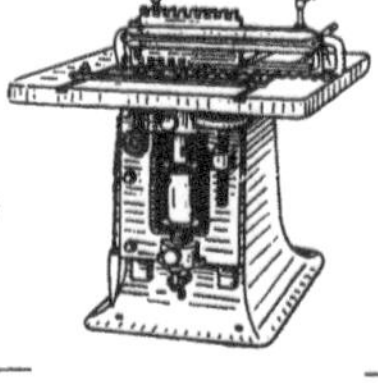

шипорѣзный фрезерный станокъ (m); станокъ для рѣзки шиповъ; шиповальный фрезеръ (m)
fresatrice (f) per fresare giunture ad incastri
máquina (f) de fresar empalmes

---

3 Zinkenfräsmaschine (f) mit Kreissäge, Zinkensäge (f)
corner locking *or* dovetailing machine with circular saw
machine (f) à fraiser les tenons avec scie circulaire

шипорѣзный *или* шиповальный [фрезерный] станокъ (m) съ круглою пилою; лапорѣзная пила (f)
sega (f) circolare per fresare giunture ad incastri
máquina (f) de fresar empalmes con sierra circular

Zinkenmaschine (f) für gerade Zinken
machine for corner locking *or* combing
machine (f) à faire les tenons droits

шипорѣзный *или* шиповальный станокъ (m) для прямыхъ шиповъ
macchina (f) per far giunture ad incastri diritti
máquina (f) de hacer empalmes de espigas derechas 1

Zinkenmaschine (f) für schräge Zinken
machine for diagonal dovetailing *or* angle locking
machine (f) pour faire les tenons obliques

шипорѣзный *или* шиповальный станокъ (m) для косыхъ шиповъ
macchina (f) per giunture ad incastri obliqui
máquina (f) de hacer empalmes de espigas oblicuas 2

---

doppelte Zinkenmaschine (f)
double dovetailing *or* corner locking machine
machine (f) double pour tenons

двойной шипорѣзный *или* шиповальный станокъ (m)
macchina (f) doppia per giunture ad incastri
máquina (f) doble de hacer empalmes de espigas 3

Zinken[hand]säge (f)
hand saw for cutting dovetails
scie (f) à tenon pour queues d'aronde

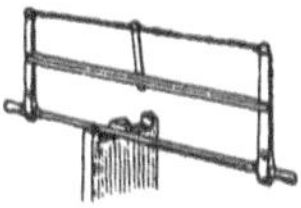

шипорѣзная *или* шиповальная *или* лапорѣзная лучковая пила (f)
sega (f) a mano ad incastri
sierra (f) á mano para cortar empalmes de cola de milano 4

Zinkenfuchsschwanz(m)
pad saw for cutting dovetails
scie (f) à poignée pour tenons

шипорѣзная *или* шиповальная *или* лапорѣзная ножёвка (f)
saracco (m) ad incastri
sierra (f) de empuñadura de cortar espigas de empalme 5

Zinken schneiden (v)
to cut dovetails
tailler (v) des tenons

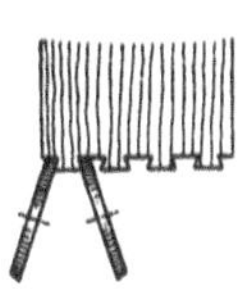

нарѣзать шипы
tagliare (v) incastri
cortar (v) empalmes 6

Zinke (f)
male dovetail, pin
tenon (m) à queue d'hironde (pour assemblage)

шипъ (m)
incastro (m)
empalme (m), espiga (f) de empalme de cola de milano 7

1	Zinkenteilung (f) pitch of dovetails, pitch of pin and space division (f) des tenons	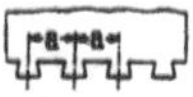 a	шагъ (m) *или* дѣленіе (n) шипового соединенія passo (m) *o* distanza (f) degli incastri división (f) de los empalmes
2	Zinkenlänge (f) depth of pin hauteur (f) du tenon	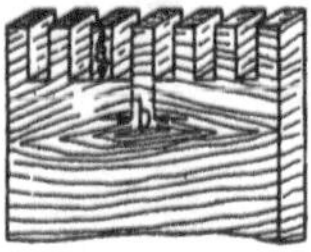 a	глубина (f) шипа altezza (f) degli incastri altura (f) de las espigas de empalme
3	Zinkenbreite (f) width of pin largeur (f) du tenon	b	ширина (f) шипа larghezza (f) dell'incastro *o* del dente anchura (f) de las espigas de empalme
4	gerade Zinke (f) corner locking *or* combing tenon (m) droit	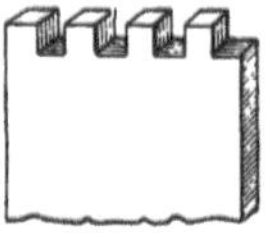	прямой шипъ (m) incastro (m) diritto empalme (m) de espiga derecha
5	schräge Zinke (f) diagonal corner locking *or* dovetailing tenon (m) oblique		косой шипъ (m) incastro (m) obliquo espiga (f) de empalme inclinada
6	schwalbenschwanzförmige Zinke (f) dovetailing queue (f) d'aronde		шипъ (m) въ видѣ ласточкина хвоста; лапа (f) -сковородень (m) incastro (m) a coda di rondine espiga (f) de empalme de cola de milano
7	offene Zinken (f pl) ordinary dovetailing queues (f pl) (d'aronde) passantes *ou* traversantes		сквозные шипы (m pl) giuntura (f) incastrata passante *od* aperta empalme (m) abierto de colas de milano
8	[ganz] verdeckte Zinken (f pl), geschlossene Zinken (f pl), Gehrungszinken (f pl) secret dovetailing queues (f pl) (d'aronde) à mi-bois	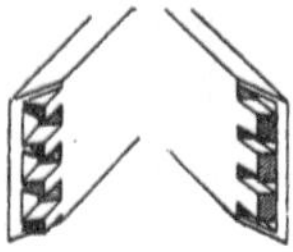	потайные *или* глухіе *или* крытые шипы (m pl) giuntura (f) incastrata mascherata *o* coperta empalme (m) cubierto
9	gezinktes Brett (n) dovetailed board, corner locked board planche (f) assemblée *ou* avec assemblage à queue (d'aronde)		доска (f) съ шипами assicella (f) con giunture ad incastri tabla (f) con empalme (de colas de milano)

eine Anzahl Bretter auf einmal verzinken (v)
to dovetail a number of boards at one operation
faire (v) des queues d'aronde dans plusieurs planches d'un seul coup

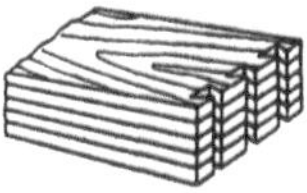

нарѣзать шипы на нѣсколькихъ досках сразу
tagliare (v) la giuntura incastrata in un numero di assicelle in una volta sola 1
cortar (v) los empalmes de varias tablas en una sola vez

---

zusammengezinkt (adj), [zusammengezapft (adj)]
dovetailed (adj)
assemblé (adj) à queue d'aronde

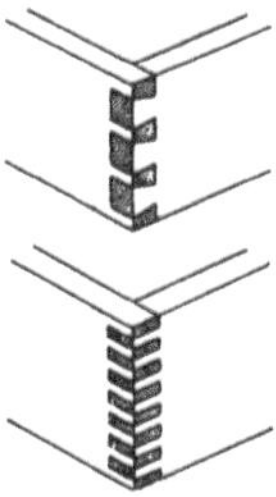

связанный шипами
incastrato (agg)
ensamblado (m) con empalmes de cola de milano, empalmado (adj) 2

Brettcheneckverbindung (f)
corner locked boards
assemblage (m) en équerre des bouts de planche à tenons droits

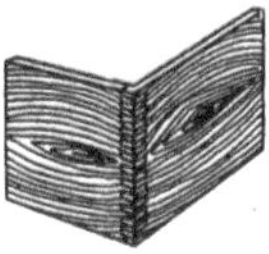

вязка (f) досокъ подъ угломъ
assicelle (f pl) unite con giunture incastrate, unione (f) del bordo di assicelle 3
ensamblado (m) de tablitas por la esquina

Messerscheibe (f)
cutter disc
disque (m) à couteaux

a

дисковый ножъ (m)
disco (m) da fresare 4
disco (m) de cuchilla

---

pyramidenförmiger Messerkopf (m) für schräge Zinken
pyramid formed cutter block for diagonal corner locking
porte-couteaux (m) de forme pyramidale pour tenons *ou* queues d'aronde obliques

пирамидальная ножевая головка (f) *или* пирамидальный ножевикъ (m) для косыхъ шиповъ
portacoltelli (m) a piramide per incastri obliqui 5
cabezal (m) de cuchillas en forma de pirámide para empalmes de espigas oblicuas

---

Rahmenmaschine (f)
box frame assembling machine
machine (f) à assembler les planchettes à tenons

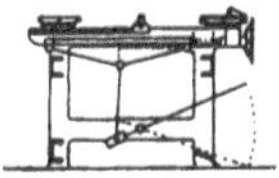

станокъ (m) для выдѣлки рамъ
macchina (f) per intelaiature 6
máquina (f) de ensamblar *ó* empalmar marcos

Maschine (f) zum Zusammenfügen von Kisten
box jointing and assembling machine
machine (f) à assembler les caisses

станокъ (m) для сборки ящиковъ
macchina (f) per congiungere casse 7
máquina (f) de ensamblar cajas

1 Kastenzwinge (f)
box cramp
appareil (m) à assembler (à angle droit) les planches de caisse

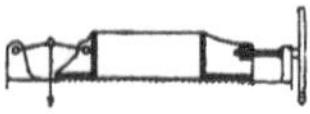

зажимъ (m) для сборки ящиковъ
morsa (f) per congiungere casse
aparato (m) de ensamblar tablitas de cajas

---

2 Kistennagelmaschine (f)
box nailing machine
machine (f) à clouer les caisses

станокъ (m) для вбиванія гвоздей въ ящики
macchina (f) per inchiodare le casse
máquina (f) de clavar cajas de madera

---

3 Flaschenkastenmaschine (f)
bottle case (box) making machine
machine (f) à faire les caisses à bouteilles

станокъ (m) для выдѣлки бутылочныхъ ящиковъ
macchina (f) per fare armadi da bottiglie
máquina (f) de hacer cajas de botellas

---

4 Kreuzsprossenmaschine (f), Fenstersprossenmaschine (f)
window sash bar making machine
machine (f) à faire les croisées de fenêtre

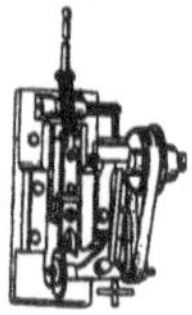

станокъ (m) для выдѣлки оконныхъ переплётовъ
macchina (f) per far traverse da serramento
máquina (f) de hacer travesaños cruzados de ventanas

XVI.

Spaltmaschinen
Wood Splitting Machines
Machines à fendre le bois
Станки для раскалыванiя дерева; дровоколки
Macchine per spaccare legna
Máquinas de partir madera *ó* leña

Holzzerkleinerungsmaschine (f)
wood splitting machine
machine (f) à fendre les bûches

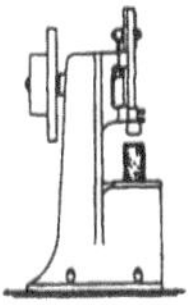

дровоколка (f)
macchina (f) per spaccare legna
máquina (f) de partir leña 1

Spaltmaschine (f), (Brenn-)Holzspaltmaschine (f)
firewood splitting machine
machine (f) à fendre le bois de chauffage *ou* les bûches

дровокольный станокъ (m); машина (f) для колки дровъ; дровоколка (f)
macchina (f) per spaccare legna (da ardere)
máquina (f) de partir leña 2

---

auf- und niedergehendes Beil (n)
chopper with vertical reciprocating motion
hache (f) montante et descendante

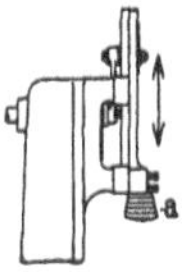

a

вертикально движущiйся топоръ (m) *или* колунъ (m)
ascia (f) con movimento alternativo
hacha (f) *ó* cuchilla (f) de partir de movimiento de subir y bajar 3

---

doppelte (Brennholz-) Spaltmaschine (f)
double wood splitting machine
machine (f) double pour fendre le bois de chauffage

двойной дровокольный станокъ (m); двойная дровоколка (f)
macchina (f) doppia per spaccare legna (da ardere) 4
máquina (f) de partir leña doble

1	Doppelhacke (f), Doppelbeil (n) double chopper double hache (f)	a	двойной топоръ (m) *или* колунъ (m) ascia (f) doppia, scure (f) doppia hacha (f) doble
2	schwingendes Doppelbeil (n) double oscillating chopper double hache (f) oscillante	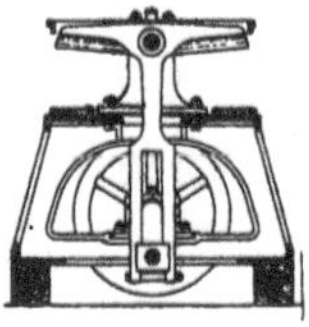	качающійся двойной топоръ *или* колунъ (m) ascia (f) doppia oscillante *od* a bilanciere hacha (f) doble oscilante
3	Spaltfallwerk (n), Fallwerk (n) zum Holzspalten "kick stamp" for wood blocks mouton (m) à fendre le bois		дровокольный штампъ (m); штампъ для колки дерева maglio (m) *o* berta (f) per spaccare legna (da ardere) martillo (m) de caída para partir madera
4	Spalten (n) splitting fendage (m)		колка (f); раскалываніе (n) spaccatura (f) operación (f) de partir madera
5	spalten (v) to split fendre (v)		колоть; раскалывать spaccare (v) partir (v) [madera]
6	Spaltkeil (m) splitting wedge coin (m) pour fendre	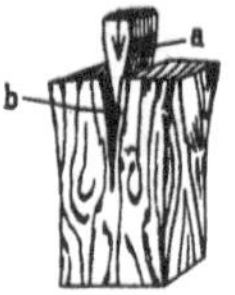 a	клинъ (m) для раскалыванія cuneo (m) da spaccare cuña (f) de partir
7	Spaltfuge (f) split fente (f)	b	поверхность (f) раскола spaccatura (f) raja (f)

XVII.

Holzbiegemaschinen und Pressen

Wood bending Machines and Presses

Machines à courber le bois et presses à bois

Станки для гнутья дерева и прессы

Curvatrici e presse per legno

Máquinas de curvar madera y prensas

Holzbiegemaschine (f) wood bending machine machine (f) à courber le bois	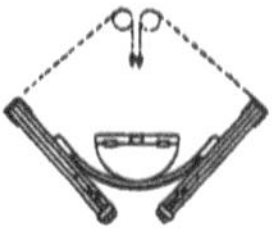	станокъ (m) для гнутья *или* для сгибанія дерева macchina (f) per curvare il legno, curvatrice (f) per legno máquina (f) de curvar madera	*1*
Biegebalken (m), Biegearm (m), Spannarm (m) bending arm bras (m) pour courber (les bois)	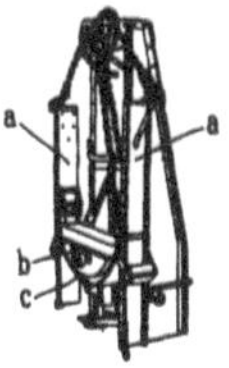 a	сгибающій рычагъ (m) braccio (m) per curvare (il legno) viga (f) de curvar, brazo (m) de curvar, brazo (m) de torsión	*2*
Biegemodell (n) bending block forme (f) pour courber	b	форма (f) для гнутья blocco (m) *o* modello (m) *o* sagoma (f) per curvare (il legno) modelo (m) de curvar	*3*
Biegeblech (n) bending plate forme (f) en tôle pour courber	c	металлическая оправа (f) для гнутья rivestimento (m) di lamiera chapa (f) de curvar	*4*
Holzbiegeform (f) wood bending template forme (f) pour courber les bois		форма (f) для гнутья дерева sagoma (f) per curvare il legno molde (f) de curvar la madera	*5*

1	dreiteilige Biegeform (f) three part bending block forme (f) en trois parties pour courber		форма (f) для гнутья, состоящая изъ трёхъ частей sagoma (f) in tre parti per curvare (il legno) molde (f) de curvar de tres partes
2	Biegetrommel (f) bending drum tambour (m) à courber (les jantes)	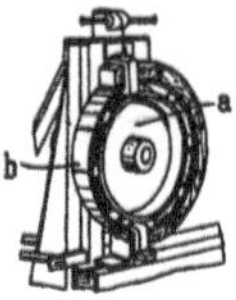 a	барабанъ (m) для гнутья tamburo (m) da curvare (il legno) tambor (m) de curvar (los aros)
3	Biegering (m), Biegungsring (m) bending ring bandage (m) (servant à courber *ou* empêcher l'arrachement)	b	кольцо (n) для гнутья anello (m) di rivestimento del tamburo bandaje (m) de curvar
4	biegen (v) to bend courber (v)		гнуть; изгибать piegare (v), curvare (v) curvar (v)
5	gebogenes Holz (n) bent wood bois (m) courbé	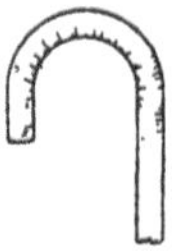	гнутое дерево (n) legno (m) curvato madera (f) curvada
6	Dämpfen (n) des Holzes steaming of wood étuvage (m) du bois		пропариванiе (n) дерева trattamento (m) del legno col vapore, lisciviatura (f) del legno tratamiento (m) de la madera al vapor
7	dämpfen (v) to steam étuver (v)		пропаривать trattare (v) il legno col vapore, lisciviare (v) il legno tratar (v) al vapor
8	gedämpftes Holz (n) steamed wood bois (m) étuvé		пропаренное *или* распаренное дерево (n) legno (m) trattato col vapore, legno (m) lisciviato madera (f) tratada al vapor
9	kochen (v) to steam étuver (v)		варить [въ водѣ] bollire (v) cocer (v)

Stabdämpfkammer (f)
steaming chamber for staves
chambre (f) d'étuve pour bâtons

камера (f) для пропариванія брусковъ
camera (f) per la lisciviatura *o* per il trattamento col vapore del 1
legno
cámara (f) para tratar los palos al vapor

Dampfgrube (f)
steaming pit
chambre (f) d'étuve souterraine

паровой колодецъ (m); подземная камера (f) для пропариванія брусковъ
sotterraneo (m) per 2
trattare col vapore
cámara (f) subterránea para tratar al vapor

---

trocknen (v)
to dry
sécher (v)

сушить; высушивать
prosciugare (v), seccare (v) 3
secar (v)

Trockenkammer (f)
drying chamber
chambre (f) de séchage, étuve (f)

сушильня (f); сушилка (f); сушило (n)
camera (f) di prosciu- 4
gamento
cámara (f) de secar

Rundbiegevorrichtung (f) für profilierte Furniere *oder* für Formspäne
circular bending apparatus for profiled veneering
appareil (m) pour courber les bois de placage profilés

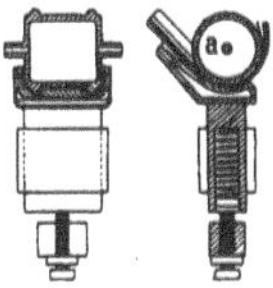

приспособленіе (n) для сгибанія профильныхъ фанеръ
apparecchio (m) per
curvare impelliccia- 5
ture sagomate
aparato (m) de curvar en redondo para chapas perfiladas

Formbacke (f)
profiling roller
saillie (f) du tambour à profiler

a

формовочная *или* нажимная колодка (f)
rullo (m) *o* guancia (f)
per sagomare 6
bordón (m) de tambor para perfilar

Furnierplatte (f), Spanplatte (f)
veneer
feuille (f) de placage

фанер[к]а (f)
foglio (m) di impelliccia-
tura 7
hoja (f) de chapa de madera

---

mehrfach verleimte Furnierplatte (f)
number of layers of veneer
couches (f pl) de feuilles de placage collées en ensemble, plaque (f) compensée

многослойная фанер[к]а (f)
placca (f) di legno a
compensazione 8
placa (f) de madera de compensación

---

pressen (v)
to press
presser (v)

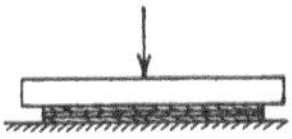

прессовать
pressare (v) 9
prensar (v)

1 Holzpresse (f)
wood press
presse (f) à bois

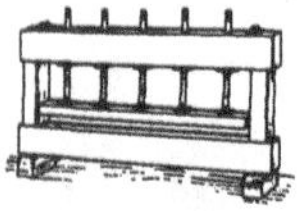

пpессъ (m) для дерева
pressa (f) per legno
prensa (f) de madera

---

2 eiserne Furnierpresse (f)
iron veneering press
presse (f) en fer pour feuilles de placage

желѣзный прессъ (m) для фанеръ
pressa (f) di ferro per impellicciature
prensa (f) de hierro para chapas de madera

---

3 hydraulische Dampfplattenfurnierpresse (f)
hydraulic veneering press with steam plates
presse (f) hydraulique avec chauffage à la vapeur des feuilles de placage

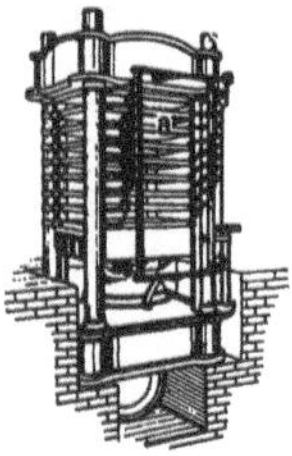

гидравлическій прессъ (m) для фанеръ съ паровымъ отопленіемъ прессовальныхъ плитъ
pressa (f) idraulica per impellicciature con placche riscaldate a vapore
prensa (f) hidráulica con calentamiento al vapor para chapas de madera

---

4 mit Dampf heizbare Preßplatte (f)
steam heated press plate
plateau-presseur (m) chauffé à la vapeur

a

прессовальная плита (f), отапливаемая паромъ
piatto (m) della pressa riscaldato a vapore
placa (f) de presión con calefacción al vapor

---

5 heizbare Preßwalze (f)
heated press roll
rouleau-presseur (m) à chauffage

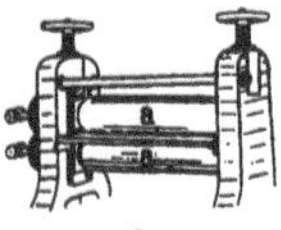

a

нагрѣваемый *или* отапливаемый [паромъ] прессовальный валокъ (m)
cilindro (m) della pressa riscaldato a vapore
cilindro (m) de presión con calefacción

---

6 Furnierpreßwalzwerk (n)
veneering rolls
rouleau (m) compresseur pour feuilles de placage

вальцовый прессъ (m) для фанеръ
cilindri (m pl) compressori *o* calandra (f) per impellicciature
cilindro (m) de prensar chapas de madera

---

7 Furnierglättmaschine (f)
veneer smoothing machine
machine (f) à dresser les feuilles de placage

фанеро-гладильный станокъ (m)
cilindri (m pl) per spianare le impellicciature, calandra (f)
máquina (f) de enderezar chapas de madera

Holzreifenbiegemaschine (f)
wood rim bending machine
machine (f) à courber des cercles en bois

станокъ (m) для выдѣлки деревянныхъ колецъ
macchina (f) per curvare cerchi di legno 1
máquina (f) de curvar aros de madera

Holzreifen (m)
wood rim
cercle (m) en bois

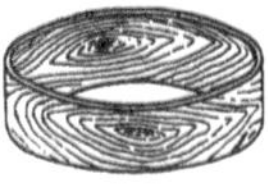

деревянный обручъ (m); деревянное кольцо (n) 2
cerchio (m) di legno
aro (m) de madera

Holzriemenscheibe (f)
wood pulley
poulie (f) en bois

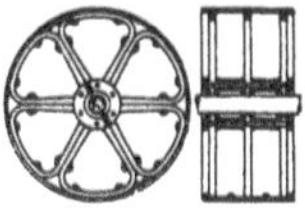

деревянный шкивъ (m) для ременной передачи
puleggia (f) di trasmissione in legno 3
polea (f) de madera para transmisión

Reifwindemaschine (f), Rollmaschine (f)
rim bending machine
machine (f) à enrouler les cercles en bois

станокъ (m) для сгибанія ободьевъ
macchina (f) per curvare i cerchi di legno 4
máquina (f) para arollar los aros de madera

Siebränderbiegemaschine (f)
sieve rim *or* frame bending machine
machine (f) à courber les bois de tamis

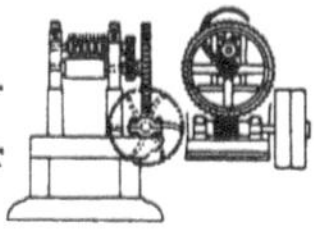

станокъ (m) для сгибанія *или* для выдѣлки ободьевъ для рѣшётъ и ситъ
macchina (f) per curvare 5
i cerchi degli stacci
máquina (f) de curvar los aros (ó bordes) de cedazos

Aufbiegevorrichtung (f) für spiralige Holzplatten
machine for straightening spiral wood
machine (f) a dérouler des feuilles de bois courbées

приспособленіе (n) для разгибанія пластинокъ, срѣзанныхъ по спирали [на щепальномъ станкѣ] 6
macchina (f) per spianare legno tagliato a spirale
máquina (f) de enderezar las hojas de madera encorvadas

Stangenbiegemaschine (f)
wooden bar bending machine
machine (f) à courber des bâtons

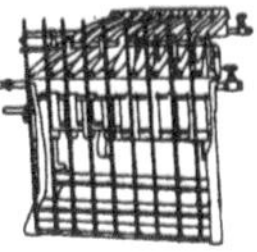

станокъ (m) для гнутья брусковъ
macchina (f) per piegare 7
aste di legno
máquina (f) de curvar varas

1 Pflugggriffbiegemaschine (f)
plough handle bending machine
machine (f) à courber les manches de charrue

станокъ (m) для сгибанія рукоятей для плуговъ
macchina (f) per piegare manichi da aratro
curvadura (f) de mangos de arados

---

2 Spannkopf (m)
bending head
tendeur (m), courbeur (m)

a

зажимная головка (f)
testa (f) piegatrice
cabezal (m) de sujeción

---

3 Stockgriffbiegevorrichtung (f)
stick handle bending machine
machine (f) à courber les poignées de cannes

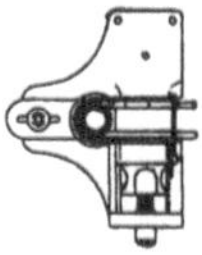

приспособленіе (n) для гнутья ручекъ у тростей
macchina (f) per piegare l'impugnatura dei bastoni
disposición (f) de curvar mangos de bastones

---

4 Biegezange (f)
bending wrench *or* iron
pince (f) à courber

ключъ (m) для гнутья
chiave (f) *o* ferro (m) per piegare
tenazas (f pl) de curvar

---

5 Biegebock (m)
bending horse *or* trestle
chevalet (m) à courber

верстакъ (m) для гнутья
cavalletto (m) per piegare
caballete (m) de curvar

---

6 hydraulische Stabpresse (f)
hydraulic press for wooden bars
presse (f) hydraulique pour bâtons

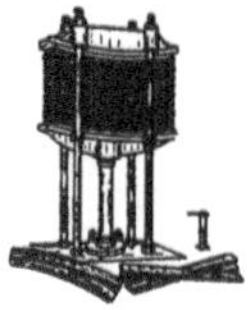

гидравлическій прессъ (m) для брусковъ
pressa (f) idraulica per bastoni di legno
prensa (f) hidráulica para barras

---

7 Maschine (f) zum Glätten gebogener Rundstäbe
smoothing machine for bent round rods
machine (f) à polir les bois ronds courbés

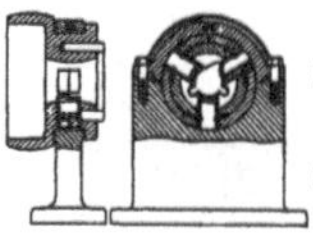

станокъ (m) для сглаживанія изогнутыхъ круглыхъ брусковъ
macchina (f) per lisciare bastoni *o* barre rotonde di legno curvato
máquina (f) de pulir palos redondos curvados

---

8 Stuhllehnenbiegemaschine (f), Maschine (f) zum Biegen von Stuhllehnen
chair back bending machine
machine (f) à courber les dos de chaises

станокъ (m) для гнутья спинокъ стульевъ
macchina (f) per piegare *o* curvare schienali da sedia
máquina (f) de curvar los respaldos de sillas

Tischscheibe (f)
supporting disc
disque (m) d'appui

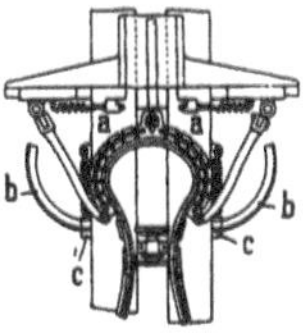

a

опорный шкивъ (m)
tavola (f), piattaforma (f) *1*
disco (m) de apoyo

Bogenführung (f)
curved guides
guidage (m) en courbe

b

дуговыя направляющія (f pl) *2*
guida (f) curva
guía (f) curvada

Spreizer (m)
spreader
tendeur (m)

c

стягивающая колодка (f) *3*
tenditore (m)
tensor (m)

Sitzringbiegemaschine (f), Sitzreifenbiegemaschine (f)
seat frame bending machine (for chairs)
machine (f) à courber les sièges (de chaise)

станокъ (m) для сгибанія колецъ для сидѣній стульевъ
macchina (f) per curvare il telaio delle sedie *4*
curvadura (f) para bordes de asientos de silla

Sitzringbiegeform (f)
chair seat frame bending form
forme (f) pour courber les sièges

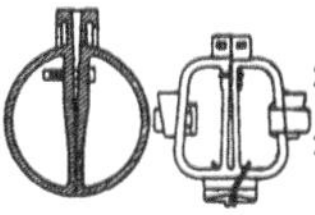

форма (f) для сгибанія колецъ для сидѣній стульевъ
forma (f) per telai di sedia *5*
molde (m) para curvar los bordes de asientos de silla

Stuhlsitzdreh- und Falzmaschine (f)
stool seat turning and folding machine
machine (f) à tourner et à faire les feuillures des sièges de chaises

токарный и фальцевальный станокъ (m) для выдѣлки сидѣній стульевъ
macchina (f) per tornire e bordare il telaio delle sedie *6*
máquina (f) para tornear y ranurar los asientos de silla

Fußreifenbiegemaschine (f)
bottom ring bending machine
machine (f) à courber les cercles de pieds de sièges

станокъ (m) для сгибанія обручей для вязки ножекъ стульевъ
macchina (f) per curvare il cerchio di rinforzo delle gambe *7*
curvadura (f) de aros de pies para sillas

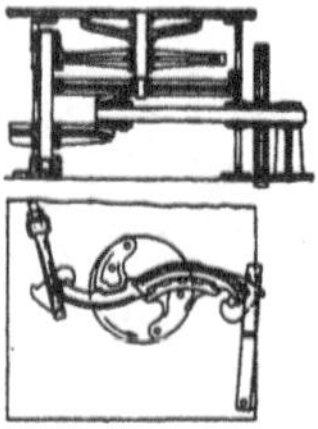

1 Biegemaschine (f) für Tischfüße
bending machine for table legs
machine (f) à courber les pieds de tables

станокъ (m) для сгибанія ножекъ столовъ
macchina (f) per piegare i piedi delle tavole
curvadura (f) para pies de mesa

2 Beizmaschine (f)
staining machine
machine (f) à encaustiquer

протравная *или* протравочная машина (f)
macchina (f) per applicare il mordente
máquina (f) para dar cáustico

---

3 Beizbehälter (m)
stain tank *or* pan
récipient (m) du mordant

a

бакъ (m) для протравы
recipiente (m) del mordente, vasca (f) per il mordente
recipiente (m) para el cáustico

---

4 Beizen (n) des Holzes
staining of wood
imprégnation (f) du bois

травленіе (n) дерева
applicazione (f) del mordente al legno
aplicación (f) de cáustico á la madera

---

5 das Holz beizen (v)
to stain the wood
imprégner (v) le bois

протравлять дерево
applicare (v) il mordente al legno
echar (v) cáustico á la madera

---

6 Beize (f)
stain
mordant (m)

протрава (f)
mordente (m)
cáustico (m)

7 Imitiermaschine (f), Nachahmmaschine (f)
machine for imitation of wood
machine (f) à imiter le bois

имитаціонная машина (f)
macchina (f) per imitazioni
máquina (f) de imitar la madera

8 die Holzmaserung nachahmen (v)
to imitate the grain of wood
imiter (v) les fibres *ou* la texture fibreuse d'un bois

поддѣлывать древесный узоръ; раздѣлывать подъ древесный узоръ
imitare (v) la fibra di un legno
imitar (v) la fibra de madera

Holzstanzmaschine (f) wood stamping machine machine (f) à estamper le bois		дерево-штамповальный станокъ (m); дерево-штамповальная машина (f) macchina (f) per stampare *o* per imprimere il legno máquina (f) de estampar madera	*1*
Boden- und Deckelstanzmaschine (f) bottom and lid stamping machine machine (f) à estamper les fonds et les couvercles	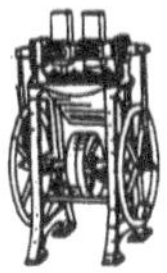	штамповальный станокъ (m) для днищъ [*или* для доньевъ] и для крышекъ macchina (f) per stampare fondi e coperchi máquina (f) de estampar suelos y tapas	*2*
stanzen (v) to stamp estamper (v)		штамповать stampare (v), imprimere (v) troquelar (v), estampar (v), cortar (v) con troqueles	*3*
Holzkantenbestoßmaschine (f) wood trimmer machine (f) à trancher les bois en bout		станокъ (m) для обтёсыванія; торцевальный станокъ rettificatrice (f) di tagli d'estremità máquina (f) de cortar al sesgo, máquina (f) de achaflanar	*4*
Gehrungsschneidmaschine (f), Gehrungsstoßmaschine (f) mitreing machine machine (f) à faire les onglets		станокъ (m) для рѣзки подъ угломъ trancia (f) per tagli ad angolo máquina (f) de cortar ingletes	*5*
stoßen (v), bestoßen (v) to trim écorner (v)		тесать; обтёсывать; обрѣзать кромки mortesare (v), squadrare (v), stozzare (v), intestare (v) cortar (v), recortar (v)	*6*

XVIII.

Faßbindemaschinen
Cask Making Machines
Machines pour fabriquer *ou* assembler les tonneaux

Бочарные станки
Macchine per fabbricare le botti
Máquinas para hacer barriles

---

1 Faß (n)
cask, barrel
tonneau (m)

бочка (f)
barile (m), botte (f)
barril (m)

---

2 Daube (f), Faßdaube (f)
stave
douve (f), douelle (f)

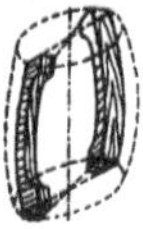

клёпка (f); ладъ (m)
doga (f)
duela (f)

---

3 Dauben[ab]kürzsäge (f)
double stave cross cut saw
scie (f) à raccourcir les douves

пила (f) для укорачиванія клёпокъ
sega (f) per tagliare le doghe a misura giusta
máquina (f) de tronzar duelas á dimensión

---

4 Daubenbiegemaschine (f)
stave bending machine
machine (f) à courber les douves

станокъ (m) для сгибанія клёпокъ
macchina (f) per curvare le doghe
máquina (f) de curvar duelas

---

5 Bauchung (f) der Daube
bilge
bouge (f) de la douve

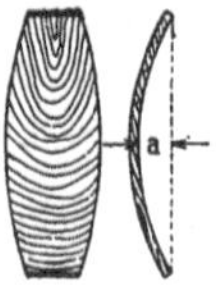

a

выпучина (f) клёпки; стрѣла (f) клёпки
pancia (f) *o* incurvatura (f) della doga
curva (f) de la duela

Faßdaubenbiege- und Trockenmaschine (f)
stave bending and drying machine
machine (f) à courber et à sécher les douves

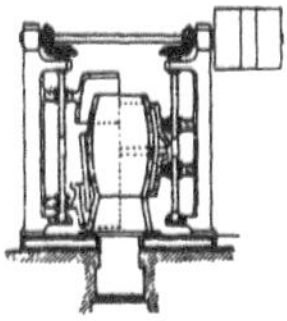

станокъ (m) для сгибанія и сушки клёпокъ
macchina (f) per piegare ed essiccare le doghe 1
máquina (f) de curvar y secar duelas de barriles

Daubenhobelmaschine (f)
stave planing machine
machine (f) à doler *ou* à raboter les douves

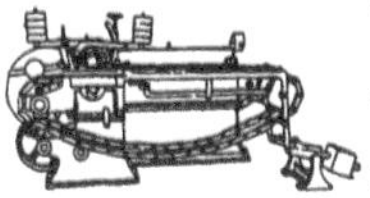

строга[те]льный станокъ (m) для клёпокъ
piallatrice (f) per doghe 2
máquina (f) de cepillar duelas

Daubenfügemaschine (f)
stave jointing machine
machine (f) à faire les joints de douve

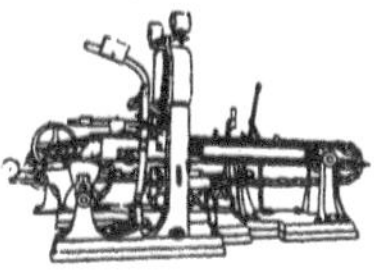

фуговальный станокъ (m) для клёпокъ
macchina (f) per tirare a filo le doghe 3
máquina (f) de hacer juntas de duelas

Scheibenfügemaschine (f), Daubenfügemaschine (f) mit Messerscheiben
disc stave jointing machine
machine(f) à disque pour jointer les douves, machine (f) à faire les jables *ou* les joints de douve

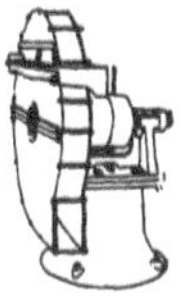

дисковый фуговальный станокъ (m); фуговальный станокъ для клёпокъ съ ножевымъ дискомъ 4
macchina (f) a disco per tirare a filo le doghe
máquina (f) de hacer las juntas de duelas

Daubenfügesäge (f)
saw stave jointer
scie (f) à jointer les douves

фуговальная пила (f) для клёпокъ
sega (f) per tirare a filo le doghe 5
sierra (f) de juntar duelas

Daubenkrösemaschine (f)
stave crozing machine
machine (f) à jabler les douves

станокъ (m) для рѣзки утóровъ въ клёпкахъ
macchina (f) per caprugginare le doghe 6
máquina (f) de sacar la muesca en las duelas

Kröse (f), Kimme (f)
croze
jable (m)

a

утóръ (m); желобокъ (m) для дна 7
capruggine (f)
muesca (f)

1 die Kimmungen einschneiden (v)
to form the croze
faire (v) les jables

уторить; нарѣзать уторы на клёпкахъ
caprugginare (v) le doghe
cortar (v) las muescas

---

2 Faßkrösemaschine (f)
barrel crozing machine
machine (f) à jabler les tonneaux

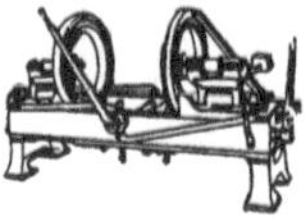

станокъ (m) для вырѣзанія уторовъ въ собранныхъ бочкахъ
macchina (f) per caprugginare le botti
máquina (f) de sacar las muescas en los barriles

---

3 Einsatzring (m)
cone chucking ring
anneau (m) de fixage

зажимное кольцо (n)
anello (m) di fissaggio
anillo (m) de ajuste

---

4 einseitige Faßkrösemaschine (f)
single *or* one end crozing machine
machine (f) simple à jabler les tonneaux

односторонній станокъ (m) для рѣзки уторовъ въ собранныхъ бочкахъ
macchina (f) unilaterale *o* semplice per caprugginare le botti
máquina (f) de sacar las muescas unilateral

---

5 Bodenholzfeinsäge (f)
fine saw for cask heads
scie (f) [circulaire horizontale] pour fonçailles

пила (f) для рѣзки дощечекъ для днищъ *или* для донниковъ *или* для полуйки
sega (f) circolare per fondi di botti
sierra (f) especial para suelos de barriles

---

6 Bodenrundschneidvorrichtung (f)
head rounding apparatus
appareil (m) à arrondir les fonds

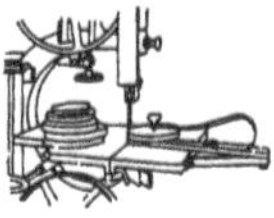

приборъ (m) для выдѣлки *или* для вырѣзанія круглыхъ днищъ
apparecchio (m) per tagliare fondi rotondi
aparato (m) de serrar circularmente los suelos

---

7 Bodenrundschneidmaschine (f)
head rounding machine
machine (f) à arrondir les fonds de tonneaux

станокъ (m) для выдѣлки *или* для вырѣзки круглыхъ днищъ
macchina (f) per tagliare fondi rotondi
máquina (f) de cortar circularmente los discos para suelos

---

8 Faßbodendrehbank (f)
head rounding and bevelling machine
tour (m) pour fonds de tonneaux

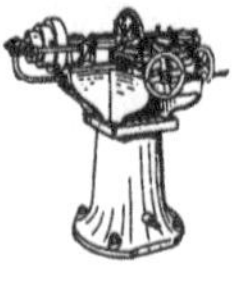

токарный станокъ (m) для бочечныхъ *или* бочарныхъ днищъ
tornio (m) per fondi di botti
torno (m) para suelos de barriles

Bodenpresse (f), Bodendübelpresse (f)
head compressor
presse (f) à fonçailles

прессъ (m) для днищъ
pressa (f) per fondi di botti
prensa (f) para suelos 1

Bodenfügemaschine (f)
head jointing machine
machine (f) à jointer les fonçailles

фуговальный станокъ (m) для днищъ
macchina (f) per tirare a filo fondi di botti
máquina (f) para hacer las juntas de suelos 2

Bodenabrichtmaschine (f)
head dressing *or* trimming machine
machine (f) à dégauchir *ou* dresser les fonds de tonneaux

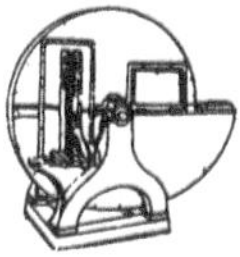

станокъ (m) для строганія *или* для правки днищъ
macchina(f) per spianare fondi di botti
máquina (f) de planear los suelos 3

Bodenhobelmaschine (f)
head planing machine
machine (f) à raboter les fonds de tonneaux

строгальный станокъ (m) для днищъ
piallatrice (f) per fondi di botti
máquina (f) de cepillar los suelos 4

Aufsetzform (f), Aufsatzform (f)
setting up apparatus
appareil (m) *ou* forme (f) pour assembler les douves

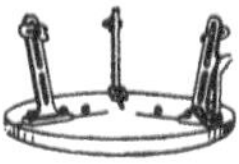

вязальная форма (f) для сборки бочекъ
forma (f) per montare le doghe
molde (m) para assemblar los toneles *ó* barriles 5

Faßrumpf (m)
cask body
carcasse (f) du tonneau

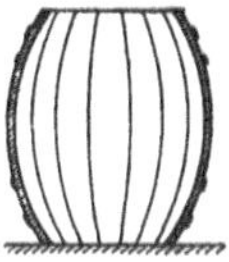

остовъ (m) *или* корпусъ (m) бочки
corpo (m) della botte
cuerpo (m) del barril 6

Hitzhaube (f)
firing cone
calotte (f) de chauffage

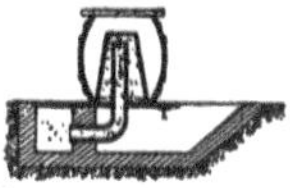

нагрѣвательный колпакъ (m); колпакъ (m) для нагрѣванія
cuffia (f) di riscaldamento
cubierta (f) de calentar 7

1 Hitzhaube (f) mit Herdfeuerung
firing cone with furnace
calotte (f) de chauffage avec foyer

нагрѣвательный колпакъ (m) съ очагомъ
cuffia (f) di riscaldamento con focolare
cubierta (f) de calentar con horno

---

2 Dampfhaube (f)
steaming cone
calotte (f) pour le chauffage à la vapeur

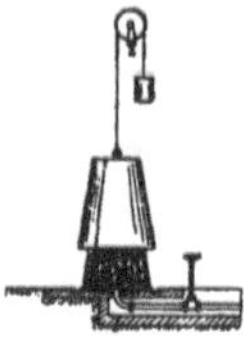

паровой нагрѣвательный колпакъ (m)
cuffia (f) di riscaldamento a vapore
cubierta (f) para el calentamiento al vapor

---

3 Dämpfvorrichtung (f)
steaming apparatus
appareil (m) de chauffage à la vapeur

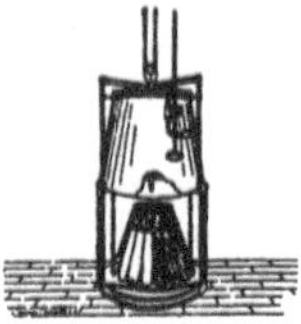

приборъ (m) для распариванія
apparecchio (m) di riscaldamento a vapore
aparato (m) para el calentamiento al vapor

---

4 Faßwinde (f)
windlass for drawing together the cask staves
treuil (m) pour le serrage des tonneaux

бочарный *или* бондарный воротъ (m); воротъ для стягиванія бочекъ
arganello (m) per montare le botti
tornillo (m) para el cierre de las duelas

---

5 Zusammenziehvorrichtung (f)
trussing apparatus
appareil (m) à trousser les petits fûts

приборъ (m) для стягиванія бочекъ
apparecchio (m) per serrare le doghe delle botti
aparato (m) de ensamblar juntas las duelas

---

6 Faßschraubenwinde (f)
power windlass for tight casks
treuil (m) à trousser les tonneaux

винтовой бочарный *или* бондарный воротъ (m); винтовой воротъ для стягиванія бочекъ
argano (m) a vite per mettere insieme le botti *o* per serrare le doghe delle botti
tornillo (m) sin fin para cerrar los barriles

---

7 Faßzusammenziehvorrichtung (f) für kleine Fäßchen
trussing apparatus for small casks
appareil (m) à trousser les petits fûts

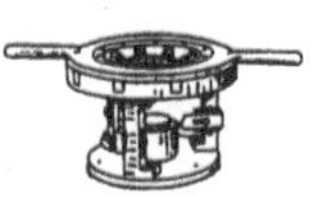

стягивающій приборъ (m) для бочёнковъ
macchina (f) per mettere insieme piccole botti *o* per serrare le doghe di bariletti
aparato (m) de juntar las duelas de barriles pequeños

Faßzusammentreibmaschine (f)
cask trussing machine
machine (f) à trousser les cercles de tonneaux

станокъ (m) для стягиванія бочекъ
pressa (f) per mettere insieme *o* per serrare le doghe di botti
prensa (f) de juntar las duelas por presión 1

---

hydraulische Zusammentreibmaschine (f)
hydraulic trussing machine
machine (f) hydraulique à trousser les cercles de tonneaux (avec cône)

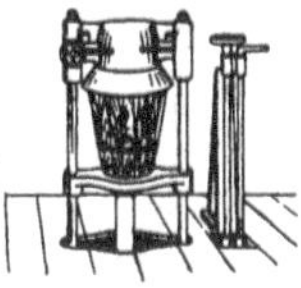

гидравлическій станокъ (m) для стягиванія бочекъ
pressa (f) idraulica per mettere insieme *o* per serrare le doghe di botti
máquina (f) hidráulica de juntar las duelas por presión 2

Arbeitsreifenanziehmaschine (f)
machine for drawing on truss hoops
machine (f) à serrer les cercles provisoires

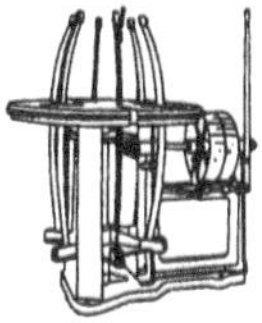

станокъ (m) для натягиванія рабочихъ обручей
macchina (f) per montare i cerchi provvisori
máquina (f) de estrechar los bandajes provisionales 3

Formreifen (m), Arbeitsreifen (m)
truss hoops
cercle (m) provisoire *ou* de troussage de tonneau

a

формовочный обручъ (m); рабочій обручъ
cerchio (m) provvisorio
bandaje (m) provisional 4

Faßzusammensetz- und Reifenaufziehmaschine (f)
cask trussing and hoop driving machine
machine (f) à assembler les douves et à serrer les cercles des tonneaux

станокъ (m) для стягиванія бочекъ и насаживанія на нихъ обручей
macchina (f) per comporre le botti e montare i cerchi
máquina (f) de juntar las duelas y colocar los bandajes 5

Auflegen (n) der Reifen
placing the hoops over the staves
serrage (m) des cercles (de tonneau)

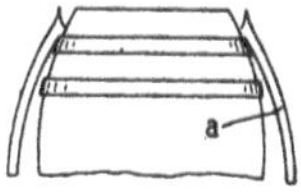

насаживаніе (n) обручей; натягиваніе (n) обручей; надѣваніе (n) обручей
applicazione (f) dei cerchi
colocación (f) de los bandajes 6

Reifen auflegen (v)
to place the hoops over the staves
serrer (v) les cercles

насаживать обручи; натягивать обручи; надѣвать обручи
applicare (v) i cerchi
colocar (v) los bandajes 7

1 Reifentreiber (m)
driver arm, driver
griffe (f) pour chasser *ou* appliquer les cercles

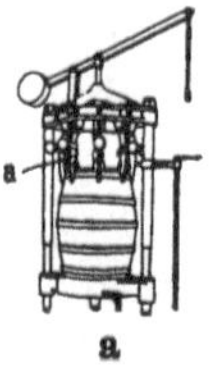

стержни (m pl) для натягиванія обручей
braccio (m) per applicare i cerchi
tirante (m) para la colocación de los bandajes

---

2 Reifenauftreibmaschine (f), Reifenaufdrückmaschine (f)
hoop driving machine
machine (f) à chasser les cercles

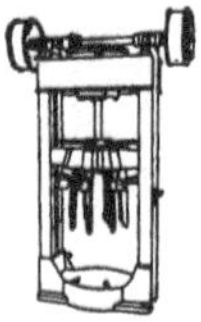

станокъ (m) для насаживанія обручей
pressa (f) per applicare i cerchi a pressione
máquina (f) de colocar los bandajes por presión

---

3 Reifenanziehmaschine (f)
claw trussing machine
appareil (m) à serrer *ou* à chasser les cercles

станокъ (m) для натягиванія обручей
macchina (f) per serrare i cerchi a trazione
máquina (f) de colocar los bandajes por atracción

---

4 Glockenmaschine (f)
trussing bell
cloche (f) de troussage

колоколъ (m) для сгибанія клёпокъ и насаживанія обручей
campana (f) per il montaggio
aparato (m) en forma de campana para ensamblar

---

5 das Faß glätten (v)
to clean off the cask
polir (v) le tonneau

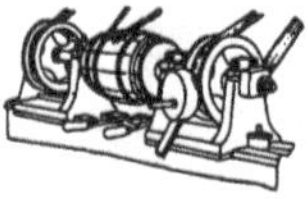

лощить бочку
ripassare (v) la botte
pulir (v) el barril

---

6 Faßabhobelmaschine (f)
cask planing *or* cleaning-off machine
machine (f) à raboter les tonneaux

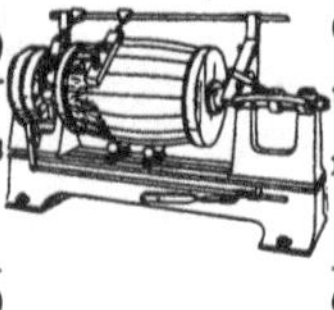

бочарно-строга[те]льный станокъ
tornio (m) per botti con utensile a pialla
máquina (f) de cepillar barriles

---

7 Faßabdrehmaschine (f)
cask turning *or* cleaning off machine
machine (f) à raboter et égaliser les tonneaux

бочарно-токарный станокъ (m)
tornio (m) per botti
máquina (f) de tornear barriles

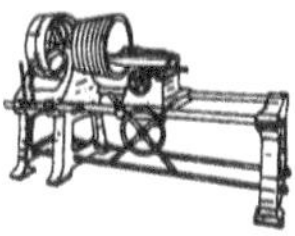

Kübelausdrehmaschine (f)
machine for cleaning off inside of tubs
machine (f) à tourner les cuves à l'intérieur

станокъ (m) для внутренней обточки кадокъ
tornio (m) per mastelle e per tinozze 1
máquina (f) de tornear interiormente

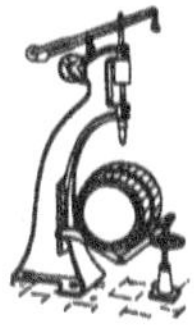

Spundlochbohrmaschine (f)
bung hole boring machine
machine (f) à percer les trous de bondes

бочарно-сверлильный станокъ (m)
trapano (m) per cocchiumi 2
máquina (f) de taladrar los agujeros

Spunddrehbank (f)
bung *or* chive turning machine
tour (m) à bondes

станокъ (m) для точки бочарныхъ пробокъ *или* затычекъ 3
tornio (m) per cocchiumi
torno (m) para tapones

Spund (m), Faßspund (m)
chive, bung
bonde (f)

a

пробка (f); затычка (f) 4
cocchiume (m)
tapón (m)

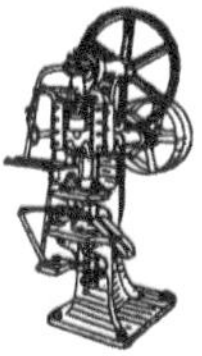

selbsttätige Spundpress[maschin]e (f)
automatic chive pressing machine
presse (f) automatique pour bondes

автоматическій станокъ (m) для штампованія пробокъ *или* затычекъ
punzonatrice (f) automatica per cocchiumi 5
máquina (f) automática para hacer tapones, prensador (m) automático de tapones

---

Einbrennmaschine (f), Maschine (f) zum Einbrennen von Aufschriften
branding machine
machine (f) à marquer les tonneaux au feu

выжигательная машина (f); машина для выжиганія надписей
macchina (f) per marcare a fuoco 6
máquina (f) para marcar con hierro candente

XIX.

Maschinen für Wagenräder

Wheelwrights Machines

Machines à façonner les roues de voiture

Станки для выдѣлки экипажныхъ колесъ

Macchine per la fabbricazione delle ruote di legno

Máquinas para construir ruedas de carros

---

1 Radmaschine (f)
wheelwright machine
machine (f) pour fabriquer les roues

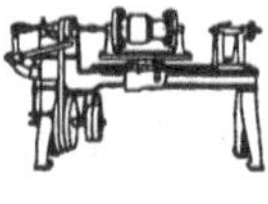

станокъ (m) для выдѣлки колёсъ; колёсный станокъ
macchina (f) per ruote
máquina (f) para construir ruedas, torno (m) y taladro (m) para ruedas de madera

---

2 Drehen (n) der Nabe
turning the nave
tournage (m) des moyeux

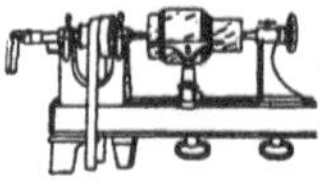

обточка (f) ступицы
tornitura (f) del mozzo
el tornear cubos

---

3 Nabenbohrmaschine (f)
nave boring machine
machine (f) à percer les moyeux

станокъ (m) для просверливанія ступицы
trapano (m) per mozzi
aparato (m) de barrenar el cubo

---

4 Presse (f) zum Eindrücken der Radbüchsen
wheel boxing *or* bushing press
presse (f) à introduire les garnitures *ou* boîtes de moyeux

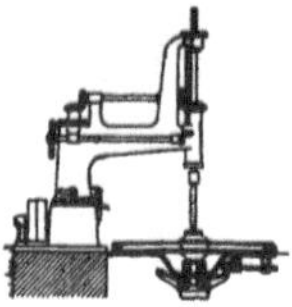

прессъ (m) для вдавливанія втулокъ
pressa (f) per montare *o* per introdurre le bussole
prensa (f) para calar el casquillo

Radnabenstemmmaschine (f), Maschine (f) zum Stemmen der Speichenlöcher
nave *or* hub mortising machine
machine (f) à mortaiser les moyeux

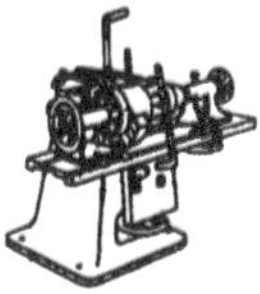

машина (f) для выдалбливанія гнѣздъ для спицъ
macchina (f) per far cave nel mozzo 1
máquina (f) para mortajar [los agujeros para los rayos en el cuerpo de] los cubos

---

Radnabenbohr- und Stemmaschine (f)
nave *or* hub boring and mortising machine
machine (f) à percer et à mortaiser les moyeux

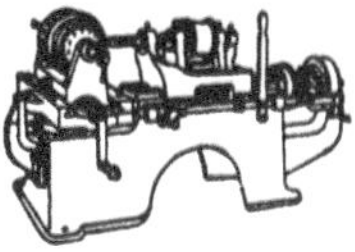

сверлильно-долбёжный станокъ (m) для ступицъ
macchina (f) combinata per forare e far cave nei mozzi 2
máquina (f) para barrenar y mortajar los cubos

Radspeichenhobelmaschine (f)
spoke planing machine
machine (f) à raboter les rais

строга[те]льный станокъ (m) для спицъ
piallatrice (f) per razze di ruota 3
máquina (f) para cepillar rayos

Radspeichenkopiermaschine (f)
spoke copying machine *or* lathe
machine (f) à reproduire les rais

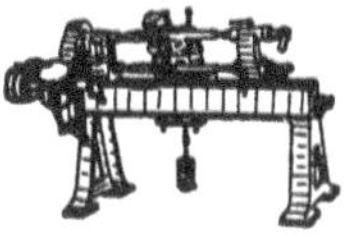

копировальный станокъ (m) для спицъ
macchina (f) *o* tornio (m) per copiare razze di ruota 4
copiadora (f) para rayos de ruedas, máquina (f) para reproducir rayos

---

Radspeichenpoliermaschine (f)
spoke polishing *or* buffing machine
machine (f) à polir les rais

полировальный *или* полировочный станокъ (m) для колёсныхъ спицъ 5
politrice (f) per razze di ruota
máquina (f) de pulir rayos de ruedas

Speichenzapfenschneidmaschine (f)
spoke tenoning machine
machine (f) à faire les tenons pour rais

шипорѣзный станокъ (m)
macchina (f) per far i tenoni delle razze 6
máquina (f) de sacar espigas á los rayos

Fräsen (n) der runden Speichenzapfen
cutting of round spoke tenons
fraisage (m) des tenons ronds de rais

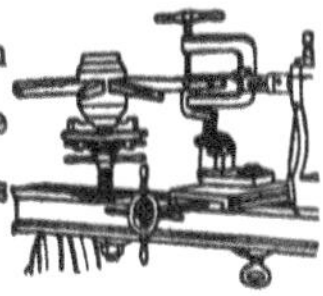

нарѣзаніе (n) круглыхъ шиповъ у спицъ 7
fresatura (f) dei tenoni rotondi delle razze
fresado (m) de las espigas redondas de los rayos

1 Fräsen (n) der flachen Speichenzapfen
cutting of rectangular spoke tenons
fraisage (m) des tenons rectangulaires pour rais

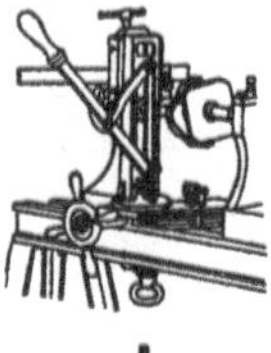

нарѣзаніе (n) плоскихъ шиповъ у спицъ
fresatura (f) dei tenoni piatti delle razze
fresado (m) de las espigas planas de los rayos

---

2 die Radspeichen in die Nabe drücken (v)
to drive the spokes into the hub
forcer (v) les rais dans le moyeu

вгонять спицы въ ступицу
montare (v) *o* introdurre (v) le razze nel mozzo
calar (v) los rayos al cubo

---

3 hydraulische Speicheneintreibmaschine (f)
hydraulic spoke driving machine
presse (f) hydraulique pour l'introduction des rais [dans les moyeux]

гидравлическая машина (f) для вгонки спицъ
macchina (f) idraulica per montare le razze
máquina (f) de calar rayos hidráulica

---

4 Holzfelge (f)
wood felloe
jante (f) en bois

колёсный косякъ (m)
cerchione (m) di legno
llanta (f) de madera

---

5 Felgenholz (n)
felloe wood
bois (m) pour jante

лѣсъ (m) для колёсныхъ косяковъ
legno (m) per cerchioni
madero (m) de llanta

---

6 Radfelgenbiegemaschine (f)
felloe bending machine
machine (f) à courber les jantes

машина (f) для сгибанія колёсныхъ косяковъ
macchina (f) per curvare i cerchioni di ruota
máquina (f) de curvar llantas de ruedas

---

7 Felgenbohrsupport (m)
felloe boring carriage
support (m) pour perceuse de jantes

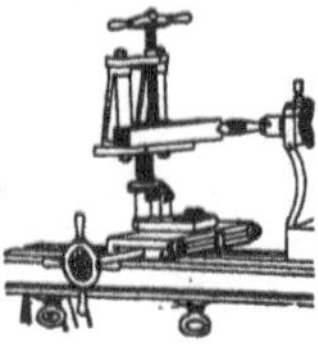

суппортъ (m) для сверленія косяковъ
sopporto (m) per forare i cerchioni
soporte (m) de máquina de barrenar llantas

die Felgen auf die Speichen drücken (v) *oder* schieben (v)
to press the felloes on to the spokes
appliquer (v) les jantes sur les rais

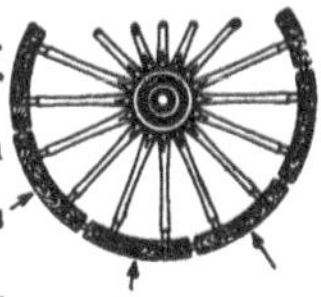

надѣть косяки на спицы
montare (v) *o* mettere (v) il cerchione sulle razze
aplicar (v) las llantas sobre los rayos *1*

Rundfräsen (n) der Radbahn
circular milling of wheel tread
fraisage (m) de la surface de la jante

фрез[ер]ованіе (n) колёснаго обода по кругу
fresatura (f) circolare del cerchione
fresado (m) de la superficie de las llantas *2*

Presse (f) zum Aufpressen der Nabenreifen
tyre press
presse (f) pour l'application de la frette sur le moyeu

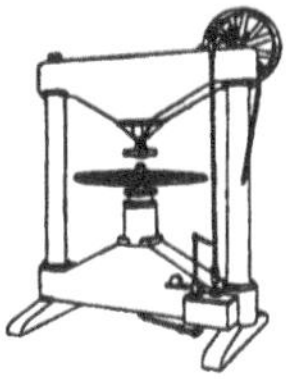

прессъ (m) для насаживанія колецъ на ступицы
pressa (f) per montare i cerchioni di ferro
prensa (f) para calar los anillos sobre los cubos *3*

XX.

Zündholzmaschinen

Machines for Making Wood Matches

Machines pour la fabrication des allumettes

Станки для спичечнаго производства

Macchine per la fabbricazione dei fiammiferi di legno

Máquinas de hacer fósforos

---

1 Entrindungsmaschine (f)
bark stripping machine, disbarking machine
machine (f) à décortiquer *ou* à écorcer

корообдирный станокъ (m); машина (f) для сдиранія коры
macchina (f) per scortecciare
máquina (f) de descortezar

---

2 Schälmaschine (f)
peeling machine
machine (f) à dérouler les troncs en feuilles

щепальный *или* шелушильный станокъ (m); машина (f) для изготовленія дранки
macchina (f) per tagliare scortecciando il legno in fogli
máquina (f) de desenrollar la madera en chapas

---

3 Holzdraht (m)
splint
brin (m) long de bois, tige (f) d'allumette

спичечная соломка (f)
bastoncino (m), stecca (f)
trozo (m) largo, bastoncito (m) de fósforo, astilla (f) de madera

---

4 Schachtelspan (m)
box veneer length
copeau (m) de boite

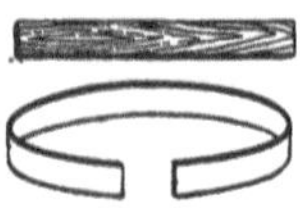

дранка (f) для коробокъ
foglio (m) per scatola
tira (f) de madera para cajas

Schachtelspanteil-maschine (f)
machine for cutting matchbox veneer lengths
machine (f) à découper les copeaux pour boîtes

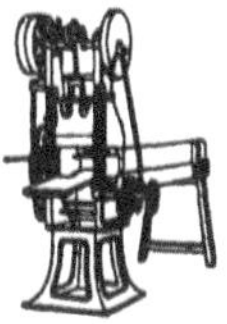

станокъ (m) для разрѣзанія коробочной дранки; машина (f) для надрѣзанія коробочной дранки
macchina (f) per tagliare *o* dividere i fogli per la scatola
máquina (f) de cortar las tiras de madera para cajas 1

Ritzapparat (m)
slitting apparatus
appareil (m) à trusquiner

рѣзчикъ (m); приборъ (m) для разрѣзанія
dispositivo (m) per incidere i tagli
aparato (m) de hender 2

Ritzmesserhalter (m)
slitting knife holder
porte-outil (m) à trusquiner

коробка (f) *или* держатель (m) ножей для разрѣзанія
portautensili (m) *o* portacoltello (m) per incidere i tagli
porta-cuchilla (m) para hender 3

Holzdrahtabschlag-maschine (f)
splint chopping machine
machine (f) à découper les tiges d'allumettes

крошилка (f); крошильный *или* рубильный станокъ (m) для выдѣлки соломокъ
macchina (f) per tranciare i bastoncini *o* le stecche
máquina (f) de cortar á dimensión los bastoncitos de fósforos 4

Holzdrahthobel-maschine (f)
splint shaping machine
machine (f) à raboter les tiges de bois

строга[те]льный станокъ (m) для спичечной соломки
piallatrice (f) per i bastoncini *o* per le stecche
máquina (f) de cepillar bastoncitos de madera 5

Holzdrahtschneid-maschine (f)
splint cutting machine
machine (f) à couper les tiges de bois

рубильный станокъ (m) для спичечной соломки
macchina (f) per tagliare i bastoncini *o* le stecche
máquina (f) de cortar bastoncitos de madera 6

Holzdrahttrocken-vorrichtung (f)
splint drying apparatus
machine (f) à sécher les tiges de bois

сушильный приборъ (m) *или* аппаратъ (m) для спичечной соломки
essiccatoio (m) per i bastoncini *o* per le stecche
aparato (m) de secar bastoncitos de madera 7

1 Lufterhitzer (m)
air heater
appareil (m) à chauffer l'air

a

воздухонагрѣватель (m); калориферъ (m)
riscaldatore (m) dell'aria
aparato (m) de calentar el aire

---

2 Trockenschrank (m)
drying chamber
sécheur (m)

b

сушильный шкафъ (m)
camera (f) di essiccamento
armario (m) de secar, estufa (f)

---

3 Horde (f)
hurdle
claie (f)

c

рѣшётка (f)
graticcio (m)
cañizo (m), rejilla (f)

---

4 Holzdrahttrockentrommel (f)
splint drying drum *or* cylinder
tambour (m) à sécher les tiges de bois

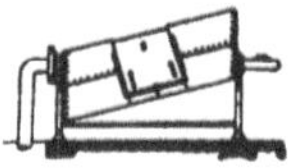

сушильный барабанъ (m) для спичечной соломки
tamburo (m) per essiccare i bastoncini *o* le stecche
tambor (m) de secar bastoncitos de madera

---

5 Holzdrahtputzmaschine (f)
splint cleaning machine
machine (f) à polir les tiges de bois

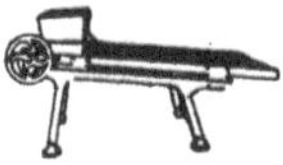

станокъ (m) для очистки спичечной соломки
macchina (f) da pulire *o* pulitrice (f) per i bastoncini *o* le stecche
máquina (f) de limpiar los bastoncitos de madera

---

6 Splitterholz (n)
wood chips
éclats (m pl) de bois

поломанныя соломки (f pl); [бракъ (m)]
rifiuti (m pl), scarti (m pl)
astillas (f pl) de madera

---

7 Gleichlegemaschine (f)
splint levelling machine
appareil (m) à ranger les tiges

укладочный станокъ (m) для соломокъ; станокъ (m) *или* машина (f) для складыванія спичечной соломки
macchina per (f) disporre paralleli i bastoncini *o* parallele le stecche
máquina (f) de colocar por igual los bastoncitos de madera

---

8 Rüttelkasten (m)
shaking box
caisse (f) à secousses

соломотрясъ (m); ящикъ (m) со встряской [для укладки спичечной соломки]
cassa (f) a scosse
caja (f) de sacudir

---

9 Fächerkasten (m)
partition box
boite (f) à compartiments

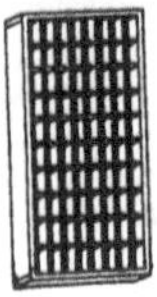

ящикъ (m) съ рѣшёткой *или* съ отдѣленіями
cassa (f) a scomparti
caja (f) de compartimientos

Gleichlegevorrichtung (f) für Handbetrieb
hand levelling apparatus
appareil (m) à ranger à la main

ручной укладочный приборъ (m) для соломокъ; урядникъ (m); ручной приборъ для складыванія спичечной соломки
apparecchio (m) a mano per disporre paralleli i bastoncini
aparato (m) de igualar á mano 1

Holzdrahtpoliertrommel (f)
splint polishing drum
tambour (m) polisseur

чистильный *или* полировальный барабанъ (m) для соломки
tamburo (m) per polire i bastoncini
tambor (m) de pulir los bastoncitos de madera 2

Holzdrahtbündelvorrichtung (f)
splint bundling apparatus
appareil (m) à botteler les tiges

приборъ (m) для вязки спичечной соломки
apparecchio (m) per fare fasci di bastoncini
aparato (m) de formar haces bastoncitos de madera 3

Trockengestell (n)
drying rack
étagére (f) *ou* séchoir (m) (pour cadres à tremper)

сушильная телѣжка (f); передвижной сушильный станокъ (m)
rastrelliera (f) per essiccare
bastidor (m) para colocar cuadros para secar 4

Einlegerahmen (m)
dipping frame
châssis (m) à tremper

наборная рама (f)
telaio (m) per immersioni
cuadro (m) para impregnar fósforos 5

Einlegemaschine (f)
frame filling machine
machine (f) à mettre en presse

наборный станокъ (m); наборная машина (f)
macchina (f) per caricare i telai
máquina (f) para colocar los fósforos 6

Vorwärmherd (m)
heating stove
fourneau (m) à réchauffer

очагъ (m) для предварительнаго нагрѣванія
stufa (f)
horno (m) de calentamiento previo 7

1	Paraffinierherd (m) paraffining stove fourneau (m) à paraffiner		очагъ (m) для парафинированія stufa (f) per paraffinare horno (m) de parafinar
2	Schwefelherd (m) sulphuring stove fourneau (m) à soufrer		сѣрный очагъ (m); очагъ для осѣренія stufa (f) per lo zolfo horno (m) de fósforo
3	Paraffinpfanne (f) paraffin pan bassin (m) à paraffine	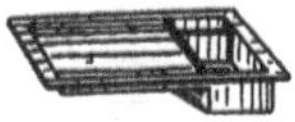	сковорода (f) для парафинированія; парафинировочная сковорода recipiente (m) *o* vasca (f) per la paraffina cubeta (f) de parafina
4	Sandpfanne (f) sand pan bassin (m) à sable		песочница (f) recipiente (m) *o* vasca (f) per la sabbia cubeta (f) de arena
5	Schwefelpfanne (f) sulphur pan bassin (m) à soufre		сковорода (f) для осѣренія recipiente (m) *o* vasca (f) per lo zolfo cubeta (f) de azufre
6	Dampfparaffiniervorrichtung (f) steam paraffining apparatus appareil (m) à vapeur pour paraffiner		паровой приборъ (m) для парафинированія; паровой парафинировочный приборъ stufa (f) a vapore per paraffinare aparato (m) á vapor para parafinar
7	Schmelzkasten (m) melting box caisse (f) pour fondre (la paraffine)	a	плавильный ящикъ (m) cassa (f) per fondere caja (f) de fundir la parafina
8	Paraffinbad (n) paraffin bath bain (m) de paraffine		парафиновая ванна (f) bagno (m) di paraffina baño (m) de parafina
9	Tunkmaschine (f) dipping machine machine (f) à tremper		макальный станокъ (m); макальная машина (f) macchina (f) per immergere máquina (f) de untar *ó* impregnar
10	tunken (v) to dip tremper (v)		макать; обмакивать immergere (v) untar (v), impregnar (v)

Dampfnachwärmeplatte (f)
steam reheating plate
plaque (f) à réchauffer par la vapeur

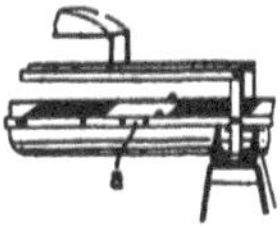
a

плита (f) для подогрѣванія паромъ
placca (f) *o* piastra (f) a vapore per riscaldare 1
placa (f) de recalentar á vapor

Handtunkvorrichtung (f)
hand dipping apparatus
appareil (m) à main pour tremper

ручной макальный приборъ (m)
apparecchio (m) a mano per immergere 2
aparato (m) de untar á mano

Tunkplatte (f)
dipping plate
plaque (f) à tremper

макальная плита (f)
placca (f) *o* piastra (f) per immergere 3
placa (f) de untar

Walzentunkvorrichtung (f)
cylinder dipping machine
appareil (m) à tremper à cylindres

вальцовый макальный приборъ (m)
apparecchio (m) a cilindri *o* rulli per immergere 4
aparato (m) de untar á rodillo

Tunkschüssel (f)
dipping vessel
récipient (m) à tremper

a

макальный сосудъ (m)
vaschetta (f) *o* tazza (f) per le immersioni 5
cubeta (f) de untar

Tunkwalze (f)
dipping cylinder
cylindre (m) à tremper

b

макальный валикъ (m) *или* валъ (m)
rullo (m) *o* cilindro (m) per le immersioni 6
rodillo (m) de untar

Phosphorkocher (m)
cooking apparatus for phosphorous (composition)
appareil (m) pour cuire la pâte phosphorique

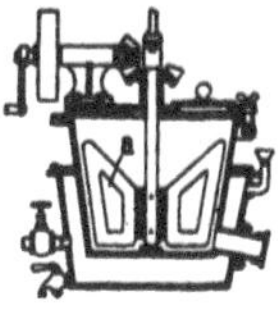

приборъ (m) для варки фосфора
apparecchio (m) per scaldare la pasta fosforosa 7
aparato (m) de cocer el fósforo

Rührwerk (n)
agitators, mixing arms
agitateur (m)

a

мѣшалка (f)
agitatore (m) 8
mecanismo (m) agitador

Kegelmühle (f)
cone grinding mill
moulin (m) (broyeur) conique

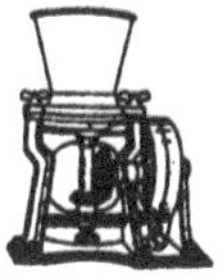

коническая мельница (f); мельница съ коническимъ дробильникомъ
mulino (m) *o* polverizzatore (m) a campana 9
molino (m) cónico

Mahlring (m)
grinding ring
anneau-broyeur (m)

кольцо (n) *или* обручъ (m) мельницы
anello (m) *o* armatura (f) del mulino 10
anillo (m) de moler

1 Mahlkegel (m)
grinding cone
cône-broyeur (m)

коническій дробильникъ (m); мельничный конусъ (m)
campana (f) del mulino
cóno (m) de moler

---

2 Massemühle (f)
composition grinding and mixing mill
moulin (m) (broyeur) pour la pâte

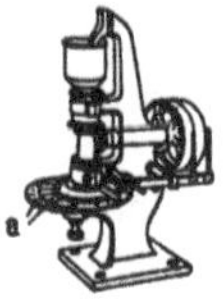

мельница (f) для размола зажигательной массы
mescolatore (m), impastatore (m)
molino (m) para la masa

---

3 Mahlgut (n)
material to be ground
matière (f) à broyer

измолотый матеріалъ (m)
materia (f) da polverizzare
material (m) á moler

---

4 Mahlscheibe (f)
grinding plate
disque (m) broyeur

a

мельничный кругъ (m); молóльный дискъ (m)
disco (m) mescolatore *od* impastatore
disco (m) de moler

---

5 Kugelmühle (f)
ball mill
broyeur (m) à boules

шаровая мельница (f)
mulino (m) *o* polverizzatore (m) a palle
molino (m) de bolas

---

6 Reibsteinmühle (f)
millstone grinding mill
moulin (m) à meulers

жерновая мельница (f); мельница съ бѣгунами для растиранія
mulino (m) a palmenti
molino (m) de piedras rotatorias

---

7 Mahlstein (m)
millstone
meule (f)

a

жерновъ (m); бѣгунъ (m)
mola (f), palmento (m)
muela (f), piedra (f) de moler

---

8 Spanband (n)
strip of box veneer
bande (f) de copeaux

лента (f) стружки
foglio (m) di legno per scatole, nastro (m) di legno per scatole
cinta (f) de madera

---

9 Schachtelklebmaschine (f)
box pasting machine
machine (f) à coller les boîtes

станокъ (m) для склеиванія коробокъ
macchina (f) per incollare le scatole
máquina (f) de encolar las cajas

Etikettiermaschine (f)
labeling machine
machine (f) à étiquetter

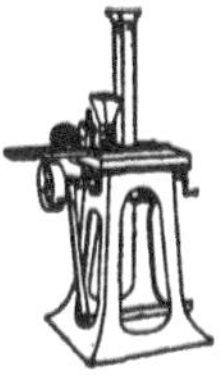

станокъ (m) для наклейки этикетовъ; станокъ для этикетированія
macchina (f) per etichettare (le scatole)
máquina (f) de poner las etiquetas 1

Schachteltrockner (m), Schachteltrockenvorrichtung (f)
box drying apparatus
appareil (m) à sécher les boites

сушильня (f) для коробокъ; приборъ (m) *или* аппаратъ (m) для сушки коробокъ
apparecchio (m) per essiccare le scatole
aparato (m) de secar las cajas de madera 2

Schachtelanstrichmaschine (f)
box painting machine
machine (f) à enduire les boites

намазочный станокъ (m); станокъ для намазки [боковъ] коробокъ; намазальная машина (f)
macchina (f) per dare la pasta alle scatole
máquina (f) de dar color á las cajas 3

Anstrichrahmen (m)
painting frame
cadre (m) à enduire

намазочная *или* намазальная рама (f)
telaio (m) per dare la pasta
cuadro (m) de dar color 4

Schachtelbesandungsmaschine (f)
box sanding machine
machine (f) à sabler les boites

станокъ (m) для обмазыванія [боковъ] коробокъ пескомъ
macchina (f) per dare la sabbia alle scatole
máquina (f) de dar la materia de fricción á los costados de las cajas 5

Papierkapselmaschine (f)
machine for making paper box shells
machine (f) pour la confection de cartouches en papier

станокъ (m) для выдѣлки бумажныхъ капсюлей
macchina (f) per confezionare sacchetti di carta per fiammiferi
máquina (f) de hacer los envoltorios de papel 6

Kleisterkocher (m)
paste cooker
chaudière (f) à cuire la colle

приборъ (m) для варки клейстера
apparecchio (m) per fare o per scaldare la pasta
baño-maría (m) para cocer la cola 7

1 Zündhölzerauslegemaschine (f)
match arranging machine
machine (f) à ranger les allumettes

станокъ (m) для вынимания спичекъ изъ рамъ
macchina (f) per disporre paralleli i fiammiferi
máquina (f) de repartir los fósforos

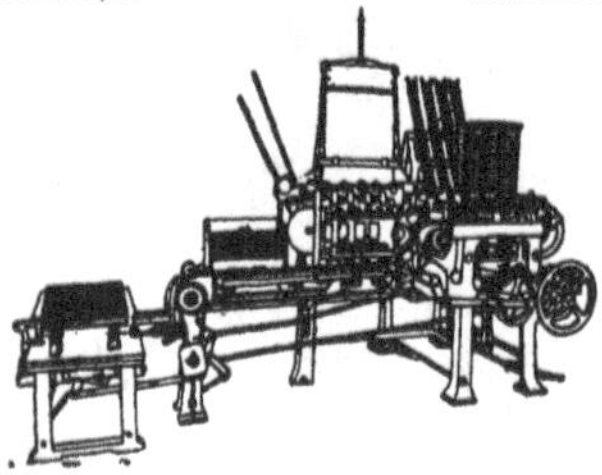

2 Schachtelfüllmaschine (f)
box filling machine
machine (f) à remplir les boîtes

станокъ (m) для наполненія коробокъ спичками
macchina (f) per riempire le scatole
máquina (f) de llenar las cajas

---

3 Einpackmaschine (f) für Zündholzschachteln
machine for packing match boxes
machine (f) à empaqueter les boîtes d'allumettes

станокъ (m) для упаковки коробокъ въ пачки; упаковочный станокъ
macchina (f) per impacchettare le scatole di fiammiferi
máquina (f) de empaquetar las cajas de fósforos

4 Universalzündholzmaschine (f)
universal match machine
machine (f) universelle pour la fabrication des allumettes

универсальная спичечная машина (f); универсальный спичечный станокъ (m)
macchina (f) universale per la fabbricazione dei fiammiferi
máquina (f) universal para hacer fósforos

XXI.

Anlagen für Holzbearbeitung

Wood Working Plants

Installations pour le travail du bois

Сооруженія для обработки дерева

Impianti per la lavorazione del legno

Instalaciones de labrar madera

Betrieb[s]einrichtung
Equipment of Factory
Organisation de l'atelier
Оборудованіе деревообдѣлочныхъ мастерскихъ
Organizzazione dell'impianto
Organización de los talleres 1

Holzbearbeitungswerkstatt (f)
wood working shop
atelier (m) pour le travail des bois

дерево-обдѣлочная мастерская (f)
officina (f) *o* opificio (m) per la lavorazione del legno
taller (m) de labrar madera 2

Bretterfußboden (m)
boarded floor
plancher (m)

досчатый полъ (m)
pavimento (m) di legno a listoni, pavimento (m) in legno
piso (m) entarimado 3

Fußbodenbrett (n)
floor board
planche (f) de parquet

a

половая доска (f); половица (f) настила
listone (m) *o* tavola (f) per pavimento
hoja (f) *ó* tabla (f) de parquet 4

Stabfußboden (m), Parkettfußboden (m)
parquetry, parquet floor
parquet (m)

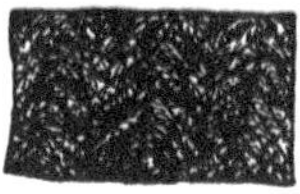

паркетный полъ (m)
pavimento (m) di legno a spina-pesce, parquet (m)
parquet (m) 5

1 Holzbefförderungs-wagen (m)
timber truck *or* trolley *or* carriage, timber "Jim"
wagonnet (m) pour troncs

вагонетка (f) для подвозки дерева
carro (m) per trasportare i tronchi *o* legnami
carro (m) de transportar maderas y troncos

---

2 Waldbahn (f)
portable forest railway
voie (f) forestière

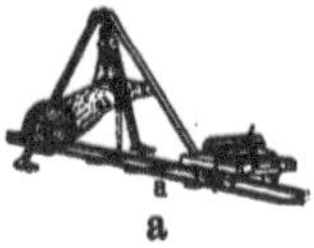

лѣсная желѣзная дорога (f)
binario (m) per disboscamento
vía (f) forestal para el transporte de la madera

---

3 Blockaufzug (m) mit offener Kette
timber hoist *or* hauling apparatus with single chain
treuil (m) à chaîne pour grumes

лебёдка (f) *или* самотаска (f) для брёвенъ съ навёртывающейся цѣпью
argano (m) a catena per tronchi
cabrestante (m) de techo con cadena para elevar troncos

---

4 Blockaufzug (m) mit endloser Kette
timber hoist *or* hauling apparatus with endless chain
treuil (m) à grumes avec chaîne sans fin

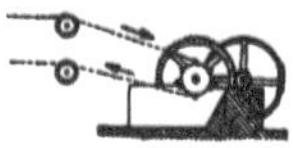

лебёдка (f) *или* самотаска (f) для брёвенъ съ безконечной цѣпью
argano (m) a catena senza fine per tronchi
cabrestante (m) para troncos con cadena sin fin

---

5 Schleppbahn (f)
inclined hauling runway
glissière (f), plan (m) incliné

путь (m) *или* мостки (m pl) для втаскиванія брёвенъ
piano (m) inclinato di caricamento
plano (m) inclinado para sacar los troncos de los rios

---

6 Hebelade (f)
wood frame with dog hook lever
levier (m) pour le chargement

рычажный подъёмъ (m) *или* домкратъ (m)
leva (f) a cavalletto per tronchi, gru (f) semplice
palanca (f) mecánica para levantar troncos

---

7 Holzkran (m)
timber crane
chèvre (f) à élever les troncs

дерево-подъёмный кранъ (m)
gru (f) *o* capra (f) per tronchi
grúa (f) *ó* cabria (f) para madera

Verladewinde (f), [Verladekran (m)]
timber loading crane
chèvre (f) pour le chargement

погрузочный вóротъ (m); погрузочный кранъ (m)
argano (m) *o* capra (f) per caricare i tronchi
cabria (f) *ó* grúa (f) para cargar madera
1

Verladebaum (m)
shear legs
grue (f) de chargement (à trépied), chèvre (f)

a

тренога (f)
sopporto (m) dell'argano
grúa (f) trípode de carga, cabria (f)
2

Stützbaum (m)
supporting strut
contre-fiche (f)

b

нога (f) крана
asta (f) d'appoggio
viga (f) de apoyo
3

---

fahrbarer Stammaufzug (m), Laufkran (m)
overhead hand power traveller for timber
chariot (m) (d'appareil) de levage pour troncs

мостовой подъёмный кранъ (m) для стволовъ
gru (f) scorrevole (per tronchi)
carro (m) corredizo para elevar troncos
4

Laufkatze (f)
overhead scrab
chariot (m)

ходячій блокъ (m)
carrello (m) [da gru]
carro (m) corredizo
5

Bockkran (m)
gantry *or* goliath crane
chevalet (m) de levage, grue-portique (f)

кранъ (m) на кóзлахъ
gru (f) a cavalletto *o* a ponte
caballete (m) para levantar, grúa-cabrestante (f)
6

Drehkran (m)
jib crane
grue (f) pivotante

поворóтный кранъ (m)
gru (f) girevole
grúa (f) giratoria
7

Holztrockenanlage (f)
timber drying plant
installation (f) pour le séchage du bois

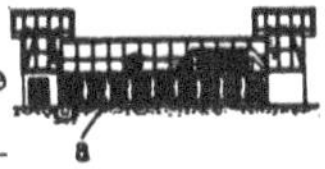

a

лѣсосушилка (f)
impianto (m) d'essiccatoio per legno
instalación (f) de secar madera
8

Trockenkanal (m)
drying passage
couloir (m) de séchage

a

сушильный каналъ (m)
camera (f) di essiccamento
canal (f) de secadero
9

1 Trockenluft (f)
drying air
air (m) sec

воздухъ (m) для сушки
aria (f) essiccante
aire (m) seco

---

2 Dampfluftheizvorrichtung (f)
steam air heating apparatus
appareil (m) pour le chauffage de l'air par la vapeur

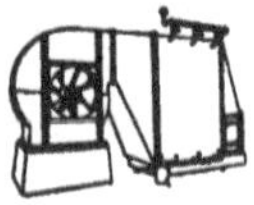

паровоздушный нагрѣвательный приборъ (m)
apparecchio (m) a vapore per scaldare l'aria *o* per produrre l'aria calda
aparato (m) para la calefacción del aire por vapor

---

3 Trockenheitsmesser(m), Hygrometer (n)
regulator for dessicating air, hygrometer
appareil (m) pour mesurer le degré de dessication de l'air, psychromètre (m), hygromètre (m)

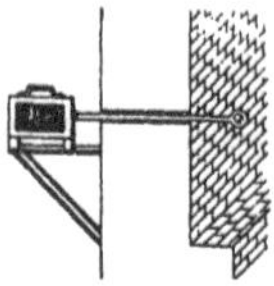

приборъ (m) для опредѣленія степени влажности воздуха; гигрометръ (m); психрометръ (m)
misuratore (m) dell'umidità, igrometro (m)
instrumento (m) para reconocer y medir la humedad del aire, psicrómetro (m), higrómetro (m)

---

4 Sägewerk (n), Säg[e]mühle (f), Schneid[e]mühle (f)
saw mill
scierie (f) mécanique

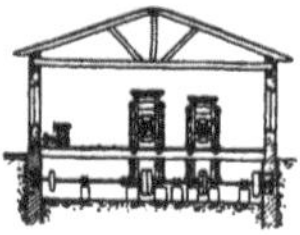

лѣсопильный заводъ (m); лѣсопилка (f)
segheria (f)
aserradero(m) mecánico, taller (m) de aserrar madera

---

5 Wasser[säge]mühle (f)
saw mill driven by water power
scierie (f) à roue hydraulique

лѣсопилка (f) съ водянымъ двигателемъ; водяная лѣсопилка
segheria (f) ad acqua
aserradero (m) mecánico movido por agua, sierra (f) de molino

---

6 Dampfsägewerk (n), Dampfsägemühle (f)
steam saw mill
scierie (f) à vapeur

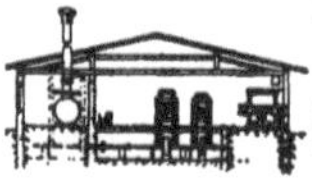

паровой лѣсопильный заводъ (m); паровая лѣсопилка (f)
segheria (f) a vapore
aserradero (m) mecánico á vapor

---

7 Rindenschälmaschine (f), Entrindungsmaschine (f)
bark stripping machine, disbarking machine
machine (f) à décortiquer

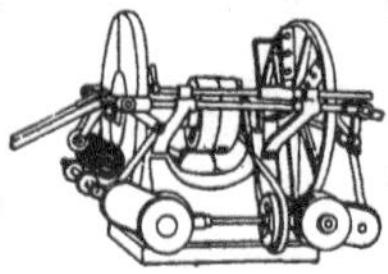

корообдирный станокъ (m); станокъ для сдиранія коры
macchina (f) per scortecciare
descortezadora (f), máquina (f) de descortezar

---

8 teilweise entrinden (v), anplätzen (v)
to partially strip off the bark
décortiquer (v) à demi

снимать кору по винтовой линіи
scortecciare (v) parzialmente, scortecciare (v) a spirale
descortezar (v) á medias

ringeln (v)
to partially strip off the bark in parallel rings
décortiquer (v) en enlevant des bandes à angle droit

снимать кору кольцами
scortecciare (v) parzialmente ad anelli
descortezar (v) en forma de anillo 1

Hobelwerk (n)
planing shop
atelier (m) de rabotage mécanique

строга[те]льная мастерская (f); строгательный заводъ (m)
impianto (m) per piallatura del legno
taller (m) de cepillado mecánico 2

Furnierschneid[e]werk (n)
veneer cutting shop
atelier (m) mécanique pour fabriquer les feuilles de placage

фанерная фабрика (f); фанерный заводъ (m)
fabbrica (f) di impelliceiatura
fábrica (f) de chapa de madera 3

Rundschälerei (f)
wood peeling plant
installation (f) pour dérouler les bois ronds

щепальный *или* шелушильный заводъ (m)
fabbrica (f) d'impelliceiatura con macchine rotative
instalación (f) para desenrollar madera 4

Holzwollefabrik (f)
wood wool factory
fabrique (f) de fibres de bois

фабрика (f) древесной шерсти
fabbrica (f) di lana di legno
fábrica (f) de lana de madera 5

Kehlleistenfabrik (f)
wood moulding factory
fabrique (f) de moulures

фабрика (f) для производства профильныхъ брусковъ
fabbrica (f) di listoni sagomati
fábrica (f) de molduras 6

Bilderrahmenfabrik (f)
picture frame factory
fabrique (f) de cadres

багетная фабрика (f)
fabbrica (f) di cornici
fábrica (f) de marcos 7

---

mechanische Tischlerei (f) *oder* Schreinerei (f)
machine joinery works
menuiserie (f) mécanique

механическая столярная мастерская (f)
officina (f) meccanica di falegname, falegnameria (f) meccanica
taller (m) mecánico de carpintería 8

Tischler (m), Schreiner (m)
joiner, carpenter
menuisier (m)

столяръ (m)
falegname (m)
carpintero (m) 9

Bautischlerei (f), Bauschreinerei (f)
builders joinery
atelier (m) de charpentier

строительно-столярная мастерская (f)
carpenteria (f), fabbrica (f) di serramenta
carpintería (f) de obra, carpintería (f) de construcción 10

1 Möbeltischlerei (f), Möbelschreinerei (f)
furniture factory
fabrique (f) de meubles, ébénisterie (f)
мебельно-столярная мастерская (f)
fabbrica (f) di mobili, ebanisteria (f)
ebanisteria (f)

---

2 Stuhlfabrik (f)
chair factory
fabrique (f) de chaises
фабрика (f) стульевъ
fabbrica (f) di sedie
fábrica (f) de sillas

---

3 Modelltischlerei (f), Modellschreinerei (f)
pattern shop
atelier (m) de modeleur
модельно-столярная мастерская (f)
abbrica (f) di modelli, fmodellisteria (f)
taller (m) de modelaje

---

4 Modelltischler (m), Modellschreiner (m)
pattern maker
modeleur (m)
модельщикъ (m)
modellista (m)
modelista (m)

---

5 leimen (v)
to glue
coller (v)
клеить; склеивать
collare (v), incollare (v)
encolar (v)

---

6 Leimkocher (m), Leimkochgerät (n)
glue heating apparatus
appareil (m) à cuire *ou* à préparer la colle

клееварка (f); клееварочный приборъ (m)
apparecchio (m) per preparare la colla
aparato (m) para cocer la cola

---

7 Abkochen (n) von frischem Leim
dissolving of fresh glue
cuisson (m) de colle fraiche
варка (f) свѣжаго клея
preparazione (f) della colla fresca
preparación (f) de la cola fresca

---

8 Leim kochen (v)
to dissolve the glue
cuire (v) la colle
варить клей
preparare (v) la colla
cocer (v) la cola

---

9 Leim (m)
glue
colle (f)
клей (m); столярный клей
colla (f)
cola (f) [de carpintero]

---

10 Leimwärmvorrichtung (f)
glue warming apparatus
appareil (m) à chauffer la colle

приборъ (m) для разогрѣванія клея; клеегрѣлка (f)
apparecchio (m) per riscaldare la colla
aparato (m) de calentar cola

---

11 Leimtopf (m)
glue pot
pot (m) à colle

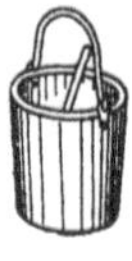

клеянка (f); сосудъ (m) *или* горшокъ (m) для варки клея
pentolino (m) per la colla
cazo (m) de cola

Leimauftrag[e]-maschine (f)
glueing machine
appareil (m) à étendre la colle

станокъ (m) для нанесенія клея
macchina (f) per applicare la colla 1
máquina (f) de encolar

Auftragwalze (f)
glueing roller *or* cylinder
rouleau-élargisseur (m)

валикъ (m) для нанесенія клея
cilindro (m) per applicare la colla 2
cilindro (m) de dar cola

a

Abstreichschiene (f)
regulating bar
règle (f) *ou* latte (f) à égaliser

b

полоса (f) для снимания избыточнаго клея
listello (m) regolatore della colla 3
regla (f) de igualar

Bürstenwalze (f)
brush cylinder
rouleau (m) à brosses

щёточный валикъ (m)
cilindro (m) a spazzola 4
cilindro (m) de cepillos

a

Dampfwärmvorrichtung (f)
steam heating apparatus
appareil (m) de chauffage à la vapeur

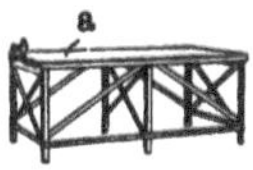

паровой нагрѣвательный приборъ (m)
apparecchio (m) riscaldante a vapore 5
mesa (f) de calentar al vapor

Dampfwärmplatte (f), Wärmplatte (f)
steam heating table
plateau (m) de chauffage à la vapeur

a

паровая нагрѣвательная плита (f); нагрѣвательная плита
tavola (f) riscaldata a vapore 6
placa (f) de calentar

Drechslerei (f)
turnery
atelier (m) de tourneur

токарная мастерская (f)
torneria (f) 7
taller (m) de torneado

Holzspielwarenfabrik (f)
wooden toy factory
fabrique (f) de jouets en bois

фабрика (f) деревянныхъ игрушекъ
fabbrica (f) di giuocattoli di legno 8
fábrica (f) de juguetes de madera

Rolladenfabrik (f), Jalousiefabrik (f)
wood blind factory
fabrique (f) de jalousies

жалюз[и]ная фабрика (f)
fabbrica (f) di persiane 9
fábrica (f) de persianas

1	Parkettfabrik (f), Stabfußbodenfabrik (f) parquetry works fabrique (f) de parquets	паркетная фабрика (f) fabbrica (f) di pavimenti di legno (parchetti) fábrica (f) de parquet ó de entarimado fino
2	Kistenfabrik (f) box factory fabrique (f) de caisses	ящичная фабрика (f) fabbrica (f) di casse fábrica (f) de cajas
3	Zigarrenkistenfabrik (f) cigar box factory fabrique (f) de caisses à cigares	фабрика (f) сигарныхъ ящиковъ fabbrica (f) di scatole *o* cassette per sigari fábrica (f) de cajas de puros
4	Brennholzspalterei (f) firewood factory scierie (f) pour bois de chauffage	дворъ (m) для рубки дровъ istallazione (f) per spaccare legna da ardere aserrado (m) de madera de combustión
5	Faßfabrik (f) cask *or* barrel factory fabrique (m) de tonneaux	бочарный заводъ (m) fabbrica (f) di botti e di barili fábrica (f) de barriles
6	Böttcherei (f) cooperage atelier (m) pour la fabrication de tonneaux et de cuves, tonnellerie (f)	бондарное *или* бочарное заведенie (n) fabbrica (f) di tin e botti tonelería (f)
7	Radfabrik (f) wheel works fabrique (f) de roues	колёсное заведенie (n) fabbrica (f) di ruote fábrica (f) de ruedas
8	Stellmacherei (f) wheelwrights shop [atelier (m) de] charonnage (m)	каретное заведенie (n) fabbrica (f) di carri carretería (f)
9	Wagenfabrik (f) carriage works fabrique (f) de voitures	обóзное заведенie (n) fabbrica (f) di carri e carrozze fábrica (f) de coches
10	Waggonfabrik (f) wagon works fabrique (f) de wagons	вагонный заводъ (m); вагоностроительный заводъ fabbrica (f) di vagoni fábrica (f) de vagones
11	Spänebeförderung (f), Spänetransport (m) conveying of shavings transport (m) des copeaux	удаленie (n) стружекъ и опилокъ; транспортированie (n) стружекъ и опилокъ trasporto (m) dei trucioli transporte (m) de virutas

1

Spänebeförderung (f) durch Kette in offener Rinne
removing of shavings by trough conveyer
transport (m) *ou* enlèvement (m) des copeaux par transporteur à chaîne et couloir ouvert

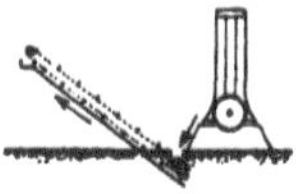

удаленіе (n) стружекъ и опилокъ въ открытомъ жолобѣ помощью безконечной цѣпи; цѣпной транспортеръ (m) съ открытымъ жолобомъ для стружекъ и опилокъ
trasporto (m) dei trucioli a mezzo di catena in canale aperto
transporte (m) de virutas por cadena en canalón abierto

2

Spänetrichter (m)
shoot *or* chute for shavings *or* cuttings
trémie (f) à copeaux

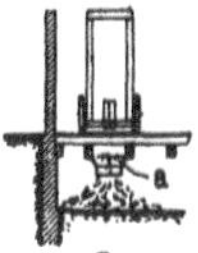

a

воронка (f) для стружекъ и опилокъ
tramoggia (f) pei trucioli
embudo (m) para virutas

3

Spänebeförderungsanlage (f)
plant for conveying *or* removal of shavings
installation (f) pour l'enlèvement des copeaux

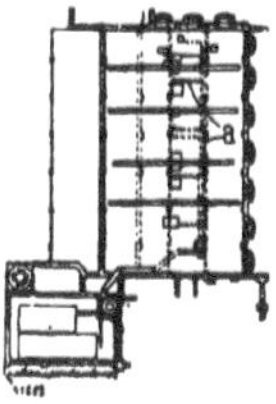

установка (f) для удаленія стружекъ и опилокъ
impianto (m) pel trasporto dei trucioli
instalación (f) de transporte automático de virutas

4

Saugrohrleitung (f)
suction piping
tuyauterie (f) d'aspiration

a

всасывающій трубопроводъ (m)
condotto (m) per l'aspirazione
tubería (f) de aspiración

5

Spänebeförderungsrohr (n)
suction pipe for sawdust and cuttings
tuyau (m) d'aspiration des copeaux

труба (f) для удаленія стружекъ и опилокъ
tubo (m) di condotta pei trucioli
tubo (m) de conducción de virutas

6

Holzabscheidevorrichtung (f)
apparatus for separating wood chips
appareil (m) pour l'enlèvement des déchets de bois

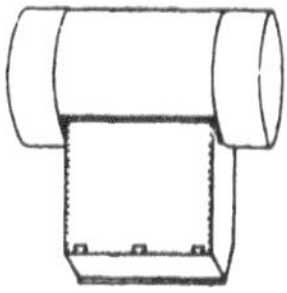

приборъ (m) для удаленія щеп[ок]ъ
apparecchio (m) per togliere *od* eliminare i pezzi di legno
disposición (f) de separar los residuos de madera

7

Luftabsperrschieber (m)
air disc *or* flap *or* throttle valve
registre (m) à air

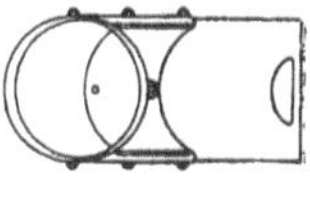

задвижка (f) для отсѣчки воздуха
saracinesca (f) per l'aria
válvula (f) corredera para cerrar el paso de aire

1 [Ab-]Saugvorrichtung (f), Exhaustor (m), Absauger (m)
exhaust *or* suction fan
aspirateur (m)

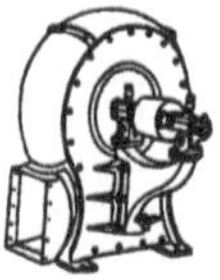

экскаусторъ (m); всасыватель (m)
aspiratore (m)
exhaustor (m), disposición (f) de aspiración

---

2 Doppelexhaustor (m)
double exhaust fan
aspirateur (m) double

двойной экскаусторъ (m)
aspiratore (m) doppio
exhaustor (m) doble

---

3 Spänefänger (m), Späneabscheider (m), Späneausscheider (m), Separator (m)
shavings separator
aspirateur (m) de copeaux, séparateur (m) de déchets

уловитель (m) стружекъ и опилокъ; сепараторъ (m) для стружекъ и опилокъ
separatore (m) dei trucioli
recogedor (m) y separador (m) de virutas

---

4 Späneraum (m)
storage chamber for dust and shavings
chambre (f) de dépôt des copeaux

a

помѣщеніе (n) для стружекъ и опилокъ
deposito (m) *o* camera (f) dei trucioli
cámara (f) de depósito de las virutas

---

5 Spänekeller (m)
cellar for shavings
cave (f) à copeaux

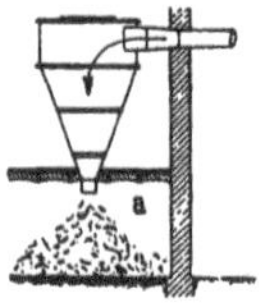

a

подвалъ (m) для стружекъ и опилокъ
cantina (f) per trucioli
cueva (f) para virutas

---

6 **Schutzvorrichtungen**

Safety Guards

Appareils protecteurs

Предохранительныя отъ несчастныхъ случаевъ приспособленія

Apparecchi di protezione

Disposiciones de protección

7 Unfallverhütungsvorschriften (f pl)
regulations for the prevention of accidents
règlements (m pl) pour la protection contre les accidents

предписанія (n pl) для предотвращенія несчастныхъ случаевъ
regolamenti (m pl) *o* prescrizioni (f pl) per prevenire gli infortuni
disposiciones (f pl) legislativas parer evitar accidentes de trabajo

Schutzvorrichtung (f) safety guard appareil (m) protecteur	предохранительное приспособленіе (n) apparecchi (m pl) *o* dispositivi (m pl) protettori *o* di protezione disposición (f) de protección *ó* de seguridad en el trabajo	*1*
Festklemmen (n) des Sägeblattes choking up *or* jambing of the saw blade coincement (m) *ou* prise (f) de la lame de scie	защемленіе (n) пильнаго полотенца incastrarsi (v) della lama di sega aprisionamiento (m) de la hoja de sierra	*2*
festklemmen (v) to choke up *or* jamb coincer (v)	защемлять imprigionarsi (v), incastrarsi (v), inchiodarsi (v) aprisionar (v)	*3*
Warmlaufen (n) des Sägeblattes running hot of the saw-blade échauffement (m) de la lame de scie	нагрѣваніе (n) пильнаго полотенца riscaldamento (m) della lama di sega calentamiento (f) de la hoja de sierra	*4*
warmlaufen (v) to run hot s'échauffer (v)	нагрѣваться riscaldarsi (v) calentarse (v)	*5*
Rückschlagen (n) des Holzes flying back *or* kicking up of the wood recul (m) du bois	отдача (f) *или* отбрасываніе (n) дерева rigetto (m) *o* rinculo (m) del legno reculamiento (m) de la madera	*6*
zurückschlagen (v) to fly back donner (v) un choc par recul	ударять назадъ; отдать (-вать) назадъ rigettarsi (v), rinculare (v) recular (v)	*7*
Auseinanderhalten (n) des Holzes keeping open of the saw kerf maintien (m) de l'écartement (des parties sciées)	распираніе (n) дерева mantenere (v) aperto il taglio del legno separación (f) de las partes aserradas de la madera	*8*
auseinanderhalten (v) to keep open *or* apart maintenir (v) écarté (les parties sciées)	распирать mantenere (v) aperto il taglio mantener (v) separado	*9*
Kreissägeschutzvorrichtung (f) circular saw guard appareil (m) protecteur pour scies circulaires	предохранительный колпакъ (m) круглой пилы cuffia (f) di sicurezza per seghe circolari disposición (f) protectora para sierras circulares	*10*

1 verstellbarer Spaltkeil (m) mit aufklappbarer Haube
hinged guard with adjustable riving knife
coin (m) fendeur réglable avec enveloppe à bascule

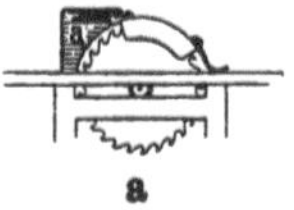

a

переставной предохранительный клинъ (m) съ откиднымъ колпакомъ
cuneo (m) regolabile con cuffia di protezione spostabile
cuña (f) graduable con cubierta móvil

---

2 Schutzhaube (f)
guard, hood, shield
chapeau (m) de protection

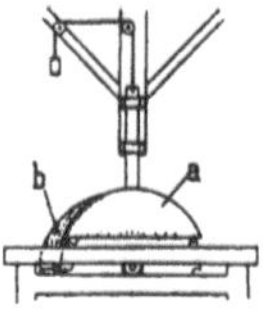

a

предохранительный кожухъ (m)
cuffia (f) di protezione
cubierta (f) protectora

---

3 Spaltkeil (m)
riving knife
coin-fendeur (m)

b

распирающій клинъ (m); предохранительный клинъ
cuneo (m)
cuña (f) de separación

---

4 Spaltscheibe (f), Keilscheibe (f)
circular wedge plate
disque-fendeur (m)

a

клинообразный *или* клиновидный предохранительный дискъ (m)
cuneo (m) a disco
disco (m) de separación

---

5 Druckrolle (f)
pressure roller
rouleau-presseur (m)

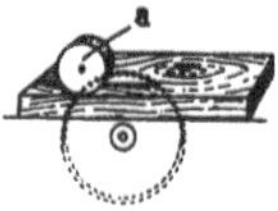

a

нажимной роликъ (m)
rullo (m) di pressione
rodaja (f) de presión

---

6 Deckschiene (f), Schutzleiste (f)
protection bar
latte-protectrice (f)

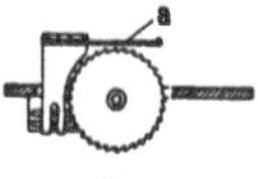

a

предохранительная полоса (f) *или* линейка (f)
listello (m) di protezione
regla (f) *ó* escudra (f) de protección

---

7 selbsttätige Schutzhaube (f)
automatic guard
capote-protectrice (f) automatique

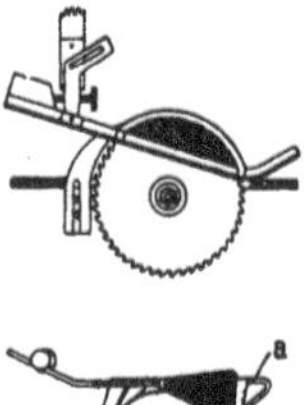

автоматическій предохранительный колпакъ (m)
cuffia (f) automatica *o* cappello (m) automatico di protezione
cubierta (f) de protección automática

---

8 Fingerabweiser (m)
finger guard
joue (f) de protection pour les doigts

a

предохранитель (m) для пальцевъ; пальцеотводъ (m)
dispositivo (m) per proteggere le dita
disposición (f) de protección de los dedos

1

hölzerne Schutzplatte (f)
wood guard cover
plateau (m) protecteur en bois

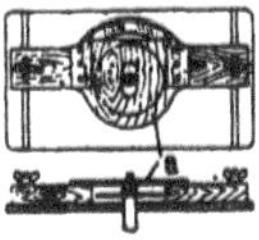

a

деревянный предохранительный дискъ (m)
copertura (f) di protezione in legno
placa (f) protectora de madera

2

Verkleidung (f) des Sägetisches
covering of the saw table
revêtement (m) de la table de la scie

обшивка (f) пильнаго стола
rivestimento (m) della tavola della sega
revestimiento (m) de la mesa de sierra

3

Schutzring (m) [der Trommelsäge]
protection ring [for cylinder saw]
tube (m) protecteur [de la scie cylindrique]

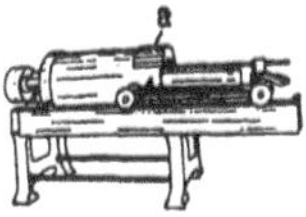

a

предохранительная дуга (f) [цилиндрической пилы]
anello (m) di protezione [per le seghe a tamburo]
tubo (m) de protección [de la sierra cilindrica]

4

Schutzbügel (m) [der Bandsäge]
shield for top pulley [of a band saw]
bouclier (m) protecteur [de la scie à ruban]

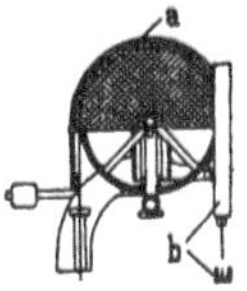

a

предохранительный щитъ (m): предохранительная полоса (f) [ленточной пилы]
cuffia (f) di protezione [per seghe a nastro]
aro (m) protector [para sierras de cinta]

5

Schutzrinne (f) [der Bandsäge]
channel section bar guard [for band saw]
gouttière (f) protectrice [de la scie à ruban]

b

предохранительный жолобъ (m) [ленточной пилы]
rivestimento (m) *o* canale (m) di protezione [della sega a nastro]
cubierta (f) protectora [para la hoja de sierra de cinta]

6

Prellpfosten (m)
post for checking the vibration
poutre (f) de choc *ou* de butée

a

отбойный брусъ (m); ударный брусъ
paracolpo (m)
viga (f) de choque

7

Hobelmesserschutzbügel (m)
guard for planing cutter
tôle (f) protectrice des outils à raboter

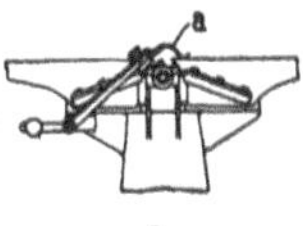

a

предохранительный щитъ (m) надъ строгальнымъ ножомъ
guardia (f) *o* cuffia (f) di protezione per piallatrici
chapa (f) protectora para cuchillas de acepilladora

1 Schutzring (m), Schutzscheibe (f)
safety ring *or* disc for vertical spindle moulding cutter
anneau (m) protecteur, disque (m) protecteur

предохранительный дискъ (m); предохранительное кольцо (n)
anello (m) *o* disco (m) di protezione
disco (m) de protección

---

2 Schutzglocke (f) (für Fräser)
bell shaped safety guard for vertical spindle moulding cutter
cloche (f) protectrice (pour fraises)

предохранительный колоколъ (m) [для фрезъ]
campana (f) di protezione (per fresatrici)
campana (f) de protección (para fresas)

---

3 Schutzkorb (m) (für Fräser, Sägen usw)
wire protection cage (for cutters, saws etc.)
tambour (m) perforé *ou* cage (f) de protection (pour fraises, scies etc)

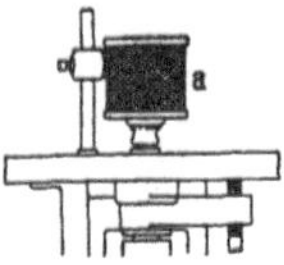

a

предохранительная коробка (f) (для фрезъ, пилъ и. т. д.)
gabbia (f) di protezione (per fresatrice)
tambor (m) protector (para fresas, sierras etc.)

---

4 Schutznetz (n), Fangnetz (n)
protection netting
filet (m) de protection

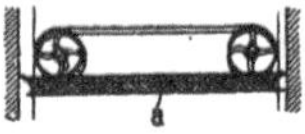

a

предохранительная сѣть (f) *или* сѣтка (f) [подъ ремнемъ]
rete (f) di protezione
red (f) de protección

XXII.

Holzarten
Different Kinds of Timber
Espèces de bois, essences

Древесныя породы
Specie dei legnami
Especies de maderas

Technische Eigenschaften der Hölzer
Commercial Characteristic of Timber
Qualités industrielles des bois

Техническія свойства дерева
Qualità fisiche dei legnami 1
Propiedades técnicas de las maderas

Holz (n)
timber, wood
bois (m)

лѣсной матеріалъ (m); дерево (n); древесина (f) 2
legno (m)
madera (f)

Stamm (m), Holzstamm (m), Baumstamm (m)
trunk *or* stem of a tree
tronc (m) d'arbre

стволъ (m); стволъ дерева
tronco (m), fusto (m) 3
tronco (m)

Holzquerschnitt (m)
cross section of timber
section (f) [transversale] du bois

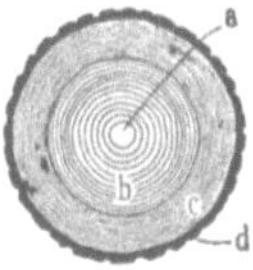

поперечный разрѣзъ (m) дерева
sezione (f) trasversale di un legno 4
sección (f) de la madera

Mark (n)
pith
moëlle (f)

a

сердцевина (f)
midollo (m) 5
medula (f)

Kernholz (n), Kern (m)
heartwood
cœur (m) du bois, bois (m) de cœur

b

ядровая древесина (f); ядро (n)
anima (f), legno (m) del cuore *o* del nocciuolo 6
corazón (m) de la madera

1	Reifholz (n) ripe wood bois (m) de cœur sec		спѣлая древесина (f) legno (m) maturo corazón (m) seco de la madera
2	Splintholz (n), Splint (m) sapwood aubier (m)	c	заболонь (f); оболонь (f) alburno (m), libro (m) albura (f)
3	Rinde (f), Borke (f) bark écorce (f)	d	кора (f) corteccia (f) corteza (f)
4	Ast (m) branch branche (f)		сукъ (m); сучокъ (m) ramo (m) rama (f)
5	Stockstärke (f) diameter at foot diamètre (m) au pied	 a	толщина (f) дерева въ комлѣ; толщина въ нижнемъ отрубѣ diametro (m) al piede diámetro (m) al pie
6	Zopfstärke (f), Gipfelstärke (f) diameter at the top diamètre (m) au sommet	b	толщина (f) въ тонкомъ концѣ; толщина въ верхнемъ отрубѣ diametro (m) al castello diámetro (m) á la cabeza
7	Jahr[es]ring (m), Holzring (m) annual rings couche (f) annuelle	 a	годичное кольцо (n); годичный слой (m) anello (m) annuale, anello (m) del tronco *o* di crescita capa (f) anual
8	Struktur (f) des Holzes structure of the wood structure (f) du bois		строеніе (n) дерева; структура (f) древесины struttura (f) del legname estructura (f) de la madera
9	Holzzelle (f) cell of wood cellule (f) du bois	a 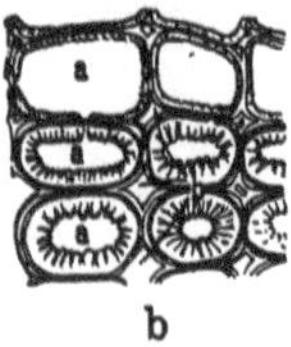	древесная клѣтка (f) cellula (f) del legno célula (f) de madera
10	Holzpore (f), Holzröhre (f) cellular tube pore (m), vaisseau (m)	b	древесныя поры (f pl); сосуды (m pl) древесины poro (m), interstizio (m) tra le cellule del legno poro (m) de madera, vaso (m) de la madera

Harzgalle (f), Harzpore (f)
resinous pore
vaisseau (m) résineux

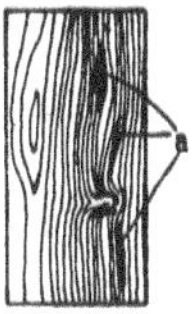

a

смоляной ходъ (m)
poro (m) resinoso
poro (m) lleno de resina 1

Holzfaser (f)
grain *or* fibre of the timber, wood fibre
fibre (f) de bois, fibre (f) ligneuse

древесное волокно (n)
fibra (f) del legno
fibra (f) de madera 2

Faserrichtung (f)
direction of fibre *or* grain
direction (f) des fibres

направленіе (n) волоконъ
direzione (f) delle fibre
dirección (f) de las fibras 3

Faserbündel (n)
mass of fibres *or* grain, bundles of vascular tissue
faisceau (m) de fibres

сосудисто-волокнистый пучокъ (m)
fascio (m) di fibre
haz (f) de fibras 4

---

faseriges Gefüge (n)
grain *or* fibrous layer
texture (f) fibreuse

древесная ткань (f)
struttura (f) fibrosa
textura (f) fibrosa 5

---

feinfaserig (adj)
fine fibrous *or* grained
à fibres fines

съ мелкими волокнами
a fibra corta *o* fina
de fibras finas 6

---

langfaserig (adj)
long fibrous *or* grained
à longues fibres

съ длинными волокнами
a fibra lunga
de fibras largas 7

---

geradfaseriges Holz (n)
straight fibred *or* grained timber
bois (m) à fibres droites

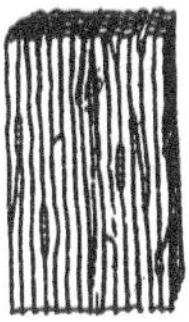

дерево (n) съ прямыми волокнами
legno (m) a fibra diritta *o* longitudinale
madera (f) de fibras derechas 8

---

schlicht gewachsenes Holz (n)
straight grown timber
bois (m) à fibres de croissance droite

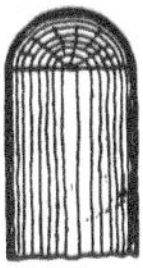

прямослойное дерево (n)
legno (m) di crescita a fibra diritta
madera (f) de fibras regulares 9

---

kraus gewachsenes Holz (n)
wavy grown timber
bois(m) à fibres ondulées

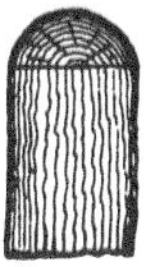

свилеватое дерево (n)
legno (m) di crescita a fibra riccia
madera (f) de fibras sinuosas 10

1 Markstrahl (m), Spiegel [-faser (f)] (m)
medullary ray, transverse septa "silver grain"
rayon (m) médullaire

сердцевинный лучъ (m)
crepa (f) del midollo
radio (m) medular

---

2 Markfleckchen (n)
medullary blemish
tache (f) médullaire

сердцевинное повтореніе (n)
macchia (f) *o* vizio (m) del midollo
mancha (f) medular

---

3 quer auf die Fasern arbeiten (v)
to work across the grain
travailler (v) à contre-fil

рѣзать поперёкъ волоконъ
lavorare (v) contro le fibre
trabajar (v) á través de las fibras, tronzar (v)

---

4 Hirnfläche (f), Hirnholz (n)
cross cut end of timber
bois (m) de bout, surface (f) d'une tranche

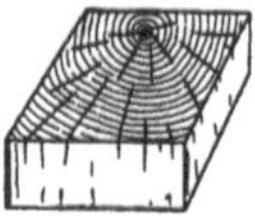

торцёвая поверхность (f); торецъ (m); плоскость (f) поперечнаго сѣченія дерева
intestatura (f)
superficie (f) producida a través de las fibras, madera (f) tronzada

---

5 Arbeit (f) auf Hirnholz
work on the cross cut end of timber
travail (m) d'une surface de bout

работа (f) въ торцѣ
lavoro (m) normale alla fibra
trabajo (m) sobre la corte de la madera tronzada

---

6 Spiegelfläche (f), Spaltfläche (f), Spiegel (m), Radialschnitt (m)
silky surface
surface (f) brillante de bois, surface (f) d'une coupe radiale

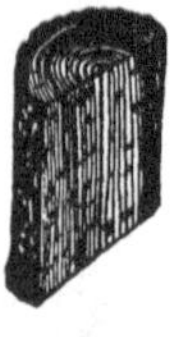

радіальный разрѣзъ (m) дерева; зеркальная поверхность (f) сердцевинныхъ лучей [при радіальномъ расколѣ дерева]
superficie (f) radiale
superficie (f) producida al partir á lo largo de las fibras

---

7 Fladerfläche (f), Tangentialschnitt (m)
tangential surface
surface (f) tangente

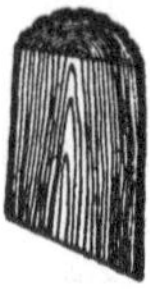

тангентальный разрѣзъ (m)
superficie (f) tangenziale
superficie (f) tangencial

---

8 Wölbfläche (f)
surface in the direction of the grain
surface (f) dans la direction des fibres

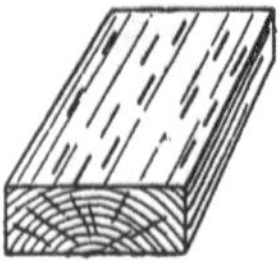

поверхность (f) при тангентальномъ разрѣзѣ
superficie (f) incurvata
superficie (f) á lo largo de las fibras

Flader (m)
vein, raised grain
moucheture (f), veine (f) (du bois)

свиль (f) *или* прожилки (fpl) древесины 1
vena (f)
veta (f)

Maserung (f)
veined wood, raised grain wood
veinure (f), bois (m) veiné *ou* madré

узорчатость (f) древесины; текстура (f) 2
venatura (f)
veteado (m)

Wurzelholz (n)
root timber
bois (m) de racine

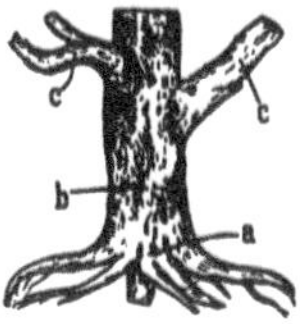

древесина (f) корней
legno (m) di radice, radica (f) 3
madera (f) de la raiz

a

Stockholz (n)
trunk timber
bois (m) du tronc

b

пневой матеріалъ (m)
legno (m) di tronco *o* del corpo 4
madera (f) de tronco

Astholz (n)
branch timber
bois (m) des branches

c

сучья (m pl); сучнякъ (m) 5
legno (m) di ramo
madera (f) de ramas

Krone (f)
crown
couronne (f)

крона (f) дерева
spoglio (m) *o* corona (f) di un albero 6
corona (f)

Baumtrumm (n)
log, tree trunk, bole
tronc (m) d'arbre

бревно (n)
tronco (m), fusto (m) di albero 7
tronco (m) de árbol

Holzscheibe (f)
thin section of a log
tranche (f) de tronc

кружокъ (n), отпиленный отъ ствола
disco (m) di legno 8
disco (m) de madera

Handelsholz (n)
commercial timber
bois (m) du commerce

сортовый лѣсъ (m) на продажу
legno (m) del commercio 9
madera (f) del comercio

Bauholz (n)
construction timber, building timber
bois (m) de construction

строевой лѣсъ (m); строительный лѣсъ (m) 10
legno (m) di costruzione
madera (f) de construcción

1	Rundholz (n) round timber bois (m) rond		круглый лѣсъ (m); круглякъ (m) legno (m) tondo *o* tondone madera (f) redonda
2	Block (m) block bille (f), grume (f)	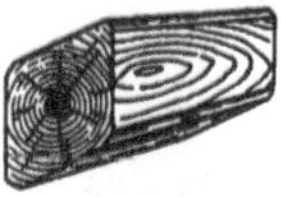	кряжъ (m) tronco (m) *o* fusto (m) lavorato viga (f)
3	Schneideblock (m) block for converting bille (f) à débiter		пильный лѣсъ (m) tronco (m) da tagliare *o* lavorare *o* squadrare viga (f) para sacar tablas
4	Ganzholz (n) whole section *or* log section (f) entière		[цѣлое] бревно (n) tronco (m) intero, tronco (m) greggio tronco (m) de sección entera
5	Halbholz (n) half section, half log demi-bois (m)	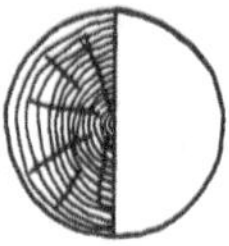	половинникъ (m); плаха (f); пластина (f) tronco (m) dimezzato per il lungo, mezzo-tronco (m) tronco (m) de sección media
6	Kreuzholz (n), Viertelholz (n) quarter section *or* cleft, quartered timber [bois (m) débité en] quart (m) de rond, quartier (m) de tronc	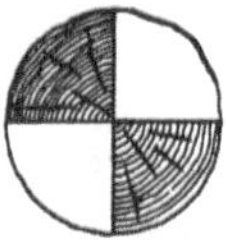	четверть (f) бревна; четвертина (f) tronco (m) tagliato in quattro per il lungo, quarto (m) di tronco madera (f) de tronco partido en cuartos
7	Sechstelholz (n), Stollenholz (n) log in six sections [bois (m) débité en] sixième (m) de rond	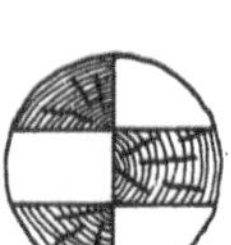	штольный лѣсъ (m); обаполъ (m); часть (f) ствола, получаемая при продольной раздѣлкѣ его на шесть частей tronco (m) tagliato in sei per il lungo, sesto (m) di tronco madera (f) de tronco partido in seis partes
8	Langnutzholz (n), Langholz (n) long spars *or* beams poutre (f) [carrée *ou* ronde], tronc (m) équarri		длинномѣрный лѣсъ (m); строевой *или* подѣлочный лѣсъ trave (f) vigas (f) largas [de sección cuadrada *ó* rectangular *ó* redonda]
9	Derbholz (n) close grained wood bois (m) compact		матёрая древесина (f); матёрый лѣсъ (m) tronco (m) grosso, somero (m) madera (f) compacta

Knüppelholz (n) faggot wood rondin (m)		угольникъ (m); тонкій [до 1½ вершковъ] дровяной матеріалъ (m) изъ сучьевъ tronco (m) sottile, terzera (f), bordonale (m) madera (f) de rollo, leño (m)	1
Scheitholz (n) billet wood, split log bûche (f)	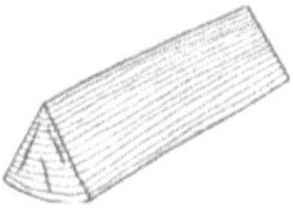	колотое полѣно (n); плашникъ (m) legno (m) spaccato madera (f) cortada en forma de cuña, leño (m)	2
Schichtholz (n) heap *or* bundle of logs bûches (f pl) en tas	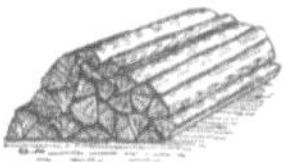	лѣсъ (m), отпускаемый полѣнницами *или* складочною мѣрою legno (m) accatastato leño (m) colocado en capas	3
Festmeter (n), fm timber testing apparatus mètre (m) cube théorique		кубическій метръ (m) плотной древесины безъ промежутковъ misuratura (f) a corpo metro (m) cúbico teórico	4
Raummeter (n), rm cubature measure stère (m)		кубическій метръ (m) складочной мѣры (т. е. считая и промежутки между полѣньями) cubatura (f) estéreo (m)	5
vorgeschnittenes Holz (n) roughly sawn timber bois (m) scie	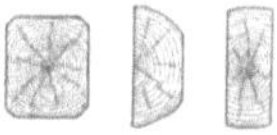	грубо-опиленный лѣсъ (m) legno (m) tagliato greggio madera (f) aserrada	6
Schnittholz (n), geschnittenes Holz (n) converted timber bois (m) débité	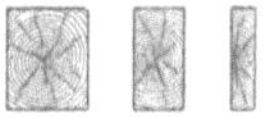	пиленый матеріалъ (m) legno (m) squadrato *od* a quattro fili madera (f) cortada	7
Kantholz (n) scantling, rectangular timber bois (m) équarri		брусъ (m); брусковый матеріалъ (m) trave (f) squadrata madera (f) escuadrada	8
scharfkantig (adj) sharp edged (adj) à angle vif		острокантный; шарфкантный acutangolo (agg) de ángulo agudo	9
baumkantig (adj) dull edged, rough edged à arêtes arrondies	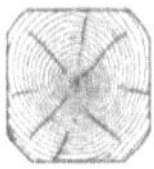	обзольный; съ обзой; съ обливиной arrotondato (agg) de aristas redondas	10

1	Pfosten (m) scantling poteau (m), poutre (f)		брусъ (m); пластина (f); толстая доска (f) travetto (m) vigueta (f) de madera, pie (m) derecho
2	Holzbalken (m) wood beam poutre (f) en bois		деревянная балка (f) trave (f) in legno viga (f) de madera
3	Breitschnittholz (n) broad timbers poutre (f) *ou* madrier (m) rectangulaire (plus haut que large)	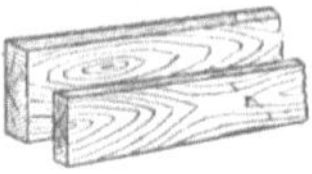	широкія доски (f pl) trave (f) a sezione rettangolare, smezzola (f) viga (f) de sección rectangular
4	Planke (f) plank planche (f) épaisse		планка (f); толстая доска (f) tavolone (m) tabla (f) gruesa
5	Bohle (f) thick plank madrier (m)		пластина (f); толстая доска (f) tavola (f) plancha (f), madero (m)
6	Brett (n) board planche (f)		доска (f) assicella (f) tabla (f)
7	Diele (f) deal madrier (m) de plancher	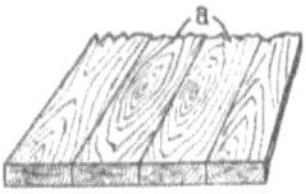 a	половица (f); половая доска (f) listone (m) tabla (f) de entarimado
8	Latte (f) lath latte (f)		брусокъ (m); рѣшетникъ (m); рейка (f) travetto (m), corrente (m), bordonale (m) lata (f)
9	Holzstange (f) wood strip tige (f) de bois		жердь (f); шесть (m) travicello (m) palo (m) de madera, listón (m)
10	Bretterlager (n) timber store magasin (m) *ou* dépôt (m) de planches	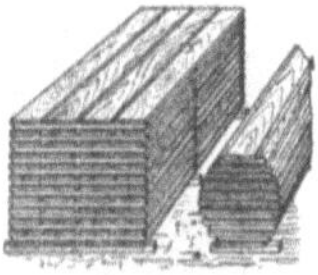	складъ (m) досокъ deposito (m) di legname depósito (m) de tablas
11	Bretterstoß (m) stack of boards tas (m) de planches, planches (f pl) en tas	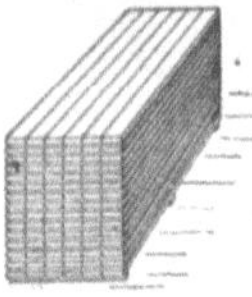	штабель (m) досокъ; штабель (m) catasta (f) di legname pila (f) de tablas

Holzplatte (f) wooden slab plaque (f) de bois	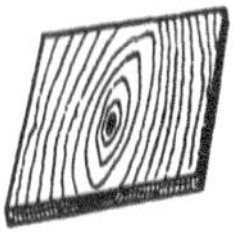	пластина (f) tavoletta (f) di legno placa (f) de madera	1
Furnier (n), Span (m) veneer feuille (f) de placage		фанера (f) impellicciatura (f) chapa (f) de madera	2
Borkware (f) bark ware écorces (f pl) du commerce		корьё (n); коровой товаръ (m) legname (m) greggio, tronco (m) con corteccia mercancía (f) de corteza	3
abschwarten (v) slabbing, dressing off the bark enlever (v) l'écorce		обтёсывать; снимать горбыли squadrare (v), tagliare (v) la corteccia descortezar (v)	4
Schwarte (f) bark écorce (f)	a	горбина (f); горбыль (m) corteccia (f), scorza (f) corteza (f), costera (f) (de un madero aserrado)	5
Brennholz (n) firewood bois (m) de chauffage		дрова (n pl) legna (f pl) da fuoco *o* da ardere, legna (f pl) madera (f) de combustión, leña (f)	6
Bündelholz (n) bundle of wood [bois (m) de] fagot (m)		вязанка (f) дровъ fascio (m) di legna, fascina (f) madera (f) de haz	7
Reisig (n) brushwood ramée (f), branchage (m)		хворостъ (m); сучья (m pl) rami (m pl) ramaje (m) seco	8
Holzabfall (m) waste wood déchet (m) de bois		щепа (f); отёски (m pl); отбросъ (m) rifiuto (m), scarto (m) residuos (m) de madera	9
Sägespäne (m pl) sawdust sciure (f) de bois		опилки (m pl) segatura (f) serrín (m)	10
Holzstaub (m) wood powder poussière (f) de bois, farine (f) de bois		древесная пыль (f) polvere (f) di legno polvo (m) de madera	11

1 Holzschliff (m)
wood cuttings *or* shavings
pâte (f) de bois

древесная механическая масса (f)
legno (m) polverizzato
pasta (f) de residuos de madera

---

2 Rute (f)
thin bough *or* stick
verge (f)

прутъ (m)
bacchetta (f), verga (f)
verga (f)

---

3 Rohr (n)
tube, bamboo
roseau (m), jonc (m), canne (f), bambou (m)

трубка (f)
legno (m) cavo, canna (f)
tubo (m), caña (f)

---

4 Stroh (n)
straw
paille (f)

солома (f)
paglia (f)
paja (f)

---

5 Holzwolle (f)
wood wool
laine (f) de bois

древесная шерсть (f)
lana (f) di legno
lana (f) de madera

---

6 Holzwoll[e]faden (m)
thread of wood wool
filament (m) de laine de bois

нить (f) древесной шерсти
pelo (m) di legno
hilo (m) de lana de madera

---

7 Holzgüte (f)
quality of wood
qualité (f) du bois

качество (n) лѣса
qualità (f) del legno
cualidad (f) de la madera

---

8 Kronholz (n)
crown wood
bois (m) de première qualité

лучшій строевой лѣсъ (m)
legname (m) di grosse misure *o* di prima scelta
madera (f) de excelente cualidad

---

9 astfreies Holz (n)
branchless stem
essence (f) sans branche, bois (m) sans nœuds

лѣсъ (m) безъ сучьевъ
tronco (m) liscio *o* senza rami, legname (m) senza nodi
madera (f) libre de nudos

astreiches *oder* ästiges Holz (n)
branchy stem
bois (m) noueux

сучковатый лѣсъ (m)
tronco (m) con rami *o* con nodi, legname (m) con nodi
madera (f) nudosa, madera (f) con abundantes ranuras *ó* nudos 1

Holzalter (n)
age of wood
âge (m) du bois

возрастъ (m) дерева *или* лѣса 2
età (f) del legno
edad (f) de la madera

Holzfällung (f)
tree felling
abatage (m) du bois

рубка (f) лѣса
taglio (m) del legno, disboscamento (m) 3
tala (f) *ó* corta (f) de árboles, desmonte (m)

---

elastisches Holz (n)
springy *or* elastic wood
bois (m) souple

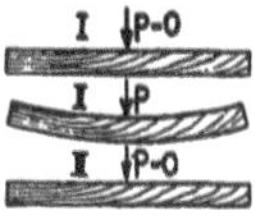

гибкое дерево (n)
legno (m) elastico 4
madera (f) elástica

Biegsamkeit (f)
flexibility
souplesse (f) du bois

гибкость (f)
flessibilità (f) 5
elasticidad (f) de la madera

---

zähes Holz (n)
tough wood
bois (m) raide

вязкое дерево (n)
legno (m) tenace 6
madera (f) tenaz

Zähigkeit (f)
toughness
tenacité (f), raideur (f)

вязкость (f)
tenacità (f) del legno 7
tenacidad (f)

Brackholz (n), brauschea *oder* sprockes *oder* abgestandenes Holz (n), brüchiges Holz (n)
decayed *or* perished wood
bois (m) de rebut, bois (m) fendillé

бракъ (m); непрочное *или* ломкое дерево (n)
legno (m) fragile *o* fradicio 8
madera (f) quebradiza *ó* pasada

Spaltbarkeit (f)
splitting property *or* capability
propriété (f) de pouvoir être fendu

колкость (f); расколимость (f); способность (f) раскалываться
facilità (f) ad essere spaccato 9
propiedad (f) de poder ser partida

Spaltung (f)
splitting, cleaving
fendage (m)

колка (f); раскалывание (n)
spaccatura (f) 10
cortadura (f), separación (f)

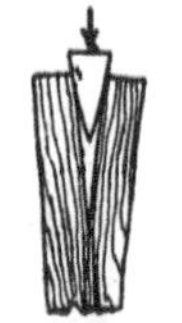

1 leichtspaltig (adj), gutspaltig (adj)
easily split (adj)
facile (adj) à fendre
легко раскалывающійся; хорошо раскалывающійся
facile (agg) a spaccare
fácil (adj) de partir

2 schwerspaltig (adj)
difficult (adj) to split
difficile (adj) à fendre
трудно раскалывающійся
difficile (agg) a spaccare
difícil (adj) de partir

3 unspaltig (adj)
impossible (adj) to split
impossible (adj) à fendre, de fendage impossible
нераскалывающійся
non spaccabile (agg)
imposible (adj) de partir

---

4 Holzhärte (f)
hardness of wood
dureté (f) du bois
твёрдость (f) дерева
durezza (f) del legno
dureza (f) de la madera

---

5 Hartholz (n), hartes Holz (n)
hard wood
bois (m) dur
твёрдое дерево (n)
legno (m) duro
madera (f) dura

---

6 weiches Holz (n)
soft wood
bois (m) tendre
мягкое дерево (n)
legno (m) tenero
madera (f) blanda

---

7 [saft]frisches Holz (n), grünes Holz (n)
green wood
bois (m) vert
свѣжее дерево (n); свѣже-срубленное дерево
legno (m) verde *o* non stagionato
madera (f) verde

---

8 Saftgehalt (m)
sappiness
teneur (f) en sève
содержаніе (n) соковъ; количество (n) соковъ
tenore (m) dell'umore
contenido (m) de savia

---

9 Feuchtigkeitsgrad (m)
degree of humidity
degré (m) d'humidité
степень (f) влажности
grado (m) di umidità
grado (m) de humedad

---

10 langsames Austrocknen (n) eines Stammes
long period seasoning *or* drying of a log
saisonnage (m) *ou* séchage (m) lent d'un tronc
продолжительное высушиваніе (n) ствола; медленная просушка (f) ствола
essiccamento (m) lento *o* stagionatura (f) lenta del tronco
secado (m) lento de un tronco

[schraubenförmiges] Berappeln (n)
spiral peeling of the bark
décortication (f) en spirale

винторѣзное снятіе (n) коры
scortecciatura (f) a spirale 1
descortezadura (f) en espiral

---

trock[e]nes Holz (n)
seasoned *or* dried wood
bois (m) sec

сухое дерево (n); высушенное дерево
legno (m) secco *o* stagionato 2
madera (f) seca

---

waldtrocknes Holz (n)
wood dried in the forest
bois (m) séché en forêt

высушенное въ лѣсу дерево (n)
legno (m) stagionato nel bosco 3
madera (f) secada en el bosque

---

lufttrocknes Holz (n)
air dried wood
bois (m) séché à l'air

воздушно сухое дерево (n)
legno (m) stagionato all'aria 4
madera (f) secada al aire

---

gedörrtes Holz (n)
dessicated wood
bois (m) très sec *ou* desséché

искусственно высушенный лѣсъ (m); искусственно высушенное дерево (n) 5
legno (m) disseccato
madera (f) resecada

Dörren (n) des Holzes
dessicating of wood
séchage (m) du bois

искусственная сушка (f) лѣса *или* дерева
disseccamento (m) *o* essiccamento (m) del legno 6
resecado (m) de la madera

Nachdunkeln (n) des Holzes
turning dark of the wood
rembrunissement (m) du bois (en vieillissant)

потемнѣніе (n) дерева
abbrunimento (m) del legname 7
el oscurecer de la madera

Grüngewicht (n)
weight of green wood
poids (m) du bois vert

вѣсъ (m) свѣже-срубленнаго дерева
peso (m) del legname verde 8
peso (m) de la madera verde

Trockengewicht (n)
weight of dry wood
poids (m) à [l'état] sec

вѣсъ (m) сухого дерева
peso (m) del legname stagionato 9
peso (m) de la madera seca

Lufttrockengewicht (n)
weight of air dried wood
poids (m) du bois séché à l'air

вѣсъ (m) воздушно-сухого дерева
peso (m) del legno stagionato all'aria 10
peso (m) de la madera secada al aire

1	Dürrgewicht (n) weight of dessicated wood poids (m) du bois desséché		вѣсъ (m) искусственно высушеннаго дерева peso (m) del legno disseccato peso (m) de la madera resecada
2	schweres Holz (n) heavy wood bois (m) lourd		тяжёлое дерево (n) legno (m) pesante madera (f) pesada
3	leichtes Holz (n) light wood bois (m) léger		лёгкое дерево (n) legno (m) leggiero madera (f) lijera
4	loses (poröses) Holz (n) porous wood bois (m) poreux		пористое дерево (n) legno (m) poroso madera (f) esponjosa
5	Quellen (n) des Holzes swelling of wood gonflement (m) du bois		разбуханіе (n) дерева gonfiamento (m) del legno el esponjarse de la madera
6	quellen (v) to swell gonfler (v)		разбухать gonfiarsi (v) esponjarse (v)
7	Schwinden (n) des Holzes shrinkage of wood retrait (m) du bois		усыханіе (n) дерева restringimento (m) del legno consunción (f) de la madera, disminución (f) de volumen de la madera
8	schwinden (v) to shrink se contracter (v)		ссыхаться; усыхать restringersi (v) contraerse (v)
9	Schwindmaß (n) extent of shrinkage grandeur (f) du retrait		надбавка (f) на усушку; величина (f) усушки misura (f) del restringimento medida (f) de la disminución
10	Arbeiten (n) des Holzes wood working travail (m) du bois		явленіе (n) усыханія и разбуханія древесины dilatazione (f) e restringimento (m) del legno trabajo (m) de la madera
11	Werfen (n), Ziehen (n), Krümmen (n) (des Holzes) warping of wood déjettement (m) du bois		коробленіе (n); стягиваніе (n); искривленіе (n) [дерева] imbarcatura (f) el arquearse ó el contraerse de la madera
12	sich werfen (v) to warp se déjeter (v)		коробиться; стягиваться; искривляться imbarcarsi (v) contraerse (v), torcerse (v)

Längskrümmung (f)
longitudinal warping
courbure (f) longitudinale *ou* dans le sens de la longueur

a

продольное коробленіе (n)
imbarcatura (f) per il lungo
el arquearse en sentido longitudinal 1

Breitenkrümmung (f)
transverse warping
courbure (f) transversale

поперечное коробленіе (n)
imbarcatura (f) di traverso
el arquearse en sentido transversal 2

---

windschief werden (v)
to become twisted
se déjeter (v) par l'action du vent

коробиться [по винтовой поверхности]
storcersi (v), imbarcarsi (v)
torcerse (v) en todas direcciones 3

Reißen (n) (des Holzes)
cracking *or* splitting of the wood
gercement (m) *ou* déchirement (m) du bois

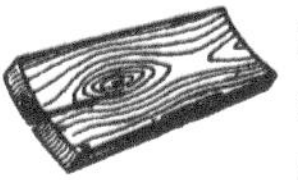

растрескиваніе (n) дерева
screpolatura (f), spaccatura (f)
el rajarse de la madera 4

---

reißen (v)
to crack, to split
se crevasser (v)

трескаться; давать трещины
screpolarsi (v), spaccarsi (v)
rajarse (v) 5

Trockenspalten (n) des Holzes
splitting during drying
formation (f) de fentes de sécheresse *ou* de gerces dans le bois

трещина (f) въ деревѣ отъ высыханія
screpolatura (f) di stagionatura
el agrietarse en seco de la madera 6

Holzfehler (m)
flaw *or* defect in wood
défaut (m) du bois

порóкъ (m) дерева
difetto (m) *o* imperfezione (f) del legno
faltas (f pl) de la madera 7

Holzkrankheit (f)
disease of wood *or* trees
maladie (f) du bois

болѣзнь (f) дерева
malattia (f) del legno
enfermedad (f) de la madera 8

---

krummgewachsenes Holz (n)
crooked grown tree
arbre (m) déjeté *ou* contourné

кривоствольное дерево (n)
fusto (m) storto di legno
árbol (m) torcido 9

1	wimmeriger Wuchs (m), Wellenfaserigkeit (f) wavy fibred growth croissance (f) ondulée, ondulation (f) des fibres	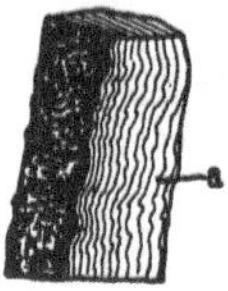	свилеватый ростъ (m); свилеватость (f) crescita (f) a fibre ondulate, ondulazione (f) delle fibre crecimiento (m) ondulado de las fibras
2	wellenförmige Faser (f) wavy fibre fibre (f) ondulée	a	свилеватое волокно (n) fibra (f) ondulata fibra (f) ondulada
3	Drehwuchs (m), Drehwüchsigkeit (f) twisted growth contournement (m) en spirale, croissance (f) en spirale		косослой (m); косослойность (f) crescita (f) contorta crecimiento (m) en espiral
4	Strauchwuchs (m), Kollerwuchs (m) stunted growth tronc (m) *ou* arbre (m) rabougri		ростъ (m) кустарникомъ crescita (f) rattrappita *o* stentata árbol (m) achaparrado
5	Maserwuchs (m) veined growth croissance (f) d'un arbre veiné		свилеватый наростъ (m); капъ (m); свиль (f) crescita (f) a fibre contorte crecimiento (m) de un árbol de madera veteada
6	maseriges Holz (n) veined *or* raised grain wood bois (m) veiné		свилеватое дерево (n) legno (m) a fibre contorte madera (f) con vetas
7	Außenriß (m) external crack fente (f) extérieure, gerce (f)		наружная трещина (f) screpolatura (f) esterna raja (f) *o* grieta (f) exterior
8	Strahlenriß (m) star shake fente (f) étoilée		радiальная трещина (f); древесная трещина вѣтровица (f); вѣтренница (f); роззыбь (f) screpolatura (f) a raggiera, screpolatura (f) a stella raja (f) radial
9	Waldriß (m), Luftriß (m), Sonnenriß (m) natural crack crevasse (f) due aux agents atmosphériques		трещина (f), образовавшаяся при паденiи ствола screpolatura (f) naturale raja (f) natural

Innenriß (m)
internal shake
crevasse (f) intérieure

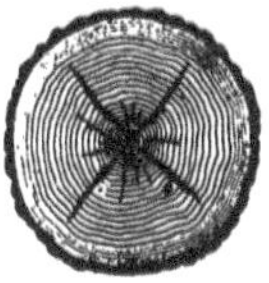

внутренняя трещина
(f); [фиг.:] трещина
отъ усыханія 1
screpolatura (f) interna
raja (f) interior

Kernriß (m)
heart shake
crevasse (f) dans le cœur

сердцевинная трещина
(f); метикъ (m) 2
screpolatura (f) centrale
raja (f) central

Frostriß (m)
frost shake
gélivure (f)

морозобоина (f); морозная трещина (f)
screpolatura (f) dovuta 3
al gelo
heladura (f)

Frostleiste (f)
bark affected by action of frost
gonflement (m) cortical dû à la gelée

морозобоиный хребетъ
(m); валикообразный
наростъ (m) на морозобоинѣ; валикъ (m) 4
fenditura (f) longitudinale dovuta al freddo
marca (f) de heladura en el exterior

Kappenriß (m)
cup and star shaked
crevasse (f) due au fendage

заросшая трещина (f)
screpolatura (f) dovuta al caldo *od* al freddo,
colpo (m) di sole *o* di 5
freddo
raja (f) debida á la corta ó al hendimiento

Ringschäle (f), Kernschäle (f)
internal annular shake
roulure (f)

отлупъ (m)
cipollatura (f) 6
rolura (f)

Ringkluft (f)
cup shake
crevasse (f) annulaire

a

трещина (f) между годичными кольцами
screpolatura (f) dovuta 7
alla cipollatura, cipollatura (f)
raja (f) circular

Mondring (m)
halo, blown, false sap
lunure (f)

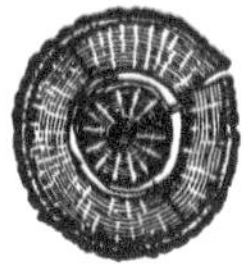

двойная заболонь (f)
lunatura (f), lunura (f) 8
anillo (m) lunar

No.			
1	Spiegelkluft (f) clean split fissure (f) dans le sens des fibres	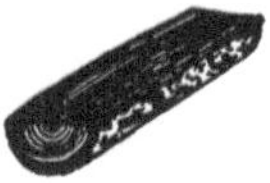	трещина (f) по радіальному разрѣзу fenditura (f) raja (f) longitudinal
2	Fäulnis (f) rot pourriture (f)		гниль (f); ситовина (f) putrefazione (f), infracidamento (m) carcoma (f)
3	Rotfäule (f) red rot pourriture (f) du cœur		красная гниль (f); краснуха (f); [Сѣв. губ.:] сояна (f) putrefazione (f) rossa carcoma (f) roja
4	rotfaul (adj) red rotted (adj) pourri (adj) au cœur		поражённый красной гнилью putrefatto (agg) e colorato (agg) in rosso carcomido (adj) en el corazón
5	Weißfäule (f) white rot pourriture (f) sous l'écorce		бѣлая гниль (f) putrefazione (f) bianca carcoma (f) blanca
6	weißfaul (adj) white rotted (adj) pourri (adj) sous l'écorce		поражённый бѣлой гнилью putrefatto (agg) e colorato (agg) in bianco carcomido (adj) en la circunferencia
7	Grünfäule (f) green rot pezize (f), putréfaction (f) due à la pezize	Peziza acruginosa	зелёная гниль (f) putrefazione (f) verde putrefacción (f) debida à la »pezize«
8	Trockenfäule (f) dry rot putréfaction (f) sèche		сухая гниль (f); [Сѣв. губ.:] сушина (f); [Костр. губ.:] сухопечень (f) putrefazione (f) secca putrefacción (f) seca
9	Naßfäule (f) wet rot putréfaction (f) humide		мокрая гниль (f); [Сѣв. губ:] мокрослой (m) putrefazione (f) umida putrefacción (f) húmeda
10	Rotstreifigkeit (f) red stripiness bandes (f pl) de pourriture rouges		красныя полосы (f pl) striatura (f) a righe rosse tiras (f pl) rojas de putrefacción
11	Weißstreifigkeit (f) white stripiness bandes (f pl) de pourriture		гниль (f) полосами *или* поясьями striatura (f) a righe bianche tiras (f pl) de carcoma
12	Spreufleckigkeit (f) doatiness taches (f pl) pailletées		пёстрая *или* куропаточная *или* зебровая гниль (f) punteggiatura (f) manchas (f pl) punteadas

spreufleckig (adj)
doated (adj)
pailleté (adj)

поражённый пёстрой гнилью
punteggiato (agg), macchiettato (agg) 1
punteado (adj)

Kernfäule (f)
heart wood rot
pourriture (f) du cœur

сердцевинная гниль (f)
putrefazione (f) dell'anima 2
carcoma (f) del corazón

Splintfäule (f)
sapwood rot
pourriture (f) de l'aubier

заболонная гниль (f); заболонокъ (m)
putrefazione (f) dell'alburno 3
carcoma (f) de la albura

Astfäule (f)
branch rot
pourriture (f) des branches

гниль (f), начавшаяся отъ сука 4
putrefazione (f) dei rami
carcoma (f) de las ramas

Stockfäule (f)
trunk rot
pourriture (f) complète

стволовая гниль (f)
putrefazione (f) del tronco 5
carcoma (f) de todo el tronco

Wurzelfäule (f)
root decay *or* rot
pourriture (f) des racines

напённая *или* корневая гниль (f); напёнышъ (m); муравей (m); подмуравокъ (m) 6
putrefazione (f) delle radici
carcoma (f) de las raices

Astknoten (m)
branch knot
nœud (m) à la naissance de la branche

сучковатость (f)
nodo (m) [di ramo] 7
nudo (m) de las ramas

Holzkropf (m)
tree wart, rind gall
excroissance (f) du tronc

наплывъ (m) на стволѣ
escrescenza (f) del tronco 8
nudo (m) vicioso

Holzkrebs (m)
cankerous growth
tuméfaction (f) de l'écorce

ракъ (m) дерева
cancredine (f) del legno 9
cancer (m) de la madera

1	echter Holzschwamm (m), echter Hausschwamm (m) wood fungus, fungous growth champignon (m) du bois	Merulius lacrymans	домовой грибъ (m); домовая губка (f); домашній *или* древесный *или* половой грибъ; ноздревикъ (m)-разрушитель (m) fungo (m) vero del legno, fungosità (f) vera del legno champiñon (m) de madera
2	unechter *oder* weißer Holzschwamm (m) *oder* Hausschwamm (m) white wood fungus polypore (m) des conifères, champignon (m) vivant sur les conifères	Polyporus vaporarius	трутовикъ (m), съ растилающимся плодовымъ тѣломъ, состоящимъ изъ большихъ, бѣлыхъ, угловатыхъ трубочекъ fungo (m) falso del legno hongo (m) que vive sobre los coníferos
3	**Wichtige Nutzhölzer** **Important Woods of Commerce** **Bois de construction**		**Важнѣйшій подѣлочный лѣсъ** **Principali legnami utilizzabili** **Especies importantes de maderas de labrar**
4	Splint[holz]baum (m) sapwood (tree) arbre (m) de bois d'aubier		безъядровое дерево (n) albero (m) *od* alburno (m) utilizzabile árbol (m) de albura
5	Reifholzbaum (m) heartwood (tree) arbre (m) de bois complètement utilisable		спѣлое дерево (n) tronco (m) completamente utilizzabile árbol (m) de madera utilizable
6	Kern[holz]baum (m) heartwood (tree) arbre (m) de bois de cœur		сѣмянное дерево (n) albero (m) ad anima utilizzabile con poco alburno árbol (m) de madera de corazón
7	Schiffbauholz (n) timber for shipbuilding bois (m) de construction navale, bois (m) de marine		корабельный лѣсъ (m) legno (m) per costruzioni navali madera (f) para construcción de buques
8	Tropenholz (n) tropical wood bois (m) des tropiques		тропическій лѣсъ (m) legno (m) tropicale madera (f) tropical
9	Eibe (f), Ibenbaum (m), Taxus (m) yew if (m) commun	Taxus baccata	тиссъ (m); тисовое дерево (n) tasso (m), albero (m) della morte tejo (m) común

Tanne (f), Weißtanne (f), Edeltanne (f) fir sapin (m) argenté *ou* commun	Abies pectinata	европейская пихта (f) abete (m), pino (m) bianco, abete (m) maschio, avellino (m) abeto (m), abeto (m) albar *ó* común	1
Balsamtanne (f) balsam fir sapin (m), baumier (m),	Abies balsamea	бальзамическая пихта (f) abete (m) resinoso abeto (m) balsámico	2
Fichte (f), Rottanne (f), Pechtanne (f) pine, common spruce epicea (m), sapin (m) du nord	Picea excelsa (Abies excelsa, Pinus abies, Pinus excelsa)	ель (f); обыкновенная *или* европейская ель; елина (f); ялина (f) abete (m) di Germania *o* di Moscovia, abete (m) rosso, pezzo (m) abeto (m) de Noruega	3
Douglastanne (f) Douglas spruce, red fir Pseudotsuga (f) de Douglas, sapin (m) de Californie *ou* du Mexique	Pseudotsuga Douglasii, Pseudotsuga mucronata	дугглассовая пихта (f) abete (m) di Douglas abeto (m) de California	4
[gemeine] Kiefer (f), Föhre (f) red fir, Scotch pine, deal pin (m) sylvestre, sapin (m) rouge	Pinus silvestris	сосна (f) pino (m) comune, pino (m) delle Alpi, pino (m) di Scozia pino (m) silvestre	5
Bergkiefer (f), Krummholzkiefer (f), Legföhre (f) mountain pine pin (m) de montagne, pin (m) de Briançon	Pinus montana	горная сосна (f) pino (m) di monte, pino (m) montano pino (m) de montaña	6
Schwarzkiefer (f), Schwarzföhre (f) black pine pin (m) de Corse	Pinus laricio	австрійская *или* чёрная сосна (f); крымская сосна pino (m) di Corsica, pino (m) larice pino (m) de Córcega	7
Strandkiefer (f), Seekiefer (f) Seeföhre (f), Igelföhre (f), Sternkiefer (f) cluster pine, pinaster pin (m) maritime *ou* des landes	Pinus pinaster	приморская сосна (f) pino (m) marino, pino (m) selvatico pino (m) maritimo	8
Weymouthkiefer (f) white pine, Weymouth pine, American yellow pine pin (m) Weymouth (pin blanc canadien)	Pinus strobus	веймутова сосна (f) pino (m) bianco americano, pino (m) Weymouth pino (m) Weymouth	9
Zirbelkiefer (f), Arve (f) cembra pine, stone pine pin (m) cembre, pin (m) alviés, arve (m)	Pinus cembra	сибирскій кедръ (m); кедровый сланикъ (m) *или* сланецъ (m) pino (m) cirmo, pino (m) cimbro pino-cembro (m), cembro (m)	10

1	amerikanische Terpentinkiefer (f), Pitchpine long leaved pine, Georgia pine, southern pine, pitch pine pitch pine (m)	Pinus palustris	бѣлая американская сосна (f); пичь-пайнъ (m) pitchpino (m) pitchpine (m)
2	Lärche (f) larch mélèze (m) d'Europe	Larix europaea	европейская лиственница (f) larice (m), larice (m) d'Europa alerce (m), pino (m) alerce
3	echte Zeder (f) cedar cèdre (m)	Pinus cedrus, Cedrus Libani	настоящій кедръ (m) cedro (m), cedro (m) del Libano cedro (m) legitimo
4	Mammutbaum (m), Wellingtonie (f) giant redwood, Wellingtonia Sequoia (m), wellingtonie (f), arbre (m) mammouth	Sequoia gigantea, Wellingtonia gigantea	веллингтонія (f) vellingtonia (f), pino (m) rosso d'America árbol (m) Wellington gigantesco
5	[echte] Zypresse (f) cypress cyprès (m) commun	Cupressus sempervirens	[настоящій] кипарисъ (m) cipresso (m) comune, cipresso (m) semprevivo ciprés (m) común
6	Sumpfzypresse (f) bald cypress, deciduous cypress cyprès (m) chauve	Taxodium distichum	болотный *или* виргинскій *или* черный кипарисъ (m) cipresso (m) di palude cipresso (m) americano, ciprés (m) calvo
7	Wachholder (m) juniper genévrier (m) commun	Juniperus communis	обыкновенный можжевельникъ (m) ginepro (m) comune enebro (m)
8	Sadebaum (m), Sevenbaum (m), Sepenbaum (m) shrubby red cedar, rock cedar genévrier (m) savinier	Juniperus sabina	казацкій можжевельникъ (m) sabina (f) enebro (m) sabina
9	falsches Zedernholz (n), Bleistiftholz (n) pencil cedar, Virginian juniper, red cedar genévrier (m) de Virginie	Juniperus Virginiana	виргинскій можжевельникъ (m); карандашное дерево (n) ginepro (m) della Virginia enebro (m) de Virginia
10	Kokospalmenholz (n) cocos wood, cocoa nut palm bois (m) de cocotier	Cocos nucifera	кокосовая пальма (f) legno (m) di cocco madera (f) de cocotero
11	Weide (f) willow saule (m)	Salix	ива (f); верба (f) salice (m), salcio (m) sauce (m)

Silberweide (f), Weißweide (f) white willow saule (m) blanc	Salix alba	серебристая ива (f) salice (m) bianco, salice (m) da pertiche sauce (m) blanco	*1*
Korbweide (f), Hanfweide (f), Flechtweide (f) water willow, osier osier (m) blanc	Salix viminalis	бѣлоталъ (m) vimine (m), vetrice (f), vinco (m), brillo (m) sauce (m) de mimbre	*2*
kaspische Weide (f) Caspian willow saule (m) caspien	Salix pruinosa	каспійская ива (f); тальникъ (m) salice (m) del Mar Caspio sauce (m) cáspico	*3*
Salweide (f), Sale (f) sallow willow saule (m) masault, caprée (f)	Salix caprea	козья ива (f); бредина (f) salcio (m) *o* salice (m) selvatico, salica (f) sauce (m) del género caprea	*4*
Espe (f), Aspe (f), Zitterpappel (f) aspen, quaking aspen peuplier (m) tremble	Populus tremula	осина (f) pioppo (m) montano *o* tremolo, alberella (f) álamo (m) temblón	*5*
Silberpappel (f) silver poplar peuplier (m) blanc *ou* de Hollande	Populus alba	бѣлый *или* серебристый тополь (m) pioppo (m) bianco *o* comune, gattice (m) álamo (m) blanco	*6*
Schwarzpappel (f) black poplar peuplier (m) noir *ou* commun	Populus nigra	чёрный тополь (m); осокорь (f) pioppo (m) nero, albero (m) álamo (m) negro *ó* común	*7*
kanadische Pappel (f) Canadian poplar, cottonwood peuplier (m) du Canada, peuplier (m) de la Caroline	Populus canadensis, Populus monilifera	канадскій тополь (m) pioppo (m) del Canadà, pioppo (m) americano álamo (m) del Canadá	*8*
Pyramidenpappel (f), italienische Pappel (f) Italian poplar peuplier (m) pyramidal, peuplier (m) d'Italie	Populus nigra L. var. italica, Populus pyramidalis	пирамидальный тополь (m) pioppo (m) cipressino álamo (m) de Italia	*9*
Schwarzerle (f), Roterle (f), klebrige Erle (f), Eller (f) alder aune (m), verne (m)	Alnus glutinosa	чёрная ольха (f) ontano (m) comune, alno (m) aliso (m)	*10*
Weißerle (f), Grauerle (f), nordische Erle (f) white alder, northern alder aune (m) à feuilles aigues	Alnus incana	бѣлая ольха (f) ontano (m) bianco aliso (m) de hojas agudas	*11*

1	gemeine Birke (f), Weißbirke (f) common birch bouleau (m) commun	Betula verrucosa	берёза (f) betulla (f) comune, betulla (f), bidollo (m) abedul (m) común
2	gemeine Haselnuß (f) common hazel noisetier (m) commun, coudrier (m)	Corylus avellana	обыкновенный орѣшникъ (m) avellano (m), nocciuòlo (m), nocciòlo (m) avellano (m) común
3	Hainbuche (f), Weißbuche (f), Hagebuche (f), Hornbaum (m) hornbeam charme (m) commun	Carpinus betulus	грабъ (m) carpino (m) comune, carpino (m) bianco ojaranzo (m)
4	Rotbuche (f), gemeine Buche (f) beech hêtre (m) commun	Fagus silvatica	букъ (m) faggio (m) comune, faggio (m) rosso haya (f) común
5	Edelkastanie (f), echte Kastanie (f) chestnut châtaignier (m) commun	Castanea vesca	каштанъ (m) castagno (m) fruttifero, castagno (m) castaño (m) común
6	Stieleiche (f), Sommereiche (f), Früheiche (f) oak (pedunculata) chêne (m) à grappes	Quercus pedunculata	лѣтній дубъ (m) farnia (f), eschio (m) encina (f) pedunculada
7	Steineiche (f), Traubeneiche (f), Wintereiche (f) oak (sessiliflora) chêne (m) rouvre	Quercus sessiliflora	каменный дубъ (m); зимній дубъ quercia (f) a fiori sessili, rovere (m) roble (m)
8	immergrüne [Stech-] Eiche (f) holly oak, holm oak, ilex chêne (m) vert, yeuse (f)	Quercus ilex	вѣчнозелёный дубъ (m) leccio (m), elcio (m), elice (m) encina (f) verde, carrasca (f)
9	Roteiche (f) American red oak, Quebec oak chêne (m) d'Amérique	Quercus rubra	красный дубъ (m) quercia (f) rossa d'America encina (f) de America
10	Zerreiche (f), Burgundereiche (f), österreichische Eiche (f) Burgundy oak, Austrian oak chêne (m) de Bourgogne, chêne (m) vélu	Quercus cerris	бургундскій дубъ (m) cerro (m), rovere (m) di Slavonia, quercia (f) di Borgogna encina (f) de Borgoña
11	Korkeiche (f) cork oak chêne (m) liège	Quercus suber	пробковый дубъ (m) quercia (f) sugherifera, sughera (f) encina (f) de corcho, alcornoque (m)
12	Nußbaum (m), gemeiner Walnußbaum (m) walnut noyer (m) commun	Juglans regia	грецкій орѣхъ (m) noce (m) comune, noce (m) nogal (m) común

Graunuß (f) grey walnut noyer (m) cendré *ou* à beurre	Juglans cinerea	сѣрый орѣхъ (m) noce (m) cenerognolo, noce (m) d'America nogal (m) gris	*1*
bittere Hickory (f), Bitternuß (f) hickory hickory (m), noyer (m) amer	Carya amara	горькій гикори (m) hickory (m), noce (m) amaro hicoria (f), nogal (m) amargo	*2*
[weiße] Hickory (f) white hickory hickory (m) blanc, noyer (m) blanc d'Amérique	Carya alba	бѣлый гикори (m) hickory (m) bianco hicoria (f) blanca	*3*
Ulme (f), Feldrüster (f), Rotulme (f), Rotrüster (f), Korkulme (f) common elm orme (m), ormeau (m)	Ulmus campestris Sp, Ulmus suberosa Ehrh	берестъ (m); карагачъ (m); полевой ильмъ (m) olmo (m) comune, olmo (m) sugheroso olmo (m)	*4*
Bergulme (f), Bergrüster (f), Haselrüster (f) mountain elm orme (m) à larges feuilles	Ulmus montana	ильмъ (m) olmo (m) montano, olmo (m) d'Olanda, olmo (m) di foglia larga, olmo (m) riccio olmo (m) de montaña *ó* de hojas anchas	*5*
Flatterulme (f), Flatterrüster (f), Bastrüster (f) soft leaved elm orme (m) à feuilles membraneuses	Ulmus effusa	вязъ (m) olmo (m) a fiori sparsi olmo (m) de hojas membranosas	*6*
Zürgelbaum (m) (Triester Holz) lote wood micocoulier (m) de Provence	Celtis australis (Celtis occidentalis)	каркасъ (m); крапивное дерево (n) bagolaro (m), spaccasassi (m), ciliegio (m) caccamo, arcidiavolo (m) madera (f) triestina, almez (m) de Provenza	*7*
Maulbeere (f) mulberry mûrier (m) blanc (noir)	Morus alba, Morus nigra	тутовое дерево (n); шелковица (f) gelso (m) *o* moro (m) bianco, moro (m) nero moral (m) blanco (negro)	*8*
Schlangenholz (n), Tigerholz (n), Letternholz (n), Buchstabenholz (n), Muskatholz (n) snake wood, letter wood, speckled wood, Leopard wood Brosimum (m) de la guyane, bois (m) de lettres de Chine, bois (m) de lettres moucheté, bois (m) amourette moucheté	Piratinera guianensis, Brosimum Aubletti	змѣиное дерево (n) legno (m) serpente Brosimum (m) de la Guayana	*9*

1	Kampferbaum (m) camphor tree camphrier (m)	Camphora officinarum	камфорное дерево (n) canfora (f), albero (m) della canfora alcanfarero (m)
2	kleinblättrige Linde (f), Winterlinde (f) winter lime tilleul (m) à petites feuilles	Tilia parvifolia	мелколистная липа (f) tiglio (m) maremmano, tiglio (m) a foglie piccole, tiglio (m) selvatico, tiglio (m) comune, tiglio (m) riccio tilo (m) de hojas pequeñas
3	großblättrige Linde (f), Sommerlinde (f) summer lime tilleul (m) de Hollande	Tilia grandifolia	крупнолистная липа (f) tiglio (m) a foglie grandi, tiglio (m) domestico, tiglio (m) da viali, tiglio (m) nostrale tilo (m) de Holanda
4	gemeiner Buchsbaum (m) common box, boxwood buis (m) commun	Buxus sempervirens	самшитъ (m); кавказская пальма (f) bosso (m) comune, bosso (m), bossolo (m) boj (m)
5	Mahagoni (n) mahogany arbre (m) à acajou	Swietenia mahagoni	красное дерево (n); макагони (f); акажу (f) mogano (m) caoba (f)
6	Zigarrenkistenholz (n) cigar box wood, Havanna wood, cedar bois (m) de caisses à cigares, cèdre (m) acajou	Cedrela odorata, Cedrela guianensis	вестъ-индскій кедръ (m); красное дерево (n) cedro (m) di Spagna, cedro (m) del Libano madera (f) para cajas de puros
7	Zitronenholz (n) lemon wood cédratier (m), [bois (m) de] citronnier (m)	Citrus medica	лимонное дерево (n) cedro (m) comune, limone (m) madera (f) de limonero, cidro (m)
8	Pockholz (n), Franzosenholz (n) guiacum wood, lignum-vitae [bois (m) de] gaïac (m)	Guajacum officinale	бакаутъ (m); бакаутовое дерево (n); гваякъ (m) guaiaco (m) nero, legno (m) santo guayaco (m)
9	Götterbaum (m) ailantus ailante (m), arbre (m) du ciel	Ailanthus glandulosa	айлантъ (m); китайскій ясень (m) ailanto (m), albero (m) del paradiso ailanto (m)
10	Roßkastanie (f) horse chestnut marronnier (m) d'Inde	Aesculus hippocastanum	конскій каштанъ (m) ippocastano (m), castagno (m) d'India, castagno (m) amaro, castagno (m) cavallino castaño (m) de India

Bergahorn (m), gemeiner *oder* stumpfblättriger Ahorn (m) sycamore érable (m) sycomore	Acer pseudoplatanus	яворъ (m) acero (m) di monte, acero-fico (m), loppone (m), testucchio (m) arce (m) sicomoro	1
Spitzahorn (m), spitzblättriger Ahorn (m) Norway maple érable (m) plan, érable (m) de Norvége, faux sycomore (m)	Acer platanoides	остролистный клёнъ (m) acero (m) riccio, acero (m) piano, platanaria (f), cerfico (m) arce (m) de Noruega, falso sicomoro (m)	2
Feldahorn (m), Maßholder (m) field maple, common maple érable (m) champêtre	Acer campestre	черноклёнъ (m); полевой клёнъ (m) acero-loppo (m), loppio (m), chioppo (m) arce (m) campestre	3
Silberahorn (m), weißer Ahorn (m) silver maple, white maple, swamp maple érable (m) blanc	Acer dasycarpum	бѣлый клёнъ (m) acero (m) bianco arce (m) blanco	4
Zuckerahorn (m) sugar maple, hard maple érable (m) à sucre	Acer saccharinum	сахарный клёнъ (m) acero (m) da zucchero arce (m) á azúcar	5
Pfaffenhütchen (n), Spindelbaum (m), deutscher Buchsbaum (m) spindle tree bonnet (m) de prêtre, fusain (m)	Evonymus europaea	европейскій бересклетъ (m) fusaria (f), fusaggine (f), berretta (f) da prete bonetero (m)	6
Platane (f) plane tree platane (m) commun	Platanus vulgaris, Platanus orientalis, Platanus occidentalis	платанъ (m); чинаръ (m) platano (m), platano (m) d'Oriente plátano (m) común	7
Mandelbaum (m) almond tree amandier (m) commun	Amygdalus communis	миндальное дерево (n); миндаль (m) mandorlo (m) comune almendro (m) común	8
Zwetsche (f), Zwetschke (f), Zwetschge (f), gemeine Pflaume (f) plum tree prunier (m) commun	Prunus domestica	обыкновенная слива (f) prugno (m), pruno (m), susino (m) ciruelo (m) común	9
Kriechpflaume (f) plum tree prunier (m) sauvage	Prunus insititia	изгородевая слёнь (m) prugnolo (m) da siepe ciruelo (m) silvestre	10
Schwarzdorn (m), Schlehdorn (m) blackthorn prunellier (m), prunier (m) épineux	Prunus spinosa	тёрнъ (m); терновникъ (m) pruno (m) selvatico, prugnolo (m), vegro (m) ciruelo (m) espinoso	11

1	Wildkirsche (f), Vogelkirsche (f), Süßkirsche (f), Waldkirsche (f) wild cherry mérisier (m) des bois	Prunus avium	черешня (f) ciliegio (m) selvatico, ciliegio (m) montano cerezo (m) silvestre
2	Felsenkirsche (f), echte Weichsel (f) mahaleb cherry prunier (m) odorant	Prunus mahaleb	душистая *или* магалебская вишня (f); антипка (f); кучина (f) ciliegio (m) canino, visciolo (m), amarena (f) ciruelo (m) oloroso
3	Traubenkirsche (f), Ahlkirsche (f), Faulbaum (m) bird cherry tree mérisier (m) à grappes	Prunus padus	черёмуха (f) ciliegio (m) pado ciruelo (m) de racimos
4	[gemeiner] Weißdorn (m) hawthorn aubépine (f)	Crataegus oxyacantha	обыкновенный боярышникъ (m) biancospino (m) oxiacanta (f), espino (m)
5	Birnbaum (m) pear tree poirier (m) commun	Pirus communis	дикая груша (f) pero (m), pero (m) comune peral (m) común
6	Apfelbaum (m) apple tree pommier (m)	Pirus malus	дикая яблонь (f) *или* яблоня (f) pomo (m), melo (m) manzano (m)
7	Eberesche (f), Vogelbeere (f) mountain ash sorbier (m) des oiseaux	Sorbus aucuparia	обыкновенная рябина (f) sorbo (m) lazzeruolo, sorbo (m) degli uccellatori serbal (m) bravio, serbal (m) silvestre *ó* de los pajaros
8	Sperberbaum (m), zahme Eberesche (f), Speierling (m) service tree cormier (m)	Sorbus domestica	крымская *или* садовая рябина (f) sorbo (m) domestico serbal (m) doméstico
9	Elzbeere (f), Else (f) beam tree, wild service tree alizier (m) terminal	Sorbus torminalis, Pirus torminalis	глаговина (f); берека (f) ciavardello (m), baccarello (m) aliso (m) terminal
10	Mehlbeerbaum (m) white beam tree alouchier (m)	Sorbus aria	мучное дерево (n); гордъ (m); круглолистная рябина (f); бѣлый боярышникъ (m) sorbo (m) montano, sorbo (m) d'Europa aliso (m)
11	Gleditschie (f), Christusdorn (m) holly févier (m)	Gleditschia triacanthos	гледичія (f) gleditscia (f), spino (m) di Giuda *o* di Cristo espina (f) de Cristo

German / English / French	Latin	Russian / Italian / Spanish	No.
Amarantholz (n), Lufthoiz (n), Purpurholz (n) purple heart, purple wood bois (m) violet, amarante (m) simiridis des galibis et des arronagues [genre (m) de copayer]	Copaifera bracteata	амарантовое дерево (n); красное дерево вестъ-индское дерево legno (m) porpora, legno (m) amaranto copaiba (f), madera (m) violada	1
Brasilienholz (n), Rotholz (n), Fernambukholz (n) Brazil wood, redwood bois (m) du Brésil	Caesalpinia brasiliensis, Caesalpinia echinata	фернамбукъ (m); бразильскій сандалъ (m) legno (m) di Fernambuco, legno (m) di Nicaragua madera (f) de Fernambuco	2
Sappanholz (n) sappan wood sappan (m)	Caesalpinia sappan	саппанъ (m) [родъ (m) краснаго дерева] verzino (m), legno (m) del Brasile madera (f) de sapán	3
Blauholz (n), Campecheholz (n) logwood bois (m) de campèche	Haematoxylon campechianum	синій сандалъ (m); кампешъ (m) campeccio (m) madera (f) de campeche	4
südamerikanisches Eisenholz (n) South American iron wood bois (m) de fer (Amérique du sud)	Swartzia tormentosa	южно-американское желѣзное дерево (n) legno (m) ferro, legno (m) ferro della Gujana madera (f) de hierro sudamericana, madera (f) de Indias	5
Sophore (f) sophore sophore (m) (du Japon)	Sophora japonica	японская софора (f) sofora (f), robinia (f) del Giappone, scotano (m) sophore (m)	6
falsche Akazie (f), Robinie (f) false acacia, locrust faux acacia (m), robinier (m)	Robinia pseudoacacia	бѣлая акація (f); робинія (f) falsa acacia (f), robinia (f), cascia (f) acacia (f) falsa	7
Veilchenholz (n), blaues Ebenholz (n), Myallholz (n) Myallwood acacia (m) d'Australie	Acacia homalophylla	фіолетовое палисандровое дерево (n); ненастоящее фіалковое дерево; синее эбеновое дерево; каенское дерево acacia (f) di Australia acacia (f) de Australia	8
Rosenholz (n) rosewood cytise (m) des Canaries	Genista canariensis	розовое дерево (n) legno (m) di rosa di Bahia, legno (m) di rosa delle Canarie citiso (m) de las Canarias	9
Kaliaturholz (n), rotes Sandelholz (n) red sandalwood santal (m) rouge	Pterocarpus santalinus	каліатуръ (m); красный сандалъ (m) sandalo (m) rosso madera (f) de sándalo roja	10

1	blauer Eucalyptus (m) *oder* Gummibaum (m) blue eucalyptus, blue gum eucalyptus (m) globulus	Eucalyptus globulus	синій эвкалиптъ (m) *или* евкалиптъ (m) eucalipto (m) eucalipto (m) (eucalyptus globulus)
2	roter Eucalyptus (m) *oder* Gummibaum (m) red eucalyptus *or* gum tree eucalyptus (m) rostrata	Eucalyptus rostrata	красный эвкалиптъ (m) *или* евкалиптъ (m) eucalipto (m) rosso eucalipto (m) rojo (eucalyptus rostrata)
3	zuckeriger Eucalyptus (m) sweet eucalyptus corynocalix eucalyptus (m) corynocalix	Eucalyptus corynocalyx	сахаристый эвкалиптъ (m) *или* евкалиптъ (m) eucalipto (m) dolce *o* zuccherino eucalipto (m) sacarino
4	Jarrah jarrah, mahogany gum, yarrow tree eucalyptus (m) marginata (d'Australie)	Eucalyptus marginata	джарри (m) eucalipto (m) d'Australia eucalipto (m) de Australia
5	Karri karri, white gum eucalyptus (m) diversicolor	Eucalyptus diversicolor	карри (m); разноцвѣтный эвкалиптъ (m) *или* евкалиптъ (m) eucalipto (m) diversicolore eucalipto (m) diversicolor
6	[gelber] Hartriegel (m), Kornelkirsche (f), Dürlitze (f) cornelian cherry *or* wood, dogwood cornouiller (m) mâle	Cornus mas	кизилъ (m); деренъ (m) corniolo (m), corgnolo (m) cornejo (m) macho
7	Eisenholz (n) iron wood bois (m) de fer	Sideroxylon inerme	желѣзное дерево (n) legno (m) ferrigno, legno (m) di siderossilo madera (f) de hierro
8	Ebenholz (n) ebony [bois (m) d']ébène (m), ébénier (m)	Diospyros ebenum	чёрное дерево (n); эбеновое дерево ebano (m) nero, ebano (m) vero ébano (m)
9	Grünebenholz (n), (unechtes Pockholz), grünes Ebenholz (n) green ebony jacaranda (m)	Diospyros lotus, Brya ebenus, Jacaranda ovalifolia Aspalatus ebenus	гранадильское дерево (n); зелёное эбеновое дерево ebano (m) verde, albero (m) di S. Andrea, ermellino (m) jacaranda (m)
10	Rotebenholz (n), rotes Ebenholz (n) red ebony, Grenada wood ébénier (m) de Crète	Ebenus cretica	красное эбеновое дерево (n) ebano (m) rosso, granadiglia (f) ébano (m) de Creta

Palisanderholz (n), Jakarandaholz (n) [Brazilian] rosewood, Jacaranda wood, Palissander wood palissandre (m)	Jacaranda brasiliana, Dalbergia nigra	якарандовое дерево (n); палисандръ (m) palissandro (m), jacaranda (f) palisandra (f), jacaranda (f)	1
Sankt Lucienholz (n), Rosenholz (n), Cypernholz (n) prince wood, Dominica rosewood, St. Lucia wood, spanish elm bois (m) de Chypre bois (m) de rose, orme (m) d'Espagne	Cordia gerascanthus	доминикское розовое дерево (n) legno (m) di rosa di Santa Lucia d'Africa, magaleppo (m) madera (f) de Santa Lucia, madera (f) de rosas, olmo (m) de España	2
Teakholz (n), Tikholz (n) teak bois (m) de teck	Tectonia grandis	тикъ (m); тиковое дерево (n) legno (m) teck, teck (m) di Birmania madera (f) de teca	3
gemeine Esche (f) common ash, english ash frêne (m) commun	Fraxinus excelsior	обыкновенный ясень (m) frassino (m), frassino (m) comune fresno (m) común	4
gemeiner Flieder (m), (Syringenholz (n)) lilac, syringa lilas (m) commun	Syringa vulgaris	сирень (f) siringa (f), lillà (f) lila (f) común	5
Ölbaum (m) olive olivier (m) sauvage	Olea europaea	оливковое дерево (n); масличина (f) olivo (m) selvatico, oleastro (m) olivo (m) silvestre	6
Chinaholz (n) Cinchona wood bois (m) de quinquina	Cinchona officinalis	хинное дерево (n) china (f), legno (m) di chinina madera (f) de quina	7
Hollunder (m), schwarzer, gemeiner Flieder (m) elder sureau (m) noir	Sambucus nigra	чёрная бузина (f) sambuco (m), zambuco (m) saúco (m) negro	8
Atlasholz (n), Satinholz (n), Feroleholz (n) satinwood bois (m) satiné de l'Inde	Chloroxylon swietenia	атласное дерево (n); сатиновое дерево legno (m) satin, legno (m) satinato madera (f) de satén de India	9
Korallenholz (n) coral wood arbre (m) au corail	Erythrina corallodendron	коралловое дерево (n) legno (m) corallo madera (f) de corál	10

1	echtes *oder* brasilianisches Rosenholz (n) tulip wood bois (m) de rose véritable	Physocalymna floribundum	бразильское розовое дерево (n) legno (m) di rosa di Bahia madera (f) de rosas, palo (m) de rosa legitimo
2	[weißes] Sandelholz (n) sandalwood [bois (m) de] santal (m) blanc	Santalum album	сандальное дерево (m); бѣлый сандалъ (m) sandalo (m) bianco madera (f) de sándalo blanca
3	Gelbsandelholz (n) yellow sandalwood bois (m) de santal citrin	Santalum citrini	жёлтый сандалъ (m) sandalo (m) giallo madera (f) de sándalo amarilla

A.

Abarbeiten, aus dem Groben 6.6
Abatage du bois 485.3
Abattre, scie à 354.3 354.4.5
Abbattere tronchi 354.3
Abbiegemaschine 297.8
Abbiegungswinkel 291.6
Abbrunimento del legname 487.7
Abdrehen . 71.6, 71.7
Abdreh-maschine, Faß- 446.7
-stahl 122.10
Abedul común 498.1
Abertura 316.4
- de la matriz . 243.2
- - - remachadora 278.6
- - - superficie inferior del cepillo 383.3
- del arco 283.5
- dentada 88.4
Abete 495.1
- di Douglas . 495.4
- - Germania . 495.3
- - Moscovia . 495.3
- maschio 495.1
- resinoso 495.2
- rosso 495.3
Abeto 495.1
- albar 495.1
- balsámico . . 495.2
- común 495.1
- de California 495.4
- - Noruega . . 495.3
Abfasen . 418.4, 418.5
Abfräsen 185.4
Abfuhr, Wärme- 122.2
Abgleichen, den Sand 302.2
Abgraten 238.2
Abhebe-formmaschine 304.6
- - mit Wendeplatte 305.4
- -, Wendeplatten- 305.4
-maschine für flache Gegenstände 304.9
- -, Wendeplatten- - - mit Druckwasserpresse 306.2
-stift 304.8
-vorrichtung . 304.7
- -, Riemen- . . 248.6
Abhebewagen, Maschine mit 304.6
Abheben, einen Span 69.9
Abheber 248.7
Abhebung, selbsttätige Meißel- 36.7
Abhobelmaschine, Faß- 446.6
Abhobeln 6.4
Abies balsamea 495.2
- excelsa 495.3
- pectinata . . 495.1
Abkochen von frischem Leim 466.7
Abkürz-bandsäge, doppelte verstellbare 356.5
-kreissäge mit Schiebetisch 365.4
- - - verschiebbarem Tisch 365.4
-säge 354.6
- -, Dauben- 367.2, 440.3
- - mit wanderndem Sägeblatt 366.3
Ablängen 354.8
- von Baumstämmen 354.7
Ablaßhahn . . 188.7
Ablehren 391.5
-, den Schleifstein 225.4
- des Messerkopfes 391.4
- - Schleifsteins 225.5
Abnützung, Schleifscheiben- 226.1
Abolladura . . 297.2
Abrasif, substances -ves 222.4
Abrasive 222.4
Abrichten . . . 383.6
-, den Sand . . 302.2
-, - Schleifstein 225.4
Abricht-hobelmaschine 379.3
-maschine . . . 379.3
- -, Boden- . . . 448.3
- - Säulen- . . . 379.4
- -, senkrechte - - mit Messerköpfen 180.2
- -, wagrechte - - mit Messerköpfen 180.3
Abrunden . . . 418.12
Abrundung . . 418.3
Absaugen des Staubes 213.5
Absauger 470.1
-, Staub- 213.6
Absaugestelle . 213.8
Absaugvorrichtung 470.1
Abscheidevorrichtung, Holz- 469.6
Abscheren . . . 237.5
Abscherung . . 237.6
Abscherungs-fläche 237.8
-querschnitt . . 237.8
-richtung 237.7
Abschlag-formkasten 303.5
-maschine, Holzdraht- 458.4
Abschleifen . . 405.1
- des Holzes . . 405.2
- einer kegelförmigen Fläche 215.2
Abschmirgeln, durch -glätten 74.5
Abschneiden . 237.10
Abschneider, Röhren- 231.6
Abschwärmen 148.6
Abschwarten . 483.4
- der Baumstämme 334.7
Abspannen . . 110.7
Absperrschieber, Luft- 469.7
Abstand, Achsen- 81.8
Abstech-bank . 62.5
-drehbank . . . 62.5
-stahl 123.2
-stichel, Werkzeugbüchse für 127.7
Abstechen des Thermiteisens 276.5
-, ein Stück . . 73.9
Absteifen 329.1
Abstichstift . . 275.8
Abstreicher . . 244.5
Abstreichschiene 467.3
Abstreifer 244.5
-arm 244.8
-, einstellbarer 244.7
-, fester 244.6
Abstreifplatte . 307.1
Abtastern 74.2
Abwägen 391.6
Abwälzverfahren 202.6
Abziehen der Schmirgelscheibe mittels eines Diamants 225.6
Abziehmaschine 379.1
-messer 387.4
Abzug-rad 365.1
-walze . . 363.2, 386.1
Acabado . 386.6, 387.5
-, cuchilla de . 387.4.5 392.1
-, viruta de . . 386.5
Acabar 386.8
Acacia 503.7
- d'Australie . 503.8
- de Australia 503.8
- di Australia . 503.8
- falsa 503.7
-, false 503.7
-, faux 503.7
- homalophylla 503.8
Acajou 500.5
Acanalado, rodillo 362.2
Acanalador de mano 397.6
Acanalar . 371.1, 400.6
-, aparato de . 399.4
Accecatura . . 148.1
Accelerare la corsa di ritorno 12.3
Accelerate, to - the return stroke 12.3
Accélerer le retour 12.3
Acciaio . . 33.3, 273.6 329.5, 331.7
- affinato 34.5
- al crogiuolo . 34.4
- - cromo 35.2
- - manganese 35.4
- - nickel 35.1
- - Wolfram . . 35.3
- Bessemer . . 34.1
- cementato . . 34.6
- da attrezzi . 33.2
- - utensili . . 33.2
- damascato . . 34.7
- duro 33.4
- fuso 273.6
- Martin 34.3
- mezzo duro . 33.5
- omogeneo . . 33.8
- pudellato . . 33.7
- rapido . 35.5, 400.7
- saldabile . . . 33.6
- Thomas 34.2
Acciecare 167.2, 256.3 283.5, 287.5
- i chiodi 286.9

Acciecatoio . . 167.2 201.2, 412.3
Acciecatore, fresa -rice 201.2
Acciecatura . . 287.1
dei fori per chiodi 288.4
- - - - ribattini 288.4
Acción 69.3.4
- de corte . . . 120.7
- de mortajar . 46.8
Accionamiento hidráulico 269.1
-, mecanismo de 76.7
Accoppiamento, meccanismo di 20.7
Accoppiare . . 20.8
- la puleggia a gradini 92.2
Accorciare . . 365.4
Accosteur . . . 284.2
Accouplement . 20.7 93.5, 158.4, 256.4, 375.7
- à friction 93.8, 165.1
- - - cylindrique 94.5
- - griffes 93.2.3, 164.8
- - ressort . . . 158.7
- - segments extensibles 21.9
- - serrage automatique 21.2
- - tige 155.5
- débrayable . 158.5
- élastique à friction 156.1
- par cheville . 93.6
- - doigt . . . 93.6
- - goupille . . 93.6
- rapide 22.1
Accoupler . . . 20.8
- la poulie à gradins 92.2
- - - étagée . . 92.2
Accumulateur hydraulique 267.7
- hydro-pneumatique 268.3
Accumulator, hydraulic 267.7, 268.3 300.3
-, hydraulic-working by compressed air 268.3
Accumulatore idraulico 267.7
- - a carico d'aria compressa 268.3
- idropneumatico 268.3
- per pressione idraulica 300.3
Accurate grinding 216.3
Aceite . . 76.3.5, 145.10 218.1, 223.10
- de trementina 122.6
Acelerar el retroceso 12.3
Acepilladora 4.5.6, 5.4 23.8, 473.7
- abierta en un costado 380.6
- con cabezal de cuchillos libre 380.6
- - porta-cuchillos horizontal y vertical 380.5
Acepilladora de cilindros para trabajar dos costados 381.2
- - - - - en un solo lado 381.1
- - discos . . . 380.1
- - hacer ranuras 8.3
- - mesa articulado sin fin 382.3
- - poner á grueso 381.4
- - - - - con rodillos 380.4
- - porta-cuchillos cónico 380.3
- para cuarterones de puerta 382.2
- - hacer ranuras de chavetas 8.3
- - listones . . 381.6
- - superficies curvas 8.5
- - tablas de entarimado 382.1
- - tablitas . . 381.5
- - vigas 380.2
- planeadora . 379.6
- rápida . . 4.2, 382.5
- transversal . 379.7
Acepilladura . 6.5
- circular . . . 26.5
- convexa . . . 26.5
- oblicua . . . 24.7
Acepillar . . . 6.4
- los engranajes cónicos 44.6
Acer campestre 501.3
- dasycarpum . 501.4
- platanoides . 501.2
- pseudo-platanus 501.1
- saccharinum . 501.5
Acero bianco . 501.4
- da zucchero . 501.5
- di monte . . 501.1
- -fico 501.1
- -loppo 501.3
- piano 501.2
- riccio 501.2
Acero . 32.8, 33.3, 53.4 120.4, 230.5
- á mano . . . 122.8
- afinado . . . 84.5
- al crisol . . . 84.4
- - - dulce . . 84.4
- - cromo . . . 35.2
- - manganeso 35.4
- - níquel . . . 35.1
- - Wolfram . . 35.3
- batido 33.6
- Bessemer . . 34.1
- - dulce . . . 34.1
-, calentamiento del 32.8
-, calibre de . . 329.5
- cementado . . 34.7
- con contra-cuchilla 387.3
-, corte del 31.4, 120.8
- damascenado 34.7
- de barrenar . 169.2
- - cepillar 31.3, 36.2
- - desbastar . 32.6 421.6
- - filetear exteriormente 125.8
Acero de filetear interiormente 126.1
- - fresar postizo 204.5
- - gancho puntiagudo 125.2
- - repasar . . 32.7
- - roscar 125.7, 173.3
- - - exteriormente 125.8
- - - interiormente 126.1
- - sacar ranuras 58.6
- - terminar . . 32.7
- - tornear . . 120.4 122.10, 421.5
- - - en ángulo 125.5
- - - interior . 125.4
- - tronzar . . 128.2
-, dureza del . 120.5
- duro 33.4
-, el - quita varios cortes 7.9
-, - - se desafila 121.8
- en forma de gancho 125.1
- - - - media luna 125.6
-, filo del . . . 120.8
- fino 34.5
- forjado . . . 33.6
- fundido . . . 33.8
-, listón de . . 331.6.7
- para herramientas 33.2
- - terminar . . 125.3
-, presión del . 32.4
- pudelado . . 33.7
- rápido . 35.5, 122.7
- refinado . . . 34.5
- semi-dulce . . 33.5
- - -duro . . . 33.5
- Siemens-Martin 34.3
- - - dulce . . 34.3
- soldado . . . 33.6
-, sujetar el . . 126.5
- Thomas . . . 34.2
- - dulce . . . 34.2
- tungstenado . 35.3
- tungstenoso . 35.3
Acetilene . . . 272.4
Acetileno . . . 272.4
Acetylene . . . 272.4
Acétylène . . . 272.4
Achaflanado, correa -a 91.4
Achaflanamiento de las superficies de contacto 271.3
Achaflanar, máquina de (v. „máquina")
Achaparrado, árbol 490.4
Achse, Aufhänge- 369.6
-, Dreh- 391.8
-, Schwer- . . . 391.7
-, Spindel- . . . 77.3
-, Spitzen- . . . 112.1
-, Umdrehungs- 70.9
Achsen-abstand 81.8
-entfernung . . 81.8
Achsial, -er Vorschub des Werkstücks zum Fräser 192.3
Achsrecht, -er Vorschub des Werkstücks zum Fräser 192.3
Achsschenkeldrehbank 58.7
Acier 33.3, 120.5, 173.4 329.5, 331.7
- à coupe rapide 35.5
- - grande vitesse 122.7
- - outils . . . 33.2
- affiné 34.5
- au chrome . 35.2
- - creuset . . 84.4
- - manganèse 35.4
- - nickel . . . 35.1
- - Wolfram . . 35.3
- Bessemer . . 34.1
-, calibre en . . 329.5
- cémenté . . . 34.6
- -chrome . . . 35.2
- chromé . . . 35.2
- corroyé . . . 34.5
- d'affinage . . 34.5
- damasquiné . 34.7
- demi-dur . . 33.5
- dur 33.4
- fondu homogène 33.8
- homogène . . 33.8
-, rivé en . . . 331.6
- -manganèse . 35.4
- Martin 34.3
- -nickel 35.1
- pour outils rapides 35.5
- puddlé 33.7
- rapide 122.7
-, S.-M. 34.3
- Siemens-Martin 34.3
- soudable . . 33.6
- Thomas . . . 34.2
- -tungstène . . 35.3
Acodado, palanca -a 189.1
Acoplamiento 20.7, 93.5 158.4, 164.7, 375.7
- de anillo de extensión 21.9
- - dientes 155.4, 158.6
- - engranajes 164.8
- - espiga . . . 155.5
- - fricción 89.5, 93.8 165.1
- - - cilindrico 94.5
- - garras 93.2.3, 158.6
- - presión . . 104.1
- - tensión automática 21.2
- - uñas 93.3
- del movimiento de planear 103.1
- - - transversal 103.1
- desembragable 158.5
- elástico de fricción 156.1
- longitudinal . 102.7
- momentáneo . 22.1
- por pasadores 93.6
- - pivotes . . 93.6
Acoplar 20.8
- la polea escalonada 92.2
Acqua 223.9, 272.7, 319.2 464.5
- compressa . . 286.5 269.1, 282.1

Acqua di raffreddamento 122.4
- saponata . . . 122.5
Action 41.1, 69.4, 120.7
-, electromagnetic 116.3
- of the tool . . 69.3
Action 69.3.4
Acumulador hidráulico 267.7, 300.3
- - con carga de aire 268.3
Acutangolo . . 481.9
Adattamento del punzone alla matrice 244.2
Addition de fer 274.4
Adhérence électromagnétique, fixer par l' 220.3
Adjust, to - the timber 335.5
Adjustable pin 50.3
Adjusting . 14.3, 71.1
-, apparatus for - moulding irons 393.7
-, - - - - knives 393.7
- the circular saw 371.4
Adjustment, fine 196.3
- plate 33.6
-, vertical 139.6, 140.3 143.3
Admisión del porta-útil . . 53.3
- interior . . . 326.2
Admission . . 251.10 254.8
- par piston . . 251.6
- - tiroir . . . 251.8
Advance cutter 411.7.8
-, to 336.2
Aesculus hippocastanum . 500.10
Affilare . 212.2, 213.1 216.10, 351.7
- a secco . . . 213.2
- ad umido . . 212.6
-, apparecchio per 359.7
- diritto i denti 352.6
-, macchina da (v. „macchina")
Affilatrice 210.5, 217.7 221.2, 352.1
- di sega a nastro 359.6
- multipla per ferri da profilare 394.1
- - - - - sagomare 394.1
- per coltelli di piallatrici 392.2
- - dischi da sega 211.3
- - ferri di piallatrici 392.2
- - punte a spirale 210.6
- - - americana 210.6
- - seghe . . . 211.3
- universale . . 211.2
Affilatura . . . 217.7
- a secco . . . 213.3
- ad umido . . 212.7
- dei denti . . 351.6
Affilatura del fondo dei denti 352.5
- dell'utensile 121.10
- di un utensile 220.7
- diritta dei denti 352.7
- errata 32.2
- esatta . 32.1, 387.1
- giusta 32.1
- obliqua dei denti 352.8
- sbagliata 32.2, 387.2
Affiler . . 212.2, 216.10
Affinage 34.5
Affinato, acciaio 34.5
Affiné, acier . . 34.5
Affusto dell' utensile 256.6
Affût . . . 31.6, 352.3
Affûtage . 121.5, 217.7
- à l'eau 212.7
- - sec 213.3
- d'un outil . . 220.7
- de l'outil . 121.10
- défectueux . 32.2
- des creux de dents 352.5
- - dents . . . 351.6
- droit des dents 352.7
- - du tranchant 387.1
- en arrosant . 212.7
- - mouillant . 212.7
- exact 32.1
- incliné des dents 352.8
- renversé du tranchant 387.2
Affûter 212.2, 216.10 221.4, 351.7
- à la lime . . 359.6
- - sec 213.2
-, appareil à - et donner de la voie pour scies à ruban 359.7
- droit les dents 352.6
- en arrosant . 212.6
-, machine à (v. „machine")
Affûteuse 210.5, 352.1
- pour fers à moulurer 394.1
- universelle . 211.2
Afilado 217.5
- á máquina . 217.6
- correcto . . . 32.1
- de los dientes de sierra 351.6
- - una herramienta 220.7
- del fondo de los dientes 352.5
- derecho . . . 387.1
- - de los dientes 352.7
- en húmedo . 212.7
- inclinado de los dientes 352.8
- incorrecto . . 32.2
- invertido . . 387.2
- plano 214.5
Afilador 217.4
Afilar . . 212.2, 213.1.4 216.10, 217.7.8, 351.7
-, anillo de . . 224.1
Afilar, aparato de - y triscar sierras de cinta 359.7
-, cojinete portahusillo de 218.2
- con agua . . 212.6
- - inclinación, disposición automática para 353.1
- derecho los dientes 352.6
-, disco de . . 223.11
-, el - el útil . 121.10
- en húmedo . 212.6
- - seco 213.2
-, lima para - sierras 351.8
-, máquina de (v. „máquina")
-, materiales de 222.4
-, muela de . . 223.11
-, piedra de . 221.4.8 222.9, 223.11
-, polvo producido al 213.1.4
-, rueda de . . 221.4
-, superficie de 221.5
Afinado, acero . 34.5
Age of wood . 485.2
Âge du bois . . 485.2
Aggiunta . . . 31.7
- di ferro . . . 274.4
Aggiustaggio . 14.3 37.6
- della sega circolare 371.4
- di precisione del mandrino portafrese . 196.3
Aggiustamento 71.1
Aggraffare . . 299.6
Aggraffatura diritta 299.8
- ribaltata . . . 299.7
Agitador, mecanismo 457.8
Agitateur . . . 457.8
Agitatore . . . 457.8
Agitators . . . 457.8
Ago 344.4
Agrafe . . 329.8, 330.2
- en acier . . . 331.7
- rivée en acier 331.6
Agraffa 299.8
- del morsetto 330.2
- della sega . . 330.2
Agrietarse, el - en seco de la madera 489.6
Agua 33.1, 223.9, 272.7 319.2
- de jabón . . 122.5
- - presión . . 288.5
- - refrigerar . 122.4
-, movido por . 464.5
Agujero . 133.1, 146.4 420,4, 449.1
- ciego 147.5
- cilíndrico . . 215.5
- cortado . . . 239.9
- de destapamiento 244.4
- - espiga . . . 402.4
- - la cuña . . 168.1
- - paredes lisas 240.1
- - remaches . 283.6
- - sujeción . . 116.1
-, el entanchar -s 54.8
Agujero, el taladrar -s 144.9, 145.3
-, hacer previamente un 146.8
-, marcar el . 146.5.6
- para la cuña de sacar la broca 150.2
- rectangular . 240.3
- redondo . . . 240.2
- sin salida . . 147.5
Ahle, Reib- . . 205.6
Ahlkirsche . . . 502.3
Ahorn, Berg- . 501.1
- Feld- 501.3
-, gemeiner . . 501.1
-, Silber- 501.4
-, Spitz- 501.2
-, spitzblättriger 501.2
-, stumpfblättriger 501.1
-, weißer 501.4
-, Zucker- . . . 501.5
Aiguisage incliné automatique des dents, appareil pour l' 353.1
- - des dents . 352.8
Aiguiser 212.2, 216.10 221.4.8, 222.9
- à sec 213.2
- en arrosant . 212.6
Ailante 500.9
Ailanthus glandulosa 500.9
Ailanto 500.9
Ailantus 500.9
Ailette 187.9
Air buffer . . . 259.8
- chamber . . . 254.7
- compressor, single cylinder two stage 255.1
- compressor, steam driven single cylinder two stage 255.2
- cushion . . . 259.9
- cushioning . 259.7
- disc valve . . 469.7
- dried wood 487.4.10
-, drying 464.1
- flap valve . . 469.7
- heater 454.1
- heating apparatus, steam 464.2
- pump cylinder 254.2
- - piston . . . 254.3
- release valve . 268.1
- reservoir . . 254.7
- throttle valve 469.7
Air . . . 254.7, 259.7.8
- comprimé 52.1, 254.6 255.7.8, 256.1
- -, marteau à . 254.1
- -, perceuse à . 138.1
-, coussin d' . . 259.9
-, cylindre à . . 254.2
- pneumatique 52.1
-, registre à . . 469.7
- sec 464.1
-, tour en l' . . 60.2
Aire 60.2, 259.7.8.9, 469.7
-, calentar el . . 454.1
-, cámara de . . 254.7
- comprimido . 52.1 138.1, 255.7.8, 256.1 288.6

Aire comprimido, martillo de forjar á efecto de 254.1
- seco 464.1
Aislamiento del calor 32.9
Ajustable, poulies porte-lame -s 357.6
Ajustage de la scie circulaire 371.4
- - - table . . 39.2
-, dispositif pour l'- des fers à profiler 393.7
Ajustar la pieza de trabajo 70.10
Ajuste 66.5, 71.1, 442.3
- del punzón con la matriz . . 244.2
-, disposición de - de las cuchillas de perfilar 393.7
Ajustement du poinçon à la matrice 244.2
Ajuster l'outil . 87.4
- la pièce à scier 335.5
Akazie, falsche 503.7
Akkumulator . 300.3
-, Druckwasser- 267.7
-, Luft- 268.3
Alambre de soldar 272.12
Álamo blanco . 497.6
- común . . . 497.7
- de Italia . . . 497.9
- del Canada . 497.8
- negro 497.7
- temblón . . . 497.5
Alberella . . . 497.5
Albero 82.4, 190.7, 191.7 479.6, 497.7
- - gomito . . . 58.6
- - manicotto . 191.7
- ad anima utilizzabile con poco alburno 494.6
- - eccentrico . 234.6
- degli arresti . 182.7
- del dispositivo di arresto 107.8
- - paradiso . 500.9
- - portautensili a trottola 391.2
- - rinvio 81.7, 85.5, 92.9
- - volante della sega 358.3
- dell'eccentrico 49.7
- della camma di comando 246.2
- - canfora . . 500.1
- - lama 371.2
- - manovella . 49.7
- - morte . . 494.9
- di comando 40.2 48.4, 188.9
- - - del cambiamento 19.3
- - - - telaio . 326.9
- - - dell' avanzamento 51.9, 159.2
- - S. Andrea . 504.9
- - trasporto 108.6.8
- - - con scanalatura per il lungo 109.1
- filettato 10.8
Albero intermedio 189.4
- - estensibile . 92.1
-, macchina per raddrizzare -i 296.1
- per regolare la corsa 41.1
- portamola . . 217.9
- portapunta . 410.3
- - del trapano 410.2
-, raddrizzatura di -i 295.9
- snodato con giunti di cardano 191.1
-, spoglio di un 479.6
- telescopico . 191.6
- - snodato . . 191.5
-, tornio per -i 58.5
- utilizzabile . 494.4
Albura . 334.7, 476.2 493.3, 494.4
Alburno . 476,2, 493.3 494.6
- utilizzabile . 494.4
Alcance de la taladradora radial 131.3
Alcanfarero . . 500.1
Alcohol, barniz de 406.1
Alcool 406.1
Alcornoque . 498.11
Alder 497.10
-, northern . . 497.11
-, white . . . 497.11
Alemán, portaútil 128.1
Alerce 496.2
Alésage 54.8, 71.9, 148.5 204.2, 210.2
- à la meule . 215.4
- - - - de trous cylindriques 215.5
-, arbre d' . . . 169.1
-, barre d' . . . 149.3 168.6, 169.1
- conique . . . 147.4
- cylindrique . 147.3
- de trous coniques 147.8
- - - cylindriques 147.7
- du cylindre . 251.1
-, lame d' . . . 169.2
-, noix d'- rotatif 165.3
-, plateau d' . . 168.4
-, porte-outils d' 169.3
-, rectifier des -s à la meule 215.4
Alesaggio 148.5, 165.3.4 169.1.4.6.7.8
Alesare 71.8, 168.6, 169.3
- i fori per chiodi 283.2
- - - - ribattini 283.2
- un foro . . . 147.2
Alesatoio . . . 205.6
Alesatore 205.6, 412.7
- a mano . . . 205.9
- cilindrico . . 205.7
- conico 205.8
- meccanico . 205.10
Alesatrice . . . 169.2
- con testa mobile verticalmente e montante fisso 186.5
Alesatrice con testa mobile verticalmente e montante mobile orizzontalmente 186.4
- -fresatrice orizzontale combinata 180.1
- orizzontale . 186.3
- - combinata . 180.1
- per cannoni . 185.5
- - cilindri . . 186.1
- portatile . . . 187.1
- verticale . . . 186.2
Alesatura 71.9, 148.5
Aléser . 125.4, 147.12 203.4
- à la meule . 215.3
- des trous de rivets 283.2
-, machine à (v. „machine")
- sur le tour . 71.8
Aléseur 205.6
Aléseuse, fraise à rectifier les -s 204.2
Alésoir 205.6
- à commande mécanique 205.10
- - main 205.9
- conique . . . 205.8
- cylindrique . 205.7
- de foret . . . 389.3
- portatif . . . 187.1
Aleta, -s 187.9
- portacuchillas móviles 401.1
Aletta 187.9
Algodón impregnado en sebo 371.8
Alidade de division 198.10
Aligner la pièce à scier 335.5
- les planches . 362.7
Alignment, setting out of 118.2
Alimentación 22.3 .5 59.3
Alimentazione 337.4 337.5.6, 356.4, 363.1 364.4.8, 367.6
-, apparecchio di 357.3
- automatica . 369.3
-, dispositivo dell' 385.5
Aline, to - the timber 335.5
Alisador . . 55.1, 55.2
- para ranuras de chavetas 55.5
Alisar 54.9, 147.2, 226.5
- con esmeril . 74.5
-, el - agujeros 54.8
-, - - - cilindricos 147.7
-, - - - cónicos 147.8
-, - - con muela agujeros cilíndricos 215.5
- interiormente con muela 215.4
- la pieza terminada 74.4
Aliso . 497.10, 502.10
Aliso de hojas agudas 497.11
- terminal . . . 502.9
Alizier terminal 502.9
Allargare un foro 147.2
Allargatoio . . 205.6 412.7
- a fresa 203.4
Allemand, porte-outils 128.1
Alligatorschere 229.4
Alloggio della punta 111.3
Allowance, grinding 212.5
Allumette, boîte d' -s 460.3
-, fabrication des -s 460.4
-, ranger les -s 460.1
-, tige d' . 452.1, 453.4
Alluminio 278.4, 277.9
Almendro común 501.8
Almez de Provenza 499.7
Almohada de aire 259.9
Almond tree . . 501.8
Alno 497.10
Alnus glutinosa 497.10
- incana . . 497.11
Alouchier . . 502.10
Altalena 245.7
Alúmina hidratata 223.8
Alumine hydratée 223.8
Aluminio, óxido de 277.9
Aluminium . . 277.9
- oxide 277.9
Aluminiumoxyd 277.9
Alumino-térmico 278.4
Alumino-thermic welding process 278.4
Aluminothermique, procédé 278.4
Aluminothermisch, -es Verfahren 278.4
Alundum . . . 223.8
Alzata 235.7
- del coltello . 241.8
- della sega . . 333.3
amandier commun 501.8
amarante simiridis des galibis et des aronagues 503.1
Amarantholz . 503.1
Amaranto . . . 503.1
Amarena . . . 502.2
Amboß 260.5
-bahn 260.6
- -, auswechselbare 260.7
-einsatz 260.8
-, geteilter Unter- 261.2
- mit besonderem Fundament 261.7

Amboß mit eigenem Fundament 261.7
-stock 261.3
- -, hölzerner . 261.4
-stützung, elastische - - durch Holzstöcke 261.5
-, Unter- 261.1
Aménage 341.7, 364.5 367.6, 385.7
- à cylindres des bois débités 385.6
-, appareil d'- pour scies horizontales alternatives 339.9
- automatique, 369.3
-, chariot d' 340.6, 343.3, 356.4, 369.1
- de la pièce à travailler sur la surface de la table 384.5
- - - - par rouleaux 336.6
-, dispositif d' . 385.5
- du bois à la main 369.2
- - - avec la main 382.4
- par rouleaux pour bois en grume 338.1
-, rouleau d' . . 336.7 337.5, 385.7
Amiante 275.7
Amianto 275.7
Amincissement des faces de recouvrement 271.3
Ammortizzare il colpo della mazza 259.1
Ammortizzatore degli urti 323.1.2.3
Ammortizzazione a molla 259.3
- - vapore . . 259.10
- ad aria . . . 259.7
Amolador . . . 217.4
Amorcer le trou 146.6
Amortiguador 323.1.3
- de aire 259.8
- - goma . . . 260.1
- - vapor . . 259.11
Amortiguar, disposición de 323.2
Amortissement par l'air 259,7
- - la vapeur 259.10
- - ressort . . . 259.3
Amortisseur . 259.2.6 260.4, 323.2
- à air 259.8
- -butoir à vapeur 259.11
- en bois . . . 260.3
- - caoutchouc 260.1
Amovible, lame 204.6
Amygdalus communis 501,8
Añadidura de hierro 274,4
Anello 79.5, 218.4 294.5 311.3, 465.1
- a sfere 78.6
- annuale . . . 476.7
Anello d'appoggio e di spessore 127.2
- d'innesto . . . 94.4
- del collare . . 93.4
- - mulino . . 457.10
- - tronco . . . 476.7
- dell'indice . . 189.8
- di arresto . . 189.3
- - blocco . . . 94.4
- - - con tacche 106.9
- - caucciù . . 260.2
- - contrappeso 267.9
- - controspinta 150.1
- - crescita . . 476.7
- - cuoio . . 266.2.3
- - fissaggio . . 442.3
- - gomma . . 260.2
- - pressione . 78.9 234.7, 278.4
- - - assiale . . 78.4
- - protezione . 474.1
- - - per le seghe a tamburo 478,8
- - rivestimento del tamburo 482.3
- divisore . . . 183.7
- filettato 151.4, 218.4
- tagliente . . 420.2
Angel 329.6
-backe 330.4
-, einfache quadratische 330.1
-, Exzentersäge- 331.1
-, Horizontalgattersäge- 331.5
-, Keil- 330.3
-keil 330.5
-, Ober- 329.7
-, Säge- 329.6
-, Unter- 329.9
Anglais, porte-outils 128.2
Angle 24.7, 31.5.7, 121.4.6 186.6, 206.7, 343.6
- cutter 203.6
- iron bending machine 294.9
- - shearing machine 231.5
- - straightening machine 296.5
- lever shears . 229.7
- locking . . . 425.2
- of action . . 69.4
- - back of tooth 347.4
- - backing off 240.7
- - bending . . 291.6
- - centre . . . 111.4
- - cutting edge 347.5
- - shear blades 237.9
- - slide bevel 66.1
- - tooth point 347.3
- plate 29.8
- table 182.4
- web . . 295.1, 295.2
Angle . . 203.6, 465.1
- d'action . . . 69.4
- d'affût 31.6
- d'affûtage . . 121.5
- d'attaque 31.7, 121.6
- - de la dent . 347.5
- d'entaillage de la surface de coupe 31.5
- de cintrage . 291.6
Angle de coupe 31.6, 121.4
- - coupe de la lame 240.7
- - dépouille . 31.7 121.6
- - fraisage . . 186.6
- - la coupe des lames 237.9
- - - inclinaison des lames 237.9
- - - pointe . . 111.4
- - pliage . . . 291.6
- - résistance . 31.5
- - taillant . . 31.6
- du biseau de la glissière 66.1
- - dos le la dent 347.4
- - sommet de la dent 347.3
- vif, à 481.9
Angolo . 203.6, 266.4
- d'azione . . . 69.4
- - dell'utensile 69.4
- del listone inclinato 66.1
- - ribordo inclinato 66.1
- - tagliente del dente 347.5
- dell'affilatura 121.5
- - unghia . . . 121.5
- della base del dente 347.4
- - fresatura . 186.6
- - punta . . . 111.4
- - - del dente 347.3
- di aggiunta . 31.7
- - curvatura . 291.6
- - piazzamento dell'utensile 121.6
- - piegatura . 291.6
- - resistenza . 31.6
- - taglio . 31.5, 121.4 237.9
- morto 31.7
- smussato . . 418.6
- tagliente dell'unghia 240.7
Angulaire, fraise 203.2
Angular, palanca 189.1
Angular thread 174.9
Ángulo 249.3
- agudo, de . . 481.9
- de acción . . 69.4
- - ataque . . . 121.6
- - corte . 31.6, 121.5
- - cruzamiento de las cuchillas 237.9
- - curvar . . . 291.6
- - doblez . . . 291.6
- - frente . . . 31.5
- - fresar . . . 186.6
- - incidencia . 31.7 121.4
- - inclinación del listón 66.1
- - la espalda . 347.4
- - - punta . . 111.4
- - - - del diente 347.3
- del canto . . 240.7
- - corte de las cuchillas 237.9
Ángulo del frente 347.5
- recto 396.5
Anillo 79.5, 294.5, 451.3
-, canal de . . . 252.3
- cónico de guía 151.3
- de afilar . . . 224.1
- - ajuste . . . 442.3
- - asiento . . 127.2
- - bisagra . . 181.7
- - bolas . . . 78.5.6
- - carga . . . 267.9
- - caucho . . 260.2
- - cierre . . . 94.4
- - cocina . . 311.3
- - corte agudo 420.2
- - cuero . . . 266.3
- - - embutido 266.5
- - extensión . 21.9
- - fijación . . 106.9
- - freno . . . 94.6
- - moler . . 457.10
- - presión . . 234.7
- - unión . . . 51.3
- del índice . . 189.8
- dentado . . . 337.7
- divisor . . . 183.7
- elástico . . . 78.9
-, en forma de 224.1 465.1
- lunar 491.3
- prisionero . . 106.9
-, tuerca de . . 218.4
Anima . . 308.6, 309.1 315.4, 493.2
- utilizzabile . 494.6
Ankörn-bohrer 167.3
- -, dreiteiliger 167.4
-maschine . . . 167.5
-vorrichtung . 148.5
Ankörnen, das Loch 146.6
Anlauf der Rolle 84.1
Anneau-broyeur 457.10
- d'embrayage 94.4
- de blocage . 94.4
- - charge . . . 267.9
- - fixage . . . 442.3
- diviseur . . . 183.7
- gradué . . . 183.7
- protecteur . . 474.1
- taillé à angle aigu 420.2
Annular port . 252.3
Anplätzen . . . 464.8
Anpreß-stempel 278.2
-vorrichtung . 338.2
Ansatz-fräsmaschine 179.2
-winkel . . 31.7, 121.6
Anschlag . 18.9, 20.5 107.5
-backe 385.1
-bügel 107.9
-, Gegen- 107.6
-haken 194.4
-, herausklappbarer 99.6
-, Klemm- . . . 189.3
-kloben 193.2
-leiste 29.7
- mit drehbaren Klinken 108.2
-schraube . . . 107.7
-spindel 182.7
-stange 194.3
-stern 99.7

Anschlag, sternförmiger 108.1
-vorrichtung, selbsttätige 108.3
-welle 107.8
Anschleifen, richtiges 82.1
-, verkehrtes . . 82.2
Anschliff, rechter 387.1
-, verkehrter . . 387.2
Anschnittende des Blockes 335.6
Anschraubsäge 208.5
Anschweißen . 271.5
Ansetzen des Stahls 53.5
Anstellen des Drehstahls 95.2
Anstellwinkel . 81.7 121.6
Anstrich-maschine, Schachtel- 459.3
-rahmen . . . 459.4
Antrieb 76.7
-, Ausrückung des Scherblatt-s 236.8
-, Daumen- . . . 235.5
- des Hobeltisches 9.6
-, Drehbank- . . 81.4
- durch hyperboloidische Räder 157.6
- - Kreuzgelenk 158.1
- - Kurbel und Lenkstange 48.7
- - Reibrad . . 157.3
- - Umlaufschleife 41.8
-, elektrischer . 42.3 91.6
-, Friktions- . . 157.3
-, Fuß- 81.1
-, Hebel- 234.3
-, Ketten- . . . 84.8
-, Kurbel- - des Schlittens 18.3
-, - - mit Ellipsenrädern 18.5
-mittel, nachgiebiges 156.1
-, Ölpumpen- . 187.10
-, Räder- 85.1
-, Reib- 90.3
-, Reibkegel- . . 91.1
-, Reibräder- . . 90.3
-, Reibrollen- . 94.7
-, Riemen- . . . 81.4
-rolle 156.4
-, Scheren- - durch Dampfmaschine 236.3
-, - - - Druckwasser 236.5
-, - - - einen Daumen 235.5
-, - - - Schraube 235.4
-, - - - Schwungrad 236.1
-, Schneckenrad- 156.7
-, Schneckenzahnstangen- 10.3
-, Schnur- . . . 84.6
-, Schrauben- . 235.4
-, - zahnstangen- 10.5
Antrieb, Schwungrad- 236.1
-, Seil- 11.5
-spindel . . 40.2, 80.3
- - für das Hubwerk 182.8
-, Steuerungs- . 15.4
-, Stößel- 40.1
-, Stufenriemen- 82.6
-, Stufenrollen- - durch Treibriemen 82.6
-stufenscheibe . 40.3 189.5
-, Tisch- 9.6
-welle 188.9
-, Wurmrad- . . 156.7
-, Zahnstangen- 9.7
-, - - des Stößels 42.2
Anular, mecha - de dos cortes 412.6
Anvil 260.5
- block 261.1
- - in sections . 261.2
- cushion 261.3, 261.4
- face 260.6.7
- foundation, elastic - - on wood blocking 261.5
- pallet, interchangeable 260.7
- with independent foundation 261.7
Anziehmaschine, Arbeitsreifen- 445.3
Anzugschlüssel 331.2
Aparato-divisor para máquina de afilar . . 221.2
Apéndice de cilindro 293.9
Apertura automatica 173.1
- della matrice 243.2
- di scappamento 251.7
- - scarico . . . 244.4
- inferiore della pialla 383.3
- per la chiavetta 168.1
- - levare la fresa 196.1
- - scacciare la punta 150.2
Apfelbaum . . 502.6
Apisonamiento de la arena 301.7
- - - - sobre el molde 302.9
Apisonar . . . 301.1
Aplanar 383.6
Aplicación de cáustico á la madera 488.4
- - la herramienta de tornear 95.2
- del barniz de pulir 406.2
Aplicar las llantas sobre los rayos 451.1
Apoyo . . 196.2, 211.4 219.6, 297.1, 487.1, 463.3
- ancho postizo 100.7
- de columna . 191.9
- - cuchilla . . 389.7
- - espigas . . 294.4
- - la punta . . 111.3
- - lámina . . . 375.5
Apoyo de mano 100.5
- del brazo . . 142.7
- - hierro de sujetar por escalerilla de hierro 28.4
- - - - - - tornillo 28.3
- - husillo guiador 109.5
-, escuadra de 348.5.6.9
- estrecho postizo 100.6
- longitudinal graduable del husillo guiador 109.4
- para la mano 418.7
-, rollo de 294.3, 297.1
- sobre columna 418.9
Appareil-amortisseur, scie verticale alternative avec 328.1.3
- -diviseur . . . 198.6
- - pour machines à affûter ou à meuler ou à rectifier 221.2
- -protecteur pour scies circulaires 471.10
Apple tree . . . 502.6
Applicare i cerchi 445.7
- il mordente al legno 488.5
Application, correct - of blade 387.1
-, - - - cutter 387.1
-, incorrect - of blade 387.2
-, - - - cutter . 387.2
- of the turning tool 95.2
Application de la frette 451.3
- du vernis à polir 406.2
Applicazione dei cerchi 445.6
- del mordente al legno 488.4
- della vernice . 406.2
Appliquer les cercles 446.1
- - jantes sur les rais 451.1
Apply, to . . . 218.3
Appoggio 348.6, 407.2 463.3
- cilindrico interno 78.1
- del mandrino 77.4
Appui 29.7, 81.9, 219.6 297.1, 487.1
- de bras . . . 142.7
- - la lame . . 375.5
- du fer 389.7
-, équerre d' . 348.6.9
-, rouleau d' 294.3, 297.1
Apretar, nervadura para 30.4
Aprieto, tornillo de 48.4, 188.6
Aprisionamiento de la hoja de sierra 471.2
Aprisionar . . . 471.3
Apron 103.2.7
- lathe 59.5
Aproximación del útil 58.5
Arandela 93.4
- de cuero . . 266.2.3
- - presión 78.4, 150.1
Araser, machine à (v. „machine") 367.4
-, scie circulaire à 367.3
Arbeit, Dreh- . 68.1
-, Hobel 6.8
-spindel . 77.1, 195.1
- - mit konischem und zylindrischem Laufzapfen 79.4
-stichel, vorschiebbarer 108.4
-stück 27.2
- -, das - - ausrichten 70.10
- -, - - - einmittein 70.10
- -, - - - zentrieren 70.10
- -, - - - zwischen Spitzen einspannen 111.1
Arbeiten des Holzes 488.10
Arbeiter, Drehbank- 71.3
Arbeits-bewegung 6.9, 68.2
-gang 70.6
- - des Schlittens 11.7
-geschwindigkeit 7.7
- -, sekundliche 68.4
-hitze 121.11
-kolben 278.3
-meßapparat für Hobelmaschinen 384.4
-reifen 445.4
- -anziehmaschine 445.3
-richtung, Widerstand in der 68.7
-tisch . . . 39.1, 45.6
- -, Längsgang des -es 47.5
- -, Quergang des -es 47.6
-verbrauch im Leergang 70.8
-widerstand . . 7.2
Árbol . 296.1, 354.3.4.5 490.5
- achaparrado 490.4
-, corta de -es . 485.3
- es cortados . 354.7
- de albura . . 494.4
- - alisar y barrenar con tornillo de avance excéntrico 161.6
- - avance . . . 159.2
- - barrenar con tornillo de avance interior 161.5
- - - de avance automático 161.4
- - - intercambiable 169.8
- - - para dos cuchillas 169.6
- - - - herramientas graduables 169.7
- - cambio de marcha 19.3

Árbol de disparo 51.9
- - excéntrico . 49.7
- - inversión de marcha 19.3
- - la contra-marcha 81.7, 85.4.5
- - madera de corazón 494.6
- - - utilizable 494.5
- - movimiento excéntrico compuesto 219.1
- - ranura helicoidal 20.3
- - taladrar . . 149.5 155.7, 156.6
- - - de movimiento transversal 158.1
- - - rotatorio y hueco 149.4
- - tope 107.8
- doble 151.5
-, eje del 77.3
-, enderezamiento de -es 295.8
-es girando en el mismo sentido y de deslizamiento contrario 82.4
- hueco 219.2
- intermedio graduable 92.1
- motor 188.9
- - de la sierra alternativa 326.9
- porta-broca graduable 151.6
- - -brocas 150.7, 157.5
- - -cuchillas . 391.2
- - -fresa . . 196.2.3
- - -muela . . . 217.9
-, tala de -es . 485.3
- taladrado . . 219.2
- - excéntricamente 218.8
- torcido . . . 489.9
-, tronco de . . 479.7
-, velocidad del 77.2
- Wellington gigantesco 496.4
Arbor 57.5, 196.3, 218.1 219.7, 224.8
-, conical . . . 219.9
-, cutter 195.1
-, milling . . . 197.7
- spindle . . . 196.2
Arbre . 292.7, 296.1.2 354.3.4, 475.3, 479.7
- à acajou 500.5
- - articulation 191.1
- - excentrique 49.7 284.6
- - rainure hélicoïdale 20.3
-s - rotation dans le même sens se déplaçant l'un par rapport à l'autre 82.4
- articulé . . . 191.1
- - télescopique 191.5
- au corail . 505.10
- contourné . . 489.9
-s coudés 58.6, 187.6
- creux . 172.4, 219.2
- d'alésage . . 169.1
- d'avance . . . 159.2
Arbre de bois complètement utilisable 494.5
- - - d'aubier . 494.4
- - - de cœur . 494.6
- - butée . . . 107.8
- - chariotage 108.6.8
- - - à rainure 109.1
- - commande . 40.2 51.9, 188.9
- - - du châssis 326.9
- - la poulie porte-lame 358.3
- - relevage . . 182.8
- - renversement 19.3
- - renvoi . . . 81.7
- - suspension . 369.6
- - tour . . . 419.8.9
- déjeté 489.9
-, douille de l' . 191.7
-, dressage d'-s 295.8
- du ciel 500.9
- - harnais d'engrenage 92.9
- - marteau . . 246.2
- extensible . . 92.1
- fileté 10.8
- intermédiaire 189.4
- - du harnais 85.4.5
- mammouth . 496.4
-, monté sur le même 362.9
- porte-foret . 149.3.6
- - -fraise 195.1, 196.3
- - -lame déplaçable 366.2
- - -meule 217.9, 218.2
- - -outils . . 391.1.2
- - - en porte-à-faut 380.6
-s - - horizontaux et verticaux 380.5
- - - rond . . . 390.3
- pour le réglage de course 41.1
- - scie circulaire 371.2
- principal . . 77.1
- rabougri . . . 490.4
- télescopique d'avancement 191.6
-, tour à -s . . 58.5
- veiné 490.5
Arc-boutement 28.5
Arce á azúcar . 501.5
- blanco 501.4
- campestre . . 501.3
- de Noruega . 501.2
- sicomoro . . 501.1
Arch type steam hammer 250.6
Archet 321.8
Arcidiavolo . . 499.7
Arco 346.4
- della sega . . 346.5
- di arresto . . 107.9
Arco 233.5, 321.3, 346.4
- de la bancada 63.8
- - protección . 226.4
- - sierra . . . 346.5
- - suspensión 279.5.6
- - tope 107.9
- giratorio . . . 206.5
- intermedio de suspensión 280.1
Ardere 483.6
Ardoise à aiguiser 222.9
- à repasser . . 222.9
Area of counter pressure 267.1
- - piston . . . 251.3
- - pressure . . 266.8
Arena . . 314.5.7, 315.3
-, apisonamiento de la 301.7, 302.1
-, caja de . . . 316.8
-, chorro de . 316.2.3.6 317.1.4.5, 318.4.5
- cuarzosa . . . 405.5
-, cubeta de . . 456.4
- de fundición 314.1.4
-, elevador de . 316.7
-, embudo para la 304.1
-, igualar la . . 302.2
-, secar la . . . 315.2
-, superficie superior de la 301.8
-, tabique de retención de la 303.4
-, tamiz de - con trepidación por presión de aire 314.3
Arenaria 222.5
- argillosa . . . 222.6
- calcare . . . 222.8
- silicea 222.7
Arenisco, piedra -a 222.5
- -calizo, piedra -a 222.8
- -silicioso, piedra -a 222.7
Arête, à -s arrondies 481.10
- de la matrice 243.4
- - lame de cisaille 240.6
- - matrice . . 243.3
- - poinçon . . 242.3
- taillée biseautée 418.6
- - en biseau . 417.6
- tranchante d'un outil 120.9
Arganello per montare le botti 444.4
Argano . 345.3, 463.2
- a catena per tronchi 462.3
- - - senza fine per tronchi 462.4
- - vite per mettere insieme le botti 444.6
- - - - serrare le doghe delle botti 444.6
- per caricare i tronchi 463.1
Argillaceous sand stone 222.6
Aria . . . 254.7, 259.9 454.1, 469.7
- calda, apparecchio a vapore per produrre l' 464.2
- compressa . . 52.1 255.8, 268.3
- -, chiodatrice ad 281.6
- -, chiodatura ad 288.6
- -, maglio ad . 254.1
Aria compressa, martello ad 256.1
- -, ribaditrice ad 281.6
- -, ribaditura ad 288.6
- -, scalpello ad 256.2
- -, trapano ad 138.1
- -, utensile ad 255.7
- essiccante . . 464.1
Aristas redondas, de 481.10
Arkansas stone 222.10
Arkansasstein 222.10
Arm 181.5
-, Abstreifer- . . 244.8
-, einstellbarer 143.6
-führung . . . 142.7
- -, geschlitzte 197.4
-, Schwärmer- . 187.4
-, Tisch- 140.2
-versteifung . 142.7
-, Vorgelege- . 181.5
Arm 5.3, 141.5, 142.1.7 163.1, 181.5
-, adjustable . . 143.6
-, articulated . 141.7
- carrying the saw 207.1
-, claw 341.3
-, dividing . . 198.10
-, double sided 141.6
-, driver 446.1
-, hinged 141.7
-, - doghook . . 354.1
-, mixing -s . . 457.8
- of flying cutter 137.4
-, overhanging 138.4 197.2
-, pivoted . . . 141.7
-, supporting table 140.2
-, swivel 142.6
-, swivelling overhanging 199.1
- with horizontal and vertical adjustment 142.5
Armadio . 181.6, 428.3
Armario . 180.5, 181.6
- de secar . . . 454.2
Armatura del maglio 258.9
- - mulino . 457.10
- della sega in legno 326.3
Armaturenfräsmaschine 179.2
Armazón . 4.5, 54.2
Armoire 180.5
- à outils . . . 181.6
Aro de cedazos 435.5
- - madera . 435.1.2.4
- protector para sierras de cinta 473.4
Arpione . 341.1, 342.3 343.7, 354.2
-, a mezzo di -i 344.2.3
- aggiustabile . 344.1
-, braccio dell' 341.3 354.1
-, carrello con . 340.3 363.7
-, cavalletto a ruote con 363.7
- spostabile 342.6, 344.1

Arquearse, el - de la madera 488.11
-, - - en sentido longitudinal 489.1
-, - - - - transversal 489.2
Arrache-clous . 344.6
- - à levier . . 344.7
Arracheur . . 244.5.6
- fixe 244.6
- réglable . . . 244.7
Arranque 22.3.4, 23.7 25.3
- blindado, mecanismo de 23.7
- cubierto, mecanismo de 23.7
- de traviesa, mecanismo de 24.1
Arrastre . 154.7, 155.1 339.5, 385.8
-, casquillo de . 156.2
-, tope de - especial 220.6
Arresto 20.5, 99.6, 107.5 246.6
- a molla . . . 20.2
-, albero degli -i 182.7
-, - del dispositivo di 107.8
-, anello di . . 189.3
-, arco di . . . 107.9
-, barra d' . . . 194.3
- con nottolino girevole 108.2
-, contronasello di 107.6
-, crichetto d' . 88.4
- di fresatrice per ingranaggi 193.7
-, dispositivo automatico di . 108.3
-, gancio d' . . 194.4
-, ingranaggio di 338.6
-, leva di . . . 338.5
-, meccanismo d' 51.8
-, nasello di 107.5, 193.3
-, nottolino di . 23.3 106.3, 162.2, 194.4, 338.4
- per denti di ingranaggi 193.7
-, perno del dispositivo di 107.8
-, renella d' . . 51.5
-, ruota di 23.2, 106.2 338.6
-, stella degli -i 108.1
-, vite dell' . . 107.7
-, volantino dell' 99.7
Arrêt . . . 51.5, 338.5
Arretierstift, federnder 155.1
Arrière de la glissière 65.6
Arriostramiento 265.4
Arrondi 418.3
Arrondir . . . 418.2
-, appareil à - les fonds 442.6
-, machine à (v. „machine“)
Arrotolarsi, il truciolo si -a 58.7
Arrotondare . . 399.6 418.2
Arrotondato . 481.10
Arrotondatura 418.1.3
Articolazione del braccio 142.1
Articulación . . 142.2 408.2
- de brazo . . 142.1
- - Cardan . 158.1.2
- en cruz sistema Hooke 91.7
- esférica . . 191.2.3
- universal . . 158.1.2
Articulado, transmisión -a 190.7
Articulation of arm 142.1
Articulation . . 141.7 142.2, 191.1, 408.2
- à rotule . . . 191.2
- de bras . . . 142.1
- universelle . 190.7
- - de Hooke . 91.7
Articulé, arbre 191.1
Arve 495.10
Asbesto 275.7
Asbestos washer 275.7
Asbestscheibe . 275.7
Ascendere . . . 263.2
Ascesa 263.2.3
- della sega . . 333.3
Ascia con movimento alternativo 429.3
- doppia 430.1
- - a bilanciere 430.2
- - oscillante . 430.2
Asegurar el eje de la contramarcha 92.9
Aserradero mecánico 464.4
- - á vapor . . 464.6
- - movido por agua 464.5
Aserrado . . . 332.1
- á lo largo de la madera 333.5
- de madera de combustión 468.4
- - superficies torcidas 340.1
Aserrar . 332.2, 464.4
Ash, common . 505.4
-, mountain . . 502.7
Asiento . 139.3, 248.8 261.4
- cónico del útil 127.3
- de cuña del útil 127.3
- elástico de madera para la chabota 261.5
- giratorio . . . 67.9
- - del carro . 98.8
- para el yunque 260.8
- - la estampa inferior 260.8
Aspalatus ebenus 504.9
Aspe 497.5
Aspen 497.5
-, quaking . . . 497.5
Aspiración 187.6, 213.8 214.1, 254.5, 469.4
- del polvo . . 213.5
-, disposición de 470.1
Aspirador . . . 213.6
- centrífugo . . 213.7 319.4
- del polvo . . 213.6
Aspirateur . . . 470.1
- centrifuge . . 213.7
- - des poussières 319.4
- de copeaux . 470.3
- - poussière . 213.6
- double 470.2
Aspiration 187.6, 213.8 214.1, 254.5, 469.4
- de la poussière 213.5
- des poussières 319.3
Aspiratore 213.6, 470.1
- a palette . . . 319.4
- centrifugo . . 213.7 319.4
- doppio 470.2
Aspirazione . . 187.6 213.8, 254.5, 469.4
- della polvere 213.5 319.3
Asse 58.7
- del baricentro 391.7
- - mandrino . 77.3
- della sega circolare 371.2
- delle punte . 112.1
- di rotazione . 70.9 391.8
- - sospensione 369.6
- intermedio . 189.4
Assemblage . 396.4.9
- en équerre des bouts de planche à tenons droits 427.3
- par rivet . . . 282.5
Assemblar . . . 443.5
Assemblé à queue d'aronde 427.2
Assembler . . . 20.8
- à tenon et mortaise 402.1
-, appareil à - les planches de caisse 428.1
-, - pour - les douves 443.5
-, machine à (v. „machine“)
Assicella 367.4.5, 427.1.3 482.6
- con giunture a incastri 426.9
- da scatola . . 376.4
- per scatole . . 376.5
-, piallatrice per -e 381.5
- rivestimenti . 396.9
-, sega circolare per -e 361.8, 366.6
-, unione del bordo di -e 427.3
Assise élastique de chabotte en bois 261.5
- pivotante 25.1, 95.8
Assoggettatura del pezzo a mezzo di pressione a vite 239.1
- - - - - di pressione idraulica 239.1
Assottigliamento delle estremità 271.3
- - teste da saldare 271.3
Ast 476.4
-fäule 493.4
Ast-holz 479.5
-knoten 493.7
Asta d'appoggio 468.3
- di avanzamento 48.3
- - cambio . . . 18.6
-e - comando . 50.1
- - guida . 25.6, 355.6
-e - legno . . . 435.7
-e - movimento 50.1
- pel cambiamento 19.3
- scorrevole . . 19.6
Astilla de madera 452.3, 454.6
Ataque 121.6
Atelier d'affûtage 217.7
- de charonnage 468.8
- - charpentier 465.10
- - fraisage . . 185.3
- - meulage . . 217.5
- - modeleur . 466.3
- - rabotage mécanique 465.2
- - tourneur . . 467.7
- mécanique pour fabriquer les feuilles de placage 465.3
- pour la fabrication de tonneaux et de cuves 468.6
- - le travail de bois 461.2
Atiesamiento de las hojas de serrar 328.8
Atiesar 329.1
Atlasholz . . . 505.9
Atmospheric . 267.4
Attaccare inclinato 335.4
- la puleggia a gradini 92.2
Attacco . . 86.5, 152.2 330.4, 331.2
- a chiavetta e controchiavetta 330.3
- - leva 331.3
- ad eccentrico 331.1
- del contralbero 83.4
- della sega . . 329.6
- - tavola . . . 249.8
- delle lame . . 321.8
- di sega orizzontale 331.5
- inferiore . . . 329.9
- semplice quadrangolare 330.1
- superiore. . . 329.7
Attache des lames 321.8
Attaque . . 81.7, 121.6
Attrito 7.10, 21.6, 220.4
Aubépine . . . 502.4
Aubier . . 476.2, 493.3
Aufbiegevorrichtung für spiralige Holzplatten 435.6
Auffangpfanne 63.5
Auffrischen matt gewordener Stahlbäder 273.6

Aufhänge-achse 369.6
-bolzen 280.2
-bügel 279.5
- -, Zwischen- . 280.1
Auflage 418.7
-, Hand- 100.5
-, hohle 214.1
-, Ständer- . . . 418.9
-tisch 54.3
Auflegetisch . . 384.6 404.2
- der Schere . . 233.6
-, Scheren- . . . 233.6
Aufnahme-bock 198.3
-dorn 198.4
Aufrauhmaschine 382.6
Aufräumen . . 54.9
- der Löcher . 54.8
Aufräumer . . . 412.7
Aufreiben . . . 148.5
-, Nietlöcher . . 288.2
Aufrollen, sich, der Span rollt sich auf 70.5
Aufsatz-form . 448.5
-rahmen . . . 309.6
Aufschläger, Dampf 246.10
Aufsetzer, Keil- 330.9
Aufsetz-form . 443.5
-rahmen 308.9
Aufspann-block 30.5
-dorn 219.7
- -, kegeliger . 219.9
- -, konischer . 219.9
-eisen 27.8
-frosch 116.2
-kasten 30.5
-kloben 28.6
-lappen 30.4
-loch 116.1
-nut 19.1
- -, kreisförmige 29.1
- - mit schwalbenschwanzförmigem Querschnitt 29.5
- - - ⊥ förmigem Querschnitt 28.7
-platte . . 115.4, 139.4
-schraube . . . 27.7
-tisch 5.4, 139.5, 182.3 184.2
- -, Ausrückung des -es 190.6
- -, drehbarer . 46.3 184.2
- -, Quergang des -es 190.5
-vorrichtung für Ankörnmaschinen 166.4
-winkel . . 30.6, 139.5
- -, Verschiebung der 30.7
- -, Verstellung der 30.7
Aufspannen . . 27.4.5
-, den Fräser . 205.4
- durch Keile und Gegenkeile 165.6
Aufstampfen des Sandes 302.1
Auftragen des Politurlackes 406.2
Auftragwalze . 467.2
Aufwerfer . . . 245.6
Aufzug, Block- 345.2
Aufzug, Block- - mit offener Kette 462.3
-, fahrbarer Stamm- 463.4
-winde, Block- 345.3
Auge 372.6
Auger . . 411.4, 412.4
- bit, ring . . . 412.6
- - with advance cutter 411.7
- for hollow mortising chisel 409.8
Aune 497.10
- à feuilles aigues 497.11
Ausbohren . . 147.2
-, auf der Drehbank 71.8
- kegeliger Löcher 147.8
-, Nieten 290.1
- runder Löcher 147.7
Ausbohr-kopf . 168.4
-maschine . . . 129.3
- -, liegende . . 136.3
- - mit senkrecht verschiebbarem Spindelkasten und festem Ständer 136.5
- - - - - - - wagrecht verschiebbarem Ständer 136.4
- -, stehende . . 136.2
- -, tragbare . . 137.1
-spindel 169.1
Ausdrehen . . 71.8.9
Ausdreh-haken 422.6
-maschine, Kübel- 447.1
-stahl . . 125.4, 422.6
Auseinanderdrängen der Scherblätter 242.1
Auseinanderhalten 471.9
- des Holzes . 471.8
Ausfuhrseite, Holz- 336.1
Ausgleichung des toten Ganges 112.4
Ausheben der Walze 294.6
Aushubtisch, Einzel 308.5
Auskehl-fräser . 400.6
-gerät 399.4
Ausklinkung der Maulflächen 144.4
-, Getriebe- . . 165.2
Auskragung . . 54.5
Auskreuzen, den Nietkopf 290.2
Ausladung der Nietmaschine 278.6
- - Radialbohrmaschine 131.3
- des Bügels . 233.5
Ausleger . . 5.3, 141.5
-arm 141.5
-balken 141.5
-bohrmaschine 131.2
-, drehbarer und senkrecht verstellbarer 142.3
-, Gelenk- 141.7
-gelenk 142.1
Ausleger, wagrecht und senkrecht verschiebbarer 142.5
-, zweischildiger 141.6
Auslöshebel . . 194.7
Auslösung . . . 50.7
-, Exzenter- . . 235.3
-, Selbst- 26.4
Auspuffkanal . 251.7
Ausräumen . . 54.9
- der Löcher . 54.8
Ausrichten . . 71.1
-, das Arbeitstück 70.10
- der Kreissäge 371.4
-, die Hölzer . . 335.5
Ausricht-maschine 311.1
-rahmen 311.2
Ausrückbar, -e Sperrklinke 42.8
-es Vorgelege . 85.3
Ausrück-hebel . 194.2
-knopf . . 164.6, 194.3
-stift 164.6
Ausrücken . 25.8, 83.5
Ausrücker 42.7, 103.4 153.5
-, Riemen- . . . 26.1
Ausrückung . . 25.7
- des Aufspanntisches 190.6
- - Scherblattantriebs 236.8
- mit Fallschnecke 193.3
-, selbsttätige . 26.4
Aussägen . . . 332.3
Ausschlagen, Löcher 239.3
Ausschleifen . 215.3.4
- zylindrischer Löcher 215.5
Ausschneiden . 238.5 351.2
- der Zähne . . 351.1
- des Zahngrundes 351.3
Ausschneidesäge 355.4
-, freistehende . 355.8
Ausschwenkbar, -er Bohrtisch 140.4
Ausschwenken, seitliches 140.5
Außen-feuer . . 276.3
-gewinde, Gewindestahl für 125.8
- -stahl 125.8
-lager, festes . 109.2
-riß 490.7
-spindel . . . 219.3
Außerachsig gebohrte Spindel 218.8
-er Schlag . . . 268.5
Aussetzen . . . 349.7
Aussparung, Stößel- 58.3
Ausstanzen . . 351.2
- der Zähne . . 351.1
Ausströmkanal 251.7
Austrocknen, langsames - eines Stammes 486.10
Auswechselbar, -es Einzelmesser 204.6
Auswechselbarkeit 105.1
Auswechseln der Räder 87.4
Auswerferschlitz 196.1
Ausziehbar, -e Gelenkwelle 191.5
-e Spindel . . . 191.6
Auszieh-rohr . 191.8
-spindel 188.3
Autocentrante, morsa 144.2
Autogen, -es Schneiden 273.1
-e Schweißung 272.1
Autogène, soudure 272.1
Autogeno, saldatura -a 272.1
Autógeno, soldadura -a 272.1
Autogenous welding 272.1
Automat 62.3
Avance 22.5, 95.3, 207.2
- à la main . . 159.5
-, appareil d'- par rouleaux démontables 357.3
-, arbre d' . . . 159.2
- automatique . 95.9 102.5.6, 168.6, 164.1
- - d'une scie à ruban 357.2
- - de précision de la meule 218.7
-, commande de l' 162.4.5.7
- continue . . . 95.7
-, crémaillère d' 160.6
- de l'outil . . 22.3
- - la broche . 158.8
- - - - à la main 159.7
- - - - par pignon et crémaillère 160.4
-, débrayage automatique de l' 163.7
-, direction de l' 95.5
-, dispositif d' . 385.5
-, - d'- par excentrique 162.1
- du foret . . . 145.4
- du porte-mèche à la main 410.3
- en ligne droite 22.6
- latérale . . . 22.4
- longitudinale, mécanisme d'- - automatique 101.8
-, mécanisme d' 22.8 23.7, 154.5
-, - d'- par roue à rochet à denture latérale et cliquet 162.2
-, - - - - et vis sans fin 192.2
-, - de l' 165.2
-, mouvement d' 51.7 95.4, 165.3
- par chariot . 348.1
- - cliquet . . . 95.8
- - -, dispositif d' 96.1

Avance par cylindres 328.4
- parallèle . . . 361.5
- rapide 22.7
- rectiligne . . 95.6
–, régulateur de l' 207.3
- régulière par courroies et engrenages et vis sans fin 338.7
–, roue commandant l' 23.1
–, - d' . . 23.4, 159.3
- saccadée par roue à rochet et engrenage . 339.3
- transversale . 41.9 95.10, 102.2
- –, mécanisme d'- - automatique 101.9
–, vis d' 159.2
Avance 22.5, 41.9, 95.3 160.6, 165.3, 207.2
- á mano 159.5, 369.2
–, árbol de . . . 159.2
- automático . 164.1 363.8, 369.3
- - de la broca 163.6
- - - - pieza por cilindros 336.6
- - - - - - rodillos 336.6
- - - - sierra de cinta 357.2
- –, disposición de 107.4
- axial de la pieza de labor contra la fresa 192.3
–, cadena de . . 96.4
–, camino de - rectilíneo 95.6
Avance-cepillo 374.2
–, cilindro de . 336.7 385.7
- continuo . . 95.7
- de la broca . 145.4
- - - hoja . . . 333.1
- - los troncos por rodillos 338.1
- - plata-forma corrediza, sierra circular con 369.4
- - salto 95.8
- del husillo de taladrar 158.8
- - - - - á mano 159.7
- - - - - por cremallera y piñon 160.4
- - material . . 107.3
- derecho . . . 22.6
–, desembrague automático del 163.7
–, - del movimiento de 165.2
–, disposición de 385.5
–, - - - para sierras alternativas horizontales 339.9
–, - - - por rodillos desmontable 357.3
–, distancia de . 95.5
Avance, distribución de 22.8
–, embragar para el 336.4
–, engranaje de 51.10
–, husillo de 51.9, 159.2
–, impulsión rápida del - á mano 162.5
- instantáneo . 22.7
- intermitente de trinquete engranajes 339.3
- longitudinal de la muela de esmeril 219.4
- - del carro . 101.6
–, mecanismo de 22.2
–, - - - por cadena y rueda de trinquete 96.1
–, - - - - engranaje de corona y trinquete 162.2
–, movimiento de 22.3, 48.7, 95.4, 96.7
–, - - - por excéntrica 162.1
- paralelo, carro superior de 361.5
- plano 95.10
- por cable . . 336.5
- - cremallera y piñon 160.4
- - plataforma corrediza 348.1
- - presión. . . 95.9
- - tornillo . . 161.3
–, regulador del 208.3
–, rodillo de 336.7, 363.1
–, rueda de 23.1.4, 51.10 102.2
–, tornillo de. . 159.2
- uniforme por correa y ruedas de fricción y engranajes de tornillo sin fin 338.7
- útil 374.2
Avancement 22.2, 25.3
- automatique . 107.4
- - du chariot . 102.3
- de la barre . 107.3
- - - lame . . . 333.1
- longitudinal de la meule en émeri 219.4
–, mécanisme d' - par roue à rochet et cliquet 234.4
–, - - - - - - - poussoir 234.4
- par câble . . 336.5
- transversal automatique 102.1
Avancer 336.2
- la pièce à travailler dans le sens de rotation de la fraise 192.5
- - - - - - - opposé à celui de rotation de la fraise 192.4
Avant-cintrage 293.7
- -trou 146.8
Avanzamento 22.5, 95.3 163.7, 207.2, 369.2
- a crichetto, meccanismo di 234.4
- - mano . . . 159.5
- - - del mandrino 159.7
- - - - - di alesaggio 158.2
- - mezzo di fune 336.5
- - - - rulli . . 336.6
- - scatti . . . 95.8
- - tempi . . . 95.8
- - - a mezzo di crichetto e rapporto di ingranaggi 339.3
- - vite senza fine, meccanismo di 192.2
- assiale della mola 219.4
–, asta di 48.3
- automatico . 51.7 102.4.5.6, 164.1.3, 363.8 369.3
- - a pressione 95.9
- - del mandrino 163.6
- - della mola . 218.7
- - - sega a nastro 357.2
- –, dispositivo dell' 107.4
–, comando dell' 22.2 51.9, 96.4, 159.2.3, 160.6
- continuo . . 95.7
- - a mezzo di cinghia 338.7
- dei legni tagliati a mezzo di rulli 385.6
- - tronchi a mezzo di rulli 338.1
- del legno . . 362.4
Avanzamento del mandrino 145.4 158.8
- - pezzo contro la fresa in direzione dell' asse del mandrino 192.3
- - - da lavorare 107.3
- - - - - sopra il piano della tavola 384.5
- - portautensili per spianare 102.1
- della barra da lavorare 107.3
- - punta . . . 145.4
–, direzione di . 95.5
–, dispositivo dell' 162.1.4.5, 385.5
–, ingranaggio divisore di 339.7
–, iniziare l' . . 336.4
- istantaneo . . 22.7
- longitudinale 101.8 102.7
–, madrevite dell' 162.7
–, meccanismo di 22.8, 23.7, 24.1, 96.1, 192.2, 336.3
Avanzamento, movimento di 22.3, 95.4
–, nottolino di . 23.3
- parallelo . . 361.5
–, puleggia a gradini dell' 154.5
–, regolatore dell' 208.3
- rettilineo 22.6, 95.6
–, rullo di 336.7, 363.1 385.7
–, ruota di 23.1, 339.6
–, scatola di . . 23.7
- su slitte . . . 348.1
- trasversale . 95.10 101.9, 103.1
- unitario . 22.4, 159.1
–, vite d' 25.3
–, volantino dell' 102.2
Avanzar 336.2
Avanzare . . . 336.2
- il pezzo in senso contrario alla rotazione della fresa 192.4
- - - nel senso della rotazione della fresa 192.5
Avanzata della sega 333.1
Avellanador . . 201.2 412.3
Avellanar . . . 283.5
–, el - de un agujero 148.1
- los agujeros para remaches 283.4
Avellano . . . 498.2
- común 498.2
Avellino 495.1
Avivar, el - baños flojos de acero 273.6
Avvicinamento dell'utensile 95.2
Avvolgersi, il truciolo si -e 70.5
Avvolgimento . 248.3 378.2
Awkward working piece 166.2
Axe 51.1
- de la broche 77.3
- - rotation 70.9, 391.8
- des pointes . 112.1
- passant par le centre de gravité 391.7
Axial, déplacement 192.3
Axial, fresa . . 201.4
Axial travel of the work up to the cutter 192.3
Axis of centres 112.1
- - rotation 70.9, 391.8
- - spindle . . 77.3
- passing through centre of gravity 391.7
Axle of frame cross head 326.8
- turning lathe 58.7
Azetylen 272.4
Azione . . . 69.3.4
Azufre 456.5

B.

Bac à copeaux 182.2
- -collecteur . . 63.5
Baccarello . . . 502.9
Bacchetta . . . 484.2
Bacino per i trucioli 63.5
Back centre . 117.3.8 118.1.5
- - socket . . . 117.4
- edge 121.2
- - of saw . . . 346.9
- gear 85.2
- -, disengageable 85.3
- -, encased . . 86.6
- - shaft handle 86.5
- guidance . . 208.2
- guide 358.7
- iron 387.3.4
- -, fixed 387.5
- -s, knife . . . 375.6
- lash 112.3.4
- of tooth . . . 347.4
- off, to 72.8
- -, - - - the side faces 78.1
- roller . 363.2, 365.1
Backe, Angel- . 330.4
-, Anschlag- . . 385.1
-, Biege -n . . . 292.5
-, Düsen- 316.5
-, Einschiebe- . 330.4
-, Form- 483.6
-, Führungs- . . 364.6 385.1
-, Schränk- . . . 350.4
-, Spann- 114.6
-, stützende . . 293.1
Backed off milling cutter 200.2
- - teeth . . . 200.3
Backen-bremse 248.4 334.5
-führung . . . 144.5
-futter 114.4
- -, Zwei- . . . 114.5
-, Spann- 144.3
Backing off 72.9, 240.7
- - device . . . 97.6
- - -, lateral . . 97.7
- - lathe 61.6
Bad, Paraffin- . 456.8
Bagno di paraffina 456.8
Bagolaro . . . 499.7
Bague . . 79.5, 218.4
- à billes . . . 78.6
- - gorge . . . 93.4
- - serrage de butée 189.3
- conique de guidage 151.3
- d'assise . . . 127.2
- d'embrayage 94.4
- de blocage . 94.4 106.9
- - cuir 266.2
- - frein 94.6
- - friction . . 94.6
- - pression . . 234.7
- - serrage . . 104.1
- - verrouillage 106.9
- divisée 189.8
- en caoutchouc 260.2
- - cuir 266.3
Bague extérieure excentrée 219.3
Bahn, Amboß- . 260.6
-, Gleit- 326.5
-, Hammer- . . 261.9
-, Rollen- 133.7
-, Schlepp- . . . 462.5
-, Wald- 462.2
Bain d'acier décarburé 278.6
- de fonte de fer 278.5
- - paraffine . . 456.8
Bajada de la hoja 333.4
- del husillo de taladrar á mano 410.3
Balai 220.4
- de prise de courant 21.6
Balance for regulating saw feed 207.2
- weight 50.4.6, 161.2, 359.3
- - lever 160.3, 338.3
Balancear . . . 391.6
-, aparato de - las cuchillas 391.9
Balancier 229.6, 232.2, 247.7, 257.7
Balanciersäge . 369.5
Balancin 232.2, 247.7
Balancing machine, cutter 391.9
Bald cypress . 496.6
Balestra 257.1
Baling press . . 377.4
- -, double automatic 377.7
Balk, timber -s 380.2
Balken 341.4
-, Bett- 64.5
-, Biege- 431.2
-hobelmaschine 380.2
-, Holz- 482.2
-, Quer- 5.2
Ball . . . 191.3, 257.7
- and socket joint 191.2
- bearing . . . 161.1
- forming rest 100.3
- handle 44.3
- joint . . 188.3, 190.7
- mill . . 314.8, 458.5
- race 78.6
- socket 191.4
- socketed bearing for boring bar 168.6
- thrust bearing 78.5
- turning chuck 420.8
Balla 377.4.7
Ballenpresse . . 377.4
-, selbsttätige doppelte 377.7
Balligdrehen . 72.7
Balsa 345.1
Balsam fir . . . 495.2
Balsamtanne . 495.2
Bamboo 484.3
Bambou 484.3
Banc 63.7, 64.5
- à étau 352.3
Banc d'affût . . 352.3
- de raboteuse 4.5
- droit 64.6
- du tour 63.2.8, 64.1
- - - à quatre glissières 64.4
- entaillé . . . 64.7
- levable avec jambe de soutien 189.7
-, longueur du 63.6
- rompu 64.2
- transversal . 67.7
- - avec chariot 67.8
Bancada . 63.7.8, 64.2
- con escote . . 64.2
- cortada . . . 64.2
- de torno con cuatro superficies 64.4
- del torno . . 63.2
- en forma de caja 183.4
-, longitud de la 63.6
- mural 189.2
- transversal . 67.7
- - de soporte . 67.8
Banco . . 64.8, 229.5
- con incavo 64.2.7
- da tornio a quattro guide 64.4
- del tornio 63.2.8, 64.1
- incavato . . . 64.2
-, lunghezza del 63.6
- per fissare le seghe da affilare 352.3
- - tendere le seghe da affilare 352.3
-, superficie del 63.7
- trasversale . . 67.7
- - del sopporto 67.8
Banco de sujeción 352.3
- - torno . . . 64.1
Band, Brems- . 94.6
-kette 367.6
-rollenwelle . . 358.3
-rolle 357.7
-, Schleif- . . . 404.4
Band, brake . . 94.6
- of thermit iron welded on 274.1
- saw (s. „saw")
- sawing machine (s. „sawing machine")
Banda 64.5
- con escote . . 64.7
- derecha . . . 64.6
Bandage 60.3, 295.3 432.3
Bandaje, colocación de los -s 445.6, 446.1
-, colocar los -s 445.7 446.3
- de curvar . . 432.3
- - rueda . . . 60.3
- provisional 445.3.4
Bande à angle droit 465.1
- d'appui . . . 29.7
Bande de copeaux 458.8
-, -s de pourriture 492.11
-s - - rouges 492.10
- - tôle 229.3
-, découper en -s 238.4
- mince pour boites 376.4.5
Bandsäge 207.6, 359.5
-blatt 359.5
- -, Löten des -es 360.1
-, Block- 356.2
-, doppelte verstellbare Abkürz- 356.5
-, - - Stutz- . . 356.5
-feilapparat und Schränkapparat 359.7
-feilmaschine . 359.6
-führung . . . 358.6
-, liegende Block- 357.5
-lötapparat . . 360.2
-mitLaufwagen 356.3
-rolle 357.7
-, Schnitthöhe der 359.4
-, Schutzbügel der 478.4
-, Schutzrinne der 478.5
-, selbsttätiger Vorschub der 357.2
-, Tisch- 356.6
-tisch 357.1
-, verstellbare . 357.6
Bank, Leitspindel- 58.1
-, Spann- 352.3
Baño de hierro colado 273.5
- - parafina . . 456.8
- flojo de acero 273.6
- -maria para cocer la cola 459.7
Bar 73.10, 243.8, 271.4
- bending machine 292.7
-, boring. . . . 169.1
-, cross 341.5
-, cutter 169.1
- for retaining the sand 303.4
-, former 96.6
-, frame cross . 328.2
-, - side 328.1
-, guide 96.6
- lathe 56.7
-, pinching . . . 344.4
-, pressure . . . 385.2
-, protection . . 472.6
-, regulating . . 467.3
-, reversing . . 18.6
-, slide 326.5
-, spacing . . . 328.7
-, tie 5.1
- tool holder . 36.6
Bär 262.1
-, der - fällt . . 262.9
-, - - steigt . . 263.1
-, - - wird gehoben 263.1

Bär-führung . . 263.7
- -, nachstellbare 263.8
-gewicht 262.3
-zylinder . . . 254.4
Bara 393.1
Bardeau 366.6
Barenatrice con testa mobile verticalmente e montante fisso 136.5
- - - - - - - mobile orizzontalmente 136.4
- orizzontale . 136.3
- per cilindri . 136.1
- - masselli da cannone 135.5
- portatile . . . 137.1
- verticale . . . 136.2
Baricentro . . . 391.7
Barile . . 440.1, 468.5
Bark 464.8, 465.1, 476.3 483.4.5, 487.1
- affected by action of frost 491.4
- stripping machine 452.1, 464.7
- ware 483.3
Barniz de alcohol 406.1
- - pulir 405.11, 406.2.5
Barra 86.6, 73.10, 271.4 292.7
- d'arresto . . . 194.3
- da lavorare . 107.3
- di alesaggio . 153.2 169.1
- - - automatica 161.4
- - - con movimento di avanzamento 165.4
- - - - vite concentrica di comando dell'avanzamento 161.5
- - - - - eccentrica di comando dell'avanzamento 161.6
- - - - - interna di comando dell' avanzamento 161.5
- di alesaggio per due utensili 169.6
- - - - fori conici 169.5
- - - - utensili registrabili 169.7
- - - ricambiabile 169.8
- - - spaccata . 169.4
- - guida rettangolare 67.4
- - - rotonda . 67.5
- - - triangolare 67.2
- - serraggio . 28.6
- dritta 269.7
- per ripassare fori 169.1
- portautensile 86.6
- rotonda di legno curvato 436.7
Barra de alisar automática 161.4
- - - con tornillo de avance interior 161.5
- - barrenar . . 169.1
- - - para dos cuchillas 169.6
- - - partida . 169.4
- - guía 25.6
- - - redonda . 67.5
- - la herramienta 86.6
- - refrentar . 108.6
- - taladrar corrediza 165.4
- - - para agujeros cónicos 169.5
- - unión de bastidor portasierras 328.1
- derecha . . . 269.7
-, en forma de . 86.6
- lateral de bastidor portasierras 328.1
- triangular de guía 67.2
Barre 107.3, 271.4, 292.7
- bouvetée . . 396.7
- d'alésage 149.3, 169.1
- - amovible . 169.8
- - automatique 161.4
- - avec vis de commande de l'avance excentrique 161.6
- - - - du mouvement d'avance concentrique 161.5
- - coulissante 165.4
- - fendue . . . 169.4
- - interchangeable 169.8
- d'alésage pour deux outils 169.6
- - - outils ajustables 169.7
- - - - réglables 169.7
- - - trous coniques 169.5
- de commande 18.6
- - guidage . . 25.6
- - - rectangulaire 67.4
- - - ronde . . 67.5
- - - triangulaire 67.2
- - manœuvre . 18.6
- - porte-outil . 86.6
- - tension . . 355.7
- droite 269.7
--guide rectangulaire 67.3
- latérale de scie alternative 328.1
-, travailler à la 73.10
Barreau cylindrique 399.8, 417.3
Barrel . . 256.6, 440.1
- crozing machine 442.2
- factory . . . 468.5
- of puppet head 117.4
- - tailstock . 117.4
- saw 372.8
-, tumbling . . 316.1
Barrena de punta aguda 411.9
- helicoidal . . 411.4
- vertical . . . 407.1
Barrenadora de cañones 135.5
- horizontal . . 129.3
- - con cabezal porta-husillo fijo 129.4
Barrenar 161.6, 169.1.2 4.6.7.8
-, aparato de - el cubo 448.3
- en el torno . . 71.8
-, máquina de (v. „máquina“)
- remaches para quitarlos 290.1
Barreno helicoidal 412.1
Barretta 243.8
Barrette 243.8
Barril . . 440.1, 443.5.6 468.5
-, en forma de 372.8
-, pulir el . . . 446.5
Basamento a cassa 180.5
Báscula, martillo de 245.7
Bascule, enveloppe à 472.1
-, table à . . . 365.6
Base plate . . . 189.3
-, rotatable . . 67.9
-, swivelling . . 98.8
Base 68.4
- de la colonne 181.4
- du support . 100.8
- pivotante . . 25.1
Base . . . 46.4, 261.1.2
- del carrello . 100.8
- girevole . . . 67.9
Base de sierra alternativa 327.7
- del diente . . 347.8
- - soporte . . 100.8
Bassin à paraffine 456.3
- - sable 456.4
- - soufre . . . 456.5
- de dépôt des poussières 819.2
Bastidor alto . 324.1
- arqueado en forma de C 233.3
- cuadrado . . 320.5
- de acepilladora 4.6
- - hierro . . . 360.8
- - hilera . . . 172.8
- - - automático 173.1
- - madera . . 360.9
- - máquina de taladrar 138.2
- - martillo . . 258.2
- - sierra . . . 346.5
- - - alternativa 327.8
- - - - hecho de madera 326.3
- - tijera . . . 233.1
- - - en forma de marco 233.2
- - torno . . . 63.3
--una columna 258.3
- doble 250.6
- - de martillo-pilón 258.6
- en forma de C 181.2
Bastidor, fundamento del 258.5
- inclinado hacia adelante 138.4
- independiente 355.3
- inferior . . . 63.4
-, luz entre -es 326.2
- móvil en sentido horizontal 134.3
- para colocar cuadros para secar 455.4
- porta-sierras . 326.4 328.1.2
- principal . . 180.6
- sencillo . . . 250.5
- simple 258.3
Bastoncino . . 452.3
-, apparecchio a mano per disporre paralleli i -i 455.1
-, - per fare fasci di -i 455.3
-, essiccatoio per i -i 453.7
-, macchina da pulire per i -i 454.5
-, - per disporre paralleli i -i 454.7
-, - - tagliare i -i 453.6
-, - - tranciare i -i 453.4
-, piallatrice per i -i 453.5
-, pulitrice per i -i 454.5
-, tamburo per essiccare i -i 454.4
-, - - polire i -i 455.2
Bastoncito de fósforo 452.3
- - fósforos . . 453.4
- - madera . 453.5.6.7 454.4.5.7, 455.2.3
Bastone . 381.3, 417.3 436.3
- di legno . . . 436.6
- rotondo di legno curvato 436.7
- tondo 381.3
Bastrüster . . . 499.6
Bath, paraffin . 456.3
Bâti 63.4, 258.5
- à cage 233.2
- - col de cygne 138.4 233.3
- - gorge . . . 233.3
- coudé 138.4
- creux formant armoire 180.5
- de cisaille . . 233.1
- - machine à fraiser 180.4
- - marteau . . 258.2
- - - à simple jambage 258.3
- - - - un seul montant 258.3
- - - -pilon à deux montants 258.6
- - - - - double jambage 258.6
- - raboteuse . . 4.5
- - scie en bois 326.3
- en bois . . . 360.9
- - C 233.3
- - col de cygne 181.2
- - fer 360.8

Bâti en forme de C 181.2
- fermé 233.2
- formant caisson 183.4
-, largeur du . 233.4
- principal . . 180.6
Batido, acero . 33.6
Bâton . . 433.1, 435.7
- rond . . 381.3, 417.3
Battant à charnière 87.2
Battere 263.9
- la terra . . . 301.9
Battuta 246.5
Bauchsäge . . 355.2
Bauchung der Daube 440.5
Bauernsäge . . 355.1
Bauholz . . 479.10
-, Schiff- 494.7
Baum, Apfel- . 502.6
-, Birn- 502.5
-fällen, Quersäge zum 354.3
-fällsäge 354.3
- -, fahrbare elektrische 354.5
- - mit Dampfantrieb 354.4
-, Faul- 502.3
-, gemeiner Buchs- 500.4
-, - Wallnuß- . 498.12
-, Götter- 500.9
-, Horn- 498.3
-, Kampfer- . . 500.1
-kantig . . . 481.10
-, Kernholz- . . 494.6
-, Mammut- . . 496.4
-, Mehlbeer- . 502.10
-, Nuß- 498.12
-, Öl- 505.6
-, Reifholz- . . . 494.5
-, Splintholz- . . 494.4
-stamm 475.3
- -, Abschwarten der Baumstämme 334.7
- -querkreissäge 370.5
- -quersäge . . 354.3
-trumm 479.7
-, Wagen- . . . 341.4
-wolle, getalgte 371.8
- -, mit Talg durchsetzte 371.8
Baumier 495.2
Bau-schreinerei 465.10
-tischlerei . . 465.10
Bava 147.6
- del foro . . . 147.6
Bavure 147.6
Bead 299.5
-, to 299.4
Beam . . 341.4, 380.2
-, frame cross . 328.2
-, long -s 480.8
- tree 502.9
- -, white . . 502.10
Bear frame . . 233.3
Bearbeitung, Metall- 1.3
Bearbeitungsmaschine, Metall- 1.4
Bearing, adjustable - for arbor spindle 196.2
Bearing, adjustable - for circular saw 372.2
-, - - - cutter spindle 196.2
-, arrangement of - for grinding wheel spindle 218.2
-, - - -s - spindle carrying two grinding wheels 218.6
-, back 76.10
-, ball socketed - for boring bar 168.6
-, - thrust . . . 78.5
- centre 111.3
-, circumferential 116.5
-, concentric adjustable 151.1
Bearing, conical 77.8
-, cylindrical . . 78.1
-, double . 143.7, 358.4
-, front 76.9
-, guide spindle 11.2
-, main 80.2
- of spindle 77.4, 150.6 195.5
-, overhung . . 358.5
-, pivot 142.4
-, self-adjustable sliding 206.9
-, sliding double 144.1
-, spindle . . . 77.5
-, split clamping 197.4
-, tail 79.7
-, tapered . . . 77.8
-, thrust 78.3
-, toe 198.3
-, worm 193.5
Beater bar . . . 314.6
Bec d'âne . . . 409.4
- de trop-plein 277.2
Becco 125.1
- appuntito . . 125.2
Bed, box 183.4
-, lathe 63.2
-, length of . . 63.6
- plate . . 46.4, 139.4
- -, revolving . 230.7
- slide 39.5
-, straight . . . 64.6
-, surface of . . 63.7
- with gap . . 64.2.7
Bédane . . . 409.3.4
- à tranchants disposés en rectangle 409.5
- creux . . . 409.7.8
- rectangulaire, double 409.6
Bédaner la tête du rivet 290.2
Bedano 386.8, 409.3.4.8
- a tre taglienti 409.5
- cavo con punta a spirale interna 409.7
- doppio a tre taglienti 409.6
Bedano . . . 409.3.4
- de cortes rectangulares 409.5
- hueco . . . 409.7.8
- rectangular . 409.5
- - doble . . . 409.6
Beech 498.4
Beer finings . . 378.5
Beere, Maul- . 499.8
Befestigen, den Fräser 205.4
Befestigung des Werkstücks durch Schrauben 27.6
-, Hubstangen- . 249.8
-, Lochring- . . 243.6
-, Stempel- . . . 243.5
-, Stichel- . . . 35.6
Befestigungsplatte 407.2
Begrenzung der Weglänge 15.3
-, Hub- 15.3
Behälter, Beiz- 438.3
-, Gas- 272.8
-, Öl- . . . 76.5, 187.4
-, Wasser- . . . 272.7
Behobeln . . . 6.5
-, ein Werkstück 6.3
Beil, auf- und niedergehendes 429.3
-, Doppel- . . . 430.1
Beilage . . 29.6, 66.2
Beilegerahmen 330.8
Beitel, Hohl- . . 422.1
-, Loch- 409.4
Beizbehälter . 438.3
Beize 438.6
Beizen, das Holz 438.5
- des Holzes . . 438.4
Beizmaschine . 438.2
Belastungs-gefäß 267.8
-gewicht . . . 359.3
- - zur Selbstregelung des Vorschubes 207.2
-ring 267.9
Bell . . . 188.8, 446.4
- chuck 114.3
- elt, automatic shifting of 26.4
-, change over of 18.2
-, crossed . . . 17.5
-, double 404.5
- drive 81.4
- driven hammer 253.7
- - pump . . . 268.6
- - riveting machine 281.4
-, driving . 81.5, 327.5
-, endless . . . 404.3
-, fork . . . 26.3, 84.3
- -, closed . . . 84.4
- guide . . 26.2, 84.5
- lifting arrangement 248.6
- of cone pulleys 155.3
-, open 17.4
- pulley . . 23.6, 156.3
-, quarter twist 83.2
-, return 17.6
- reverse 17.2
- reversing . . 48.9
- - gear 17.3
- roller 23.6
-, sagging of the 334.4
-, sand 404.4
- shifter . . 26.1, 153.5
- - handle . . . 153.6
-, shifting of 18.2.3.4 25.7, 26.4
Belt, slipping of the 84.2
-, to shift the 25.8.9 83.6
-, wedge shaped 91.4
Bench shears . 229.5
-, turn 57.1
-, - - with poppets 57.6
Bencina . . . 272.10
Bend 291.1
-, to 290.5, 432.4
-, - - a pipe . . 291.8
-, - - - tube . . 291.8
-, - - by means of rolls . . 293.3
-, - - round a block 291.3
-, - - to 90° . . 291.7
Bending 290.6
- and drying machine, stave 441.1
-, angle of . . . 291.6
- apparatus, circular - - for profiled veneering 433.5
- arm 431.2
- block . . 291.4, 292.5 431.3
- -, three part . 432.1
- drum 432.2
- form 437.5
- head . . 292.3, 436.2
- - slide 292.4
- horse 436.5
- iron 436.4
Bending machine 290.4, 297.8
- -, angle iron . 294.9
- -, bar 292.7
- -, bottom ring 437.7
- -, chair back . 436.8
- -, felloe . . . 450.6
- - for table legs 438.1
- -, plate 294.8
- -, plough handle 436.1
- -, portable rail 295.4
- -, rim 435.4
- -, seat frame . 437.4
- -, sieve frame 435.5
- -, - rim 435.5
- -, stave 440.4
- -, stick handle 436.3
- -, tyre 295.3
- - with fixed blocks 292.6
- -, wood . . . 431.1
- -, - rim . . . 435.1
- -, wooden bar 435.7
- of a piece of work 292.1
- - the piece of work 31.1
- plate 431.4
- point 291.5
- press 293.2
- ram 296.2
- ring 432.3
- roll . . . 293.4.6.7
- trestle 436.5
- wrench 436.4
Bent head . . . 138.4
- wood turning machine 417.4
Benzin 272.1
Benzina . . . 272.10
Benzine . . . 272.10

Berappeln, schraubenförmiges 487.1
Berg-ahorn . . 501.1
-kiefer 495.6
-rüster 499.5
-ulme 499.5
Berretta da prete 501.6
Bersten der Schleifscheibe 226,2
Berta 247.4
- a cinghia . . 248.2
- - tavola . . . 249.1
- di frizione a cinghia 248.5
- - - - tavola con comando sistema Müller 249.9
- per spaccare legna 430.3
Besandungsmaschine, Schachtel- 459.5
Besäumen von Brettern 362.7
Besäum-kreissäge 362.6
- -, Doppel- . . 362.8
-maschine, Blech- 8.2
Beschleunigen, den Rücklauf 12.3
Beschneiden der Bleche 238.1
Bessemer, acciaio 34.1
-, acero 34.1
-, acier 34.1
-stahl 34.1
-steel 34.1
Bestoßen . . . 439.6
- des Werkstücks 46.5
Bestoß-kreissäge 367.3
-maschine . . . 45.2
- -, Holzkanten- 439.4
- -, Parkettstab- 367.4
- -, selbsttätige Parket- 367.5
Bett-balken . . 64.5
- der Drehbank 63.2
-, gekröpftes . . 64.2
-, Hobelmaschinen- 4.5
-, Kasten- . . . 183.4
-länge 63.6
- mit Kröpfung 64.2
- oberfläche . . 63.7
-platte 64.8
-platten-führung 65.1
- - schürze . . 108.2
- -verschiebung 64.9
-, Quer- 67.7
-schlitten . 39.5, 64.8 98.6
-, Längsverschiebung des -s 101.6
-, Wand- 139.2
-wange 64.5
Betula verrucosa 498.1
Betulla 498.1
- comune . . . 498.1
Beule 297.2
Bevel face . . 65.7
- wheel change gear 16.5
Bevel wheel change gear with cone coupling 17.1
- - shaping device 44.7
Beveled gib, front 65.5
Bevelling the ends to be welded 271.3
- - front edge of teeth 352.8, 353.1
Beweglich, -es Scherblatt 241.4
Bewegung, Arbeits- 6.9, 68.2
-, Fortrück- . . 22.3
-, geradlinig hin und her gehende Haupt- 11.6
-, Haupt- 6.9
-, Schalt- . 22.3, 95.4
-, Schieber- . . 252.1
-, Schnitt- . 6.9, 68.2
-, Tisch- . . . 189.11
-, Umkehrung der 12.6
-, Vorschub- . . 22.3
-, Zuschiebungs- 22.3
Bewegungsrichtung, selbsttätige Umkehr der 15.1
Biais 408.7
Biancospino . . 502.4
Bidollo 498,1
Biegbar 291.2
Biege-arm . . . 431.2
-backen 292.5
-balken 431.2
-blech 431.4
-bock 436.5
-dorn 291.4
-form, dreiteilige 432.1
- -, Sitzring- . . 437.5
-kopf 292.3
- -führung . . 292.4
Biegemaschine 290.4
-, Blech- 294.8
-, Dauben- . . . 440.4
-, Faßdauben- . 441.1
- für Tischfüße 438.1
-, Fußreifen- . . 437.7
-, Holz- 431.1
-, Holzreifen- . 435.1
- mit festen Backen 292.6
- - Walzen . . 293.4
-, Pfluggriff- . . 436.1
-, Radfelgen- . 450.6
-, Reifen- . . . 295.3
-, Siebränder- . 435.5
-, Sitz-reifen- . 437.4
-, -ring- 437.4
-, Stab- 292.7
-, Stangen- . . . 435.7
-, Stuhllehnen- . 436.8
-, tragbare Schienen- 295.4
-, Walzen- . . . 293.4
-, Winkeleisen- 294.9
Biege-modell . 431.3
-presse 293.2
-ring 432.3
-stelle 291.5
-stempel 296.2
-trommel . . . 432.2
-vorrichtung, Stockgriff- 436.3
Biege-walze . . 293.6
-walzwerk . . . 293.4
-winkel 291.6
-zange 436.4
Biegen . 290.5,.6 432.4
-, durch- 290.7
-, eine Röhre . 291.8
-, mittels Walze 293.3
-, um einen Dorn 291.3
-, um 90° . . . 291.7
Biegsamkeit . . 485.5
Biegung 291.1
Biegungsring . 432.3
Biela 40.8, 236.4, 355.5 408.1
- de distribuidor 252.2
- - mando . . . 43.3
- - pedal . . . 51.2
- - tracción . . 50.2
- motriz 327.4
-s y vástagos de impulsión 50.1
Biella 13.3, 40.8, 236.4
- del pedale . . 51.2
- di comando . 50.2 355.5
- - - del telaio 327.4
- - guida . . . 408.1
Bielle 13.3.4, 25.6, 40.8 50.2, 236.4, 408.1
- de commande 355.5
- - pédale . . . 51.2
- du châssis . . 327.4
-s et tringles de commande 50.1
Biellette de commande 43.3
Bierklärspan, Hobelmaschine für Bierklärspäne 378.5
Bietta di chiusura 106.7
Bilanciare . . . 391.6
-, apparecchio per 391.9
Bilanciere 247.7, 257.7 430.2
Bilderrahmenfabrik 465.7
Bildhauerfräse 398.3
Bilge 440.5
Bille 100.3, 356.5, 480.2
- à débiter . . 480.3
-, bague à -s . 78.6
-, butée à -s . . 78.5
-, coussinet à -s 161.1
-, palier à -s . . 161.1
-, rondelle à -s 78.6
-, serrage de la - par griffes 344.2
Billet wood . . 481.2
Billette 230.5
Binario per disboscamento 462.2
Bindung 321.8
Birch, common 498.1
Bird cherry tree 502.3
Birke, gemeine 498.1
-, Weiß- 498.1
Birnbaum . . . 502.5
Birra 378.5
Bisagra . . . 181.7.8
Biseau 65.7, 348.7, 372.4 388.1, 418.6
Biseautage . . 418.4
Biseauter . . . 418.5
Biselado 418.4
Biselar 418.5
Bit . . 167.2, 412.1.5.6.7
-, centre 412.2
-, common . . . 411.9
-, countersinking 167.3, 412.3
-, hollow boring 418.2
-, slot mortising 408.6
-, twisted shell 412.1
Bitter, -e Hickory 499.2
-nuß 499.2
Blackthorn . 501.11
Blade . 345.4, 387.1.2 389.7
-, band saw . . 359.5
-, curved 387.6
-, fixed shear . 241.5
-, length of . . 345.5
-, width of . . . 345.6
Blas-haus . . . 318.4
-rohr 316.6
Blast, free jet . 318.1
- pipe 316.6
- - nozzle of ebonite 318.2
-, sand - apparatus 316.2
Blatt-breite . . 345.6
-dicke der Säge 348.3
-federhammer . 257.1
-führung . . . 358.6
-keil 380.6
-länge 345.5
-, Säge- 345.4
Blau, -es Ebenholz 503.8
-, -er Eucalyptus 504.1
-, -er Gummibaum 504.1
-holz 503.4
Blech-besäummaschine 8.2
-, Beschneiden der -e 238.1
-, Biege- 431.4
-biegemaschine 294.8
-, Durchgang des -es 294.7
-entspannmaschine 296.7
-, gelochtes . . 239.6
-kantenbeschneidmaschine 207.4
- -hobelmaschine 8.2
-kappe 337.8
-richtmaschine 296.7
-schere, Hand- 231.2
-schermaschine 231.1
-schluß 278.4
- -ring 278.4
-, Streich- . . . 246.5
-e zerschneiden 238.3
Bleistiftholz . . 496.9
Blemish, medullary 478.2
Blind, wood . . 480.2
Bloc 29.4
- à chabotte . . 261.3
- - gradins superposés 28.5
- d'amortisseur 260.4
- de butoir . . 260.4
- - glissière . . 326.7
- - répartition des pressions 304.4
- - serrage . . 28.6

Bloc de support 116.7
- en bois de gaïac 326.8
- interchangeable 260.7
- -presseur 385.4
- tournant 388.7
Blocage 94.4, 106.9
- automatique de la poignée 164.4
- de la tourelle 106.4
- des avances automatiques 102.5
- du revolver 106.4
Bloccaggio a mezzo di eccentrico 118.4
- - molla 98.1
- degli avanzamenti automatici 102.5
- della testa a revolver 106.4
Bloccare l'albero del rinvio 92.9
- l'avanzamento automatico 102.6
- la punta della contropunta 118.5
- - testa a revolver 106.5
Blocco 94.4
- a mezzo di eccentrico 118.4
- automatico del volantino a mano 164.4
- con tacche 106.9
- di base 261.1
- - - diviso in più parti 261.2
- - legno 260.4
- - sostegno 116.7
- intermediario 260.8
- per curvare 481.3
Block 480.2
-, Anschnittende des -es 335.6
-, Aufspann- 80.5
-aufzug 345.2
- - mit endloser Kette 462.4
- - - offener Kette 462.3
- -winde 345.3
-bandsäge 356.2
- -, liegende 357.5
-einspannwagen 340.6
-ende, Einspannen des -s 341.8
-gatter 321.5
-hebewagen 340.5
-karren 340.6
- -, Kreissäge mit 363.6
-kreissäge 361.1
-säge, horizontale 325.2
- -, liegende 325.2
-, Schneide- 480.3
-wagen 340.6
- - mit senkrechter Einspannvorrichtung 342.1
- - - zwei Zangen 342.3
- -, zangenförmiger 342.3
Blockzuführungswagen 340.6
- -, einarmiger 342.2
Block 480.2
-, anvil 261.1
-, bending 292.5, 431.3, 432.1
-, cutter 388.7, 389.1
-, die 40.5
-, fitted 14.4
- for converting 480.3
-, guaiac wood 326.8
-, intermediate 260.8
-, lignum-vitae 326.8
-, packing up 29.4
-, screw 80.3
-, side 326.7
-, slide 40.5
-, stepped packing -s one above the other 28.5
-, supporting 116.7, 293.1
-, to bend round a 291.3
-, tooth 312.2
-, wood gauge 329.4
Blocking, wood 261.6
Bloom 230.5
Bloque, cortar -s 357.5
- de acero 230.5
- - asiento de la chabota 261.3
- - - - madera 261.4
- - madera 356.2
- - - para la presión 304.4
Bloquer 27.5, 106.5
- l'arbre du harnais d'engrenage 92.9
- l'avance automatique 102.6
- la contre-pointe 118.5
Blow 263.4
- of hammer 262.4.5
-, side 263.5
Blown 491.8
Blunt 121.8
Board 362.6.7, 381.5, 395.2, 482.6
-, corner locked 426.9, 427.3
- cut 332.5
-, dovetailed 426.9
- drop stamp 249.1
- - - with Müller drive 249.9
-, floor 461.4
-, lifter 249.2
-, moulded 393.3
-, stack of -s 482.11
-, thin -s 365.3
Boarded floor 461.3
Bobina di magnete 21.5
Bobine d'induction 21.5
Boca de la tijera 241.7
- - rebosar 277.2
Bock 310.5
-, Aufnahme- 198.3
-, Biege- 436.5
-, Bohrmaschinen- 188.2
-formmaschine 310.4
-fräse 398.4
Bock, gebogener 138.4
-, Haupt- 180.6
-, Hobelmaschinen- 4.6
-kran 463.6
-, Neben- 181.1
-, Rollen- 342.4
-schere 229.5
-, Schraub- 80.3
-, Seiten- 4.7
-, Spann- 144.6
-, Spieß- 363.7
-, Unterstützungs- 119.7
Boden-abrichtmaschine 443.3
-dübelpresse 443.1
-eisen 423.1
-fügemaschine 443.2
-hobelmaschine 443.4
-holzfeinsäge 442.5
-presse 443.1
-rundschneidemaschine 368.1, 442.7
- -vorrichtung 442.6
-schleifen 215.6
-stanzmaschine 439.2
Body, cask 443.6
- of lathe bed 63.3
- - saw 346.5
Bogen-führung 437.2
- - des Gatters 334.1
-hobelmaschine 3.5
-, Säge- 346.5
-schere 228.5
- und Seitenhobelmaschine, vereinigte 3.6
Bogie carriage 340.6
Bohle 482.5
-, Spund- 396.8
Bohr-bank 61.1
-druck 145.6
-futter 168.4
-gerät 148.2
-grat 147.6
-hülse 149.7, 168.2
-kopf 168.4
- -, Revolver- 168.5
- -, wandernder - - für Haupt- und Schaltbewegung 165.3
-länge 148.4
Bohrmaschine 129.2
-, am Drehkran verschiebbare 131.6
-, Ausleger- 131.2
-, automatische 132.4
-, Decken- 130.5
-, Drehkran- 131.6
-, einspindlige Loch- 410.4
-, fahrbare Decken- 132.1
-, - Hänge- 132.1
-, Flinten- 135.4
-, Flügel- 131.2
-, freistehende 130.6, 410.6
- für Längsnähte 134.1
- - Quernähte 134.2
-, Geschützrohr- 135.5
-, Gewehrlauf- 135.4
-, Hand- 130.2
-, Horizontal- 129.3
-, Kanonenrohr- 135.5
-, Kessel- 133.6
Bohrmaschine, Kesselmantel- 134.5
-, kleine horizontale 411.3
-, - wagrechte 411.3
-, Kran- 131.2
-, - - mit rundem Säulenständer 131.5
-, Langloch- 408.5
-, liegende 129.3, 130.1
-, - - mit fester Spindellagerung 129.4
-, Loch- 410.1
-, mehrfache 132.5
-, mehrspindlige 132.5
-, - Loch- 410.5
-, - Bohrmaschine mit Stahlwechsel 133.2
- mit Antrieb durch Fußtritthebel 130.3
- - gelenkigem Ausleger 131.4
-, Naben- 448.3
-, Nietloch- 133.5
-, - - für Flammrohrflanschen 135.2
-, Preßluft- 138.1
-, Radial- 131.2
-, Radnaben- - und Stemmmaschine 449.2
-, Säulen- 131.1
-, Schienen- 133.4
-, Schnell- 132.2, 411.2
-, selbsttätige 132.4
-, Spundloch- 447.2
-, stehende 130.1
-, transportable elektromagnetische 135.1
- und Fräsmaschine, doppelte 135.3
- - Gewindeschneidmaschine, fahrbare 173.8
- - Stemmaschine, Langloch- 408.4
-, Universal- 132.3
-, versetzbare elektromagnetische 135.1
-, Vertikal- 130.1
-, Wand- 130.4, 411.1
- zum Ausbohren der rechtwinklig zueinander stehenden Kurbelzapfenlöcher 133.3
-, Zylinder- 136.1
Bohrmaschinenbetrieb 149.1
-bock 138.2
-pfeiler 138.2
-säule 138.2
-ständer 138.2
Bohr-meißel 169.2
-messer 169.2
-schlitten 143.3
- - mit getrennter Steuerung 168.5
- - - Handsteuerung 163.2
- - - Selbststeuerung 164.2

Bohr-schlitten mit selbsttätigem Vorschub 164.2
-schneide . . . 169.2
Bohrspindel . . 149.3 169.1, 410.2
–, Antrieb der auf- und absteigenden 155.7
-antrieb durch Kurbeln 157.2
- - - mehrgängige Schraube 157.1
- - - Reibkegel 157.5
–, Ausrichten der 149.5
-bewegung von Hand 410.3
-führung 149.6
–, Handverschiebung der 153.2
–, Handzuschiebung der 159.7
-hülse 156.2
-kopf 167.7
–, Kopf der . . . 167.7
-kreis 148.3
-lage, Verstellbarkeit der 152.5
-lagerung . . . 150.6
- mit Schaltschraube 161.3
- - Schraubenantrieb 161.3
- - Zahnstange 160.5
–, quer zur Achse verschiebbare 153.1
–, Schaltung der 158.8
–, Seilantrieb der 156.6
-verschiebung durch Zahnstange und Rad 160.4
- - mittels Handhebel 160.1
–, verstellbare . 151.6
–, Vorschub der 158.8
–, Verstellung der - von Hand 153.2
–, Zustellung der 158.8
Bohrstahl . . . 125.4
Bohrstange . . 169.1
–, auswechselbare 169.8
- für kegelförmige Löcher 169.5
- - nachstellbare Stichel 169.7
- - zwei Stichel 169.6
–, geschlitzte . . 169.4
–, Lagerung der - in Kugelzapfen 168.6
- mit einseitig liegender Schaltschraube 161.6
- - exzentrisch liegender Schaltschraube 161.6
- - gleichachsiger Schaltschraube 161.5
- - innenliegender Schaltschraube 161.5
–, selbsttätige . 161.4
–, wandernde . 165.4
Bohr-stichel . . 169.2
-support 143.2
- –, Felgen- 419.2, 450.7
-tiefe 148.4
Bohrtisch . . . 140.1
–, ausschwenkbarer 140.4
–, kippbarer . . 140.7
- mit Kreuzschlitten 140.6
- - -support . . 140.6
- - senkrechter Prismenführung 140.3
–, verschiebbarer 140.8
Bohrwelle . . . 169.1
Bohren . . . 144.8.9
–, aus- 147.2
–, fertig- 147.1
–, Loch- 145.3
–, Löcher 145.2
–, nach- 147.1
–, - Schablone . 146.1
–, Nietlöcher . . 283.3
–, vor- 146.8
Bohrer 166.5
-abstand 146.3
–, Ankörn- . . . 167.3
-befestigung . . 167.6
–, der - dreht sich 145.1
–, der - läuft . . 145.1
-drehung . . . 145.5
–, Gewinde- 173.6, 413.1
–, Hohl- 413.2
–, Kanonen- . . 167.1
–, Langloch- . . 408.6
–, Loch- 411.4
–, Löffel- 412.5
–, nachstellbarer Gewinde- 173.7
–, Ring- 412.6
-schleifmaschine 210.6
–, Schnecken- . 412.1
–, Schneid- . . . 173.6
–, Schrauben- . 412.4
–, Spiral- . 166.8, 412.4
–, Spitz- . . 166.6, 411.9
–, Verlaufen des -s 149.2
-verschiebung 145.4
–, Versenk- . . . 167.2
-vorschub . . . 145.4
-zapfen 168.3
–, Zentrum- 166.7, 412.2
-zuschiebung, selbsttätige 163.6
Bohrung, kegelige 147.4
–, zylindrische . 147.3
Boiler drilling machine 133.6
- riveting machine 280.3
- shell drilling machine 133.5, 134.5
- tube flanges . 135.2
Bois . . 431.1.5, 475.2.4 489.6
- à fagot . . . 368.5
- - fibres de croissance droite 477.9
- - - droites . . 477.8
- - - ondulées 477.10
–, abatage du . 485.3
–, âge du 485.2
–, amortisseur en 260.3
Bois amourette moucheté 499.9
–, bâti en 360.9
–, brin long de 452.2
–, butoir en . . 260.3
–, calibre en . . 329.4
–, cellule du . . 476.9
–, cercle en . . 435.2
–, champignon du 494.1
–, chariot d'aménage du 369.1
–, cisaille à . . . 409.1
- compact . . . 480.9
- complètement utilisable . . 494.5
–, couche de . . 261.6
- courbé . 340.3, 417.4 432.5
- d'aubier . . . 494.4
- d'ébène . . . 504.8
- de bout . . . 478.4
- - branches . 479.5
- - caisses à cigares 500.6
- - campêche . 503.4
- - charpente de mines 361.3
- - chauffage . 368.2 429.2.4, 468.4, 483.6
- - Chypre . . 505.2
- - citronnier . 500.7
- - cocotier . 496.10
- - cœur . 475.6, 494.6
- - - sec 476.1
- - construction 479.10
- - - navale . . 494.7
Bois de fagot . 483.7
- - fer . . 503.5, 504.7
- - gaïac 326.8, 500.8
- - lettres de Chine 499.9
- - - moucheté 499.9
- - marine . . . 494.7
- - placage profilé 433.5
- - première qualité 484.8
- - quinquina . 505.7
- - racine . . . 479.3
- - rebut . . . 485.8
- - rose 505.2
- - - véritable 506.1
- - santal blanc 506.2
- - - citrin . . 506.3
- - tamis . . . 435.5
- - teck 505.3
- - teinture . . 378.6
- débité 481.7
- - en quart de rond 480.6
- - - sixième de rond 480.7
–, déchet de 469.6, 483.9
–, déchirement du 489.4
- défaut du . . 489.7
–, déjettement du 488.11
- des branches 479.5
- - tropiques . 494.8
- desséché 487.5, 488.1
- du Brésil . . 503.2
- - commerce . 479.9
- - tronc . . . 479.4
- dur 486.5
–, dureté du . . 486.4
–, éclats de . . 454.6
Bois en grume 338.1
- équarri . . . 481.8
–, équarrir le . 334.6
–, étuvage du . 432.6
- étuvé 432.8
–, farine de . 483.11
- fendillé 485.8
–, fendre le . . 430.3
–, fibre de . . . 477.2
–, fraiseuse pour le 397.8
–, gercement du 489.4
–, gonflement du 488.5
–, imprégnation du 438.4
–, imprégner le 438.5
–, jante en . . . 450.4
–, jauge en . . . 329.4
–, jouets en . . 467.8
–, laine de . . . 484.5
- léger 488.3
- longs 361.2
–, longueur des 340.4
- lourd 488.2
–, machine à . . 320.1
- madré 479.2
–, maladie du . 489.8
–, matelas de . 261.6
- noueux . . . 485.1
–, pâte de . . . 484.1
–, perceuse à . . 410.1
–, plaque de . . 488.1
–, plateau protecteur en 478.1
- poreux . . . 488.4
–, poulie en . . 435.3
- pour jante . . 450.5
–, poussière de 488.11
–, poutre en . . 482.2
–, qualité du . . 484.7
Bois raide . . . 485.6
–, recul du . . . 471.6
–, rembrunissement du 487.7
–, retrait du . . 488.7
- rond . . 465.4, 480.1
- sans nœuds . 484.9
- satiné de l'Inde 505.8
–, sciage en long du 333.5
- scié 481.6
–, scie à 320.2
–, sciure de . 488.10
- sec 487.2
–, séchage du . 463.8 487.6
- séché à l'air . 487.4 487.10
- - en forêt . . 487.3
- souple 485.4
–, souplesse du 485.5
–, structure du . 476.8
–, surface brillante de 478.6
–, taraud à . . . 413.1
- tendre 486.6
–, tige de 453.5.6.7, 454.4 454.5, 482.9
–, tour à . 414.1, 415.2
–, tourner le . . 417.6
–, travail des . . 461.2
–, - du 488.10
- très sec . . . 487.5
–, tronçonnage du 333.7
- veiné . 479.2, 490.6
- vert . . 486.7, 487.8
- violet 503.1

Boite 376.7, 458.9, 459.2, 459.5, 460.2
- à compartiments 454.9
- - engrenages de vitesse 88.7
- - scorie . . . 277.3
-, bande mince pour -s 376.5
-, bandes minces pour 376.4
-, bords des tablettes pour -s 376.6
-, copeau de . . 452.4
-s d'allumettes, 460.3
- d'engrenages 88.2, 362.5
- de bourrage . 371.6
- - charge . . . 267.8
- - distribution 251.9
- - la vis sans fin 193.6
- - moyeux . . 448.4
- - vitesse . . . 88.2
- - - Norton . 87.3
- - - Richards 87.1
- du mécanisme d'avance 23.7
- - - de changement de marche 197.1
- - - - déplacement 23.7
-, feuille pour -s 376.5
-, feuilles pour -s 376.4
-, planchettes latérales pour 376.6
Boj 500.4
Bola 78.6, 161.1, 314.8, 458.5
- de madera . 417.2
- - vuelo . . . 257.7
-, sujetar -s . . 420.8
Bole 479.7
Bolla 37.8
Bollire 432.9
Bolsa de sujeción 144.5
Bolsillo 88.3
Bolt 164.5
-, catch 92.5
-, clamping 126.7, 183.6
-, driving . . . 92.5
-, fixing 27.7
-, hook 30.2
- screwing machine 171.2
-, spring 93.1
-, suspension . 280.2
-, tie 341.5
Bolzen, Aufhänge- 280.2
-, Dreh- 51.1
-drehbank . . . 59.1
-, Gelenk- . . . 408.2
-gewindeschneidmaschine 171.2
-, Klemm- . . . 183.6
-, Mitnehmer- . 51.6
-, Prell- 259.6
Bomba 268.5
- á vapor . . . 268.7
- de aceite 76.3, 187.10
- - aire . . . 254.2.3
- - aletas . . . 187.9
- - impulsión hidráulica 268.8
Bomba de presión 268.4
- - - á mano . 296.3
- - - - vapor . 300.4
- movida por correa 268.6
Bombeado, lomo 326.6
Bonde . . . 447.3.4.5
Bonetero . . . 501.6
Bonnet de prêtre 501.6
Bookbinder, -s shears 229.6
Boquilla 168.2
- de la contrapunta 117.7
- - sujeción . 114.8
Bord à mater . 287.3
- biseauté extérieur 65.6
- de matrice . 243.3
- - planchette latérale pour boites 376.7
- - tablette latérale pour boites 376.7
- maté 287.3
- tranchant de poinçon 242.3
Bordare 297.6, 298.2.5
- a mezzo di dischi 297.7
- - - - rulli . . 297.7
-, macchina da (v. „macchina“)
Bordatrice . . 297.5
- a pressione . 298.2
- - - progressiva 299.2
- universale . . 299.3
Bordatura 298.6, 299.2
- di fori 299.1
- - grosse lamiere 298.7
Borde de calafateo 287.3
- - costado de caja 376.7
- - la matriz . 243.3
Bordear . 297.6, 298.2, 299.3
- con rodajas . 297.7
-, máquina de (v. „máquina“)
Bördelmaschine 297.5
Bördeln 297.6
Border . 297.6, 298.2.3, 299.4
- au moyen de galets 297.7
- - - - roulettes 297.7
-, machine à (v. „machine“)
Bordo . 297.6, 299.4.5, 389.2
- calafatato . . 287.3
- di assicelle . 427.3
- - cuoio . . . 266.5
Bordón de tambor para perfilar 433.6
Bordonale 481.1, 482.3
Bore, depth of . 148.4
- of cylinder . 251.1
- out, to 147.2
- -, - - - on the lathe 71.3
Bore spindle with multiple thread screw 157.1
-, to 144.8
Boring 144.9
- and milling machine, duplicate combined 135.3
- - - -, horizontal 130.1
- - mortising machine for deep holes 408.4
- - turning machine, vertical 61.1
- - - mill, vertical 61.1
- bar . . 168.6, 169.1
- -, changeable 169.8
- - for adjustable cutter 169.7
- - - conical holes 169.5
- - - two cutters 169.6
- -, self-acting . 161.4
- -, slit nosed . 169.4
- - with eccentric feed screw 161.6
- - - internal concentric feed screw 161.5
- - - rotary and sliding motion 165.4
-, conical . . . 147.4
- cutter 169.2, 203.4
- - block . . . 389.3
-, cylindrical . 147.3
- head with rotative and sliding motions 165.3
Boring machine 129.2, 449.2
- -, automatic . 132.4
- -, bung hole . 447.2
- - column . . . 138.2
- -, cylinder . . 136.1
- - for small arms 135.4
- -, gun 135.5
- -, horizontal . 129.3, 136.3, 130.1, 411.3
- -, - - - with fixed bearings for boring spindle 129.4
- -, hub 449.2
- -, multiple spindle 410.5
- -, nave 448.3
- - pillar . . . 138.2
- -, pneumatic . 138.1
- -, portable . . 137.1
- -, self-acting . 132.4
- -, single spindle 410.4
- -, small . . . 411.3
- - standard . . 138.2
- -, turret head 133.2
- -, universal . 132.3
- - upright . . 138.2
- -, vertical . . 136.2
- - with flying cutter 137.2
- - - vertical adjustment of head stock and horizontal traverse of column 136.4
- - - - - - - - - with fixed column 136.5
Boring machine, wood 410.1
- of conical holes 147.8
- - cylindrical holes 147.7
- rest 419.2
- spindle 129.4, 157.2, 169.1, 410.2.3
- -, hand feed of the 158.2
- -, rope drive of 156.6
- table 419.2
- tool . . 125.4, 422.6
- tools 148.2
Borke 476.3
Borkware . . . 483.3
Bosse 297.2
Bosso 500.4
- comune . . . 500.4
Bossolo 500.4
Boterola 278.1, 286.4.5, 289.5
-, tener la - contra el remache 285.1
Botón . 181.9, 189.10
- de desembrague 164.6
- - la espiga de arrastre 155.2
- - presión . . 152.2
- del desembrague 194.8
Böttcherei . . . 468.6
Botte 440.1
-, arganello per montare le -i 444.4
-, argano a vite per mettere insieme le -i 444.6
-, corpo della . 443.6
-, fabbrica di -i e di barili 468.5
-, - - tini e -i . 468.6
-, macchina per caprugginare le -i 442.2.4
-, - - comporre le -i 445.5
-, - - mettere insieme piccole -i 444.7
-, ripassare la . 446.5
- rotante per sbavatura 316.1
-, tornio per -i 446.6.7
Botteler, appareil à - les tiges 455.3
-, presse à . . . 368.6
Bottle case making machine 428.3
- jack 183.1
Bottom box . . 303.2
- buckle 329.9
- carriage . . . 361.6
-, grinding the 215.6
- of kerf 332.8
- ring bending machine 437.7
- shear blade . 241.2
- slide 98.2
- - of puppet head 117.1
- - - saddle . . 64.8
- - - tail stock . 117.1
- stamping machine 439.2
- swage 264.3
Bottone . 181.9, 189.10

Bottone del corsoio 40.7
- - tappo di presa 92.7, 155.2
- dell'eccentrico 48.1
- della porta . . 46.6
- di disinnesto . 42.7 164.6, 194.8
- - manovella . 62.4
- - - regolabile 14.2
- spostabile della manovella 48.6
Bouclier protecteur de la scie à ruban 478.4
Bouge de la douve 440.5
Bough, thin . . 484.2
Boule . . 420.8, 458.5
- en bois . . . 417.2
Bouleau commun 498.1
Boulet 314.8
Boulon . . 59.1, 171.2
- d'articulation 408.2
- de fixation . . 27.7
- - serrage 27.7, 188.6
Boulonnerie . . 171.1
Bourrage . . . 371.6.7
Bout 200.4.5, 270.9, 271.1 478.4.5
-s de rails soudés par rapprochement 271.7
- du pivot . . . 145.9
Bouterolle 278.1, 285.1 286.4.5, 289.5
- à manche . . 286.2
- creuse 284.2
Bouton 189.10
- d'excentrique 285.2
- de débrayage 42.7 164.6, 194.8
- - déclic . . . 194.8
- - manivelle 62.4, 188.3
- - - réglable . 14.2
- - porte 46.6
- - - molleté . . 181.9
- - serrage . . . 152.2
- du verrou d'entrainement 155.2
- excentré . . . 48.1
- verrou d'entrainement 92.7
Bouvet male et femelle 397.6
Bouvetage . . . 396.4
- des planches 396.1
- rectangulaire 396.5
- triangulaire . 396.6
Bouveter . 396.2, 397.5 400.4
-, machine à (v. „machine")
Bouvette 396.3
Bow saw frame 321.3
-, suspension . . 279.5 280.1
Box bed 188.4
-, change gear . 88.7
-, common . . . 500.4
-, core 309.1
- cramp 428.1
- dovetail . . . 376.7
- dovetailing machine 376.6
- drying apparatus 459.2
- factory . . . 468.2
Box filling machine 460.2
- frame assembling machine 427.6
- jointing and assembling machine 427.7
-, loose 303.5
- mailing machine 428.2
-, melting . . . 456.7
-, packing . . . 371.6
- painting machine 459.3
-, partition . . . 454.9
- pasting machine 458.9
-, return gear . 197.1
-, reversing gear 197.1
-, sand 316.8
- sanding machine 459.5
- section underframe 180.5
-, shaking . . . 454.8
- shells, paper . 459.6
-, side of 303.3
-, tool 35.8, 99.2, 127.1.6
- veneer 376.5
- - cutting machine 376.4
- - length . . . 452.4
- -, strip of . . 458.8
-, wall of . . . 303.3
-, wheel 88.2
Boxwood . . . 500.4
Braccio . . 5.3, 141.5 142.1.7, 181.5
- a due articolazioni del trapano murale 142.6
- - - snodi del trapano murale 142.6
- - slitta del mandrino 143.3
- articolato . . 141.7
- con sezione a cassa 141.6
- del dispositivo per levar fuori 244.8
- - portautensile per sfacciare 187.4
- dell'arpione . 341.3 354.1
- della lama girevole 206.5
- di fissaggio . 341.3
- - ritegno . . . 354.1
- - sospensione 279.5
- girevole e spostabile verticalmente 142.3
- intermedio . 280.1
- mobile . . 43.6, 52.2
- -, comando del 40.1, 48.8
- -, corsa del . 43.7 47.7.8, 52.6
- -, finestra del 53.3
- -, guida del . 43.8
- -, lardone del 52.4
- -, portautensile del 44.1
- -, posizione inclinata del 52.5
- -, testa del . . 43.9
Braccio per applicare i cerchi 446.1
- - curvare . . 431.2
- portasega . . 207.1
- reggipunta . 197.2
- snodato 141.7, 404.8
- spostabile . . 143.6
- - orizzontalmente e verticalmente 142.5
Bracket for drill spindle with slit for clamping 150.7
-, fulcrum . . 50.5.10
Brackholz . . . 485.8
Bradley hammer 257.2
-, maglio 257.2
-, martillo de forjar 257.2
-, martinet . . . 257.2
-scher Hammer 257.2
Brake band . . 94.6
- regulation of hammer 257.5
-, shoe . . 248.4, 334.5
Branch 476.4
- knot 498.7
- rot 498.4
- timber 479.5
Branchage . . . 483.8
Branche . 476.4, 479.5 484.9, 498.4.7
- de l'étrier . . 279.6
Branding machine 447.8
Bras 5.3, 141.5, 142.1.7 181.5
- à articulation 141.7
- - crampon . . 354.1
- - double articulation de perceuse murale 142.6
- - flasques . . 141.6
- articulé 141.7, 404.8
- de la griffe de serrage 341.3
- - porte-outil . 187.4
- - support à dresser les brides 137.4
- porte-scie . . 207.1
- pour courber 431.2
- radial à déplacement horizontal et vertical 142.5
- - pivotant à déplacement vertical 142.3
- réglable . . . 143.6
Braser, appareil à - les lames de scie à ruban 360.2
-, pince à . . . 360.3
Brasilianisch, -es Rosenholz 506.1
Brasilienholz . 503.2
Brasure de la lame de scie à ruban 360.1
Brazil wood . . 503.2
Brazing apparatus for band saw blades 360.2
- pincers . . . 360.3
- the band saw 360.1
Brazing tongs . 360.3
Brazo 5.3, 141.5, 142.1.7 181.5
- articulado . . 141.7
- de conducción 197.4
- - curvar . . . 431.2
- - doble articulación del taladradora mural 142.6
- - dos flancos 141.6
- - la garra . . 341.3
- - movimiento horizontal y vertical 142.5
- - separador . 244.8
- - sujeción . . 354.1
- - torsión . . . 431.2
- del porta-útil basculante 187.4
- giratorio y de movimiento vertical 142.3
- graduable . . 143.6
- porta-sierras . 207.1
- superior para enmangar el husillo de fresar 197.2
Breaker, chip . 386.4
Breaking lip, chip 386.4
Brechstange . . 344.4
Breitenkrümmung 489.2
Breitschnittholz 482.8
Brems-band . . 94.6
-griff 152.3
-knebel 152.3
-ring 94.6
-schlüssel . . . 152.3
Bremse, Backen- 248.4, 334.5
Brenner, Schneid- 273.2
-, Schweiß- . . 272.11
Brennholz . . . 483.6
-kreissäge mit beweglicher Schneidlade 368.2
-spalterei . . . 468.4
-spaltmaschine, doppelte 429.4
Brennstahl . . 34.6
Brett 482.6
-einspannwagen 341.7
-, Fußboden- . 461.4
-, gekehltes . . 398.3
-, gezinktes . . 426.9
-säge 346.3
-, Support- . . . 103.2
Brettchen-eckverbindung 427.3
-hobelmaschine 381.5
Bretter-fußboden 461.3
-hobelmaschine 381.4
-lager 482.10
-schnitt 332.5
-stoß 482.11
-wagen mit seitlicher Einspannung 342.5
- - - - Verschiebung 342.6
Briar tooth . . 348.6
Brida cruzada de la contra-marcha de techo 188.10

Brida del manguito 41.4
- para sujetar el tubo 276.2
- partida . . . 187.5
Bride . . 185.2, 266.7
- de boîte à presse-étoupe 266.7
- - fixation . . 188.8
- - serrage 27.8, 28.3.4 188.8
- - - coudée . . 28.2
- du renvoi de plafond 188.10
- pour maintenir le tuyau 276.2
Bridge piece . 362.1
- plate 188.8
Briglia . . 27.8, 112.5 113.2, 266.7
- a gomito . . 28.2
- del premistoppa 266.7
- per il tubo . 276.2
Brille . . 119.5, 266.7 421.4
-, laufende . . . 120.1
- mit dunklen Gläsern 277.4
-, mitgehende . 120.1
-, Schleifmaschinen- 219.5
-, Schutz- . . . 277.4
-, stehende . . . 119.6
Brillenständer . 421.3
Brillo 497.2
Brin long de bois 452.3
Brique en magnésie 275.4
Brise-copeaux . 386.4
Broach rivet, to - - holes 283.2
Broca . . 145.5, 149.2 150.2, 166.5, 167.6 168.3
-, avance automático de la 168.6
-, - de la 145.4
- avellanadora 167.2
- de centrar . . 166.7
- - marcar . . 167.3
- - - compuesta de tres partes 167.4
-, distancia de broca á 146.3
-, en forma de . 389.3
- espiral 166.8
- forjada ordinaria de punta 166.6
-, la - gira . . . 145.1
- para horadar cañones 167.1
Broche . 149.3.5, 155.7 218.6
- à avance par vis 161.3
- - bride fendue 150.7
- - crémaillère 160.5
- - mélanger . 314.6
- - mortaiser les rainures de clavette 55.5
- - mouvement excentrique 219.1
- - - planétaire 219.1
Broche à portées coniques et cylindriques 79.4
-, avance de la 158.2 158.8, 159.7
-, axe de la . . 77.3
-, cintrer autour d'une 291.3
-, commande de la 80.3, 156.6, 157.2
- coulissante . 195.4
-, courber autour d'une 291.3
- creuse 149.4
- de charnière 181.8
- - fraisage . 196.2.3
- - - auxiliaire 195.3
- - - principale 195.2
- - la poupée à diviser 198.7
- - meule . . . 224.8
- - perçage 149.7, 150.6, 152.5
- - tour 77.5
- désaxée . . . 218.8
-, douille de la 191.7
-, douilles pour deux -s 151.5
- excentrée . . 218.8
- fraiseuse . . . 197.2
-, guidage de la 149.6
-, ligne de -s . 132.8
- mobile transversalement à l'axe 158.1
-, montage de la 77.4, 195.5
-, nez de la . . 167.7
- par cônes à friction 157.5
- - pignon et crémaillère 160.4
-, perceuse à plusieurs 410.5
-, plier autour d'une 291.3
- porte-fraise mobile 195.4
- principale . . 77.1
- réglable . . . 151.6
-, série de -s . . 132.8
- unique 410.4
-, vitesse de la . 77.2
Brosimum Aubletti 499.9
- de la Guayana 499.9
- de la guyane 499.9
Brosse 467.4
- de nettoyage 337.9
Broutage . . . 75.10
- de l'outil . . 75.9
Brouter 75.8
Broyer 458.3
Broyeur à boules 458.5
- - boulets . . 314.8
- - meules . . . 315.1
Brücke 362.1
-, Spann- 188.8
Brûleur à découper 278.2
- - souder . . 272.11
Bruni 216.9
Bruñido 216.9
Brunir . . 216.7, 226.7
Bruñir 216.7
Brunire 216.7, 226.5.7, 227.1.2
Brunissage . . 216.9
Brunissoir conique 227.1
Brunitura . . . 216.9
Brush 337.9
- cylinder . . . 467.4
Brushwood . . 483.8
Brust-fläche . . 31.8
- - des Scherblattes 240.5
-hammer . . . 245.6
-, Schneid- . . 121.1
-, Werkzeug- . 121.1
-winkel . 31.6, 121.5, 347.5
Brya ebenus . . 504.9
Buche, gemeine 498.4
-, Hage- 498.3
-, Hain- 498.3
-, Rot- 498.4
-, Weiß- 498.3
Bûche . . 429.1, 481.2
-s en tas 481.3
Buchsbaum, deutscher 501.6
-, gemeiner . . 500.4
Büchse, Führungs- 119.9, 149.7
-, genutete . . . 150.4
-, Kern- 309.1
-, Lager- . . 49.8, 77.6
-, nachstellbare 151.2
-, Polier- - mit Halter 227.2
-, Stichel- 36.3, 127.6
-, Werkzeug- 108.5, 127.6
Büchsenschleifmaschine 210.3
Buchstabenholz 499.9
Buckel 297.2
Buckle 329.7.8.9, 330.1.3
- for horizontal frame saw 331.5
-, key 330.3
-, saw . . 329.6, 331.1
- with lever tension 331.3
Buff 226.7
Buffer 20.2, 259.8, 260.1.3
- block 260.4
-, elastic 259.2
Buffing cone . 227.1
- machine, spoke 449.5
- ochre 226.9
Bügel 279.5
-, Anschlag- . . 107.9
-, Ausladung des -s 233.5
-, drehbarer . . 206.5
-förmig, -es Gestell 233.3
-gatter 321.3
-gestell 181.2
-, Schutz- . . . 226.4
-, Spann- 329.2
Builders joinery 465.10
Building timber 479.10
Buis commun . 500.4
Bulinare il centro del foro 146.6
Bulinatura del centro 146.7
Bulino . . 123.6, 134.4
-, il - prende più trucioli 7.9
Bullone . . 59.1, 171.2
- di chiusura . 188.6
- - serraggio . 188.6
Bump 297.2
Bündel-holz . . 483.7
-presse 368.6
Bund-gatter . . 321.7
-, Hülsen- . . . 41.4
Bundle of logs 481.3
-s - vascular tissue 477.4
- - wood . . . 483.7
Bundling apparatus, splint 455.3
- press, faggot 368.6
Bung 447.4
- hole boring machine 447.2
- turning machine 447.3
Buque 494.7
Bur 147.6
Burgundereiche 498.10
Burgundy oak 498.10
Buril 58.4, 123.6, 126.2 421.5
- de perfilar . . 124.7
- tronzar . . . 127.7
- graduable . . 108.4
- para media caña 422.3
- plano 421.7
Burin 421.5
- à dégrossir . 421.6
- - mater . . . 287.5
- plat à dégrossir 421.7
- pneumatique 256.2
Buriner 256.2
Burner, fusing 278.2
-, welding . . 272.11
Burnish, to . . 216.7
Burnishing powder 226.8
- wheel, copper 226.7
Burr 147.6
-, to take off the 288.2
Bürste 337.9
Bürstenwalze . 467.4
Bursting of the grinding wheel 226.2
Busen 335.2
Bush 41.2.4, 77.6, 119.9 210.3, 421.4
-, adjustable . . 151.2
-, keyed 150.4
Bushing 49.8
-, back 195.7
-, conical . . . 77.10
- for sliding drill spindle 149.6
-, front 195.6
Bussola 41.2, 77.6, 378.1
- conica . 77.10, 151.3
-, corona della 41.4
-, cuscinetto a 49.8, 77.6
-, dado a . . . 77.7
- del fuso . . . 117.4
- - mandrino . 149.7
- - - spostabile 149.6
- della contropunta 117.4
- di chiusura . 114.8
- - comando motrice 156.2
- - guida . . . 119.9
- - riduzione . 168.2
- - serraggio . 114.8

Bussola inchiavettata 150.4
- per l'utensile 86.3
-, portautensile a 108.5
-, pressa per le -e 448.4
- regolabile . . 151.2
- - della vite conduttrice 11.3
-, rettificatrice per -e 210.3
-, ribordo della 41.4
-, sopporto della 41.3
Butée 20.5, 79.2, 107.5 189.3, 259.8
Butée à billes . 78.5
- - cliquets . . 108.2
- - rabattement extérieur 99.6
- ajustable . . 18.9
-, arbre de . . . 107.8
- automatique, dispositif de -s -s 108.3
-, étoile de 99.7, 108.1
-, étrier de . . . 107.9
-, griffe de . . . 194.4
-, palier à rondelles de 78.3
-, poutre de . . 478.6
Butée réglable 18.9 78.7
- - de la vis-mère 109.4
-, rondelle de . 78.4 150.1
-s symétriques . 19.9
-, taquet de . . 193.2
-, tige de . . . 259.6
-, tringle portant les -s 182.7
-, vis de . 107.7, 145.7
Butoir 260.4
- à ressort . . . 20.2
- élastique . . 259.2
Butoir en bois 260.3
- - caoutchouc 260.1
Butt riveted joint 285.8
- strap, to place a - - over joint 285.7
- welding . . 274.11
Buttarola 278.1, 285.1
Buttoir 246.6
Button 189.10
-, catch 194.8
- for feed disconnection 164.6
Buxus sempervirens 500.4

C.

C, bâti en . . . 233.3
-, - - forme de 181.2
C, en forma de 181.2 233.3, 250.5
C-form standard 181.2
C-förmiges Gestell 181.2
Caballete . . . 310.5
- de acepilladora 4.6
- - curvar . . 436.5
- lateral 4.7
- para levantar 468.6
-, soporte de . . 310.4
Cabeza, á la . . 476.6
- de cerrar . . 284.6
- - cierre . . . 284.7
- - la biela . . 40.8
- - - columna . 188.3
- - - - giratoria 189.1
- - mazo . . . 261.8
- - pieza de fundición 277.5
- - remache . . 284.5
- - sujeción . . 119.8
- - tope conductor 92.7
- del husillo de taladrar 167.7
- - punzón . . 242.5
- ranurada . . 219.8
- superior . . . 258.8
Cabezal 47.7.8, 52.5, 76.8 179.2
- con cuchillas curvadas 390.2
- - - -discos . . 389.5
- de cepillar redondo 390.3
- - contra-punta 421.1
- - cuchillas . . 391.3
- - - con corte de media caña 389.4
- - - de la máquina de poner á grueso 389.8
- - - en forma de broca 389.3
- - - - - - mecha 389.3
- - - - - - pirámide para empalmes de espigas oblicuas 427.5
- - - libre . . . 380.6
- - curvar . . . 292.3
- - husillo . 48.4, 76.7
- - - con acoplamiento de garras 93.2
Cabezal de husillo de máquina de afilar 217.8
- - sacar ranuras 397.1
- - sujeción . . 436.2
- - superficies escotadas 390.1
- - taladrar . . 168.4
- - - móvil para movimiento de rotación y de avance 165.3
- - torno para tornear ovalado 415.6
- del porta-útil 43.9
- delantero . . 76.9
- divisor . . . 198.6
- - universal . 199.2
- giratorio 45.4, 106.4 107.1, 388.7
- inclinable . . 45.4
- motor 154.1
- - con acoplamiento de dientes 155.4
- - - - - espiga 155.5
- - fijo 154.2
- - móvil . . . 154.3
- móvil . 116.8, 117.2.4
- - graduable longitudinalmente 196.6
- para cuchillas largas 389.6
- porta-cuchillas 204.4, 389.1, 393.5
- - -fresas . . . 204.5
- - -husillo fijo 129.4
- - -útil . 53.2, 143.3
- principal 196.4, 419.5
- - fijo 196.5
- - inclinable . 199.1
- -revolver con su propio carro 107.2
- - para taladrar 168.5
- trasero 76.10
Cabina del getto di sabbia 318.4
Cabine de l'appareil à projection de sable 318.4
Cable, avance por 11.5, 336.5
Câble 11.5, 156.6, 336.5
Cabrestante de techo con cadena para elevar troncos 462.3
- para troncos con cadena sin fin 462.4
Cabria 463.2
- para cargar madera 463.1
- - madera . . 462.7
Caccamo, ciliegio 499.7
Cacciare i chiodi 289.9
- - rivetti . . . 289.9
Cadena 84.8, 99.8, 339.1 462.3, 469.1
- con contrapeso 161.2
- cortante 398.6, 399.1
- de avance . . 96.4
- - fresar . . . 399.1
-, rollo de . . . 339.2
- sin fin 462.4
- trasportadora 367.6
Cadran, plaque à 88.8
Cadre 303.8, 320.5, 321.2 321.4.5.6.7, 326.1, 465.7
- à centrer les châssis 311.2
- - enduire . . 459.4
- de presse à centrer les châssis 311.2
- - - de précision 311.2
- - remplissage 303.9
- - serrage . . 341.9
- supérieur . . 309.6
Caduta . 193.3.4, 247.5 248.2, 262.6.7
- libera 247.3
Caesalpinia brasiliensis . . . 503.2
- echinata . . . 503.2
- sappan 503.3
Cage, wire protection 474.3
Cage 233.2
- à nettoyer les fontes 316.1
- de filière . . 172.8
- - - automatique 173.1
- - fixation de l'outil 36.3
- - protection . 474.3
Caída . . 88.4, 262.6.7.8
-, altura de . 247.5.6 248.5, 249.1
- de peso . . . 20.4
- libre 247.3
Caisse . . 427.7, 428.1.2 468.2
- à bouteilles . 428.3
- - cigares . . 468.3
- - sable 316.8
- - secousses . 454.8
- pour fondre . 456.7
Caisson, bâti formant 183.4
-, socle formant 183.4
Caja . . 304.7.8, 362.5 376.4.5.6.7, 453.1 459.3.5
- de arena . . 316.8
- - arranque . 23.7
- - botellas . . 428.3
- - colocación . 371.6
- - compartimientos 454.9
- - cuchillas de acabado 392.1
- - - - cepillar 391.10
- - distribución 251.9
- - empaquetadura 371.6
- - escorias . . 277.3
- - fósforos . . 460.3
- - fundir la parafina 456.7
- - guía en la luneta 119.9
- - husillo . . . 76.7
- - la herramienta 36.3
- - - prensa . . 377.6
- - - - de lana de madera 377.5
- - los engranajes cambio de velocidad 88.8
- - madera . . 428.2 459.2
- - molde desmontable 303.5
- - moldes . . . 302.9
- - - de la máquina de moldear poleas de transmisión 307.7
- - pulir con portador 227.2
- - puros 468.3, 500.6
- - sacudir . . 454.8

Caja de sujeción de la herramienta 127.6
- - - - - - con porta-útil giratorio 127.8
- - - para buriles de tronzar 127.7
- del husillo sin fin 193.6
- - mecanismo de inversión de marcha 197.1
- - molde . . 302.7.8
-, distribución de 251.8
-, en forma de . 188.4
-, fábrica de -s . 468.2
- inferior . . . 308.2
-, máquina de encolar las -s 458.9
-, - - ensamblar -s 427.7
-, - - llenar las -s 460.2
-, pared de la . 308.3
- -revolver . . 88.7
- superior . . . 308.1
-, tablitas de -s 428.1
-, tira de madera para -s 452.4
Calafataggio . 287.1
- a mano . . . 287.4
- con utensile pneumatico 287.6
- pneumatico . 287.6
Calafatare . . 287.5.7
- i chiodi . . . 286.9
Calafatear . . 287.5.7
- remaches . . 286.9
Calafateo . . 287.1.2.3
- à mano . . . 287.4
- de nuevo . . 287.8
- neumático . . 287.6
Calage de l'outil par coin 127.3
Calandra . . . 434.7
- per impellicciature 434.6
Calar 238.5, 332.3, 355.4 450.3
-, aparato de - espigas 113.6
- la espiga . . 113.5
- los rayos al cubo 450.2
-, prensa para . 448.4 451.3
Calcareous sand stone 222.8
Calcatura della terra 302.1
Calce 29.3, 116.7, 407.2
- del útil . . . 127.5
Calcio 272.5
Calcium carbide 272.5
-, carbure de . 272.5
-karbid 272.5
Caldaia . 133.6, 134.5
Caldear remaches 289.2
Calderería . . . 133.6
Caldo 491.5
Cale 29.3.4.6, 30.1, 407.2
- de réglage de l'outil 127.5
Calefacción del aire, aparato para la - - - por vapor 464.2
Calentamiento al vapor, aparato para el 444.2.3
- de la hoja de sierra 471.4
- del acero . . 32.8
- - útil 122.1
-, masa de . . . 274.7
- por el trabajo 121.11
- previo 455.7
- - del sitio de corte 273.3
Calentar . 443.7, 444.1 467.6
-, aparato de - cola 466.10
-, - - - el aire . 454.1
- remaches . . 289.2
Calentarse . . . 471.5
Caler le mandrin 113.5
- - -, appareil à 113.6
Calettamento . 328.5
Calibrado del cabezal porta-cuchillas 391.4
Calibrage du porte-outil 391.4
Calibrar 391.5
Calibrare . . . 391.5
- la mola . . . 225.4
Calibratura del portautensili 391.4
- della mola . . 225.5
Calibre . 74.2, 329.3
- de matrice . . 248.2
- en acier . . . 329.5
- - bois 329.4
Calibre 29.3
- de acero . . . 329.5
- - madera . . 329.4
Calibrer 391.5
Calibro . . 74.2, 329.3
- della matrice 248.2
- di acciaio . . 329.5
- - legno . . . 329.4
- - precisione a leva 74.3
Calipers, to check with the 74.2
Calor . 32.9.10.11, 122.2
Calore . . 32.9, 32.10.11 122.2
- di ricalcatura dei chiodi 289.3
- - - dei rivetti 289.3
- - saldatura . 270.6
Calotta 373.2
Calotte de chauffage 443.7
- - - avec foyer 444.1
- pour le chauffage à la vapeur 444.2
Calzar . . 29.4, 30.1
Cam . 18.8, 132.6, 235.6 246.3
- disc 49.1.2
- drive 235.5
- hammer . . . 245.4
- path 49.3
- plate 235.7
- slot on cylindrical surface 49.5
Cam slot on plane surface 49.4
- spindle . . . 246.2
Cama de madera 261.6
Cámara de aire 254.7
- - depósito de las virutas 470.4
- - secar 433.4
- para tratar los palos al vapor 433.1
- subterránea para tratar al vapor 433.2
Cambiamento . 19.2 19.3
- di marcia 14.7, 42.6
- - - a mezzo di contrappeso 20.4
- - - - - - scanalatura elicoidale 20.3
- - - ad eccentrico 42.4
- - utensile . . 105.5
- elettromagnetico 87.3
Cambiar, el - de posición á los útiles 105.4
-, - - los engranajes 87.4
- las cuchillas 388.8
Cambiare i coltelli 388.8
- - ferri 388.8
- la marcia . . 14.6
Cambio . . 15.4, 18.6
- a mezzo di nasello 18.7
- degli ingranaggi 87.4
- del ferro 104.7, 105.2
- dell'utensile . 104.7 105.2
- - - a movimento rettilineo 105.3
- - - - spostamento rettilineo 105.3
- della marcia 15.6
- di marcia ad aria compressa 52.1
- - - - ingranaggi 15.7
- - - elettromagnetico 21.4
- - -, meccanismo del 15.8, 16.1, 20.6
- - velocità 68.6 87.5
-, dispositivo del 15.5
- istantaneo . 21.10
-, meccanismo del 15.5
- per mezzo di cinghia 17.2
- simultaneo delle due cinghie 18.3
Cambio de carrera sin golpe 15.2
- - dirección . 14.7
- - - por árbol de ranura helicoidal 20.3
- - - - caída de peso 20.4
- - - - estriado 20.3
- - herramienta 133.2
Cambio de marcha 14.7, 15.4, 19.2.3
- - -, disposición de 15.5
- - - electromagnético 21.4
- - - forzoso . 14.8
- - - por correa 17.2
- - - por correas 48.9
- - posición eléctromagnético 87.3
- - - simultáneo de ambas correas 18.3
- - - sucesivo de las correas 18.4
- - útil 105.2
- - - corriendole en línea recta 105.3
- - útiles 104.7, 105.5
- - velocidad 80.7, 87.6
- - velocidades, disposición de - - - por engranajes 87.5
- - - por conos de varias velocidades 82.6
- - - - poleas escalonadas de varias velocidades 82.6
-, mecanismo de - con acoplamiento de fricción 89.5
-, palanca de . 88.1
Cambouis . . . 213.1
Came 18.8, 49.2.3, 235.5 235.6.7, 245.4 246.4
- de soulèvement 246.3
- hélicoïdale . 20.3
Camera d'aria . 254.7
- dei trucioli . 470.4
- di distribuzione 251.9
- - essiccamento 454.2, 463.9
- - prosciugamento 433.4
- - raffreddamento intermedia 255.4
- - ripulitura . 318.5
- per il trattamento col vapore del legno 433.1
- - la lisciviatura del legno 433.1
Camino de arranque 22.4
- - avance rectilíneo 95.6
- - rodar sobre rodillos 133.7
- del punzón . 244.3
- lateral 22.4
- pasado 13.1
- perdido del carro 13.2
- principal circular 80.4
- sobrante . . . 13.1
Camma . 18.8, 235.6 246.2.5

Camma a disco 132.6
-, comando a . 235.5
-, corona a -e . 246.4
- curva del comando 49.3
- - - movimento 49.3
- di comando dell'alzata 235.7
- - sollevamento 246.3
-, disco a 49.2, 235.7
-, - delle -e . . 132.6
-, maglio a -e . 245.4
- reversibile . . 19.8
- scanalata in superficie cilindrica 49.5
- - - - piana . 49.4
- - sopra cilindro 49.5
- - - disco . . . 49.4
Campana 188.8, 400.5 457.9
- del mulino . 458.1
- di protezione 474.2
- per il montaggio 446.4
Campana de protección 474.2
-, en forma de . 446.4
Campanello . . 188.8
Campeccio . . 503.4
Campeche, madera de 503.4
Campèche, bois de 503.4
Campecheholz . 503.4
Camphor tree . 500.1
Camphora officinarum 500.1
Camphrier . . . 500.1
Caña . . 422.3, 484.3
Canadà, pioppo del 497.8
Canal d'admission de l'air comprimé 254.6
- d'aspiration . 254.5
- de coulée . . 276.8
Canal de anillo 252.3
- - aspiración . 254.5
- - entrada . . 276.8
- - escape . . . 251.7
- - presión . . 254.6
- - secadero . 468.9
Canale aperto . 469.1
- circolare . . . 252.3
- di aspirazione 254.5
- - colata . . 276.7.8
- - compressione 254.6
- - protezione della sega a nastro 478.5
- - scarico . . 277.2
Canalisation . . 76.4
Canalón abierto 469.1
- en la circunferencia 188.8
Cancer de la madera 498.9
Cancredine del legno 498.9
Canfora 500.1
Cañizo 454.3
Cankerous growth 498.9
Canna 484.3
- da fucile . . . 135.4
Canne 484.3
Cannelé, rouleau 362.2
Canneler, appareil à 399.4
-, fraise à . . . 400.6
-, machine à (v. „machine“)
Canneleuse . . 4.3
Cannello per saldare 272.11
- - tagliare . . 273.2
Cannelure hélicoïdale 337.3
Cannone . 59.4, 135.5 167.1
Canon, 59.4, 135.5, 167.1
- de fusil . . . 135.4
Cañon 59.4, 135.5, 167.1 412.5, 422.2
-es de escopetas 135.4
Cant dog . . . 344.5
Cantina per trucioli 470.5
Canting table 365.6.7
Canto 240.7
- biselado . . . 418.6
- de corte . . . 120.9
- - la cuchilla 240.6
- - - matriz . . 243.4
- del punzón . 242.3
Cantonera . . . 294.9
Caoba 500.5
Caoutchouc, tampon en 260.12
Cap . 79.6, 153.4, 173.4 188.4
-, cheek 330.4
- nut . . 77.7, 195.8
Capa 481.3
- anual 476.7
- de madera . . 261.6
Capability . . 485.9
Capacidad de la fresa 184.7
Capacità di taglio 120.6
Capacité de coupe 120.6
- - travail de la fraise 184.7
Capacity . . 332.11
- for conduction of heat 32.11
- of the milling cutter 184.7
Capocchia . . . 290.2
- del chiodo . . 284.5
- ribadita . . . 284.7
Capot de meule 218.3
- protecteur de roues 86.4
Capote-protectrice automatique 472.7
Cappa di lamiera 337.8
Cappelletto smontabile 79.6
Cappello . 77.7, 265.3
- automatico di protezione 472.7
- del sopporto 153.4
Capra per caricare i tronchi 463.1
- - tronchi . . 462.7
Caprée 497.4
Caprugginare le doghe 442.1
Capruggine . . 441.7
Capstan hand wheel 119.1, 159.4 407.4
- head 133.2
- - slide 107.2
Capsula 195.8
Cara de la guía 364.6
- - tobera . . . 316.5
Carbonate de magnésium 274.9
Carborundum 223.6.7
- grinding wheel 223.7
Carbure de calcium 272.5
Carburo de calcio 272.5
Carburo di calcio 272.5
Carcasse du tonneau 443.6
Carcoma . . 492.2.11
- blanca 492.5
- de la albura 493.3
- - las raices . 493.6
- - - ramas . . 493.4
- - todo el tronco 493.5
- del corazón . 493.2
- roja 492.3
Carcomido en el corazón 492.4
- - la circunferencia 496.6
Cardan 91.7, 158.2, 190.7
-, articulación de 158.2
- shaft 158.2
- universal joint 158.2
Cardano 158.2, 191.12
Carga . . 267.8.9, 463.2
- de aire . . . 268.3
Cargar 463.1
Caricamento . 462.5
Carpenter . . . 465.9
Carpenteria . 465.10
Carpentiere . . 361.3
Carpino bianco 498.3
- comune . . . 498.3
Carpintería . 465.8
- de construcción 465.10
- - obra . . . 465.10
Carpintero 365.2, 465.9
Carpinus betulus 498.3
Carraca, sonido de 75.10
Carrasca 498.8
Carrello 97.8
- a cambiamento di utensile 105.5
- - corsia laterale 343.4
-, base del . . . 100.8
- con arpione . 363.7
- - arpioni e dispositivi per tagli curvi 340.3
- - piastrone . 59.5
- - squadra . . 343.5
-, corsa del 11.7.8, 341.6
- da gru 463.5
- del tornio . . 98.1
- della sega . . 206.8
Carrello di alimentazione 356.3.4
- - - del legname 369.1
- - avanzamento del legname 369.1
-, guide del . . 65.1
- inferiore . . . 361.6
-, inversione di marcia del 101.4
-, messa a punto del 101.1
-, movimento automatico del 102.3
- per fasci . . . 368.4
- - l'avanzamento dei tronchi con due arpioni 342.3
- - - - - - morsa semplice 342.2
- - sagomare . 100.1
- - segare tavole con arpioni spostabili trasversalmente 342.6
- - - - - fissaggio laterale a vite 342.5
- - - tronchi in tavole 341.7
- - tronchi . . 340.6
- - - con morsa ad apertura verticale 342.1
-, piastrone del 103.2.7
- portamola . . 211.6
- portastaffa . 310.7
-, revolver montato su 107.2
-, ritorno del 101.2 341.9
-, sopporto del . 206.9
-, spostamento del 101.6, 102.3
- superiore ad avanzamento parallelo 361.5
-, tavola a . . . 317.2
- trasversale . 110.4
- - della tavola 184.1
-, velocità di andata del 12.4
-, vite di trasporto trasversale del 109.8
Carrera 15.3, 41.1, 52.7 235.7
-, cambio de 12.3, 15.2
- de la cuchilla 241.8
- - - máquina . 12.9
- del porta-útil 52.6
- pasada 13.1
- sobrante . . . 13.1
Carrete magnético 21.5
Carretería . . . 468.8
Carriage . 97.8, 341.6 343.1
- apron 103.2
- bogie 340.6
-, bottom . . . 361.6
-, cross tool . . 39.8
-, felloe boring 450.7
- fence, log . . 343.8
- for lifting logs 340.5
- - - timbers . 340.5
- guide 65.1
-, hand travelling timber 369.1, 462.1

Carriage, lathe 98.1
-, lifting 304.6
-, log 363.6
-, main 98.6
-, mould 310.7
-, planing tool . 23.8
-, saw 206.8
-, side 343.4
-, sliding 154.3
-, - tool 54.4
-, timber - with cross traverse motion 342.6
-, top - with parallel sliding motion 361.5
-, travelling . . 340.6 356.4
-, - - for deals 341.7
-, - - - scantlings 341.7
-, - - with single clamping arm 342.2
- with angle and dog hook 343.5
- works 468.9
Carrier 118.2
-, parallel . . . 112.9
-, special 220.6
-, tool 36.1
Carril . . 166.3, 295.4
- de deslizamiento 8.5
Carro . 341.4, 468.8.9
- per trasportare i legnami 462.1
- - - - tronchi 462.1
- - tronchi . 340.5.6
Carro 64.8, 107.2, 341.6 418.10
-, avance longitudinal del 101.6
- con disposición de garras para el aserrado de troncos torcidos 340.3
- - escuadra de apoyo 343.5
-, conducción del 8.2, 65.1
- corredizo . . 356.3.4 463.5
- - para elevar troncos 463.4
- cruzado . . . 24.2
- de acepilladora 23.8
- - bancada . . 39.5
- - cambio de útiles 105.5
- - cepillar . . 5.4
- - conducción de los troncos 341.7
- - cuchillas . . 375.3
- - dos garras para tablas con desplazamiento lateral 342.6
- - la limadora 43.6
- - máquina para retirar moldes 304.6
- - movimiento en cruz 140.6
- - sujeción . . 171.4
- - taladrar con impulsión á mano 163.2
Carro de taladrar con impulsión separada 163.5
- - - de movimiento de avance automático 164.2
- - transportar maderas y troncos 462.1
- del porta-herramienta 35.9
- - - -útil . . . 44.1
- inferior . . . 361.6
- lateral 343.4
-, marcha del . 11.8
-, movimiento del 47.7.8, 110.4
- para el transporte de troncos 340.5
- - introducir las maderas 369.1
- - tablas con sujeción lateral por dos garras 342.5
- - troncos 340.6, 363.6
- - - con garras dobles 342.3
- - - - tornillo vertical de presión y sujeción 342.1
- - - de una garra de sujeción 342.2
- porta-alisador 54.4
- - -herramientas 211.6
- - -moldes . . 310.7
- - -muelas . . 211.6
- - -sierras . . 206.8
- - -útil 52.2.4, 54.4, 99.2 143.3, 233.7
- - - de la tijera 233.8
- - - inclinable para torno vertical 99.5
- - - revólver para torno vertical 99.4
- -soporte 97.8, 101.1.2.4 102.3, 415.1
- - á mano . . 100.4
- - de movimiento en cruz 98.5
- - - torno . . 98.1
- - longitudinal 98.6
- - para tornear curvas 100.2
- - - - esferas . 100.3
- - - - perfiles 100.1
- - transversal 98.7
- superior de avance paralelo 361.5
- transportador para fogotes de leña 368.4
- transversal 5.2, 24.3 39.7, 109.8
- - de tornillo . 99.1
- - del soporte 39.5
- - y vertical . 39.4
- vertical . . . 24.4
- y cremallera 323.5
Carrozza . . . 468.9
Carrucola . . . 57.4
Carta con polvere di quarzo 405.5
- coperta di rena 405.3
- renata 405.3
- smerigliata . 223.3
Carta vetrata . 226.6 403.2.3.4, 404.1.6, 405.4
Cartouches en papier 459.6
Carya alba . . 499.3
- amara 499.2
Cascarilla de fundición 315.7
Cascia 503.7
Casco con antifaz protector contra el polvo 318.6
Case, change gear 88.7
-, gear 86.4, 88.2, 362.5
Caseta de limpieza por chorro libre de arena 318.4
Casing for worm 193.6
Cask . . . 440.1, 444.7
- body 443.6
- cleaning off machine 446.6.7
- factory . . . 468.5
- head 442.5
- - rounding machine 368.1
- planing machine 446.6
- staves 444.4
-, to clean off the 446.5
- trussing and hoop driving machine 445.5
- - machine . . 445.1
- turning off machine 446.7
Casque de protection contre la poussière 318.6
Casquillo . . . 210.3
- con indice . . 189.7
- de arrastre . 156.2
- - cojinete cónico 77.10
- - guia del husillo 149.7
- - la contra-punta 117.4
- - - herramienta 256.4
- - pulir con portador 227.2
- del cabezal móvil 117.4
- - cojinete . . 77.6
- - - delantero 195.6
- - - trasero . . 195.7
- - eje 191.7
- - husillo . . . 378.1
- - martillo . . 246.7
- graduable . . 151.2
- ranurado . . 150.4
Cassa 180.5, 183.4, 427.7 428.1.2, 468.2
- a nocciuolo . 309.1
- - scomparti . 454.9
- - scosse . . . 454.8
- d'anima . . . 309.1
- d'ingranaggi 88.2
- - a movimento planetario 88.9
- - - ruote secondarie 88.9
- degli ingranaggi 86.6
- del contrappeso 267.8
- della morsa . 144.5
Cassa della pressa per balle 377.5
- - - - colli . . 377.5
- - sabbia . . . 316.8
- delle ganascie 144.5
- - scorie . . . 277.3
- di ingranaggi a gradini con ingranaggi intermedi sistema „Richards“ 87.1
- - - - - - ingranaggio intermedio disinnestabile sistema „Norton“ 87.3
- - - con cambio di velocità 87.5
- per coltelli da finitrici 392.1
- - - - piallatrici 391.10
- - ferri da finitrici 392.1
- - - - piallatrici 391.10
- - fondere . . 456.7
- - l'inversione di marcia 197.1
Cassetta per sigari 468.3
Cassetto 251.8, 252.1.2
- di distribuzione 251.10
- per coltelli da finitrici 392.1
- - - - piallatrici 391.10
- - ferri da finitrici 392.1
- - - - piallatrici 391.10
Cast iron tube mould in halves 275.1
Castagno . . . 498.5
- amaro . . . 500.10
- cavallino . 500.10
- d'India . . 500.10
- fruttifero . . 498.5
Castanea vesca 498.5
Castaño común 498.5
- de India . . 500.10
Castello 476.6
Castillete del porta-útil giratorio 170.4
Casting 315.6.7
- cleaning machine 315.9
- form 276.6
- mould 276.6
-, to clean the . 315.8
Catasta di legname 482.11
Catch 18.8, 92.4, 106.8 155.2
-, automatic . . 155.1
-, automatically engaging 92.6
- bolt 92.5
- button 194.8
- knob 194.8
-, - of . . . 92.7, 155.2
- pin 154.7
- reversing gear 18.7
- spring 92.8
-, spring . . . 106.10
-, throw over . 108.2

Catching the dust by suction 213.5
Catena . . 84.8, 339.1.2 398.6, 399.1.2
- con contrappeso 161.2
- di alimentazione 367.6
- - comando dell'avanzamento 96.4
- - trasporto . 367.6
-, dispositivo di guida a 99.8
- tagliente . . . 399.1
Catenaccio 106.8. 164.5
- a molla . . 106.10
- dentato . . 106.11
Caucciù . 260.1, 260.2
Caucho 260.2
Caulk, to - the rivets 286.9
Caulked seam . 287.2
Caulker tool, pneumatic 256.3
Caulking . . . 287.1
- chisel 287.5
- edge 287.3
- hammer . . . 287.7
-, hand 287.4
-, pneumatic . . 287.6
- seam 287.2
- tool 287.5
- -, pneumatic . 256.3
Cáustico . . . 438.2.6
Cava . . . 402.3, 402.4
-, congiungere con tenone e 402.1
- da chiavetta . 3.3 55.5
- di chiavette . 45.5
-, fare -e . 47.4, 409.2
-, ferro da far -e 58.6
-, fresa per -e 203.3.5
-, fresare -e . . 185.8
-, fresatrice per -e 177.3
-, fresatura di -e 185.9
-, macchina per far -e 407.1, 408.3.5
-, piallatrice per -e 3.3
-, punta per -e 408.6
-, scalpello per tornire -e 422.3
-, stozzare -e . . 47.4
-, utensile da far -e 53.6
Cavalletto . . 310.4.5 398.4, 463.6
- a rulli 342.4
- - ruote con arpione 363.7
- - vite 30.3
- di sostegno . 198.3
- per piegare . 436.5
Cave à copeaux 470.5
Cavo, mandrino 172.4
Cazo de cola 466.11
Cedar . . 496.3, 500.6
-, pencil 496.9
-, red 496.9
-, rock 496.8
-, shrubby red . 496.8
Cédratier . . . 500.7
Cèdre 496.3
- acajou 500.6
Cedrela guianensis 500.6
- odorata . . . 500.6
Cedro 496.3
- comune . . . 500.7
- del Libano . 496.3 500.6
- di Spagna . . 500.6
Cedro legitimo 496.3
Cedrus Libani . 496.3
Ceiling drilling machine 130.5
Cell of wood . 476.9
Cellar for shavings 470.5
Cellula del legno 476.9.10
Cellular tube 476.10
Cellule du bois 476.9
Celtis australis 499.7
Célula de madera 476.9
Cembra pine . 495.10
Cembro 495.10
Cement, securing the work with 220.5
Cementing in of the grinding wheel 225.2
Cementatura della mola 225.2
Center (s. „centre")
Centering . . . 71.1
Centrage . . . 71.1
- automatique . 144.2 172.1
- de la pointe . 111.3
Centramento . 71.1
Centrar . 166.7, 167.2 172.1
-, disposición de 143.5, 144.2
-, el 71.1
-, - - el árbol de taladrar 149.5
-, - - - husillo de taladrar 149.5
- la pieza de trabajo 70.10
-, máquina de (v. „máquina")
Centrare . . . 167.3.4
-, dispositivo per 143.5
- il foro 146.6
- - pezzo da lavorare 70.10
Centratura . . . 146.7
Centre . 81.8, 111.4.8.9 112.1, 118.2, 111.2 211.1
-, back 117.2.3
-, bearing . . . 111.3
- bit 412.2
-, dead . . 111.5, 197.6
- drill 166.7
-, fixed 111.5
-, height of -s . 111.9
- hole 111.3
- lathe 56.4
-, live 111.6
-, loose head stock 117.2
- mark 146.7
-, movable . . . 111.7
- of gravity . . 391.7
-, -s out of line 112.2
- piece 158.3
- pin of table . 141.2
- plate 120.2
- point, screwed 411.5
- pop 146.7
Centre punch . 242.4
-, puppet head . 117.2
-, ring 420.2
-, running . . . 111.6
-, to - the hole 146.6
-, - - - work . 70.10
-, width between -s 111.8
- with endlong movement 111.7
Centre . . 146.7, 166.7
- de gravité . . 391.7
- - roue 60.4
Centreing . . . 71.1
- apparatus 143.5 144.2
- frame . 307.2, 311.2
- machine . . . 167.5
- -, fixing device for 166.4
- moulding machine 311.1
- ring 307.2
Centrer . 167.3, 311.1 311.2
-, dispositif à . 143.5
- la pièce à travailler 70.10
- le trou 146.5
-, machine à (v. „machine"
Centrifugal fan 213.7
Centrifugo, pompa -a 187.9
Centro 146.7
Cepillado . . . 465.2
Cepillar . 5.4, 6.2.4.8, 39.3, 382.7, 390.3
-, acero de . 31.3, 36.2
-, anchura de . 382.8
-, aparato de - curvas 38.1
- circularmente 26.6
- cóncavo . . . 26.8
- convexo . . . 26.6
-, cuchillas de . 392.2
-, disposición para - engranajes cónicos 44.7
-, - - - redondo 44.5
-, el - cóncavo . 26.7
-, - - superficies cóncavas 44.4
-, - - verticalmente 24.5
- en redondo . 38.6
-, longitud de - de la mesa 12.10
- longitudinalmente 38.6
-, máquina de (v. „máquina")
- oblicuamente 24.8
- transversalmente 38.6
- una pieza . . . 6.3
- - superficie lisa con precisión 37.5
- verticalmente 24.6 46.7
Cepillo 374.2.3, 383.1.2.3 467.4
- de hacer virutas uniformes para cestas 378.4
- - limpieza para quitar el serrín 337.9
- -limador . . . 38.3
Cepillo para producir virutas de clarificar cerveza 378.5
- - - - - maderas colorantes 378.6
Ceppo . . 248.4, 334.5
- del maglio . . 261.3
- dell'incudine 261.3
- di legno dell'incudine 261.4
- - sostegno . . 29.4
- premente . . 385.4
Cerchio . . . 445.5.6.7 446.1.2.3
- degli stacci . 435.5
- di legno . . 435.1.2.4
- - rinforzo . . 437.7
- provvisorio . 445.3.4
Cerchione 60.3, 295.3 450.5.7, 451.1.2
- di ferro . . . 451.3
- - legno 450.4
- - ruota 450.6
Cercle . . 295.3, 311.3 445.6.7, 446.1.2.3
- de troussage de tonneau 445.4
- des points de division 198.9
- du plateau diviseur 198.9
- en bois . . 435.1.2.4
- provisoire de tonneau 445.4
Cerco de protección 226.4
Cerezo silvestre 502.1
Cerfico 501.2
Cerniera . . . 181.7.8
Cerrar . . 278.1, 284.6 444.6, 469.7
Cerro 498.10
Cerrojo 164.5
Cesoia . 228.2, 233.1.6.7 240.4, 241.7
- a dischi . . . 229.1
- - ghigliottina 228.4
- - leva 228.5
- - - a mano . 229.4
- - - d'angolo . 229.7
- - mano . . . 231.2
- - tavola . . . 229.6
- circolare . . . 229.1
- - per dischi . 229.2
- da banco . . 229.5
- meccanica . . 228.3
- per lamiere . 231.1
Cesta 378.4
Chabota . . . 261.1.3.5
- partida 261.2
Chabotte . . 261.1.3.5
- en bois . . . 261.4.5
- - plusieurs pièces 261.2
Chabotte divisa in più parti 261.2
Chain 462.3
- cutter 399.1
- - moulding machine 398.6
- drive 84.8
- driven feed roller 339.1
-, endless 462.4
-, feed . . . 96.4, 367.6
- guide device . 99.8
- roller 339.2
- saw 399.2

Chain, traverse 96.4
- type table planing machine 382.3
- with balance weight 161.2
Chaine . . . 84.8, 99.8 339.1.2, 462.3.4
- à contre-poids 161.2
- d'aménage . . 367.6
- de commande 96.4
- - transport . . 367.6
- dentée . 398.6, 399.1
- -, mortaiseur à 398.6
-, transporteur à 469.1
Chair back bending machine 436.8
- factory 466.2
- seat frame bending form 437.5
Chaise . . 48.3, 466.2
- de renvoi . . 82.3
- pendante 81.9, 82.1
Chaleur 32.10.11, 122.2
Chamber 433.1.4, 454.2
Chambre à air 254.7
- d'étuve pour bâtons 433.1
- - souterraine 433.2
- de dépôt des copeaux 470.4
- - séchage . . 433.4
Chambrer . . . 125.5
Chamfer, to . . 418.5
- ed edge . . . 418.6
-ing iron . . . 388.1
- -, off 418.4
Champignon du bois 494.1
- vivant sur les conifères 494.2
Champiñon de madera 494.1
Chanfreiner, machine à (v. „maschine")
Chanfreineuse . 3.2
Change gear . 16.5 17.1, 87.5
- - box 88.7
- - case 88.7
- of tool . . . 105.2
- - - by cross travel of a line of tools 105.3
- wheels . 87.6, 155.6
Changement . . 89.2
- d'outil 105.2
- - par déplacement d'une barre d'outil 105.3
- de l'amplitude de la course 12.8
- de marche . . 14.7 15.5, 19.2, 197.1
- - -, mécanisme de 15.6
- - -, - - commande du 15.4
- - position au moyen d'un électro-aimant 87.3
- - vitesse 87.5.6, 155.6
- des roues . . 87.4
Changer la marche 14.6
Changing the tool 104.7
- - wheels . . . 87.4
Channel 276.8
- section bar guard for band saw 473.5
Chantourner . 355.4
Chapa . 207.4, 231.1.2 238.1, 278.4, 298.6.7
- agujerada . . 289.6
-, cortar -s . . . 238.3
-, cubierta de . 337.8
- de curvar . . 431.4
- - madera . . 374.4 375.1.2.3, 376.1.2.4, 433.7 434.2.3.6.7, 465.3, 483.2
- - rozamiento 246.5
-, desenrollar en -s 452.2
-, máquina de curvar -s 294.8
-, - - enderezar -s 296.7
-, - - estriar las -s 382.6
-, paso de la . . 294.7
- perfilada . . 433.5
- protectora para cuchillas de acepilladora 473.7
-, sierra para sacar -s 325.6
Chape . . 194.6, 330.4
- à clavette . . 330.3
- - tension par levier 331.3
-d'une lame de scie horizontale 331.5
- de suspension de la scie 329.6
- - - inférieure 329.9
- - - supérieure 329.7
- du renvoi de plafond 188.10
- excentrique . 331.1
- simple carrée 330.1
Chapeau 77.7
- amovible . . 79.6
- de graisseur . 188.4
- - palier . . . 153.4
- - protection . 472.2
- en acier porte-outil 173.4
Chapiteau d'entretoisement supérieur 265.3
Charge . . . 267.8.9
Chargement . . 462.6 463.1.2
Chariot . 23.8, 322.1 343.2, 364.1, 418.10 436.5
- à couteaux . 375.3
- - crémaillère 323.5
- - façonner . . 100.1
- - - des courbes 100.2
- - gabarit . . 100.2
- - la main . . 101.2
- - main 100.4, 415.1
- - mouvements croisés 98.5
- - - transversal et vertical 39.4
- - outils multiples 105.5
- - profiler des courbes 100.2
Chariot à reproduire des courbes 100.2
- - revolver . . 107.2
- - - pour tour vertical 99.4
- - tourner les billes 100.3
- - - les sphères 100.3
- automatique . 368.8
-, avance par . 348.1
-, avancement automatique du 102.3
- avec équerre d'appui 343.5
-, commande du 101.4
-s croisés . 24.2, 140.6
- d'aménage . . 343.3 356.3.4
- - du bois . . 369.1
- - pour grumes à débiter 340.6
- de guidage . 143.3
- - levage pour troncs 463.4
- - machine à mouler 310.7
- - perçage à commandes séparées du déplacement vertical 163.5
- - - avec avance à la main 163.2
- - - - - automatique 164.2
- - - - descente à la main 163.2
- - porte-outil . 39.8
- - serrage . . 171.4
- - tour 98.1
-, déplacement du 101.6, 152.1
- du porte-outil à défoncer 54.4
-, embrayage du 336.3
-, embrayer le . 336.4
-, glissière du . 8.2
-, guidage du 8.2, 65.1 233.7
- inférieur 98.2, 361.6
- latéral 343.4
- longitudinal . 98.6
-, marche en arrière du 341.6
-, mise au point du 101.1
-, mouvement horizontal du 47.7
- porte-broche mobile 154.3, 196.6
- - -dégorgeoir 54.4
- - -lame de cisaille 233.8
- - -meule . . . 211.6
- - -outil 35.9, 44.1, 47.9 99.2
- - - pivotant pour tour-alésoir vertical 99.5
- - - transversal 39.5
- - -scie 206.8
- pour grumes 363.6
-, retour du . . 341.6
-, scie circulaire sur 360.6
-, selle du . . . 64.8
-, semelle du . . 64.8
Chariot servant au démoulage 304.6
- supérieur à avance parallèle 361.5
- sur traverse à mouvement monte et baisse 24.2
-, tablier du . . 103.2
- transversal 5.2, 24.3 39.7, 98.7, 109.8, 110.4
- - à vis 99.1
- vertical . . . 24.4
Chariotage 71.6, 108.6 109.1
- longitudinal 71.11
Charioter . 58.2, 71.6 120.4
- longitudinalement 71.10
Charme commun 498.3
Charnela . . . 37.1
Charnière 37.1.2, 181.8
Charnon 181.7
Charonnage . . 468.8
Charpentier . 465.10
Chaser . . 125.7, 172.6
Chasing tool . 125.7
Chasse 245.5
- -carrée 245.5
- -clavette . . . 196.1
- -rivet 242.8
Chasser . 150.2, 330.10 446.1
-, appareil à - les cercles 446.3
- des rivets . . 289.9
-, machine à (v. „machine")
Châssis . 302.7, 304.7.8 311.2, 326.1.4.6.9, 327.1 333.9
- à retirer avant la coulée 303.5
- - tremper . . 455.5
- auxiliaire . . 330.8
-, bielle du . . 327.4
-, commande du 334.2
- de couverture 304.5
- - la machine à mouler les poulies 307.7
- - - presse à emballer 377.5
- - moulage . 302.8.9
- - scie 346.5
- démontable . 303.5
- inférieur . . . 303.2
-, largeur intérieure du 326.2
-, paroi du . . . 303.3
- supérieur . . 303.1
-, traverse du . 328.2
Châtaignier commun 498.5
Chatter, to . . . 75.8
Chattering of the tool 75.9
Chaudière 133.6, 134.5
- à cuire la colle 459.7
Chauffage 443.7, 444.1 483.6
-, appareil de - à la vapeur 444.3
-, - pour le - de l'air par la vapeur 464.2

Chauffage, calotte pour le - à la vapeur 444.2
Chauffer, appareil à - l'air 454.1
-, - - - la colle 466.10
- les rivets 289.2
Chaufreinage 47.1
Chaveta 49.6, 150.5
Check, to - with the calipers 74.2
Checking 478.6
- over the dimensions 216.5
Cheek 330.4
Chemin de glissement 8.5
- - roulement sur galets 133.7
- parcouru par l'outil dans le tournage circulaire 80.4
Chêne à grappes 498.6
- d'Amérique 498.9
- de Bourgogne 498.10
- liège 498.11
- rouvre 498.7
- vélu 498.10
- vert 498.8
Cherry, mahaleb 502.2
-, wild 502.1
Chest 251.9
Chestnut 498.5
-, horse 500.10
Chevalet 310.4.5
- à courber 486.5
- de levage 468.6
Chevauchement des lames de cisaille 240.8
Cheville 98.6, 106.8
Chèvre 468.2
- à élever les troncs 462.7
- pour le chargement 463.1
Chiave di serraggio 331.2
- per chiudere il morsetto ad eccentrico 331.2
- - - l'attacco ad eccentrico 331.2
- - piegare 486.4
Chiavetta 49.6, 168.1, 330.3.5.10
- di guida 150.5
- doppia 330.7
- piatta 330.6
- scorrevole 164.7
Chien 23.4, 338.4
China 505.7
Chinaholz 505.7
Chinina 505.7
Chiocciola della vite 11.4
- regolabile della vite conduttrice 11.3
Chiodare 282.3, 286.3
- con coprigiunto 285.7
Chiodatrice 277.11
- a gomito 281.1
- - leva 280.7
- - - articolata 281.1
- - mano 280.5
- - manovella 281.3
Chiodatrice a martello 280.6
- - sospensione universale 279.4
- - trasmissione 281.4
- - vapore 281.5
- - vite 281.2
- ad acqua compressa 282.1
- - aria compressa 281.6
- elettrica 282.2
- fissa 278.7
- idraulica 282.1
- per chiodature doppie 280.3
- - pezzi formati a tamburo 280.3
- portatile 279.2
- regolabile 280.4
- scorrevole 279.3
- trasportabile 279.1
Chiodatura 282.4.5, 285.3
- a caldo 288.8, 289.1
- - freddo 289.6, 289.7
- - macchina 288.4
- - mano 288.3
- - orli sovrapposti 285.6
- - pressione idraulica 288.5
- ad aria compressa 288.6
- con coprigiunto 285.8
-, disfare una 289.8
- doppia 280.3
- - delle due teste di una spina 285.2
- elettrica 288.7
-, fila di 287.2
- longitudinale 184.1
-, resistenza della 287.9
-, tenuta della 286.8
-, togliere una 289.8
-, trapano per fori da -e 133.5
- trasversale 184.2
Chiodo 282.6, 284.2, 285.1, 289.3.5
-, acciecare i -i 286.9
-, acciecatura dei fori per -i 288.4
-, alesare i fori per -i 288.2
-, cacciare i -i 289.9
-, calafatare i -i 286.9
-, capocchia del 284.5
-, conficcare il 288.7
-, fila di -i 285.3, 287.2
- filettato 282.8
-, forare i fori per -i 288.3
-, forcella per -i 286.7
-, forno per scaldare i -i 289.4
-, introdurre il 288.7, 284.1
-, levare i -i 289.9
- per zatteroni 345.1
-, piazzare il 288.7, 284.1
-, pressare la buttarola contro il 285.1
-, - lo stampo contro il 285.1
Chiodo, pressione del 288.2
- provvisorio 282.7
-, punzonare i fori per -i 288.1
-, resistenza del 288.1
-, ricalcare il 284.4
-, ricalcatura del 284.3
-, scaldare i -i 289.2
-, stampo per -i 278.1
-, tenaglia per -i 286.6
-, tenere in posto il 284.8
-, testa del 284.5
-, tirare a fondo il 284.1
-, trapanare i -i 290.1
-, - - fori per -i 288.3
Chioppo 501.3
Chip 32.5, 69.2, 386.5, 454.6, 469.6
- breaker 386.4
- breaking lip 386.4
- deflector 386.3
- guard 386.2
Chipper 256.2
Chipping off the thermit iron 276.5
Chisel 256.2, 287.5, 409.3.4.5
Chispa 217.1.2
Chiusura 106.7, 114.8, 183.6, 197.5.8, 234.1, 275.6, 304.2
- dell'anello filettato 151.4
Chive 447.4
- pressing machine, automatic 447.5
- turning machine 447.3
Chloroxylon swietenia 505.9
Choc 471.7, 478.6
Chocking up of the saw blade 471.2
Choke up, to 471.3
Chop off, to - - a rivet head 290.2
Chopper, double 430.1
-, - oscillating 430.2
- with vertical reciprocating motion 429.3
Chopping machine, splint 458.4
Choque 478.6
Chorro de arena libre 318.1
Christusdorn 502.11
Chrome 35.2
Chromium steel 35.2
Chromstahl 35.2
Chuck 114.1
-, ball turning 420.8
-, bell 114.3
-, clamping 114.2, 420.3
-, jaw 114.4
-, lathe 114.1
- lathe 60.2
-, magnetic 115.3
-, oval 61.4
-, patent lever 115.2
-, rotary magnetic 220.2
-, - screwing 173.2
-, screw point 420.7
-, screwing 172.8
Chuck, screwing - with automatic release 173.1
-, self-centreing 114.7
-, socket 420.4
-, split socket 420.6
-, two jawed 114.5
-, universal 115.1
- with four jaws 172.3
- - holdfasts 420.1
- - three jaws 172.2
Chuck 114.1.2
- à deux mâchoires 114.5
- - - mordaches 114.5
- - griffes 114.4
- - quatre mâchoires 172.3
- - serrage instantané par levier 115.2
- - trois mâchoires 172.2
- - vis 114.3
- autocentreur 114.7
- de serrage à centrage automatique 172.1
- oval 61.4
- spécial 220.6
- universel 115.1
Chucking the work 110.8
Chupón 310.3
Chute for cuttings 469.2
- - shavings 469.2
Chute libre 247.3.5
Ciavardello 502.9
Cidro 500.7
Cierre 11.4, 94.4, 275.4, 284.7, 304.2
- á resorte 98.1
- de las duelas 444.4
Cigar box factory 468.3
- - wood 500.6
Cigueñal 58.6
Ciliegio caccamo 499.7
- canino 502.2
- montano 502.1
- pado 502.3
- selvatico 502.1
Cilindrar 71.6.10, 103.8
-, el 71.7.11
-, filetear y 58.3
Cilindrare 58.2, 71.6
- in lungo 71.10
Cilindratura 71.7
- in lungo 71.11
Cilindrico, sierra -a 473.3
Cilindro 58.4, 286.7, 293.3, 294.4
- a spazzola 467.4
- accoppiato 255.5
-, alesatrice per -i 136.1
- alimentatore 293.7
-, barenatrice per -i 136.1
-, coda del 293.9
-i compressori per impellicciature 434.6
- curvatore 298.6
-, curvatrice a -i 293.4

Cilindro del vapore 250.7
- dell'utensile . 256.6
- della mazza battente 254.4
- - pompa d'aria 254.2
- - pressa riscaldato a vapore 484.5
- di contrasto . 297.1
- - guida . . . 293.5
- - mezzo . . . 293.8
- - puntello . . 297.1
- - sostegno . . 294.3
-, diametro interno del 251.1
- fisso . . 250.4, 257.4
-, gambo del . . 293.9
- guidato 258.7, 257.3
- intermedio . 293.8
- laterale . . . 294.1
-, maglio a due -i 253.4
-, paio di -i . . 295.9
- per applicare la colla 467.2
- - le immersioni 457.6
- - raddrizzare diviso in due pezzi 296.6
-i - spianare le impellicciature 484.7
-, piallatrice a -i 379.5
- principale . . 310.2
- regolabile . . 294.2
-, rettificatrice per -i 210.1.4
-, scanalatura del 295.1.2
-, serie di -i . . 295.9
-, sollevamento del 294.6
- spianatore . . 295.6
- spostabile . . 294.2
-, spostamento del 294.6
Cilindro . 182.7, 186.1 210.4, 310.2, 336.6
-, acepilladora de -s 381.1.2
-, apéndice de . 293.9
-, avance automático por -s 328.4
- central 293.8
-, curvar por medio de -s 293.3
- de arrastre . 385.8
- - avance 336.7, 385.7
- - cepillos . . 467.4
- - cuchillas . . 391.1
- - curvar . . . 293.6
- - dar cola . . 467.2
- - enderezar . 295.6
- - - de dos partes 296.6
- - guía 293.5
- - la bomba de aire 254.2
- - - herramienta 256.6
- - - maza . . . 254.4
- - - primera curvadura 293.7
- - lijar . . . 404.7
- - prensar chapas de madera 484.6
- de presión . . 385.8
Cilindro de presión con calefacción 484.5
- - salida . . . 386.1
- - vapor . . . 250.7
- - - fijo 250.4
- desplazable lateralmente 90.6
-, diámetro del 251.1
- entre guías . 257.3
-, estriadora de -s 4.3
- fijo 257.4
- graduable . . 294.2
- lateral 294.1
-, máquina de curvar de -s 293.4
-, - - machihembrar de -s 394.5
-, martinete de dos -s 253.4
-, par de -s . . 295.9
- paralelo . . . 379.2
-, ranura en el 295.1
-, - graduable del 295.2
-, surco en el . 295.1
-, - graduable del 295.2
-, tornear -s . . 58.4
Cimbro, pino 495.10
Cimentage de la meule 225.2
Cincelador neumático 256.2
Cincelar 256.2
Cinchona officinalis 505.7
Cinghia a △ . 91.4.5
-, apparecchio di sollevamento della 248.7
-, berta a . . 248.2.5
-, cambio di . . 18.2
-, - per mezzo di 17.2
-, comando a . 81.4
- conica 91.4.9
- della puleggia a gradini 155.3
- di comando . 81.5
- - ritorno . . 17.6
- diritta 17.4
-, dispositivo per il sollevamento della 248.6
-, distacco a . 26.1
-, far scorrere la 83.6
-, forcella della 84.3
-, - per . . . 26.3
-, guida- 153.5
-, - della 84.5
- incrociata . . 17.5
-, inversione del movimento a 48.9
-, maglio a . 248.2.5
- motrice . . . 327.5
-, ondulazione della 334.4
-, oscillazione della 334.4
- per polire . . 404.4
-, politrice a . . 404.3 404.5
-, pompa con comando a 268.6
-, puleggia per 23.6 156.3
-, rullo per . . 23.6
-, scorrimento della 84.2
Cinghia semiincrociata 83.2
-, trasportare la 83.6
Cinta de freno . 94.6
- - lijar. . . . 404.4
- - madera . . 458.8
Cintrage 290.6.8, 291.1.4.5.6, 293.6.7
Cintrer . 290.5, 290.7 293.2
- au moyen de cylindres 293.3
- - - - rouleaux 293.3
- autour d'un mandrin 291.3
- - d'une broche 291.3
- - - tige . . . 291.3
-, machine à (v. „machine") 290.4
- un tuyau . . 291.8
Cipollatura 491.6, 491.7
Ciprés calvo . 496.6
- común 496.5
Cipresso americano 496.6
- comune . . . 496.5
- di palude . . 496.6
- semprevivo . 596.5
Circle cutting arrangement 357.4
Circolare, fresatura 186.2
Circolazione . . 255.3
Circolo dei fori di divisione 198.9
Circulación . . 255.3
Circular flanging . 293.6
-, fresado . . . 186.2
- saw (s. „saw")
Circulaire, scie 360.5
Circulation de retour 255.3
Círculo de puntos de división 198.9
Circumferencia 188.6 492.6
Circumferential seams 184.2
Cirmo, pino . 495.10
Ciruelo común 501.9
- de racimos . 502.3
- espinoso . . 501.11
- oloroso . . . 502.2
- silvestre . . 501.10
Cisaille 228.2.3, 233.1.6.8 236.8, 241.4.7
- à balancier . 229.6
- - bois 409.1
- - commande par excentrique 230.1
- - cornières . 231.5
- - double levier 229.8
- - guillotine . 228.4
- - levier 228.5, 229.4
- - - coudé . . 229.7
- - mâchoire . 228.5
- - main 229.4
- - - pour feuillards 229.6
- - - - tôle . . 231.2
- - mitraille . . 231.3
- - molettes . . 229.1
- - poutrelles . 231.4
- - profilés . . 231.4
- - tôle 231.1
- - vapeur . . . 230.2
- circulaire . . 229.1
Cisaille, commande de - hydraulique 236.5
- d'établi à main 229.5
-, enlever à la . 237.5
- hydraulique . 230.3
- - à billettes . 230.5
- - - blooms . . 230.5
-, lame de 240.4, 241.5.6
- mécanique . . 228.3
- pivotante . . 230.6
- -poinçonneuse 232.6
- pour couper rond 229.2
- - lopins . . . 231.3
- - riblons . . 231.3
Cisaillement . . 120.7 237.4.7.8
- longitudinal . 238.7
- transversal . 238.6
Cisailler . . . 237.5.10 238.3.8, 239.1
-, machine à (v. „machine")
Ciseau 421.5
- à dégrossir . 421.6
- - lame cintrée 422.2
- plat à dégrossir 421.7
- pour rainures demi-rondes 422.3
Citiso de las Canarias 503.9
Citronnier, bois de 500.7
Citrus medica . 500.7
Cizalla 229.6
- de palanca acodada 229.7
- - - doble . . 229.8
- para cortar madera 409.1
- - tochos . . . 231.3
Claie 454.3
Clamp 27.8, 28.3.4, 35.7 227.2
- dog 28.6
- for various heights 28.1
-, to 27.5
-, - - the back centre 118.5
-, - - - tool tightly 126.5
- upset 28.2
Clamping 27.4, 118.3.4
- apparatus . . 276.1
- arm 342.2
- arrangement 342.1
- bearing, split 197.4
- bolt . . 126.7, 183.6
- by eccentric . 118.4
- chuck . 114.2, 420.3
- frame 341.9
- lugs 197.5
- of the grinding wheel 225.1
- plate 126.8
- ring stop . . 189.3
- the end of the log 341.8
Clasp nut . . . 109.7
- - engaging lever 108.4
Clavar, máquina de (v. „máquina")
Clavette . 49.6, 150.5 330.5.10, 338.5
- double 330.7

Clavette coulissante 164.7
- d'accouplement à ressort 158.7
- mobile 164.7
- plate 330.6
Clavo de balsa 345.1
Claw . . . 19.8, 341.1
- arm 341.3
- coupling 93.3, 155.4, 158.6, 164.8
- - sleeve . . . 158.4
- ended lever for rolling logs 344.5
- stop 194.4
- trussing machine 446.3
Clean, to - off the cask 446.5
-, - - the casting 315.8
Cleaning brush 337.9
- cage 316.1
- chip 336.5
- drum 316.1
- machine, casting 315.9
- -, splint . . . 454.5
- off inside of tubs 447.1
- - machine, cask 446.7
- shop 318.5
Clear varnish . 406.1
Clearance angle 31.7, 121.6
- hole 244.4
Cleaving . . 485.10
Clef à serrer les excentriques 331.2
Cleft, quarter . 480.6
Clements driver 113.1
Clench, to - a rivet 284.4
Clenching a rivet 284.3
Clinchage du rivet 284.3
Clincher le rivet 284.4
Clip . 27.8, 329.2, 341.1
Cliquet 23.3, 88.4, 96.3, 106.3, 338.4, 339.8
-, avance par . 95.8
-, butée à -s . . 108.2
- d'arc-boutement 23.4.5
- débrayable . 42.8
-, poignée à . . 160.2
- reversible . . 19.8
-, roue à . 96.2, 106.2
-, - - rochet et . 234.4
Cloche de troussage 446.4
- protectrice . 474.2
Cloison 187.5
- de retenue du sable 303.4
Close grained wood 480.9
Closer 278.4
Closing die . . 278.4
- disc 275.6
- head 284.6.7
Cloth 223.2
Clou de radeau 345.1
Clouer, machine à (v. „machine")
Cluster pine . . 495.8
Clutch coupling 93.3
-, dog 93.2, 158.6, 164.8
-, friction 213.7, 41.5
Coarse grind, to 212.3
Cobre 226.7
Cocchiume 447.2.3.4.5
Cocco 496.10
Cocer 432.9
-, aparato de - el fósforo 457.7
-, - para - la cola 466.6
- la cola . 459.7, 466.8
Coche 468.9
Cock 188.7
-, stop 252.4
Cocoa nut palm 496.10
Cocos nucifera 496.10
- wood . . . 496.10
Cocotero . . . 496.10
Cocotier, bois de 496.10
Coda . . . 79.7.8, 201.6
- del cilindro . 293.9
- - rullo 293.9
- della fresa . . 205.5
- - punta . . . 168.3
- di rondine . . 426.6
Codo . . . 64.3, 188.2
- articulado de engranajes 192.1
- de aspiración 214.1
Cœur . . 476.1, 491.2, 492.3.4, 493.2
- de renversement 89.4
- du bois . . . 475.6
Coil 21.5
Coin . . . 30.1, 165.6
- à chasser . . 168.1
- de verrouillage 106.7
- -fendeur . . . 472.3
- - réglable avec enveloppe à bascule 472.1
- pour fendre . 480.6
Coincement de la lame de scie 471.2
Coincer 471.3
Cojinete . . 49.8, 77.6, 150.6, 153.3.4, 358.4.5
- cónico 77.10
- - de metal antifricción 150.3
- - equilibrado 80.1
- - graduable . 79.7
- de anillo de bolas 78.5
- - bolas . . . 161.1
- - graduación automática 206.9
- - presión . . 78.3
- - roscar . . . 172.6
- del husillo . . 77.5
- - manguito . 41.3
- - movimiento giratorio del porta-brazo 142.4
- - pedal . . . 50.10
- - tornillo sin fin 193.5
- doble 143.7
- - graduable . 144.1
- esférico . . . 191.4
- graduable concentricamente 151.1
Cojinete, -s para árbol doble, disposición de 151.5
- partido . . . 172.7
- - del árbol porta-brocas 150.7
- porta-husillo de afilar 218.2
- principal . . 80.2
Cok 214.2
Coke 214.2
- filling 214.2
Col de cygne . 138.4, 181.2, 233.3
Cola 79.8, 245.7, 459.7, 466.6.8.10.11, 467.2
- de carpintero 466.9
- - milano 376.6, 425.7, 426.6, 427.2
- fresca 466.7
Colada intermedia 273.8
Colare 275.10
Colata 276.7.8.9, 277.1.5
Cold saw . . . 206.2
Colgar con inclinación 335.4
Colla 466.8.9.11, 467.1.2.3
-, apparecchio per preparare la 466.6
-, - - riscaldare la 466.10
- fresca 466.7
Collage 220.5
- de la meule . 225.2
Collar 294.5
- graduable sujetado à presión 189.3
- of thermit iron welded on 274.1
Collare . 294.5, 466.5
- cilindrico . . 78.2
- conico 77.9
- - e cilindrico 76.4
- del mandrino 150.7
- spaccato . . . 197.6
Colle 459.7, 466.6.7.8.9.10, 466.11, 467.1
Collecteur de poussière 318.7
-, rigole collectrice circulaire 188.6
Collecting trough 188.6
Collection of the cooling liquid 188.5
Collegamento 5.1, 51.3, 258.8, 329.2, 341.5
Coller 466.5
-, machine à (v. „machine"
Collet . . 114.8, 151.3
Collet à trèfle . 294.5
- cylindrique . 78.2
- de guidage fendu du nez 197.4
- - la douille . 41.4
- - serrage . . 197.5
Colletto 79.9
- a coda 79.8
Collettore di polvere 318.7
collier de serrage 197.5
- élastique . . . 78.9
Collo 377.4.7
- d'oca 233.3
- - ripiegato . 138.4
Colocación 27.4, 371.6, 384.6, 404.2, 418.8, 446.1
- de cojinetes porta-árboles para dos muelas 218.6
- - la barra de taladrar en espiga esférica 168.6
- - las hojas de serrar 328.5
- - - láminas de serrar 328.5
- - los bandajes 445.6
- del cojinete porta-husillo de afilar 218.2
- - husillo de fresar en sus cojinetes 195.5
- - - guiador en sus cojinetes 11.2
- giratoria . . . 35.7
Colocar . . 27.5, 455.4
- los bandajes . 445.7
-, máquina de (v. „máquina")
Colonna 131.3.4, 379.4
- con sopporto 418.9
- della sagoma 312.1
- - sciablona . 312.1
- - sega alternativa 327.9
- di piallatrice 4.6
- - trapano . . 138.2
-, fresatrice a . 398.4
-, parte superiore della 138.3
-, piallatrice a . 2.3
-, piede della . 131.4
- principale . . 138.5
-, sostegno della 191.9
-, testa girevole della 139.1
-, trapano a . . 130.1, 131.1.5, 410.6
Colonne 131.1, 138.3.5, 131.3.4, 366.5, 379.4, 418.9
- cylindrique . 131.5
- de machine à percer 138.2
- - raboteuse . 4.6
- - scie alternative 327.9
- latérale . . . 4.7
- pivotante . . 139.1
Colonnette . . . 191.9
Color . . 406.3, 459.4
Colorant, polir en 406.3
Colorante, maderas -es 378.6
Colorare 406.3
Colorato in bianco, putrefatto e 492.6
- - rosso, putrefatto c 492.4
Colore 406.3
Colpo . . . 52.7, 262.5
- della mazza . 262.4
- di freddo . . 491.5
- - sole 491.5
- scentrato . . 263.5
Coltello . 173.4, 240.8, 390.5.6.7
- a bedano . . 386.8
- - disco . 55.3, 380.1

Coltello, alzata del 241.8
-, apparecchio per bilanciare i -i 391.9
-, - - fissare i -i 401.2
- arcuato . . . 387.6
-, cambiare i -i 388.8
- circolare . . . 241.6
- da alesatrice 169.2
- - fare femmine 397.2
- della filiera . 178.3
-, deviamento dei -i 242.1
- di cesoia . . 240.4
- - finimento . 387.4
- - piallatrice . 386.7
- - portacoltelli rotativo 388.7
- - trancia . . . 240.4
- fisso 241.5
- - di finimento 387.5
- in un sol pezzo 387.7
- incisore . . . 386.9
- inferiore . . . 241.2
- laterale . . . 241.3
- mobile 241.4
- oscillante . . 401.1
- per fare maschi 397.5
- - impellicciature 375.1
- - sagomare . 422.4
- - tenonatrice 402.5
- - tornio . . . 120.4
- piano 388.1
- ricambiabile . 204.6
- rimesso . . . 204.5
- riportato . . 204.5
- rotativo . . . 394.5
- sagomato . . 388.2
- scorrevole . . 374.2
-, sopporto del 375.5
-, sostegno del . 389.7
- spostabile . . 108.4
- superiore . . 241.1
- trasversale . . 379.7
Column 138.2.5, 139.1 181.3.4
-, cylindrical . 131.5
-, mounted on . 366.5 379.4
- of log frame 327.9
- with bent head 138.4
- - cranked head 138.4
Columna 140.4, 181.3 258.3.7, 379.4, 410.6
-, apoyo de . . 191.9
-, - sobre . . . 418.9
-, cabeza de la 138.3
- cilíndrica . . 131.5
- de acepilladora 4.6
- - sierra alternativa 327.9
- giratoria . ·139.1
- móvil en sentido horizontal 134.3
-, pie de la . . 181.4
- principal . . 138.5
-, sierra circular montada sobre 366.5
-, taladradora de 131.1
Coma, de forma de 184.8
Comando . 11.1, 49.3 50.1, 76.7, 81.5, 156.2 249.6
- a camma . . 235.5
- - catena . . 84.8
- - cinghia . . 81.4
- - cremagliera del braccio 42.2
- - frizione con coni 91.1
- - - - due dischi 90.7
- - - - - - conici 90.8
- - - - rulli conici 91.1
- - fune . . 11.5, 84.6
- - leva 234.3
- - manovella con ingranaggio ellittico 13.5
- - mezzo di biella e manovella 48.7
- - - - cremagliera 9.7
- - - - - a denti elicoidali 10.5
- - - - manovella 13.4
- - - - puleggie a gradini 82.6
- - - - vite perpetua 10.3
- - - - - senza fine 10.3
- - pedale . . . 81.1
- - vite 235.4
- - - del braccio mobile 48.8
- - - dello slittone 48.8
- ad ingranaggi 85.1
-, albero di 40.2, 48.4 188.9
-, biella di 50.2, 355.5
- con dischi a frizione 90.3
- - manovella a disco 41.8
- - rulli a frizione 94.7
- del braccio mobile 40.1
- - cambio . . 15.4
- - mandrino . 80.3
- - movimento di ascesa e discesa del mandrino 155.7
- - telaio . . . 334.2
- dell'avanzamento 22.2, 51.10
- - -, meccanismo di 96.1
- - inversione di marcia della mazza battente 251.5
- della pompa d'olio 187.10
- - pressa . . . 269.2
- - squadra a mezzo di vite 343.8
- - tavola . . . 9.6
- - - a mezzo di biella 13.3
- - - - - - manovella 13.3
- - - esterno all'incastellatura 190.4
Comando della tavola interno all' incastellatura 190.3
- - trancia a mezzo di acqua compressa 236.5
- - - - - - motore a vapore 236.3
- - - - - - volante 236.1
- dello slittone 40.1
- - - con disco a camma 49.1
- di cambio della marcia 15.6
- - ingranaggi con cambio di velocità 87.5
- - ritorno a mezzo d'ingranaggi a denti elicoidali 192.6
- - -, meccanismo a cinghia per il 17.3
- elastico . . . 158.1
- elettrico 42.3, 91.6 282.2, 370.2
- elicoidale a cremagliera 10.3
- flessibile . . 156.1
- meccanico . . 247.1
-, puleggia di . 40.3 158.4
Combing . . . 426.4
Combustión . . 468.4 483.6
Comercio . . . 479.9
Comma shaped cutting 184.8
Commande . . 76.7
- à friction . 90.3.4
- - - par cônes 91.1
- - - - deux plateaux 90.7
- - - - - roues biconiques 90.8
- - gradins . . 189.5
- - la main . . 101.5
- - main 156.6
- - pédale . . . 81.1
-, arbre de . 40.2, 51.9 188.9
- automatique 102.4.5.6
-, bielle de . . . 355.5
-, bielles et tringles de 50.1
-, biellette de . 48.3
-, chaine de . . 96.4
-, cône de 40.3, 189.5
-, courroie de . 81.5 327.5
- de cisaille à vapeur 236.3
- - - hydraulique 236.5
- - - par came 235.5
- - - - vis . . . 235.4
- - - - volant . 236.1
- - l'avancement 22.2
- - la broche . 80.3
- - - - par câble 156.6
- - - - - cônes à friction 157.5
- - - pompe à huile 187.10
Commande de la rotation de la tourelle-revolver 106.1
- - - table . . . 9.6
- - - - dans le bâti 190.3
- - mouvement, dispositif de 20.6
- - tour par courroie 81.4
- des broches par manivelles 157.2
- du changement de marche 15.5
- - chariot . . 101.4
- - -, mécanisme de - - - sur la traverse 24.1
- - châssis . . . 334.2
- - coulisseau porte-outil 40.1
- - - - - par vis 48.8
- - mouvement de rotation de la broche 155.7
- - retour de la table par roues à denture hélicoïdale 192.6
- électrique 42.3, 91.6 354.5, 370.1
-, excentrique de 42.6
- extérieure de la table au bâti 190.4
- hydraulique . 269.1
- inférieure . . 370.2
-, levier de . . 249.6
-, mécanisme de - du changement de marche 15.4
-, - - - sur la traverse 24.1
- par bielle et coulisseau 13.3
- - câble 11.5
- - chaine . . . 84.8
- - corde . . . 84.6
- - coulisse rotative 41.8
- - crémaillère 9.7
- - - à denture hélicoïdale 10.5
- - - du porte-outil 42.2
- - engrenage à denture intérieure 16.4
- - engrenages 85.1
- - excentrique 42.4
- - galets de friction 94.7
- - joint à la Cardan 158.1
- - - universel 158.1
- - levier . . . 234.3
- - manivelle et bielle 48.7
- - - - roues elliptiques 13.5
- - plateau à coulisse courbe 49.1
- - poulies à gradins et courroie 82.6

Commande par roue et vis sans fin 89.7
- - roues à friction 90.3
- - rouleaux de friction 94.7
- - vis sans fin et crémaillère 10.3
-, pignon de - de l'avance 51.10
-, poulie de - étagée 189.5
-, roue de - de l'avance 339.6
-, tige de 355.6
-, tringle de . . 18.6
Commercial timber 479.9
Commercio . . 479.9
Common bit . . 411.9
Compacto, madera -a 480.9
Compartiment, boite à -s 454.9
Compartimiento 454.9
Compas d'épaisseur 74.2
Compás 74.2
Compensación automática 113.1
Compensation automatique 113.1
Compensazione automatica 113.1
Composition grinding and mixing mill 458.2
Compound 253.4, 255.6
-, compresor . . 255.6
-, compresseur . 255.6
- compression . 254.9
- compressor . 255.6
- deal frame . 322.4
- rest 89.4
- slide rest . . 98.4
- steam hammer 253.4
- swivel arm . 142.6
Compresión baja y alta 254.9
- escalonada . 254.9
Compresor compound 255.6
- de aire de presión escalonada de un cilindro movido directamente por vapor 255.2
- - - - un cilindro y presión escalonada 255.1
- duplex 255.5
Compressed air 255.8, 268.3
- - hammer . . 254.1
Compresseur compound 255.6
- d'air à vapeur monocylindrique étagé 255.2
- - monocylindrique étagé 255.1
- duplex 255.5
- jumellé . . . 255.5
Compression, compound 254.9
- of the sand . 301.7
-, two stage . . 254.9
Compression . . 265.5 268.4, 300.4
- à deux étages 254.9
- compound . . 254.9
Compressione . 254.6
- compound . . 254.9
- del liquido . . 267.3
- della terra 301.7 302.1
- graduata a vapore 255.2
- in due stadi . 254.9
Compressor . 255.2.5.6 443.1
Compressore a cilindri accoppiati 255.5
- composito . . 255.6
- compound . . 255.6
- d'aria monocilindrico a compressione graduata 255.1
- - - - - con comando a vapore 255.2
Comprimere la terra 301.9
Comprimido, liquido 267.2
Conca 297.3
Cóncavo, sierra -a 373.1
Condotta . . . 384.6
- del pezzo da lavorare sopra il piano della tavola 384.5
- dell'utensile secondo sagoma 419.3
Condotto per l'aspirazione 469.4
Conducción 52.4, 92.4 348.3, 355.6, 385.1, 419.4
- circular . . . 116.5
- curvada de la sierra 384.1
- de la hoja de sierra 358.6
- - - - - - por los costados 359.1
- - - - sin fin por el lomo 358.7
- - - madera á mano 382.4
- - - mesa . . . 8.2
- - - pieza de labor á la herramienta sobre la superficie de la mesa 384.5
- - las herramientas por plantillas 419.3
- - lomo bombeado 8.7
- - porta-modelo 312.4
- - troncos torcidos 340.2
- del cabezal de curvar 292.4
- - calor 32.10
- - carro . 8.2, 65.1
- - - porta-util entre las guias 233.7
Conducción, disposición de 407.5
- plana de la mesa 8.3
- prismática . . 8.6
- - cerrada . . 9.1
- rectilinea de la sierra 333.9
Conducir la pieza de labor contra la dirección en que rueda la fresa 192.4
- - - - - en la dirección de rotación de la fresa 192.5
Conductibilidad del calor 32.11
Conductibilité calorifique 32.11
Conduction of heat 32.10.11
Conductor de la correa 26.2. 84.5
-, espiga -a . . 112.7
-, tornillo . . . 154.7
Conduit d'admission de l'air comprimé 254.6
- d'aspiration . 254.5
Conduite . . . 76.4
Conduttività di calore 32.11
Conduttore, vite -rice 11.1
Cone . 93.9, 94.1, 199.4 227.1 268.2
- chucking ring 442.4
- coupling . . . 17.1
-, double . . 21.3, 21.8
-, firing 443.7
-, - - with furnace 444.1
-, friction . . . 41.6
- - coupling . . 41.7
- gear with friction strap 91.2
- grinding 215.2, 458.1
- - mill 457.9
-, Morse's . . . 199.4
-, polishing . . 227.1
- pulley . 48.2, 82.5.7 154.4.5, 155.3
- - drive . . . 82.6
- -, multistep . 83.1
- -s to couple the 92.2
-, steaming . . . 444.2
-, stepped driving 189.5
-, - cones with countershaft gear 85.7
Cône à gradins 82.7
- -broyeur . . . 458.1
- de commande 40.3 189.5
- - friction . . 41.6.7 93.9, 94.1, 157.5
- - pignons . . 86.3
- - - avec roues intermédiaires Richards 87.1
- - poulies à cordes 81.3
- - renvoi . . . 82.8
- - serrage fendu 104.2
- double 21.8
- du foret . . 168.3
Cône étagé . . 82.7
- normal de l'arbre 199.4
- rectification de -s 215.2
Coned pulley . 86.3
Conficcare il chiodo 283.7
Congiungere con tenone e cava 402.1
Congiungimento di tavole 395.2
Congiunzione . 51.3 394.2, 395.3
- di assicelle per scatole 376.7
Coniare 264.6
Conical reamer 205.8
Conicità normale 199.4
Conico, fresa -a 203.6, 201.1
Cónico, fresa - a 201.1, 201.2
Conifère . . . 494.2
Conífero 494.2
Conique, raboteuse à disque porte-fers 380.3
Connecting rod 25.6 40.8, 50.2, 236.4, 408.1
- - of frame . . 327.4
- tie 5.1
Cono 21.3, 21.8
- a frizione 41.6, 93.9 157.5
- di frizione, innesto a -i - - 41.7
- femina 94.1
- normale . . . 199.4
- spaccato di frizione 104.2
Cono de contramarcha 82.8
- - fricción 41.6.7, 91.1 93.9, 157.5
- - moler . . . 458.1
- - presión dividido parcialmente 104.2
- - válvula . . 268.2
- - velocidades 40.3 48.2, 154.4
- doble . . . 21.3, 21.8
- escalonado con contramarcha de engranajes 85.7
- normal . . . 199.4
Consola 182.4
- de sujeción con soportes 189.7
Console coulissante 189.6
- de fixation . 189.5
- - la table . . 182.4
- levable avec jambe de soutien 189.7
- mobile 189.6
Consolidation of the sand 301.7
Construcción de buques 494.7
-, madera de . 479.10
Construction 479.10 494.7
- timber . . . 479.10
Consumo della mola 226.1

Consumo di forza nella marcia a vuoto 70.8
Consumption of power when running idle 70.8
Consunción de la madera 488.7
Contact 179.5
- à frottement 21.6
- glissant . . . 220.4
-, sliding . . 21.6, 220.4
Contacto, palanca de 74.3
- rozante . 21.6, 220.4
Contador, aparato - para medir el trabajo de las máquinas de cepillar 384.4
Contatore . . . 384.4
Contatto . . . 395.3
- per attrito . 21.6 220.4
Contenido de savia 486.8
Contornare . . 382.3 355.4
Contornear . . 382.3
Contorto, crescita -a 490.3
Contour presser plate 304.4
Contourné, arbre 489.9
Contournement en spirale 490.3
Contra-cono . . 94.1
- -cuchilla 875.6, 387.3
- -cuña . 165.6, 330.9
- -estampa . . 278.2
- -fuerte del portacuchillas 389.2
- -manivela . . 327.3
- -marcha 48.1, 81.6.7 82.3.8, 83.4, 92.9
- - con retroceso rápido 81.10
- - cubierta . . 86.6
- - de desembrague 85.3
- - - engranajes 85.7
- - - - derechos 85.2
- - - fricción cónica 91.2
- - - techo 48.2, 81.9
- - - - doble . 82.1
- - doble de engranajes derechos 86.1
- - giratoria . 82.2
- -peso . 50.4.6, 160.3 161.2, 338.3, 359.3
- - de tensión . 97.5
- - para la graduación automática del avance 207.2
- -presión 267.1, 309.7.8
- -punta 116.8, 117.1.2.3 4.7.8, 118.1.2.3.5, 148.1 197.6, 199.3, 421.1.2
- - á palanca . 119.2
- - auxiliar . . 119.4
- - con husillo exterior 117.5
- - - - interior 117.6
- - - manilla en cruz 119.1
Contra-punta con plato conductor de movimiento propio 119.3
- - de apoyo . 219.6
- - hueca . . . 120.2
- -punzón . . . 244.1
- -tope 107.6
Contracter, se . 488.8
Contraerse . 488.12 488.9
-, el - de la madera 488.11
Contrafforte . . 184.6 278.2, 284.8
Contralbero 48.1, 81.9 82.3, 83.4, 85.4
- a disinnesto . 85.3
- - distacco . . 85.3
- - due velocità 82.1
- con coni a frizione 91.2
- - ritorno rapido 81.10
- girevole . . . 82.2
- pendente controsoffitta 48.3
Contrappesato, leva -a 160.3
Contrappeso 20.4, 50.6 359.3
-, anello di . . 267.9
-, cassa del . . 267.8
-, catena con . 161.2
- di tensione . 97.5
-, disco di . . . 267.9
-, leva del 50.4, 338.3
- per la registrazione automatica dell'avanzamento 207.2
- - regolare automaticamente l'avanzamento 207.2
-, recipiente del 267.8
Contrasto 184.6, 297.1
Contre-arbre . 48.1
- - à débrayage 85.3
- - - harnais . 85.2
- - débrayable 85.3
- -bouterolle . 284.8
- -butée 107.6
- -clavette . . . 330.9
- -fer . . 375.6, 387.3
- -fiche 463.3
- -fil 478.3
- -manivelle . . 327.3
- -moule . 304.3, 309.7
- -poinçon . . . 244.1
- -pointe . . 117.2.3.4.8 118.1.5, 197.6
- - fraisée . . . 120.2
- -poupée 116.8, 117.1.2 118.2.3, 197.6, 199.3 421.1.2
- - à croisillon 119.1
- - - levier . . 119.2
- - avec plateau commandé 119.3
- - - - tournant 119.3
- - - vis découverte 117.5
- - - - intérieure 117.6
- - d'appui . . 219.6
- -pression . . . 267.1
Contrecoin . . 165.6
Contrepoids basculant 20.4
- de réglage automatique de l'avance 207.2
- - tension . . 97.5
-, levier à 50.4.6, 160.3 161.2, 338.3, 359.3
Controarresto . 107.6
Controchiavetta 330.3.9
Controcono . . 94.1
Controcuneo . 165.6
Controferro . . 387.3
Control . . 22.2, 159.6
- by cam disc . 49.1
-, eccentric . . 42.4
- eccentric . . 42.6
- mechanism . 15.4
- rods 50.1
Controllare col calibro 74.2
Controlling the press 269.2
Controllo . . . 216.5
Contromanovella 327.3
Contronasello di arresto 107.6
Contropressione 267.1
Contropunta . 116.8 117.2, 197.6, 199.3 219.6, 421.1
- a leva 119.2
- - volante a croce 119.1
- ausiliare . . . 119.4
-, bloccaggio della 118.3
-, bloccare la punta della 118.5
-, blocco della . 118.3
-, bussola della 117.4
- cava 120.2
- con bussola . 117.6
- - piattaforma direttamente comandata 119.3
-, fuso della . . 117.3
-, manicotto della 117.4
-, movimento trasversale della 118.2
-, punta della . 117.2 421.2
- semplice . . . 117.5
-, suola della . 117.1
Controsoffitta . 48.3
Controspinta . 150.1
Controstampo . 244.1 278.2, 284.8
Converted timber 481.7
Converting . . 480.3
Conveyer 316.7, 345.3 469.1
Conveying of shavings 468.11, 469.3
Cooker 459.7
Cooking apparatus for phosphorous 457.7
Cooling liquid 187.3 188.5
- of the cutter 187.2
- the tool . . . 122.3
-, water 83.1
- water 122.4
Cooperage . . . 468.6
Copaiba 508.1
Copaifera bracteata 508.1
Copeau 82.5, 69.2, 376.1 383.8
-x à treillis . . 378.4
-, aspirateur de -x 470.3
-, bac à -x . . . 182.2
-, bande de -x . 458.8
-, cave à -x . . 470.5
-, chambre de dépôt des -x 470.4
-, couper en soulevant le 388.7
- de boite . . . 452.4
-x - clarification 378.5
- - finissage . 386.5.6
-, détachement d'un 69.7
- en forme de virgule 184.8
- - spirale . . . 70.4
-, enlèvement des -x 469.1.3
-, enlever un . . 69.9
-, épaisseur du . 70.2
-, faire des -x . 375.8
-, formation d'un 69.6
-, largeur du . . 70.3
-, le - s'enroule sur lui-même 70.5
-, stries de -x . 70.1
-, transport des -x 468.11, 469.1
-, trémie à -x . 469.2
-, tüyau d'aspiration des -x . 469.5
Coperchio . . . 234.1
- del lubrificatore 188.4
- - sopporto . . 158.4
- della pressa . 377.6
- smontabile . 79.6
Copertura dell'ingranaggio 362.5
- di protezione in legno 478.1
Copiadora doble 416.1
- especial para rayos de ruedas 416.3
-, fresadora . . 179.4
- para rayos de ruedas 449.4
Copiar 62.1, 97.1, 415.7 416.5, 417.5
Copiare . 62.1, 179.4 415.3, 416.4.6
-, macchina da (v. „macchina“)
Copiatore, rullo 96.9
Copier . . 62.1, 179.3.4 416.4.6
-, macchine à (v. „macchine“)
Coppa 224.2
Coppaia 114.3
Copper burnishing wheel 226.7
Coprigiunto . 285.7.8
Copy . . . 96.8, 187.1
- bar 96.7
-, oval 97.4
- roller 96.9
- spindle . . . 179.5
Copying lathe . 62.1 415.7, 416.4, 449.4

Copying machine 417.5
- -, double . . . 416.1
- -, left hand . 416.2
- -, spoke 416.3, 449.4
- milling machine 416.6
- roller 416.5
Coquille de coussinet conique 77.10
Corail, arbre au 505.10
Coral wood . 505.10
Corál 505.10
Corallo . . . 505.10
Corazón . 492.4, 493.2 494.6
- de inversión . 89.4
- - la madera . 475.6
- seco de la madera 476.1
Corcho . . . 498.11
Cord drive . . 84.6
- fibres 378.4
- pulley 81.3
- -, multiple grooved 84.7
Corda 81.3
- di lana di bosco 378.3
- - - - legno . 378.3
Corde . . 81.3, 84.6.7
- en fibre de bois 378.3
Corder, machine à (v. „machine")
Cordia gerascanthus 505.2
Cordón . . . 84.6.7
Core box . . . 309.1
-, central 309.2
- drying stove . 315.4
- for forming arms 309.3
- making machine 308.6
- turning lathe 309.4
Corgnolo . . . 504.6
Corindon 223.5, 233.4 277.8
- artificiel . . . 277.9
Corindone . . . 223.4
- artificiale . . 277.9
Cork oak . . 498.11
Cornejo macho 504.6
Corneliau cherry wood 504.6
Corner combing 425.1, 426.4
- locked board 426.9
- - boards . . . 427.3
- locking . . 426.4.5
- - machine, double 425.3
- -, - for 425.1
- - - with circular saw 424.3
- tool 423.1
Cornice 393.12, 408.7 465.7
Cornier 502.8
Cornière 231.5, 294.9 296.5
Corniolo 504.6
Cornouiller mâle 504.6
Cornus mas . . 504.6
Corona . 224.4, 307.5
- a camme . . . 246.4
- della bussola 41.4
- dentata 115.7, 162.3
- di un albero 479.6
- - una mola . 224.1
- interna, meccanismo a 16.4
- piatta 412.6
Corona . 162.3, 224.4 307.5, 400.5.6, 479.6
- de moldear . 307.2
- - pasar el modelo 307.2
- dentada . . . 115.7
Corpo . . 479.4, 481.4
- della botte . 443.6
Corps creux . . 309.2
- de chaudière 134.5
- - l'outil . 36.4, 126.4
Correa 81.5, 248.6, 268.6 404.5
- abierta . . . 17.4
- achaflanada 91.4.5
-, cambio de . . 18.2
-, - - marcha por 17.2, 48.9
-, conductor de la 26.2, 84.5
- cruzada . . . 17.5
- de fricción . 248.5
- - lijar 404.4
- - marcha de retroceso 17.6
-, disparador de la 26.1
-, disparo de . 153.5
-, el golpear de las -s 334.4
-, - patinar de la 84.2
-, horquilla para la 26.3, 84.3
-, martillo de . 248.2
- motriz 327.5
-, movimiento á 81.4
-, - por 17.2.3
- para poleas escalonadas 155.3
-, pasar la . . . 83.6
-, polea para . 156.3
- redonda . . . 81.3
-, rodaja para la 23.6
- semi-cruzada 83.2
- sin fin 404.3
Corredera 40.4.5.7, 208.4
- de excéntrica 13.6
- - la mesa . . 8.2
- - lomo bombeado 8.7
- - movimiento de péndulo 14.1
- - - oscilante . 14.1
-s del mazo . . 263.7
-s - - graduables á medida de su desgaste 263.8
- - pivote . . . 40.6
- - taco 40.6
- móvil giratoria de la manivela 13.7
- - rotatoria de la manivela 13.7
- plana de la mesa 8.3
- prismática . . 8.6
- - cerrada . . 9.1
- rotatoria . . 41.8
Corredizo, carro 356.4, 364.1
Corrente 482.8
Corrida 7.1
- principal . . 6.9
Corrimiento . . 30.7
Corroyé, acier . 34.5
Corroyer, machine à (v. „machine")
Corsa 6.9, 15.2.3, 41.1 52.7, 239.7
- a vuoto . . . 13.1
- - - del carrello 11.8
- - - totale del carrello 13.2
- del braccio mobile 43.7, 52.6
- - carrello . . 12.8
- - punzone . . 244.3
- della lama . . 241.8
- - mazza . . . 262.6
- - tavola . . . 12.10
- dello slittone 43.7 52.6
- di andata della sega 333.1
- - ascesa della sega 333.3
- - discesa della sega 333.4
- - lavoro di una macchina 12.9
- - ritorno . . 12.1.3
- - - accelerata 12.2
- - - del carrello 341.6
- - - della sega 333.2
- - - rapida . . 12.2
- longitudinale della tavola 47.5
- lunga 324.1
- orizzontale del braccio mobile 47.7
- - dello slittone 47.7
- trasversale della tavola 47.5
- utile 7.1
- - del carrello 11.7
- - della sega . 333.1
- verticale del braccio mobile 47.8
- - dello slittone 47.8
Corsia laterale 343.4
- per il fissaggio 19.1
Corsoio 14.4, 18.9, 40.5 40.6.7, 326.7
- dissimmetrico 20.1
- regolabile . . 50.3
- - del braccio mobile 53.1
- - dello slittone 53.1
- simmetrico . 19.9
Corta 491.5
- autógena . . 273.1
- de árboles . . 485.3
- -frío de calafatear 287.5
- -tubos 231.6
Cortado 64.2
Cortadura . . 485.10
Cortar . 62.3, 237.2.10 439.6
- á medida . . 356.5
- al sesgo . . . 408.7
-, aparato de - metales 229.3
- bloques . . . 357.5
- chapas 238.3
Cortar con hoja de traslación 366.3
- - troqueles . 439.3
- contra la viruta 383.7
-, disposición de - metales 229.3
- en tiras . . . 238.4
- espigas . . . 401.7
- ingletes . . . 408.7
- las duelas á dimensión 367.2
- - muescas . . 442.1
- los empalmes de varias tablas en una sola vez 427.1
-, máquina de (v. „máquina")
- redondo . . . 229.2
- troncos . . . 357.5
- un pedazo . . 78.9
Corte 237.3
-, acción de . . 120.7
- al frente . . . 200.5
-, altura de . 7.5, 69.1 359.4
-, anchura de . 7.6
-, ángulo de 31.5, 121.5
-, - del 237.9
-, canto de . . . 120.9
- de serrar tablas 332.5
- del acero 81.4, 120.8
- - punzón . . 242.3
- derecho . . . 271.1
- desgastado . 121.9
-, dirección de . 7.8 237.7
-, dorso del . . 121.2
-, eficacia de . . 120.7
-, el acero quita varios -s 7.9
-, - corte está inclinado hacia adelante 384.3
-, - - - paralelo á las fibras 383.9
-, - - va oblicuamente contra las fibras 384.1
-, - - - transversalmente contra las fibras 384.2
-s finos 325.1, 365.3, 368.8
-, frente del - del útil 121.1
-, fuerza constante de 120.6
- inclinado . . 121.7
- lateral 397.4
-, línea de . . . 120.9
-, longitud de . 7.4
- longitudinal . 238.7
-, los -s trabajan fuertemente contra la viruta 383.8
-, pérdida en el 332.12
- por sierra alternativa 332.4
- principal . . 121.3
-, profundidad de 69.1
-s rectangulars 409.5
- redondo . . . 123.7
-, rendimiento de 332.11
-, resistencia de 7.3 237.4
-, sección de . . 237.8
-, superficie de . 237.8

Corte, trabajo sobre la 478.5
- transversal . 238.6 397.3
- - de la brancada 64.2
-, útil de 123.3.4
-, velocidad de 7.7, 68.5
Corteccia 438.5, 476.3 483.3.4
Corteza . 476.3, 483.3.5
-, el quitar la . 334.7
-, mercanciá de 483.3
Corubin 223.5
Corund artificial 277.9
-, escoria de . . 277.8
Corundum . . . 223.4
-, artificial . . . 277.9
- slag 277.8
Corylus avellano 498.2
Costado . 359.1, 362.8 376.6, 380.6, 459.5
- de caja . . . 376.7
Costera 483.5
Costipare la terra 301.9
Costruzione, legno di 479.10
- navale 494.7
Costura de la soldadura 270.8
- - remaches . 285.3 286.8, 287.9
Cote 222.9
- ad acqua . . 223.9
- - olio . . . 223.10
- di smeriglio . 223.1
Coton imbibé de suif 371.8
Cotón de sebo 371.8
Cotone insevato 371.8
Cotter 330.5.6
-, gib and . . . 330.7
- hole 168.1
Cotton packing, tallowed 371.8
Cottonwood . . 497.8
Couche annuelle 476.7
- de bois 261.3
-s - feuilles de placage collées en ensemble 433.8
- - matière a polir 406.5
Coudage 292.4.5, 296.2
- de la pièce à usiner 292.1
Coude . . . 64.3, 188.2
- articulé à pignons coniques 192.1
- d'aspiration . 214.1
-, lame -e . . 170.3
Couder . . 293.2, 296.2
-, machine à (v. „machine")
Coudrier 498.2
Coulée 275.8.10, 276.6.7.8 277.1, 303.5, 315.7
Coulissant, clavette -e 164.7
Coulisse . 19.6, 40.4.6
- à excentrique 13.6
- courbe 49.2.3
- - pratiquée dans une surface plane 49.4
Coulisse oscillante à manivelle 14.1
- rotative . . . 41.8
- tournante de manivelle 13.7
Coulisseau 13.3.4, 40.5.7 43.7.8.9, 47.7, 52.5.6.7 53.2.3
- de mortaiseuse 52.2
- porte-outil 39.5, 40.1 47.8, 48.5
- - - d'étau-limeur 43.6
- tournant . . . 13.7
Couloir de séchage 463.9
- ouvert 469.1
Counterpressure 267.1
Counterpunch . 244.1
Countershaft . 48.1.3 81.7.10, 82.1.2, 83.4 85.2.4.5
- gear 85.7
- suspension arm 82.3
Countersink . . 167.2 201.2
-, to 283.5
Countersinking 148.1
- bit . . . 167.3, 412.3
- - in three pieces 167.4
- of the rivet holes 283.4
Counterstop . . 107.6
Coup . . . 239.7, 263.4
- de marteau . 262.4
- désaxé 263.5
Coupe 7.3.7.8, 68.5, 69.1 120.6, 237.3.4
-, angle de 31.6, 121.4 240.7, 237.9
- longitudinale 238.7
- radiale 478.6
- transversale . 238.6
Couper . 237.2, 237.10
- des tôles . . . 238.3
- en onglets, appareil à 408.7
- - biais, appareil à 408.7
- - soulevant le copeau 383.7
-, machine à (v. „machine")
- rond 229.2
Couple, to . . . 20.8
-, - - the cone pulleys 92.2
Coupler la poulie à gradins 92.2
- - - étagée . . 92.2
Coupling . 21.9, 22.1 93.6.7, 158.5
- arrangement 375.7
-, automatic . . 21.2
- catch, spring 158.7
-, claw . . 93.2.3, 155.4 158.6, 164.8
-, clutch 93.3
-, cone friction. 41.7
-, cylinder friction 94.5
- device . 20.7, 156.1
-, friction . 41.7, 89.5 93.8, 94.5, 104.1, 165.1
- piece, double 93.5
-, sliding . 102.7, 103.1
Coupure autogène 273.1
Courbe . 100.2, 179.3 437.2
Courbe, bois . . 432.5
Courber 290.7, 431.2.3.4.5 432.1.2.4, 436.4.5, 437.5
-, appareil pour - les bois de placage profilés 433.5
- autour d'un mandrin 291.3
- - d'une broche 291.3
- - - tige . . . 291.3
-, machine à (v. „machine")
- un tuyau . . . 291.8
Courbeur . . 436.2
Courbure . . . 291.1
- dans le sens de la longueur 489.1
- de la pièce à usiner 292.1
- longitudinale 489.1
- transversale . 489.2
Couronne 307.5, 479.6
- à mouler centreuse 307.2
- dentée 115.7
Courroie . 17.2.3, 48.9 156.3.5, 281.4, 404.3.5
- à poncer . . . 404.4
-, changement de 18.2
- croisée 17.5
- de commande 81.5 327.5
- - friction . . 248.5
-, débrayage de 26.1
- demi-croisée . 83.2
- des poulies à gradins 155.3
- droite 17.4
- en coin . . 91.4.5
-, enlèvement de 248.6
-, faire passer la 83.6
-, fouettement de la 334.4
-, fourche à . . 84.3
-, fourchette de 26.3
-, glissement de la 84.2
-, guide de . . 26.2
-, mouton à . . 248.2
- ouverte . . . 17.4
-, passe de . . . 18.2
-, patinage de la 84.2
-, pompe commandée par 268.6
- pour la marche arrière 17.6
Course of work 70.6
Course 7.1, 12.8, 13.1 15.3, 41.1, 239.7
- ascendante de la lame 333.3
- d'une machine 12.9
- de frappe . . 262.6
- - la lame de cisaille 241.8
- - - scie à ruban 359.4
- - travail . 6.9, 68.2
- - - de la table 11.7
- descendante de la lame 333.4
- du coulisseau 43.7
Course du poinçon 244.3
- effective . . . 6.9
-, hauteur de . 52.6
-, longue 324.1
- perdue du chariot 13.2
Coussin d'air . 259.9
Coussinet . 49.8, 77.6 172.7, 195.5
- à billes . . . 161.1
- - logement sphérique 191.4
- - rattrapage de jeu concentrique 151.1
- arrière 79.7
- - à butée indépendante 80.1
- - déchargé . 80.1
- conique . . . 77.10
- - à l'intérieur 77.8
- cylindrique à l'intérieur 78.1
- d'arrière . . . 195.7
- d'avant . . . 195.6
- d'écrou . . . 163.1
- de filière . . . 172.6
- - la broche de tour 77.5
- - - vis-mère . 11.2 109.5
- - - - sans fin 193.5
- - pivotement 142.4
- - serrage 116.2, 171.5
- principal . . 80.2
- sphérique . . 168.6
Couteau . 375.3, 390.4 401.2, 421.5, 427.4
- à bouveter . 397.5
- - profiler . . 422.4
- - rainer . . . 397.2
- - tracer les feuilles de placage 375.2
- - trusquiner . 375.2
- d'une seule pièce 387.7
- de finissage . 387.4 422.6
- fixe de finissage 387.5
- pour feuilles de placage 375.1
- - tourner les fonds 423.1
- recourbé . . . 387.6
Couture de rivetage 134.1.2
Couvercle amovible 79.6
- de graisseur . 188.4
- - la presse . . 377.6
- - moule . . . 304.5
Couverture . . 304.5
Couvre-joint . 285.7.8
Cover . . 337.8 473.1
- plate 284.1
Covering of the saw table 473.2
Crack 490.7.9
-, to 489.5
Cracking at tooth gullet 348.10
- of the wood . 489.4
Cradle 368.2.3
-, circular saw for firewood with removable 368.2

Cramp . 341.10, 428.1
- folding machine 298.1
Cramping apparatus, rotatable 377.3
- arrangement, side 342.5
- table 407.3
Crampon . . 354.1.2
- de fixation . 363.7
Cran 194.5
Crane . 462.7, 463.1.6.7
Crank . . 64.3, 235.8 258.5.6, 327.1.2.3, 339.5
-, balanced . . 44.3
- drive of boring spindles 157.2
- - - slide table 18.3
- - with elliptical wheels 18.5
- driven riveting machine 281.3
- fly wheel . . 334.3
- gear . . 13.4.7, 14.1
- guide 13.6
- hammer with fixed cylinder 257.4
- - - sliding cylinder 257.3
- handle 190.1
- lever . . . 48.5, 190.1
- pin . 14.2, 40.7, 48.6 187.6
- - lathe 62.4
- plate 40.4, 41.8, 188.1
Cranked head . 138.4
- lever 249.3
- tool 170.3
Crankshaft lathe 58.6
Crataegus oxyacantha 502.4
Crecimiento de un árbol de madera veteada 490.5
- en espiral . . 490.3
- ondulado de las fibras 490.1
Cremagliera 25.5, 40.10, 109.3
- a denti elicoidali 10.5.6
- - sezione circolare 160.7
-, comando a . . 62.2
-, - - mezzo di . 9.7
-, - elicoidale a 10.3
- con denti elicoidali 141.1
- di comando dell'avanzamento 160.6
- doppia 10.1
-, fresa per -e . 202.4
-, mandrino con 160.5
-, verricello a . 138.6
Crémaillère 10.3, 25.5, 40.10, 109.3, 160.5, 202.4, 323.5
- à denture hélicoïdale 141.1
- - section circulaire 160.7
-, commande par 9.7 10.3.5, 42.2
- d'avance . . . 106.6
- de levée . . . 138.6
- double 10.1
- -écrou 10.6
Cremallera 25.5, 40.10 138.6, 160.5, 202.4
-, avance por - y carro 323.5
-, - - - y piñon 160.4
- con dientes inclinados 141.1
- conductora . 109.3
- de sección circular 160.7
- del movimiento de avance 160.6
- doble 10.1
- helicoidal . . 10.5.6
-, movimiento motor á 10.3
-, - - por . . 9.7, 42.2
- oblicua . . . 141.1
Crepa del midollo 478.1
Crescita 476.7
- a fibre contorte 490.5
- - - ondulate . 490.1
- contorta . . . 490.3
- rattrappita . 490.4
- stentata . . . 490.4
Creuser une mortaise 409.2
Creuset . 34.4, 275.2
- conique . . . 275.3
Creux . . 297.3, 351.3
- des dents . . 348.1
Crevasse annulaire 491.7
- dans le cœur 491.2
- due au fendage 491.5
- - aux agents atmosphériques 490.9
- intérieure . . 491.1
Crevasser, se . 489.5
Crichetto . . 339.3.8
- d'arresto . . . 88.4
-, meccanismo di avanzamento a 234.4
Crisol . . 34.4, 275.2.9
- cónico 275.3
Cristales oscuros 277.4
Crivello a scosse 314.2
- ad aria compressa per sabbia 314.3
- per la terra di fonderia 314.1
Croce 39.4, 108.5, 141.4, 188.10
Crochet . 30.2, 125.1.2
- d'équerre ajustable 344.1
- pour retourner les troncs 344.5
- - rouler les troncs 344.5
Crociera 141.4, 168.7, 304.5
- d'inversione . 89.4
- di attacco . . 152.2
Crocodile hand lever shearing machine 229.4
- shearing machine 228.5
Crogiuolo 34.4, 275.2
- a punta . . . 275.3
Croisée de fenêtre 428.4
Croisillon 108.5, 119.1, 141.4, 152.2
Croissance d'un arbre veiné 490.5
- en spirale . . 490.3
- ondulée . . . 490.1
Croissant 94.3, 125.6, 355.2
Cromo 35.2
Crooked grown tree 489.9
- surfaces . . . 340.1
Cross cut end of timber 478.4.5
- - frame saw . 325.5
- - saw 440.3
- - shear blade 241.3
- -, to 333.8
- cutting . . . 288.6
- - edge 397.3
- - the timber . 333.7
- - - wood . . 333.7
- feed . . . 39.4, 95.10
- gantry . . . 67.7
- - saddle . . . 67.8
- handle 141.4
- head . 5.2, 258.8, 265.3
- - of overhead countershaft 188.10
- motion crank 327.3
- rail 5.2
- section of the lathe bed 64.1
- - - timber . . 475.4
- slide 5.2, 39.5, 98.5.7 184.1
- - feed mechanism 24.1
- - screw . . . 109.8
- sliding table 140.6
- strip for attaching to buckle 329.8
- surfacing screw 109.8
-- tool carriage 39.8
- - head 39.8
- travel of back and front tool 105.4
- - - the tool . 32.3
- traverse feed gear 108.9
- - motion . . . 342.6
- - of the table 190.5
- - screw . 25.4, 109.8
- - - for ram . 41.9
Crosse 258.8
- de commande du renvoi de plafond 188.10
Crosta di fusione 315.7
Croûte de coulée 315.7
Crown . . 246.4, 479.6
- wheel 162.3
- wood 484.8
Croze 441.7
-, to form the . 442.1
Crozing machine, barrel 442.2
- -, one end . . 442.4
- -, single . . . 442.4
- -, stave . . . 441.6
Crucible . . . 275.2.3
- shank 275.9
- steel 34.4
- tongs 275.12
Cruz . . . 108.5, 141.4
Cruziamiento, ángulo de 287.9
Cuadrado, sección -a 480.8
Cuadro auxiliar 330.8
- de dar color 459.4
- - sierra alternativa 326.1
- para impregnar fósforos 455.5
-, peso del . . . 327.6
Cualidad de la madera 484.7
Cuarterone de puerta 382.2
Cuarto, partido en -s 480.6
Cubatura . . . 481.5
- e lunghezza del legname tondo, apparecchio per misurare la . 340.4
Cubature measure 481.5
Cuber, appareil à - et à mesurer la longueur des bois 340.4
Cubeta de arena 456.4
- - azufre . . . 456.5
- - parafina . . 456.3
- - untar . . . 457.5
Cubicar, aparato de - y medir la longitud de los troncos 340.4
Cúbico, metro - teórico 481.4
Cubierta de calentar 443.7
- - - con horno 444.1
- - chapa . . . 337.8
- - engrasador 188.4
- - la caja de la prensa 377.6
- - protección automática 472.7
- del molde . . 304.5
- móvil 472.1
- para el calentamiento al vapor 444.2
-, placa de . . . 234.1
- protectora . . 472.2
- - para la hoja de sierra de cinta 473.5
- - - los engranajes 86.4
- - - muelas . . 218.3
Cubierto, empalme 426.8
Cubing and measuring the length of timber, apparatus for 340.4
Cubo . . 448.3, 449.1.2 450.2, 451.3
-, el tornear -s 448.2
Cubrejunta . . 285.8
Cubrir la junta 285.7
Cuchara de fundición 275.10
Cucchiaio . . . 412.5
Cucchiaione per colare 275.10
Cuchilla 287.9, 240.4.5 374.2, 380.6, 391.9, 401.2

Cuchilla abiselada 888.1
- acodada . . 170.3
-, apoyo de . . 889.7
-, cabezal de -s 889.3.4 891.3
-, cambiar las -s 888.8
-, canto de la . 240.6
-, carrera de la 241.8
-, carro de -s . 875.3
-, cilindro de -s 891.1
- circular . . . 241.6
- - de desbastar 888.3
- con contra-cuchilla 887.3
- curbada . . . 887.6
- de acabado . 887.4 892.1
- - - fija 887.5
- - acabar . . . 886.8
- - acepilladora 478.7
- - barrenar . . 169.2
- - cepillar . . 891.10 892.2
- - desbaste . . 886.9
- - disco 888.4
- - espiga . . . 402.5
- - machihembrar 897.5
- - máquinas de cepillar 886.7
- - moldear . . 422.4
- - partir de movimiento de subir y bajar 429.3
- - perfilar . . 898.7
- - roscar . . . 178.3
- - sacar ranuras 897.2
- - trazar las chapas de madera 875.2
- - una pieza . 887.7
- del porta-útil giratorio 170.2
-, deviación de las -s 242.1
-, disco de . . . 427.4
- fija 241.5
- inferior . . . 241.2
-, lámina de . . 204.5
- lateral 241.3
-, mango de la 890.4
- móvil 241.4
- para cortar chapas des madera 875.1
- perfilada 888.2, 893.6 894.1, 422.4
- sobre cabezal giratorio 888.7
-, solapa de las -s 240.8
- suelta intercambiable 204.6
-, sujeción de la 890.5.6.7
- superior . . . 241.1
Cuero 872.1
- embutido . 266.4.5.6
Cuerpo de la fresadora 180.4
- de los cubos . 449.1
- - rueda . . . 60.4
- del barril . . 448.6
- - útil 126.4
- hueco 809.2
Cueva para virutas 470.5
Cuffia automatica di protezione 472.7
- di protezione 218.3 226.4, 472.1.2
- - - degli ingranaggi 86.4
- - - per piallatrici 478.7
- - - - seghe a nastro 473.4
- - riscaldamento 448.7
- - - a vapore 444.2
- - - con focolare 444.1
- - sicurezza per seghe circolari 471.10
Cuiller de coulée 275.10
-, foret à 412.5
Cuir, disque de 872.1
- embouti 266.4, 266.5
- - double . . . 266.6
Cuire . . . 459.7, 466.6
-, appareil pour - la pâte phosphorique . . 457.7
- la colle . . . 466.8
- - -, appareil à 466.6
Cuisson de colle fraiche 466.7
Cuivre 226.7
Cuña 150.2, 165.6 168.1 196.1, 830.3.10
- de acoplamiento 164.7
- - calzar . . . 80.1
- - fijación . . 106.7
- - partir . . . 430.6
- - porta-sierra 830.5
- - separación . 472.3
- doble 830.7
-, en forma de . 481.2
- graduable con cubierta móvil 472.1
- plana 830.6
Cuneo 80.1, 165.6, 249.7 472.3
- a disco . . . 472.4
- da spaccare . 430.6
- di spessore . 80.1
- per fissare le lame delle seghe 828.8
- - tener al posto le lame delle seghe 828.8
- regolabile con cuffia di protezione spostabile 472.1
Cunetta 286.4
Cuoio . . 266.5, 872.1
Cuore 475.6
Cup 145.10, 266.5, 278.2
- and star shaked 491.5
- leather packing 266.4
- shake 491.7
- wheel 224.2
Cupressus sempervirens 496.5
Curso 182.8
Curva direttrice dei trucioli 886.3
Curva 88.1, 49.2, 179.3 481.3
- de la duela . 440.5
- - - pieza de labor 292.1
- motriz 49.3
- ranurada en superficie plana 49.4
- - sobre cilindro 49.5
Curvable . . . 291.2
Curvadura . . 290.8.8 291.1, 293.7
- de aros de pies para sillas 487.7
- - mangos de arados 486.1
- para bordes de asientos de silla 487.4
- - pies de mesa 488.1
Curvar . 290.5.7, 482.4
- á 90° 291.7
- alrededor de una espiga 291.3
-, ángulo de . . 291.6
-, aparato de - en redondo para chapas perfiladas 483.5
-, bandaje de . . 482.3
-, brazo de . . . 481.2
-, caballete de . 486.5
-, cabezal de . 292.3.4
- carriles . . . 295.4
-, chapa de . . . 481.4
-, cilindro de . 293.6
-, disposición de mangos de bastones 486.3
-, espiga de . . 291.4
-, macho de . . 296.2
-, máquina de (v. „máquina")
-, molde de 481.5, 482.1
-, - para 487.5
-, mordazas del cabezal de 292.5
- por medio de cilindros 293.3
- - - - rodillos 293.3
-, prensa de . . 293.2
-, punto de . . . 291.5
-, rodillo de . . 293.6
-, tambor de . . 482.2
-, tenazas de . . 486.4
- un tubo . . . 291.8
-, viga de . . . 481.2
Curvare . 290.5, 293.4 482.4
- a mezzo di cilindri 293.3
- - - - rulli . . 293.3
- - 90° 291.7
-, blocco per . . 481.3
-, braccio per . 481.2
-, macchina da (v. „macchina")
-, modello per . 481.3
-, montone per . 296.2
-, pressa per . . 293.2
-, sagoma per . 481.3 482.1
-, stantuffo per . 296.2
- su mandrino 291.3
- - stelo 291.3
-, tamburo da . 482.2
- un tubo . . . 291.8
Curvatrice . . . 297.8
- a cilindri . . 298.4
- - rulli 298.4
- con matrice fissa 292.6
- per legno . . 481.1
Curvatura 290.6, 291.1 291.4.5.6
- del pezzo da lavorare 292.1
Curve 8.5
- and side planing machine, combined 3.6
- forming rest . 100.2
- milling machine 179.3
- planing apparatus 88.1
Curved guides . 437.2
- rest 417.1
Curvo, fresatrice per superfici -e 179.3
-, sierra -a . . . 355.2
Cuscinetto 49.8, 148.7 144.1
- a bussola . 49.8, 77.6
- - coda 79.7
- - collare del mandrino con spaccatura per il fissaggio 150.7
- - regolazione concentrica 151.1
- - sfere 161.1
- anteriore . . 195.6
- conico . 77.8.10, 151.3
- - di metallo antifrizione 150.3
- del mandrino 77.5 143.2, 150.6, 195.5
- della rotula . 191.4
-i - vite conduttrice 11.2
- - - perpetua . 198.5
- - - senza fine 198.5
- di legno . . . 260.4
- - madrevite . 163.1
-i - mandrini abbinati 151.5
- - pressione a sfere 78.5
- - - assiale . . 78.3
- - - di spinta . 78.3
- - spinta a sfere 78.5
- in due metà . 172.7
- - - parti . . . 172.7
- per dare la strada 350.4
- - filettare . . 172.6
- posteriore . . 195.7
- principale . . 80.2
- registrabile a coda 80.1
- regolabile concentricamente 151.1
-i regolabili della sega circolare 872.2
-i spaccati del reggipunta 197.4
Cuscino d'aria . 259.9
-i della guida . 364.6
Cushion 259.9.11, 261.3
Cushioning 259.3.7.10
Cut 7.8.9, 70.6, 78.2.6, 287.3
- across, to . . 333.8

Cut, depth of 7.5, 69.1
–, – – cut of band saw 359.4
–, length of . . 7.4
– off plate . . . 304.2
– –, to . . 123.2, 237.10
– –, – – – a piece 73.9
– out hole . . . 239.9
– –, to 238.5
–, to 237.2
–, – cut a plate . 238.3
–, – – – sheet . . 238.3
–, – – against the grain 383.7
–, – – grooves . 47.4
–, – – in strips . 238.4
–, – – longitudinally 333.6
–, – – mortise holes 409.2
–, – – mortises . 409.2
–, – – to length 354.8
–, – – veneers . 375.8
–, width of . . . 7.6
Cutter 204.5, 387.1.2.7 390.4.5.7, 392.5, 401.1.2 473.7
–, adjustable . . 108.4
–, angle 203.6
– arbor . 195.1, 196.3
– balancing machine 391.9
– bar 169.1
– block . 380.5, 389.1.3 391.1.4, 393.5, 394.5 401.5, 427.5
– – for long cutters 389.6
– – – rounding machine 390.3
– – – thicknessing machine 389.8
– – spindle . . 391.2
– – with curved cutters 390.2
– – – – knives . 390.2
– – – hollow faces 390.1
– – – hook tool 389.4
– – – turned steel cutters 389.5
Cutter, boring . 169.2
–, chain 399.1
–, cooling of the 187.2
–s, cylindrical . 380.4
–, – – with straight grooves 201.4
– disc 380.3, 388.5, 427.4
–, drawer for –s 391.10
–, face and side 200.5 203.1
–, facing 201.3
–, – – with spiral grooves 201.5
–, fluting – for taps 203.7
–, flying 187.3
– for fluting twist drills 204.1
– – gear wheels 202.3
Cutter for spindle moulding machine 399.5
– – tenons and mortises 402.5
–, formed . . . 202.1
–, grooving 203.3, 400.3
–, grouped –s . 205.1
– head . 168.4.5, 204.4 380.6, 389.1
– – for thicknessing machine 389.8
–, helicoidal . . 202.6
–, high speed . . 400.7
– holder . 169.3, 375.4
–, hole boring . 203.4
–, interchangeable 204.6
–, jointing . . . 400.1
–, key way . . . 58.6
–, method of fixing –s 205.3
–, milling 199.7, 200.1 200.2.3.4, 201.1.7, 202.4 203.2, 204.2
–, moulding 393.6, 400.6
–, pipe 231.6
–, profile . 202.1, 399.7 400.5
–, rebating . . 400.2
–, rounding . . 399.6
–, set of –s . . . 205.2
– shank 391.3
–, single 204.7
– slide 375.3
–, slot 203.5
–, spherical . . 202.2
– spindle 169.1, 195.1 196.2
– theeth, pitch of 199.8
–, to change the –s 388.8
–, – fix the . . . 205.4
–, tonguing . . 400.4
– with inserted teeth 204.3
Cutting 32.5, 453.1, 469.2
– action 120.7, 121.11
– angle . . 31.5, 121.4
– arrangement, circle 357.4
– capacity . . 332.11
–, chute for –s . 469.2
–, comma shaped 184.8
–, cross 238.6
–, deal frame for deep 324.1
–, deep 324.1
– depth 7.5
–, detachment of a 69.7
– die 173.3
– edge 31.4, 120.9, 121.3 121.7.9, 240.5, 397.3.4.5
– –, angle of . . 347.5
– –, main 121.3
– –, oblique . . 121.7
– – of hole in the die 243.4
Cutting edge of the shear blade 240.6
– –, the – – cuts across the grain 384.2
– –, – – – – obliquely to the grain 384.1
– –, – – – is inclined in a forward direction 384.3
– –, – – – – parallel to the grain 383.9
–, formation of a 69.6
– gear teeth by helicoidal cutter 202.6
–, layer of . . . 70.1
– length 7.4
– logs 356.5
– – to length . 354.7
–, longitudinal . 238.7 320.7
–, loss tue to . 332.12
– machine, box veneer 376.4
– –, fret 355.4
– –, gear 3.4, 178.5, 193.7
– –, groove . . . 4.3
– –, key way . . 3.3
– –, mitre . . . 408.7
– –, plate 231.1
– –, screw . . . 171.1
– –, splint . . . 453.6
– motion . . . 68.2
– of crooked surfaces 340.1
– – rectangular spoke tenons 450.1
– – round spoke tenons 449.7
– – warped surfaces 340.1
– off tool . . . 127.7
– path circular 80.4
–s pit 182.2
– point 120.8
– power 120.6
– resistance . . 7.3
–, – to 237.4
–s shoot 182.2
–, – for –s . . . 469.2
– shop, veneer . 465.3
– speed . . . 7.7, 68.5
–, spiral 70.4
–, the – rolls up 70.5
– – wood longitudinally 333.5
–, thickness of . 70.2
– thread on the lathe 74.7
– to length 465.4, 366.3
–, – take off a . 69.9
– tool . . 125.8, 126.1
–, transverse . . 238.6
– tray 68.5
– width 7.6
–, – of 70.3
Cutting, woods –s 484.1
Cuve 468.6
Cuveler 298.3
Cuvette 224.2
Cylinder 236.7, 254.2.4 404.7, 467.2.4
–, bore of . . . 251.1
– boring machine 136.1
–, brush 467.4
– cutter block . 391.1
–, dipping . . . 457.6
– – machine . . 457.4
–, fixed 257.4
– for ramming piston 310.2
– friction coupling 94.5
– grinding machine 210.4
– riveting machine 280.3
– saw . . 372.5, 473.3
–, single . . . 255.1.2
–, sliding 257.3
–, splint drying 454.4
–, steam 250.7
–, to grind a . . 215.1
Cylindre . 132.7, 136.1 210.4, 256.6, 310.2, 457.4
– à air 254.2
– – tremper . . 457.6
– – vapeur . . . 250.7
–, alésage du . 251.1
–, aménage à –s 385.6
–, au moyen de –s 298.3
–, avance par –s 328.4
– d'aménage . 385.7
– d'appui . . . 297.1
– de cintrage . 298.6
– – – préliminaire 298.7
– – sortie . . . 386.1
– du mouton . 254.4
– fixe . . 250.4, 257.4
– guide . 253.7, 257.3
– hydraulique 236.7
–, machine à –s 394.5
–, marteau à deux –s 253.4
– -porteur . . . 296.4
– -presseur . . 385.8
– principal . . 298.6
–, queue de . . 298.9
–, raboteuse à –s 379.5 380.4.5, 381.1.2
–, rainure du 295.1.2
–, tige de . . . 298.9
–, tourner les –s 58.4
Cylindrer . . . 71.6
Cylindrical reamer 205.7
Cylindrique, scie 372.5, 473.3
Cypernholz . . 505.2
Cyprès chauve 496.6
– commun . . . 496.5
Cypress . . . 496.5.6
Cytise des Canaries 503.9

D.

Dachförmig, –e Führung 8.7
Dado . . . 60.6, 171.3
– a bussola . . 77.7
Dado a cappello 77.7
– chiuso a capsula 195.8
Dado di fissaggio 189.2
– – regolazione 189.2
Dalbergia nigra 505.1
Damage du sable 302.1
Damascato, acciaio 34.7

Damascenado, acero 34.7
Damascus steel 34.7
Damasquiné, acier 34.7
Damaszener Stahl 34.7
Damasziert, -er Stahl 34.7
Damer 301.9
Dampf-antrieb, Schere mit 230.2
-aufschläger . 246.10
-, der - dehnt sich aus 253.3
-, - - expandiert 253.3
-, - - tritt unter den Kolben 253.2
-druck-niet-maschine 281.5
- -schmiedepresse 265.2
-grube 433.2
-hammer . . . 250.2
- -, doppeltwirkender 252.8
- -, einfach wirkender 250.3
- - mit C-förmigem Gestell 250.5
- - - einseitigem Gestell 250.5
- - - feststehendem Zylinder 250.4
- - - Oberdampf 252.9
- - - zweiseitigem Gestell 250.6
-haube 444.2
-luftheizvorrichtung 464.2
-nachwärme-platte 457.1
-, Ober- . . . 252.10
-paraffiniervorrichtung 456.6
-plattenfurnierpresse, hydraulische 434.3
-prellung . . 259.10
-preßpumpe . . 300.4
-puffer 259.11
-pumpe 268.7
-säge-mühle . . 464.6
- -werk 464.6
-schere 230.2
-stiefel 250.7
-, Unter- 253.1
-wärm-platte . 467.6
- -vorrichtung 467.5
-zylinder . . . 250.7
Dämpfen . . . 432.7
Dämpf-kammer, Stab- 433.1
-vorrichtung . 444.3
Dar color . . . 459.4
- -, máquina de (v. „máquina")
- el segundo taladro 147.1
Dare la pasta 459.3.4
- - strada . . . 349.7
- - - ai denti . 349.6
Daube 440.2
-, Bauchung der 440.5
Dauben-abkürz-säge 367.2, 440.3
-biegemaschine 440.4
Dauben-fügemaschine 441.3
- - - mit Messerscheiben 441.4
- -säge . . 367.1, 441.5
-hobelmaschine 441.2
-krösemaschine 441.6
Dauer-schaltung 95.7
-vorschub . . . 95.7
Daumen . 235.6, 246.3
-antrieb 235.5
-hammer . . . 245.4
-, Hebe- 246.3
-nut auf ebener Fläche 49.4
- - - walzenförmiger Fläche 49.5
-scheibe . 182.6, 235.7
Däumling . . . 246.3
Dead centre . . 197.6
- - hand tool lathe 57.2
- - lathe 414.3
- - turn bench 57.2
- pole lathe . . 414.3
Deal 341.7, 482.7, 495.5
- frame 322.3.4, 325.4
- - for deep cutting 324.1
- - with tension apparatus 323.3
Débit de la fraise 184.7
Débitage . . 332.11
- au moyen de la scie verticale 332.4
- en planches . 332.5
Débité, bois . . 481.7
Débiter . 335.6, 356.2.5 480.3
Déblocage du revolver 107.1
Débouchure . . 239.5
Débourrage . . 244.4
Débrayable, cliquet 42.8
Débrayage 25.7, 50.7 83.5, 85.3, 194.3
- automatique . 26.4
- - de l'accouplement à friction 165.1
- - - - - griffes 164.8
- - - l'arbre de chariotage 108.8
- - - l'avance . 163.7
-, bouton de 42.7, 164.6 194.8
- de courroie . 26.1
- - l'avance automatique 164.3
- - la table . . 190.6
- du mécanisme de l'avance 165.2
- - mouvement de la lame de cisaille 236.8
-, levier de 103.4, 194.2 194.7
- par excentrique 235.3
- - vis sans fin basculante 193.3
Débrayer 21.1, 25.8
Decay 493.6
Decayed wood 485.8
Déchet 470.3
- de bois 469.6, 483.9
Déchirement du bois 489.4
Deckel, abnehmbarer 79.6
-stanzmaschine 439.2
Decken-bohrmaschine 130.5
- -, fahrbare . . 132.1
-vorgelege 48.3, 81.9
- -, Kreuzkopf des -es 188.10
- - mit schnellem Rücklauf 81.10
- -, zweifaches . 82.1
Deck-platte . . 234.1
-politur 406.5
-schiene 472.6
Déclanchement 25.7 50.7
- automatique 26.4
- du mécanisme de l'avance 165.2
Déclancher . . 25.8
Déclic 194.7.8
Décolleter . 62.3, 62.5
Décortication en spirale 487.1
Décortiquer à demi 464.8
- en enlevant des bandes à angle droit 465.1
-, machine à (v. „machine")
Découper 54.9, 238.5 273.2, 332.3, 355.4.8
-, appareil à - des bandes de tôle 229.3
-, dispositif pour - les copeaux de finissage 386.6
- en bandes . . 238.4
- - feuillards . 238.4
-, machine à (v. „machine")
Découpler . . . 21.1
Découpure . . 239.5
Décroûter . . . 73.3
Dedo 472.8
- de guia . . . 221.1
Défaire 289.8
Défaut du bois 489.7
Defect in wood 489.7
Deflect, to . . . 290.7
Deflection . . . 290.8
- of the lathe bed 63.8
Deflector . . . 386.3
Défonçage de diamètre de trous 54.8
- - rainures à la fraise 185.9
Défoncer . 54.4, 54.9 55.2, 123.6
-, machine à (v. „machine")
Dégagement . . 372.7
- du revolver . 107.1
Dégager 72.8
Dégauchir . . 383.6
-, machine à (v. „machine")
Dégorgeoir 55.2, 412.7
-, faire passer le - à travers le trou 55.1
- pour façonner les rainures de clavette 55.5
Dégorger . . . 54.9
-, machine à (v. „machine")
Degré d'humidité 486.9
- de dessication de l'air 464.3
Degree of humidity 486.9
Dégrossir . . 6.6, 73.3 212.3, 386.9, 421.6.7
- à la meule . 212.4
- au tour . . . 73.2
-, outil à 123.3, 124.1.2 388.3
Dégrossissage . 73.4
- rapide 73.5
Déjeté, arbre . 489.9
Déjeter, se . . 488.12
-, - - par l'action du vent 489.3
Déjettement du bois 488.11
Dekupiersäge . 355.4
Delivering plate 372.7
Demi-bois . . . 480.5
- -écrou 110.1
- -moule 302.4
Démontable, appareil d'avance 357.3
Démoulage . . 302.6
-, appareil de . 304.7
-, chariot servant au 304.6
Démouler . . . 302.5
-, machine à (v. „machine"
Démouleuse . 304.7.8
Dent . . 297.3, 347.3.4.5
- à gorge . . . 348.6
- - laquelle on a donné de la voie 349.4
-, affûtage des -s 351.6, 352.7.8
-, - - creux de -s 352.5
-, affûter droit les -s 352.6
-, aiguisage des -s 352.3, 353.1
-s articulées . . 399.2
-, creux des -s . 348.1
- de loup . . . 348.4
- - peigne . . . 88.5
- - scie . 347.1, 350.7, 352.1
-, dresser les -s 352.4
-, ébauchage des -s 186.5
-, écrasement des -s 350.5
-, embrayage à -s 158.6
- en biseau . . 348.7
- - M 348.5
-, estampage des -s 351.1
-, estamper les -s 351.4.5
-, fêlure des -s 348.10
-, hauteur des -s 347.7
-s hélicoidales . 201.5
-, largeur de la 347.8
-, lime pour -s . 351.3
-, pointe de - aplatie 350.6
-, - - la 347.2
-, - - dent refoulée 350.6

Dent, pointes de -s 335.3
- rapportée . . 204.2 349.2.3
-, refoulement des -s 350.5
-, sommet de la 347.2
-, verrou à -s 106.11
Dentado, disco 362.4
Dentar hojas de sierras 351.4
-, máquina para (v. „máquina“)
Dentato, catenaccio 106.11
Dentatura a denti continui 348.9
- - - spezzati . 348.8
- continua . . . 348.9
Dente a becco 348.7
- - - di pappagallo 348.4
- - gola 348.6
- - M 348.5
-, affilare diritto i -i 352.6
-, affilatura dei -i 351.8, 352.5.7.8
-, altezza dei -i 347.7
-, angolo del tagliente del 347.5
-, - della base del 347.4
-, - - punta del 347.3
-i colla strada . 349.4
- continuo . . . 348.9
- d'ingranaggio 186.3.4.5
-, dare la strada ai -i 349.6
- della sega . . 347.1
- diritto 201.4
-, distanza fra i -i 348.1
- elicoidale . . 10.6.7 90.2, 141.1, 201.5.7
-, estremità del 347.2
-, fare i -i di nuovo ad una sega 350.8
-, fresatrice per modellare -i 398.5
-, incrinatura dei -i 348.10
-, innesto a . . 93.3, 158.6
- interno, meccanismo ad ingranaggio a -i -i 16.4
-, larghezza del 426.3
-, - della base del 347.8
-, lunghezza totale dei -i 345.7
-, macchina automatica per affilare i -i obliquamente 353.1
-, modello del . 312.2
-, passo dei -i . 347.6
-, profondità dei -i 347.7
-, punta del 347.2, 350.6
-, punzonatura dei -i 351.1
- radiale . . . 200.4
- rimesso 204.3, 349.2.3
- riportato 204.3, 349.2.3
-, spazio fra i -i 348.1
Dente, spessore della punta dei -i 348.2
- spezzato . . . 348.8
- stradato . . . 349.4
-, tranciatura dei -i 351.1
-, - del fondo del 351.3
- triangolare . 200.1
-, utensile per ricalcare i -i 350.7
Denté, longueur -e 345.7
Dentiera 25.5
- doppia 10.1
Denture cannelée 200.1
- concentrique 16.6
- dégagée . . 200.2.3
- détalonnée 200.2.3
- hélicoïdale . . 10.7 141.1, 201.7
- intérieure . . 16.4
- interrompue . 348.8
- latérale . . . 200.4
- radiale 200.4
- régulière . . 348.9
-, segment de . 312.2
Departamento de afilar las herramientas 217.7
- - fresado . . 185.3
- del afilado . . 217.5
Déplacement 22.4.5 134.3, 144.1
- axial de la pièce à travailler vers la fraise 192.3
- de l'arbre intermédiare du harnais 85.5
- - l'outil . . . 22.3
- - la contre-pointe par écrou et harnais d'engrenages 118.1
- - - pièce . . . 22.3
- - - selle du chariot 64.9
- - - table . . . 39.2
- des outils se faisant vis-à-vis 105.4
- du guide d'équerre par vis 343.8
- en ligne droite 22.6
- horizontal de l'outil 374.2
- - et vertical . 142.5
- latéral 22.4
- - de la contre-poupée 118.2
- longitudinal du chariot 101.6
-, mécanisme de 22.8 23.7
- rapide 22.7
- simultané des deux courroies 18.3
- successif des courroies 18.4
- transversal de l'outil 32.3
- - - la table . 190.5
Deplacement vertical 142.3
- - du chariot . 152.1
Deposito dei trucioli 470.4
- di legname 482.10
Depósito de aceite 76.5, 187.4
- - agua 272.7
- - tablas . . 482.10
Dépôt de planches 482.10
Dépouille . . . 31.7
Dépouillement 72.9
Dépouiller 61.6, 72.8 200.2.3
-, dispositif à . 97.6
- latéralement . 73.1
- -, dispositif à 97.7
Deragliamento della tavola . 9.5
Derailing of the planing table 9.5
Déraillement de la table 9.5
Déraser 148.6, 170.1.2
Derbholz . . . 480.9
Dériveter des rivets 289.9
- une rivure . 289.8
Dérouler, installation pour - les bois ronds 465.4
-, machine à (v. „machine“)
Desafilarse, el acero se -a . 121.8
Desalojar . . . 372.7
Désaxé, coup . 263.5
Desbarbar . . . 238.2
Desbastar 6.6, 32.6, 73.3 388.3, 421.6
- con muela . . 212.3
-, el 73.4
-, - - á torno rápido 73.5
- previamente con la muela 212.4
-, útil de 123.8, 124.12
Desbaste 386.9
Descabezar el remache 290.2
Descarga de calor 122.2
- del calor . . 32.9
Descarrilamiento de la mesa 9.5
Descente automatique 163.6, 164.1
Descortezadora 464.7
Descortezadura en espiral 487.1
Descortezar . . 483.4
- á medias . . 464.8
- en forma de anillo 465.1
-, máquina de (v. „maquina“)
Desembragar . 21.5 25.8
Desembrague . 25.7 50.7, 88.5, 85.3, 194.2
- automático del acoplamiento de engranajes 164.8
- - - - - fricción 165.1
- - - avance de la herramienta 163.7
Desembrague automático del husillo de refrentar 108.8
-, botón de . . 164.6
- con husillo sin fin de articulado 193.3
- - - - - - caída 193.3
- de la mesa de sujeción 190.6
- del avance automático 164.3
- - movimiento de avance 165.2
-, espiga de . . 42.7
Desembragable, trinquete 42.8
Desenrollar, instalación para - madera 465.4
-, máquina de (v. „máquina“)
Desgaste de la muela 226.1
Désintégrateur 314.5
Delizamiento . 8.4.5 65.3, 326.7, 364.4
-, plano de 65.2, 326.5
-, rail de 326.6
- transversal del acero 32.3
Desmenuzar, aparato para - virutas de acabado 386.6
-, disposición para - virutas de acabado 386.6
Desmontable, avance 357.3
Desmonte . . . 485.3
Despedir chispas 217.1
Desplazamiento de la escuadra por husillo 343.8
- - - placa del carro 64.9
- lateral 140.5, 342.6
Dessabler 315.8, 316.3
Desséché, bois . 487.5
Dessirrer la pièce à usiner 10.7
Dessicated wood 487.5, 488.1
Dessicating air 464.3
- of wood . . . 487.6
Dessication de l'air 464.3
Destabar, útil de - de marcha á izquierda 124.3
Destapamiento 244.4
Détalonnage . . 72.9
Détalonner . . 72.8
-, dispositif à . 97.6
-, tour à 61.6
Deutsch, -er Buchsbaum 501.6
-es Stichelhaus 128.1
Deviación de la broca 149.2
- - las cuchillas 242.1
Deviamento dei coltelli 242.1
- delle lame . . 242.1

Déviation des lames 242.1
- du foret . . . 149.2
Deviazione della punta 149.2
Diamant . . . 225.6.7
-, Abdrehen der Schmirgelscheibe mittels eines -s 225.6
-halter 225.7
Diamante . . 225.6.7
Diameter at foot 476.5
- - the top . . 476.6
Diamètre au pied 476.5
- - sommet . . 476.6
Diametro al castello 476.6
- - piede . . . 476.5
- interno del cilindro 251.1
Diámetro á la cabeza 476.6
- al pie 476.5
- del cilindro . 251.1
Diamond . . . 225.6
- toolholder . . 225.7
Dickenhobelmaschine 381.4
-, Messerkopf der 389.8
Die 172.5, 243.1.3.4, 244.2, 298.3.4, 350.7
- block 40.5
- head, fixed . 173.5
- holder 243.9
-, holding the . 243.6
-, hole in the . 243.2
- plate . . 243.7, 298.3
- - composed of small bars 243.8
- slotting machine 53.7, 54.1.2.6
Diele 482.7
Diente . 347.6, 351.1.3, 352.5.6.7.8
-, acoplamiento de -s 158.6
- articulado . . 399.2
-, base del . . . 347.8
- biselado . . . 348.7
- de engranaje 398.5
- - forma de M 348.5
- - garganta . 348.6
- - la hoja de sierra 347.1
- - lobo 348.4
- - rueda . . . 186.4
- - sierra . . . 351.6
-s espirales . . 201.7
-, hueco entre -s 348.1
-, huecos de los -s 312.2
-s inclinados . 141.1
- interrumpido 348.8
- normal . . . 348.9
- postizo . 204.3, 349.2
- - de sierra . 349.3
-, profundidad del 347.7
-, punta de - recalcada 350.6
-, - del . 335.3, 347.2.3, 348.2, 350.5
-, rajas de los -s 348.10
-s ranurados . 200.1
Diente, recalcador de -s 350.7
-s triscados . . 349.4
Diferencial . . 197.9
-, rosca 197.9
Difetto del legno 489.7
Differentialdruckfläche 267.1
-getriebe . . . 89.6
-gewinde . . . 197.9
-spannmutter . 198.1
-spannschraube 198.2
Differential gear 89.6
- nut 198.1
- screw 198.2
- thread 197.9
Différentiel . . 89.6
-, filet 197.9
-, mécanisme à 89.6
Differenziale, meccanismo 89.6
Difficile a spaccare 486.2
Dificil de partir 486.2
Dilatazione e restringimento del legno 488.10
Dimension . . . 216.5
Dimensión, cortar á 453.4
-, sierra circular de 366.3
-, tronzar á . 354.6.7.8
-, verificación de las -es 216.5
Diospyros ebenum 504.8
- lotus 504.9
Dip, to 456.10
Dipping apparatus, hand 457.2
- cylinder . . . 457.6
- frame 455.7
- machine . . . 456.9
- -, cylinder . . 457.4
- plate 457.3
- vessel 457.5
Dirección . 12.7, 14.7, 18.6, 89.2
- de corte . . . 237.7
- - las fibras . 477.3
- - movimiento 15.1
- - trabajo . . 68.7
Direction . . . 12.7
- of cut 7.8
- - feed 95.5
- - fibre 477.3
- - grain . . . 477.3
- - the grain . 478.8
- - shearing . . 237.7
- - working . . 68.7
Direction de cisaillement 237.7
- - l'avance . . 95.5
- - travail . . . 68.7
- des fibres . . 477.3, 478.8
-, dispositif de . 407.6
Direzione . . . 12.7
- del lavoro . . 68.7
- - movimènto 384.3
- - taglio . . . 237.7
- delle fibre . . 477.3
- di avanzamento 95.5
- principale utile 7.1
Disaccoppiare . 21.1
Disbarking machine . 452.1, 464.7
Disboscamento 462.2, 485.3
Disc 353.8, 380.1.2, 419.6
-, cam 49.2
-, cutter . . 388.4.5.6
-, cutting . . . 55.3
-, eccentric . . . 43.2
-, fluted 337.7
-, friction . 41.6, 90.5, 157.4
-, grooved . . . 110.2
-, guide 55.4
-, leather 372.1
- piston 265.7
- pulley, conical 91.5
-, regulating . . 43.5
-, stop 51.5
-, supporting . . 189.6, 437.1
Discesa 163.7
- automatica . 164.1.3
- - del mandrino 163.6
- della sega . . 338.4
Discharging roller 386.1
Disco a camma 49.1.2, 235.7
- - frizione . . 90.3.5, 157.3.4
- - glifo manovella 13.6
- - gola 57.4
- - manovella . 43.2, 188.1
- - - oscillante 43.5
- - punte per l'avanzamento del legno 362.4
- ad eccentrico 43.2
-, bordare a mezzo di -hi . . 297.7
-, camma a . . 132.6
-, cesoia a -hi . 229.1
-, - circolare per -hi 229.2
-, coltello a . . 55.3
- conico . 224.3, 380.3, 388.5.6
-, cuneo a . . . 472.4
- d'arresto . . . 51.5
- da fresare . . 427.4
- - sega 206.6
- dell'utensile . 127.5
- della sega . . 266.7
- delle camme . 132.6
- dentato per l'avanzamento del legno 362.4
- di chiusura . 275.6
- - contrappeso 267.9
- - feltro . . . 218.5
- - guida . . . 55.4
- - legno . . . 479.8
- - protezione . 474.1
- - rame per brunire 226.7
- - - - polire . 226.7
- - ritegno . . 51.5
- divisore 193.8, 198.8
- - intercambiabile 189.6
-, fresa a . . . 203.1.2
-, gambo del . . 275.8
- girevole 18.5, 25.1.2, 184.4, 360.5
- graduato . . 43.5
- impastatore . 458.4
-, mandrino del 48.4
- mescolatore . 458.4
Disco orizzontale 403.4
- oscillante . . 19.7
- - a glifo della manovella 14.1
- per polire . . 403.5
- - spinare . . 55.3
- - tagliare . . 55.3
-, politrice a carta vetrata ed a due -hi 404.1
- regolatore . . 43.5
- rotante a glifo della manovella 13.7
-, rullo di alimentazione formato da -hi 337.6
- scanalato . . 110.2
-, stantuffo a . . 265.7
Disco . . . 265.7, 419.6
- á levas 132.6
-, acepilladora de -s 380.1
- con tope conductor 112.6
- cónico 388.5
- -cortante . . . 55.3
-, cuchilla de . 388.4
- de afilar . . 223.11
- - apoyo . . . 487.1
- - carrera . . 235.7
- - cuchilla . . 427.4
- - cuero . . . 372.1
- - curvas . . . 49.1.2
- - esmeril . . 223.1
- - - giratorio 353.2
- - fieltro . . . 218.5
- - fricción . 157.3.4
- - leva 235.7
- - lijar 403.5
- - madera . . 479.8
- - manivela . . 188.1, 258.5
- - -, martinete de 258.5
- - mica 275.7
- - moler . . . 458.4
- - parada . . . 51.5
- - protección . 474.1
- - pulir el cobre 226.7
- - ranura . . . 110.2
- - separación 472.4
- dentado 337.7, 362.4
- excéntrico . . 43.2
- giratorio 184.4, 230.7
- graduador . 43.5
- guía 55.4
- intercambiable 189.6
- -manivela . . 43.2
- porta-cuchillas para sacar ranuras 401.5
- recortado con el punzón 239.5
Disconnecting the self-acting gear 164.3
Disconnection . 163.7, 164.6
Disease of trees 489.8
- - wood 489.8
Disengageable back gear 85.3
Disengagement 164.8, 165.1, 193.3, 235.3
-, automatic of claw coupling 164.8

Disengagement, automatic - of dog clutch 164.8
-, - - - friction coupling 165.1
Disengaging . . 83.5
- coupling . . . 158.5
- latch 42.7
- lever 194.2
- mechanism of feed 165.2
- pawl 42.8
Disinnestabile, nottolino 42.8
Disinnestare 21.1, 25.8
Disinnesto . 25.7, 42.7 50.7, 83.5, 85.3, 164.6 194.8
- a mezzo di vite perpetua 193.3
- ad eccentrico 235.3
- automatico . 26.4
- - dell'albero di trasporto 108.8
- - - avanzamento 163.7
- - - innesto a denti 164.8
- - - - - frizione 165.1
- - della discesa 163.7
-, bottone di 42.7, 164.6 194.8
- del comando della slitta portacoltelli 236.8
- - - - - portalama 236.8
- - meccanismo di comando 165.2
- dell'avanzamento automatico 164.3
- della discesa automatica 164.3
- - tavola . . . 190.6
- - testa a revolver 107.1
-, leva di . 86.5, 108.4 194.2
- senza fine a caduta 193.3
Disintegrator . 314.5
Disintegratore . 314.5
Disjoindre . . . 21.1
Disminución . . 488.9
- de volumen de la madera 488.7
Disparador de la correa 26.1
Disparar 25.9
Disparo 51.9
- automático, disposición de - - del husillo guiador 110.3
- de correa . . 153.5
- - la correa. . 153.6
- del movimiento de la hoja de tijera 236.8
- por excéntrica 235.3
Disque . . 203.1, 265.7 380.1, 388.4
- à brunir le culvre 226.7
- - came 235.7
- - couteaux . 427.4
- - doigts d'entraînement 132.6
Disque à enfourchements 401.5
- - rainures . . 110.2
- broyeur . . . 458.4
- coupant . . . 55.3
- d'appui . . . 437.1
- d'arrêt 51.5
- de cuir . . . 372.1
- - guidage . . 55.4
- - réglage . . 43.5
- denté 337.7
- en amiante . 275.7
- -fendeur . . . 472.4
- interchangeable 189.6
- porte-fers conique 380.3
- - -lames conique 388.5
- - protecteur . 474.1
- tournant 18.5, 360.5 379.7
Disseccamento del legno 487.6
Disseccato, legno 487.5
Dissolve, to - the glue 466.8
Dissolving of fresh glue 466.7
Distacco 69.3, 83.5, 85.3
- a cinghia . . 26.1
Distance between centres 81.8
Distance d'axe en axe 81.8
- - - - des forets 146.3
- - - - - trous . 146.4
- de centre en centre 81.8
- entre les pointes 347.6
- - - sommets . 347.6
Distancia de avance 95.5
- - broca á broca 146.3
- entre ejes . . 81.8
- - los angujeros 146.4
- - - dientes . . 347.6
Distanza degli assi 81.8
- fra i denti . . 348.1
- tra i centri dei mandrini 146.3
- - - - delle punte 146.3
- - - fori . . . 146.4
Distribución . 249.6 251.9, 254.8
- á mano . . . 252.6
- automática . 252.7
- de avance . . 22.8
- - caja 251.8
- - grifos . . . 252.4
- - la prensa . 269.2
- - válvula . . 252.5
- del martillo . 251.5
- momentánea . 21.10
- por el émbolo 251.6
Distribuidor 251.10, 252.1.2
- con ranura . 19.6
- giratorio . . . 19.7
Distribution . 251.9 254.8
Distribution à main 252.6
- automatique . 252.7
- de la presse . 269.2
- du marteau . 251.5
- par piston . . 251.6
- - robinet . . 252.4
- - soupape . . 252.5
- - tiroir . . . 251.8
Distribuzione 251.9.10 254.8
- a cassetto . . 251.8
- - mano . . . 252.6
- - mezzo di stantuffo 251.6
- - robinetti . . 252.4
- - valvole . . 252.5
- automatica . 252.7
- dell'inversione di marcia della mazza battente 251.5
- della pressa . 269.2
Dito copiatore . 179.5
- di guida 97.1, 419.4
-, dispositivo per proteggere le -a 472.8
Dividere 198.6
-, apparecchio per - metalli 229.3
Dividing arm 198.10
- head 198.6
- - for grinding machine 221.2
- -, universal . 199.2
- plate 198.8.9
- spindle 198.7
- wall 187.5
- wheel 193.8
Divisé, bague -e 189.8
Diviseur, doigt de 189.9
-, poupée à . . 198.6
Division . . . 198.9.10
División . . . 198.9.10
- de la fresa . . 199.8
Divisione 187.4, 198.9
Doated 493.1
Doatiness . . 492.12
Doblar à 90° . 291.7
Doblez, ángulo de 291.6
Docke . . 76.8, 343.6
-, fahrende . . . 116.8
-, Hilfs- 119.4
-, Hinter- 76.10
-, Hohl- . 120.2, 421.4
-, Reit- 116.8
-, Spindel- . . . 76.8
-, verschiebbare 343.9
-, Vorder- . . . 76.9
Docken-drehstuhl 57.6
-haken, verstellbarer 344.1
-höhe 111.9
-verschiebung durch Schrauben 343.3
-wagen 343.7
Dog 341.1
-, adjustable . . 18.9
-, cant 344.5
-, clamp 28.6
- clutch . 93.2, 155.4 158.6, 164.8
- - sleeve . . . 158.4
- for face plate 116.2
Dog hook . . 343.5.7 344.1, 354.2
- - arm, hinged 354.1
- - lever 462.6
-, rolling 344.5
-, slot for fixing the 19.1
Doga 440.2
-, caprugginare le -he 442.1
- della botte 444.1.2.6
- - -, apparecchio per serrare le -he -e -i 444.5
- di bariletto . 444.7
-, forma per montare le -he 443.5
-, incurvatura della 440.5
-, macchina a disco per tirare a filo le -he 441.4
-, - per caprugginare le -he 441.6
-, - - curvare le -he 440.4
-, - - essiccare le -he 441.1
-, - - piegare le -he 471.1
-, - - tirare a filo le -he 441.3
-, pancia della . 440.5
-, piallatrice per -he 441.2
-, sega per -he 367.1
-, - - accorciare le -he 367.2
-, - - intestare le -he 367.2
-, - - tagliare le -he 367.2, 440.3
-, - - tirare a filo le -he 441.5
Dogwood . . . 504.6
Doigt . . 18.8 472.8
- à suivre . . . 179.5
- d'entraînement 51.6, 112.7
- de diviseur . 189.9
- - guidage . . 221.1 419.4
Doler, machine à (v. „machine")
Dolly . . 278.2, 286.4
- device 134.6
-, lever 286.5
-, screw 286.3
Dominica rosewood 505.2
Donner de la voie 349.6, 350.1.2.3.4 359.7
- - - -, appareil à 350.2
Door 46.5
-, frame 181.6
- knob 46.6
Doppel-beil . . 430.1
- -, schwingendes 430.2
-besäumkreissäge 362.8
-bundgatter . . 322.2
-drehbank . . . 59.7
-eisen 387.3
-exhaustor . . 470.2
-formmaschine 306.3
-fräsmaschine . 178.1

Doppel-gatter . 321.6
-gelenkrahmen der Wandbohrmaschine 142.6
-hacke 430.1
-kegel 21.3
- -, Reibungskupplung mit 21.3
-keil 330.7
-kuppelstück . 93.5
-lager 143.7
- -, verschiebbares 144.1
-pfostengatter . 322.4
-presse 310.8
-rad . 10.2, 16.6, 83.10
-schleifstein . . 224.6
-spaltgatter . . 322.2
-stahlhalter mit elektromagnetischer Umsteuerung 87.3
-trenngatter . . 322.4
-zahn-rad . . . 10.2
- -stange . . . 10.1
Döpper 278.1
Dorn . . . 57.5, 113.3
-, Aufnahme- . 193.4
-, Aufspann- . . 219.7
-, ausdehnbarer 113.7
-, Biege- 291.4
-, den - eintreiben 113.5
-eintreibapparat 113.6
-, Expansions- . 113.7
-, fester 113.4
-, Hohl- 193.5
-, nachstellbarer 113.7
-, Polier- 227.1
-, Schleifscheiben- 224.8
-, Schleifstein- . 218.1
-, selbstausrichtender 113.8
-, selbstzentrierender 113.8
-, um einen - biegen 291.3
Dörren des Holzes 487.6
Dorsal, guidage 358.7
Dorso del nastro 358.7
- dell' utensile 121.2
- della guida . 364.6
- - lama di sega 346.9
- - sega 358.7
Dorso del corte 121.2
Dos de chaises 436.8
- - la lame . . 346.9
Dose, Pack- . . 371.6
-, Schalt- 23.7
-, Wechselräder- 88.7
Dosse des troncs 334.7
Douelle 440.2
Douglas spruce 495.4
-tanne 495.4
Douille . 41.2.4, 181.7 197.3, 210.3, 378.1
- à rainure . . 150.4
- - rattrapage de jeu 151.2
- conique de réduction 168.2
Douille coulissante 143.4
- d'emmanchement 256.4
- d'entrainement 156.2
- de guidage . 14.4
- - - de la broche de perçage 149.7
- - - - - lunette . 119.9
- - l'arbre . . . 191.7
- - la broche . 191.7
- - - contre-pointe 117.4
- - serrage . . 114.8
- filetée 117.7
- formant palier 41.3
- graduée . . . 189.7
-s pour deux broches 151.5
- - le manche du marteau 246.7
Douve 367.1.2, 440.2.4.5 441.1, 443.5, 445.5
- bombée . . . 372.8
Dovetail, box . 376.7
-, cutting -s . 425.4.5
-, male 425.7
-, pitch of -s . . 426.1
- slot 29.5
-, to - a number of boards at one operation 427.1
-, - cut -s . . 425.6
Dovetailed . . 427.2
Dovetailing . . 426.6
-, diagonal . . . 426.5
-, machine . . . 424.1
- -, box 376.6
- -, double . . . 425.3
-, - for diagonal 425.2
- - with circular saw 424.3
-, ordinary . . . 426.7
-, secret 426.8
-, spindle moulder for 424.2
Draht, Holz- . . 452.3
-, Schweiß- . . 272.12
Drallumsteuerung 20.3
Draw key . . . 164.7
- out, to - - the iron 263.10
- -, to - - the pattern 302.5.6
Drawback piston 278.5
Drawer for cutters 391.10
- - dressing knives 392.1
Drawing in roller 337.4
- together . . . 444.4
Drechseln . . . 417.6
Drechslerei . . 467.7
Dreh-achse . . 391.8
-arbeit 68.1
Drehbank . . . 61.1
-, Abstech- . . . 62.5
-, Achsschenkel- 58.7
-antrieb mittels Treibriemen 81.4
-arbeiter . . . 71.3
-, auf der - ausbohren 71.8
-, - - - Gewinde schneiden 74.6
Drehbank-bett . 63.2
- -, doppeltes . 64.4
- -, Durchbiegung des -s 63.8
- -, Durchhängen des -s 63.8
- - mit vier Bahnen 64.4
- -querschnitt . 64.1
-, Bolzen- . . . 59.1
-, Doppel- . . . 59.7
-, doppelte Radreifen- 60.3
-, Faßboden- . . 442.8
-, Fasson- . 61.2, 417.1
-, Form . 61.2 417.1
-, Fuß- 46.6
-fuß 63.3
-futter 114.1
-, Geschütz- . . 59.4
-, -rohr- 59.4
-gestell 63.3
-, Gewinde- . . 60.5
-, Gewindeschneiden auf der 74.7
-, Hand- 56.5
-, Handsupport- 57.7
-herz 113.2
-, Hinter- . . . 61.6
-, Holz- 414.1
-, Holzkugel- . 417.2
-, Kanonenrohr- 59.4
-, Karussel- . . 61.1
-, Kern- 309.4
-, Kopf- 60.2
-, Kopier- 62.1, 416.4
-, Kurbel-wellen- 58.6
-, -zapfen- . . . 62.4
-, Leitspindel- . 58.1
-, Leit- und Zugspindel- 58.2
-, liegende . . . 56.3
-, Metall- 56.9
- mit drehbarem Spindelstock 58.3
- - Fußtrittantrieb 56.6
- - Kurvensupport 417.1
- - liegender Planscheibe 61.1
- - Ovalwerk . 61.4
-, Muttern- . . . 60.6
-, Mutterplatten- 59.5
-, Oval- 415.5
-, Passig- 415.4
-, Patronen- . . . 61.5
-, Planscheiben- 60.2
-, Prisma- . . . 56.7
-, Räder- 59.3
-, -platten- . . . 59.5
-, Rad-satz- . . 59.3
-, -scheiben- . . 60.3
-, -stern- 60.4
-, Revolver- . . 62.2
-, Riemen-rollen- 59.2
-, -scheiben- . . 59.2
-, Schablonen- 62.1, 415.3
-, Scheiben- . . 60.2
-, Schnell- . . . 60.1
-, selbsttätige . 62.3
-spindel 77.1
-, Spitzen- . . . 56.4
-, Spund- 447.3
-, Stahlwechsel- 62.2
-, Stift- und Bolzen- 59.1
Drehbank, Support- 57.8
-support 98.1
-, Supportholz- 415.1
-, Universal- . . 59.6
-, -holz- 415.2
-, Unrund- . . . 61.3
-, Walzen- . . . 58.4
-, Wellen- . . . 58.5
-, Wipp- 414.3
Drehbar, -er Aufspanntisch 46.3
-er Bügel . . . 206.5
-es Gestell, Schere auf -em - 230.6
-es Schild . . . 18.5
-es Spanneisen 35.7
Dreh-bolzen . . 51.1
-eisen 120.4
-fläche 71.4
-haken 125.1
-herz 113.2
-kopf, Entriegelung des -s 107.1
- -, Freigeben des -s 107.1
- - mit Schlitten 107.2
- -, Verrieglung des -s 106.4
-kran 463.7
- -bohrmaschine 131.6
-kreuzreitstock 119.1
-lager 142.4
-maschine . . . 61.1
- -, Stuhlsitz- . 437.6
-meißel 120.4
-richtung, Umkehr der 89.2
-rolle 57.4
-röhre 422.2
-scheibe . 25.1, 98.8 184.4, 230.7
-schemel . . 67.9, 98.8
-schieber . . . 19.7
-span 69.2
-stahl . . 120.4, 421.5
- -, Anstellen des -s 95.2
- -, Eindringen des -s 68.9
- -, gerader Messing- 123.5
- -, Zittern des -s 75.9
-stichel . 120.4, 421.5
-stift 57.5
-stuhl . . 57.1, 414.2
- -, Docken- . . 57.6
- -, Spitzen- . . 57.2
- -, Stift- 57.3
-teil 184.4
-tisch . . 116.6, 184.4
- -formmaschine 305.3
- - - mit Abhebe- und Durchziehvorrichtung 308.4
-vorrichtung des Revolverkopfes 106.1
-werkzeug . . . 120.4
-wuchs 490.3
-wüchsigkeit . 490.3
-zapfen 246.1
Drehen 71.2
-, ab- 71.6.7
-, aus- 71.8.9

Drehen, Ballig- 72.7
-, Fasson- . . . 72.5
-, Form- 72.5
-, frei- 72.1.2
-, hinter- 72.8.9
-, Holz 417.6
-, kegelig . . . 72.3.4
-, konisch . . . 72.3.4
-, Kugel- 72.7
-, lang- 71.10.11
-, Metall- 71.5
-, nach- 73.6
-, nach der Seite hinter- 73.1
-, Passig- . . . 72.6
-, plan- . . . 72.1.2
-, rund- . . . 71.6.7
-, sauber 73.7
-, Schlicht- . . . 73.8
-, sich, das Werkstück dreht sich 75.1
-, -, der Stichel dreht sich 75.2
-, Unrund- . . . 72.6
-, vor- 73.2
-, zwischen festen Spitzen 73.11
-, - toten Spitzen 73.11
Dreher 71.3
Drei-backenfutter 172.2
-zack 419.8
Dress, to - the grinding wheel 225.4
Dressage 102.1.2, 103.1, 103.9, 295.6, 296.6
- à la fraise . . 185.6
- d'arbres . . . 295.8
- d'un plateau . 72.2
- d'une surface à la meule 214,4
- - - plane à la meule 214.5
- de fonds . . . 215.6
- - la meule . . 225.5
- - - - au diamant 225.6
Dressé, surface -e 148.7
Dresser 37.5, 148.6, 170.1, 170.2, 295.6.7, 362.6.8
- à la fraise . . 185.5
- - - meule . . 214.3
- la meule . . . 225.4
- les planches . 362.7
-, machine à (v. „machine")
- par rabotage 6.4
- un plateau . . 72.1
Dresseur . . 170.1.2
Dressing, drawer for - knives 392.1
- machine, head 443.3
- off the bark . 483.4
- the grinding wheel 225.5
- - teeth 352.4
Drift 242.8
- hole . . 150.2, 196.1
- slot 196.1
Drill . . . 148.2, 166.5
- arm, sliding . 148.3
-, centre 166.7
-, feed of . . . 145.4
- grinding machine 210.6
-, gun boring . 167.1
Drill head, sliding 148.3
- - with vertical adjustment 148.3
- holding, method of 167.6
- out, to - - rivets 290.1
-, pitch of -s . . 146.3
-, pointed . . . 166.6
-, - end 411.9
-, pressure applied to 145.6
-, rotation of . 145.5
-, running out of the 149.2
-, shank of . . . 168.3
- spindle 149.5.6, 150.7, 155.7, 159.7, 160.1.4, 410.3
- -, adjustability of 152.5
- - carriage with hand feed 163.2
- - - - independent feed motion 163.5
- - - - self-acting feed 164.2
- - support . . 143.2
- - with rack . 160.5
- - - screw feed 161.3
-, the - revolves 145.1
-, to 144.8
-, - - a finished hole 147.1
-, - - holes . . 145.2
-, - - rivet holes 283.3
-, - rough . . . 146.8
-, - drill to gauge 146.1
-, - - - template 146.1
-, twist . . 168.8, 412.4
Drilling 144.9
- and tapping machine, portable 173.8
-, holder for - rails 166.3
- machine . . . 129.2
- -, action of . 149.1
- -, boiler . . . 133.6
- -, - shell 133.5 134.5
- -, ceiling . . . 130.5
- - column . . 138.2
- - fixed to underside of floor 130.5
- - for circumferential seams 134.2
- - - longitudinal seams 134.1
-, - - drilling rails 133.4
-, - - - rivet holes 133.5
- - - - - in boiler tube flanges 135.2
- - hand 130.2
- -, high speed 132.2 411.2
- - mounted on swinging jib 131.6
- -, multiple spindle 132.5, 133.2, 410.5
- -, operation of 149.1
- -, overhead travelling 132.1
- -, pillar . . . 131.1
- - pillar . . . 138.2
- -, pneumatic . 138.1
Drilling machine, portable electrical 135.1
- -, radial . . 131.2.5
- -, rail 133.4
- -, self-acting . 132.4
- -, - -contained vertical 130.8
- -, single spindle 410.4
- - spindle . . 149.3
- - standard . 138.2
- -, swivelling table of 140.4
- - table 140.1
- - - with cross sliding table 140.6
- - - - vertical adjustment 140.3
- - upright . . 138.2
- -, vertical 130.1, 410.6
- -, wall . 130.4, 142.6 411.1
- - with drive by foot lever 130.3
- - - jointed arm 131.4
- - - pivoted arm 131.4
- -, wood . . . 410.1
- of holes . . . 145.3
- tools 148.2
Drive 76.7
-, belt 81.4
- by means of slotted crank plate 41.8
- - universal joint 158.1
-, cam 235.5
-, chain 84.8
-, cone pulley . 82.6
-, cord 84.6
-, crank - of slide table 13.3
-, - - with elliptical wheels 13.5
-, electric . 42.3, 91.6 370.1
-, fly wheel . . 236.1
-, friction . . . 90.3
-, - cone 91.1
-, - roller . . . 94.7
-, - wheel . . . 157.3
-, - - with double conical wheels 90.8
-, - discs with two -s 90.7
-, hydraulic - of shears 236.5
- in, to - - the mandrel 118.5
- -, - - - - rivet 288.7
-, internal gear wheel 16.4
- of bore spindle with multiple thread screw 157.1
- - oil pump 187.10
- - return screw wheel 192.6
- - the ram . . 40.1
- - - table . . . 9.6
- out, to - - the rivets 289.9
-, rack and pinion 9.7, 42.2
-, rope 11.5
-, screw 10.5
-, spindle . . . 80.3
Drive, to - the spokes into the hub 450.2
-, treadle 81.1
-, worm gear . 10.3
-, - wheel . . . 156.7
Driven, petroleum - hammer 256.8
Driver 92.4, 112.5, 446.1
- arm 446.1
-, automatically engaging 92.6
-, Clements . . 113.1
- spring 92.8
Driving belt 81.5, 327.5
- bolt 92.5
- by means of crank and connecting rod 48.7
- cone pulley . 40.3
- -, stepped . . 189.5
- crank . 327.1, 339.5
- in, apparatus for - - mandrels 118.6
- machine, hoop 445.5 446.2
- -, hydraulic spoke 450.3
- pin 154.7
- plate 112.6
- - pin 112.7
- pressure . . . 112.8
- pulley . 156.4, 207.7
- shaft 188.9
- sleeve 156.2
- spindle . . . 40.2
- the face plate through rim gear wheel 115.7
Drop hammer 247.3.5
- -, friction . . 249.1
- -, - roll . . . 248.5
- stamp . 247.5, 248.2
- -, board . . . 249.1
- -, flexible belt 248.2
- work 247.6
Dropping, disengagement by - the worm out of gear 193.3
Drücker 234.8
-schaltwerk . . 234.4
Druck-feder . . 385.3
-fläche 266.8
-flüssigkeit . . 267.2
-gerät, Kehlleisten- 393.4
-kanal 254.6
-klotz . . 304.4, 385.4
-kolben 278.3
-lager . . 78.3, 161.1
-leiste 385.2
Druckluft . . . 255.8
-hammer . . . 256.1
-meißel 256.2
-nietmaschine . 281.6
-nietung 288.6
-stemmer . . . 256.3
-umsteuerung . 52.1
-werkzeug . . . 255.7
Druck, Massen- 8.1
-, Meißel- . . . 32.4
-, Mitnehmer- . 112.8
-platte 304.3
-pumpe 268.4
-ring . . . 78.4, 234.7
-rolle . . 336.8, 472.5
-schaltung 95.9, 162.4

Druckschiene . 385.2
-schraube 79.1, 126.7 145.7
-stempel . . . 278.1
-übersetzer . . 267.6
-walze . . 336.3, 385.3
Druckwasser-Akkumulator 267.7
-betrieb 269.1
-formmaschine 300.2
- - mit Stiftenabhebung 305.2
-formpresse . . 310.1
-nietmaschine 282.1
-nietung 288.5
-sammler . . . 300.3
-schmiedepresse 265.1
-speicher . . . 267.7
- - mit Luftbelastung 268.3
Druck-werk . . 264.5
-zapfen . 79.2, 145.3
Drum . . 82.5, 132.7
-, bending . . . 432.2
- sander 404.6
-, sliding 90.6
-, splint drying 454.4
-, - polishing . 455.2
-, winding 248.3, 378.2
Drunken saw blade 370.6
- - - for grooving 371.1
Dry grinding . 213.3
-, to 483.3
Dryer, rotary sand 315.3
Drying 489.6
- air 464.1
- apparatus, box 459.2
- -, splint . . . 453.7
- chamber 433.4, 454.2
- cylinder, splint 454.4
- drum, splint . 454.4
-, long period - of a log 486.10
- machine, stave bending and 441.1
- oven, mould 315.5
- passage . . . 463.9
- plant, timber 463.8
- rack 455.4
- stove, core . . 315.4
Duela . 367.1.2, 440.2.5
Dull 121.3
- edged . . . 481.10
Duplicate combined boring and milling machine 135.3
Durchbiegen 290.7.8
- des Drehbankbettes 68.8
Durchbruchmaschine 282.1
Durchgang, Holz- 335.7
Durchhängen des Drehbankbettes 68.8
Durchlochen . 239.3
Durchschlag . 242.8
Durchschnitt . 232.1 242.2
-, doppelter . . 232.5
- mit wagerechter Stempellage 232.4
Durchstoß . . 232.1
Durchziehen von Modellteilen 306.4
Durchzieh-formmaschine 306.5
-maschine zum Einformen von Riemenrollen 307.3
Durchziehplatte 307.1
Durchzug-formmaschine 306.5
-platte 307.1
-ring 307.2
Dureté de l'acier 120.5
- - l'outil . . . 120.5
- du bois . . . 486.4
Dureza de la madera 486.4
- del acero . . 120.5
Durezza del legno 486.4
- dell'acciaio . 120.5
Dürlitze 504.6
Dürrgewicht . 488.1
Düse, Sandstrahl- 316.3
-, Schlitz- . . . 316.4
-, Spindel- . . . 378.1
Düsenbacke . . 316.5
Dust 470.4
-, catching the - by suction 213.5
- collector . . . 318.7
- exhausting fan, centrifugal 319.4
- helmet 318.6
- removal . . . 319.3

E.

Eau 33.1, 37.3, 223.9, 272.7
- de rafraîchissement 122.4
- - refroidissement 122.4
- - savon . . . 122.5
Ebanista 365.2
Ebanisteria . . 466.1
Ebanistería . . 466.1
Ébano de Creta 504.10
Ebano nero . . 504.8
- rosso 504.10
- verde 504.9
- vero 504.8
Ébano 504.8
-, de Creta . . 504.10
Ébarbage . . . 315.9
Ébarber . 212.3, 238.2
- les pièces de fonte 315.8
-, machine à (v. „machine")
Ébauchage . . 73.4
- des dents . . 186.5
-, rapide 73.5
Ébène 504.8
Ebenholz . . . 504.8
-, blaues 503.8
-, grünes 504.9
-, rotes 504.10
Ébénier 504.8
-, de Crète . . 504.10
Ébénisterie . . 466.1
Ebenus cretica 504.10
Eberesche . . . 502.7
-, zahme 502.8
Ebony 504.8
-, green 504.9
-, red 504.10
Écartement . . 471.8
- de trous . . . 146.4
- des forets . . 146.3
- - montants . 233.4
- - pointes . . 111.8
Eccentric 42.6, 235.1 331.2
- clamping . . 118.4
- disengagement 235.3
- feed motion . 162.1
- for tension of saw blade 331.4
- motion 219.1
- pin 235.2
- press 264.7
- shaft 234.6
Eccentricità . . 42.5
Eccentricity . . 42.5
Eccentrico . . . 235.1
-, albero ad . . 234.6
-, - dell' 49.7
-, attacco ad . . 331.1
-, bloccaggio a mezzo di 118.4
-, bottone dell' . 43.1
-, cambiamento di marcia ad 42.4
- del cambiamento di marcia 42.6
- dell'inversione del movimento 42.6
- di tensione delle lame 331.4
-, disco ad . . . 43.2
-, disinnesto ad 235.3
-, inversione del movimento ad 42.4
-, morsetto ad . 331.1
-, perno dell' 43.1, 235.2
-, piastra ad . . 40.4
-, pressa ad . . . 264.7
Échancrure . . 64.3
Échanger les fers 388.8
Échappement . 251.7
- d'air 268.1
Echar cáustico á la madera 438.5
Échauffement de l'outil 32.8, 122.1
- - la lame de scie 471.4
- - travail . . 121.11
Échauffer, s' - . 471.5
Échelle graduée 152.4
Echt, -e Kastanie 498.5
-es Rosenholz . 506.1
-e Weichsel . . 502.2
Ecken des Werkstücks 238.8
Éclairage . . . 272.9
Éclat, -s de bois 454.6
Éclatement de la meule 226.3
Eclise 285.8
Écorce . 476.3, 488.4.5 492.5, 493.9
-s du commerce 483.3
Écorcer, machine à (v. „machine")
Écorner 439.6
Écrasement . . 289.3
- des dents . . 350.5
- du rivet . . . 284.3
Écraser le rivet 284.4
- les dents de scie 350.7
Écrou 60.6, 151.4, 163.1 171.1
- à bague . . . 218.4
- - chapeau . . 77.7
- - filets différentiels 198.1
- de commande de l'avance 162.7
- - fixation . . 189.2
- - la vis-mère 109.6
- - levée de la table 39.3
Ecrou de réglage 189.2
- débrayable . 162.8
-, dispositif d'embrayage de l' 11.4
- embrayable sur la vis-mère 109.7
- réglable de la vis-mère 11.3
- -support . . . 183.2
Edad de la madera 485.2
Edel-kastanie . 498.5
-stahl 34.5
-tanne 495.1
Edge 37.7, 121.7, 397.3.4 418.6
-, back 121.2
-, cutting 31.4, 120.9 121.3.7, 347.5
- knurling machine 62.6
- of hole in the die 243.3
- - the punch . 242.3
- runner 315.1
-, the -s of the tools cut deep against the grain 383.8
Edging . . . 362.6.7
- of boards . . 362.7
Effetto di taglio 120.7
Eficacia de corte 120.7
Égaliser . 302.3, 467.3
- le sable . . . 302.2
Eibe 494.9
Eiche, Burgunder- 498.10
-, Früh- 498.6
-, immergrüne Stech- 498.8

Eiche, Kork- . 498.11
-, österreichische 498.10
-, Rot- 498.9
-, Sommer- . . . 498.6
-, Stein- 498.7
-, Stiel- 498.6
-, Trauben- . . 498.7
-, Winter- . . . 498.7
-, Zerr- 498.10
Einbohren . . . 144.9
Einbrennmaschine 447.6
Eindrehen, Gewinde 74.6
Eindrehstahl, Winkel- 125.5
Eindringen des Drehstahls 68.9
Einformen . . . 301.6
Einfräsen von Nuten 185.9
Einfuhrseite, Holz- 335.8
Eingußform . . 276.6
Einhängen . . 328.5
Einheitskegel . 199.4
Einkitten des Schleifsteins 225.2
Einklemmen des Schleifsteins 225.1
Einklemmvorrichtung 269.5
Einlauf-kanal . 276.8
-rinne 276.7
-trichter 276.9
Einlege-maschine 455.6
-rahmen 455.5
Einlocher . . . 203.4
Einmitteln . . . 71.1
-, das Arbeitsstück 70.10
Einpackmaschine für Zündholzschachteln 460.3
Einreißen der Zähne 348.10
Einrichten . . 27.4.5
Einrücken . . . 25.9
- des Vorgeleges 83.4
-, stoßfreies - der Kupplung 93.7
Einrücker . . . 194.1
Einrückhebel . 194.1
Einsatz, breiter 100.7
-fräserstahl . . 204.5
-ring 442.3
-scheibe 189.6
-, schmaler . . 100.6
-stück 168.2
Einschalthebel 194.1
Einschiebebacke 330.4
Einschlagfutter 420.4
Einschneiden, die Kimmungen 442.1
Einspannen . . 27.4.5
-, das Arbeitstück zwischen Spitzen 111.1
-, - Werkstück 110.6
-, den Stahl . . 126.5
- des Schleifsteins 225.1
Einspann-lappen 30.4
-rahmen . . . 341.9
-schraube . . . 341.2
Einspann-vorrichtung 292.2
- -, Blockwagen mit senkrechter 342.1
- -, drehbare . 377.3
- -, Hobelstahl- 36.2
- -, Schienen- . 166.3
Einspannung, Bretterwagen mit seitlicher 342.5
Einstampfen . 301.9
Einständerhobelmaschine 2.3
Einstechen, ein Stück 73.9
Einstechstahl . 123.2
Einstecker, breiter 100.7
-, schmaler . . 100.6
Einsteck-schiene 418.8
-stift 85.6
Einstellbar, -er Abstreifer 244.7
Einstellen, den Stahl 37.4
- des Supports 101.1
Einstichstahl . 123.2
Eintreibapparat, Dorn- 113.6
Eintreiben, den Dorn 113.5
-, die Niete . . 288.7
Einzel-Aushubtisch 308.5
-fräser 204.7
-messer, auswechselbares 204.6
-stichel 126.2
Einziehen, die Niete 288.7
Einziehschraube 411.5
Einzugwalze . 337.4
Einzylinderstufenkompressor 255.1
- mit Dampfantrieb 255.2
Eisen, Boden- . 423.1
-, das - strecken 263.10
-, Doppel- . . . 387.3
-, Dreh- 120.4
-gestell, Kreissäge mit 360.8
-holz 504.7
- -, südamerikanisches 503.5
-, Nut- 397.2
-säge 208.4
-, Schell- 278.1
-, Schränk- . . 349.8
-spaltwerk . . 229.3
-, Spund- . . . 397.5
-stuhl, Kreissäge mit 360.8
-, Thermit- . . . 274.3
-, Vier- 409.5
-zusatz 274.4
Eje 58.5.7, 191.7, 263.5
- acodado 58.7, 264.8
- articulado . . 191.1
- - extensible . 191.5
- de barrenar . 169.1
- - gravidad . 391.7
- - la polea portasierras 358.3
Eje de las puntas 112.1
- - rotación 70.9, 391.8
- - suspensión . 369.6
- del árbol . . 77.3
- - carro longitudinal porta-útil 39.6
- - martillo . . 246.2
- - volante portasierras 358.3
- excéntrico . . 234.6
- extensible . . 191.6
- guiador . . . 11.1.3
- intermedio . 189.4
- motor 188.9
- para sierra circular 371.2
- porta-cuchillas 391.2
Élargir 54.9
Élargissement de diamètre de trous 54.8
Elastic wood . 485.4
Elasticidad de la madera 485.5
Elbow 188.2
Elcio 498.8
Elder 505.8
Eléctrico, sierra portátil -a 354.5
Elevación 141.3, 246.3 250.1, 263.2
- de troncos . . 345.3
- por espigas . 305.1
-, tabla de . . 249.2.7
Elevador de arena 316.7
- - maderas flotantes 345.2
Élévateur de sable de moulage 316.7
Elevating endless screw 141.3
- table 39.3
Elevator 316.7
-, Sand- 316.7
Elevatore della sabbia 316.7
- per tronchi galleggianti 345.2
Élever les troncs 462.5
Elica . . 337.3, 411.6
Elice 498.8
Elicoidale, fresa 202.5
Eller 497.10
Ellipsenrad . . 13.5
Elm, common . 499.4
-, mountain . . 499.5
-, soft leaved . 499.6
-, spanish . . 505.12
Else 502.9
Elzbeere 502.9
Emballer . . 377.4.5
Embase 179.2
- tournante . . 67.9
Émbolo . . . 251.3.4.6 252.9.10, 253.1.2
-s colocados uno al lado de otro 265.8
- detrás de otro 266.1
- de bomba . . 268.5
- - disco . . . 265.7
- - la bomba de aire 254.3
Émbolo de presión 265.5, 278.3
- - retroceder . 278.5
- - trabajo . . 278.3
- del martillo . 251.2
-s gemelos . . . 265.8 266.1
- macho 265.6
Emboutir 298.5 299.3
-, machine à (v. „machine“)
Emboutissage . 298.6
- de tôles épaisses 298.7
Emboutisseur, plongeur 298.4
Embragar . 20.8, 25.9 86.5
- la marcha automática 102.6
- para el avance 336.4
Embrague 103.4, 153.7 163.4, 194.1
- de conos de fricción 41.7
- - fricción 21.7, 41.5
- - - con cono doble 21.3
- - la contramarcha 83.4
- - planear con engranaje derecho de movimiento de balanza 104.5
- - - - engranajes derechos corredizos 104.3
- de la contramarcha 83.4
- del acoplamiento sin golpe 93.7
- - movimiento de impulso 336.3
- - - - planear con acoplamiento de presión 104.1
-, mecanismo de - del movimiento de cilindrar 103.8
-, - - - - - - refrentar 103.9
-, - - - - - longitudinal 103.8
-, - - - - - transversal 103.9
Embrayage . . 21.7
- à dents . . . 158.6
- - friction 21.7, 41.5 89.5
- - - par cônes 17.1
- - griffes 155.4, 158.6
-, bague d' . . . 94.4
- de dressage 103.1.9
- - friction double 21.3
- - l'écrou, dispositif d' 11.4
- du chariot . . 336.3
- - mouvement longitudinal 102.7 103.8
- - - transversal 103.9
- - - - avec engrenage basculant 104.5

Embrayage du mouvement transversal avec engrenage déplaçable 104.3
- - - - par bague de serrage 104.1
- - renvoi . . . 88.4
-, fourche d' . . 153.7
-, levier d' 153.7, 194.1 108.4
- par cônes de friction 41.7
-, poignée d' . . 86.5
- rapide 22.1
- sans à-coups . 93.7
- transversal . 103.1
-, vis d' 163.4
Embrayer . 20.8, 25.9
- le chariot . . 336.4
Embudo de entrada 276.9
- - fundir . . . 277.6
- - salida . . . 277.6
- - subida . . . 277.1
-, en forma de . 276.6
- para la arena 304.1
- - virutas . . . 469.2
Embutidera . . 264.2
- intercambiable 262.2
Embutido de chapas gruesas de hierro 298.7
- - los bordes de agujeros 299.1
- - una chapa . 298.6
Embutidor de remache 284.2
Embutir . . . 298.3.4.5
-, máquina de (v. „maquina")
Émeri . 74.5, 222.11.12 223.1.2.3, 353.2
- en poudre . 222.12
- pulvérisé . 222.12
Emery 222.11
- cloth 223.2
- disc 353.2
- paper 223.3
- powder . . 222.12
- stone 223.1
-, to polish with 74.5
- wheel . 219.4, 225.8 353.2
Emmanchement 256.4
Emmancher le mandrin 113.5
Émousser, s'-, l'outil s'-e . . 121.8
Émpalmar, máquina de (v. „máquina")
Empalme . . 424.1.2.3 425.1.2.5, 426.9
- abierto de colas de milano 426.7
-, altura de las espigas de 426.2
-, anchura de las espigas de 426.3
-, cortar -s 424.1, 425.6
-, - los -s de varias tablas en una sola vez 427.1
- cubierto . . . 426.8
- de cola de milano 425.4, 427.2
Empalme de espiga 425.3
- - - derecho . 426.4
-, división de los -s 426.1
-, espiga de - de cola de milano 425.4.7, 426.6, 427.2
-, - - - inclinada 426.5
Empaque de arandelas de cuero 266.2
- doble de cuerro embutido 266.6
Empaquetadura 371.6.7
- de arandelas de cuero 266.2
- - cuero embutido 266.4
Empaquetar . . 377.4
-, máquina de (v. „machina")
Empaqueter, machine à (v. „machine")
Empezar á tornear 73.2
Empuñadura . 19.4 383.4, 425.5
Encadrement . 366.4
Encaustiquer, machine à (v. „machine")
Encina de America 498.9
- - Borgoña . 498.10
- - corcho . . 498.11
- pedunculada 498.6
- verde 498.8
Enclanchement automatique 155.1
Enclancher . . 25.9
Encliquetage . 51.8
- de la fraiseuse à tailler les engrenages 193.7
Enclume . . 260.5.6
- à fondation indépendante 261.7
Encolar 466.5
-, máquina de (v. „máquina")
Encombrant, pièce à travailler - e 166.2
End mill 201.6
Enderezamiento de árboles 295.8
Enderezar . 295.6.7 296.6, 383.6
-, máquina de (v. „maquina")
Endgatter . . . 321.4
Endless chain . 179.1 462.4
- screw, adjusting 141.3
- -, elevating . 141.3
Enduire 459.4
-, machine à (v. „machine")
Enebro 496.7
- de Virginia . 496.9
- sabina 496.8
Énergie dépensée à vide 70.8
Enfermedad de la madera 489.8
Enfourchement 401.4.5, 402.3
Enfourcher . . 402.5 418.8
Engaging lever 194.1
Engine lathe . 58.1
Englisch Rot . 226.9
-es Stichelhaus 128.2
English ash . . 505.4
- type of slide rest 128.2
- - - tool . . . 128.2
Engranaje 86.4, 87.5 164.8, 192.1, 311.4.5.6 312.5, 313.1.2.5
-s concéntricos 16.6
-s cónicos 16.5, 17.1
- de avance . 51.10
-s - cambio . . 88.7
- - - de velocidad 87.6, 155.6
- - corona . . . 162.3
- - - y trinquete 162.2
-s - juego . . . 87.7
- - movimiento planetario 88.9
- derecho . . 85.12
- - corredizo . 104.4
- - de movimento de balanza 104.6
- doble . 10.2, 88.10
- escalonado . 86.3
- -, disposición de -s -s con ruedas intermedias sistema Norton 87.4
- -, - - - - - - - - Richards 87.1
-, fresa para tallar -s 202.3
-, fresadora de tallar -s 178.5
- helicoidal . . 10.7
-, inversión de marcha por 15.8
-, mecanismo de inversión por -s 15.8
-, - - - - - -s derechos 16.1
- motor 40.9
- pequeño . . . 313.5
- satélite . . . 89.1
- secundario . . 89.1
-, tallar -s . . . 186.3
Engrasado . . 76.2
Engrasador . . 188.4
Engrase automático por anillo 79.5
Engrenage, boite d' -s 88.2, 362.5
-, commande par -s 85.1
-, - - - à denture intérieure 16.4
-s de changement de vitesse 155.6
- - vitesse . . . 88.7
- déplaçable . . 104.3
- droit, mécanisme de renversement de marche par -s -s 16.1
-, encliquetage de la fraiseuse à tailler les -s 193.7
Engrenage, fraise à tailler les -s 202.3
-, fraiser des -s 186.3
-, machine à mouler les -s 311.6 312.5, 313.2
-, mécanisme de renversement de marche par -s 15.8
-, moulage des -s 312.6
-, roue d' 9.8, 10.2, 16.6
-, tailler des -s à la fraise 186.3
Engrener . . . 25.9
Enlèvement, appareil d' 248.7
-, appareil pour l'- des déchets de bois 469.6
- de courroie, dispositif d' 248.6
- - la chaleur . 122.2
- - - plaque à modèle hors du châssis 302.7
- des copeaux par transporteur à chaine et couloir ouvert 469.1
- - dosses des troncs 334.7
- - flaches des troncs 334.7
- - poussières . 319.3
- du châssis de moulage de la plaque à modèle 302.8
- - rouleau . . 294.6
-, installation pour l'- des copeaux 469.3
Enlever à la cisaille 237.5
- - - fraise . . 185.4
-, appareil à - les châssis 304.7
- l'écorce . . . 483.4
- la pièce à usiner 110.7
- les rivets au forage 290.1
- - - par perçage 290.1
- un copeau . . 69.9
Enmangar . . . 197.2
Enrollamiento . 248.3
Enrollar 378.2
Enrollarse, la viruta se - a 70.5
Enroulement . 248.3 378.2
Enrouler, s'-, le copeau s'-e sur lui-même 70.5
Ensamblado con empalmes de cola de milano 427.2
- de tablitas por la esquina 427.3
Ensambladura . 400.2
Ensamblaje . 395.2.3
Ensamblar . . . 395.4

Ensamblar, aparato de - juntas las duelas 444.5
-, - - - tablitas de cajas 428.1
-, - en forma de campana para 446.4
-, máquina de (v. „máquina“)
Entaillage . 81.5, 69.1
- de rainures à la fraise 185.9
Entalladura . . 194.5 332.6.7.8
Entanchar agujeros 54.8
Entarimado . . 382.1 461.3, 468.1, 482.7
Entfernung, Achsen- 81.8
Entgleisen des Hobeltisches 9.5
Entgraten . . . 238.2
Entkuppeln . . 21.1
Entlüftungsventil 268.1
Entnieten . . . 289.9
Entonnoir d'introduction 276.9
- de coulée . 277.1.6
Entrada . . . 276.7.8.9
Entrainement . 385.8
- à ressort . . . 155.1
- de la pièce par rouleaux 336.6
-, dispositif d'- spécial 220.6
-, doigt d' 51.6, 112.7
-, douille d' . . 156.2
-, toc d' . . 92.4, 113.2
-, manivelle d' 339.5
- par rouleaux pour bois en grume 338.1
-, rouleau d' . . 336.7
-, verrou d' . . . 92.4
Entrare, apparecchio per far - la punta 113.6
Entrata . 363.1, 364.8
Entrée de la pièce à scier 335.8
Entretoise 5.1
Entretoisement . 5.1 265.4
Entrieglung des Drehkopfs 107.1
Entrinden, teilweise 464.8
Entrindungsmaschine 452.1 464.7
Entspannmaschine, Blech- 296.7
Entstauber, Kreisel- 319.4
Entstaubung . . 319.3
Entwickler . . 272.6
Entzündungsgemisch 274.8
Enveloppe à bascule 472.1
- de fer thermite 274.1
- - la vis sans fin 193.6
- protectrice de roues 86.4
Envoltorio de papel 459.6
Épaisseur . . . 381.4
- à la pointe . 348.2
- au sommet . . 348.2
- de la lame . . 348.3
Epicea 495.3
Équarrir 362.6
- le bois 384.6
- les grumes . . 322.5 361.4
Équarrissage . . 334.7
Équerre . . 29.8, 344.1
- coulissante . . 139.6
- d'appui . . 343.5.6
- - déplaçable . 343.9
- de fixation . 139.5
- étroite 100.6
- levable avec jambe de soutien 139.7
- mobile 139.6
Equilibrado, manivela -a 44.3
Equilibrare la mola 225.4
Equilibrato, manovella -a 44.3
Équilibré, manivelle -e 44.3
Équilibrer . . . 391.6
-, appareil à - les fers à raboter 391.9
Érable à sucre 501.5
- blanc 501.4
- champêtre . . 501.3
- de Norvége . 501.2
- plan 501.2
- sycomore . . 501.1
Erdölhammer . 256.8
Ergot d'entrainement 51.6
Erhitzer, Luft- 454.1
Erle, Grau- . . 497.11
-, klebrige . . 497.10
-, nordische . . 497.11
-, Rot- 497.10
-, Schwarz- . . 497.10
-, Weiß- 497.11
Ermellino . . 504.9
Erwärmung, Stichel- 32.8, 122.1
Erwärmungsmasse 274.7
Erweitern der Löcher 54.8
Erythrina corallodendron 505.10
Escala 80.6
Escalerilla compuesta 28.5
Escalonado . . 86.3
Escape 251.7
- de aire . . . 268.1
Escariador 205.6, 412.7
- á mano . . . 205.9
- cilíndrico . . 205.7
- cónico 205.8
- de impulsión mecánica 205.10
- -fresa 208.4
Escariar agujeros de remaches 283.2
-, el 148.5
-, - - agujeros 54.8
Escarpia 80.2
Esche, Eber- . . 502.7
-, gemeine . . . 505.4
Eschio 498.6
Escopleadora de cadena de fresar 398.6
Escopleadura . 46.3
Escoplear . . . 409.2
Escoplo hueco 409.7
Escoria 277.3.7
- de „corund“ . 277.8
Escote 64.2.3.7
Escrescenza del tronco 493.8
Escuadra 231.4, 296.5 329.8, 343.8, 344.1
- de apoyo . . 343.5.6
- - - graduable 343.9
- - conducción 385.1
- - guía en la mesa 364.5
- - protección . 472.6
- - sujeción . . 30.6.7
- -guía 96.5.6
Escuadrado, madera -a 481.8
Escuadrar 322.5, 361.4
- la madera . . 334.6
Esférico, articulación -a 191.2.3
Esmeril . . 74.5, 219.4 222.11.12, 223.1.2.3, 353.2
Espalda 347.4
- de la hoja de sierra 346.9
Espe 497.5
Espesor dado demás á la pieza para la rectificación 212.5
- de la hoja de sierra 348.3
- - - punta del diente 348.2
Espiga 79.4.9, 113.3.5.6 395.8, 401.3.6.7, 402.2.3.4.5 449.6
-, apoyo de -s . 294.4
- automática de arrastre 155.1
- cilíndrica de rotación 78.2
- con anillos . 294.5
- conductora . 112.7
- cónica 77.9
- - de pulir . . 227.1
- - - sujeción . 219.9
-, curvar alrededor de una 291.3
- de arrastre . 155.2
- - centrar automática 113.8
- - cola 79.8
- - colocación . 418.8
- - conducción 419.4
- - copiar . . . 97.1
- - curvar . . . 291.4
- - desembrague 42.7
- - empalme . 425.5
-s - -, altura de las 426.2
-s - -, anchura de las 426.3
- - - de cola de milano 425.7, 426.6
- - - inclinada 426.5
- - extensión . 113.7
- - extremo esférica 191.3
- - forma cónica 77.9
- - golpear . . 314.6
- - graduación 50.3
Espiga de guía 97.1
- - la bisagra . 181.8
- - - broca . . 168.3
- - - corredera 40.7
- - - fresa . . . 205.5
- - - rosca de presión 145.8
- - - - - tope . 145.8
- - las manivelas 62.4
- - levantar las cajas 304.8
- - presión . . 79.2
- - rebote . . . 259.6
- - sujeción . . 219.7
- - tope conductor 51.6
- - tornillo . . 420.7
- del excéntrico 43.1
- derecha 425.1, 426.4
-, discos de -s . 314.5
-, empalmes de -s 425.3
- esférica . . . 168.6
- excéntrica . . 235.2
- fija 118.4
-, fresa escariadora con 201.6
-, fresado de las -s planas de los rayos 450.1
-, - - - -s redondas de los rayos 449.7
- giratoria . . . 246.1
- graduable de la manivela 14.2, 48.6
- - del cabezal 58.1
- hueca 198.5
- oblicua . . . 425.2
- para el cabezal de cuchillas 391.3
- porta-muela . 218.1 224.8
- - -útil 198.4
- sin cabeza . . 285.2
Espigar 402.1
Espina de Cristo 502.11
Espino 502.4
Espiral . . 487.1, 490.3
Esponjarse . . 488.6
-, el - de la madera 488.5
Esponjoso, madera -a 488.4
Essence de pétrole 272.10
- sans branche 484.9
Essiccamento . 454.2 463.9
- del legno . . 487.6
- lento del tronco 486.10
Essiccare 315.4.5, 455.4
-, apparecchio per 459.2
Essiccatoio . . 463.8
- per i bastoncini 453.7
- - le stecche . 453.7
Essiccatore rotativo per la terra 315.3
Essieu . . . 58.7, 59.3
Estacionario, sierra circular -a 360.6
Estampa 243.7, 260.6 261.9, 264.1, 286.5

Estampa de cerrar el remache 278.1
- - embutir . . 298.4
- inferior 260.5.8, 264.3
- - intercambiable 260.7
- superior . . . 264.2
Estampage des creux 351.3
- - dents . . . 351.1
Estampar 264.6, 439.3
-, máquina de (v. „máquina“)
Estamper 247.6, 264.1.6, 439.3
-, appareil à - les dents 351.4
- les dents . . . 351.2
-, machine à (v. „machine“)
Estéreo 481.5
Estirar el hierro 263.10
Estrazione . . . 304.8
- del modello su macchina a pettine 306.4
Estrechar, máquina de (v. „máquina“)
Estrella de tope 99.7
Estremità 270.9, 271.1
- del colletto . 79.9
- - dente . . . 347.2
- - tronco da segare 335.6
- di rotaie saldate in testa 271.7
Estría, aparato de hacer -s 399.4
Estriado 20.3
Estriadora . . . 4.3
- de cilindros . 4.3
Estriar, máquina de (v. „máquina“) 4.3
Estribo de sujeción 329.2
Estufa 454.2
Età del legno . 485.2
Étagère 455.4
Étampe 243.7.9, 244.1 260.8, 261.8
Étampe inférieure 264.3
- interchangeable 260.7, 262.2
- supérieure . . 264.2
Étanchéité de la rivure 286.8
État sec 487.9
Étau, banc à . 352.3
- de fixation . 171.4
- - serrage . . 144.5
- limeur 38.3, 43.6, 45.3
- - double . . . 38.5
- - horizontal . 38.4
- - pour rabotage longitudinal et transversal et circulaire 38.6
- - universel . 38.7
- -parallèle . . 166.1
Étendre, appareil à - la colle 467.1
Etichettare, macchina per (v. „macchina“)
Étincelle . . . 217.1.2
Etikettiermaschine 459.1
Etiqueta 459.1
Étiquetter, machine à (v. „machine“)
Étirer le fer . 263.10
Étoile de butée 99.7
Étrier . . 112.9, 279.6
- de butée . . . 107.9
- - commande du renvoi de plafond 188.10
- - suspension . 279.5
- - tension . . 329.2
- intermédiaire de suspension 280.1
- pivotant . . 206.5
Étuve 438.4
Étuvage du bois 432.6
Étuver 432.7.9
Eucalipto . . . 504.1
- d'Australia . 504.5
- diversicolore 504.6
- dolce 504.4
- rosso 504.2
Eucalipto zuccherino 504.4
Eucalipto de Australia 504.4
- diversicolor . 504.5
- rojo 504.2
- sacarino . . . 504.3
Eucalyptus, blauer 504.1
- corynocalyx . 504.3
- diversicolor . 504.5
- globulus . . . 504.1
- marginata . . 504.4
- rostrata . . . 504.2
-, roter 504.2
-, zuckeriger . . 504.3
Eucalyptus, blue 504.1
-, red 504.2
-, sweet 504.3
Eucalyptus . . 504.3
- diversicolor . 504.5
- marginata . . 504.4
Évidement de diamètre de trous 54.8
- du coulisseau 53.3
Evonymus europaea 501.6
Excentré, bouton 43.1
Excéntrica . 235.1.3
- de tensión de la hoja de serrar 331.4
Excentricidad . 42.5
Excentricité . . 42.5
Excéntrico 13.6, 42.4 43.1, 49.7
-, disco 43.2
- motor 45.6
Excentrique . . 235.1 264.7, 331.2
- à tendre les lames 331.4
-, arbre à 49.7, 234.6
-, bouton d' . . 235.2
-, commande par 42.4
-, coulisse à . . 13.6
- de commande 42.6
-, débrayage par 235.3
-, fixation par . 118.4
-, plateau . . . 43.2
-, tourillon d' . 235.2
Excès de la course 18.1
Excess of stroke 18.1
Excroissance du tronc 498.8
Exhaust fan . 470.1.2
- port 251.7
Exhausting fan, centrifugal dust 319.4
Exhaustor . . . 470.1
-, Doppel- . . . 470.2
-, Zentrifugal- . 319.4
Exhaustor 213.6, 470.1
- centrífugo . . 319.4
- doble 470.2
Expansionsdorn 118.7
Extensible, eje 191.6
Extent of shrinkage 488.9
Extrémité arrière 79.9
- de la pièce à débiter 335.6
- - - - - scier . 335.6
Extremo de la espiga 79.9
-s - railes soldados en sección derecha 271.7
- del tronco donde empieza el corte 335.6
-, soldadura de -s 270.9
-, soldar el . . 271.1
Exzenter . . . 235.1
-angelschlüssel 331.2
-antrieb, Schere mit 230.1
-auslösung . . 235.3
-klemmung . . 118.4
-presse 264.7
-sägeangel . . . 331.1
-, Sägeblatt-Spann- 331.4
-scheibe 43.2
-schleife 40.4
-, Steuer- 42.6
-steuerung 42.4, 162.1
-welle . . 49.7, 234.6
-zapfen . 43.1, 235.2
Exzentrizität . 42.5

F.

Fabbrica d'impellicciatura con macchine rotative 465.4
- di botti e di barili 468.5
- - carri 468.8
- - - e carrozze 468.9
- - casse 468.2
- - cassette per sigari 468.3
- - cornici . . . 465.7
- - giuocattoli di legno 467.8
- - impellicciatura 465.3
- - lana di legno 465.5
- - listoni sagomati 465.6
- - mobili . . . 466.1
Fabbrica di modelli 466.3
- - pavimenti di legno 468.1
- - persiane . . 467.9
- - ruote . . . 468.7
- - scatole per sigari 468.3
- - sedie 466.2
- - serramenta 465.10
- - tini e botti 468.6
- - vagoni . . 468.10
Fábrica de barriles 468.5
- - cajas 468.2
- - - de puros . 468.3
- - chapa de madera 465.3
- - coches . . . 468.9
- - entarimado fino 468.1
Fábrica de juguetes de madera 467.8
- - lana de madera 465.5
- - marcos . . 465.7
- - molduras . 465.6
- - parquet . . 468.1
- - persianas . 467.9
- - ruedas . . . 468.7
- - sillas 466.2
- - vagones . . 468.10
Fabrique de cadres 465.7
- - caisses . . . 468.2
- - - à cigares 468.3
- - chaises . . . 466.2
- - fibres de bois 465.5
- - jalousies . . 467.9
- - jouets en bois 467.8
Fabrique de meubles 466.1
- - moulures . 465.6
- - parquets . . 468.1
- - roues . . . 468.7
- - tonneaux . 468.5
- - voitures . . 468.9
- - wagons . . 468.10
Faccia dell'incudine 260.6
- - ugello . . . 316.5
- - utensile . . 121.1
Face . . . 31.8, 260.6.7
- and side cutter 200.5, 208.1
- grinding wheel 224.4
-, hollowed . . 326.6
- lathe 60.2
- of the plane . 383.1
- - - pulley . . 358.2

Face of the sand 301.8
- - tool 121.1
- plate . . . 115.5.6.8 116.2.4.5
-, rounded . . . 145.9
-, to 72.1, 48.6
- - be fused . . 278.3
Face 200.5
- d'un rabot . 388.1
- de l'outil . . 384.3
- dorsale du tranchant 121.2
- du biseau . . 65.7
- supérieure du sable 301.8
Faced surface . 143.7
Fächerkasten . 454.9
Facile a spaccare 486.1
Facilità ad essere spaccato 485.9
Facing 72.2
- arm . 137.3, 170.1.2.4
- - for milling a crank pin 137.6
- - with split boss 137.5
- cutter 201.3
- - with spiral grooves 201.5
Façonnage . . 72.5
- des moules . 308.3
Façonner . 62.3, 100.1 124.7, 399.7, 416.4, 417.1
-, machine à (v. „machine") 415.7
Factory . . . 467.8.9
Faggio comune 498.4
- rosso 498.4
Faggot 368.5
- bundling press 368.6
- trolley 368.4
- wood 481.1
Fagot . . 368.4.5, 488.7
Fagus silvatica 498.4
Faire des copeaux 375.8
- sauter des rivets 289.9
Faisceau de fibres 477.4
Falegname . . 465.8.9
Falegnameria meccanica 465.8
Fall-geschwindigkeit 262.8
-hammer . . . 247.5
-höhe 262.6
-säge, Baum- . 354.3
-schnecke 163.3, 193.4
- -, Ausrückung mit 193.3
-sperre 88.4
-werk 247.6
- -, Spalt- . . . 430.3
- - zum Holzspalten 430.3
-zeit 262.7
Fall 262.7.8
-, height of . . 262.6
Falling weight 20.4
Falsch, -e Akazie 503.7
Falta, -s de la madera 489.7
Falzen 299.6
Falz-fräser . . 400.2
Falz-leiste . . . 329.8
-, liegender . . 299.7
-maschine, Stuhlsitz- 437.6
-, stehender . . 299.8
Fan . . . 213.6, 470.1
-, centrifugal . 213.7
-, double exhaust 470.2
-, exhaust . . . 470.1
-, suction . . . 470.1
Fanghiglia prodotta dall'affilare 213.1
Fang-netz . . . 474.4
-schraube . . . 168.4
Fantina 116.8
Far entrare la punta 113.5.6
- piani 201.3
- saltare la capocchia 290.2
- scorrere la cinghia 83.6
Farbholzraspel 378.6
Fare la pasta, apparecchio per 459.7
- - prima passata alla mola 212.4
- un foro passante 147.2
- - incastro . . 395.5
- - piano a mezzo di fresa 185.5
Farine de bois 483.11
Farnia 498.6
Fascina 368.4.5.6, 488.7
Fascio . . . 368.4.5.6
- di fibre . . . 477.4
- - legna . . . 488.7
- - scintille . . 217.2
Fasenmesser . . 388.1
Faser-bündel . 477.4
-, Holz- 477.2
-, quer auf die -n arbeiten 478.3
-richtung . . . 477.3
-, Spiegel- . . . 478.1
-, wellenförmige 490.2
Faß 440.1
-abdrehmaschine 446.7
-abhobelmaschine 446.6
-bodendrehbank 442.8
-, das - glätten 446.5
-daube 440.2
-daubenbiegemaschine 441.1
- -trockenmaschine 441.1
-fabrik 468.5
-krösemaschine 442.2
- -, einseitige . 442.4
-rumpf 443.6
-schraubenwinde 444.6
-spund 447.4
-winde 444.4
-zusammen-setzmaschine 445.5
- -treibmaschine 445.1
- -ziehvorrichtung für kleine Fäßchen 444.7
Fasson-drehbank 61.2, 417.1
-drehen 72.5
-hobelmesser . 388.2
-messer 422.4
-stahl 124.7
-support 100.1
Fassoniermaschine 415.7
Fasten, to . . . 27.5
Fastening for lifter 249.8
Faul-baum . . 502.3
-, rot- 492.4
-, weiß- 492.6
Fäule, Ast- . . 493.4
-, Grün- 492.7
-, Kern- 493.2
-, Naß- 492.9
-, Rot- 492.3
-, Splint- 493.3
-, Stock- 493.5
-, Trocken- . . . 492.8
-, Weiß- 492.5
-, Wurzel- . . . 493.6
Faulenzer . . . 168.7
Fäulnis 492.2
Faussage par serrage de la pièce à travailler 31.1
Feather 150.5
Feder 49.6, 259.4, 395.8
-, Druck- 385.3
-hammer . . . 256.9
-hebel 42.1
-hobel, Nut- und 397.6
-keil 150.5
-, Kuppel- . . . 158.7
-, mit Nut und - versehen 396.2
-, Mitnehmer . 92.8
-prellung . . . 259.3
-puffer 20.2
-riegel . . 93.1, 106.10
-, Rückhol- . . 194.9
-stahl 124.6
-stellhebel . . . 88.4
-, Wickel- . . . 259.5
Feed 22.5, 95.3.5, 107.3 162.2, 165.2, 192.2
-, automatic 51.7, 95.9 163.7, 357.2, 369.3
- chain . . 96.4, 327.6
- cone pulley . 82.8 154.5
- connecting rod 25.6
-, continuous . 95.7
- control . . . 22.2
-, cross 95.10
- disconnection 164.6
- gear . . 103.9, 336.3
- -, enclosed . . 23.7
- -, longitudinal 103.8
- -, transverse . 103.9
- - wheel . . . 159.3
-, hand . 159.5 163.2
-, irregular . . 95.8
-, lateral 22.4
- mechanism 22.8, 24.1
- motion . . 22.3, 95.4 162.4, 163.5, 369.2
- - crank . . . 327.3
- -, eccentric . 162.1
- - of carriage for horizontal log frame 339.9
- of drill . . . 145.4
- - - spindle by hand lever 160.1
Feed of spindle 158.8 163.6
- path 22.4
-, quick 22.7
- rack 160.6
-, rapid 22.7
-, rate of 159.1
-, regular . . . 338.7
- regulator . . 208.3
-, removable roller 357.3
- rod 43.3, 51.9, 108.6
- roller . 336.6.7, 339.1 363.1, 385.7
- - in sections 337.6
- -, vertical . . 337.5
- rollers 234.2
-, rope 336.5
- screw . . . 161.5.6
- -, nut for . . 162.7
-, self-acting . 164.1.2
- shaft . 108.6.8, 109.1
- side 335.8
- spindle . 51.9, 159.2
-, straight . . . 95.6
-, - line 22.6
-, to - the work against the teeth of the cutter 192.4
-, - - - - in the direction with the cutter 192.5
-, uninterrupted 95.7
-, unsteady - by ratchet gearing 339.3
- wheel . . 23.1, 339.6
- -, toothed . . 51.10
- - with friction pawl 23.4
Feeding arrangement 385.5
- of cut wood by rollers 385.6
- - work on table 384.5
- screw 25.3
Feile, Säge- . . 351.8
-, Seiten- 352.2
Feilmaschine . 38.3 211.5
-, Bandsäge- . . 359.6
-, doppelte . . . 38.5
- für Längs-, Quer- und Rundhobeln 38.6
-, Horizontal- . 38.4
-, Schlitten der 43.6
-, Stößel der . 43.6
-, Universal- . . 38.7
-, Wagrecht- . . 38.4
Fein-einstellung der Frässpindel 196.3
- -, selbsttätige - - der Schleifscheibe 218.7
-faserig 477.6
-kreissäge, vertikale 365.3
-säge 325.1
- -, Bodenholz- 442.5
- - mit liegendem Blatt 368.8
- schleifen . . . 216.3
-stahl 34.5
Feld-ahorn . . 501.3
-rüster 499.4
Felge, Holz- . . 450.4

Felgen-bohrsupport 419.2, 450.7
-, die - auf die Speichen drücken 451.1
-, - - - - - schieben 451.1
-holz 450.5
Feller . . . 354.3.4.5
Felling saw . . 355.2
felloe 451.1
- bending machine 450.6
- boring carriage 450.7
- wood . . . 450.4.5
Felsenkirsche . 502.2
Felt washer . . 218.5
Feltro 218.5
Fêlure des dents 348.10
Femmina 298.3, 395.6 396.3, 397.2, 400.3
-, lunghezza di una 395.7
Fence . . 348.6, 385.1
-, log 348.9
-, - carriage . . 348.8
-, parallel . . . 364.5
- plate 364.6
Fendage 430.4, 485.10 486.3, 491.5
-, de - impossible 486.3
Fendillé, bois . 485.8
Fenditura . . . 492.1
- longitudinale dovuta al freddo 491.4
Fendre 429.1, 430.3.5.6 486.1.2.3
-, difficile à . . 486.2
-, facile à . . . 486.1
-, impossible à . 486.3
Fendu . . 169.4, 485.9
Fenstersprossenmaschine 428.4
Fente 79.3, 316.4, 430.7
-s de sécheresse 489.6
- étoilée 490.8
- extérieure . . 490.7
Fer à biseau . . 388.1
- - bouveter . . 397.5
- - disque . . . 388.4
- - enfourcher et à tenonner 402.5
- - moulurer . . 393.6 394.1
- - profiler . . 393.7
-s - raboter . . 392.2
- - rainer . . . 397.2
-, addition de . 274.4
-, appui du . . 389.7
- avec contre-fer 387.3
-, bois de 504.7
-, échanger les -s 388.8
-, étirer le . . 263.10
-, fixation du 390.5.6.7
-, le tranchant du - soulève fortement le copeau 383.8
- profilé 388.2
- recourbé . . . 387.6
-, scie circulaire avec bâti en 360.8
- sur bloc tournant 388.7
- thermite 274.1.3, 276.5
-, tiroir à -s . 391.10
Fermare l'albero del rinvio 92.9
Fermeture 275.6, 284.6.7 304.2
Fernambukholz 503.2
Feroleholz . . . 505.9
Ferro a disco conico 388.6
- - doppio T . 231.4
-, aggiunta di . 274.4
-, cambiare i -i 388.8
-, cambio del . 104.7 105.2
- con controferro 387.3
- - tagliente a disco curvo 388.4
-i d'angolo . . 231.5 294.9, 296.5
- da alesatrice . 169.2
- - far cave . . 53.6
- - sbozzare . . 388.3
- - sgrossare . 388.3
- di finimento . 387.4
- doppio 387.3
-, fissaggio del 390.5.6.7
- fisso di finimento 387.5
-, il - fa parecchi tagli 7.9
- in un sol pezzo 387.7
-, legno 503.5
- per piallare . 31.3
- - piegare . . 436.4
- - profilare . . 393.6
- - sagomare . 393.6
- - sbozzare . . 421.7
- - tornio . . . 120.4
-, piallatrice a quattro -i 392.5
- piano 388.1
- profilato . . . 231.4
- sagomato . . 388.2
-, sagomatrice a quattro -i 392.5
-, sostegno del . 389.7
- spostabile . . 108.4
-, stirare il . . 263.10
- termitico . . 274.3
Ferrocarril, traviesas de 363.4
Ferruminatorio 272.11
Fertig-bearbeitung des Werkstücks 216.1
-bohren 147.1
-hobeln 6.7
-schleifen . . . 216.2
Fessura . 79.3, 316.4
Fest-klemmen . 471.3
- -, den Reitnagel 118.5
- - des Sägeblattes 471.2
-meter 481.4
-scheibe 17.7
-es Scherblatt . 241.5
-spannen, den Stahl 126.5
- -, magnetisch 220.3
-stellen, den Reitnagel 118.5
Fettling shop . 318.5
Feu extérieur . 276.3
- intérieur . . 276.4
Feuchtigkeitsgrad 486.9
Feuillard 229.6, 238.4
Feuille 452.2
- de placage . 376.1 433.7.8, 434.2.3.6.7, 465.3 483.2
- - -, couteau à tracer les -s - - 375.2
- - -, - pour -s - - 375.1
- - -, lame de couteau pour -s 375.1
- - -, machine à faire des -s - - 376.2
- - -, - - strier les -s - - 382.6
- - -, - pour faire les -s - - 374.4
- - -, scie pour -s - - 325.1
- pour boîtes 376.4.5
Feuillure 365.3, 368.8 396.7, 400.2
Feutre, rondelle en 218.5
Févier . . . 502.11
Fiammifero . . 459.6 460.1.3.4
Fianco di lavoro libero 2.5
- libero 2.5
- tagliente . . . 200.5
Fibra contorta 490.5.6
- del legno 438.8, 477.2
-, direzione delle -e 477.3
- diritta . . . 477.8.9
-, fascio di -e . 477.4
- fina, a 477.6
-, il tagliente è normale alla 384.2
-, - - - obliquo alla 384.1
-, - - - parallelo alla 383.9
-, l'utensile prende troppo contro la 383.8
-, lavorare contro le -e 478.3
-, lavoro normale alla 478.5
- longitudinale 477.8
- lunga, a . . 477.6.7
- ondulata . . 490.1.2
-, ondulazione delle -e 490.1
-, piallatrice per -e 378.4
- riccia . . . 477.10
-, segare normalmente alla 383.8
-, - secondo la . 383.6
-, tagliare contro la 383.7
-, taglio normale alla 383.7
-, - secondo la 383.5
Fibra . . 383.9, 384.1.2 477.7.8, 478.3.4.6.8, 490.1
-, de -s finas . . 477.6
-, - -s largas . . 477.7
- - madera 438.8, 477.2
-, dirección de las -s 477.3
- ondulada . . 490.2
-s regulares . . 477.9
-s sinuosas . . 477.10
Fibre . 477.2.3.4, 490.2
-, cord -s 378.4
- of the timber 477.2
Fibre, à -s droites 477.8
-, - -s fines . . 477.6
-, - longues -s . 477.7
-, dans la direction des -s 478.8
-, - le sens des -s 492.1
- de bois 377.8, 378.3 465.5, 477.2
-s - croissance droite 477.9
-, direction des -s 477.3
-, faisceau de -s 477.4
-, imiter les -s . 438.8
-, le tranchant est oblique aux -s 384.1
-, - - - parallèle aux -s 383.9
-, - - - transversal aux -s 384.2
- ligneuse . . . 477.2
-, ondulation des -s 490.1
- ondulée 477.10, 490.2
Fibred timber, straight 477.8
Fibreux, texture -se 477.5
Fibroso, struttura -a 477.5
-, textura -a . . 477.5
Fibrous, fine . 477.6
-, long 477.7
Fiche 106.6
Fichte 495.3
Fico 501.1
Field maple . . 501.3
Fieltro 218.5
Figure forming tool 422.4
Fijación . 46.4, 106.7.9
-, aparato de - de las cuchillas 401.2
- automática de la manilla 164.4
- de la pieza de labor 239.1
- del cabezal giratorio 106.4
Fijar . . . 106.5, 328.4
Fil à souder . 272.12
Fila di chiodatura calafatata 287.2
- - chiodi . . . 285.3
- - - calafatata 287.2
- - fori 133.1
- - mandrini . 132.8
Filament de laine de bois 484.6
File, saw 351.8
-, side 352.2
File de rivets . 285.3
Filet . . . 174.3, 381.6
- carré 175.1
- de l'association des ingénieurs allemands 174.6
- - protection . 474.4
- des tuyaux à gaz 175.3
- differentiel . 197.9 198.1.2
- du système décimal 174.8
- millimétrique 174.8
- plat 175.1
- rectangulaire 175.1

Filet Sellers . . 174.5
- système Löwenherz 174.7
- trapézoïdal . 175.2
- triangulaire . 174.9
- Whitworth . 174.4
Filetage . 101.3, 174.3
- au pas Whitworth 174.4
- sur le tour . 74.7
Filete 174.3
- cuadrado . . 175.1
- de la asociación de los ingenieros alemanes 174.6
- - los tubos de gas 175.3
- del sistema decimal 174.8
- métrico . . . 174.8
- Sellers 174.5
- sistema Löwenherz 174.7
- trapezoidal . 175.2
- triangular . . 174.9
- Whitworth . 174.4
Fileté, arbre . . 10.8
Filetear 58.2, 60.5, 125.7 125.8, 126.1
Fileter 58.1.2, 60.5, 74.6 125.7
- extérieurement 125.8
- intérieurement 126.1
Filetta 355.1
Filettare . 58.1.2, 60.5 61.5, 125.7, 126.1, 174.1 174.2
- al tornio . . . 74.6
- bulloni . . . 125.8
-, macchina da (v. „macchina“)
Filettato, albero 10.8
Filettatrice . . 171.1
- per bulloni . 171.2
- - dadi 171.3
- - vite ! 171.2
Filettatura al tornio 74.7
Filetto . . 101.3, 174.3
- alla Löwenherz 174.7
- decimale . . 174.8
- dell'associazione degli ingegneri tedeschi 174.6
- differenziale . 197.9
- metrico . . . 174.8
- per tubi da gas 175.3
- quadrangolare 175.1
- Sellers 174.5
- trapeziforme 175.2
- triangolare . 174.9
- Withworth . 174.4
Filiera . 172.5.8, 173.3
- ad apertura automatica 173.1
- fissa 173.5
- girevole . . . 173.2
- rotativa . . . 173.2
Filière 172.5.6.8, 172.1.3
- à deux coussinets 172.7
- - ouverture automatique 173.1
- fixe 173.5
Filière rotative 173.2
Filing machine 211.5
- the tooth gullet 352.5
Fillet moulding machine 381.6
-, parquetry -s . 382.1
Filling frame . 303.9 309.6
- machine 455.6, 460.2
- up punchings 274.4
Filo 481.7
- del acero 31.4, 120.8
- della lama del coltello 240.6
- per saldare 272.12
Filter 319.1
-, Schlauch- . . 319.1
Filtration . . . 319.1
Filtro 318.6
- a tubo 319.1
- de tubo . . . 319.1
Filzscheibe . . 218.4
Fine feed, selfacting 218.7
Finestra del braccio mobile 58.3
- dello slittone 58.3
- di scappamento 251.7
- per la chiavetta 168.1
- - levare la fresa 196.1
- - scacciare la punta 159.2
Finger 221.1
-abweiser . . . 472.8
-fräser 201.6
-, Führungs- 97.1, 221.1
Finger guard . 472.8
-, guide . 97.1, 221.1
Finimento 379.1, 386.5 386.6, 387.4.5
Finings 378.5
Finir 6.7, 73.6.7, 125.3
- à la meule . . 216.2
Finire 32.7
- il foro 147.1
Finish, to . . . 6.7
-, - - by grinding 216.2
Finishing a working piece 216.1
- chip 386.5
- coat of varnish 406.5
- knife 387.4
- planing machine 4.1
- tool 32.7
Finissage 386.5, 387.4.5 422.6
- au tour . . . 73.8
- de la pièce à usiner 216.1
-, dispositif pour découper les copeaux de 386.6
Finisseur . . . 32.7
Finitrice 392.1
Fir 495.1
-, balsam . . . 495.2
-, red 495.4.5
Fire, external . 276.3
-, internal . . . 276.4
Firewood 368.2, 483.6
- factory . . . 468.4
Firewood splitting machine 429.2
Firing cone . . 448.7
- - with furnace 444.1
Fissaggio . . . 328.5
- a molla . . . 93.1
-, anello di . . 442.3
-, braccio di . . 341.3
-, corsia per il 19.1
-, dado di . . . 189.2
- dei tronchi a mezzo di arpioni 344.2
- del coltello a mezzo di dado ed anello 390.7
- - - - - - pezzo riportato 390.6
- - - - - - - vite 390.5
- - ferro a mezzo di dado ed anello 390.7
- - - - - - - pezzo riportato 390.6
- - - - - - - vite 390.5
- - pezzo a mezzo di cunei e controcunei 165.6
- - - da lavorare per mezzo di materia adesiva 220.5
- - punzone . . 243.5
- della fresa . 205.3
- - matrice . . 243.6
- - mola . 224.7, 225.1
- - sega circolare 371.3
- delle lame . . 321.8
- di un tronco sulle estremità 341.8
-, dispositivo magnetico di 220.1
-, foro di . . . 116.1
- laterale a vite 342.5
-, leva di . . . 152.3
-, mandrino di 219.7.9
-, manovella di 152.3
-, morsa di . . 341.9
-, morsetto di . 28.1 116.2
-, naso di . . . 30.4
-, piastra di . . 126.8
-, piattaforma di 114.2 115.4
-, scanalatura di 19.1 116.1
-, staffa di . . . 27.8
-, tavola di 184.2.3, 407.3
-, telaio di . . . 341.9
-, vite di . 197.8, 341.2
Fissare 329.1
- a mezzo di arpioni 344.3
- - - - magnete 220.3
- il pezzo da lavorare 110.6
- l'albero del rinvio 92.9
- l'utensile . . 126.5
- la fresa . . . 205.4
- sulle punte . 111.1
- tra punte . . 111.1
Fissatura del pezzo a mezzo di pressione a vite 239.1
- - - - - - - - idraulica 239.1
Fissure dans le sens des fibres 492.1
Fitted block . . 14.4
Fitting together of the rivet holes 283.6
Fix, to 27.5
-, - - the cutter 205.4
Fixage 442.3
Fixation 27.4
-, appareil de - tournant 377.3
-, bride de . . . 183.8
-, console de . . 139.5
-, crampon de . 363.7
- de l'extrêmité de la grume 341.8
- - l'outil . . . 35.6
- - la contre-poupée 118.3
- - - fraise . . 205.3
- - - matrice . 243.6
- - - meule . . 224.7
- - - pièce à travailler au moyen de boulons 27.6
- - - - - usiner par collage 220.5
- - - - par coins et contre-coins 165.6
- - - planche . 249.8
- - - scie circulaire 371.3
-, dispositif de . 36.2 166.4, 292.2
- du fer au moyen d'encoches et de bagues 390.7
- - - - - d'une pièce rapportée 390.6
- - - par vis . 390.5
- - poinçon . . 243.5
-, écrou de . . . 189.2
- électromagnétique, dispositif de 220.1
-, équerre de . 139.5
-, étau de . . . 171.4
- magnétique, table de 220.1
-, mandrin de . 420.3
- par excentrique 118.4
-, plaque de . . 139.4 407.3
-, plateau de . 115.4
-, rainure de . . 19.1 116.1
-, table de . 39.1, 46.4 182.3, 184.2.3
-, vis de 79.1
Fixer 27.5
-, appareil à - les couteaux 401.2
-, dispositif à - les rails 166.3
- l'outil 126.5
- la fraise . . . 205.4
- par l'adhérence électromagnétique 220.3
Fixing 27.4, 115.4, 205.3
- bolt 27.7
- cutters, apparatus for 401.2
- device for centreing machine 166.4
- flange 30.4
- of saw blade 371.3
- - saws 321.8

Fixing set screw 51.8
- the end of the log 341.8
- - cutter by means of grooved rings 390.7
- - -s - set screws 390.5
Fixing the knives 390.5.6
- - piece of work by means of bolts 27.6
- work by wedges 165.6
Flache 334.7
Fläche, abgeschwärmte 148.7
-, Abscherungs- 237.8
-, Kolben- 251.3
-, Scher- 237.8
Flächen-hobelmaschine 378.8
- schleifmaschine 209.3
Flachgewinde 175.1
Flader 479.1
-fläche 478.7
Flaming vesta 274.10
Flanc 31.9
-s de denture 186.4
Flanco 141.6, 186.4
Flange 30.4
- of bush 41.4
-, to 297.6, 298.5
-, - - with rolls 297.7
Flangiare 298.5
Flangiatura 298.6
- di fori 299.1
- - grosse lamiere 298.7
Flanging, circular 298.6
-, - - of thick plates 298.7
- machine 297.5.8
- press 299.3
- -, circular 298.2
- -, gradually working 299.2
Flansch, Hülsen- 41.4
Flap valve, air 469.7
Flaschenkastenmaschine 428.3
Flask 302.9
Flasque 141.6
Flatter-rüster 496.6
-ulme 499.6
Flaw, - s at tooth gullet 348.10
- in wood 489.7
Fléchissement 290.8
Flechtweide 497.2
Flessibile 291.2
Flessibilità 485.5
Flessione del banco del tornio 68.8
Flexibility 485.5
Flexible 291.2
Flexion 291.1
- du banc du tour 68.8
Flexión de la bancada 68.8
Flieder, gemeiner 505.5
-, schwarzer, gemeiner 505.8
Flint glass paper 405.5
Flintenbohrmaschine 135.4
Flintsteinpapier 405.5
Flitch cut 332.4
Floor 130.5
- board 461.4
-, boarded 461.3
- level 265.4
Floßnagel 345.1
Flügel-bohrmaschine 131.2
-pumpe 187.9
Fluid pressure 267.3
Flüssigkeit, Kühl- 187.3
Flüssigkeitsdruck 267.3
Flußstahl 33.8
-, Tiegel- 34.4
Fluted disc 337.7
- roller 337.2
Fluting 204.1
- apparatus 399.4
- cutter for taps 203.7
- machine, roll 4.3
Fly press 297.7, 257.6
-, to - back 471.7
- wheel 51.4, 236.2 384.3
- - ball 257.7
- - drive 236.1
Flying back of the wood 471.6
- cutter 137.2.3.4
- off of the grinding wheel 226.3
fm 481.4
Foglio 452.2
- di impellicciatura 433.7
- - legno per scatole 458.8
- per scatola 452.4
Fogotes de leña 368.4.5
Föhre 495.5
-, Igel- 495.8
-, Leg- 495.6
-, Schwarz- 495.7
-, See - 495.8
Fold, to 299.6
Folded seam, flat 299.7
- -, projecting 299.8
Folding machine 298.1, 437.6
Follow rest 120.1
Fonçaille 442.5, 443.1
Fonctionnement 149.1
Fond 215.6, 423.1
-, appareil à arrondir les -s 442.6
-s de tonneaux 368.1, 442.7.8
- du trait 332.8
Fondation 139.3
- de la scie alternative 327.7
- du bâti 258.5
- élastique 261.5
- en bois de marteau-pilon 258.9
Fondazione 139.3
- del maglio 258.9
- dell'incastellatura 258.5
Fondazione della sega alternativa 327.7
- elastica dell'incudine a mezzo di ceppi di legno 261.5
Fondear 423.1
Fondere 456.7
Fonderie 315.5
Fondo 215.6, 423.1
- del taglio 332.8
- di barili 368.1
- - botte 368.1, 442.5.8 443.1.2.3.4
- rotondo 442.7
- -, apparecchio per tagliare -i -i 442.6
Fondo 215.6, 298.2
- de barril 368.1
- - la entalladura 332.8
Fondre 456.7
Fonte 315.9, 316.3
Foot 9.2
- block 116.8
- lathe 56.6
- lever 50.9, 249.5
- of column 181.4
- - pillar 181.4
Forage 290.1
Forare 144.8, 145.2 148.2
- al tornio 71.8
- con punzone 289.3
- i fori per chiodi 288.3
- - - - ribattini 288.3
-, macchina per (v. „macchina")
- usando un garbo 146.1
- - - modello 146.1
Foratura 144.9, 145.3
- cilindrica 147.3
- conica 147.4
Forbice 231.2
Force de coupe 120.6
- - frappe du marteau 262.5
Forced reversing 14.8
Forcella 94.3
- chiusa della cinghia 84.4
- della cinghia 84.3
- per chiodi 286.7
- - cinghia 26.3
Forcer les rais dans le moyeu 450.2
Forchetta 119.7, 194.6
- di guida 26.3
Förderschraube 411.6
Forer 144.8
Forerie 129.2
Foret 166.5, 411.4, 413.2
- à canon 167.1
- - centre 166.7
- - centrer 167.3
- - - combiné 167.4
- - cuiller 412.5
- - langue d'aspic 166.6, 411.9
- - téton 166.7, 412.2
- américain 412.4
- annulaire 412.6
-, avance du 145.4
Foret cercle décrit par le 148.3
-, cône du 168.3
-, déviation du 149.2
-, distance d'axe en axe des -s 146.3
-, écartement des -s 146.3
-, fixation du 167.6
- hélicoïdal 166.8 412.4
- - fraiseur 412.1
-, le - tourne 145.1
- long 408.6
-, machine à affûter les -s 210.6
-, - - percer à -s multiples 132.5
-, perceuse à -s multiples 132.4
-, porte- - revolver 168.5
-, pression axiale du 145.6
-, rotation du 145.5
Foreuse 129.2
- pneumatique 138.1
Forge 289.4
Forger, machine à (v. „machine")
Forgiare 263.9, 265.2
- su stampo 264.1
Forging press, hydraulic 265.1
- -, steam power 265.2
Forjado, acero 33.6
Forjar 258.8, 265.1
- en estampa 264.1
Fork 26.3, 84.3
- centre, four pronged 419.9
- -, three pronged 419.8
- stay 119.7
Forked end lever 194.6
Form-backe 433.6
-deckel 304.5
-drehbank 61.2, 417.1
-drehen 72.5
-fräser 202.1, 399.7
- - für Spiralbohrernuten 204.1
-hälfte 302.4
-hobelmesser 388.2
-, Holzbiege- 431.5
Formkasten 302.9
-, Abheben des -s von der Modellplatte 302.8
-, Abschlag- 303.5
-, Abziehen der Modellplatte vom 302.7
- der Riemenscheibenformmaschine 307.7
Formmaschine 300.1
-, Abhebe- 304.6
-, - - mit Wendeplatte 305.4
-, Bock- 310.4
-, Doppel- 306.3
-, Drehtisch- 305.3
-, - - mit Abhebe- und Durchziehvorrichtung 308.4
-, Druckwasser- 300.2

Formmaschine, Druckwasser- - mit Stiftenabhebung 305.2
-, Durchzieh- . 306.5
-, Durchzug- . . 306.5
- für Doppelpresse 310.8
- - kleine Zahnräder 313.5
- - Rippenrohre 308.2
-, Hand- - mit drehbarer Modellplatte 306.1
-, - - - Stiftenabhebung 305.1
-, - - - Wendeplatte 306.1
-, hydraulische 300.2
-, - - mit Stiftenabhebung 305.2
-, - - - Wendeplatte 306.2
-, Kern- 308.6
- mit Wendeplatte und Druckwasseraushebung 306.2
-, Preß- 309.5
-, Räder- 311.4
-, Riemen-rollen- 307.3
-, -scheiben- . . 307.3
-, - - - für große Durchmesser 307.4
-, Rippenrohr- . 308.2
-, Säulenzahnräder- 313.1
-, Teleskop-Riemenscheiben - 308.1
-, Tischzahnräder - 313.2
-, Wand- 313.3
-, Wendeplattenabhebe - 305.4
-, Zahnräder- . 311.4
-, -durchzug- . 312.5
-, - - - mit zwei Planscheiben 313.4
Form-messer, Einstellvorrichtung für 393.7
- -, Justierapparat für 393.7
-platte 298.3
Formpresse . . 309.5
-, doppelte . . . 310.8
-, Druckwasser- 310.1
-, hydraulische 310.1
- mit drehbarer Wendeplatte 310.6
Form-reifen . . 445.4
-sand-mischmaschine 314.4
- -siebmaschine 314.1
-span, Rundbiegevorrichtung für -späne 433.5
-stahl 124.7
-stichel . 124.7, 422.4
- -, drehbarer . 422.5
-stößelführung 312.4
-verfahren . . . 301.1
-wagen 310.7
Form, to - the closing head 284.6
-, - - - croze . 442.1
Forma . 302.7.8.9, 315.5
- di ghisa in due metà per tubi 275.1
Forma per la fusione 276.6
- - montare le doghe 443.5
- - telai di sedia 437.5
Formación simultánea de las dos cabezas de remache 285.2
Formar, aparato de - haces bastoncitos de madera 455.3
- la cabeza de cerrar 284.6
Formare 301.5, 309.5 310.1
- in 301.6
-, macchina per (v. „macchina")
Formation de fentes de sécheresse 489.6
- - gerces dans le bois 489.6
Formatrice . . 300.1
- idraulica . . 300.2
Formatura . . . 301.1
- a mano . . . 301.2
- - pettine degli ingranaggi 312.6
- - placca-modello 301.4
- - settore degli ingranaggi 312.6
- d'ingranaggi 311.5
- meccanica . . 301.3
-, procedimento della 301.1
Forme . . 202.1, 303.3
- de coulée . . 276.6
- - croissant . . 355.2
- - moulage . . 302.9
- en tôle pour courber 431.4
- - trois parties pour courber 432.1
- inférieure . . 303.2
- pour assembler les douves 443.5
- - courber . . 431.3
- - - les bois . 431.5
- - - - sièges . 437.5
- supérieure . . 303.1
Formed cutter . 202.1
Formen 301.5
Former 96.8
- bar 96.6, 96.5.7, 97.2
-, oval 97.4
- roller 96.9
Formerei, Hand-301.2
-, Maschinen- . 301.3
-, Modellplatten-301.4
Forming lathe 61.2
- rest 100.1
- tool 124.7
Forno per essiccare le anime 315.4
- - - - forme . 315.5
- - scaldare i chiodi 289.4
- - - - rivetti . 289.4
Foro 146.5.6, 169.1, 203.4
- a pareti liscie 240.1
-, alesare un . . 147.2
-, allargare un 147.2
-, appaiare i -i 283.6
-, bava del . . . 147.6
-, centrare il . . 146.6
Foro cieco . . 147.5
- conico 169.5
- del martello . 246.7
- di colata . . 276.7
- - fissaggio . . 116.1
-, distanza tra i -i 146.4
-, fila di -i . . . 133.1
-, finire il . . . 147.1
-, fresa per -i . 204.2
-, nocciuolo di un 309.2
- passante . . . 147.2
- per scacciare la punta 150.2
- punzonato . . 239.9
-, punzonatura di -i 239.4
- rettangolare . 240.3
-, ripassare il . 147.1
- rotondo . . . 240.2
-, sbozzare il . 146.8
-, spinatura di -i 54.8
-, trapanatura di -i 145.3
Fortrückbewegung 22.3
Forward feed, automatic 107.4
- - of material 107.3
Forza del colpo della mazza 262.5
Fósforo 452.3, 453.4, 455.5.6, 456.2, 457.7, 460.1.3.4
Foso de agua para reloger el polvo 319.2
Fossa 2.2
- d'acqua . . . 319.2
Fosse 2.2
Fouettement de la courroie 334.4
Foulage du sable 302.1
Fouler 301.9
Fouloir porte-segment 312.1
- - - mobile horizontalement et verticalement 312.3
Foundation frame 63.4, 227.7
- plate 139.3
Four à chauffer les rivets 289.4
Fourche 194.6
- à courroie . . 84.3
- - - fermée . . 84.4
- - rivets . . . 286.7
- d'embrayage 153.7
- de soutien . . 119.7
Fourchette de courroie 26.3
Fourneau à paraffiner 456.1
- - réchauffer . 455.7
- - souffrer . . 456.2
Fournierplatte 433.7
-, mehrfach verleimte 433.8
Fourreau . . . 197.3
Fradicio, legno 485.8
Fragile, legno . 485.8
Fraisage 148.1, 185.2 196.2.3
-, angle de . . . 186.6
-, atelier de . . 185.3
Fraisage, broche de 195.2.3
- de la surface de la jante 451.2
- - rainures . . 185.9
- - surfaces cylindriques 186.2
- des flancs de denture 186.4
- - tenons rectangulaires pour rais 450.1
- - - ronds de rais 449.7
- en long . . . 185.7
- horizontal . . 185.6
- longitudinal 185.7
-, mandrin de . 197.7
- par fraise hélicoïdale 202.6
- - vis-mère en développante 202.6
-, procédé de . 202.6
-, tête de 204.4
-, travail de . . 184.6
Fraise . . 185.9, 186.3 199.7
- à aléser . . . 208.4
- - bouveter . 400.4
- - canneler . . 400.6
- - dents rapportées 204.3
- - denture cannelée 200.1
- - - dégagée . 200.2
- - - - obliquement 200.3
- - - détalonnée 200.2
- - - - obliquement 200.3
- - - hélicoïdale 201.7
- - - latérale . 200.4
- - - radiale . 200.4
- - dépouiller . 200.2
- - - oblique . 200.3
- - deux faces . 200.5
- - disque . . . 203.1
- - façonner . . 399.7
- - feuillures . 400.2
- - profil constant 200.2
- - profiler 202.1, 399.5 400.5
- - queue . . . 201.6
- - rainer 203.3, 203.5
- - rainures . . 400.3
- - rectifier les alésages 204.2
- - - - aléseuses 204.2
- - tailler les engrenages 202.3
- - - - gorges de forets hélicoïdaux 204.1
- - - - rainures de tarauds 203.7
-s accouplées . 205.1
- angulaire . . 203.2
- -champignon 167.2 412.3
-s combinées . 205.1
- conique 167.2, 201.2 412.3
- - d'angle . . 203.6

Fraise cylindrique 203.1
- - à dresser à dents hélicoïdales 201.5
- - axiale . . . 201.4
- - et en bout combinée 200.5
- - rectiligne . 201.4
- de forme . . 202.1
- - fraiseuse-raboteuse 201.3
-, débit de la . 184.7
-, dressage à la 185.6
-, dresser à la . 185.5
- en bout . . . 200.4
- extensible . . 401.1
-, fixation de la 205.3
-, fixer la . . . 205.4
- hélicoïdale 202.5.6
-, jeu de -s . . 205.2
-, monter la . . 205.4
-, pas de la . . 199.8
- pour barreau 399.6
- - faire les points 400.1
- - languettes . 400.4
- - le travail du bois 399.5
- - tailler les crémaillères 202.4
- - vis-mère cylindrique 202.5
- profilée . . . 202.1
-, queue de . . 205.5
-, rafraîchissement de la 187.2
-, rainer à la . 185.8
- rapide . . . 400.7
-, refroidissement de la 187.2
- simple 204.7
- sphérique . . 202.2
-, tige de . . . 205.5
-, tour à - à copier 416.6
-, tournage à la 186.2
-, tourner à la . 186.1
- tronconique . 201.1
Fraiser . . . 185.1.4
- circulairement 186.1
- des engrenages 186.3
- - rainures . . 185.8
- - surfaces cylindriques 186.1
- - trous 283.5
- - - de rivets . 283.4
-, dispositif à - circulairement 199.5
-, machine à (v. „machine“)
- suivant gabarit 187.1
-, support à - montant et descendant 419.1
- une surface plane 185.5
Fraiseur, foret hélicoïdal 412.1
-, machine -se verticale 178.3
Fraiseuse . . 176.2.3 182.3, 193.7
- à acier rapide 178.2
- - copier . . . 179.4
Fraiseuse à copier les courbes 179.3
- - reproduire . 179.4
- - - dite „à gauche“ 416.2
- - - les courbes 179.3
- - support . . 398.4
- - table 398.1
- automatique . 179.6
- avec avance à main 176.4
- - chariots à main 176.4
- défonceuse . 398.3
- double 177.3
- - à table . . 398.2
- parallèle . . . 177.2
- pour le bois 397.8
- - modèles de roues dentées 398.5
- - sculpteur . 398.3
- -raboteuse . . 177.1 178.4, 201.3
- - à plateau porte-outils horizontal 180.3
- - - - - - vertical 180.2
- - double . . . 177.4
- rapide 178.2
- universelle . 176.5
Frame . . 88.3, 303.8 310.5, 455.5.6, 459.4
-, bow saw . . . 321.3
-, centre blade saw 321.5
-, centreing . . 311.2
-, clamping . . 341.9
-, compound deal 322.4
-, connecting rod of 327.4
- cross bar . . 328.2
- - beam . . . 328.2
- - head 326.9
-, deal 322.3
-, - - for deep cutting 324.1
-, - - with tension apparatus 323.3
- door 181.6
-, double blade saw 321.6
-, - deal 322.4
-, - log 322.2
-, filling . 303.9, 309.6
- - machine . . 455.6
- foundation . 63.4 258.5, 327.7
-, horizontal deal 325.4
-, - log frame with gang of saw blades 325.3
-, - frame with single bladed saw 325.2
-, inside width of 326.2
-, iron 360.8
-, log . . . 324.2, 327.9
-, - - for deep cutting 324.1
-, - - with rack carriage feed 323.5
-, - - - roller feed 323.4
-, - - - tension apparatus 323.1
Frame, multiple blade saw 321.7
- of apparatus 144.6
- - die slotting machine 54.2
- - saw 346.5
- - the planing machine 4.5
-, portable log . 322.1
-, saw 326.1
- saw . . . 325.5, 331.5
- sawing machine 320.5
- side bar . . . 328.1
-, - blade saw . 321.4
-, - log frame for squaring logs 322.5
- standard . . . 327.8
-, stirrup 233.2
-, supplementary 330.8
-, top driven vertical log 324.5
-, vertical log - with driving gear underneath 324.3
-, - - - - side driving gear 324.4
-, - saw 321.2
-, weight of . . 327.6
-, width inside . 233.4
-, wooden saw . 326.3
Framework, press 377.5
-, wooden . . . 360.9
Franzosenholz 500.8
Frappe . . 262.6.7.8
- du marteau . 261.9
- interchangeable 262.2
Frappeur à air comprimé 256.1
- pneumatique 256.1
- - à buriner . 256.2
- - - mater . . 256.3
Fräs-arbeit . . 184.6
-kopf 204.4
Fräsmaschine . 176.2 397.8, 398.1
-, allgemeine . . 176.5
-, Ansatz- . . . 179.2
-, Armaturen- . 179.2
-, automatische 179.4
-, Doppel- . . . 178.1
-, doppelte Bohr- und 185.3
-, - Lang- . . . 177.4
-, einspindelige 177.4
-, Gewinde- . . . 174.2
-, Hand- 176.4
-, Holz- 397.8
-, Keilnuten- . . 177.3
-, Kopier- . 179.4, 416.6
-, Kurven- . . . 179.3
-, Lang- 177.2
-, - - mit doppeltem Antrieb 177.3
-, - - - Walzenfräser 178.4
-, - - - zweiseitigem Antrieb 177.4
-, Langloch- . . 177.3
-, liegende . . . 180.1
-, Metall- 176.3
- mit Handvorschub 176.4
- - senkrechter Spindel 178.3
Fräsmaschine, Parallel- 177.2
-, Plan- 177.1
-, Räder- 178.5
-, Schnecken- . . 179.1
-, -rad- 178.6
-, Schnell- . . . 178.2
-, selbsttätige . 179.6
-, senkrechte . . 178.3
-, Universal- . . 176.5
-, vertikale . . 178.3
-, Wurm- 179.1
-, Wurmrad- . . 178.6
-, Zahnräder- . 178.5
-, Zinken- . . . 424.2
-, - - mit Kreissäge 424.3
-, zweispindelige 177.6
Fräsmaschinengestell 180.4
-ständer 180.4
Fräs-messer . . 204.5
-spindel, Haupt- 195.2
- -, Hilfs- . . . 195.3
- -, Neben- . . . 195.3
- -, verschiebbare 195.4
-tisch 182.3
-vorrichtung, Rund- 199.5
-winkel 186.6
Fräse . . . 397.8, 399.5
-, Bildhauer- . . 398.3
-, Bock- 398.4
-, doppelte Tisch- 398.2
-, Ketten- . . . 398.6
-, Ober- 398.3
-, Tisch- 398.1
-, Zahnmodell- . 398.5
-, Zinken- . . . 424.2
Fräsen 185.1.2
-, ab- 185.4
- der flachen Speichenzapfen 450.1
- - runden Speichenzapfen 449.7
-, eine ebene Fläche 185.5
-, gegen das Material 192.4
-, gerade 185.5
-, Lang- 185.6
-, mit dem Material 192.5
-, nach der Lehre 187.1
-, nach der Schablone 187.1
-, Nuten 185.8
-, Plan- 185.6
-, rund 186.1
-, Zahnflanken- 186.4
-, Zahnräder- . 186.3
Fräser . . 199.7, 399.5
-, Auskehl- . . . 400.6
-befestigung . . 205.3
-, den - aufspannen 205.4
-, - - befestigen 205.4
-dorn 197.7
-, einfacher . . 204.7
-, Einzel- 204.7
-, Falz- 400.2
-, Finger- . . . 201.6

Fräser, Form- . 202.1 399.7
–, - - für Spiralbohrernuten 204.1
–, Füge- 400.1
- für kegelige Löcher 201.1
- - konische Löcher 201.1
–, genuteter . . 200.1
–, geriefter . . . 200.1
–, Gewindebohrernuten- 203.7
–, Gruppen- . . 205.1
–, hinterdrehter 200.2
–, Holz- 399.5
–, Innen- 204.2
–, Kannelier- . . 400.6
–, kegeliger . . 201.1
–, - Scheiben- . 203.2
-kette 399.1
–, konischer . . 201.1
–, - Scheiben- . 203.2
–, Kopf- 200.5
–, Kronen- . . . 400.5
–, Kugel- . . . 202.2
-kühlung . . . 187.2
–, Leistungsfähigkeit des -s 184.7
- mit beweglichen Flügeln 401.1
- - eingesetzten Schneidzähnen 204.3
- - genuteten Schneidzähnen 200.1
- - gerieften Schneidzähnen 200.1
- - hinterdrehten Schneidzähnen 200.2
- - radialen Nuten 200.4
–, Nut- 400.3
–, Nuten- . . . 203.3
–, Plan- 201.3
–, Profil- . 202.1, 399.7
–, Radial- . . . 200.4
–, runder Nuten- 203.7
–, Satz- 205.1
-satz 205.2
–, Schlitz- . . . 203.5
–, Schnecken- . 202.5
–, Schnell- . . . 400.7
–, schräg hinterdrehter 200.3
-spindel 195.1
–, Spiral- 201.7
–, Spiralbohrernuten- 204.1
–, Spund- 400.4
–, Stab- 399.6
-stahl, Einsatz- 204.5
–, Stirn- 200.5
-teilung 199.8
–, Walzen- - mit geraden Nuten 201.4
–, - - - parallelen Nuten 201.4
–, - - - Spiralnuten 201.5
–, walzenförmiger Scheiben- 203.1
-welle 195.1
Fräserwellenlager, verschiebbares 196.2
- –, verstellbares 196.2
–, Winkel- . . . 203.6
–, Wurm- . . . 202.5
–, Zahnform- . . 202.3
–, Zahnprofil- . 202.3
–, Zahnstangen- 202.4
-zapfen 205.5
–, zusammengesetzter 205.1
–, zylindrischer Scheiben- 203.1
Fräserei 185.3
Frassino . . . 505.4
- comune . . . 505.4
Fraxinus excelsior 505.4
Freddo 491.4.5
Free jet blast 318.1
Frei-dreher . . 72.1.2
-geben des Drehkopfs 107.1
-strahlgebläse . 318.1
Frein . . . 94.6, 152.3
- à sabot 248.4, 334.5
Freinage . . 257.5
Frêne commun 505.4
Freno . . 94.6, 257.5
- a ceppi . . . 248.4
- - ceppo . . . 334.5
- de mordazas 248.4, 334.5
Frente 81.5, 240.5, 347.5
- del corte del útil 121.1
- inclinada . . 65.7
- oblicua . . . 65.7
Fresa 185.5, 196.1, 199.7
- a campana per profilare 400.5
- - - - sagomare 400.5
- - dente triangolare 200.1
- - denti elicoidali 201.7
- - - radiali . . 200.4
- - - rimessi . . 204.3
- - - riportati . 204.3
- - disco conica 203.2
- - - ed a tre taglienti 203.1
- - fianchi taglienti 200.5
- - profilo . . . 202.1
- - - invariabile 200.2
- - - - obliquo 200.3
- - taglienti laterali 200.5
- - vite senza fine 202.5
- acciecatrice . 201.2
- ad angolo . . 203.6
- aggruppata . 205.1
–, allargatoio a 203.4
- cilindrica a denti diritti 201.4
- - - - elicoidali 201.5
–, coda della . . 205.5
- composta . . 205.1
- con coda . . 201.6
- - coltelli oscillanti 401.1
- - gambo . . . 201.6
Fresa con gambo per cave 203.5
- - - - scanalatura 203.5
- conica 201.1, 203.6
- da far piani . 201.3
- - spianare . . 201.3
- elicoidale . . 202.5
–, fissaggio della 205.3
–, fissare la . . . 205.4
–, gambo della . 205.5
–, giuoco di -e . 205.2
- in acciaio rapido 400.7
–, incastellatura della 180.4
–, lavoro di . . 184.6
–, mandrino porta- 195.1
–, - principale della 195.2
–, montaggio della 205.3
–, montare la . . 205.4
–, passo della . . 199.8
- per allargare fori 203.4
- - arrotondare 399.6
- - cave 203.3
- - cremagliere 202.4
- - femmine . . 400.3
- - fori 204.2
- - ingranaggi 202.3
- - interni . . . 204.2
- - legno . . . 399.5
- - linguette . . 400.4
- - maschi . . . 400.4
- - mezzo a mezzo 400.2
- - profilare 399.7, 400.6
- - sagomare . 399.7 400.6
- - - aste . . . 399.6
- - scanalare . 400.6
- - - maschi . . 203.7
- - - punte a spirale 204.1
- - scanalatura 400.3
- - spianare . . 400.1
- - tirare a filo 400.1
–, piazzamento della 205.3
–, piazzare la . . 205.4
–, raffeddamento della 187.2
–, rendimento della 184.7
–, ridurre alla . 185.4
- sagomata . . 202.1
- semplice . . . 204.7
- sferica 202.2
–, stelo della . . 205.5
–, tavola della . 182.3
Fresa 184.7, 185.4.6, 187.2 197.7, 199.7.8, 205.2.3.4.5
- á centrar . . 167.2
-s agrupadas . 205.1
- angular . . 203.2.6
- axial 201.4
- cilíndrica 201.4, 203.1
- - de planear . 201.5
-s combinadas . 205.1
- con corte al frente 200.5
- - dientes espirales 201.7
- - - ranurados 200.1
- - ranuras espirales 201.7
Fresa cónica . 201.1.2
- de acanalar . 400.6
- - aletas portacuchillas móviles 401.1
- - corona para molduras 400.6
- - - - trabajos perfilados, molduras etc. 400.5
- - dientes postizos 204.3
- - forma . . . 202.1
- - fresadora-acepilladora 201.3
- - módulo . . 202.3
- - perfil constante 200.2
- escariadora con espiga 201.6
- esférica . . . 202.2
- helicoidal . . 202.5
- hueca 204.2
- interior . . . 204.2
- para dentar cremalleras 202.4
- - ensambladuras 400.2
- - juntas . . . 400.1
- - machihembrar 400.4
- - madera . . 399.5
- - muescas . . 203.3
- - perfilar . . 399.7
- - ranuras 203.3, 400.3
- - - de machos de roscar 203.7
- - - delgadas . 203.5
- - tallar engranajes 202.3
- - vaciar las ranuras helicoidales de las brocas espirales 204.1
- - varillas . . . 399.6
- perfilada 202.1, 399.7
- radial 200.4
- rápida 400.7
- retorneada de perfil constante 200.2
- - oblicuamente 200.3
- sencilla . . . 204.7
- sin fin 202.5
Fresado . . . 185.2.3
- circular . . . 186.2
- de la superficie de las llantas 451.2
- - las espigas planas de los rayos 450.1
- - - - redondas de los rayos 449.7
- - ranuras en una pieza 185.9
- en plano . . . 185.6
- longitudinal . 185.7
Fresadora 176.2, 180.4 182.3
- á mano . . . 176.4
- -acepilladora 178.4 201.3
- - - con plato porta-útiles horizontal 180.3
- - - - - - - vertical 180.2
- - - doble . . . 177.4
- automática para planear y perfilar con fresa cilíndrica 179.6

Fresadora con husillo de trabajo en el brazo superior 398.3
- - los movimientos de la mesa á mano 176.4
- -copiadora . 179.4, 416.6
- - á izquierda 416.2
- de cadena cortante 398.6
- - dos cabezales para embases 179.2
- - - - - piezas de robinetería 178.1
- - - husillos . 177.6
- - husillo vertical 178.3
- - mesa con husillo vertical 398.1
- - planear . . 177.1
- - tallar engranajes 178.5
- - un husillo . 177.5
- doble 398.2
- - de hacer ranuras 177.3
- Lincoln . . . 177.2
- montada sobre zócalo 398.4
- para hacer modelos de dientes de engranajes 398.5
- - madera . . 397.8
- - metales . . 176.3
- paralela . . . 177.2
- rápida 178.2
- universal . . 176.5
Fresar . . 185.1, 186.6, 204.5, 398.6, 399.1, 419.1
-, ángulo de . . 186.6
- circularmente 186.1
- -, disposición de 199.5
-, el - los flancos de los dientes de ruedas 186.4
-, husillo de 195.1.2.3.4.5, 197.2
-, procedimiento de 202.6
- ranuras . . . 185.8
- ruedas dentadas 186.3
- según plantilla 187.1
-, trabajo de . . 184.6
- una superficie plana 185.5
Fresare . 185.1.4, 419.1, 427.4
- cave 185.8
- circolarmente 186.1
- -, dispositivo per 199.5
- denti d'ingranaggi 186.3
- ingranaggi . 186.3
- scanalature . 185.8
- su garbo . . 187.1
- - modello . . 187.1
- un piano . . 185.5
Fresatrice 185.3, 176.2, 184.6, 185.3, 193.7
- a catena . . . 398.6
Fresatrice a cavalletto 398.4
- - colonna . . 398.4
- - mano . . . 176.4
- - pialla . . . 177.1
- - - con piattaforma portautensili orizzontale 188.3
- - - - - - verticale 180.2
- - - per grandi superfici 178.4
- - tavola per legno 398.1
- automatica . 177.2, 179.6
- da copiare . 179.4, 416.6
- doppia . 178.1, 398.2
- - a pialla . . 177.4
- - per piani paralleli 179.2
- Lincoln . . . 177.2
- orizzontale combinata 180.1
- per cave . . . 177.3
- - denti d'ingranaggi 178.5
- - filettare . . 174.2
- - fresare giunture a incastri 424.2
- - ingranaggi 178.5
- - - a denti elicoidali 178.6
- - intagliare . 398.3
- - legno . . . 397.8
- - metalli . . . 176.3
- - modellare denti 398.5
- - scanalature 177.3
- - superfici curve 179.3
- - viti perpetue 179.1
- - - senza fine 179.1
- rapida 178.2
- universale . . 176.5
- verticale . . . 178.3
- - a due mandrini 177.6
- - ad un mandrino 177.5
Fresatura 184.6, 185.2.3, 186.6
- a sviluppante 202.6
- circolare . . . 186.2
- - del cerchione 451.2
- dei denti d'ingranaggio 186.4
- - piani degli ingranaggi 186.4
- - tenoni piatti delle razze 450.1
- - - rotondi delle razze 449.7
- di cave . . . 185.9
- - scanalature 185.9
- - un piano . 185.6
- longitudinale 185.7
- orizzontale . 185.6
- per il lungo . 185.7
Fresno común . 505.4
Fret cutting machine 355.4
- saw 355.4
- - machine, self-contained 355.8
Fret sawing machine 355.4
Frette 451.3
Fricción 7.10, 23.5, 90.5, 157.4, 247.8, 248.1, 249.9
-, acoplamiento de 93.8, 165.9
-, - - - cónico . 17.1
-, cono de . 41.6, 93.6
-, embrague de 21.3.7, 41.5
-, movimiento de 90.7.8
-, - motor de . 90.4
-, rueda de 157.4, 162.4, 248.1
Friction clutch 21.7, 41.5, 93.8
- - with double cone 21.3
- cone 41.6
- - drive 91.1
- -, female . . . 94.1
- -, male 93.9
- -, spindle drive by 157.5
- -, splite . . . 104.2
- coupling 93.8, 165.1
- disc 41.6, 90.5, 157.4
- drive 90.3
- - with double conical wheels 90.8
- - - two discs 90.7
- drop hammer actuated by flat surface board 249.1
- feed motion . 162.4
- gear 90.4
- hammer . . . 247.8
- pawl . . . 23.4, 23.5
- ring 150.1
- roll 248.1
- - drop hammer 248.5
- roller drive . 94.7
- wheel drive . 157.3
Friction . 165.1, 248.5
-, accouplement à 93.8
-, bague de . . 94.6
-, commande à 90.3.4.7.8, 91.1
-, - de l'avance par 162.4
-, cône de . 41.6, 93.9, 94.1
- double 21.3
-, embrayage à 41.5
-, marteau à . . 247.8
-, mécanisme à 90.4
-, - de - à deux roues coniques 90.8
-, plateau à 18.5, 157.4
-, - de 90.5
-, presse à . . 257.6
-, roue à 157.4
-, rouleau à . . 248.1
Frictional resistance 7.10
Friktions-antrieb 157.3
-hammer . . . 247.8
-scheibe 90.5
Frise de parquet 367.4
Frizione ad anello 21.9
-, berta di 248.5, 249.9
-, comando a 90.7.8, 91.1
-, cono a . . 41.6, 93.9
-, disco a . 90.5, 157.4
-, innesto a 21.3.7, 41.5, 93.8, 104.1
-, maglio a . . 247.8
-, - di . . 248.5, 249.9
-, meccanismo a 90.4
-, nottolino d'arresto a 23.5
-, rullo di . . . 248.1
-, ruota a . . . 157.4
Front feed roller 363.1, 364.8
- rake . . 31.6, 121.5
- hammer . . . 245.5
- of cutting edge of shear blade 240.5
- table 384.6
Front 224.4
Fronte del taglio 332.8
Frosch . . 18.9, 116.2
-, Aufspann- . . 116.2
-, gleichschenkliger 19.9
-platte 46.4
-, ungleichschenkliger 20.1
Frost-leiste . . 491.4
-riß 491.3
Frost 491.4
- shake 491.3
Frottement 7.10, 21.6, 246.5
Frotteur 21.6
Früheiche . . . 498.6
Fuchsschwanz . 353.6
-quersäge . . . 353.6
-, Zinken- . . . 425.5
Fuego exterior 276.3
- interior . . . 276.4
Fuerza constante de corte 120.6
- de golpe del martillo 262.5
Fuge, Schnitt- . 332.6
-, Spalt- 430.7
Füge-fräser . . 400.1
-maschine . . 394.2
- -, Boden- . . . 443.2
- -, Dauben- . . 441.3
- -, - - - mit Messerscheiben 441.4
- -, Scheiben- . 441.4
- -, Universal-abrichthobel- und - - mit Langlochbohrapparat 395.1
-säge, Dauben- 441.5
Fugenfläche . . 395.3
Fügen 395.4
Fügen der Bretter 395.2
Fühlhebel . . . 74.3
Führen krummgewachsener Stämme 340.2
Führer 112.5
-, Riemen- . . . 84.5
Führung 197.3
-, Bettplatten- . 65.1
-, Bogen- 437.2

Führung, dachförmige 8.7
- der verschiebbaren Rohrspindel 149.6
-, dreikantige . 67.1
-, geschlossene 97.2
-, - Prismen- . . 9.1
- im Kreise . . 67.6
-, kegelförmige 77.8
-, Ketten- . . . 99.8
-, Prismen- . 8.6, 65.1
-, Rücken- . . . 208.2
-, Schlitten- 8.2, 65.1
-, Schweinsrücken- 8.7, 66.6
-, Seiten- 208.1
-, Stein- 40.6
-, Stößel- 43.8
-, Tisch- 8.2
-, vierkantige . 67.3
-, walzenförmige 78.1
Führungs-backe 364.6, 385.1
-büchse . 119.9, 149.7
-feder 150.5
-finger . . 97.1, 221.1
-lehre 96.8
-leiste 52.4, 150.5, 385.1
- -, nachstellbare 66.2
-lineal 385.1
- -, Tisch- . . . 364.5
-platte 234.1
-rolle 96.9, 156.5, 364.7
-spindel 179.5
-stab 150.5
- -, dreieckiger 67.2
- -, dreikantiger 67.2
- -, rechteckiger 67.4
- -, runder . . . 67.5
-stange 355.6
-stift 419.4
-tisch 343.3
-walze 293.5

Fulcro 142.2
- della leva . . 246.1
- di rotazione . 51.1
Fulcrum bracket 50.5.10
- pin . . . 51.1, 246.1
Fullcring . . . 287.1
Füll-Löffel . . 275.10
-rahmen . . . 303.9
Fundación . . 139.3
Fundament, Gatter- - 327.7
-platte 139.3
Fundamento de madera de martillo 258.9
- del bastidor . 258.5
Fundición, cuchara de 275.10 308.6, 315.5.7.8.9, 316.1
Fundido, acero 33.8
Fundir 456.7
Fune 11.5, 84.6, 336.5
- di lana di bosco 378.3
- - - - legno . 378.3
Fungo falso del legno 494.2
- vero del legno 494.1
Fungosità vera del legno 494.1
Fungous growth 494.1
Fungus, white wood 494.2
Funken, das Schleifrad funkt 217.1
Funkengarbe . 217.2
Funnel 304.1
Funzionamento ad acqua compressa 269.1
Fuoco 483.6

Fuoco esterno . 276.3
- interno . . . 276.4
Furche, Walzen- 295.1
Furnier . 376.1, 483.2
-glättmaschine 434.7
-hobelmaschine 374.4
-messer 375.1
-presse, eiserne 434.2
- -, hydraulische Dampfplatten - 434.3
-preßwalzwerk 434.6
-säge 325.6
-schälmaschine 376.3
-schneidewerk 465.3
-schneidmaschine 374.4
- - mit geradem Schnitt 376.2
- - - Spiralschnitt 376.3
Furniture factory 466.1
Fusaggine . . 501.6
Fusain 501.6
Fusaria 501.6
Fusee 274.10
Fusée de l'arbre 79.9
Fusing 278.8
-, autogenous . 278.1
- burner 278.2
Fusione . 276.6, 315.7
- intermedia . 278.8
Fuso 117.4
- della contropunta 117.3
Fuß 144.6
-antrieb 81.1
-bodenbrett . . 461.4
- -, Bretter- . . 461.3
- -, Parkett- . . 461.5
- -, Stab- 461.5
-, Drehbank- . . 63.3

Fuß-drehbank . 56.6
-hammer . . . 246.8
-platte 139.3
-reifenbiegemaschine 437.7
-, Säulen- . . . 181.4
-, Tisch- 9.2
-tritt 50.8
- -antrieb, Drehbank mit 56.6
Fusto . . 372.8, 475.3
- di albero . . 479.7
- lavorato . . . 480.2
- storto di legno 489.9
Fût . 138.5, 256.6, 410.6
-, appareil à trousser les petits -s 444.5.7
Futter . . 114.1, 197.3
-, Backen- . . . 114.4
-, Drehbank- . . 114.1
-, Dreibacken- . 172.2
-, Einschlag- . . 420.4
-, Klemm- 114.2, 420.3
-, Kreuz- 420.6
-, Kugelspann- . 420.8
-, magnetisches 115.3
-, Patenthebel- . 115.2
-, Schrauben- . 114.3 420.7
-, selbstausrichtendes 114.7
-, selbstzentrierendes 114.7
-, Spann- . 114.1, 420.3
-, Spund- . . . 420.4
-, Stachel- . . . 420.1
-, Universal- . . 115.1
-, Vierbacken- . 172.3
-, Weißmetall- . 150.3
-, zentrisch spannendes 172.1
-, Zweibacken- 114.5

G.

Gabarit . 96.7.8, 146.2
- à guidage fermé 97.2
-, chariot à . . 100.2
-, fraiser suivant 187.1
-, galet de 416.5, 419.3
-, moulage au . 301.4
- oval 97.4
-, percer sur . . 146.1
-, roulette à . . 96.9
-, touche à . . . 97.1
-, tour à . . 61.5, 62.1
Gabbia . 233.2, 250.6
- di protezione 474.3
Gabel-hebel . . 194.6
-, Riemen- . 26.3, 84.3
-, Schalt- 153.7
-, Unterstützungs- 119.7
Gage 146.2
Gaïac . . 326.8, 500.8
Galet . . 133.7, 297.7
- d'aménage . . 364.8
- de friction . 94.7
- - gabarit . . 416.5
- - guidage . . 83.3
- - - de la courroie 23.6, 156.5
- - levée . . . 250.1
- - sortie . . . 365.1

Galet de tension 207.8, 359.2
- pour courroie en coin 91.5
Gall, rind . . . 493.8
Galoppino . . . 156.5
Gambero . . . 35.7
Gambo 201.6
- del cassetto . 252.2
- - cilindro . . 293.9
- - disco 275.8
- - piatto 275.8
- - punzone . . 242.5
- - rullo 293.9
- dell'utensile . 36.4 126.4, 390.4
- della fresa . . 205.5
- - mazza battente 263.6
- - punta . . . 168.3
- dello stantuffo 251.4
- di pressione . 145.8
Ganascia . . 144.4.5, 172.2.3
- della morsa . 144.3 171.5
- di madrevite 163.1
Gancho . 30.2, 125.1.2 354.2

Gancho de grapa 343.7
- graduable de la escuadra 344.1
Gancio . . · . . 30.2
- d'arresto . . . 194.4
Gang, Arbeits- . 70.6
-, Ausgleichung des toten -es 112.4
-, Koller- 315.1
-, Längs- 101.7
-, Leer- 70.7
-, Schnitt- . . . 70.6
-, toter 112.3
Gang saw . . . 322.3
Gänsehals . . . 124.6
Gantry crane . 463.6
-, cross 67.7
- lathe 56.7
Ganzholz . . . 480.4
Gap 64.2.7
-, depth of . . . 238.5
- - - riveting machine 278.6
Garbo . . 146.1.2, 187.1 329.3
Gärbstahl . . . 34.5
Garde-copeaux 386.2
- de meule . . 218.3

Garde de protection 226.4
Garganta . . . 348.6
Garlopa mecánica 4.1
Garniture de moyeu 448.4
- - piston en bagues de cuir 266.2
- en cuir embouti 266.4
Garra . . 114.2, 340.3 341.1.3, 342.3.6
-, acoplamiento de -s 93.3, 158.6
- de sujeción . 28.6 276.1, 342.2, 363.7
- - tope 194.4
- reclinable . . 19.8
Gas-behälter . 272.8
-gewinde . . . 175.3
-hammer . . . 256.7
-, Leucht- . . . 272.9
-sammler . . . 272.8
Gas . 175.3, 256.7, 272.9
- de alumbrado 272.9
- driven hammer 256.7

Gas illuminante 272.9
- thread 175.3
Gasholder 272.8
Gasogeno 272.6
Gasometer 272.8
Gasometro 272.8
Gasómetro 272.8
Gasto de energía al marchar en vacío 70.8
Gate 276.7
Gato de cremallera 188.6
- - husillo roscado 188.1
- - tornillo 30.3
Gatter 326.1
-antrieb 334.2
-, Block- 321.5
-, Bogenführung des -s 334.1
-, Bügel- 321.3
-, bügelförmiges 321.3
-, Bund- 321.7
-, Doppel- 321.6
-, Doppelbund- 322.2
-, Doppelpfosten- 322.4
-, Doppelspalt- 322.4
-, Doppeltrenn- 322.4
-, End- 321.4
-, fahrbares Voll- 322.1
-führung 326.4
- -, geradlinige 333.9
-fundament 327.7
-, Geradführung des -s 333.9
-gewicht 327.6
-, Hänge- 324.2
-, Hoch 324.1
-, Horizontal- 325.2
-, - - mit mehreren Sägen 325.3
-kurbel 327.1
-, liegendes 325.2
- mit Oberantrieb 324.5
- - Schlittenvorschub 323.5
- - Seitenantrieb 324.4
- - seitlichem Antrieb 324.4
- - Unterantrieb 324.3
- - Walzenvorschub 323.4
-, Mittel- 321.5
-quersäge 325.5
-rahmen 326.1
- -, Führung des -s 326.4
-riegel 328.2
-säule 327.9
-, Saum- 321.4-6
-schenkel 328.1
-, Schlitten- 323.5
-schnitt 332.4
-, Schwarten- 322.5
-, Seiten- 321.4
-, senkrechtes 321.2
-, Spalt- 322.3
-, Spann- 323.1
-, Spannwerkspalt- 323.3
-, -trenn- 323.3
-, -voll- 323.1
-stab 328.1
-ständer 327.8
Gatter, stehendes 321.2
-stelze 327.4
-stiel 328.1
-, Trenn- 322.3
-, Vertikal- 321.2
-, Voll- 321.7
-, wagrechtes 325.2
-, Walzen- 323.4
-welle 326.9
Gattice 497.6
Gauchissement 31.1
Gauge 74.3, 146.2, 329.5, 419.3
- block 329.4
- lathe 61.5
-, to 391.5
-, - drill to 146.1
Gauging the cutter block 391.4
Gaz 175.3, 256.7
- d'éclairage 272.9
Gazogène 272.6
Gazomètre 272.8
Gear, belt reversing 17.3
- case 86.4, 88.2, 362.5
-, catch reversing 18.7
-, change 87.5
-, cone coupling 17.1
-, - gear with friction strap 91.2
-, crank 13.4
- cutting machine 3.4, 178.5
-, differential 89.6
- drive, toothed 85.1
-, electromagnetic reversing 21.4
-, enclosed feed 28.7
-, external table operating 190.4
-, friction 90.4
-, hand operating - for saddle 101.5
-, intermediate 81.6
-, Norton's stepped - with swinging intermediate wheel 87.3
-, operating - for saddle 101.4
-, oscillating crank 14.1
-, planet 88.9
- plate, jointed 192.1
-, rack feed 96.1
-, raising and lowering 312.4
-, ratio of 80.9
-, Reeves variable 91.3
-, return 16.2
-, reversing 15.6, 17.3, 21.4, 89.3
-, - - with falling weight 20.4
-, - - - friction coupling 89.5
-, - - - helical motion 20.3
-, Richard's back 87.1
-, rotating crank 13.7
-, screw 89.7
-, self-acting 164.3
- shaft, to lock the back 92.9
-, stepped wheel 86.2
-, surfacing 103.9
Gear, throwing out of 83.5
-, transmission 81.6
-, traverse 96.1
-, - feed 96.1
- wheel 104.4, 159.3, 311.5.6, 312.6
- - drive, internal 16.4
- - moulding machine 311.4
- - - - attaching to the wall 313.3
- - - - mounted on a column 313.1
- - - - with table 313.2
- - - - - two face plates 313.4
-, - reversing 15.8
- -, small - - moulding machine 313.5
- -, stripping plate - - moulding machine 312.5
- - swinging in gear 104.6
- - - out of gear 104.6
Gebläse, Freistrahl- 318.1
-, Sandstrahl- 316.2
Gedreht, genau -e Fläche 74.1
Gefäß, Öl- 187.4
Gefüge, faseriges 477.5
Gegen-anschlag 107.6
-arm 197.2
-druckfläche 267.1
-druckplatte 309.7
- -, ausschwenkbare 309.8
-getriebe 89.6
-gewicht 50.6
- - -hebel 160.3
- -, Kette mit 161.2
-halten 284.3
-halter 139.6, 197.2, 219.6, 278.2
-kegel 94.1
-kurbel 327.3
-spitze 197.6
-stanze 244.1
Gehänge, Säge- 329.6
Gehäuse, Wechselräder- 88.7
Gehrungs-säge, Rahmen- 366.4
-schneidmaschine 408.7, 489.5
-stoßmaschine 489.5
-zinken 426.8
Gelb, -er Hartriegel 504.6
-sandelholz 506.3
Gelée 491.4
Gelenk, Ausleger- 142.1
Gelenk-ausleger 141.7
-bolzen 408.2
-, Hookesches 91.7
-, Kreuz- 91.7, 158.2
-, Kugel- 191.2
-punkt 142.2
-welle 191.1
- -, ausziehbare 191.5
Gélivure 491.3
Gelo 491.3
Gelocht, -es Blech 239.6
Gelso bianco 499.8
Gemein, -er Ahorn 501.1
-e Birke 498.1
-e Buche 498.4
-er Buchsbaum 500.4
-e Esche 505.4
-er Flieder 505.5
-e Haselnuß 498.2
-e Pflaume 501.9
-er Walnußbaum 498.12
- er Weißdorn 502.4
Generador 272.6
Générateur 272.6
Generator 272.6
Generatore 272.6
Genévrier commun 496.7
- de Virginie 496.9
- savinier 496.8
Genista canariensis 503.9
Genou 188.2, 189.1
Genouillière 234.9, 264.8
Genutet, -er Fräser 200.1
Georgia pine 496.1
Gerad-führung des Gatters 333.9
-schliff der Zähne 352.7
Gerbe d'étincelles 217.2
Gerbstahl 34.5
Gerce 490.7
Gercement du bois 489.4
Gerieft, -er Fräser 200.1
German type of slide rest 128.1
- - - tool 128.1
Geschnitten, -es Loch 239.9
Geschützdrehbank 59.4
- rohrbohrmaschine 135.5
Geschwindigkeitsänderung 68.6
- -, allmähliche 80.8
- -, stufenweise 80.7
-stufe 80.6
Gesenk, im - schmieden 264.1
-, Ober- 264.2
-, Schließkopf- 278.1
-, Unter- 264.3
Gesimswalzwerk 297.5
Gesperre der Zahnräderfräsmaschine 193.7
-, Kronrad- 162.2
Gestänge, Steuer- 50.1
Gestell, Bügel- 181.2
-, bügelförmiges 233.3
-, C-förmiges 181.2
-, Drehbank- 63.3
-, Fräsmaschinen- 180.4
-fundament 258.5

Gestell, Hobelmaschinen- 4.5
-, rahmenförmiges 233.2
-, Rollen- . . . 234.2
-, Sägen- 346.5
-, torförmiges . 233.2
-weite 233.4
Getriebe 40.9
-ausklinkung . 165.2
-, Differential- . 89.6
-, Gegen- 89.6
-, Hohlrad- . . 16.4
-, Kegelräderwende- - mit 17.1
Kegelkuppelung 17.2
-, Kehr- . . 15.6, 89.3
-, Kurbel- . . . 13.4
-, Planeten- . . 88.9
-, Reib- 90.4
-, Riemenwende- 17.3
-, Rücklauf- . . 16.2
-, Stufenräder- . 86.2
-, Wechselräder- 87.5
-, Wende- . 15.6, 89.3
-, - - mit Reibkupplung 89.5
-, Wurmrad- . . 89.7
Getto 316.6
- a sabbia con tavola portagetti a movimento di va e vieni 317.1
- di sabbia . 318.2.4
- - - a nastro continuo 317.5
- - - - - senza fine 317.5
- - - con tamburo 317.4
- - - - tavola a giostra 317.3
- - - - - rotante 317.3
- - - libero . . 318.1
Gewehrlauf-bohrmaschine 135.4
-ziehmaschine . 4.4
Gewicht, Gegen- 50.6
-hebel . . 50.4, 338.3
- -, Lagerbock des -s 50.5
-, Werkstück- . 27.3
Gewinde 174.3
-bohrer . 173.6, 413.1
- -, nachstellbarer 173.7
- -nutenfräser . 203.7
-bohrmaschine 171.3
- des Vereins deutscher Ingenieure 174.6
-, Differential- . 197.9
-drehbank . . . 60.5
- eindrehen . . 74.6
-, Flach- 175.1
-fräsmaschine . 174.2
-, Gas- 175.3
-, Internationales metrisches 174.3
-kaltwalzmaschine 174.1
-, Löwenherz- . 174.7
-, Millimeter- . 174.3
-, S-I 174.3
-schneidbacke . 172.6
-schneiden auf der Drehbank 74.6.7
Gewinde-schneidkopf 172.3
-schneidmaschine, Bolzen- 171.2
- -, fahrbare Bohrmaschine und 173.3
-, Sellers- . . . 174.5
-, Spitz- 174.9
-stahl 125.7
- -, Außen- . . 125.3
- - für Außengewinde 125.3
- - - Innengewinde 126.1
-strehler . . . 125.7
-, Trapez- . . . 175.2
-uhr 101.3
-, Whitworth- . 174.4
Ghigliottina . . 228.4
Ghisa 315.3.9, 317.3, 360.3
- fusa 273.5
Gib . 52.4, 65.6, 330.9
- and cotter . . 330.7
- screw . 66.4, 182.5
Gieß-kopf . . . 277.5
-trichterrohr . 277.6
Gimlet bit . . . 412.1
Ginepro comune 496.9
- della Virginia 496.9
Ginocchio 189.1, 191.2 192.6
Gipfelstärke . 476.6
Girabecchino . 411.4 412.2
Giración 140.5
Girar en redondo 75.3
-, la herramienta -a 75.2
-, - pieza á trabajar -a concentricamente 75.4
-, - - de labor -a 75.1
Girare . . . 75.1.2.4.5
- a tondo . . . 75.3
Giratorio, colocación -a 35.7
Girevole, disco 18.5 25.1, 184.4
Giro 80.5
Giunta 395.3
Giunto a cardano di Hooke 91.7
- di cardano 158.1.2 191.1
- - - a ginocchio 191.2
- snodato . . 158.1.2
- - a ginocchio 191.2
- universale di Hooke 91.7
Giuntura incastrata 427.1.3
- - aperta . . . 426.7
- - coperta . . 426.8
- - mascherata 426.8
- - passante . . 426.7
Giuocattolo di legno 467.3
Giuoco . . . 112.3.4
- di frese . . . 205.2
- - modelli per formare una puleggia 307.6
Gland 266.7
Glanzschleifen 216.6
Glaspapier 226.6, 405.4
Glass paper 266.6, 405.4
Glätten 226.5
-, das Faß . . . 446.4
-, - fertige Stück 74.4
-, durch Abschmirgeln 74.5
Glättmaschine, Furnier- 434.7
Glattwandig, -es Loch 240.1
Glaze, to . . . 226.5
Glazed 217.3
Gleditschia triacanthos 502.11
Gleditschie . 502.11
Gleditscia . . 502.11
Gleichlege-maschine 454.7
-vorrichtung für Handbetrieb 455.1
Gleishammer . 247.3
Gleitbahn 65.2, 326.5
-, auswechselbare 65.4
- des Tisches . 8.4
Gleit-fläche . . 65.3
-klotz 326.7
-schiene 8.5
-stein 40.5
- -zapfen . . . 40.7
-stück 40.5
-walze 364.4
Gleiten des Riemens 84.2
Glifo . . 13.6.7, 14.1
Glissante, table 364.1
Glissement . 8.5, 65.3
- de la courroie 84.2
Glissière . 64.4, 326.5 462.5
- à coulisse . . 19.6
-s - rattrapage de jeu 263.8
-, arrière de la . 65.6
-, bloc de . . . 326.7
- concave . . . 326.6
- de chariot . . 65.2
-s de la masse . 263.7
- - - table . . . 8.2.4
- du chariot . . 8.2
-s - porte-outil 48.3
-, épaisseur de la 65.3
-, guidage du chariot entre -s 233.7
- interchangeable 65.4
- prismatique 8.6.7, 9.1
-s réglables . . 263.3
-, support à -s de la table 184.1
Glocke 188.3
Glockenmaschine 446.4
Glue 466.7.9
- heating apparatus 466.6
-, to 466.5
-, - dissolve the 466.8
- top 466.11
- warming apparatus 466.10
Glueing cylinder 467.2
- machine . . . 467.1
- roller 467.2
Gobba 297.2
Godronare . . . 74.9
-, macchina per (v. „macchina“)
Gola 46.4, 57.4, 81.3, 84.7 233.3, 348.6
- della cesoia . 241.7
- - trancia . . 241.7
-, profondità della 54.5, 233.5, 278.6
Golpe 15.2, 239.7, 263.4 289.9
- de martillo . 262.4
- desviado de su eje 263.5
Golpear, el - de las correas 334.4
-, espiga de . . 314.6
-, la pieza -ea . 75.5
Goma 260.1
Gomito 64.3, 137.6, 188.2
-, briglia a . . . 28.2
-, chiodatrice a 281.1
-, ingranaggio a 192.1
-, leva a 234.9
-, pressa a . . . 264.3
-, raccordo a . 188.2
-, ribaditrice a 281.1
-, staffa a . . . 28.2
Gomma 260.1.2
Gonfiamento del legno 488.5
Gonfiarsi . . . 488.6
Goose neck . . 124.6
Gorge . 233.3.5, 348.6
Gotera para el aceite 46.2
Götterbaum . . 500.9
Gonflement cortical dû à la gelée 491.4
- du bois . . . 488.5
Gonfler 488.6
Gouge . . 412.5, 422.1
-, tourning . . . 422.2
Goujon 85.6
Goulot de coulée 276.7
Goupille sans tête 285.2
Gouttière . . . 46.2
- protectrice de la scie à ruban 478.5
Grabar, máquina de (v. „máquina“)
-, torno para . . 415.4
Grabstichel . . 123.6
Gradazione di velocità 80.6
Grade of the tool 120.5
Gradin 40.3, 48.2, 82.7 154.4
Gradinato, ingranaggi -i 86.2
Gradino di comando 189.5
-, ingranaggio a -i 86.3
-, puleggia a -i 40.3 48.2, 82.7, 154.1.6
Grado de humedad 486.9
- di umidità . . 486.9
Gradteilung . . 152.4
Graduable, cojinete doble 144.1
Graduación 50.3, 99.3 189.2
- automática . 206.9 207.2

Graduación automática de precisión de la muela 218.7
- de la mesa . 39.2
- - - presión hidráulica 267.5
- - - sierra circular 371.4
- - precisión del árbol portafresa 196.3
- del cabezal porta-útil 58.2
- - carro-soporte 101.1
-, disposición de - de la posición del husillo de taladrar 152.5
- para la profundidad del agujero 152.4
Graduado, polea -a 154.4
Graduador, tornillo 14.3
Graduar la herramienta 37.4
Graduated ring 183.7
Graduation . . 152.4
Graduations . . 152.4
Graduazione . 152.4
Gradué, échelle -e 152.4
Grain 383.7.8.9, 384.1.2 477.3.4, 478.3.8
- layer 477.5
- of the grinding stone 221.7
- - - timber . . 477.2
- - wood . . . 488.8
-, raised 479.1
Grain de la meule 221.7
Grained 221.8.9, 477.6.7
Graissage . . . 76.2
- à bague . . . 79.5
Graisser 76.1
Graisseur . . . 188.4
Grana della mola 221.7
- dolce 222.1
- mezzana . . . 221.9
- mezzodolce . 221.9
Granadiglia . 504.10
Grandeur du retrait 488.9
Grano 239.5
- de la muela . 221.7
Grapa . 343.7, 344.2.3
- de sujeción . 116.2
Grat 147.6
-, Bohr- 147.6
Graticcio . . . 454.3
Grau-erle . . 497.11
-nuß 499.1
Graver 123.6
Gravidad . . . 391.7
Graving tool . 123.6
Gravité 391.7
Gravity 391.7
Grease, to . . . 76.1
Greasing . . . 76.2
Greggio . . 6.6, 481.6
Greifklaue . . . 276.1
Grenada wood 504.10
Gres 222.5
Grès 222.5
Grès argileux . 222.6
- calcaire . . . 222.8
- siliceux . . . 222.7
Grid 303.4
Grieta exterior 490.7
Griff . . . 19.4, 190.2
-, Brems- 152.3
-, Klemm- . . . 152.2
-, Knebel- . . . 103.6
-, Kreuz- . 103.5, 152.2
-, Kugel- 118.6
-, Kurbel- . . . 190.2
-, Mitnehmer- . 155.2
-, Niet- 286.7
-, Riemenrücker- 153.6
-, Umlege- . . . 86.5
Griffa . . 93.3, 114.4.6
- automatica di serraggio 269.6
Griffe 341.1
- à déplacement latéral 342.6
-, accouplement à -s 93.3, 164.8
-, chuck à -s . . 114.4
- de butée . . . 194.4
- - serrage 28.6, 114.6 341.3, 343.7
- - - pivotante 35.7
-, embrayage à -s 158.6
-, mandrin à -s 114.4
- pour appliquer les cercles 446.1
- - chasser les cercles 446.1
-, serrer au moyen de -s 344.3
-, vis à 30.2
-, wagonnet à deux -s 342.3.5
-, - avec simple appareil à -s 342.2
Grifo 252.4
Grind, to . . . 212.2
-, - - a cylinder 215.1
-, - - - flat surface 214.3
-, - - - roll . . 215.1
-, - coarse . . . 212.3
-, - grind dry . 213.2
-, - - internally 215.3
-, - - out 215.3
-, - - preparatory 212.4
-, - rough . . . 212.3
-, - grind wet . 212.6
Grinder . 209.2, 210.5 217.4
- rest 219.5
Grindery . . 217.5.7
Grinding . . 214.4.5
- a tool 220.7
-, accurate . . . 216.3
- allowance . . 212.5
- and mixing mill 458.2
- apparatus for lathe centres 211.1
-, circular . . 214.6.7
-, cone 215.2
- cone 458.1
- conically . . 215.2
-, correct 32.1
- cylinder 224.1, 404.7
-, dry 213.3
-, incorrect . . . 32.2
-, internal . . . 215.4
Grinding, internal - of cylindrical holes 216.5
-, machine . . . 217.6
- machine . . . 209.2
- -, circular . . 210.1
- -, cylinder . . 210.4
- -, dividing head for 221.2
- -, drill 210.6
-, -, for - bushes 210.3
- - - plane irons 392.2
- - head stock . 217.8
- -, internal . . 210.2
- -, moulding knife 394.1
- -, piston ring 209.4
- -, surface . . 209.3
- -, tool 210.5
- -, universal tool 211.2
- material . . . 222.4
- mill, cone . . 457.9
- -, millstone . 458.6
- out 215.4
- - grooves . . 215.7
- plate 458.4
- ring 457.10
- stone 221.6
- -, fine grained 222.1
- -, grain of the 221.7
- -, hard 222.2
- -, medium grained 221.9
- -, rough . . . 221.8
- -, soft 222.3
- surface . . . 221.5
- the bottom of a cavity 215.6
- - - - - recess 215.6
- - tool . . . 121.10
-, to finish by . 216.2
-, wet 212.7
- wheel 218.6.7, 221.4 223.11
- - arbor 218.1, 224.8
- - bearing protecting cover 218.3
- -, bursting of the 226.2
- -, carborundum 223.7
- -, cementing in of the 225.2
- -, clamping of the 225.1
- -, coned cutter 224.3
- -s, double . . 224.6
- -, dressing the 225.5
- -, exact running of the 225.3
- -, face 224.4
- -, flying off of the 226.3
- -, method of mounting the 224.7
- -, - - securing the 224.7
- -, overhung . 224.5
- -, rupture of the 226.2
- -, self-acting fine feed of the 218.7
- - slide 211.6
- - spindle 217.9, 218.2 224.8
Grinding wheel, steady running of the 225.3
- -, the - - becomes glazed 217.3
- -, - - - sparks 217.1
- -, to dress the 225.4
- -, - trim the . 225.4
- -, - true the . 225.4
- -, trimming the 225.5
- -, - - - - with a diamond 225.6
- -, truing the . 225.5
- -, - - - - with a diamond 225.6
- -, wear of the 226.1
- -s with work rests 211.4
Grindstone . 221.4.6
- dust 218.4
- swarf 218.1
Grip 190.2
- chuck 114.8
-, conical . . . 114.8
-, to 344.3
Griping the work 110.8
Gripping apparatus 269.5, 292.2
- device 292.2
- irons 342.3
- jaw 114.6, 144.3, 171.5
- of the log . . 344.2
- the end of the log 341.8
Grob-dreherei, Schnell- 73.5
-schleifen . . . 212.3
Groove . 47.4, 185.8.9 215.7, 395.6, 422.3
- and tongue . 396.3
-, circular . . . 98.9
- cutting machine 4.3
- for angle web 295.1
- - - -, adjustable 295.2
-, length of . . 395.7
-, to 395.5
-, - - and tongue 396.2
Grooved disc . 110.2
- milling cutter 200.1
- plank 396.8
- post 396.7
- roller 362.2
Grooving . . . 371.1
- and tonguing 396.4.5.6
- - - of boards 396.1
- - - plane, hand 397.6
- cutter . 203.3, 397.1 400.3
- - block . . . 401.5
- iron 397.2
- machine, tonguing and 394.3.4.5
Großblättrig, -e Linde 500.3
Grossezza di rialzo 29.3
Ground, material to be 458.3
- planing knife 386.8
Growth, cankerous 493.9
-, fungous . . . 494.1

Growth, stunted 490.4
-, twisted . . . 490.3
-, veined 490.5
-, wavy fibred . 490.1
Gru a cavalletto 463.6
- - ponte . . . 463.6
- girevole . . . 463.7
- per tronchi . 462.7
- scorrevole . . 463.4
- semplice . . . 462.6
Grúa-cabrestante 463.6
- giratoria . . 463.7
- mural giratoria 131.6
- para cargar madera 463.1
- - madera . . 462.7
- tripode de carga 463.2
Gruben-hobelmaschine 2.2
-holzkreissäge . 361.3
Grue de chargement 463.2
- pivotante 131.6, 463.7
- -portique . . 463.6
Grume . 462.3.4, 480.2
- à débiter . . 340.6
-, double scie à ruban pour raccourcir les 356.5
-, fixation de l'extrémité de la 341.8
- flottée 345.2
-, levier à -s . . 344.4
-, scie à ruban pour débiter les -s 356.2
-, - - tronçonner 354.6, 370.5
-, - circulaire pour 361.1, 363.6
-, - horizontale à ruban pour -s 357.5
-, - verticale alternative à équarrir les -s 322.5
-, treuil pour -s 345.3
-, tronçonner les -s 354.7
-, wagonnet d'amenage pour débiter les -s 341.7
Grün, -es Ebenholz 504.9
-ebenholz . . . 504.9
-fäule 492.7
-gewicht 487.8
Grund-messer . 386.8
-platte 139.3
-rahmen 63.4
Gruppenfräser 205.1
Guaiac wood block 326.8
Guaiaco nero . 500.8
Guajacum officinale 500.8
Guancia d'appoggio 293.1
- del morsetto 330.4
- dell'attacco . 330.4
- mobile 229.8
Guancia per dare la strada 350.4
- - sagomare . 433.6
- portalama . . 375.6
Guard 226.4
-, automatic . . 472.7
-, chip 386.2
-, circular saw 471.10
- cover, wood . 473.1
-, finger 472.8
- for planing cutter 473.7
- hood 472.2
Guarda-virutas 386.2
Guardia della vite perpetua 193.6
- - - senza fine 193.6
- di protezione 218.3 226.4, 337.8, 362.5
- - - contro i trucioli 386.2
- - - per piallatrici 473.7
Guarnizione . 371.6.7
- a manicotto 266.4
- ad angolo . . 266.4
- - U 266.6
- di amianto . 275.7
- - anelli di cuoio 266.2
- - asbesto . . 275.7
- - cuoio . . . 372.1
- imbevuta di sevo 371.8
Guayaco . 326.8, 500.8
Gubia . . 412.5, 422.1
- de cañón . . 422.2
Gudgeon . . . 293.9
Guía, barra de . 25.6
-, cara de la . . 364.6
-, casquillo de . 149.7
- cerrada . . . 97.2
- cilíndrica . . 78.1
-, cilindro de . . 293.5
- circular . . . 67.6
-, conducción entre las -s 233.7
- curvada . . . 437.2
- de forma cónica 77.8
- - la hoja de sierra circular 371.5
- - porta-modelo 312.4
- - - -útil por cadena 99.8
- - presión . . 385.2
-, dedo de . . . 221.1
- del bastidor portasierras 326.4
- - husillo portabroca móvil 149.6
- - porta-útil . 43.8
- en Λ 66.6
-, escuadra de . 364.5
-, espiga de . . 97.1
- lateral 208.1
-, manguito de . 14.4
-, patrón de . . 96.8
-, plantilla de . 96.8
-, polea de . . . 156.5
- posterior . . 208.2
-, prisma de . . 66.7
- prismática abierta 66.8
- - invertida . . 66.8
- rectangular . 67.3.4
-, rodaja de . 83.3, 96.9
-, rodillo de 293.5, 364.7
-, rollo de . . . 156.5
- triangular . . 67.1
Guía-virutas . . 386.3
Guiacum wood 500.8
Guiador 11.1
Guida 64.4
- a prismi in forma di Λ 66.8
- - tre piani . . 67.1
- - Λ 8.7, 66.6
-, asta di . 25.6, 355.6
-, biella di . . . 408.1
-, chiavetta di . 150.5
- cilindrica interna 78.1
-, cilindro di . . 293.5
- circolare 67.6, 116.5
- conica 77.8
- continua . . . 97.2
- convessa . . . 326.6
- curva 437.2
- - del telaio . 334.1
-, cuscini della 364.6
- del braccio mobile 43.8
-e - carrello . . 65.1
- - corsoio . . . 40.6
- - mandrino spostabile 149.6
- - nastro . . . 358.6
- - portalama della cesoia 233.7
- - portasagoma 312.4
- - punzone per piegare 292.4
- - telaio . . . 326.4
- della cinghia 84.5
-e - mazza battente 263.7
- - sega . 358.6, 371.5
-e - slitta . . . 65.1
- - - della cesoia 233.7
- - tavola . 8.2, 385.1
- - testa per piegare 292.4
- dello slittone . 43.8
- di tronchi storti 340.2
- diritta del taglio 333.9
-, dispositivo di - a catena 99.8
-, dito di . . 97.1, 419.4
- doppia laterale 359.1
-, dorso della . 364.6
- dritta 64.6
-, forchetta di . 26.3
- in forma di Λ 66.6
- laterale . . . 208.1
- longitudinale 364.5
- ovale 97.4
- parallela . . . 364.5
- per il lungo . 364.5
- piana 8.3
-, piano della 65.2, 364.6
- posteriore 208.2, 358.7
- prismatica . 8.6, 9.1
-, punta di 221.1, 419.4
- registrabile . 263.8
- rettangolare . 67.3
- rettilinea . . 96.5.6
-, rullo di . 83.3, 96.9 156.5, 293.5, 364.7
- sul dorso della sega 208.2
-, tavola di . . . 343.3
- trapezia . . . 326.6
- triangolare . 67.1
Guidacinghia 19.6.7 26.2, 84.5, 153.5.6
Guidage 385.3, 419.4
Guidage à glissières en V renversé 66.6
- à glissières plates de la table 8.3
- - - prismatiques 8.6.7
- - - - avec bande de retenue 9.1
-, barre de . . . 25.6
-, chariot de . . 143.3
- circulaire 67.6, 116.5
-, collet de . . . 197.4
- conique . . . 77.8
- courbe de la lame 334.1
- de coulisseau 43.8
- - l'arbre porte-foret 149.6
- - l'outil suivant un gabarit 419.3
- - la broche . 149.6
- - - lame . . . 358.6
- - - - de scie circulaire 371.5
- - - masse . . 263.7
- - - table . . . 8.2
- - - tête de coudage 292.4
- - - - - pliage 292.4
- - troncs courbés 340.2
-, dispositif de 99.8
-, doigt de . . . 221.1
- dorsal 208.2
- - de la lame . 358.7
-, douille de 14.4, 149.7
- droit du châssis 333.9
- du chariot 8.2, 65.1
- - - entre glissières 233.7
- - mouton . . 263.7
- en Λ 8.7
- - cercle . . . 67.6
- - courbe . . . 437.2
- - en V ouvert 66.8
-, galet de . 23.6, 83.3
-, joue de . . . 364.6
-, lardon de . . 52.4
- latéral 359.1
-, montant de . 181.1
-, poulie de 23.6, 83.3
-, poupée de . . 143.3
-, rouleau de . 23.6 293.5, 364.7
-, roullette de . 96.9
- triangulaire . 67.1
-, V renverse de 66.7
Guidance 208.2, 233.7 333.9
- of table . . . 8.2
- - the tool in conformity with the gauge 419.3
-, side 208.1
Guide 8.5
-, back 358.7
-, band saw . . 358.6
- bar 96.5.6
- -, rectangular 67.4
- -, - section . . 67.3
- -, round . . . 67.5
- -, triangular section 67.2
-, belt 26.2, 84.5
- bush 119.9
-, carriage . . . 65.1
-, circular . . . 67.6

Guide, crank . 13.6
-, curved -s . . 487.2
- finger . 97.1, 221.1 419.4
-, flat table . . 8.3
- for gripping jaws 144.5
- gib, adjustable 66.2
-, inverted V . 8.7
-, lateral 359.1
-, level table . . 8.3
- pin . . 304.8, 419.4
-, prismatic . . 8.6
-, - - with cover strip 9.1
- pulley . . 83.3, 156.5 207.7
-, ram 43.8
- rod 355.6
- roll 298.5
- roller . 364.4, 364.7
-, saddle 65.1
Guide, saw blade 371.5
-, - frame . . . 326.4
- screw 11.1
-, side 359.1
- spindle . . . 11.1
- - bearing . . 11.2
- - nut, adjustable 11.3
- strip, adjustable 66.2
-, table 8.4
-, triangular . . 67.1
- way 40.6
Guide-copeaux 386.3
- -courroie . . 84.5
- d'équerre . . 343.8
- de courroie . 26.2
- du châssis . . 326.4
- - porte-segment 312.4
- latéral 208.1
Guide parallèle 364.5
- -presseur . . . 385.2
- sur table . . 385.1
Guiding of crooked logs 340.2
Guilloche work, machine for 62.7
Guillocher . . . 415.4
-, machine à (v. „machine“)
Guillochier-maschine 62.7
Guillotina, tijera de 228.4
Guillotine . . . 228.4
- shears 228.4
Guillotinschere 228.4
Guitarra 88.6
Gullet tooth . 348.4.7
-, wood 409.1
Gum, blue . . . 504.1
-, mahogany . . 504.4
Gum tree, red . 504.2
-, white 504.5
Gummibaum, blauer 504.1
-, roter 504.2
Gummipuffer . 260.1
Gum boring drill 167.1
- - machine . . 135.5
- rifling machine 4.4
- turning lathe 59.4
Guß, den -putzen 315.8
-eisenbad, Überhitzen von Gußeisenbädern 273.5
-form, Trockenofen für -en 315.5
-kruste 315.7
-putzmaschine 315.9
-stück 315.6
Gutspaltig . . . 386.1

H.

Hacer, máquina para (v. „máquina“)
Hacha de partir de movimiento de subir y bajar 429.3
- doble 430.1
- - oscilante . . 430.2
Hache 430.1
- montante et descendante 429.3
- oscillante . . 430.2
Hack saw, power 208.4
Hacke, Doppel- 430.1
Hacksäge . . . 208.4
Haematoxylon campechianum 503.4
Hagebuche . . 498.3
Hahn 188.7
-, Ablaß- 188.7
-steuerung . . 252.4
Hainbuche . . 498.3
Haken . . 343.7, 354.2
-, Anschlag- . . 194.4
-, Dreh- 125.1
-, Kant- 344.5
-, Klammer- . . 343.7
-, Schlicht- . . . 125.3
-schraube . . . 30.2
-, Spitz- 125.2
-stahl 125.1
-, Wende- . . . 344.5
Halb-geschränkt, -er Riemen 83.2
-holz 480.5
-lind, -er Schleifstein 221.9
-mondstahl . . 125.6
Half log 480.5
-section 480.5
Halo 491.8
Hals-lager, gespaltenes - - der Bohrspindel 150.7
-ring 93.4
Haltarm 354.1
Halter 27.8
-, Diamant- . . 225.7
Halter für Ausbohrstähle 169.3
-, Meißel 126.6
-, Stahl- 126.6
-, Stichel- 36.5, 126.6
-, Tisch- . 140.2, 183.5
-, Werkzeug-36.5, 126.6
Halt-scheibe . . 51.5
Hammer, atmosphärischer 258.8
-bahn 261.9
- -, auswechselbare 262.2
-, Blattfeder- . . 257.1
-, Bradleyscher 257.2
-, Brust- 245.6
-, Dampf- . . . 250.2
-, Daumen- . . . 245.4
-, den - prellen 259.1
-, Druckluft- . . 256.1
-, Erdöl- 256.8
-, Fall- 247.5
-, Feder- 256.9
-, Friktions- . . 247.8
-führung . . . 263.7
-, Fuß- 246.8
-, Gas- 256.7
-gerüst 258.9
-gestell 258.2
- -, einbeiniges 258.3
- - fußplatte . 259.4
- -, zweibeiniges 258.6
-, Gleis- 247.3
-, Hebel- 245.2
-, Helm- 245.2
-helm 245.3
-hülse 246.7
-klotz 262.1
-kolben 251.2
-kopf 261.8
-, Kurbel- . . . 253.5
-, Luft- 253.8
-, Luftdruck- . 254.1
-, Maschinen- . 247.1
-, Niet- 286.1
-nietmaschine . 280.6
-, Parallel- . . . 247.3
-, Petroleum- . . 256.8
-, pneumatischer 253.8
Hammer, Preßluft- 256.1
-, Rahmen- . . 247.3
-, Regeln des -s durch Bremsen 257.5
-, Reibungs- . . 247.8
-, Riemenreib- . 248.5
-, Sägenkeil- . 330.10
-, Schell- 286.2
-schlag 262.4
-, Schlagstärke des -s 262.5
-, Schnell- . . . 258.1
-, Schwanz- . . 245.7
-, senkrechter . 247.4
-stange 263.6
-, Stangenreib- 249.1
-, - - mit Müllerschem Antrieb 249.9
-, stehender . . 247.4
-, Stemm- . . . 287.7
-steuerung . . 251.5
-, Stiel- 245.2
-, Stirn- 245.5
-stock 261.3
-, Transmissions- 253.7
-, Tritt- 246.8
-, Verbund- . . 253.4
-, Vertikal- . . . 247.4
-, Wasser- . . . 247.2
-welle 246.2
-, Wickel- . . . 248.2
-, Winkel- . . . 245.2
-, Wipp- 246.9
-, Zweizylinder- 253.4
Hammer, belt driven 253.7
-, blow of . . . 262.4
- body 258.2
-, Bradley . . . 257.2
-, brake regulation of 257.5
-, cam 245.4
-, caulking . . . 287.7
-, compressed air 254.1
- cylinder . . . 254.4
-, drop 247.3.5
- face 261.9
Hammer face, interchangeable 262.2
- for driving saw keys 330.10
- foundation grilling 258.9
- frame 258.2
- - base plate . 258.4
- -, double standard 258.6
- -, single standard 258.3
-, friction . . . 247.8
-, - roll drop . 248.5
-, front 245.5
-, gas driven . 256.7
- guides 263.7
- head 261.8
-, helving . . . 245.6
-, hydraulic . . 247.2
-, laminated spring 257.1
-, machine . . . 247.1
- operated by a crank 253.5
-, petroleum driven 256.8
- piston 251.2
-, pneumatic . . 253.8 256.1
-, rapid action . 258.1
-, riveting . . . 286.1
- - machine . . 280.6
- shaft 245.3
-, sledge 245.2
-, slogging . . . 245.5
-, snap 286.2
-, spring 256.9
- standard . . . 258.2
-, steam . 246.10, 250.2
-, strength of blow of 262.5
-, tail 245.7
-, tilt 245.7
-, to 263.9
-, - let the - rebound 259.1
-, treadle . . . 246.8
-, trip 245.7
- tup 262.1

Hammer valve gear 251.5
-, vertical . . . 247.4
-, wipple 246.9
Hämmern . . . 263.9
Hand-auflage . 100.5
-blechschere . 231.2
-bohrmaschine 130.2
-drehbank . . . 56.5
-formerei . . . 301.2
-formmaschine für bauchige Gegenstände 308.3
- - mit drehbarer Modellplatte 306.1
- - - Stiftenabhebung 305.1
- - - Wendeplatte 306.1
-fräsmaschine . 176.4
-griff . . . 19.4, 256.5
-hebel 19.5, 162.6, 249.4
- - zum Einrücken der Kupplung 94.2
-hobel 383.2
- -maschine . . 382.4
-kreuz 141.4
-nietmaschine . 280.5
-nietung 288.3
-preßpumpe . . 296.2
-rad 44.2, 103.3, 159.4
- -, Reitnagelverschiebung durch 117.8
-reibahle . . . 205.9
-schaufel . . 275.11
-spindelpresse . 232.2
-stahl 122.8
-stemmaschine 408.3
-stemmung . . 287.4
-steuerung 101.5, 159.6, 252.6
-support 100.4
- -drehbank . . 57.7
-tunkvorrichtung 457.2
-verschiebung der Bohrspindel 153.2
-vorschub . . . 159.5
-zuschiebung der Bohrspindel 159.7
Hand caulking 287.4
- control . . . 159.6
- dipping apparatus 457.2
- drilling machine 130.2
- feed 159.5
- - motion . . 369.2
- - of boring spindle 410.3
- - - drill spindle 159.7
- - - the boring spindle 153.2
- ladle 275.10
- lathe 56.5
- - with slide rest 57.7
- levelling apparatus 455.1
- lever 19.5, 160.1, 162.6, 249.4
- - for throwing in the clutch 94.2
- - shearing machine 229.4
- - - -, crocodile 229.4
Hand milling machine 176.4
- mortising machine 408.3
- moulding . . 301.2
- - machine for belled articles 308.3
- - - with pin lifting arrangement 305.1
- - - - turnover pattern plate 306.1
- plane 383.2
- planing machine 382.4
- power screw punching press 232.2
- - traveller . . 463.4
- press for stamping out saw 351.4
- pressure pump 296.3
- reamer 205.9
- regulation . . 252.6
- riveting . . . 288.3
- - machine . . 280.5
- saw for cutting dovetails 425.4
- scoop . . . 275.10
- screw cramp 341.10
- - holdfast . 341.10
- shears 231.2
- slide rest . . 100.4
- sliding table, circular saw for cutting to length with 365.4
- tool lathe . . 57.12
- - rest . 200.5, 418.7
- - - on stand . 418.9
- travelling timber carriage 369.1
- - - trolley . . 369.1
- wheel 44.2, 103.3, 117.8, 164.4
- -, capstan . . 159.4
Handelsholz . . 479.9
Handle . 19.4, 118.6, 190.2, 256.5
-, ball 44.3
-, belt shifter . 153.6
-, crank 190.1
-, cross 141.4
-, locking . . . 152.3
- locking . . . 152.2
- of operating lever 160.2
- - the plane . 383.4
-, riveting . . . 286.7
-, star 103.5
-, T- 103.6
Hanfweide . . . 497.2
Hänge-bohrmaschine, fahrbare 132.1
-gatter 324.2
Hänger 279.5
Hardness of the tool 120.5
- - wood . . . 486.4
Harnais 85.2
- d'engrenages. 85.7
- - à changement de vitesse 87.5
- - - roues étagées 86.2
- - intérieurs . 86.6
Harnais d'engrenage Norton avec boîte de vitesse Norton 87.3
- - - - roue intermédiaire basculante 87.3
- - planétaires 88.9
- de renversement de marche 16.2
Härte, Stahl- . 120.5
Hart-holz . . . 486.5
-riegel, gelber . 504.6
Harz-galle . . 477.1
-pore 477.1
Haselnuß, gemeine 498.2
Haselrüster . . 499.5
Hasenmaul . . 344.7
Haube, Dampf- 444.2
-, Hitz- 443.7
-, - - mit Herdfeuerung 444.1
-, verstellbarer Spaltkeil mit aufklappbarer 472.1
Haubitze . . . 198.6
Hauling apparatus, timber 462.3.4
- gear for landing floating logs 345.2
- -, log 345.3
- runway, inclined 462.5
Haupt-bewegung 6.9
- -, geradlinig hin- und hergehende 11.6
-bock 180.8
-frässpindel . . 195.2
-kurbel 327.2
-lager 80.2
-nonne 310.2
-pfeiler 138.5
-säule 138.5
-schneide . . . 121.3
-ständer 180.6
-weg 7.1
- -, kreisförmiger 80.4
Hausschwamm, echter 494.1
-, unechter . . . 494.2
-, weißer 494.2
Haus, Stichel- . 35.8, 127.1
Hauteur de course du coulisseau 52.6
- - frappe . . . 262.8
Havanna wood 500.6
Hawthorn . . . 502.4
Haya común . 498.4
Haz 483.7
- bastoncitos de madera 455.3
- de chispas . . 217.2
- - fibras . . . 477.4
-, prensa para hacer -ces 491.3
Hazel, common 498.2
Head, bending 436.2
- compressor . 443.1
-, cross tool . . 39.8
- cup 278.2
-, cutter 204.4
-, dividing . . . 198.6
- dressing machine 443.3
Head jointing machine 443.2
- of catch . . . 155.2
- - pillar . . . 138.3
- - post 138.3
- planing machine 443.4
-, poppet 421.1
-, press 377.6
-, puppet 116.8
-, radius 119.8
-, ram 43.9
-, rising 277.1
- rounding and bevelling machine 442.8
- - apparatus . 442.6
- - machine . . 442.7
-, running . . . 276.9
- stock 48.4, 76.7, 154.1
- -, adjustable . 151.7
- -, - - - of log fence 343.9
- - centre, loose 117.2
- -, fast 76.8, 154.2, 196.5, 419.5
- -, grinding machine 217.8
- -, loose 116.8
- -, movable . . 196.6
- -, sliding . . . 154.3
- -, spindle . . 196.4
- -, vertical movement of 152.1
- - with claw coupling 93.2, 155.4
- - - dog clutch 93.2, 155.4
- - - pin coupling 155.5
- trimming machine 443.3
Heap of logs . 481.3
Hearth ring machine 311.3
Heart shake . . 491.2
-wood . . 475.6, 494.5.6
- rot 493.2
Heat . . 32.9.10, 122.2
- generated by cutting action 121.11
-, to - rivets . . 289.2
Heated, material to be 274.7
Heater, air . . 454.1
Heating apparatus 464.2, 466.6, 467.5
- of the tool . . 32.8, 122.1
-, preliminary - of the faces to be fused 273.3
- stove 455.7
- table 467.6
Heavy wood . 488.2
Hebe-daumen . 246.3
-kopf 246.3
-lade 462.6
Hebel 50.4
-antrieb 234.3
-, Auslös- . . . 194.7
-, Ausrück- . . . 194.2
-durchschnitt . 232.3
-, Einrück- . . . 194.1
-, Einschalt- . . 194.1
-, Feder- 42.1
-, Fühl- 74.3
-, Gabel- 194.6

Hebel, Gegengewicht 160.3
-, Gewicht- . . . 50.4
-hammer . . . 245.2
-, Hand- . . 19.5, 94.2 126.6, 249.4
-, Herz- 88.1
-, Knie- . 189.1, 234.9
-nietmaschine . 280.7
-reitstock . . . 119.2
-, Rück- . . . 194.1.2
-, Schalt- 153.7
-, Scharnier- . . 194.6
-schere . 228.5, 229.4
-, Schwing- . . 234.5
-, sichelförmiger 94.3
-spannung, Sägeangel mit 331.3
-, Sperr- 338.5
-stanze 232.3
-, Steuer- . 19.2, 249.6
-, Tret- 249.5
- Tritt- 50.9
-, Umschalt- . . 103.4
-, Winkel- . . . 249.3
Hebstange . . . 344.4
Heftniete . . . 282.7
Height of fall . 262.6
Heizvorrichtung, Dampfluft- 464.2
Heladura . . 491.3.4
Helical motion 20.3
- rack 10.6
Helicoidal, cremallera 10.6
Hélicoïdal, roue -e 90.2
Helix 411.6
Helm 245.3
-, Hammer- . . 245.3
-hammer . . . 245.2
-, Schmier- . . . 188.4
Helve ring . . 246.7
Helving hammer 245.6
Hembra 236.7
-, macho y . . 396.2.3
Hender 453.3
-, aparato de . . 453.2
Hendimiento . 491.5
Herd, Paraffinier- 456.1
-ringmaschine . 311.3
-, Schwefel- . . 456.2
-, Vorwärm- . . 455.7
Herramienta 36.3.6.7 53.4, 120.3, 211.2, 217.7, 220.7
-, avance de la 163.7
-, caja de sujeción de la 127.6
-, casquillo de la 256.4
-, cilindro de la 256.6
-, conducción de las -s por plantillas 419.3
-s de aire comprimido 255.7
- - perfilar giratoria 422.5
- - tornear 95.2, 120.4
- del porta-útil giratorio 170.2
-, forma cónica de la 69.5
-, graduar la . . 87.4
-, la - gira . . . 75.2
-, mango de la . 86.4
Herramienta, máquina de afilar -s 210.5
-s neumáticas . 255.7
-, penetración de la 68.9
-, porta-útil para varias -s 108.5
Herramienta, resistencia de la 68.8
-, sujeción de la 85.6
-, vibración de la 75.9
Herz . . . 89.4, 113.2
-, Dreh- 113.2
-, Drehbank- . . 113.2
-hebel 88.1
-stück 158.3
-, Wende- . . . 89.4
Hêtre commun 498.4
Hickory 499.2
- bianco 499.3
-, bittere 499.2
-, blanc 499.3
-, weiße 499.3
-, white 499.3
Hicoria 499.2
- blanco 499.3
Hidráulico, bomba de impulsión -a 268.8
Hidrógeno . . 272.3
Hierro . 263.10, 274.4 298.7, 360.8, 503.5, 504.7
- acodado para sujetar 28.2
- -ángulo . . . 231.5
- curvado . . . 423.2
- de sujeción . . 27.8
- - sujetar . . 28.3.4
- - - para diferentes alturas 28.1
- - triscar . . . 349.8
- para fondear 423.1
- - limpiar . . 422.6
- -térmite . 274.1.3.5
Higrómetro . . 464.3
Hilera . . 172.8, 173.1
- de remaches 285.3
- fija 173.5
- giratoria . . . 173.2
Hilfs-docke . . 119.4
-frässpindel . . 195.3
Hilo de lana de madera 484.6
Hinge . . 142.2, 181.7
- pin 181.8
Hinged doghook arm 354.1
- guard with adjustable riving knife 472.1
- plate 87.2
- tool holder . 87.1
Hinter-docke . 76.10
-drehbank . . . 61.6
-drehen . . . 72.8.9
- -, nach der Seite 73.1
-drehter Fräser 200.2
-drehvorrichtung 97.6
- -, seitliche . . 97.7
Hiperbólico, producir una superficie -a 74.8
Hirn-fläche . . 478.4
-holz 478.4
Hirnholz, Arbeit auf 478.5
Hirst 246.7
Hitze, Arbeits- 121.11
-, Schweiß- . . 270.6
Hitzhaube . . . 443.7
- mit Herdfeuerung 444.1
Hob, worm . . 202.5
Hobel 374.3
-apparat, Kurven- 88.1
-arbeit 6.8
-breite 382.8
-, Hand- 383.2
-kasten . . . 391.10
-länge des Tisches 12.10
Hobelmaschine 1.5
-, Abricht- . . . 379.3
-, Balken- . . . 380.2
-, Blechkanten- 3.2
-, Boden- 443.4
-, Bogen- 3.5
-, Brettchen- . . 381.5
-, Bretter- . . . 381.4
-, Dauben- . . . 441.2
-, Dicken- . . . 381.4
-, einseitig offene 2.3
-, einseitige Walzen- 381.1
-, Einständer- . 2.3
-, Flächen- . . . 378.8
- für Bierklärspäne 378.5
- - Holzgeflechtspäne 378.4
-, Furnier- . . . 374.4
-, Gruben- . . . 2.2
-, Hand- 382.4
-, Holzdraht- . . 458.5
-, Holz- - mit Hobeleisen und Zugbewegung 374.2
-, Horizontal- . 2.6
-, Kegelscheiben- 380.3
-, Kehl- 392.4
-, Keilnuten- . . 3.3
-, Kettentisch- . 382.3
-, Kurven- . . . 3.5
-, Lang- . . 2.5, 379.5
-, Leisten- . . . 381.6
-, Nut- 3.3
-, Parallel- . . . 379.2
-, Parkettstab- . 382.1
-, Plan- 379.6
-, Quer- 379.7
-, Radspeichen- 449.3
-, Rundstab- . . 381.3 417.3
-, Sarg- 393.1
-, Säulen- . . . 2.3
-, Scheiben- . . 380.1
-, Schnell- . 4.2, 382.5
-, Seiten- 2.4
-, Senkrecht- . . 3.1
-, Span- 374.4
-, Tangential- . 379.5
-, Tisch- 2.1
- und Kehlmaschine, vierseitige 392.5
-, vereinigte Bogen- und Seiten- 3.6
-, Vertikal- . . . 3.1
-, Wagrecht- . . 2.6
-, Walzen- . . . 380.4
Hobelmaschine, Walzen- - mit frei liegendem Messerkopf 380.6
-, - - - wagrechten und senkrechten Messerwellen 380.5
-, Zahnrad- . . 3.4
-, zweiseitige Walzen- 381.2
Hobelmaschinenbett 4.5
-bock 4.6
-gestell 4.5
-pfeiler 4.6
-säule 4.6
-ständer 4.6
-tisch 5.4
Hobel-maul . . 383.3
-meißel 81.3
-messer, Fasson- 388.2
- -, Form- . . . 388.2
- -, Maschinen- 386.7
- -, Profil- . . . 388.2
- -schleifmaschine 392.2
- -schutzbügel 473.7
-nase 383.4
-schlitten . . . 5.4
-sohle 383.1
-stahl 81.3
- -einspannvorrichtung 86.2
-stichel 81.3
-stück 27.2
-support . . 23.8, 35.9
-tisch 5.4
- -, Antrieb des -es 9.6
- -, Entgleisen des -es 9.5
- -, Kippen des -es 9.4
-vorrichtung, Kegelräder- 44.7
- -, Rund- . . . 44.5
-werk 465.2
Hobeln . 6.2.5, 382.7
-, genau eben . 37.5
- hohler Flächen 44.4
-, hohlrund . . 26.7.8
-, Kegelräder . 44.6
-, rund- 26.5.6
-, Schräg- . . . 24.7.8
-, senkrecht . . 24.5.6
-, vertikal . . . 24.5.6
Hoch-gatter . . 324.1
-glanzpolieren 216.7
-glanzpolitur . 216.9
Höhe, Hub- . . 241.8
Höhensupport zum Fräsen 419.1
Hohl-beitel . . 422.1
-bohrer 413.2
-docke . . 120.2, 421.4
-dorn 198.5
-kehlenstahl . . 422.3
-radgetriebe . . 16.4
-rundhobeln . . 26.7.8
-schleifmaschine 210.2
-spindel . 172.4, 219.2
- -, drehende . 149.4
-stichel 409.7
- -, Schraubenbohrer des -s 409.8
Hoist apparatus, timber 462.3.4

Hoja 328.7, 333.2.3, 335.2, 345.5, 346.7
-, avance de la . 333.1
-, bajada de la . 333.4
- circular . . . 371.3
-s -es montadas sobre el mismo eje 362.9
- - oscilante para acanalar 371.1
- - - - ranurar 371.1
- de chapa de madera 433.7
- - madera . . . 376.1
- - - para cajas 376.5
- - parquet . . 461.4
- - serrar 206.7, 328.3.8, 330.2, 331.4
- - - cilíndrica 372.5
- - sierra 206.6, 328.4, 345.4, 351.4, 352.1, 359.1, 471.2.4
- - - afilada cónicamente 372.4
- - - alternativa 345.3
- - - circular . 371.5, 372.3
- - - - oscilante 370.6
- - - con dientes postizos 349.2
- - -, conducción de la 358.6
- - - de cinta . 359.5
- - - - efecto doble 346.2
- - - - - simple 346.1
- - - - forma cóncava 373.2
- - -, diente de la 347.1
- - -, espalda de la 346.9
- - - perforada 349.1
- - - rematada por listones de acero 331.6
- - -, repasar la 350.8
- - - sin fin . . 359.5
- - -, tensión de la 346.6
- - -, triscar la 349.6
- - tijera . . . 236.8
- - traslación . 366.3
- floja . . 346.3, 353.5
- inclinable, sierra de cinta de volantes graduables y 357.6
- múltiple . . . 363.5
- sin fin . . . 358.7
Hold up, to . . 284.8
-, to - by magnetic action 220.3
-, - - the work between centres 111.1
Holder, cutter . 169.3, 375.4
-, die 243.9
- for drilling rails 166.3
-, knife 375.4
-, plate 278.4
- up . . . 184.6, 278.2
-, post tool . . . 127.1
-, tool 86.3.5, 52.3, 126.6, 127.6
Holdfast 420.1
-, hand screw 341.10
Holding device, magnetic 220.1
Holding down plate 407.2
- - the work by hydraulic pressure 239.1
- - - - - screw pressure 239.1
- flange 30.4
- spike 363.7
- the die . . . 243.6
- - punch . . . 243.5
- - work by electromagnetic action 116.3
Hole, blind . . 147.5
- boring cutter 203.4
-, centre 111.3
-, circular . . . 240.2
-, clearance . . 244.4
-, cut out . . . 239.9
-, drilling of -s 145.3
- in the die . . 243.2
- of face plate 116.1
-, pitch of -s . . 146.4
-, recess 147.5
-, rectangular . 240.3
-, round 240.2
-, scraping out of -s 54.8
-, series of -s . 133.1
-, shrinkage . 277.10
-, smooth . . . 240.1
-, to drill a finished 147.1
-, - mark off the 146.5
-, - punch -s . . 239.3
Hollow 297.3
Hollowed face . 326.6
Hollunder . . . 505.8
Holly 502.11
- oak 498.8
Holm oak . . . 498.8
Holz 475.2
-abfall 483.9
-, abgestandenes 485.8
-abscheidevorrichtung 469.6
-alter 485.2
-, Arbeiten des -es 488.10
-, Ast- 479.5
-, astfreies . . . 484.9
-, ästiges 485.1
-, astreiches . . 485.1
-ausfuhrseite . 336.1
-balken 482.2
-, Bau- 479.10
-bearbeitungsmaschine 320.1
- -werkstatt . . 461.2
-beförderungswagen 462.1
-biege-form . . 431.5
- -maschine . . 431.1
-, Bleistift- . . . 496.9
-, brausches . . 485.8
-, Breitschnitt- . 482.3
-, Brenn- 483.6
-, brüchiges . . 485.8
-, Bündel- . . . 483.7
-, Dämpfen des -es 432.6
-, das - um neunzig Grad kanten 334.6
-, Derb- 480.9
-, die Hölzer ausrichten 335.5
Holzdraht . . . 452.3
-abschlagmaschine 453.4
-bündelvorrichtung 455.3
-hobelmaschine 453.5
-poliertrommel 455.2
-putzmaschine 454.5
-schneidmaschine 453.6
-trocken-trommel 454.4
- -vorrichtung 453.7
Holz-drehbank 414.1
- -, Support- . . 415.1
- -, Universal- . 415.2
- drehen 417.6
-durchgang . . 335.7
-einfuhrseite . 335.8
-, elastisches . . 485.4
-fällung 485.3
-faser 477.2
-fehler 489.7
-felge 450.4
-fräser 399.5
-fräsmaschine 397.8
-, Ganz- 480.4
-, gebogenes . . 432.5
-, gedämpftes . 432.8
-, gedörrtes . . 487.5
-geflechtspäne, Hobelmaschine für 378.4
-, geschnittenes 481.7
-, gradfaseriges 477.8
-, grünes 486.7
-güte 484.7
-, Halb- 480.5
-, Handels- . . 479.9
-härte 486.4
-, hartes 486.5
-hobelmaschine mit Hobeleisen und Zugbewegung 374.2
-, Kant- 481.3
-kantenbestoßmaschine 439.4
-, Kern- 475.6
-, Knüppel- . . 481.1
-, Kokospalmen- 496.10
-kran 462.7
-krankheit . . 489.3
-, kraus gewachsenes 477.10
-krebs 493.9
-, Kreuz- 480.6
-, Kron- 484.3
-kropf 493.8
-, krummgewachsenes 489.9
-kugeldrehbank 417.2
-, Lang- 480.8
-, Langschneiden des -es 333.5
-lehre 329.4
-, leichtes . . . 488.3
-, loses 488.4
-, lufttrocknes . 487.4
-, maseriges . . 490.6
-maserung, die - - nachahmen 438.8
-, Nachdunkeln des -es 487.7
-platte 483.1
-pore 476.10
-presse 434.1
Holz, Quellen des -es 488.5
-, Querschneiden des -es 333.7
-querschnitt . 475.4
-reifen 435.2
- - -biegemaschine 435.1
-riemenscheibe 435.3
-ring 476.7
-röhre 476.10
-, Rund- 480.1
-, saftfrisches . 486.7
-säge 320.2
-scheibe 479.8
-, Scheit- 481.2
-schere 409.1
-, Schicht- . . . 481.3
-schicht 261.6
-schleifmaschine 408.1
-, schlicht gewachsenes 477.9
-schliff 484.1
-, Schnitt- . . . 481.7
-schwamm, echter 494.1
- -, unechter . . 494.2
- -, weißer . . . 494.2
-, schweres . . 488.2
-, Schwinden des -es 488.7
-, Sechstel- . . . 480.7
-spaltmaschine 429.2
-spielwarenfabrik 467.8
-, Splint- 476.2
-, Splitter- . . . 454.6
-, sprockes . . . 485.8
-stamm 475.3
-stange 482.9
-stanzmaschine 439.1
-staub 483.11
-, Stock- 479.4
-, Stollen- . . . 480.7
-, Struktur des -es 476.8
-stuhl, Kreissäge mit 360.9
-trockenanlage 463.8
-, trockenes . . 487.2
-, Trockenspalten des -es 489.6
-, Tropen- . . . 494.8
-unterlage . . . 261.6
-, Viertel- . . . 480.6
-, vorgebeiltes . 335.1
-, vorgeschnittenes 481.6
-, waldtrocknes 487.3
-, weiches . . . 486.6
-wolle 484.5
- -fabrik . . . 465.5
- -faden 484.6
- -maschine . 377.1
- - -, doppelte . 377.2
- - seil 378.3
- - -, Spinnmaschine für - - -e 377.8
-, Wurzel- . . . 479.3
-, zähes 485.6
-zelle 476.9
-zerkleinerungsmaschine 429.1
-zuschiebewagen 369.1
Hone 222

Hongo que vive sobre los coníferos 494.2
Hook bolt . . . 30.2
-, dog . . . 343.7, 354.2
- lever, dog . . 462.6
-, S- 51.3
- tool . . 125.1, 423.1
- -, finishing . . 125.3
- -, pointed . . 125.2
Hooke, articulación en cruz sistema 91.7
-, articulation universelle de 91.7
-, giunto a cardano di 91.7
-, - universale di 91.7
-, joint universel de 91.7
Hooke's joint . 91.7
Hookesches Gelenk 91.7
Hoop 445.4.6.7
- driving machine 445.5, 446.2
Horadamiento del agujero de colada del hierro-térmite 276.5
Horadar, máquina de (v. „máquina")
Horde 454.3
Horizontal-bohrmaschine 129.3
-feilmaschine . 38.4
-gatter 325.2
- - mit mehreren Sägen 325.3
- -sägeangel . 331.5
- -, Zuschiebevorrichtung für 339.9
-hobelmaschine 2.6
-kreissäge . . . 368.7
-stoßmaschine . 45.3
Hornbaum . . 498.3
Hornbeam . . . 498.3
Horno de caldear remaches 289.4
- - calentamiento previo 455.7
- - calentar remaches 289.4
- - fósforo . . . 456.2
- - parafinar . 456.1
- - secar machos de fundición 315.4
- - - para moldes de fundición 315.5
Horquilla cerrada para la correa 84.4
- de embrague 153.7
- - soporte . . 119.7
-, en forma de . 194.6
- para la correa 26.3, 84.3
Horse, bending 436.5
- chestnut . . 500.10
Hot, riveting . 289.1
- riveting . . . 288.8
Housing of planing machine 4.6
Hoyo 372.6
Hoz, en forma de 94.3
Hub 244.3
-begrenzung . 15.3
- des Scherblattes 241.8
-höhe 241.8
- - des Stößels 52.6
-, Maschinen- . 12.9
-rolle 250.1
-säge 208.4
-, Scherblatt- . 241.8
-scheibe 235.7
-schraube . . . 141.3
-spindel 182.8
-stange 249.2
- -, keilförmige 249.7
-stangenbefestigung 249.8
-, Stößel- . . . 43.7
-verstellung, Spindel zur 41.1
-walze 250.1
-wechsel 12.8
- -, stoßfreier . 15.2
-zahl des Stößels 52.7
-zeit 263.2
Hub 450.2
- boring and mortising machine 449.2
- mortising machine 449.1
Hueco . . 297.3, 312.2
- entre dientes 348.1
Huella del punzón 146.7
Huile . . 76.3.5, 145.10 187.4, 223.10
- de térébenthine 122.6
- minérale . . . 256.8
Hülse 41.2
-, Bohr- . 149.7, 168.2
Hülse, Bohrspindel- 156.2
- für Führung der Spindel in Nut und Feder 150.4
-, Hammer- . . 246.7
-, Index- 189.7
-, Konus- . . . 168.2
-, Reit-nagel- . . 117.4
-, -stock- . . . 117.4
-, Spindel- . . . 191.7
-, Treib- 156.2
-, Werkzeug- . 256.4
Hülsenbund . . 41.4
-flansch 41.4
-lager 41.3
Humedad . . . 486.9
- del aire . . . 464.3
Humidité . . . 486.9
Humidity . . . 486.9
Hurdle 454.3
Husillo 57.5, 77.1, 80.3 132.8, 171.2, 343.8
- articulado . . 198.4
-, cabezal de . . 48.4 76.7, 151.7, 217.8
-, caja de . . . 76.7
-, casquillo del 378.1
-, cojinete del . 77.5
- de avance 51.9, 159.2
- - disparo . . 51.9
- - fresar 195.1.5, 197.2
- - - graduable 195.4
- - - principal 195.2
- - - secundario 195.3
- - graduación de la carrera 41.1
- - guía 58.1
- - la lira . . . 25.2
- - - mesa . . . 193.1
- - - refrentar 108.6.8
- - - con ranura á lo largo 109.1
- - rosca sin fin articulado 193.4
- - - - - de caida 193.4
- - taladrar . . 149.5 152.5, 153.2, 160.1 167.7 410.3
- - -, avance del 158.8, 159.7, 160.4
- - - con cremallera 160.5
- - - - movimiento de avance por tornillo 161.3
- - torno 77.1
- - trabajo 77.1, 195.1
Husillo de trabajo con espigas cónicas y cilíndricas 79.4
- - - en el brazo superior 398.3
- del carro transversal 109.8
- - curso de la mesa 182.8
- - movimiento de la mesa 182.6
- - - transversal del carro 110.4
- - tope 182.7
- -divisor . . . 198.7
- guiador 11.1.2.4, 25.4 109.4.5.6, 110.3
- - roscado . . 108.7
- helicoidal . . 10.8
- hueco 172.4
- intermedio . 189.4
- porta-brocas . 148.3
- - -s, disposición del - - - en su cojinete 150.6
- - - móvil . . 149.6
- - -fresa 195.1, 197.7
- - -muela . . . 217.9
- - -taladro . . 410.2
- - -útil 149.3
-, prensa de . . 232.2 247.7, 257.6
- principal del movimiento motor 40.2
- roscado . . . 183.1
- sin fin . . . 193.3.6
-, soporte del 76.8, 77.4
- telescópico . 183.3
- vertical . . . 398.1
Hydraulic accumulator 267.7, 300.3
Hydraulique, machine 445.2
Hydrogen . . . 272.3
Hydrogène . . 272.3
Hydropneumatique, accumulateur 268.3
Hygrometer . . 464.3
Hygromètre . . 464.3
Hyperbelräder, Antrieb durch 157.6
Hyperbolic wheel drive 157.6
Hyperbolisch, eine -e Fläche erzeugen 74.8

I.

I-iron shearing machine 231.4
Ibenbaum . . . 494.9
Idraulico, pompa a comando 268.8
Idro-pneumatico, accumulatore 268.3
Idrogeno . . . 272.3
If commun . . 494.9
Igelföhre . . . 495.8
Ignitionmixture 274.8
Igrometro . . . 464.3
Igualar . 302.3, 383.6 467.3
Igualar aparato de - á mano 455.1
-, el - la muela con diamante 225.6
- la arena . . . 302.2
Ilex 498.8
Imbarcarsi 488.12, 489.3
Imbarcatura . 488.11
- di traverso . 489.2
- per il lungo . 489.1
Imbusso 143.7
Imbuto della colata 277.1.6
Imitar la fibra de madera 438.8
-, máquina de (v. „máquina")
Imitare la fibra di un legno 438.8
Imitate, to - the grain of wood 438.8
Imitation . . . 438.7
Imitazione . . . 438.7
Imiter la texture fibreuse d'un bois 438.8
Imiter les fibres d'un bois 438.8
-, machine à (v. „machine")
Imitiermaschine 438.7
Immergere 456.10, 457.3
-, apparecchio per 457.2.4
-, macchina per (v. „macchina")
Immergrüne Stecheiche 498.8
Immersione . . 455.5 457.5.6

Immobiliser la contre-pointe 118.5
Impacchettare, macchina per (v. „macchina“)
Impastatore . . 458.2
Impellicciatura 376.1 483.2
-, calandra per -e 434.6
-, cilindri compressori per -e 434.6.7
-, coltello per -e 375.1
-, fabbrica di 465.3.4
-, foglio di . . . 483.7
-, lama fissa per -e 375.1.2
-, macchina per -e 374.4
-, piallatrice per -e 374.4, 376.2.3
-, pressa per -e 434.2.3
- sagomata, apparecchio per curvare -e -e 433.5
-, sega da ebanista per -e 325.6
-, tagliare -e . . 375.8
Imperfezione del legno 489.7
Impianto d'essiccatoio per legno 463.8
- pel trasporto dei trucioli 469.3
- per piallatura del legno 465.2
Imposta del piede sul pedale 54.7
Impregnar . . 456.10
- fósforos . . . 455.5
-, máquina de (v. „máquina“)
Imprégnation du bois 438.4
Imprégner le bois 438.5
Imprigionarsi . 471.3
Imprimere . . . 439.3
-, macchina per (v. „macchina“)
Impugnatura 256.4.5
- con leva di arresto 160.2
- del guidacinghia 158.6
- della manovella 190.2
- - pialla . . . 383.4
Impulsión 50.1, 162.7
- automática . 164.1
-, disposición de 370.2
- por leva . . 235.5
- - tornillo . . 285.4
- - trinquete, mecanismo de 234.4
Impulso, mecanismo de - por trinquete 234.4
-, rueda de - del avance 339.6
- sistema Müller 249.9
Incassatura . . 148.1
Incastellatura . 8.4 130.6, 133.3, 233.4 258.5, 279.6
- a C 181.2
- - cassa . . . 188.4
Incastellatura a cavalletto 310.5
- - collo d'oca 181.2 233.3
- - - - ripiegato 188.4
- - colonna . . 366.5 379.4
- - gabbia . . . 233.2
- - gola 233.3
- - telaio . . . 233.2
- del maglio . . 258.2
- - - a due montanti 258.6
- - - - montante doppio 258.6
- - - ad un montante 258.3
- della cesoia . 233.1
- - fresa 130.4
- - macchina da spinare 54.2
- - trancia . . 233.1
- di ghisa . . . 360.8
- - legno . . . 360.9
- - piallatrice . 4.5
- - trapano . . 138.2
- fissa 360.6
- indipendente 355.8
-, larghezza della 233.4
- principale . . 130.6
Incastrarsi . . . 471.3
- della lama di sega 471.2
Incastrato . . . 427.2
Incastratura di una tavola 396.1
Incastro . 395.6, 425.7
- a coda di rondine 426.6
-, altezza degli -i 426.2
-, assicella con giunture a -i 426.9
- diritto . 425.1, 426.4
-, distanza degli -i 426.1
-, fare un. . . . 395.5
-, fresatrice per fresare giunture a -i 424.2
-, guidacinghie ad 19.6
-, larghezza dell' 426.3
-, lunghezza di un 395.7
-, macchina per -i 394.3.4.5
-, - - far giunture a -i 424.1, 425.3
- obliquo 425.2, 426.5
-, passo degli -i 426.1
-, saracco a -i . 425.5
-, sega a mano ad -i 425.4
-, - circolare per fresare giunture a -i 424.3
-, tagliare -i . . 425.6
Incavato, banco 64.2
Incavo 64.2.7
Inchiavettato, bussola -a 150.4
Inchiodarsi . . 471.3
Incidencia 31.7, 121.4
Inclinable, table de scie 365.7
Inclinación de la hoja de serrar 206.7
- - - mesa de cepillar 9.4
- - - pieza de labor 238.8
- - las hojas . . 335.2
- del cabezal . 52.5
- - porta-útil . . 52.5
Inclinaison . . . 237.9
- de la ligne des pointes de dents 335.3
- - - pièce à cisailler 238.8
- - - scie 206.7
- des lames . . 335.2
- du coulisseau 52.5
Inclinazione del disco della sega 206.7
- - pezzo da lavorare 238.8
- della sega . . 335.3
- - tavola 9.4
- delle lame . . 335.2
Incliner 335.4
Incollare 466.5
-, macchina per (v. „macchina“)
Incrinatura dei denti 348.10
Incudine . . 260.5.6.7 261.3.4.5
- a fondazione indipendente 261.7
Incurvare . . . 290.7
Incurvatura . . 290.8 297.2
- della doga . . 440.5
Incurver 290.7
Indépendant, machine à percer -e 130.6
Index 134.4
-hülse 189.7
- pin 189.9
-ring 189.8
- sleeve 189.7
-stift 189.9
India rubber ring 260.2
Indicador de pasos de rosca 101.3
Indicateur de filetage 101.3
Indicator . . . 101.3
Indicatore del filetto 101.3
Índice 134.4, 189.7.8.9
Induction . . . 21.5
Infortunio . . 470.6.7
Infracidamento 492.2
Inglete . . 366.4, 408.7
Ingot steel . . . 33.8
Ingranaggio 9.8, 17.1 86.4, 118.1, 160.4, 339.3
- a corona interna 16.4
- - denti elicoidali 10.7, 90.2
- - ginocchio . 192.1
- - gomito . . . 192.1
- - gradini . . 86.3
- - vite perpetua 156.8
- - - senza fine 156.8
Ingranaggio, arresto per denti di -i 193.7
-, cambio di marcia ad -i 15.7
-, cassa d' -i . . 88.2
- cilindrico, meccanismo di cambio della marcia ad -i -i 16.1
- - montato su braccio di leva 104.6
- - scorrevole . 104.4
- - spostabile . 104.4
-, comando ad -i 85.1
-, copertura dell' 362.5
- d'angolo . 16.5, 17.1
- della catena . 339.2
-i della marcia di ritorno 16.2
- di alimentazione 364.8
- - arresto . . . 338.6
-i - assortimento 87.7
- - cambio . . 88.7
- - comando dell'avanzamento 51.10, 159.3
- - entrata . . 364.8
-i - inversione 15.6
-i - ricambio . 87.6 155.6
- - sortita . . . 365.1
- divisore di avanzamento 339.7
- doppio . 10.2, 16.6
- - di ritardo . 86.1
- ellittico . . . 13.5
-, formatura d'-i 311.5, 312.6
-, fresa per -i . 202.3
-, fresare -i . . 186.3
-, - denti d' -i . 186.3
-, fresatrice d'-i 178.5.6
-, fresatura dei denti d' 186.4
-, - - piani degli -i 186.4
-i gradinati a velocità variabile 86.2
-i intermedi sistema „Richards“ 87.1
- intermedio . . 16.3
- - di trasporto 87.2
- - disinnestabile sistema „Norton“ 87.3
-, macchina per formare -i 311.4.6, 312.5, 313.1.2.4.5
-, meccanismo ad 15.8, 16.4
- motore 40.9
-, piallatrice per -i 3.4
-, rapporto degli -i 80.9
-, rinvio ad -i . 85.2
-, ruota ad . . . 9.8
-, sbozzatura degli -i 186.5
-, - dei denti d' 186.5
-, sgrossatura degli -i 186.5
-, - dei denti d' 186.5

Iniziare l'avanzamento 336.4
Innalzamento . 89.3, 141.3
Innen-feuer . . 276.4
-fräser 204.2
-gewinde, Gewindestahl für 126.1
- -stahl 126.1
-riß 491.1
-schleifen . . . 215.3
Innestare . 20.8, 25.9
- la puleggia a gradini 92.2
Innesto 51.6, 85.6, 92.4, 94.4, 158.4.7, 163.4, 194.1, 375.7
- a coni di frizione 41.7
- - denti 93.2.3, 155.4, 158.6, 164.8
- - frizione 21.7, 41.5, 89.5, 93.8
- - - ad anello 21.9
- - - con doppio cono 21.3
- - - del movimento trasversale 104.1
- - -, meccanismo d'inversione con 89.5
- - griffe . . . 93.3
- - spina 93.6, 155.5
- automatico . 21.2
- cilindrico a frizione 94.5
- - - - ad anello 94.5
- conico 17.1
- del movimento longitudinale 103.8
- - - trasversale 103.9
- - - - a mezzo di ingranaggio cilindrico montato su braccio di leva 104.5
- - - - - - - - - scorrevole 104.3
- - - - - - - - - spostabile 104.3
- dell' avanzamento longitudinale 102.7
- - - trasversale 103.1
Innesto della madrevite 109.7
- - -, dispositivo di 11.4
- disinnestabile 158.5
- doppio 93.5
- e disinnesto . 158.7
- istantaneo . . 22.1
-, meccanismo di 20.7
- senza urto . . 93.7
Insenatura . . 297.3
Inserire il mandrino 113.5
- - -, apparecchio per 113.6
Installation pour dérouler les bois ronds 465.4
- - l'enlèvement des copeaux 469.3
- - le séchage du bois 463.8
Intagliare . . . 398.3
Intelaiatura . . 427.6
Intercambiabile, disco divisore 189.6
Intercambiabilidad 105.1
Interchangeabilité 105.1
Interchangeability 105.1
Interchangeable, disque 189.6
- knife 204.6
Intercooler . . 255.4
Intermédiaire, transmission 81.6
Intermediate shaft, adjustable 92.1
- wheel 87.1
- -, swinging . 87.3
Interno 204.2, 210.2, 215.4
Interruttore . . 42.7
Interstizio tra le cellule del legno 476.10
Intestare 353.6, 363.3, 367.3, 439.6
Intestatura . . 478.4
Introducción de maderas cortadas por rodillos 385.6
Introducción del modelo en la máquina de peine 306.4
-, disposición de 385.6
-, rodillo de 337.4.5.6, 363.1, 385.7
-, punta de . . 411.5
-, rueda de . . 364.8
Introducir el remache 283.7
- - roblón . . 283.7
- las maderas . 369.1
Introduction . 276.9, 337.4, 450.3
Introduire . . 448.4
Introdurre il chiodo 283.7
- le razze nel mozzo 450.2
Inversion, mécanisme d'- du sens de rotation 89.3
Inversión . 89.4, 305.5
- automática de la dirección de movimiento 15.1
- de la dirección de movimiento por correa 17.2
- - - - - rotación 89.2
- de marcha . 19.2.3, 197.1
- - -, mecanismo de 89.3
- - - por aire comprimido 52.1
- - - - leva y tope 18.7
- - movimiento, mecanismo de - - - por correa 17.3
- - - por engranajes 15.7
- del movimiento 12.6
-, mecanismo de 15.6
-, - - - por engranajes 15.8
-, - - - - - derechos 16.1
Inversione 15.6, 88.1, 89.4, 103.4
Inversione automatica del movimento 14.8
- del movimento 42.6
- - - a cinghia 48.9
- - - ad aria compressa 52.1
- - - - eccentrico 42.4
- - - della marcia a mano 159.6
- della marcia a mano 101.7
- di marcia . . 14.7
- - - del carrello 101.4
- - - elettromagnetica 21.4
- - -, meccanismo di 20.6
- - movimento 12.6
-, meccanismo di 89.3, 89.5
Invertir la marcha 14.6
Invertire la marcia 14.6
Iperbolico, produrre una superficie -a 74.8
Ippocastano . 500.10
Iron, angle . . 231.5
-, back 387.4
-, bending . . . 436.4
-, chamfering . 388.1
-, double plane 387.3
-, fixed back . . 387.5
- frame 360.8
-, grooving . . 397.2
-, I- 231.4
-, moulding 388.2, 393.6
-, plane . 387.3, 392.2
-, thermit . . . 274.3
-, to draw out the 263.10
-, tonguing . . 397.5
- wood 504.7
- -, South American 503.5
Isbalzo 224.5
Isolé, scie -e à découper 355.8
Istallazione per spaccare legna da ardere 468.4
Italian poplar . 497.9
Italienische Pappel 497.9

J.

Jable . . 441.7, 442.1
- de douve . . 441.4
-, faire les -s . 442.1
Jabler, machine à 441.6, 442.2
Jacaranda 504.9, 505.1
- brasiliana . . 505.1
- ovalifolia . . 504.9
- wood 505.1
Jack 183.1
Jahresring . . 476.7
Jakarandaholz 505.1
Jalousie 467.9
-fabrik 467.9
Jamb, to . . . 471.3
Jambage 250.5.6, 258.4
Jambe de soutien 139.7
Jambing of the saw blade 471.2
Jante . 419.2, 450.5.6.7, 451.1.2
- en bois . . . 450.4
Jarrah 504.4
Jauge 329.3
- en acier . . . 329.5
- - bois 329.4
Jaw . . . 172.2, 172.3
- chuck 114.4
-, gripping 114.6, 144.3.5
-, main 279.6
-, self-gripping 269.6
-, setting . . . 350.4
-, V-shaped gripping surface of -s 144.4
Jerk 15.2
Jet libre 318.1
Jeu . . 112.3.4, 263.8
- de fraises . . 205.2
-x - modèles pour machines à mouler les poulies 307.6
Jib crane . . . 463.7
Jig 96.8
Jigger machine, self-contained 355.8
Jockey pulley . 88.3
Joiner 465.9
-, general . . . 399.3
-'s saw bench . 365.2
Joinery, builders 465.10
Joinery works, machine 465.8
Joint, ball . . . 188.3
-, - and socket . 191.2
-, Cardan universal 158.2
-, Hooke's . . . 91.7
-, universal 91.7, 158.1, 191.1
-, - and socket 191.2
-, to 395.4
Joint . . 395.3, 400.1
- à la Cardan 158.1.2
- Cardan . . . 158.3
- de douve . 441.3.4
- - soudure . . 270.8
- en cuir . . . 266.3
- maté 287.2

Joint rivé . . . 285.3
- sphérique . . 188.3
- universel . 158.12
- - de Hooke . 91.7
Jointage 395.2
Jointed gear plate 192.1
Jointer 395.4
- les douves . . 367.1 441.4.5
- - fonçailles . 443.2
Jointing, box - and assembling machine 427.7
- cutter 400.1
- edge 395.3
- machine . . . 394.2 395.1
- -, disc stave . 441.4
- -, head 443.2
- -, stave 441.3
- surface . . . 395.3
- the boards . 395.2
Joist shearing machine 231.4
Jolting machine 269.4
Jonc 484.3
Joue 144.4
- de chape . . 330.4
- - guidage . . 364.6
- - la pince à donner de la voie 350.4
- - - tuyère . . 316.5
- - protection pour les doigts 472.8
-s matrices de coudage 292.5
-s - - pliage . . 292.5
Jouet en bois . 467.8
Journal 79.4.8
-, conical . . . 77.9
-, cylindrical . 78.2
-, tapered . . . 77.9
Juego de fresas 205.2
- - modelos para poleas de transmisión 307.6
Juglans cinerea 499.1
- regia . . . 498.12
Juguetes de madera 467.8
Jump up, to . . 270.1
Jumping up of straight bars 269.7
- - the saw teeth 350.5
Juniper 496.7
-, Virginian . . 496.9
Juniperus communis 496.7
- sabina 496.8
-, Virginiana . 496.9
Junta, cubrir la 285.7
- de duela . . 441.3.4
- - suelo 443.2
Junta, fresa para -s 400.1
- hermética de la costura de remaches 286.8
Juntar, aparato de - las duelas de barriles pequeños 444.7
-, máquina de - las duelas y colocar los bandajes 445.5
-, - hidráulica de - las duelas por presión 445.2
-, prensa de - las duelas por presión 445.1
-, sierra de - duelas 441.5
Justierung der Frässpindel 196.3

K.

Kaliaturholz 503.10
Kalksandstein . 222.8
Kalt-nieten . . 289.7
-säge 206.2
-sägen 206.3
Kamm 88.5
-zapfen 294.5
Kammer, Wind- 254.7
Kampferbaum . 500.1
Kanadische Pappel 497.8
Kanal, Druck- . 254.6
-, Loch- 244.4
-, Ring- 252.3
-, Saug- 254.5
Kannelier-apparat 399.4
-fräser 400.6
Kanonen-bohrer 167.1
-rohr-bohrmaschine 185.5
- -drehbank . . 59.4
Kansasstein . 222.10
Kansas stone . 222.10
Kante, abgefaste 418.6
-, Lochring . . 243.4
-, Schneid- . . . 120.9
-, Stempel- . . . 242.3
Kanten, das Holz um 90° 334.6
Kantenwinkel . 240.7
- der Leiste . . 66.1
Kanthaken . . 344.5
Kantholz . . . 481.8
- kreissäge . . 361.4
Kappe, Stahl- . 178.4
Kappenriß . . 491.5
Kappsäge . . . 370.3
-, horizontale . 370.4
-, liegende . . . 370.4
Kapselmutter . 77.7 195.8
Karbid, Calcium- 272.5
Karborundum . 223.6
-schleifscheibe 223.7
Karre 340.6
Karren, Block- 340.6
-, Zuschiebungs- 340.6
Karri 504.5
Karusseldrehbank 61.1
Kaspische Weide 497.3
Kastanie, echte 498.5
-, Edel- 498.5
-, Roß- 500.10
Kasten, Aufspann- 30.5
-bett 183.4
-, Kehrgetriebe- 197.1
-, Ober- 303.1
-, Räder- 88.2
-, Sand- 316.8
-, Spindel- . . . 76.7
-, Steuer- 251.9
-tür 181.6
-, Unter- 303.2
-wand 303.3
-, Wechselräder- 88.7
-, Wendegetriebe- 197.1
-zwinge 428.1
Kauen 242.1
Kautschukring 260.2
Keep, to - apart 471.9
-, - - open . . . 471.9
-, - - the face of the pulley clean 358.2
Keeping open of the saw kerf 471.8
Kegel, Doppel- 21.8
-, Einheits- . . . 199.4
-, Gegen- 94.1
-kupplung . . . 17.1
-mühle 457.9
-räder-hobelvorrichtung 44.7
- -wendegetriebe 16.5
- - - mit Kegelkupplung 17.1
-, Reib- . . . 41.6, 93.9
-reibungskupplung 41.7
-scheibe . 224.3, 388.5
-scheiben-hobelmaschine 380.3
- -messer . . . 388.6
-schleifen . . . 215.2
Kegel, Ventil- . 268.2
Kegelig, -er Fräser 201.1
-e Löcher, Fräser für 201.1
-e Reibahle . . 205.8
Kegeligdrehen 72.4
- mit Leitlineal 96.5
Kehlenzahn . . 348.6
Kehl-hobelmaschine 392.4
-kopf 393.5
-leistendruckgerät 393.4
- -fabrik 465.6
-maschine für kegelige Leisten 393.1
- - - konische Leisten 393.1
- -, vierseitige Hobelmaschine und 392.5
-messer 393.6
- -schleifmaschine 394.1
Kehlung 393.2
Kehrgetriebe 15.6, 89.3
-kasten 197.1
Keil, Angel- . . 330.5
-angel 330.3
-aufsetzer . . . 330.9
-, Blatt- 330.6
-, Doppel- . . . 330.7
-, Feder- 150.5
-förmig, -e Hubstange 249.7
-hammer, Sägen- 330.10
-, Kuppel- . . . 158.7
-loch . . . 150.2, 168.1
-nut 55.5
-nuten-fräsmaschine 177.3
- -hobelmaschine 3.3
- -ziehmaschine 3.3
-riemen 91.4
- -rolle 91.5
-scheibe 472.4
-, Schließ- . . . 106.7
-, Spalt- . 480.6, 472.3
Keil, Spring- . 158.7
-spundung . . . 396.6
-stützung des Stichels 127.3
-treiberloch . . 196.1
-, Unterleg- . . 30.1
-winkel . 31.6, 121.5
-, Zieh- . . 158.7, 164.7
Keller, Späne- . 470.5
Kerbe 194.5
Kerf 332.6.8
-, width of . . . 332.7
Kern 475.6
-büchse 309.1
-drehbank . . 309.4
-fäule 493.2
-formmaschine 308.6
-holz 475.6
- -baum 494.6
-riß 491.2
-schäle 491.6
-stück 309.3
-trockenofen . 315.4
Kessel-bohrmaschine 183.6
-mantelbohrmaschine 184.5
Kette, Band- . 367.6
-, Fräser- . . . 399.1
- mit Gegengewicht 161.2
-, Schalt- 96.4
-, Transport- . . 367.6
Ketten-antrieb . 84.8
-fräse 398.6
-führung . . . 99.8
-rolle 339.2
-säge 399.2
-tischhobelmaschine 382.3
Key . 49.6, 150.5, 164.7
- buckle 330.3
- for tightening eccentrics 331.2
- way 55.5
- - cutter . . . 58.6
- - cutting machine 3.3
- - planing machine 3.3

Key way slotting machine 45.5
Keyed bush . . 150.4
„Kick-stamp" for wood blocks 430.3
Kicking up of the wood 471.6
- - - - work . . 288.8
Kiefer, amerikanische Terpentin- 496.1
-, Berg- 495.6
-, gemeine . . . 495.5
-, Krummholz- . 495.6
-, Schwarz- . . 495.7
-, See 495.8
-, Stern- 495.8
-, Strand- . . . 495.8
-, Weymouth- . 495.9
-, Zirbel- . . 495.10
Kieselsandstein 222.7
Kimme 441.7
Kimmungen, die - einschneiden 442.1
Kippen des Hobeltisches 9.4
- - Werkstücks 288.8
Kipptisch . . . 140.7
Kirsche, Ahl- . 502.3
-, Felsen- . . . 502.2
-, Kornel- . . . 504.6
-, Süß- 502.1
-, Trauben- . . 502.3
-, Vogel- 502.1
-, Wald- 502.1
-, Wild- 502.1
Kissen, Luft- . 259.9
Kiste, Maschine zum Zusammenfügen von -n 427.7
Kisten-fabrik . 468.2
-nagelmaschine 428.2
Kitten, Befestigung des Werkstücks durch 220.5
Klammer . . . 343.7
-haken 343.7
Klappe 37.2
Klappenträger 37.1
Klaue 18.8
-, Greif- 276.1
-, Schieb- . . . 339.8
-, Spann- 341.3
-, umlegbare . . 19.8
Klauen-kupplung 93.3, 158.6
- -, Spindelstock mit 155.4
-muff 158.4
-muschel . . . 158.4
Klebmaschine, Schachtel- 458.9
Klebrige Erle 497.10
Kleinblätterige 500.2
Kleisterkocher 459.7
Klemm-anschlag 189.3
-backe 171.5
-bolzen 183.6
-futter . . 114.2, 420.3
-griff 152.2
-kegel, geschlitzter 104.2
-klinke 23.4.5
-kupplung . . . 104.1
Klemm-mutter 152.2
-platte 126.8
-schraube . . . 43.4
Klemmung, Exzenter- 118.4
Klinke 96.3
-, Anschlag mit drehbaren -n 108.2
-, Klemm- . . . 23.5
-, Kuppel- . . . 158.7
-, Schalt- 23.3
-, Sperr- 23.3, 194.4, 338.4
Klinkenvorschub, intermittierender - mit Zahnradübersetzung 339.3
-, ruckweiser - mit Zahnradübersetzung 339.3
Kloben 181.7
-, Anschlag- . . 193.2
-, Aufspann- . . 28.6
-, Spann- . 28.6, 116.2 197.5
Klotz, Druck- . 304.4
-führung . . . 263.7
-, Gleit- 326.7
-, Pockholz- . . 326.8
-, Stütz- 116.7
-, Unterleg- . . 29.4
-wagen 340.6
-winde 345.3
Kluft, Ring- . . 491.7
-, Spiegel- . . . 492.1
Kluppe 172.5
Knagge 18.9
-, Stoß- 193.2
-, Tür- 181.7
-, Umsteuer- 18.9, 193.2
Knebel, Brems- 152.3
-griff 103.6
Knee 182.4
Kniehebel 189.1, 234.9
-nietmaschine . 281.1
-presse 264.8
Knie, Räder- . 192.1
-stück 188.2
Knife . 204.5.6, 375.2 386.9, 387.4.6, 390.5.6 392.1, 472.3
- back irons . . 375.6
- blade support 389.7
- for conical cutter disc 388.6
- - cutter block 388.7
- - - disc . . . 388.4
-, ground planing 386.8
- holder . 375.4, 453.3
- slide 375.3
- supports . . . 375.5
-, to change the knives 388.8
Knob 181.9, 189.10, 194.8
- of catch . . . 92.7
Knock out, to - - the rivets 289.9
Knopf 189.10
-, Ausrück- . . . 194.8
-, Kordel- . . . 181.9
-, Kugel- 202.2
-, Mitnehmer- . 92.7
-, Tür- 46.6
Knot 493.7
Knoten, Ast- . 493.7
Knüppelholz . 481.1
Knurl, to . . . 74.9
Kochen 432.9
Kocher, Kleister- 459.7
-, Phosphor- . . 457.7
Kochgerät, Leim- 466.6
Kohlungsstahl . 34.6
Kokospalmenholz 496.10
Koksfüllung . . 214.2
Kolben, Arbeits- 278.3
-, Druck- 278.3
-fläche 251.3
-, Hammer- . . 251.2
-, hintereinanderliegende 266.1
-, Luftpumpen- 254.3
-, Mönchs- 236.6, 265.6
-, nebeneinander liegende 265.8
-, Preß- 265.5
-, Pumpen- . . . 268.5
-ringschleifmaschine 209.4
-, Rückzug- . . 278.5
-, Scheiben- . . 265.7
-stange 251.4
-steuerung . . . 251.6
Kollergang . . 315.1
-wuchs 490.4
Komma-förmiger Span 184.8
-span 184.8
Kompression, zweistufige 254.9
Kompressor, Einzylinderstufen- 255.1
-, Verbund- . . 255.6
-, Zwillings- . . 255.5
Konisch, -er Fräser 201.1
-e Löcher, Fräser für 201.1
-e Reibahle . . 205.8
Konischdrehen . 72.4
- mit Leitlineal . 96.5
Konkavsäge . . 373.1
Konsole 182.4
Konsolschieber 184.1
Kontakt, Schleif- 21.6, 220.4
Konus-hülse . . 168.2
-, metrischer . . 199.4
-, Morse- 199.4
-, Normal- . . . 190.4
Kopf der Bohrspindel 167.7
-drehbank . . 60.2
-, Fräs- 204.4
-fräser 200.5
-, Hebe- 246.3
-, Messer- . . . 204.4
-platte 265.3
-, Säulen- . . . 138.3
-setzer 278.1
-, Spann- 119.8
-, Stangen- . . . 40.8
-, Stempel- . . . 242.4
-, Stößel- . . . 43.9
Kopier-drehbank 62.1, 416.4
-fräsmaschine . 179.4 416.6
-maschine . . 415.7 417.5
- -, doppelte . . 416.1
- -, Links- . . . 416.2
- -, Radspeichen- 449.4
Kopier-maschine, Speichen- 416.3
-rolle 416.5
-spindel 179.5
-stift 97.1
Korallenholz 505.10
Korbweide . . 497.2
Kordelknopf . 181.9
Kork-eiche . 498.11
-ulme 499.4
Korn des Schleifsteins 221.7
Kornelkirsche . 505.6
Körner-kreis . 198.9
-schlag 146.7
-spitze 197.6
-, Stempel- . . . 242.4
-vertiefung . . 146.7
Korubin 223.5
Korund 223.4
-, künstlicher . 277.9
-schlacke . . . 277.8
Korundum . . 223.4
Kraft-sammler 267.7
-, Schneid- . . . 120.6
Krämpen . . . 297.6
-, mittels Rollen 297.7
Krämpmaschine 297.5
- und Kümpelmaschine 299.3
Kran, Bock- . . 463.6
-bohrmaschine 131.2
- - mit rundem Säulenständer 131.5
-, Dreh- 463.7
-, Holz- 462.7
-, Lauf- 463.4
-sägezahn . . . 348.7
-, Verlade- . . . 463.1
Kranzmodell . 307.5
Krauskopf . . . 167.2
Krebs, Holz- . . 493.9
Kreis-förmig, -es Scherblatt 241.6
-führung, liegende Planscheibe mit 116.5
-nut 98.9
Kreissäge . . . 206.4
-, Abkürz- - mit Schiebetisch 365.4
-, Ausrichten der 371.4
-, Baumstammquer- 370.5
-, Besäum- . . . 362.6
-, Bestoß- . . . 367.3
-blatt 372.3
- -befestigung 371.3
-, Block- 361.1
-, Brennholz- - mit beweglicher Schneidlade 368.2
-, Doppelbesäum- 362.8
-, fahrbare . . . 360.7
-, - Pendel- . . 369.7
-, feststehende . 360.6
-, Grubenholz- . 361.3
-, Horizontal- . 368.7
-, Kantholz- . . 361.4
-lagerung, verstellbare 372.2
-, Langholz- . . 361.2
-, Latten- . . . 361.8
-, liegende . . . 368.7
- mit Blockkarren 363.6

Kreissäge mit Eisengestell 360.8
- - Eisenstuhl . 360.8
- - Holzgestell 360.9
- - Holzstuhl . 360.9
- - Schlittenvorschub 369.4
- - selbsttätigem Lauftisch 368.8
- - - Vorschub 369.3
- - verstellbarem Tisch 365.6
-, Paralleisaum- 362.8
-, Pendel- . . . 369.5
-, - - mit elektrischem Antrieb 370.1
-, Quer- 363.3
-, - - mit Handvorschub 369.1
-, Säulen- . . . 366.5
-, Schindel- . . 366.6
-, Schlitten- . . 369.4
-schutzvorrichtung 471.10
-, schwankende 370.6
-, stationäre . . 360.6
-, Tisch- 364.2
-, - - mit hoch und tief stellbarem Sägeblatt 366.2
-, - - - - - - - - Tisch 366.1
-, Tischler- . . . 365.2
-, Trenn- 361.7
-, vertikale Fein- 365.3
-, wankende . . 370.6
-welle 371.2
Kreis-schere . . 229.1
-schneideapparat 357.4
Kreiselentstauber 319.4
Kreisen, das Werkstück kreist 75.1
-, der Stichel kreist 75.2
Kreuz-futter . . 420.6
-gelenk . 91.7, 158.2
- -, Antrieb durch 158.1
- -übertragung 190.7
-griff . . . 103.5, 152.2
-, Hand- 141.4
-holz 480.6
-kopf des Deckenvorgeleges 188.10
Kreuz-schieber 98.5
-schlitten 24.2, 39.4, 98.5
- -, Bohrtisch mit 140.5
-sprossenmaschine 428.4
-spund 420.6
-support . . 39.4, 98.4
- -, Bohrtisch mit 140.6
Kreuzungswinkel 237.9
Kriechpflaume 501.10
Kron-holz . . . 484.8
-rad 162.3
- -gesperre . . 162.2
Krone . . 278.1, 479.6
Kronen-fräser . 400.5
-säge 372.5
-schleifstein . . 224.4
Kropf, Holz- . . 493.8
Kröpfung . . . 64.3
-, Bett mit . . . 64.2
Kröse 441.7
-maschine, Dauben- 441.6
- -, Faß- 442.2
Krümmen . . 488.11
Krumm-holzkiefer 495.6
-meißel 423.2
-schneiden . . . 340.1
Krümmung des Werkstücks 292.1
Kruste, Guß- . 315.7
Kübelausdrehmaschine 447.1
Kugeldrehen . 72.7
Kugelflächig, -es Sägeblatt 373.2
Kugel-fräser . . 202.2
-gelenk 191.2
- -übertragung 190.7
-griff 118.6
-knopf 202.2
-kurbel 44.3
-lager . . 78.5, 161.1
-muffe 191.4
-mühle . . 314.8, 458.5
-ring 78.6
-schalensäge . . 373.1
-spannfutter . . 420.8
-stück 188.3
-support 100.3
-zapfen 191.3
Kugelzapfen, Lagerung der Bohrstange in 168.6
Kühler, Zwischen- 255.4
Kühlflüssigkeit 187.3
-, Sammeln der 188.5
Kühlung des Stichels 122.3
-, Fräser- 187.2
-, Rück- 255.3
-, Wasser- . . . 33.1
Kühlwasser . . 122.4
Kulissen-stein . 40.5
-zapfen 40.7
Kümpelmaschine 298.2
-, allmählich wirkende 299.2
-, Krämpmaschine und 299.3
Kümpeln . . . 298.5
- des Randes von Löchern 299.1
- dicker Eisenbleche 298.7
Kümpel-presse . 298.2
-stempel 298.4
Kümpelung . . 298.6
Kupferpolierscheibe 226.7
Kuppel-feder . 158.7
-keil 158.7
-klinke 158.7
-muff 158.4
-stück 375.7
- -, Doppel- . . 93.5
Kuppeln 20.8
-, die Stufenscheibe 92.2
Kupplung, ausrückbare 158.5
-, Kegelreibungs- 41.7
-, Klauen- 93.3, 158.6
-, Längs- 102.7
-, Moment- . . . 22.1
-, Plan- 103.1
-, Reib- 21.7, 41.5, 89.5 93.8
-, Reibungs- - mit Doppelkegel 21.3
-, selbstspannende 21.2
-, Speizring- . . 21.9
-, Stift- 93.6
-, stoßfreies Einrücken der 93.7
Kupplung, Zahn- 93.3, 158.6
-, Zylinder- . . . 94.5
Kupplungsvorrichtung 20.7
Kurbel 190.1, 235.8, 258.6
-antrieb des Schlittens 13.3
- mit Ellipsenrädern 13.5
-, Gatter- 327.1
-, Gegen- 327.3
-getriebe 13.4
-griff 190.2
-hammer 258.5
- - mit festem Stiefel 257.4
- - - geführtem Stiefel 257.3
-, Haupt- 327.2
-, Kugel- 44.3
-nietmaschine . 281.3
-scheibe . . 48.2, 188.1
-schleife . . 13.6, 40.4
- -, drehende . . 13.7
- -, oszillierende 14.1
- -, rotierende . 13.7
- -, schwingende 14.1
-, Schlepp- . . . 339.5
-schwinge . 14.1, 48.5
-schwungrad . . 334.3
-, Teil- 198.10
-, Vorschub- . . 339.5
-welle 49.7
-wellendrehbank 58.6
-zapfen-drehbank 62.4
- -loch, Bohrmaschine zum Ausbohren der rechtwinklig zueinander stehenden -er 133.3
- -, verstellbarer 14.2 48.6
Kurve, Steuer- . 49.3
Kurven-fräsmaschine 179.3
-hobel-apparat . 38.1
- -maschine . . 3.5
-scheibe 13.5, 19.7, 49.2 110.2
- -, Steuerung durch 49.1
-support 100.2
- -, Drehbank mit 417.1
-zahnrad 49.2

L.

Labbro del foro della matrice 243.3
Labeling machine 459.1
Labio cortante 411.7.8
- del porta-cuchillas 389.2
Labor, pieza de 27.2 165.6, 166.2
Labrar, máquina de (v. „máquina“)
-, taller de . . . 461.2
Lacca 405.11
Lack, Politur- 405.11
-, Spiritus- . . . 406.1
Ladle 275.10
Lado de entrada de la madera 335.8
- - salido de la madera 336.1
Lager 153.3
-bock 76.8
- - des Gewichthebels 50.5
-büchse . . 49.8, 77.6
- -, hintere . . . 195.7
- -, vordere . . 195.6
-deckel 153.4
-, Doppel- . . . 143.7
-, Dreh- 142.4
Lager, Druck- . 78.3 161.1
-, Haupt- 80.2
-hülse, hintere 195.7
- -, vordere . . 195.6
-, Hülsen- 41.3
-, konzentrisch nachstellbares 151.1
-, Kugel- . . 78.5, 161.1
-schale, kegelige 77.10
- -, konische . . 77.10
-, Schub- 78.3
-, Schwanz- . . 79.7
-, Spindel- . . . 77.5
-, Trag- 153.3
Lager, Tritt- . . 50.10
Lagerung, fliegende 358.5
-, Leitspindel- . 11.2
-, Spindel- . . . 77.4
-, Spitzen- . . . 111.3
-, zweiseitige . . 358.4
Laine de bois 377.1.2 484.5.6
Lama a movimento di andirivieni 366.3
- - spostamento verticale 366.2
-, albero della . 371.2

Lama, attacco delle -e 321.8
- centrale . . . 321.5
- circolare . . . 241.6
-, corsa della . . 241.8
- da sega . . . 345.4
- - - a calotta . 373.2
- - - alternativa 345.8
- - - circolare . 372.3
- - - - ad entrata conica 372.4
- del coltello 240.5.6
- della sega . . 359.5
-, deviamento delle -e 242.1
- di cesoia . . 240.4
- - sega . . . 471.2.4
- - - oscillante e regolabile . . 371.1
- - trancia . . 240.4
-, eccentrico di tensione delle -e 331.4
- fissa 241.5
- - per impelliciature 375.1
-, fissaggio delle -e 321.8, 328.3
- girevole . . . 206.5
-, inclinazione delle -e 335.2
- inferiore . . . 241.2
-, larghezza della 345.6
- laterale . . . 241.3
-, lunghezza della 345.5
- mobile 241.4
-, montatura delle -e 328.3
- oscillante . . 370.6
- per tracciare impellicciature dei tronchi 375.2
- ricambiabile 204.6
- rimessa . . . 204.5
- riportata . . 204.5
-, sopporto della 375.5
- superiore . . 241.1
Lame 204.5, 237.9, 240.7
- à biseau . . . 388.1
- - dégrossir . 386.9
- amovible . . 204.6
-, appui de la . 375.5
-, attache des -s 321.8
- au milieu du châssis 321.5
-, avancement de la 332.9, 333.1
- avec agrafe rivée en acier 331.6
- cintrée . . . 422.2
- circulaire de cisaille 241.6
- coudée . . . 170.3
-, course de la 333.3.4
- d'alésage . . 169.2
- d'une seule pièce 387.7
- de cisaille . . 236.8 240.4.5.6.8, 241.8
- - couteau pour feuilles de placage 375.1
- - finissage . . 422.6
- - parquet . . 382.1
- - porte-outil tournant à déraser 170.2
Lame de porte-outil tournant à dresser 170.2
- - rabot . 81.3, 386.7
- - scie . 206.6, 345.4 349.6
- - - à biseau . 372.4
- - - - ruban . 359.5 360.1
- - - - -, appareil à braser les -s 360.2
- - - alternative 345.8
- - - circulaire 371.5 372.3
- - - - concave 373.2
- - -, coincement de la 471.2
- - -, donner de la voie à la 349.6
- - -, échauffement de la 471.4
- - - horizontale 331.5
-s - -, machine à affûter les 211.3
- - -, ouvrier de -s - - 328.6
- - -, poseur de -s - - 328.6
- - -, prise de la 471.2
- - -, redenter la 350.8
- - -, tension de la 346.6
-, déviation des -s 242.1
-, dos de la . . 346.9
-, épaisseur de la 348.3
-, excentrique à tendre les -s 331.4
-, fixation de la 328.3
- fixe de finissage 387.5
- - - la cisaille 241.5
-, fixer la . . . 328.4
-, guidage de la 334.1 358.6.7
- inclinable . . 357.8
-, inclinaison des -s 335.2
- inférieure . . 241.2
- interchangeable 204.6
- lâche . . 346.8, 353.5
-, largeur de la 345.6
- latérale . . . 241.3
-, longueur de la 345.5
-, machine à faire les moulures à quatre rouleaux à -s 392.5
-, manche de la 390.4
-, marche de la 333.3.4
- mobile de la cisaille 241.4
- - horizontalement 366.3
-, montage des -s 328.5
- non tendue . 346.8
- profilée . . . 388.2
-, raidissement des -s 328.8
- recourbée . . 387.6 423.2
Lame, registre pour maintenir l'intervalle entre les -s 328.7
-, retour de la . 333.2
-, scie à cadre à deux -s 321.6
-, - - - - plusieurs -s 321.7
-, - verticale alternative à deux -s 321.6
-, - - - - plusieurs -s 321.7
-, serrage de la 328.3
- supérieure . . 241.1
-, tension élastique de la 346.7
-, tige de la . . 390.4
Lamelle, Stahl- 375.1
Lamiera, bordatura di grosse -e 298.7
-, cappa di . . . 337.8
-, cesoia per -e 231.1
- di battuta della camma 246.5
- - strisciamento 246.5
-, flangiatura di grosse -e 298.7
-, macchina da curvare -e 294.8
-, - - spianare -e 296.7
-, - per tagliare -e 207.4
-, passaggio della 294.7
- perforata . . 239.6
- punzonata . . 239.6
-, rivestimento di 431.4
-, saldatura unita di due -e 271.4
-, tagliare -e . . 238.3
-, taglio delle -e 238.1
-, trancia per -e 231.1
-, tranciare -e . 238.3
-, tranciatura delle -e 238.1
Lámina . 321.8, 375.5
- central 321.5
- cortante . . . 240.4
- de cuchilla . 204.5
- - serrar . . . 328.5
- - sierra 328.6, 345.4
- - tijera . . . 240.4
-s múltiples . . 321.7 322.2
- para cortar chapas de madera 375.1
- vertical . . . 321.2
Laminated spring hammer 257.1
Laminatrice a freddo per filettare 174.1
Lámpara de soldar 272.11
Lampe à souder 272.11
Lana de madera 377.1.2.4.5.7.8, 378.3 465.5, 484.5.7
- di bosco . 377.1.2.8 378.3
Lana di legno 377.1.2.8, 378.3, 465.5 484.5
Lande, pin des -s 495.8
Langbein, brazo articulado 404.8
Lang-drehen 71.10.11
-faserig 477.7
-fräsen 185.7
-fräsmaschine . 177.2
- -, doppelte . . 177.4
- - mit doppeltem Antrieb- 177.4
- - - Walzenfräser 178.4
- - - zweiseitigem Antrieb 177.4
-hobelmaschine 379.5
- - mit freier Arbeitseite 2.5
-holz 480.8
- -kreissäge . . 361.2
-loch-bohrapparat, Universalabrichthobel- und Fügemaschine mit 395.1
- -bohrer . . . 408.6
- -bohrmaschine 408.5
- - - und Stemmmaschine 408.4
- -fräsmaschine 177.3
-nutzholz . . . 480.8
-säge 320.3
-schlitten . 39.5 184.1
-schneiden . . 333.6
- - des Holzes 333.5
-stoßen 47.1
Länge, verzahnte 345.7
Längenmesser, Rundholzraummesser und 340.4
Längs-gang . . 101.7
- - des Arbeitstisches 47.5
-hobeln 38.6
-krümmung . . 489.1
-kupplung . . . 102.7
-schlitten . 39.5, 98.6 184.1
- -spindel . . . 39.6
-schloß 103.8
-schneiden . . 238.7
-verschiebung des Bettschlittens 101.6
-zug 101.8
Langue d'aspic 411.9
Languette 394.5, 395.8 396.3.4, 400.4
Languetter . . 396.2
-, machine à (v. „machine")
Lap riveting . 285.6
-, to 285.5
-, - - weld . . . 271.2
Lappen, Aufspann- 30.4
-, Einspann- . . 30.4
Larch 496.2
Lärche 496.2
Lardon 66.4
- conique . . . 66.3
- de guidage . 52.4 66.5
- - - réglable . 66.2
- réglable . . . 99.3

Lardone . 66.4.5, 99.3 182.5
- del braccio mobile 52.4
- dello slittone 52.4
Largo, á lo . . 333.6 378.6.8, 379.5
- de ranura . . 395.7
Larice . . 495.7, 496.2
- d'Europa . . 496.2
Larix europaea 496.2
Lasche 27.8
Laschennietung 285.8
Latch . . 42.7. 164.5
Lata 482.8
Lath . . . 361.8, 482.8
Lathe . . . 71.8, 74.7
-, apron 59.5
-, automatic . . 62.3
-, axle turning . 58.7
-, backing off . 61.6
-, bar 56.7
- bed . . 63.3.8, 64.1
- - with four slides 64.4
- carriage . . . 98.1
-, centre 56.4
- centres 211.1
-, chuck 60.2
- chuck 114.1
-, copying 62.1, 415.7 416.4
-, crank pin . . 62.4
-, - shaft 58.6
-, dead centre . 414.3
-, - pole 414.3
-, double 59.7
-, - wheel tyre 60.3
-, eccentric . . 61.3
-, engine 58.1
-, face 60.2
-, foot 56.6
- for eccentric turning 415.4
- - repetition work 415.3
- - reproducing 415.3
- - turning wheel centres 60.4
-, forming . . . 61.2
-, gantry 56.7
-, gauge 61.5
-, gun turning . 59.4
-, hand 56.5
-, - tool 57.1
-, - - with slide rest 57.7
-, high speed . 60.1
-, horizontal . . 56.3
-, metal turning 56.2
-, nut 60.6
-, oriental . . . 414.2
-, oval turning 415.5
-, profiling - with curved rest 417.1
-, pulley 59.2
-, relieving . . . 61.6
-, repetition . . 62.1
-, roll 58.4
- saddle 98.1
-, screw cutting 58.1
-, shaft turning 58.5
-, slicing 62.5
-, slide 57.8
-, sliding and screw cutting 58.2
-, spoke copying 449.4
-, stud 59.1
-, thread cutting 60.5
Lathe tool . . . 120.4
-, treadle 56.6
-, turret 62.2
-, universal . . 59.6
-, - wood turning 415.2
-, watchmakers 57.3
-, wheel 59.3
- with lead screw 58.1
- - oval chuck 61.4
- - revolving head stock 58.3
-, wood ball turning 417.2
-, - turning - with hand tool rest 415.1
Lato d'introduzione dei tronchi 335.8
- di sortita dei tronchi 336.1
- - uscita dei tronchi 336.1
Latte 482.8
Latten-kreissäge 361.8
-maschine und Leistenschlitzmaschine 401.4
Latte . . . 361.8, 482.8
- à égaliser . . 467.3
- protectrice . . 472.6
Laubsäge . . . 355.4
Lauf-katze . . 463.5
-kran 463.4
-schiene mit Schweinsrückenführung 326.6
-spindel 77.1
-tisch 364.1
-wagen . 356.4, 364.1
Laufzapfen . . 79.4
-, kegeliger 77.,9, 151.3
-, konischer 77.9, 151.3
-, walzenförmiger 78.2
-, zylindrischer 78.2
Lavage 340.5
Lavorante alla mola 217.4
Lavorare . . . 27.2
- contro le fibre 478.3
- dal greggio . 6.6
Lavorazione dei metalli 1.3
Lavoro . 7.7, 68.2, 70.6 121.11, 322.10
- alla fresatrice 184.6
- di fresa . . . 184.6
- - piallatura . 6.8
- - tornitura . 68.1
- normale alla fibra 478.5
Layer, fibrous . 477.5
-, grain 477.5
Lazzeruolo . . 502.7
Lead screw . . 58.1
Leading screw 108.7 109.7, 110.3
- - support . . 109.4.5
Leather cup . . 266.5
- disc 372.1
- packing . . . 266.2
- -, cup 266.4
- -, double U . 266.6
- ring 266.3
Leccio 498.8
Leder-ring . . . 266.3
- -liderung . . 266.2
Leder-scheibe . 372.1
-stulp 266.5
Leergang . . . 70.7
-, Arbeitsverbrauch im 70.8
- des Schlittens 11.8
Legföhre . . . 495.6
Legislativo, disposiciones -as 470.7
Legna 483.6.7
- da ardere . . 368.2 468.4, 483.6
- - fuoco 483.6
Legnaccio 304.3, 309.7
- sagomato . . 304.4
Legname 335.5, 369.1 462.1, 476.3, 482.10.11 487.7
- con nodi . . . 485.1
- di grosse misure 484.8
- - prima scelta 484.8
- greggio . . . 483.3
- senza nodi . 484.9
- stagionato . . 487.9
- tondo 340.4
- verde 487.8
Legno 475.2
- a fibra diritta 477.8
- - - longitudinale 477.8
- - fibre contorte 490.6
- - quattro fili 481.7
- accatastato . 481.3
- amaranto . . 503.1
-, apparecchio per eliminare i pezzi di 469.6
-, - - togliere i pezzi di 469.6
-, armatura della sega in 326.3
-, berta per spaccare -a 430.3
-, blocco di . . 260.4
-, calibro di . . 329.4
-, cancredine del 493.9
- cavo 484.3
-, cellula del . . 476.9
-, cerchio di . . 435.2
-, cerchione di . 450.4
- colorante . . 378.6
- corallo . . 505.10
- curvato . . . 432.5
-, curvatrice per 431.1
-, cuscinetto di 260.4
- del Brasile . 503.3
- - commercio . 479.9
- - corpo . . . 479.4
- - cuore . . . 475.6
- - nocciuolo . 475.6
- di chinina . . 505.7
- - cocco . . 496.10
- - costruzione 479.10
- - crescita a fibra diritta 477.9
- - - - - riccia 477.10
- - Fernambuco 503.2
- - guaiaco . . 326.8
- - Nicaragua . 503.2
- - radice . . . 479.3
- - ramo 479.5
- - rosa delle Canarie 503.9
- - - di Bahia . 503.9 506.1
- - - - Santa Lucia d'Africa 505.2
Legno di siderossilo 504.7
- - tronco . . . 479.4
-, difetto del . . 489.7
-, dilatazione e restringimento del 488.10
-, disco di . . . 479.8
-, disseccamento del 487.6
- disseccato . . 487.5 488.1
-, durezza del . 486.4
- duro . . 326.8, 486.5
- elastico . . . 485.4
-, essiccamento del 487.6
-, età del 485.2
- ferrigno . . . 504.7
- ferro 503.5
- - della Gujana 503.5
-, fibra del . . . 477.2
-, foglio di . . . 458.8
- fradicio . . . 485.8
- fragile 485.8
-, fresatrice per 397.8
-, fungo del . 494.1.2
-, fungosità vera del 494.1
-, fusto storto di 489.9
-, gonfiamento del 488.5
-, imperfezione del 489.7
- incurvato . . 417.4
-, lana di . . . 484.5
-, lavorazione del 461.2
- leggiero . . . 488.3
-, lisciviare il . 432.7
- lisciviato . . 432.8
-, lisciviatura del 432.6
-, macchina per curvare il 431.1
-, - - la lavorazione del 320.1
-, - - spaccare -a 429.1.2.4
-, - - tagliare scortecciando il 452.2
-, maglio per spaccare -a 430.3
-, malattia del . 489.8
-, maschio per . 418.1
- maturo . . . 476.1
-, nastro di . . 458.8
- non stagionato 486.7
-, pavimento in 461.3
-, pelo di . . . 484.6
- per cerchioni 450.5
- - costruzioni navali 494.7
- - livellare . . 302.3
- - spianare . . 302.3
- pesante . . . 488.2
-, peso del . . 487.10
-, placca di . . 488.8
-, politrice per 408.1.2
-, polvere di . 488.11
- polverizzato . 484.1
- poroso 488.4
- porpora . . . 503.1
-, pressa per . . 434.1
-, qualità del . 484.7
-, respingente di 260.8

Legno, restringimento del 488.7
-, rigetto del . . 471.6
-, rinculo del . 471.6
-, sagoma per curvare il 481.5
- santo 500.8
- satin 505.9
- satinato . . . 505.9
- secco 487.2
-, sega per il . 320.2
- serpente . . . 499.9
-, sezione trasversale di un 475.4
- spaccato . . . 481.2
-, spessore di . 261.6
- squadrato . . 481.7
- stagionato . . 487.2
- - all'aria . . 487.4
- - nel bosco . 487.3
-, strato di . . . 261.6
- tagliato . . . 385.6
- - a spirale . . 435.6
- - greggio . . 481.6
-, taglio del . . 485.3
-, tavoletta di . 483.1
- teck 505.3
- tenace 485.6
-, tenacità del . 485.7
- tenero 486.6
- tondo 480.1
- tondone . . . 480.1
-, tornio per . . 414.1 415.2
-, tornire . . . 417.6
-, trancia per . 409.1
-, trapano per . 410.1
-, trattamento del - col vapore 482.6
-, trattare il - col vapore 482.7
- trattato col vapore 482.8
-, trave in . . . 482.2
- tropicale . . 494.8
- verde 486.7
Lehne, Messer- 389.7
Lehre, Führungs- 96.8
-, Holz- 329.4
-, nach der - fräsen 187.1
-, Stahl- 329.5
-, Stichelverschiebung nach 96.7
-klotz 329.4
-rad 193.8
Leichtspaltig . 486.1
Leier 25.1
Leierspindel . . 25.2
Leim 466.9
-, Abkochen von frischem 466.7
-auftragemaschine 467.1
- kochen . . . 466.8
-kocher 466.6
-kochgerät . . 466.6
-topf 466.11
-wärmvorrichtung 466.10
Leimen 466.5
Leinen, Schmirgel- 223.2
Leinwand, Schmirgel- 222.2
Leiste, Anschlag- 29.7
-, Anspannung der 66.5
-, Falz- 329.8
Leiste, Führungs- 385.1
-, keilförmige . 66.3
-, nachstellbare 66.2
-, Schutz- . . . 472.6
-, Stahl- 331.7
-, Stoßschlitten- 52.4
Leisten-hobelmaschine 381.6
-höhe 65.8
-schlitzmaschine, Lattenmaschine und 401.4
-schraube 66.4, 182.5
Leistung, Schnitt- 332.11
Leiter, Riemen- 84.5
Leit-fähigkeit, Wärme- 32.11
-lineal 96.6
- -, Kegeligdrehen mit 96.5
- -, Konischdrehen mit 96.5
-rolle 83.3, 96.9, 156.5 207.7
Leitspindel 11.1, 25.4 108.7
-bank 58.1
-drehbank . . . 58.1
-lagerung . . . 11.2
-mutter 109.6
- -, nachstellbare 11.3
-, nachstellbare Stützung der 109.4
-schloß 109.6
-, selbsttätige Ausrückvorrichtung der 110.3
-stütze 109.5
- und Zugspindeldrehbank 58.2
-zahnstange . . 109.3
Leitung, Rohr- 76.4
-, Wärme- . . . 32.10
Lemon wood . 500.7
Leña . . 429.1.2.4, 483.6
Length, long -s 361.2
- cutting . . . 361.2
Lenguetta . . . 395.8
Lenker 407.5
-, Span- 386.3
-stange 327.4
Lenkstange 25.6, 236.4 355.5, 408.1
Leño 481.1.2
- colocado en capas 481.3
Lentes de protección con cristales oscuros 277.4
Leopard wood 499.9
Letter wood . . 499.9
Letternholz . . 499.9
Lettre de Chine 499.9
- moucheté . . 499.9
Leuchtgas . . . 272.9
Leva . . . 50.4, 344.4
- a cavalletto per tronchi 462.6
- - forcella . . 94.3
- - forchetta . 194.6
- - ginocchio . 189.1
- - gomito . . 234.9
- - mano 19.5, 160.1 162.6, 229.4, 249.4
- - molla . . . 42.1
- - pedale 50.9, 249.5
- - squadra . . 249.3
Leva articolata 264.3, 407.5
-, attacco a . . 331.3
-, calibro di precisione a 74.3
-, cesoia a . . . 228.5
-, chiodatrice a 280.7 281.1
-, comando a . 234.3
- contrappesata 160.3
- d'angolo . . . 229.7
- d'inversione . 88.1
- del contrappeso 50.4.5, 338.3
- - martinetto . 286.5
- dell' inversione di marcia 249.6
- di arresto 160.2, 338.5
- - attacco del rinvio ad ingranaggi 86.5
- - comando . 249.6
- - - del cambiamento 19.2
- - - dell'inversione 108.4
- - disinnesto . 108.4 194.2.7
- - - del rinvio ad ingranaggi 86.5
- - fissaggio . . 152.3
- - innesto . . 194.1
- - - e disinnesto 158.7
-, fulcro della . 246.1
-, maglio a . 245.6.7 246.9
-, morsetto a . 331.3
- oscillante 234.5, 339.4
- patentata . . 115.2
- per l'innesto a frizione 94.2
- - rotolare i tronchi 344.5
-, perno della . 246.1
-, piattaforma ad apertura a mezzo di 115.2
- portasega . . 207.1
-, punzonatrice a 232.3
-, ribaditrice a 280.7 281.1
-, tenaglia a . . 344.7
-, trancia a . . 228.5
Leva 18.8, 182.6, 235.5 235.6.7, 245.4, 246.4
- á boterola . . 286.5
- - estampa . . 286.5
- de elevación 246.3
- - embrague de los movimientos en cruz 108.4
- y tope 18.7
Levadizo, mesa giratoria -a 308.5
Levage . . . 463.4.6
Levantamiento automático de la herramienta 36.7
- de la caja del molde de la placa del modelo 302.8
- del rodillo . 294.6
-, tornillo de 39.3, 182.6
Levantar 194.7, 304.8 463.9
Levantar, disposición de - las cajas 304.7
- troncos 344.4, 462.6
- una viruta . 69.9
Levar fuori . . 244.8
- -, dispositivo per 244.5.6.7
Levare i chiodi 289.9
- - rivetti . . . 289.9
Levée 39.3, 250.1, 308.5
Level, to 391.6
-, water 37.8
Lever 50.4
-, balance weight 160.3, 338.3
- chuck, patent 115.2
-, clasp nut engaging 108.4
-, claw ended - for rolling logs 344.5
-, crank 190.1
-, cranked . . . 249.3
-, crescent shaped 94.3
-, disengaging . 194.2
-, dog hook . . 462.6
- dolly 286.5
-, engaging . . 194.1
-, foot . . 50.9, 249.5
-, forked end . 194.6
- gauge 74.3
-, hand 19.5, 94.2, 162.6 249.4
-, locking . . . 152.3
- motion . . . 234.3
- nail puller . . 344.7
-, operating 158.7, 249.6
-, pedal . . 50.9 249.5
- punch 232.3
-, ratchet . . . 338.5
-, reciprocating 234.5
-, releasing . . 194.7
-, reversing 19.2, 88.1 108.4
- riveting machine 280.7
-, rocking . . . 339.4
- shearing machine, hand 229.4
-, spring 42.1
-, stripper . . . 244.8
- tension . . . 331.3
-, toggle . 189.1, 234.9
-, weighted . . 50.4
- with balance weight 50.4
Levelling apparatus, hand 455.1
- machine, splint 454.7
Levier . . 50.4, 115.2
- à bouterolle . 286.5
- - chape . . . 194.6
- - contrepoids 50.4.5 160.3, 338.3
- - fourche . . 194.6
- - genouillière 234.9
- - grumes . . 344.4
- - main . 19.5, 160.1 162.6, 249.4
- - pédale 50.9, 249.5
- - pied 249.5
- - ressort . . . 42.1
-, arrache-clous à 244.7
- articulé . . . 281.1
-, chape à tension par 331.3

Levier, cisaille à 228.5, 229.4 229.8
-, commande par 234.3
- coudé . 189.1, 229.7 249.3, 264.8
- d'arracheur . 244.8
- d'arrêt 338.5
- d'embrayage 103.4 153.7, 194.1
- - d'un accouplement 94.2
- de changement de marche 19.2
- - commande 249.6
- - débrayage . 103.4 194.2.7
- - déclic . . . 194.7
- - renversement de marche 19.2, 88.1
- en forme de croissant 94.3
-, machine à river à 280.7
-, marteau à . . 245.7
- oscillant . . 289.4.5
-, poinçonneuse à 232.3
- pour le chargement 462.6
-, riveuse à . . 280.7
-, vérificateur à 74.3
Lèvre 389.2
Libramiento del cabezal giratorio 107.1
Libro 476.2
Lillà 505.5
Lid stamping machine 430.2
Liderung, doppelte 266.6
-, Lederring- . . 266.2
-, Stulpen- . . . 266.4
Lift, self-acting - of the tool 36.7
Lifter . . 248.7, 249.7.8
- board 249.2
Lifting . . . 263.2.3
- bar 263.6
- cam 246.3
- carriage . . . 304.6
- device 304.7
- roll 250.1
- table, single . 308.5
- type machine for flat castings 304.9
Lighting gas . 272.9
Ligne de broches 132.8
- - soudure . . 270.8
- - trous 133.1
- des pointes de dents 335.3
Ligneux, fibre -se 477.2
Lignum vitae . 500.8
- - block . . . 326.8
Lija, papel de . 226.6 405.3
Lijar . . 403.5, 404.4.7 405.1.2
-, máquina de (v. „máquina"
Lila común . . 505.5
Lilac 505.5
Lilas commun . 505.5
Lima da sega . 351.8
- lateral 352.2
- para afilar sierras 351.8
- per affilare seghe 351.8
- piatta 352.2
Limador, máquina - a 38.3
Limadora . . . 43.6
- con dos portaútiles 38.5
- doble 38.5
- para cepillar longitudinalmente y transversalmente y en redondo . 38.6
- universal . . 38.7
Limatrice 38.3, 211.5
- circolare . . . 38.6
- doppia 38.5
- longitudinale e trasversale e circolare 38.6
- orizzontale . 38.4
- trasversale . 38.6
- universale . . 38.7
Lime latérale . 352.2
- pour dents . 351.8
-, summer . . . 500.3
-, winter 500.2
Limeuse 211.5
Limit, table of -s 216.4
Limitación de la carrera 15.3
Limitation of length of path 15.3
- - - - stroke . 15.3
Limitation de l'amplitude de la course 15.3
- - la longueur de la course 15.3
Limitazione della lunghezza della corsa 15.3
Limone 500.7
Limonero . . . 500.7
Limpiar . . 54.9, 316.1 422.6
-, aparato de - piezas de fundición de chorro de arena libre 318.1
-, - - - - - - por chorro de arena 316.2
- las piezas de fundición 315.8
-, máquina de (v. máquina)
Limpieza 318.5, 337.9
- del polvo por aspiración 319.3
Limpio, tener . 358.2
Lincoln, fresadora 177.2
-, fresatrice . . 177.2
- pattern milling machine 177.2
Lind, -er Schleifstein 222.1
Linde, großblättrige 500.3
-, kleinblättrige 500.2
-, Sommer- . . . 500.3
Linde, Winter- 500.2
Linea de calafateo 287.2
- - corte 120.9
- - puntas de dientes inclinada 335.3
Lineal 37.7
-, Führungs- . . 385.1
-, Leit- 96.6
-, Sägenricht- . 352.4
-, Tischführungs- 364.5
Lingotto 230.5
Linguetta 395.8, 397.5 400.4
Link 407.5
- tooth saw . . 399.2
Linkskopiermaschine 416.2
Lip . . . 31.8, 389.2
-, beveled - of the pulley 84.1
-, overflow . . . 277.2
Lippe 389.2
Lipping the rim of holes 299.1
Liquid, cooling 187.3
- polish 405.10
Liquide 267.3
- à polir . . . 405.10
- de refroidissement 187.3
- refroidissant 188.5
- sous pression 267.2
Liquido 267.3
- per polire . 405.10
- premente . . 267.2
- raffreddante . 187.3 188.5
Liquido 267.3
- comprimido . 267.2
- de pulir . . 405.10
- refrigerante . 187.3 188.5
Lira 25.1.2
Lisciare allo smeriglio 74.5
- il pezzo finito 74.4
Lisciviare il legno 432.7
Lisciviatura del legno 432.6, 433.1
Liso, rodillo . . 362.3
Listel . . 66.4, 182.5
- conique . . . 66.3
- de guidage . 66.5
- - - réglable . 66.2
- réglable . . . 99.3
Listello . 382.1, 401.4
- di protezione 472.6
- - rinforzo . . 329.8
- - - in acciaio 331.7
- regolatore della colla 467.3
Listón 65.8, 66.4.5, 182.5 361.8, 381.6, 401.4 482.9
- biselado delantero 65.5
- - trazero . . 65.6
- con corte transversal en forma de cuña 66.3
- de acero . . 331.6.7
- - conducción 52.4
- - escuadra . . 329.8
Listón de guía ajustable 66.2
- - tope 29.7
- del carro portaútil 52.4
- para la graduación 99.3
Listone . 381.6, 461.3 482.7
- a cuneo . . . 66.3
- di guida registrabile 66.2
- inclinato 65.7, 66.2
- -, altezza del . 65.8
- - anteriore . 65.5
- - posteriore . 65.6
- per pavimento 461.4
- sagomato . . 465.6
Livellare . . . 302.3
- la terra . . . 302.2
Livello a bolla 37.8
- ad acqua . . 37.8
Llanta . . 295.3, 419.2 450.5.6.7, 451.1.2
- de los volantes, 358.2
- - madera . . 450.4
Llave de paso . 188.7
- para el portasierra excéntrico 331.2
Llenar, máquina de („v. máquina")
-, marco de . . 303.9
Loading crane 463.1
Local pour le nettoyage à jet de sable 318.5
Loch 54.8
-abstand 146.4
-beitel 409.4
-, blindes . . . 147.5
-bohren 145.3
-bohrer 411.4
- - mit Vorschneider 411.7
-bohrmaschine 410.1
- -, einspindlige 410.4
- -, mehrspindlige 410.5
-, geschnittenes 239.9
-, glattwandiges 240.1
-kanal 244.4
-kern 309.2
-maschine . . . 232.1
- -, kombinierte, Scher- und 232.6
- -, vereinigte Scher- und 232.6
-, rechteckiges . 240.3
-reihe 133.1
Lochring . . . 243.1
-, aus Stäbchen zusammengesetzter 243.8
-befestigung . 243.6
-kante 243.4
-öffnung 243.2
-platte 243.7
-rand 243.3
-untersatz . . . 243.0
Loch, rundes . 240.2
-scheibe . 198.1, 243.1
-stanze 232.1
-stanzmaschine 232.1
-stempel 242.2
-werk 232.1

Lochen . . . 239.3.4
Lochung . . . 239.8
Lock 106.8
- nut 11.4
-, to 106.5
-, - - the back gearshaft 92.9
-, - - - self-act . 102.6
Locking . . . 426.4.5
-, automatic - of the hand wheel 164.4
- device of the gear cutting machine 193.7
-, handle 152.2
- handle 152.3
- lever 152.3
- machine with circular saw, corner 424.3
- pin . . . 106.7, 154.7
- ring 106.9
- -, toothed . 106.11
- screw 163.4
- the revolving tool box 106.4
- - self-act . . . 102.5
Locrust 503.7
Löffel-bohrer . 412.5
-, Füll- 275.10
Log 341.8, 344.5, 354.6.7 356.2.5, 361.1, 479.7 486.10
-, bundle of -s . 481.3
- carriage . . . 363.6
- - fence 343.8
- - with two gripping irons 342.3
- - - vertical clamping arrangement 342.1
- conveyor . . 345.3
- cross cutting circular saw with radial arm 370.5
- end to be sawn off 335.6
- fence 343.9
-, floating -s . . 345.2
- frame 327.9
- -, central driven 324.2
- -, double . . . 322.2
- - for deep cutting 324.1
Log frame, horizontal 339.9
- -, - - - with gang of saw blades 325.3
- -, portable . . 322.1
- - saw blade . 345.8
- -, side - - for squaring logs 322.5
- -, top driven vertical 324.5
- -, vertical - - with driving gear underneath 324.3
- -, - - - - side driving gear 324.4
- - with rack carriage feed 323.5
- - - roller feed 323.4
- - - tension apparatus 323.1
-, half 480.5
- hauling gear 345.3
-, heap of -s . . 481.3
- in six sections 480.7
- raft nail . . . 345.1
-, rough -s . . . 338.1
- roughly dressed by axe 335.1
- saw 358.6
-, split 481.2
-, squaring the 334.7
-, thin section of a 479.8
- trolley 363.6
-, whole 480.4
Logement . . . 191.4
- de la pointe . 111.3
- - porte-outils dresseur 170.4
Logwood . . . 508.4
Lomo 358.7
- bombeado 8.7, 326.6
Lône en métal antifriction 150.3
Long work, planing machine for 379.5
Loose box . . . 308.5
Lopin 231.3
Loppio 501.3
Loppone 501.1
Losnehmen . . 110.7
Losscheibe . . . 18.1
Loss due to cutting 332.12
Lot, das Sägeblatt nach dem - einhängen 328.4
Löt-apparat, Bandsäge- 360.2
- - für Bandsägeblätter 360.2
-zange 360.3
Lote wood . . . 499.7
Loup 348.4
Löwenherz, filet système 174.7
-, filete sistema . 174.7
-, filetto alla . . 174.7
-gewinde . . . 174.7
- thread 174.7
Lowering screw 182.8
Lubricate, to . 76.1
Lubricating . . 76.2
Lubrication . . 79.5
Lubricator cap 188.4
Lubrificación . 76.2
Lubrificar . . . 76.1
Lubrificare . . 7.1
Lubrification . 76.2
- à bague . . . 79.5
Lubrificatore . 188.4
Lubrificatura . 76.2
Lubrificazione ad anello 79.5
Lubrifier 76.1
Luce del telaio 326.2
- della incastellatura 233.4
- - pialla . . . 383.5
Lucidare . . 405.11
- il legno . . . 405.8
-, macchina da (v. „macchina")
Lucidatore a palla 405.7
Lucidatrice . . 405.6
Lucidatura . . 78.8
- del legno . . 405.9
Lucido 216.6
Lucienholz, Sankt 505.2
Lücke, Zahn- . 348.1
Luft-absperrschieber 469.7
-akkumulator . 268.3
-belastung, Druckwasserspeicher mit 268.3
-druckhammer 254.1
-erhitzer . . . 454.1
-hammer . . . 253.8
-heizvorrichtung, Dampf- 464.2
Luftholz 503.1
-kissen 259.9
-prellung . . . 259.7
-puffer 259.8
-pumpenkolben 254.3
- -stiefel 254.2
- -zylinder . . 254.2
-riß 490.9
-trockengewicht 487.10
Lug, clamping -s 197.5
Lumbrera . . . 383.5
Lumière . 254.5, 383.5
- d'admission de l'air comprimé 254.6
- d'échappement 251.7
Lunatura . . . 491.8
Luneta 119.5.9, 421.4
- de máquina de afilar 219.5
- - seguir . . . 120.1
- fija . . 109.2, 119.6
- móvil 120.1
Lunetta 119.5, 421.3.4
- a forchetta . 119.7
- di rettificatrice 219.5
- fissa . . 109.2, 119.6
- scorrevole . . 120.1
Lunette . 119.5, 119.9
- à suivre 120.1, 148.1 421.3.4
- - verres fumés 277.4
- de machine à meuler 219.5
- fixe . . 109.2, 119.6
- mobile 120.1
Lünette 119.5
-, Schleifmaschinen- 219.5
Lünettenständer 148.1
Lunker . . . 277.10
-thermit 274.6
Lunura 491.8
Lunure 491.8
Luz entre bastidores 326.2
- - montantes . 233.4
Lyra 25.1
-spindel 25.2
Lyre 88.6

M.

M, diente de forma de 348.5
M-tooth 348.5
Macchia del midollo 478.2
Macchiettato . 493.1
Macchina 12.9, 288.4
- a catena per fare cave 398.6
- - cilindri per curvare 293.4
- - colonna per formare ingranaggi 313.1
- - disco per tirare a filo le doghe 441.4
Macchina a due piattaforme per formare ingranaggi 313.4
- - getto di sabbia 316.2
- - pettine con piattaforma spostabile 308.4
- - rulli per curvare 293.4
- - sagoma per formare ingranaggi 311.6
- - sciablona per formare ingranaggi 311.6
Macchina a tavola per formare ingranaggi 313.2
- - telescopio per formare puleggie 308.1
- automatica per accorciare assicelle per pavimenti 367.5
- - - affilare i denti obliquamente 353.1
- - - intestare assicelle per pavimenti 367.5
Macchina automatica per tagliare a lunghezza le assicelle per pavimenti 367.5
- combinata per forare e far cave nei mozzi 449.2
- da affilare . . 352.1
- - bordare . . 297.5
- - centrare . . 166.4 167.5
- - -, dispositivo di fissaggio per 166.4
- - copiare 179.4, 415.7
- - - raggi . . 446.3

Macchina da copiare secondo sagoma 416.2
- - curvare 290.4, 297.8 298.1
- - - barre . . 292.7
- - - cerchioni 295.3
- - - ferri d'angolo 294.9
- - - lamiere . 294.8
- - filettare . . 171.1
- - - bulloni . 171.2
- - - viti . . . 171.2
- - formare a cavalletto 310.4
- - - - mano con piattaforma rovesciabile 306.1
- - - - - - sollevamento a spina della staffa 305.1
- - - - pettine . 306.5
- - - anelli per cucine 311.3
- - - - - stufe . 311.3
- - - con piattaforma girevole 305.3
- - - - - rovesciabile 305.4
- - - doppia . . 306.3
- - - ingranaggi a pettine 312.5
- - - - - settore 312.5
- - lucidare . . 405.6
- - maschiare . 171.3
- - parete per formare 313.3
- - piegare 290.4, 297.8
- - - barre . . 292.7
- - pulire le stecche 454.5
- - - per i bastoncini 454.5
- - rabescare . 62.7
- - raddrizzare 295.5
- - - alberi . . 296.1
- - - i ferri d'angolo 296.5
- - - le rotaie . 296.4
- - ricalcare . . 269.4
- - rigare . . . 4.3
- - - canne da fucile 4.4
- - sagomare . 415.7
- - saldare e da soprasaldare 270.2
- - sbavare la ghisa 315.9
- - scanalare cilindri 4.3
- - segrinare . 62.7
- - spianare . . 295.5
- - - lamiere . 296.7
- - spinare 53.7, 54.2
- - striare . . . 382.6
- - trafilare canne d'armi da fuoco 4.4
- doppia da copiare 416.1
- - per fare lana di bosco 377.2
- - - - - - legno 377.2
- - - giunture a incastri 425.3
- - - incastri . 394.4
- - - molare . . 224.6

Macchina doppia per spaccare legna 429.4
- idraulica da formare con sollevamento a mano a mezzo spina della staffa 305.2
- - per formare a mano con piattaforma rovesciabile attorno a perno orizzontale 306.2
- - - montare le razze 450.3
- murale per formare 313.3
- orizzontale da spinare 54.6
- per accorciare assicelle da pavimento 367.4
- - affilare seghe a nastro 359.8
- - - utensili . 210.5
- - applicare il mordente 488.2
- - - la colla . 467.1
- - arrotondare bastoni 381.3, 417.3
- - - legno incurvato 417.4
- - caprugginare le botti 442.2
- - - - doghe . 441.6
- - caricare i telai 455.6
- - comporre le botti 445.5
- - confezionare sacchetti di carta per fiammiferi 459.8
- - congiungere casse 427.7
- - congiunzioni 394.2
- - copiare razze di ruota 449.4
- - curvare cerchi di legno 435.1
- - - i cerchi degli stacci 435.5
- - - - - di legno 435.4
- - - - cerchioni di ruota 450.6
- - - il cerchio di rinforzo delle gambe 487.7
- - - - legno . 431.1
- - - - telaio delle sedie 487.4
- - - le doghe . 440.4
- - - schienali da sedia 436.8
- - dare la pasta alle scatole 459.3
- - - - sabbia alle scatole 459.5
- - - - strada . 350.3
- - disporre parallele le stecche 454.7
- - - paralleli i bastoncini 454.7

Macchina per disporre paralleli i fiammiferi 460.1
- - dividere i fogli per la scatola 458.1
- - essiccare le doghe 441.1
- - etichettare . 459.1
- - far cave . . 407.1 408.5
- - - - a mano 408.3
- - - - nel mozzo 449.1
- - - giunture a incastri 424.1
- - - - - - diritti 425.1
- - - i tenoni delle razze 449.6
- - - traverse da serramento 428.4
- - fare armadi da bottiglie 428.3
- - - bastoni tondi 381.3
- - - cave di chiavette 45.5
- - - lana di bosco 377.1
- - - - - legno 377.1
- - forare . . . 408.5
- - formare . . 300.1
- - - anime . . 308.6
- - - con estrazione della forma a carrello 304.6
- - - idraulica 300.2
- - - ingranaggi 311.4
- - - nocciuoli 308.6
- - - pentole . 308.3
- - - pezzi piatti 304.9
- - - piccoli ingranaggi 313.5
- - - pulegge . 307.3
- - - - di grande diametro 307.4
- - - radiatori . 308.2
- - fresare le viti 174.2
- - giunture a incastri obliqui 425.2
- - godronare . 62.6
- - imitazioni . 488.7
- - immergere . 456.9
- - impacchettare le scatole di fiammiferi 460.3
- - impelliciature 374.4
- - imprimere il legno 489.1
- - incastri . . 394.3
- - inchiodare le casse 428.2
- - incollare le scatole 458.9
- - intelaiature 427.6
- - intestare assicelle da pavimento 367.4
- - la lavorazione del legno 320.1
- - lisciare barre rotonde di legno curvato 436.7

Macchina per lisciare bastoni rotondi di legno curvato 436.7
- - marcare a fuoco 447.6
- - mettere insieme piccole botti 444.7
- - molettare . 62.6
- - montare i cerchi 445.5
- - - - - provvisori 445.3
- - piegare aste di legno 435.7
- - - i piedi delle tavole 438.1
- - - l'impugnatura dei bastoni 436.3
- - - le doghe . 441.1
- - - manichi da aratro 436.1
- - - schienali da sedia 436.8
- - precisare la posizione delle staffe 311.1
- - ribadire . 277.11
- - - a sospensione universale 279.4
- - - fissa . . . 278.7
- - - portatile 279.2
- - - scorrevole 279.3
- - - trasportabile 279.1
- - riempire le scatole 460.2
- - rifinire superfici piane 4.1
- - ritondare i fondi di barili 368.1
- - - - - - botti 368.1
- - ruote . . . 448.1
- - sbavatura . 316.1
- - scortecciare 452.1 464.7
- - serrare i cerchi a trazione 446.3
- - - le doghe di bariletti 444.7
- - sfacciare in piano 187.2
- - spaccare legna 429.1.2
- - spianare fondi di botti 443.3
- - - legno tagliato a spirale 435.6
- - stampare coperchi 439.2
- - - fondi . . 439.2
- - - il legno . 439.1
- - tagliare a lunghezza le assicelle per pavimenti 367.4
- - - assicelle da scatole 376.4
- - - bastoni tondi 381.3
- - - fondi rotondi 442.7
- - - i bastoncini 453.6
- - - - fogli per la scatola 453.1

Macchina per tagliare lamiere 207.4
- - - le congiunzioni delle assicelle per scatole 376.6
- - - - stecche 458.6
- - - scortecciando il legno in fogli 452.2
- - tirare a filo 394.2
- - - - - fondi di botti 443.2
- - - - - le doghe 441.3
- - torcere lana di bosco 377.8
- - - - - legno 377.8
- - tornire e bordare il telaio delle sedie 437.6
- - - in piano 137.2
- - tranciare denti di sega 351.5
- - - i bastoncini 458.4
- - - le stecche 458.4
- portatile da curvare rotaie 295.4
- rotativa . . . 465.4
- semplice per caprugginare le botti 442.4
- unilaterale per caprugginare le botti 442.4
- universale da ricalcare e da saldare 270.3
- - per affilare utensili 211.2
- - - la fabbricazione dei fiammiferi 460.4
- - - legno . . 399.3
- utensile . . . 1.2
- - per metalli 1.4
- verticale da spinare 54.1
Machihembrado 396.4
- á ángulo recto 396.5
- de las tablas 396.1
- triangular . . 396.6
Machihembrar 394.4, 396.2, 397.5
-, máquina de (v. „máquina") 394.3
Machine, automatic - for parquetry work 367.5
-, centreing . . 167.5
-, double punching 282.5
- for angle locking 425.2
- - cleaning off inside of tubs 447.1
- - corner combing 425.1
- - - locking . 425.1
- - cutting matchbox veneer lengths 458.1
Machine for diagonal dovetailing 425.2
- - drawing on truss hoops 445.3
- - drilling rails 133.4
- - - rivet holes 133.5
- - guilloche work 62.7
- - imitation of wood 438.7
- - making paper box shells 459.6
- - milling cocks 179.2
- - - grooves . 177.3
- - - valves . . 179.2
- - moulding gear wheels by means of a tooth block 311.6
- - - large pulleys 307.4
- - packing match boxes 460.3
- - parquetry work 367.4
- - rose work . 62.7
- - roughing veneer 382.6
- - stamping out saw teeth 351.5
- - straightening spiral wood 435.6
- - striating veneer 382.6
- - trimming off flanged plates 207.4
-, general joiners' 399.3
- grinding . . 217.6
- hammer . . . 247.1
- joinery works 465.8
- moulding . . 301.3
- plane knife . 386.7
- - iron 386.7
- reamer . . . 205.10
- riveting . . . 288.4
- tool 1.2
Machine . 12.9, 217.6, 288.4
- à affûter . . . 221.2
- - - à la lime les lames de scie à ruban 359.6
- - - avec support des pièces 211.4
- - - les dents de scie 352.1
- - - - fers à raboter 392.2
- - - - forets . 210.6
- - - - lames de scies 211.3
- - - - outils . 210.5
- - aléser . 53.7, 129.2
- - - avec poupée déplaçable verticalement et montant à déplacement horizontal 136.4
- - - - - - - - - fixe 136.5
- - - et à fraiser double 135.3
Machine à aléser horizontale . 129.3, 136.3, 180.1
- - - - avec porte-broche fixe 129.4
- - - les cylindres 136.1
- - - transportable 137.1
- - - verticale . 136.2
- - araser les frises de parquet 367.4
- - - - tôles . . 207.4
- - arrondir les fonds de tonneaux 442.7
- - - - planchettes des fonds de tonneaux 368.1
- - assembler les caisses 427.7
- - - - douves . 445.5
- - - - planchettes à tenons 427.6
- - bois 320.1
- - border . . . 297.5
- - - circulaire 298.2
- - - progressivement 299.2
- - canneler . . 4.3
- - - les cylindres 4.3
- - centrer 166.4, 167.5
- - chanfreiner les tôles 8.2
- - chasser les cercles 446.2
- - cintrer . . 290.4
- - - à rouleaux 293.4
- - - les arbres 292.7
- - - - bandages 295.3
- - - - barres . 292.7
- - - - cercles . 295.3
- - - - cornières 294.9
- - - - tôles . . 294.8
- - cisailler et à poinçonner combinée 282.6
- - clouer les caisses 428.2
- - coller les boites 458.9
- - copier . . . 415.7
- - corder les fibres de bois 377.8
- - corroyer . . 379.3
- - couder avec matrices fixes 292.6
- - couper les tiges de bois 458.6
- - courber des bâtons 435.7
- - - - cercles en bois 435.1
- - - le bois . . 431.1
- - - les arbres 292.7
- - - - barres . 292.7
- - - - bois de tamis 435.5
- - - - cercles de pieds de sièges 437.7
- - - - dos de chaises 436.8
- - - - douves . 440.4, 441.1
- - - - jantes . 450.6
Machine à courber les manches de charrue 436.1
- - - - pieds de tables 438.1
- - - - poignées de cannes 436.3
- - - - sièges . 437.4
- - cylindres pour faire des rainures et languettes 394.5
- - décortiquer 452.1, 464.7
- - découper horizontale 54.6
- - - les bandes minces pour boites 376.4
- - - - bords des tablettes pour boites 376.6
- - - - copeaux pour boites 458.1
- - - - feuilles pour boites 376.4
- - - - planchettes latérales pour boites 376.6
- - - - tiges d'allumettes 458.4
- - défoncer . . 54.2
- - - horizontale 54.6
- - dégauchir . 378.8, 379.3
- - - à aménage du bois avec la main 382.4
- - - - disque . 380.1
- - - - plateau sans fin 382.3
- - - les fonds de tonneaux 443.3
- - - sur colonne 379.4
- - dégorger 53.7, 54.2
- - - horizontale 54.6
- - - verticale . 54.1
- - démouler . 304.6
- - - avec plaque à modèle renversable 305.4
- - - pour pièces plates 304.9
- - dérouler des feuilles de bois courbées 435.6
- - - les bois ronds 376.3
- - - - troncs en feuilles 452.2
- - disque pour jointer les douves 441.4
- - doler les douves 441.2
- - donner de la voie 350.2
- - dresser 295.5, 379.1
- - - à la meule 209.3
- - - les arbres 296.1
- - - - cornières 296.5
- - - - feuilles de placage 434.7
- - - - fonds de tonneaux 443.3
- - - - panneaux de porte 382.2

Machine à dresser les rails 296.4
- - - - tôles . . 296.7
- - ébarber les pièces rondes 210.1
- - écorcer . . 452.1
- - emboutir . 299.3
- - empaqueter les boîtes d'allumettes 460.3
- - encaustiquer 438.2
- - enduire les boîtes 459.3
- - enrouler les cercles en bois 435.4
- - estamper le bois 439.1
- - - les couvercles 439.2
- - - - dents . . 351.5
- - - - fonds . 439.2
- - étiquetter . 459.1
- - façonner . . 415.7
- - - les moules 300.1
- - faire des mortaises profondes 408.4
- - - la laine de bois 377.1
- - - les bâtons ronds 381.3
- - - - caisses à bouteilles 428.3
- - - - croisées de fenêtre . 428.4
- - - - enfourchements 401.4
- - - - feuilles de placage 374.4
- - - - - - - à mouvement horizontal 376.2
- - - - jables de douve 441.4
- - - - joints de douve 441.3.4
- - - - moulures à quatre rouleaux à lames 392.5
- - - - - coniques pour cercueils 393.1
- - - - - sur quatre faces 392.5
- - - - onglets 439.5
- - - - tenons . 401.3
- - - - - droits 425.1
- - - - - pour rais 449.6
- - fendre le bois de chauffage 429.2
- - - les bûches 429.1
- - fileter les boulons 171.2
- - - - vis . . 171.1.2
- - forer 129.2
- - - les canons 135.5
- - - murale . . 130.4
- - - verticale . 130.1
- - forger et à souder universelle 270.3
- - fraiser 176.2, 397.8
- - - à deux broches 177.6
- - - - - - horizontales 178.1

Machine à fraiser à reproduction suivant gabarit 179.3
- - - - tailler les engrenages 178.5
- - - - une broche 177.5
- - - automatique 179.6
- - - avec avance à main 176.4
- - - - chariots à main 176.4
- - - double . 178.1
- - - en courbes 179.3
- - - horizontale 180.1
- - - les embases 179.2
- - - - métaux 176.3
- - - - roues hélicoïdales 178.6
- - - - - pour vis sans fin 178.6
- - - - tenons 424.1.2
- - - - - avec scie circulaire . 424.3
- - - - vis . . . 174.2
- - - - - sans fin 179.1
- - - longitudinale 177.2
- - - raboteuse 177.1
- - - rapide . . 178.2
- - - suivant gabarit 179.4
- - - universelle 76.51
- - - verticale . 178.3
- - - - à deux broches 177.6
- - - - - une broche 177.5
- - - - double . 177.6
- - - - simple . 177.5
- - guillocher . 62.7
- - imiter le bois 438.7
- - jabler les douves 441.6
- - - - tonneaux 442.2
- - jet de sable à tambour rotatif 317.4
- - - - - avec ruban transporteur sans fin 317.5
- - - - - - table à mouvement alternatif 317.1
- - - - - - - rotative 317.3
- - jointer les fonçailles 443.2
- - laminer les filets de vis 174.1
- - languetter . 394.3
- - marquer les tonneaux au feu 447.6
- - mélanger le sable de moulage 314.4
- - mettre en presse 455.6

Machine à meuler 209.2, 217.3, 219.5
- - -, appareil diviseur pour 221.2
- - - avec support des pièces 211.4
- - - double . . 224.6
- - - les cylindres 210.4
- - - - pointes . 211.1
- - - - surfaces 209.3
- - moletter . . 62.6
- - mortaiser . 45.2 407.1
- - - les moyeux 449.1
- - mouler . . 300.1 307.6.7, 310.7
- - - à chevalet 310.4
- - - - la main avec plaque à modèle renversable 306.1
- - - - modèle rentrant 306.5
- - - - plateau-peigne 306.5
- - - avec plateau tournant 305.3
- - - double effet 306.3
- - - et à démouler avec passage du modèle à travers la table tournante 308.4
- - - fixée à une paroi 313.3
- - - hydraulique 300.2
- - - les cercles de fourneau de cuisine 311.3
- - - - engrenages à colonne 313.1
- - - - - au moyen d'un fouloir porte-segment 311.6
- - - - - - - - segment-fouloir 311.6
- - - - - - - d'une trousse 311.6
- - - - - avec plateau-peigne 312.5
- - - - - - table 313.2
- - - - - - traversée de la table par le modèle 312.5
- - - - noyaux 308.6
- - - - petites roues dentées 313.5
- - - - poulies de grand diamètre 307.4
- - - - roues dentées 311.4
- - - - - - avec deux plateaux 313.4
- - - - tuyaux à ailettes 308.2
- - - murale . . 313.3
- - - par pression 309.5
- - moulures . 392.4
- - nettoyer les fontes 317.3
- - - - - à tambour rotatif 317.4

Machine à noyauter 308.6
- - percer 129.2, 130.6 133.2, 149.1, 411.3
- - - à colonne 131.1
- - - - forets multiples 132.5
- - - - main . . 130.2
- - - automatique 132.4
- - - d'applique 411.1
- - - de plafond 130.5
- - - des trous longs 408.5
- - - électrique portative 135.1
- - - et à fraiser double 135.3
- - - - - - horizontale 180.1
- - - - - mortaiser les moyeux 449.2
- - - horizontale 129.3, 180.1
- - - isolée . . 410.6
- - - les brides des tubes de foyers 135.2
- - - - canons de fusils 135.4
- - - - corps de chaudières 134.5
- - - - logements de boutons de manivelles placées à 90° 133.3
- - - - moyeux 448.3
- - - - rails . . 133.4
- - - - trous de bondes 447.2
- - - - - - rivets 133.5
- - - montée en grue pivotante 131.6
- - - multiple . 132.5
- - - murale . . 130.4
- - - pour chaudières 133.6
- - - radiale . 131.2.3
- - - - à bras articulé 131.4
- - - - - colonne cylindrique 131.5
- - - - - potence 131.6
- - - rapide 132.2, 411.2
- - - revolver . 133.2
- - - sur fût . . 410.6
- - - triple . . 410.5
- - - verticale 130.1
- - - universelle 132.3
- - planer . 4.1, 379.2
- - - les tôles . 296.7
- - plateau-peigne tournant 308.4
- - plier . 290.4, 297.8 298.1
- - - avec matrices fixes 292.6
- - - les arbres 292.7
- - - - barres . 292.7
- - poinçonner 232.1
- - - horizontale 232.4
- - polir 405.6, 405.10
- - - les bois ronds courbés 436.7
- - - - rais . . 449.5

Machine à polir les tiges de bois 454.5
- - poncer . . . 405.6
- - - à bras articulé 404.8
- - - - courroie 404.3
- - - au papier de verre 403.2
- - - - - - - à double plateau 404.1
- - - avec deux courroies 404.5
- - - horizontale avec plateau à papier de verre 403.4
- - - le bois . . 403.1
- - - les surfaces 403.3
- - porte-outil pivotant 187.2
- - - - tournant 187.2
- - raboter 1.5, 36.2 879.2
- - - à fosse . . 2.2
- - - - table mobile 2.1
- - - et égaliser les tonneaux 446.7
- - - filets . . . 381.6
- - - horizontale 2.6
- - - le bois avec déplacement horizontal de l'outil 374.2
- - - - - - - - - rabot 374.2
- - - les douves 441.2
- - - - engrenages 3.4
- - - - fonds de tonneaux 448.4
- - - - lames de parquet 382.1
- - - - planches étroites de parquet 382.1
- - - - planchettes 381.5
- - - - rainures de clavettes 3.3
- - - - rais . . 449.3
- - - - surfaces courbes 3.5, 38.1
- - - - tiges de bois 453.5
- - - - tonneaux 446.6
- - - ouverte sur un côté 2.5
- - - verticale . 3.1
- - rainer . 3.3, 394.2.3
- - ranger les allumettes 460.1
- - rayer les canons de fusils 4.4
- - rectifier, appareil diviseur pour -s - - 221.2
- - - les alésages 210.2
- - - - cylindres 210.4
- - - - pointes 211.1
- - - - segments de piston 209.4
Machine à rectifier les surfaces 209.3
- - refouler . . 269.4
- - remplir les boites 460.2
- - reproduire . 415.7
- - - les rais . 449.4
- - river . . . 277.11
- - - à courroie 281.4
- - - - levier . 280.7
- - - - - articulé 281.1
- - - - main . . 280.5
- - - - manivelle 281.3
- - - - marteau 280.6
- - - - suspension universelle 279.4
- - - - vapeur . 281.5
- - - - vis . . . 281.2
- - - déplaçable 279.3
- - - fixe . . . 278.7
- - - hydraulique 282.1
- - - pneumatique 281.6
- - - portative 279.2
- - - pour double rivure 280.3
- - - - pièces cylindriques 280.3
- - - réglable . 280.4
- - - transportable 279.1
- - sabler les boites 459.5
- - scier alternative 208.4
- - - oscillante 207.3
- - sculpter . . 417.5
- - sécher les douves 441.1
- - - - tiges de bois 453.7
- - serrer les cercles des tonneaux 445.5
- - - - - provisoires 445.3
- - souder . . . 270.2
- - strier les feuilles de placage 382.6
- - tambour-ponceur 404.6
- - tamiser . . 314.1
- - - pneumatique 314.3
- - tarauder . . 171.3
- - - et à percer transportable 173.8
- - - les écrous 171.1
- - tirer d'épaisseur 381.4
- - tourner et à faire les feuillures des sièges de chaises 437.6
- - - les bois courbés 417.4
- - - - cuves à l'intérieur 447.1
- - trancher les bois en bout 439.4
- - tremper . . . 456.9
Machine à trousser les cercles de tonneaux 445.1
- - varloper les bois de teinture 378.6
- - - pour copeaux à treillis 378.4
- - - - - de clarification 378.5
- automatique pour raccourcir les frises de parquet 367.5
- double à bouveter 394.4
- - - copier . . 416.1
- - - faire la laine de bois 377.2
- - - fraiser les rainures 177.3
- - pour fendre le bois de chauffage 429.4
- - - tenons . . 425.3
- fraiseuse verticale 178.3
- hydraulique à mouler avec plaque renversable à modèle 306.2
- - - trousser les cercles de tonneaux 445.2
- multiple à percer les coutures de rivetage longitudinales 184.1
- - - - - - - - transversales 184.2
- -outil 1.2
- - universelle . 59.6
- portative à cintrer les rails 295.4
- pour boulonnerie 171.1
- - estamper les dents 351.5
- - fabriquer les roues 448.1
- - faire les tenons obliques 425.2
- - l'ébarbage des fontes 315.9
- - la confection de cartouches en papier 459.6
- - le façonnage des moules de pièces à forme rebondie 308.3
- - - - - - - - - - ventrue 308.3
- - - moulage à la main à forme rebondie 308.3
- - - - - - - - - ventrue 308.3
- - - - - - - - - tige de démoulage 305.1
- - - - - - - - - - soulèvement 305.1
- - - nettoyage des fontes 315.9
- - - travail des métaux 1.4
Machine pour moulage des poulies 307.3
- télescopique à mouler les poulies 308.1
- universelle à dégauchir, à bouveter à moulurer etc. pourvue d'un appareil à percer et à mortaiser horizontalement 395.1
- - - travailler le bois 399.3
- - pour la fabrication des allumettes 460.4
Macho . 236.6, 309.1.4.9
-, cornejo . . . 504.6
- de curvar . . 296.2
- - fundición . 315.4
- - roscar 173.6, 203.7
- graduable . . 173.7
- para cuerpo hueco 309.2
- y hembra . . 396.3
Mâchoire 114.4, 144.4, 172.2.3, 228.5
- de cisaille . . 241.7
- - serrage . . 114.6
-s griffes de serrage 144.3
Mâchonnement 242.1
Madera . 335.3, 438.4 471.3, 475.2
-, árbol de - utilizable 494.5
- aserrada . . . 481.6
-, aserrado á lo largo de la 333.5
-, astilla de 452.3, 454.6
-, bastidor de . 360.9
-, bastoncitos de 453.5.6.7, 454.4.5.7, 455.2
- blanda 486.6
-, cabria para . 462.7
-, - - cargar . . 463.1
-, cajas de . . . 459.2
-, calibre de . . 329.4
-, cama de . . . 261.6
-, cancer de la . 493.9
-, capa de . . . 261.6
-, célula de . . 476.9
-, champiñon de 494.1
-, chapa de 465.3, 483.2
-, cinta de . . . 458.8
-, cisalla para cortar 409.1
- colorante . . 378.6
- compacta . . 480.9
- con abundantes nudos 485.1
- - - ranuras . 485.1
- - vetas 490.6
-, consunción de la 488.7
-, corazón de la 475.6
-, - seco de la . 476.1
- cortada . . . 481.7
- - en forma de cuña 481.2
-, corte de la - tronzada 478.5
-, cualidad de la 484.7
- curvada . . . 432.5
- de campeche 503.4
- - cocotero . 496.1

Madera de combustión 368.2, 468.4, 488.6
- - comercio . 479.9
- - construcción 479.10
- - corál . . . 505.10
- - corazón . . 494.6
- - excelente cualidad 484.8
- - Fernambuco 503.2
- - fibras derechas 477.8
- - - regulares 477.9
- - - sinuosas 477.10
- - haz 483.7
- - hierro . . . 504.7
- - - sud-americana 503.5
- - Indias . . . 503.5
- - la raiz . . . 479.3
- - limonero . . 500.7
- - quina . . . 505.7
- - ramas . . . 479.5
- - rollo 481.1
- - rosas . 505.2, 506.1
- - sándalo amarilla 506.3
- - - blanca . . 506.2
- - - roja . . 503.10
- - Santa Lucia 505.2
- - sapán . . . 503.3
- - satén de India 505.9
- - teca 505.3
- - tronco . . . 479.4
- - - partido en cuartos 480.6
- - - - in seis partes 480.7
-, desenrollar . 465.4
-, disco de . . . 479.8
- dura 486.5
-, dureza de la 486.4
-, echar cáustico à la 488.5
-, edad de la . . 485.2
-, el agrietarse en seco de la 489.6
-, - arquearse de la 488.11
-, - contraerse de la 488.11
-, - esponjarse de la 488.5
-, - lijar la . . 405.2
-, - oscurecer de la 487.7
-, - rajarse de la 489.4
- elástica . . . 485.4
-, elasticidad de la 485.5
-, enfermedad de la 489.8
- escuadrada . 481.8
-, escuadrar la . 334.6
- esponjosa . . 488.4
-, fábrica de juguetes de 467.8
-, faltas de la . 489.7
-, fibra de . . . 477.2
- flotante . . . 345.2
-, fresadora para 397.8
-, grúa para . . 462.7
-, - - cargar . . 463.1
-, haces bastoncitos de 455.3
Madera, introducir la 369.1
-, lado de salida de la 336.1
-, lána de . . . 484.5
- larga, sierra circolar para -s -s 361.2
- libre de nudos 484.9
- lijera 488.3
-, llanta de . . 450.4
-, máquina de curvar 481.1
-, - - desenrollar la - en chapas 452.2
-, - - lijar . . . 403.1
-, - - taladrar para 410.1
-, - - trabajar la 320.1
-, molde de curvar la 481.5
- nudosa . . . 485.1
-, palo de . . . 482.9
- para cajas de puros 500.6
- - construcción de buques 494.7
-s partidas . . 368.5
- pasada 485.8
-, paso de la . . 335.7
- pesada 488.2
-, peso de la . 487.10
-, placa de . . . 483.1
-, - - - de compensación 483.8
-, - protectora de 478.1
-, polea de . . . 435.3
-, polvo de . . 483.11
-, poner derechas las -s 335.5
-, poro de . . 476.10
- quebradiza . 485.3
-, reculamiento de la 471.6
- redonda . . . 480.1
- resecada 487.5, 488.1
-, resecado de la 487.6
-, residuos de . 469.6, 483.9, 484.1
- seca 487.2
- secada al aire 487.4
- - en el bosque 487.3
-, secar 463.8
-, sección de la 475.4
-, sierra para . 320.2
-, structura de la 476.8
-, taller de aserrar 464.4
-, - - labrar . . 461.2
- tenaz 485.6
-, tira de - para cajas 452.4, 453.1
-, tope de . . . 260.3
-, tornear . . . 417.6
-, torno para . . 414.1
-, - universal para 415.2
-, trabajo de la 488.10
-, transporte de la 462.2
- tratada al vapor 482.9
Madera, tratamiento de la - al vapor 482.6
- triestina . . . 499.7
- tronzada . . 478.4
-, tronzado de la 333.7
- tropical . . . 494.8
-, vaso de la . 476.10
- verde . 486.7, 487.8
- veteada . . . 490.5
-, viga de . . . 482.2
-, vigucta de . . 482.1
- violada . . . 503.1
-, volumen de la 488.7
-s y troncos . . 462.1
Madero 482.5
- de llanta . . . 460.5
Madré, bois . . 479.2
Madrevite . . . 108.7, 109.4.7, 110.1, 151.4, 168.1
- ad anello . . 218.4
- dell'avanzamento 162.7
- della vite conduttrice 109.6
- - - madre . . 109.6
- di innalzamento 39.3
- - sostegno . . 39.3, 183.2
- differenziale . 198.1
- disinnestabile 162.8
-, dispositivo di innesto della 11.4
- regolabile della vite conduttrice 11.3
Madrier 482.5
- bouveté . . . 396.8
- de plancher . 482.7
- rectangulaire 482.3
Magaleppo . . . 505.2
Magasin 108.5
- de planches 482.10
Magazine tool holder 108.5
Maglietto a vapore 246.10
Maglio . . 258.2.3.4.8.9, 261.3
- a balestra . . 257.1
- - caduta . . . 247.5
- - - ed a cinghia 249.2
- - - libera . . 247.3
- - camme . . . 245.4
- - cinghia . . 248.5
- - comando meccanico 247.1
- - due cilindri 253.4
- - frizione . . 247.8
- - gas 256.7
- - leva . . . 245.6.7
- - - con molle 246.9
- - manovella . 253.5
- - - con cilindro fisso 257.4
- - - - - guidato 257.3
- - molle 246.9, 256.9
- - pedale . . . 246.8
- - petrollo . . 256.8
- - saliscendi . 245.6
- - tavola . . . 249.1
- - trasmissione 253.7
- - vapore . . . 250.2
- - - a cilindro fisso 250.4
Maglio a vapore a doppio effetto 252.8
- - - - due montanti 250.6
- - - - gabbia . 250.6
- - - - semplice effetto 250.3
- - - ad un sol montante 250.5
- - - compound 253.4
- - - con ammissione superiore del vapore 252.9
- ad altalena . 245.7
- - aria compressa 254.1
- - azione rapida 258.1
- - olio pesante 256.8
- atmosferico . 258.8
- Bradley . . . 257.2
- di frizione a cinghia 248.5
- - - - tavola con comando sistema Müller 249.9
- idraulico . . . 247.2
- per spaccare legna 430.3
- pneumatico . 258.8
- rapido 258.1
- verticale . . . 247.4
Magnesia . . . 275.4
- stein 275.4
- stone 275.4
Magnésie . . . 275.4
Magnesio . . . 274.9
Magnesita en polvo 274.9
Magnesite . . . 275.4
- powder . . . 274.9
Magnésite . . . 274.9
Magnesitpulver 274.9
Magnet coil . . 21.5
-futter 220.2
-spannvorrichtung 220.1
-spule 21.5
Magnete . 21.5, 220.3
Mahogany . . . 500.5
- gum 504.4
Mahagoni . . . 500.5
Mahaleb cherry 502.2
Mahl-gut 458.3
-kegel 458.1
-ring 457.10
-scheibe 458.4
-stein 458.7
Main, appareil à - pour tremper 457.2
-, avance à la . 159.5
-, cisaille à . 229.4.5.6, 231.2
-, commande à . 159.6, 162.5
-, fraiseuse avec avance à 176.4
-, machine à dégauchir à aménage du bois avec la 382.4
-, - - fraiser avec avance à 176.4
-, matage à la . 287.4
-, pelle à . . . 275.11
-, pompe hydraulique à 296.3
-, rivetage à la . 288.3

Maintenir écarté 471.9
- le rivet au moyen de la contre-bouterolle 284.8
- - - - - du tas 284.8
Maintien de l'écartement 471.8
- - la pièce à cisailler 289.1
Maladie du bois 489.8
Malattia del legno 489.8
Malaxeur de sable vertical avec capote 314.7
- -diviseur . . . 314.5
Mâle, cornouiller 504.6
Mammouth . . 496.4
Mammutbaum 496.4
Mancha medular 478.2
-s punteadas 492.12
Manche . 245.2, 286.2 353.6
- de charrue . 436.1
- - l'outil . . . 126.4
- - la lame . . 390.4
- - marteau . . 245.3
- du couteau . 390.4
- - marteau . . 246.7
Manchon 41.2, 198.5
- à logement sphérique 191.4
- conique de réduction 168.2
- d'accouplement 158.4, 256.4
Mandelbaum . 501.8
Mando 48.3
Mandorlo comune 501.8
Mandrel 57.5, 113.3.6 117.7
-, automatic expanding 113.8
-, expanding . . 113.7
-, fixed 113.4
-, hollow 198.5
- press 113.6
- stock 76.7
-, to drive in the 113.5
Mandril 168.4
- con espiga de tornillo 420.7
- concéntrico . 114.7
- cónico de sujeción 219.9
- de agujero simple 420.4
- - centrar automático 114.7
- - cierre á palanca patentado 115.2
- - dos mordazas 114.5
- - garras . . . 114.2
- - manguito . 198.5
- - mordazas . 114.4
- - sujeción . . 219.7 420.3
- - tornillos . . 114.3
- electromagnético 115.3, 220.2
- para sujetar bolas 420.8
- partido . . . 420.5
Mandril partido en cruz 420.6
- porta-muela . 218.1 224.8
- universal . . 115.1
Mandrin 57.5, 113.3.5 198.4, 219.7, 291.3
- à centrage automatique 113.8
- - deux mâchoires 114.5
- - - mordaches 114.5
- - griffes . . . 114.4
- - mâchoires . 114.4
- - manchon . 198.5
- - mordaches 114.4
- - pointes . . 420.1
- - vis 114.3
- - visser . . . 420.7
-, appareil à caler le 113.6
- conique . . . 219.9
- creux . 198.5, 420.4
- - en deux parties 420.5
- - - quatre sections 420.6
- - pour boules 420.8
- de cintrage . 291.4
- - fixation . . 420.3
- - fraisage . . 197.7
- - meule . . . 218.1
- - pliage . . . 291.4
- - serrage . 114.1.2
- - - à centrage automatique 114.7
- électromagnétique 220.2
- extensible . . 113.7
- fixe 113.4
- magnétique . 115.3
- porte-fraise . 195.1
- pour couder les arbres 296.2
- universel . . 115.1
Mandrino 57.5, 113.5
- a collare conico e cilindrico 79.4
- - mezzo di coni a frizione 157.5
- - morsetto . . 420.3
- - movimento planetario 219.1
- - quattro ganasce 172.3
- - tre ganasce 172.2
- - vite 420.7
-, aggiustaggio di precisione del 196.3
-, apparecchio per inserire il 113.6
-, appoggio del . 77.4
-, asse del . . . 77.3
- ausiliare . . . 195.3
- autocentrante 113.8 172.1
-, avanzamento del 145.4, 158.8, 159.7 163.6
-, braccio a slitta del 143.3
-, bussola del 149.6.7
- cavo 172.4, 198.5, 219.2 420.4
- - diviso . . . 420.5
- - e girevole . 149.4
-, circolo del . 148.3
Mandrino, circolo descritto dal 148.3
-, comando del 80.3 156.6
-, - - movimento di ascesa e discesa del 155.7
- con comando a vite 161.3
- - cremagliera 160.5
- - innesto a denti 93.2
- conico di fissaggio 219.9
- - per brunire 227.1
- - - polire . . 227.1
-, curvare su . 291.3
-, cuscinetto del 77.5 148.2, 150.6, 151.5, 195.5
- del disco . . 48.4
- - tornio . . . 77.1
- - trapano . . 167.7
- - verricello . 198.4
- della mola . . 217.9 218.1, 224.8
- - testa da dividere 198.7
- di alesaggio . 158.2
- - fissaggio . . 219.7
- - montaggio della mola 219.7
-, discesa automatica del 163.6
-, distanza tra i centri dei -i 146.3
- eccentrico . . 218.8
- espansibile . 113.7
- estensibile . . 113.7
-, fila di -i . . . 132.8
-, guida del . . 149.6
-, il - gira . . . 145.1
-, inserire il . . 113.5
-, manicotto del 149.7
-, messa a punto del 149.5
-, organi di comando del 154.1
- per la curvatura 291.4
- - - piegatura 291.4
- - sfere 420.8
-, piegare su . . 291.3
- portacuscinetti 172.8
- portafresa . . 195.1
- - spostabile assialmente 195.4
- portafrese . . 197.7
- portapunta . 149.3 168.4 410.3
- - del trapano 410.2
-, pressione sul 145.6
- principale della fresa 195.2
-, reggipunta regolabile del 196.2
-, regolabilità della posizione del 152.5
-, rotazione del 145.5
- secondario . 195.3
-, sopporto del 76.8 148.2, 150.6, 151.5, 195.5
-, sostegno del . 77.4
- spaccato . . . 420.6
- spostabile . . 151.6
- - parallelamente con spostamento normale al suo asse 153.1
Mandrino, spostamento del . 145.4 160.4
-, testa del 76.7, 154.1 196.4
-, - - - con avanzamento 163.2.5, 164.2
-, - - - - discesa automatica 164.2
-, - di tornio a 93.2
-, - fissa del 154.2, 196.5
-, - inclinabile del 199.1
-, - mobile del 154.3
-, - spostabile del 151.7, 196.6
-, tornio d'orologiaio con 57.6
-, variabilità della posizione del 152.5
-, velocità del . 77.2
Manejo 249.6
Maneton de coulisseau 40.7
- - manivelle déplaçable 48.6
- - - réglable 14.2, 48.6
- excentré . . . 48.1
Manette 19.4, 44.2, 103.3 103.6, 118.6, 160.2, 168.7
- de frein . . . 152.3
Manganese . . 85.4
- steel 85.4
Manganèse . . 85.4
Manganeso . . 85.4
Manganstahl . 85.4
Mango . . 245.2, 256.5
- de arados . . 436.1
- - la broca . . 168.3
- - - cuchilla . 390.4
- - - fresa 197.7, 205.5
- - - herramienta 86.4
- - - manivela 190.2
- - martillo . . 245.3
- - remache . . 286.7
- del útil . . . 126.4
Manguera . . . 318.3
Manguito 41.2.3.4, 198.5
- de acoplamiento 158.4
- - guía 14.4
- exterior . . . 219.3
Manica 197.3
Manico 245.2
- da aratro . . 436.1
- del martello . 245.3
- della mazza . 245.3
Manicotto 41.3, 191.7 266.4
- del mandrino 149.7
- dell'albero . . 191.7
- - indice . . . 189.7
- della contropunta 117.4
- di accoppiamento dell'utensile all'impugnatura 256.4
- - comando della punta 117.7
- - innesto . . 158.4
- doppio 98.5
- eccentrico . . 219.3
- spostabile . . 148.4
Maniglia . 19.4, 103.6 118.6
- a forma di bottone 181.9

Manilla . 118.6, 164.4
- de disparo de la correa 158.6
- - maniobra . 160.2
- - presión . . 152.3
- - puños . . . 103.6
- en cruz 103.5, 119.1
- - forma de botón 181.9
Maniobra . . . 160.2
Manivela 13.4.6, 188.1 190.12, 235.8, 253.5.6 281.3
-, carro á . . . 13.3
- de arrastre . 339.5
- - corredera . 40.4
- - división . 198.10
- - la sierra alternativa 327.1
- equilibrada . 44.3
-, movimiento de 208.4
- oscilante de corredera 48.5
- principal . . 327.2
- volante de la 334.3
Manivelle 13.5, 62.4 110.1, 235.8, 253.6
- à coulisse . . 40.4
- - coulisseau tournant 13.7
-, commande des broches par -s 157.2
- d'entraînement 339.5
- de commande du châssis 327.1
- équilibrée . . 44.3
-, machine à river à 281.3
-, marteau à . . 253.5
-, martinet à . . 253.5
- oscillante . . 48.5
-, plateau . . . 43.2
-, - à 188.1
-, poignée de . 190.2
- principale . . 327.2
-, riveuse à . . 281.3
Mano 159.5, 281.2, 296.3
-, acanalador de 397.6
-, aparato de igualar á 455.1
-, - - untar á . 457.2
-, avance á . . 159.5
-, bomba de presión á 296.3
-, calafateo á . 287.4
-, conducción de la madera á 382.4
-, pala á . . . 275.11
-, remachado á 288.3
-, rueda á . . . 168.7
-, tijera á . . . 229.4
-, tijeras á . . . 231.2
-, ultima - de barniz de pulir 406.5
Manœuvre . . . 18.6
Manovella 190.1, 235.8 253.6, 327.2
- a croce . . . 141.4
- - crociera . . 141.4
- - disco . . . 41.3
-, albero della . 49.7
-, chiodatrice a 281.3
-, comando a . 13.5
-, - - mezzo di 13.3.4 157.2
Manovella di comando del telaio 327.1
- - fissaggio . . 152.3
-, disco a 43.2, 188.1
- dividente . 198.10
- equilibrata . 44.3
-, impugnatura della 190.2
-, maglio a . . 253.5
-, manubrio della 190.2
- motrice . . . 339.5
- oscillante . . 48.5
-, piastra a . . . 40.4
- principale . . 327.2
-, ribaditrice a . 281.3
-, volante a . . 334.3
Manovra 182.8
Mantener separado 471.9
Mantenere aperto il taglio 471.9
- - - - del legno 471.8
Manubrio della manovella 190.2
- di attacco . . 86.5
- - disinnesto . 86.5
Manzano . . . 502.6
Maple, common 501.3
-, field 501.3
-, hard 501.5
-, Norway . . . 501.2
-, silver 501.4
-, sugar 501.5
-, swamp 501.4
-, white 501.4
Máquina, afilado á 217.6
- automática para hacer tapones 447.5
- - - recortar tablas de entarimado 367.5
-, carrera de la 12.9
- con porta-útil basculante 137.2
- de achaflanar 439.4
- - afilar 217.8, 219.5 221.2
- - - brocas espirales 210.6
- - - con apoyo 211.4
- - - cuchillas de cepillar 392.2
- - - herramientas 210.5
- - - hojas de sierra 352.1
- - - sierras . . 211.3
- - - - de cinta 359.6
- - - superficies planas 209.3
- - alisar 54.2
- - - con cabezal de husillo de movimiento vertical y bastidor de movimiento horizontal 136.4
- - - - - - - - - fijo 136.5
- - - horizontal 54.6 136.3
- - - vertical . 136.2
- - amolar . . . 209.2
Máquina de barrenar agujeros largos 408.5
- - - cilindros . 136.1
- - - horizontal 180.1
- - - llantas . 450.7
- - - y fresar horizontal 180.1
- - - - hacer mortajas profundas 408.4
- - bordear . . 297.5
- - calar rayos hidráulica 450.3
- - centrar 166.4, 167.5
- - cepillar . . 1.5
- - - á lo largo con costado libre 2.5
- - - - - - de la madera 379.5
- - - barriles . 446.6
- - - bastoncitos de madera 453.5
- - - combinada para superficies derechas y curvas 3.6
- - - de cilindros paralelos 379.2
- - - - columna 2.3
- - - - foso . . 2.2
- - - - mesa . . 2.1
- - - duelas . . 441.2
- - - horizontal 2.6
- - - los bordes de chapas 3.2
- - - - cantos de chapas 3.2
- - - - suelos . 443.4
- - - madera con cuchillas y avance cepillo 374.2
- - - - - - - - - útil 374.2
- - - molduras cónicas para ataudes 393.1
- - - por el costado 2.4
- - - ruedas dentadas 3.4
- - - superficies 378.8
- - - tangencialmente 379.5
- - - vertical . 3.1
- - - y hacer molduras con cuatro ejes de cuchillas 392.5
- - chorro de arena con cinta transportadora 317.5
- - - - - - - tambor rotatorio 317.4
- - clavar cajas de madera 428.2
- - colocar los bandajes 445.5
- - - - - por atracción 446.3
- - - - - - presión 446.2
- - - por igual los bastoncitos de madera 454.7
- - copiar . . . 417.5
Máquina de cortar 228.3
- - - á dimensión los bastoncitos de fósforos 453.4
- - - al sesgo . 408.7 439.4
- - - bastoncitos de madera 453.6
- - - circularmente los discos para suelos 442.7
- - - empalmes 424.1
- - - en los costados de las chapas para cajas las colas de milano 376.6
- - - ingletes . 408.7 439.5
- - - las tiras de madera para cajas 458.1
- - - tiras para cajas de las chapas de madera 376.4
- - - tuercas . 171.3
- - cribar arena de fundición 314.1
- - curvar . . 290.4
- - - aros de madera 435.1
- - - cantoneras 294.9
- - - chapas . . 294.8
- - - con mordazas fijas 292.6
- - - de cilindros 293.4
- - - duelas . . 440.4
- - - - de barriles 441.1
- - - llantas . . 295.3
- - - - de ruedas 450.6
- - - los aros de cedazos 435.5
- - - - respaldos de sillas 436.8
- - - madera . 431.1
- - - varas . . 435.7
- - - varillas . 292.7
- - dar color á las cajas 459.3
- - - la materia de fricción á los costados de las cajas 459.5
- - descortezar 452.1 464.7
- - desenrollar la madera en chapas 452.2
- - - madero rodondo 376.3
- - embutir progresivamente 299.2
- - empalmar marcos 427.6
- - empaquetar las cajas de fósforos 460.3
- - encolar . . 467.1
- - - las cajas . 458.9
- - enderezar . 295.5
- - - árboles . 296.1
- - - chapas . . 296.7

Máquina de enderezar chapas de madera 434.7
- - - escuadras 296.5
- - - las hojas de madera encorvadas 435.6
- - - railes . . 296.4
- - ensamblar . 394.2
- - - cajas . . . 427.7
- - - marcos . 427.6
- - ensanchar 53.7, 54.2
- - - horizontal 54.6
- - - vertical . 54.1
- - estampar madera 439.1
- - - suelos . . 439.2
- - - tapas . . 439.2
- - estrechar los bandajes provisionales 445.3
- - estriar . . . 4.3
- - - las chapas 382.6
- - fresar . . . 176.2
- - - curvas . . 179.3
- - - empalmes 424.2
- - - - con sierra circular 424.3
- - - horizontal 180.1
- - - husillos de tornillo sin fin 179.1
- - - roscas . . 174.2
- - grabar el damasquinado 62.7
- - hacer cajas de botellas 428.3
- - - chapas de madera 374.4
- - - - - - con corte derecho horizontal 376.2
- - - empalmes de espigas derechas 425.1
- - - - - - oblicuas 425.2
- - - espigas . . 401.3
- - - juntas de duelas 441.3
- - - lana de madera 377.1
- - - - - - de doble efecto 377.2
- - - las juntas de duelas 441.4
- - - los envoltorios de papel 459.6
- - - molduras 392.4
- - - palos redondos 417.3
- - - ranuras . 45.5
- - - travesaños cruzados de ventanas 428.4
- - - trenza de lana de madera 377.3
- - horadar 53.7, 54.2
- - -, armazón de la 54.2
- - - horizontal 54.6
- - - vertical . 54.1
- - imitar la madera 438.7
- - impregnar . 456.9

Máquina de juntar las duelas y colocar los bandajes 445.5
- - labrar . . . 379.3
- - - con conducción de la madera á mano 382.4
- - lijar 408.2
- - - con brazo articulado „Langbein" 404.3
- - - - dos discos centrales 404.1
- - - de correa sin fin 404.3
- - - - dos correas 404.5
- - - - tambor 404.6
- - - horizontal 403.4
- - - madera . 403.1
- - - superficies 403.3
- - limar . . . 211.5
- - limpiar fundición con mesa giratoria 317.3
- - - - por chorro de arena con mesa de va y viene 317.1
- - - las piezas de fundición 315.9
- - - los bastoncitos de madera 454.5
- - llenar las cajas 460.2
- - machihembrar 394.3
- - - de cilindros 394.5
- - mezclar arena con discos de espigas 314.5
- - - - vertical con campana de cubierta 314.7
- - - la arena de fundición 314.4
- - moldear . 300.1, 307.7
- - - á mano con elevación por espigas 305.1
- - - - - - placa de modelos reversible 306.1
- - - - - para potes etc. 308.3
- - - - presión 309.5
- - - anillos de cocinas 311.3
- - - con mesa giratoria 305.3
- - - - - - con disposición de levantar y pasar el modelo 308.4
- - - - placa de inversión 305.4
- - - - - reversible y levantamiento hidráulico 306.2
- - - de doble efecto 306.3
- - - - pasar el modelo de un lado á otro 306.5
- - - - peine . 306.5

Máquina de moldear engranajes 311.4
- - - - con dos platos 313.4
- - - - de mesa 313.2
- - - - montada sobre una columna 313.1
- - - - por aparato-divisor y plantilla 311.6
- - - hidráulica 300.2
- - - - con elevación por espigas 305.2
- - - - - placa de inversión 306.2
- - - machos de fundición 308.6
- - - mural . . 313.3
- - - para engranajes pequeños 313.5
- - - poleas de transmisión 307.3
- - - - - - de grande diámetro 307.4
- - - ruedas de engranajes con peine 312.5
- - - sobre soporte de caballete 310.4
- - - tubos de aletas 308.2
- - mortajar . . 45.2
- - partir leña 429.1.2
- - - - doble . 429.4
- - planear 4.1, 379.1.3
- - - los suelos 443.3
- - - sobre columna 379.4
- - poner á grueso 389.3
- - - las etiquetas 459.1
- - producir el trabajo de la moleta 62.6
- - pulir palos redondos curvados 436.7
- - - rayos de ruedas 449.5
- - - superficies 405.6
- - punzonar . 232.1
- - rayar cañones de armas 4.4
- - recalcar . . 269.4
- - recortar chapas 207.4
- - rectificar cilindros 210.4
- - - con muela los anillos de pistón 209.4
- - - - - piezas cilíndricas 210.1
- - - interiormente 210.2
- - - - los casquillos 210.3
- - - puntas . 211.1
- - - superficies planas con muela 209.3
- - remachar 277.11

Máquina de remachar á efecto de martillo 280.6
- - - - - - palanca 280.7
- - - - mano . 280.5
- - - de manivela 281.3
- - - - palanca acodada 281.1
- - - - tornillo 281.2
- - - desplazable 279.3
- - - eléctrica . 282.2
- - - estacionaria 278.7
- - - fija 278.7
- - - giratoria verticalmente y horizontalmente 279.4
- - - graduable 280.4
- - - hidráulica 282.1
- - - movida por transmisión 281.4
- - - para piezas cilíndricas 280.3
- - - - remachado doble 280.3
- - - por presión de aire 281.6
- - - - - - vapor 281.5
- - - portátil . 279.2
- - - semi-portátil 279.1
- - repartir los fósforos 460.1
- - retirar moldes para objetos planos 304.9
- - roscar . . . 171.1
- - - en frío á presión 174.1
- - - husillos . 171.2
- - - pernos . . 171.2
- - - tornillos . 171.1
- - - tuercas . 171.3
- - sacar espigas á los rayos 449.6
- - - la muesca en las duelas 441.6
- - - las muescas en los barriles 442.2
- - - - - unilateral 442.4
- - - ranuras para listones y varillas 401.4
- - secar duelas de barriles 441.1
- - soldar . . . 270.2
- - taladrar . . 129.2, 138.2, 149.1, 411.3
- - - de columna 410.6
- - - - impulsión por pedal 130.3
- - - - pared . 411.1
- - - - un husillo para madera 410.4
- - - los agujeros 447.2
- - - múltiple para madera 410.5
- - - mural . . 411.1

Máquina de taladrar para madera 410.1
- - - rápida . . 411.2
- - tallar ruedas helicoidales 178.6
- - tamizar arena de fundición 814.1
- - tornear barriles 446.7
- - - interiormente 447.1
- - - palos curvados 417.4
- - - tuercas . 60.6
- - trabajar la madera 320.1
- - triscar . . . 350.3
- - tronzar duelas á dimensión 440.3
- - untar . . . 456.9
- - vapor, movimiento de la tijera por 236.3
- - volver . . . 298.1
- doble de hacer empalmes de espigas 425.3
- - - machihembrar 394.4
- - - perforar y fresar 185.3
- especial para taladrar carriles 183.4
- - - - cubiertas de calderas 184.5
- - - - los agujeros en las bridas de tubos de calderas 185.2
- -herramienta . 1.2
- - universal . 59.6
- hidráulica de juntar las duelas por presión 445.2
- limadora . . 38.3
- - horizontal . 38.4
- mortajadora . 52.2
- múltipla de afilar cuchillas perfiladas 394.1
- para arollar los aros de madera 435.4
- - barrenar y mortajar los cubos 449.2
- - cepillar rayos 449.3
- - colocar los fósforos 455.6
- - construir ruedas 448.1
- - dar cáustico 438.2
- - el trabajo de los metales 1.4
- - hacer las juntas de suelos 443.2
- - - palos redondos 381.3
- - marcar con hierro candente 447.6
- - mortajar los agujeros para los rayos en el cuerpo de los cubos 449.1

Máquina para ranurar los asientos de silla 437.6
- - recortar tablas de entarimado 367.4
- - reproducir rayos 449.4
- - taladrar los agujeros para botones de manivelas á 90° 183.3
- - tornear los asientos de silla 437.6
- plegadora . . 297.3
- portátil de alisar 137.1
- - - barrenar y roscar 173.8
- - - curvar carriles 295.4
- punzonadora para dentar 351.5
-, remachado á 288.4
- telescópica de moldear poleas 308.1
- universal de afilar herramientas 211.2
- - - labrar con barrena horizontal 395.1
- - - - madera 399.3
- - - recalcar y soldar 270.3
- - para hacer fósforos 460.4
Mar Caspio, sálice del 497.3
Marbre 87.6
Marca de heladura en el exterior 491.4
- del punzón . 146.7
Marcar 167.3
- el agujero . . 146.5
- - - con el punzón 146.6
-, máquina para (v. „máquina“)
- con hierro candente 447.6
Marcare a fuoco, macchina per (v. „macchina“)
- il centro del foro 146.5
Marcha . . 14.6.7, 89.3
- automática . 51.7 102.4.5.6
- - del carro-soporte 102.3
- -, embragar la 102.6
- -, movimiento de 51.7
- -, obstrucción de las -s -s 102.5
- -, obstruir la 102.6
-, cambio de . . 14.7
- de pedal . . . 54.7
- - retroceso 12.1, 17.6
- - -, correa de 17.6
- - trabajo de la mesa 11.7

Marcha del carro en vacío 11.8
- - trabajo . . 70.6
- en vacío . . . 70.7
-, invertir la . . 14.6
- longitudinal . 101.7
- -, disposición de 101.8
-, mecanismo de inversión de 89.3
- muerta . . . 112.3.4
- -, rectificación de la 112.4
- transversal, disposición de 101.9
Marchar en vacío 70.8
- - -, gasto de energía al 70.8
Marche . . 12.7, 14.6.7 15.1.2
- à vide 70.7
- - - de la table 11.8
- arrière 17.6
- ascendante de la lame 333.3
- descendante de la lame 333.4
- en arrière du chariot 341.6
- - travail . . . 70.6
Marcia . . 14.6.7, 42.4.6 197.1, 249.6
- a mano . . . 159.6
- - taglio circolare 80.4
- - vuoto . . . 70.7.8
- di lavoro . . 70.6
- - ritorno . . . 16.2
- - -, meccanismo della 16.2
Marco . . 233.2, 303.3 427.6, 465.7
-, bastidor de tijera en forma de 233.2
- de llenar . . 303.9
- - prensa de precisión 311.2
-, fábrica de -s 465.7
-, máquina de empalmar -s 427.6
-, - - ensamblar -s 427.6
- porta-sierras . 327.6
- superior . . . 309.6
Margen para la rectificación 212.5
Marine, bois de 494.7
Marítimo, pino 495.8
Mark 475.5
-fleckchen . . . 478.2
-strahl 478.1
- off, to - - the hole 146.5
Mármol 87.6
Marquer, machine à (v. „machine“)
- le trou 146.5
Marquetería . . 355.4
Marriage of the punches 244.2
Marronnier d'Inde 500.10
Marteau à air comprimé 254.1
- - came . . . 245.4

Marteau à chasse 245.5
- - chasser les clavettes 330.10
- - chute libre 247.3
- - courroie de friction 248.5
- - deux cylindres 253.4
- - devant . . . 245.6
- - - à vapeur 246.10
- - friction . . 247.8
- - gaz 256.7
- - huile minérale 256.8
- - levier . . . 245.7
- - manche . . 245.2
- - manivelle . 253.5
- - - avec cylindre fixe 257.4
- - - - - guidé 257.3
- - mater . . . 287.7
- - pédale . . . 246.8
- - pétrole . . 256.8
- - planche . . 249.1
- - - avec commande Müller 249.9
- - ressort . . . 256.9
- - - à lames . 257.1
- - river 280.6
- - transmission 253.7
-, arbre du . . 246.2
-, assise de . . . 258.4
-, bâti de . . 258.2.3
- -cingleur . . 257.2
-, coup de . . . 262.4
-, distribution du 251.5
-, douille pour le manche du 246.7
-, force de frappe du 262.5
-, frappe du . . 261.9
- hydraulique . 247.2
-, machine à river à 280.6
-, manche de . 245.3
- mécanique . 247.1
- -pilon . . . 258.6.9
- - à double jambage 250.6
- - - simple effet 250.3
- - - - jambage 250.5
- - - vapeur . . 250.2
- - - - à double effet 252.8
- - - - avec admission sur le piston 252.9
- - avec cylindre fixe 250.4
- - - double montant 250.6
- - - montant en col de cygne 250.5
-, piston du . . 251.2
- pneumatique 253.8 254.1
- rapide 258.1
-, réglage du - par freinage 257.5
- -riveur 286.1
-, riveuse à . . 280.6
-, tête du . . . 261.8
-, tige du . . . 263.6
- vertical . . . 247.4
Marteler 263.9

Martellare . . . 268.9
Martello . 245.3, 246.7 280.6
- a manico . . 245.2
- - stampo . . 286.2
- ad aria compressa 256.1
- per calafatare 287.7
- - le chiavette 330.10
- - ribadire . . 286.1
Martillar . . . 268.9
Martillo 258.4.9, 262.5
-, á efecto de . 280.6
- - pedal . . . 246.8
-, bastidor de . 258.2
-, casquillo del 246.7
- de aire comprimido 256.1
- - báscula . . 245.7
- - caída . . 247.5.6
- - - con correa de fricción 248.5
- - - de fricción de tabla con disposición de impulso sistema Müller 249.9
- - - libre . . . 247.3
- - - para partir madera 430.3
- - - por fricción de tabla 249.1
- - calafatear y retacar 287.7
- - cincelar . . 256.2
- - correa . . . 248.2
- - disco de manivela con cilindro entre guías 257.3
- - - - - - - fijo 257.4
- - forjar á efecto de aire comprimido 254.1
- - - Bradley . 257.2
- - - de resortes de hojas superpuestas 257.1
- - - neumático 253.8
- - gas 256.7
- - mango . . . 245.2
- - petróleo . . 256.8
- - remachar . 286.1
- - resortes . . 256.9
- - - á pedal . 246.9
- derecho . . . 245.5
-, distribución del 251.5
-, eje del . . . 246.2
-, el regular del 257.5
-, - - - - por medio del freno 257.5
-, émbolo del . 251.2
- -estampa . . . 286.2
-, fuerza de golpe del 262.5
-, fundamento de madera del 258.9
-, golpe de . . . 262.4
- hidráulico . . 247.2
-, mango de . . 245.3
-, máquina de remachar á efecto de 280.6
- mecánico . . 247.1
- - de palanca 245.6
- neumático . 256.1.2
- - de remachar 256.3
- - - retocar . 256.3
-, palanca de . 245.3
Martillo-pilón . 258.6
- - á vapor . . 250.2
- - - - con bastidor doble 250.6
- - - - - entrada de vapor encima del émbolo 252.9
- - - - de bastidor en forma de C 250.5
- - - - - - - sencillo 250.5
- - - - - doble efecto 252.8
- - - - - efecto simple 250.3
- -, bastidor doble de 258.6
- - con cilindro de vapor fijo 250.4
-, placa de pie del 258.4
- rápido 258.1
-, rebotar el . . 259.1
-, vástago de . 263.6
- vertical . . . 247.4
Martin, acciaio 34.3
Martin, acier . 34.3
Martinet 258.1
- à manivelle . 253.5
- - ressort . . . 246.9
- Bradley . . . 257.2
Martinete 245.6, 247.1
- á pedal . . . 246.8
- de caída libre 247.3
- - cola 245.7
- - disco de manivela 253.5
- - dos cilindros 258.4
- - fricción . . 247.8
- - leva 245.4
- - resortes . . 256.9
- - - á pedal . 246.9
- - vapor . . 246.10
- hidráulico . . 247.2
- mecánico movido por transmision 253.7
- vertical . . . 247.4
Martinetto 247.6, 286.5
- a vite 80.3
- parallelo . . . 247.3
- per chiodare 286.3
- - ribadire . . 286.3
Masa 8.1, 458.2
- de calentamiento 274.7
-, molino para la 458.2
-, presión de la 8.1
Maschera a filtro 318.6
- di protezione della polvere 318.6
Maschiare, macchina da (v. „macchina")
Maschine, Abbiege- 297.8
-, Ankörn- . . . 167.5
-, Aufrauh- . . 382.6
-, Blech-kantenbeschneid- 207.4
-, -scher- 231.1
-, Bohr- 129.2
-, Bördel- . . . 297.5
-, Durchbruch- 232.1
-, Einbrenn- . . 447.6
-, Einlege- . . . 455.6
Maschine, Entrindungs- 452.1, 464.7
-, Feil- . . 38.3, 211.5
-, Fenstersprossen- 428.4
-, Flaschenkasten- 428.3
-, Fräs- 176.2
-, Gleichlege- . 454.7
-, Glocken- . . . 446.4
-, Guillochier- . 62.7
-, Hobel- 1.5
-, Holz-bearbeitungs- 320.1
-, -zerkleinerungs- 429.1
-, Kopier- . . . 417.5
-, Krämp- . . . 297.5
-, Kreuzsprossen- 428.4
-, Kümpel- . . . 298.2
-, Loch- 232.1
-, Molettier- . . 62.6
-, Polier- 405.6
-, Rad- 448.1
-, Rahmen- . . . 427.6
-, Rändel- . . . 62.6
-, Raumnadel- . 53.7
-, Riffel- 4.3
-, Roll- 435.4
-, Rundschneid- 229.2
-, Sägezahnscher- 351.5
-, Schäl- 452.2
-, Schleif- . . . 209.2
-, Schlicht- . . . 4.1
-, Schnitz- . . . 417.5
-, Schränk- . . . 350.3
-, Schweiß- . . 270.2
-, Shaping- . . . 38.3
-, Sieken- . . . 297.5
-, Spalt- 429.2
-, Tunk- 456.9
-, Umschlag- . . 298.1
-, Walzenfurch- 4.3
-, Werkzeug- . 1.2
- zum Biegen von Stuhllehnen 436.8
- - Einbrennen von Aufschriften 447.6
- - Glätten gebogener Rundstäbe 436.7
- - Zusammenfügen von Kisten 427.7
Maschinen-formerei 301.3
-hammer . . . 247.1
-hobelmesser . 386.7
-hub 12.9
-nietung 288.4
-reibahle . . . 205.10
-säge 208.4
-schere 228.3
-schliff 217.6
Maschio . 173.6, 203.7 298.4, 395.8, 397.5, 400.4
- aggiustabile . 173.7
- e femmina 396.2.3.4.8 397.6
- - - quadrati . 396.5
- - - triangolari 396.6
- per legno . . 418.1
Maserung . . . 479.2
Maserwuchs . . 490.5
Masilla . . 220.5, 225.2
Masilla, sujeción de la muela con 225.2
-, - - - pieza con 220.5
Mass of fibres . 477.4
- - grain . . . 477.4
- pressure . . . 8.1
Massa riscaldante 274.7
Masse . . 245.6, 263.7
- de réchauffement 274.7
- tombante . . 262.3
Massello 277.5
- da cannone . 135.5
Masselotte 262.1, 277.5
-, la - est soulevée 263.1
-, - - monte . . 263.1
Massen-druck . 8.1
-mühle 458.2
-wirkung . . . 8.1
Maßholder . . 501.3
Mastella 447.1
Matage . . . 287.1.2.8
- à la main . . 287.4
- pneumatique 287.6
Match arranging machine 460.1
- boarding . . 396.9
- box veneer lengths 453.1
- boxes 460.3
- machine, universal 460.4
Matching of the rivet holes 283.6
Matelas à chabotte en bois 261.4
- de bois . . . 261.6
- - chabotte . . 261.5
Mater . . 243.1, 256.3 287.3.5.7
- des rivets . . 286.9
Materia adesiva 220.5
- arruotante . . 222.4
- da polverizzare 458.3
- de fricción . 459.5
- - -, máquina de dar la - - - á los costados de las cajas . . . 459.5
Material 107.3
- á moler . . . 458.3
-es de afilar . . 222.4
- de pulimento en colores 406.4
- - pulir . . . 405.10
- to be ground 458.3
- - - heated . . 274.7
-vorschub . . . 107.3
Materiale arruotante 222.4
Matière à broyer 458.3
- colorante pour polir 406.4
Matoir 287.5
Matrice . . 243.2.3.4.6 244.2, 298.3
- à border . . . 298.3
- - cuveler . . 298.3
- composée de barrettes 243.8
- d'appui . . . 293.1
- de pliage . . 292.3
- - poinçonneuse 243.1

Matrice inférieure 264.3
- supérieure . . 264.2
Matrice 243.1.3.4, 244.2 298.3
-, apertura della 243.2
-, calibro della 243.2
- composta di barrette 243.8
-, fissaggio della 243.6
-, montaggio della 243.6
- per piegare . 292.5
Matricer 264.1.6
Matriz . . 243.1.2.3.4.6, 244.2, 298.3
-, abertura de la 243.2
-, ajuste del punzón con la 244.2
-, borde de la . 243.3
-, canto de la . 243.4
- compuesta de varillas 243.8
-, sujecion de la 243.6
Matrize 243.1
Matrizen-öffnung 243.2
-rand 243.3
Maul-beere . . 499.8
-flächen, Ausklinkung der 144.4
-, Hobel- 383.3
-schenkel . . . 279.6
-schere 229.8
-tiefe der Nietmaschine 278.6
Maximum radius of spindle 131.3
Maza 254.4
-, cilindro de la 254.4
Mazo . 261.8.9, 262.1.3 263.7.8
-, cabeza de . . 261.8
-, correderas del 263.7
-, - - - graduables á medida de su desgaste 263.8
-, el - cae . . . 262.9
-, - - es elevado 263.1
-, - - sube . . . 263.1
- para quitar las cuñas 330.10
-, peso del . . . 262.3
-, superficie del 261.9
Mazza 245.5
- a manico . . 245.2
-, ammortizzare il colpo della 259.1
- battente 251.5, 261.8 262.1
- -, cilindro della 254.4
- -, gambo della 263.6
- -, guide della 263.7.8
- -, la - - ascende 263.1
- -, - - - discende 262.9
- -, - - - rimonta 263.1
- -, peso della . 262.3
- -, piano della 261.9 262.2
- -, regolazione della 257.5
- -, stelo della . 263.6
-, colpo della . 262.4
-, corsa della . . 262.6
Mazza, forza del colpo della 262.5
-, la - cade . . 262.9
-, manico della 245.3
-, stantuffo della 251.2
-, velocità di caduta della 262.8
Mazzetta a due mani 245.5
Measure 481.5
Measuring apparatus 384.4
Mécanique, scierie 464.4
Meccanismo differenziale 89.6
Mecchia appuntita 166.6
Mecha . . 166.5, 411.5
- á largo . . . 408.6
- anular de dos cortes 412.6
-, cabezal de cuchillas en forma de 389.3
- de cañon . . 412.5
- - gubia . . . 412.5
- - punta aguda 411.9
- - roscar . . . 413.1
- - tres puntas . 412.2
-, en forma de . 389.3
- espiral . . . 411.4.6
- - americana . 412.4
- - con labios cortantes 411.7
- - especial para bedanos huecos 409.8
- helicoidal 411.4, 412.1
- hueca 413.2
- larga 408.6
-, punta de introducción de la 411.5
Mechanism, oval 415.6
Mèche . 166.5, 411.4.5.6
- à canon . . . 167.1
- - centre . . . 166.7
- - centrer . . . 167.3
- - langue d'aspic 166.6
- - saillies . . . 411.7
- - téton . . . 166.7
- de foret . . . 389.3
- hélicoïdale . 166.8
- - du bédane creux 409.8
Medida de la disminución 488.9
Medio, descortezar á -as 464.8
-a luna, en forma de 125.6
-, tronco de sección -a 480.5
Medir 464.3
Medula 475.5
Medular . . . 478.1.2
-, mancha . . . 478.2
-, radio 478.1
Médullaire, rayon 478.1
Medullary blemish 478.2
- ray 478.1
Mehlbeerbaum 502.10
Mehrrillig, -er Schnurlauf 84.7
Meißel . . 53.4, 421.5
-abhebung, selbsttätige 36.7
-, Bohr- 169.2
-, Dreh- 120.4
-druck 32.4
-, Druckluft- . . 256.2
-halter 126.6
-, Hobel- 31.3
-, Krumm- . . . 423.2
-, Stemm- . . . 287.5
-teller 127.5
-träger 36.1
Mélange inflammable 274.8
Mélanger . . . 314.6
-, machine à (v. „machine“)
Mélèze d'Europe 496.2
Mella de las mordazas 144.4
Melo 502.6
Melting box . . 456.7
- crucible . . . 275.2
Menabriglia 112.6.7.8
- a compensazione automatica 113.1
- parallela . . 112.9
- speciale . . . 220.6
Mensola 182.4
- della tavola . 140.2
- girevole . . . 131.6
- spostabile . . 139.6
Menuiserie . . 365.2
- mécanique . 465.8
Menuisier . . . 465.9
Mercancía de corteza 483.3
Mérisier à grappes 502.3
- des bois . . . 502.1
Merkstift . . . 134.4
Merma . 274.6, 277.10
-, térmite para -s 274.6
Merulius lacrymans 494.1
Mesa 8.4, 39.1, 45.6, 313.2 356.6, 364.5
-, anchura de la 5.6
- articulada sin fin 382.3
- circular . . . 46.1
-, conducción de la 8.2
-, - plana de la 8.3
-, corredera de la 8.2
-, - plana de la 8.3
- corrediza 139.6, 364.1 365.4
- -, sierra circular para tronzar á dimensión con 365.4
- de acepilladora 5.4
- - avance automática 363.8
- - calentar al vapor 467.5
- - cepillar 5.4, 9.4.5.6
- - -, inclinación de la 9.4
- - -, movimiento motor de la 9.6
- - -, salida de vía de la 9.5
- - colocación . 384.6 404.2
Mesa de conducción 343.3
- - consola móvil 182.4
- - fijación de la pieza 46.4
- - fresadora . 182.3
- - la sierra . . 207.9
- - - tijera . . 233.6
- - movimientos en cruz 39.4
- - péndulo . . 365.8
- - sierra . . . 473.2
- - - de cinta . 357.1
- - - graduable 365.7
- - soporte para la labor 54.3
- - subir y bajar 366.1
- - sujeción 5.4, 39.1 139.5, 184.2, 190.6
- - - con soportes 139.7
- - - cúbica . . 30.5
- - -, desembrague de la 190.6
- - - giratoria 46.3 184.3
- - - - con gotera para el aceite 46.2
- - taladrar . . 140.1
- - - con carros de movimiento en cruz 140.6
- - - - movimiento de báscula 140.7
- - - de movimiento vertical 140.3
-, descarrilamiento de la 9.5
-, escuadra de guía en la 364.5
-, fresadora de 398.1
- giratoria 116.6, 184.4 305.3, 308.4
- - alrededor de la columna 140.4
- - levadiza . . 308.5
- -, máquina de moldear con - - con disposición de levantar y pasar el modelo 308.4
- -, - - moldear con 305.3
-, graduación de la 39.2
-, husillo de la 193.1
- inclinable . . 365.6
- lateral corrediza 365.5
-, longitud de cepillar de la 12.10
-, - - la 5.5
-, máquina de moldear engranajes de 313.2
-, marcha de trabajo de la 11.7
- montada sobre rollos 317.2
-, movimiento de la 189.11, 190.3.4
-, - - - - dispuesto interiormente 190.3

Mesa, movimiento longitudinal de la 47.5
-, - motor de la 9.6
-, - transversal de la 47.6, 190.5
- oscilante 365.8
-, peso de la 9.3
-, pie de la 9.2
-, pivote de la 141.2
-, placa de 306.6
-, sierra circular de 364.2
-, - de cinta con 356.6
- -soporte 384.6
-, - de 140.2
-, sujetador de la 183.5
-, superficie de 364.3
-, - - la 384.7
-, tijera de 229.6
-, velocidad de la 12.4
-, via de deslizamiento de la 8.4
Mescolatore 458.2
Mescolatrice a campana per la terra 314.7
- per la terra di fonderia 314.4
Messa a punto del carrello 101.1
- - - - mandrino 149.5
- - - dell'utensile 58.5, 95.2
- - - - - a mezzo di chiavetta 127.3
- - - della sega circolare 371.4
- - -, dispositivo per la - - - degli utensili 393.7
- - -, - - - - - - dei ferri 393.7
Meßapparat für Hobelmaschinen, Arbeits- 384.4
Messen, mit dem Taster 74.2
Messer 204.5
-, Abzieh- 387.4
- aus einem Stück 387.7
-ausgleicher 391.9
-balancierapparat 391.9
-befestigung durch Deckel 390.6
- - - Nuten und Ring 390.7
- - - Schrauben 390.5
-, die - auswechseln 388.8
-einsetzgerät 401.2
-, Fasen- 388.1
-, Fasson- 422.4
-, Fassonhobel- 388.2
-, Formhobel- 388.2
-, Fräs- 204.5
-, Furnier- 375.1
-, gekrümmtes 387.6
-, Grund- 386.8
-halter, Ritz- 453.3
-kasten 391.10
-, Kegelscheiben- 388.6
-, Kehl- 393.6
Messerkopf 204.4, 389.1
-, Ablehren des -es 391.4
-, bohrerartiger 389.3
- der Dickenhobelmaschine 389.8
- für lange Messer 389.6
- mit gekrümmten Messern 390.2
- - hohlaufliegenden Messern 390.1
- - krummer Schneide 389.4
- - Messern aus gedrehten Stahlkörpern 389.5
-, pyramidenförmiger - für schräge Zinken 427.5
-, Walzenhobelmaschine mit frei liegendem 380.6
-zapfen 391.3
Messer-lehne 389.7
-, Nut- 397.2
-, Ober- 241.1
-, Profil- 422.4
-, Profilhobel- 388.2
-, Putz- 387.4
-scheibe 427.4
-, Scheiben- 388.4
-schlitten 375.3
-schneide, die -n arbeiten stark gegen den Span 383.8
-, Schrupp- 388.3, 421.6
-, Seiten- 241.3
-, Sohlen- 386.8
-, Span- 375.1
-spindel 391.2
-, Spund- 397.5
-stahl, linker 123.4
- -, rechter 123.3
-stiel 390.4
-stütze 375.5
-träger 375.4
-, Unter- 241.2
-, Vorschneid- 386.9
-walze 391.1
-, Walzen- 388.7
-welle 391.2
- -, runde 391.1
- -, Walzenhobelmaschine mit wagrechten und senkrechten -n 380.5
Messingdrehstahl, gerader 123.5
Mesurer, appareil pour 384.4, 464.3
Metal milling machine 176.3
- turning 71.5
- - lathe 56.2
- working 1.3
- - machine 1.4
Metal 1.3.4, 56.2, 71.5, 176.3, 229.3, 231.3
- antifricción 150.3
Métal 1.3.4, 56.2, 71.5
- antifriction 150.3
Metallbearbeitung 1.3
Metall-bearbeitungsmaschine 1.4
-drehbank 56.2
-drehen 71.5
-fräsmaschine 176.3
Metallo 1.3.4, 56.2, 71.5, 176.3
- antifrizione 150.3
-, apparecchio per dividere -i 229.3
-, - - tranciare -i 229.3
Method of driving sliding drill spindle 155.7
- - fixing 205.3
Mètre cube théorique 481.4
Metric thread 174.3
Metro cúbico teórico 481.4
Mettere il cerchione sulle razze 451.1
Mettre en presse 455.6
Meuble, fabrique de -s 466.1
Meulage 212.5, 213.4, 217.5, 221.5
- à l'eau 212.7
- - la machine 217.6
- - - meule d'une surface conique 215.2
- - sec 213.3
- circulaire 214.7
- - des arbres 214.6
- d'une surface plane 214.4.5
- de fonds 215.6
- - précision 216.3
- - rainures 215.7
- - trous cylindriques 215.5
- en arrosant 212.7
- - mouillant 212.7
Meule 218.6.7, 221.4, 223.11, 458.7
- à émeri 353.2
- - gros grain 221.8
- - rectifier les douilles intérieurement 210.3
-, alésage à la - de trous cylindriques 215.5
-, aléser à la 215.3.4
- annulaire 224.1
- -assiette 224.2
-, broche de 224.8
-, broyeur à -s 315.1
-, capot de 218.3
-, cimentage de la 225.2
-, collage de la 225.2
- conique 224.3
- de front 224.4
-, dégrossir à la 212.4
- demi-douce 221.9
- douce 222.1
-, dressage d'une surface à la 214.4.5
-, - de la 225.5.6
-, dresser à la 214.3
-, - la 225.4
- dure 222.2
-, éclatement de la 226.3
Meule en carborundum 223.7
- - cuvette 224.2
- - émeri 219.4, 223.1
- - porte-à-faux 224.5
-, finir à la 216.2
-, fixation de la 224.7
-, garde de 218.3
-, grain de la 221.7
-, la - lance des étincelles 217.1
-, - - se vitrifie 217.3
-, machine à dresser à la 209.3
-, mandrin de 218.1
-, marche équilibrée et uniforme de la 225.3
-, meulage à la 215.2
-, protecteur de 218.3
-, rectification d'une surface à la 214.4.5
-, - de la 225.5.6
-, rectifier à la 212.2, 214.3, 215.4
-, rupture de la 226.2
-, serrage de la 225.1
- tendre 222.3
-, tournage à la 214.6.7
-, usure de la 226.1
Meuler 212.2
- à sec 213.2
- en arrosant 212.6
- intérieurement 215.3
-, machine à (v. „machine“)
-, moulin à -s 458.9
-, poudre à 226.8
-, poupée de machine à 217
- une pièce cylindrique 215.1
- - surface plane 214.3
Meulerie 217.5
Meuleur 217.4
Mezcla inflamable 274.8
Mezzo, -a forma 302.4
-a luna 125.6
- tronco 480.5
Mi-bois 426.8
Mica 275.7
Miccia 274.10
Micocoulier de Provence 499.7
Midollo 475.5, 478.12
Mill, ball 314.3, 458.5
-, composition grinding and mixing 458.2
-, end 201.6
-, millstone grinding 458.6
- off, to 185.4
-, saw 464.4
-, - - driven by water power 464.5
-, slitting 229.3
-, steam saw 464.6
-, to 185.1
-, - - a plan surface 185.5
-, - - circularly 186.1
-, - - from a copy 187.1
-, - - - - template 187.1
-, - - grooves 185.3

Mill, to - spur wheels 186.3
-, - - teeth of gear 186.3
-, vertical boring and turning 61.1
Millimeter-gewinde 174.8
Milling 185.2
- angle. 186.6
- arbor . . 197.7, 205.5
- -, tapered shank of 205.5
-, circular . . . 186.2
-, - - of wheel tread 451.2
- cocks 179.2
- cutter 199.7
- - arbor . . . 196.3
- -, backed off . 200.2
- -, capacity of the 184.7
- -, coned . . . 201.1
- -, conical side 203.2
- -, grooved . . 200.1
- -, internal . . 204.2
- -, rack 202.4
- -, radial . . . 200.4
- -, side 200.4
- -, spiral . . . 201.7
- - with diagonally backed off teeth 200.3
- device, circular 199.5
- faces of teeth 186.4
- grooves . . . 177.3
-, horizontal . . 185.6
-, longitudinal . 185.7
-, longsway . . 185.7
- machine . . . 176.2
- -, automatic . 179.6
- -, copy 179.4
- -, copying . . 416.6
- -, curve . . . 179.3
- -, double . . . 178.1
- -, - horizontal 177.4
- -, - spindle . 177.6
- -, duplicate combined boring and 185.3
- - for endless screw 179.1
- - - worms . . 179.1
- -, hand 176.4
- -, high speed 178.2
- -, horizontal . 180.1
- -, Lincoln pattern 177.2
- -, metal . . . 176.3
- -, self-acting . 179.6
- -, single spindle 177.5
- -, slab 178.4
- - standard . 180.4
- -, surface . . 177.1
- - table 182.3
- -, thread . . . 174.2
- -, universal . 176.5
- - upright . . 180.4
- -, vertical . . 178.3
- -, worm gear 178.6
- of grooves . . 185.9
- rest, adjustable 419.1
- shop 185.3
- spindle, auxiliary 195.3
- -, main 195.2
Milling valves . 179.2
- work 184.5
Millstone . . . 458.7
- grinding mill 458.6
Mimbre 497.2
Mine 361.3
Miscela infiammante 274.8
Mischmaschine, Formsand- 314.4
Mise au point de l'outil 53.5, 95.2
- - - - la broche 149.5
- - - du chariot 101.1
- - - précise de la broche de fraisage 196.3
Misura del restringimento 488.9
Misuratore dell'umidità 464.3
- per le lunghezze piallate 384.4
- - pialle . . . 384.4
Misuratura a corpo 481.4
Mitad . . 110.1, 302.4
Mitnehmer 92.4, 112.5
-bolzen 51.6
-druck 112.8
-feder 92.8
-griff 155.2
-knopf 92.7
-kopf 155.2
-, Parallel- . . . 112.9
-scheibe . 112.6, 119.3
-schraube 92.5, 154.7
-, selbstausgleichender 113.1
-, selbsttätig einspringender 92.6
-, selbsttätiger . 155.1
-stift 112.7
Mitraille 231.3
Mitre cutting . 366.4
- - machine . . 408.7
-ing machine . 439.5
Mittel-gatter . . 321.5
-walze 293.8
Mixer 314.7
Mixing arms . 457.8
- machine, sand 314.4
- mill, composition grinding and 458.2
Mobile 466.1
Modelaje . . . 466.3
Modèle 302.5.6 303.6.7 305.5, 306.6, 307.6
- à couronne . 307.5
- de segment de denture 312.2
- rentrant . . 306.4.5
Modeleur . . 466.3.4
Modelista . . . 466.4
Modell 303.6
-, Ausziehen des -s 302.6
-, das - herausziehen 302.5
-, Kranz- 307.5
-platte 303.7
- -, Abheben des Formkastens von der 302.8
- -, Abziehen der - - vom Formkasten 302.7
- -, drehbare . 305.5
Modell-plattenformerei 301.4
-schreiner . . . 466.4
-schreinerei . 466.1.3
-tischler 466.4
-tischlerei . . 466.1.3
-träger 312.1
- -, allseitig beweglicher 312.3
Modellare denti 398.5
Modellista . . . 466.4
Modellisteria . 466.3
Modello . 146.2, 303.6
- del dente . . 312.2
- di una corona 307.5
-, estrazione del 306.4
-, fabbrica di -i 466.3
-, forare usando un 146.1
-, fresare su . . 187.1
-, levare il . . . 302.5
- per curvare . 431.3
-, placca- - rovesciabile 305.5
-, ritirare il . . 302.5
-, ritiro del . . 302.6
-, sollevamento del 302.6
Modelo 302.5.6, 303.6.7 305.5, 306.4.5, 307.2.6
- de curvar . . 431.3
- - huecos de los dientes 312.2
- - una corona 307.5
Módulo 202.3
Moëlle 475.5
Mogano 500.5
Mola . . 209.2, 221.4.6, 223.11, 458.7
- a coppa . . . 224.2
- - corona . . . 224.4
- - dischi con portapezzo 211.4
- - disco conico 224.3
- - grana dolce 222.1
- - - grossa . . 221.8
- - - mezzana . 221.9
- - - mezzodolce 221.9
- - tazza . . . 224.2
-, avanzamento della 218.7, 219.4
-, calibrare la . 225.4
-, calibratura della 225.5
-, cementatura della 225.2
-, consumo della 226.1
-, corona di una 224.1
- di carborundum 223.7
- - smeriglio . 223.1
- doppia 224.6
- dura 222.2
-, equilibrare la 225.4
-, fare la prima passata alla 212.4
-, fissaggio della 224.7, 225.1
-, grana della . 221.7
-, la mola dà scintille 217.1
-, - - si vetrifica 217.3
-, lavorante alla 217.4
Mola, mandrino della . 217.9, 218.1 219.7, 224.8
-, marcia regolare della 225.3
-, montaggio della 224.7, 225.1
- montata in isbalzo 224.5
- per piani . . 209.3
-, raddrizzare la 225.4
-, raddrizzatura della 225.6
-, rifinire alla . 216.2
-, riparto delle -e 217.5
- rotante a smeriglio 353.2
-, rottura della 226.3
-, sgrossare alla 212.3
-, sopporti del mandrino della 218.2
-, - per mandrino a due -e 218.6
-, spaccatura della 226.2
- tenera 222.3
-, testa del mandrino della 217.8
-, tornitura della 225.6
-, usura della . 226.1
Molare . . 212.2, 226.8
- a secco . . . 213.2
- ad umido . . 212.6
Molassa 315.1
Molatura . . . 217.5
- a secco . . . 213.3
- ad umido . . 212.7
- meccanica . . 217.6
Molde . 298.3, 302.4.9 303.5, 304.5.6
- de colada en forma de embudo 276.6
- - curvar de tres partes 432.1
- - - la madera 431.5
- - fundición . 315.5
- - hierro colado de dos partes para tubos 275.1
- para assemblar los barriles 443.5
- - - - toneles 443.5
- - curvar los bordes de asientos de silla 437.5
Moldeado á mano 301.2
- - máquina . . 301.3
- con placas de modelos 301.4
- de las ruedas dentadas con sectores que atraviesan la mesa 312.6
- mecánico . . 301.3
Moldear 301.1.5, 307.2 309.5, 310.1, 422.4
- á mano, máquina de - - - con elevacion por espigas 305.1
- de engranajes 311.5

Moldear en . . 301.6
-, máquina de (v. „máquina")
Molding 393.3
Moldura . . . 392.4.5, 393.2.3.4, 400.5.6, 465.6
- cónica 393.1
Moler 457.10, 458.1.3.4.7
Moleta 62.6
Moletear 74.9
Molettare . . . 74.9
-, macchina per (v. „macchina")
Molette 229.1
- du verrou d'entrainement 155.2
- verrou d'entrainement 92.7
Moletté, bouton 181.9
Moletter 74.9
-, machine à (v. „machine")
Moletteuse . . . 62.6
Molettiermaschine 62.6
Molino 464.5
- a palle 314.3
- cónico 457.9
- de bolas 314.3, 458.5
- - dos discos verticales 315.1
- - - piedras verticales 315.1
- - piedras rotatorias 458.6
- para la masa 458.2
Molla . . . 49.6, 259.4
- a spirale . . . 259.5
-, ammortizzazione a 259.3
-, arresto a . . 20.2
-, bloccaggio a 93.1
-, catenaccio a 106.10
- del tappo di presa 92.8
- di richiamo . 194.9
-, fissaggio a . . 93.1
-, leva a 42.1
-, maglio a -e . 246.9 256.9
- premente . . 385.3
Molten cast iron 273.5
Moltiplicatore di pressione 267.6
Moment-kupplung 22.1
-steuerung . . 21.10
-vorschub . . . 22.7
Mönch . . 236.6, 310.3
Mönchskolben 236.6 265.6
Mond-ring . . . 491.8
-säge 355.2
Montado 362.9
Montage à lunette porte-outil tournant 127.3
- dans son support de l'arbre porte-meule 218.2
- - - - - la broche pour deux meules 218.6
- de la broche dans ses coussinets 195.5
- - - - - son support 77.4
Montage de la broche de perçage 150.6
- des lames . . 328.5
Montaggio 27.4.8, 28.1 30.5.6, 328.5, 446.4
- del pezzo da lavorare per mezzo di materia adesiva 220.5
- - punzone . . 243.5
- della fresa . . 205.3
- - matrice . . 243.6
- - mola . 224.7, 225.1
- di un pezzo a mezzo di viti 27.6
Montaje graduable del eje de la sierra circular 372.2
Montant . 183.3, 181.3 233.4, 250.5.6, 258.7
- à déplacement 184.3
- - feuillures . 396.7
- - lunette . . . 143.1
- de guidage . 181.1
- - machine à fraiser 180.4
- - - - percer . 188.2
- - raboteuse . 4.6
- - scie alternative 327.3.9
- latéral 4.7
- principal . . 180.6
- unique 2.3
Montante . 2.3, 250.5.6 258.7
- ausiliare . . . 181.1
- - del reggipunta 143.1
- della sega alternativa 327.9
- - - - verticale 327.8
- di piallatrice 4.6
- laterale . . . 4.7
- mobile orizzontalmente 136.4
- principale . . 180.6
- spostabile . . 184.3
Montante . . . 233.4
- acanalado . . 396.7
Montare 27.5
- il cerchione sulle razze 451.1
- - pezzo da lavorare 110.6
- l'utensile . . 126.5
- la fresa . . . 205.4
- le razze nel mozzo 450.2
- sulle punte . 111.1
- tra punte . . 111.1
Montatore delle seghe 328.6
Montatura delle lame 328.3
Monte et baisse 366.1
Montée 263.2.3
Monter la fraise 205.4
- - pièce à usiner 110.6
- - - - - entre les pointes 111.1
Montone . 247.6, 262.1
- per curvare . 296.2
Monture 346.4
- de diamant . 225.7
Moral blanco . 499.8
Mordache . . . 114.4
- de serrage . . 114.6 171.5
Mordant . . . 438.3.6
Mordaza 114.4, 144.4.6 172.2, 173.3, 248.4, 334.5
- de apoyo . . 293.1
-s - la tuerca . 163.1
- - roscar . . . 172.6
- - sujeción . . 114.6 144.3, 171.5, 197.5
- - - automática 269.6
- - triscar . . . 350.4
-s del cabezal de curvar 292.5
- - porta-sierra 330.4
Mordente . 438.2.3.4.5.6
Moro bianco . . 499.8
- nero 499.8
Mors de serrage 28.6
- griffes de serrage 144.3
Morsa 144.3.5.6, 171.4.5
- ad apertura verticale 342.1
- autocentrante 144.2
- di fissaggio . 341.9
- parallela . . . 166.1
- per congiungere casse 428.1
- - macchine da centrare 166.4
- - rotaie . . . 166.3
- semplice . . . 342.2
Morsekonus . . 199.4
Morse's cone . 199.4
Morsetto 171.4, 330.2.4 331.2, 341.10, 420.3
- a chiavetta e controchiavetta 330.3
- - leva 331.3
- ad eccentrico 331.1
- della sega . . 329.6
- di chiusura . 197.5
- - fissaggio . 116.2
- - - per altezze varie 28.1
- - - - spessori vari 28.1
- - montaggio per altezze varie 28.1
- - - - spessori vari 28.1
- - sega orizzontale 331.5
- - serraggio . 197.5
- inferiore . . . 329.9
- portautensile americano 35.8
- - girevole . . 35.7
- semplice quadrangolare 330.1
- superiore . . 329.7
Mortaisage circulaire 47.3
- de la pièce . 46.8
- - pièces creuses 44.4
- - surfaces concaves 44.4
- longitudinal . 47.1
- transversal . 47.2
Mortaise 388.3, 402.1.4 409.2
- profonde . . 408.4
Mortaiser . 46.7, 47.4 58.4, 409.2
- les pignons coniques 44.6
- - roues coniques 44.6
-, machine à (v. „machine")
Mortaiseur à chaine dentée 398.6
Mortaiseuse 45.2, 52.2
- à faire les rainures 45.5
- - main 408.3
- - rainer . . . 45.5
- - tête inclinable 45.4
- horizontale . 45.3
- -raineuse . . . 45.5
Mortaja 402.4
- profunda . . 408.4
Mortajadora . . 45.2
- á mano . . . 408.3
- con barrena vertical 407.1
- de cabezal giratorio 45.4
- - - inclinable 45.4
- - ranurar . . 45.5
- horizontal . . 45.3
Mortajar . 46.8, 409.2
-, el - circularmente 47.3
-, - - longitudinalmente 47.1
-, - - transversalmente 47.2
-, máquina de (v. „máquina")
- verticalmente 46.7
Mortesare . 46.7, 58.4 409.2, 439.6
- circolarmente 26.6
- interni circolari 26.8
Mortesatrice . . 45.2 407.1
- a mano . . . 408.3
- - portautensile girevole 45.4
- - slittone girevole 45.4
- combinata con trapano 408.4
- orizzontale . 45.3
Mortesatura circolare 26.5, 47.3
- - interna . . 26.7
- longitudinale 47.1
- trasversale . . 47.2
Mortise . 402.4.5, 409.2
- chisel . 409.3, 409.4
- holes 409.2
-, to tenon and 402.1
Mortising bit . 408.6
- chisel, double 409.6
- -, hollow . . 409.7.8
- -s, self-coring 409.5
- machine . . . 407.1
- -, boring and 408.4
- -, hand 408.3
- -, hub 449.1
- -, - boring and 449.2
- -, nave 449.1
- -, - boring and 449.1
- -, slot 408.5

Morus alba . . 499.8
- nigra 499.8
Moteur 156.4
Motion 138.6
-, charge of . . 15.2
-, cross traverse 342.6
-, cutting 68.2
-, direction of . 15.1
-, feed . . . 22.3, 95.4
-, horizontal - of ram 47.7
-, - - - slide . . 47.7
-, longitudinal - of the table 47.5
-, lost - of table 18.2
-, main 6.9
-, quick hand - for lowering the spindle 162.5
-, reversing of . 12.6
-, rotary and sliding 165.4
-, rotative and sliding -s 165.3
-, straight reciprocating main 11.6
-, throwing the shears out of 236.8
-, transverse - of the table 47.6
-, working . . 6.9, 68.2
Motor, árbol . . 188.9, 326.9
-, excéntrico . . 42.6
-, mecanismo . 187.10
-, tijera á . . . 232.6
Motore 230.2
- a vapore . . . 236.3
Moucheture . . 479.1
Moulage . 301.1, 302.9
- à la main . . 301.2, 305.1, 308.3
- - - planche . 301.4
- au gabarit . . 301.4
- avec tiges de soulèvement 305.2
- de roues dentées 311.5
- des engrenages avec modèle à segments traversant la table 312.6
- mécanique . . 301.3
- par introduction et enlèvement du modèle . . 306.4
- - modèle rentrant 306.4
Mould, half of . 302.4
- box . . 302.7.8, 304.5
- carriage . . . 310.7
- drying oven . 315.5
-, to 301.5.6
- trolley 310.7
Moulded board 393.3
Moulder 424.2
Moulding . . 393.2.3
- and shaping machine with table, double spindle 398.2
- box 302.9
- - for pulley moulding machine 307.7
- cutter . 393.6, 400.6, 474.12
- - block . . 393.5
Moulding flask for pulley moulding machine 307.7
-, hand 301.2
- iron . . 388.2, 393.6.7
- knife grinding machine 394.1
- knives 393.7
- machine 300.1, 381.6, 393.4
- -, centreing . 311.1
- -, chain cutter 398.6
- -, fillet 381.6
- - for conical strips 393.1
-, machine for moulding gear wheels by means of a tooth block 311.6
-, - - - large pulleys 307.4
- - - ribbed pipes 308.2
- -, four cutter planing and 392.5
- -, gear wheel 311.4
- -, - - - - attaching to the wall 313.3
- -, - - - - mounted on a column 313.1
- -, - - - - with table 313.2
- -, - - - - - two face plates 313.4
- -, hand - - for belled articles 308.3
- -, - - - with pin lifting arrangement 305.1
- -, - - - - turnover pattern plate 306.1
- -, horizontal - - on hollow standard 398.4
- -, hydraulic . 300.2
- -, - - - with pin lifting arrangement 305.2
- -, - - - - turnover table 306.2
- -, pulley . . . 307.3
- -, small gear wheel 313.5
- -, stripping plate 306.5
- -, - - gear wheel 312.5
- -, - - moulding machine with turning table 308.4
- -, telescopic - - for pulleys 308.1
- -, turnover type 305.4
- -, upright - - mounted on standards 310.4
- -, vertical spindle 397.8
- - with double ramming action 310.8
- - - lifting carriage 304.6
- - - rotary table 305.3
Moulding machine with table 398.1
- - - two travelling pattern tables 306.3
- -, wood . . . 392.4
- of gear wheels 311.5
- - - - with stripping plates 312.8
-, pattern plate 301.4
- press 309.5
- -, hydraulic . 310.1
- - with rotatable turnover plate 310.6
- - - two travelling pattern tables 306.3
- process . . . 301.1
- sand 314.1
Moule, couvercle de 300.1, 302.4, 304.5, 315.5
- cylindrique en deux pièces en fonte 275.1
- de coulée . . 276.6
Mouler 301.5, 307.2.9, 309.5, 310.1
- dans 301.6
-, machine à (v. „machine")
Moulin à meulers 458.6
- broyeur pour la pâte 458.2
- conique . . . 457.9
Moulure 392.4.5, 393.2, 465.6
- conique . . . 393.1
Moulurer 393.5.6, 394.1
-, machine à (v. „machine")
Moulureuse, appareil à presser pour -s 393.4
Mountain ash . 502.7
- elm 499.5
- pine 495.6
Mouth of shears 241.7
Mouton 247.3.4, 248.5, 262.1
- à chute libre 247.5
- - courroie . . 248.2
- - estamper . . 247.6
- - fendre le bois 430.3
- - vapeur . . 246.10
-, cylindre du . 254.4
- de coudage . 296.2
-, guidage du . 263.7
-, laisser rebondir le 259.1
-, le - est soulevé 263.1
-, - - monte . . 263.1
-, - - tombe . . 262.9
-, poids du . . . 262.3
Mouvement 12.6, 48.1, 91.2
- automatique . 102.5
- circulaire . . 75.2
- croisé 24.2
- d'avance 95.4, 165.3
- - automatique 51.7
- de déplacement de l'outil 22.3
- - - - la pièce 22.3
- - dressage . . 102.1, 103.9
Mouvement de la table 189.11
- - - valve d'admission 252.1
- - rotation . . 155.7
- - travail . . . 68.2
- - va-et-vient en ligne droite 11.6
- du porte-outil 48.7
- - tiroir d'admission 252.1
- excentrique . 219.1
- horizontal du chariot 47.7
- - - coulisseau 47.7
- longitudinal . 101.7, 102.7, 103.8
- - de la table 47.5
- - du plateau 47.5
- monte et baisse 24.2
- par bielle et coulisseau 18.4
- planétaire . . 219.1
- transversal . 103.9
- - de la table 47.6, 190.5
- - du plateau . 47.6
- - et vertical . 39.4
- vertical du chariot 47.8
- - - coulisseau porte-outil 47.8
Movement of punch in and out of the die 244.2
- - table . . . 189.11
- - the back centre, endlong 118.1
- - tool from copy bar 96.7
- - - - former bar 96.7
- - valve . . . 252.1
-, vertical - of ram 47.8
-, - - - slide . . 47.8
Movimento 12.6, 42.4.6, 49.3, 50.1
- automatico del carrello 102.3
- continuo in avanti 22.3
- del cassetto . 252.1
- della tavola . 189.11
- di avanzamento 22.3, 95.4
- - due utensili piazzati di fronte 105.4
- - lavoro . . 6.9, 68.2
- in avanti di avanzamento 22.3
- longitudinale 101.7, 103.8
- planetario . . 88.9, 219.1
- principale . . 6.9
- rettilineo alternativo 11.6
- - di va e vieni 11.6
- trasversale . 103.9
Movimiento . . 182.6
- á correa . . . 81.4
- - mano . . . 101.5
-s - -, disposición de los 159.6

Movimiento á palanca 160.1, 284.8
- - pedal . . . 81.1
- contrario, mecanismo de 89.6
- de alimentación 22.3
- - arranque par trinquete 22.3
- - avance 22.3, 95.4 161.3, 165.2, 192.2
- - - del porta-útil 43.7
- - cambio de marcha 15.4
- - fricción por ruedas de doble cono 90.8
- - impulsión á manivela 13.4
- - impulso de la sierra alternativa 334.2
- - inversión, mecanismo de
- - - por engranajes cónicos 16.5
- - -, - - - - - por engranajes cónicos con acoplamiento de fricción cónico 17.1
- - la contra-punta por medio de rueda á mano 117.8
- - - - - - tuerca y contra-marcha de engranaje 118.1
- - - mesa . . 189.11
- - - - dispuesto exteriormente 190.4
- - - - - interiormente 190.3
- - - tijera por máquina de vapor acoplada directamente 236.3
- - - - - volante 236.1
- - marcha automática 51.7
- - planear . . 103.1
- - -, disposición de 102.1
- - retroceso por engranajes helicoidales 192.6
- - tornillo sin fin, mecanismo de 89.7
- - trabajo . 6.9, 68.2
- - traslación á mano del husillo de taladrar 153.2
- del árbol portabrocas por cono de fricción 157.5
- - carro-soporte 101.4
- - distribuidor 252.1
- - husillo de taladrar á palanca 160.1
Movimiento del porta-útil por tornillo sin fin 48.8
- diferencial . . 89.6
- -, mecanismo de 89.6
- eléctrico . . . 91.6
-s en cruz, mesa de 89.4
- excéntrico . . 219.1
- giratorio, mecanismo del - - del árbol de taladrar 155.7
- horizontal del cabezal 47.7
- - - carro . . 47.7
-, inversión del 12.6
- longitudinal . 103.8
- - de la mesa 47.5
- motor . 42.3, 156.7
- - á cremallera y tornillo sin fin 10.3
- - de cremallera helicoidal 10.5
- - - fricción . 90.4
- - - la mesa . 9.6
- - del carro á manivela 13.3
- - - husillo . . 80.3
- - - porta-útil 40.1
- - - - - por cremallera 42.2
- - eléctrico . . 42.3
- -, mecanismo de - - por engranajes derechos escalonados 86.2
- - por cable . 11.5
- - - cadena . 84.5
- - - conos de fricción 91.1
- - - cordón . . 84.6
- - - cremallera 9.7
- - - disco de curvas 49.1
- - - engranajes derechos 85.1
- - - excéntrico 42.4
- - - manivela con ruedas elípticas 13.5
- - - poleas de fricción 90.3
- - - ruedas de fricción 90.3
- planetario . . 88.9
- por corredera rotatoria 41.8
- - disco de fricción 157.3
- - manivela y biela 48.7
- - presión hidráulica 236.5
- - rodajas de fricción 94.7
- - rueda hueca, mecanismo de 16.4
- - vapor directo 236.3
- principal de va y viene 11.6
- transversal . 103.1.9
Movimiento transversal de la contra-punta 118.2
- - - - mesa . . 47.6 190.5
- vertical . . . 142.3
- - del cabezal 47.8
- - - carro . . 47.8
Moving the countershaft 85.5
- - wheels along the countershaft 85.4
Moyeu . 448.2, 449.1.2 450.2.3, 451.3
Mozzo . 448.2.3, 449.1.2 450.2
- di ruota . . . 60.4
- spaccato . . . 137.5
Muela . 215.4, 218.3.6.7 221.4, 458.7
- blanda 222.3
- cónica 224.3
- de afilar . . 223.11
- - carborundum 223.7
- - esmeril 219.4, 223.1
- - grano grueso 221.8
-, desbastar con 212.3
-, - previamente con la 212.4
-, desgaste de la 226.1
- doble 224.6
- dulce 222.1
- dura 222.2
-, el alisar con . 215.5
-, - hacerse pedazos de la 226.3
-, - igualar la - con diamante 225.6
-, - planear con 214.5
-, - - fondos con 215.6
-, - rectificar fondos con 215.6
-, - reventar de la 226.2
-, - sacar ranuras con 215.7
-, - tornear la - con diamante 225.6
- en forma de anillo 224.1
- - - - corona . 224.4
- - - - plato . . 224.2
-, grano de la . 221.7
-, la - despide chispas 217.1
-, - - se vitrifica 217.3
-, marcha de la - tranquila y exacta 225.3
-, rectificación cilíndrica con 214.7
-, - de la 225.5
-, - - piezas cilíndricas con 214.6
-, - - precisión con 216.3
-, - - una superficie cónica con 215.2
-, - - - - plana con 214.4
-, rectificar con 212.2
-, - - - una pieza cilíndrica 215.1
Muela, rectificar interiormente con 215.3
-, - la 225.4
-, rotación de la - tranquila y exacta 225.3
- semi-dulce . . 221.9
-, sujeción de la 224.7
-, - - - - con masilla 225.2
-, - - - - entre bridas 225.1
-, terminar con - una pieza 216.2
- volante . . . 224.5
Muelle 259.3.4
- de presión . . 385.3
- - retroceso . 194.9
Muesca 203.3, 441.7, 442.1
Muff, Klauen- . 158.4
-, Kuppel- . . . 158.4
Muffe, Kugel- . 191.4
Mühle, Dampfsäge 464.6
-, Kegel- 457.9
-, Kugel- . 314.8, 458.5
-, Masse- 458.2
-, Reibstein- . . 458.6
-, Roll- 315.1
-, Säge- 464.4
-, Schneide- . . 464.4
-, Wassersäge- . 464.5
Mühlsägeblatt . 345.8
Mulay-säge . . 353.5
- saw 353.5
-, scie de 353.5
-, sega 353.5
-, sierra de . . 353.5
Mulberry . . . 499.8
Mulde . . 297.3, 372.6
Mulino 457.10, 458.1
- a campana . 457.9
- - palle 458.5
- - palmenti . . 458.6
Multiplicación . 80.9
Multiplicador de presión 267.6
Multiplicateur de pression 267.6
Multiplication . 80.9
Mûrier blanc . 499.8
Muro 139.2
Muschel, Klauen- 158.4
Muskatholz . . 499.9
Mutter, ausrückbare 162.8
-backen 163.1
-drehbank . . . 60.6
-hälfte 110.1
-, Kapsel- 77.7, 195.8
-, Klemm- . . . 152.2
-, Leitspindel- . 109.6
-platte 108.7
-plattendrehbank 59.5
-, Ring- 218.4
-, Schalt- 162.7
-schloß . 11.4, 109.7
-, Stell- 189.2
-, Stütz- . 39.3, 183.2
Mutternschneidmaschine 171.3
Myallholz . . . 503.8
Myallwood . . 503.8

N.

Nabe, die Radspeichen in die - drücken 450.2
-, Drehen der . 448.2
Naben-bohrmaschine 448.3
-reif, Presse zum Aufpressen der -en 451.3
Nach-ahmmaschine 488.7
Nachbohren . . 147.1
-drehen 78.6
-dunkeln des Holzes 487.7
-messen, mit dem Zirkel 74.2
-messung . . . 216.5
-stellbar, -e Leitspindelmutter 11.3
-stemmen . . . 287.8
-wärmeplatte, Dampf- 457.1
-zahnen, das Sägeblatt 350.8
Nadel, Räum- . 55.2
Nagel, Floß- . . 345.1
-maschine, Kisten- 428.2
-, Reit- 107.3
-winde 344.6
Naht, Niet- . . 285.3
-, Stemm- 287.2
Nail 345.1
- puller . . . 344.6.7
Napf, Öl- . . . 145.10
Nase, Hobel- . . 333.4
Nasello 18.7.8
- di arresto 107.5, 193.2
- - innesto . . 158.7
- dissimmetrico 20.1
- premente . . 234.8
- reversibile . . 19.8
- simmetrico . 19.9
Naso di fissaggio 30.4
Naß-fäule . . . 492.9
-schleifen . . . 212.7
Nastro . 207.6, 356.5.6 357.6, 358.6, 404.3.5
- della sega . . 359.5
- di freno . . . 94.6
- - legno per scatole 458.8
- fisso 207.5
- per polire . . 404.4
Nave 448.2
- boring and mortising machine 449.2
- - machine . . 448.3
- mortising machine 449.1
Neben-bock . . 181.1
-frässpindel . . 195.3
Neck 79.4
- ring 93.4
Nervadura para apretar 30.4
Nervatura della staffa 303.4
Nervure de serrage 30.4
Netting 474.4
Nettoyage 318.5, 337.9
Nettoyage, appareil de - à jet de sable 316.2
- des fontes . . 315.9
Nettoyer les fontes 316.1, 317.3.4
- - -, appareil à - - - à jet libre 318.1
- - pièces de fonte 315.8
Neumático, martillo de forjar 253.8
Nez 197.4
- de la broche 167.7
- - support de la broche fraiseuse 197.2
Nickel 35.1
-stahl 35.1
- steel 35.1
Niederhalter . . 244.5
Niet 282.6
-druck 288.2
Niete 282.6
-n ausbohren . 290.1
-, die - anziehen 284.1
-, - - einstecken 283.7
-, - - eintreiben 283.7
-, - - einziehen 283.7
-, - - stauchen . 284.4
-n erhitzen . . 289.2
-n glühend machen 289.2
-, Heft- 282.7
-n herausschlagen 289.9
-, Stauchen der 284.3
-n verstemmen 286.9
Nieten 282.3.4
-anzieher . . . 284.2
-, ent- 289.9
-, Kalt- 289.7
-, ver- 282.3
-, Warm- 289.1
Nieter 277.11
Niet-griff 286.7
-hammer . . . 286.1
-kopf 284.5
- -, den - - auskreuzen 290.2
-loch-bohrmaschine 133.5
- - - für Flammrohrflanschen 135.2
-löcher, Aufeinanderpassen der 283.6
- - aufreiben . 283.2
- - bohren . . . 283.2
- - schneiden . 283.1
- - stanzen . . 283.1
- -, Versenken der 283.4
Nietmaschine . 277.11
-, Ausladung der 278.6
-, bewegliche . 279.1
-, Dampfdruck- 281.5
-, Druck-luft- . 281.6
-, -wasser- . . . 282.1
Nietmaschine, elektrische 282.2
-, fahrbare . . . 279.3
-, feststehende . 278.7
- für doppelte Nietung 280.3
- - trommelförmige Körper 280.3
-, Hammer- . . 280.6
-, Hand- 280.5
-, Hebel- 280.7
-, hydraulische 282.1
-, Kniehebel- . 281.1
-, Kurbel- . . . 281.3
-, lot- und wagerecht drehbare 279.4
-, Maultiefe der 278.6
-, mittels Transmission betriebene 281.4
-, Preßluft- . . . 281.6
-, Schrauben- . 281.2
-, stabile 278.7
-, tragbare . . . 279.2
-, transportable 279.1
-, versetzbare . 279.1
-, verstellbare . 280.4
-, Wasserdruck- 282.1
Nietnaht 285.3
-, Dichthalten der 286.8
-festigkeit . . . 287.9
Niet-pfanne . . 286.4
-pressung . . . 288.2
-schraube . . . 282.8
-stempel 278.1
-verbindung . . 282.5
- -, die - - lösen 289.8
- -, Herstellen einer 282.4
-wärmofen . . 289.4
-widerstand . . 288.1
-winde 286.3
-wippe 286.5
-zange 286.6
Nietung 282.5
-, Druck-luft- . 288.6
-, -wasser- . . . 288.5
-, elektrische . 288.7
-, Hand- 288.3
-, hydraulische 288.5
-, kalte 289.6
-, Laschen- . . . 285.3
-, Maschinen- . 288.4
- mit der Maschine 288.4
-, pneumatische 288.6
-, Stift- 285.2
-, Überlappungs- 285.6
-, Ver- 282.5
-, warme 288.8
Niquel 35.1
Niveau d'eau . 37.8
Nivel 37.8
Nocciòlo 498.2
Nocciuolo 308.6, 309.13 475.6
- di un foro . . 309.2
Noce 498.12
- amaro 499.2
- cenerognolo . 499.1
- comune . . 498.12
Noce d'America 499.1
Nodo . . . 484.9, 485.1
- di ramo . . . 493.7
Nœud 484.9
- à la naissance de la branche 493.7
Nogal amargo . 499.2
- común . . . 498.12
- gris 499.1
Noix d'alésage rotatif avec mouvement d'avance 165.3
Nombre de coups 239.7, 263.4
- - courses . . 239.7
- - - du coulisseau 52.7
Nonne 236.7
-, Haupt- 310.2
Nordische Erle 497.11
Normalkonus . 199.4
Norton's stepped gear with swinging intermediate wheel 87.3
Norway maple 501.2
Nose 167.7
- of the punch 242.5
Nosetier commun 498.2
Notch . . 79.3, 194.5
- for tenon . . 402.3
- made by saw 332.6
Notched head . 219.8
Nottolino 96.2.3, 339.8
- d'arresto 23.3, 106.3 162.2, 194.4, 338.4
- - a frizione . 23.4.5
- di avanzamento 23.3
- disinnestabile 42.8
- girevole . . . 108.2
Noueux, bois 485.1
Noyau 308.6, 309.1.3.4 315.4
- de corps creux 309.2
Noyauter . . . 309.4
-, machine à (v. „machine“)
Noyer à beurre 499.1
- amer 499.2
- blanc d'Amérique 499.3
- cendré 499.1
- commun . . 498.12
- des trous . . 283.5
- - - de rivets . 283.4
Nozzle . . 316.5, 318.2 378.1
-, broad flat . . 316.4
-, sand blast . . 316.3
Nudo 484.9
- de las ramas 493.7
- vicioso . . . 493.8
Nudoso, madera -a 485.1
Number of blows 263.4
- - layers of veneer 433.8
- - punchings . 239.7

Numero dei colpi 263.4
- delle corse dell'utensile 239.7
Número de carreras del portaútil 52.7
- - golpes 239.7, 263.4
Nußbaum . . 498.12
Nut, Aufspann- mit schwalbenschwanzförmigem Querschnitt 29.5
-, - - - I-förmigem Querschnitt 28.7
Nut, Daumen- . 494.5
-eisen 397.2
-fräser 400.3
-kopf 397.1
-, Kreis- 98.9
-länge 395.7
-maschine . . . 394.3, 408.5
-messer 397.2
-, mit - und Feder versehen 396.2
-säge, verstellbare 371.1
-, Schieber mit 19.6
-stahl 53.6
-stoßmaschine . 45.5
Nut- und Federhobel 397.6
Nut 11.3, 163.1
-, cap . . . 77.7, 195.8
- capable of disengagement 162.8
-, clasp 109.7
-, differential . 198.1
- for elevating table 99.3
- - feed screw 162.7
- - leading screw 109.6
-, half 110.1
- lathe 60.6
-, lock 11.4
Nut, ring . . . 218.4
-, supporting . 183.2
- tapping machine 171.3
Nute 395.6
Nuten 395.5
-, Einfräsen von 185.9
- fräsen 185.8
-fräser 208.3
- -, runder . . . 208.7
-hobelmaschine 3.3
-scheibe 110.2
-stoßen 47.4
Nutzholz, Lang- 480.8

O.

Oak 498.6.7
-, American red 498.9
-, Austrian . . 498.10
-, Burgundy . 498.10
-, cork 498.11
-, holly 498.8
-, holm 498.8
-, Quebec . . . 498.9
Ober-angel . . 329.7
-dampf . . . 252.10
-fräse 398.3
-gesenk 264.2
-hänger 197.2
-kasten 303.1
-messer 241.1
-mönch 236.6
-stanze 242.2
-support 98.3
-wagen mit Parallelverschiebung 361.5
Oblicuamente, el corte va 384.1
Obrero encargado de poner las láminas de sierra 328.6
Obstrucción de las marchas automáticas 102.5
Obstruir la marcha automática 102.6
Obturador . . . 275.5
Obturateur . . 275.5
Occhiali 277.4
Occhio del martello 246.7
- della sega . . 329.6
- inferiore . . . 329.9
- superiore . . 329.7
Ochre 226.9
Ocre à polir . . 226.9
Oeillet de raccordement 51.3
Offen, -e Schweinsrückenführung 66.8
Officina di affilatura di utensili 217.7
- - fresatura . 185.3
- - molatura . 217.5
- meccanica di falegname 465.8
- per la lavorazione del legno 461.2
Öffnung, Lochring- 243.2
-, Matrizen- . . 243.2
Oil cup . . . 145.10
- -pump . 76.3, 187.10
- tank . . 76.5, 187.4
-, to 76.1
Oiling 76.2
Oilstone . . . 223.10
Oiseau 502.7
Ojaranzo . . . 498.3
Öl-baum . . . 505.6
-behälter 76.5, 187.4
-gefäß 187.4
-napf 145.10
-pumpe 76.3
-pumpenantrieb 187.10
-rand 46.2
-stein 223.10
Olea europaea 505.6
Oleastro 505.6
Olio 76.3.5, 145.10, 187.4, 188.8, 223.10
- pesante . . . 256.8
Olive 505.6
Olivier sauvage 505.6
Olivo selvatico 505.6
- silvestre . . . 505.6
Olmo a fiori sparsi 499.6
- comune . . . 499.4
- d'Olanda . . 499.5
- di foglia larga 499.5
- montano . . 499.5
- riccio 499.5
- sugheroso . . 499.4
Olmo 499.4
- de España . . 505.2
- - hojas anchas 499.5
- - - membranosas 499.6
- - montaña . . 499.5
Ondulado, fibra -a 490.2
Ondulation des fibres 490.1
Ondulato, fibra -a 490.2
Ondulazione della cinghia 334.4
- delle fibre . . 490.1
Ondulé, fibre -e 490.2
Onglet, appareil à couper en -s 408.7
Onglet d'encadrement 366.4
Ontano bianco 497.11
- comune . . 497.10
Opening in the plane face 388.3
Operating lever 158.7, 249.6
- rod 51.2
- valve . . . 251.10
Opificio per la lavorazione del legno 461.2
Oprimir las chapas, disposición de 278.4
Organo, -i di comando del mandrino 154.1
Órgano de cierre de la tuerca del husillo guiador 11.4
Oriental lathe . 414.2
Oriare 74.9
Orio del foro della matrice 243.3
- sovrapposto . 285.6
- tagliente della matrice 243.4
Orme 499.4
- à feuilles membraneuses 499.6
- - larges feuilles 499.5
- d'Espagne . . 505.2
Ormeau 499.4
Oscilante, mesa 365.8
Oscillating circular saw 370.3.4
Oscillazione della cinghia 334.4
Oscurecer, el - de la madera 487.7
Öse, Verbindungs- 51.3
Osier 497.2
- blanc 497.2
Ossido di alluminio 278.4, 277.9
Ossigeno . . . 272.2
Österreichisch, -e Eiche 498.10
Ottundersi, l'utensile si -e 121.8
Outil à air comprimé 255.7
Outil à aléser . 125.4
- - chambrer d'équerre 125.5
- - charioter . 120.4
- - crochet . . 125.1
- - défoncer . . 123.6
- - dégrossir . 123.8, 388.3
- - - à tranchant arrondi 124.2
- - droite . . . 123.3
- - façonner . 124.7
- - fileter extérieurement 125.8
- - - intérieurement 126.1
- - gauche . . 123.4
- - main 122.8
- - mortaiser . 58.4
- - profiler . . 124.7
- - - tournant . 422.5
- - raboter . . 478.7
- - -, dispositif de fixation pour 36.2
- - - les rainures 58.6
- - rainer . . . 397.1
- - saigner à droite 123.3
- - - - gauche 123.4
- - tarauder . . 126.1
- - tronçonner 127.7
-, affûtage d'un 220.7
- ajustable . . 108.4
-, ajuster l' . . . 37.4
-, arête tranchante d'un 120.9
- arrondi . . . 123.7
-, avance de l' . 22.3
-, barre d' . . . 105.3
-, broutage de l' 75.9
-, cage de fixation de l' 36.3
-, calage de l'- par coin 127.3
-, cale de réglage de l' 127.5
-, changement d' 105.2.3
-, chariot à -s multiples 105.5
-, corps de l' 36.4, 126.4
- coudé 170.3
- de tour . . . 120.4
- - tourneur . 122.10
- dégrossisseur 32.6

Outil dégrossisseur à gauche 124.3
-, déplacement de l' 32.3, 105.4
- droit à dégrossir 124.1
- - - saigner . 123.2
- - - tronçonner 123.2
- - pour pièces en laiton 123.5
-, dureté de l' . 120.5
-, échauffement de l' 32.8, 122.1
- en coin . . . 69.5
- - croissant . 125.6
- finisseur 32.7, 124.4
- - formant ressort 124.6
- - plat 124.5
-, fixation de l' 35.6 126.3
-, fixer l' 126.5
-, guidage de l' 419.3
- indépendant 126.2
-, l'- est animé d'un mouvement circulaire 75.2
-, l'- fait plusieurs passes 7.9
-, l'- s'émousse . 121.8
-, l'- tourne . . 75.2
-, machine à affûter les -s 210.5
Outil, manche de l' 126.4
-, mettre l'- au point 37.4
-, mise au point de l' 53.5, 95.2
-, mouvement de l' 96.7
-, pénétration de l' 68.9
-, plateau à -s . 182.1
- pneumatique 255.7
- pointu 123.1
-, poitrail d' . . 121.1
- pour écraser les dents de scie 350.7
- - support . . 122.9
- - tourner . . 421.5
-, pression de l' 32.4
- raboteur . . . 31.3
-, rafraichissement de l' 122.3
- rapide 35.5
-, relèvement automatique de l' 36.7
-, remplacement d' 104.7, 105.2
-, résistance de l' 68.8
-, rotation des -s 105.7
-, serrer l' . . . 126.5
-, taillant de l' . 120.8
-, tranchant de l' 31.4, 120.8.9
Ouverture automatique 173.1
- d'échappement 251.7
- de la mortaise 383.3
- - matrice . . 243.2
- des joues . . 144.4
- - mâchoires . 144.4
-s en dents de peigne 88.5
Ouvrier de lames de scie 328.6
Oval-drehbank 415.5
-werk . . 97.3, 415.6
- -, Drehbank mit 61.4
Oval mechanism 415.6
- turning lathe 415.5
Ovale, apparecchio per -i 415.6
Overflow lip . . 277.2
- pipe 187.7
- valve 187.8
Overhang, to . 335.4
Overhanging arm 199.1
- of saw teeth line 335.3
- - the saw blade 335.2
- standard . . . 258.3
- type steam hammer 250.5
Overhead countershaft 48.3, 81.10 188.10
- -, two speed . 82.1
- - with quick return gear 81.10
- hand power traveller for timber 463.4
- scrab 463.5
- transmission gear 81.9
Overheating of molten cast iron 278.5
Overhung bearing 358.5
- grinding wheel 224.5
- table 189.5
- - provided with supports 139.7
- - with vertical adjustment 139.6
Overlap of shear blades 240.8
Over lapping . 285.4
Oxiacanta . . . 502.4
Óxido de aluminio 277.9
Oxígeno 272.2
Oxyde d'aluminium 277.9
Oxygen 272.2
Oxygène 272.2

P.

Packpresse . . 377.4
Packing . 29.6, 266.2.4 371.7, 460.3
- blocks, stepped - - one above the other 28.5
- box 371.6
- piece 127.5
- press 377.4
- ring 127.2
- up block . . 29.4
- - of the tool with a wedge 127.3
Packung . . . 371.7
Pad saw for cutting dovetails 425.5
Paglia 484.4
Paille 484.4
Pailleté 493.1
Painting frame 459.4
- machine, box 459.3
Paio di cilindri 295.9
- - rulli 295.9
Paire de rouleaux 295.9
Paja 484.4
Pala 275.11
- á mano . . 275.11
Palanca 50.4
-, á 115.2, 229.4.5, 232.3 234.3, 331.3
-, - efecto de . 280.7
- - mano 162.6, 249.4
- - - para embragar el acoplamiento 94.2
- - pedal . . . 50.9
- - pie 249.5
Palanca á resorte 42.1
- acodada 189.1, 229.7 234.9, 281.1
- angular . . . 189.1
- con contrapeso 50.4
-, de . . . 228.5, 245.6
- - ángulo . . . 249.3
- - cambio . . 88.1
- - - de marcha 19.2
- - contacto . . 74.3
- - contrapeso . 50.5 160.3, 338.3
- - desembrague 194.2
- - dirección . 18.6
- - distribución 249.6
- - embrague . 153.7 194.1
- - gancho para dar vuelta á los troncos 344.5
- - inversión de marcha 19.2
- - levantar . . 194.7
- - manejo . . 249.6
- - mano . . . 19.5
- - martillo . . 245.3
- - sangrar . . 275.8
- - trinquete . 338.5
- doble 229.5
- en cruz . . . 141.4
- - forma de horquilla 194.6
- - - - hoz . . 94.3
Palanca mecánica para levantar troncos 462.6
- oscilante 234.5, 339.4
- para embragar la contra-marcha de engranajes 86.5
- - levantar troncos 344.4
Paletta 319.4
Palier 41.3, 144.1, 153.3.4 358.4
- à billes . . . 161.1
- - double portée 143.7
- - rattrapage de jeu concentrique 151.1
- - rondelles de butée 78.3
- arrière de la poupée 76.10
- avant de la poupée 76.9
- coulissant à réglage automatique 206.9
- - réglant lui-même sa position 206.9
- de la vis-mère 11.2
- - pédale . . . 50.10
- double 358.4
- en porte à faux 358.5
- principal . . 80.2
- réglable pour scies circulaires 372.2
Palisanderholz 505.1
Palisandra . . 505.1
Palissander wood 505.1
Palissandre . . 505.1
Palissandro . . 505.1
Palla . . 314.8, 458.5
- del bilanciere 257.7
- - regolatore . 257.7
Palm, cocoa nut 496.10
Palmento . . 458.6.7
Palo 433.1
- curvado . . . 417.4
- de madera . . 482.9
- - rosa legitimo 506.1
- redondo 381.3, 417.3
- scanalato . . 396.7
Palude 496.6
Pan . . . 182.1, 438.3 456.3.4.5
Pancia della doga 440.5
Panel raising machine 382.2
Panneau de porte 382.2
Pantografo . . 179.4
- da copiare per scolpire 417.5
Papel 459.6
- de arena cuarzosa 405.5
- - esmeril . . 223.3
- - lija . 226.6, 405.3
- - vidrio . . . 405.4
Paper . . 223.3, 226.6

Paper box shells 459.6
Papier, Flintstein- 405.5
-, Glas- . . 226.6, 405.4
-kapselmaschine 459.6
-, Sand- 405.3
-, Schmirgel- . . 223.3
Papier 459.6
- à l'émeri . . . 223.3
- de sable . . . 405.3
- - - quartzeux 405.5
- - verre 226.6, 403.2.4, 404.1, 405.4
Pappel, italienische 497.9
-, kanadische . 497.8
-, Pyramiden- . 497.9
-, Schwarz- . . 497.7
-, Silber- 497.6
-, Zitter- 497.5
Packdose . . . 371.6
Par de cilindros 295.9
- - rollos . . . 295.9
Paracolpo . . . 478.6
Parada 51.5
- automática . 26.4
Paraffin-bad . . 456.8
- bath 456.8
- pan 456.3
-pfanne 456.3
Paraffina . . 456.3.8
Paraffinare . 456.1.6
Paraffine . . 456.3.8
Paraffiner . . . 456.1
-, appareil à vapeur pour 456.6
Paraffinierherd 456.1
Paraffining apparatus 456.6
- stove 456.1
Parafinar 456.1.3.6.7.8
Parallel-fräsmaschine 177.2
-hammer . . . 247.3
-hobelmaschine 379.2
-mitnehmer . . 112.9
-saumkreissäge 362.8
-schere 228.4
-schraubstock . 166.1
-verschiebung, Oberwagen mit 361.5
Paratoia 187.5
Pared 411.1
- de la caja . . 808.3
- - separación . 187.5
- lisa 240.1
Parete della staffa 303.3
- di divisione . 187.5
- liscia 240.1
Parkett-bestoßmaschine, selbsttätige 367.5
-fabrik 468.1
-fußboden . . . 461.5
-stab-bestoßmaschine 367.4
- -hobelmaschine 382.1
Paro del movimiento de la hoja de tijera 236.8
Paroi 313.3
- de la forme . 303.3
- du châssis . . 303.3
Parquet 367.4.5, 382.1, 461.4.5, 468.1
- floor 461.5
Parquetry . . . 461.5
- fillets 382.1
- work . . . 367.4.5
- works 468.1
Parrot tooth . 348.6
Part, to 123.2
-, - - the sand . 302.2
Parte accavallata delle lame dei coltelli 240.8
- superiore del pilastro 138.3
- - dell'incastellatura 138.3
- - della colonna 138.3
Parte dentada, longitud de la 345.7
- inferior de la contra-punta 117.1
- - hueca que puede servir de armario 180.5
Partido, ser . . 485.9
Parting slide 98.10, 99.1
- strickle . . . 302.3
- tool slide . . 98.10
Partir . . 429.1, 430.6
- à lo largo . . 478.6
-, difícil de . . . 486.2
-, fácil de . . . 486.1
-, imposible de 486.3
- madera . . 430.4.5
Partition box . 454.9
Pas de la fraise 199.8
- des trous . . 146.4
- entre les pointes 347.6
- - - sommets . 347.6
Pasada, longitud de 7.4
Pasado, madera -a 485.8
Pasador . . 85.6, 93.6, 106.6.8, 164.5
- de resorte . 106.10
- dentado . . 106.11
Pasar 307.1.2
- la correa de la polea loca á la polea fija 83.6
Paso 198.1.2
- de aire . . . 469.7
- - la madera . 335.7
- - rosca . . . 101.3
- entre los dientes 347.6
Passage . . . 254.5.6
- annulaire . . 252.3
- de la pièce à scier 335.7
Passaggio circolare 252.3
- dei tronchi . 335.7
Passare 54.9
Passe 7.9
- -courroie 26.1, 153.5.6
-, largeur de la 7.6
-, longueur de la 7.4
- -partout, scie 355.1.2
-, profondeur de la 7.5, 69.1
Passer 83.6
Passig-drehbank 415.4
-drehen 72.6
Passing through of the timber 335.7
Passo dei denti 347.6
- della fresa . . 199.8
Paßstück . . . 14.4
Pasta . . . 459.3.4.7
- de pulir . . . 226.9
- - residuos de madera 484.1
- fosforosa . . 457.7
Paste cooker . 459.7
Pasting machine 458.9
Pâte 458.2
- de bois . . . 484.1
- phosphorique, appareil pour cuir la 457.7
Patenthebelfutter 115.2
Patent lever chuck 115.2
Path 7.1, 15.3, 22.4, 49.3, 133.7, 234.2
- described on the dividing plate 198.9
Patinage de la courroie 84.2
Patinar, el - de la correa 84.2
Patrón . . 96.7, 146.2
- de guía . . . 96.8
Patrone 117.7
-, Spann- 114.8
Patronendrehbank 61.5
Pattern 302.5.6, 303.6, 306.4, 307.5
- holder with horizontal and vertical movement 312.3
- maker 466.4
- plate . 302.7.8, 303.7
- - moulding . 301.4
- - raising and lowering gear 312.4
-, pulley -s . . 307.6
- shop 466.3
- tables 306.3
Pavimento 382.1, 461.4
- di legno . . . 468.1
- - - a listoni . 461.3
- - - - spinapesce 461.5
- in legno . . . 461.3
Pawl 23.3.5, 42.8, 96.3, 106.3, 338.4, 339.8
Pear tree . . . 502.5
Pechtanne . . . 495.3
Pedal . . 50.8.10, 81.2, 249.5
-, à . . 50.9, 51.2, 81.1, 246.8.9
-, de . . . 54.7, 246.9
- lever . . 50.9, 249.5
Pedale 50.8, 54.7, 81.2, 249.5
-, biella del . . 51.2
-, comando a . 81.1
-, imposta del piede sul 54.7
-, leva a . 50.9, 249.5
-, maglio a . . 246.8
-, sopporto del fulcro del 50.10
-, tornio a violino a 414.3
Pédale . 50.8.9.10, 51.2, 54.7, 81.1.2, 246.8, 249.5
Pedazo, el hacerse -s 226.3
Pedestal 153.3
- cap 153.4
Peeling machine 376.3, 452.2
- plant 465.4
-, spiral - of the bark 487.1
Peigne à fileter 125.7
- de filière . . . 173.3
Peine de filetear 125.7
Peitschen der Riemen 384.4
Pelle à main 275.11
Pelo di legno . 484.6
Pencil cedar . 496.9
Pendelkreissäge 369.5
-, fahrbare . . . 369.7
- mit elektrischem Antrieb 370.1
Pendelsäge . . 207.3
- mit Unterantrieb 370.2
Pendolo 207.3, 369.5.7, 370.2
Péndulo . 14.1, 207.3, 365.8, 369.5.7, 370.1.2.3.4
Pendule 369.5.7, 370.1.2
Pendulum circular saw 369.5.7
- - - with electric drive 370.1
- saw 207.3
- - driven from below 370.2
- table 365.8
Pène à ressort 106.10
Penetración de la herramienta 68.9
Penetration of the tool 68.9
Pénétration de l'outil 68.9
-, profondeur de 69.1
Penetrazione dell'utensile 68.9
Pennello . . . 405.11
Pentola 308.3
Pentolino per la colla 466.11
Pequeña tabla 366.6
Peral comun . 502.5
Perçage, chariot 163.2.5, 164.2
-, course de . . 148.4
- d'un trou . . 144.9
- de trous . . . 145.3
- du trou de coulée du fer thermite 276.5
-, enlever les rivets par 290.1
-, longueur de . 148.4
-, outils de . . . 148.2
-, plateau de . . 140.1
-, poupée 163.2.5, 164.2
-, pression axiale de 145.6
-, support de . 143.2
-, table de . 140.1.3.4
Percer 144.8
- des trous . . 145.2
- - - de rivets 283.3

Percer les jantes 419.2
-, machine à (v. „machine“)
- sur gabarit . 146.1
- un avant-trou 146.8
Perceuse 129.2, 450.7
- à air comprimé 138.1
- - bois 410.1
- - broche unique 410.4
- - forets multiples 132.5
- - main 408.3
- - plusieurs broches 410.5
- - - porte-forets 410.5
- - un porte-mèche 410.4
- automatique . 132.4
- de trous de rivets 133.5
- murale . . . 142.6
- suspendue mobile 132.1
Pérdida en el corte 332.12
Perdita di taglio 332.12
Perfil 393.2
- constante . . 200.2
Perfilado, fresa -a 202.1
Perfilar . . 62.3, 433.6
-, buril de . . . 124.7
-, cuchillas de . 393.7
-, fresa para . . 399.7
-, herramienta de - giratoria 422.5
-, torno de . . . 417.1
-, útil de 124.7
Perforación . . 145.6 239.8
Perforar 144.8
Perforare . . . 239.3
Perforate, to . 239.3
Perforation . . 239.8
Perforazione . 239.8
Perished wood 485.8
Permutabilità . 105.1
Perno . . 142.4, 294.4 408.2, 418.8
- a collari . . 294.5
- ad anelli . . 294.5
- del corsoio . 40.7
- - disco girevole 25.2
- - dispositivo di arresto 107.8
- - portautensili a trottola 391.3
- dell'eccentrico 43.1, 235.2
- della leva . . 246.1
- - tavola . . . 141.2
- dello snodo . 158.3
- di disinnesto 42.7
- - pressione . 79.2
- - sospensione 280.2
- registrabile . 78.8
- spostabile della manovella 48.6
Perno . . . 59.1, 171.2
- de articulación 408.2
- - rotación . . 51.1
- - sujeción . . 27.7
Perno de suspensión 280.2
Pero 502.5
- comune . . . 502.5
Perro 113.2
Persiana 467.9
Perte due au trait 332.12
Pertica 497.1
Peso del legname stagionato 487.9
- - - verde . . 487.8
- - legno disseccato 488.1
- - - stagionato all' aria 487.10
- - pezzo da lavorare 27.3
- - quadro . . 327.6
- - telaio . . . 327.6
- della mazza battente 262.3
Peso de la madera resecada 488.1
- - - - seca . . 487.9
- - - - secada al aire 487.10
- - - - verde . 487.8
- - - pieza de labor 27.3
- del cuadro . 327.6
- - marco portasierras 327.6
- - mazo . . . 262.3
Pestare la terra 301.9
Pétrole 256.8, 272.10
Petróleo 256.8
Petroleum driven hammer 256.8
-hammer . . . 256.8
Petrolio 256.8
Pettine 306.6, 307.1 312.5.6, 355.2
- della filiera . 173.3
- per filettare . 125.7
Peuplier blanc . 497.6
- commun . . . 497.7
- d'Italie 497.9
- de Hollande . 497.6
- - la Caroline 497.8
- du Canada . 497.8
- noir 497.7
- pyramidal . . 497.9
- tremble . . . 497.5
Pezize 492.7
Pezzo . . 110.8, 139.4 192.4.5, 495.3
- conico 215.2
- da lavorare . 27.2
- - -, avanzamento del 107.3, 384.5
- - -, centrare il 70.10
- - -, condotta del 384.5
- - -, curvatura del 292.1
- - -, fissaggio magnetico del 116.3
- - -, fissare il . 110.6
- - -, il - - - gira 75.1
- - -, - - - - - - a tondo 75.4
- - -, - - - - - non gira a tondo 75.5
- - -, - - - - - sobbalza 75.6
- - -, inclinazione del 238.8
Pezzo da lavorare, lunghezza del 111.2
- - -, montaggio magnetico del 116.3
- - -, montare il 110.6
- - -, peso del . 27.3
- - -, piegatura del 292.1
- - -, rotazione continua del 74.10
- - -, sollevamento del 238.8
- - -, sostegno dei -i - - 29.2
- - -, storcimento del 31.1
- fuso 315.6
- ingombrante 166.2
-, mola a dischi con porta- 211.4
-, montaggio di un 27.6
-, mortesatura di un 46.8
-, piallare un . 6.3
-, rifinimento di un 216.1
-, sobbalzamento del 75.7
-, stozzatura di un 46.8
Pfaffenhütchen 501.6
Pfanne, Auffang- 63.5
-, Niet- 286.4
-, Paraffin- . . . 456.3
-, Sand- 456.4
-, Schwefel- . . 456.5
Pfeiler 258.7
-, Bohrmaschinen- 188.2
-, Haupt- 188.5
-, Hobelmaschinen- 4.6
Pferdekopf . . 88.6
Pflaume, gemeine 501.9
-, Kriech- . . 501.10
Pflock 106.6
Pfluggriffbiegemaschine 436.1
Pfosten 482.1
Phosphorique, appareil pour cuire la pâte 457.7
Phosphorkocher 457.7
Phosphorous . . 457.7
Physocalymna floribundum 506.1
Pialla . . 374.3, 383.2
-, apertura inferiore della 383.3
-, fresatrice a 177.1, 180.2, 188.3
-, impugnatura della 383.4
-, luce della . . 383.5
-, misuratore per -e 384.4
- per maschi e femmine 397.6
-, superficie inferiore della 383.1
Piallabile, larghezza 382.8
Piallare 62.4, 31.3, 36.2 382.7
Piallare circolarmente 26.6
-, dispositivo per 38.1 44.5.7
- esattamente . 37.5
- ingranaggi conici 44.6
- interni circolari 26.8
-, larghezza da 382.8
- obliquamente 24.8
- sotto angolo . 24.8
- un pezzo . . 6.3
- - piano esatto 37.5
- verticalmente 24.6
Piallatrice . . . 1.5
- a cilindri per pezzi lunghi da tavole 379.5
- - colonna semplice 2.3
- - coltelli trasversali 379.7
- - fossa 2.2
- - mano . . . 382.4
- - pilastro . . 2.3
- - quattro ferri 392.5
- - rulli 380.4
- - - con coltelli verticali ed orizzontali 380.5
- - - - portacoltelli in sbalzo 380.6
- - - ed a due portacoltelli 381.2
- - - - un portacoltelli 381.1
- - tavola . . . 2.1
- - un sol montante 2.3
-, affilatrice per coltelli di -i 392.2
-, - - ferri di -i 392.2
-, cassa per coltelli da -i 391.10
-, - - ferri da -i 391.10
-, cassetto per coltelli da -i 391.10
-, - - ferri da -i 391.10
-, colonna di . . 4.6
-, coltello di . . 386.7
- combinata per superfici piane e curve 3.6
- con coltelli a disco 380.1
- - fianco di lavoro libero 2.5
- - portacoltelli a disco conico 380.3
- - tavola a catena senza fine 382.3
-, cuffia di protezione per -i 473.7
- da piano 378.8, 379.6
- - - e filo . . . 379.3
- - - - - con incastellatura a colonna 379.4
- - spessore . . 379.2
- - spessori 381.4, 389.8
- di finimento . 379.1
-, guardia di protezione per -i 473.7
-, incastellatura di 4.5
- laterale . . . 2.4
- longitudinale a fianco libero 2.5

Piallatrice, montante di 4.6
- orizzontale . 2.6
- per assicelle . 381.5
- - cave 8.3
- - - da chiavetta 8.3
- - doghe . . . 441.2
- - fibre di legno da essere intrecciate 378.4
- - fodrine da serramenti 382.2
- - fondi di botti 443.4
- - i bastoncini 453.5
- - impellicciature 374.4
- - - a taglio orizzontale 376.2
- - ingranaggi 8.4
- - le stecche . 453.5
- - legno con tavola a coltello scorrevole 374.2
- - listelli da pavimenti 382.1
- - listoni . . . 381.6
- - razze di ruota 449.3
- - refilare lamiere 8.2
- - sagome . . 392.4
- - squadrare . 379.7
- - superfici curve 8.5
- - - parallele . 379.2
- - travi 380.2
- - trucioli per chiarificare la birra 378.5
-, pilastro di . . 4.6
-, portaferri di 28.8
- rapida 382.5
- - per acciaio 4.2
- rotativa per impellicciature 376.3
-, tavola di . . 5.4
- universale con trapano 395.1
- verticale . . . 8.1
Piallatura . . . 6.5.8
- circolare . . . 26.5
- - interna . . 26.7
- del legno . . 465.2
- di superfici concave ed interne 44.4
- obliqua . . . 24.7
- sotto angolo . 24.7
- verticale . . . 24.5
Piano 185.5
- anteriore . . . 81.8
- dell'incudine 260.6
- - - ricambiabile 260.7
- della guida . 364.6
- - mazza battente 261.9
- - sabbia . . . 301.8
- - tavola 364.3, 384.7
- di aggiustaggio 37.6
- - contatto . . 395.3
- - guida . . . 65.2
- - scorrimento 65.2.3
- - - intercambiabile 65.4
- - sostegno con rulli 133.7
-, fresare un . . 185.5
Piano, fresatura di un 185.6
- inclinato di caricamento 462.5
-, mola per -i . 209.3
- parallelo . . . 179.2
-, piallatrice da 378.8 379.6
-, politrice a carta vetrata per -i 403.3
- posteriore . . 81.9
-, rettificatrice per -i 209.3
-, rettificazione di un 214.5
- ricambiabile della mazza battente 262.2
- sfacciato di testa 148.7
- tornito di testa 148.7
-, utensile in . . 170.2
Piastra a gola . 46.4
- - manovella . 40.4
- - muro . . . 139.2
- - vapore per riscaldare 457.1
- ad eccentrico . 40.4
- dell'utensile . 127.5
- di appoggio . 407.2
- - base 46.4
- - - della colonna 181.4
- - chiusura . . 234.1
- - fissaggio . . 126.8
- - fondazione . 139.3
- - - del maglio 258.4
- - ritegno dei coltelli 173.4
- - sostegno del portautensile a snodo 87.2
- girevole . . . 98.8
- intermedia . 265.4
- per immergere 457.3
- portamatrice 243.7
- portautensili 182.1
Piastrone del carrello 103.2.7
Piattaforma . . 115.5 419.6, 437.1
- a corona dentata 115.7
- - due griffe . 114.5
- - griffe . . . 114.4
- - punte . . . 420.1
- - viti 114.3
- ad apertura a leva patentata 115.2
- - - - mezzo di leva 115.2
- - asse orizzontale 115.6
- - - verticale . 116.4
- autocentrante 114.7, 172.1
- da tornio . . 114.1
- di fissaggio . 114.2 115.4
- direttamente comandata 119.3
- girevole 230.7, 305.3
- magnetica 115.3, 220.2
- menabriglia . 112.6
- orizzontale a guida circolare 116.5
- portapunta . 168.4
Piattaforma rovesciabile 305.4 306.1.2
- spostabile . 308.4.5
- universale . 115.1.8
Piatto . . 265.7, 275.8
- della pressa riscaldato a vapore 434.4
- di chiusura . 275.6
Piazzamento dell'utensile 35.6, 58.5 121.5
- della fresa . 205.3
- - sega circolare 371.3
Piazzare con inclinazione 385.4
-, dispositivo per 36.2
- dritto il legname 335.5
- il chiodo . . 283.7
- l'utensile . . . 87.4
- la fresa . . . 205.4
Picaporte . . . 46.6
Picea excelsa . 495.3
Picture frame factory 465.7
Pie 249.5, 276.5
- de la columna 181.4
- - - mesa . . . 9.2
- - torno 68.3
- derecho . . . 482.1
Piece of work 6.3, 27.2.6 81.1, 46.8, 292.1
- - - length of . 111.2
- - -, weight of 27.3
-, setting up . . 29.3
Pièce à cisailler 238.8, 239.1
- - débiter . . 335.6
- - scier 335.5.6.7.8, 336.1
- - travailler 27.2, 29.2 81.1
- - -, aménage de la 384.5
- - -, avancer la 192.4, 192.5
- - -, centrer la 70.10
- - - encombrante 166.2
- - -, fixation de la 27.6
- - -, la - - - tourne 75.1.4
- - -, - - - - tremble 75.6
- - -, rotation continue de la 74.10
- - usiner . . . 27.2
- - -, coudage de la 292.1
- - -, courbure de la 292.1
- - -, finissage de la 216.1
- - -, fixation de la 116.3, 220.5
- - -, longueur de la 111.2
- - -, monter la 110.6 111.1
- - -, poids de la 27.3
- - -, serrer la . 110.6
- - -, trépidation de la 75.7
- - -, vibration de la 75.7
- coulée 315.6
Pièce cylindrique 215.1
- d'accouplement double 93.5
- - épaisseur . . 29.3
-s de serrage de la pièce à travailler 29.2
-, mortaisage de la 46.8
-, raboter une . . 6.3
- ronde 210.1
Pied . . . 249.5, 476.5
- de biche serreur 278.4
- - la table 9.2, 488.1
- - siège 487.7
- - tour 68.3
Piede . . . 68.3, 476.5
- della colonna 181.4
- - tavola . 9.2, 488.1
Piedistallo di fondazione 68.4
Piedra arenisca 222.5
- arenisco-arcillosa 222.6
- - -caliza . . . 222.8
- - -siliciosa . . 222.7
- Arkansas . . 222.10
- de aceite . 223.10
- - afilar 221.4.6, 223.11
- - - pizarreña 222.9
- - agua 223.9
- - esmeril . . . 223.1
- - moler . . . 458.7
- magnesia . . . 275.4
- rotatoria . . . 458.6
Piegare . . 290.5, 432.4
- a 90° 291.7
-, cavalletto per 436.5
-, chiave per . . 436.4
-, ferro per . . 436.4
-, guida del punzone per 292.4
-, - della testa per 292.4
-, macchina da (v. „macchina")
-, matrice per . 292.5
-, pressa per . . 293.2
-, punzone per 292.3
- su mandrino 291.3
- - stelo 291.3
-, testa per . . . 292.3
- un tubo . . . 291.8
Piegatrice 297.8, 298.1
- con matrice fissa 292.6
Piegatura . . . 290.6 291.1.4.5.6
- del pezzo da lavorare 292.1
Pieghevole . . . 291.2
Pierna del arco de suspensión 279.6
Pierre à affûter 221.4.6
- - aiguiser . . 221.4.6
- - l'eau 223.9
- - l'huile . . 223.10
- du Kansas . 222.10
- en magnésie . 275.4
Pietra da affilare 221.6
- - cote 222.9
- del Kansas . 222.10
Pieza . . 75.7, 220.5
- á trabajar . . 27.2

Pieza á trabajar, la - - - gira concentricamente 75.4
- angular . . . 29.8
- central 158.3
-, cepillar una . . 6.3
- cilindrica 210.1, 214.6 215.1
- de acoplamiento doble 93.5
- - apoyo intermedia 29.6
- - fundición . 277.5 315.6
- - labor 27.2.3, 216.1 238.8, 239.1
- - -, aguantar la 29.2
- - -, conducción de la 384.5
- - -, conducir la 192.4.5
- - -, curva de la 292.1
- - - de dimensiones dificiles de colocar 166.2
- - -, el quitar la 110.7
- - -, la - - - gira 75.1
- - -, longitud de la 111.2
- - -, sujeción de la 27.6, 116.3, 165.6
- - -, sujetar la 110.6
- - -, - - - - - entre puntas 111.1
- - macho . . . 309.3
- - trabajo 70.10, 74.10
- - unión . . . 5.1
- - - esférica . 188.3
-, la - golpea . 75.5
-, - - tiembla . 75.6
- perfilada . . 61.2.3
- porta-sierra . 329.6
- - - inferior . 329.9
- - - superior . 329.7
Pignon 40.9, 86.3, 160.4
- conique . 16.5, 17.1 192.1
- de commande de l'avance 51.10
- intermédiaire 16.3
Pignone motore 40.9
- secondario . 89.1
Pila de tablas 482.11
Pilar de acepilladora 4.6
Pilastra de acepilladora 4.6
Pilastro 2.3, 138.3, 181.3 258.7
- ausiliare del reggipunta 143.1
- della sagoma 312.1
- - sciablona . 312.1
- di pialliatrice 4.6
- - trapano . . 138.2
- principale . . 138.5
Piletta registrabile 78.8
Pilier 258.7
- de raboteuse 4.6
- latéral 4.7
Pillar . 138.2.3, 181.3.4 366.5
Pillar drilling machine 181.1
- support . . . 191.9
Pillow block, fixed 109.2
Pilon de pliage 292.3
Pin 425.7
-, adjustable . . 50.3
-, - crank . . . 14.2
-, - ram 58.1
- and space . . 426.1
-, catch 154.7
- coupling . . . 93.6 155.5
-, crank . . 40.7, 137.6
-, depth of . . . 426.2
-, driving . . . 154.7
-, - plate 112.7
-, eccentric 48.1, 235.2
-, fulcrum . 51.1, 246.1
-, hinge 181.8
-, index 189.9
- lifting arrangement 305.1
-, locking . 106.7, 154.7
-, pressure . . . 145.7
- riveting . . . 285.2
-, shank of . . . 145.8
-, stop 85.6
-, toe 198.4
-, topping . . . 275.8
-, width of . . . 426.3
Pin alviés . . 495.10
- cembre . . 495.10
- de Briançon 495.6
- - Corse . . . 495.7
- des landes . . 495.8
- maritime . . 495.8
- sylvestre . . . 495.5
- Weymouth . 495.9
Pinaster 495.8
Pince à braser 360.3
- - courber . . 436.4
- - donner de la voie 350.1.4
- - polir 227.2
- - rivets . . . 286.6
- - souder . 275.12
- américaine . 114.8
-, appareil à . . 276.1
- automatique . 269.6
Pincers 360.3
Pinching bar . 344.4
Pine 495.3
-, American yellow 495.9
-, black 495.7
-, cembra . . 495.10
-, cluster 495.8
-, Georgia . . . 496.1
-, long leaved . 496.1
-, mountain . . 495.6
-, pitch 496.1
-, Scotch 495.5
-, southern . . . 496.1
-, stone . . . 495.10
-, Weymouth . 495.9
-, white 495.9
Pine de montagne 495.6
Pinion . 9.8, 40.9, 89.1
-, double 10.2
- on cross traverse screw 102.2
Pinne 117.3
Pino bianco . . 495.1
- - americano . 495.9
Pino cimbro . 495.10
- cirmo . . . 495.10
- comune . . . 495.5
- delle Alpi . . 495.5
- di Corsica . . 495.7
- - monte . . . 495.6
- - Scozia . . . 495.5
- larice 495.7
- marino . . . 495.8
- montano . . . 495.6
- rosso d'America 496.4
- selvatico . . . 495.8
- Weymouth . 495.9
Pino-alerce . . 496.2
- -cembro . . 495.10
- de Córcega . 495.7
- - montaña . . 495.6
- marítimo . . 495.8
- silvestre . . . 495.5
- Weymouth . 495.9
Piñón 40.9
Pinus abies . . 495.3
- cedrus 496.3
- cembra . . 495.10
- excelsa . . . 495.3
- laricio 495.7
- montana . . . 495.6
- palustris . . . 496.1
- pinaster . . . 495.8
- silvestris . . . 495.5
- strobus . . . 495.9
Pinza automatica di serraggio 269.6
- da saldare . . 360.3
- per saldare 275.12
Pioppo americano 497.8
- bianco 497.6
- cipressino . . 497.9
- comune . . . 497.6
- del Canadà . 497.8
- montano . . . 497.5
- nero 497.7
- tremolo . . . 497.5
Pipe 187.6.7, 277.6, 291.8 308.2, 316.6
- cutter 281.6
-, flexible . . . 318.3
- support . . . 276.2
- welding . . . 271.6
Piping . . 76.4, 469.4
Piratinera guianensis 499.9
Pirus communis 502.5
- malus 502.6
- torminalis . . 502.9
Piso entarimado 461.3
Piston 252.9.10, 253.1.2
-, air pump . . 254.3
-, area of . . . 251.3
-, disc 265.7
-, drawback . . 278.5
-, hammer . . . 251.2
-, hydraulic . . 236.6
-, pump 268.5
-, ramming . . 310.3
- ring grinding machine 209.4
- rod 251.4
-, solid 265.7
-, tandem -s . . 266.1
- valve gear . 251.6
Piston . 209.4, 251.3.4.6 252.2.9.10, 253.1.2, 278.3
- à disque . . . 265.7
- - plaque . . . 265.7
-s concentriques 266.1
Piston de compression 265.5
- - pompe . . . 268.5
- - pression . . 278.3
- - rappel . . . 278.5
- du marteau . 251.2
-s en tandem . 266.1
- hydraulique . 236.6 265.6
-s parallèles . . 265.8
- plongeur 265.6, 310.3
- pneumatique 254.3
Pistón 209.4
Pit 182.2, 433.2
- planer 2.2
- props 301.3
Pitch of centres 111.9
- - cutter teeth 199.8
- - drills . . . 146.3
- - teeth 347.6
- pine 496.1
Pitchpine . . . 496.1
Pitchpino . . . 496.1
Pith 475.5
Pivot . . 142.2, 408.2
- bearing . . . 142.4
- of arm 142.1
- pin of table . 141.2
- shaft 369.6
Pivot 145.9
- d'articulation 142.2
- de plateau . . 141.2
- réglable . . . 78.8
Pivotant, base -e 25.1
- latéral 140.5
Pivote 40.6, 93.6, 145.9
- conductor . . 112.7
- de articulación 142.2
- - la corredera 40.5
- - - mesa . . . 141.2
- graduable . . 78.8
Pivoted clamp 35.7
- head of column 139.1
- hinged arm . 141.7
Pivotement . . 142.4
Pizarreño, piedra de afilar -a 222.9
Placa 88.8
- á bisagra . . 37.2
- intermedia de arriostramiento 265.4
- articulada . . 37.2
- corrediza de cierre 304.2
- -cubierta . . . 59.5
- - del mecanismo de alimentación del carro 103.2
- - para el mecanismo del carro 103.7
- de asiento . . 139.3
- - calentar . . 467.6
- - contra-presión 309.7
- - - - de báscula 309.8
- - cubierta . . 234.1
- - desalojar . 372.7
- - fundación . 139.3
- - inversión 305.4.5 306.2
- - madera . . 483.1
- - - de compensación 433.8
- - mesa 306.6
- - modelo 301.4, 302.7.8 303.7

Placa de modelos reversible . 305.5 306.1
- - molde 298.3
- - pasar 307.1
- - pie del martillo 258.4
- - presión 126.3, 304.3
- - - con calefacción al vapor 434.4
- - recalentar á vapor 457.1
- - sujeción . 115.4 139.4, 407.3
- - untar 457.3
- del carro . . 64.3.9
- giratoria 18.5, 25.1, 184.4
- intermedia de arriostramiento 265.4
- protectora de madera 478.1
- reversible . . 306.2
Placage 325.1.6, 433.7 465.3, 483.2
Placca a muro 139.2
- - quadrante . 88.8
- - vapore per riscaldare 457.1
- di fondazione 139.3
- - legno a compensazione 433.8
- - scarico . . 372.7
- modello 301.4 302.7.8, 303.7
- - rovesciabile 305.5
- per immergere 457.3
Place à couper 273.3
-, to - a butt strap over joint 285.7
-, - - the hoops over the staves 445.7
-, - - - work between centres 111.1
- where suction is applied 213.8
Placer le rivet 283.7
Placing the hoops over the staves 445.6
- the saw blade in position 328.5
Plafond 81.9
Plancadora . . 379.6
Plancha 482.5
Plan incliné . . 462.5
Planage de fonds 215.6
Planche 249.2, 482.6
-, aligner les -s 362.7
- avec assemblage à queue 426.9
- assemblée . . 426.9
-, bouvetage des -s 396.1
- conique . . . 249.7
- de parquet . 461.4
-, débitage en -s 332.5
-, dépôt de -s 482.10
-s en tas . . . 482.11
-, dresser les -s 362.7
- épaisse 482.4
- étroite de parquet 382.1
Planche, fixation de la 249.8
-, magasin de -s 482.10
-, marteau à . . 249.1
-, moulage à la 301.4
- moulurée . . 393.3
- pour assemblage 396.9
-, raboteuse pour -s 381.4
-, wagonnet pour -s 342.6
Plancher 461.3, 482.7
Planchette . . . 381.5
- à tenons . . . 427.6
- latérale . . 376.6.7
Plan-drehbank, horizontale 61.1
- -, wagrechte . 61.1
-drehen 72.12
-fräsen 185.6
-fräser 201.3
-fräsmaschine . 177.1
-hobelmaschine 379.6
-kupplung . . . 103.1
-rad 102.2
Planscheibe . . 115.5
-, horizontale . 116.4
-, liegende . . . 116.4
-, - - mit Kreisführung 116.5
-, selbstausrichtende 115.8
-, senkrechte . . 115.6
-, stehende . . . 115.6
-, Universal- . . 115.8
-, vertikale . . 115.6
-, wagrechte . . 116.4
Plan-scheibendrehbank 60.2
-schleifen 214.3.4
-schliff 214.5
-schlitten . . . 98.7
-schloß 103.9
- - mit einschwenkbarem Stirnrad 104.5
- - - Klemmkupplung 104.1
- - - verschiebbarem Stirnrad 104.3
-spindel 110.4
-vorschub . . . 95.10
-zug 102.1
Plane . 374.3, 383.1.2.4
- face 383.3
- grinding . . . 214.4
- hole 383.5
- iron . . 374.2, 386.7
- -, double . . . 387.3
- -, fixed 375.1
- - with back iron 387.3
- irons 392.2
- knife 386.7
- off, to 6.4
-, to 6.2, 382.7
-, - - a piece of work 6.3
-, - - at an angle 24.8
-, - - circularly 26.6
-, - - dead true 37.5
-, - - internal circular work 26.8
-, - - round . . 26.6
-, - - vertically 24.6
- tree 501.7
Plane à crochet 125.2
- - finir 125.3
Planear . 6.7, 102.1.2 103.1, 104.3, 177.1 201.5
-, el - á fresa . 185.6
-, - - con muela 214.5
-, - - fondos con muela 215.6
-, máquina de (v. „máquina“)
Planed surface, width of 382.8
Planer . . 1.5, 2.2, 3.5
- for coloured wood 378.6
-, high speed 4.2, 382.5
-, open side . . 2.3
-, smoothing . . 379.3
-, two side . . . 381.2
-, vertical rotary 180.2
Planer . . . 6.7, 37.5
-, machine à (v. „machine“)
Planet gear . . 88.9
- motion . . . 219.1
- pinion 89.1
Planeten-getriebe 88.9
-rad 89.1
-spindel 219.1
Planeuse . . 4.1, 379.6
Planing . . 6.5, 24.7
- and jointing machine with long hole boring apparatus, universal trying up 395.1
- apparatus . . 38.1
-, circular . . . 26.5
- cutter 473.7
-, internal circular 26.7
- knife 386.8
- length of table 12.10
- machine . 1.5, 4.5.6 379.1, 395.1
- -, chain type table 382.3
- -, combined curve and side 3.6
- -, finishing . . 4.1
- - for beams . 380.2
- - - beer finings 378.5
- - - curves . . 3.5
- - - long work 379.5
- - - parquetry fillets 382.1
- - - surfacing 378.8
- - - timber balks 380.2
- -, hand 382.4
- -, head 443.4
- -, high speed 4.2 382.5
- -, horizontal . 2.6
- -, key way . . . 3.3
- -, light type - - mounted on column 379.4
- -, long - - with open side 2.5
- - measuring apparatus 384.4
Planing machine open side 381.1
- -, parallel . . 379.2
- -, plate edge . 3.2
- - platen . . . 5.4
- - register . . 384.4
- -, revolving disc 380.1
- -, side 2.4
- -, single column 2.3
- -, smooth . . 379.3
- -, smoothing . 4.1
- -, spoke . . . 449.3
- -, stave . . . 441.2
- -, surface . . 379.6
- -, table 2.1
- - table 5.4
- -, vertical . . 3.1
- -, - rotary . . 180.2
- -, - spindle rotary 180.3
- - with conical cutter disc 380.3
- - - cylindrical cutters 380.4
- - - horizontal and vertical cutter blocks 380.5
- - - independent cutter head 380.6
- -, wood - - for cord fibres 378.4
- -, - - - with movable plane iron 374.2
- off machine . 446.6
-, round 26.5
- shop 465.2
- table, tipping of the 9.4.5
- tool 31.3
- - carriage . . 23.8
- -, device for securing 36.2
- -, hollow cylindrical 388.3
-, vertical . . . 24.5
- work 6.8
Plank . . 381.4, 482.4
-, grooved . . . 396.8
-, thick 482.5
Planke 482.4
Plano de deslizamiento 326.5
- - - del carro 65.2
- - - intercambiable 65.4
- - rollos . . . 234.2
-, en 185.6
- inclinado para sacar los troncos de los ríos 462.5
Plant 463.8
- for conveying of shavings 469.3
- - removal of shavings 469.3
Plantilla . 62.1, 96.7 146.2, 311.6, 329.3, 419.3
- de guía . . . 96.8
-, fresar según . 187.1
- móvil en todos sentidos 312.3
- óvala 97.4
-, taladrar con . 146.1
-, torno con . . 61.5
Plaque 265.7
- à cadran . . 88.8

Plaque à modèle 302.7,8, 303.7
- - - renversable 305.4,5, 306.1
- - mouler à traversière 307.1
- - réchauffer par la vapeur 457.1
- - traverser . 307.1
- - tremper . . 457.3
- compensée . 433.8
- d'assise de jambage 258.4
- de bois . . . 483.1
- - charge . . . 267.9
- - dégagement 372.7
- - fermeture . 275.6
- - fixation 189.4, 407.3
- - fondation . 189.3
- - - d'assise de marteau 258.4
- - pression à bascule 309.8
- - recouvrement 234.1
- - répartition de la pression 304.3
- - serrage . . 126.8
- -écrou . 10.6, 103.7
- intermédiaire d'entretoisement 265.4
- murale 189.2
- pivotante . . 184.4
- renversable à modèle 306.2
- supportant la pression 309.7
Plaquita de cierre 275.6
Plataforma corrediza 343.12
Platanaria . . . 501.2
Platane 501.7
- commun . . . 501.7
Platano 501.7
- d'Oriente . . 501.7
Plátano común 501.7
Platanus occidentalis 501.7
- orientalis . . 501.7
- vulgaris . . . 501.7
Plate, angle . . 29.8
-, bell mouth centre 120.2
-, bending . . . 431.4
- - machine . . 294.8
-, bridge 183.8
-, circular flanging of thick -s 298.7
-, champing . . 126.5
- closer 278.4
-, crank 188.1
-, cut off 304.2
- cutting machine 231.1
- delivering . . 372.7
-, die . . 243.7, 298.3
-, dipping . . . 457.3
-, dividing . . 198.8,9
-, driving . . . 112.6
- edge planing machine 8.2
-, face . 115.5,7, 116.5
-, fence 364.6
- for fixing work 115.4
-, hinged 87.2
-, grinding . . 458.4
Plate holder . . 278.4
-, holding down 407.2
-, horizontal face 116.4
-, oscillating . . 19.7
-, passing through of 294.7
-, presser . . . 304.3
-, punched . . . 239.6
-, revolving . . 18.5
-, - base 184.4
-, - bed 230.7
-, - driving . . 119.3
- shearing machine 231.1
-, - the -s . . . 238.1
-, slotted crank 40.4 41.8
-, steam heated press 434.4
-, - reheating . 457.1
- straightening machine 296.7
- - rolls 296.7
-, striking . . . 246.5
-, surface . . . 37.6
-, swivel 25.1
-, to cut a . . . 238.3
-, universal face 115.8
-, vertical face 115.6
Plateau 45.6, 54.3, 115.5, 115.7, 419.6
- à came . 49.2, 235.7
- - coulisse courbe 49.12
- - doigts d'entraînement 132.6
- - friction 18.5, 157.4
- - gouttière pour l'huile 46.2
- - manivelle . 188.1
- - outils . . . 182.1
- - poncer . . . 403.5
- - toc 112.6
- circulaire . . 46.1
- commandé . 119.3
- d'alésage . . 168.4
- de chauffage à la vapeur 467.6
- - fixation . . 115.4
- - friction . . 90.5
- - perçage . . 140.1
- - serrage . . 115.4
- - - à centrage automatique 172.1
- -diviseur . . 198.8,9
- et roue à friction 157.3
- excentrique . 43.2
- -fraiseur . . . 204.4
- horizontal . . 116.4
- - à guidage circulaire 116.5
- interchangeable 189.6
- manivelle . . 43.2
- monte et baisse 366.1
-, mouvement longitudinal du 47.5
-, - transversal du 47.6
- oscillant . . . 19.7
- -peigne 306.5, 308.4, 312.5
-, pivot de . . . 141.2
- pivotant . . . 98.8
Plateau porte-lames 168.4, 204.4
- presseur chauffé à la vapeur 434.4
- protecteur en bois 473.1
- roulant . . . 364.1
- - sur galets . 369.4
- sans fin . . . 382.3
-, tour à 60.2
-, tourillon de . 141.2
- tournant . 18.5, 46.3, 98.8, 119.3, 230.7, 305.3
- universel . . 115.8
- vertical . . . 115.6
Platen 5.4
Platine 88.3
Plato . . 115.7, 419.6
- con tope conductor 112.6
- concéntrico . 115.8
- conductor de movimiento propio 119.3
- de centrar . . 172.1
- - - de cuatro mordazas 172.3
- - - - tres mordazas 172.2
- - dos mordazas 114.5
- - fricción . . 90.5
- - garras . . . 114.2
- - puntas . . . 420.1
- - sujeción para torno 114.1
- - torno . . . 115.5
- -divisor . . . 198.8
-, en forma de . 224.2
- horizontal . . 116.4
- - con conducción circular 116.5
- universal . . 115.8
- vertical . . . 115.6
Platte 407.3
-, Aufspann- . . 115.4
-, Befestigungs- 407.3
-, Bett- 64.8
-, Deck- 234.1
-, drehbare Modell- 305.5
-, Führungs- . . 234.1
-, Klemm- . . . 126.8
-, Lochring- . . 243.7
-, Mutter- . . . 103.7
-, Räder- 103.2
-, Richt- 37.6
-, Schloß- . . . 103.2
-, Tisch- 306.6
-, Wende- 98.8
Platten-drücker 278.4
-presser 278.4
Plattstahl . . . 421.7
Plegado echado 299.7
- erguido . . . 299.8
Plegador, máquina -a 297.8
Plegar 299.6
Pli couché . . . 299.7
- droit 299.8
Pliable 291.2
Pliage 290.6,8, 291.4,5,6, 292.3,4,5
Plier 290.5,7, 293.2, 299.6
- à 90° 291.7
- autour d'un mandrin 291.3
- - d'une broche 291.3
Plier autour d'une tige 291.3
-, machine à (v. „machine")
Pliers, saw setting 350.1
Plomada 328.4
Plongeur . . . 236.6
- emboutisseur 298.4
Plough handle bending machine 436.1
Ploughing tool 123.6
Plug . . . 106.6, 275.6
Plum tree . . 501.9,10
Plunger . 265.5, 268.5
- die 298.4
-, hydraulic . . 265.6
-, triplicate -s . 265.8
Pneumatic boring machine 138.1
Pneumatique, foreuse 138.1
Pocket for gripping jaws 144.5
- - worm . . . 193.6
Pockholz . . . 500.8
-klotz 326.8
Poids à l'état sec 487.9
- de la masse tombante 262.3
- - - pièce à usiner 27.3
- du bois desséché 488.1
- - - séché à l'air 487.10
- - - vert . . . 487.8
- - châssis . . . 327.6
- - mouton . . . 262.3
Poignée . 19.4, 159.4, 164.4, 256.5, 333.4, 425.5
- à cliquet . . 160.2
- d'embrayage du harnais d'engrenages 86.5
-s de cannes . . 436.3
- - manivelle . 190.2
- - passe-courroie 158.6
- - porte . . . 46.6
Poinçon . . 242.2,3,4,5, 243.5, 244.2,3
- à main . . . 242.8
- - tête bombée 242.6
- - - ondulée . 242.7
- -emboutisseur 298.4
Poinçonnage . 239.4
Poinçonner . 239.2,3
- des trous de rivets 288.1
-, machine à (v. „machine")
Poinçonneuse . 232.1, 243.1
- à balancier . 232.2
- - levier . . . 232.3
- - vis 232.2
- double 232.5
- horizontale . 232.4
Point 79.2, 120.8, 411.5, 419.7
- of tooth . . . 348.2
- - weld 270.7
Point d'aspiration 218.8
- de cintrage . 291.5
- - pliage . . . 291.5

Pointe . . 211.1, 419.7
-, angle de la . 111.4
-, axe des -s . . 112.1
-, centrage de la 111.3
- d'arbre avec anneau taillé à angle aigu 420.2
- de dent . . . 335.3
- - - aplatie . . 350.6
- - - refoulée . 350.6
- - la contre-poupée 117.2, 197.6, 421.2
- - - dent . . . 347.2
- - - mèche . . 411.5
-s déplaçables . 111.7
-s désaxées . . 112.2
-, distance entre les -s 111.8, 347.6
- du poinçon . 242.4
-, écartement des -s 111.8
- en saillie . . 411.8
-, épaisseur à la 348.2
-s excentrées . 112.2
- fixe 111.5
-, hauteur des -s 111.9
-, mandrin à -s 420.1
-, pas entre les -s 347.6
- quadruple d'arbre de tour 419.9
- tournante . . 111.6
- triple d'arbre de tour 419.8
Pointeau de soupape 268.2
-, trou de . . . 146.7
Pointed drill . 166.6
- end drill . . . 411.9
Pointer 184.4
- le trou . 146.5, 146.6
Poirier commun 502.5
Poitrail 81.8
- d'outil 121.1
Polea 308.1
- de fricción . 90.3
- - guía . 156.5, 207.7
- - madera para transmisión 435.3
- - transmisión 59.2, 307.3.4.6.7
- escalonada . 82.6.7 92.2.3, 154.4, 155.3
- - motriz . . . 154.5
- fija 17.7, 83.8
- graduada 83.1, 154.4
- - con ranuras para cordón 84.7
- loca . . . 18.1, 83.7
- motriz . 156.4, 207.7
- - escalonada 189.5
- múltiple . . . 154.6
- para correa . 156.3
- - - achaflanada 91.5
- porta-sierras . 358.3
-s ranuradas para cordón 81.3
-s - - correa redonda 81.3
Poli 216.8
Polier-ballen . 405.7
-büchse mit Halter 227.2
-dorn 227.1
-maschine . . . 405.6
- -, Radspeichen- 449.5
Polier-rot . . . 226.9
-scheibe, Kupfer- 226.7
-trommel, Holzdraht- 455.2
Polieren 216.6
-, das fertige Stück 74.4
-, - Holz 405.8
-, farbig 406.3
-, hochglanz . 216.7
Polir 216.6, 226.5, 405.1
- à l'émeri . . . 74.5
- - reflets . . . 216.7
-, couche de matière à 406.5
- en colorant . 406.3
- et décaper les pièces de fonte 315.8
- la pièce finie 74.4
- le bois 405.8
- - tonneau . . 446.5
-, liquide à . . 405.10
-, machine à . . 405.6 436.7, 449.5, 454.5
-, matière à . 405.10
-, - colorante pour 404.9
-, ocre à 226.9
-, pince à . . . 227.2
-, tiroir à fers à 392.1
-, vernis à . . 405.11
Polire 216.6, 226.5, 405.1
- a lucido . . . 216.6
-, cinghia per . 404.4
-, disco per . . 226.7 403.5
-, liquido per 405.10
-, mandrino conico per 227.1
-, nastro per . . 404.4
-, portapezzo per pezzi da 227.2
-, ruotella di rame per 226.7
Polish 216.8
-, brillant . . . 216.9
-, liquid . . . 405.10
-, to 216.6
-, - - the finished work 74.4
-, - - with emery 74.5
-, - - wood . . 405.8
-, wood 405.9
Polishing clamp 227.2
- cone 227.1
- cup 405.7
- drum 455.2
- machine . . . 405.6
- -, spoke . . . 449.5
- ochre 226.9
- powder . . . 226.8
Polissage . . . 216.8
- du bois . . . 405.9
Polisseur . . . 455.2
Polissoir en forme de coupe 405.7
Politrice 404.7
- a braccio snodato 404.8
- - carta vetrata ed a due dischi 404.1
- - - - - - tamburo 404.6
- - - - per legno 403.2
- - - - - piani . 403.3
Politrice a cinghia 404.3
- - disco orizzontale ed a carta vetrata 403.4
- - nastro . . . 404.3
- doppia a cinghia 404.5
- - - nastro . . 404.5
- per legno . . 403.1
- - razze di ruota 449.5
Politur . 216.2, 405.10
-, Deck- 406.5
- des Holzes . 405.9
-, farbige . . . 406.4
-flüssigkeit . 405.10
-, Hochglanz- . 216.9
-lack 405.11
Politura 216.8
- del legno . . 405.2
Polvere . 213.5, 318.6.7 319.3
- di legno . . 483.11
- - magnesio . 274.9
- - smeriglio 222.12
- per molare . 226.8
- prodotta dall'affilare 213.4
Polverizzare . 458.3
Polverizzatore a campana 457.9
- - palle 458.5
Polvo . 213.5.6, 274.9 318.6.7, 319.2.3
- de esmeril . 222.12
- - madera . 483.11
- - pulir 226.8
- mezclado de aceite producido al afilar 213.1
- producido al afilar 213.4
Polypore des conifères 494.2
Polyporus vaporarius 494.2
Pomello . . . 189.10
- del tappo di presa 92.7, 155.2
- di disinnesto 164.6 194.8
Pommier . . . 502.6
Pomo 502.6
Pompa 268.5
- a comando idraulico 268.8
- - trasmissione 268.6
- - vapore . . . 268.7
- ad alette . . 187.9
- centrifuga . . 187.9
- con comando a cinghia 268.6
- d'aria . . . 254.2.3
- dell'olio 76.3, 187.10
- idraulica . . 268.8
- premente . . 268.4
- - a mano . . 296.3
- - - vapore . . 300.4
Pompe 268.5
- à ailettes . . 187.9
- - commande hydraulique 268.8
- - huile . 76.3, 187.10
- - vapeur . . . 268.7
- commandée par courroie 268.6
- de compression 268.4
Pompe de compression à vapeur 300.4
- - serrage . . 116.2
- hydraulique à main 296.3
Ponçage du bois 405.2
Poncer . 403.5, 404.4 405.1
- le bois . 403.1, 405.8
-, machine à (v. „machine")
Ponceur, tambour 404.7
Poner á grueso 6.4 381.4, 389.8
- - -, maquina de (v. „máquina")
- derechas las maderas 335.5
-, máquiua de (v. „máquina")
Ponte 188.8, 362.1, 463.6
Poplar, black . 497.7
-, Canadian . . 497.8
-, Italian 497.9
-, silver 497.6
Poppet (s. „puppet")
Populus alba . 497.6
- canadensis . 497.8
- monilifera . . 497.8
- nigra 497.7
- - L. var. italica 497.9
- pyramidalis . 497.9
- tremula . . . 497.5
Pore . . . 476.10, 477.1
Poreux, bois . 488.4
Poro 476.10
- de madera . 476.10
- lleno de resina 477.1
- resinoso . . . 477.1
Porous wood . 488.4
Porpora 508.1
Port 251.7, 252.3, 254.5.6
Porta 46.5
- dell'armadio 181.6
Porta-acero . . 86.1
- - doble con cambio de posición eléctromagnetico 87.3
- -alisador . . . 54.4
- -árboles . . . 218.6
- -brazo 142.4
- -broca 151.6
- -buril 86.1
- -cuchilla para hender 453.3
- -cuchillas 169.3, 204.4 375.4, 389.1.2, 391.2.4 393.5
- -, cónico . . . 388.6
- - de disco cónico 388.5
- - para sacar ranuras, disco 401.5
- -cuchillo . . . 173.4
- -cuchillos . 380.3.5
- -diamante . . 225.7
- -fresa · 195.1, 196.2.3 197.7
- -herramienta 85.8.9 86.5
- -herramientas 182.1 211.6
- -husillo 129.4, 152.1 218.2
- -luneta 421.3

Porta-madera móvil 368.2
- -maderas . . 368.3
- - giratorio . . 377.3
- -modelo . . 312.1.4
- - móvil en todos sentidos 312.3
- -moldes . . . 310.7
- muela . 217.9, 218.1, 224.8
- -muelas . . . 211.6
- -plantilla . . 312.1
- -sierra . . 329.6.7.9, 330.4.5, 358.1
- - de cuña . . 330.3
- - - tensión á palanca 331.3
- - excéntrico 331.1.2
- -, mecanismo - -s 329.6
- - para sierra alternativa horizontal 331.5
- - simple cuadrado 330.1
- -sierras 206.8, 207.1, 326.4, 327.6
- -taladro . . . 410.2
- -útil 36.1, 52.2.3.7, 126.6
- -, admisión del 53.3
- - alemán . . 128.1
- - basculante 137.2.3.4
- -, cabezal . . 143.3
- -, - del 43.9
- -, carrera del 52.6
- -, carro . 52.2, 54.4, 99.2, 143.3, 233.7
- -, - - - de la tijera 233.8
- -, - del 44.1
- -, castillete del - - giratorio 170.4
- - cerrado . . 127.1
- -, cuchilla del - - giratorio . 170.2
- - de charnella 37.1
- - - la limadora 43.6
- - - trabajo giratorio 170.1
- - - una máquina mortajadora 52.2
- - en forma de barra 36.6
- -, espiga . . . 198.4
- - giratorio 127.4.8
- - - de brida partida 137.5
- - - para los codos de los árboles de manivela 137.6
- -, guía del . . 43.8
- -, herramienta del - - giratorio 170.2
- -, husillo . . . 149.3
- -, inclinación del 52.5
- - inglés . . . 128.2
- - -es, limadora con dos 38.5
- -, movimiento del 48.8
- -, - motor . . 40.1
- - para varias herramientas 108.5
- - revolver . . 99.4

Portable saw . 208.5
Portaceppo . . 368.3
Portacoltelli . . 233.8
- a piramide per incastri obliqui 427.5
- - trottola . . 389.1
- rotativo . . . 388.7
Portacoltello 375.3.4, 380.3.6, 381.1.2
- per incidere i tagli 453.3
Portacrogiuolo 275.9
Portacuscinetti 172.8
Portador . . . 227.2
Portaferri di piallatrice 23.8
- per profilatrici 393.5
Portaferro 98.10, 99.2
- a vite 99.1
-i per sagomatrici 393.5
Portafresa . . . 195.4
Portafrese . . 196.2.3, 197.7, 204.4
Portaincudine . 260.8
Portalama . . . 233.8, 375.3.4.6
Portamatrice 243.7.9
Portamodello . 307.2
- su macchina a pettine 306.6
Portamola 211.6, 217.9
Portapezzo per pezzi da brunire 227.2
- - - - polire . 227.2
Portapunta a revolver 168.5
Portasagoma . 312.4
- mobile universale 312.3
Portasega . . . 207.1
Portastaffa . . 310.7
Portátil, sega circular 360.7
Portautensile . 36.1, 36.5, 52.3, 98.10, 126.6
- a barra . . . 36.6
- - bussola . . 108.5
- - disco per tenonatrice 401.5
- - due ferri con cambiamento elettromagnetico 37.3
- - snodo . . . 37.1
-, barra 36.6
- del braccio mobile 44.1
- dello slittone 44.1
- girevole . . . 45.4
-, morsetto . . 35.7.8
- multiplo . . . 108.5
- per scanalare 397.1
- - sfacciare . . 137.4
- - -, con mozzo spaccato 137.5
- - - i piani dei gomiti 137.6
- - - in piano . 137.3
- - tornire in piano 137.3
-, slitta del . . . 35.9
-, spina -i . . . 55.2
Portautensili . . 99.2, 105.6, 182.1, 391.4

Portautensili a croce 24.2
- - stella . . . 105.7
- - trottola . 391.1.2.3
- - vite 99.1
- americano . . 127.1
- con coltello a beccò 389.4
- - - curvo . . 389.4
- con ferri a profilo costante 389.5
- - - con aggiustaggio al tagliente 390.1
- - - curvi . . 390.2
- - ferro a becco 389.4
- - - curvo . . 389.4
- - lunetta per cilindrare 127.6
- - utensile girevole 127.8
- girevole americano 127.4
- in piano . . . 170.4
- inglese 128.2
- per coltelli lunghi 389.6
- - ferri lunghi 389.6
- - incidere i tagli 453.3
- - piallatrice da spessori 389.8
- - sfacciare di testa 170.4
- - spianare . 102.1.2
- - tornire di testa 170.4
- - troncare . . 127.7
- - utensili da alesare 169.3
- revolver . . . 105.8
- tedesco . . . 128.1
Porte . . . 46.5, 382.2
- -à-faux . 54.5, 224.5, 358.5, 380.6
- -broche 152.1, 196.6
- - fixe 129.4
- -bûche 368.3
- - oscillant . . 368.2
- -couteaux . . 375.4
- - de forme pyramidale pour queues d'aronde obliques 427.5
- - - - - - tenons obliques 427.5
- -creuset . . . 275.9
- de l'armoire à outils 181.6
- -découpoir . . 54.4
- -dégorgeoir . 54.4
- -diamant . . . 225.7
- -étampe . . . 260.8
- -filière . . . 172.5
- -foret . 149.3, 410.2.5
- - réglable . . 151.6
- - revolver . . 168.5
- -fraise . 195.1.4, 196.3
- -lame . 126.6, 168.4, 204.4, 233.8, 357.7, 388.5.6
- -mèche . . 410.2.3.4
- -meule . 211.6, 217.9, 218.2

Porte-outil 35.8, 36.1.5, 52.3, 126.6
- - à chariots croisés 24.2
- - - charnière 37.1
- - - défoncer . 54.4, 55.2
- - - deux outils à changement de position au moyen d'un électro-aimant 37.3
- - - mouvement croisé 24.2
- - - profiler . 417.1
- - - trusquiner 453.3
- - avec fer à tranchant courbé 389.4
- - - fers courbés 390.2
- -, barre de . . 36.6
- -, bras de . . 137.4
- -, calibrage du 391.4
- -, chariot . 35.9, 44.1, 99.2
- -, - de 39.8
- -, - - transversal 39.5
- -, coulisseau . 39.5
- - de machine 23.8
- -, glissières du 43.8
- -, lame de . . 170.2
- -, mouvement du 43.7
- - pivotant . 137.2.3
- - pour fers longs 389.6
- - - machine à raboter 36.2
- -, support de 98.3
- -, tourillon sur lequel est fixé le 391.3
- - tournant à déraser 170.1
- - - - dresser 170.4
- - - - moyeu en deux pièces 137.5
- - -, machine à 137.2
- - - pour manivelles d'arbres coudés 137.6
Porte-outils . . 389.1
- - à faces entaillées 390.1
- - - forme d'alésoir de foret 389.3
- - - - de mèche de foret 389.3
- - - logement 127.1
- - - lunette . 127.6
- - - - pour outil à tronçonner 127.7
- - - magasin . 108.5
- - - moulurer 393.5
- - allemand . 128.1
- - anglais . . 128.2
- -, arbre 390.3, 391.1.2
- - avec coteaux-disques 389.5
- - d'alésage . 169.3
- - de raboteuse à tirer d'épaisseur 389.8

Porte-outils dresseur 170.4
- -, montage à lunette - - tournant 127.8
- - pivotant . . 127.4
- - revolver . . 105.6
- -pièce 54.3
- -scie . . 206.8, 207.1
- -segment . . . 311.6 312.1.3.4
Portée . . 143.7, 233.5
- arrière 79.8
- conique . . . 77.9
-s -s et cylindriques 79.4
- de la broche de tour 77.5
- - - machine à percer radiale 131.3
- - - pointe . . 111.3
- - - riveuse . 278.6
- déplaçable de la broche de fraisage 196.2
Poser le rivet . 288.7
Poseur de lames de scie 328.6
Position, bringing into 101.1
-, inclined - of ram 52.5
Positive reversing 14.8
Posizione della saldatura 270.7
- inclinata del braccio mobile 52.5
- - dello slittone 52.5
Post . . 85.8, 86.3, 99.2 127.1, 138.3, 396.7
- for checking the vibration 473.6
- tool holder . 127.1
Posto 329.1
Pot à colle . 466.11
- - huile . . . 145.10
Poteau 482.1
Potenzialità del colpo della mazza 262.5
Potere di taglio 120.6
Poudre . . . 222.12
- à meuler . . . 226.5
- d'émeri . . 222.12
- de carbonate de magnésium 274.9
- - magnésite . 274.9
Poulie . . . 59.2, 84.1 307.3.4.6.7, 308.1.2
- à corde . . . 81.3
- - gorge . . . 57.4
- - gradins 48.2, 82.6.7 83.1, 92.2.3, 154.4.6 155.3
- - - avec harnais d'engrenages 85.7
- - - de renvoi 82.8
- - - du mécanisme d'avance 154.5
- - - pour corde 84.7
- - rais tangents au moyeu 358.1
- d'enroulement 248.3
- de commande 207.7
Poulie de commande à gradins 40.3, 189.5
- - - étagée . . 189.5
- - - pour courroie 156.3
- - guidage . . 83.3
- - - de la courroie 23.6
- - menée . . . 207.7
- en bois . . . 435.3
- entre deux paliers 358.4
- étagée 82.7, 83.1, 92.2
- fixe . . . 17.7, 83.8
- folle . . . 18.1, 83.7
- motrice . . . 156.4
- porte-lame . 357.6.7 358.3
- pour courroie en coin 91.5
Poupée . . 57.6, 76.7.9 152.1, 154.1, 196.4 198.7, 419.5
- à accouplement à griffes 98.2
- - diviseur . . 198.6
- auxiliaire . . 119.4
- avec accouplement à tige 155.5
- - embrayage à griffes 155.4
- de guidage . 143.3
- - machine à meuler 217.8
- - perçage à commandes séparées du déplacement vertical 163.5
- - - avec avance à la main 163.2
- - - - - automatique 164.2
- - - - descente à la main 163.2
- - tour 76.8
- - - ovale . . 415.6
- diviseuse universelle 199.2
- fixe 76.7, 154.2, 196.5
- inclinable . . 199.1
- mobile 116.8, 151.7, 154.3
- motrice . . . 76.7
- porte-broche mobile 196.6
Pouring channel 276.8
- gate 276.7
Pourri au cœur 492.4
- sous l'écorce 492.6
Pourriture . 492.2.10.11
- complète . . 493.5
- de l'aubier . 493.3
- des branches 493.4
- - racines . . 493.6
- du cœur 492.3, 493.2
- sous l'écorce 492.5
Pousse-avant . 386.8
- -toc 112.7
Poussière 213.5.6, 318.6.7 319.2.3.4
- de bois . . . 483.11
- - meulage . . 218.4
Poussoir 234.8
- mécanisme d'avancement par roue à rochet et 234.4
Poutre 341.4, 380.2, 482.1
- carrée 480.8
- de butée . . . 473.6
- - choc 473.6
- en bois . . . 482.2
- rectangulaire 482.3
- ronde 480.8
Poutrelle . . . 231.4
Pouvoir conducteur de la chaleur 32.11
Powder . 222.12, 226.8 274.9
Power 120.6
- driven crocodile shearing machine 228.5
- hack saw . . 208.4
- traveller for timber 463.4
- windlass for tight casks 444.6
Prägwerk . . . 264.6
Précision 216.3, 311.1
-, presse de . 311.12
Precisión 196.3, 216.3 311.1.2
Precisione . . . 216.3
Preheating of the faces to be fused 273.3
Prell-bolzen . . 259.6
-pfosten 473.6
Prellen, den Hammer 259.1
Prellung, Dampf- 259.10
-, Feder- 259.3
-, Luft- 259.7
Premilamiera . 278.4
Premiplacca . . 278.4
Premistoppa . . 266.7
Prensa . . 264.5, 377.6
- automática doble para lana de madera 377.7
- de balancín . 247.7
- - bordear fondos 298.2
- - - y embutir 299.3
- - curvar . . . 293.2
- - eje acodado 264.3
- - estampar . . 264.6
- - forjar de presión de vapor 265.2
- - hierro para chapas de madera 434.2
- - husillo 247.7, 257.6
- - - movida á mano 232.2
- - juntar las duelos por présion 445.1
- - lana de madera 377.5
- - madera . . 434.1
- - moldear . . 309.5
- - - con placa de inversión giratoria 310.6
- - - de doble efecto 310.8
- - - doble . . 310.8
- - - hidráulica 310.1
- - precisión . 311.1.2
- - sujeción . . 341.9
- - tornillo . . 257.6
-, distribución de la 269.2
Prensa-estopas, tapa del 266.7
- excéntrica . . 264.7
- hidráulica . . 230.4
- - con calentamiento al vapor para chapas de madera 434.3
- - de forjar . . 265.1
- - para barras 436.6
- para calar el casquillo 448.4
- - - los anillos sobre los cubos 451.3
- - empaquetar lana de madera 377.4
- - hacer haces 368.6
- - suelos . . . 443.1
Prensador automático de tapones 447.5
Prensar 433.9
Proparación de la cola fresca 466.7
Preparare la colla 466.8
Preparatory, to grind 212.4
Preparazione della colla fresca 466.7
Préparer la colle, appareil à 466.6
Presa 92.4, 154.7, 155.1
- a vite 154.7
Prescrizioni per prevenire gli infortuni 470.6
Presión 174.1, 274.11 304.4, 309.5
-, anillo de . . . 234.7
-, aparato de - para máquina de hacer molduras 393.4
-, arandela de . 78.4 150.1
-, bomba de . . 268.4
-, - - - á mano 296.3
-, - - - - vapor 300.4
-, botón de . . . 152.2
-, canal de . . . 254.6
-, cilindro de . 385.8
-, - - - con calefacción 434.5
-, cojinete de . . 78.3
-, compressor de aire de 255.2
- de aire 281.6
- - la masa . . 8.1
- - - perforación 145.6
- - remache . . 288.2
- del acero . . 32.4
- - líquido . . 267.3
- - tope conductor 112.8
-, disposición de 338.2
- efectiva . . . 267.4
-, émbolo de . . 265.5 278.3
-, espiga de . . 79.2
-, guía de . . . 385.2
- hidráulica . 236.5 267.5
-, impulsión por 162.4
-, manilla de . . 152.3
-, muelle de . . 385.3

Presión, multiplicador de 267.6
-, placa de 126.3, 304.3, 484.4
-, rodaja de 472.5
-, rodillo de 336.8, 385.8
-, rosca de 145.7
-, superficie de 266.8
-, taco de 385.4
-, tornillo de 79.1, 126.7
-, vástago de 284.8
Preß-deckel 377.6
-flüssigkeit 267.2
-formmaschine 309.5
-kasten 377.5
-kolben 265.5
-luft 255.8
- -bohrmaschine 138.1
- -hammer 256.1
- -nietmaschine 281.6
- -umsteuerung 52.1
- -werkzeug 255.7
-platte, mit Dampf heizbare 434.4
-pumpe, Dampf- 300.4
- -, Hand- 296.3
-walze, heizbare 434.5
Press 264.5
-, baling 377.4
-, double automatic baling 377.4
-, bending 298.2
-, circular flanging 298.2
-, controlling the 269.2
-, double automatic baling 377.7
-, eccentric 264.7
-, faggot bundling 368.6
-, fly 247.7, 257.6
- framework 377.5
-, hand - for stamping out saw 351.4
-, - power screw punching 232.2
- head 377.6
-, hydraulic - for wooden bars 436.6
-, - veneering - with steam plates 434.3
-, iron veneering 434.2
-, mandrel 113.6
-, moulding 309.5
-, packing 377.4
- plate, steam heated 434.4
- plunger 265.5
- roll, heated 434.5
-, screw 257.6
-, stamping 264.6
-, to 285.1, 433.9
-, - - the felloes on to the spokes 451.1
-, toggle lever 264.8
-, tyre 451.3
-, wheel boxing 448.4
-, - bushing 448.4
-, wood 434.1
Pressa 264.5, 269.2, 377.6, 434.4.5
- a bordatura progressiva 299.2
- - gomito 264.8
Pressa a leva articolata 264.8
- - vapore per forgiare 265.2
- - vite 257.6
- ad eccentrico 264.7
- da formare 309.5
- - - con piattaforma spostabile 310.6
- - - due faccie 310.8
- - stampare 247.7
- di ferro per impelliciature 434.2
- doppia automatica per balle 377.7
- - - - colli 377.7
- idraulica 230.4
- - da formare 310.1
- - per bastoni di legno 436.6
- - - forgiare 265.1
- - - impelliciature con placche riscaldate a vapore 434.3
- - - mettere insieme le doghe di botti 445.2
- - - serrare le doghe di botti 445.2
- per applicare i cerchi a pressione 446.2
- - balle 377.4.5
- - bordare 298.2
- - colli 377.4.5
- - coniare 264.6
- - curvare 298.2
- - fasci 368.6
- - fascine 368.6
- - fondi di botti 448.1
- - introdurre le bussole 448.4
- - legno 434.1
- - mettere insieme le doghe di botti 445.1
- - montare i cerchioni di ferro 451.3
- - - le bussole 448.4
- - piegare 298.2
- - serrare le doghe di botti 445.1
- - stampare 264.6
Pressare 433.9
Presse 264.5
-, Ballen- 377.4
-, Biege- 298.2
-, Boden- 448.1
-, Bodendübel- 448.1
-, Bündel- 368.6
-, Exzenter- 264.7
-, Form- 309.5
-, Handspindel- 232.2
-, Holz- 434.1
-, Kniehebel- 264.8
-, Kümpel- 298.2
-, Pack- 377.4
-, Schrauben- 257.6
-, Spindel- 257.6
-, Steuern der 269.2
-, Wasserdruck- 230.4
Presse zum Aufpressen der Nabenreifen 451.3
- - Eindrücken der Radbüchsen 448.4
Presse 264.5, 269.2, 377.6, 455.6
- à bois 434.1
- - border les fonds de cuves 298.2
- - botteler 368.6
- - cintrer 298.2
- - - les châssis 311.1
- - couder 298.2
- - emballer 377.5
- - emboutir 299.3
- - estamper 264.6
- - excentrique 264.7
- - fonçailles 448.1
- - forger à vapeur 265.2
- - - hydraulique 265.1
- - friction 257.6
- - genouillère 264.8
- - introduire les boites de moyeux 448.4
- - - - garnitures de moyeux 448.4
-- levier coudé 264.8
- - matricer 264.6
- - mouler 309.5
- - - à double effet 310.8
- - - avec plaque renversable 310.6
- - plier 293.2
- - vis 257.6
- automatique double à emballer 377.7
- - pour bondes 447.5
- de précision 311.1.2
- en fer pour feuilles de placage 434.2
-étoupe 266.7
- hydraulique 230.4
- - à mouler 310.1
- - avec chauffage à la vapeur des feuilles de placage 434.3
- - de moulage avec tiges de démoulage 305.2
- - - - - tiges de soulèvement 305.2
- - pour bâtons 436.6
- - - l'introduction des rais dans les moyeux 450.3
- pour l'application de la frette sur le moyeu 451.3
- verticale à emballer 377.4
Pressen 433.9
Presser 433.9
-, appareil à 393.4
- la bouterolle sur le rivet 285.1
- plate 304.3.4, 309.7
- - with throw over motion 309.8
Presseur 434.4.5, 472.5
Pressing machine, automatic chive 447.5
Pression, appareil de 338.2
-axiale de perçage 145.6
- - du foret 145.6
-, bague de 234.7
-, bloc de répartition des -s 304.4
- d'eau 267.5
- de rivetage 288.2
- des masses 8.1
- du liquide 267.3
- - toc 112.8
- effective 267.4
-, machine à mouler par 309.5
-, multiplicateur de 267.6
-, piston de 278.3
-, plaque de 309.8
-, - - répartition de la 304.3
-, - supportant la 309.7
-, ressort de 385.3
-, rouleau de 385.8
-, surface de 266.8
Pressione 267.4
- a sfere 78.5
- - vite 239.1
-, anello di 78.9, 234.7, 278.4
- assiale 78.3.4
-, bordatrice a 298.2
- complessiva 8.1
- d'acqua 267.5
- del chiodo 288.2
- - menabriglia 112.8
- - rivetto 288.2
- dell' utensile 32.4
- di spinta 78.3
-, dispositivo di 393.4
-, - per dare la - ai rulli 338.2
-, gambo di 145.8
- idraulica 239.1, 288.5, 300.3
-, moltiplicatore di 267.6
-, perno di 79.2
- registrabile 78.9
-, regolo di 385.2
-, rullo di 336.8, 385.8, 472.5
-, sezione di 266.8
-, spina di 145.8
- sul mandrino 145.6
- sulla punta 145.6
-, superficie di 266.8
- totale 8.1
-, vite di 79.1, 126.7, 145.7
Pressure 8.1, 112.8, 266.8, 267.2.3
- above the atmospheric 267.4
- apparatus for moulding machine 393.4
- applied to drill 145.6
- bar 385.2
- block 385.4
-, hydraulic 239.1

Pressure mechanism 234.4, 338.2
- of tool 32.4
- passage . . . 254.6
- pin 145.7
- pitman . . . 234.8
- port 254.6
- pump . 268.4, 296.3, 300.4
- -, hydraulic . 230.4
- ring 234.7
- roller . 336.3, 335.8, 472.5
- spring 335.3
- transmittor . 267.8
Prêtre 501.6
Prevention of accidents 470.7
Previo, calentamiento 455.7
Prince wood . 505.2
Printers shears 229.6
Prise de courant 21.6
- - la lame de scie 471.2
Prisionero 79.1, 106.9
Prisma a sezione di Λ 66.7
- de guía . . . 66.7
- in forma di Λ 66.7
Prismadrehbank 56.7
Prismatic guide 8.6
Prismenführung 8.6, 65.1
-, Bohrtisch mit senkrechter 140.3
-, geschlossene 9.1
Prisonnier . . . 79.1
Procédé aluminothermique 278.4
- de fraisage par développante 202.6
- - moulage . . 301.1
- - soudure . . 271.8
- - - automatique 278.7
- - - par coulée 278.8
Procedimento della formatura 301.1
Procedimiento alumino-térmico 278.4
- automático de soldadura 278.7
- de colada intermedia fundición 278.8
- - fresar dientes con fresa helizoidal 202.6
- - moldear . . 301.1
- - soldar . . . 271.8
Process of intermediate fusing 278.8
Processo di fusione intermedia 278.8
- - saldatura . 271.8
- - - all'ossido di alluminio 278.4
- - - automatico 278.7
Profil constant 200.2
Profil-fräser . . 202.1, 399.7
-hobelmesser . 388.2
Profilmesser . . 422.4
Profilage . . . 72.5
Profilare, affilatrice multipla per ferri da 394.1
-, apparecchio per 399.4
-, dispositivo per la messa a punto degli utensili per 398.7
-, ferro per . . 398.6
-, fresa per . . 399.7, 400.5.6
-, sopporto per 100.2
-, tornio da . . 61.2
-, utensile per . 398.6, 422.5
Profilatrice 392.4, 398.5
-, dispositivo di pressione per -i 398.4
Profile cutter . 202.1, 399.7, 400.5
Profilé, fraise -ée 202.1
Profiler . 61.2, 124.7, 202.1, 399.7, 400.5, 422.4.5
Profiling lathe with curved rest 417.1
- roller 433.6
- tool 422.4
- -, circular . . 422.5
Profilo . 200.2.3 202.1, 398.2
- ribassato . . . 61.6
Profondeur de coupe 69.1
- - gorge 233.5
Profondità dei denti 347.7
- della gola 54.5, 233.5, 278.6
- forabile . . . 148.4
- trapanabile . 148.4
Profundidad del diente 347.7
Pronged, four - fork centre 419.9
-, three - fork centre 419.8
Property, splitting 485.9
Propiedad de poder ser partida 485.9
Propriété de pouvoir être fendu 485.9
Prosciugamento 433.4
Prosciugare . . 433.3
Protección . . 226.4, 472.6.7.8
-, disposición de - de los dedos 472.8
-, - - - en el trabajo 471.1
Protecteur, appareil 471.1.10
- de meule . . 218.3
Protecting cover 218.3
Protection . . . 226.4
- bar 472.6
- netting . . . 474.4
- ring for cylinder saw 473.3
Protector, disposición -a para sierras circulares 471.10
Proteggere, dispositivo per - le dita 472.8
Protettore, apparecchi -i 471.1
-, dispositivi -i 471.1
Protezione, anello di 474.1
-, apparecchi di 471.1
-, campana di . 474.2
-, cappello automatico di 472.7
-, cuffia di 218.3, 226.4, 472.2.7
-, cuneo regolabile con cuffia di 472.1
-, disco di . . . 474.1
-, dispositivi di 471.1
-, gabbia di . . 474.3
-, guardia di . . 218.3, 226.4, 337.3, 362.5
- in legno . . . 473.1
-, listello di . . 472.6
-, occhiali di . . 277.4
-, rete di 474.4
Provecer de macho y hembra 396.2
Provisional, bandaje 445.4
Prügelwagen . 340.6
Prugno 501.9
Prugnolo . . 501.11
- da siepe . . 501.10
Prunellier . . 501.11
Prunier commun 501.9
- épineux . . 501.11
- odorant . . . 502.2
- sauvage . . 501.10
Pruno 501.9
- selvatico . . 501.11
Prunus avium . 502.1
- domestica . . 501.9
- insititia . . 501.10
- mahaleb . . . 502.2
- padus 502.3
- spinosa . . 501.11
Pseudotsuga de Douglas 495.4
- Douglasii . . 495.4
- mucronata . . 495.4
Psicrómetro . . 464.3
Psychromètre . 464.3
Pterocarpus santalinus 503.10
Púa del índice 189.9
Puddelstahl . . 33.7
Puddlé, acier . 33.7
Puddled steel . 33.7
Pudelado, acero 33.7
Pudellato, acciaio 33.7
Puente 362.1
- de tensión . . 183.8
- - unión . . . 5.1
Puerta 46.5
-, cuarterones de 382.2
- del armario . 181.6
Puffer, Dampf- 259.11
-, elastischer . . 259.2
-, Feder- 20.2
-, Gummi- . . . 260.1
-, hölzerner . . 260.3
-klotz 260.4
Puffer, Luft- . . 259.8
Puleggia, -e a corda 81.3
-e a gola . . . 81.3
- a gradini 48.2, 82.6.7, 92.2, 154.4, 155.3
-e a gradini con rinvio 85.7
- a gradini dell'avanzamento 154.5
- - - di comando 40.3, 189.5
- - - - rinvio . 82.8
- - - - trasporto 82.8
- - - innestata all'ingranaggio 92.3
- - più gole . . 84.7
- - - gradini . 83.1, 154.6
- - raggi tangenziali 358.1
- della sega . . 357.7
- di comando . 156.4, 207.7
- - trasmissione in legno 435.3
- fissa . . . 17.7, 83.8
- folle . . . 18.1, 83.7
-, giuoco di modelli per formare una 307.6
-, macchina a telescopio per formare -e 308.1
-, - per formare -e 307.3.4
- motrice . . . 156.4
- per cinghia . 23.6, 156.3
- - - ad △ . . 91.5
- - - conica . . 91.5
-, rialzo della . 84.1
-, staffa speciale per -e 307.7
- tenditrice . . 359.2
-, tener pulito il cerchione della 358.2
-, tornio per -e 59.2
Pulimento 216.3, 406.4
- de la madera 405.9
Pulir . . . 216.6, 405.1
-, barniz de . . 405.11
-, caja de - con portador 227.2
-, casquillo de - con portador 227.2
-, disco de - el cobre 226.7
- el barril . . . 446.5
- en colores . . 406.3
-, espiga cónica de 227.1
- la madera . . 405.8
-, líquido de . 405.10
-, máquina de (v. „máquina“)
-, material de 405.10
-, pasta de . . . 226.9
-, polvo de . . 226.8
-, tambor de - los bastoncitos de madera 455.2
-, tampón de . 405.7
Pulire la ghisa 315.8
Pulitrice 315.9
- per i bastoncini 454.5

Pulitrice per le stecche 454.5
Pulitura 337.9
Pull through of pattern 306.4
Puller 344.7
Pulley 308.1
-, adjustable -s 357.6
-, belt . . 23.6, 156.3
-, beveled lip of the 84.1
-, cone 48.2, 82.7, 154.4
-, coned 86.3
-, conical disc . 91.5
-, cord 81.3
-, driving 156.4, 207.7
-, - cone 40.3
-, face of the . 358.2
-, fast . . . 25.9, 83.8
-, fixed . . . 17.7, 83.8
-, grooved . . . 57.4
-, guide . 83.3, 156.5 207.7
-, jockey 83.3
-, large -s . . . 307.4
- lathe 59.2
-, loose 18.1, 25.7.8, 83.7
- moulding machine 307.3.7
- patterns, set of 307.6
-, saw . . 357.7, 358.1
- shafts 358.3
- spindles . . . 358.3
-, telescopic moulding machine for -s 308.1
-, tension 207.8, 359.2
-, vertically adjustable -s 357.6
-, wood 435.3
Pulver, Magnesit- 274.9
-, Schleif- . . . 226.8
-, Schmirgel-. 222.12
Pump 76.3, 230.4, 268.4 268.6.7, 296.3, 300.4
-, centrifugal . 187.9
-, hydraulic . . 268.8
- piston 268.5
- plunger . . . 268.5
Pumpe, Dampf- 268.7
-, Dampfpreß- . 300.4
-, Druck- . . . 268.4
-, Flügel- . . . 187.9
-, Handpreß- . . 296.3
-, Öl- 76.3
-, Riemen- . . . 268.6
-, Wasserdruck- 268.8
Pumpenkolben 268.5
Punch 232.3, 242.2.3.4.5 244.1.2.3
-, holding the . 243.5
-, to 239.2
-, - - holes . . 239.3
-, - - out the rivets 289.9
-, - - rivet holes 283.1
- with corrugated nose 242.7
- - fluted nose 242.7
- - shaped nose 242.6
Punched plate 239.6
Punching . . 239.1.5.7 274.4
- and shearing machine, combined 232.6
Punching machine 232.1
- -, double . . . 232.5
- -, horizontal . 232.4
- press 232.2
Puño 103.6
Punta . 113.3.5.6, 419.6
- a cannone . . 167.1
- - centro . . . 166.7
- - corona piatta 412.6
- - cucchiaio . 412.5
- - quattro denti 419.9
- - sgorbia . . 412.5
- - spirale 166.8, 412.1
- - - del bedano 409.8
- - tortiglione 411.4 412.4
- - tridente 412.2, 419.8
- ad anello tagliente 420.2
- - orecchie . . 411.7
-, alloggio della 111.3
-, altezza delle -e sul banco 111.9
- americana . . 166.8
-, angolo della 111.4
-, apertura per scacciare la 150.2
-, asse delle -e 112.1
- autocentrante 113.8
-, avanzamento della 145.4
- cava 413.2
- centrale a vite 411.5
-, coda della . . 168.3
- comune 166.6, 411.9
- - da girabecchino 412.2
- da girabecchino 411.4
- - succhiello . 412.1
- - trapano . . 166.5
- del dente . . 347.2
- - - ricalcata . 350.6
- - punzone . . 242.4
- della contropunta 117.2, 421.2
- - fantina . . 117.2
-, deviazione della 149.2
- di guida 221.1, 419.4
- disintegratrice 314.6
-, distanza tra i centri delle -e 146.3
-, - - le -e . . . 111.8
- elicoidale . . 412.4
- espansibile . 113.7
- estensibile . . 113.7
-, finestra per scacciare la 150.2
- fissa . . 111.5, 113.4
-, fissaggio della 167.6
-, foro per scacciare la 150.2
-, fresa per scanalare -e 204.1
-, gambo della 168.3
- girevole . . . 111.6
-, la - gira . . . 145.1
-, mandrino porta- 149.3, 168.4
-, manicotto di comando della 117.7
-, montaggio della 167.6
Punta morta . 111.5
- per acciecare 167.2
- - cave 408.6
- - centrare . . 167.3
- - - combinata 167.4
-, piattaforma a -e 420.1
-, pressione sulla 145.6
-e scentrate . . 112.2
- spostabile assialmente 111.7
-, spostamento della 117.8, 118.1, 145.4
-, testa porta- . 168.4
-, trapano ad una 410.4
-, utensile in forma di 389.3
Punta . . 166.6, 211.1
-, admisión entre -s 111.8
- aguda 411.9
-, altura de -s . 111.9
-, ángulo de la 111.4
-, apoyo de la . 111.3
- cuádruple de torno 419.9
- de diente recalcada 350.6
- - husillo con anillo de corte agudo 420.2
- - introducción de la mecha 411.5
- - la contrapunta 117.2, 197.6
- - torno de triple punta 419.8
- del cabezal de contra-punta 421.2
- - - móvil . . 117.2
- - diente . . . 347.2
- - punzón . . 242.4
-s descentradas 112.2
-, distancia entre -s 111.8
-, eje de las -s 112.1
- fija 111.5
- giratoria alrededor de su eje 111.6
- móvil alrededor de su eje 111.6
-s móviles en sentido longitudinal 111.7
-, plato de -s . 420.1
- redondeada del pivote 145.9
Punteado . . . 493.1
Punteggiato . . 493.1
Punteggiatura 492.12
Puntello 297.1
Punteruolo 134.4, 242.8
Punto de aspiración 213.8
- - curvar . . . 291.5
- della curvatura 291.5
- - piegatura . 291.5
- - saldatura . 270.7
- di aspirazione 213.8
Punzón . 146.7, 239.5 242.2.3.4.5, 243.5, 244.2.3
- á mano . . . 242.8
- combado . . 242.6
- con extremo ondulado 242.7
Punzón con punta central 242.6
Punzonado de los dientes 351.1
- del fondo de los dientes 351.3
Punzonadora 232.1.6 371.5
- á palanca . . 232.3
- doble 232.5
- horizontal . . 232.4
- para dentar hojas de sierras 351.4
Punzonamiento 239.4
Punzonar 239.2.3, 351.2
- agujeros para el remachado 283.1
-, máquina de (v. „máquina“)
Punzonare 238.5, 239.2 239.3, 351.2
- i fori per chiodi 283.1
- - - - ribattini 283.1
Punzonatrice 232.1.6
- a leva 232.3
- - vite 232.2
- automatica per cocchiumi 447.5
- doppia 232.5
- orizzontale . 232.4
- per denti di sega 351.4
Punzonatura . 239.8
- dei denti . . 351.1
- di fori 239.4
Punzone . 234.8, 242.2 298.4
- a mano . . . 242.8
- con tagliente arcuato 242.6
- - - ondulato 242.7
-, corsa del . . 244.3
-, fissaggio del 243.5
-, forare con . . 239.3
-, gambo del . 242.5
-, montaggio del 243.5
- per piegare . 292.3
-, punta del . . 242.4
-, stelo del . . . 242.5
-, tagliente del 242.3
Puppet 57.6, 193.3, 219.6
- head . 116.8, 117.1.4 118.2.3
- -, auxiliary . 119.4
- - centre . . . 117.2
- - moved by capstan handwheel 119.1
- - operated by lever 119.2
Purple heart . 503.1
- wood 503.1
Purpurholz . . 503.1
Put, to - in gear 336.4
-, - - - motion 336.4
Putrefacción 492.10
- debida á la „pezize“ 492.7
- húmeda . . . 492.9
- seca 492.8
Putréfaction due à la pezize 492.7
- humide . . . 492.9
- sèche 492.8

Putrefatto e colorato in bianco 492.6
- - - - rosso . . 492.4
Putrefazione . 492.2
- bianca 492.5
- dei rami . . . 493.4
- del tronco . . 493.5
- dell'alburno . 493.3
- - anima . . . 493.2
- delle radici . 493.6
- rossa 492.3
Putrefazione secca 492.8
- umida 492.9
- verde 492.7
Putzen 239.5
-, den Guß . . . 315.8
Putzhaus . . . 318.5
Putzmaschine, Guß- 315.9
-, Holzdraht- . 454.5
-, Sandstrahl- - mit Drehtisch 317.3
Putzmaschine, Sandstrahl- - mit endlosem Förderband 317.5
-, - - - hin- und hergehendem Tisch 317.1
-, - - - umlaufender Trommel 317.4
Putzmesser . . 387.4
-, feststehendes 387.5
-kasten 392.1
Putz-span . . . 386.5
- -, Vorrichtung zum Zerkleinern von Putzspänen 386.6
-trommel . . . 316.1
Pyramid formed cutter block for diagonal corner locking 427.5
Pyramidenpappel 497.9

Qu.

Quadrant . . . 88.6
Quadrante . . 88.6.8
Quadratspundung 396.5
Quadro, peso del 327.6
Quaking aspen 497.5
Qualità del legno 484.7
Qualité du bois 484.7
Quality of wood 484.7
Quart de rond 480.6
Quarter cleft . 480.6
- section 480.6
- twist belt . . 83.2
Quartered timber 480.6
Quartering machine 133.3
Quartier de tronc 480.6
Quarto di tronco 480.6
Quebec oak . . 498.9
Quebradizo, madera -a 485.8
Quellen 488.6
- des Holzes . 488.5
Quemador de soldar 272.11
Quer-abschneiden 333.8
-balken 5.2
- -schaltwerk . 24.1
- -support . . . 24.3
-bett 67.7
- -, Support- . . 67.8
-gang des Arbeitstisches 47.6
- - - Aufspanntisches 190.5
-haupt 5.1, 258.8, 265.3
-hobelmaschine 379.7
-hobeln 38.6
-hobelsupport . 39.8
-kreissäge . . . 363.3
- -, mehrfache . 363.5
- - mit Handvorschub 369.2
-riegel . . 328.2, 341.5
-säge . . . 320.4, 353.6
- -, Fuchsschwanz- 353.6
Quersäge, Gatter- 325.5
- -, Schwellen- . 363.4
- - zum Baumfällen 354.3
-schlitten . . 5.2, 24.3 39.7, 98.7, 184.2
- -schraube . . 109.8
-schneide . . . 397.3
-schneiden 288.6, 333.8
- - des Holzes 333.7
-schnitt, Abscherungs- 237.8
-stoßen 47.2
-support 98.10
- -, Schrauben- 99.1
- -spindel . . . 110.4
-träger 5.2
-verschiebung des Stahls 32.3
-zug 101.9
Quercia a fiori sessili 498.7
- di Borgogna 498.10
- rossa d'America 498.9
Quercia sugherifera 498.11
Quercus cerris 498.10
- ilex 498.8
- pedunculata . 498.6
- rubra 498.9
- sessiliflora . . 498.7
- suber 498.11
Queue . . 201.6, 426.9
-s à mi-bois . . 426.8
- d' aronde . . 426.6 427.1.2
- d'hironde . . 424.4 425.7
- de cylindre . 298.9
- - fraise . . . 205.5
- - l'arbre . . . 79.9
-s passantes . . 426.7
-s traversantes 426.7
Quiebra-virutas 386.4
Quinquina . . . 505.7
Quitar á fresa . 185.4
-, el - la albura y la corteza 334.7
-, - - - pieza de labor 110.7
- las cuñas . . 330.10

R.

Rabattement des bords de trous 299.1
Rabescare, macchina da (v. „macchina")
Rabot . . 31.3, 374.2.3 383.1.2, 386.7
Rabotage 6.4.5.8, 465.2
- circulaire 26.5, 38.6
- - en creux . 26.7
- de pièces creuses 44.4
- - surfaces concaves 44.4
- en rond . . 26.5
- incliné 24.7
- intérieur . . . 26.7
- longitudinal . 38.6
-, longueur de 12.10
-, mécanisme de 44.5
- oblique . . . 24.7
- transversal . 38.6
- vertical . . . 24.5
Raboté, longueur -e 384.4
Raboter . 6.2.4, 382.7
Raboter à l'intérieur 26.8
-, appareil à équilibrer les fers à 391.9
- circulairement 26.6
- - et en creux 26.8
- dans le sens vertical 24.6
- - un sens incliné 24.8
- et égaliser, machine à (v. „machine")
- exactement dans un plan 37.5
-, largeur à . . 382.8
- les rainures . 58.6
-, machine à (v. „machine")
- obliquement . 24.8
-, tôle protectrice des outils à 473.7
- une pièce . . 6.3
- verticalement 46.7
Raboteur, outil 31.3
Raboteuse . . . 1.5
Raboteuse à arbre porte-outils en porte-à-faux 380.6
- - cylindres . 379.5 380.4
- - - avec abres porte-outils horizontaux et verticaux 380.5
- - - pour le travail sur deux faces 381.2
- - - - - - - une face 381.1
- - disque porte-fers conique 380.3
- - - tournant . 379.7
- - fosse 2.2
- - grande vitesse 4.2
- - montant unique 2.3
- - table mobile 2.1
- - tirer d'épaisseur 389.8
- - trois et quatre faces 380.5
-, banc de . . . 4.5
-, bâti de . . . 4.5
Raboteuse, colonne de 4.6
- combinée pour surfaces courbes et droites 3.6
- de surfaces courbes 38.1
- horizontale . 2.6
- latérale . . . 2.4
-, montant de . 4.6
- ouverte . . . 2.3
- - sur un côté 2.5
-, pilier de . . . 4.6
- pour planches 381.4
- - poutres . . 380.2
- - surfaces courbes 3.5
- rapide 382.5
-, table de . . . 5.4
- verticale . . . 3.1
Rabougri, arbre 490.4
Raccolta del liquido raffreddante 188.5
Raccord taraudé 195.8
Raccordement . 51.3

Raccordo a gomito 188.2
- sferico 188.3
Raccourcir 365.4
- les douves 367.2
- - frises de parquet 367.5
- - grumes 356.5, 440.3
Race 78.6
Racine 479.3, 493.6
Rack 10.8, 25.5, 40.10, 160.5.6, 455.4
- and pinion drive 9.7
- - - - of ram 42.2
- - - gear 188.6
- - - motion 188.6
- carriage feed 823.5
-, circular 160.7
-, double 10.1
- feed of drill spindle 160.4
- for travelling the saddle 109.3
- mechanism 51.8
- milling cutter 202.4
- with helical teeth 141.1
Racortar, el 237.6
Rad, Abzug- 365.1
-bahn, Rundfräsen der 451.2
-büchse, Presse zum Eindrücken der -n 448.4
-, Doppel- 16.6, 88.10
-, -zahn- 10.2
-fabrik 468.7
-felgenbiegemaschine 450.6
-, Hand- 44.2, 103.3, 159.4
-maschine 448.1
-naben-bohrmaschine und Stemmaschine 449.2
- -stemmaschine 449.1
-, Plan- 102.2
-, Planeten- 89.1
-, Reib- 157.4
-reifendrehbank, doppelte 60.3
-satzdrehbank 59.3
-, Satzräder 87.7
-, Schalt- 23.1, 96.2, 159.3, 389.6
-scheibendrehbank 60.3
-, Schieb- 339.7
-, Schleif- 223.11
-, Schnecken- 90.2
-, Schneid- 203.1
-schutzkappe 86.4
-, Schwung- 236.2
-speichen, die - - in die Nabe drücken 450.2
- -hobelmaschine 499.3
- -kopiermaschine 449.4
- -poliermaschine 449.5
-, Sperr- 23.2, 106.2, 388.6
Rad, Spill- 159.4, 407.4
-, Stern- 159.4, 168.7
-sterndrehbank 60.4
-, Stoß- 339.7
-, Stufen- 86.3
-, Umlauf- 89.1
-, -räder 88.9
-, Vorschub- 51.10
-, Wechselräder 87.6
-, Wurm- 90.2
-, Zahn- 9.8
-, Zuschiebungs- 364.8
-, Zwischen- 16.3, 87.2
Raddrizzare 295.7, 296.6, 362.6.8, 383.6
- la mola 225.4
-, macchina da (v. „macchina“) 295.5
Raddrizzatura della mola a mezzo di diamante 225.6
- delle tavole 362.7
- di alberi 295.8
Radeau 345.1
Räder-antrieb 85.1
-drehbank 59.3
-formmaschine 311.4
-fräsmaschine 178.5
-kasten 88.2
-knie 192.1
-platte 103.2
-plattendrehbank 59.5
-umsteuerung 15.7
-vorgelege 85.2
- -, doppeltes 86.1
-wendegetriebe 15.8
Radial arm 370.5
- drilling machine 131.2
Radial-bohrmaschine 131.2
- -, Ausladung der 131.3
-fräser 200.4
-schnitt 478.6
Radial taladradora 131.2
Radiale, superficie 478.6
Radiatore 308.2
Radica 479.3
Radice 479.3, 493.6
Radio medular 478.1
Radius head 119.8
- planer 8.5
- tool 125.6
Radiussäge 370.3
Raffinierstahl 34.5
Raffreddamento 122.4, 255.4
- a circolazione 255.3
- ad acqua 33.1
- - - dello stampo per chiodi 289.5
- - - - - - rivetti 289.5
- dell'utensile 122.3
- della fresa 187.2
Raffreddatore intermedio 255.4
Rafraichir 73.6
Rafraichissage 82.9
Rafraichissement 122.4
- de l'outil 122.3
- - la fraise 187.2
Raggiera 490.8
Raggio 416.3
Raggio tangenziale 358.1
Rahmen 171.4, 303.8, 326.1, 341.9
-, Ansetz- 303.9
-, Anstrich- 459.4
-, Aufsatz- 309.6
-, Ausricht- 311.2
-, Beilege- 330.8
-, Einlege- 455.5
-förmig, -es Gestell 233.2
-, Führung des Gatter- -s 326.4
-, Füll- 303.9
-, Gatter- 326.1
-gehrungssäge 366.4
-, Grund- 63.4
-hammer 247.3
-maschine 427.6
-, Säge- 326.1
-sägemaschine 320.5
-schere 228.4
-weite, lichte 326.2
-, Zentrier- 311.2
Raide, bois 485.6
Raideur 353.4, 485.7
Raidir 329.1
Raidissement des lames 328.8
Rail 5.2, 133.4, 271.7, 295.4, 296.4
- de deslizamiento de lomo bombeado 326.6
- - - - sección bombeada 326.6
-, dispositif à fixer les -s 166.3
- drilling machine 133.4
- ends 271.7
Railway, portable forest 462.2
- sleepers 363.4
Rainer 45.5, 47.4, 203.3.5, 395.5, 397.1.2
- à la fraise 185.8
-, machine à (v. „machine“)
Rainure 395.6
-, assemblage de - et languette 396.4
- -came 49.4
- - pratiquée dans une surface cylindrique 49.5
- circulaire 98.9
- de clavette 55.5
- - fixation 19.1, 116.1
- - serrage circulaire 29.1
- - - en queue d'aronde 29.5
- - - - ⊥ 28.7
-, défonçage de 185.9
- demi-ronde 422.3
-, disque à -s 110.2
-, douille à 150.4
- du cylindre 295.1
-, entaillage de -s 185.9
- et languette 396.3
-, faire des -s 47.4
-, fraisage de -s 185.9
-, fraise à -s 400.3
-, - - tailler les -s 203.7
Rainure, fraiser des -s 185.8
-, longueur d'une 395.7
-, machine à cylindres pour faire des -s 394.5
-, meulage de -s 215.7
-, mortaiseuse à faire les -s 45.5
-, outil à raboter les -s 53.6
- pour chasse clavette 196.1
- réglable du cylindre 295.2
Rainurer 371.1
- et languetter 396.2
Rais 449.3.4.5.6.7, 450.1.3
-, appliquer les jantes sur les 451.1
-, forcer les 450.2
- tangents au moyeu 358.1
Raised grain 479.1
- - wood 479.2, 490.6
Raising screw 182.8
Raiz 479.3, 493.6
Raja 332.6, 430.7
- central 491.2
- circular 491.7
-s de los dientes 348.10
- debida á la corta 491.5
- - al hendimiento 491.5
- exterior 490.7
- interior 491.1
- longitudinal 492.1
- natural 490.9
- radial 490.8
Rajarse 489.5
-, el - de la madera 489.4
Rake 81.6, 121.5
Ralla 78.4
- di controspinta 150.1
- - pressione a sfere 78.5
- - spinta a sfere 78.5
Ram 45.4, 47.7, 52.2.5, 278.3
- adjustment 53.2
-, bending 296.2
-, drive of the 40.1
- guide 43.8
- head 43.9
-, hydraulic 265.6
- of shaper 43.6
- pin, adjustable 53.1
-, screw drive of 48.3
-, slot in 53.3
- stroke length 52.6
- - number 52.7
-, - of 48.7
-, to 301.9
Rama 476.4, 479.5, 493.4.7
Ramaje seco 483.8
Ramée 483.8
Ramming of the sand 302.1
- piston 310.2.3
Ramo 476.4, 479.5, 483.8, 484.9, 485.1, 493.4.7

Rand-dicke . . 848.2
-, Lochring- . . 243.3
-, Matrizen- . . 243.3
Rändelmaschine 62.6
Rändeln 74.9
Ranger, appareil à 454.7, 455.1
-, machine à (v. „machine")
Ranura . . 79.3, 204.1 395.6, 401.4.5
-, acero de sacar -s 53.6
-, cabezal de sacar -s 397.1
- circular . . . 98.9
-, cuchilla de sacar -s 397.2
- de chaveta . 55.5
- - espigo . . . 402.3
- - sujeción . . 19.1 116.1
- - - circular . 29.1
- - - con corte transversal de T invertida 28.7
- - - - - - en forma de cola de milano 29.5
- delgada . . . 203.5
-, disco de . . . 110.2
-, distribuidor con 19.6
-, el sacar -s con muela 215.7
- en el cilindro 295.1
- espiral . 201.7, 387.3
-, fresar para -s 203.3, 400.3
-, - - - de machos de roscar 203.7
-, fresado de -s en una pieza 185.9
-, fresa -s . . . 185.8
- graduable del cilindro 295.2
-, hacer -s 3.3, 45.5, 47.4
-, largo de . . . 395.7
-, máquina de hacer -s 45.5
- para sacar la cuña 196.1
-, sacar -s . . . 395.5
Ranurado, casquillo 150.4
Ranurar . 45.5, 371.1 395.5
-, máquina para (v. „máquina")
Rapid action hammer 258.1
-stahl . . . 35.5, 122.7
Rappel . . 104.9, 278.5
Rapprochement 270.9, 271.1.7
Raspa per legni coloranti 378.6
Raspel, Farbholz- 378.6
Rast 194.5
Rastrelliera degli utensili 182.1
- per essiccare 455.4
Ratchet feed . 162.2
- gearing . . . 339.3
- lever 338.5
Ratchet wheel . 28.2 96.2, 106.2, 338.6, 339.6.7
Rate of speed . 80.6
Rattern 75.8
Rattling 75.10
Rattrapage du jeu 112.4
Rattrappito, crescita -a 490.4
Räummaschine 53.7
-, Gestell der . 54.2
-, liegende . . . 54.6
-, Ständer der . 54.2
-, stehende . . . 54.1
Raummeter . . 481.5
Räumnadel . . 55.2
-, die - durch das Loch hindurchdrücken 55.1
- für Keilnuten 55.5
-maschine . . . 53.7
-schlitten . . . 54.4
Räumplatte . . 372.7
Ravvivatura di un bagno di acciaio fuso 273.6
- - una fusione di acciaio 273.6
Ray 478.1
- of sparks . . 217.2
Rayar, máquina de (v. „máquina")
Rayer, machine à (v. „machine")
Rayo de rueda 416.3 449.1.3.4.5.6.7, 450.1.2.3 451.1
- tangencial . . 358.1
Rayon de roue 416.3
- médullaire . 478.1
Razza 449.6.7, 450.1.2.3 451.1
Ream, to - rivet holes 283.2
Reamer 205.6.9.10, 412.7
-, conical . . . 205.8
-, cylindrical . 205.7
Reaming . . . 148.5
Rebajar á torno los dientes de las fresas de perfil constante 72.8
Rebarba de taladrar 147.6
Rebating cutter 400.2
- machine . . . 401.4
Rebondir . . . 259.1
Rebord 299.5
- conique de la poulie 84.1
- extérieur avant en biseau 65.5
Reborde 299.5
Rebordear 297.6, 298.5 299.4
Rebosar 277.2
Rebotar el martillo 259.1
Rebote 259.6
- de aire . . . 259.7
- - vapor . . . 259.10
- - muelles . . 259.3
Rebound, to let the hammer 259.1
Rebut 485.8
Recalcador de dientes 350.7
Recalcamiento del remache 284.3
Recalcar . 270.1, 289.3
-, el - barras derechas 269.7
-, - - de las puntas de los dientes 350.5
- - remache . . 284.4
-, máquina de (v. „máquina")
Recalentamiento de baños de hierro colado 273.5
Recalentar . . 457.1
Recaulking . . 287.8
Receptor de virutas 182.2
Recess hole . . 147.5
Recessing and shaping machine 398.3
- tool, inside . 125.5
Réchauffage de la place à couper 273.3
Réchauffement 274.7
Réchauffer 455.7, 457.1
Récipient à tremper 457.5
- du mordant . 438.3
Recipiente del contrappeso . 267.8
- - mordente . 438.3
- per i trucioli 63.5 182.2
- - l'olio . . . 187.4
- - la paraffina 456.3
- - - sabbia . . 456.4
- - lo zolfo . . 456.5
Recipiente . . . 63.5
- de aceite . 145.10
- - carga . . . 267.8
- para el cáustico 438.3
Reciprocating lever 234.5
- rod 355.5
Reclinable, garra 19.8
Recogedor de polvo 318.7
- y separador de virutas 470.3
Recoger, el - el liquido refrigerante 188.5
Recoil spindle . 259.6
Reconocer y medir la humedad del aire 464.3
Re-cooling . . . 255.3
Recortar 207.4, 237.5.10 321.4, 362.6, 367.4.5, 489.6
Recortar á espesor 367.3
- circularmente 368.1
-, el - de las chapas 238.1
-, el - tablas . . 362.7
- los dos costados 362.8
-, máquina de (v. „máquina") 207.4
Recouvrement . 234.1 271.2.3, 285.4.6
Recouvrir . . . 285.5
Rectangle . . . 409.5
Rectangulaire, madrier 482.3
Rectangular, bedano - doble 409.6
- hole 240.3
Rectificación . 212.5
- cilindrica con muela 214.7
- de la marcha muerta 112.4
- - - muela . . 225.5
- - piezas cilíndricas con muela 214.6
- - precisión con muela 216.3
- - una superficie cónica con muela 215.2
- - - - plana con muela 214.4
- en seco . . . 218.3
Rectificar con muela 212.2
- - - una pieza cilíndrica 215.1
-, el - fondos con muela 215.6
- en seco . . . 218.2
- interiormente con muela 215.3
- la muela . . . 225.4
- una superficie plana con muela 214.3
Rectification circulaire 214.7
- - des arbres . 214.6
- de cônes . . . 215.2
- - la meule . . 225.5
- - - - au diamant 225.6
- - trous cylindriques 215.5
- des alésages à la meule 215.4
- d'une surface à la meule 214.4
- - - plane à la meule 214.5
Rectifier . 204.2, 210.3
- à la meule . 212.2 214.3
- - sec 218.2
- intérieurement 215.3
Rectiligne, fraise cylindrique 201.4
Recueillement du liquide refroidissant 188.5
Recul 11.8, 12.1, 471.7
- du bois . . . 471.6
- rapide 12.2
Reculamiento de la madera 471.6
Recular 471.7
Re-cut, to - - the saw teeth 350.8
Red de protección 474.4
Redenter la lame de scie 350.8
Redondeado . . 418.3
- de los cantos 418.1
Redondear . . 418.2
Redondo, madera -a 480.1

Reduction of the heat 32.9, 122.2
Réduction . . . 168.2
Redwood . . . 503.2
-, giant 496.4
Reeves variable gear 91.3
Refendino . . 346.3.4
Refendre 322.3.4, 325.4 346.3
Refilare . . . 362.6.8
- lamiere . . . 8.2
Refilatura delle tavole 362.7
Refinado, acero 34.5
Reflet 216.7
Reforer 147.1
Refoulement de barres droites 269.7
- des dents . . 350.5
- du rivet . . . 284.3
Refouler 270.1
- le rivet . . . 284.4
-, machine à (v. „machine") 269.4
Refrentado, superficie - a exactamente 74.1
Refrentar 72.1, 108.9 108.6, 109.1
-, el 72.2
Refrigeración intermedia 255.4
- por circulación 255.3
Refrigeramiento de la boterola por agua 289.5
- - - fresa . . . 187.2
- del útil . . . 122.3
- por agua . . 33.1
Refrigerante, líquido 187.3
Refrigerar . . . 122.4
Refroidissement 187.3
- à circulation de retour 255.3
- - l'eau 33.1
- - - de la bouterolle 289.5
- de l'outil . . 122.3
- - la fraise . . 187.2
Refroidisseur intermédiaire 255.4
Régéneration de bains d'acier décarburé 273.6
Reggipunta . . 143.1 197.2.4
- regolabile del mandrino 196.2
- - - portafrese 196.2
Register . 328.7, 384.4
Registrazione automatica 206.9 207.2
Registre à air 469.7
- de fermeture 304.2
- pour maintenir l'intervalle entre les lames 328.7
Registro . 18.9, 328.7
- del lardone . 66.4
- para la colocación de las hojas 328.7
Regla 87.7
Regla de igualar 302.3, 476.3
- - - sierras . . 352.4
- - protección . 472.6
-, butée 18.9
Réglage . . 14.3, 43.1 126.9, 189.2
- automatique . 206.9 207.2
- de coulisseau 53.2
- - course . . . 41.1
- - l'arbre portefraise 196.3
- - la broche . 149.5
- - - position de la broche 152.5
- - - pression d'eau 267.5
Règle . . . 87.7, 96.5
- à dresser les dents 352.4
- - égaliser . . 467.6 302.3
- pour tourner cône 96.6
- sur table . . 385.1
Règlement, -s pour la protection contre les accidents 470.7
Regler, Vorschub- 208.3
Reglung, Wasserdruck- 267.5
Regolamento, -i per prevenire gli infortuni 470.7
Regolatore . . 257.7
- dell'avanzamento 208.3
Regolazione . . 189.2
- assiale della madrevite 109.4
- della mazza battente a mezzo di freno 257.5
- - pressione d'acqua 267.5
Regolo 87.7
- di pressione . 385.2
- per livellare . 302.3
- - raddrizzare i denti di sega 352.4
- - spianare . . 302.3
- premente . . 385.2
Regulador del avance 208.3
Regular, el - del martillo por medio del freno 257.5
Régulateur de l'avance 208.3
Regulating bar 467.3
- disc 43.5
Regulation . 252.5.6
-, automatic . . 252.7
- by stop cock 252.4
-s for the prevention of accidents 470.7
- of water pressure 267.5
Regulator . . . 208.3
- for dessicating air 464.3
Reheating plate 457.1
Reibahle 205.6
-, Hand- 205.9
-, kegelige . . . 205.8
Reibahle, konische 205.8
-, Maschinen- 205.10
-, walzenförmige 205.7
-, zylindrische . 205.7
Reibantrieb . . 90.3
- mit Doppelkegelrädern 90.8
- - zwei Scheiben 90.7
Reibgetriebe . 90.4
Reibkegel . 41.6, 93.9
-antrieb 91.1
-, Bohrspindelantrieb durch 157.5
Reibkupplung . 21.7 41.5, 93.8
-, Selbstausrükkung der 165.1
Reibrad 157.4
-, Antrieb durch 157.3
-, Schaltung durch - räder 162.4
Reib-räderantrieb 90.3
-rollenantrieb . 94.7
-scheibe . 90.5, 157.4
-steinmühle . . 458.6
-vorgelege, kegeliges 91.2
- -, konisches . 91.2
Reibungshammer 247.8
-kupplung . . . 21.7
- -, Kegel- . . . 41.7
- - mit Doppelkegel 21.3
-rolle 248.1
-widerstand . . 7.10
Reifen-anziehmaschine 446.3
-, Arbeits- . . . 445.4
-aufdrückmaschine 446.2
-, Auflegen der 445.6
- auflegen . . . 445.7
-auftreibmaschine 446.2
-aufziehmaschine 445.5
-biegemaschine 295.3
-, Form- 445.4
-, Holz- 435.2
-treiber 446.1
Reifholz 476.1
-baum 494.5
Reifwindemaschine 435.4
Reinigungsbürste 337.9
Reisig 488.8
Reißen . . . 489.4.5
Reitdocke . . . 116.8
Reitel 246.6
Reitnagel 117.3, 197.6
-, den - festklemmen 118.5
-, - - feststellen 118.5
-hülse 117.4
-verschiebung durch Handrad 117.3
- - - Mutter und Rädervorgelege 118.1
Reitstock 116.8, 199.3 421.1
-, Dreh-kreuz- . 119.1
Reitstock, Festklemmung des -s 118.3
-, Hebel- 119.2
-hülse 117.4
- mit angetriebener Mitnehmerscheibe 119.3
- - äußerer Spindel 117.5
- - innerer Spindel 117.6
-, Querverschiebung des -s 118.2
-spitze . . 117.2, 421.2
-untersatz . . . 117.1
Rejilla 454.3
Release 50.7
Releasing lever 194.7
Relevage 141.3, 182.6.8
Relèvement automatique de l'outil 36.7
Relieve, to . . 72.8
Relieving . . . 72.9
- device 97.6
- -, lateral . . . 97.7
- lathe 61.6
Relleno de cok 214.2
Remachado . 282.4.5 283.1
- á eclise . . . 285.8
- - mano . . . 288.3
- - máquina . . 288.4
- caliente . . . 289.1
- de cubrejunta 285.8
- - espigas sin cabeza 285.2
- eléctrico . . . 288.7
- en caliente . 288.8
- - frío 289.6
- frío 289.7
- hydránlico . 288.5
- neumático . . 288.6
- por agua de presión 288.5
- - aire comprimido 288.6
- - sobreposición de los dos extremos 285.6
Remachadora 277.11 278.6
Remachar 256.3, 282.3 286.1
Remache 282.6, 283.2.4.6 285.1, 289.3
-, agujero para 183.5 283.3
-, barrenar -s para quitarlos 290.1
-, cabeza de 284.5, 285.2
-, calafatear -s 286.9
-, caldear -s . . 289.2
-, calentar -s . 289.2
-, costura de -s 285.3 286.8, 287.9
-, descabezar el 290.2
-, embutidor de 284.2
-, embutir el . . 284.1
-, hilera de -s . 285.3
-, horno de caldear -s 289.4
-, - - calentar -s 289.4
-, introducir el 283.7
-, mango de . . 286.7
-, presión de . . 288.2
- provisional . 282.7
-, recalcamiento del 284.3

Remache, recalcar el 284.4
-, resistencia del 288.1
-, soltar -s á golpe 289.9
-, - la unión de -s 289.8
-, tenaza de . . 286.6
-, tornillo de . . 282.8
-, torno de . . . 286.3
-, uniones longitudinales de -s 184.1
-, - transversales de -s 184.2
Remachar, máquina de (v. „máquina")
Rematage nouveau 287.8
Rembrunissement du bois 487.7
Remise en place par serrage 110.8
Removal 819.3, 469.3
Removing of shavings by trough conveyer 469.1
Remplacement d'outil 105.2
- des outils . . 104.7
- - roues . . . 87.4
Remplir, machine à (v. „machine")
Remplissage . . 303.9
- de coke . . . 214.2
Rendement du débitage 332.11
Rendimento della fresa 184.7
- - sega . . . 332.11
Rendimiento de corte 332.11
- - la fresa . . 184.7
Renella d'arresto 51.5
- di feltro . . . 218.5
- - ritegno . . 51.5
Renversement, arbre de 19.3
- automatique de la marche 15.1
-, cœur de . . . 89.4
- de marche 14.7, 16.2 19.2, 88.1
- - - à l'air comprimé 52.1
- - - - - pneumatique 52.1
- - - automatique 14.8
- - - électromagnétique 21.4
- - - forcé . . . 14.8
- - - instantané 21.10
- - -, mécanisme de 15.6.8, 16.1.5, 17.1.3
- - - par courroies 17.3
- - - - roues d'engrenages 15.7
- - - rapide . 21.10
- - mouvement 20.3
- - - par contrepoids basculants 20.4
- du mouvement 12.6
Renversement du sens de rotation par embrayage à friction 89.5
-, mécanisme de 89.3
- par courroies 48.9
- - taquet et doigt d'entrainement 18.7
Renverser la marche 14.6
Renvoi . 81.6.7, 82.3.8 88.4
- de mouvement à chaise pendante à deux vitesses 82.1
- - - - retour rapide 81.10
- - - par cônes de friction 91.2
- - - pivotant . 82.2
- - - supporté par chaises 48.3
- - plafond 81.9, 188.10
- double à harnais 86.1
- du mouvement 48.1
Repartir, máquina de (v. „máquina")
Repasar 82.7
- la hoja de sierra 350.8
Repasser . 73.6, 147.1 222.9
Repérage . . . 282.7
Repercer . . . 147.1
Repérer le trou 146.5
Repetition lathe 62.1
- work 415.3
Replacing the tool 104.7
Reproducing . 415.3
Reproducir . . 415.3
-, máquina de (v. „máquina")
Reproduction . 179.3
Reproduire . . 62.1 179.3.4, 415.3, 416.2.3
-, machine à (v. „machine")
Repulsore a molla 20.2
Rescissione . . 237.4
Resecado de la madera 487.6
-, madera -a . . 487.5
Reservoir . . . 254.7
Réservoir à air 254.7
- - huile 187.4
- d'eau 272.7
- d'huile 76.5
Residuos de madera 469.6, 483.9
Resina 477.1
Résineux, vaisseau 477.1
Resinoso, poro 477.1
Resinous pore . 477.1
Resistance 7.2.3.10, 68.8
- in the direction of working 68.7
- of the rivet . 288.1
- to cutting . . 237.4
Résistance . 7.2, 81.5
- à la coupe 7.3, 237.4
- au cisaillement 237.4
Résistance dans la direction de travail 68.7
- de frottement 7.10
- - l'outil . . . 68.8
- du rivet . . . 288.1
Resistencia de corte 7.3, 237.4
- - fricción . . 7.10
- - la herramienta 68.8
- - trabajo . . 7.2
- del remache . 288.1
- en la dirección de trabajo 68.7
Resistenza . . . 81.6
- al lavoro . . 7.2
- - taglio . . . 7.3
- alla rescissione 237.4
- d'attrito . . . 7.10
- del chiodo . . 288.1
- - rivetto . . . 288.1
- dell'utensile . 68.8
- nel senso del lavoro 68.7
- nella direzione del lavoro 68.7
Resorte 20.2, 42.1, 93.1 106.10, 256.9, 259.4
- á pedal . . . 246.9
- de hojas superpuestas 257.1
- del tope conductor 92.8
- espiral 259.5
Respaldo, -s de sillas 436.8
Respingente a vapore 259.11
- ad aria . . . 259.8
- di caucciù . . 260.1
- - gomma . . 260.1
- - legno . . . 260.3
- elastico . . . 259.2
Ressort 259.4
- à lames . . . 257.1
-, amortissement par 259.3
-, butoir à . . . 20.2
- de guidage . 385.3
- - pression . . 385.3
- - rappel . . . 194.9
- du verrou d'entrainement 92.8
- en spirale . . 259.5
-, levier à . . . 42.1
-, marteau à . . 256.9
-, martinet à . . 246.9
-, pêne à . . . 106.10
-, verrou à . . . 93.1
Rest base . . . 100.8
-, Broad T . . . 100.7
-, compound . . 39.4
-, follow 120.1
-, forming . 100.1.2.3
-, grinder . . . 219.5
-, hand slide . . 100.4
-, - tool 100.5
-, hollow 214.1
-, Narrow T- . . 100.6
-, Slide 126.6
-, T- 100.5
-, tool 126.6
-, top 98.3
-, work -s . . . 211.4
Restringersi . . 488.8
Restringimento 488.9
- del legno . 488.7.10
Retacar, martillo de calafatear y 287.7
Retassure 274.6, 277.10
Retazo, -s de metal 231.3
Rete di protezione 474.4
Retirada de la placa del modelo de la caja del molde 302.7
- del modelo . 302.6
Retirar . . . 304.6.9
- el modelo . . 302.5
Retirer 303.5
Retocar 256.3
Retornear . . . 72.8
-, disposición de 97.6
-, - - - lateralmente 97.7
-, el - los dientes de fresas de perfil constante 72.9
- lateralmente . 73.1
Retour . . 11.8, 12.1.3.5 192.6
- accéleré . . . 12.2
- de chariot à la main par manivelle 101.2
- - la lame . . 333.2
- du chariot . . 341.6
- rapide 12.2
Retrait du bois 488.7
-, grandeur du . 488.9
Retroceder . 278.5
-, el hacer - el carro-soporte por manivela 101.2
Retroceso 12.1.3.5, 192.6
- acelerado . . 12.2
- de la hoja . . 333.2
- del carro . . 341.6
-, mecanismo de 16.2
-, muelle de . . 194.9
- rápido 12.2
Rettificare . . . 212.2
- a secco . . . 213.2
- ad umido . . 212.6
- internamente 215.3
- interni 215.3
- una superficie cilindrica 215.1
- - - piana . . 214.3
Rettificatore . . 217.4
Rettificatrice . 209.2 219.5, 221.2
- di tagli d'estremità 439.4
- per anelli di stantuffi 209.14
- - bussole . . 210.3
- - cilindri . . 210.4
- - - e per superfici cilindriche esterne 210.1
- - interni . . . 210.2
- - - di cilindri 210.4
- - piani 209.3
- - punte da tornio 211.1
Rettificazione . 212.5
- a secco . . . 213.3
- ad umido . . 212.7
- cilindrica . . 214.6
- di fondi . . . 215.6
- - fori cilindrici 215.5

Rettificazione di precisione 216.8
- - scanalature 215.7
- - un interno . 215.4
- - - pezzo conico 215.2
- - - piano . . 214.5
- - una superficie cilindrica 214.6.7
- - - - piana . 214.4
- interna . . . 215.4
Return belt . . 17.6
- gear 16.2
- - box 197.1
- motion for carriage 341.6
- of table . . . 11.8
- speed 12.5
- spring 194.9
- stroke 12.1
- -, accelerated 12.2
- -, quick . . . 12.2
- -, to accelerate the 12.3
Reventar, el - de la muela 226.2
Reversal of the direction 15.1, 89.2
- of stroke . . . 12.8
Reverse 14.7
-, belt 17.2
-, electromagnetic 87.3
- gear, pneumatic 52.1
-, instantaneous 21.10
-, to 14.6
Reversibile, camma 19.8
Reversible claw 19.8
-, cliquet 19.8
Reversing apparatus 15.5
-, belt 48.9
- device 20.6
-, forced 14.8
- gear . . . 15.6, 89.3
- -, belt 17.3
- - box 197.1
- -, catch . . . 18.7
- -, electromagnetic 21.4
- -, pneumatic . 52.1
- -, spur wheel . 16.1
- -, wheel . . . 15.8
- - with falling weight 20.4
- - - friction coupling 89.5
- - - helical motion 20.3
- lever 19.2, 88.1, 103.4
- of motion . . 12.6
-, positive . . . 14.8
- rod 18.6
- shaft 19.3
- spindle . . . 19.3
-, wheel 15.7
Revestimiento de hierro térmite 274.1
- - la mesa de sierra 478.2
Revêtement de la table de la scie 480.2
Reviving of sluggish steel in the crucible 278.6
- - - - - - ladle 278.6
Revolución . . 80.5
Revolution . . 80.5
Revolve, to, the tool -s 75.2
-, -, - work -s . 75.1
Revolver-bohrkopf 168.5
-drehbank . . . 62.2
-kopf, Drehvorrichtung des -es 106.1
-support 105.8
Revolver . . . 105.8
-, blocage du . 106.4
-, chariot à 99.4, 107.2
-, déblocage du 107.1
-, dégagement du 107.1
-, machine à percer 133.2
-, porte-foret . . 168.5
Revolver . 62.2, 99.4 105.8, 133.2
-, carro porta-útil à 99.4
-, dispositivo per la rotazione del 106.1
- montato su carrello 107.2
Revolving base plate 184.4
- bed plate . . 230.7
- cutter head . 168.5
- emery wheel 353.2
- head stock . . 58.3
- mecanism of revolving tool box 106.1
- of the turret . 105.7
- plate 18.5
- saw 360.5
- table 46.3
- - for setting up work 184.3
- the face plate through rim gear wheel 115.7
- tool box . . 106.1.4
- - - saddle . . 105.8
Retacar, el . . . 287.8
Rialzo della puleggia 84.1
Ribadire 282.3, 286.1.3
- con coprigiunto 285.7
Ribaditrice a comando elettrico 282.2
- - gomito . . 281.1
- - leva 280.7
- - - articolata 281.1
- - mano . . . 280.5
- - manovella . 281.3
- - martello . . 280.6
- - sospensione universale 279.4
- - trasmissione 281.4
- - vapore . . . 281.5
- - vite 281.2
- ad acqua compressa 282.1
- - aria compressa 281.6
- elettrica . . . 282.2
- fissa 278.7
- idraulica . . 282.1
- per chiodature doppie 280.3
Ribaditrice per pezzi formati a tamburo 280.3
- portatile . . . 279.2
- regolabile . . 280.4
- scorrevole . . 279.3
- trasportabile 279.1
Ribaditura . 282.4.5
- a caldo 288.8, 289.1
- - freddo . . 289.6.7
- - macchina . 288.4
- - mano . . . 288.3
- - pressione idraulica 288.5
- ad aria compressa 288.6
- - orli sovrapposti 285.6
- con coprigiunto 285.8
- doppia delle due teste di una spina 285.2
- elettrica . . . 288.7
Ribattere . . . 256.3
Ribattino 282.6, 288.1 283.2.3.4
- filettato . . . 282.8
- provvisorio . 282.7
Ribbed pipe . . 308.2
Riblon 231.3
Ribordo . . 65.8, 66.2
- della bussola 41.4
- di cuoio . . . 266.5
- per l'olio 46.2, 188.6
Ricalafataggio 287.8
Ricalcare . . . 270.1
- il chiodo . . 284.4
-, macchina da (v. „macchina")
Ricalcatura dei denti della sega 350.5
- del chiodo . . 284.3
- di barre dritte 269.7
Ricambio 87.8, 155.6
Richards back gear with intermediate wheels 87.1
Richiamo . . . 194.9
Richten 295.7
- von Wellen . 295.8
Richtmaschine 295.5
-, Blech- 296.7
-, Schienen- . . 296.4
-, Wellen- . . . 296.1
-, Winkeleisen- 296.5
Richt-platte . . 87.6
-rolle 295.6
- -, zweiteilige 296.6
-scheit 302.3
- -, Sägen- . . . 352.4
Richtung, Abscherungs- 287.7
Richtungswechsel 12.7
Ricoprimento di termite 274.1
Ridentare una sega 350.8
Ridurre alla fresa 185.4
Riduzione . . . 168.2
Riegel . . 106.8, 164.5
-, Feder- . 93.1, 106.10
-, Quer- 341.5
-, Zahn- . . . 106.11
Riemen-abhebevorrichtung 248.6
Riemen-antrieb 81.4
-ausrücker . . 26.1
-, den - von der losen Rolle auf die feste überführen 83.6
-, - - - - - - - - - verschieben 83.6
-führer . . 26.2, 84.5
-gabel . . . 26.3, 84.3
- -, geschlossene 84.4
-, gekreuzter . 17.5
-, Gleiten des -s 84.2
-, halbgeschränkter 83.2
-, Keil- 91.4
-leiter 84.5
-, offener 17.4
-, Peitschen der 334.4
-pumpe 268.6
-reibhammer . 248.5
-rolle . . 23.6, 156.3
- -, mehrstufige 83.1
-rollen-drehbank 59.2
- - formmaschine 307.3
-rücker 153.5
- -griff 153.6
-, Rücklauf- . . 17.6
-, Rutschen des -s 84.2
-scheibe, Holz- 435.3
- -, mehrstufige 154.6
-scheibendrehbank 59.2
Riemenscheiben-formmaschine 307.3
-, Formkasten der 307.7
- für große Durchmesser 307.4
-, Teleskop- . . 308.1
Riemen-scheiben-modellsatz 307.6
-, Schleif- . . . 404.4
-schleifmaschine 404.3
- -, doppelte . . 404.5
-, Stufen- 155.3
-, Treib- . 81.5, 327.5
-trommel, verstellbare 91.3
-umsteuerung . 17.2 48.9
-wechsel 18.2
-wendegetriebe 17.3
Riempimento di coke 214.2
Riempire le scatole 460.2
Riemscheibe . . 23.6
Rifendere 322.3.4, 325.4 361.7
Riffelmaschine 4.3
Rifinimento di un pezzo 216.1
Rifinire . 4.1, 6.7, 32.7 125.3
- alla mola . . 216.2
Rifinitura . . . 73.8
Rifiuto . . 454.8, 483.9
Rifling machine 4.4
Riga bianca . 492.11
- rossa 492.10
Rigare canne da fucile 4.4
-, macchina da (v. „macchina")
Rigettarsi . . . 471.7

Rigetto del legno 471.6
Rigidez 353.4
Rigidezza . . . 353.4
Rigidity 353.4
Rigole collectrice circulaire 188.6
Rillenschleifen 215.7
Rim . . . 46.2, 485.4
- bending machine 485.4
- gear wheel . 115.7
- of hole in the die 243.3
- pattern . . . 307.5
Rinculare . . . 471.7
Rinculo del legno 471.6
Rind gall . . . 493.8
Rinde 476.3
Rindenschälmaschine 464.7
Rinforzo 329.8
- di acciaio . 331.6.7
Ring-bohrer . . 412.6
-, Brems- 94.6
-, Druck- . 78.4, 284.7
-, Einsatz- . . . 442.3
-, Index- 189.8
-kanal 252.3
-kluft 491.7
-, Kugel- 78.6
-, Loch- 243.1
-, Mond- 491.8
-mutter 218.4
- -, Anziehen der 151.4
-schäle 491.6
-, Schleif- . . . 224.1
-, Schließ- . . . 94.4
-, chmierung . . 79.5
-sSperr- 106.9
-, Spreiz- 94.6
-, Stell- 78.9
-, Teil- 183.7
-, Unterleg- . . 127.2
Ring 78.3, 93.4, 183.7 189.8, 442.3
-, annual 476.7
- auger bit . . 412.6
- centre 420.2
-, grinding . . 457.10
-, locking . . . 106.9
- lubrication . 79.5
- nut . . . 151.4, 218.4
-, packing . . . 127.2
-, parallel -s . . 465.1
-, sliding 94.4
- weight 267.9
Ringeln 465.1
Rinne, umlaufende 188.6
Rinvio 48.1, 81.6.7, 82.3.8 85.7
- a disinnesto . 85.3
- - distacco . . 85.3
- ad ingranaggi 85.2
- con coni a frizione 91.2
- - rulli conici a frizione 91.2
- coperto . . . 86.6
- di ingranaggi a gradini con ingranaggi intermedi sistema „Richards“ 87.1
Rinvio di ingranaggi a gradini con ingranaggio intermedio disinnestabile sistema „Norton“ 87.3
- doppio ad ingranaggi 86.1
- girevole . . . 82.2
Rip saw, circular 361.7
Riparto delle affilatrici 217.7
- - fresatrici . 185.3
- - mole 217.5
Ripassare il foro 147.1
- la botte . . . 446.5
Ripe wood . . 476.1
Ripiegatura laterale 140.5
Riporto a sezione cuneiforme 66.3
Rippelwalze . . 337.2
Rippenrohrformmaschine 308.2
Ripping circular saw 361.7
- saw 320.3
- - blade . . . 346.3
Ripresa del giuoco 112.4
Ripulitura . . . 318.5
Riscaldamento 443.7 444.1.2
- a vapore, apparecchio di 444.3
- del punto da tagliare 273.3
- dell'utensile . 82.8 122.1
- della lama di sega 471.4
- - posizione da tagliare 273.3
- dovuto al lavoro 121.11
Riscaldare . . . 457.1
Riscaldarsi . . 471.5
Riscaldatore dell'aria 454.1
Riser 277.1
Rising and falling table 366.1
- head 277.1
Riß, Außen- . . 490.7
-, Frost- 491.2
-, Innen- 491.1
-, Kappen- . . . 491.5
-, Kern- 491.2
-, Luft- 490.9
-, Sonnen- . . . 490.9
-, Strahlen- . . 490.8
-, Wald- 490.9
Ritagliare . . . 332.3
Ritegno . 51.5, 354.1
Ritorno . 12.1.5, 16.5 17.1.6, 192.6, 278.5
- automatico . 15.1
- del carrello . 341.6
- - - a mezzo di volantino a mano 101.2
- della sega . . 333.2
-, meccanismo del 16.5
-, - per il . . . 17.1
Ritz-apparat . . 458.2
-messer 375.2
- -halter 458.3
Ritzelmesser . 375.2
Rivé, joint . . . 285.3
River . . 280.6, 282.3
- à couvre-joint 285.7
-, machine à (v. „machine“)
Rivestimento . 396.9
- della tavola della sega 473.2
- di lamiera . . 481.4
- - protezione della sega a nastro 473.5
Rivet . 282.6.7.8, 283.7 284.1.3.4, 285.1, 286.9 288.1, 289.2.9, 290.1
- die, stationary 278.2
- forge 289.4
- head . . 284.5, 290.2
- hole 135.2, 288.1.2.3.4.6
- joint 289.8
- seam . . 285.3, 287.9
- set 284.2
-, to 282.3
Rivet 282.6
-, assemblage par 282.5
-, bédaner la tête du 290.2
-, chasser des -s 289.9
-, chauffer les -s 289.2
-, clinchage du 284.3
-, clincher le . . 284.4
- de repérage . 282.7
-, dériveter des -s 289.9
-, écrasement du 284.3
-, écraser le . . 284.4
-, enlever les -s 290.1
-, faire sauter des -s 289.9
-, file de -s . . 285.3
- fileté 282.8
-, four à chauffer les -s 289.4
-, fourche à -s . 286.7
-, fraiser des trous de -s 288.4
-, maintenir le . 284.8
-, mater des -s 286.9
-, pince à -s . . 286.6
-, placer le . . . 283.7
-, poser le . . . 283.7
-, presser la bouterolle sur le 285.1
- provisoire . . 282.7
-, refoulement du 284.3
-, refouler le . . 284.4
-, résistance du 288.1
-, serrer le . . . 284.1
-, température de l'écrasement du 289.3
-, tête de 284.5
-, trous de -s 288.1.2.3.4.6
Rivetage 282.4.8, 286.3 288.2
- à chaud 288.8, 289.1
- - froid . . . 289.6.7
- - goupille sans tête 285.2
- - la machine 288.4
- - - main . . . 288.3
- - tige sans tête 285.2
- électrique . . 288.7
Rivetage pneumatique 288.6
Riveted joint . 282.5 285.8
- seam 285.3
Riveter . 277.11, 279.2 282.3
Riveting 277.11, 282.4 285.2.6, 288.3.4, 289.3
- cold 289.6.7
-, electric 288.7
- hammer . . . 286.1
- handle 286.7
-, hot . . . 288.8, 289.1
-, hydraulic . . 288.5
- joint 286.8
- machine, adjustable 280.4
- -, belt-driven 281.4
- -, boiler . . . 280.3
- -, crank driven 281.3
- -, cylinder . . 280.3
- -, electric . . . 282.2
- -, gap depth of 278.6
- -, hammer . . 280.6
- -, hand 280.5
- -, hydraulic . 281.1
- -, lever 280.7
- -, pneumatic . 281.6
- -, portable . . 279.3
-, -, screw 281.2
- -, stationary . 278.7
- -, steam driven 281.5
- -, throat depth of 278.6
- -, toggle joint 281.1
- -, transportable 279.1
- -, vertically and horizontally adjustable 279.4
-, pneumatic . . 288.6
- pressure . . . 288.2
- snaps 289.5
- tongs 286.6
Rivetto . 282.6, 289.3.5.9
-, forno per scaldare i -i 289.4
-, levare i -i . . 289.9
-, pressione del 288.2
-, resistenza del 288.1
-, scaldare i -i . 289.2
-, trapanare i -i 290.1
Riveuse . 277.11, 278.6
- à levier . . . 280.7
- - main 280.5
- - manivelle . 281.3
- - marteau . . 280.6
- - vapeur . . . 281.5
- - vis 281.2
- déplaçable . . 279.3
- électrique . . 282.2
- fixe 278.7
- hydraulique . 282.1
- pneumatique 281.6
- portative . . 279.2
- pour double rivure 280.3
- - pièces cylindriques 280.3
- réglable . . . 280.4
- transportable 279.1
Riving knife . 472.1.3
Rivoltare il bordo 299.4
Rivure . . 282.5, 286.8 287.9, 289.8
- à chaud . . . 288.8
- - couvre-joint 285.8

Rivure à froid 289.6
- - goupille sans tête 285.2
- - la machine 288.4
- - recouvrement 285.6
- - tige sans tête 285.2
- électrique . . 288.7
- hydraulique . 288.5
- pneumatique 288.6
Rm 481.5
Robinet . 188.7, 252.4
- de réglage du trop-plein 187.8
Robinetto 188.7, 252.4
Robinia 503.7
- del Giappone 503.6
- pseudo-acacia 503.7
Robinie 503.7
Robinier 503.7
Roble 498.7
Roblón . . 282.6, 283.7
Roblonado . . 282.4
Roblonar . . . 282.3
Rochet 23.2, 96.2, 106.2 162.3, 338.6, 339.7
-, mécanisme d'avancement par roue à 284.4
Rock cedar . . 496.8
Rocking lever . 339.4
Rod, connecting 50.2, 408.1
-, - - of frame . 327.4
-, Control -s . . 50.1
- end, connecting 40.8
-, feed 43.3, 51.9, 108.6
-, - connecting 25.6
-, guide 355.6
-, operating . . . 51.2
-, reciprocating 355.5
-, reversing . . . 18.6
-, stop 194.3
-, tension . . . 355.7
- turning machine 417.3
-, valve 252.2
Rodaja . . 57.4, 297.7
- de copiar . . 416.5
- - fricción . . 94.7
- - guía . . 83.3, 96.9
- - presión . . 472.5
- - tensión . . 359.2
- para la correa 23.6
Rodillo . 133.7, 336.6 338.1, 380.4, 385.6 457.4
- acanalado . . 337.2 362.2
- central . . . 293.8
- de apoyo . . 297.1
- - arrastre . . 385.8
- - avance 336.7, 363.1
- - - impulsado por cadena 339.1
- - curvar . . . 293.6
- - deslizamiento 364.4
- - guía . 293.5, 364.7
- - introducción 337.4, 363.1, 385.7
- - - de partes múltiples 337.6
- - - vertical . 337.5
- - la pimera curvadura 293.7
- - presión 336.8, 385.8
Rodillo de ranuras espirales 337.3
- - salida 363.2, 386.1
- - untar . . . 457.6
- dentado . . . 337.2
- desmontable . 357.3
- graduable . . 294.2
- horizontal . . 342.4
- lateral 294.1
-, levantamiento del 294.6
- liso . . . 337.1, 362.3
-, por medio de -s 293.3
- ranurado . . 337.2 362.2
Rognage de tôles 238.1
Rohr . . . 197.3, 484.3
-, Auszieh- . . . 191.8
-, Blas- 316.6
-form, zweiteilige gußeiserne 275.1
-leitung 76.4
-, Saug- 187.6
-schelle 276.1
-schneider . . . 231.6
-schweißung . 271.6
-, Teleskop- . . 191.8
-, Überlauf- . . 187.7
Röhre, eine - biegen 291.8
-, verschiebbare 143.4
Röhrenabschneider 231.6
Roll-bahntisch . 317.2
-gang 315.1
-ladenfabrik . . 467.9
-maschine . . . 485.4
-mühle 315.1
Roll 132.7
-, adjustable . . 294.2
-, bending . . 293.4.6
-, by means of -s 293.3
- fluting machine 4.3
-, friction . . . 248.1
-, guide 293.5
-, heated press . 434.5
- lathe 58.4
-, lifting 250.1
-, middle 293.8
-, pair of -s . . 295.9
-, plate straightening -s 296.7
-, preliminary bending 293.7
-, side 294.1
- stand 342.4
-, straightening 295.6
-, supporting . 294.3 297.1
-, tail of 293.9
-, taking out the 294.6
-, to flange with -s 297.7
-, - grind a . . 215.1
-, travelling . . 296.8
- up, to, the cutting -s up 70.5
-s, veneering . 434.6
Rolle, Anlauf der 84.1
-, Antrieb- . . . 156.4
-, Band- 357.7
-, Bandsäge- . . 357.7
-, Druck- 336.8
Rolle, feste . . 83.8
-, Führungs- 96.9 156.5 364.7
-, Hub- 250.1
-, Keilriemen- . 91.5
-, Ketten- . . . 339.2
-, Kopier- . . . 416.5
-, Leit- 83.3, 96.9, 156.5 207.7
-, lose 83.7
-, Reibungs- . . 248.1
-, Richt- 295.6
-, Riemen- 23.6, 156.3
-, Spann- . 207.8, 359.2
-, Stufen- . . . 82.7
-, Stütz- . 294.3, 297.1
-, Trag- 296.8
-, Treib- 207.7
-, Trieb- 207.7
-, Wickel- . . . 248.3
Rollen-bahn . . 133.7
-bock 342.4
-feld 234.2
-fläche, die - -n reinhalten 358.2
-gestell 234.2
-, mittels - krämpen 297.7
-paar 295.9
Roller . . 132.7, 385.6
-, back . . 363.2, 365.1
-, belt 23.6
-, chain 339.2
-, copy 96.9
-, copying . . . 416.5
-, discharging . 386.1
-, drawing in . 337.4
-, feed . 234.2, 336.6.7 385.7
- feed 323.4
- - for rough logs 338.1
- -, removable . 357.3
- -, vertical timber with 323.4
-, fluted 337.2
-, former 96.9
-, front feed . . 363.1 364.8
-, glueing . . . 467.2
-, grooved 57.4, 362.2
-, guide . . . 364.4.7
- in sections, feed 337.6
- path 234.2
-, pressure 336.8, 385.8 472.5
-, profiling . . . 483.6
-, slitting -s . . 229.3
-, smooth 337.1, 362.3
-, spiral fluted . 337.3
- standard . . . 342.4
- table 317.2
-, vertical feed 337.5
Rolling bearing 133.7
- dog 344.5
- machine, screw thread 174.1
- path 133.7
Rollo 234.2, 295.9, 317.2 481.1
- de apoyo 294.3, 297.1
- - cadena . . . 339.2
- - elevación . 250.1
- - enderezar . 295.6
- - - de dos partes 296.6
- - guía 156.5
- portador . . . 296.8
Rolura 491.6
Rompe-virutas 386.4
Rompitrucioli 386.4.6
Rond, poutre -s 480.8
Rondelle à billes 78.6
- de butée 78.4, 150.1
- en feutre . . 218.5
Rondin 481.1
Roof shingles . 366.6
Root decay . . 498.6
- of tooth . . . 347.8
- rot 498.6
- timber 479.3
Rope drive . . 11.5
- - of boring spindle 156.6
- feed 336.5
-, wood wool . 377.8 378.3
Rosa 503.9, 505.2, 506.1
-, madera de -s 505.2 506.1
-, palo de - legitimo 508.1
Rosca 174.2, 193.4, 195.8
- de presión . 145.7.8
- - tope . . . 145.7.8
- diferencial . 197.9
Roscado, gato de husillo 183.1
Roscar 74.6
-, acero de 125.7.8, 126.1 173.3
-, cojinete de . 172.6
-, cuchillo de . 173.3
-, el - en torno 74.7
-, macho de 173.6, 203.7
-, máquina de (v. „máquina")
-, mecha de . . 418.1
-, mordaza de . 172.6
Rose bit 167.2
- work 62.7
Roseau 484.3
Rosenholz 503.9, 505.2
-, brasilianisches 506.1
-, echtes 506.1
Rosewood . . . 503.9
-, Brazilian . . 505.1
-, Dominica . . 505.2
Rossetto inglese 226.9
Roßkastanie . 500.10
Rot-buche . . . 498.4
-ebenholz . . 504.10
-, -es Ebenholz 504.10
-eiche 498.9
-, englisch . . . 226.9
-erle 497.10
- Eucalyptus . 504.2
-faul 492.4
-fäule 492.3
-er Gummibaum 504.2
-holz 503.2
-rüster 499.4
-es Sandelholz 503.10
-streifigkeit . 492.10
-tanne 495.3
-ulme 499.4
Rot 492.2, 493.2.3.4.5.6
-, dry 492.8
-, green 492.7
-, red 492.3
-, wet 492.9
-, white 492.5
Rotación 68.3, 70.9, 89.2 391.8
- continua de la pieza de trabajo 74.10

Rotación de la broca 145.5
del plato por corona dentada 115.7
, movimiento de - y de avance 165.3
Rotaia . . 188.4, 166.3 271.7, 295.4, 296.4
-, dispositivo per fissare le -e 166.3
Rotary magnetic chuck 220.2
Rotatable base 67.9
Rotate, to . . . 75.3
Rotatif, noix d'alésage 165.3
Rotation 74.10
Rotation . . 68.3, 70.9 89.2.3, 155.7, 391.8
- d'un porte-outils revolver 105.6
- du foret . . . 145.5
- - plateau par couronne dentée 115.7
Rotative and sliding motions 165.3
Rotativo, tavola-a 46.3
Rotatorio, sierra -a 360.5
Rotazione 70.9, 89.2 391.8
- del mandrino 145.5
- - revolver, dispositivo per la 106.1
-, meccanismo di inversione del senso di 89.3
Rotella copiatrice 416.5
Rotieren, das Werkstück rotiert 75.1
-, der Stichel rotiert 75.2
Rotted, red . . 492.4
-, white 492.6
Rottura della mola con projezione dei pezzi 226.3
Rotula 191.3.4
Rotula . . . 158.3, 191.3
Rotule . 190.7, 191.2.3
- de joint Cardan 158.3
Roue 59.3, 86.4, 317.2 448.1, 468.7
- à cames . . . 246.4
- - chaine . . . 339.2
- - cliquet 96.2, 106.2
- - denture hélicoïdale 10.7
- - diviser . . . 193.8
- - divisions . . 193.8
- - friction 90.3, 157.3.4
- - rochet 23.2, 96.2 106.2, 162.2.3, 234.4 338.6, 339.3.7
- - - et cliquet 234.4
- - vis sans fin 10.7 156.8
- commandant l'avance 23.1
- d'angle à dentures concentriques 16.6
- d'avance . . . 159.3
- - à chien . . 23.4
Roue d'avance à cliquet d'arcboutement 23.4
- d'engrenage 9.8, 15.7
- - basculant . 104.6
- - déplaçable . 104.4
-s -s jumelées . 10.2
-s de changement de vitesse 87.6
- - commande d'avance transversale 102.2
- - - de l'avance 339.6
- - - du dressage 102.2
- dentée 9.8, 311.4.5 313.4.5, 362.4, 398.5
- double d'engrenages 16.6
-s du jeu d'engrenages 87.7
- elliptique . . 13.5
- et vis sans fin 89.7 156.7
-s étagées . . . 86.2
- hélicoïdale . 90.2
- hydraulique . 464.5
- hyperbolique 157.6
- intermédiaire 87.2
- - basculante 87.3
-s -s Richards . 87.1
-s jumellées . . 88.10
- pour vis sans fin 178.6
Rouge d'Angleterre 226.9
Rough edged 481.10
- drill. to . . . 146.8
- grind, to . . 212.3
- plane, to . . . 6.6
- turn, to . . . 73.3
- turning . . . 73.4
- -, rapid . . . 73.5
Roughing knife 386.9
- out the space between the teeth 186.5
- tool 32.6, 123.8, 421.6
- -, down bent 124.3
- -, flat pointed 421.7
- -, left hand . 124.3
- -, round faced 124.2
- -, straight faced 124.1
- veneer, machine for 382.6
Roughly sawn timber 481.6
Rouleau 284.2, 293.3.4 294.6, 295.9. 336.6 338.1, 342.4
- à brosses . . 467.4
- - dresser . . 295.6
- - friction . . 248.1
- avec cannelures héliocoïdales 337.3
- cannelé 337.2, 362.2
- compresseur pour feuilles de placage 484.6
- d'aménage . 336.7 363.1, 335.7
- - commandé par chaine 339.1
- d'appui 294.3, 297.1
- d'avan-cintrage 293.7
Rouleau d'entrainement 336.7
- d'introduction 337.4
- de côté . . . 294.1
- - dressage . . 295.6
- - - en deux pièces 296.6
-x - friction . . 94.7
- - guidage . . 293.5 364.7
- - - de la courroie 23.6
- - pression . . 335.8
- - sortie 363.2, 336.1
- - support . . 294.3 364.4
- démontable . 357.3
- du milieu . . 293.5
- déplaçable . 90.6
- -élargisseur . 467.2
- latéral 294.1
- lisse . . 337.1, 362.3
- -porteur . . . 296.8
- pour courroie en coin 91.5
- -presseur 336.8, 472.5
- - à chauffage 434.5
- réglable . . . 294.2
- sectionné . . 337.6
- vertical d'aménage 337.5
Roulement . . 183.7
Roulette . 57.4, 297.7
- à gabarit . . 96.9
- de guidage . 96.9
Roulure 491.6
Round off, to . 418.2
Rounding and bevelling machine, head 442.8
- apparatus, head 442.6
- cutter 399.6
- machine 381.3, 417.3
- -, cask head . 368.1
- -, cutter block for 390.3
- -, head 442.6
- off 418.1.3
Rovere 498.7
- di Slavonia 498.10
Rozamiento . . 246.5
Rozante, contacto 21.6
Ruban 478.4.5
- de frein . . . 94.6
-, scie à 207.6, 356.2.3.5.6 357.5.6
-, table de scie à 357.1
Rubber buffer . 260.1
Rubino per uso industriale 228.5
Rubis 228.5
Rück-gang . . 12.1
- -, beschleunigter 12.2
- -, schneller . 12.2
-hebel 194.1.2
-holfeder . . . 194.9
-kühlung . . . 255.3
Rücklauf . . . 12.1
-, den - beschleunigen 12.3
-geschwindigkeit 12.5
-getriebe . . . 16.2
-riemen 17.6
-, Schraubenräderantrieb des -s 192.6
Rück-schlagen des Holzes 471.6
-zugkolben . . 278.5
Rücken-fläche . 31.9
-führung 208.2, 358.7
-, Schneid- . . . 121.2
-winkel 347.4
Rueda 448.1
- á mano 44.2, 108.3 117.8, 168.7
- con levas . . 246.4
- de afilar . . . 221.4
- - avance . 23.1, 51.10
- - - con trinquete de fricción 23.4
- - - transversal 102.2
- - dividir . . . 193.8
-s - engranaje con peine 312.5
- - -s concéntricos 16.6
-s - - de cambio de velocidad 155.6
- - fricción 90.3, 157.4 162.4, 248.1
- - impulso del avance 339.6
- - introducción 364.8
- - madera . . 448.1
- - planear transversal . 6.7, 102.1.2 103.1
- - salida . . . 365.1
- - timón . . . 159.4
- - trinquete 23.2, 96.2 106.2, 338.6, 339.7
- - - del soporte-revólver 106.1
- del movimiento de avance 159.3
- dentada 9.8, 186.3 312.6
- doble 88.10
- elíptica . . . 13.5
-, fábrica de -s 468.7
- helicoidal . . 90.2 156.7.8
-s hiperbólicas 157.6
- hueca 16.4
- intermedia . 87.2.3
-s -s sistema Richards 87.1
- interpuesta . 16.3
-, llanta de . . 450.6
- montada . . . 59.3
-, rayo de . . 449.4.5
Ruedecilla de tensión 207.8
Rührwerk . . . 457.8
Rullo a frizione 94.7
- alimentatore 293.7 337.4, 335.7
- - comandato da catena 339.1
- anteriore . . 363.1
-, avanzamento a mezzo di -i 336.6 338.1, 335.6
-, bordare a mezzo di -i 297.7
-, cavalletto a -i 342.4
-, coda del . . . 293.9
- con scanalature ad elica 337.3
- copiatore . . 96.9
-, curvare a mezzo di -i 293.3

Rullo curvatore 293.6
-, curvatrice a -i 293.4
- di alimentazione 337.4, 363.1
- - - formato da dischi 337.6
- - avanzamento 336.7, 363.1, 335.7
- - avvolgimento 248.3
- - contrasto . 297.1
- - entrata . . 363.1
- - frizione . . 248.1
- - guida . 83.3, 96.9 156.5, 293.5, 364.7
- - mezzo . . . 293.8
- - pressione . 336.3 335.8, 472.5
- - puntello . . 297.1
- - sollevamento 250.1
- - sortita 363.2, 336.1
- - sostegno . . 294.3 296.8
-, dispositivo per dare la pressione ai -i 333.2
-, gambo del . . 293.9
- intermedio . 293.8
- laterale . . . 294.1
- liscio . . 337.1, 362.3
-, paio di -i . . 295.9
- per cinghia . 23.6
- - le immersioni 457.6
- - raddrizzare diviso in due pezzi 296.6
- - sagomare . 433.6
-, piallatrice a -i 380.4 380.5.6, 381.1.2
-, piano di sostegno con -i 133.7
- posteriore . . 363.2
- regolabile . . 294.2
- scanalato 337.2, 362.2
-, scanalatura del 295.1.2
Rullo, sega alternativa verticale con avanzamento a -i 323.4
-, serie di -i . . 295.9
-, sollevamento del 294.6
-, sopporto a -i 342.4
- spianatore . . 295.6
- spostabile 90.6, 294.2
-, spostamento del 294.6
-, tavola a -i . . 317.2
- tenditore . . 207.8
- trasportatore 335.7
- - di alimentazione 364.4
-, treno a -i . . 234.2
- verticale di alimentazione 337.5
Rumbler 316.1
Rumpf, Faß- . 448.6
Run, to - hot . 471.5
-, to, the work -s exactly true 75.4
-, -, - - -s out of truth 75.5
-, -, - - -s untrue 75.5
Rund-Biegevorrichtung für Formspäne 433.5
- - - profilierte Furniere 433.5
-drehen . . . 71.6.7
-drehmaschine für gebogene Hölzer 417.4
-fräsen 186.1.2
- - der Radbahn 451.2
-fräsvorrichtung 199.5
-hobelkopf . . 390.3
- -vorrichtung . 44.5
-hobeln . 26.5.6, 33.6
-holz 480.1
- -raummesser und Längenmesser 340.4
-laufen 75.3
Rund-laufen, das Werkstück läuft rund 75.4
-schälerei . . . 465.4
-schälmaschine 376.3
-schere 229.2
-schleifen . . . 214.6
-schleifmaschine 210.1
-schliff 214.7
-schneid-maschine 229.2
- -vorrichtung, Boden- 442.6
-stab-hobelmaschine 381.3, 417.3
-, Maschine zum Glätten gebogener Rundstäbe 436.7
-stahl 123.7
-stoßen 47.3
-support 46.1
-tisch 46.1
-zahnstange . . 160.7
Runner 276.9, 277.5, 315.1
- pipe 277.6
Running back the saddle by hand 101.2
- channel . . . 276.8
- gate 276.7
- head 276.9
- hot of the saw blade 471.4
- idle 70.7.8
- out of the drill 149.2
- with cut . . . 70.6
Runway, inclined hauling 462.5
Ruota a denti elicoidali 10.7
- - frizione . 157.3.4
- - nottolino . 96.2
- ad ingranaggio 9.8
-, comando a mezzo di 156.7
- d'arresto 23.2, 106.2 333.6
- dentata . . . 9.8
Ruota di avanzamento 23.1, 339.6
- - - con nottolino d'arresto a frizione 23.4
- - comando dell'avanzamento 159.3
- dividente . . 193.8
- doppia . . . 88.10
-, fabbrica di -e 468.7
- gemella . . 88.10
- iperbolica . . 157.6
-, macchina per -e 448.1
-, - - copiare razze di 449.4
-, - - curvare i cerchioni di 450.6
- montata . . . 59.3
- per vite perpetua 90.2
-, piallatrice per razze di 449.3
-, politrice per razze di 449.5
- secondaria 88.9, 89.1
-, sopporto per forare le corone delle -e 419.2
- timoniera . . 159.4
-, tornio per copiare razze di 449.4
Ruotella di rame per brunire 226.7
- - - - polire . 226.7
Rupture de la meule 226.2
- of the grinding wheel 226.2
Rüster, Bast- . . 499.6
-, Berg- 499.5
-, Feld- 499.4
-, Flatter- . . . 499.6
-, Hasel- 499.5
-, Rot- 499.4
Rute 484.2
Rutschen des Riemens 84.2
Rüttelkasten . . 454.8

S.

S-hook 51.3
Sabbia, cassa della 316.8
-, crivello ad aria compressa per 314.3
-, elevatore della 316.7
-, getto a 317.1
-, - di . 317.3.4.5, 318.1
-, macchina a getto di 316.2
-, - per dare la 459.5
-, piano della . 301.8
-, recipiente per la 456.4
-, staccio ad aria compressa per 314.3
-, superficie della 301.8
-, tramoggia della 304.1
-, ugello per getto di 316.3
-, vasca per la . 456.4
Sabbia, ventilatore a 317.1
-, - di . 317.3.4.5, 318.1
Sabina 496.9
-, enebro- . . . 496.8
Sable, bassin à 456.4
-, caisse à . . . 316.8
-, cloison de retenue du 303.4
-, damage du . 302.1
- de moulage . 314.4 315.3, 316.7
-, égaliser le . . 302.2
-, face supérieure du 301.8
-, foulage du . 302.1
-, jet de . . 316.2.3.6 317.1.3.4.5, 318.2.5
-, malaxeur de 314.7
-, papier de . . 405.3
-, projection de 318.4
- quartzeux . . 405.5
-, sècher le . . . 315.2
-, tassement du 301.7
Sable, trémie à 304.1
Sabler, machine à (v. „machine“)
Sabot . . 248.4, 334.5
Saca-clavos . . 344.7
- - de tornillo 344.6
Sacar . . 150.2, 441.6 442.2.4, 449.6, 462.5 480.3
-, aparato de - espigas 401.6
- chapas 325.6
- - de madera . 375.8
-, el - ranuras con muela 215.7
-, máquina de (v. „máquina“)
- ranuras 53.6, 395.5
- tablas . 346.3, 361.7
- virutas . . . 375.8
Sacchetto di carta 459.6
Sackloch . . . 147.5
Sacudir 454.8
Saddle 97.8, 101.1.2.4.5.6 171.4, 248.8
-, bottom slide 64.8
-, cross gantry 67.8
- guide 65.1
-, lathe 98.1
-, main 98.6
-, revolving tool box 105.8
-, self-act travel of 102.3
-, travel of . . . 64.9
Sadebaum . . . 496.8
Safety cutter block 391.1
- disc for vertical spindle moulding cutter 474.1
- guard 471.1
- -, bell shaped - - for vertical spindle moulding cutter 474.2

Safety ring for vertical spindle moulding cutter 474.1
Saftgehalt . . . 486.8
Sag of the lathe bed 68.8
–, to 290.7
Säge, Abkürz- . 354.6
–, – – mit wanderndem Sägeblatt 366.3
-angel 329.6
– –, Excenter- . 331.1
– –, Horizontalgatter- 331.5
– – mit Hebelspannung 331.3
–, Anschraub- . 208.5
-arm 207.1
–, Ausschneide- 355.4
–, Balancier- . . 369.5
–, Band- . 207.6, 359.5
–, Bauch- 355.2
–, Bauern- . . . 355.1
–, Baum-fäll- – mit Dampfantrieb 354.4
–, -stammquer- 354.3
Sägeblatt . . . 345.4
–, Abstreifung der Sägeblätter 328.8
–, Band- 359.5
–, Befestigung des –s 328.3
–, das – nach dem Lot einhängen 328.4
–, – – nachzahnen 350.8
–, – – schränken 349.6
-dicke 348.3
-einlage 329.3
–, Einspannung des –s 328.3
–, Festklemmen des –es 471.2
-führung . . . 371.5
–, gleichachsig gelagertes 362.9
–, hinterlochtes 349.1
–, kegelig geschliffenes 372.4
–, konisch geschliffenes 372.4
–, kugelflächiges 378.2
– mit hinterlochten Zähnen 349.1
– – Kugelfläche 378.2
–, Mühl- 345.8
–, perforiertes . 349.1
– -Spannexcenter 331.4
-stützung . . . 371.5
–, Überhang der Sägeblätter 335.2
–, Vollgatter- . . 345.8
–, Warmlaufen des –es 471.4
Säge, Blockband- 356.1
-bogen 346.5
–, Brett- 346.3
–, Dauben-abkürz- 367.2
–, -füge- 367.1
–, Dekoupier- . 355.4
–, doppelt wirkende 346.2
Säge, einfach wirkende 346.1
–, Eisen- 208.4
–, faßförmige . 372.8
-feile 351.8
–, Fein- 325.1
–, freistehende Ausschneide- 355.8
–, Fuchsschwanzquer- 358.6
–, Gatterquer- . 325.5
-gehänge . . . 329.6
–, gespannte . . 207.5 346.4
–, Hack- 208.4
–, Holz- 320.2
–, Hub- 208.4
–, Kalt- 206.2
–, Kapp- 370.3
-kappe 330.2
–, Ketten- . . . 399.2
–, Konkav- . . 378.1
–, Kreis- 206.4
–, Kronen- . . . 372.5
–, Kugelschalen- 378.1
–, Lang- 320.3
–, Laub- 355.4
-maschine, Rahmen- 320.5
–, Maschinen- . 208.4
– mit eingesetzten Zähnen 349.2
–, – Stahlleiste beschlagene 331.6
–, Mond- 355.2
-mühle 464.4
– –, Dampf- . . 464.6
– –, Wasser- . . 464.5
–, Mulay- 353.5
–, Pendel- . . . 207.3
–, Quer- . . 320.4, 353.6
–, – – zum Baumfällen 354.3
–, Radius- . . . 370.3
-rahmen . . . 326.1
–, Rahmengehrungs- 366.4
–, rotierende . 360.5
-rücken 346.9
–, Schaukel- . . 370.6
-schlitten . . . 206.8
–, Schrägstellen der 206.7
–, Schraubstock- 208.5
–, Schrot- . . . 346.3
–, Schweif- . . . 355.4
–, Schwing- . . 369.5
–, schwingende 369.5
–, sich drehende 360.5
–, Spalt- 346.3
-späne 483.10
–, Spann- 346.4
–, Stammablänge- 354.6
–, Taumel- . . . 370.6
-tisch 207.8
– –, Band- . . . 357.1
– –, Verkleidung des – –es 473.2
– –, verstellbarer 365.7
–, transportable 208.5
–, Trommel- . . 372.5
–, Trumm- . . . 353.6
–, ungespannte 346.8
–, Vorrücken der 332.9
–, Wald- 355.1
-werk 464.4
– –, Dampf- . . 464.6
Säge, Wiegen- 355.2
–, Wipp- 355.4
-zahn 347.1
– –, die Sägezähne gerade schleifen 352.6
– –, eingesetzter 349.3
– –, Schärfen der Sägezähne 351.6
– -schere . . . 351.4
– -schermaschine 351.5
–, Zinkenhand- 425.4
–, Zug- 355.1
–, zweiseitig wirkende 346.2
–, Zylinder- . . 372.5
Sägen 332.1.2
–, aus- 332.3
Sägen-aufgang 333.3
-blatt 206.6
-geschwindigkeit 332.10
-gestell 346.5
– –, hölzernes . 326.3
-keilhammer 330.10
-niedergang . . 333.4
-richt-lineal . . 352.4
– -scheit 352.4
-rückgang . . . 333.2
-schärfmaschine 211.3, 352.1
-spannung . . . 346.6
-steller 328.6
-vorgang . . . 333.1
Sagging of the belt 334.4
Sagoma . 329.3, 393.2 401.4
–, colonna della 312.1
– in tre parti per curvare 432.1
– per curvare . 431.1
– – – il legno . 431.5
–, piallatrice per –e 392.4
–, pilastro della 312.1
–, tavola con . . 393.3
–, tranciare in . 288.5
Sagomare 394.1, 400.5
–, apparecchio per 399.4
– aste 399.6
–, carrello per . 100.1
–, coltello per . 422.4
–, dispositivo per la messa a punta dei ferri per 393.7
–, ferro per . . 393.6
–, fresa per 399.7, 400.6
–, guancia per . 433.6
–, macchina da (v. „macchina“)
–, rullo per . . . 433.6
–, tornio da 415.4, 417.1
– una tavola a maschio e femmina 396.2
–, utensile per . 124.7 393.6, 422.5
Sagomato, fresa –a 202.1
Sagomatrice . . 392.4 393.5
– a quattro ferri 392.5
–, dispositivo di pressione per –i 393.4
Sagomatrice per cornici coniche per bare 393.1
Sagomatura . . 72.5
Saigner 89.10, 123.2.3.4
– une pièce au tour 73.9
Saillie 411.7.8
– du tambour à profiler 433.6
Saisonnage lent d'un tronc 486.10
Salcio 496.11
– selvatico . . 497.4
Saldabile, acciaio 33.6
Saldare . 270.4, 271.3 272.11.12, 275.12, 360.3
– le estremità . 271.1
– – teste 271.1
–, macchina da (v. „macchina“)
– per sovrapposizione 271.2
– seghe a nastro, apparecchio per 360.2
Saldato, estremità di rotaie –e 271.7
Saldatura . 270.5.6.7.8 271.5.8, 273.4.7
– autogena . . 272.1
– della sega a nastro 360.1
– di due estremità 270.9
– – testa, dispositivo di serraggio per 274.11
– – tubi 271.6
– in testa . . . 270.9
– unita di due barre 271.4
– – – – lamiere 271.4
Sale 497.4
Salica 497.4
Salice 496.11
– bianco 497.1
– da pertiche . 497.1
– del Mar Caspio 497.3
– selvatico . . . 497.4
Salida . . 363.2, 365.1 386.1
– de vía de la mesa de cepillar 9.5
Saliscendi . . . 245.6
– di innesto . . 158.7
Salix 496.11
– alba 497.1
– caprea 497.4
– pruinosa . . . 497.3
– viminalis . . 497.2
Sallow willow . 497.4
Salweide . . . 497.4
Sambuco . . . 505.8
Sambucus nigra 505.8
Sammeln der Kühlflüssigkeit 188.5
Sand, Aufstampfen des –es 302.1
–, den – abgleichen 302.2
–, – – abrichten 302.2
–, – – trocknen 315.2
-dichten 301.7
-elevator . . . 316.7
-förderer . . . 316.7

Sand-kasten . . 316.8
-mischmaschine, Form- 314.4
- -, stehende - - mit Glockengehäuse 314.7
Sand-papier . . 405.3
-machine mit Schleiftrommel 404.6
- - zum Flächenschleifen 403.3
-schleifmaschine 403.2
- -, doppelte . . 404.1
- -, horizontale 403.4
- -, wagrechte . 403.4
Sand-pfanne . . 456.4
-rücken 301.8
-sieb mit Preßluftbetrieb 314.3
-stein 222.5
- -, Kalk- . . . 222.8
- -, Kiesel- . . . 222.7
- -, Ton- 222.6
Sandstrahl-düse 316.3
-gebläse 316.2
-putzmaschine mit Drehtisch 317.3
- - - endlosem Förderband 317.5
- - - hin- und hergehendem Tisch 317.1
- - - umlaufender Trommel 317.4
Sand-träger . . 303.4
-trichter 304.1
-trockenofen, rotierender 315.3
- -, sich drehender 315.3
-verdichtung . 301.7
Sand 301.7,3, 302.1, 303.4
- belt 404.4
- blast apparatus 316.2
- - machine with endless feed belt 317.5
- - - - revolving drum 317.4
- - - - rotating table 317.3
- - - - travelling table 317.1
- - nozzle . . . 316.3
- - room 318.4
- box 316.8
- conveyer . . . 316.7
- cylinder . . . 404.7
- disc 403.5
- dryer, rotary 315.3
- elevator . . . 316.7
- filter, fine . . 319.1
- mixing machine 314.4
- pan 456.4
- paper 405.3
- -, to 405.1
- papering machine 403.2
- - -, disc . . . 403.1
- - -, double disc 404.1
- - -, horizontal disc 403.4
- - -, surface . 403.3
Sand papering machine, radial arm 404.8
- - of wood . . 405.2
-, to dry the . . 315.2
-, - part the . . 302.2
Sandalo bianco 506.2
- giallo 506.3
- rosso 503.10
Sándalo 503.10, 506.2,3
Sandalwood . . 506.2
-, red 503.10
-, yellow 506.3
Sandelholz, rotes 503.10
-, weißes . . . 506.2
Sander 404.6
Sanding machine, box 459.5
- -, double belt 404.5
- -, endless belt 404.3
Sandstone . . . 222.5
-, argillaceous . 222.6
-, calcareous . . 222.8
-, siliceous . . . 222.7
Sangrar 275.8
Sankt Lucienholz 505.2
St. Lucia wood 505.2
Santal blanc . 506.2
- citrin 506.3
- rouge . . . 503.10
Santalum album 506.2
- citrini 506.3
Sap, false . . . 491.8
Sapán 503.3
Sapin 495.2
- argenté . . . 495.1
- commun . . . 495.1
- de Californie 495.4
- - Mexique . . 495.4
- du nord . . . 495.3
- rouge 495.5
Sappan 503.3
-holz 503.3
- wood 503.3
Sappiness . . . 486.8
Sapwood 476.2, 494.4
- rot 493.3
Saracco ad incastri 425.5
Saracinesca per l'aria 469.7
Sargento . . . 341.10
Sarghobelmaschine 393.1
Satélite 89.1
Satellite 89.1
Satén de India 505.9
Satin, legno . . 505.9
Satiné, bois . . 505.9
Satinholz . . . 505.9
Satinwood . . . 505.9
Sattel 248.8
Satz-fräser . . . 205.1
-rad 87.7
-räder 155.6
Sauce 496.11
- blanco 497.1
- cáspico . . . 497.3
- de mimbre . 497.2
- del género caprea 497.4
Saúco negro . . 505.8
Sauerstoff . . . 272.2
Saug-kanal . . 254.5
-rohr 187.6
- -leitung . . . 469.4
Sauger 218.6
-, Schleuder- . . 218.7
Saule 496.11
- blanc 497.1
- caspien . . . 497.3
- masault . . . 497.4
Säule 181.3
-, Bohrmaschinen- 188.2
-, Gatter- 327.9
-, Haupt- 188.5
-, Hobelmaschinen- 4.6
Säulen-abrichtmaschine 379.4
-bohrmaschine 181.1
-fuß 181.4
-hobelmaschine 2.3
-kopf 188.3
- -, drehbarer . 139.1
-kreissäge . . . 366.5
-stütze 191.9
-zahnräderformmaschine 313.1
Saumgatter . 321.4.6
Savia 486.8
Saw, adjustable bearing for circular 372.2
-, adjusting the circular 371.4
-, arm carrying the 207.1
-, back edge of 346.9
-, - end of . . . 336.1
-, back stroke of 333.2
-, band . 207.6, 473.5
- band 473.4
-, - saw for logs 356.2
-, - - table . . . 357.1
-, - - with travelling carriage 356.3
-, barrel 372.8
- bench, circular 364.2
- -, - - - with automatic feed 369.3
- -, - - - - iron frame 360.8
- -, - - - - rising and falling spindle 366.2
- -, - - - - - - - table 366.1
- -, - - - - table travelling on rollers 369.4
- -, - - - - wooden framework 360.9
- -, fixed circular 360.6
- -, horizontal circular 368.7
- -, joiner's . . 365.2
- -, portable circular 360.7
- -, stationary circular 360.6
- blade . . 206.6, 345.4
- -, band 359.5
- -s, brazing apparatus for band 360.2
- -, chocking up of the 471.2
- -, circular . . 372.3
- -, concave circular 373.3
- -, drunken . . 370.6
Saw blade, drunken - - for grooving 371.1
- -, eccentric for tension of 331.4
- -, elastic tension of 346.7
- -, fixing of 328.3, 371.3
- - for cutting in one direction 346.1
- - - - - two directions 346.2
- - gauge . . . 329.3
- - guide . . . 371.5
- -s, horizontal log frame with gang of 325.3
- -, jambing of the 471.2
- -, log frame . 345.8
- -s mounted on one spindle 362.9
- -, overhanging of the 335.2
- -, placing the - - in position 328.5
- -, ripping . . 346.3
- -, running hot of the 471.4
- -, setting the - - at an angle 206.7
- -, stiffening of the - -s 328.8
- -, tension of . 346.6
- -, thickness of 348.3
- -, to fix the - - vertically 328.4
- - with bevelled cutting edge 372.4
-, body of . . . 346.5
-, brazing the band 360.1
- buckle 329.6
-, - for horizontal frame 331.5
- - with excentric adjustment 331.1
- cap 330.2
- carriage . . . 206.8
-, chain 399.2
-, circular . . . 206.4
-, - cross cut . 363.3
-, - - - - for railway sleepers 363.4
-, - saw for cutting to length mounted on swinging carriage 366.3
-, - - - - - - with hand sliding table 365.4
-, - - - edging boards 362.6
-, - - - fire wood with removable cradle 368.2
-, - - - laths . . 361.8
-, - - - length cutting 361.2
-, - - - logs . . 361.1
-, - - - long lengths 361.2
-, - - - parallel sawing 362.8
-, - - - pit props 361.3
-, - - - roof shingles 366.6
-, - - - squaring logs 361.4

Saw, circular - for squaring the ends of boards 367.3
-, - - mounted on column 366.5
-, - - - - pillar 366.5
-, - rip 361.7
-, - saw with canting table 365.6
-, - - - log carriage 363.6
-, - - - - trolley 363.6
-, - - - selfacting travelling table 363.8
-, - - - tilting table 365.6
-, cold 206.2
-, concaved circular 373.1
-, cross cut - for logs 354.6
-, - - frame . . 325.5
-, - - saw with hand feed motion 369.2
-, - cutting . . 320.4
-, curved guidance of 334.1
-, cylinder 372.5, 473.3
-, depth of cut of band 359.4
-, double handled cross cut 355.1
-, - stave cross cut 440.3
-, down stroke of 333.4
- feed, balance for regulating 207.2
-, felling 355.2
- file 351.8
-, fine 325.1
-, - - for cask heads 442.5
-, fixing of -s . 321.8
- for fine, horizontal circular 368.8
- - longitudinal cutting 320.3
- - mitre cutting 366.4
- - thin, horizontal circular 368.8
-, forward end of 335.8
-, - stroke of . 333.1
-, - travel of . . 332.9
- frame 326.1
- -, bow 321.3
- -, centre blade 321.5
- - double blade 321.6
- - guide . . . 326.4
- -, multiple blade 321.7
-, - of 346.5
- -, side blade . 321.4
- -, straight line guidance of 333.9
- -, vertical . . 321.2
- -, wooden . . 326.3
-, fret 355.4
-, gang 322.3
- gate, driving motion of 334.2
- guard, circular 471.10
Saw guide, band 358.6
-, hand - for cutting dovetails 425.4
-, horizontal band - with vertically adjustable pulleys 357.6
-, - frame with single bladed 325.2
-, - log band . . 357.5
-, - oscillating circular 370.4
- kerf . . 332.6 471.8
- keys, hammer for driving 330.10
-, link tooth . . 399.2
-, log 353.6
-, - cross cutting circular - with radial arm 370.5
- machine, cross cut 353.6
- -, self-contained fret 355.8
- mill 464.4
- - driven by water power 464.5
- -, steam . . . 464.6
-, Mulay 353.5
-, multiple cross cut 363.5
- not under tension 346.8
-, notch made by 332.6
- out, to 332.3
-, pad - for cutting dovetails 425.5
-, pendulum . . 207.3
-, - circular . . 369.5
-, - - - with electric drive 370.1
-, perforated tooth 349.1
-, portable . . . 208.5
-, - pendulum circular 369.7
-, power hack . 208.4
- pulley 357.7
- - shafts . . . 358.3
- - spindles . . 358.3
- - with tangential spokes 358.1
-, return stroke of 333.2
-, revolving . . 360.5
-, ripping . . . 320.3
-, - circular . . 361.7
- set 349.8
- setting apparatus 350.2
- - machine . . 350.3
- - pliers . . . 350.1
- sharpener's bench 352.3
- sharpening machine 211.3, 352.1
- - -, self-acting - - - with swivel head for bevelling the front edge of teeth 353.1
-, span . . 207.5, 346.4
-, speed of . . 332.10
- spindle . . . 371.2
Saw, stave cross cut 367.2
- - jointer . . . 441.5
-, - jointing . . 367.1
- table, covering of the 478.2
- teeth line, overhanging of 335.3
- -, machine for stamping out 351.5
- -, sharpening the 351.6
- -, to re-cut the 350.8
- -, - set the . . 349.6
-, to 332.2
-, - - cold . . . 206.3
- tooth 347.1
-, tree felling . 354.3
-, up stroke of . 333.3
-, veneer 325.6
-, veneering . . 325.1
-, vertical circular - for thin boards 365.3
-, - oscillating circular 370.3
- with inserted teeth 349.2
- - steel end strips 331.6
-, wood 320.2
Sawdust 469.5, 483.10
Sawing 332.1
- machine, automatic feed of band 357.2
- -, band - - with table 356.6
- -, double adjustable vertical band - - for cutting logs 356.5
- -, frame . . . 320.5
- -, fret 355.4
-, parallel . . . 362.8
Sawyer 328.6
Sbalzo della sega 335.3
Sbavare . 231.3, 238.2
- la ghisa . . . 315.8
Sbavatura . . . 316.1
Sbozzare . 6.6, 78.3
-, ferro da . . . 388.3
-, - per 421.7
- il foro 146.8
-, scalpello da tornitore per 421.6
-, utensile da . 32.6
-, - per . 123.8, 124.1.2 421.7
Sbozzatura . . 78.4
- degli ingranaggi 186.5
- dei denti d'ingranaggio 186.5
Scala composta 28.5
- dentata . . . 88.4
Scaldare i chiodi 289.2
- - rivetti . . . 289.2
- l'aria, apparecchio a vapore per 464.2
- la pasta, apparecchio per 457.7 459.7
Scalo, dispositivo per tornire a 97.6.7
Scalpellare la capocchia 290.2
Scalpello . . . 409.3.4
- ad aria compressa 256.2
- da acciecare ad aria compressa 256.3
- - ribattere ad aria compressa 256.3
- - tornitore . . 421.5
- - - per sbozzare 421.6
- doppio a tre taglienti 409.6
- per scavare internamente 422.6
- - tornire cave 422.3
- piatto 421.7
- profilato . . . 422.4
- sagomato . . 422.4
Scanalare 395.5, 397.1.2 400.6
-, apparecchio per 399.4
-, macchina da (v. „macchina“)
Scanalato . . . 49.4
Scanalatura . . 177.3 185.8.9, 208.5, 215.7 395.6, 400.3
- a coda di rondine 29.5
- - forma di T invertito 28.7
- circolare . 29.1, 98.9
- del cilindro . 295.1
- - rullo 295.1
- di fissaggio . 116.1
- elicoidale . . 20.3
-, lunghezza di una 395.7
- per il fissaggio 19.1
- regolabile del cilindro 295.2
- - - rullo . . . 295.2
Scantling 481.8, 482.1
-, travelling carriage for -s 341.7
Scappamento . 251.7
- dell'aria . . . 268.1
Scaricatore . . 277.2
Scarico . 244.4, 277.2 372.7
Scarto . 454.6, 483.9
Scatola 376.5.6.7, 452.4 453.1
- d'anima . . . 309.1
- degli ingranaggi di cambio 88.7
- dell'ingranaggio intermediario 88.3
- di avanzamento 23.7
- - guarnizione 371.6
- per l'avanzamento, meccanismo a 23.7
- - l'inversione di marcia 197.1
- - la fusione . 276.8
- - sigari . . . 468.3
Scavare 423.2
- internamente 422.6
Scentrato, colpo 263.5
Schablone 96.6, 146.2
- eiförmige . . 97.4

Schablone, nach - bohren 146.1
-, - der - fräsen 187.1
-, ovale 97.4
-, Stichelverschiebuug nach 96.7
Schablonen-drehbank 62.1, 445.8
-halter 312.1
- -, allseitig beweglicher 312.3
Schablonier-maschine, Zahnräder- 311.6
Schabotte 261.1
Schachtel-anstrichmaschine 459.3
-besandungsmaschine 459.5
-füllmaschine 460.2
-klebmaschine 458.9
-span 376.5, 452.4
- -teilmaschine 376.4 453.1
-trockenvorrichtung 459.2
-trockner 459.2
-zarge 376.7
-zargenteilmaschine 376.6
Schaft, Stichel- 126.4
Schale, Werkzeug- 182.1
Schäle, Kern- 491.6
-, Ring- 491.6
Schälmaschine 452.2
-, Furnier- 376.3
-, Rinden- 464.7
-, Rund- 376.3
Schalt-bewegung 22.3, 95.4
-dose 23.7
-gabel 153.7
-griff 160.2
-hebel 153.7
-kette 96.4
-klinke 23.3
-mutter 162.7
-rad 23.1, 96.2, 159.3 339.6
- - mit Klemmklinke 23.4
-schraube 25.3, 41.9 159.2
- -, Bohrspindel mit 161.3
- -, Bohrstange mit einseitig liegender 161.6
- -, - - exzentrisch liegender 161.6
- -, - - gleichachsiger 161.5
-spindel 51.9, 159.2
-stange 48.3
-steuerung 22.2
-weg 22.4, 95.5
- -, geradliniger 95.6
-welle 51.9
-werk 22.8, 96.1
- -, Drücker- 234.4
- -, geschlossenes 23.7
- -, Querbalken- 24.1
-zahnstange 160.6
Schalten 336.4
Schaltung 336.3
-, Dauer- 95.7
Schaltung, Druck- 95.9
- durch Exzenter 162.1
- - Reibräder 162.4
-, Sprung- 95.8
Schärfen 216.10, 351.7
- der Sägezähne 351.6
Scharfkantig 481.9
Schärfmaschine für Sägeblätter 352.1
-, Säge- 211.3
-, Sägen- 352.1
Schärfung des Stahls 121.10
Scharnier-hebel 194.6
-stift 181.8
Schaufel, Hand- 275.11
Schaukelsäge 370.6
Schawatte 261.1
Scheibe 419.6
-, Asbest- 275.7
-, Daumen- 182.6, 235.7
-, Dreh- 25.1, 98.8, 184.4 230.7
-, Einsatz- 189.6
-, Exzenter- 43.2
-, Fest- 17.7
-, Filz- 218.5
-, Friktions- 90.5
-, führende 55.4
-, Halt- 51.5
-, Hub- 235.7
-, Kegel- 224.3, 388.5
-, Kurbel- 43.2, 188.1
-, Kurven- 18.5, 19.7 49.2, 110.2
-, Leder- 372.1
-, Loch- 249.1
-, Los- 18.1
-, Mitnehmer- 112.6
-, Nuten- 110.2
-, Plan- 115.5
-, Reib- 90.5, 157.4
-, Schmirgel- 228.1
-, Schneid- 203.1
-, schneidende 55.3
-, Stell- 43.5
-, Stufen- 48.3, 82.7
-, Tassen- 224.2
-, Tisch- 437.1
-, Unter- 248.1
Scheiben-drehbank 60.2
-drehung mit Zahnkranz 115.7
-fräser, kegeliger 203.2
- -, konischer 203.2
- -, walzenförmiger 203.1
- -, zylindrischer 203.1
-fügemaschine 441.4
-hobelmaschine 380.1
-kolben 265.7
-messer 388.4
- -, Kegel- 388.6
-schleifmaschine mit Vorlage 211.4
Scheit-holz 481.2
-, Richt- 302.3
Schell-eisen 278.1
- -, Kühlhalten des - -s durch Kühlwasser 289.5
-hammer 286.2
Schemel, Dreh- 67.9 98.8
-, Tret- 54.7, 81.2
-, Wende- 184.4
Schenkel, Gatter- 328.1
Scherbacke 240.4
Scherblatt 249.4
-antrieb, Ausrückung des - -s 236.8
-, Auseinanderdrängen der Scherblätter 242.1
-, bewegliches 241.4
-, Brustfläche des -es 240.5
-, festes 241.5
-hub 241.8
-kante 240.6
-, kreisförmiges 241.6
-schlitten 233.8
-, stützendes 241.5
-, tätiges 241.4
-überlappung 240.8
Scher-fläche 237.8
-maschine 351.5
- - und Lochmaschine, kombinierte 232.6
- - -, vereinigte 232.6
Schere 88.6, 228.2
-, Alligator- 229.4
- auf drehbarem Gestell 230.6
-, Auflegetisch der 233.6
-, Bock- 229.5
-, Bogen- 228.5
-, Dampf- 230.2
-, drehbare 230.6
-, Guillotin- 228.4
-, Handblech- 231.2
-, Hebel- 228.5, 229.4
-, Holz- 409.1
-, hydraulische 230.3
-, Kreis- 229.1
-, Maschinen- 228.3
-, Maul- 229.8
- mit Dampfantrieb 230.2
- - Exzenterantrieb 230.1
-, Parallel- 228.4
-, Rahmen- 228.4
-, Rund- 229.2
-, Sägezahn- 351.4
-, Schlitten der 233.8
-, -führung 233.7
-, Schrot- 231.3
-, Stock- 229.5
-, Tafel- 229.6
-, Tisch der 233.6
-, Träger- 231.4
-, Wasser- 230.3
-, Wasserdruck- 230.3
-, - - für Stahlblöcke 230.5
-, Winkeleisen- 231.5
-, -hebel- 229.7
Scheren, ab- 237.5
-antrieb durch Dampfmaschine 236.3
- - - Druckwasser 236.5
- - - einen Daumen 235.5
- - - Schraube 235.4
Scherenantrieb durch Schwungrad 236.1
-auflegetisch 233.6
-gestell 233.1
-maul 241.7
-winkel 237.9
Scheuerfaß 316.1
Schiacchiare le agraffe 299.6
Schichtholz 481.3
Schieb-klaue 339.8
-rad 339.7
Schieber 99.2
-bewegung 252.1
-, Dreh- 19.7
-, Konsol- 184.1
-, Kreuz- 98.5
- mit Nut 19.6
-stange 252.2
-, Steuer- 251.10
-steuerung 251.8
Schiebetisch, seitlicher 365.5
Schiefer, Wetz- 222.9
Schienale da sedia 436.8
Schiene, Deck- 472.6
-, Druck- 385.2
-, Einsteck- 418.8
-, Gleit- 8.5
-, Stell- 99.3
Schienen-biegemaschine, tragbare 295.4
-bohrmaschine 133.4
-einspannvorrichtung 166.3
-ende, stumpf geschweißte -n 271.7
-richtmaschine 296.4
Schießwaffenziehmaschine 4.4
Schiffbauholz 494.7
Schild 88.8
-, drehbares 18.5
-, Schlitten- 103.2
Schindel-kreissäge 366.6
-maschine 366.6
Schirm, Span- 386.2
Schiste à aiguiser 222.9
- - repasser 222.9
Schisto 222.9
- per affilare 222.9
Schlacke 277.7
-, Korund- 277.8
Schlackenkasten 277.3
Schlag, außerachsiger 263.5
-maschine 314.5
-stärke des Hammers 262.5
-stift 314.6
- -maschine 314.5
-zahl 263.4
Schlagen, das Werkstück schlägt 75.5
Schlangenholz 499.9
Schlauch 318.3
-filter 319.1
Schlehdorn 501.11
Schleifband 404.4
-fläche 221.5
-kontakt 21.6, 220.4

Schleifmaschine 209.2, 403.1
–, allgemeine Werkzeug- 211.2
–, Bohrer- . . . 210.6
–, Büchsen- . . 210.3
–, doppelte Riemen- 404.5
–, - Sandpapier- 404.1
–, Flächen- . . . 209.3
- für ebene Flächen 209.3
–, Hobelmesser- 392.2
–, Hohl- 210.2
–, Holz- 403.1
–, horizontale Sandpapier- 403.4
–, Kehlmesser- . 394.1
–, Kolbenring- . 209.4
- mit Ausleger 404.3
- - endlosem Riemen 404.3
–, Riemen- . . . 404.3
–, Rund- 210.1
–, Sandpapier- . 403.2
–, Scheiben- - mit Vorlage 211.4
–, Spitzen- . . . 211.1
–, Trommel- . . 404.6
–, wagrechte Sandpapier- 403.4
–, Werkzeug- . 210.5
–, Zylinder- . . 210.4
Schleifmaschinen-brille 219.5
-lünette 219.5
-spindelstock . 217.8
Schleif-material 222.4
-mittel 222.4
-pulver 226.8
-rad . . 221.4, 223.11
- -, das - - funkt 217.1
-riemen 404.4
-ring 224.1
Schleifscheibe 221.4 403.5
–, Bersten der . 226.2
–, die - verglast 217.3
–, Karborundum- 223.7
–, selbsttätige Feineinstellung der 218.7
–, Zerspringen der 226.3
Schleifscheiben-abnützung 226.1
-dorn 224.8
-schlitten . . . 211.6
Schleif-schmant 218.1
-spindel 217.9
-staub 218.4
Schleifstein . 221.4.6
–, Ablehren des -s 225.5
-befestigung . 224.7
–, den - ablehren 225.4
–, - - abrichten 225.4
–, Doppel- . . . 224.6
-dorn 218.1
–, Einkitten des -s 225.2
–, Einklemmen des -s 225.1
–, Einspannen des -s 225.1
–, fliegend angebrachter 224.5
Schleifstein, fliegender 224.5
–, grobkörniger 221.8
–, halblinder . . 221.9
–, harter 222.2
-hülle 218.3
–, Korn des -s . 221.7
–, Kronen- . . . 224.4
–, linder 222.1
–, rauher 221.8
–, ruhiges, genaues Laufen des -s 225.3
-schutzhaube . 218.3
-spindel 217.9
- -lagerung . . 218.2
–, weicher . . . 222.3
-welle 217.9
Schleif-teilkopf 221.2
-trommel . . . 404.7
-walze 404.7
-zugabe 212.5
Schleife, Exzenter- 40.4
–, Kurbel- . 13.6, 40.4
–, Umlauf- . . . 13.7
Schleifel 213.1
Schleifen . 212.2, 405.1
–, aus- 215.3
–, Boden- 215.6
–, ein walzenförmiges Werkstück 215.1
–, eine ebene Fläche 214.3
- einer ebenen Fläche 214.4
- eines Werkzeuges 220.7
–, Fein- 216.3
–, fertig 216.2
–, glanz- 216.6
–, grob- 212.3
–, innen- 215.3
–, Kegel- 215.2
–, naß 212.6.7
–, plan- 214.3.4
–, Rillen- 215.7
–, Rund- . . . 214.6
–, trocken . . 213.2.3
–, vor- 212.4
Schleifer 217.4
Schleiferei . . . 217.5
–, Werkzeug- . 217.7
Schlepp-bahn . 462.5
-kurbel 339.5
-walze 385.8
Schleudersauger 213.7
Schlicht-drehen 73.8
-haken 125.3
-maschine 4.1
-stahl . . . 32.7, 124.4
- -, breiter . . . 124.5
- -, federnder . 124.6
- -, flacher . . . 124.5
Schlichten 6.7
Schließ-keil . . 106.7
-kopf 284.7
- -, den - - bilden 284.6
- -gesenk . . . 278.1
- - -, das - - auf die Niete drücken 285.1
-ring 94.4
Schliff 213.1
–, Holz- 484.1
–, Maschinen- . 217.6
–, Plan- 214.5
–, Rund- 214.7
Schlips 213.1
Schlitten . 348.2, 375.3
–, Arbeitsgang des -s 11.7
-bahn 65.2
–, Bett- . 39.5, 64.8, 98.6
- -bewegung, horizontale 47.7
- -, senkrechte . 47.8
- -, vertikale . . 47.8
- -, wagrechte . 47.7
–, Bohr- 143.3
- der Feilmaschine 43.6
- - Schere . . . 238.8
–, Drehkopf mit 107.2
-führung . . 8.2, 65.1
- - der Schere 238.7
-gatter 323.5
-geschwindigkeit 12.4
–, Hobel- 5.4
-kreissäge . . . 369.4
–, Kreuz- 24.2, 39.4, 98.5
-lager, selbsttätiges 206.9
- -, sich selbst einstellendes 206.9
–, Lang- . . 39.5, 184.1
–, Längs- 39.5, 98.6, 184.1
–, Leergang des -s 11.8
–, Messer- 375.3
–, Plan- 98.7
–, Quer- . 5.2, 24.3, 39.7 98.7
–, Räumnadel- . 54.4
–, Säge- 206.8
–, Scherblatt- . 238.8
-schild 103.2
–, Schleifscheiben- 211.6
–, senkrechter . 24.4
–, Stahlwechsel- 105.5
–, Stichel- 44.1
–, Stichelhaus- 35.9, 99.4
–, Stoß- 52.2
–, Vertikal- . 24.4, 52.2
-vorschub . . . 348.1
–, Werkzeug- 99.2, 211.6
Schlitz 79.3, 332.6, 402.3
–, Auswerfer- . . 196.1
-düse 316.4
- und Zapfeneisen 402.5
-fräser 203.5
-maschine, Zapfenschneid- und 401.3
-scheibe 401.5
-schraube . . . 219.8
-sohle 332.8
-weite 332.7
Schloß, Längs- 108.8
–, Leitspindel- . 109.6
–, Mutter- 11.4, 109.7
–, Plan- 103.9
-platte 103.2
Schlottern, das Werkstück schlottert 75.6
- des Werkstücks 75.7
Schlüssel, Anzug- 331.2
–, Brems- 152.3
–, Exzenterangel- 331.2
- zur Exzenterangel 331.2
Schlußring, Blech- 278.4
Schmant, Schleif- 213.1
Schmelz-kasten 456.7
-tiegel 275.2
Schmieden, im Gesenk 264.1
Schmiedepresse, Dampfdruck- 265.2
–, Druckwasser- 265.1
–, hydraulische 265.1
Schmieren . . . 76.1.2
Schmierhelm . 188.4
Schmierung, Ring- 79.5
Schmirgel . . 222.11
-leinen 223.2
-leinwand . . . 223.2
-papier 223.3
-pulver . . . 222.12
Schmirgelscheibe 223.1
–, Abdrehen der - mittels eines Diamants 225.6
–, Abziehen der - mittels eines Diamants 225.6
–, Längsvorschub der 219.4
–, rotierende . . 353.2
–, sich drehende 353.2
Schmiergelstein 223.1
Schnarren . . . 75.10
Schnauze, Überlauf- 277.2
Schnecke . . . 10.4
–, Fall- 163.3
–, Stell- 141.3
Schnecken-antrieb 10.3
-bohrer 412.1
-fräser 202.5
-fräsmaschine . 179.1
-gehäuse 193.6
-getriebe, Vorschub- 192.2
-lager 193.5
-rad . . . 90.2, 156.8
- -antrieb . . . 156.7
- -fräsmaschine 178.6
-zahnstangenantrieb 10.3
Schneid-apparat, Kreis- 357.4
-backe 172.6
-block 480.3
-bohrer 173.6
-brenner 273.2
-brust 121.1
-eisen 172.5
- -, zweiteiliges 172.7
-kante 120.9
- -, die - - hängt nach vorn über 384.3
- -, - - - liegt gleichlaufend zur Faser 383.9
- -, - - - - quer zur Faser 384.2
- -, - - - - schräg gegen die Faser 384.1
-kluppe 172.5
-kopf, feststehender 173.5
- -, Gewinde- . 172.8

Schneid-kopf, rotierender 173.2
- -, selbstauslösender 173.1
- -, umlaufender 173.2
-kraft 120.6
-lade 368.3
-linie 120.9
Schneidmaschine, Bodenrund- 368.1
-, Furnier- 374.4
-, - - mit geradem Schnitt 376.2
-, - - - Spiralschnitt 376.3
-, Gehrungs- 408.7 439.5
-, Holzdraht- 458.6
-, Span- 374.4
-, Speichenzapfen- 449.6
-, Zapfen- 401.3
Schneid-messer 173.3
-mühle 464.4
-rad 203.1
-rücken 121.2
-scheibe 55.3, 203.1
-stempel 242.2
-werk 229.3
- -, Furnier- 465.3
-winkel 31.5, 121.4, 240.7
-wirkung 120.7
-zahn 204.5
- -, Fräser mit eingesetzten Schneidzähnen 204.3
Schneide 120.8
-, abgenutzte 121.9
-, Haupt- 121.3
-, Quer- 397.3
-, schräg gestellte 121.7
-, Seiten- 397.4
-, Stahl- 31.4, 120.8
-, Stichel- 31.4
-, stumpf gewordene 121.9
Schneiden 237.2
-, aus- 238.5
-, autogenes 273.1
-, in Streifen 238.4
-, Krumm- 340.1
-, lang- 333.6
-, Längs- 238.7
-, Quer- 238.6, 333.8
-, Späne 375.8
Schneider, Rohr- 231.6
Schnell-arbeitstahl 35.5
-bohrmaschine 132.2 411.2
-drehbank 60.1
-fräser 400.7
-fräsmaschine 178.2
-grobdreherei 73.5
-hammer 258.1
-handsteuerung 162.5
-hobelmaschine 4.2 382.5
-laufstahl 122.7
-stahl 35.5, 122.7
Schnitt 237.3
-bewegung 6.9, 68.2
-breite 7.6
-, der Stahl macht mehrere -e 7.9
Schnitt, der Stahl nimmt mehrere -e 7.9
-fuge 332.6
-gang 70.6
-geschwindigkeit 7.7, 68.5
-höhe 7.5, 69.1
- - der Bandsäge 359.4
-holz 481.7
-länge 7.4
-leistung 332.11
-richtung 7.8
-stelle, Vorwärmung der 273.3
-verlust 332.12
-weg 7.1
-widerstand 7.3, 68.7 237.4
Schnitzmaschine 417.5
Schnur-antrieb 84.6
-lauf, mehrrilliger 84.7
-wirtel 81.3
Schore 308.4
Schräg-fläche 65.7
-hobeln 24.7
-leiste, hintere 65.6
- -, vordere 65.5
-schliff der Zähne 352.8
- -vorrichtung, selbsttätige 353.1
-stellen der Säge 206.7
-stellung des Stößels 52.5
Schrank 349.5
Schränk-apparat 350.2
- -, Bandsägefeil- und 359.7
-backe 350.4
-eisen 349.8
-gerät 350.2
-maschine 350.3
-zange 350.1
Schränken 349.7
-, das Sägeblatt 349.6
Schränkungsbreite 349.5
Schraub-bock 30.3
-stock, Parallel- 166.1
- -säge 208.5
Schraube, Anschlag- 107.7
-, Aufspann- 27.7
-, Druck- 79.1, 126.7 145.7
-, Einspann- 341.1
-, Einzieh- 411.5
-, Fang- 163.4
-, Förder- 411.6
-, Haken- 30.2
-, Hub- 141.3
-, Klemm- 43.4
-, Leisten- 66.4, 182.5
-, Mitnehmer- 92.5 154.7
-, Niederhalten des Werkstücks durch -n 239.1
-, Niet- 282.8
- ohne Ende 90.1
-, Querschlitten- 109.8
Schraube, Schalt- 25.3, 41.9, 159.2
-, Schlitz- 219.8
-, Spann- 197.8
-, Stell- 14.3, 79.1, 126.9
-, Verschiebbare 90.1
-, Verstell- 182.6
Schrauben-antrieb 10.5, 285.4
- -, Bohrspindel mit 161.3
- - des Stößels 48.8
-bohrer 412.4
- - des Hohlstichels 409.8
-durchschnitt 282.2
-futter 114.3, 420.7
-nietmaschine 281.2
-presse 257.6
-quersupport 99.1
-räderantrieb des Rücklaufs 192.6
-schneidmaschine 171.1
-spindel 10.8
-stanze 232.2
-winde 183.1
- -, Faß- 444.6
-zahn-rad 10.7
- -stange 10.6
- -stangenantrieb 10.5
Schreiner 465.9
-, Modell- 466.4
Schreinerei, Bau- 465.10
-, mechanische 465.8
-, Möbel- 466.1
-, Modell- 466.3
Schroppstahl 123.8
Schroten 6.6
Schrot-säge 346.2
-schere 231.3
-stahl 123.8, 421.6
Schrubben 6.6
Schruppen 6.6, 73.3.4
Schrupp-messer 388.3.4, 421.6
-stahl 32.6, 123.8
- -, linksgehender 124.3
- - mit gerader Schneide 124.1
- - - runder Schneide 124.2
Schub-lade 391.10
-lager 78.3
Schürze 108.2
-, Bettplatten- 108.2
Schüssel, Tunk- 457.5
Schüttelsieb 314.2
Schutz-brille 277.4
-bügel 226.4
- - der Bandsäge 473.4
- -, Hobelmesser- 478.7
-glocke 474.2
-haube 472.2
- -, Schleifstein- 218.3
- -, selbsttätige 472.7
-kappe 218.3
- -, Rad- 86.4
-korb 474.3
-leiste 472.6
-netz 474.4
-platte, hölzerne 473.1
Schutz-ring 474.1
- - der Trommelsäge 478.3
-rinne der Bandsäge 478.5
-scheibe 474.1
-vorrichtung 471.1
- -, Kreissäge- 471.10
Schwanz-ende 79.9
-hammer 245.7
-lager 79.7
- -, entlastetes 80.1
-zapfen 79.8
Schwärmer 187.2.3 170.1
-arm 187.4
- mit geteilter Nabe 187.5
-stichel 170.2
- -haus 170.4
- zum Bearbeiten der Kurbelkröpfungen 187.6
Schwarte 483.5
Schwartengatter 322.5
Schwarz-dorn 501.11
-erle 497.10
-föhre 495.7
-kiefer 495.7
-pappel 497.7
Schwarzer, gemeiner Flieder 505.8
Schwefel-herd 456.2
-pfanne 456.5
Schweifsäge 355.4
Schweinsrücken 66.7
-führung 8.7, 66.6
- -, Laufschiene mit 326.6
- -, offene 66.8
Schweiß-brenner 272.11
-draht 272.12
-hitze 270.6
-maschine 270.2
- -, Universalstauch- und 270.3
-naht 270.8
-stahl 33.6
-stelle 270.7
-temperatur 270.6
-verfahren 271.8
- -, automatisches 273.7
- -, selbsttätiges 273.7
-zange 275.12
Schweißen 270.4
-, an- 271.5
-, stumpf 271.1
-, stumpfes 270.9
-, überlappt 271.2
-, Zusammen- - von zwei Stangen 271.4
Schweißung 270.5
-, autogene 272.1
-, Rohr- 271.6
Schwellenquersäge 363.4
Schwenkbar, -es Spindelgehäuse 199.1
Schwer-achse 391.7
-spaltig 486.2
Schwinden 488.8
- des Holzes 488.7
Schwindmaß 488.9

Schwinge . . . 339.4
-, Kurbel- . 14.1, 48.5
Schwing-hebel 234.5
-säge 369.5
Schwung-kugel 257.7
-rad . . . 51.4, 236.2
- -antrieb . . . 236.1
- -, Kurbel- . . 334.8
Sciablona . 62.1, 96.7 96.8, 312.1
- ovale 97.4
Sciage 332.1.10
- circulaire, dispositif pour le 357.4
- de surfaces déjetées 340.1
- - - gauches . 340.1
- en long du bois 333.5
Scie 211.3
- à abattre les arbres 354.3
- - - transportable à commande électrique 354.5
- - archet . . . 321.3
- - bois 320.2
- - cadre à deux lames 321.6
- - - - plusieurs lames 321.7
- - - - une lame sur le côté 321.4
- - - avec lame au milieu du châssis 321.5
- - chantourner 355.4
- - découper . 355.4
- - dents articulées 399.2
- - - rapportées 349.2
- - disque tournant 360.5
- - froid 206.2
- - jointer les douves 367.1, 441.5
- - lame lâche 346.8 353.5
- - - non tendue 346.8
- - manche . . 353.6
- - monture . . 346.4
- - onglet d'encadrement 366.4
- - pendule avec commande inférieure 370.2
- - placage . . 325.6
- - poignée pour tenons 425.5
- - raccourcir les douves 367.2, 440.3
- - refendre . . 346.3
- - ruban 207.6, 356.5 357.1.2, 359.4.5.6.7 478.4.5
- - - à poulies porte-lame ajustables et lame inclinable 357.6
- - - avec chariot d'aménage 356.3
- - - - table . . 356.6
- - - pour débiter les grumes 356.2
- - tenon pour queues d'hironde 425.4
Scie à tronçonner 320.4, 353.6, 355.2
- - - à lame mobile horizontalement 366.3
- - - les grumes 354.6
- - vapeur à abattre les arbres 354.4
- allemande . . 346.4
- alternative . 208.4 327.7.8.9, 328.1, 345.8
- - à cadre . . 320.5
- - verticale à cadre 321.2
-, bâti de . . . 326.3
-, chape de suspension de la 329.6
- châssis de . . 346.5
- circulaire . . 206.4 360.5, 362.9, 371.2.3.4 372.2.3, 424.3, 471.10
- - à araser . . 367.3
- - - bardeaux 366.6
- - - dresser et à équarrir 362.6
- - - - parallèlement 362.8
- - - équarrir les grumes 361.4
- - - pendule . 369.5
- - - - avec commande électrique 370.1
- - - - sur roues 369.7
- - - plateau monte et baisse 366.1
- - - - roulant sur galets 369.4
- - - raccourcir avec table mobile 365.4
- - - refendre . 361.7
- - - scier les deux bords parallèlement 362.8
- - - table . . . 364.2
- - - - avec arbre porte-lame déplaçable 366.2
- - - - déplaçable verticalement 366.1
- - - tronçonner 363.3
- - - - avec aménage du bois à la main 369.2
- - - - les grumes 370.5
- - avec aménage automatique 369.3
- - - bâti en bois 360.9
- - - - - fer . . 360.8
- - - chariot automatique 363.8
- - - - pour grumes 363.6
- - - table à bascule 365.6
- - concave . . 373.1
- - fixe 360.6
- - horizontale 368.7
- - - à feuillures 368.8
- - - oscillante 370.4
Scie circulaire horizontale pour fonçailles 442.5
- - - - travail de précision 368.8
- - multiple à tronçonner 368.5
- - oscillante . 370.6
- - - réglable à rainurer 371.1
- - pour bois de charpente de mines 361.3
- - - - - chauffage avec porte-bûche oscillant 368.2
- - - des bois longs 361.2
- - - grumes . . 361.1
- - - lattes . . . 361.8
- - - menuiserie 365.2
- - sur chariot 360.7
- - - colonne . 366.5
- - verticale oscillante 370.3
- - - pour feuillures 365.3
-, coincement de la lame de 471.2
- cylindrique . 372.5 473.3
- de long . . . 346.3
- - Mulay . . . 353.5
-, dent de . . . 347.1
-, échauffement de la lame de 471.4
- en forme de croissant 355.2
- - long 320.3
- horizontale . 331.5
- - à ruban pour grumes 357.5
- - alternative 325.2
- - - à plusieurs lames 325.3
- - - - refendre 325.4
- - - - tronçonner 325.5
- - -, appareil d'aménage pour -s -s -s 339.9
-, inclinaison de la 206.7
- isolée à découper 355.8
-, lame de . 206.6, 345.4
-, largeur du trait de 349.5
- montée 207.5
-, ouvrier de lames de 328.6
- passe-partout 355.1 355.2
- -pendule . . . 207.3
- perforée . . . 349.1
-, prise de la lame de 471.2
- portative . . . 208.5
-, poseur de lames de 328.6
- pour feuilles de placage 325.1
- - traverses de chemin de fer 363.4
-, revêtement de la table de la 473.2
-, table de . . . 365.7
Scie, table de la 207.9
-, trait de . . . 332.6
- travaillant dans les deux sens 346.2
- - - un sens . 346.1
- verticale . . . 332.4
- - alternative à commande inférieure 324.3
- - - - - latérale 324.4
- - - - - supérieure 324.5
- - - - deux lames 321.6
- - - - équarrir les grumes 322.5
- - - - longue course 324.1
- - - - plusieurs lames 321.7
- - - - - - sur chariot 322.1
- - - - refendre 322.3
- - - - une lame sur le côté 321.4
- - - avec appareil-amortisseur 323.1.3
- - - - avance par cylindres 323.4
- - - - chariot à crémaillère 323.5
- - - - lame au milieu du châssis 321.5
- - - double . . 322.2
- - - - à refendre 322.3
- - - suspendue 324.2
Scier . 332.2, 335.5.6.7.8 336.1
- à froid 206.3
- en long . . . 333.6
- - travers . . . 333.8
-, machine à (v. „machine“)
Scierie à roue hydraulique 464.5
- - vapeur . . . 464.6
- mécanique . . 464.4
- pour bois de chauffage 468.4
Scintilla . . . 217.1.2
Sciure de bois 483.10
Scolpire 417.5
Scomparto . . . 454.9
Scoop hand . 275.10
Scoria 277.3.7
- silicea 277.8
Scorie 277.3.7
- de corindon . 277.8
Scoring knife . 375.2
Scorrimento . . 65.2
- della cinghia . 84.2
Scortecciare a spirale 464.8
-, macchina per (v. „macchina“)
- parzialmente . 464.8
- - ad anelli . . 465.1
Scortecciatura a spirale 487.1
- dei tronchi . 334.7
Scorza 483.5
Scossa 454.8
Scotano 503.6
Scotch pine . . 495.5

Scrab, overhead 463.5
Scrap shearing machine 281.3
Scrape out, to . 54.9
Scraping cutter for key ways 55.5
- out cutter . . 55.2
- - -, to pass the - - - through the hole 55.1
- - of holes . . 54.8
Screen shaker, portable pneumatic 814.3
Screpolarsi . . 489.5
Screpolatura . 489.4
- a raggiera . . 490.8
- - stella 490.8
- centrale . . . 491.2
- esterna 490.7
- di stagionatura 489.6
- dovuta al caldo 491.5
- - - freddo . . 491.5
- - - gelo . . . 491.3
- - alla cipollatura 491.7
- interna . . . 491.1
- naturale . . . 490.9
Screw, adjusting 14.3, 126.9
-, - endless . . 141.3
- adjustment of log carriage fence 843.8
- block 80.3
- cramp, hand 341.10
-, cross slide . . 109.8
-, - surfacing . 109.8
-, - traverse 25.4, 109.8
-, - - - for ram 41.9
- cutting lathe 58.1
- - machine . . 171.1
- - tool, female 126.1
- - -, male . . . 125.8
- - -, outside . 125.8
- die 172.5
- - in halves . 172.7
-, differential . 198.2
- dolly 286.3
- drive . . 10.5, 235.4
- - of ram . . . 48.8
-, elevating endless 141.3
-, endless 90.1
- feed . . 99.1, 161.3
-, feeding . . . 25.3
- gear 89.7
-, gib . . . 66.4, 182.5
-, guide 11.1
-, leading . . . 108.7
-, locking . . . 168.4
- machine . . . 61.2
-, nut for feed . 162.7
- point chuck . 420.7
- press 257.8
- pressure . . . 239.1
- punching press, hand power 232.2
- rack 10.6
-, regulating . . 182.6
- riveting machine 281.2
-, set 14.3, 43.4
-, - - with notched head 219.8
-, setting 79.1
Screw, setting up 341.2
- spindle 10.8
-, - for actuating lowering 182.8
-, - - - raising . 182.7
- - - longitudinal slide 89.6
- - of swivel plate 25.2
- stocks 172.6
-, stop 107.7
-, surfacing . . 110.4
- tap 173.6
-, telescopic . . 183.3
- thread rolling machine 174.1
-, tightening up 197.8
- wheel 10.7
- -, return . . . 192.6
Screwed centre point 411.5
- rivet 282.8
Screwing chuck 172.8
- -, rotary . . . 173.2
- - with automatic release 173.1
- machine, bolt 171.2
- of the log . . 344.2
Sculpter, machine à (v. „machine")
Sculpteur . . . 398.3
Scure doppia . 430.1
Seam . . . 285.3, 287.2
-, flat folded . . 299.7
-, projecting folded 299.8
Seasoned wood 487.2
Seasoning, long period - of a log 486.10
Seat frame bending machine 487.4
Sebo 371.8
Secadero . . . 463.9
- rotatorio para arena 315.3
Secado al aire 487.10
- lento de un tronco 486.10
Secar . . 433.3, 455.4
-, aparato de - bastoncitos de madera 453.7
-, - - - las cajas de madera 459.2
-, armario de . 454.2
-, cámara de . . 433.4
-, horno de . 315.4,5
-, instalación de - madera 463.8
-, máquina de (v. „máquina")
-, tambor de . . 454.4
Seccare 433.3
Sección bombeada 326.6
- circular . . . 160.7
- de corte . . . 237.8
- - la madera . 475.4
- derecha . . . 271.7
Séchage . 433.4, 463.9
- du bois 463.8, 487.6
- lent d'un tronc 486.10
Séché à l'air . 487.10
Sécher . . 433.3, 454.4
-, appareil à . . 459.2
Sécher, machine à (v. „machine")
Sécheresse . . . 489.6
Sécheur 454.2
Séchoir 455.4
- à moules de fonderie 315.5
- - noyaux . . 315.4
- rotatif pour sable de moulage 315.3
Sechstelholz . . 480.7
Seco, madera -a 487.2
Seconde tête 284.6,7
Secousse 454.8
Secret dovetailing 426.8
Section, half . . 480.5
- of shear . . . 237.8
-, quarter . . . 480.6
-, thin 479.8
-, whole 480.4
Section circulaire 260.7
- de cisaillement 237.8
- entière 480.4
- transversale du banc du tour 64.1
- - - bois . . . 475.4
Securing, device for 86.2
- the cutter by set screws 890.5
Sedia 466.2
See-föhre . . . 495.8
-kiefer 495.8
Sega . . . 206.6, 845.4
- a balestra con incastellatura indipendente 855.8
- - catena . . . 899.2
- - denti rimessi 849.2
- - - riportati . 849.2
- - disco girevole 860.5
- - doppio effetto 846.2
- - freddo . . . 206.2
- - mano ad incastri 425.4
- a nastro 207.6, 857.1 857.2, 859.6, 860.1 478.4,5
- - - con carrello di alimentazione 856.3
- - - - tavola . 856.6
- - - doppia e regolabile 856.5
- - - - per intestare tronchi 356.5
- - - - - tagliare tronchi in lunghezza 856.5
- - - fisso . . . 207.5
- - - inclinabile 857.8
- - - orizzontale per tronchi 857.5
- - - per tronchi 856.2
- a pendolo 207.3, 869.5
- - - comandata dal basso 870.2
- - - con comando elettrico 870.1
- - - trasportabile 869.7
- - pettine . . . 855.2
- - tamburo . . 478.3
- - telaio 320.5, 846.4
Sega a telaio a due lame 821.6
- - - - lama centrale 821.5
- - - - lame multiple 821.7
- - - doppio a lama laterale 821.4
- - - per tagli trasversali 825.5
- ad arco 846.4
- - asse verticale per lavori leggeri 868.8
- - effetto semplice 846.1
-, affilatrice per -he 211.3
-, - - dischi da 211.3
-, agraffa della 830.2
- allentata . . 846.5
- alternativa . 820.3 826.1, 827.7,9
- - a corsa lunga 824.1
- - - due lame 821.6
- - - freddo . . 208.4
- - aperta . . . 821.3
- - con telaio in forma di C 821.3
- - multipla . . 821.7
- - orizzontale 825.2
- - - a più lame 825.3
- - - multipla . 825.3
- - - per rifendere 825.4
- - - - tavole . 825.4
- - verticale . . 821.2 827.8
- - - a più lame a comando superiore 824.5
- - - - - - comandata dal basso 824.3
- - - - - - con comando inferiore 824.3
- - - - - - - - - laterale 824.4
- - - con ammortizzatore degli urti 823.1
- - - - avanzamento a rulli 823.4
- - - - tavola scorrevole 823.5
- - - doppia . . 822.2
- - - - per rifendere 822.4
- - - - - tavole 822.4
- - - per rifendere 822.3
- - - - squadrare tronchi 822.5
- - - - tavole . 822.3
- - - - - con ammortizzatore degli urti 823.3
- - - sospesa . 824.2
- - - trasportabile 822.1
-, altezza ammissibile sulla 859.4
-, - di taglio della 859.4
-, alzata della . 888.3
-, arco della . . 846.5
-, armatura della 826.3

Sega, ascesa della 333.3
-, attacco della 329.6
-, avanzamento della 332.9
-, avanzata della 333.1
-, banco per fissare le -he 352.3
-, - - tendere le -he 352.3
-, carrello della 206.8
- circolare . . . 206.4, 371.2.3.4.5, 372.2.3, 471.10
- - a bilanciere per tronchi 370.5
- - - lama oscillante 370.6
- - ad alimentazione automatica 369.3
- - - asse verticale 368.7
- - - avanzamento automatico 369.3
- - - entrata conica 372.4
- - - incastellatura fissa 360.6
- - con carrello per tronchi 363.6
- - - disco per tagli d'angolo 366.4
- - - dispositivo di avanzamento a slitta 369.4
- - - incastellatura a colonna 366.5
- - - - di ghisa 360.8
- - - - - legno 360.9
- - - lama a spostamento verticale 366.2
- - - tavola . . 364.2
- - - - a spostamento verticale 366.1
- - - - ad avanzamento automatico 363.8
- - - - inclinabile 365.6
- - concava . 373.1.2
- - da carpentiere 361.3
- - - ebanista . 365.2
- - - raddrizzare 362.6
- - - refilare . 362.6
-he circolari montate sullo stesso asse 362.9
- - obliqua . . 370.6
- - orizzontale 368.7
- - - ed oscillante con tavola 370.4
- - - per lavori leggeri 368.8
- - oscillante con tavola 370.3
- - per accorciare con lama a movimento di andirivieni 366.3
- - - - - tavola scorrevole 365.4
Sega circolare per assicelle 361.8, 366.6
- - - fondi di botti 442.5
- - - fresare giunture ad incastri 434.3
- - - intestare . 363.3, 367.3
- - - lavori leggieri 365.3
- - - legna da ardere con portaceppo 368.2
- - - legname lungo 361.2
- - - rifendere 361.7
- - - segare tronchi 361.1
- - - smussare 367.3
- - - squadrare tronchi 361.4
- - - tagli lunghi 361.2
- - - - trasversali 363.3
- - - - - con avanzamento a mano 369.2
- - - - - - tavola scorrevole 365.4
- - - tagliare a lunghezza stabilita 367.3
- - - - trasversalmente 363.3
- - trasportabile 360.7
- comune . . . 346.3
- con comando a vapore per abbattere tronchi 354.4
- - rinforzo di acciaio 331.6
- - tamburo in forma di fusto 372.8
-, corsa della . 332.9, 333.1.2.3.4
-, cuneo per fissare le lame delle -he 328.8
-, - - tener al posto le lame delle -he 328.8
- da ebanista per impellicciature 325.6
- - traforo alternativa a balestra per contornare 355.4
-, dente della . 347.1
-, discesa della 333.4
-, disco da . . . 206.6
- doppia da raddrizzare 362.8
- - - refilare . 362.8
-, dorso della lama di 346.9
-, fare i denti di nuovo ad una 350.8
-, fissare le lame di 328.4
-, guida della . 358.6
-, - sul dorso della 208.2
Sega, inclinazione della 335.3
- intelaiata . . 320.5
-, lama da . . 345.4.8
-, - della 359.5
-, - di 371.1
-, larghezza della 345.6
-, lima da . . . 351.8
-, - per affilare -he 351.8
-, lunghezza della 345.5
-, macchina per tranciare denti di 351.5
-, meccanismo di avanzamento delle -he 339.9
-, montare le lame di 328.4
-, montatore delle -he 328.6
-, morsetto della 329.6
- Mulay 353.5
- multipla per tagli trasversali 363.5
-, nastro della . 359.5
-, occhio della . 329.6
- orizzontale . 331.5
- oscillante 207.3, 369.5
- - comandata dal basso 370.2
- - con comando elettrico 370.1
- - trasportabile 369.7
- per abbattere tronchi 354.3
- - accorciare le doghe 367.2
- - doghe . . . 367.1
- - il legno . . 320.2
- - intestare . . 353.6
- - - le doghe . 367.2
- - - tronchi . 354.6
- - lavori leggieri 325.1
- - segare di traverso 320.4
- - - in lungo . 320.3
- - - trasversalmente 320.4, 353.6
- - tagli trasversali 320.4
- - - - a lama volante 353.6
- - - - dei tronchi 354.6
- - tagliare le doghe 367.2
- - - - - a misura giusta 440.3
- - tirare a filo le doghe 441.5
- - traversine . 363.4
- perforata . . 349.1
-, puleggia della 357.7
-, punzonatrice per denti di 351.4
-, regolo per raddrizzare i denti di 352.4
-, rendimento della 332.11
-, ricalcatura dei denti della 350.5
-, ridentare una 350.8
Sega, ritorno della 333.2
-, sbalzo della . 335.3
-, spessore della 348.3
-, - - lama da . 348.3
-, sporto della . 335.3
-, taglio a . . . 332.1
-, tavola della . 207.9, 365.7
-, telaio della . 326.3, 346.5
-, tensione della 346.6.7
- tesa 207.5
-, tirante della . 330.2
-, trancia per denti di 351.4
- -trapani . . . 372.5
- trasportabile 208.5
- - con comando elettrico per abbattere tronchi 354.5
-, triangolo per affilare -he 351.8
-, volante della 357.7
Segare 332.2
- a freddo . . . 206.3
- circolarmente, apparecchio per 357.4
- di traverso . 333.8
- longitudinalmente 333.6
- normalmente alla fibra 333.8
- per il lungo . 333.6
- secondo la fibra 333.6
- trasversalmente 333.8
Segatura . 432.1, 433.10
- di superfici storte seguendo le fibre 340.1
Segheria 464.4
- a vapore . . . 464.6
- ad acqua . . 464.5
Seghetto 355.1
Segment de denture 312.2
- extensible . . 21.9
- -fouloir 311.6, 312.1
- tool 125.6
Segnare il centro del foro 146.5
Segrinare, macchina da (v. „macchina“)
Seguridad, disposición de - en el trabajo 471.1
Seifenwasser . 122.5
Seil-antrieb . . 11.5
- - der Bohrspindel 156.6
-, Holzwolle- . . 378.3
-vorschub . . . 336.5
Seiten-bock . . 4.7
-feile 352.2
-flächenhobelmaschine 2.4
-führung 208.1, 359.1
-gatter 321.4
-hobelmaschine 2.4
- -, vereinigte Bogen- und 3.6
-messer 241.4
- -, linkes . . . 123.3

Seiten-messer, rechtes 123.3
-schneide . . . 397.4
-ständer . . . 181.1
-verschiebung, Zangenwagen mit 340.3
-wagen 343.4
-walze 294.1
-weg 22.4
Selbst-ausgleichend, -er Mitnehmer 113.1
-auslösung . . 26.4
- - der Zahnkupplung 164.8
- - des Vorschubs 163.7
-ausrichtend, -er Dorn 113.8
-ausrückung der Zahnkupplung 164.8
- - - Zugspindel 108.8
- - des Vorschubs 163.7
-gang 164.1
- - des Supports 102.3
- - - Vorschubs 51.7
-regelung, Belastungsgewicht zur - - des Vorschubes 207.2
-steuerung . . 164.1 252.7
-, Ausrückung der 164.3
-verriegelung des Handgriffs 164.4
-zentrierend, -er Dorn 113.8
-zug 102.4
- -, den - - sperren 102.6
- -, - - - verriegeln 102.6
- -, Sperrung der -züge 102.5
- -, Verrieglung der -züge 102.5
Self-act . . . 102.4.5.6
- - disengaging gear of feed shaft 108.8
- - travel of saddle 102.3
- -acting boring machine 132.4
- - feed 164.2
- -adjustable sliding bearing 206.9
- -centreing apparatus 144.2
- - chuck . . . 172.1
- -contained jigger machine 355.8
- - vertical drilling machine 130.6
- -coring mortising chisels 409.5
- -regulation . 252.7
Sella 248.8
Selle 248.8
- du chariot . 04.8.9
Sellers, filet . . 174.5
-, filete 174.5
-, filetto 174.5
-gewinde . . . 174.5
Sellers thread . 174.5
Semelle 117.1
- de la contre-poupée 117.1
- du chariot . . 64.8
Senker 201.2
Senkrecht-Hobelmaschine 3.1
-hobeln 24.5
Sens de déplacement 22.4.5, 134.3, 144.1
Senso del lavoro 68.7
Sentido, en - longitudinal 489.1
Separación 69.8, 187.5 472.3.4, 485.10
- de las partes asserradas de la madera 471.8
-, disposición de - de la correa 248.6
Separador . . 244.5.8 248.7, 470.3
- fijo 244.6
- graduable . . 244.7
Separar, disposición de - los residuos de madera 469.6
Séparateur de déchets 470.3
Separating, apparatus for - wood chips 469.6
Separation surface 69.8
Séparation . . 69.8
Separator . . . 470.3
Separatore dei trucioli 470.3
Separazione . . 69.8
Sepenbaum . . 496.8
Sequoia 496.4
- gigantea . . . 496.4
Serbal bravio . 502.7
- de los pajaros 502.7
- doméstico . . 502.8
- silvestre . . . 502.7
Serbatoio d'acqua 272.7
- dell'olio . . . 76.5
- per l'olio . 145.10 187.4
Serie de agujeros 133.1
- - husillos . . 132.8
- di cilindri . . 295.9
- - rulli 295.9
Série de broches 132.8
- - trous 133.1
Series of holes 133.1
- - spindles . . 132.8
Serrage 22.3, 22.5, 27.4
-, appareil de 274.11
- automatique . 21.2
-, bloc de . . . 28.6
-, boulon de 27.7, 133.6
-, bouton de . . 152.2
-, bride de . 27.8, 28.2 133.8
-, chariot de . . 171.4
-, cadre de . . . 341.9
-, collet de . . . 197.5
-, collier de . . 197.5
-, coussinet de . 116.2 171.5
- de la bille par griffes 344.2
Serrage de la meule 225.1
- des cercles . 445.6
- - tonneaux . 444.4
-, dispositif de . 28.1 144.2, 269.5
-, douille de . . 114.8
- du lardon de guidage 66.5
- - tronc par griffes 344.2
-, étau de 144.5, 341.10
-, griffe de 114.6, 341.3 343.7
- latéral 342.5
-, mâchoire de . 114.6
-, mâchoires griffes de 144.3
-, mandrin de 114.1.2
-, mordache de 114.6 171.5
-, mors griffes de 144.3
-, nervure de . 30.4
-, plaque de . . 126.8
-, plateau de . . 115.4
-, rainure de 28.7, 116.1
-, remise en place par 110.8
-, support de . 144.6
- vertical . . . 342.1
-, vis de . 43.4, 126.7 197.8, 341.2
Serraggio . 28.6, 43.4 114.8, 133.6, 197.5 269.6, 331.2
-, apparecchio di 276.1
-, dispositivo di 269.5 292.2
Serramento . . 382.2 428.4, 465.10
Serrar 206.7, 322.4, 325.4 328.3.5.8, 332.2
- á lo largo 320.3, 333.6
-, aparato de - circularmente 357.4
-, - - - - los suelos 442.6
- en frío 206.3
Serrare autocentricamente, apparecchio per 144.2
Serre-tôle . . . 284.2
Serrer . . . 27.5, 331.2
-, appareil à . . 446.3
- au moyen de griffes 344.3
- l'outil 126.5
- la pièce à usiner 110.6
- les cercles . . 445.7
-, machine à (v. „machine“)
Serreur 278.4
Serrín . 387.9, 483.10
Serrote 353.6
Service tree . . 502.8
- -, wild 502.9
Sesgo, al . . . 408.7
Sesto di tronco 480.7
Set 278.1, 349.8
- of cutters . . 205.2
- - pulley patterns 307.6
- - spindles . . 132.8
- - wheels . . . 87.7
- screw . . 14.3, 43.4
- -, fixing . . . 51.6
Set screw with notched head 219.8
-, to - the saw teeth 349.6
-, - - - tool . . 87.4
- up, to 27.5
-, width of . . . 349.5
-, - over 349.5
Setting 349.7
- apparatus, saw 350.2
- jaw 350.4
- machine, band saw sharpening and 359.7
- -, saw 350.3
- of the slotting tool 58.5
- out of centre 118.2
- over 118.2
- pliers, saw . . 350.1
- screw 79.1
- the drill spindle 149.5
- - saw blade at an angle 206.7
- up . . . 27.4, 184.3
- - apparatus . 448.5
- - piece . . . 29.3
- - screw . . . 341.2
- - table, grooved 30.6
- - the work . 110.8
Settore 312.5.6
Setze, Stemm- . 287.5
Setzen 349.7
Setzstock 119.6, 143.1
Sève 486.8
Sevenbaum . . 496.8
Sevo 371.8
Sezione a cassa 141.6
- circolare . . . 160.7
- di contropressione 267.1
- - pressione . 266.8
- rettangolare . 482.3
- tranciata . . 237.8
- trasversale di un legno 475.4
Sfacciare . 170.1.2.4
- a destra . . . 123.3
- - sinistra . . 123.4
- di testa . . . 148.6
- in piano 72.1, 137.3 148.6
Sfacciatura in piano 72.2
Sfera 78.6, 161.1, 417.2 420.8
Sferico 188.3
Sfondare . . . 123.6
Sgorbia . 412.5, 422.1
- stretta 422.2
Sgrossare . 6.6, 73.3
- al tornio . . . 73.2
- alla mola . . 212.3
-, ferro da . . . 388.3
-, trancia da . . 231.3
-, utensile da . 32.6
-, - per 123.8, 124.1.2.3
Sgrossatura . . 73.4
- degli ingranaggi 186.5
- dei denti d'ingranaggio 186.5
- rapida 73.5
Shaft, adjustable intermediate 92.1
-, Cardan . . . 158.2
-, driving . . . 188.9

Shaft, eccentric 49.7, 234.6
–, feed 108.6
–, hammer . . . 245.3
– handle, back gear 36.5
–s movable in the direction of the axle 32.4
–, pivot 369.6
–, reversing . . 19.3
–, saw pulley –s 358.3
– straightening machine 296.1
–, – of –s 295.8
–, telescopic . . 191.5
– turning lathe 58.5
– with universal joints 191.1
Shake . 490.8, 491.2.3.7
–, internal . . . 491.1
–, – annular . . 491.6
–, to, the work –s 75.6
Shaked, cup and star 491.5
Shaker, portable pneumatic screen 314.3
Shaking box . 454.8
– of the work piece 75.7
– sieve 314.2
Shank 391.3
– of cutter . . 390.4
– – drill 168.3
– – pin 145.8
– – tool . 36.4, 126.4, 390.4
– – – rest . . . 418.8
Shape, to – bevel wheels 44.6
Shaper . . . 38.3, 48.6
Shaping, circular 38.6
–, cross 38.6
– device, bevel wheel 44.7
– –, circular . . 44.5
–, longitudinal . 38.6
– machine . . . 38.3
– –, double . . . 38.5
– – for longitudinal cross and circular shaping 38.6
– –, horizontal . 38.4
– –, recessing and 398.3
– –, splint . . . 453.5
– –, toothed wheel 398.5
– –, universal . 38.7
– of hollow surfaces 44.4
Shapingmaschine 38.3
–, Universal- . . 38.7
Sharp edged . 481.9
Sharpen, to . 216.10, 351.7
–, – – the teeth square across 352.6
Sharpening and setting machine, band saw 359.7
– machine, band saw 359.6
– –, saw . 211.3, 352.1
Sharpening machine, selfacting saw 358.1
– the saw teeth 351.6
– – teeth square across 352.7
– – – to alternating angles 352.8
– – tool . . . 121.10
Shavings 336.6, 468.11, 469.1.2.3, 470.4.5, 484.1
– separator . . 470.3
Shear . . 237.8, 409.1
– blade . 238.7, 237.9, 240.4.5.6.8, 241.2.3.8, 242.1
– –, circular . . 241.6
– –, fixed 241.5
– –, movable . . 241.4
– – slide 238.8
– –, top 241.1
– legs 468.2
– steel 84.5
–, to 237.5
Shearing . . 237.6.7
– machine . . . 228.3
– –, angle iron . 231.5
– –, combined punching and 232.6
– –, crocodile hand lever 229.4
– – for round plates 229.2
– –, hand lever 229.4
– –, hydraulic . 230.3
– –, – – – for blooms and billets 230.5
– –, I-iron . . . 231.4
– –, joist 231.4
– –, plate 231.1
– –, power driven crocodile 228.5
– –, revolving . 230.6
– –, scrap . . . 231.3
– – table 238.6
– – with direct acting steam engine 230.2
– – – eccentric driving shaft 230.1
– the plates . . 238.1
Shears 228.2.4, 229.5.6.7, 231.2, 236.3.5.8, 241.7
–, circular . . . 229.1
–, double lever 229.8
– frame 233.1
Sheet 238.3
– iron cover . . 337.8
Shelf 182.1
Shell bit, twisted 412.1
Shield . . . 38.8, 472.2
– for top pulley of a band saw 478.4
Shift, to – the belt from the loose to the fast pulley 33.6
–, – – – – onto the fast pulley 25.9
–, – – – – – – – loose pulley 25.8
Shifter . . 26.1, 158.5
Shifting, automatic – of belt onto the loose pulley 26.4
Shifting, simultaneous – of both belts 18.3
–, successive – of the belts 18.4
– the belt onto the loose pulley 25.7
Shingle, roof . 366.6
Shipbuilding . 494.7
Shoe brake 248.4, 334.5
Shoot 182.2
– for cuttings . 469.2
– – shavings . . 469.2
Shop . . . 185.3, 318.5
Shovel 275.11
Shrink, to . . . 488.8
Shrinkage . . . 488.9
– hole 277.10
– of wood . . . 488.7
Shrubby red cedar 496.8
Sichel 94.3
Sicherheitswelle 391.1
Sicomoro, arce 501.1
–, falso 501.2
Side blow . . . 263.5
– carriage . . . 343.4
– cutter 200.5
– file 352.2
– guidance . . 208.1
– guide 359.1
– milling cutter 200.4
– of box 303.3
– – nozzle . . . 316.5
– roll 294.1
Siderossilo . . 504.7
Sideroxylon inerme 504.7
Sieb-maschine, Formsand- 314.1
-ränderbiegemaschine 435.5
–, Sand- mit Preßluftbetrieb 314.3
–, Schüttel- . . . 314.2
-werk 314.1
Siège de chaise 437.4
Sicke, Einlegen des Drahtes in die 299.5
Sieken 299.4
Siekenmaschine 297.5
Siemens-Martin, acero 34.3
– –, acier 34.3
– – -Stahl . . . 34.3
Sierra 211.3, 333.9, 334.1
– á mano para cortar empalmes de cola de milano 425.4
– – vapor de talar árboles 354.4
– alternativa 326.1.3.9, 327.1.7.8.9, 332.4, 334.2, 345.8
– – de bastidor cerrado y láminas centrales 321.5
– – – – de arco 321.3
– – – – para láminas múltiples 321.7
– – – láminas laterales 321.4
– – doble . . . 321.6
– – – para láminas múltiples 322.2
Sierra alternativa horizontal . 325.2, 331.5, 339.9
– – – para serrar tablas 325.4
– – para escuadrar troncos 322.5
– – – recortar . 321.4
– – – tronzar . 325.5
– – portátil . . 322.1
–, anchura de la 345.6
–, arco de . . . 346.5
–, avance de la 332.9
–, bastidor de . 346.5
– cilíndrica . . 473.3
– circular 206.4, 360.5, 370.6, 371.2.4, 372.2.3, 424.3, 471.10
– – con avance automático 369.3
– – – – de plataforma corrediza 369.4
– – – bastidor de hierro 360.8
– – – – – madera 360.9
– – – carro para troncos 368.6
– – – hoja de subir y bajar 366.2
– – – mesa de avance automática 363.8
– – – – – subir y bajar 366.1
– – – – inclinable 365.6
– – de cortar con hoja de traslación 366.3
– – – dimensión con hoja de traslación 366.3
– – – mesa . . . 364.2
– – – péndulo . 369.5
– – – tronzar . 363.3
– – – – de hojas múltiples 363.5
– – doble para cortar las duelas á dimensión 367.2
– – – – recortar los dos costados 362.8
– – estacionaria 360.6
– – fija 360.6
– – horizontal . 368.7
– – – oscilante de péndulo 370.4
– – – para cortes finos 368.8
– – montada sobre columna 366.5
– – para carpinteros 365.2
– – – cortar ingletes 366.4
– – – escuadrar troncos 361.4
– – – hacer juntas de duelas 367.1
– – – – listones . 361.8
– – – madera de combustión con porta-madera móvil 368.2
– – – maderas de minas 361.3

Sierra circular para maderas largas 861.2
- - - pequeñas tablas 866.6
- - - recortar . 862.6
- - - - á espesor el extremo de las tablas 867.3
- - - sacar tablas 861.7
- - - traviesas de ferrocarril 863.4
- - - troncos . 861.1
- - - tronzar á dimensión con mesa corrediza 865.4
- - - - troncos 870.5
- - portátil . . 860.7
- - suspendida 869.5
- - transportable860.7
- - vertical oscilante de péndulo 870.3
- - - para cortes finos 865.3
- cóncava . . . 873.1
- curva 855.2
- de arco . . . 846.4
- - bastidor cuadrado 820.5
- - calar . . . 855.4
- - - de bastidor independiente355.8
- - cinta 207.6, 857.1.2 859.4.5.6.7, 860.2, 478.4.5
- - - con carro corredizo 856.3
- - - - mesa . . 856.6
- - - de volantes graduables y hoja inclinable857.6
- - - doble para tronzar y cortar á medida 856.5
- - - horizontal para cortar bloques 857.5
- - - - - - troncos 857.5
- - - para bloques de madera 856.2
- - - - troncos 856.2
- - dientes articulados 399.2
- - empuñadura de cortar espigas de empalme 425.5
- - hoja floja . 346.3 353.5
- - juntar duelas 441.5
- - láminas verticales de movimiento alternativo 821.2
- - marquetería 855.4
- - molino . . 464.5
- - Mulay . . . 358.5
- - péndulo . . 207.3
- - - con disposición de impulso en la parte inferior 870.2
- - - movida directamente por motor eléctrico 870.1
Sierra de péndulo portátil 869.7
- - recortar chapas 207.4
- - - circularmente los fondos de barriles 868.1
- - sacar tablas 846.3
- - serrar á lo largo 820.3
- - tambor . . . 872.5
- - tracción . . 855.1
- - tronzar 820.4, 853.6
- - - á dimensión los troncos 854.6
- - - con avance á mano 869.2
- - - - introducción á mano 869.2
-, diente postizo de 349.3
- en forma de barril 872.8
- - frío de movimiento de corredera 208.4
- - - - - - manivela 208.4
- - - para metales 206.2
- especial para suelos de barriles 442.5
-, hoja de 206.6, 328.4 345.4, 348.3, 471.2.4
- horizontal alternativa para hojas múltiples 825.3
- - de talar árboles 854.3
-, lámina de . 828.6 845.4
-, mesa de . . . 473.2
-, - - - graduable 865.7
-, - - la 207.9
- para cortes finos 825.1
- - madera . . 820.2
- - sacar chapas 825.6
- portátil . . . 208.5
- - eléctrica de tronzar árboles 854.5
-, regla de igualar -s 852.4
- rotatoria . . . 860.5
- sin fin . 207.6, 857.7 859.5, 860.1
- tendida . . . 207.5
- transversal . 853.6
- - de serrote . 853.6
-, velocidad de la 332.10
- vertical alternativa 821.2
- - - con amortiguador 823.1
- - - - avance automático por cilindros 823.4
- - - - - por carro y cremallera 823.5
- - - de bastidor alto 824.1
- - - - impulso en la parte superior 824.5
Sierra vertical alternativa de impulso lateral 824.4
- - - - movimiento de impulso en la parte inferior 824.3
- - - doble para serrar tablones 822.4
- - - para serrar tabla con amortiguador 823.3
- - - - - tablones822.3
- - - suspendida 824.2
Sieve 814.2
- frame bending machine 485.5
- rim bending machine 485.5
-, rotary - for moulding sand 814.1
Silber-ahorn . . 501.4
-pappel 497.6
-weide 497.1
Siliceous sand stone 222.7
Silky surface . 478.6
Silla 466.2
Silver grain, transverse septa 478.1
- maple 501.4
- poplar 497.6
Sinter thermit . 274.6
Sinuoso, fibra -a 477.10
Siringa 505.5
Sistema decimal 174.8
Sitio de corte . 278.3
- - la soldadura 270.7
- para la limpieza por chorro libre de arena 818.5
Sitzreifenbiegemaschine 487.4
Sitzring-biege-form 487.5
- -maschine . . 487.4
Sixième de rond 480.7
Skin of casting 815.7
Slab milling machine 178.4
-, wooden . . . 488.1
Slabbing . . . 488.4
Slag 277.7.8
- box 277.3
Sledge hammer 245.2
Sleeper 863.4
Sleeve 41.3, 149.7, 158.4, 197.3, 256.4
-, index 189.7
- of puppet head117.4
- - tailstock . . 117.4
-, sliding 148.4
-, spindle . 156.2, 191.7
Slicing lathe . . 62.5
Slide 8.5, 64.4, 65.2, 233.7, 348.2
-, adjusting of the 66.5
- bar 326.5
- - with hollowed face 326.6
-, bed 89.5
- block . 40.5, 326.7
-, bottom 98.2
Slide, capstan head 107.2
-, cross 5.2, 24.3, 89.5, 98.5.7, 184.1
-, crossed . . . 24.2
-, cutter 875.3
-, depth of . . . 65.8
-, grinding wheel 211.6
-, horizontal motion of 47.7
-, interchangeable 65.4
-, inverted vee . 66.6
-, knife 875.3
- lathe 57.8
-, longitudinal . 89.5
-, multiple tool 105.5
- of shaper . . 43.6
-, parting . . . 98.10
-, - - with screw feed 99.1
-, plain V . . . 66.8
- rest . 126.6, 418.10
- -, adjustable - - for vertical turning mill 99.5
- -, compound . 98.4
- -, English type of 128.2
- - German type of 128.1
- -, turret . . . 99.4
-, shear blade . 233.8
-, table 8.4
-, tool . . 44.1, 211.6
-, - holder . . . 85.9
-, top 98.3
-, transverse . . 89.7
-, traverse . . . 24.3
- valve gear . . 251.8
-, vertical . . ; 24.4
-, - movement of 47.8
- way 40.6
- with cranked slot 19.6
- - wedge adjustment 66.3
Sliding advancement of carriage 843.1
- and screw cutting lathe 58.2
- bearing . . . 206.9
- contact 21.6, 220.4
- coupling 102.7, 103.1
- double bearing 144.1
- drill arm . . 148.3
- - head 148.3
- gear wheel . 104.4
- motion 861.5
- ring 94.4
- sleeve 148.4
- socket 148.4
- tool carriage 54.4
Slip face 65.3
-, interchangeable 65.4
-, inverted vee . 66.6
-, plain V . . . 66.8
- surface . . . 65.3
-, vee 99.3
Slipping of the belt 84.2
Slit 79.3
Slitta . . 236.8, 343.1.2 369.4

Slitta a croce . 24.2 39.4, 98.5, 140.6
- - guide convesse 326.6
- - - trapezie . 326.6
-, avanzamento su -e 343.1
- del banco 64.8, 98.6
- - portacoltello 375.3
- - portalama . 375.3
- - portautensile 35.9
-e della incastellatura 8.4
- - tavola . . . 8.5
-, guide della . 65.1
- portacoltelli . 233.8
- portalama . . 233.8
-, spostamento della 64.9, 101.6
- trasversale 24.3, 39.7 98.5.7
- verticale . . . 24.4
Slitte 326.5
Slittone 43.6, 52.2.4.5.6.7 53.2.3
-, comando dello 40.1, 43.8
-, corsa dello . 43.7 47.7.8, 52.6
- girevole . . . 45.4
-, guida dello . 43.8
-, portautensile dello 44.1
-, testa dello . . 43.9
Slitting apparatus 453.2
- knife holder . 453.3
- mill 229.3
- rollers 229.3
Slogging hammer 245.5
Slot, cam - on cylindrical surface 49.5
-, - - - plane surface 49.4
-, circular 29.1
-, cranked . . . 19.6
- cutter 203.5
-, dove tail . . . 29.5
- for fixing the dog 19.1
- in ram 53.3
- mortising bit 408.6
- - machine . . 408.5
- of face plate 116.1
-, to 46.7
-, - - grooves . 47.4
-, ⊥ 28.7
Slotted adjustment plate 88.5
- crank plate . 40.4
- former bar . 97.2
Slotting, circular 47.3
-, longitudinal . 47.1
- machine . . . 45.2
- -, die . . 53.7, 54.1.2.6
- -, horizontal . 45.3
- -, key way . . 45.5
- - ram 52.2
- - with swivel plate for inclining the ram 45.4
- the piece of work 46.8
Slotting tool . . 53.4.5
-, transverse . . 47.2
Smeriglio . . . 74.5 222.11.12, 223.1, 253.2
Smezzola . . . 482.3
Sminuzzatore per trucioli di finimento 386.6
Smontaggio del pezzo 110.7
- e montaggio del pezzo 110.8
Smooth hole . 240.1
Smoothing machine for bent round rods 436.7
- -, veneer . . . 434.7
- planer 379.3
- planing machine 4.1
Smussare 367.3, 418.5
Smussatura . . 418.4
Snake wood . . 499.9
Snap hammer . 286.2
- head die 278.1, 285.1
- set 278.1
Snips 231.2
Snodato, giunto 158.2
Snodo 37.1, 142.2, 158.3
Sobbalzamento del pezzo 75.7
Sobbalzare, il pezzo da lavorare -a 75.6
Sobreponer . . 285.5
Sobreposición 285.4.6
Socket 117.4, 143.4, 168.2 191.4
- chuck . . . 420.4.6
- in halves . . 420.5
- joint 190.7
Socle de tour . 63.3
- formant caisson 183.4
Soffiatura . . 277.10
Soffitto 132.1
Sofora 503.6
Sohle, Hobel- . 383.1
-, Schlitz- . . . 332.8
Sohlenmesser . 386.8
Solapa de las cuchillas 240.8
Soldado, acero 33.6
Soldadura 270.5.6.7.8 271.4, 273.7
- autógena . . 272.1
- de extremos . 270.9
- - la sierra sin fin 360.1
- - tubos . . . 271.6
- - un trozo . . 271.5
Soldar . . 240.4, 271.8 272.11.12, 275.12, 360.3
-, aparato de - sierras de cinta 360.2
- el extremo . . 271.1
- extremos superpuestos 271.2
-, máquina de (v. „máquina“)
- por corte derecho 271.7
- - sección derecha 274.11
- remaches á golpe 289.9
Sole 491.5
Sollevamento 182.6.8 246.3, 219.2, 250.1
-, apparecchio di - della cinghia 248.7
- automatico dell'utensile 36.7
- del cilindro . 294.6
- - pezzo da lavorare 238.8
- - rullo 294.6
Sombrero-grapa de la hoja de serrar 330.2
- porta-cuchillo 173.4
Somero 480.9
Sommer-eiche . 498.6
-linde 500.3
Sommet . 347.6, 348.2 476.6
- de la dent . . 347.2
Sonnenriß . . 490.9
Sophora japonica 503.6
Sophore 503.6
Soplete cortante 273.2
Soporte . 139.7, 198.3
- á mano . . . 57.7
- auxiliar . . . 181.1
-, base del . . . 100.8
- circular . . . 46.1
- con rodillo horizontal 342.4
- corredizo de la mesa 184.1
- de apoyo graduable para el árbol portafresa 196.2
- - caballete . 310.4
- - cepillar de movimiento transversal 39.8
- - contra-punta 143.1
- - la contramarcha 82.3
- - - palanca de contra-peso 50.5
- - las mordazas 144.6
- - máquina de barrenar llantas 450.7
- - mesa 140.2
- - movimiento en cruz 39.4, 98.4
- - taladrar . . 143.2
- del husillo 76.8, 77.4
-, horquilla de . 119.7
- inferior 98.2
-, mesa de . . . 54.3
- móvil para fresar 419.1
- para aguantar la pieza de labor 29.2
- - barrenar llantas 419.2
- - curvas . . . 417.1
- -revólver 105.8, 106.1
- superior . . . 98.3
-, taco de . . . 116.7
- transversal . 98.10 362.1
Sopporto 153.3.4, 417.1 418.9
Sopporto a collare del mandrino con spaccatura per il fissaggio 150.7
- - croce 98.4, 415.1 418.10
- - doppio imbusso 143.7
- - due cuscinetti 143.7
- - mano . . . 100.4
- - regolazione concentrica 151.1
- - rulli 342.4
- - ventaglio . 100.5 418.7
- anteriore . . 76.9
- dei perni . . 294.4
- - - del braccio 142.4
- del carrello a registrazione automatica 206.9
- - coltello . . 375.5
- - contralbero 82.3
- - fulcro del pedale 50.10
- - - della leva del contrappeso 50.5
- - mandrino . 76.8 143.4, 150.6, 195.5, 218.2
- - rinvio . . . 82.3
- dell'argano . 463.2
- - asse dei cilindri 294.4
- della bussola 41.3
- - lama 375.5
- - lunetta . . . 421.3
- - morsa . . . 144.6
- - tavola 140.2, 183.5
- - vite conduttrice 11.2, 109.5
- - - madre . . 109.5
-i di mandrini abbinati 151.5
- doppio 143.7, 358.4
- - scorrevole spostabile a due cuscinetti 144.1
- fisco a manicotto 109.2
- in isbalzo . . 358.5
- inferiore . . . 98.2
- per forare i cerchioni 450.7
- - - le corone delle ruote 419.2
- - il tubo . . . 276.2
-i per mandrino a due mole 218.6
- per profilare . 100.2
- - tornire sfere 100.3
- portapezzo cavo 214.1
- portautensile trasversale 39.8
- posteriore . . 76.10
- regolabile concentricamente 151.1
- semplice . . . 358.5
- sferico della barra da alesare 168.6
- superiore . . 98.3
- verticale per fresare 419.1

Soprappiù, il . 212.5
Soprariscaldamento dei bagni di ghisa fusa 273.5
- della ghisa fusa 273.5
Soprasaldare. . 270.4
-, macchina da (v. „macchina“)
Sorbier des oiseaux 502.7
Sorbo d'Europa 502.10
- degli uccellatori 502.7
- domestico . . 502.8
- lazzeruolo . . 502.7
- montano . . 502.10
Sorbus ario . 502.10
- aucuparia . . 502.7
- domestica . . 502.8
- torminalis . . 502.9
Sortie 363.2, 365.1, 386.1
- de la pièce à scier 386.1
- - - table de ses glissières 9.5
Sortita 363.2, 365.1, 386.1
Sospendere in isbalzo 335.4
Sospensione . . 279.5 280.2, 369.6
Sostanza arruotante 222.4
Sostenedor. . . 134.6
Sostegno ausiliare 181.1
-, blocco di . . 119.7
-, cavalletto di . 198.3
-, cilindro di . . 294.3
- dei pezzi da lavorare 29.2
- del braccio . 142.7
- - coltello . . . 389.7
- - ferro 389.7
- - mandrino . 77.4
- della colonna 191.9
- - staffa a mezzo di spessori a gradini 28.4
- - - - - - vite . 28.3
-, madrevite di 183.2
-, piastra di . . 37.2
-, rullo di 294.3, 296.8
-, tavola con -i 139.7
-, verricello di . 198.3
-, vite di 39.3
Sotterraneo per trattare col vapore 433.2
Sottrazione di calore 32.9, 192.2
Soudable, acier 33.6
Soudage . . . 270.5.6
Souder 270.4, 272.11.12 275.12
-, machine à (v. „machine“)
- par bouts . . 271.1
- - rapprochement 271.1
- - recouvrement 271.2
Soudure . . 270.5.6.7.8 271.8, 273.7.8
- autogène . . . 272.1
- automatique . 273.7
- d'un bout de pièce 271.5
Soudure de deux barres 271.4
- - tubes 271.6
- - tuyaux . . . 271.6
- par bouts . . 270.9
- - coulée . . . 273.8
- - rapprochement 270.9, 274.11
Souffrer 456.2
Soufre 456.5
Soulèvement . . 246.3 263.2.3
- de la table . . . 9.4
Soulever 304.8
Soupape . 252.5, 268.2
- d'échappement d'air 268.1
Souple, bois . . 485.4
Souplesse du bois 485.5
Sous-pression . 267.2
South American iron wood 503.5
Southern pine . 496.1
Soutien . 119.7, 198.3
- de bras . . . 142.7
Sovrapporre . . 285.5
Sovrapposizione 271.2, 285.4
Spaccabile, non 486.3
Spaccare 430.5.6, 486.1.2
Spaccarsi . . . 489.5
Spaccasassi . . 499.7
Spaccatura . . 219.8 430.4.7, 485.10, 489.4
- della mola . . 226.2
- per il fissaggio 150.7
Spacco 219.8
Space . . 186.5, 348.1
Spacing bar . . 328.7
Spade 275.11
Spalt-barkeit . . 485.9
-fallwerk 430.3
-fläche 478.6
-fuge 430.7
-gatter 322.3
- -, doppeltes . 322.4
- -, horizontales 325.4
- -, liegendes . 325.4
-keil . . . 430.6, 472.3
- -, verstellbarer - - mit aufklappbarer Haube 472.1
-maschine . . . 429.2
- -, doppelte Brennholz- 429.4
-säge 346.3
-scheibe 472.4
-werk, Eisen- . 229.3
Spalten . . . 430.4.5
Spalterei, Brennholz- 468.4
Spaltig, gut- . . 486.1
-, leicht- 486.1
-, schwer- . . . 486.2
Spaltung . . . 485.10
Span . 32.5, 69.2, 376.1 483.2
-abhebung . . 69.7
-ablösung . . . 69.7
-band 458.8
-bildung 69.6
-brecher 386.4
-breite 70.3
-, der - rollt sich auf 70.5
-, Dreh- 69.2
-, einen - abheben 69.9
Span-fall . . . 182.2
-, gegen den - schneiden 383.7
-hobelmaschine 374.4
-, Komma- . . . 184.8
-, kommaförmiger 184.8
-lenker 386.3
-loch 383.5
-messer 375.1
-platte 433.7
-, Putz- 386.5
-, Schachtel- . . 376.5
-schicht 70.1
-schirm 386.2
-schneider . . . 374.4
-schneidmaschine 374.4
-, schraubenartig gewundener 70.4
- -stärke 70.2
-teilmaschine, Schachtel- . 376.4 453.1
Span saw 207.5, 346.4
Späne-abscheider 470.3
-ausscheider . . 470.3
-beförderung 468.11
- - durch Kette in offener Rinne 469.1
-beförderungsanlage 469.3
- - -rohr 469.5
-fänger 470.3
-keller 470.5
-raum 470.4
- schneiden . . 375.8
-transport . . 468.11
-trichter 469.2
-zerreißapparat 386.6
Spanish elm . . 505.2
Spann-arm 341.3, 431.2
-backe 114.6
-backen 144.3
-bank 352.3
-bock 144.6
-brücke 188.8
-bügel 329.2
-eisen 27.8
- -, drehbares . 35.7
- - für verschiedene Höhenlagen 28.1
- -, gekröpftes . 28.2
- -, Stützung des - -s durch eine eiserne Treppe 28.4
- -, - - - -s durch eine Schraube 28.3
-excenter, Sägeblatt- 331.4
-futter . . 114.1, 420.3
- -, magnetisches 220.2
-gatter 323.1
-gewicht 97.5
-klaue 341.3
-kloben . 28.6, 116.2 197.5
-kopf . . . 119.8, 436.2
-maschine . . . 295.5
-mutter, Differential- 198.1
-patrone 114.3
-rolle . . 107.8, 359.2
-säge 346.4
Spann-schraube 197.8
- -, Differential- 198.2
-stange 355.7
-stock 171.4
-tasche 144.5
-vorrichtung, Magnet- 220.1
- -, magnetische 220.1
- -, selbstausrichtende 144.2
- -, selbstzentrierende 144.2
-werk 323.2
- -spaltgatter . 323.3
- -trenngatter 323.3
- -vollgatter . . 323.1
Spannung, elastische - des Sägeblatts 346.7
-, Sägen- 346.6
Spark 217.2
-, to, the grinding wheel -s 217.1
Spars, long . . 480.8
Spazio fra i denti 348.1
Spazzola 467.4
- per la pulitura 387.9
Speckled wood 499.9
Spectacles, protective 277.4
Speed . . 68.6, 80.6.7.8
-, high . . 182.2, 178.2
- of fall 262.8
- - lifting . . . 263.3
- - rotation . . 68.3
- - saw . . . 332.10
- time of the work 68.4
Speichen-eintreibmaschine, hydraulische 450.3
-kopiermaschine 416.3
-loch, Maschine zum Stemmen der Speichenlöcher 449.1
-zapfen, Fräsen der flachen 450.1
- -, - - runden 449.7
- -schneidmaschine 449.6
Speicher, Druckwasser- 267.7
Speierling . . . 502.8
Speisewalze . . 336.7
Sperberbaum . 502.8
Sperr-hebel . . 338.5
-klinke . . 23.3, 106.3 194.4, 338.4
- -, ausrückbare 42.8
-rad . 23.2, 106.2, 162.3 338.6
-ring 106.9
-werk 51.8
-zahn 96.3
Sperre, Fall- . . 88.4
Sperren, den Selbstzug 102.6
Sperrig, -es Werkstück 166.2
Sperrung der Selbstzüge 102.5
Spessore . 30.1, 379.2 381.4
- a cuneo . . . 30.1
- - gradini composti 28.5

Spessore del ribordo 85.8
- della lama da sega 348.3
- - punta dei denti 348.2
- - sega 348.3
- di legno . . . 261.6
- - rialzo . . . 29.3
- - sostegno . . 29.4
Spezialmitnehmer 220.6
Spezzatura della termite 276.5
Sphère 100.3
Spherical cutter 202.2
Spianare . 102.1, 201.3 295.7, 302.3, 383.6, 400.1
- la terra . . . 302.2
-, macchina da (v. „macchina")
Spiegel 478.6
-faser 478.1
-fläche 478.6
-kluft 492.1
Spielwarenfabrik, Holz- 467.8
Spießbock . . 363.7
Spillrad . 159.4, 407.4
Spina 55.1, 93.6, 106.6 164.5, 285.2
- copiatrice . . 179.5
- d'innesto . 51.6, 85.6
- del menabriglia 112.7
- - portautensili a trottola 391.3
- della cerniera 181.8
- di estrazione 304.8
- - guida . . . 97.1
- - pressione . 145.8
- disintegratrice 314.6
- per cave da chiavetta 55.5
- - la curvatura 291.4
- - - piegatura 291.4
- -pesce, pavimento di legno a 461.5
- portautensili . 55.2
- regolabile . . 50.3
Spinare . . . 54.4.9
- il foro 55.1
-, macchina da (v. „macchina")
Spinatura di fori 54.8
Spindel 77.1
-achse 77.3
-, Anschlag- . . 182.7
-antrieb 80.3
-, Antrieb- . . . 40.2
-, Antrieb- - für das Hubwerk 182.8
-, Arbeit- . 77.1, 195.1
-, - - mit konischem und zylindrischem Laufzapfen 79.4
-, Ausbohr- . . 169.1
-, Außen- . . . 219.3
-, außerachsig gebohrte 218.8
-, Auszieh- . . . 183.3
-, ausziehbare . 191.6
-baum 501.6
-bock 196.4
-, Bohr- . 149.3, 169.1 410.2
Spindeldocke . 76.8
-, Drehbank . . 77.1
-düse 378.1
-, Fräser- . . . 195.1
-, Führungs- . . 179.5
-gehäuse, einstellbares 199.1
- -, schwenkbares 199.1
- -, verstellbares 151.7, 199.1
-geschwindigkeit 77.2
-, Hauptfräs- . . 195.2
-, Hohl- . 172.4, 219.2
-, Hub- 182.8
-hülse 191.7
-kasten . 76.7, 154.1 196.4
- -verschiebung, senkrechte 152.1
- -, Vertikalverstellung des -s 152.1
-, Kopier- . . . 179.4
-lager 77.5
-lagerung 77.4, 195.5
- -, doppelte . . 151.5
- - für zwei Schleifsteine 218.6
- -, Leit- 11.2
- -, liegende Bohrmaschine mit fester 129.4
- -, Schleifstein- 218.2
- -, Zwilling- . 151.5
-, Längsschlitten- 39.6
-, Lauf- 77.1
-, Leier- 25.2
-, Leit- 11.1, 25.4, 108.7
-, Lyra- 25.2
-, Messer- . . . 391.2
-, Plan- 110.4
-, Planeten- . . 219.1
-presse 257.6
- -, Hand- . . . 232.2
-, Quersupport- 110.4
-reihe 182.8
-, Schalt- . 51.9, 159.2
-, Schleif- . . . 217.9
-, Schleifstein- . 217.9
-schneidmaschine 171.2
-, Schrauben- . 10.8
-spitze, dreizackige 419.8
- - mit scharfem Ring 420.2
- -, vierzackige 419.9
-, Stell- 14.3
Spindelstock 48.4, 76.7 154.1, 196.4, 419.5
-, beweglicher . 154.3
-, fester 154.2
-, festliegender 196.5
- mit Klauenkupplung 155.4
- - Stiftkupplung 155.5
- - Zahnkupplung 93.2, 155.4
-, Schleifmaschinen- 217.8
-, verschiebbarer 196.6
Spindel, Teil- . 198.7
-, Telescop- . . 183.3
-, Tisch- 193.1
-, Verstell- . . . 182.6
Spindel, Vorschub- 51.9, 159.2
-, Zug- 108.6
- zur Hubverstellung 41.1
-, Zwischen- . . 189.4
Spindle . . 77.1, 117.7
-, adjustable . . 151.6
-, arbor 196.2
-, auxiliary milling 195.3
-, axis of 77.3
- bearing 77.5, 294.4
- -, double . . . 151.5
-, - of . . 77.4, 195.5
-, boring . 169.1, 410.2
- - machine, multiple 410.5
- - -, single . . 410.4
-, cam 246.2
- carriage, drill - - with self-acting feed 164.2
- carrying two grinding wheels 218.6
-, copy 179.5
-, cutter . 169.1, 195.1 196.2
-, - block . . . 391.2
-, dividing . . . 198.7
-, drilling machine 149.3
- - -, multiple . 410.5
- - -, single . . 410.4
- drive 80.3
- - by friction cone 157.5
-, driving . . . 40.2
-, eccentrically bored 218.8
-, feed . . 51.9, 159.2
-, - of 158.8
- for actuating lowering screw 182.8
- - - raising screw 182.8
- - regulating action 41.1
- - - stroke . . 41.1
- - table 193.1
-, grinding wheel 217.9, 218.2, 224.8
-, guide 11.1
- head stock . 196.4
-, hollow . 172.4, 219.2
-, intermediate 189.4
-, main milling 195.2
-, maximum radius of 131.3
- moulder for dovetailing 424.2
- -, top 398.3
- moulding and shaping machine with table, double 398.2
- - cutter, vertical 474.12
- - machine, cutter for 399.5
- - -, vertical . 397.8
- nose 167.7
- nozzle 378.1
-, outside . . . 219.3
-, path of . . . 148.3
-, recoil 259.6
-, reversing . . 19.3
Spindle, rising and falling 366.2
- rotary planing machine, vertical 180.3
-, saw 371.2
-, - pulley -s . 358.3
-, screw 10.8
-, - - for longitudinal slide 39.6
-, - - of swivel plate 25.2
-, self-acting feed of 163.6
-, series of -s . 132.8
-, set of -s . . . 132.8
- sleeve . 156.2, 191.7
-, sliding 195.4
-, speed of . . . 77.2
-, stop 182.7
- stop 107.8
-, telescopic . . 191.6
- tree 501.6
- with collars . 294.5
- - conical and cylindrical journal 79.4
- - - - - neck . 79.4
- - eccentric motion 219.1
- - planet motion 219.1
- - transverse travel 153.1
Spinning machine, wood wool rope 377.8
Spinnmaschine für Holzwolleseile 377.8
Spino di Cristo 502.11
- - Giuda . . 502.11
Spinta a sfere . 78.5
- registrabile . 78.7
Spiral 411.6
- fluted roller . 337.3
- milling cutter 201.7
Spiral-bohrer . 166.8 412.4
-nutenfräser . . 204.1
Spiral-fräser . . 201.7
-walze 337.3
Spirale . 166.8, 204.1 210.6, 259.5, 412.1, 464.8, 487.1, 490.3
- interna . . . 409.7
Spirit varnish . 406.1
Spirito 406.1
Spirituslack . . 406.1
Spitz-ahorn . . 501.2
-blättriger Ahorn 501.2
-bohrer . 166.6, 411.9
-gewinde . . . 174.9
-haken 125.2
-stahl 123.1
-tiegel 275.3
Spitze 419.7
-, feste 111.5
-, gegeneinander versetzte -n 112.2
-, laufende . . . 111.6
-, lebende . . . 111.6
-, Reitstock- . . 117.2
-, tote 111.5
-, verschiebbare 111.7
Spitzen-achse . 112.1
-dreh-bank . . 56.4
- -stuhl 57.2

Spitzen-entfernung 111.8
-halter 197.2
-höhe 111.9
-lagerung . . . 111.3
-länge 111.8
-linie 112.1
-schleifmaschine 211.1
-weite 111.8
-winkel 111.4
Splined feed shaft 109.1
Splint 476.2
-fäule 493.3
-holz 476.2
- -baum 494.4
Splint 452.3
- bundling apparatus 455.3
- chopping machine 453.4
- cleaning machine 454.5
- cutting machine 453.6
- drying apparatus 453.7
- - cylinder . . 454.4
- - drum . . . 454.4
- levelling machine 454.7
- polishing drum 455.2
- shaping machine 453.5
Split 430.7
-, clean 492.1
-, difficult to . . 486.2
-, easily 486.1
-, impossible to 486.3
- log 481.2
- socket chuck 420.6
-, to . . 430.5, 489.5
Splitterholz . . 454.6
Splitting 430.4, 485.10
- capability . . 485.9
- during drying 489.6
- machine, double wood 429.4
- -, firewood . . 429.2
- -, wood . . . 429.1
- of the wood . 489.4
- property . . . 485.9
- wedge 430.6
Spoglia 72.9
-, dispositivo per tornire a 97.6.7
Spoglio di un albero 479.6
Spoke . . 450.2, 451.1
- buffing machine 449.5
- copying lathe 449.4
- - machine . . 416.3 449.4
- driving machine, hydraulic 450.3
- planing machine 449.3
- polishing machine 449.5
- tenoning machine 449.6
- tenon . 449.7, 450.1
Spoon bit . . . 412.5
Sporto della sega 385.3
Spostabile, bottone - della manovella 48.6
Spostamento . 41.9 407.4
- assiale del mandrino 145.4
- - della punta 145.4
- automatico del carrello 102.3
- del cilindro . 294.6
- - mandrino a mezzo di ingranaggio e cremagliera 160.4
- - rullo 294.6
- della punta a mezzo di volantino a mano 117.8
- - - - - - - - e ingranaggi 118.1
- - slitta 64.9
- - tavola . . . 39.2
- di due utensili piazzati di fronte 105.4
- laterale . . . 140.5
- longitudinale del carrello 101.6
- - della slitta 101.6
- - - tavola . . 190.5
- normale al suo asse 153.1
- successivo delle cinghie per mezzo di disco 18.4
- trasversale dell'utensile 82.3
Spreader . . . 437.3
Spreißel 368.5
-wagen 368.4
Spreizer 437.3
Spreizring . . . 94.6
-kupplung . . . 21.9
Sprengen . . . 340.2
Sprengvorrichtung, Zangenwagen mit 340.3
Spreu-fleckig . 493.1
-fleckigkeit . 492.12
Spring . 92.8, 194.9, 259.4.5, 385.3
- bolt 93.1
- buffer 20.2
- catch . . . 106.10
- collar, adjustable 78.9
- coupling catch 158.7
- cushioning . 259.3
- for grip chuck 114.8
- hammer . . . 256.9
- lever 42.1
- ring coupling 21.9
- tool 124.6
- trigger . . . 88.4
Springing . . . 340.2
- arrangement 340.3
- away of the shear blade 242.1
Springkeil . . . 158.7
Springy elastic wood 485.4
Sprossenmaschine 428.4
Spruce, common 495.3
Spruce, Douglas 495.4
Sprungschaltung 95.8
Spule, Magnet- 21.5
Spund . . 396.3, 447.4
-bohle 396.8
-drehbank . . . 447.3
-eisen 397.5
-, Faß- 447.4
-fräser 400.4
-futter 420.4
-, Kreuz- 420.6
-lochbohrmaschine 447.2
-maschine . . . 394.3
- -, doppelte . . 394.4
- -, Walzen- . . 394.5
-messer 397.5
-pfahl 396.7
-pressmaschine, selbsttätige 447.5
-, Teil- 420.5
Spunden 396.2
- der Bretter . 396.1
Spundung . . . 396.4
-, Keil- 396.6
-, Quadrat- . . . 396.5
Spur-fläche . . 145.9
-zapfen, einstellbarer 78.8
Spur wheel . . 186.3
- - back gear . 85.2
- - countershaft 85.2
- - coupled with step pulley 92.3
- - reversing gear 16.1
Squadra 29.6.7, 249.3 343.5
- angolare . . . 29.8
- di appoggio . 343.6
- spostabile . . 343.9
Squadrare 379.7, 439.6 483.4
- i tronchi . . 334.6
Squadrato, legno 481.7
Squadratura dei tronchi 334.7
Square buckle, plain 330.1
- grooving and tonguing 396.5
- thread 175.1
-, to - the timber 334.6
- up, to 383.6
Squaring logs . 361.4
- the ends of boards 367.3
- - log 334.7
- up machine . 379.7
Stab-biegemaschine 292.7
-dämpfkammer 433.1
-fräser 399.6
-fußboden . . . 461.5
- -fabrik . . . 468.1
-, Gatter- . . . 328.1
-presse, hydraulische 436.6
Staccare un truciolo 69.9
Staccio a scosse 314.2
- ad aria compressa per sabbia 314.3
- per la terra di fonderia 314.1
Stachelfutter . 420.1
Stack of boards 482.11
Staffa 188.8, 302.9, 329.2
- a gomito . . 28.2
- di collegamento 329.2
- - fissaggio . . 27.8
- - montaggio 27.8
-, dispositivo per l'estrazione della mezza 304.7
-, estrazione della 302.7.8
-, falsa 303.5
- inferiore . . . 303.2
-, mezza 302.4
-, nervatura della 303.4
-, parete della . 303.3
-, sostegno della 28.3.4
- speciale per puleggio 307.7
- superiore . . 303.1
-, telaio per centrare le -e 311.2
-, traversa della 303.4
Staffare 301.5
Staffatura . . . 301.1
- a mano . . . 301.2
- - placca-modello 301.4
- meccanica . . 301.3
Stagionato, legno 486.7, 487.2.4.10
Stagionatura . 489.6
- lenta del tronco 486.10
Stahl 83.3, 53.4, 120.4
-, Abdreh- . . 122.10
-, abgerundeter 123.7
-, Abstech- . . 123.2
-, Ansetzen des -s 53.5
-, Ausdreh- 125.4, 422.6
-, Außengewinde- 125.8
-, Auswechselung der Stähle 104.7
-bad, Auffrischen mattgewordener Stahlbäder 273.6
-, Bessemer- . . 84.1
-, Bohr- 125.4
-, Brenn- 84.6
-, Chrom 85.2
-, Damaszener . 84.7
-, damaszierter 84.7
-, den - einspannen 126.5
-, - - einstellen 87.4
-, - - festspannen 126.5
-, der - macht mehrere Schnitte 7.9
-, - - nimmt mehrere Schnitte 7.9
-, - - wird stumpf 121.8
-, Dreh- . 120.4, 421.5
-, Edel- 84.5
-, Einstech- . . 123.2
-, Einstich- . . . 123.2
-, Fasson- . . . 124.7
-, Feder- 124.6
-, Fein- 84.5

Stahl, Fluß- . . . 33.8
-, Form- 124.7
-, Gärb- 34.5
-, Gerb- 34.5
-, Gewinde- . . 125.7
-, Haken- . . . 125.1
-, Halbmond- . 125.6
-halter 126.6
-, Hand- 122.8
-härte 120.5
-, harter 33.4
-, Hobel- 31.3
-, Hohlkehlen- . 422.3
-, Innengewinde- 126.1
-kappe 173.4
-, Kohlungs- . . 34.6
-lamelle 375.1
-lehre 329.5
-leiste 331.7
- -, mit - - beschlagene Säge 331.6
-, Mangan- . . . 35.4
-, mittelharter . 33.5
-, Nickel- . . . 35.1
-, Nut- 58.6
-, Platt- 421.7
-, Puddel- . . . 33.7
-, Querverschiebung des -es 32.3
-, Raffinier- . . 34.5
-, Rapid- . 35.5, 122.7
-, Rund- 123.7
-, Schlicht- 32.7, 124.4
-schneide 31.4, 120.8
-, Schnell- 35.5, 122.7
-, Schnellarbeit- 35.5
-, Schnellauf . . 122.7
-, Schropp- . . . 123.8
-, Schrot- 123.8, 421.6
-, Schrupp- 32.6, 123.8
-, Schweiß- . . . 33.6
-, Siemens-Martin- 34.3
-, Spitz- 123.1
-, Support- . . . 122.9
-, Thomas- . . . 34.2
-, Tiegel- 34.4
-träger 36.1
-wechsel 105.2
- -drehbank . . 62.2
- - durch Verschieben in gerader Linie . 105.3
- -, mehrspindlige Bohrmaschine mit 133.2
- -schlitten . . 105.5
-, Werkzeug- . . 33.2
-, Wolfram- . . 35.5
-, Zement- . . . 34.6
Stain . . . 406.4, 438.6
- pan 438.3
- tank 438.3
-, to 406.3
-, - - the wood 438.5
Staining machine 438.2
- of wood . . . 438.4
Stamm 475.3
-ablängesäge . 354.6
-aufzug, fahrbarer 463.4
-holzwinde . . 345.3
-, langsames Austrocknen eines -es 486.10
-wagen 340.6
Stamp . . 247.5, 248.2 249.1.9
- out, to 351.2
-, to 439.3
Stampare 247.7, 264.6 439.2.3
-, macchina per (v. „macchina")
Stamping machine, bottom and lid 439.2
- -, wooden . . 439.1
- out saw . . . 351.4
- - - teeth . . . 351.5
- - the teeth . 351.1
- - - tooth gullet 351.3
- press 264.6
- work 247.7
Stampo . 238.5, 264.1 285.1, 286.2
- inferiore . . . 264.3
- per chiodi . . 278.1
- superiore . . 264.2
Stand . . 342.4, 418.9
Standard 258.3.7, 310.5
-, auxiliary . . 181.1
-, boring machine 133.2
-, C-form 181.2
- cone 199.4
-, drilling machine 133.2
-, frame 327.3
-, hollow 398.4
-, lateral 4.7
-, main . . . 4.6, 180.6
-, milling machine 180.4
-, overhanging 258.3
-, roller 342.4
-, side 4.7
-, supporting . 148.1
-, traversing . . 134.3
- with bent head 133.4
- - cranked head 133.4
- - overhanging arm 133.4
Ständer 180.4
-auflage 418.9
-, Gatter- 327.3
-, Haupt- 180.6
-, Hobelmaschinen- 4.6
-kopf 133.3
-, verschiebbarer 134.3
-zwischenstück 5.1
Stange, Anschlag- 194.3
-, Brech- 344.4
-, Heb- 344.4
-, Hub- 249.2
-, keilförmige Hub- 249.7
-, Kolben- . . . 251.4
-, Lenk- . . 25.6, 236.4
-, Schalt- 43.3
-, Schieber- . . 252.2
-, Steuer- 18.6
-, Stichel- . . . 36.6
-, von der - arbeiten 78.10
-, Zahn- 25.5
Stangen-biegemaschine 435.7
-kopf 40.8
Stangenreibhammer 249.1
- mit Müllerschem Antrieb 249.9
Stantuffo 209.4, 251.3.4.6 253.2, 310.3
- a disco 265.7
- - piatto . . . 265.7
- della mazza . 251.2
- - pompa . . . 268.5
- - - d'aria . . 254.3
- di ritorno . . 278.5
-i paralleli . . 265.8
- per curvare . 296.2
- premente 265.5, 278.3
-i sovrapposti a tandem 266.1
- tuffante 236.6, 265.6
Stanze 232.1
-, doppelte . . . 232.5
-, Gegen- 244.1
-, Hebel- 232.3
-, Loch- 232.1
- mit wagerechter Stempellage 232.4
-, Ober- 242.2
-, Schrauben- . 232.2
-, Unter- 243.1
-, zweiseitige . 232.5
Stanzen . 239.2, 439.3
-, Ineinanderpassen der 244.2
-, Löcher 239.3
-, Nietlöcher . . 233.1
Stanzmaschine, Boden- und Deckel- 439.2
-, Holz- 439.1
-, Loch- 232.1
Star handle . . 103.5
- shake 490.8
- shaked, cup and 491.5
- stop 99.7
- wheel . 168.7, 362.4
Staub, Absaugen des -es 213.5
-absauger . . . 213.6
-absaugung . . 213.5
-sammler . . . 318.7
-schutzhelm . . 318.6
Stauchen . . . 270.1
- der Niete . . 284.3
- - Sägezähne . 350.5
-, die Niete . . 284.4
- gerader Stäbe 269.7
Staucher, Zahn- 350.7
Stauch-maschine 269.4
- -, Universal- - - und Schweißmaschine 270.3
-temperatur . . 289.3
Stave . . 433.1, 440.2
- bending and drying machine 440.4, 441.1
- cross cut saw 367.2
- - - -, double . 440.3
- crozing machine 441.6
- jointing machine 441.3
- - -, disc . . . 441.4
- - saw 367.1
- planing machine 441.2
Stay . . 119.5.7, 421.3
- bush 421.4
Stay, fixed . . . 119.6
- of arm 142.7
-, travelling . . 120.1
Steam admitted above the piston 252.10
- - below the piston 253.1
- air heating apparatus 464.2
- chest 251.9
- cushion . . 259.11
- cushioning . 259.10
- cylinder . . . 250.7
- drive of shears 236.3
- driven riveting machine 281.5
- - single cylinder two stage air compressor 255.2
- engine, direct acting 230.2
- hammer 246.10, 250.2 250.5.6, 253.4
- - admitting steam above the piston 252.9
- -, double acting 252.8
- -, single acting 250.3
- - with double standard 250.6
- - - fixed cylinder 250.4
- - - single standard 250.5
- heating apparatus 467.5
- - table 467.6
- paraffining apparatus 456.6
- power forging press 265.2
- pressure pump 301.4
- pump 268.7
- reheating plate 457.1
- saw mill . . . 464.6
- striker . . . 246.10
-, the - enters under the piston 253.2
-, - - expands . 253.3
-, to 432.7.9
- tree feller . . 354.4
Steaming apparatus 444.3
- chamber for staves 433.1
- cone 444.2
- of wood . . . 432.6
- pit 433.2
Stecca 452.3, 453.4.5.6.7 454.5.7, 498.4
Stecheiche, immergrüne 498.8
Stecker, breiter 100.7
-, schmaler . . . 100.8
Steel 33.3
-, Bessemer . . 34.1
- cap 173.4
-, cemented . . 34.6
-, chromium . . 35.2
-, crucible . . . 34.4
-, damascus . . 34.7
- end strips, saw with 331.6
- gauge 329.5
-, hard 33.4.8
-, high speed tool 35.5
-, ingot 33.6

Steel, manganese 85.4
-, medium hard 83.5
-, nickel 85.1
-, open hearth . 84.3
-, puddled . . . 83.7
-, refined 84.5
-, shear 84.5
-, sluggish . . . 273.6
- strip 331.7
-, Thomas . . . 84.2
-, tool 83.2
-, tungstic . . . 85.3
-, welding . . . 83.6
-, Wolfram . . . 85.3
Steg, Verbindungs- 5.1
Steifigkeit . . . 358.4
Steig-geschwindigkeit 263.3
-trichter 277.1
Stein 14.4
-, Arkansas- . 222.10
-eiche 498.7
-führung . . . 40.6
-, Gleit- 40.5
-, Kansas- . . 222.10
-, Kulissen- . . 40.5
-, Schmirgel- . . 223.1
Stella 490.8
Stell-eisen . . . 88.6
-hebel, Feder- . 88.4
-leiste 99.3
-macherei . . . 468.8
-mutter 189.2
-ring 78.9
-scheibe 43.5
-schiene 99.3
-schnecke . . . 141.3
-schraube 14.3, 79.1, 126.0
-spindel 14.3
-zapfen 50.3
Stelo 291.3
- ammortizzatore 258.6
- del cassetto . 252.2
- - punzone . . 242.5
- dell'utensile . 126.4
- della fresa . . 205.5
- - mazza battente 263.6
- dello stantuffo 251.4
Stelze, Gatter- . 327.4
Stem, branchless 484.9
-, branchy . . . 485.1
- of a tree . . . 475.3
Stemmen . . . 287.1
-, nach- 287.8
-, Zapfenlöcher 409.2
Stemmer, Druckluft- 256.3
Stemm-hammer 287.7
-kante 287.3
-maschine . . . 407.1
- -, Hand- . . . 408.3
- -, Langlochbohrmaschine und 408.4
- -, Radnaben- . 449.1
- -, -bohrmaschine und 449.2
-meißel 287.5
-naht 287.2
-setze 287.5
-stichel 409.3
Stemmung, Hand- 287.4
Stemmung, pneumatische 287.6
Stempel 242.2, 278.2
-, Anpreß- . . . 278.2
-befestigung . . 243.5
-, Biege- 296.2
-, Druck- 278.1
-kante 242.3
-kopf 242.5
-körner 242.4
-, Kümpel- . . . 298.4
-, Loch- 242.2
- mit gebogener Endfläche 242.6
- - gewellter Endfläche 242.7
-, Niet- 278.1
-, Schneid- . . . 242.2
-weg 244.3
Stentato, crescita -a 490.4
Step pulley . . 92.3
Stepped cone, multiple 154.6
Stère 481.5
Stern, Anschlag- 99.7
-kiefer 495.8
-rad . . . 159.4, 168.7
-scheibe 362.4
Steuer-excenter 42.6
-gestänge . . . 50.1
-hebel . . 19.2, 249.6
-kasten 251.9
-kurve 49.3
-schieber . . 251.10
-stange 18.6
-ventil 254.8
-welle 19.3
Steuerung, Bohrschlitten mit getrennter 163.5
-, - - - Hand- . 163.2
- durch den Kolben 251.6
- - Kurvenscheibe 49.1
-, Excenter- 42.4, 162.1
-, Hahn- 252.4
-, Hammer- . . 251.5
-, Hand- . 101.5, 159.6, 252.6
-, Kolben- . . . 251.6
-, Moment- . . . 21.10
-, Schalt- 22.2
-, Schieber- . . 251.8
-, Schnellhand- 162.5
-, Selbst- . 164.1, 252.7
-, Stiefelknecht- 18.7
-, Support- . . . 101.4
-, Ventil- 252.5
Steuerungsantrieb 15.4
-vorrichtung 15.5, 20.6
Stichel-befestigung 35.6
-, Bohr- 169.2
-büchse . . 36.3, 127.6
-, der - dreht sich 75.2
-, - - kreist . . 75.2
-, - - rotiert . . 75.2
-, Dreh- . 120.4, 421.5
-, Drehen der sternförmig angeordneten 105.7
-, - - trommelförmig angeordneten 105.6
-, Einzel- 126.2
Stichel-erwärmung 32.3, 122.1
-, Form- . 124.7, 422.4
-, gekröpfter . . 107.3
-, Grab- 123.6
-halter . . 36.5, 126.6
- -, Werkzeugbüchse mit drehbarem 127.8
Stichelhaus 35.8, 127.1
-, deutsches . . 128.1
-, drehbares . . 127.4
-, englisches . . 128.2
-schlitten . . . 35.9
- - mit Stahlwechselkopf für stehende Drehbank 99.4
-, Schwärmer- . 170.4
Stichel, Hobel- 31.3
-, Hohl- 409.7
-, Keilstützung des -s 127.3
-, Kühlung des -s 122.3
-schaft 126.4
-schlitten . . . 44.1
-schneide . . . 31.4
-, Schwärmer- . 170.2
-stange 36.6
-, Stemm- . . . 409.3
-stiel . . . 36.4, 126.4
-, Stoß- 53.4
-träger 36.1
-, Verschieben der einander gegenüber eingespannten 105.4
-verschiebung nach Lehre 96.7
- - - Schablone 96.7
-widerstand . . 68.8
Stichhöhe . . . 111.9
Stick handle bending machine 436.3
-, thin 484.2
Stiefel, Dampf- 250.7
-knecht 18.8
- - steuerung . 18.7
-, Luftpumpen- 254.2
-weite 251.1
-, Werkzeug- . . 256.6
Stiel-eiche . . . 498.6
-, Gatter- 328.1
-hammer . . . 245.2
-, Messer- . . . 390.4
-, Stichel- . 36.4, 126.4
Stiffen, to . . . 329.1
Stift, Abstich- 275.8
-drehstuhl . . . 57.3
-, Einsteck- . . 85.6
-, Index- 189.9
-, Kopier- . . . 97.1
-kupplung . . . 93.6
- -, Spindelstock mit 155.5
-, Mitnehmer- . 112.7
-nietung 285.2
-, Scharnier- . . 181.8
-- und Bolzendrehbank 59.1
Stiftenabhebung, Handformmaschine mit 305.1
Stirare il ferro 263.10
Stirn-fräser . . 200.5
-hammer . . . 245.5
-rad, ausschwenkbares 104.6
Stirn-rad, einschwenkbares 104.6
- -, verschiebbares 104.4
-räderwendegetriebe 16.1
-support, fliegender 137.3
Stirrup 206.5
- frame 233.2
- stop 107.9
Stock . . 76.7, 199.3
Stock-fäule . . 493.5
-griffbiegevorrichtung 436.3
-holz 479.4
-, Reit- 116.8
-schere 229.5
-, Setz- . . 119.6, 143.1
-, Spindel- . 48.4, 76.7
-stärke 476.5
-zahn 348.5
Stollenholz . . 480.7
Stone 222.10, 223.1, 275.4
-, coarse grained 221.8
- pine 495.10
Stool seat turning and folding machine 437.6
Stop 20.5, 99.6.7, 107.5.6.9, 193.2, 246.6
-, adjustable . . 18.9
- arrangement, automatic 108.3
-, clamping ring 189.3
-, claw 194.4
- disc 51.5
-, equal 19.9
- pin 85.6
- rod 194.3
- screw 107.7
- spindle 107.8, 182.7
-, star shaped . 108.1
-, unequal . . . 20.1
- with throw over catch 108.2
Stopfbüchse . . 266.7
Stopfen 275.5
Storage chamber for dust and shavings 470.4
Storcersi . . . 489.3
Storcimento del pezzo da lavorare 31.1
Stoß-fläche, Zuschärfung der -n 271.3
-frei, -er Hubwechsel 15.2
-knagge 193.2
Stoßmaschine . 45.2
-, Gehrungs- . . 439.5
-, Horizontal- . 45.3
-, liegende . . . 45.3
- mit drehbarer Stößelführung 45.4
-, Nut- 45.5
-, wagrechte . . 45.3
Stoß-maschinenstößel 52.2
-rad 339.7
-ring 150.1
-schlittenleiste 52.4
-stichel 53.4
-werk 247.7
-zahl 239.7

Stößel 52.2, 233.8, 312.1
-antrieb 40.1
-aussparung . . 53.3
- der Feilmaschine 43.6
-führung . 43.8, 45.4
- -, Form . . . 312.4
-hub 43.7
-, Hub-höhe des -s 52.6
-, -zahl des -s . 52.7
-kopf 43.9
-, Schrägstellung des -s 52.5
-, Schraubenantrieb des -s 48.8
-, Stoßmaschinen - 52.2
-verstellung . . 53.2
-zapfen, verstellbarer 53.1
Stoßen . . 46.7, 439.6
-, Lang- 47.1
-, Nuten- 47.4
-, Quer- 47.2
-, Rund- 47.3
Stove . 455.7, 456.1.2
Stozzare . . 48.7, 53.4 409.2, 439.6
- cave 47.4
- circolarmente 26.6
- interni circolari 26.8
Stozzatrice 45.2, 407.1
- a mano . . . 408.3
- - portautensile girevole 45.4
- - slittone girevole 45.4
- combinata con trapano 408.4
- orizzontale . 45.3
- per cave di chiavette 45.5
Stozzatura circolare 26.5, 47.3
- - interna . . 26.7
- di un pezzo . 46.8
- longitudinale 47.1
- trasversale . 47.2
Strada 349.5.7.8, 350.1.3.4
-, apparecchio per dare la 350.2
-, larghezza della 349.5
Strahlenriß . . 490.8
Strahlrohr aus Hartgummi 318.2
Straight edge used for dressing the teeth 352.4
- fibred timber 477.8
Straighten, to . 295.7
Straightening machine 295.5
- -, angle iron . 296.5
- -, rail 296.4
- -, shaft 296.1
- of shafts . . . 295.8
- roll 295.6
- rolls in halves 296.6
Strandkiefer . 495.8
Strato di legno 261.6
Strauchwuchs . 490.4
Straw 484.4
Strecken, das Eisen 263.10
Strehler, Gewinde- 125.7
Streich-blech . 246.5
-holz, Sturm- 274.10
Streifen, in - schneiden 238.4
Strength of blow of hammer 262.5
Striare, macchina da (v. „macchina“)
Striating . . 246.10
Striatura a righe bianche 492.11
- - - rosse . . 492.10
Strickle 302.3
Stridimento . . 75.10
Stridore 75.10
Strier, machine à (v. „machine“)
Striker 246.10
Striking plate . 246.5
Strip 29.7, 99.3, 329.8 331.7, 482.9
- of box veneer 458.8
-, to cut in -s . 238.4
Stripp off, to partially - - the bark 464.8
- -, - - - - - - - in parallel rings 465.1
Stripper 244.5
-, adjustable . . 244.7
-, fixed 244.6
- lever 244.8
Stripiness, red 492.10
-, white . . . 492.11
Stripping machine, bark 464.7
- plate 307.1
- - gear wheel moulding machine 312.5
- - moulding machine 306.5
- - - - with turning table 308.4
Striscia 238.4
Strisciamento . 246.5
Stroh 484.4
Stroke 11.7, 12.1.8, 13.1 15.2.3, 41.1, 52.6.7
-, idle - of table 11.8
- of machine . 12.9
- - ram 43.7
- - shear blade 241.8
- - the punch . 244.3
Structura de la madera 476.8
Structure du bois 476.8
- of the wood . 476.8
Struktur des Holzes 476.8
Strut 463.3
Struttura del legname 476.8
- fibrosa . . . 477.5
Stud lathe . . . 59.1
- wheel plate . 89.4
Stufa 455.7
- a vapore per paraffinare 456.6
- per lo zolfo . 456.2
- - paraffinare 456.1
Stufen-rad . . 86.3
-rädergetriebe 86.2
- - mit ausschwenkbarem Zwischenrad 87.3
Stufenräder-getriebe mit Zwischenrädern 87.1
-riemen 155.3
- -antrieb . . . 82.6
-rolle . . 82.7, 154.4
- - mit Vorgelegen 85.7
-rollenantrieb durch Treibriemen 82.6
Stufenscheibe . 48.2 82.7, 154.4
-, Antrieb- 40.3, 189.5
-, die - kuppeln 92.2
- für den Vorschub 154.5
-, mit der - gekuppeltes Zahnrad 92.3
-, Transport- . 82.8 154.5
Stuffing box gland 266.7
Stuhl-fabrik . . 466.2
-lehnenbiegemaschine 436.8
-sitz-drehmaschine 437.6
- -falzmaschine 437.6
Stulp, Leder- . 266.5
-liderung . . . 266.4
Stulpenliderung 266.4
Stumpf-blättriger Ahorn 501.1
-schweißen, Klemmapparat für 274.11
- werden . . . 121.8
Stunted growth 490.4
Sturmstreichholz 274.10
Stutzbandsäge, doppelte verstellbare 356.5
Stütz-baum . . 463.3
-klotz 116.7
-mutter 39.3, 183.2
-platte 407.2
-rolle . . 294.3, 297.1
-walze 297.1
-winkel 343.6
- -, verschiebbarer 343.9
Stütze, Säulen- 191.9
-, Leitspindel- . 109.5
-, Werkstück- . 29.2
Stützend, -es Scherblatt 241.5
Stützung der Leitspindel, nachstellbare 109.4
- des Spanneisens durch eine eiserne Treppe 28.4
- - - - - Schraube 28.3
-, nachstellbare 78.7
Subida . . 84.2, 263.3 277.1
- de la hoja . . 333.3
Substance, -s abrasives 222.4
Subterráneo, cámara -a 433.2
Succhiello . . . 412.1
Sucre 501.5
Suction . . . 213.5.8
- fan . . . 213.6, 470.1
- passage . . . 254.5
- pipe 187.6
- - for sawdust and cuttings 469.5
- piping 469.4
- port 254.5
Südamerikanisches Eisenholz 503.5
Suddivisione di tronchi 354.7
Suelo 443.1
Sufridera 134.6, 278.2
Sufrir en contra 284.8
Sugar maple . 501.5
Sughera 498.11
Suif 371.8
Suivre 179.5
Sujeción 27.4
-, agujero de . 116.1
-, banco de . . 352.3
-, bolsa de . . . 144.5
-, boquilla de . 114.8
-, brazo de . . 354.1
-, cabezal de . . 436.2
-, carro de . . . 171.4
- de la contrapunta 118.3
- - - cuchilla con cubierta y tornillo 390.6
- - - - por tornillo 390.5
- - - fresa . . . 205.3
- - - herramienta 35.6
- - - matriz . . 243.6
- - - muela . . 224.7
- - - - con masilla 225.2
- - - - entre bridas 225.1
- - - pieza con masilla 220.5
- - - - de labor por medio de cuñas y controcuñas 165.6
- - - - - - - - pernos 27.6
- - - - - - - - tornillos 27.6
- - - tabla de elevación 249.8
- - las cuchillas con ranuras y anillos 390.7
- del extremo del tronco 341.8
- - punzón . . 243.5
- - tronco por grapas 344.2
-, disposición de 292.2
-, - - - de la hoja circular 371.3
-, - - - para máquinas de centrar 166.4
- electromagnética de la pieza de labor 116.3
- -, disposición de 220.1
-, escuadra de . 30.6

Sujeción, espiga cónica de 219.9
–, – de 219.7
–, estribo de . . 329.2
– excéntrica . . 118.4
–, garra de 28.6, 276.1 363.7
– giratoria, disposición de 35.7
–, grapa de . . 116.2
–, hierro de . . 27.8
– lateral por dos garras 342.5
–, mandril cónico de 219.9
–, – de . . 219.7, 420.3
–, mesa de . 5.4, 139.5 184.2
–, – – – cúbica . 30.5
–, – – – giratoria 184.3
–, mordaza de . 171.5
–, – – – automática 269.6
–, mordazas de 144.3 197.5
–, placa de 115.4, 139.4
–, prensa de . . 341.9
–, ranura de 19.1, 28.7
–, tornillo de . 27.7 197.8, 341.2
Sujetador . . . 27.8
– de la mesa . 183.5
Sujetar . 27.5 28.1.2
– á la contrapunta 118.5
–, disposición de 36.2 269.5
–, – – – carriles 166.3
– el acero . . . 126.5
– – – de cepillar, disposición de 36.2
–, – sujetar de nuevo 110.8
– la fresa . . . 205.4
– – pieza de labor 110.6
– – – entre puntas 111.1
– magnéticamente 220.3
– por medio de grapas 344.3
Sulphur pan . 456.5
Sulphuring stove 456.2
Summer lime . 500.3
Sumpfzypresse 496.6
Suola della contropunta 117.1
– – squadra . . 29.7
– girevole 98.8, 184.4
Superficie arruotante 221.5
– cilindrica . . 210.1 214.6.7, 215.1, 390.3
– curva . . 3.5, 179.3
– –, dispositivo per piallare -i -e 38.1
– del piano di scorrimento 65.3
– della congiunzione 395.3
– – sabbia . . . 301.8
– – tavola 364.3, 384.7
– dello stantuffo 251.3
Superficie di contropressione 267.1
– – pressione . 266.8
– incurvata . . 478.8
– inferiore della pialla 383.1
– parallela . . . 379.2
– piana . . . 214.3.4
– – e curva . . 3.6
– premente . . 145.9
– radiale . . . 478.6
– storta 340.1
– tangenziale . 478.7
– tranciata . . 237.8
Superficie 64.4, 358.2 378.8, 403.3, 451.2
– á lo largo de las fibras . . 478.8
– cóncava . . . 44.4
– cónica 215.2
– curva 3.5
– de afilar . . . 221.5
– – contacto . . 271.3
– – contrapresión 267.1
– – corte 237.8
– – deslizamiento 65.3
– – ensamblaje 395.3
– – frente de la cuchilla 240.5
– – la estampa 260.6 261.9
– – – mesa . . 384.5.7
– – mesa 364.3
– – presión . . 266.8
– – subida de la polea loca á la fija 84.1
– del émbolo . 251.3
– – mazo . . . 261.9
– delantera . . 31.8
– inferior del cepillo 383.1.3
– plana . 185.5, 214.3.4
– producida á través de las fibras 478.4
– – al partir á lo largo de las fibras 478.6
– superior de la arena 301.8
– tangencial . . 478.7
– torcida . . . 340.1
– trasera . . . 31.9
Support . . 36.1, 97.8 418.10
–, Bohr- 143.2
-brett 103.2
–, Drehbank- . . 98.1
-drehbank . . . 57.8
–, Einstellen des -s 101.1
–, Fasson- . . . 100.1
–, Felgenbohr- . 419.2
–, fliegender . . 170.1
–, Hand- 100.4
–, Hobel- . . 28.8, 35.9
–, Höhen – zum Fräsen 419.1
-holzdrehbank 415.1
–, Kreuz- . . 39.4, 98.4
–, Kugel- 100.3
–, Kurven- . . . 100.2
–, Ober- 98.3
–, Quer- 98.10
–, – balken- . . 24.3
– -bett 67.8
Support, Querhobel- 39.8
–, Revolver . . 105.8
–, Rund- 46.1
–, Selbstgang des -s 102.3
-stahl 122.9
-steuerung . . 101.4
–, Unter- 98.2
-unterteil . . . 100.8
–, Vertikal- . . 24.4
–, Zurückkurbeln des -s 101.2
Support . 29.2, 109.4.5 139.7, 143.2, 389.7
–, adjustable . . 78.7
–, knife -s . . . 375.5
– of arm 142.7
–, pillar 191.9
–, pipe 276.2
–, tool 126.6
–, tube 276.2
Support . 184.1, 198.3 404.2
– à chariot . . 97.8
– – chariots croisés 98.4
– – colonne . . 418.9
– – dresser . . . 170.1
– – – les brides 137.4
– – enfourcher 418.8
– – fraiser montant et descendant 419.1
– – glissières de la table 184.1
– – lunette . . . 421.3
– – main . . 57.7, 418.7
– – – étroit . . . 100.6
– – – large . . . 100.7
– – saigner . . . 98.10
– – rouleau . . 342.4
– – tourillon . . 294.4
– – vis 30.3
–, base du . . . 100.8
–, bloc de . . . 116.7
– d'outil à main 100.5
– de l'arbre portemeule 218.2
– – la barre d'alésage à coussinet sphérique 168.6
– – – bride de serrage par bloc à gradins 28.4
– – – – – – – – vis 28.3
– – – broche à bride fendue 150.7
– – – – de perçage 150.6
– – – – pour deux meules 218.6
– – – table . . . 183.5
– – perçage . . 143.2
– – porte-outil . 98.3
– – renvoi . . . 82.3
– – serrage . . . 144.6
– – table 140.2
– des pièces . . 211.4
– du levier à contrepoids 50.5
– inférieur . . . 98.2
– montant et descendant pour percer les jantes 419.2
–, nez de 197.2
Support pivotant 25.2
– pour perceuse de jantes 450.7
–, rouleau de . 294.3 364.4
–, table de . . . 306.6
– transversal . . 98.10 362.1
– volant 137.3
Supporting block 116.7
– disc . . 189.6, 437.1
– nut 183.2
– roll . . . 294.3, 297.1
– standard . . . 143.1
– strut 463.3
– table arm . . 140.2
– the clamp by means of a screw 28.3
– – – – – – – stepped packing block 28.4
Surchauffage de bains de fonte de fer 273.5
Surco en el cilindro 295.1
– graduable del cilindro 295.2
Sureau noir . . 505.8
Surépaisseur pour le meulage 212.5
Surface board, flat 249.1
– grinding . . 214.4.5
– – machine . . 209.3
–, hyperbolic . . 74.8
– in the direction of the grain 478.8
– milling machine 177.1
– of table 364.3, 384.7
–, plan 185.5
– planing machine 379.6
– plate 37.6
– sand papering machine 403.3
–, silky 478.6
–, tangential . . 478.7
–, to 383.6
Surface brillante de bois 478.6
– conique . . . 215.2
-s courbe . 3.5, 38.1
– – et droite . 3.6
– d'une coupe radiale 478.6
– – tranche . . 478.4
– dans la direction des fibres 478.8
– de cisaillement 237.8
– – contrepression 267.1
– – coupe . . . 31.5
– – glissement . 65.3
– – – du coulisseau 8.5
– – la table 364.3, 384.5.7
– – meulage . . 221.5
– – pression . . 266.8
– déjetée 340.1
– des poulies . 358.2
–, dressage d'un 214.4
– du banc . . . 63.7
– – piston . . . 251.3

Surface, fraisage de la 451.2
- gauche 340.1
- latérale de la lame de cisaille 240.5
-, machine à meuler les -s 209.3
-, - - poncer les -s 403.3
-, - - rectifier les -s 209.3
- plane 185.5, 214.3.4.5
-, rectification d'une 214.4
- tangente . . . 478.7
Surfacer 379.6
Surfacing . . . 378.8
- gear . . 102.1, 103.9
- - thrown in by sliding gear wheel 104.3
- - with friction coupling 104.1
Surfacing gear with gear wheel to swing in gear 104.5
- - - - - to swing out of gear 104.5
- motion . . . 102.1
- screw 110.4
Surriscaldamento dei bagni di ghisa fusa 273.5
- della ghisa fusa 273.5
Susino 501.9
Suspendido, sierra circular -a 369.5
Suspension . . 279.5 280.1.2, 329.6, 329.7 329.9, 369.6
- arm 82.3
- bolt 280.2
- bow 279.5
- -, intermediate 280.1
Suspensión . . 279.5 280.1.2, 369.6
- del volante en un cojinete 358.5
Süßkirsche . . 502.1
Sviluppante . . 202.6
Swage 264.2.3
-, to 264.1
Swaged tooth point 350.6
Swaging die . . 350.7
- the saw teeth 350.5
Swamp maple . 501.4
Swarf 213.1
Swartzia tormentosa 503.5
Swell, to 488.6
Swelling of wood 488.5
Swietenia mahagoni 500.5
Swinging carriage 366.3
- jib 131.6
Swivel arm, double hinged
- - for wall drilling machine 142.6
- -, - jointed - - for wall drilling machine 142.6
- - with vertical adjustment 142.3
- head of column 139.1
- plate 25.1.2
-, sideway . . . 140.5
Swivelling base 98.3
- countershaft . 82.2
- overhanging arm 199.1
- stirrup 206.5
- table of drilling machine 140.4
Sycamore . . . 501.1
Sycomore . . 501.1.2
Syringa 505.5
- vulgaris . . . 505.5

T.

T-handle 108.6
T-rest 100.5
-, broad 100.7
-, narrow . . . 100.6
Tabella delle tolleranze 216.4
Tabelle, Toleranz- 216.4
Tabique de retención de la arena 308.4
Tabla 249.1, 325.4, 332.5, 361.7, 482.6
- con empalme 426.9
- - moldura . . 393.3
- de elevación 249.2.8
- - - de forma cónica 249.7
- - entarimado 367.4.5, 382.1, 482.7
- - parquet . . 461.4
- - tolerancia . 216.4
-, depósito de -s 482.10
-, el recortar -s 362.7
- gruesa 482.4
-, machihembrado de las -s 396.1
-, pila de -s . 482.11
- porta-herramientas 182.1
-, sierra de sacar -s 346.3
-, viga para sacar -s 480.3
Table 89.7, 45.6, 54.3, 184.2, 190.6, 306.6, 343.3, 404.2
- adjustment . 89.2
-, angle 182.4
- arm, supporting 140.2
-, band saw . . 357.1
- bed plate . . 46.4
-, canting . . 365.6.7
-, centre pin of 141.2
-, circular . . . 46.1
-, cramping . . 407.3
Table, cross traverse of the 190.5
-, drilling machine 140.1
-, drive of the . 9.6
-, feeding of work on 384.5
- foot 9.2
-, front 384.6
-, grooved setting up 30.6
-, guidance of . 8.2
- guide 8.4
- -, flat 8.3
- -, level 8.3
-, idle stroke of 11.8
-, length of . . 5.5
-, longitudinal motion of the 47.5
-, milling machine 182.3
-, moulding machine with 398.1
-, movement of 189.11
-, - - the 30.7
- of band saw 207.9
- - limits . . . 216.4
- operating gear, external 190.4
- - -, internal . 190.3
-, overhung . . 139.5
-, pendulum . . 365.8
-, pivot pin of . 141.2
-, planing length of 12.10
-, - machine . . 5.4
- planing machine 2.1
-, return of . . 11.8
-, revolving 46.3, 116.6
-, - - for setting up work 184.3
-, rising and falling 366.1
-, roller 317.2
-, round 46.1
-, saw 473.2
Table, shearing machine 233.6
-, single lifting 308.5
- slide 8.4
-, speed of . . . 12.4
-, spindle for . 193.1
-, surface of 364.3, 384.7
-, tilting 140.7, 365.6.7
- track 8.4
-, transverse motion of the 47.6
-, travelling . . 364.1
- - on rollers . 369.4
-, trunnion of . 183.5
-, turnover top 305.5
-, weight of . . 9.3
-, width of . . . 5.6
- with cross feeds 39.4
- - lateral travel 365.5
- - retaining rim 46.2
-, working . . . 39.1
-, - stroke of . 11.7
Table . 318.2, 356.6, 364.2.3, 384.5.6.7
- à bascule . . 365.6
- - gouttière pour l'huile 46.2
- - mouvement transversal et vertical 39.4
-, ajustage de la 39.2
- -caisson . . . 30.5
- circulaire . . 46.1
-, commande de la 9.6, 190.3.4
-, console de la 182.4
-, course de travail de la 11.7
- cubique . . . 30.5
- d'enclume . . 260.6
- de cisaille . . 233.6
- - fixation 39.1, 182.3 184.2
- - - de la pièce 46.4
Table de fixation magnétique 220.1
- - - pivotante 184.3
- - fraiseuse . . 182.3
- - la scie 207.9, 473.2
- - machine à fraiser 182.3
- - perçage . . 140.1
- - - avec chariots croisés 140.6
- - - déplaçable verticalement 140.3
- - - pivotante 140.4 140.7
- - raboteuse . 5.4
- - scie à ruban 357.1
- - - inclinable 365.7
- - support des modèles 306.6
-, débrayage de 190.6
- déplaçable verticalement 366.1
-, déplacement de la 39.2, 190.5
-, déraillement de la 9.5
- équerre de fixation à rainures 30.6
- -s - - 30.7
-, fraiseuse à . 385.1 398.1
- glissante . . . 364.1
-, glissière de la 8.2.4
-, guidage de la 8.2.3
-, largeur de la 5.6
-, longueur de la 5.5 12.10
-, marche à vide de la 11.8
- mobile . . 2.1, 365.4
- - latérale . . 365.5
- montée sur roues 317.2
-, mouvement de la 47.11, 97.6, 189.11 190.5

Table oscillante 365.8
-, pied de la . . 9.2
-, poids de la . 9.3
- porte-pièce . 54.3
- roulante . . . 364.1
-, sortie de la . 9.5
-, soulèvement de la 9.4
-, support de . 140.2
-, - - la 183.5
- tournante . . 116.6 308.4
- - à levée . . 308.5
-, vis de la . . . 198.1
-, vitesse de la . 12.4
Tableau de tolérance 216.4
Tablette latérale 376.7
Tablier . . 59.5, 103.7
- du chariot . . 103.2
Tablita . . 381.5, 427.3
Tablón machihembrado 396.8
Tabloncillo machihembrado 396.9
Tacca 194.5
- delle ganascie 144.4
Tache médullaire 478.2
-s pailletées . 492.12
Tacking rivet . 282.7
Taco . . . 40.6, 193.2
- de calce . . . 116.7
- - deslizamiento 326.7
- - guayaco . . 326.8
- - la corredera 40.5
- - presión . . 385.4
- - soporte . . 116.7
- - tope 260.4
- para calzar . 29.4
Tafelschere . . 229.6
Tagliare . 62.5, 123.2 237.2.10, 278.2.3
- a lunghezza stabilita 367.3
- contro la fibra 383.7
- impellicciature 375.8
- in striscie . . 288.4
- la corteccia . 483.4
- - giuntura incastrata in un numero di assicelle in una volta sola 427.1
- lamiere . . . 288.3
- trasversalmente 354.8
- un pezzo al tornio 73.9
Tagliatubi . . . 231.6
Tagliatura autogena 273.1
Tagliente . . . 120.9
- a disco curvo 388.4
- ad orecchie . 411.8
-, bedano a tre -i 409.5.6
- del punzone . 242.3
-, fresa a disco ed a tre -i 208.1
-, il - è inclinato in avanti 384.3
Tagliente, il - e normale alla fibra 384.2
-, - - - obliquo alla fibra 384.1
-, - - - parallelo alla fibra 383.9
- laterale 200.5, 397.4
- obliquo . . . 121.7
- ottuso 121.9
- principale . . 121.3
- rotondo . . . 123.7
-, scalpello doppio a tre -i 409.6
- trasversale . . 397.3
Taglio 79.3, 237.3, 332.6
- a sega 332.1
- ad angolo . . 439.5
-, altezza del . 7.5
-, angolo di 81.5, 121.4 237.9
-, capacità di . 120.6
- curvo 340.3
- d'estremità . 439.4
- del legno 471.8, 485.3
- dell'utensile . 81.4
- delle lamiere 238.1
- di tavole . . 332.5
- - traverso . . 333.7
- - tronchi . . 332.4
-, direzione del 7.8 237.7
-, dispositivo per incidere i -i 453.2
-, effetto di . . 120.7
-, fondo del . . 332.8
-, fronte del . . 332.8
-, guida diritta del 333.9
-, il ferro fa parecchi -i 7.9
-, l'utensile fa parecchi -i 7.9
-, larghezza del 7.6 70.3
-, - di 332.7
- longitudinale 238.7 333.5
-, lunghezza del 7.4
-, mantenere aperto il 471.9
- normale alla fibra 333.7
- per il lungo . 333.5
-, perdita di . 332.12
-, portacoltello per incidere i -i 453.3
-, portautensili per incidere i -i 453.3
-, potere di . . 120.6
-, profondità del 69.1
-, resistenza al . 7.3
- secondo la fibra 333.5
-, sega circolare con disco per -i 366.4
-, trancia per -i ad angolo 408.7
- trasversale . 233.6 320.4, 325.5, 333.7, 353.6 363.3.5, 365.4
- - dei tronchi 354.7
-, velocità di 7.7, 68.5 332.10
Tail bearing . . 79.7
- -, relieved . . 80.1
-block 116.8
- centre 421.2
Tail end . . . 79.9
- hammer . . . 245.7
- journal . . . 79.8
- of roll 293.9
- stock 116.8, 117.1.4 118.2.3 199.3, 421.1
- - moved by capstan handwheel 119.1
- - with internal screw mandrel 117.8
- - - - - spindle 117.6
- - - projecting screw mandrel 117.5
- - - - - spindle 117.5
- - - revolving driving plate 119.3
Taillant . 81.6, 121.5
- de l'outil . . 120.8
- latéral 397.4
- transversal . 397.3
Tailler 204.1
- des engrenages à la fraise 186.3
- les pignons coniques 44.6
- - - -, dispositif pour 44.7
- - roues coniques 44.6
Take off, to - - a cutting 69.9
- -, - - - the burr 238.2
-, to - a finishing cut 73.6
-, - - - preparatory cut 73.2
Taking out the roll 294.6
- - - work . . 110.7
- up of the back lash 112.4
Tala de árboles 485.3
Taladradora . 129.2
- á mano . . . 130.2
- automática . 132.4
- colocada en grúa mural giratoria 131.6
- de aire comprimido 138.1
- - brazo articulado 131.4
- - columna . . 131.1
- - - independiente 130.6
- - suspensión móvil 132.1
- - techo . . . 130.5
- - varios husillos 132.5
- electro-magnética portátil 135.1
- - - transportable 135.1
- especial para calderería 133.6
- horizontal . . 129.3
- múltiple . . . 132.5
- - con cambio de herramienta 133.2
- mural . 130.4, 142.6
Taladradora para barrenar los cañones de escopetas 135.4
- - perforar los agujeros para remaches 133.5
- - uniones longitudinales de remaches 134.1
- - - transversales de remaches 134.2
- radial . . . 131.2.3
- - de columna cilíndrica 131.5
- - mural . . . 131.6
- rápido 132.2
- universal . . 132.3
- vertical de columna 130.1
Taladrar 133.4, 134.5 144.3
- agujeros . . . 145.2
- - para remaches 283.3
-, barra de 168.6, 169.5
-, - - - corrediza 165.4
-, cabezal de . 168.4
-, - - - móvil . 165.3
-, - -revólver para 168.5
-, carro de . . 163.2.5 164.2
- con plantilla 146.1
-, el - agujeros 145.3
-, - - de un agujero 144.9
-, herramientas para 148.2
-, máquina de (v. „máquina")
-, mesa de . 140.1.3.7
-, profundidad de 148.4
-, rebarba de . 147.6
-, soporte de . . 148.2
Taladro . 147.1, 166.5 418.2, 448.1
- cilíndrico . . 147.3
- cónico 147.4
Talar 354.3.4
Talg, mit - durchsetzte Baumwolle 371.8
Tallado previo de los huecos entre los dientes 186.5
Tallar engranajes 186.3
-, máquina de (v. „máquina")
taller de aserrar madera 464.4
- - cepillado mecánico 465.2
- - labrar madera 461.2
- - modelaje . 466.3
- - torneado . 467.7
- mecánico de carpintería 465.8
Tallowed cotton packing 371.8
Tambor . 82.5, 132.7 372.5, 404.6, 433.6
- de curvar . . 432.2

Tambor de enrollamiento 248.3
- - enrollar . . 378.2
- - fricción . . 248.1
- - lijar 404.7
- - limpiar piezas de fundición 316.1
- - pulir los bastoncitos de madera 455.2
- - secar bastoncitos de madera 454.4
-es graduables para correas achaflanados 91.3
- protector . . 474.3
Tambour 82.5, 132.7
- à courber . . 432.2
- - nettoyer les fontes 316.1
- - profiler . . 433.6
- - sécher les tiges de bois 454.4
-s coniques à courroie extensibles 91.3
- d'enroulement 378.2
- perforé de protection 474.3
- polisseur . . 455.2
- -ponceur . . 404.6.7
- pour faire des douves bombées 372.8
- rotatif 317.4
Tamburo 82.5, 132.7 280.3, 404.6, 432.3
-i conici estensibili a cinghia 91.3
- da curvare . 432.2
- di avvolgimento 248.3, 378.2
- - politrice . . 404.7
- per essiccare i bastoncini 454.4
- - - le stecche 454.4
- - polire i bastoncini 455.2
- - sbavatura . 316.1
- politore . . . 404.7
- portautensili 105.6
Tamis oscillant 314.2
Tamiser, machine à (v. „machine")
Tamiz de arena con trepidación por presión de aire 314.3
- - trepidación 314.2
Tampon à ressort 20.2
- en caoutchouc 260.1
Tampón de pulir 405.7
Tandem 266.1
- pistons . . . 266.1
Tangencial, superficie 478.7
Tangent, surface -e 478.7
Tangential-hobelmaschine 379.5
-schnitt 478.7
-speichenrad . 358.1
- surface . . . 478.7
Tangenziale, superficie 478.7
Tank 76.5, 187.4, 272.7 438.3
Tanne 495.1
-, Balsam- . . . 495.2
-, Douglas- . . . 495.4
-, Edel- 495.1
-, Pech- 495.2
-, Rot- 495.3
-, Weiß- 495.1
Tap . . . 173.6, 203.7
-, adjustable . . 173.7
- for wood . . 413.1
Tapa 77.7
- del cojinete . 153.4
- - prensa-estopas 266.7
- postiza . . . 79.6
Taper bit . . . 412.7
- lifter 249.7
- reamer 412.7
- turning from former bar 96.5
- - - guide bar 96.5
Tapered shank of milling arbor 205.5
Tapón 447.3.4.5
Tapping machine, nut 171.3
- -, portable drilling and 173.8
- pin 275.8
Tappo d'innesto 92.4
- del lubrificatore 188.4
- della valvola 268.2
- di presa . 92.4.5.7.8 155.2
- - - a molla . 92.6
- - - - vite . . 154.7
- - - automatico 92.6 155.1
Taquet à enclanchement automatique 155.1
- ajustable . . 18.9
- asymétrique . 20.1
- d'entrainement 154.7
- - à ressort . . 155.1
- de butée . . . 193.2
- et doigt d'entraînement 18.7
- réglable . . . 18.9
- -toc . . . 20.5, 107.5
-s--s symétriques 19.9
Taraud 173.6
- à bois 413.1
- ajustable . . 173.7
Taraudé, raccord 195.8
Tarauder . . . 126.1
Tarière 413.2
Tas 134.6, 243.9, 244.1 278.2, 284.8, 481.3
- d'appui . . . 219.6
- de planches 482.11
Tasche . . 88.3, 362.5
-, Spann- 144.5
-, Wurm- 193.6
Tase 243.9
Tasse 243.9
Tassement du sable 301.7
Tassenscheibe . 224.2
Tasser 301.9
Tasso 494.9
Taster, mit dem - messen 74.2
Tätig, -es Scherblatt 241.4
Taumelsäge . . 370.6
Tavola 39.1, 45.6, 54.3 384.5, 404.2, 437.1, 482.5
- a carrello . . 317.2
- - cassa di montaggio dei pezzi 30.5
- - catena senza fine 382.3
- - croce . . . 39.4
- - cuneo . . . 249.7
- - rulli 317.2
- - spostamento verticale 366.1
- - squadra 30.7, 139.5
-, attacco della 249.8
-, berta a . . . 249.1
-, carrello per segare -e 342.5
-, cesoia a . . . 229.6
- circolare . . . 46.1
-, comando della 9.6 190.3.4
- con ribordo per l'olio 46.2
- - sagoma . . 393.3
- - slitte a croce 140.6
- - sostegni . . 139.7
-, congiungimento di -e 395.2
-, corsa della . 47.5.6
- della cesoia . 233.6
- - fresa 182.3
- - sega . 207.9, 473.2
- - - a nastro . 357.1
- - trancia . . 233.6
-, deragliamento della 9.5
- di condotta . 384.6
- - fissaggio . . 407.3
- - - dei pezzi 184.2
- - - - - girevole 184.3
- - - girevole . 184.3
- - guida . . . 343.3
- - montaggio a squadra 30.6
- - - ad angolo 30.6
- - piallatrice . 5.4
- - sollevamento 249.2
- - trapano . . 140.1
- - - spostabile verticalmente 140.3
-, disinnesto della 190.6
-, fresatrice a . 398.1
- girevole 46.3, 116.6
- - di trapano . 140.4
-, guida della . 8.2 385.1
-, incastratura di una 396.1
- inclinabile . . 365.6
- - della sega . 365.7
-, inclinazione della 9.4
-, larghezza della 5.6
- laterale scorrevole 365.5
- longitudinale 39.5
-, lunghezza della 5.5
-, - - corsa della 12.10
-, macchina a . 318.2
-, maglio a . . 249.1
Tavola, mensola della 140.2
-, movimento della 189.11
- oscillante . . 365.8
- per fissare i pezzi 139.4
- - pavimento . 461.4
-, perno della . 141.2
-, peso della . . 9.3
-, piallatrice a . 2.1
-, - - cilindri per pezzi lunghi da -e 379.5
-, piano della 364.3 384.7
-, piede della . 9.2
-, raddrizzatura delle -e 362.7
-, refilatura delle -e 362.7
- ribaltabile . . 140.7
- riscaldata a vapore 467.6
- rotativa . . . 46.3
- sagomata . . 393.3
- scorrevole . 323.5 343.3, 364.1
-, sega alternativa per -e 322.3.4, 325.4
-, - circolare con 370.3.4
-, slitta della . . 8.5
-, sopporto della 140.2, 183.5
-, spostamento della 39.2, 190.5
-, superficie della 364.3, 384.7
-, taglio di -e . 332.5
-, toupie con . . 398.1
- trasversale . . 39.7
-, velocità di andata della 12.4
-, vite della . . 193.1
Tavoletta di legno 483.1
Tavolone . . . 482.4
- con maschio e femmina 396.8
Taxodium distichum 496.6
Taxus 494.9
- baccata . . . 494.9
Tazza 224.2
- per colare . 275.10
- - le immersioni 457.5
Teak 505.3
Teakholz . . . 505.3
Teca, madera de 505.3
Techo . 48.3, 81.9, 82.1 462.3
Teck 505.3
- di Birmania . 505.3
Tectonia grandis 505.3
Teil-apparat . . 198.6
-kopf 198.6
- -, Universal- . 199.2
-kurbel . . . 198.10
-rad 193.8
-ring 183.7
-scheibe 198.8
-spindel 198.7
-spund 420.5
Teilung 146.3
-, Zahn- 347.6
Teinture 378.6

Tejo común . . 494.9
Tela de esmeril 223.2
- smerigliata . 223.2
Telaio 303.8
- ausiliare . . . 330.8
-, comando del 326.9 327.4, 334.2
- della sega . . 346.5
- - - alternativa 326.1
- - - in legno . 326.3
- delle sedie 437.4.5.6
- di fissaggio . 341.9
-, guida del 326.4, 334.1
-, incastellatura a 233.2
-, larghezza utile del 326.2
-, luce del . . . 326.2
-, macchina per caricare i -i 455.6
-, manovella di comando del 327.1
- per caricare la terra 303.9
- - centrare le staffe 311.2
- - dare la pasta 459.4
- - immersioni 455.5
-, peso del . . . 327.6
- provvisorio . 303.9
- - a legnaccio 309.6
-, sega a . 320.5, 346.4
-, tirante del . . 328.1
-, traversa del . 328.2
Telescopic screw 183.3
Telescopico, albero 191.6
Telescópico, husillo 183.3
Telescopio, macchina a 308.1
Télescopique, vis 183.3
Teleskop-riemenscheibenformmaschine 308.1
-rohr 191.8
-spindel 183.3
-welle 92.1
Teller, Meißel- . 127.5
Temblar 75.8
-, la pieza tiembla 75.6
Temper of the tool 120.5
Temperatura de recalcar del remache 289.3
- - soldadura . 270.6
- di ricalcatura dei rivetti 289.3
- - ricalcatura dei chiodi 289.3
- - saldatura . 270.6
Temperature for riveting, suitable 289.3
-, welding . . . 270.6
Température de l'écrasement du rivet 289.3
- - soudage . . 270.6
- - soudure . . 270.6
Template 146.2, 481.5
-, to drill to . . 146.1
-, - mill from a 187.1
Tempo di ascesa 263.2
- - caduta . . . 262.7
- impiegato per ascendere 263.2
- - - cadere . . 262.7
Temps de frappe 262.7
- - montée . . 263.2
- - soulèvement 263.2
Tenacidad . . 485.7
Tenacità del legno 485.7
Tenacité 485.7
Tenaglia a leva 344.7
- - vite 344.6
- da saldare . . 360.3
- per chiodi . . 286.6
- - dare la strada 350.1
Tenaz, madera 485.6
Tenazas de curvar 436.4
- - remache . . 286.6
- - soldar . . 275.12
- - triscar . . . 350.1
- para soldar . 360.3
Tendeur . 436.2, 437.3
Tenditore 97.5, 437.3
Tenedor de crisol 275.9
Tener al posto 329.1
- en contra . . 284.8
- limpias las superficies de las llantas de los volantes 358.2
Tenere in posto il chiodo a mezzo del contrafforte 284.8
- - - - - a mezzo del controstampo 284.8
Teneur en sève 486.8
Tenir propre la surface des poulies 358.2
Tenon . 402.2.3.5, 449.7 450.1
-, to 401.7
-, - - and mortise 402.1
Tenon 401.3, 402.2, 450.1
- à queue d'hironde 425.7
-, appareil à faire les -s 401.6
-, division des -s 426.1
- droit . . 425.1, 426.4 427.3
- et mortaise . 402.1
-, hauteur du . 426.2
-, largeur du . 426.3
-, machine à faire les -s 424.1, 449.6
-, - - fraiser les -s 424.2.3
-, - double pour -s 425.3
- oblique 425.2, 426.5
- rond 449.7
-, scie à 425.4
-, - - poignée pour -s 425.5
-, tailler des -s 425.6
Tenonare . . . 401.7
Tenonatrice . 401.3.5 402.5
- per listelli e sagome 401.4
Tenone . 401.7, 402.2
-, apparecchio per fare -i 401.6
- doppio 402.3
- e cava 402.1
Tenoning apparatus 401.6
- machine . . . 401.3
- -, spoke . . . 449.6
Tenonner 401.7, 402.5
Tenore dell'umore 486.8
Tension apparatus 323.1.2.3
-, elastic - of saw blade 346.7
- of saw blade 346.6
- pulley . 207.8, 359.2
- rod 355.7
- weight 97.5
Tension . . 97.5, 207.8 329.2, 355.7, 359.2
- de la lame de scie 346.6
- élastique de la lame 346.7
Tensión . . 97.5, 183.8 207.8, 359.2
- automática . 21.2
- de la hoja de sierra 346.6
- elástica de la hoja 346.7
Tensione . . 27.7, 97.5
- della sega . . 346.6
- elastica della sega 346.7
Tensor 437.3
Terminación de la pieza de labor 216.1
Terminar . 32.7, 125.3
- con muela una pieza 216.2
Termite 274.1.2, 276.5
- al titanio . . 274.5
- incrostante . 274.6
Térmite 274.2
- para mermas 274.6
- - transversales 274.6
Terpentin-Kiefer, amerikanische 496.1
-öl 122.6
Terra, battere la 301.9
-, calcatura della 302.1
-, compressione della 301.7, 302.1
-, comprimere la 301.9
-, costipare la . 301.9
- di fonderia 314.1.4
-, essiccatore rotativo per la 315.3
-, livellare la . 302.2
-, pestare la . . 301.9
-, seccare la . . 315.2
-, spianare la . 302.2
-, telaio per caricare la 303.9
Terraja 172.5
Terraja de cojinete partido 172.7
Terzera 481.1
Testa a cambiamento di utensile 105.5
- - croce del rinvio da soffitta 188.10
- - - - - pendente 188.10
- - revolver . . 106.4 107.1
-, assottigliamento delle -e 271.3
- da dividere 198.6.7
- - - per affilatrici 221.2
- - - - rettificatrici 221.2
- - - universale 199.2
- del braccio mobile 43.9
- - chiodo . . . 284.5
- - mandrino . 76.7 152.1, 154.1, 196.4
- - - con avanzamento a mano 163.2
- - - - - automatico 164.2
- - - - - indipendente 163.5
- - - - discesa automatica 164.2
- - - del trapano 167.7
- - - della mola 217.8
- - tornio . . . 419.5
- della barra di alesaggio con movimento di rotazione e di avanzamento 165.3
- - biella . . . 40.8
- dello slittone 43.9
- di cavallo . . 88.6
- - fissaggio . 119.8
- - gatto . . . 114.3
- - tornio a mandrino 93.2
- - una colata 277.5
- fissa 129.4
- - del mandrino 196.5
- girevole della colonna 139.1
- inclinabile del mandrino 199.1
- mobile verticalmente 136.4
- motrice . . . 196.4
- - con innesto a denti 155.4
- - - - - spina 155.5
- - fissa 196.5
- - inclinabile . 199.1
- - scorrevole . 196.6
- - spostabile . 196.6
- per piegare . 292.3
- piegatrice . . 436.2
- portacuscinetti 172.8
- portafrese . . 204.4
- portapunta . 168.4
- - a revolver . 168.5
- portautensile da spinare 54.4
- - trasversale 89.8

Testa portautensili a revolver per tornio verticale 99.4
- - girevole per tornio verticale 99.5
- - in piano 170.1
- - per sfacciare 170.1
- - - tornire di testa 170.1
- revolver 105.8
- ribadita 284.6.7
-, saldare le -e 271.1
-, saldatura in 270.9
- spostabile del mandrino 196.6
Testing apparatus 481.4
Testucchio 501.1
Tête 284.6.7
- avec vis de commande 48.4
- de bielle 40.8
- - cheval 88.6
- - colonne pivotante 189.1
- - fermeture 284.6.7
- - fraisage 204.4
- - la colonne 188.3
- - pliage 292.3
- - rivet 284.5
- - serrage 119.8
- du coulisseau 43.9
- - marteau 261.8
- - montant 188.3
- - poinçon 242.5
- - rivet 290.2
- fendue 219.8
- inclinable 45.4
Téton 166.7, 412.2
Textura fibrosa 477.5
Texture fibreuse 438.8, 477.5
Thermit 274.4.5.6
-eisen 274.3
- -, Abstechen des -s 276.5
- -umguß 274.1
Thermit iron 274.1.3 276.5
- -, band of - - welded on 274.1
- -, chipping of the 276.5
- -, collar of - - welded on 274.1
-, Lunker- 274.6
-, Titan- 274.5
Thermite 274.2
- au titane 274.5
- pour retassure 274.6
Thickness at point of tooth 348.2
- of saw blade 348.3
Thicknessing machine, cutter block for 389.8
- -, - head for 389.8
- - for boards 381.5
- - - planks 381.4
Thimble 275.5
Thomas, acciaio 34.2
-, acero 34.2
-, acier 34.2
-stahl 34.2
- steel 34.2
Thread 174.3, 175.1.3
-, angular 174.9
- cutting lathe 60.5
Thread, cutting - on the lathe 74.7
-, differential 197.9
- indicator 101.3
-, Löwenherz 174.7
-, metric 174.8
- milling machine 174.2
- of wood wool 484.6
-, Sellers 174.5
-, to turn a 74.6
-, trapezoidal 175.2
-, triangular 174.9
-, V. d. J. 174.6
-, Whitworth 174.4
Throat 54.5
-, depth of 181.3
- - - riveting machine 278.6
Throttle valve 469.7
Throw over claw 19.8
Throwing in the countershaft 88.4
- - - coupling without shock 98.7
- out of gear 88.5
- - the gear for traversing the table 190.6
- the shears out of motion 236.8
Thrust bearing 78.3
- journal, adjustable 78.8
- ring 78.4
Tie 5.1
- bar 5.1
- bolt 341.5
Tiegel-flußstahl 34.4
-halter 275.9
-, Schmelz- 275.2
-, Spitz- 275.3
-stahl 34.4
Tiempo de caída 262.7
- - elevación 263.2
Tiesura 358.4
Tige 291.3
- à soulever les châssis 304.8
-, appareil à botteler les -s 455.3
-, - - ranger les -s 454.7
- d'allumette 452.8 453.4
- d'amortisseur 259.6
- de bois 453.5.6.7 454.4.5, 482.9
- - butée 259.6
- - commande 355.6
- - contact 179.5
- - coulée 275.8
- - cylindre 293.9
- - débrayage 194.3
- - démoulage 305.1.2
- - démouleuse 304.8
- - fraise 205.5
- - guidage 419.4
- - la lame 390.4
- - - vis de butée 145.8
- - piston 251.4, 252.2
- - soulèvement 305.1 305.2
- - tiroir 252.2
- du couteau 390.4
- - marteau 263.6
Tige sans tête 285.2
Tigerholz 499.9
Tightening eccentrics 331.2
- up screw 197.8
- the ring nut 151.4
Tiglio a foglie grandi 500.3
- - - piccole 500.2
- comune 500.2
- da viali 500.3
- domestico 500.3
- maremmano 500.2
- nostrale 500.3
- riccio 500.2
- selvatico 500.2
Tijera 228.2, 230.5 233.1.2.6.8, 236.8, 240.4 241.7
- á mano 229.4
-s - - para cortar chapas 231.2
- - motor combinada con punzonadora 232.6
- - palanca 229.4.5
- circular 229.1
- combinada de vapor para la impulsión directa 230.2
- de guillotina 228.4
- - mesa 229.6
- - movimiento excéntrico 230.1
- - palanca 228.5
- giratoria 230.6
- hidráulica 230.3
- - para bloques de acero 230.5
- montada para girar sobre su zócalo 230.6
- movida directamente por vapor 230.2
- para cortar chapas 231.1
- - - escuadras 231.4
- - - hierro ángulo 231.5
- - - redondo 229.2
- - - retazos de metal 231.3
- paralela 228.4
Tikholz 505.3
Tilia grandifolia 500.3
- parvifolia 500.2
Tilleul à petites feuilles 500.2
- de Hollande 500.3
Tilo de hojas pequeñas 500.2
- - Holanda 500.3
Tilt hammer 245.7
Tilting table 140.7 365.6.7
Timber 333.7, 463.4 475.2.4, 478.4.5
- balk 380.2
-, branch 479.5
-, broad -s 482.3
-, building 479.10
-, construction 479.10
- carriage 369.1, 462.1
- - with cross traverse motion 342.6
Timber carriage with side cramping arrangement 342.5
-, commercial 479.9
-, converted 481.7
- crane 462.7
- drying plant 463.6
-, fibre of the 477.2
- for shipbuilding 494.7
-, grain of the 477.2
- hauling apparatus with endless chain 462.4
- - - - single chain 462.3
- hoist apparatus with endless chain 462.4
- - - - single chain 462.3
- „Jim" 462.1
-, length of 340.4
- loading crane 463.1
-, passing through of the 335.7
-, quartered 480.6
-, rectangular 481.8
-, root 479.3
-, roughly sawn 481.6
-, round 480.1
- store 482.10
-, straight fibred 477.8
-, - grained 477.8
-, - grown 477.9
- testing apparatus 481.4
-, to adjust the 335.5
-, - aline the 335.5
-, - square the 334.6
- trolley 369.1, 462.1
- - with springing arrangement 340.3
- truck 462.1
-, trunk 479.4
-, vertical - with rack carriage feed 323.5
-, - - - roller feed 323.4
-, wavy grown 477.10
Timbre 188.8
Time of fall 262.7
- - lifting 263.2
Timón 159.4
Tino 468.6
Tinozza 447.1
Tipping of the planing table 9.4
- up of the work 238.8
Tira 238.4, 458.1
-s de carcoma 492.11
- - madera para cajas 452.4
-s rojas de putrefacción 412.10
Tirante 355.7
- del morsetto 330.2
- - telaio 328.1
- della sega 330.2
- para la colocación de los bandajes 446.1
Tirare a filo 395.4, 400.1
- - -, macchina per (v. „macchina")
Tirer, machine à (v. „machine")

Tiretto di chiusura 304.2
Tiroir . . 251.8, 252.2
- à fers 391.10
- - - à polir . . 392.1
- d'admission . 252.1
Tisch . . . 39.1, 184.2
-antrieb 9.6
- -, außenliegender 190.4
- -, innenliegender 190.3
- -, zentraler . . 190.3
-, Arbeits- . 39.1, 45.6
-arm 140.2
-, Auflage- 54.3, 384.6
-, Auflege- . . . 404.2
-, Aufspann- 5.4, 139.5 182.3, 184.2
-, Bandsäge- . . 357.1
-bandsäge . . . 356.6
-bewegung . 189.11
-, Bohr- 140.1
-breite 5.6
- der Schere . 233.6
-, Dreh- . . 116.6, 184.1
-, drehbarer Aufspann- 184.2
-, Einzel-Aushub- 308.5
-, fahrbarer . . 364.1
-fläche . . 364.3, 384.7
-, Fräs- 182.3
-fräse 398.1
- -, doppelte . . 398.2
-fräsmaschine . 398.1
-führung . . . 8.2
- -, ebene . . . 8.3
-, Führungs- . . 343.3
-führungslineal 364.5
-fuß 9.2
- -, Biegemaschine für Tischfüße 438.1
-geschwindigkeit 12.4
-gewicht 9.3
-, Gleitbahn des -es 8.4
-halter . . 140.2, 183.5
-, Hobel- 5.4
-, Hobellänge des -es 12.10
-hobelmaschine 2.1
-, Hobelmaschinen- 5.4
-, Kipp- 140.7
-kreissäge . . . 364.2
- - mit hoch und tief stellbarem Sägeblatt 366.2
- - - - - - - Tisch 366.1
-länge 5.5
-, Lauf- 364.1
- mit Ölrand . 46.2
-, pendelnder . 365.8
-platte 306.6
-, Rollbahn- . . 317.2
-, Rund- 46.1
-, Säge- 207.9
-scheibe 437.1
-, schwingender 365.8
-spindel 193.1
-träger 140.2
-verstellung . . 39.2
-, Winkel- . . . 182.4
-zahnräderformmaschine 313.2
Tischzapfen . . 141.2
Tischler 465.9
-kreissäge . . . 365.2
-, Modell- . . . 466.4
Tischlerei, Bau- 465.10
-maschine, Universal- 399.3
-, mechanische 465.8
-, Möbel- 466.1
-, Modell- . . . 466.3
Tison 274.10
Titane 274.5
Titanio 274.5
- térmite . . . 274.5
Titanium thermit 274.5
Titanthermit . 274.5
Tizón 274.10
Tobera 316.5
- de abertura ancha 316.4
- del chorro de arena 316.3
Toc 112.5.6.8
- à compensation automatique 113.1
- - étrier . . . 112.9
- d'entrainement 92.4.5, 113.2
Tocho 231.3
- de acero . . 230.5
Toe bearing . . 198.3
- pin 198.4
Toggle joint riveting machine 281.1
- lever 94.3, 189.1, 234.9
- - press 264.8
- motion nail puller 344.6
Toile à l'émeri 223.2
- d'émeri . . . 223.2
- émerisée . . . 223.2
Tôle . . 229.3, 231.1.2 238.1.3, 294.7.8, 296.7 431.4
- de frottement 246.5
- épaisse 298.7
- perforée . . . 239.6
- protectrice . 337.8
- - des outils à raboter 473.7
Tolérance . . . 216.4
Tolerancia . . . 216.4
Toleranztabelle 216.4
Tolleranza . . . 216.4
- per la rettificazione 212.5
Tonel 443.5
Toneleriá . . . 468.6
Tongs, brazing 360.3
-, crucible . . 275.12
-, riveting . . . 286.6
Tongue . . 395.8, 396.3
-, to 396.2
Tonguing and grooving machine 394.3
- - - -, double . 394.4
- - - - with revolving cutter block 394.5
- cutter 400.4
-, double - and grooving machine 394.4
- iron 397.5
- of boards . . 396.1
- plane 397.6
Tonneau . 440.1, 443.6 445.4, 446.5, 468.5.6
- à nettoyer les fontes 316.1
Tonnellerie . . 468.6
Tonsandstein . 222.6
Tool 31.8, 105.4, 127.3 383.8
-, adjustable . . 108.4
-, back of . . . 31.9
-, boring . 125.4, 422.6
- box 35.8, 99.2, 105.6 127.1.6
- - for facing arm 170.4
- - with crossed slides 24.2
- - - swivel tool holder 127.8
-, broad nosed finishing 124.5
- carrier 36.1
-, caulking . . . 287.5
-, change of . 105.2.3
-, changing the 104.7
-, chasing . . . 125.7
-, chattering of the 75.9
-, clamping the 126.3
-, cooling the . 122.3
- coupling sleeve 256.4
-, cranked . . . 170.3
-, - corner . . . 423.1
-, cross travel of the 32.3
-, cutting off . . 123.2
-, down bent roughing 124.3
-, English type of 128.2
-, face of 121.1
-, female screw cutting 126.1
-, figure forming 422.4
-, finishing . . . 32.7
-, - hook 125.3
-, flat finishing 124.4
- for slide rest 122.9
-, forming . . . 124.7
-, German type of 128.1
-, grade of the 120.5
-, graving . . . 123.6
- grinder . . . 210.5
- grindery . . . 217.7
-, grinding a . 220.7
- - machine . . 210.5
- - -, universal 211.2
-, guidance of the 419.3
-, hand 122.8
-, hardness of the 120.5
- head, unlocking the 107.1
-, heating of the 32.8, 122.1
-, high speed turning 122.7
- holder . 36.3.5, 52.3 126.6, 127.6
- -, bar 36.6
- -, diamond . . 225.7
- -, double - - with electromagnetic reverse 87.3
Tool holder for cutting off tool 127.7
- -, hinged . . . 37.1
- -, magazine . 108.5
- - slide 35.9
- -, swivel . . . 127.8
-, hollow cylindrical planing 388.3
-, hook . . 125.1, 423.2
-, inside corner 423.1
-, - recessing . 125.5
-, - turning . . 125.5
-, lathe 120.4
-, left hand . . 123.4
-, - - roughing 124.3
-, machine . . . 1.2
-, male screw cutting 125.8
-, method of holding 35.6
-, movement of 96.7
- of facing arm 170.2
-, outside screw cutting 125.8
- packing piece 127.5
- pan 182.1
-, parting . . . 123.2
-, penetration of the 68.9
-, planing . . . 31.3
-, ploughing . . 123.6
-, pneumatic . . 255.7
-, - caulker . . 256.3
-, - caulking . . 256.3
-, pointed . . . 123.1
-, - hook 125.2
- post 35.8, 36.3, 99.2 127.1
- -, swivelling . 127.4
-, pressure of . 32.4
-, profiling . . . 422.4
-, radius 125.6
-, replacing the 104.7
- resistance . . 68.8
- rest 126.6
- -, hand . . . 418.7.9
-, right hand . . 123.3
-, roughing 32.6, 123.8 124.1, 421.6
-, round faced roughing 124.2
-, - nosed . . . 123.7
-, segment . . . 125.6
-, self-acting lift of the 36.7
-, shank of 36.4, 126.4 390.4
- shelf 182.1
-, single 126.2
- slide . . . 44.1, 211.6
- -, multiple . . 105.5
- -, parting . . 98.10
-, slotting . . . 53.4
- socket sleeve 256.4
-, spring 124.6
- steel 33.2
-, straight - for brass 123.5
- support . . . 126.6
-, temper of the 120.5
-, the - becomes blunt 121.8
-, - - - dull . . . 121.8
-, - - makes several cuts 7.9
-, - - revolves . 75.2
-, to clamp the - tightly 126.5

Tool, to set the 37.4
–, turning 120.4, 122.10 421.5
–, wedge shape of 69.5
Tooth . . 347.6, 350.5 352.4.6.7.8, 353.1
–, back of . . . 347.4
– block . . 311.6, 312.2
– – holder . . . 312.1
–, briar 348.6
–, depth of . . . 347.7
–, edge of . . . 352.8
– formation, continuous 348.9
– –, interrupted 348.8
–, gullet . . . 348.4.7
– gullet 348.10, 351.3 352.5
–, inserted 204.3, 349.3
–, M- 348.5
–, milling faces of teeth 186.4
–, parrot 348.6
– point . . . 347.2.3
– –, swaged . . 350.6
–, rack with helical teeth 141.1
–, root of 347.8
–, saw . . 347.1, 350.5
– –, perforated . 349.1
– space 348.1
–, stamping out the teeth 351.1
–, teeth with side set 349.4
–, thickness at point of 348.2
–, teeth of gear, to mill 186.3
Toothed feed wheel 51.10
– gear drive . . 85.1
– locking ring 106.11
– portion, length of 345.7
– wheel shaping machine 398.5
Top 476.6
– box 303.1
– buckle . . . 329.7
– carriage with parallel sliding motion 361.5
– part of mould box 304.5
– rest 98.3
– shear blade . 241.1
– slide 98.3
– spindle moulder 398.3
– swage 264.2
Tope 20.5, 107.5, 246.6
– á bisagra . . 99.6
– – taco 193.2
–, árbol de . . . 107.8
–, arco de . . . 107.9
– con trinquetes giratorios 108.2
– conductor 51.6, 92.7 92.8, 112.5.6.8
– – de compensación automática 113.1
– – paralelo . . 112.9
– de arrastre especial 220.6
– – conducción 92.4.5
– – – de disparo automático 92.6
Tope de contrapresión graduable 78.7
– – goma . . . 260.1
– – madera . . 260.3
– – resorte . . . 20.2
–, disposición automática de –s 108.3
–s dobles asimétricos 20.1
– elástico . . . 259.2
– en forma de estrella 108.1
–, estrella de . . 99.7
–, garra de . . . 194.4
– graduable . . 18.9
– – sujetado á presión 189.3
–, husillo del . . 182.7
–, listón de . . . 29.7
–, rosca de . . . 145.7
–s simétricos . . 19.9
–, taco de . . . 260.4
–, tornillo de . . 107.7
–, varilla de . . 194.3
Torcerse . . . 488.12
– en todas direcciones 489.3
Torcido, árbol . 489.9
Torcimiento . . 31.1
Torförmig, –es Gestell 233.2
Torneado, taller de 467.7
Tornear 58.4.6.7, 59.2.3 62.4, 71.2, 100.1.2.3
–, acero de 120.4, 125.4 421.5
– al aire 72.1
– con útil giratorio 148.6
– cónico 72.3
–, disposición de – según plantillos 62.1
–, – para – automáticamente los rebojos de los dientes de fresas de perfil constante 97.6
–, el – al aire . 72.2
–, – – bombeado 72.9
–, – – cubos . . 448.2
–, – – cónico . . 72.4
–, – – – con escuadra-guía 96.5
–, – – esferas . . 72.7
–, – – interiormente 71.9
–, – – la muela con diamante 225.6
–, – – piezas no redondas 72.6
–, – – – perfiladas 72.5
–, empezar á . . 73.2
– en ángulo . . 125.5
– entre puntas fijas 73.11
–, herramienta de 120.4
– las fresas de perfil constante 61.6
– madera . . . 417.6
–, máquina de (v. „máquina“)
Tornear óvalos, disposición para 97.3
– –, torno con disposición de 61.1
–, superficie de . 71.4
–, terminar de . 73.7
– tuercas . . . 60.6
Torneo 68.1
– de metales . 71.5
Tornería 467.7
Tornero 71.3
Tornillo 171.3
–, carro transversal de 99.1
– conductor . . 154.7
– de aprieto . . 43.4 183.6
– – arrastre . . 154.7
– – avance 159.2, 161.5 161.6
– – cabeza ranurada 219.3
– – embrague . 163.4
– – gancho . . 30.2
– – graduación 126.9
– – levantamiento 182.6
– – paso diferencial 198.2
– – presión . . 79.1
– – – á prisionero 126.7
– – remache . . 282.8
– – sujeción . . 27.7 197.8, 341.2
– – tope 107.7
– – varios filetes 157.1
– del arranque 25.3
– – avance transversal 41.9
– – carro transversal 109.8
– – listón . . . 66.4
– – tope de conducción 92.5
–, espiga de . . 420.7
–, gato de . . . 30.3
– graduador . . 14.3
–, impulsión por 235.4
–, máquina de remachar de 281.2
–, – – roscar –s . 171.1
–, mandril de –s 114.3
– para el cierre de las duelas 444.4
– paralelo . . . 166.1
–, prensa de . . 257.6
– prisionero del listón . . . 182.5
–, saca-clavos de 344.6
– sin fin . 10.3.4, 89.7 156.7, 193.5
– – – de báscula 163.3
– – – – elevación 141.3
– – – desembragable 163.3
– – – graduable 90.1
– – –, husillos de 179.2
– – –, mecanismo de – – – del movimiento de avance 192.2
Tornillo sin fin para cerrar los barriles 444.6
– vertical de presión y sujeción 342.1
Tornio a mano 56.5 414.2
– – pedale . . . 56.6
– – punte . . . 56.4
– – revolver . . 62.2
– – sciablona . 62.1
– – violino a pedale 414.3
– ad archetto . 57.1
– automatico . 62.3
–, banco del . . 63.2
–, carrello del . 98.1
–, coltello per . 120.4
– con banco a prisma 56.7
– – carrello con piastrone 59.5
– – dispositivo per tornire ovale 61.4
– – sopporto a croce 415.1
– – – – guide curve 417.1
– – stella per filettare 61.5
– – testa del mandrino girevole 58.3
– d'orologiaio con mandrino 57.6
– da copiare . 62.1 415.3, 416.4
– – orologiaio . 57.3
– – profilare . . 61.2
– – sagomare 415.4 417.1
– – tornire ovale 415.5
–, dare la prima passata al 73.2
–, – – seconda passata al 73.6
– di precisione 57.1
– – – a punte . 57.2
– – testa 60.2
– doppio 59.7
– – per cerchioni 60.3
– e trapano verticale 61.1
– eccentrico . . 61.3
–, ferro per . . 120.4
–, filettare al . . 74.6
–, filettatura al . 74.7
–, finire al . . . 73.6
–, forare al . . . 71.8
– frontale . . . 60.2
–, mandrino del 77.1
– parallelo . . . 56.3
– – a mano . . 57.7
– – per filettare 58.1
– – – – e cilindrare 58.2
– per alberi . . 58.5
– – – a gomito . 58.6
– – botti 446.7
– – – con utensile a pialla 446.6
– – bottoni di manovella 62.4
– – bulloni . . 59.1
– – cannoni . . 59.4
– – cilindri da laminatoio 58.4
– – cocchiumi . 447.3

Tornio per copiare razze di ruota 449.4
- - dadi 60.6
- - filettare . . 60.5
- - fondi di botti 442.8
- - intestare assi 58.7
- - legno . . . 414.1
- - mastelle per tinozze 447.1
- - metalli . . . 56.2
- - mozzi di ruote 60.4
- - profili ribassati 61.6
- - pulegge . . 59.2
- - ruote montate 59.3
- - sfere di legno 417.2
- - tagliare . . 62.5
- - tornire anime 309.4
- - - eccentricamente 61.6
- - - noccioli 309.4
-, piattaforma da 114.1
-, piede del . . 68.3
- rapido 60.1
-, rettificatrice per punte da 211.1
- semplice . . . 57.8
-, sgrossare al . 73.2
-, tagliare un pezzo al 73.9
-, testa del . . . 419.5
- universale . . 59.6
- - per legno . 415.2
-, zoccolo del . 68.3
Tornire . . . 71.2.4.6
- a scalo 72.8
- - spoglia . . 72.8
- conico 72.3
- degl'interni . 125.4
- di testa . . 148.6, 170.1.2.4
- eccentricamente 61.6
- -, dispositivo per 97.6
- fino 73.7
- fra contropunte fisse 73.11
- - punte fisse . 73.11
- in lungo . . . 71.11
- - piano 72.1, 187.3 148.6
- - profilo . . . 72.8
- - - laterale . 73.1
- internamente 125.4.5
- lateralmente . 73.1
- -, dispositivo per 97.7
- legno 417.6
- liscio 73.7
- ovale, dispositivo per 61.4, 97.3
- sfere 100.3
Tornito, superficie -a esattamente 74.1
Tornitore 71.3, 421.5.6
Tornitura 68.1, 71.7
- a sagoma . . 72.5
- - scalo 72.9
- - spoglia . . . 72.9
- conica 72.4
Tornitura conica a mezzo di guida rettilinea 96.5
- del metallo . 71.5
- - mozzo . . . 448.2
- della mola a mezzo di diamante 225.6
- di sfere . . . 72.7
- eccentrica . . 72.6
- esatta 74.1
- in lungo . . . 71.11
- - piano . . . 72.2
- - profilo . . . 72.9
Torno á mano . 56.5
- - pedal . . . 56.6
- al aire 60.2
- automático para perfilar y cortar de la barra 62.3
- - - piezas perfiladas 61.2
-, bancada del . 68.2
-, barrenar en el 71.8
-, bastidor de . 68.3
-, carro-soporte de 98.1
- con bancada prismática 56.7
- - disposición de tornear óvalos 61.4
- - - - - según plantillas 62.1
- - placa-cubierta 59.5
- - plantilla . . 61.5
- - soporte a mano 57.7
- - - y carro mecánico 57.8
- -copiador . . 416.4
- de copiar 62.1, 415.7
- - filetar . . . 60.5
- - mecánica fina 57.1.3.6
- - perfilar con soporte para curvas 417.1
- - plato horizontal 61.1
- - puntas . . . 56.4
- - - para mecánica fina 57.2
- - - - relojero 57.2
- - relojero . . 57.1
- - remache . . 286.3
- - reproducir 415.3
- - tronzar . . 62.5
-, el alisar al . . 73.8
-, - roscar en . 74.7
- especial doble para bandajes de ruedas 60.3
- - para cuerpos de ruedas 60.4
- - - tornear cigüeñales 58.6
- - - - ejes acodados 58.6
- - - - las fresas de perfil constante 61.6
- - - - los extremos de ejes 58.7
- - - - poleas de transmisión 59.2
Torno horizontal 56.3
-, husillo de . . 77.1
- mecánico doble 59.7
- - especial para acero rápido 60.1
- - para la elevación de troncos 345.3
- - paralelo para filetear y cilindrar 58.2
- para cañones 59.4
- - ejes 58.5
- - grabar . . . 415.4
- - hacer bolas de madera 417.2
- - - machos . 309.4
- - madera . . 414.1
- - - con carro-soporte 415.1
- - metales . . 56.2
- - pernos . . . 59.1
- - piezas perfiladas no circulares 61.3
- - suelos de barriles 442.8
- - tapones . . 447.3
- - tornear cilindros 58.4
- - - juegos de ruedas montadas 59.3
- - - la espiga de las manivelas 62.4
- - - ovalado 415.5.6
- paralelo con cabezal principal giratorio 58.3
- - - husillo de guía 58.1
-, pie de 68.3
-, plato de . . . 115.5
-, - -sujeción para 114.1
- primitivo á mano 414.2
- - - pedal . . 414.3
-, punta cuadruple de 419.9
-, - de 419.8
-, repasar al . . 73.6
- -revólver . . 62.2
- universal . . 59.6
- - para madera 415.2
- y taladro para ruedas de madera 448.1
Torsión, brazo de 431.2
Tortiglione . . 411.4 412.4
Touche à gabarit 97.1
- guidée 97.1
Tough wood . . 485.6
Toughness . . . 485.7
Toupie 397.8
- con tavola . . 398.1
- double 398.2
- horizontale . 398.4
- verticale . . . 398.1
Tour à arbres . 58.5
- - - coudés . . 58.6
- - archet . . . 57.1
Tour à banc prismatique 56.7
- - bois 414.1
- - - avec chariot à main 415.1
- - bondes . . 447.3
- - boulons . . 59.1
- - canons . . . 59.4
- - chariot sur support 57.8
- - charioter et à fileter 58.2
- - copier 62.1, 416.4
- - décolleter . 62.5
- - - automatique 62.3
- - dépouiller . 61.6
- - détalonner . 61.6
- - écrous . . . 60.6
- - essieux . . 59.3
- - façonner . 416.4
- - - automatique 62.3
- - - avec porte-outil à profiler 417.1
- - - des barreaux cylindriques 417.3
- - - les noyaux 309.4
- - fileter . 58.1, 60.5
- - fraise à copier 416.6
- - gabarit 61.5, 62.1
- - grande vitesse 60.1
- - guillocher . 415.4
- - main . 56.5, 414.2
- - métaux . . 56.2
- - noyauter . . 309.4
- - pédale . 56.6, 414.3
- - plateau . . 60.2
- - - horizontal 61.1
- - pointes . . 56.4
- - poulies . . . 59.2
- - poupée commandée mécaniquement 58.3
- - - tournante 58.3
- - profiler . . 61.2
- - reproduire . 62.1 415.3
- - roues . . . 59.3
- - tablier . . . 59.5
- - tourner les arbres coudés 58.6
- - - - cylindres 58.4
- - - - ronds excentriques 61.3
- - - - vilebrequins 58.6
- - trains montés 59.3
- - tronçonner 62.5
-, aléser sur le . 71.8
- -alésoir . . . 61.1
- au pied . . . 56.6
- automatique 61.2 62.3
- avec chuck oval 61.4
- - dispositif à tourner oval 61.4
- - support à main 57.7
-, banc du . . . 68.2
-, chariot de . . 98.1
- d'horloger . . 57.1.3
- - à pointes . 57.2

Tour d'horloger à poupées 57.6
- double 59.7
- - à bandages 60.3
- en l'air 60.2
-, filetage sur le 74.7
-, finissage au . 73.8
- horizontal . . 56.3
-, nombre de -s 80.5
-, outil de . . . 120.4
- ovale . . . 415.5.6
- parallèle . . . 56.3
- - à main . . . 57.7
-, pied de . . . 68.3
-, poupée de . . 76.8
- pour bâtons ronds 417.3
- - boules en bois 417.2
- - fonds de tonneaux 442.8
- - les boutons de manivelles 62.4
- - - centres de roues 60.4
- - - fusées d'essieux 58.7
- - - manivelles d'arbres coudés 62.4
- - reproduire les rayons de roues 416.3
- -revolver . . 62.2
-, saigner une pièce au 73.9
-, socle de . . . 68.3
-, tronçonner une pièce au 73.9
- universel . . . 59.6
- - à bois . . . 415.2
- vertical . . . 61.1
Tourelle 106.4
Tourenzahl . . 80.5
Tourillon . 51.1, 246.1 294.4
- à collet a trèfle 294.5
- conique . . . 77.9
- d'excentrique 235.2
- de coulisseau 40.7
- - manivelle déplaçable 48.6
- - - réglable . 48.6
- - plateau . . 141.2
- - suspension . 280.2
- réglable . . . 50.3
- - du coulisseau 58.1
- sur lequel est fixé le porte-outil 391.3
Tournage . 68.1, 71.4.7
- à la fraise . . 186.2
- - - meule . 214.6.7
- conique . . 72.4
- - au moyen d'une règle 96.5
- de ronds excentriques 72.6
- - sphères . . 72.7
- des métaux . 71.5
- - moyeux . . 448.2
- en arrondissant 418.1
Tournant, plateau 18.5, 46.3
Tourne-à-gauche 349.8
Tourné, surface exactement -ée 74.1
Tourner . 58.4.6, 61.3 71.2.6, 421.5
- à la fraise . . 186.1
- cône 96.6
- -, dispositif pour 96.6
- conique . . . 72.3
- entre pointes fixes 73.11
-, l'outil -e . . . 75.2
-, la pièce à travailler -e 75.1.4
- latéralement un profil invariable 73.1
- le bois 417.6
- les fonds . . 423.1
-, machine à (v. „machine")
- oval 61.4
- -, dispositif pour 97.3
- rond 75.3
Tourneur 71.3, 467.7
Toy factory, wooden 467.8
Trabajar á través de las fibras 478.3
- de la barra . 73.10
Trabajo 471.1
-, accidente de 470.7
-, calentamiento por el 121.11
- de cepillar . . 6.8
- - fresar . . . 184.6
- - la madera 488.10
- - los metales 1.3
- - torneo . . . 68.1
- - émbolo de . 278.3
-, husillo de 77.1, 195.1
-, marcha del . 70.6
-, movimiento de 68.2
-, porta-útil de - giratorio 170.1
- sobre la corte de la madera tronzada 478.5
-, velocidad de . 7.7 332.10
Traccia della saldatura 270.8
Tracción . 50.2, 355.1
Tracer 375.2
Track . . . 8.4.5, 64.5
-, prismatic . . 8.6
Trafilare 4.4
Traforare . . . 332.3
Träger, Klappen- 87.1
-, Meißel- . . . 36.1
-, Quer- 5.2
-schere 231.4
-, Stahl- 36.1
-, Stichel 36.1
-, Tisch- 140.2
-, Vorgelege- . 82.3
-, Werkzeug- . 126.6
Trag-lager . . . 153.3
-rolle 296.8
-stück 184.1
-stütze, Winkel mit 139.7
Train à rouleaux 234.2
- monté 59.3
Trait 332.8.12
- de la scie, hauteur du 359.4
- - scie 332.6
- - -, largeur du 349.5
-, largeur du . . 332.7
Tramoggia della sabbia 304.1
- di colata 276.9, 277.6
- pei trucioli . 469.2
Tranchant 121.2, 387.1.2
- d'un outil . . 120.9
- de l'outil 81.4, 120.8
- du fer 383.8
- emoussé . . . 121.9
- le - est oblique aux fibres 384.1
-, - - - parallèle aux fibres 383.9
-, - - - transversal aux fibres 384.2
- oblique . . . 121.7
- principal . . 121.3
Tranche de tronc 479.8
Trancher, machine à (v. „machine")
Trancia 228.2, 233.1.6 236.1, 240.4, 241.7
- a doppia guancia mobile 229.8
- - ghigliottina 228.4
- - leva 228.5
- - - a mano . 229.4
- - - d'angolo . 229.7
- - vapore . . . 230.2
- con comando ad eccentrico 230.1
- - motore a vapore 230.2
- da banco . . 229.5
- - sbavare . . 231.3
- - sgrossare . 231.3
- e punzonatrice combinata 232.6
- girevole . . . 230.6
- idraulica . . 230.3
- - per lingotti 230.5
- meccanica . . 228.3
- per cornici . 408.7
- - denti di sega 351.4
- - ferri a doppio T 231.4
- - - d'angolo . 231.5
- - - profilati . 231.4
- - lamiere . . 231.1
- - legno . . . 409.1
- - tagli ad angolo 408.7, 439.5
Tranciare . 237.2.5.10 351.2
- a stampo . . 238.5
-, apparecchio per - metalli 229.3
- in sagoma . . 238.5
- lamiere . . . 238.3
Tranciatura . 237.3.6
- dei denti . . 351.1
- del fondo del dente 351.3
- delle lamiere 238.1
Transmisión articulada 190.9
- de movimiento, disposición de 20.6
-, movido por . 253.7 281.4
Transmisión relación de 80.9
Transmission by shaft with universal ball joint 190.7
- - - - - socket joint 190.7
- gear 81.6
- -, overhead . 81.9
Transmission . 253.7
- à rotule . . . 190.7
- de la chaleur 32.10
- - mouvement supportée par chaises 48.3
- intermédiaire 81.6
- par articulation universelle 190.7
- - cardan universelle 190.7
- supportée par chaises pendantes 81.9
Transmissionshammer 253.7
Transmittor . . 267.6
Transport . . . 367.6
- des copeaux 468.11
- - - par transporteur à chaîne et couloir ouvert 469.1
Transportable, sierra circular 360.7
Transporte de la madera 462.2
- - virutas . . 468.11
- - - por cadena en canalón abierto 469.1
-, instalación de - automático de virutas 469.3
Transporteur de sable de moulage 316.7
Transport-kette 367.6
-stufenscheibe . 82.8 154.5
Transversal, acepilladora 379.7
Transverse feed gear 103.9
Trapanare . . . 144.8
- fori 145.2
- i chiodi . . . 290.1
- - fori per chiodi 283.3
- - - - ribattini 283.3
- - rivetti . . . 290.1
Trapanatura . . 144.9
- di fori 145.3
- - - cilindrici 147.7
- - - conici . . 147.8
Trapano 129.2
- a colonna . . 410.6
- - - verticale . 131.1
- - comando per pedale 130.3
- - incastellatura indipendente 130.6
- - mano . . . 130.2
- ad aria compressa 138.1
- - una punta . 410.4
-, albero porta-punta del 410.2

Trapano automatico 132.4
-, colonna di . 133.2
- da pendente . 130.5
- - soffitto . . . 130.5
- - - trasportabile 132.1
- doppio combinato con fresatrice 135.3
- -filettatrice trasportabile 178.8
- -fresatrice . . 135.3
-, funzionamento del 149.1
-, incastellatura di 133.2
-, mandrino portapunta del 410.2
-, mortesatrice combinata con 408.4
- multiplo 132.5, 410.5
- murale 130.4, 142.6 411.1
- orizzontale . 129.3
- - a testa fissa 129.4
- - piccolo . . 411.3
- per caldaie . 133.6 134.5
- - canne da fucile 135.4
- - cannoni . . 135.5
- - chiodature longitudinali 134.1
- - - trasversali 134.2
- - cocchiumi . 447.2
- - forare i sopporti del perno della manovella collocati a 90° 133.3
- - fori da chiodature 133.5
- - lamieroni di caldaia 134.5
- - le flangie dei tubi da focolare 135.2
- - legno . . . 410.1
- - mozzi . . . 448.3
- - rotaie . . . 133.4
-, piallatrice universale con 395.1
-, pilastro di . . 133.2
-, punta da . . 166.5
- radiale . . . 131.2
- - a braccio snodato 131.4
- - - colonna . 131.5
- - montato su mensola girevole 131.6
- - murale a carrello 131.6
- rapido 411.2
- revolver . . . 133.2
-, sega- -i . . . 372.5
- sensitivo rapido 132.2
-, stozzatrice combinata con 408.4
-, tavola di . 140.1.3.4
-, tornio e - verticale 61.1
- trasportabile elettromagnetico 135.1
- universale . . 132.3
Trapano, utensile in forma di 389.3
- veloce 411.2
- verticale a colonna 130.1
Trapezgewinde 175.2
Trapezoidal thread 175.2
Trasmissione . 258.7 268.6, 281.4, 435.3
- ad albero telescopico snodato 190.7
- di calore . . . 32.10
Trasportador, cadena -a 367.6
Trasportare la cinghia dalla puleggia folle sulla fissa 83.6
Trasporto 82.3, 108.6 109.1, 367.6
- dei trucioli . 468.11
- - - a mezzo di catena in canale aperto 469.1
Trasversale, carrello 184.1
Tratamiento de la madera al vapor 482.6
Tratar al vapor 482.7
Trattamento col vapore del legno 483.1
- del legno col vapore 482.6
Trattare il legno col vapore 482.7
Trauben-eiche . 498.7
-kirsche 502.3
Travail . 7.7, 68.2, 70.6 121.11, 184.7, 332.10
- absorbé à vide 70.8
- d'une surface de bout 478.5
- de fraisage . 184.6
- - précision . 368.8
- - rabotage . . 6.8
- - tournage . 68.1
- des bois . . . 461.2
- - métaux . . 1.3
- du bois . . 488.10
Travailler 27.2, 166.2
- à contrefil . . 478.3
Trave . . 380.2, 480.8
- a sezione rettangolare 482.3
- del carro . . 341.4
- in legno . . . 482.2
- squadrata . . 481.8
- trasversale . . 341.5
Travel, axial - of the work up to the cutter 192.3
-, longitudinal . 101.7
-, - - of saddle 101.6
- of saddle . . 64.9
Traveller timber 463.4
Travelling carriage 340.6, 356.3.4
- - for deals . . 341.7
- - - scantlings 341.7
- - with single clamping arm 342.2
- roll 296.3
- table . . 363.3, 364.1
- timber trolley, hand 369.1
Traversa . . 5.3, 265.3 362.1, 428.4
- del telaio . . 328.2
- della staffa . 303.4
- di collegamento 5.1 258.8
-, meccanismo di avanzamento sulla 24.1
- mobile 5.2
- superiore ribaltabile 309.8
Traverse . . 5.1, 341.5
- chain 96.4
- d'entretoisement 5.1
- de chemin de fer 368.4
- du châssis . . 328.2
- gear, cross . . 101.9
- - longitudinal 101.8
-, longitudinal . 101.7
-, - - of the emery wheel 219.4
-, mécanisme de commande sur la 24.1
- mobile horizontale 5.2
- motion, cross 101.9
- -, longitudinal 101.8
Traversée de la table 312.5
Traverser . . . 307.1
Traversina . . . 368.4
Traversing column 134.3
Travesaño . 5.2, 341.5
-s cruzados de ventanas 428.4
Travesía superior 265.3
Travetto . 481.1, 482.8
- scanalato . . 396.7
Travicello . . . 482.9
Traviesa 24.1
- de ferro carril 368.4
- del bastidor porta-sierras 328.2
Tray, cutting . 63.5
Trazar 375.2
Treadle . . 54.7, 81.2
- drive 81.1
- hammer . . . 246.8
- lathe 56.6
Tree . . . 475.3, 489.8
-, crooked grown 489.9
- feller 354.3
- -, portable electric 354.5
- -, steam . . . 354.4
- felling 485.3
- - saw 354.3
- trunk 479.7
- wart 498.8
Trèfle 294.5
Treiber, Reifen- 446.1
Treib-hülse . . 156.2
-riemen . 81.4.5, 327.5
-rolle 207.7
Treillis 378.4
Tremblement . 75.10
Trembler, la pièce à travailler -e 75.8
Trementina . . 122.6
Trémie à copeaux 469.2
- - sable 304.1
Tremolio del pezzo 75.7
Tremper 455.5, 456.10 457.3.5.6
-, appareil à . . 457.4
-, - - main pour 457.2
-, machine à (v. „machine")
Trenn-gatter . . 322.3
- -, horizontales 325.4
- -, liegendes . 325.4
-kreissäge . . . 361.7
Trennungsfläche 69.8
Treno a rulli . 234.2
Trenza de lana de madera 377.8, 378.3
Trepidación . . 314.2
- de la pieza . . 75.7
Trépidation de la pièce à usiner 75.7
Treppe, zusammengesetzte 28.5
Trestle, bending 436.5
Tret-hebel . . . 249.5
-schemel . . 54.7, 81.2
Treuil à chaine pour grumes 462.3
- - grumes avec chaine sans fin 462.4
- - trousser les tonneaux 444.6
- pour grumes . 345.3
- - - flottées . . 345.2
- - le serrage des tonneaux 444.4
Triangolo per affilare seghe 351.8
Triangular thread 174.9
Trichter, Einlauf- 276.9
-, Sand- 304.1
-, Späne- 469.2
-, Steig- 277.1
Trident 419.3
Tridente, punta a 412.2, 419.8
Trieb 40.9
-rolle 207.7
Triestino, madera -a 499.7
Trigger, spring 88.4
Trim, to 439.6
-, - - the grinding wheel 225.4
Trimmer 439.4
Trimming machine, head 443.3
- off 207.4
- the emery wheel with a diamond 225.6
- - grinding wheel 225.5
- - - - with a diamond 225.6
Tringle 50.1
- de commande 18.6
- - débrayage . 194.3
- - manœuvre . 18.6
- - pédale . . . 51.2
- portant les butées 182.7
Trinquete . 23.3, 96.3 106.3, 234.4, 339.3
- de acoplamiento 158.7
- - caída . . . 88.4

Trinquete de detención de la máquina de tallar engranajes 193.7
- - fricción . . 234.5
- desembragable 42.8
-, disposición de 51.8
- giratorio . . . 108.2
-, movimiento de arranque por 22.3
-, palanca de . . 338.5
-, rueda de 23.2, 96.2 106.2, 239.7, 338.6
-, uña de . 338.4, 339.8
Trip hammer . 245.7
Triplicate plungers 265.8
Triscado, anchura del 349.5
Triscar . 349.8, 350.1.4 359.7
-, aparato de . . 350.2
-, el 349.7
- la hoja de sierra 349.6
-, máquina de (v. „máquina“)
Tritt-hammer . 246.8
-hebel 50.9
-lager 50.10
-stange 51.2
Trocken-anlage, Holz- 463.8
-fäule 492.8
-gestell 455.4
-gewicht 487.9
-kammer . . . 488.4
-kanal 463.9
-luft 464.1
-maschine, Faßdauben- 441.1
-ofen für Gußformen 315.5
- -, Kern- . . . 315.4
- -, rotierender Sand- 315.3
- -, sich drehender Sand- 315.3
-schleifen . . . 213.8
-schrank 454.2
-spalten des Holzes 489.6
-trommel, Holzdraht- 454.4
-vorrichtung, Holzdraht- 453.7
- -, Schachtel- . 459.2
Trockenheitsmesser 464.3
Trocknen . . . 488.3
Trolley 310.7, 363.6, 368.4, 369.1, 462.1
- for lifting logs 340.5
- - - timbers . 340.5
- with holding spike 363.7
Trommel . . . 182.7
-, Biege- 482.2
-, Holzdraht-trocken- 454.4
-, -polier- . . . 455.2
-, Putz- 316.1
-säge 372.5
- -, Schutzring der 473.3
-schleifmaschine 404.6
Trommel, Wellen- 82.5
-, Wickel- 248.3, 378.2
Tronc, bois du 479.4
-, chariot de levage pour -s 463.4
-, chèvre à élever les -s 462.7
-, crochet pour retourner les -s 344.5
-, - - rouler les -s 344.5
- d'arbre . . . 475.3
- dégrossi à la hache 335.1
-, enlèvement des dosses des -s 334.7
-, - - flaches des -s 334.7
- équarri . . . 480.8
-, excroissance du 493.8
-, machine á dérouler les -s 452.2
-, quartier de . 480.6
- rabougri . . . 490.4
-, saisonnage lent d'un 486.10
-, séchage lent d'un 486.10
-, serrage du . . 344.2
-, tranche de . . 479.8
-, wagonnet pour -s 462.1
Troncare 123.2, 127.7 354.8
Tronco . . 475.3, 497.7
-, anello del . . 476.7
-, argano per -hi 462.3.4, 463.1
-, capra per -hi 462.7, 463.1
-, carrello per -hi 340.6, 341.7, 342.1.2.3
-, carro per -hi 340.5 340.6, 462.1
- completamente utilizzabile 494.5
- con corteccia 488.3
- - nodi 485.1
- - rami 485.1
- da lavorare . 480.3
- - segare . . . 335.6
- - squadrare . 480.3
- - tagliare . . 484.3
- dimezzato per il lungo 480.5
-, dispositivo girevole per fissare il 377.3
-, escrescenza del 493.8
-, essiccamento lento del 486.10
-, fissaggio dei -hi 344.2
-, - di un . . . 341.8
- galleggiante . 345.2
- greggio . . . 480.4
- grosso 480.9
-, gru per -hi . 462.7
- intero 480.4
-, lato d'introduzione dei -hi 335.8
-, - di sortita dei -hi 336.1
-, - - uscita dei -hi 336.1
- lavorato . . . 480.2
Tronco, legno di 479.4
-, leva a cavalletto per -hi 462.6
-, - per rotolare i -hi 344.5
- liscio 484.9
-, mezzo 480.5
-, passaggio dei -hi 335.7
-, putrefazione del 493.5
-, quarto di . . 480.6
-, scortecciatura dei -hi 334.7
-, sega a nastro per -hi 356.2.5, 357.5
-, - alternativa per squadrare -hi 322.5
-, - circolare per -hi 361.1.4, 363.6, 370.5
-, - per abbattere -hi 354.3.4
-, - - intestare -hi 354.6
-, - - tagli trasversali dei -hi 354.6
- senza rami . 484.9
-, sesto di . . . 480.7
- sottile 481.1
-, squadrare i -hi 334.6
- squadrato coll'accetta 335.1
-, squadratura dei -hi 334.7
-, stagionatura lenta del 486.10
-, suddivisione di -hi 354.7
- tagliato in quattro per il lungo 480.6
- - - sei per il lungo 480.7
-, taglio di -hi . 332.4
-, - trasversale dei -hi 354.7
Tronco . . 322.5, 341.7 357.5, 462.1.3.4.5.6 463.4, 475.3
-, avance de los -s por rodillos 338.1
-, carcoma de todo el 493.5
-, carro para -s 340.6 342.1.2.3, 363.6
-, dar vuelta á los -s 344.5
- de árbol . . . 479.7
- - sección entera 480.4
- - - media . . 480.5
-, elevación de -s 345.3
-, extremo del 335.6, 341.8
-, longitud de los -s 340.4
-, madera de . 479.4 480.6.7
-, palanca para levantar -s 344.4
- recordado á golpe de hacha 335.1
Tronco, secado lento de un 486.10
-, sierra, circular para -s 361.1
-, - - - escuadrar -s 361.4
-, - - - tronzar -s 370.5
-, - de cinta para -s 356.2
-, - - tronzar á dimensión los -s 354.6
-, sujeción del - por grapas 344.2
- torcido . . . 340.3
-, transporte de -s 340.5
Tronçon d'arbre 479.7
Tronçonique, fraise 201.1
Tronçonnage du bois 333.7
Tronçonner 62.5, 123.2 333.8, 354.8
-, appareil à . . 231.6
- les grumes . 354.6.7
-, scie à . 320.4, 353.6 355.2, 366.3
-, - circulaire à 363.3.5, 369.2, 370.5
-, - horizontale alternative à 325.5
- une pièce autour 73.9
Tronzado de la madera 333.7
-, madera -a . 478.4.5
Tronzar . 333.8, 354.5 363.3.5, 370.5, 478.3
- á dimensión . 354.8 365.4
- - - los árboles cortados 354.7
- - - - troncos 354.6
-, acero de . . . 123.2
-, máquina de (v. „máquina“)
-, sierra alternativa para 325.5
-, - de 320.4, 353.6, 369.2
-, torno de . . . 62.5
- un pedazo . . 73.9
- y cortar á medida 356.5
Trop-plein . . . 277.2
Tropenholz . . 494.8
Troquel 439.3
Troquelar . . . 439.3
Trottola 389.1, 391.1.2.3
Trou 54.8, 116.1, 133.1 144.9–145.3, 146.4.5.6
- à paroi lisse 240.1
- borgne . . . 147.5
- cylindrique . 215.5
- de coin à chasser 150.2
- - coulée . . 276.7
- - débourrage 244.4
- - pointeau . . 146.7
- - rivet . 283.1.2.3.4.6 133.5
- découpé . . . 239.9
- pour coin à chasser 168.1
- rectangulaire 240.3
- rond 240.2
Trough . . 188.6 372.6

Trough conveyor 469.1
Troussage . . . 446.4
- de tonneau . 445.4
Trousse . 311.6, 312.1
Trousser 444.6
-, appareil à . 444.5.7
-, machine à (v. „machine")
Trozo 271.5
- largo 452.3
Truciolo . . 82.5, 69.2
- a virgola . . 184.8
- arrotolato . . 70.4
- avvolto . . . 70.4
-, bacino per i -i 63.5
-, camera dei -i 470.4
- cantina per -i 470.5
-, curva direttrice dei -i 386.3
-, deposito dei -i 470.4
- di finimento 386.5
-, distacco del . 69.7
-, formazione di 69.6
-, guardia di protezione contro i -i 386.2
-, il bulino prende più -i 7.9
-, - truciolo si arrotola 70.5
-, - - - avvolge 70.5
-, impianto pel trasporto dei -i 469.3
- in forma di virgola 184.8
-, larghezza del 70.3
-, piallatrice per -i 378.5
-, recipiente per i -i 182.2
-, separatore dei -i 470.3
-, sminuzzatore per -i 386.6
-, spessore del . 70.2
-, staccare un . 69.9
-, strato del . . 70.1
-, tramoggia pei -i 469.2
-, trasporto dei -i 468.1, 468.11
-, tubo di condotta pei -i 469.5
Truck 462.1
- for lifting logs 340.5
- - - timbers . 340.5
True, to - the grinding wheel 225.4
Truing the emery wheel with a diamond 225.6
- - grinding wheel 225.5
- - - - with a diamond 225.6
Trumm, Baum- 479.7
-säge 353.6
Trunk 479.7
- of a tree . . . 475.3
- rot 493.5
- timber . . . 479.4
Trunnion of table 183.5
- with collars . 294.5
Truogolo . . . 372.6
Trusquiner . . 375.2, 453.3
-, appareil à . . 453.2
Truss hoops . 445.3.4
Trussing apparatus 444.5
- - for small casks 444.7
- bell 446.4
- machine, cask 445.1.5
- -, claw 446.3
- -, hydraulic . 445.2
Try up, to . . . 383.6
Trying up planing and jointing machine, universal 395.1
Tubazione . . . 76.4
Tube 271.6, 476.10, 484.3
- de filtration . 319.1
- - foyers . . 135.11
- protecteur de la scie cylindrique 473.3
- support . . . 276.2
-, telescopic . . 191.8
-, to bend a . . 291.8
- welding . . . 271.6
Tuberia 76.4
- de aspiración 469.4
Tubo 271.6, 276.2, 291.8, 319.1
- d'aspirazione 187.6
- da focolare . 135.2
- del getto . . . 316.6
- dell'imbuto di colata 277.6
- della tramoggia di colata 277.6
- di condotta pei trucioli 469.5
- - troppo-pieno 187.7
- filtrante . . . 319.1
-, filtro a 319.1
- flessibile . . 318.3
- in gomma indurita per getto di sabbia 318.2
- telescopico . 191.8
Tubo 197.3, 271.6, 276.2, 319.1, 484.3
-, curvar un . . 291.8
- de aleta . . . 308.2
- - aspiración . 187.6
- - caucho endurecido 318.2
- - conducción de virutas 469.5
- - desagüe . . 187.8
- - machos . . 309.1
- - protección de la sierra cilindrica 473.3
- del chorro de arena 316.6
- - embudo de fundir 277.6
- - - - salida . 277.6
- flexible . . . 318.3
- móvil 143.4
- partido del brazo de conducción 197.4
- telescópico . 191.8
Tubuladura de entrada 276.7
Tubulure de coulée 276.7
Tuerca 11.4, 60.6, 110.1, 163.1
- -arandela . . 151.4
- de anillo . . 218.4
- - graduación 189.2
- - impulsión vertical 162.7
- - levantamiento de la mesa 89.3
- - paso diferencial 198.1
- - soporte . . 183.2
- - tapa 77.7
- desembragable 162.8
- graduable del eje guiador 11.3
- matriz del husillo guiador 109.6
- -, mecanismo de la 109.7
Tulip wood . . 506.1
Tumbler . . . 89.4
Tumbling barrel 316.1
Tuméfaction de l'écorce 493.9
Tungstenado, acero 35.3
Tungstenoso, acero 35.3
Tungstic steel . 35.3
Tunken . . . 456.10
Tunk-maschine 456.9
-platte 457.3
-schüssel . . . 457.5
-vorrichtung, Hand- 457.2
- -, Walzen- . . 457.4
-walze 457.6
Tup 262.1
-, the - falls . . 262.9
-, - - is raised . 263.1
-, weight of . . 262.3
Tupi 397.8
- de dos husillos 398.2
Tür 46.5, 181.6
-füllungsplattenmaschine 382.2
-, Kasten- . . . 181.6
- knagge . . . 181.7
-knopf . . 46.6, 181.9
Turacciolo . . . 275.5
Turkey stone . 229.9
Turn bench . . 57.1
- -, dead centre 57.2
- - with poppets 57.6
- off, to 71.6
- out, to - - on the lathe 71.8
-, to 71.2
-, - - a thread . 74.6
-, - - between dead centres 73.11
-, - - inside . . 125.5
-, - - longitudinally 71.10
-, - - smoothly 73.7
-, - - taper . . 72.3
-, - - wood . . 417.6
Turned, truly - surface 74.1
Turner 71.3
Turnery 467.7
Turning 68.1
- along 71.11
Turning dark of the wood 487.7
- device, oval . 97.3
-, eccentric 72.6, 415.4
- gouge 422.2
- lathe . 414.1, 415.12, 417.2
- -, core 309.4
- -, oval 415.5
- machine, bent wood 417.4
- -, bung . . . 447.3
- -, chive . . . 447.3
- -, rod 417.3
- -, stool seat . 487.6
-, metal 71.5
- off 71.7
- - machine, cask 446.7
- out 71.9
-, profile 72.5
-, smooth . . . 73.8
-, spherical . . 72.7
- surface . . . 71.4
- table 308.4
-, taper 72.4
- the nave . . . 448.2
- tool 95.2, 120.4, 421.5, 422.3
Turnover table 306.2
- top table . . 305.5
- type moulding machine 305.4
Turpentine . . 122.6
Turret 105.7
- head boring machine 133.2
- lathe 62.2
- slide rest with swivel head for vertical turning mill 99.4
Tuyau 271.6, 276.2, 291.8
- à ailette . . . 308.2
-x - gaz 175.3
- - noyau . . . 309.1
-, appareil à tronçonner les -x 281.6
- d'aspiration . 187.6
- - des copeaux 469.5
- de filtration . 319.1
- - jet de sable en caoutchouc durci 318.2
- - l'entonnoir de coulée 277.6
- - trop-plein . 187.7
- du jet de sable 316.6
- flexible . . . 318.3
- télescopique . 191.8
Tuyauterie . . 76.4
- d'aspiration . 469.4
Tuyère 316.5
- à dessabler les fontes 316.3
- - fente 316.4
- - jet de sable 316.3
- - nettoyer les fontes 316.3
Twin compressor 255.5
Twist drill 166.8, 204.1, 412.4
Twisted, to become 489.3
Tyre bending machine 295.3
- press 451.3

U.

U-leather packing, double 266.6
Überdruck . . 267.4
Überführen, den Riemen von der losen Rolle auf die feste 83.6
Überhang der Sägeblätter 335.2
Überhängen . . 335.4
- der Sägeblätter 335.2
Überhitzen von Gußeisenbädern 278.5
Überlageisen . 375.6
Überlappen . 285.4.5
Überlappt schweißen 271.2
Überlappung, Scherblatt- 240.8
Überlappungsnietung 285.6
Überlaschen . . 285.7
Überlauf-rohr . 187.7
-schnauze . . . 277.2
-ventil 187.8
Übersetzungsverhältnis 80.9
Übertragung, Kreuzgelenk- 190.7
-, Kugelgelenk- 190.7
Überweg . . . 18.1
Ugello 316.5
- a fessura . . . 316.4
- per getto di sabbia 316.3
Uhr, Gewinde- . 101.3
Ulme 499.4
-, Berg- 469.5
-, Flatter- . . . 499.6
-, Kork- 499.4
-, Rot- 499.4
Ulmus campestris Sp 499.4
- effusa 499.6
- montana . . . 499.5
- suberosa Ehrh 499.4
Umdrehungsachse 70.9
-zahl 80.5
Umfaller 20.4
Umfangteilung 199.8
Umidità . 464.3, 486.9
Umkehr-getriebe 15.6
-, selbsttätige - der Bewegungsrichtung 15.1
Umkehrung der Bewegung 12.6
Umlaufend, -e Rinne 188.6
Umlauf-geschwindigkeit des Werkstücks 68.3
-rad 88.9, 89.1
-schleife 13.7
- -, Antrieb durch 41.8
Umlegbar, -e Klaue 19.8
Umlegegriff . . 86.5
Umore 486.8
Umschalthebel 103.4
Umsehlagmaschine 298.1
Umspannen . . 110.8
Umsteuerknagge 18.9, 193.2
Umsteuern . . . 14.6
Umsteuerung . 14.7
-, Drall- 20.3
-, Druckluft- . . 52.1
-, elektromagnetische 21.4, 87.3
- mit fallendem Gewicht 20.4
-, Preßluft- . . . 52.1
-, Räder- 15.7
-, Riemen- . 17.2, 48.9
-, zwangsläufige 14.8
Uña 23.3, 93.3
- de trinquete . 338.4 339.8
- reclinable . . 19.8
Uncouple, to . 21.1
Underframe . . 180.5
Unfallverhütungsvorschriften 470.7
Unghia . . 121.5, 240.7
- dell'utensile . 120.8
- della lama del coltello 240.5
Unión 5.1, 51.3
- de las láminas 321.8
- - remaches . 289.8
- - rosca . . . 195.8
- por remachado 282.5
- - soldadura de dos varas 271.4
Unione del bordo di assicelle 427.3
Universal-abrichthobelmaschine und Fügemaschine mit Langlochbohrapparat 395.1
-bohrmaschine 132.3
-drehbank . . . 59.6
-feilmaschine . 38.7
-fräsmaschine . 176.5
-futter 115.1
-holzdrehbank 415.2
-planscheibe . . 115.8
-shapingmaschine 38.7
-stauch- und Schweißmaschine 270.3
-teilkopf 199.2
-tischlereimaschine 399.3
-werkzeugmaschine 59.6
-zündholzmaschine 460.4
Univeral and socket joint 191.2
Unlocking the tool head 4.6
Unrund-drehbank 61.3
-drehen 72.6
Unspaltig . . . 486.3
Untar . 456.10, 457.3.5.6
Untar, aparato de - à mano 457.2
-, - - - - rodillo 457.4
-, máquina de (v. „máquina")
Unteramboß . . 261.1
-, geteilter . . . 261.2
Unterangel . . 329.9
Unterdampf . . 253.1
Untergesenk . . 264.3
Untergestell, kastenartiges 180.5
Unterkasten . . 303.2
Unterlage . . . 29.3
Unterleg-keil . 30.1
-klotz 29.4
-ring 127.2
Untermesser . . 241.2
Untermönch . . 236.7
Untersatz 180.5, 243.9
-, Reitstock- . . 117.1
Unterscheibe . 243.1
Unterstanze . . 243.1
Unterstützungsbock 119.7
-gabel 119.7
Untersupport . 98.2
Unterteil, Support- 100.8
Unterwagen . . 361.6
Unwieldy working piece 166.2
Upright . 138.2, 180.4
- of planing machine 4.6
Upset 28.2
-, to 270.1
Upsetting and welding machine, universal 270.3
- machine . . . 269.4
- of straight bars 269.7
Urto . . . 15.2, 323.2
Usiner . . 27.2, 220.5
Usura della mola 226.1
Usure de la meule 226.1
Utensile . 120.3, 120.4
- a becco . . . 125.1
- - - appuntito 125.2
- - - per rifinire 125.3
- - - - tornire internamente 125.5
- - catena . . . 399.1
- - mano . . . 122.8
- - mezza luna 125.6
- - pialla . . . 446.6
- - punta . . . 123.1
- - tagliente rotondo 123.7
- ad aria compressa 255.7
-, affilatura di un 220.7
-, affusto dell' . 256.6
-, avvicinamento dell' 95.2
-, bussola per l' 36.3
-, cambio dell' 104.7, 105.2.3
-, cilindro dell' 256.6
Utensile con diamante 225.7
-, condotta dell' 419.3
- curvo 170.3
- - per scavare 423.2
- da alesatrice . 169.2
- - far cave . . 53.6
- - finire 32.7
- - piallare, dispositivo per piazzare l' 36.2
- - rifinire . . . 32.7
- - sbozzare . . 32.6
- - scanalare . 397.2
- - sgrossare . 32.6
- diritto per bronzo 123.5
- - - sbozzare 124.1
- - - sgrossare 124.1
-, disco dell' . . 127.5
-, dorso dell' . . 121.2
-, faccia dell' . 121.1
-, fissaggio dell' 126.3
-, fissare l' . . . 126.5
-, forma a cuneo dell' 69.5
-, gambo dell' 36.4 126.4, 390.4
- girevole . . . 127.8
- - per profilare 422.5
- - - sagomare 422.5
- guidato da sciablona 96.7
- in forma di punta 389.3
- - - - trapano 389.3
-, l'- fa parecchi tagli 7.9
-, l'- gira 75.2
-, l'- prende troppo contro la fibra 383.8
-, l'- si ottunde 121.8
-, macchina . . 1.2
-, - per affilare -i 210.5, 211.2
-, messa a punto dell' 53.5, 95.2, 127.3
-, montaggio dell' 126.3
-, montare l' . . 126.5
-, movimento di due -i 105.4
-, penetrazione dell' 68.9
- per acciecare 287.5
- - calafatare . 287.5
- - cave da chiavetta 55.5
- - dare la strada 349.8
- - fare linguette 397.5
- - filettare . . 125.7
- - - bulloni . 125.8
- - - madreviti 126.1
- - introdurre a fondo il chiodo 284.2
- - mortesare . 58.4
- - piallare . . . 31.3
- - - superfici cilindriche 390.3

Utensile per profilare 393.6
- - ricalcare i denti 350.7
- - rifinire . . . 124.4
- - sagomare . 124.7 393.6
- - sbozzare . . 123.8 421.7
- - scanalare . 397.1
- - sfacciare a destra 123.3
- - - - sinistra 123.4
- - - di testa . 170.2
- - - in piano . 170.2
- - sfondare . . 123.6
- - sgrossare . 123.8
- - sopporto . . 122.9
- - stozzare . . 53.4
- - tagliare . . 123.2
- - tenonatrice 402.5
- - tirare a fondo il chiodo 284.2
- - tornire . . 122.10
- - - degl'interni 125.4
- - - di testa . 170.2
- - - fondi . . 423.1
- - - in piano . 170.2
Utensile per tornire internamente 125.4
- per troncare 123.2
-, piastra dell' . 127.5
- piatto per rifinire 124.5
-, piazzamento dell' 35.6, 53.5
-, piazzare l' . . 37.4
- pneumatico . 287.6
-, pressione dell' 32.4
-, raffreddamento dell' 122.3
- rapido in acciaio 122.7
-, rastrelliera degli -i 182.1
-, resistenza dell' 68.8
- ripiegato per rifinire 124.5
-, riscaldamento dell' 32.8, 122.1
- singolo . . . 126.2
- sinistro per sgrossare 124.3
-, sollevamento automatico dell' 36.7
- spostabile . . 108.4
Utensile, spostamento trasversale dell' 32.3
-, stelo dell' . . 126.4
-, taglio dell' . 31.4
- tondo per sbozzare 124.2
- - - sgrossare 124.2
-, unghia dell' . 120.8
-, vibrazione dell' 75.9
Útil 105.4, 121.1, 127.3
- à buril independiente 126.2
-, aproximación del 53.5
-, calce del . . 127.5
-, calentamiento del 122.1
-, cambio de . . 104.7 105.2.4
-, cuerpo del . 126.4
- de corte á derecha 123.3
- - - - izquierta 123.4
- - - redondo . 123.7
- - desbastar . 123.8
- - - con corte derecho 124.1
Útil de desbastar con corte redondo 124.2
- - - de marcha á izquierda 124.3
- - perfilar . . 124.7
- - terminar . . 124.4
- - - con corte plano 124.5
- - - de efecto de resorte 124.6
- derecho para metal 123.5
- giratorio . . 148.7
- graduable . . 108.4
-, mango del . . 126.4
- para el soporte 122.9
- porta-diamante 225.7
- puntiagudo . 123.1
-, refrigeramiento del 122.3
-, rotación de los -es 105.6.7
-, sujeción del . 126.3
Utilizable, madera 494.5

V.

V. d. J. thread 174.6
V guide, inverted 8.7
V renverse de guidage 66.7
Vaciado del fondo de los dientes 352.5
Vaciar, fresa para 204.1
Vagón 468.10
Vagone . . . 468.10
Vagonetto per fascine 368.4
Vaisseau . . . 476.10
- résineux . . . 477.1
Valve 187.8, 251.10, 252.1 254.8, 268.1, 469.7
- cone 268.2
- d'admission 251.10 252.1, 254.8
- de distribution 254.8
- - réglage du trop-plein 187.8
- gear . . . 251.5.6.8
- regulation . . 252.5
Valvola . 252.5, 268.2
- di distribuzione 254.8
- - scappamento dell'aria 268.1
- - troppo-pieno 187.8
Válvula . 252.5, 268.2
- corredera para cerrar el paso de aire 469.7
- de desagüe . 187.8
- - distribución 254.8
- - escape de aire 268.1
Vapeur . 255.2, 256.2 281.5, 300.4
- admise au-dessous du piston 253.1
Vapeur admisse au-dessus du piston 252.10
-, amortissement par la 259.10
-, amortisseur butoir à 259.11
-, appareil à . . 456.6
-, - de chauffage à la 467.5
-, - pour le chauffage de l'air par la 464.2
-, cisaille à . . 230.2
-, commande de cisaille à 236.3
-, cylindre à . . 250.7
-, la - entre sous le piston 253.2
-, - - se détend 253.3
-, marteau à devant à 246.10
-, - -pilon à 250.2, 252.8 252.9
-, mouton à . 246.10
-, plaque à réchauffer par la 457.1
-, plateau de chauffage à la 467.6
-, pompe à . . . 268.7
-, riveuse à . . 281.5
-, scie à 354.4
-, scierie à . . . 464.6
Vapor . . 255.2, 300.4
-, amortiguador de 259.11
-, aparato á - para parafinar 456.6
-, aserradero mecánico á 464.6
-, bomba á . . 268.7
Vapor, calefaccion del aire por 464.2
-, calentamiento al 444.3
-, calentar al . 467.5
-, cilindro, de . 250.7
-, el - entra debajo del émbolo 253.2
-, - - se expansiona 253.3
-, madera tratada al 432.8
-, martillo-pilón á 250.2.3, 252.8.9
-, martinete de 246.10
-, movido por . 230.2
-, movimiento por - directo 236.3
-, presión de . . 265.2 281.5
- que entra debajo del émbolo 253.1
- - - encima del émbolo 252.10
-, reboto de . 259.10
-, recalentar á . 457.1
-, sierra á . . . 354.4
-, tijera combinada de 230.2
-, tratar al . . . 432.7
Vapore . 230.2, 253.2 255.2, 433.2, 467.6
- ammesso inferiormente 253.1
- - superiormente 252.10
-, ammortizzazione a 259.10
-, apparecchio riscaldante a 467.5
-, chiodatrice a 281.5
Vapore, il - si espande 253.3
-, legno trattato col 432.8
-, maglietto a 246.10
-, maglio a . 250.2.3 252.8.9
-, pompa a . . . 268.7
-, respingente a 259.11
-, ribaditrice a 281.5
-, segheria a . . 464.6
-, trancia a . . 230.2
Vara 271.4
Variación de la velocidad 68.6
- paulatina de la velocidad 80.8
Variation, gradual - of speed 80.8
-, stepped - of speed 80.7
Variation de vitesse 68.6
- graduelle de la vitesse 80.7
- progressive de la vitesse 80.8
Variazione graduale di velocitá 80.7
- progressiva di 80.6
Varilla . . 243.8, 292.7 399.6, 401.4
- de conducción 355.6
- - copiar . . . 179.5
- - tope 194.3
Varloper, machine à (v. „machine“)
Varlopeuse . . 380.3
Varnish 405.11, 408.1.5
-, clear 406.2
Varnishing . . 406.1

Vasca per i trucioli 68.5
- - il mordente 488.3
- - la paraffina 456.3
- - - sabbia 456.4
- - lo zolfo 456.5
Vaschetta dell'olio 76.5
- per l'olio 145.10
- - le immersioni 457.5
Vascular tissue 477.4
Vaso de la madera 476.10
Vástago 50.1
- de émbolo 251.4
- - martillo 263.6
- - presión 234.8
- - -, mecanismo de 234.4
Vee grooving and tonguing 396.6
-, inverted 66.7
- slip 99.3
- strip 99.3
Vegro 501.11
Veilchenholz 503.8
Vein 479.1
Veiné 479.1.2, 490.6
Veined grain wood 490.6
Veinure 479.2
Vellingtonia 496.4
Velocidad 40.3, 48.2, 68.6, 80.6.7.8, 154.4
- de avance 159.1
- - caída 262.8
- - la sierra 332.10
- - retroceso 12.5
- - rotación 68.3
- - subida 263.3
- - trabajo 332.10
- - - por segundo 68.4
Velocità 68.6
- di ascesa 263.3
- - avanzamento 159.1
- - caduta della mazza 262.8
- - lavoro 332.10
- - - al secondo 68.4
- - rotazione del pezzo da lavorare 68.3
- - taglio 332.10
Vélu, chêne 498.10
Vena 479.1
Venatura 479.2
Veneer 376.1.5, 382.6, 433.7.8, 452.4, 453.1, 483.2
- cutting machine 374.4, 376.4
- - shop 465.3
- machine with straight cut, horizontal 376.2
- peeling machine with spiral cut 376.3
- saw 325.6
- smothing machine 434.7
-, to cut -s 375.8
Veneering press, hydraulic - - with steam plates 484.3
Veneering press, iron 484.2
- rolls 484.6
- saw 325.1
Vent 489.3
Ventaglio 100.5, 418.7
- lungo 100.7
- stretto 100.6
Ventil, Entlüftungs- 268.1
-kegel 268.2
-, Steuer- 254.8
-steuerung 252.5
-, Überlauf- 187.8
Ventilador 213.6
Ventilateur aspirant 213.6
Ventilator 213.6
Ventilatore 213.6
- a sabbia con tavola portagetti a movimento di va e vieni 317.1
- di sabbia a nastro continuo 317.5
- - - - - senza fine 317.5
- - - con tamburo 317.4
- - - - tavola a giostra 317.3
- - - - - rotante 317.3
- - - libero 318.1
Verbindungs-öse 51.3
-steg 5.1
-stück 5.1
Verbund-hammer 253.4
-kompressor 255.6
Verfahren, Abwälz- 202.6
-, aluminothermisches 273.4
Verga 484.2
Verge 484.2
Verglasen, die Schleifscheibe verglast 217.3
Verificación de las dimensiones 216.5
Verificar con el compás 74.2
Verificare col calibro 74.2
Vérificateur à levier 74.3
Vérification des dimensions 216.5
Vérifier les dimensions au calibre 74.2
- - - - compas d'épaisseur 74.2
Vérin 183.1
- à vis 30.3
- de rivetage 286.3
- - soutien 198.3
Verklammern 344.3
Verklammerung des Stammes 344.2
Verkleidung des Sägetisches 473.2
Verlade-baum 463.2
-kran 463.1
-winde 463.1
Verlaufen des Bohrers 149.2
Verlust, Schnitt- 332.12
Verne 497.10
Vernice 406.2.5
- a pennello 405.11
- - spirito 406.1
- colorata 406.4
- liquida 405.10
- per lucidare il legno 405.11
Verniciare a colore 406.3
Vernieten 282.3
Vernietung 282.5
Vernis à l'alcool 406.1
- - polir 405.11, 406.2
Verre 226.6, 405.4
- fumé 277.4
Verricello 198.4
- a cremagliera 188.6
- - vite 183.1
- di sostegno 198.3
Verriegeln 106.5
-, den Selbstzug 102.6
-, die Vorgelegewelle 92.9
Verrieglung, automatische - des Handgriffs 164.4
- der Selbstzüge 102.5
- des Drehkopfs 106.4
Verrou 106.8, 164.5
- à dents 106.11
- - enclanchement automatique 155.1
- - ressort 93.1
- d'entraînement 92.4.5.7.8, 155.2
- - à enclanchement automatique 92.6
- - - ressort 92.6, 155.1
Verrouillage 106.7.9
- automatique de la poignée 164.4
- de la commande automatique 102.5
- - - tourelle 106.4
- des mouvements automatiques 102.5
- du revolver 106.4
Verrouiller 106.5
- l'arbre du harnais d'engrenage 92.9
- la commande automatique 102.6
Verschalungsbrett 396.9
Verschieben, den Riemen von der losen Rolle auf die feste 88.6
Verschiebung, aufeinanderfolgende - der Riemen 18.4
-, Bettplatten- 64.9
-, Bretterwagen mit seitlicher 342.6
-, gleichzeitige - beider Riemen 18.3
Verschluß-plättchen 275.6
-schieber 304.2
Versenk-bohrer 167.2
-maschine 398.3
Versenken 148.1, 283.5
- der Nietlöcher 283.4
Versenker 167.2, 201.2, 412.3
Verspannen des Werkstücks 81.1
Verstellbar, -er Kurbelzapfen 14.2, 48.6
Verstell-schraube 182.6
-spindel 182.6
Verstellung, Tisch- 39.2
Verstemmen 287.1
-, Nieten 286.9
Verstemmung 287.1
Vertikal-bohrmaschine 180.1
-gatter 321.2
-hammer 247.4
-hobelmaschine 3.1
-hobeln 24.5
-schlitten 24.4, 52.2
-support 24.4
Verzahnung, unterbrochene 348.8
-, ununterbrochene 348.9
Verzapfen 402.1
Verziehen des Werkstücks 81.1
Verzinken, eine Anzahl Bretter auf einmal 427.1
Verzino 503.3
Vessel 457.5
Vesta 274.10
Veta 479.1, 490.6
Veteado 479.2
Vetrificarsi, la mola si vetrifica 217.3
Via de deslizamiento de la mesa 8.4
- forestal para el transporte de la madera 462.2
Vibración de la herramienta 75.9
Vibrar 75.8
Vibrare 75.8
Vibration 473.6
- de la pièce à usiner 75.7
Vibrazione dell'utensile 75.9
Vibrieren 75.8
Vice 80.5, 171.4
-, parallel 166.1
Vicioso, nudo 493.8
Vide 70.8
Vidrio 405.4
Vierbackenfutter 172.3
Viereisen 409.5
-, doppeltes 409.6
Viertelholz 480.6
Viga 341.4, 380.2, 480.2
- de apoyo 463.3
- - choque 473.6
- - curvar 431.2
- - madera 482.2

Viga de sección rectangular 482.3
-s largas 480.8
- para sacar tabla 480.3
Vigueta de madera 482.1
Vilebrequin . . 58.6
Vimine 497.2
Vinco 497.2
Virginian juniper 496.9
Virole de blocage 106.9
- - verrouillage 106.9
Viruta 82.5, 69.2, 383.8 469.3, 470.4.5
-, anchura de la 70.3
-, capa de -s . . 70.1
-, cortar contra la 383.7
- de acabado 386.5.6
-s - clarificar cerveza 378.5
- - forma de coma 184.8
-s - maderas colorantes 378.6
-, desprendimiento de la 69.7
-, embudo para -s 469.2
-, espesor de la 70.2
- espiral 70.4
-, formación de la 69.6
-, grueso de la . 70.2
-, la - se enrolla 70.5
-, levantar una 69.9
-, receptor de -s 182.2
-, recogedor y separador de -s 470.3
-, sacar -s . . . 375.8
-, transporte de -s 468.11, 469.1.3
-, tubo de conducción de -s 469.5
- uniformes para cestas 378.4
Vis 10.8
- à crochet . . 30.2
- - filets différentiels 198.2
- - griffe . . . 30.2
- - tête fendue 219.8
- basculante . . 163.3
-, broche à avance par 161.3
-, chariot transversal à 99.1
-, chuck à . . . 114.3
-, commande de cisaille par 285.4
- d'avance . . . 159.2
- d'avancement 25.3
- d'embrayage 163.4
- de blocage du taquet d'entrainement 154.7
- - - - toc d'entrainement 92.5
- - - - verrou d'entrainement 92.5, 154.7
- - butée 107.7, 145.7.8
- - chariot transversal 109.8
- - commande . 48.4
Vis de commande de l'avance excentrique 161.6
- - - du mouvement longitudinal du porte-outil 39.6
- - fixation . . 79.1
- - l'avance transversale 41.9
- - la table . . 193.1
- - réglage 14.3, 126.9
- - - du lardon 66.4
- - - - listel . . 66.4
- - relevage . . 182.6
- - rivetage . . 282.8
- - serrage 43.4, 126.7 197.8, 341.2
- du chariot transversal 110.4
- - listel 182.5
- - mouvement d'avance concentrique 161.5
- - support pivotant 25.2
-, machine à fileter les 171.1, 171.2
-, - - fraiser les 174.2
-, - - laminer les filets de 174.1
-, mandrin à . . 114.3
- -mère 11.1, 25.4, 108.7
- -, butée réglable de la 109.4
- -, coussinet de la 11.2, 109.5
- -, débrayage automatique de la 110.3
- -, écrou de la 11.3 109.6.7
- -, fraisage par 202.6
- -, fraise pour 202.5
- -, palier de la 11.2
-, poinçonneuse à 232.2
-, presse à . . . 257.6
-, river à 281.2
-, riveuse à . . 281.2
- sans fin . . . 10.4
- - - à plusieurs filets 157.1
- - - basculante 193.4
- - -, boite de la 193.6
- - -, commande par 10.3
- - -, - - roue et 156.7
- - -, coussinet de la 193.5
- - - de relevage 141.3
- - - débrayable 163.3
- - -, débrayage par 193.3
- - - déplaçable 90.1
- - -, enveloppe de la 193.6
- - -, roue à 10.7, 156.8
- - -, roues pour 178.6
-, support à . . 30.3
- télescopique . 183.3
-, vérin à . . . 30.3
Visciolo 502.2
Visser 420.7
Vite 10.8
- a gancio . . . 30.2
- - più filetti . 157.1
-, cavalletto a . 30.3
Vite, chiocciola della 11.4
-, chiodatrice a 281.2
-, comando a . 285.4
-, - della squadra a mezzo di -i 343.8
- con spaccatura 219.8
- - spacco . . . 219.8
- conduttrice 11.1.2.3 25.4, 108.7, 109.4.5.6 110.3
- d'avanzamento 25.3
- del carrello trasversale 110.4
- - lardone . . 182.5
- - tappo di presa 92.5
- dell'arresto . 107.7
- della tavola . 193.1
- di aggiustaggio 14.3
- - chiusura . . 197.8
- - comando . 11.1
- - - del movimento longitudinale 39.6
- - - dell'innalzamento 141.3
- - fissaggio . . 197.8 341.2
- - innalzamento 39.3
- - innesto . . 163.4
- - manovra del sollevamento 182.8
- - montaggio . 27.7
- - presa . . . 154.7
- - pressione . 79.1 126.7, 145.7
- - registro del lardone 66.4
- - regolazione 126.9
- - serraggio . 43.4
- - sollevamento 182.6
- - sostegno . . 39.3
- - spostamento dello slittone 41.9
- - tensione . . 27.7
- - trasporto trasversale del carrello 109.8
- differenziale . 198.2
- elicoidale . . 10.4
-, filettatrice per -i 171.2
-, macchina per filettare -i 171.2
-, - - fresare le -i 174.2
- madre . 25.4, 109.5.6
- -, dispositivo automatico per l'innesto della 110.3
-, mandrino a . 420.7
-, - con comando a 161.3
-, martinetto a . 30.3
- perpetua 10.4, 156.7 163.3, 193.4
- -, comando a mezzo di 10.3
- -, cuscinetto della 193.5
- -, disinnesto a mezzo di 193.3
Vite perpetua, fresatrice per -i -e 179.1
- -, guardia della 193.6
- -, ingranaggio a 156.8
- -, meccanismo a 89.7
- -, ruota per . . 90.2
- - spostabile . 90.1
-, piattaforma a -i 114.3
-, portaferro a . 99.1
-, portautensili a 99.1
-, pressa a . . . 257.6
-, punta centrale a 411.5
-, punzonatrice a 232.2
-, ribaditrice a 281.2
- senza fine . 10.3.4 156.7.8, 193.5.6, 202.5
- - - a caduta . 193.4
- - - distaccabile 163.3
- telescopica . 183.3
-, tenaglia a . . 344.6
-, verricello a . 183.1
Vitesse . 68.6, 80.6.7.8
- d'avance . . . 159.1
- de coupe . 7.7, 68.5
- - frappe . . . 262.8
- - montée . . 263.3
- - retour . . . 12.5
- - rotation . . 68.3
- - - de la pièce à travailler . 68.3
- - sciage . . 332.10
- - soulèvement 263.3
- - travail . . 332.10
- - - par seconde 68.4
Vitrice 497.2
Vitrificar, la muela se - a 217.3
Vitrifier, se -, la meule se vitrifie 217.3
Vizio del midollo 478.2
Vogel-beere . . 502.7
-kirsche 502.1
Voie 349.5.6.7, 350.1.2.3.4 359.7
- forestière . . 462.2
Voiler 75.5
Voiture 468.9
Volant . . 51.4, 236.1.2
- à main . . . 117.8
- - poignées . . 159.4
- de commande de l'avance de la pièce 407.4
- -manivelle . . 334.3
Volante . 51.4, 236.1.2 358.2
- a croce . . . 119.1
- - manovella . 334.3
- - raggi tangenziali 358.1
- della sega . . 357.7 358.3
- di comando . 207.7
- - spostamento 407.4
- tenditore . . 359.2
Volante . 51.4, 236.1.2 357.6

Volante á mano para el avance de la mesa 407.4
- de la manivela 334.3
- - sierra sin fin 357.7
- del movimiento de avance 159.3
- porta-sierra con rayos tangenciales 358.1
- - -sierras . . 358.3
- suspendido entre dos cojinetes 358.4
-, suspensión del - en un cojinete 358.5
Volantino 118.1, 141.4 168.7
- a croce . . . 108.5
- - mano . 44.2, 108.3 117.8, 164.4
- - ruota timoniera 159.4
- dell'arresto . . 99.7
- - avanzamento del portautensili per spianare 102.2
- di attacco . . 152.2
Volée 141.5
Vollgatter . . . 321.7
-, fahrbares . . 322.1
-sägeblatt . . . 345.8
Volo calafatato 287.3
Volute spring . 259.5
Volver, máquina de (v. „máquina")
Vorbiegewalze 293.7
Vorbohren . . . 146.8
Vorderdocke . 76.9
Vordrehen . . . 78.2
Vorfräsen der Zähne 186.5
Vorgelege 48.1, 81.6
-arm 181.5
-, ausrückbares 85.3
-, Decken- . 48.2, 81.9
-, - - mit schnellem Rücklauf 81.10
-, drehbares . . 82.2
-, Einrücken des -es 83.4
-, Räder- 85.2
-, Stufenrolle mit -n 85.7
-träger 82.3
-, verdecktes . . 86.6
-welle 81.7
- -, die - - verriegeln 92.9
- -, Verschiebung der 85.5
- -, - - Räder auf der 85.4
-, zweifaches Decken- 82.1
Vorhalter . . . 278.2
Vorhobeln . . . 6.6
Vorlage 418.7
Vorrücken . . . 336.2
Vorschleifen . . 212.4
Vorschneiden der Zahnlücken 186.5
Vorschneider . 386.9
Vorschneider, herabhängender 411.7
-, Lochbohrer mit 411.7
Vorschneidmesser 386.9
Vorschub 7.6, 22.5, 95.3
-, achsialer - des Werkstücks zum Fräser 192.3
-, achsrechter - des Werkstücks zum Fräser 192.3
-, automatische Auslösung des -s 168.7
-, Belastungsgewicht zur Selbstreglung des -s 207.2
-bewegung . . 22.3
- - durch Zahnstange und Rad 160.4
-, Bohrer- . . . 145.4
-, Dauer- 95.7
- durch Exzenter 162.1
-, gerader . . . 22.6
-geschwindigkeit 159.1
-, gleichmäßiger - durch Riemen, Reibräder und Schneckengetriebe 338.7
-, Hand- 159.5
-kurbel 339.5
Vorschub, Längs- - der Schmirgelscheibe 219.4
-, Material- . . . 107.3
-, Moment- . . . 22.7
-, Plan- 95.10
-rad 51.10
-regler 208.3
-, Schlitten- . . 348.1
-schneckengetriebe 192.2
-, schneller - von Hand 162.5
-, Seil- 336.5
-, Selbstgang des -s 51.7
-, selbsttätiger . 168.6
-, - - der Bandsäge 357.2
-spindel 51.9, 159.2
-, Stufenscheibe für den 154.5
-vorrichtung, selbsttätige 107.4
-walze 336.7
- -, durch Ketten angetriebene 339.1
-welle 159.2
-, Werkstück- . 107.3
-zahnrad 51.10
Vorwärmherd . 455.7
Vorwärmung der Schnittstelle 278.3
Vorzeichnen, das Loch 146.5
Vuela 54.5
Vuelo, bola de 257.7

W.

Wachholder . 496.7
Wackeln, das Werkstück wackelt 75.6
Wage, Wasser- 87.8
Wagen-baum . 341.4
-, Block- 340.6
-, -einspann- . . 340.6
-, -zuführungs- 340.6
-, Bretteinspann- 341.7
-fabrik 468.9
-, Form- 310.7
-, Holzbeförderungs- 462.1
-, -zuschiebe- 369.1
-, Klotz- 340.6
-, Lauf- . 356.4, 364.1
- mit Docke . . 343.5
-, Prügel- . . . 340.6
-rücklauf . . . 341.6
-, Seiten- 343.4
-, Spreißel- . . . 368.4
-, Stamm- . . . 340.6
-, Zangen- . . . 342.3
Waggonfabrik 468.10
Wagon 468.10
- works . . . 468.10
Wagonnet à deux griffes 342.3
- - - - pour serrage latéral des planches 342.5
- - griffes pour le sciage des bois courbés 340.3
Wagonnet à grumes à serrage vertical 342.1
- avec simple appareil à griffes 342.2
- d'aménage pour débiter les grumes 341.7
- de lavage des gros bois 340.5
- pour planches à deux griffes à déplacement latéral 342.6
- - transporter les fagots 368.4
- - troncs . . . 462.1
Wagrecht-feilmaschine 38.4
-hobelmaschine 2.6
Wald-bahn . . 462.2
-kirsche 502.1
-riß 490.9
-säge 355.1
Wall 313.3
- drilling machine 130.4, 142.6, 411.1
- of box 303.3
- plate 139.2
Walnußbaum, gemeiner 498.12
Walnut . . . 498.12
-, grey 499.1
Walze 132.7
-, Abzug- 363.2 386.1
Walze, Auftrag- 467.2
-, Ausheben der 294.6
-, biegende . . 293.6
-, Bürsten- . . . 467.4
-, Druck- 336.8, 385.8
-, Einzug- . . . 337.4
-, Führungs- . . 293.5
-, gerauhte . . . 337.2
-, geriefte 337.2 362.2
-, glatte . 337.1, 362.3
-, Gleit- 364.4
-, Hub- 250.1
-, Messer- . . . 391.1
-, Mittel- 293.8
-, mittels - biegen 293.3
-, Rippel- . . . 337.2
-, Schlepp- . . . 385.8
-, Seiten- 294.1
-, Speise- . . . 336.7
-, Spiral- . . . 337.3
-, Stütz- 297.1
-, Tunk- 457.6
-, verschiebbare 90.6
-, verstellbare . 294.2
-, Vorbiege- . . 293.7
-, Vorschub- . . 336.7
-, Zuführungs- . 336.7
-, Zug- 336.7
-, Zuschiebungs- 336.7, 363.1, 385.7
Walzen-biegemaschine 293.4
-drehbank . . . 58.4
-förmig, ein - -es Werkstück schleifen 215.1
Walzenförmig, -e Reibahle 205.7
-fräser mit geraden Nuten 201.4
- - - parallelen Nuten 201.4
- - - Spiralnuten 201.5
-furche 295.1
- -, nachstellbare 295.2
-furchmaschine 4.3
-gatter 323.4
-hobelmaschine 380.4
- -, einseitige . 381.1
- - mit frei liegendem Messerkopf 380.6
- - - wagrechten und senkrechten Messerwellen 380.5
- -, zweiseitige 381.2
-messer 388.7
-schwanz . . . 293.9
-spundmaschine 394.5
-tunkvorrichtung 457.4
-vorschub, abnehmbarer 357.3
-zuschiebung . 336.6
- - für rohe Baumstämme 338.1
- - geschnittener Hölzer 385.6

Walzmaschine, Gewindekalt- 174.1
Walzwerk, Biege- 293.4
-, Furnierpreß- 434.6
-, Gesims- 297.5
Wand-bett 139.2
-bohrmaschine 130.4 411.1
- -, Doppelgelenkrahmen der 142.6
-formmaschine 313.3
-platte 139.2
Wange, Bett- 64.5
-, gekröpfte 64.7
-, gerade 64.6
Wärme-abfluß 32.9
-abfuhr 32.9, 122.2
-leitfähigkeit 32.11
-leitung 32.10
Warming apparatus 466.10
Warm-laufen 471.5
-nieten 289.1
Wärm-ofen, Niet- 289.4
-platte 467.6
- -, Dampf- 467.6
-vorrichtung, Dampf- 467.5
- -, Leim- 466.10
Warp, to 488.12
Warped surfaces 340.1
Warping, longitudinal 489.1
- of wood 488.11
-, transverse 489.2
Wart 493.8
Washer 127.2, 275.7
Wasserbehälter 272.7
Wasserdruck, Niederhalten des Werkstücks durch 289.1
-nietmaschine 282.1
-presse 230.4
-pumpe 268.8
-reglung 267.5
-schere 230.3
- - für Stahlblöcke 230.5
Wasser-grube 319.2
-hammer 247.2
-, Kühl- 122.4
-kühlung 33.1
-sägemühle 464.5
-schere 230.3
-, Seifen- 122.5
-stein 223.9
-stoff 272.3
-wage 37.8
Waste wood 483.9
Watchmakers lathe 57.3
Water, cooling 122.4
- cooling 33.1
- level 37.8
- power 464.5
- pressure 267.5
-, soapy 122.5
- tank 272.7, 319.2
- willow 497.2
Wavy fibre 490.2
Way 40.6
Wear of the grinding wheel 226.1
Wechselräder 87.6 155.6
-dose 88.7
-gehäuse 88.7
-getriebe 87.5
-kasten 88.7
Wechsel, Stahl- 105.2
Wedge 30.1, 165.6 330.5, 480.6
- buckle 330.3
- plate, circular 472.4
Weg, Haupt- 7.1
-länge, Begrenzung der 15.3
-, Schalt- 22.4, 95.5
-, Schnitt- 7.1
-, Über- 13.1
-, verlorner - des Schlittens 13.2
Weichsel, echte 502.2
Weide 496.11
-, Flecht- 497.2
-, Hanf- 497.2
-, kaspische 497.3
-, Korb- 497.2
-, Sal- 497.4
-, Silber- 497.1
-, Weiß- 497.1
Weight 50.6, 338.3 359.3
- case 267.8
- of air dried wood 487.10
- - dessicated wood 488.1
- - dry wood 487.9
- - frame 327.6
- - green wood 487.8
- - piece of work 27.3
- - tup 262.3
- ring 267.9
Weighted lever 50.4
Weiß, -er Ahorn 501.4
-birke 498.1
-buche 498.3
-dorn, gemeiner 502.4
-erle 497.11
-faul 492.6
-fäule 492.5
-, -e Hickory 499.3
-metall-futter 150.3
- -kegel 150.3
-, -es Sandelholz 506.2
-streifigkeit 492.11
-tanne 495.1
-weide 497.1
Weld, point of 270.7
-, to 270.4
-, - bntt 271.1
-, - lap 271.2
Welded, ends to be 271.3
- joint 270.8
- seam 270.8
Welding 270.5.9, 271.6
-, autogenous 272.1
- burner 272.11
- heat 270.6
- machine 270.2
- -, universal upsetting and 270.3
- manner 271.8
- of two bars 271.4
- on 271.5
- process, aluminothermic 273.4
Welding process, automatic 273.7
- steel 33.6
- temperature 270.6
- wire 272.12
Welle, Anschlag- 107.3
-, Antrieb- 188.9
-, Bandrollen- 358.3
-, Bohr- 169.1
-, Exzenter- 49.7, 234.6
-, Fräser- 195.1
-, Gatter- 326.9
-, Gelenk- 191.1
-, gelenkige 191.1
-, Hammer- 246.2
-, Kreissäge- 371.2
-, Kurbel- 49.7
-, Messer- 391.2
-, Richten von -n 295.3
-, Schalt- 51.9
-, Schleifstein- 217.9
-, sich gleichlaufend gegeneinander verschiebende -n 82.4
-, Sicherheits- 391.1
-, Steuer- 19.3
-, Teleskop- 92.1
-, Vorgelege- 81.7
-, Vorschub- 159.2
-, Zwischen- 189.4
Wellen-drehbank 58.5
-faserigkeit 490.1
-richtmaschine 296.1
-trommel 82.5
Wellingtonia 496.4
- gigantea 496.4
Wellingtonie 496.4
Wellkranz 246.4
Wendegetriebe 15.6 89.3
-kasten 197.1
-, Kegelräder- 16.5
-, - - mit Kegelkupplung 17.1
- mit Reibkupplung 89.5
-, Räder- 15.8
-, Riemen- 17.3
-, Stirnräder- 16.1
Wende-haken 344.5
-herz 89.4
-platte 98.8, 305.5
-plattenabhebeformmaschine 305.4
- -maschine mit Druckwasserpresse 306.2
-schemel 184.4
Werfen 488.11
-, sich 488.12
Werk, Schneid- 229.3
Werkstatt, Holzbearbeitungs- 461.2
Werkstück 27.2
-, Befestigung des -s durch Kitten 220.5
-, - - - - Schrauben 27.6
- - durch Keile und Gegenkeile 165.6
-, Bestossen des -s 46.8
Werkstück, das - der Drehrichtung des Fräsers entgegenführen 192.4
-, - - dreht sich 75.1
-, - - einspannen 110.6
-, - - in der Richtung des Fräsers vorbeiführen 192.5
-, - - kreist 75.1
-, - - läuft rund 75.4
-, - - rotiert 75.1
-, - - schlägt 75.5
-, - - schlottert 75.6
-, - - wackelt 75.6
-, Ecken des -s 238.8
-, ein - behobeln 6.3
-, elektromagnetische Befestigung des -s 116.3
-gewicht 27.3
-, Kippen des 238.8
-, Krümmung des -s 292.1
-länge 111.2
-, Niederhalten des -s durch Schrauben 289.1
-, - - - - Wasserdruck 289.1
-, Schlottern des 75.7
-, sperriges 166.2
-, stetige Drehung des -s 74.10
-stütze 29.2
-, Umlaufgeschwindigkeit des -s 68.3
-, Verspannen des -s 81.1
-, Verziehen des -s 81.1
-vorschub 107.3
-, Zuführen des -s auf ebener Tischfläche 384.5
-zuschiebung durch Walzen 386.6
Werkzeug, Befestigung des -s 126.3
-brust 121.1
-büchse 108.5, 127.6
- - für Abstechstichel 127.7
- - mit drehbarem Stichelhalter 127.8
-, Dreh- 120.4
-, Druckluft- 255.7
-führung durch Lehren 419.3
-halter 86.5, 52.3, 126.6
-hülse 256.4
-, keilförmige Gestalt des -s 69.5
-maschine 1.2
- -, Universal- 59.6
-, Preßluft- 255.7
-schale 182.1
-, Schleifen eines -es 220.7
-schleiferei 217.7
-schleifmaschine 210.5
- -, allgemeine 211.2
-schlitten 99.2, 211.6
- -, verstellbarer 99.5

Werkzeug-stahl 33.2
-stiefel 256.6
-träger 126.6
- -, stangenförmiger 36.6
Wet rot 492.9
Wetzschiefer 222.9
Weymouth-kiefer 495.9
-, pin 495.9
- pine 495.9
-, pino 495.9
Wheel box 88.2
- boxing press 448.4
- bushing press 448.4
-, capstan hand 159.4 407.4
- centre 60.4
-, change -s 87.6, 155.6
-, dividing 193.8
-, double 16.6, 88.10
- drive 156.7, 157.3
- -, hyperbolic 157.6
-, emery 219.4
-, feed 23.1, 339.6
-, - gear 159.3
- felloe boring rest 419.2
-, gear -s 202.3
- -, double 86.1
- -, stepped 86.2
- -, variable speed 86.2
-, grinding 211.4 223.11
-, hand 44.2, 103.3, 164.4
-, intermediate 16.3 87.2
- lathe 59.3
- plate 89.4
-, ratchet 23.2, 96.2 106.2, 338.6, 339.5.7
- reversing 15.7
- - gear 15.8
-, revolving emery 353.2
- rim boring table 419.2
-, screw 10.7
-, set of -s 87.7
- slide, grinding 211.6
- spindle 218.2
-, star 168.7, 362.4
-, the grinding - sparks 217.1
- tread 451.2
- tyre lathe, double 60.3
- works 468.7
-, worm 90.2
Wheelwright machine 448.1
Wheelwrights shop 468.8
Whetstone 223.9
White metal cone 150.3
Whitworth, filet 174.4
-, filetage au pas 174.4
-, filete 174.4
-, filetto 174.4
-gewinde 174.4
- thread 174.4
Wickel-feder 259.5
-hammer 248.2
-rolle 248.3
-trommel 248.3, 378.2
Widerstand, Arbeits- 7.2
- in der Arbeitsrichtung 68.7
-, Niet- 288.1
-, Reibungs- 7.10
-, Schnitt- 7.3, 68.7, 237.4
-, Stichel- 68.8
-, Zerspanungs- 7.2
Wiegensäge 355.2
Wildkirsche 502.1
Willow 496.11, 497.1
-, Caspian 497.3
-, white 497.1
Winch for log hauling gear 345.3
Winde, Blockaufzug- 345.3
-, Faß- 444.4
-, Klotz- 345.3
-maschine, Reif- 435.4
-, Nagel- 344.6
-, Niet- 286.3
-, Schrauben- 183.1
-, Stammholz- 345.3
-, Verlade- 463.1
Winding drum 248.3 378.2
Windkammer 254.7
Windlass for drawing together the cask staves 444.4
-, power - for tight cask 444.6
Window sash bar making machine 428.4
Windschief, schneiden -er Flächen 340.1
- werden 489.3
Windwerk 138.6
Winged cutter 401.1
Winkel, Ansatz- 31.7 121.6
-, Anstell- 31.7, 121.6
-, Aufspann- 30.6, 139.5
-, Brust- 31.6, 121.5 347.5
-eindrehstahl 125.5
-eisen-biegemaschine 294.9
- -richtmaschine 296.5
- -schere 231.5
-, Fräs- 186.6
-fräser 203.6
-hammer 245.2
-hebel 249.3
- -schere 229.7
-, Kanten- 240.7
-, Keil- 31.6, 121.5
- mit Tragstütze 139.7
-, Schneid- 31.5, 121.4 240.7
-, Spitzen- 111.4
-stück 29.8
-, Stütz- 343.6
-tisch 182.4
-, verschiebbarer 139.6
-, Wirkungs- 69.4
-, Zerspanungs- 69.4
Winter-eiche 498.7
- lime 500.2
-linde 500.2
Wipp-drehbank 414.3
-hammer 246.9
Wippsäge 355.4
Wippe 414.3
-, Niet- 286.5
Wipple hammer 246.9
Wire 272.12
- protection cage 474.3
Wirkung, Massen- 8.1
Wirkungswinkel 69.4
-zone 69.3
Wirtel, Schnur- 81.3
Withdrawal of the pattern plate from the mould box 302.7
Wölbfläche 478.8
Wolfram, acciaio al 35.3
-, acero al 35.3
-, acier au 35.3
-stahl 35.3
-steel 35.3
Wolfszahn 348.4
Wood 475.2
-, age of 485.2
-, air dried 487.4 487.10
- ball turning lathe 417.2
- beam 482.2
- bending machine 481.1
- - template 481.5
-, bent 482.5
- blind factory 467.9
- block 480.3
- blocking 261.6
- boring machine 410.1
- buffer 260.3
-, bundle of 483.7
-, cell of 476.9
- chips 454.6, 469.6
-, Cinchona 505.7
-, close grained 480.9
-, cocos 496.10
-, cracking of the 489.4
-, cross cutting the 333.7
-, cutting the - longitudinally 333.5
-, decayed 485.8
-, defect in 489.7
-, dessicated 487.5 488.1
-, dessicating of 487.6
-, disease of 489.8
-, dried 487.2
- - in the forest 487.3
- drilling machine 410.1
-, dry 487.9
-, elastic 485.4
-, felloe 450.5
- felloe 450.4
- fibre 477.2
-, flaw in 489.7
-, flying back of the 471.6
- frame with dog hook lever 462.6
- fungus 494.1
- -, white 494.2
- gauge block 329.4
-, green 486.7, 487.8
Wood guard cover 478.1
- guillotine 409.1
-, hard 486.5
-, hardness of 486.4
-, heavy 488.2
-, kicking up of the 471.6
-, light 488.3
- moulding factory 465.6
- - machine 392.4
- peeling plant 465.4
-, perished 485.8
-, planer for coloured 378.6
- planing machine for cord fibres 378.4
- - - with movable plane iron 374.2
- polish 405.9
-, porous 488.4
- powder 483.11
- press 434.1
- pulley 435.3
-, quality of 484.7
-, raised grain 479.2 490.6
- rim 435.2
- - bending machine 435.1
-, ripe 476.1
-, St. Lucia 505.2
- saw 320.2
-, seasoned 487.2
- shavings 484.1
- shears 409.1
-, shrinkage of 488.7
-, soft 486.6
-, spiral 435.6
- splitting machine 429.1
- - -, double 429.4
-, - of the 489.4
-, springy 485.4
-, staining of 488.4
- stamping machine 439.1
-, steamed 482.8
-, steaming of 482.6
- strip 482.9
-, structure of the 476.8
-, swelling of 488.5
-, tap for 418.1
-, to stain the 488.5
-, - turn 417.6
-, tough 485.6
- trimmer 439.4
-, tropical 494.8
-, turning dark of the 487.7
- - lathe 414.1
- - -, universal 415.2
- - - with hand tool rest 415.1
- - machine, bent 417.4
- - tool for shaping grooves 422.3
-, veined 479.2
-, - grain 490.6
-, warping of 488.11
-, waste 488.9
- wool 484.5.6
- - factory 465.5
- - making machine 377.1

Wood wool making machine, double 377.2
- - rope 378.3
- - - spinning machine 377.3
- working . . 488.10
- - machine . . 320.1
- - shop 461.2
Wooden bar bending machine 435.7
- cuttings . . . 484.1
Work, chucking the 110.3
-, course of . . 70.6
-, drop 247.6
-, feeding of - on table 384.5
-, fixing - by wedges 165.6
-, griping the . 110.3
-, holding the . 116.3
-, kicking up of the 238.8
- on the cross cut end of timber 478.5
- piece 27.2, 74.10, 75.7
- - support . . 29.2
Work, planing . 6.8
- rests 211.4
-, securing the - with cement 220.5
-, setting up the 110.8
-, stamping . . 247.7
-, taking out the 110.7
-, the - revolves 75.1
-, - - runs exactly true 75.4
-, - - - out of truth 75.5
-, - - - untrue . 75.5
-, - - shakes . . 75.6
-, tipping up of the 238.8
-, to - across the grain 478.3
-, - centre the 70.10
-, - feed the - against the teeth of the cutter 192.4
-, - - - - in the direction with the cutter 192.5
-, - hold the - between centres 111.1
Work, to place the - between centres 111.1
-, - put the - in the lathe 110.6
Work piece . . 74.10
Working, hydraulic 269.1
-, metal 1.3
- motion . . 6.9, 68.2
- path 7.1
- piece, awkward 166.2
- -, finishing a . 216.1
- -, unwieldy . 166.2
- resistance . . 7.2
- shop, wood . 461.2
- speed 7.7
- stroke of table 11.7
- table 39.1
-, wood . . . 488.10
Worm 10.4, 90.1, 179.1 193.3.6
- bearing . . . 193.5
- gear drive . . 10.3
- - feed 192.2
- - milling machine 178.6
Worm hob . . 202.5
-, out of gear falling 193.4
- wheel . . 90.2, 156.8
- - drive . . . 156.7
- with disengaging motion 163.3
Worn out cutting edge 121.9
Wrench 436.4
Wuchs, Dreh- . 490.3
-, Maser- 490.5
-, Koller- 490.4
-, Strauch- . . . 490.4
-, wimmeriger . 490.1
Wurm 90.1
-fräser 202.5
-fräsmaschine . 178.6 179.1
-gehäuse . . . 193.6
-rad 90.2, 156.8
- -antrieb . . . 156.7
- -getriebe . . 89.7
-tasche 193.6
Wurzel-fäule . 493.6
-holz 479.3
-, Zahn- 347.8

Y.

Yarrow tree . . 504.4
Yeuse 498.8
Yew 494.9
Yoke ring . . . 98.4
Yunque . . . 260.5.8
Yunque con fundamento propio 261.7
Yunque inferior 261.1
- - partido . . 261.2

Z.

Zähigkeit . . . 485.7
Zahl, Stoß- . . 239.7
Zahme Eberesche 502.8
Zahn, Einreißen der Zähne 348.10
-flankenfräsen . 186.4
-formfräser . . 202.3
-, geschränkte Zähne 349.4
-, Gradschliff der Zähne 352.7
-grund, Ausschleifen des -es 352.5
- -, Ausschneiden des -es 351.3
-, Kehlen- . . . 348.6
-, Kransäge- . . 348.7
-kranz, Scheibendrehung mit 115.7
-kupplung 93.3, 158.6
- -, Selbst-auslösung der 164.8
- -, -ausrückung der 164.8
- -, Spindelstock mit 93.2, 155.4
-lücke 348.1
- -, Vorschneiden der -n 186.5
-lückenmodell . 312.2
-, M-förmiger . 348.5
-modellfräse . . 398.5
--profilfräser . . 202.3
Zahnrad 9.8
-hobelmaschine 8.4
-, Kurven- . . . 49.2
-, Schrauben- . 10.7
-, Vorschub- . . 51.10
Zahnräder-durchzugsformmaschine 312.5
-, Formen der - mit Durchzugringen 312.6
-, - von -n . . . 311.5
-formmaschine 311.4
- - auf einer Säule 313.1
- - mit zwei Planscheiben 313.4
- fräsen 186.3
-fräsmaschine . 178.4
-schabloniermaschine 311.6
Zahn-riegel . 106.11
-ring 337.7
-, Säge- 347.1
-scheibe 339.7
-, Schneid- . . . 204.5
-, Schrägschliff der Zähne 352.8
-spitze 347.2
- -, gestauchte . 350.6
-spitzen-linie, überhängende 335.3
- -winkel . . . 347.3
Zahnstange 22.5, 40.10
-, Doppel- . . . 10.1
Zahnstange, Leit- 109.3
- mit schrägen Zähnen 141.1
-, Rund- 160.7
-, Schalt- 160.6
-, Schrauben- . 10.6
Zahnstangen-antrieb 9.7
- - des Stößels 42.2
- -, Schnecken- 10.3
- -, Schrauben- 10.5
-fräser 202.4
-winde 138.6
Zahn, Stauchen der Sägezähne 350.5
-staucher . . . 350.7
-, Stock- 348.5
-teilung 347.6
-tiefe 347.7
-, Wolfs- 348.4
-wurzel 347.8
Zambuco . . . 505.8
Zange 341.1
-, Biege- 436.4
-, Löt- 360.3
-, Niet- 286.6
-, Schränk- . . . 350.1
-, Schweiß- . . 275.12
-, selbstspannende 269.6
Zangen-arm . . 341.3
-wagen 342.3
- - mit Seitenverschiebung 340.3
Zangenwagen mit Sprengvorrichtung 340.3
Zapato portacuchillo 178.4
Zapfen 402.2
-, Dreh- 246.1
-, Druck- . 79.2, 145.8
-eisen, Schlitzeisen und 402.5
-, Exzenter- 43.1, 235.2
-, Fräser- 205.5
-, Gleitstein- . . 40.7
-, Kamm- . . . 294.5
-, konischer . . 168.3
-, Kugel- 191.3
-, Kulissen- . . . 40.7
-lagerung . . . 294.4
-loch 402.4
-löcher stemmen 409.2
-, Messerkopf- . 391.3
- schneiden . . 401.7
-schneidgerät . 401.6
-schneidmaschine 401.3
- -, Speichen- . 449.6
- - und Schlitzmaschine 401.3
-, Schwanz- . . 79.8
-, Stell- 50.3
Zarge, Schachtel- 376.7
Zargenteilmaschine, Schachtel- 376.6

Zatterone . . . 345.1
Zeder, echte . . 496.3
Zedernholz, falsches 496.9
Zementstahl . . 34.6
Zentrieren . . . 71.1
-, das Arbeitstück 70.10
Zentrier-kopf . 172.1
-maschine . . . 311.1
-rahmen 311.2
-vorrichtung . 166.4
Zentrifugalexhaustor 319.4
Zentrumbohrer 166.7 412.2
Zerkleinerungsmaschine, Holz- 429.1
Zerreiche . . 498.10
Zerschneiden, Bleche 238.3
Zerspanungswiderstand 7.2
-winkel 69.4
-zone 69.3
Zerspringen der Schleifscheibe 226.3
Ziehen 488.11
Ziehkeil . 158.7, 164.7
Ziehmaschine, Gewehrlauf- 4.4
-, Kielnuten- . . 3.3
-, Schießwaffen- 4.4
Zigarrenkistenfabrik 468.3
-holz 500.6
Zinke 425.7
-, gerade 426.4
-, schräge . . . 426.5
-, schwalbenschwanzförmige 426.6
Zinken-breite . 426.3
-fräse 424.2
-fräsmaschine . 424.2
- - mit Kreissäge 424.3
-fuchsschwanz . 425.5
-, ganz verdeckte 426.8
Zinken, Gehrungs- 426.8
-, geschlossene . 426.8
-handsäge . . . 425.4
-länge 426.2
-maschine, doppelte 425.3
- - für gerade Zinken 425.1
- - - schräge Zinken 425.2
-, offene 426.7
- schneiden . . 425.6
-schneidmaschine 424.1
-teilung 426.1
Zirbelkiefer . 495.10
Zirkel, mit dem - nachmessen 74.2
Zitronenholz . 500.7
Zittern 75.8
- des Drehstahls 75.9
Zitterpappel . . 497.5
Zócalo 398.4
- de sierra alternativa 327.7
Zoccolo del tornio 68.3
- della sega alternativa 327.7
- di fondazione 68.4
Zolfo 456.2.5
Zona d'azione . 69.3
- - dell'utensile 69.3
- de acción . . 69.3
Zone d'action . 69.3
- of action of the tool 69.3
-, Wirkungs- . . 69.3
-, Zerspanungs- 69.3
Zopfstärke . . 476.6
Zucchero . . . 501.5
Zuckerahorn . 501.5
Zuckeriger Eucalyptus 504.3
Zuführungswalze 336.7
Zugabe, Schleif- 212.5
Zug-säge . . . 355.1
Zug-spindel . . 108.6
- -, langgenutete 109.1
- -, längsgenutete 109.1
- -, Selbstausrückung der 108.8
-stange 50.2
-walze 336.7
Zündhölzerauslegemaschine 460.1
Zündholzmaschine, Universal- 460.4
-schachtel, Einpackmaschine für - -n 460.3
Zürgelbaum . . 499.7
Zurück-kurbeln des Supports 101.2
-schlagen . . . 471.7
Zusammengezapft 427.2
-gezinkt 427.2
-schweißen von zwei Stangen 271.4
-treibmaschine, hydraulische 445.2
-ziehvorrichtung 444.5
- - für kleine Fäßchen, Faß- 444.7
Zuschärfung der Stoßflächen 271.3
Zuschiebewagen, Holz- 369.1
Zuschiebung . 95.3
-, Walzen- . . . 336.6
Zuschiebungsbewegung 22.3
-einrichtung . 385.5
-geschwindigkeit 159.1
-karren 340.6
-rad 364.8
-walze . . 336.7, 363.1 385.7
- -, mehrteilige 387.6
- -, senkrechte . 387.5
- -, vertikale 387.5
Zuschiebungs-weg 95.5
Zustellung der Bohrspindel 158.8
Zweibackenfutter 114.5
Zweischildig, -er Ausleger 141.6
Zweizylinderhammer 258.4
Zwetsche . . . 501.9
Zwetschge . . . 501.9
Zwetschke . . . 501.9
Zwillings-kompressor 255.5
-spindellagerung 151.5
Zwinge . . . 341.10
-, Kasten- . . . 428.1
Zwirl 419.8
Zwischen-aufhängebügel . 280.1
-boden 265.4
-glied, federndes 156.1
-gußverfahren 278.8
-kühler 255.4
-rad 16.3, 87.2
- -, ausschwenkbares 87.3
- -, Stufenrädergetriebe mit -rädern 87.1
-spindel 189.4
-stück, Ständer- 5.1
-wand 187.5
-welle 189.4
- -, verstellbare 92.1
Zylinder 182.7
-, Bär- 254.4
-bohrmaschine 186.1
-, Dampf- . . . 250.7
-kupplung . . . 94.5
-, Luftpumpen- 254.2
-säge 372.5
-schleifmaschine 210.4
Zylindrisch, -e Reibahle 205.7
Zypresse, echte 496.5
-, Sumpf- 496.6

А.

Азбестовый дискъ 275.7
Айлантъ . . . 500.9
Акація бѣлая 503.7
Акашу . . . 500.5
Аккумуляторъ 800.8
- воздушный 268.8
- гидравлическій 267.7, 800.8
- - съ воздушнымъ резервуаромъ 268.8
Аккумуляторъ напорной воды 267.7
Аксіальная подача предмета къ шарошкѣ 192.8
Алундумъ . . 223.8
Антипка . . . 502.2
Аппаратъ для отточки напильникомъ и разводки ленточныхъ пилъ 859.7
Аппаратъ для строганія зубцовъ коническихъ колесъ 44.7
- - - цилиндрическихъ предметовъ 44.5
- - сушки коробокъ 459.2
Аппаратъ для чистки отливокъ посредствомъ песчаной струи 316.2
- пескодувный съ вращающимся столомъ 317.8
- сушильный для спичечной соломки 453.7
Ацетиленъ . 272.4

Б.

Баба 262.1
- падаетъ . . 262.9
- поднимается 263.1
Бабка дѣлительная 198.6
- - шлифовальнаго станка 221.2
- задняя 116.8, 199.8 421.1
- -, передвигающаяся по двумъ взаимно перпендикулярнымъ направленіямъ 119.1
- - съ вращающимся поводковымъ патрономъ 119.8
- - - рычагомъ 119.2
передняя . 419.5
- переставная сверлильнаго станка 143.8
- - - шпинделя съ отдѣльнымъ механизмомъ для перемѣщенія 163.5
Бабка переставная сверлильнаго шпинделя съ ручной подачей 163.2
- - - - - самоходомъ 164.2
- подвижная 116.8 421.1
- точильнаго станка 217.8
- фрезерная . 196.4
- - неподвижная 196.5
- - подвижная 196.6
- шпиндельная 154.1, 419.5
- - неподвижная 154.2
- - передняя . 76.6
- - переставная 151.7
- - подвижная 154.8
- - со сцѣпленіемъ посредствомъ пальцевъ 155.5
- - съ клачной муфтой 155.4
Багетная фабрика 465.7
Багровый крюкъ 344.5
Бакаутовый ползунъ 326.8
Бакаутъ . . . 500.8
Бакъ водяной 272.7
- для протравы 438.8
Балка деревянная 482.2
- поперечная 141.5
- прямая станины 64.6
- станины . . 64.5
- - съ выемкой 64.7
Барабанъ 82.5, 132.7
- вращающійся 316.1
- для гнутья . 482.2
- - намотки . 378.2
- - чистки отливокъ 316.1
- наматывающій 248.8
- отдѣлочный 316.1
- полировальный для соломки 455.2
- ротаціонный 317.4
- сушильный для спичечной соломки 454.4
- съ кулаками 246.4
- - ядрами . . 314.8
Барабанъ чистильный для соломки 455.2
- шлифовальный 404.7
Барабаны передвижные 91.8
Бассейнъ съ водой 319.2
Безконечный винтъ 90.1
Безполезная часть пути сопла 18.2
Бензинъ . . 272.10
Береза 498.1
Берека . . . 502.9
Бересклетъ европейскій 501.6
Берестъ . . . 499.4
Бессемеровская сталь 34.1
Біеніе ремней 334.4
Блокъ ходячій 463.5
Боекъ 261.8
Болторѣзный станокъ 171.2
Болтъ 106.6
- автоматически сцѣпляющій 155.1
- зажимной . 188.6

Болтъ затягивающій 27.7
-, ограничивающій ходъ 163.4
-, около котораго поворачивается педаль 51.1
- отбойный . 259.6
- подвѣсной обоймы 280.2
- подвѣски . 280.2
- съ загнутымъ крючкообразнымъ концомъ 80.2
- сцѣпляющій 92.5 154.7
- упорный . . 182.7
- шарнира . . 181.8
- шарнирный 408.2
Болѣзнь дерева 489.8
Бондарный воротъ 444.4
Бородокъ . . 242.8
Бороздчатый валокъ 337.2
Бочарно-сверлильный станокъ 447.2
- -строгальный станокъ 446.6
- -токарный станокъ 446.7
Бочарный воротъ 444.4
Бочка 440.1
- для чистки отливокъ 316.1
- съ ядрами . 314.8
Бочковидная пила 372.8
Боярышникъ бѣлый 502.10
- обыкновенный 502.4
Бракъ 485.8
Бревно 479.7, 480.4
Бредина . . . 497.4
Брусковый матеріалъ 481.8
Брусокъ . . . 482.8
- нажимной . 385.4
- точильный для мокрой точки 223.9
- - - точки съ масломъ 223.10
Брусъ . 481.8, 482.1
- буферный . 260.4
- отбойный . 478.6
- поперечный телѣжки 341.5
- продольный телѣжки 341.4
- ударный . . 478.6
- шпунтовый 396.8
Бугель молотовища 246.7
Будка для чистки отливокъ посредствомъ свободной песчаной струи 318.4
Бузина черная 505.8
Букъ 498.4
Бумага кремневая 405.5
- наждачная . 223.3
- песчаная . 405.3
- стеклянная 226.6 405.4
Буферный брусъ 260.4
Буферъ воздушный 259.8
- деревянный 260.3
- паровой . 259.11
- пружинный 20.2
- резиновый . 260.1
- упругій . . 259.2
Быстроходный строгательный станокъ 4.2
Бѣгунъ . . . 458.7
Бѣгуны . . . 315.1
Бѣлоталъ . . 4972

В.

Вагонетка для подвозки дерева 462.1
Вагонный заводъ 468.10
Валецъ ведущій 385.7
- вертикальный питающій 337.5
- гладкій . . 337.1
- пріемный . 337.4
- рифленый . 337.2
- составной питающій 337.6
- - подающій 337.6
- спиральный 337.3
- стоячій подающій 337.5
Валикообразный наростъ на морозобоинѣ 491.4
Валикъ . . . 491.4
- гладкій . . 362.3
- для нанесенія клея 467.2
- - подачи . . 159.2
- макальный 457.6
- надвигающій 363.1
- нажимной . 336.8 385.8
- ножевой . . 391.1
- отводящій . 363.2 386.1
- питающій . 385.7
- поддерживающій 364.4
Валикъ подпирающій 364.4
- промежуточный 92.1
- раздвижной шарнира 191.5
- рифленый . 362.2
- упорный . . 107.8
- фрезы . . . 197.7
- ходовой . . 106.6
- - съ продольной канавкой 109.1
- шлифовальный 404.7
- щеточный . 467.4
Валки ведущіе 336.7
-, приводимые цѣпью 339.1
Валокъ . . . 246.1
- боковой . . 294.1
- бороздчатый 337.2
- гладкій . . 337.1
- для подготовительнаго сгибанія 293.7
- загибочный 293.6
- направляющій 293.5
- переставляемый 294.2
- правильный короткій 295.6
- -, состоящій изъ двухъ частей 296.6
Валокъ прессовальный, нагрѣваемый паромъ 484.5
- пріемный . 337.4
- регулируемый 294.2
- сгибающій . 293.6
- спиральный 337.3
- средній . . 293.8
Валъ главной передачи 48.4
- главный . . 188.9
- контръ-привода 81.7
- кривошипный 49.7
- круглой пилы 371.2
- лѣсопильной рамы 326.9
- макальный . 457.6
- молота . . . 246.2
- ножевой . . 391.2
- пильнаго станка 326.9
- пильный . . 371.2
- подачи . . . 51.9
- управляющій перемѣнной хода 19.3
- шарнирный 191.1
- - телескопическій 191.5
- эксцентриковый 49.7
Валъ эксцентричный 233.8
Валы, вращающіеся въ одни сторону и перемѣщающіеся одинъ относительно другого 82.4
Вальцевая подача 336.6
Вальцовый строгальный станокъ 380.4
Вальцы подающіе 336.7
-, приводимые цѣпью 339.1
Ванна парафиновая 456.8
Варить въ водѣ 432.9
- клей 466.8
Варка 270.5
- кислородно-газовая 272.1
- клейстера . 459.7
- свѣжаго клея 466.7
- фосфора . . 457.7
Ватерпасъ . . 87.8
Ввертышъ . . 282.8
Вгонять спицы въ ступицу 450.4
Веденіе кривыхъ стволовъ 340.2

Ведущій палецъ 51.6
Веймутова сосна 495.9
Величина хода 241.8
- - рѣзцовой призмы 52.6
Веллингтонія 496.4
Вентиль сливной 187.8
Вентиляторъ высасывающій центробѣжный 218.7
- отсасывающій 319.4
- пылевысасывающій 218.6
Верба . . . 496.11
Верстакъ для гнутья 436.5
- съ тисками для точки пилъ 352.3
Вертикально-строгальный станокъ 3.1
Вершина зубца 347.2
- расклепанная зуба 350.6
Вершникъ . . 264.2
Взвѣшивать . 391.6
Вибрировать . 75.8
Вилка 98.4
- для перевода ремня 84.3
- замкнутая для перевода ремня 84.4
- переводная для ремня 26.3
- поддерживающая 119.7
- съ острымъ кольцомъ 420.2
- трехзубая . 419.8
- четырехзубая 419.9
Вилкообразный рычагъ 194.6
Винтикъ съ прорѣзомъ 219.8
Винтовой домкратъ 183.1
Винтообразная стружка 70.4
Винторѣзное снятіе коры 487.1
Винторѣзный станокъ 171.1
Винтъ 10.8
- безконечный 90.1
- втяжной . . 411.5
- зажимной . 341.2
Винтъ дифференціальный 198.2
- для подачи 159.2
- - подниманія и опусканія 182.6
- зажимной . 182.5 197.8
- нажимной . 126.7
- подачи . 25.3, 41.9 51.9
- - для верхнихъ салазокъ суппорта строгальнаго станка 25.2
- - стола . . . 193.1
- поперечныхъ салазокъ 109.8
- упорный 107.7, 145.7 163.4
- установочный 14.3, 79.1, 126.9
- - для направляющей 66.4
- ходовой 25.4, 108.7
- - продольнаго самохода 39.6
Вишня душистая 502.2
- магалебская 502.2
Вкладышъ коническій подшипника 77.11
- перемѣщающійся 151.2
Вклейка точильнаго круга 225.2
Включеніе контръ-привода 83.4
- поперечной подачи 108.1
- продольной подачи 102.7
Включить . . 25.9
Влажности степень 486.9
Внѣосевой ударъ 263.5
Вогнать заклепку 283.7
Вогнутое мѣсто 297.8
Вогнутыя поверхности обработать строганіемъ 26.8
Вода напорная 269.1
- мыльная . . 122.5
- охлаждающая 122.4
Водовмѣстилище 272.2
Водонапорный насосъ 268.8
Водородъ . . 272.3
Водяной бакъ 272.7
Воздухонагрѣватель 454.1
Воздухъ для сушки 464.1
- сжатый . . 255.8
Возрастъ дерева 485.2
- лѣса 485.2
Волокна длинныя 477.7
- мелкія . . . 477.6
Волокно древесное 477.2
- свилеватое . 490.2
Вольфрамовая сталь 35.3
Воронка . . . 277.1
- для насыпанія песка 304.1
- - стружекъ и опилокъ 469.2
- пріемная . . 276.9
Воротъ бондарный 444.4
- бочарный . 444.4
- винтовой бондарный 444.6
- - для стягиванія бочекъ 444.6
- для подъема бревенъ 345.3
- погрузочный 463.1
Воспламенительная смѣсь 274.8
Вращательное рабочее движеніе сверла 145.5
Вращающійся кругъ 184.4
Вращеніе непрерывное обрабатываемаго предмета 74.10
- планшайбы при помощи зубчатаго вѣнца 115.7
Временное приспособленіе для задней заточки 97.7
Всадить заклепку 283.7
Всасыватель . 470.1
Всасывающая труба 187.6
Вспомогательная стойка 181.1
Вставить заклепку 283.7
Вставка наковальни 260.8
Вставка пригнанная 14.4
-, принимающая ударъ 246.5
Вставная шайба 189.6
Втулка . 41.2, 197.3
- для направленія шпинделя при помощи шпонки и шпоночной канавки 150.4
- задняя стакана 196.7
- коническая изъ бѣлаго металла 150.3
- инструмента 250.4
- нажимная сальника 266.7
- направляющая сверлильнаго шпинделя 150.7
-, - сверлильный шпиндель 149.7
-, передающая вращеніе шпинделю 156.2
- передняя стакана 195.6
- подшипника 49.8, 77.6
- разрѣзная направляющая поддерживающаго рукава 197.4
- рѣзца . . . 108.4
- со шпонкой 150.4
- съ эксцентрической цапфой на концѣ 49.8
- указателя . 189.7
- устанавливающаяся 151.2
- центра задней бабки 117.4
- шишечная . 309.1
- шпинделя . 191.7
Выбивать заклепки 289.9
Выбить заклепки 289.9
- отверстія . 239.3
Вывѣрка . . 71.1
- круглой пилы 371.4
- кожевой головки 391.4
Вывѣрять . . 391.5
- обрабатываемый предметъ 70.10
Выгнутая поперечная пила 355.2

Выдавка . . . 239.5
Выдвиганіе задвижки револьверной головки 107.1
Выдвижной палецъ 99.6
Выгнутое мѣсто 297.3
Выдѣлка круглыхъ днищъ 442.7
Выемка . . . 64.3
- въ рѣзцовой призмѣ 58.3
- для инструментовъ 182.1
Выжигательная машина 447.6
Выключающая кнопка 194.8
Выкюченіе 25.7, 88.5
- автоматическое 26.4
- - зубчатой муфты 164.8
- - фрикціонной муфты 165.1
- при помощи падающаго червяка 193.3
- самодѣйствующее ходового валика 108.8
- - - винта . . 110.3
- самохода . . 164.3
- стола . . . 190.6
Выключить . 25.8
Вылетъ . . . 238.5
- машины . . 278.6
- радіально-сверлильнаго станка 131.3
- станка . . . 278.6
Выниманіе валка 294.6
- модели . . 302.6
Вынуть модель 302.5
Выпиливать . 332.3
Выпилить . . 332.3
Выпоръ переливной 277.2
Выпускной каналъ 251.7
Выпускъ желѣзотермита 276.5
- термитоваго-желѣза 276.5
Выпучина клепки 440.5
Выравнить бревна 335.5
- песокъ . . . 302.2
Вырѣзаніе круглыхъ днищъ 442.6
Вырѣзанное отверстіе 239.9
Вырѣзать . . 238.5
Вырѣзъ . . . 54.5
- зажимающихъ поверхностей губокъ 144.4
Вырѣзываніе кривыхъ поверхностей 340.1
Вырѣзывать . 238.5
Высадить замыкающую головку 284.6
Высадная головка 284.7
Высаживаніе прямыхъ полосъ 269.7
Высаживать . 270.1
Высаживающій станокъ 269.4
Высасываніе 213.8
- пыли . . . 213.5
Высверливаніе отверстія 144.9
Высверливать заклепочныя отверстія 283.3
Высверлить заклепки 290.1
Высота зубца 347.7
- паденія . . 262.6
- пропила ленточной пилы 359.4
- срѣза . . . 69.1
- центровъ . . 111.9
Высушиваніе ствола продолжительное 486.10
Высушивать . 488.3
Вытягиваніе частей модели 306.4
Вьющаяся стружка 70.4
Вѣсъ бабы . 262.3
- воздушно-сухого дерева 487.10
- искусственно высушеннаго дерева 488.1
- обрабатываемого предмета 27.2
- пильной рамы 327.6
- рамы пильнаго станка 327.6
- свѣже-срубленнаго дерева 487.8
- стола . . . 9.3
- сухого дерева 487.9
Вѣтренница . 490.8
Вѣтровица . . 490.8
Вѣтровыя спички 274.10
Вязальная форма для сборки бочекъ 443.5
Вязанка дровъ 483.7
Вязаночный прессъ 368.6
Вязка досокъ подъ угломъ 427.3
Вязкое дерево 485.6
Вязкость . . . 485.7
Вязъ 499.6

Г.

Газгольдеръ . 272.8
Газовый молотъ 256.7
Газометръ . . 272.8
Газъ свѣтильный 272.9
Гайка винта для подачи 162.7
- - ходового, допускающая регулированіе 11.3
- дифференціальная 198.1
- для подъема стола 89.3
- колпачковая 77.7 195.8
- кольцевая . 218.4
- маточная ходового винта 109.6
- опорная . . 183.2
- раздвижная маточная 110.1
Гайка расцѣпляющаяся 162.8
- сгонная . . 77.7
- установочная 189.2
Гваякъ . . . 500.8
Гвоздь корабельный 345.1
Генераторъ . 272.6
Гибкій рукавъ 318.3
Гибкость . . 485.5
Гибочный станокъ 290.4
Гигрометръ . 464.3
Гидравлическій прессъ 230.4
Гидропневматическій аккумуляторъ 268.3
Гикори бѣлый 499.3
- горькій . . 499.2
Гильза . . . 114.8
Гильза инструмента 256.4
Гильоширный станокъ 62.7
Гитара . . . 88.6
Глаговина . . 502.9
Гледычія . 502.11
Глинистый песчаникъ 222.6
Глубина сверленія 148.4
- строганія . 7.5
- стружки . . 7.5
- шипа . . . 426.2
Глухое отверстіе 147.5
Глянецъ . . 216.8
Гниль 492.2
- бѣлая . . . 492.5
- заболонная 493.3
- зебровая . 492.12
- зеленая . . 492.7
- корневая . 493.6
- красная . . 492.4
Гниль куропаточная 492.12
- мокрая . . 492.9
- напенная . . 493.6
-, начавшаяся отъ сука 493.4
- пестрая . 492.12
- полосами 492.11
- поясьями 492.11
- сердцевинная 493.2
- стволовая . 493.5
- сухая . . . 492.8
Гнутое дерево 482.5
Гнуть 482.4
Гнутье ручекъ у тростей 486.3
Гнѣздо . . . 402.4
Головка болторѣзная 172.8
- - вращающаяся 173.2
- - неподвижная 173.5

Головка болторѣзная съ автоматическимъ раздвиганіемъ плашекъ 173.1
- для выбиранія паза 397.1
- - зажима отрѣзныхъ рѣзцовъ 127.7
- - - рѣзцовъ 127.6
- дѣлительная 198.6
- - универсальная 199.2
- загибочная 292.3
- зажимная . 119.8 486.2
- заклепки . 284.5
- - вторая . . 284.7
- - высадная 284.7
- - замыкающая 284.7
- калевочная 398.5
- колонны . . 188.3
- молота . . . 261.8
- ножевая . . 389.1
- - для длинныхъ ножей 389.6
- - кругло-строгающая 390.3
- - сверловидная 389.3
Головка ножевая строгальнаго станка 389.8
- - съ кривыми ножами 390.2
- - - крючковиднымъ рѣзцомъ 389.4
- - - полостью подъ ножами 390.1
- - - точеными стальными ножами 389.5
- пазовая . . 397.1
- пирамидальная ножевая для косыхъ шиповъ 427.5
- поворотная колонны 139.1
- пуансона . 242.5
- рѣзцовой призмы 43.9
- сверла . . . 168.3
- сверлильнаго шпинделя 167.7
- сгибающая . 292.3
- стальная для укрѣпленія плашки 173.4
- стойки . . . 188.3
- сцѣпки . . 92.7
- сцѣпляющаго винта 155.2
Головка съ поворотнымъ зажимомъ для рѣзцовъ 127.8
- фрезерная . 204.4
- шаровая . . 191.3
- штемпеля . 242.5
Гонтовая машина 366.6
Горбина 297.2, 483.5
Горбыли снимать 483.4
Горбыль . . 483.5
Гордъ . . . 502.10
Горизонтально-строгательный станокъ 2.6
Горнъ для нагрѣванія заклепокъ 289.4
Горшокъ . . 224.2
- для варки клея 466.11
Горѣлка рѣжущая 278.2
- сварочная 272.11
Грабштихель 123.6
Грабштихъ . 123.6
Грабъ 498.3
Грань задняя рѣзца 81.9, 121.2
- передняя рѣзца 81.8, 121.1
Гратъ при сверленіи 147.6
Гребенка 88.5, 125.7
Гребенчатая шейка 294.5
Гребень . . . 395.8
Грибъ домашній 494.1
- домовой . . 494.1
- половой . . 494.1
Громоздкій предметъ 166.2
Грохотъ со встряской 314.1 314.2
Грузовой резервуаръ 267.3
Грузъ для автоматическаго регулированія подачи 207.2
- - натягиванія 359.3
- натяжной . . 97.5 359.3
- перекидной 20.4
Груша дикая 502.5
Губа зажимная 171.5
Губка домовая 494.1
Губки зажимающія 144.3
Губы зажимающія 144.3
Гуковъ шарниръ 191.2

Д.

Давленіе жидкости 267.3
- на рѣзецъ . 82.4
- осевое при сверленіи 145.6
- отъ инерціи движущихся массъ 8.1
- пальца поводкаго патрона 112.8
-, производимое заклепкой 288.2
- рабочее . . 267.4
Давленія, возникающія вслѣдствіе дѣйствія силъ инерціи при измѣненіи скорости движущихся частей 8.1
Дамасская сталь 84.7
Дверца ящика 181.6
Дверцы . . . 46.5
Дверь ящика 181.6
Движеніе боковое 22.3
- вертикальное рѣзцовой призмы долбежнаго станка 47.8
- вращательное рабочее сверла 145.5
- главное . . 6.9
- горизонтальное рѣзцовой призмы шепинга 47.7
- золотника . 252.1
- круговое . . 75.3
- - главное рабочее 80.4
- пилы вверхъ 333.3
- - внизъ . . 333.4
- - впередъ . 333.1
- - дуговое . 334.1
Движеніе пилы назадъ 333.2
- - прямолинейное 333.9
- подачи . 22.3, 95.4
- поперечное рабочаго стола 47.6
- продольное рабочаго стола 47.5
- прямолинейно-возвратное главное 11.6
- рабочее . 6.9, 68.3
Двойной конусъ 21.6
Дворъ для рубки дровъ 468.4
Двухколѣнчатая поперечина стѣнного сверлильнаго станка 142.6
Двухручная пила 355.1
Двухрычажныя ножницы 229.8
Двухцилиндровый шаровой молотъ 258.4
Двухшарнирный рукавъ стѣнного сверлильнаго станка 142.6
Двухшпиндельный шарошечный станокъ 177.6
Дезинтеграторъ 314.5
Дерево . . . 475.2
- амарантовое 508.1
- атласное . . 505.9
- бакаутовое . 500.8
- безъядровое 494.4
- бразильское розовое 506.1
- вестъ индское 508.1

Дерево воздушно-сухое 487.4
-, высушенное въ лѣсу 487.3
- вязкое . . . 485.6
- гибкое . . . 485.4
- гнутое . . . 482.5
- гранадильское 504.9
- доминикское розовое 505.2
- желѣзное . 504.7
- - южно-американское 503.5
-, искусственно высушенное 487.5
- каенское . . 504.2
- камфорное . 500.1
- карандашное 496.8
- коралловое 505.10
- крапивное . 499.7
- красное 500.5, 500.6 503.1
- кривоствольное 489.9
- легкое . . . 488.3
- лимонное . 500.7
- ломкое . . . 485.8
- миндальное 501.8
- мучное . 502.10
- мягкое . . . 486.6
- непрочное . 485.8
- обдѣлочный станокъ 320.1
- оливковое . 505.6
- -подъемный кранъ 462.7
- пористое . . 488.4
-, предварительно обтесанное топоромъ 335.1
- пропаренное 482.8
- прямослойное 477.9
- распаренное 482.8
- розовое . . 503.8
- сандальное 506.2
- сатиновое . 505.9
- свилеватое 477.10 490.6
- свѣжее . . 486.7
- свѣже-срубленное 486.7
- спѣлое . . . 494.5
- строгальный станокъ съ поступательнымъ движеніемъ струга 374.2
- сухое . . . 487.2
- сушенное . 487.2
- сѣмянное . 494.6
- съ прямыми волокнами 477.8
Дерево твердое 486.5
- тиковое . . 505.3
- тисовое . . 494.9
- тутовое . . 499.8
- тяжелое . . 488.2
- фіалковое ненастоящее 504.2
- фіолетовое палисандровое 504.2
- хинное . . . 505.7
- черное . . . 504.8
- -штамповальный станокъ 439.1
- эбеновое . 504.2
- - зеленое . 504.9
- - красное 504.10
- якарандовое 505.1
Деренъ . . . 504.6
Державка для двухъ рѣзцовъ съ электромагнитнымъ механизмомъ для поворота при перемѣнѣ хода 87.3
- рѣзца . . . 35.8
- рѣзцовъ для разсверливанія 169.3
Держатель ножей для разрѣзанія 453.3
- шаблона . . 312.1
Джарри . . . 504.4
Диски пильные на общей оси 362.9
- - - общемъ валу 362.9
Дисковый ножъ 241.6, 427.4
Дискъ азбестовый 275.7
- войлочный . 218.5
- вставкой . . 189.6
-, допускающій перестановку 43.5
- зубчатый . 362.4
- конусообразный ножевой 388.5
- кривошипный 188.1
- круглой пилы 372.3
- кулачный . 132.6 235.6
- молольный 458.4
- пазорѣзный 401.5
- пильный . . 372.3
- -, конически заостренный 372.4
Дискъ поводкаго патрона 112.6
- поворотный 18.5 19.7, 25.1, 184.4
- полировальный мѣдный 226.7
- предохранительный 474.1
- - деревянный 473.1
- съ криволинейной канавкой 49.2
- - криволинейнымъ пазомъ 49.2
- - рукояткой 188.1
- фрикціонный 90.5, 157.4
- шлифовальный 403.5
- эксцентриковый 48.2
Дифференціальный винтъ 198.2
Діаметръ внутренній цилиндра 251.1
Длина желоба 395.7
- линіи зубца 345.7
-, на которую рѣзецъ заходитъ за конецъ обстрагиваемаго предмета 13.1
- обрабатываемаго предмета 111.2
- паза 395.7
- полотенца . 345.5
- станины . . 63.6
- стола . . . 5.5
- строганія . 7.4
- -, допускаемая столомъ 12.10
- строжки . . 7.4
- фальца . . 395.7
- хода станка 12.9
Длинномѣрный лѣсъ 480.8
Днище промежуточное 265.4
Доводка . . . 216.3
Долбежный станокъ 45.2, 407.1
Долбить . . . 46.7
- гнѣздо для шиповъ 409.2
- шпоночныя канавки 47.4
Долбленіе вдоль 47.1
- круговое . 47.3
- обрабатываемаго предмета 46.8
Долбленіе по кругу 47.3
- поперекъ . 47.2
- поперечное 47.2
- продольное 47.1
Долбякъ . . 52.2
Долото двойное съ боковыми рѣжущими кромками 409.6
- долбежное . 409.3
- - шиповое . 409.4
- полое . . . 409.7
- полукруглое 422.1.2
- - для выниманія галтелей 422.3
- съ боковыми рѣжущими кромками 409.5
- токарное . . 421.5
Домкратъ винтовой 183.1
- для выдергиванія гвоздей 344.6
- рычажный . 462.6
Дорога лѣсная желѣзная 462.2
Дорожникъ . 397.6
Доска 482.6
- клинообразная подъемная 249.7
- модельная . 303.7
- - вращающаяся 305.5
- - поворотная 305.5
- нажимная . 126.8 304.3
- нижняя задней бабки 117.1
- обшивочная 396.9
- передняя супортная 103.2.7
- подъемная . 249.2
- половая 461.4, 482.7
- толстая . 482.1.5
-, принимающая ударъ 246.5
- профильная 393.3
- распредѣлительная 110.2
- съ калевкою 393.3
- - матрицами 243.7
- - шипами . 426.9
- фасонная . 393.3
- шарнирно укрѣпленная 37.2
Доски широкія 482.3
Досчатый полъ 461.3
Дранка для коробокъ 452.4
- коробочная 376.5

Драпь коробочная 376.5
Древесина . . 475.2
- корней . . . 479.3
- матерая . . 480.9
- спѣлая . . 476.1
- ядровая . . 475.6
Древесная шерсть 377.1
Дробильникъ коническій 458.1
Дрова 483.8
Дровоколка . 429.1
- двойная . . 429.4
Дровокольный станокъ 429.2
Дроворѣзная круглая пила съ подвижнымъ лоткомъ 368.2
Дровяной тонкій матеріалъ изъ сучьевъ 481.1
Дрожаніе . . 75.10
- рѣзца . . . 75.9
Дрожать . . 75.8
Дубъ бургундскій 498.10
- вѣчнозеленый 498.8
- зимній . . . 498.7
- каменный . 498.7
- красный . . 498.9
- лѣтній . . . 498.6
- пробковый 498.11
Дуга предохранительная цилиндрической пилы 473.3
Дуговыя направляющія 487.2
Дугласcовая пихта 495.4
Дыропробивный двойной прессъ 282.6
Дышло лѣсопильной рамы 327.4
Дѣйствіе рѣжущее 120.7
- сверлильнаго станка 149.1
Дѣленіе зубьевъ шарошки 199.3
- пилы . . . 347.6
- шипового соединенія 426.1

Е.

Евкалиптъ красный 504.1
- разноцвѣтный 504.5
Евкалиптъ сахаристый 504.3
- синій . . 503.10
Елина 495.3
Ель 495.3
- европейская 495.3
- обыкновенная 495.3

Ж.

Жалюзная фабрика 467.9
Жаръ сварочный 270.6
Желобить . . 395.5
Желобокъ . . 441.7
Желобъ . . . 395.6
Желобъ окружающій 188.6
- пріемный . 276.7
Желѣзо двойное 387.3
- термитовое . 274.3
- -термитъ . . 274.4
Жердь . . . 482.9
Жерновой мельница 458.6
Жерновъ . . 458.7
Жесткая сталь 33.4
Жесткость . 353.4
Жидкость напорная 267.2
- охлаждающая 187.3
Жимки . . . 227.2
Жолобъ предохранительный 473.5

З.

Заболонокъ . 493.3
Заболонь . . 476.2
- двойная . . 491.8
Заведеніе бондарное 468.6
- бочарное . . 468.6
- каретное . . 468.8
- колесное . . 468.7
- обозное . . 468.9
Завертка . . 181.9
Заводъ бочарный 468.5
- вагонный 468.10
- вагоностроительный 468.10
- лѣсопильный 464.4
- - паровой . 464.6
- строгальный 465.2
- фанерный . 465.3
- шелушильный 465.4
- щепальный 465.4
Загибаніе кромокъ у отверстій 299.1
Загибаніе кромокъ у толстыхъ листовъ 298.7
Загибать борты съ проволокою 299.4
-, кромку . 297.6.7 298.5
Загибной станокъ 290.4
Загибочный станокъ 290.4
Загнуть кромку 297.6, 298.5
Задвижка . . 304.2
- для отсѣчки воздуха 469.7
- зубчатая . 106.11
- пружинная 106.10
Задній подшипникъ 79.7
Задрайка . . 181.9
Задѣлать ласки 271.3
Зажатіе точильнаго круга 225.1
Зажатіе шлифовальнаго круга 225.1
Зажать рѣзецъ 126.5
Зажимающая пластинка 99.3
Зажимной болтъ 183.6
Зажимъ 197.5, 269.5
- англійскій для рѣзцовъ 128.2
- для рельсъ 166.3
- - рѣзца 126.6, 127.1
- - сборки ящиковъ 428.1
- нѣмецкій для рѣзцовъ 128.1
- поворотный для рѣзца 85.7 127.4
- съ барашкомъ 341.10
- трубочный . 276.2
Закладываніе проволоки въ загибъ борта 299.5
Заклепка . . 282.6
- временная . 282.7
Заклепочный швовъ 285.3
Закругленіе . 418.3
Закрытый зубчатый переборъ 86.6
Закрѣпить . . 27.5
- обрабатываемый предметъ при помощи электромагнитнаго патрона 220.3
- переборный валикъ 92.9
- переборную ось 92.9
- фрезеръ . . 205.4
- центръ задней бабки 118.5
- шарошку . 205.4
Закрѣпленіе . 27.4
- автоматическое рукоятки 164.4
- задней бабки 118.3

Закрѣпленіе матрицы 243.6
- направляющей 66.5
- обрабатываемаго предмета болтами 27.6
- - - при помощи клея 220.5
- - - - помощи клиньевъ 165.6
- пилъ . . . 329.6
- - въ горизонтальномъ пильномъ станкѣ 331.5
- - эксцентрикомъ 331.1
- пилы натяжнымъ рычагомъ 331.3
- пильнаго диска 371.3
- предмета . . 110.5
- подъемной доски 249.8
- при помощи эксцентрика 118.4
- сверла . . . 167.6
- ствола посредствомъ крюковъ 344.2
- точильнаго круга 224.7
- фрезы . . . 205.3
- шарошки . 205.3
- шлифовальнаго круга 224.7
- штемпеля . 243.6
Закрѣплять посредствомъ крюковъ 344.3
Закрѣпляющій болтъ 27.7
Закрѣпная чека 106.7
Замкнутая вилка для перевода ремня 84.4
- направляющая овальныхъ предметовъ 97.2
- отводка . . 84.4
Замокъ гайки ходового винта 11.4
- маточный ходового винта 109.7
- пружинный 93.1
- самохода . . 109.7
- суппорта . 11.4
Заострять . . 212.2 216.10
Запираніе револьверной головки 106.4
- самоходовъ 106.5
Запирать . . 106.5
- самоходъ . 102.6
Заполненіе коксомъ 214.2
Запорная пластика 275.6
Запоръ . 106.8, 164.5
- пружинный 93.1
Зарубка . . . 194.5
Затачиваніе рѣзца 121.10
Заточить заднюю поверхность 72.8
- - - бока . . 73.1
Заточка безъ воды 213.3
- задняя . . . 72.9
- коническая заклепочныхъ отверстій 283.4
- - шкива . . 84.1
- неправильная 32.2
- правильная 32.1
- съ водой . . 212.7
Затычка 275.8, 447.4
Затягивающій болтъ 27.7
Заусенцы при сверленіи 147.6
Захватка . . 114.6
- для заклепокъ 286.7
- - укрѣпленія пилъ 330.4
Захлестываніе ремней 334.4
Защелка . . . 88.4
Защемленіе пильнаго полотенца 471.2
Защемлять . 471.3
Заяцъ для выдергиванія гвоздей 344.7
Звонокъ . . . 188.8
Звѣздочка . . 168.7
Звѣздчатка . 159.5 168.7
- упорная 99.7, 108.1
Зенковка 167.2, 208.2
- заклепочныхъ отверстій 283.4
Зенкованіе . 148.1
- заклепочныхъ отверстій 283.4
Зенковать . . 283.5
Зенковка . . 412.3
Зенковочная шарошка 201.2
Зеркальная поверхность сердцевинныхъ лучей 478.6
Зернистость точильнаго камня 221.7
Зинкованіе . 148.1
Зинковать . . 283.5
Зинковка 167.2, 201.2 412.3
Золотниковая коробка 251.9
Золотниковое парораспредѣленіе 251.8
Золотниковый стержень 252.2
Золотникъ . 251.10
Зубецъ волчій 348.4.7
- вставной . . 349.3
- М-образный 348.5
- пилы . . . 347.1
Зубило пневматическое 256.2
Зубцы разведенные 349.4
Зубчатка ведущая 364.8
- для надвиганія 364.8, 365.1
- отводящая . 365.1
Зубчатый кружокъ 337.7
Зѣвъ ножницъ 241.7

И.

Ива 496.11
- каспійская . 497.3
- козья . . . 497.4
- серебристая 497.1
Игра 112.3
Известковый песчаникъ 222.8
Изгибаніе . . 290.8
Изгибать 290.7, 432.4
Изложница . 276.6
Изложницы половинчатыя для отливки трубъ 275.1
Измолотый матеріалъ 458.3
Измѣненіе автоматическое направленія хода 15.1
- объема и длины дерева . 340.4
- постепенное скорости 80.8
- скорости . . 68.6
- - скачками 80.7
Измѣрительный приборъ для строгальныхъ станковъ 384.4
Изнашиваніе шлифовальнаго круга 226.1
Износъ точильнаго круга 226.1
Изогнутый крючокъ 423.2
Ильмъ . . . 499.5
- полевой . . 499.4
Имитаціонная машина 438.7
Индексъ . . 184.4
Инструментъ для работы сжатымъ воздухомъ 255.7
- сверлильный 148.2
Инструменты 190.3
Искривленіе дерева 488.11
Искривляться 488.12

К.

Калевка . . . 393.2
Калевочно-строгальный станокъ 392.4
Калевочный станокъ для косыхъ планокъ 393.1
Калибръ . . 329.3
- деревянный 329.4
- стальной . . 329.5
Каліатуръ . . 503.9
Калориферъ 454.1
Кальцій-карбидъ 272.5
Кальціумъ-карбидъ 272.5
Камень точильный 221.4.6
- - грубый . 221.8
- - крупнозернистый 221.8
- - мелкозернистый 222.1
- - мягкій . . 222.3
- - среднезернистый 221.9
- - твердый . 222.2
Камера воздушная 254.7
- для пропариванія брусковъ 483.1
- подземная для пропариванія брусковъ 483.2
Кампешъ . . 508.4
Канавка валка 295.1
- - переставляемая 295.2
- для укрѣпленія 19.1
-, имѣющая въ сѣченіи форму хвоста ласточки 29.5
- круговая . . 98.9
- - для закрѣпленія упорокъ 29.1
- на столѣ, служащая для укрѣпленія 19.1
- ⊥-образнаго сѣченія 28.7
- фигурная на плоскомъ дискѣ 49.4
- - цилиндрической поверхности 49.5
Канавки шпоночныя долбить 47.4
Каналъ . . . 244.3
- всасыванія 254.5
- выпускной . 251.7
- кольцевой . 252.3
- литниковый 277.6
- нагнетанія . 254.5
- сушильный 463.9
- переливной 277.2
- пріемный . 276.8
Канатъ изъ древесной шерсти 378.3
Кантовать бревно на девяносто градусовъ 334.6
Кантъ доски 395.3
Капъ 490.5
Карагачъ . . 499.4
Карборундъ . 223.6
Каретка . . . 88.3
- формовочная 310.7
Каркасъ . . 499.7
Карнизный фрезеръ 400.5
Карри 504.5
Карусельный токарный станокъ 61.1
Катки ведущіе 336.7
Катокъ на стойкѣ 342.4
Катушка электромагнита 21.7
Качаніе обрабатываемаго предмета 75.7
Каштанъ . . 498.5
- конскій . 500.10
Кедровый сланикъ 495.10
Кедръ вестъ-индскій 500.6
- настоящій . 496.3
- сибирскій 495.10
Кернеръ пуансона 242.4
Керосиновый молотъ 256.8
Кинзилъ . . 504.6
Кипарисъ . . 496.5
- болотный . 496.6
- виргинскій . 496.6
- черный . . 496.6
Кирпичъ магнезіальный 275.4
Кислородъ . 272.2
Кислородно-газовая сварка 272.1
Клапанное распредѣленіе 252.5
Клапанъ воздушный 268.1
- для выпуска воздуха 268.1
- распредѣлительный 254.9
Клапка гидравлическимъ инструментомъ 288.5
Клееварка . . 466.6
Клееварочный приборъ 466.6
Клеегрѣлка 466.10
Клеить . . . 466.5
Клей 466.9
- столярный . 466.9
Кленъ бѣлый 501.4
- остролистный 501.2
- полевой . . 501.3
- сахарный . 501.5
Клепало . . . 286.1
Клепальный станокъ 277.11
Клепка 282.5, 440.2
- горячая . . 288.8
- при помощи электричества 288.7
- сжатымъ воздухомъ 288.6
- съ одновременнымъ образованіемъ обѣихъ головокъ 285.2
- холодная . 289.6
Клещевая телѣжка съ приспособленіемъ для регулировки положенія бревна 340.3
Клещи варочныя 275.12
- винтовыя . 344.6
- зажимныя . 276.1 341.1
- заклепочныя 286.6
- паяльныя . 360.3
- самодѣйствующія 269.6
- самозахватывающія 269.6
- сварочныя 275.12
Клещи шведскія 342.3
Клеянка . 466.11
Клиновое отверстіе 168.1
Клиновой ремень 91.4
Клинообразная форма инструмента 69.5
Клинъ двойной 330.7
- для раскалыванія 430.6
- - установки по высотѣ 80.1
- натяжного стержня 330.5
- плоскій . . 330.6
- предохранительный 472.3
- - переставной съ откиднымъ колпакомъ 472.1
- распирающій 472.3
- ручки . . . 330.5
Клупикъ . . 172.5
-, состоящій изъ двухъ частей 172.7
Клуппъ . . . 172.5
- сдвоенный . 172.7
-, состоящій изъ двухъ частей 172.7
Ключъ для гнутья 436.4
- натяжной для эксцентриковаго укрѣпленія 331.2
Клѣтка древесная 476.9
Кнопка 189.10
- выключающая 194.3
- дверецъ . . 46.6
- для расцѣпленія 164.6
Ковать . . . 263.9
- въ штампахъ 264.1
Ковочный паровой прессъ 265.3
Ковшикъ разливной 275.10
Кожаная кольцевая прокладка 266.2
Кожухъ . . . 362.5
- желѣзный . 337.8

Кожухъ изъ листового желѣза 337.8
- предохранительный 86.4, 472.3
- червяка . . . 193.6
Козелокъ подъемный 30.3
Ко́злы . . . 310.5
Колеса для перемѣны скорости 87.6
- смѣнныя . 87.6
- - зубчатыя . 155.6
Колесный станокъ 448.1
Колесо винтовое 90.2
- двойное зубчатое 16.6, 88.10
- дѣлительное 193.8
- зубчатое механизма подачи 159.4
- - подачи . . . 51.10
- -, сцѣпленное со ступенчатымъ шкивомъ 92.3
- маховое . . 236.2
- натяжное . 359.2
- планетарное 89.1
- планетное . 89.1
- податочное 339.6
- подачи . . . 23.1
- - съ фрикціонной собачкой 23.4
- поперечнаго хода 102.2
- промежуточное 16.3, 87.2
- ручное . . . 407.4
- съ винтовыми зубцами 10.7
- - двумя зубчатыми вѣнцами 16.6
- - спиральными зубцами 10.7
- - тангентными спицами 358.1
- фрикціонное 157.4
- храповое 23.2, 338.6 339.7
- - съ зубцами на боковой поверхности 162.3
- червячное . 156.8
- шлифовальное даетъ искры 217.1
Колка . 430.4, 485.10
Колкость . . 485.9
Колодецъ паровой 483.2
Колодка . . . 14.4
- нажимная . 304.4 385.4, 433.6
- поворотная въ дѣлительной бабкѣ 199.1
- стягивающая 437.3
- упорная 28.6, 46.4 407.2
- формовочная 433.6
Колоколъ для сгибанія клепокъ и насаживанія обручей 446.4
- предохранительный для фрезъ 474.2
Колонка для направленія пильной рамы 327.9
- - - рамы пильнаго станка 327.9
- опорная 29.4, 191.9
- передвижная 134.3
Колонна 181.3, 183.5
- сверлильнаго станка 138.2
- строгательнаго станка 4.6
Колоть . . . 430.5
Колпакъ для нагрѣванія 443.7
- нагрѣвательный 443.7
- - паровой . 444.2
- - съ очагомъ 444.1
- предохранительный автоматическій 472.7
- - круглой пилы 471.10
Колпачковая гайка 77.7, 195.8
Колпачокъ предохранительный 218.3
Колунъ, вертикально движущійся 429.3
- двойной . . 430.1
- - качающійся 430.2
Кольцевой каналъ 252.3
Кольцо, вращающееся на шарикахъ 78.6
- вытяжное . 307.2
Кольцо годичное 476.7
- грузовое . . 267.9
- деревянное 485.2
- для гнутья 482.3
- зажимное . 442.3
- запорное . . 94.4
- каучуковое 260.2
- кожаное . . 266.3
- мельницы . 457.10
- молотовища 246.7
- нажимное . 234.7
- предохранительное 474.1
-, прижимающее листы 278.4
- стопорное . 106.9
- съ дѣленіемъ 183.7
- тормазное . 94.6
- указателя . 189.8
- упорное 78.4, 150.1
- установочное 78.9
- шариковое . 78.6
- подкладочное 127.2
Колѣно . . . 188.2
- отсасывающее пустотѣлое 214.1
- поддерживающее 197.2
- рукава . . . 142.1
Колѣнчатый рычагъ 189.1, 234.9 249.3
Комаръ . . . 232.1
Компрессіонный уравнитель 323.2
Компрессорный молотъ 254.1
Компрессоръ воздушный однократнаго сжатія 255.1
- двойной . . 255.5
- паровой воздушный однократнаго сжатія 255.2
- сопряженный 255.6
Кондукторъ . 38.1
Конецъ задній шпинделя 79.9
Коническій вкладышъ подшипника 77.11
Консоль для стола 140.2
- рабочаго стола 182.4
Контактъ скользящій 21.8, 220.4
Контръ-конусъ 94.1
- -кривошипъ 327.3
Контръ-приводѣ 48.1, 81.6
- - вращающійся 82.2
- - поворотный 82.2
- - потолочный 48.2, 81.9
- - - для ускореннаго обратнаго хода 81.10
- - - съ двумя скоростями 82.1
- -пуансонъ . 244.1
Конусъ двойной 21.6
- зажимной съ разрѣзомъ 104.2
- клапана . . 268.2
- Морзе . . . 194.4
- нормальный 194.4
- полировальный 227.1
- тренія . . . 41.6
- фрикціонный 41.6, 93.9
Коперъ . . . 247.6
Копировальный станокъ 415.7
Копирующій шпиндель 179.5
Корабельный гвоздь 345.1
Коренной шкивъ 17.7
Корка отливки 315.7
Коробиться 488.12 489.3
Коробка для вставки пильныхъ полотенцевъ 330.4
- - укрѣпленія пилъ 330.4
- золотниковая 251.9
- механизма для измѣненія направленія хода 197.1
- ножей для разрѣзанія 453.3
- переборная 88.2
- пилы . . . 330.2
- предохранительная 474.9
- рѣзцовая вращающагося патрона 170.4
- со смѣнными зубчатыми колесами 88.7
- съ ножами 391.10

Коробка съ чистильными ножами 892.1
- червяка . . 198.6
Коробленіе 488.11
- поперечное 489.2
- продольное 489.1
Коробочная драмь 876.5
Коробчатый столъ съ канавками для укрѣпленія предметовъ 80.5
Коровой товаръ 488.3
Корообдирный станокъ 452.1
Корпусъ бочки 448.6
Корубинъ . . 228.5
Корундовый шлакъ 277.8
Корундъ . . 223.4
- искусственный 223.5, 277.9
Корыто . 63.5, 372.6
Корье 488.3
Косослой . . 490.3
Косослойность 490.3
Косякъ колесный 450.4
Кранъ 188.7
- дерево-подъемный 462.7
- мостовой подъемный для стволовъ 463.4
- на ковлахъ 463.6
- перополненія 187.8
- поворотный 463.7
- погрузочный 463.1
- спускной . 188.7
Краснуха . . 492.3
Кремнистый песчаникъ 222.7
Крестовая рукоятка для включенія самохода 152.2
Крестовина . 153.3
Крестовый суппортъ 89.4, 98.4
Крестообразная ручка 103.5
Кривизна обрабатываемаго предмета 292.1
Криволинейная канавка для подачи 49.3
Кривоствольное дерево 489.4
Кривошипный дискъ 188.1
Кривошипъ . 285.8
253.6
- ведомый . . 339.5
- главный . . 327.2
- лѣсопильной рамы 327.1
- обратный . 327.3
- пильнаго станка 327.1
- подачи . . . 339.5
- ручной . . 190.1
- съ вращающейся кулиссою 18.7
- - качающейся кулиссою 14.1, 48.5
- - кулиссою 18.6
Кроковикъ . 226.9
Крокусъ, примѣняемый при полированіи желѣзныхъ предметовъ 226.9
Кромка главная рѣжущая 121.3
- матрицы . 243.3.4
- подчеканиваемая 287.3
- рѣжущая . 120.9
- - боковая . 397.4
- - - висячая 411.3
- - наклонена впередъ 384.3
- - ножа у ножницъ 240.6
- - поперечная 397.3
- - расположена наклонно къ волокнамъ 384.1
- - - параллельно волокнамъ 383.9
- - - поперекъ волоконъ 384.2
- - рѣзца . . 81.4
- - штемпеля 242.3
- скошенная . 418.6
Кромки рѣжущія сильно наклонены противъ волоконъ 383.8
Кромкострогательный станокъ 3.2
Кромочно-обрѣзный станокъ 207.4
Крона дерева 479.5
Кронштейнъ для стола 140.2
- перемѣщающійся 139.6
- рабочаго стола 132.4
- съ канавками для укрѣпленія обрабатываемаго предмета 139.5
- - поддерживающей стойкой 139.7
- устанавливающійся 139.6
Крошилка . . 458.4
Крошильный станокъ для выдѣлки соломокъ 458.4
Круголущильный рѣзецъ 375.2
Круговая канавка 98.9
Круговое движеніе 75.3
Круговыя направляющія 67.6
Кругъ дѣлительный 198.8
- мельничный 458.4
- наждачный 223.1
- - вращающійся 358.2
-, описываемый сверлильнымъ шпинделемъ 148.3
- пильный . . 206.6
- поворотный 25.1
98.8, 230.7
- - суппорта . 67.9
- точильный . 221.4
223.11
- - карборундовый 223.7
- шлифовальный концевой 224.4
- -, надѣтый на свѣшивающемся концѣ шпинделя 224.5
- - фасонный 224.3
Кружокъ войлочный 218.5
- зубчатый . 337.7
- кожаный . 372.1
-, отпиленный отъ ствола 479.8
Крыльчатый насосъ 187.9
Крышка . . . 234.1
- масленки . 188.4
- опоки . . . 304.5
- подшипника 153.4
- прессующая 377.6
- съемная . . 79.6
Крюкъ . 343.7, 354.2
- багровый . 344.5
- переставной 344.1
- упорный . . 194.4
Крючокъ для обточки дна 423.1
- - точенія . . 422.6
- изогнутый . 423.2
-, направляющій инструментъ 221.1
- токарный . 125.1
- - проходной съ острой рѣжущей кромкой 125.2
- - чистовой . 125.3
- упорный . . 194.4
Кряжъ . . . 480.2
Кубическій метръ плотной древесины безъ промежутковъ 481.4
Кулакъ . . . 235.6
- зажимной . 114.6
- зажимный . 116.2
- поворотный 19.8
- - для перевода ремней 18.8
- поднимающій 246.3
Кулачки сгибающіе 292.5
Кулачный дискъ 132.6
Кулачокъ поднимающій 246.3
- подпорный . 293.1
- противоположный упорный 107.6
- упорный . . 107.5
193.2
Кучина . . . 502.2
Кюмпельпрессъ 298.2

Л.

Ладъ 440.2
Лакъ полировальный 405.11
- спиртный . 406.1
Лапа-сковородень 426.6
Лапорѣзный станокъ 424.1
Лебедка для бревенъ съ безконечной цѣпью 462.4
- - - - навертывающейся цѣпью 462.3
- - подъема бревенъ 845.3
Лезвее ножа у ножницъ 240.6
Лезвіе 120.8
- ножа у ножницъ 240.6
- строгальнаго рѣзца 81.4
Лента натянутая пилы 207.5
- пильная . . 359.5
- стружки . . 458.8
- тормазная . 94.6
- шлифовальная 404.4
Ленточная пила 207.6, 356.5
Линдръ гидравлическій 236.7
Линейка . . . 87.7
Линейка для вывѣрки пилъ 352.4
- направляющая 96.6, 364.5, 385.1
- предохранительная 472.6
Линія зубцовъ перевѣшивающаяся 335.3
Липа крупнолистная 500.3
- мелколистная 500.2
Лисички . . 172.6
Лиственница европейская 496.2
Листовыя ножницы 281.1
Листъ для направленія стружекъ 386.3
- желѣзный съ продавленными отверстіями 239.6
- пильный . . 206.6
Литая сталь . 83.8
Литниковый каналъ 277.6
Лицо наковальни 260.6
Лобовой молотъ 245.5
Лодыжка поднимающаяся 246.3
Ложка разливная 275.10
Ломъ 344.4
Лопаніе шлифовальнаго круга 226.2
Лопата ручная 275.11
Лопатка . . 275.11
Лотокъ . . . 368.3
Лощить . . . 226.5
- бочку . . . 446.5
Лучковый станокъ 414.2
Лучокъ . . . 346.5
Лучъ сердцевинный 478.1
Лѣсопилка . 464.4
- водяная . . 464.5
- паровая . . 464.6
- съ водянымъ двигателемъ 464.5
Лѣсопильная рама 320.5
Лѣсопильный заводъ . . 464.4
Лѣсосушилка 463.8
Лѣсъ длинномѣрный 480.8
- для колесныхъ косяковъ 450.5
- круглый . . 480.1
- матерый . . 480.8
- пильный . . 480.3
- подѣлочный 480.8
- сортовый на продажу 479.9
Лѣсъ строевой 479.10
- строительный 479.10
- штольный . 480.7
Люнетта шлифовальнаго станка 219.5
Лѣса качество 484.7
Лѣсъ безъ сучьевъ 484.9
-, грубо-опиленный 481.6
-, искусственно высушенный 487.5
- корабельный 494.7
-, отпускаемый полѣнницами 481.3
-, - складочною мѣрою 481.3
- строевой лучшій 484.8
- сучковатый 485.1
- тропическій 494.8
Люнетъ 119.5, 421.4
- неподвижный 109.2, 119.6
- подвижной 120.1
- поддерживающій 119.9
- съ конической дырой 120.2
- шлифовальнаго станка 219.5

М.

Магнезіальный кирпичъ 275.4
Магнезитовый порошокъ 274.9
Макагони . . 500.5
Макальный станокъ 456.9
Макать . . 456.10
Манжета кожаная 266.5
Манжетное уплотненіе 266.4
Марганцовая сталь 85.4
Мартеновская сталь 84.2
Масличина . 505.6
Масляный насосъ 76.3
Масса древесная механическая 484.1
Масса нагрѣвающая 274.7
Мастерская деревообдѣлочная 461.2
- для точенія инструментовъ 217.7
- мебельностолярная 466.1
- модельностолярная 466.3
- столярная механическая 465.8
- строгальная 465.2
- строительностолярная 465.10
- токарная . 467.7
- фрезеровочная 185.3
- шлифовальная 217.5
Матеріалъ брусковый 481.8
- измолотый . 458.3
- лѣсной . . 475.2
- пиленый . . 481.7
- пневой . . . 479.4
-, служащій для точильныхъ работъ 222.4
- шлифовальный 222.4
Матерый лѣсъ 480.9
Маточный замокъ ходового винта 109.7
Матрица . . . 243.1
- верхняя . . 264.2
- неподвижная штамповальнаго пресса 298.3
Матрица нижняя 264.3
- подвижная штамповальнаго пресса 298.4
- сборная . . 243.8
-, собранная изъ отдѣльныхъ брусковъ 243.8
-, состоящая изъ отдѣльныхъ пластинокъ 243.8
Маховикъ 51.4, 236.2
- съ кривошипомъ 334.3
Маховичокъ . 44.2 103.3
- ручной . . 159.5
Маховое колесо 236.2

Машина вертикальная съ колоколообразнымъ кожухомъ для смѣшиванія песка 314.7
- выжигательная 447.6
- вытяжная формовочная для зубчатыхъ колесъ 312.5
- гидравлическая для вгонки спицъ 450.3
- гонтовая . . 366.6
- для выдалбливанія гнѣздъ для спицъ 449.1
- - выжиганія надписей 447.6
- - загибанія бортовъ 297.5
- - изготовленія драни 452.2
- - колки дровъ дровъ 429.2
- - отточки ленточныхъ пилъ напильникомъ 359.6
- - просѣиванія формовочнаго песка 314.1
- - разводки зубьевъ 350.3
- - сгибанія колесныхъ косяковъ 450.6
- - сдиранія коры 452.1
- - смѣшиванія песка 314.4
- - точной установки модельной доски 311.1
- - формованія ременныхъ шкивовъ 307.3
- - - - - большого діаметра 307.4
- - формовки зубчатыхъ колесъ 311.4
- - - - - по шаблону 311.6
- - - конфорокъ 311.3
- - - сердечниковъ 308.6
- - - шестеренъ 313.5
- - - шишекъ 308.6
Машина имитаціонная 438.7
- клепальная 277.11
- - винтовая . 281.2
- -, вращающаяся вокругъ горизонтальной и вертикальной осей 279.4
- - гидравическая 282.1
- - для склепыванія цилиндровъ 280.3
- - паровая . 281.5
- - передвижная 279.3
- - переставная 280.4
- - приводная 281.4
- -, работающая сжатымъ воздухомъ 281.6
- - ручная . . 280.5
- - рычажная 280.7
- - съ колѣнчатымъ рычагомъ 281.1
- - - кривошипомъ 281.3
- - электрическая 282.2
- макальная . 456.9
- наборная . 455.6
- на колоннѣ для формовки шестеренъ 313.1
- орудіе . . . 1.2
- осадочная . 269.4
- переносная клепальная 279.2
- пескоструйная очистительная 317.1
- - - съ ротаціоннымъ барабаномъ 317.4
- - - - транспортеромъ въ видѣ безконечной ленты 317.5
- подвижная клепальная 278.1
- протравная 438.2
- протравочная 438.2
- сварочная . 270.2
- сверлильная пневматическая 138.1
- съ двумя планшайбами для формовки зубчатыхъ колесъ 313.4
Машина съ рамой въ видѣ козелъ 310.4
- телескопическая для формовки ременныхъ шкивовъ 308.1
- универсальная и сварочная 270.3
- - спичечная 460.4
- формовочная 300.1
- - вытяжная 306.5
- - гидравлическая 300.2
- - - со съемной опокой и съ поворотной доской 306.2
- - - съ подъемомъ опоки при помощи штифтовъ 305.2
- - для ребристихъ трубъ 308.2
- - на колоннѣ для зубчатыхъ колесъ 313.1
- - настѣнная 313.3
- - ручная для выпуклыхъ предметовъ 308.3
- - - съ поворотной модельной доской 306.1
- - - подъемомъ опоки при помощи штифтовъ 305.1
- - сдвоенная 306.3
- - со столомъ для зубчатыхъ колесъ 313.2
- - - съемной опокой 304.6
- - - - для формованія плоскихъ предметовъ 304.9
- - - - - и съ поворотной доской 305.4
- - - съемнымъ и съ вытяжнымъ приспособленіемъ 308.4
- - съ поворотнымъ столомъ 305.3
Маятниковая круглая пила 369.5
- пила 207.3
Медвѣдка . . 232.1
Мельница для размола зажигательной массы 458.2
- жерновая . 458.6
- коническая 457.9
- съ бѣгунами для растиранія 458.6
- - коническимъ дробильникомъ 457.9
- шаровая . . 314.8 458.5
Мельничный кругъ 458.4
Мертвый ходъ 112.3
Металлообдѣлочный станокъ 1.4
Метикъ . . . 491.2
Метрическій конусъ 194.4
Метръ кубическій плотной древесины безъ промежутковъ 481.4
- - складочной мѣры 481.5
Метчикъ . . 178.6
- регулируемый 178.7
- съ перемѣнными переставливаемыми плашками 178.7
Механизмъ для измѣненія направленія вращенія при помощи фрикціонной муфты 89.6
- - - - хода . 15.6
- - - - - при помощи коническихъ колесъ 16.5
- - - - - при помощи перевода ремней 17.3
- - - - -, работающій при содѣйствіи колеса съ внутренними зубцами 16.4
- - передвиганія ремня 26.1
- - перемѣны направленія вращенія 89.3
- - - хода 14.7, 15.5

Механизмъ для перемѣны хода при помощи цилиндрическихъ колесъ 16.1
- - - - съ перемѣненіемъ пружины 20.6
- - подачи суппорта по поперечинѣ 24.1
- кривошипный 13.4
- перекидной 89.4
- подачи съ храповикомъ 96.1
- поперечнаго самохода 101.9, 102.1
- прерывистой подачи 21.10
- продольнаго самохода 101.8
- самохода . . 102.4
- соединительный 375.7
-, сообщающій движеніе столу строгательнаго станка 9.6
- съ эксцентрикомъ, служащій для сообщенія подачи 42.4
- храповичный 51.8
- храповой подачи, помѣщенный въ закрытой коробкѣ 23.6
- электромагнитный для перемѣны направленія хода 21.4
Миндаль . . 501.8
Многослойная фанера 433.8
Многоступенчатый шкивъ 83.1 154.6
Многошпиндельный сверлильный станокъ 410.5
Модель . . . 303.6
- обода . . . 307.5
Модельщикъ 466.4
Можжевельникъ виргинскій 496.8
- казацкій . . 496.8
- обыкновенный 496.7
Мокрослой . 492.9
Мольльный дискъ 458.4
Молотовище . 245.3
Молотокъ для вгонки клиньевъ 330.10
- - чеканки . 287.7
- заклепочный 286.1
- пневматическій 256.1
Молотъ Браллея 257.2
- быстроходный 258.1
- вертикальный 247.4
- газовый . . 256.7
- гидравлическій 247.2
- заднебойный 245.7
- качающійся 246.9
- керосиновый 256.3
- клепальный 280.6
- -компаундъ паровой 253.4
- компрессорный 254.1
- кривошипный 253.5
- - съ качающимся цилиндромъ 257.3
- кулачный . 245.4
- лобовой . . 245.5
- ножной . . 246.3
- паровой . . 250.2
Молотъ паровой двойного дѣйствія 252.8
- - двухцилиндровый 253.4
- - простого дѣйствія 250.3
- - съ верхнимъ паромъ 252.9
- - - двусторонней станиной 250.6
- - - неподвижнымъ цилиндромъ 250.4
- - - односторонней станиной 250.5
- - - Э-образной станиной 250.5
- педальный . 246.8
- пестовой . . 247.3
- приводный 247.1 253.7
- пружинный 256.9
- рессорный . 257.1
- рычажный . 245.2
- среднебойный 245.6
- съ наматывающимъ барабаномъ 248.2
- - натяжнымъ ремнемъ 248.5
- - ножнымъ приводомъ 246.8
- - падающей бабой 247.5
- - пневматическимъ буферомъ 253.8
- тренія . . . 247.8
- фрикціонный 247.8, 249.1
- - съ доской съ приводомъ Мюллера 249.9
Морозобоина . 491.3
Морозобойный хребетъ 491.4
Мостикъ . . . 183.3
Мостки для втаскиванія бревенъ 462.5
Муравей . . . 493.6
Мультипликаторъ 267.6
Мундштукъ для обдуванія отливокъ 316.6
Мутонъ . . . 248.5
Муфта двойная сцѣпная 93.5
- зубчатая 93.3, 158.6
- коническая фрикціонная 41.7
- кулачная . 93.3 158.6
- раздвижная 158.5
- сцѣпная . . 158.4
- съ пальцемъ 93.6
- - упругимъ разводимымъ кольцомъ 21.9
- - шаровымъ гнѣздомъ 191.4
- тренія . 21.3.5, 41.5 93.8
-, удерживающаяся сама собой въ занятомъ положеніи 21.2
- фрикціонная 21.5, 93.3
- - съ двойнымъ конусомъ 21.3
- цилиндрическая сцѣпленія 94.5
Мѣсто вогнутое 297.3
- выгнутое . 297.2
- свариваемое 270.7
-, съ котораго начинается рѣзаніе 335.6
Мѣшалка . . 457.8

Н.

Набивка . . . 371.7
- двойная . . 266.6
- манжетная . 266.4
Наборный станокъ 455.6
Наборъ моделей для формовки ременныхъ шкивовъ 307.6
- смѣнныхъ колесъ 87.7
Наборъ ступенчатый зубчатый 86.3
- фрезъ . . . 205.2
- шарошекъ . 205.2
Наварка трубъ 271.7
Наведеніе полировальнаго лака 406.2
Нагнетательный насосъ 268.4
Нагрѣваніе пильнаго полотенца 471.4
Нагрѣваніе рѣзца 32.8, 122.1
Нагрѣвательный колпакъ 443.7
Нагрѣвающій составъ 274.7
Нагрѣвъ во время работы 121.11
- при работѣ 121.11
Нагрѣть заклепку до краснаго каленія 289.2
Нагрѣться . . 471.5
Надбавка на усушку 488.9
Надвиганіе обрабатываемаго предмета вальцами 336.6
- - - по гладкой поверхности стола 384.5
- помощью каната 336.5

Надвиганіе сверлильнаго шпинделя отъ руки 410.3
Надвигать . . 336.2
Надламываніе стружекъ 386.4
Надѣваніе обручей 445.6
Надѣвать обручи 445.7
Надѣть косяки на спицы 451.1
Нажать обжимку высадной головки на заклепку 285.1
Наждакъ . 222.11
- въ порошкѣ 222.12
Наждачный кругъ 223.1
Нажимный винтъ 79.1
Нажимъ для калевокъ 393.4
Накатывать . 74.9
Накернить . . 146.6
Накладка желѣзная 375.6
Наклоненіе обрабатываемаго предмета 238.8
Наклонно установленный рѣзецъ 121.7
Наковальня . 260.5
- съ отдѣльнымъ основаніемъ 261.7
Наличникъ молота 261.9
- наковальни 260.6
- смѣнный молота 262.2
- - наковальни 260.7
Намазочный станокъ 459.3
Намѣчать отверстія 146.5
- центры дыръ помощью кернера 146.6
Напенышъ . 493.6
Напилокъ для точки боковыхъ кромокъ 352.2
- - - пилъ . . 351.3
Наплывъ на стволѣ 493.8
Напорная вода 269.1
Направленіе волоконъ 477.3
Направленіе вращенія шарошки 192.5
- инструмента по шаблону 419.3
- сверлильнаго шпинделя 149.6
- срѣзыванія 287.7
- строганія . 7.8
- строжки . . 7.8
Направлять обрабатываемый предметъ 70.10
Направляющая 146.2, 197.3, 326.5
- для задней кромки пильной ленты 358.7
- задняя . . . 358.7
- - со скошеннымъ выступомъ 65.6
- клинообразной формы 66.3
- пильной ленты 358.6
- передняя со скошеннымъ выступомъ 65.5
- плеча . . . 142.7
- регулируемая 66.2
Направляющія 65.2
- бабы 263.7
- - переставляемыя 263.8
- боковыя . . 208.1
- - ленты . . 359.1
- для пильныхъ дисковъ 371.5
- - цѣпи . . . 99.8
- дуговыя . . 437.2
- заднія . . . 208.2
- круговыя . 67.6
- нижнихъ салазокъ суппорта 65.1
- образныя . 8.7
- основныхъ салазокъ суппорта 65.1
- плоскія стола 8.8
- призматическаго сѣченія 66.6
- - - американскаго типа 8.7
- рамы пильнаго станка 326.4
- ремня . . . 84.5
- рѣзцовой призмы 48.8
- салазокъ ножей 283.7
Направляющія сгибающей головки 292.4
- смѣнныя . 65.4
- стола . . . 8.2
- треугольныя обращенныя вверхъ 8.7, 66.6
- - - внизъ . 8.6
- - съ приспособленіемъ, препятствующимъ подъему стола 9.1
- трехгранныя 67.1
- четырехгранныя 67.3
- шаблонодержателя 312.4
- V-образнаго сѣченія 66.8
Напускъ . . 285.4
Наростъ валикообразный на морозобоинѣ 491.4
- свилеватый 490.5
Нарѣзаніе винтовой рѣзьбы на токарномъ станкѣ 74.7
- круглыхъ шиповъ у спицъ 449.7
- плоскихъ шиповъ у спицъ 450.1
Нарѣзать рѣзьбу на токарномъ станкѣ 74.6
- уторы на клепкахъ 442.1
- шипы на нѣсколькихъ doскахъ сразу 427.1
Нарѣзка . . . 174.3
- Витворта . 174.4
- газовая . . 175.3
- дифференціальная 197.9
- Левенгерца 174.7
- остроугольная 174.9
- прямоугольная 175.1
- Селлерса . 174.5
- Союза германскихъ инженеровъ 174.6
- трапецевидная 175.2
Насадить на оправку 113.5
Насаживаніе обручей 445.6
Насаживать обручи 445.
Насосъ водонапорный 268.
- крыльчатый 187.
- масляный . 76.
- нагнетательный 268.
- паровой . . 268.
- - гидравлическій 300.
- приводный . 268.
- ручной гидравлическій 296.
Натачивать . 351.
Натягиваніе обручей 449.
Натягивать обручи 445.
Натяженіе пильнаго полотенца 346.
- упругое пильнаго полотенца 346.
- эластичное пильнаго полотенца 347.
Натяжной грузъ 97.5, 359.
- противовѣсъ 97.
Нахлестываніе 285.
Нахлестывать 285.
Начерно строгать 6.
Начисто строгать 6.
Неподвижный люнетъ 109.
Непрерывная подача 95.
Нераскалывающійся 486.
Несквозное отверстіе 147.
Нижникъ . . 264.
Никкелевая сталь 35.
Нить древесной шерсти 484.
Нога крана . 463.
- токарнаго станка 63.
Ножевка лапорѣзная 425.
- приводная . 208.
- шиповальная 425.
- шипорѣзная 425.
Ножевой ползунъ 375.
Ножи перемѣнить 338.
Ножницы . . 228.

Ножницы, въ которыхъ служатъ ножами два вращающихся диска 229.1
- гидравлическія 230.3.5
- двухрычажныя 229.3
- для вырѣзанія дисковъ 229.2
- - дерева . . 409.1
- - рѣзки листовъ 231.1
- - - - на мелкія части 231.3
- - - тавровыхъ балокъ 231.4
- - - углового желѣза 231.5
- круглыя . . 229.1
- листовыя . 231.1
- механическія 228.3
- на поворотномъ кругѣ 230.6
- параллельныя 228.4
- паровыя . . 230.2
Ножницы поворотныя 230.6
- ручныя для рѣзки листового желѣза 231.2
- рычажныя . 228.4 229.5
- - колѣнчатыя 229.7
- со столомъ для обрѣзки листовъ 229.6
- столовыя . 229.6
- стуловыя . 229.5
- съ гидравлическимъ приводомъ 230.3
- - - - для рѣзки стальныхъ болванокъ 230.5
- - параллельными ножами 228.4
- - приводомъ отъ паровой машины 230.2
- - эксцентриковымъ приводомъ 230.1
Ножной приводъ 81.1
Ножъ боковой 241.3
- верхній . . 241.1
- вращающійся 388.7
- въ видѣ круглаго стального диска 241.6
- - фанерно-строгальномъ станкѣ 375.1
- дисковый . 241.6 427.4
- для коническаго строгальнаго диска 388.6
- - отдѣленія подрѣзаннаго дерева 386.8
- - скашиванія 388.1
- - строгальнаго диска 388.4
- - шпунтовъ 397.5
- изъ одного куска 387.7
- калевочный 393.6
- кривой . . . 387.6
- неподвижный 241.5
- нижній . . 241.2
Ножъ опорный 241.5
- отдѣлочный 387.4
- пазовый . . 397.2
- подвижной . 241.4
- подрѣзной . 386.9
- профильный 388.2 393.6, 422.4
- рабочій . . 241.4
- строгальный 386.7
- у ножницъ 240.
- фасонный . 388.2 422.4
- - поворотный 422.5
- фигурный . 393.6
- черновой . 388.3
- чистильный 387.4
- - неподвижный 387.5
Ноздревикъ-разрушитель 494.1
- шлихтовальный 387.4
Нортона смѣнная передача 87.3
Нутубель и федергубель 397.6
Нырялo 236.6, 265.6 310.3

О.

Обводный желобъ 188.6
Обдавка . . . 284.2
- для листовъ 278.4
Обдалбливаніе обрабатываемагопредмета 46.8
Обдирать при помощи шлифовальнаго круга 212.3
Обдирка . . . 78.4
Обжимка . . 284.2
- для листовъ 278.4
- клепальной машины 278.1
- съ глазомъ 286.1
Обзольный 481.10
Обмакивать 456.10
Обмѣрить кронциркулемъ 74.2
Обойма подвѣсная 279.5
- - промежуточная 280.1
Оболонь . . . 476.2
Обрабатываемый предметъ 27.2
- - бьетъ . . 75.5
Обрабатываемый предметъ вращается 75.1
- - качается . 75.6
- - совершаетъ точно круговое движеніе 75.4
- вращающимся суппортомъ боковыя поверхности 148.6
- строганіемъ вогнутыя поверхности 26.8
- - цилиндрическія поверхности 26.6
Обработка долбленіемъ цилиндрическихъ поверхностей 26.5
- конусовъ на токарномъ станкѣ 72.4
- металловъ . 1.3
- отверстія разверткою 148.5
- строганіемъ вогнутыхъ поверхностей 26.7
Обработка строганіемъ цилиндрическихъ поверхностей 26.5
Образныя направляющія 8.7
Образованіе стружки 69.6
Обратный ходъ 12.1
Обрубная . . 318.5
Обручъ деревянный 485.2
- мельницы 457.10
- рабочій . . 445.4
- формовочный 445.4
Обрѣзаніе досокъ 362.7
Обрѣзать кромки 439.6
Обрѣзка листовъ 238.1
Обстрагиваніе 6.5
Обстрагивать гладко 87.5
- точно по плоскости 87.5
Обстрогать . 6.4
- обрабатываемый предметъ 6.3
Обстрогивать 6.4
Обтачиваніе . 71.7
- металловъ . 71.5
- на патронѣ 72.2
- - планшайбѣ 72.2
- - по фасону 72.5
- продольное 71.11
Обтачивать . 71.6 418.2
- дерево на токарномъ станкѣ 417.6
- круглые предметы фасонною фрезою 186.1
- между неподвижными центрами 78.11
- - мертвыми центрами 78.11
- на патронѣ . 72.1
- - планшайбѣ 72.1
- начерно . . 78.3
- по длинѣ . 71.10
Обтеска бревна на боковомъ поставѣ 384.7
Обтесывать . 439.6 433.4
Обточить . . 71.6
- начисто . . 73.4.7

Обточить кругомъ 73.2
Обточка . . . 418.1
- быстрая вчернѣ 73.5
- - черновая . 73.5
- коническая 72.4
- по некруглой поверхности 72.6
- - шаблону фасонныхъ предметовъ сложнаго профиля 72.5
- - шаровой поверхности 72.7
- ступицы . . 448.2
- фасонно-фрезерная круглыхъ предметовъ 186.2
- черновая . 73.4
- чистовая . . 73.8
Обшивка пильнаго стола 473.2
Обшивочная доска 396.9
Овально-токарный станокъ 97.3
Овальный шаблонъ 97.4
Ограниченіе длины хода 15.3
Одновременный переводъ обоихъ ремней 18.3
Одноколонный строгальный станокъ 2.3
Одностоечная телѣжка для подачи колодъ 342.2
Односторонній строгальный станокъ 2.3
Одношпиндельный сверлильный станокъ 410.4
Окись алюминія 277.9
- самородная желѣза 226.9
Округленіе . 418.1
Округлять . . 418.2
Окружная скорость обрабатываемаго предмета 68.3
Окружность, образуемая отверстіями на дѣлительномъ кругѣ 198.9
Ольха бѣлая 497.11
- черная . 497.10
Опилки . . 483.10
Опока 302.9
- верхняя . . 303.1
- нижняя . . 303.2
- откидная . 303.5
- разъемная . 303.5
Опоки половинка 302.4
Опора 362.1
- двойная . . 143.7
- для ножа . 375.5
- - рычага съ противовѣсомъ 50.5
- на центрахъ 111.3
- подвижная двойная 144.1
- стола . . . 183.5
- съ шариками 161.1
- устанавливаемая 78.7
Опорная колодка 29.4
Опорный шкивъ 437.1
Оправа металлическая для гнутья 431.4
Оправка 57.5, 113.3 198.4, 219.7
- для алмаза 225.7
- - точильнаго камня 218.1
- - расточки . 165.4
- - разсверливанія съ расположеннымъ эксцентрически винтомъ для подачи 161.6
- - - - - концентрично винтомъ для подачи 161.5
- - - двумя рѣзцами 169.6
- - - коническихъ отверстій 169.5
- - - съ автоматической подачей 161.4
- - - устанавливающимися рѣзцами 169.7
- для сгибанія 291.4
- коническая 219.9
- неподвижная 113.4
- полая . . . 198.5
- раздвижная 113.7
- растачивающая 169.1
Оправка самоцентрирующая 113.8
- сверлильная 168.6
- смѣнная для разсверливанія 169.8
- съ рѣзцомъ 86.6
- - рѣзцами для пробиранія пазовъ 55.5
- - - - уширенія отверстій 55.2
- точильнаго круга 224.8
- фрезерная . 197.7
- шлифовальнаго круга 224.8
Опрокидываніе стола строгальнаго станка 9.4
Опусканіе пилы 333.4
Орудіе-машина 1.2
Орѣхъ грецкій 498.12
- сѣрый . . . 499.1
Орѣшникъ обыкновенный 498.2
Осадить заклепку 284.4
Осадочная машина 269.4
Осаживаніе заклепки 284.3
- прямыхъ полосъ 269.7
Осаживать . 270.1
- заклепку . 284.4
Освобожденіе револьверной головки 107.1
Осевая подача предмета къ шарошкѣ 192.3
Оселокъ „Арканзасъ" 222.10
- для мокрой точки 223.9
- - точки съ масломъ 223.10
Осина 497.5
Основаніе зубца 347.8
Осокорь . . . 497.7
Остановка ножа у ножницъ 236.8
Остановъ при помощи падающаго червяка 193.3
- станка для шарошенія зубчатыхъ колесъ 193.7
Остовъ бочки 443.6
Остріе зубца 347.2
Острокантный 481.9
Остроугольная нарѣзка 174.9
Ось вращенія 70.9 391.8
- молота . . . 246.2
- пильнаго шкива 353.3
- подвѣсная . 369.6
- тяжести . . 391.7
- центровъ . 112.1
- шарнира . . 142.2
- шпинделя . 77.3
Отбой 246.6
- воздушный 259.7
- дать молоту 259.1
- паромъ . 259.10
- пружинный 259.3
Отбойный болтъ 259.6
- брусъ . . . 473.6
Отбрасываніе дерева 471.6
Отбросъ . . . 483.9
Отведеніе рѣзца 32.9
- тепла . . . 122.2
- въ сторону 140.5
Отверстіе . . 244.4
- вырѣзанное 239.9
- глухое . . . 147.5
- для выбрасыванія клина 196.1
- - желѣзняка 383.3
- - закрѣпленія обрабатываемаго предмета 116.1
- - натяжного клина 150.2
- клиновое . 168.1
- круглое . . 240.2
- матрицы . . 243.2
- несквозное 147.5
- прямоугольное 240.3
- съ гладкими стѣнками 240.1
- уширять . . 54.9
Отводимая шестерня 104.6
Отводка . 84.3, 103.4
- для ремня . 26.1 153.5
- замкнутая . 84.4
Отводъ пыли 319.3
Отгибать воротникъ 297.6, 298.5
Отдать назадъ 471.7
Отдача дерева 471.6
Отдѣлать начисто на шлифовальномъ станкѣ 216.5
- отливку . . 315.1

Отдѣлать шлифованіемъ плоскость 214.3
Отдѣленіе стружки 69.7
Отдѣлка начисто обрабатываемаго предмета 216.1
- окончательная обрабатываемаго предмета 216.1
- отверстія разверткою 148.5
- шлифованіемъ бороздокъ 215.7
- - канавокъ . 215.7
- - конусовъ . 215.2
- - коническихъ поверхностей 215.2
- - основаній отверстій 215.6
- - отверстій . 215.4
- - плоскостей 214.4
Отдѣлка шлифованіемъ тѣлъ вращенія 214.6
Отдѣлочный рѣзецъ 32.7
Отески . . . 483.9
Отклоненіе сверла отъ точнаго направленія 149.2
Отливка . . . 315.6
Отлупъ . . . 491.6
Отогнуть воротникъ 297.6, 298.5
Отполировать тонко 216.7
Отрѣзать . . 354.8
Отсасывающій вентиляторъ 319.4
Оттачивать . 216.10
- зубцы прямо 352.6
Отточка обратная фасонныхъ ножей 387.2
Отточка обыкновенная фасонныхъ ножей 387.1
Оттянуть ласки 271.3
Отформовать въ . . . 301.6
Отфрезеровать 185.4
Отшлифовать грубо 212.3
- начерно . . 212.4
- цилиндрическій предметъ 215.1
Отштампованный предметъ 298.6
Охладитель промежуточный 255.4
Охлажденіе водой 33.1
- обжимки водою 289.5
Охлажденіе обратное 255.3
- рѣзца . . . 122.3
- фрезера . . 187.2
- шарошки . 187.2
Очагъ для осѣренія 456.2
- - парафинированія 456.1
- - предварительнаго нагрѣванія 455.7
- сѣрный . . 456.2
Очистительная пескоструйная машина съ вращающимся столомъ 317.3
Очистка отливокъ свободной песочной струей 318.1
Очки предохранительныя 277.4
- съ темными стеклами 277.4

П.

Пазовать . . 395.5
Пазовикъ . . 397.6
Пазовый ножъ 397.2
Пазорѣзный дискъ 401.5
Пазорѣзъ и шипорѣзъ 402.5
Пазъ . . 395.6, 402.3
- валка . . . 295.1
- - переставляемый 295.2
- для укрѣпленія 19.1
- круговой . . 98.9
Пайка ленточной пилы 360.1
Палецъ 106.6, 285.6
- ведущій . . 51.6
- выдвижной 99.6
- направляющій 97.1
- переставной кривошипа 14.2 48.6
- - рѣзцовой призмы 58.1
- поводкаго патрона 112.7
Пальма кавказская 500.4
- кокосовая 496.10
Пальцеотводъ 472.8
Параллели бабы 263.7
Параллель . 326.5
- треугольнаго сѣченія 326.6
Парафинировочный паровой приборъ 456.6
Паркетный полъ 461.5
Паровоздушный нагрѣвательный приборъ 464.2
Паровой молотъ 250.2
Парораспредѣленіе золотниковое 251.8
- круглыми золотниками 251.8
- молота . . . 251.5
- поршневое . 251.6
Паръ верхній 252.10
- надъ поршнемъ 252.10
- нижній . . 253.1
- подъ поршнемъ 253.1
- поступаетъ подъ поршнемъ 253.2
- расширяется 253.3
Патронный вертикальный станокъ 61.1
Патронъ винтовой 114.3
- винторѣзный 172.8
- вращающійся 170.1
- вспомогательный 168.2
- для закрѣпленія шаровъ 420.8
- - точки предметовъ овальнаго сѣченія 415.6
- зажимной . 420.3
- - съ тремя плашками 172.2
- - - четырьмя плашками 172.3
- зажимный . 114.8
- зубчатый . 420.1
- кулачный . 114.4
- на винтѣ . . 420.7
- параллельный поводковый 112.9
- патентованный рычажный 115.2
- переходный 168.2
- поводковый 112.5
- простой . . 420.4
- разрѣзной съ зажимнымъ кольцомъ 114.2
- револьверный сверлильнаго станка 168.5
Патронъ самоцентрирующій 114.7, 172.1
- сверлильнаго станка 168.4
-, состоящій изъ двухъ частей 420.5
-, - - четырехъ частей 420.6
- съ двумя захватками 114.5
- - - кулаками 114.5
- - захватками 114.4
- токарнаго станка 114.1
- универсальный 115.1
- уравновѣшенный поводковый 113.1
- чашечный . 114.3
- электромагнитный 115.3 220.2
Паяльныя клещи 360.3
Педаль 50.3, 54.7, 81.2 235.6, 249.5
Переборъ двойной зубчатый 86.1
- закрытый зубчатый 86.6
- зубчатый . 85.2
- расцѣпной зубчатый 85.3

Перевести ремень съ холостого на рабочій шкивъ 83.6
Переводная вилка для ремня 26.3
Переводъ одновременный обоихъ ремней 18.3
- поочередный ремней 18.4
- ремня . . . 18.2
- - отъ поворотныхъ кулаковъ 18.7
Перевѣшиваніе пилы 335.2
Перевѣшиваться 335.4
Перегородка . 187.5
Перегрѣваніе чугунной ванны 273.5
Перегрѣвъ чугунной ванны 273.5
Передаточное число 80.9
Передаточный рычагъ 407.5
Передача 22.4, 76.6 80.9
- Барнгурста 91.1
- вращенія сверлильнымъ шпинделямъ помощью кривошиповъ 157.2
- - сверлильному шпинделю помощью коническихъ фрикціонныхъ колесъ 157.5
- - - - - многоходового винта 157.1
- движенія вращающейся кулиссой 41.8
- - отъ электродвигателя 42.3
- - посредствомъ качающагося рычага и храпового устройства 284.4
- - - кривошипа и шатуна 48.7
- - рѣзцовой призмѣ 40.1
- - - - отъ зубчатой рейки 42.2
- - - - при помощи винта и гайки 48.8
Передача движенія столу при помощи кривошипнаго механизма 13.3
- дифференціальная 89.6
- зубчатая . . 85.1
- - изъ трехъ цилиндрическихъ колесъ 192.1
- - Нортона съ передвижной шестерней 87.3
- канатомъ . 11.5
- кривошипная 13.4
- круглымъ ремнемъ 84.6
- къ шпинделю 80.3
- - -, перемѣщающемуся вверхъ и внизъ 155.7
- обратнаго движенія винтовыми колесами 192.6
- - - червячными колесами 192.6
- планетарная 88.9
- планетная . 88.9
- помощью гиперболическихъ колесъ 157.6
- - универсальнаго шарнира 158.1
- при помощи зубчатой рейки 9.7
- - - кривошипнаго механизма и эллиптическихъ колесъ 18.5
- - - фрикціоннаго ролика 94.7
- - - червяка, сцѣпляющагося съ рейкой съ винтовыми зубцами 10.5
- - - - - съ рейкой съ прямыми косыми зубцами 10.3
- Ривса . . . 91.3
- смѣнная зубчатая 87.5
- - Нортона . 87.3
Передача стола, расположенная внутри станины 190.3
- -, - снаружи станины 190.4
- ступенчатая зубчатая 86.2
- - ременная . 82.6
- ступенчатыми шкивами 82.6
- фрикціонная 90.4 157.3
- - при помощи коническихъ барабановъ 91.2
- - съ двумя дисками тренія 90.7
- - - - коническими колесами 90.3
- цѣпная . . 84.8
- червячная . 89.7 156.7
- - подачи . . 192.2
- шаровая шарнирная 190.7
- шнуровая вращенія къ сверлильному шпинделю 156.6
- шнуровымъ ремнемъ 84.6
- Эванса . . . 91.1
- эластичная 156.1
Передвиганіе боковое 22.4
- продольное нижнихъ салазокъ 101.6
- суппорта обратное 101.2
Передвиженіе противоположныхъ рѣзцовъ 105.4
- рѣзца по шаблону 96.7
- стоекъ посредствомъ винтовъ 343.5
- упорныхъ угольниковъ посредствомъ винтовъ 348.5
Передвижной рѣзецъ 108.4
Перекидной механизмъ 89.4
Перекрестный ремень 17.5
Перекрышка ножей 240.8
Переливная труба 187.7
Переливной стволъ 277.2
Перемѣна длины хода 12.8
- направленія 12.7
- - вращеній . 89.2
- - хода . 12.5, 14.7
- - - при помощи зубчатыхъ колесъ 15.7
- - - самимъ механизмомъ главнаго движенія 14.8
- пневматическая хода 52.1
- рѣзца . . . 105.2
- рѣзцовъ . . 104.7
- - посредствомъ передвиженія ихъ по прямой 105.3
- хода безъ толчковъ 15.2
- - - ударовъ 15.2
- - при помощи перевода ремней 17.2, 48.9
- - - - сжатаго воздуха 52.1
- - - содѣйствіи перекидного груза 20.4
Перемѣнить направленіе хода 14.6
Перемѣщающійся вкладышъ 151.2
Перемѣщеніе вертикальное шпиндельной бабки 152.1
- зубчатыхъ колесъ по переборной оси 85.4
- нижнихъ салазокъ суппорта 64.9
- основныхъ салазокъ суппорта 64.9
- переборной оси 85.5
- поперечное рѣзца 32.3
- столовъ угольниковъ 30.7
- центра задней бабки при помощи гайки и зубчатой передачи 118.1
- - - - при помощи маховичка 117.8

Переносный клепальный станокъ 279.2
Переставляемыя рѣзцовыя салазки 99.5
Переставной палецъ кривошипа 14.2
Перестановить предметъ на центрахъ 110.8
Перестановка рѣзцовой призмы 58.2
- стола . . . 89.2
Переходный патронъ 168.2
Перка 411.9
- центровая . 166.7
Перовое сверло 166.6
Пескодувный аппаратъ съ прямолинейнымъ возвратнымъ движеніемъ стола 317.1
Пескоструйный аппаратъ 316.2
Песочница . 316.8 456.4
Пестовой молотъ 247.3
Песчаникъ . 222.5
- глинистый . 222.6
- известковый 222.8
- кремнистый 222.7
Печь вращающаяся для просушки песка 315.3
- сушильная для просушки литейныхъ формъ 315.5
- - - шишекъ 315.4
Пила ажурная 355.4
- - свободностоящая 355.8
- бочковидная 372.8
- вогнутая . . 373.2
- вращающаяся 360.5
- въ рамѣ . . 346.4
- выгнутая двухручная 355.2
- - поперечная 355.2
- горизонтальная подвѣсная 870.4
- двухручная 355.1
- для валки деревьевъ 354.3
Пила для продольной распиловки 361.2
- - - рѣзки . 361.2
- - рѣзанія подъ угломъ 366.4
- - рѣзки дерева 320.2
- - - дощечекъ для днищъ 442.5
- - - - для донниковъ 442.5
- - - - для полуйки 442.5
- - укорачиванія клепокъ 367.2, 440.3
- - - съ надвиганіемъ пильнаго диска 366.3
- - холодной распиловки 206.2
- качающаяся 207.3
- колеблющаяся 870.6
- круглая . . 206.4
- - вертикальная для тонкихъ дощечекъ 365.3
- - висячая . 369.5
- - гонторѣзная 366.6
- - горизонтальная 368.7
- - - для рѣзки тонкихъ дощечекъ 368.8
- - двойная обрѣзная 362.8
- - для бревенъ 361.1
- - - брусьевъ 361.4
- - - изготовки рѣшетника 361.8
- - для колодъ 361.1
- - - кряжей . 361.1
- - - обрѣзки кромокъ доски 362.6
- - - опиливанія клепокъ 367.1
- - - рудничныхъ крѣпей 361.3
- - - тесанаго дерева 361.4
- - - укорачиванія съ подвижнымъ столомъ 363.4
- - дроворѣзная съ подвижнымъ лоткомъ 368.2
Пила круглая маятниковая передвижная 369.7
- - на деревянной станинѣ 360.9
- - - колоннѣ 366.5
- - - чугунной станинѣ 360.8
- - неподвижная 360.6
- - обрѣзная . 362.6
- - передвижная 360.7
- - поперечная 363.3
- - - для распиловки бревенъ 370.5
- - - для шпалъ 363.4
- - - многократная 363.5
- - съ автоматической подачей 363.8, 369.3
- - - неподвижнымъ столомъ 364.2
- - - переставливающимся столомъ 365.6
- - - подвижнымъ столомъ 369.4
- - - телѣжкой 369.4
- - - - для подачи бревенъ 363.6
- - форматная 367.3
- лапорѣзная 424.3
- ленточная . 207.6
- - горизонтальная для бревенъ 357.5
- - - - колодъ 357.5
- - - - кряжей 357.5
- - двойная переставливающаяся для поперечной разрѣзки 356.5
- - - - для укорачиванія 356.5
- - - бревенъ 356.2
- - - колодъ . 356.2
- - - кряжей . 356.2
- -, допускающая установку въ наклонномъ положеніи 357.6
- - со столомъ 356.6
- - съ телѣжкой 356.3
Пила лучковая шипорѣзная 425.4
- маятниковая 370.3
- - круглая . 369.5
- - - съ электрическимъ приводомъ 370.1
- - съ нижнимъ приводомъ 370.2
- Мюлай съ ненатянутымъ полотенцемъ 358.5
- паровая для валки деревьевъ 354.3
- перестанавливающаяся для пазовъ 371.1
- планочаня круглая 361.7
- подвижная электрическая для валки деревьевъ 354.5
- поперечная 320.4, 355.1
- - для бревенъ 353.6, 354.6
- - - колодъ . 353.6 354.6
- - - кряжей . 353.6
- - круглая съ ручной подачей 369.2
- продольная 320.3 346.3
- прорѣзная . 355.4
- - свободностоящая 355.8
- пьяная 370.6, 371.1
-, работающая въ обѣ стороны 346.2
-, - одну сторону 346.1
- радіальная . 370.4
- разрѣзная круглая 361.7
- рамная . . 320.5
- со вставными зубцами 349.2
- - стальной планкой 331.6
- съ натянутымъ полотенцемъ 346.4
- - ненатянутымъ полотенцемъ 346.8
- стаціонарная круглая 360.6
- столярная круглая 365.2
- сферическая 373.2

Пила съ косой осью 370.6, 371.1
- фанерная . 325.6
- фуговальная для клепокъ 441.5
- цилиндрическая 372.5
- цѣпная . . 399.2
- шарообразная 373.2
- шиповальная лучковая 425.4
- шипорѣзная лучковая 425.4
Пиленый матеріалъ 481.7
Пилить . . . 332.2
- въ холодномъ состояніи 206.3
- поперекъ . 333.8
Пилка 332.1
Пилоставъ . 328.6
Пильный дискъ 206.6
- распускной станокъ 322.3
Пирамидальный ножевикъ для косыхъ шиповъ 427.5
Пихта бальзамическая 495.2
- дугласcовая 495.4
- европейская 495.1
Пичь-пайнъ . 496.1
Плавильный тигель 2752
Планетарная передача 88.9
Планетный шпиндель 219.1
Планка . . . 482.4
- нажимная . 27.8
- - для различныхъ высотъ 28.1
- - съ отогнутымъ концомъ 28.2
- скошенная . 329.8
- стальная . . 331.7
- упорная . . 29.7
Планшайба . 115.5
- вертикальная 115.6
- горизонтальная 116.4
- - съ круговыми направляющими 116.5
- самоцентрирующая 115.8
- универсальная 115.8
Пластина 480.5, 482.1 483.1
- круглая . . 419.6
Пластинка для вытаскиванія клепокъ 372.7
- зажимающая 99.3
- зажимная . 99.3
- запорная . . 275.6
Платанъ . . 501.7
Плаха 480.5
Плашка . . . 173.3
- подпорная . 293.1
Плашки . . . 172.6
- сгибающія . 292.5
Плашникъ . 481.2
Плечи зажимной щеки 341.3
Плечо 5.3
- поддерживающее суппортъ односторонняго строгальнаго станка 5.3
- придержки 244.8
- суппорта для обточки фланцевъ 187.4
Плита вытяжная 307.1
- для подогрѣванія паромъ 457.1
- - укрѣпленія предметовъ 407.3
- макальная . 457.3
- нагрѣвательная 467.8
- - паровая . 467.6
- нажимная . 304.3
- основная . . 193.3
- поворотная 230.7
- подъ станиной молота 258.4
- правильная 37.6
- прессовальная, отапливаемая паромъ 434.4
- прижимная 309.7
- - откидная . 309.8
- провѣрочная 37.6
- рихтовальная 37.6
- стѣнная . . 139.2
- съ канавками для укрѣпленія обрабатываемаго предмета 139.4
- фундаментная 139.3
Плоскости вертикальныя строгать 24.6
Плоскость задняя рѣзца 81.9
- отдѣленія стружки 69.8
Плоскость передняя рѣзца 81.8
- поперечнаго сѣченія дерева 478.4
- стола . . . 364.3
Плотность заклепочнаго шва 286.8
Площадь поршня 251.3
- срѣзыванія 237.8
Плунжеръ . 265.6 310.3
Пневматическій инструментъ 255.7
Пневой матеріалъ 479.4
Поверхности винтовыя для отвода стружекъ 411.6
- вогнутыя обработать строганіемъ 26.8
- цилиндрическія обработать строганіемъ 26.6
Поверхность боковая скошенная ножа у ножницъ 240.5
- давленія . . 266.8
- наклонная . 65.7
- нижняя колодки струга 383.1
-, обработанная вращающимся суппортомъ 148.7
- обтачиванія 71.4
- опорная цапфы 145.9
- при тангентальномъ разрѣзѣ 478.8
- противодавленія 267.1
- рабочая точильнаго камня 221.5
- раскола . . 430.7
- скольженія 65.3
- скошенная . 65.7
- станины верхняя 68.7
- торцевая . 478.4
- точенія . . 71.4
-, точно обточенная 74.1
- шкивовъ содержать въ чистотѣ 358.2
Поводковый параллельный патронъ 112.9
Поводокъ . . 112.7
- спеціальный 220.6
Поворачиваніе въ сторону 140.5
- рѣзцовъ, расположенныхъ звѣздообразно 105.7
- - - по барабану 105.6
Поворотный дискъ 18.5, 19.7, 25.1
Повтореніе сердцевинное 478.2
Погрузочный воротъ 463.1
Подавать . . 336.2.4
Подача . 22.5, 95.3
- автоматическая 107.4, 164.1
- - ленточной пилы 357.2
- - сверла . . 163.6
- вальцевая . 336.6
- - для бревенъ 338.1
- - - сырого лѣса 338.1
- въ прямолинейномъ направленіи 22.6
- - ручную . 159.6
- и суппортъ 95.1
- матеріала . 107.3
- нажимная . 95.9
- нарѣзаннаго лѣса валками 385.6
- - - вальцами 385.6
- - - роликами 385.6
- непрерывная 95.8
- обрабатываемаго предмета 107.3
- - - по гладкой поверхности стола 384.5
- осевая предмета къ шарошкѣ 192.3
- отъ руки . 159.6
- - эксцентрика 162.1
- періодическая 22.7
- - съ фрикціонной собачкой и зубчатой передачей 339.3

Подача пилы 332.9
- помощью фрикціонныхъ колесъ 162.4
- поперечная 95.10
- посредствомъ диска съ криволинейнымъ пазомъ 49.1
- прерывистая 22.7
- прерывная . 95.8
- продольная наждачнаго круга 219.4
- прямолинейная 22.6
- равномѣрная посредствомъ ремней, колесъ тренія и червячной передачи 338.7
- ручная . . 159.6
- - въ быстроходныхъ станкахъ 162.5
- - сверлильнаго шпинделя 158.2 159.8
- салазками . 343.1
- самодѣйствующая 107.4
- сверла . . . 145.4
- сверлильнаго шпинделя посредствомъ рукоятки 160.1
- - - - шестерни съ рейкой 160.4
-, состоящая изъ храпового колеса съ зубцами на боковой поверхности и собачки 162.2
- съемная вальцевая 357.3
- шпинделя . 158.8
Подвалъ для стружекъ и опилокъ 470.5
Подвиганіе пилы 332.9
Подвижность сверлильнаго шпинделя 152.5
Подвижные центры 111.7
Подвѣска . . 279.5
- контръ-привода 82.3
Подвѣсной рычагъ 279.5
Поддержаніе задняго конца нажимной планки посредствомъ винта 28.3
- - - - - - посредствомъ ступенчатой стойки 28.4
Поддерживать заклепку 284.8
Поддержка . 184.6 219.6
- винтовая . . 286.3
- для заклепки 286.4
- - конца рукава 142.7
- клепальной машины 278.2
- рычажная . 286.5
- упорная . . 286.5
- шаблона . . 312.1
Поддонъ . . 63.5
Поддѣлывать древесный узоръ 483.8
Подкатывать желѣзо 263.10
Подкладка 29.3, 127.5
- деревянная 261.6
- матрицы . . 243.9
- угловая . . 29.6
- упругая подъ наковальней изъ деревянныхъ брусьевъ 261.5
Подмуравокъ 493.6
Поднаковальня 261.3
- деревянная 261.4
Подножка . . 249.5
- колонны . . 181.4
- стойки . . . 181.4
Подогрѣваніе предварительное 273.3
Подогрѣвъ предварительный 273.3
Подошва пропила 332.8
Подпираніе боковое пильныхъ полотенцевъ 328.8
Подпирать сбоку 329.1
Подпора стола 183.5
Подпорка 116.7, 198.3
- ходового винта 109.5
Подпорный роликъ 294.3
Подпрыгиваніе ремней 334.4
Подручникъ . 100.5 418.7
- на стойкѣ . 418.9
- узкій . . . 100.6
- широкій . . 100.7
Подрѣзной рѣзецъ 123.2
Подставка . . 116.7
Подтягиваніе кольцевой гайки 151.4
Подушка воздушная 259.9
- задняя стакана 196.7
- передняя стакана 195.6
Подчеканка . 287.8
Подшипники для шеекъ шпинделя 77.4
- поддерживающіе ходового колеса 11.2
- шеекъ . . . 294.4
- шпинделя . 195.5
Подшипникъ 153.3
- вспомогательный бабки 119.4
- задній . . . 79.7
- - передней бабки 76.10
- двойной . . 133.7
- переставной фрезернаго шпинделя 196.2
- перестанавливающійся круглой пилы 372.2
- подвижной двойной 144.1
- педали . . . 50.10
- передней бабки 76.8
- передній коренной 80.2
- - передней бабки 76.9
- разгруженный задній шпинделя 80.1
- самоустанавливающійся салазокъ 206.9
- червяка . . 193.5
- съ конической внутренней поверхностью 77.8
- - концентрически перемѣщающимися вкладышами 151.1
Подшипникъ съ концентрически подтягивающимися вкладышами 151.1
- - упорнымъ приспособленіемъ 78.3
- - - шариковымъ приспособленіемъ 78.5
- - цилиндрической внутренней поверхностью 78.1
- упорный . . 78.3
- - установочный ходового винта 109.4
- - шариковый 78.5
- шариковый 161.1
- шпинделя . 77.5
Подъемный козелокъ 80.3
Подъемъ бревенъ 345.2
- пилы . . . 333.3
- рычажный 462.6
Ползунъ . . 326.7
- бакаутовый 326.8
-, несущій оправку съ рѣзцами для расширенія отверстій 54.4
- ножевой . . 375.3
- потолочнаго контръ-привода 188.10
- съ канавкой 19.6
Полировальный конусъ 227.1
- станокъ . . 405.6
Полировать . 216.6 226.5
- готовый кусокъ 74.4
- дерево . . . 405.8
- красками . 406.3
- наждакомъ 74.5
Полировка . 216.8
- высокая тонкая 216.9
- дерева . . . 405.9
- послѣдняя . 406.5
Политура . . 216.8 405.10
- цвѣтная . . 406.4
Половая доска 461.4
Половина . . 482.7
Половинникъ 480.5
Половинчатая маточная гайка 110.1

Половица настила 461.4
Полозокъ направляющій 8.5
Полоса для перевода ремней 18.6
- - снимания избыточнаго клея 467.3
- нажимная . 385.2
- направляющая для призмы 52.4
- предохранительная 472.6, 473.4
Полосы красныя 492.10
Полотенце лѣсопильнаго станка 345.3
- пилы . . . 345.4
- пильное . . 345.4
- - поставить отвѣсно 328.4
- - съ отдушинами 349.1
Полотно наждачное 223.2
Полуперекрестный ремень 83.2
Полускрещенремень 83.2
Полъ досчатый 461.3
- паркетный . 461.5
Полый шпиндель 172.4
Полѣно колотое 481.2
Помѣщеніе для стружекъ и опилокъ 470.4
Поперечина . 141.5 258.3, 265.3
- двухколѣнчатая стѣнного сверлильнаго станка 142.6
- колѣнчатая 141.7
- перемѣщающаяся 143.6
-, - горизонтально и вертикально 142.5
- поворотная съ вертикальнымъ перемѣщеніемъ 142.3
- распорная . 5.1
- рамы пильнаго станка 328.2
-, состоящая изъ двухъ балокъ 141.6
Поперечина строгальнаго станка 5.2
Поперечка . 355.1
- выгнутая . 355.2
Поперечная подача 95.10
Поперечно-патронный суппортъ 98.10
- строгальный станокъ 38.3.4, 379.7
Поперечный самоходъ стола 190.5
Порокъ дерева 489.7
Порошокъ магнезитовый 274.9
- наждачный 222.12
- шлифовальный 226.8
Поршень . . 286.6
- воздушнаго насоса 254.3
- дисковый . 265.7
- загибочный 296.2
- компрессора 254.3
- молота . . . 251.2
- насоса . . . 268.5
- обратнаго хода 278.5
- плоскій . . 265.7
- пресса . . . 265.5
- рабочій . . 278.3
- сгибающій . 296.2
- -скалка . . 310.3
Поршневое парораспредѣленіе 251.6
Поршневой стержень 251.4
Поршни, рядомъ лежащіе 265.8
-, сопряженные совмѣстно 265.8
-, - послѣдовательно 266.1
Поры древесныя 476.10
Посадить на оправку 113.5
Поставъ боковой 321.4
- для двухъ пилъ 321.6
- - нѣсколькихъ пилъ 321.7
- серединный 321.5
- хомутообразный 321.3
Постановка пильныхъ полотенцевъ 328.5
Постель станины 63.7
Потемнѣніе дерева 487.7
Потери на пропилъ 332.12
Потолочный контръ-приводъ 48.2, 81.9, 82.2
Правило . . . 302.3
Правильный станокъ 295.5
Править . . . 295.7
Правка валовъ 295.8
- круговъ алмазомъ 225.6
Предметъ громоздкій 166.2
- обрабатываемый 27.2
- - бьетъ . . 75.5
- - вращается 75.1
- - качается . 75.6
- - совершаетъ точно круговое движеніе 75.4
-, обработанный подъ штамповальнымъ прессомъ 298.6
Предохранитель для пальцевъ 472.8
Предохранительный кожухъ 86.4 472.2
Предписанія для предотвращенія несчастныхъ случаевъ 470.7
Прерывная подача 95.8
Прерывистая подача 22.7
Прессовальный ящикъ 377.5
Прессовать . 433.9
Прессующая крышка 377.6
Прессъ . . . 264.5
- вальцовый для фанеръ 434.6
- винтовой . 247.7 257.6, 264.5
- - дыропробивный 232.2
- вязаночный 368.6
- гидравлическій 265.1 230.4
- - для брусковъ 436.6
- - - фанеръ съ паровымъ отопленіемъ прессовальныхъ плитъ 434.3
Прессъ двойной автоматическій для тюковъ 377.7
- для вдавливанія втулокъ 448.4
- - дерева . . 434.1
- - днищъ . . 443.1
- - загибанія бортовъ 298.2
- - - кромокъ 298.2
- - насаживанія колецъ на ступицы 451.3
- - тюковъ . 377.4
- - штампованія кромокъ 298.3
- дыропробивный 232.1
- - рычажный 232.3
- - съ горизонтально расположеннымъ штемпелемъ 232.4
- - съ ножницами 232.6
- желѣзный для фанеръ 434.2
- загибочный 298.2
- паровой ковальный 265.2
- съ колѣнчатымъ рычагомъ 264.8
- формовочный 309.5
- - гидравлическій 310.1
- - двойной . 310.3
- - съ поворотной и опрокидывающейся модельной плитой 310.6
- чеканочный 264.6
- штамповальный 298.2
- штамповочный 264.6
- эксцентриковый 264.7
Прибавленіе желѣза 274.4
Приборъ вальцовый макальный 457.4
- для варки клейстера 459.7
- - - фосфора 457.7
- - выдѣлки желобковъ 399.4
- - - круглыхъ днищъ 442.6
- - вязки спичечной соломки 455.3

Приборъ для опредѣленія степени влажности воздуха 464.3
- - пайки ленточныхъ пилъ 360.2
- - посадки на оправку 113.6
- - преобразованія давленія 267.6
- - разводки зубьевъ 350.2
- - размельченія стружекъ, снятыхъ чистильными ножами 386.6
- - разогрѣванія клея 466.10
- - разрѣзанія 458.2
- - расклепки зубцовъ 350.7
- - распариванія 444.3
- - рѣзки по кругу 357.4
- - строжки кривыхъ поверхностей 88.1
- - стягиванія бочекъ 444.5
- - сушки коробокъ 459.2
- - удаленія щепокъ 469.6
- измѣрительный для строгальныхъ станковъ 384.4
- клееварочный 466.6
- паровоздушный нагрѣвательный 464.2
- паровой нагрѣвательный 467.5
- - парафинировочный 456.6
-, раздвигающій половинки гайки 11.4
- ручной для складыванія спичечной соломки 455.1
- - макальный 457.2
- стягивающій для боченковъ 444.7
- сушильный для спичечной соломки 453.7
- установочный для ножей 401.2
Приборъ шипорѣзный 401.6
Прибыль . . 277.5
Приварка . . 271.5
- трубъ . . . 271.6
Приводный валъ 188.9
Приводъ винтовой ножницъ 235.5
- гидравлическій ножницъ 236.5
- для перемѣны хода 15.4
- лѣсопильной рамы 334.2
- кулачный ножницъ 235.5
- насоса для масла 187.10
- ножницъ отъ маховика 236.1
- - отъ паровой машины 236.3
- ножной . . 81.1
- пильнаго станка 334.2
- ременной токарнаго станка 81.4
- рычажный 234.3
- фрикціонный 90.3
- электрическій 42.3
Пригнать . . 395.4
Пригонка заклепочныхъ отверстій 283.6
- пуансона къ матрицѣ 244.2
Пригонный строгальный станокъ 379.3
Пригонять . 383.6
Придавить плотно листы съ цѣлью выдавить стержень заклепки 284.1
Придать гиперболическую форму 74.3
Придержка для предупрежденія подъема листа 244.5
Придержка неподвижная 244.6
- устанавливаемая 244.7
Пріемникъ водяной 272.7
Пріемный валецъ 337.4
Прижимная плита 309.7
Призма, обращенная вверхъ 66.7
- рѣзцовая долбежнаго станка 52.2
- - поперечно-строгальнаго станка 43.6
Пригнанная вставка 14.4
Приливъ для дверного шарнира 181.7
Принадлежности для сверленія 148.2
Принудительная перемѣна хода 14.8
Припускъ на доводку 212.5
- - шлифовку 212.5
Присадка желѣза 274.4
Приспособленіе вращающееся нажимное 377.3
- временное для задней заточки 97.7
- для автоматической остановки ходового валика 108.8
- - верхнихъ ведущихъ вальцовъ 338.2
- - гнутья ручекъ у тростей 486.3
- - задней заточки 97.6
- - зажима рѣзца 36.3
- - закрѣпленія строгальнаго рѣзца 36.2
- - надвиганія 385.5
- - надламыванія стружекъ 386.4
- - нанесенія центровъ 143.5
- - насадки на оправку 113.6
- - передачи движенія 50.1
- - перемѣны хода 15.5
- - подачи . . 385.5
- - разгибанія пластинокъ, срѣзанныхъ по спирали 435.6
Приспособленіе для сгибанія профильныхъ фанеръ 433.5
- - сниманія опоки 304.7
- - строганія по кругу 44.5
- - строжки коническихъ колесъ 44.7
- - сцѣпленія 20.7 92.4
- - удержанія обрабатываемаго предмета 29.2
- - укрѣпленія рѣзца 36.5, 52.3
- - установки круглыхъ предметовъ 29.6
- - - профильныхъ ножей 398.7
- зажимное . 269.5 292.2
-, автоматически центрирующее 144.2
- надвигающее для горизонтальныхъ пилъ 339.9
- подъемное съ зубчатой рейкой и шестерней 138.6
- предохранительное 471.1
- установочное 328.7
- фрикціонное для періодически дѣйствующей подачи 22.1
- электромагнитное для закрѣпленія обрабатываемаго предмета 220.1
Пробивать заклепочныя отверстія 283.1
Пробивка отверстій 289.4
Пробить отверстія 289.23
Пробка 227.5, 447.4
Пробойникъ . 242.8
Проволока сварочная 272.12
Провѣрить размѣры точильнаго круга 225.4

Провѣрка размѣровъ 216.5
- - точильнаго круга 225.5
Провѣрочная плита 87.6
Провѣрять размѣры шлифовальнаго круга 225.4
Прогибаніе . 290.8
Прогибать . . 290.7
Продавить отверстія 239.3
Продавливаніе отверстій 239.4
Продавка . . 239.5
Продолжительность подъема 263.2
Продольно-строгальный станокъ 379.5
Прогибъ обрабатываемого предмета отъ закрѣленія 81.1
- станины токарнаго станка 63.8
Прожилки древесины 479.1
Производительность пилы 332.11
- фрезы . . . 184.7
Производительность шарошки 184.7
Прокладка . 329.3
- деревянная 329.4
- кожаная кольцевая 266.2
- стальная . . 329.5
Проливаніе термитомъ свариваемыхъ частей 274.11
Промежутокъ между зубцами 348.1
Промежуточный валикъ 92.1
Пропаренное дерево 432.8
Пропариваніе дерева 432.6
Пропаривать 432.7
Пропилъ . . 332.6
Прорѣзная пила 355.4
Прорѣзъ . . 79.3
- нижній въ колодкѣ струга 383.5
Просверленный эксцентрично шпиндель 218.8
Просвѣтъ рамы 326.2
Просушка ствола медленная 486.10
Противовѣсъ 50.6
- для автоматическаго регулированія подачи 207.2
- - уравновѣшиванія дѣйствія кривошипа 257.7
- натяжной . 97.5
Противоположный упорный кулачокъ 107.6
Протрава . . 438.6
Протравлять дерево 438.5
Протравная машина 438.2
Протравочная машина 438.2
Проходъ дерева 335.7
- листа . . 294.7
Пружина . . 259.4
- нажимная . 385.3
- обратнаго дѣйствія 194.9
- спиральная 229.5
- сцѣпки . . 92.8
Пружинный буферъ 20.2
Прутокъ сварочный 272.12
Прутъ 484.2
Прядь просаленная бумажная 371.8
Психрометръ 464.3
Пуансонъ . . 242.2
- съ волнистой рабочей поверхностью 242.7
- - выпуклой рабочей поверхностью 242.6
Пудлинговая сталь 38.7
Путь для втаскиванія бревенъ 462.5
Пучокъ сосудисто-волокнистый 477.4
Пушечный токарный станокъ 59.4
Пылевысасыватель 213.6
Пылесобиратель 318.7
Пылесосъ центробѣжный 319.4
Пыль древесная 483.11
Пята устанавливаемая опорная 78.8

Р.

Работа при холостомъ ходѣ 70.8
- строгальная 6.8
- токарная . . 68.1
Работать отъ рейки 73.10
Рабочая скорость въ секунду 68.4
Рабочее движеніе 6.9, 68.2
Рабочій столъ 39.1, 45.6
Радіально-сверлильный станокъ съ круглой колонной 131.5
Радіальный разрѣзъ дерева 478.6
Разбирать заклепочное соединеніе 289.8
Разбуровка . 412.3
Разбуханіе дерева 488.5
Разбухать . . 488.6
Развертка . . 205.6, 412.7
- коническая 205.8
- машинная 205.10
- ручная . . 205.9
- цилиндрическая 205.7
Развертывать заклепочныя отверстія 283.2
Разводить пилу 349.6
Разводка . . 349.8
- зубцовъ . . 349.7
Разводной приборъ 350.2
Разводъ зубцовъ пилы 349.5
Разгибаніе пластинокъ, срѣзанныхъ по спирали 435.6
Разгруженный задній подшипникъ шпинделя 80.1
Раздвижной валикъ шарнира 191.5
Раздѣлывать древесный узоръ 438.8
Раззенковка . 148.1
Размельченіе стружекъ, снятыхъ чистильными ножами 386.6
Размѣчать отверстія 146.5
Разобщеніе . 50.7
Разрывъ на части шлифовальнаго круга 226.3
Разрѣзаніе вдоль 238.7
- поперекъ . 238.6
Разрѣзать кусокъ 73.9
Разрѣзать листы 238.3
- на полосы . 238.4
- поперекъ 333.3, 354.8
Разрѣзная оправка для разсверливанія 169.4
Разрѣзъ . . . 237.3
- поперечный дерева 475.4
- радіальный дерева 478.6
- тангентальный 478.7
Разрѣзываніе поперечное бревенъ 354.7
- - колодъ . . 354.7
- - кряжей . 354.6
Разсверливаніе 71.9
- коническихъ отверстій 147.8
- цилиндрическихъ отверстій 147.7

Разсверливать на токарномъ станкѣ 71.8
- отверстіе . . 147.2
Разстояніе между осями 81.8
- - сверлами . 146.3
- - стойками станинъ 233.4
- - центрами . 111.3
- - - дыръ . . 146.4
- - - отверстій 146.4
Раковина для инструментовъ 182.1
- усадочная . 277.10
Ракъ дерева 493.9
Рама 303.8
- вспомогательная 330.8
- деревянная пильнаго станка 326.3
- для наполненія опоки пескомъ 303.9, 309.6
- - точной установки модельной плиты 311.2
- зажимная . 341.9
- лѣсопильная 320.5
- - вертикальная 321.2
- - горизонтальная разрѣзная 325.4
- - двойная . 322.2
- - - разрѣзная 322.4
- - двухэтажная 324.1
- - для поперечной распиловки 325.5
- - передвижная 322.1
- -, подвѣшенная на опорахъ 324.2
- - разрѣзная 322.3,5
- - - съ компрессіоннымъ приспособленіемъ 323.3
- - съ вальцевой подачей 323.4
- - - боковымъ приводомъ 324.4
- - - верхнимъ приводомъ 324.5
- - - компрессіоннымъ уравнителемъ 323.1
- - - нижнимъ приводомъ 324.3
Рама лѣсопильная съ подвижной платформой 323.5
- молота . . . 258.9
- намазальная 459.4
- намазочная 459.4
- основная . 62.4
- пилы . 207.1, 346.5
- пильнаго станка 326.1
- стѣнная . . 139.2
- фанерная пильная 325.1
- центрирующая 311.2
Рамка съ направляющими для зажимающихъ губокъ 144.5
Рамная пила 320.5
Рамообразная станина 233.2
Раскалываніе 480.4 485.10
Раскалывать . 480.5
Раскалываться способность 485.9
Раскалывающійся легко 486.1
- трудно . . . 486.2
- хорошо . . . 486.1
Расклепанная вершина зубца 350.6
Расклепать . 289.8
Расклепка зубцовъ 350.5
- зубьевъ . . 350.5
Расклепывать 289.8
Расковка . . . 289.3
Расколимость 485.9
Раскрытіе ножницъ 241.7
Распаренное дерево 482.8
Распиливать вдоль 333.6
- въ холодномъ состояніи 206.3
Распилка . . 332.1
Распиловка . 332.1
- поперечная дерева 333.7
- продольная дерева 333.5
Распилъ на доски 332.5
- - лѣсопильной рамѣ 332.4
Распираніе дерева 471.8
- ножей у ножницъ 242.1
Распирать . . 471.9
Распирающій клинъ 472.3
Распредѣленіе клапанное 252.5
- кранами . . 252.4
Располировать внутри 215.3
Располировка днищъ 215.6
- отверстій камнемъ 215.4
- цилиндрическихъ дыръ 215.5
Распорная поперечина 5.1
Распредѣлительный клапанъ 254.9
Распредѣлительная доска 110.2
Растачивать на токарномъ станкѣ 71.8
- отверстіе . . 147.2
Расточка . . 71.9
- коническихъ отверстій 147.8
- цилиндрическихъ отверстій 147.7
Растрескиваніе дерева 489.4
- точильнаго круга 226.2
Расцѣпить 21.1, 25.8
Расцѣпленіе . 25.7 50.7, 83.5
- автоматическое 26.4
- - зубчатой муфты 164.8
- - подачи . . 163.7
- - фрикціонной муфты 165.1
- механизма подачи 165.2
- при помощи падающаго червяка 193.3
- самохода . . 164.3
- эксцентрика 235.3
Расцѣпляющій рычагъ 194.7
Расцѣпной зубчатый переборъ 85.3
Расчеканить заклепку 286.9
Расчеканка . 287.1
Расшлифовать внутри 215.3
Расшлифовка днищъ 215.6
Расшлифовка отверстій камнемъ 215.4
- цилиндрическихъ дыръ 215.5
Раффинированная сталь 34.5
Ребро закрѣпное 30.4
- поперечное для удержанія формовочнаго песка 303.4
Револьверный патронъ сверлильнаго станка 168.5
Регулированіе водяного напора 267.5
Регулировка положенія бревна 340.2
Регулируемый метчикъ 178.7
Регуляторъ подачи 208.3
Резервуаръ водяной 272.7
- грузовой . . 267.8
- для масла . 76.5 187.4
- - песка . . 416.8
Рейка 482.8
- ведущая зубчатая 109.3
- двойная зубчатая 10.1
- зубчатая . . 25.5
- - круглаго сѣченія 160.7
- - механизма подачи 166.6
- - сдвоенная 10.1
- съ винтовыми зубцами 10.6
- - косыми зубцами 141.1
- - - зубцами 141.1
- - спиральными зубцами 10.6
Ременной шлифовальный станокъ 404.3
Ремень клиновой 91.4
- обратнаго хода 17.6
- перевести съ холостого на рабочій шкивъ 83.6
- перекрестный 17.5

Ремень полуперекрестный 83.2
- полускрещенный 83.2
- приводный 81.5, 327.5
- прямой . . 17.4
- ступенчатаго шкива 155.3
- шлифовальный 404.4
Рессорный молотъ 257.1
Рифленый валикъ 362.2
Рихтовальная плита 37.6
Робинія . . . 503.7
Рогъ рубанка 383.4
- струга . . . 383.4
Роззыбь . . . 490.8
Роликовый столъ 234.2
Роликъ . . . 57.4
- копировальный 416.5
- нажимной . 336.8, 385.8, 472.5
- наматывающій 248.3
- направляющій 83.3, 96.9, 156.5, 207.7, 364.7
- натяжной . 359.2
- отводящій . 336.1
- питающій . . 335.7
- поддерживающій 296.8
- подпорный 294.3, 297.1
- подъемный 250.1
- фрикціонный 248.1
- цѣпной . . 339.2
Ростъ кустарникомъ 490.4
- свилеватый 490.1
Ротаціонный барабанъ 317.4
Рубанокъ . . 383.2
- для паза и гребня 397.6
Рубильный станокъ для выдѣлки соломокъ 458.4
Рубка лѣса . 485.3
Рукавъ . 141.5, 181.5
- гибкій . . . 318.3
- двухшарнирный стѣнного сверлильнаго станка 142.6
- пилы . . . 207.1
- поворотный, перемѣщающійся вертикально 142.3
Рукавъ поддерживающій 197.2
-, состоящій изъ двухъ балокъ 141.6
- съ горизонтальнымъ и вертикальнымъ перемѣщеніемъ 142.5
- фильтрующій 319.1
- шарнирный 141.7
Рукоятка 19.5, 190.2, 249.4
- для закрѣпленія 152.3
- - отводки ремня 153.6
- - перемѣны хода отъ руки 19.2
- - сцѣпленія муфты 94.2
- - установки 152.3
- дѣлительная 198.10
- крестовая . 141.4
- - для включенія самохода 152.2
- механизма подачи 160.2
- сцѣпного механизма 158.7
- трензеля . . 88.1
- уравновѣшенная 44.3
Ручей валка 295.1
- - переставляемый 295.2
Ручка . . 13.4, 181.9, 190.1, 256.5, 329.6
- верхняя . . 329.7
- для перестановки перебора 86.5
- зажимного приспособленія 118.6
- крестообразная 103.5
- молота . . . 245.3
- нижняя . . 329.9
- обыкновенная 330.1
- съ клиньями 330.3
- Т-образная . 103.6
Ручной суппортъ 100.4
Рычагъ . 50.4, 249.4
- вилкообразный 194.5
- включенія . 194.1
- въ видѣ вилки 194.6
Рычагъ выключенія 194.2
- для перемѣны хода 103.4
- - регулированія хода 249.6
- - удержанія бревенъ 354.1
- - - колодъ . 354.1
- - - кряжей . 354.1
- - управленія хода 249.6
- качающійся 234.5, 339.4
- колѣнчатый 189.1, 234.9, 249.3
- педали . . . 50.9
- передаточный 407.5
- пилы . . . 207.1
- подвѣсной . 279.5
- - промежуточный 280.1
- противовѣса 160.3
- пружинный 42.1
- расцѣпляющій 194.7
- ручной . . 162.6
- сгибающій . 481.2
- скидывающій 248.7
- станины, образующій зѣвъ 279.6
- сцѣпного механизма 158.7
- съ грузомъ 338.3
- съ противовѣсомъ 50.4, 338.3
- храповика . 338.5
- чувствительный для провѣрки центровъ 74.3
Рычажный молотъ 245.2
Рычажокъ серповидный 94.3
Рѣзаніе . . . 287.3
- кислородногазовое 273.1
Рѣзать . . . 287.2
- поперекъ волоконъ 478.3
- противъ волоконъ 388.7
Рѣзецъ . . . 120.4
- воздушнаго молота 256.3
- вращается . 75.2
- для надрѣзанія строгальной стружки 375.2
- - нарѣзки винтовъ 125.8
- - - внутренней рѣзьбы 126.1
Рѣзецъ для нарѣзки гаекъ 126.1
- - обдирки . 32.6
- - обточки на суппортѣ 122.9
- - - отъ руки 122.8
- - пробиранія шпоночныхъ канавокъ 53.5
- - расточки отверстій 125.4
- - черновой обработки 421.6
- - черной обработки 32.6
- - чистовой отдѣлки 32.7
- долбежнаго станка 53.4
- закругленный 123.7
- затупившійся 121.9
- изогнутый . 170.3
- круглолущильный 375.2
- крючкомъ для расточки угловыхъ отверстій 125.5
- къ вращающемуся патрону 170.2
- лѣвый . . . 123.4
- одиночный 126.2
- остроконечный 123.1
- отдѣлочный 32.7, 124.4
- отрѣзной . 123.2
- передвижной 108.4
- плоскій для черновой обработки 421.7
- - чистовой . 124.5
- подрѣзной . 123.2
- правый . . 123.3
- проходной . 123.8
- - лѣвый . . 124.3
- - съ закругленной рѣжущей кромкой 124.2
- - - прямой рѣжущей кромкой 124.1
- пружинный отдѣлочный 124.6
- пружинящій чистовой 124.6
- прямой для обточки латуни 123.5

Рѣзецъ растачивающій 169.2
- ручной токарный 122.8
- рѣзьбовой . 125.7
- сработавшійся 121.9
- строгальный 81.3
- токарный 122.10 421.5
- - боковой полукруглый 125.6
- тупится . . 121.8
- установить . 87.4
-, установленный наклонно 121.7
- фасонный . 124.7
Рѣзецъ фрезерный вставной 204.5
- черновой . 123.8
- - съ закругленнымъ лезвіемъ 124.2
- - - прямымъ лезвіемъ 124.1
- чистовой . . 124.4
- широкій отдѣлочный 124.5
Рѣзной станъ 229.3
Рѣзцовый суппортъ 86.1
Рѣзцодержатель 126.6
- поворотный 127.4
Рѣзцодержательный суппортъ 99.2
Рѣзчикъ . . 453.2
Рѣзьба . . . 174.3
- Витворта . 174.4
- для газовыхъ трубъ 175.3
- Левенгерца 174.7
- метрическая международная 174.8
- прямоугольная 175.1
- Селлерса . 174.5
- Союза германскихъ инженеровъ 174.6
- трапецевидная 175.2
Рѣзьба треугольная 174.9
Рѣзьбовой рѣзецъ 125.7
Рѣшетка . . 454.3
Рѣшетникъ . 482.3
Рябина круглолистная 502.10
- крымская . 502.8
- обыкновенная 502.7
- садовая . . 502.8
Рядъ зубцовъ съ перерывами 348.8
- непрерывный зубцовъ 348.8
- отверстій . 133.1
- шпинделей . 132.8

С.

Салазки . . . 343.2
- вертикальныя 24.4
- верхнія рѣзцоваго суппорта 85.9
- для надвиганія бревна 348.3
- нижнія суппорта 64.8
- крестовыя 24.2, 98.5
- ножей ножницъ 233.3
- основныя суппорта 64.8
- пилы . . . 206.8
- поперечнаго хода 98.7
- поперечныя 24.3 89.7, 67.7, 98.7, 184.1
- - суппорта . 67.8
- продольнаго самохода 98.6
- продольныя 89.5 98.6, 184.2
- рѣзцовыя . 99.2
- - съ револьверной головкой 99.4
- смѣнныхъ рѣзцовъ 105.5
- съ ножами . 375.3
Сальниковая крышка 266.7
Сальникъ . . 371.6
Самодѣйствующая подача 107.4
Самозажимающіе тиски 269.6
Самозахватывающія клещи 269.6
Самородная окись желѣза 226.9
Самотаска для бревенъ 345.3
- - - съ безконечной цѣпью 462.4
- - - - навертывающейся цѣпью 462.3
Самоточка . . 56.4
Самоустанавливающіе тиски 144.2
Самоходъ . . 164.1
- подачи . . . 51.7
- поперечный стола 190.5
- сверла . . . 163.6
- суппорта . 102.3
Самоцентрирующій патронъ 114.7 172.1
Самшитъ . . 500.4
Сандалъ бразильскій 503.2
- бѣлый . . . 506.2
- желтый . . 506.3
- красный . . 503.9
- синій . . . 508.4
Саппанъ . . 503.3
Свариваніе . 270.5
- въ стыкъ . 270.9
- кислородно-газовое 272.1
Сваривать . . 270.4
Сварить . . . 270.4
- въ накладку 271.2
- - нахлестку 271.2
- - притыкъ . 271.1
Сварить въ стыкъ 271.1
Сварка . . . 270.5
- автоматическая 273.7
- въ притыкъ 270.9
- двухъ прутковъ 271.4
- кислородно-газовая 272.1
- проливаніемъ свариваемыхъ частей 273.8
- трубъ . . . 271.6
Сварочный станокъ 270.2
Свая шпунтовая 396.7
Сверленіе дыръ 145.3
- коническихъ отверстій 147.4
- отверстія . 144.9
- отверстій . 145.3
- цилиндрическихъ отверстій 147.3
Сверлильно-нарѣзный переносый станокъ 173.8
Сверлильный станокъ 129.2
- столъ . . . 140.1
- суппортъ . 143.2
Сверлить . . 144.8
- дыры . . . 145.2
- заклепочныя отверстія 283.3
- начерно . . 146.8
- начисто . . 147.1
Сверлить отверстія 145.2
- по шаблону 146.1
Сверло . 166.5, 411.4
- американское 166.8, 412.4
- винтовое внутри полаго долота 409.8
- витое . . . 412.4
- вращается . 145.1
- для намѣтки центровъ 167.3
- для нанесенія центровъ 167.3
- - нарѣзки . 413.1
- ложечное . 412.5
- обыкновенное 411.9
- пазовое . . 408.6
- перовое 166.6, 411.9
- полое . . . 413.2
- пушечное . 167.1
- составное для нанесенія центровъ 167.4
- спиральное 166.8 412.4
- съ боковыми кромками для подрѣзанія волоконъ 411.7
- - кольцеобразной рѣжущей кромкой 412.6
- улиткообразное 412.1
- центровое 166.7, 412.2
Сверловидная ножевая головка 389.3

Свилеватое дерево 477.10
Свилеватость 490.1
Свилеватый ростъ 490.1
Свиль 490.5
- древесины . 479.1
Сводка поочередная ремней 18.4
Свѣжеваніе переспѣвшихъ стальныхъ плавокъ 273.6
Свѣтильный газъ 272.9
Связанный шипами 427.2
Сгиба мѣсто 291.5
Сгибаемый . 291.2
Сгибаніе . . 290.6
- профильныхъ фанеръ 433.5
Сгибать . . . 290.5
- на 90 градусовъ 291.7
- - оправкѣ . 291.3
- посредствомъ валковъ 293.3
- трубу . . . 291.8
Сгибающій станокъ 290.4
Сгибъ 291.1
Сдвиганіе строгальнаго стола въ поперечномъ направленіи 9.5
Сепараторъ для стружекъ и опилокъ 470.3
Сердечникъ . 309.3
- для полыхъ тѣлъ 309.2
Сердцевина . 475.5
Сердцевинное повтореніе 478.2
Сердцевинный лучъ 478.1
Серповидный зубецъ 348.6
- рычажокъ . 94.3
Серпъ 94.3
Серьга соединительная 51.3
Сжатіе двухкратное 254.9
Сжатый воздухъ 255.8
Сглаживать неровности 238.2
Сгонная гайка 77.7
Сила удара молота 262.5
Силособиратель 267.7
Сименсъ-мартеновская сталь 34.3
Сирень . . . 505.5
Сито для просѣиванія песка, дѣйствующее сжатымъ воздухомъ 314.3
Ситовина . . 492.2
Скалка . . . 236.6
- для разсверливанія двумя рѣзцами 169.6
- - - коническихъ отверстій 169.5
- - - съ автоматической подачей 161.4
- - - съ расположеннымъ сбоку винтомъ для подачи 161.6
- - - - - внутри винтомъ для подачи 161.5
- - - устанавливающимися рѣзцами 169.7
- - расточки . 165.4
- золотниковая 252.2
- разрѣзная для разсверливанія 169.4
- сверлильная 169.1
- смѣнная для разсверливанія 169.8
Скашиваніе . 418.4
- стыковъ . . 271.3
Скашивать . 418.5
- углы . . . 238.2
Скидывающій рычагъ 248.7
Скипидаръ . 122.6
Складъ досокъ 482.10
Склеивать . . 466.5
Склепка . . . 282.5
- гидравлическая 288.5
- горячая . . 288.8
- машинная . 288.4
- пневматическая 288.6
- ручная . . 288.3
- холодная . . 289.6
- электрическая 288.7
Склепываніе 282.4
- въ холодную 289.7
- горячее . . 289.1
- холодное . . 289.7
Склепывать . 282.3
Скоба зажимная 183.8, 329.2
Сковорода для осѣренія 456.3
- - парафинированія 456.3
- парафинировочная 456.3
Скольженіе ремня 84.2
Скользящій контактъ 21.8
Скорость движенія стола 12.4
- обратнаго хода 12.5
- окружная обрабатываемаго предмета 68.3
- паденія . . 262.8
- периферическая обрабатываемаго предмета 68.3
- пилы . . 332.10
- подачи . . . 159.1
- подъема . . 263.3
- рабочаго движенія 7.7
- рабочая . 332.10
- - въ секунду 68.4
- рѣзанія 7.7, 68.5
- хода стола . 12.4
- шпинделя . 77.2
Скосъ ножевой головки 389.2
Скошенная поверхность 65.7
Сланецъ кедровый 495.10
- точильный . 222.9
Сланикъ кедровый 495.10
Сленъ изгородевый 501.10
Слива обыкновенная 501.9
Сливной вентиль 187.8
Слой годичный 476.7
- песку верхній добавочный въ опокѣ 301.8
- стружекъ . 70.1
Смазать . . . 76.1
Смазка . . . 76.2
- кольцевая . 79.5
Смазывать . 76.1
Смоляной ходъ 477.1
Смѣна колесъ 87.4
- рѣзца . . . 105.2
Смѣнная зубчатая передача 87.5
- оправка для разсверливанія 169.8
Смѣнныя зубчатыя колеса 155.6
- колеса . . . 87.6
- направляющія 65.4
Смѣняемость 105.1
Смѣсь воды и шлифовальной пыли, сбитая въ пѣну 213.1
- воспламенительная 274.8
Смѣщеніе боковое строгальнаго станка 9.5
Снабжать пазомъ и гребнемъ 396.2
Снимать кору кольцами 465.1
- - по винтовой линіи 464.8
- стружку . . 375.8
Снопъ искръ 217.2
Снятіе винторѣзное коры 487.1
- со станка обрабатываемаго предмета 110.7
Снять затылокъ 72.8
- заусенцы . 238.2
Собачка . 88.4, 96.3, 106.3, 194.4, 234.8
-, допускающая расцѣпленіе 42.8
- фрикціонная 23.5
- храповика . 23.3, 338.4, 339.8
Собираніе охлаждающей жидкости 188.5
Согнуть трубу 291.8
Соединеніе шаровое 188.3
- шпунтовое . 396.4
Соединительная серьга 51.3
Соединительный механизмъ 375.7
Солома . . . 484.4
Соломка спичечная 452.3
Соломки поломанныя 454.6
Соломотрясъ 454.8

Сопло песчаноструйнаго аппарата 316.3
- съ узкой щелью 316.4
Сопротивленіе въ направленіи работы 68.7
- заклепки . 288.1
- отъ тренія . 7.10
- рабочее . . 7.2
- рѣзанію 7.3, 237.4
- рѣзца . . . 68.8
Сосна . 492.3, 495.5
- австрійская 495.7
- бѣлая американская 496.1
- веймутова . 495.9
- горная . . . 495.6
- крымская . 495.7
- приморская 495.8
- черная . . . 495.7
Составъ нагрѣвающій 274.7
Сосудисто-волокнистый пучокъ 477.4
Сосудъ для варки клея 466.11
- макальный 457.5
Сосуды древесины 476.10
Софора японская 508.6
Спинка задняя полотенца 346.9
Спиральный валецъ 337.3
Спицы вгонять въ ступицу 450.2
Спичечная соломка 452.3
Спички вѣтрóвыя 274.10
Способность проводить тепло 32.11
- теплопроводная 32.11
Спускной кранъ 188.7
Спѣлая древесина 476.1
Среднебойный молотъ 245.6
Срубить головку заклепки крейцмейселемъ 290.2
Срѣзать 237.5, 237.10
Срѣзываніе . 237.6
Ссыхаться . . 488.8
Стаканъ, служащій для поддержанія втулки 41.3
Сталь 33.3
- бессемеровская 34.1
- быстрорѣжущая 35.5, 122.7
- вольфрамовая 35.3
- дамасская . 34.7
- для быстрой обработки металловъ 35.5
- жесткая . . 33.4
- инструментальная 33.2
- литая . . . 33.8
- марганцовая 35.4
- мартеновская 34.3
- никкелевая 35.1
- пудлинговая 33.7
- раффинированная 34.5
- сварочная . 33.6
- сименсъ-мартеновская 34.3
- средней твердости 33.5
- твердая . . 33.4
- тигельная . 34.4
- томасовская 34.2
- хромистая . 35.2
- цементная . 34.6
Стальная головка для укрѣпленія плашки 173.4
Станина . . . 258.7
- вида буквы С 181.2
- двойная токарнаго станка 64.4
- двусторонняя 258.6
- двухногая . 258.6
- дугообразная 233.3
- изогнутая . 138.4
- коробчатая 180.5 183.4
- молота . . . 258.2
- ножницъ . 233.1
- одноногая молота 258.3
- односторонняя молота 258.3
- рамообразная 233.2
- рамы пильнаго станка 327.8
- сверлильнаго станка 138.2
- станка для уширенія отверстій 54.2
Станина строгальнаго станка 4.5
- съ выемкой 64.2
- - вылетомъ 181.2
- - роликами для установки предмета 138.7
- токарнаго станка 63.2
- - - съ четырьмя направляющими 64.4
- фрезернаго станка 180.4
- шарошечнаго станка 180.4
Станины . . 63.1
Станокъ автоматическій для косой точки пилъ 353.1
- - - штампованія пробокъ 447.5
- - паркетнопригонный 367.5
- автоматъ . 62.3
- болторѣзный 171.2
- бочарно-сверлильный 447.3
- - строгальный 446.6
- - токарный 446.7
- быстросверлильный 411.2
- быстрострогальный 382.5
- быстроходный сверлильный 132.2
- токарный . 60.1
- вальцовый строгальный 380.4
- - - односторонній 381.1
- - - съ горизонтальными и вертикальными ножами 380.5
- - - съ свободнолежащей головкой 380.6
- вертикально-строгальный 3.1
- вертикальный патронный 61.1
- винторѣзный 171.1
- - токарный съ ходовымъ винтомъ и ходовымъ валикомъ 58.2
Станокъ высаживающій 269.4
- гибочный . 290.4
- гидравлическій для стягиванія бочекъ 445.2
- гильоширный 62.7
- горизонтально сверлильный 129.3
- - - и шарошечный 180.1
- - строгательный 2.6
- двойной для древесной шерсти 377.2
- - - шпунтованія 394.4
- - токарный для обточки бандажей 60.3
- двухшпиндельный фрезерный 177.6
- дерево-сверлильный 410.1
- - фрезерный 397.8
- - -штамповальный 439.1
- дисковый строгальный 380.1
- для вбиванія гвоздей въ ящики 428.2
- - внутренней обточки кадокъ 447.1
- - выдѣлки бумажныхъ капсюлей 459.6
- - - бутылочныхъ ящиковъ 428.3
- - - деревянныхъ колецъ 435.1
- - - колесъ . 448.1
- - - круглыхъ днищъ 368.1
- - - оконныхъ переплетовъ 428.4
- - - рамъ . . . 427.6
- - выниманія спичекъ изъ рамъ 460.1
- вырѣзанія уторовъ въ собранныхъ бочкахъ 442.2
- - вырѣзыванія круглыхъ днищъ 368.1

Станокъ для высверливанія орудій 185.5
- - - ружейныхъ стволовъ 185.4
- - - центровочныхъ отверстій 167.5
- - гнутья брусковъ 485.7
- - - дерева . 481.1
- - - спинокъ стульевъ 486.8
- - древесной шерсти 377.1
- - загибанія 298.1 закругленныхъ бортовъ 298.1
- - - листовъ 297.8
- - - кромокъ 297.5
- - заточки инструмента 210.5
- - - остроконечныхъ предметовъ 211.1
- - - сверлъ . 210.6
- - изготовленія ящичныхъ боковыхъ стѣнокъ 376.6
- - измельченія красильныхъ деревьевъ 378.6
- - наклейки этикетовъ 459.1
- - нанесенія клея 467.1
- - наполненія коробокъ спичками 460.2
- - нарѣзанія винтовой рѣзьбы 171.1
- - - стволовъ 4.4
- - нарѣзки винтовыхъ канавокъ въ ружейныхъ стволахъ 4.4
- - - гаекъ . . 171.3
- - - коробочной драни 376.4
- - - насаживанія обручей 446.2
- - натягиванія обручей 446.3
- - - рабочихъ обручей 445.3
- - обмазыванія коробокъ пескомъ 459.5
- - обработки дерева 390.1
- - - металловъ 1.4

Станокъ для образованія фланцевъ 297.5
- - обрѣзанія кромокъ желѣзныхъ листовъ 207.4
- - обтачиванія квадратныхъ брусковъ 417.3
- - - квадратныхъ стержней 417.4
- - обтесыванія 439.4
- - обточки . 60.6
- - - сердечниковъ 309.4
- - - шишекъ 309.4
- - отгиба бортовъ 297.5
- - отточки пильныхъ зубцовъ 211.5
- - очистки спичечной соломки 454.5
- для правки 295.5
- - - валовъ . 296.1
- - - днищъ . 448.3
- - - желѣзныхъ листовъ 296.7
- - - рельсъ . 296.4
- - - угловового желѣза 296.5
- - пригонки паркетинъ 367.4
- - приданія шероховатостей 382.6
- - просверливанія ступицы 448.3
- - разрѣзанія коробочной дранки 453.1
- - разсерливанія цилиндровъ 136.1
- - расшлифованія цилиндровъ 210.4
- - рифлеванія вальцовъ 4.3
- - рѣзки подъ угломъ 439.5
- - - подъ угломъ 408.7
- - - уторовъ въ клепкакъ 441.6
- - - шиповъ 424.2

Станокъ для рѣзки шиповъ и выбиранія пазовъ 401.3
- - сборки ящиковъ 427.7
- - сверленія дыръ въ барабанахъ котловъ 184.5
- - - - въ рельсахъ 183.4
- - - - поперечныхъ котельныхъ швовъ 184.1.2
- - - заклепочныхъ отверстій 133.5
- - - заклепочныхъ отверстій во фланцахъ жаровыхъ трубъ 185.2
- - свиванія канатовъ изъ древесной шерсти 377.8
- - сгибанія . 290.4
- - - дерева . 481.1
- - - и сушки клепокъ 441.1
- - - листовъ 294.8
- - - клепокъ 440.4
- - - колецъ для сидѣній стульевъ 487.4
- - - ножекъ столовъ 488.1
- - - ободьевъ 485.4
- - - - для рѣшетъ и ситъ 485.5
- - - обручей 295.3
- - - - для вязки ножекъ стульевъ 487.7
- - - полосъ . 292.7
- - - рукоятей для плуговъ 486.1
- - - стержней 292.7
- - - угловового желѣза 294.9
- - сглаживанія изогнутыхъ круглыхъ брусковъ 436.7
- - скашиванія филенокъ 382.2
- - складыванія спичечной соломки 454.7
- - склеиванія коробокъ 458.9
- - строганія вогнутыхъ поверхностей 3.5

Станокъ для строганія выпуклыхъ поверхностей 3.5
- - - днищъ . 448.3
- - - кромокъ металлическихъ листовъ 3.2
- - - зубьевъ колесъ 3.4
- - - шпоночныхъ канавокъ 3.3
- - строжки зубчатыхъ колесъ 3.4
- - стягиванія бочекъ 445.1
- - - - и насаживанія на нихъ обручей 445.5
- - точенія накатки 62.6
- - точки бочарныхъ пробокъ 447.3
- - - пилъ . . 352.1
- - - пильныхъ дисковъ 211.3
- - узорной накатки 62.7
- - упаковки коробокъ въ пачки 460.3
- - уширенія отверстій 58.7
- - фрезерованія винтовъ 174.2
- - - фасонныхъ канавокъ и кулаковъ 179.3
- - фугованія 394.3
- - чистовой отдѣлки 4.1
- - шпунтованія 394.3
- - - съ вальцевой подачей 394.5
- - штамповки и отгибанія кромокъ 299.3
- - этикетированія 459.1
- долбежный 45.2 407.1
- -, приспособленный для пробиранія шпоночныхъ канавокъ 45.5
- - ручной . . 408.4
- - съ поворотными направляющими рѣзцовой призмы 45.4

Станокъ дровокольный 429.2
- - двойной . 429.4
- дыропробивный 282.1
- загибной . 290.4
- загибочный 290.4
- - съ постоянными плашками 292.6
- - съ валками 293.4
- калевочно-строгальный 392.4
- калевочный для косыхъ планокъ 393.1
- карусельный токарный 61.1
- клепальный винтовой 281.2
- - гидравлическій 282.1
- - для одновременной склепки двухъ швовъ 280.3
- - паровой . 281.5
- - переносный 279.2
- - пневматическій 281.6
- - подвижный 279.1
- - подвѣшенный къ крану 279.3
- - приводный 281.4
- -, работающій при посредствѣ кривошипа 281.3
- - регулируемый 280.4
- - ручной . . 280.5
- - рычажный 280.7
- - съ колѣнчатымъ рычагомъ 281.1
- - - универсальнымъ подвѣсомъ 279.4
- - электрическій 282.2
- колесный . 448.1
- копировально-токарный 416.4
- копировально-шарошечный 179.4
- копировальный 415.7
- - двойной . 416.1
- - для выдѣлки спицъ 416.3
- - - обратныхъ профилей 416.2
- - - спицъ . 449.4
- - токарный 62.1

Станокъ копировальный токарный для фасонныхъ предметовъ 61.2
- - фрезерный 416.6
- корообдирный 452.1, 464.7
- кромкострогальный 3.2
- крошильный для выдѣлки соломокъ 453.4
- круглолущильный 376.3
- лапорѣзный 424.1
- лобовой токарный 60.2
- лучковый . 414.2
- макальный 456.9
- металлообдѣлочный 1.4
- -молотъ клепальный 280.6
- наборный . 455.6
- намазочный 459.3
- нарѣзающій винтъ путемъ прокатки 174.1
- неподвижный клепальный 278.7
- овально-токарный 97.3
- односторонній для рѣзки уторовъ въ собранныхъ бочкахъ 442.4
- - строгальный 2.3
- одношпиндельный фрезерный 177.5
- отдѣлочный для отливокъ 315.9
- патронный токарный 60.2, 61.5
- переносный для сгибанія рельсъ 295.4
- пильный вертикальный 321.2
- - горизонтальный 325.3
- - двойной . 322.2
- - - распускной 322.4
- - двухэтажный 324.1
- - для поперечной распиловки 345.5
- - передвижной 322.1

Станокъ пильный переносный 208.5
- -, подвѣшенный на опорахъ 324.2
- - распускной 322.3
- - - горизонтальный 325.4
- - - съ компрессіоннымъ приспособленіемъ 323.3
- - съ боковымъ приводомъ 324.4
- - - вальцевой подачей 323.4
- - - компрессіоннымъ приспособленіемъ 323.1
- - - нижнимъ приводомъ 324.3
- полировальный 405.6
- - для колесныхъ спицъ 449.5
- поперечно-строгальный 38.4, 379.7
- - - для продольнаго, поперечнаго и кругового строганія 38.6
- - - универсальный 38.7
-, постепенно загибающій кромки 299.2
- правильный 295.5
- пригонный малый на колоннѣ 379.4
- продольно-сверлильный 408.5
- - -сверлильный съ долбежнымъ приборомъ 408.4
- - -строгальный 379.6
- - -строгательный съ одной стойкой 2.5
- - -шарошечный для фрезерованія большихъ плоскостей 178.4
- радіально-сверлильный 181.2
- - - съ круглой колонной 181.5
- револьверный токарный 62.2
- рубильный для выдѣлки соломокъ 453.4

Станокъ рубильный для спичечной соломки 453.6
- рѣзной, работающій по шаблону 417.5
- сварочный . 270.2
- сверлильно-долбежный для ступицъ 449.2
- - -нарѣзный переносный 173.8
- - -фрезерный двойной 185.3
- сверлильный 129.2
- - вертикальный 180.1
- - горизонтальный 129.3
- - - малый . 411.3
- - - съ неперемѣщающейся шпиндельной бабкой 129.4
- - для котельныхъ работъ 183.6
- - и фрезерный 129.4
- - многошпиндельный 182.5, 410.5
- - - съ револьверной головкой 183.2
- - на колоннѣ 181.1
- - настѣнный 180.4
- - одношпиндельный 410.4
- - передвижной потолочный 182.1
- - поворотный стѣнной 181.6
- - потолочный 180.5
- - пушечный 185.5
- - ручной . . 180.2
- - свободностоящій 180.6, 410.6
- - спеціальный для сверленія дыръ подъ прямымъ угломъ 183.3
- - стѣнной . 411.1
- - съ ножнымъ приводомъ 180.3
- - - педалью 180.3
- - - самоходомъ 182.4
- - универсальный 182.3
- - шарнирный 181.4

Станокъ сверлильный электромагнитный переносный 135.1
- сгибающій . 290.4
- со сферической пилой 873.1
- строгально-долбежный универсальный 2.4
- - -калевочный четырехсторонній 392.5
- строгальный быстроходный 4.2
- - вертикальный съ вращающимся патрономъ, несущимъ рѣзцы 180.2
- - горизонтальный съ вращающимся патрономъ, несущимъ рѣзцы 180.3
- - двухцилиндровый 381.2
- - для вертикальныхъ плоскостей 2.4
- - - брусочковъ 381.6
- - - брусьевъ 380.2
- - - днищъ . 443.4
- - - досокъ . 381.4
- - - дощечекъ 381.5
- - - клепокъ 441.2
- - - круглыхъ брусковъ 381.3
- - - параллельныхъ плоскостей 379.2
- - - паркетныхъ планокъ 382.1
- - - плоскостей 378.8
- - - спицъ . 449.3
- - - спичечной соломки 458.5
- - - стружекъ 378.4
- - - -, служащихъ для освѣтленія пива 378.5
- - - фасонныхъ работъ 392.4

Станокъ строгальный комбинированный съ движеніемъ по прямой 3.6
- - одноколонный 2.3
- - пригонный 379.3
- - ручной . . 382.4
- - со столомъ въ видѣ безконечной цѣпи 382.3
- - съ конически расположенными ножами 380.3
- - - конусообразнымъ ножевымъ дискомъ 380.3
- - - одной стойкой 2.3
- - ямный . . 2.2
- строгательный 1.5
- сушильный передвижной 455.4
- съ вогнутой пилой 373.1
- - круглой пилой и съ переставливающимся пильнымъ дискомъ 366.2
- - - - и съ переставливающимся столомъ 366.1
- - ножевкой для металла 208.4
- - рамой въ видѣ козелъ 310.4
- - шарообразной пилой 373.1
- токарно-винторѣзный 60.5
- токарный винторѣзный 58.1
- - горизонтальный 56.3
- - для бочарныхъ днищъ 442.8
- - - бочечныхъ днищъ 442.8
- - - гнутаго дерева 417.4
- - - задней заточки 61.6
- - - обработки металловъ 56.2

Станокъ токарный для обточки валковъ 58.4
- - - - валовъ 58.5
- - - - и расточки ступицъ 60.4
- - - - колесныхъ скатовъ 59.3
- - - - колѣнчатыхъ валовъ 58.6
- - - - осевыхъ шеекъ 58.7
- - - - ременныхъ шкивовъ 59.2
- - - - шеекъ колѣнчатыхъ валовъ 62.4
- - - работы по шаблону 61.2
- - - разрѣзанія на части 62.5
- - - снятія затылковъ 61.6
- - - точенія некруглыхъ предметовъ 61.3
- - - - шаровъ 417.2
- - - точки по шаблону 415.3
- - - - предметовъ овальнаго сѣченія 415.5
- - - - некруглыхъ предметовъ 415.4
- - - фасонной обточки 61.2
- - - штифтовъ и болтовъ 59.1
- - и фальцевальный для выдѣлки сидѣній стульевъ 437.6
- - колесный съ центрами 59.3
- - лучковый ножной 414.3
- - маленькій 57.2
- - - съ вспомогательной средней бабкой 57.6
- - - съ центрами 57.2
- - - штифтами 57.3
- - на призмахъ 56.7
- - по дереву 414.1
- - - - съ суппортомъ 415.1
- - - - универсальный 415.2

Станокъ токарный пушечный 59.4
- - ручной . . 56.5
- - съ вращающейся передней бабкой 58.3
- - - движеніемъ суппорта по шаблону 417.1
- - - передачей отъ электродвигателя 91.6
- - - передней суппортной доской 59.5
- - - приборомъ для овальныхъ предметовъ 61.4
- - - ручнымъ суппортомъ 57.7
- - съ суппортомъ 57.8
- - - ходовымъ винтомъ 58.1
- - - центрами 56.4
- - фасонный 417.1
- торцевальный 439.4
- точильный . 210.5
- - для пилъ 352.1
- - - профильныхъ ножей 394.1
- - для сверлъ 210.6
- - - строгальныхъ ножей 392.2
- - - точильными кругами и ручниками 211.4
- труборѣзный 231.6
- укладочный 454.7
- универсальный высаживающій и сварочный 270.3
- - для заточки инструмента 211.2
- - - пригонки и фугованія съ продольно-сверлильнымъ приборомъ 395.1
- - спичечный 460.4
- - столярный 399.3
- упаковочный 460.3
- фанеро-гладильный 434.7
- - -строгальный 374.4
- фанерный . 325.6
- - пильный . 325.1

Станокъ фанерный съ вращательнымъ движенiемъ кряжа 376.3
- фрезерный . 176.2 397.8
- - верхнiй . 398.3
- - двойной со столомъ 398.2
- - для выдѣлки моделей зубчатыхъ колесъ 398.5
- - - металловъ 176.3
- - на козлахъ 398.4
- - скульптурный 398.3
- - со столомъ 398.1
- - съ подачей отъ руки 176.4
- - универсальный 176.5
- - цѣпной . 398.6
- фуговальный 394.2
- - дисковый 441.4
- - для днищъ 443.2
- - - клепокъ 441.3
- - - - съ ножевымъ дискомъ 441.4
- центровальный 167.5
- цилиндро-сверлильный 136.1
- - - вертикальный 136.2
- - - горизонтальный 136.3
- - - переносный 137.1
- - - съ вращающимся суппортомъ 137.2
- - - - неподвижной стойкой 136.5
- - - - подвижной стойкой 136.4
- чистильный 379.1
- шарошечный 176.2
- - быстроходный 178.2
- - для металловъ 176.3
- - - нарѣзанiя арматурныхъ частей 179.2
- - - - зубчатыхъ колесъ 178.5
- - - - червяковъ 179.1
Станокъ шарошечный для нарѣзанiя червячныхъ колесъ 178.6
- - - фрезерованiя плоскостей 177.1
- - продольный 177.2
- - - двойной 177.4
- - самодѣйствующiй 179.6
- - съ вертикальнымъ шпинделемъ 178.3
- - - двумя противоположными бабками 178.1
- - - подачей отъ руки 176.4
- - универсальный 176.5
- шелушильный 452.2
- шиповальный 424.1
- - двойной . 425.3
- - для прямыхъ шиповъ 425.1
- - съ круглою пилою 424.3
- шипорѣзный 424.1 449.6
- - двойной . 425.3
- - для косыхъ шиповъ 425.2
- - - прямыхъ шиповъ 425.1
- - - рѣшетника и планокъ 401.4
- - фрезерный 424.2
- шлифовальный 209.1
- - горизонтальный со шкуркою 403.4
- - двойной ременной 404.5
- - - со шкуркою 404.1
- - для дерева 403.1
- - - обработки втулокъ 210.3
- - - обработки отверстiй 210.2
- - - - плоскостей 209.2
- - - - тѣлъ вращенiя 210.1
- - - отдѣлки поршневыхъ колецъ 209.3
- - ременной . 404.3
Станокъ шлифовальный со шкуркою 403.2
- - - - для ровныхъ поверхностей 403.3
- - съ барабаномъ 404.6
- - - двумя кругами 224.6
- - - качающимся плечомъ 404.8
- шпоночно-фрезерный 177.3
- штамповальный для днищъ 439.2
- - для пилъ 351.5
- щепальный 452.2
Станъ рѣзной 229.3
Стволъ . . . 475.3
- дерева . . . 475.3
- изъ твердаго каучука для направленiя струи 318.2
- переливной 277.2
Стеклянная бумага 226.6
Стержень, автоматически сцѣпляющiй 92.6
- винтовой пустотѣлый 172.4
- для расцѣпленiя 42.7
- круглый направляющiй 67.5
- молота . . . 263.6
- направляющiй 419.4
- - треугольнаго сѣченiя 67.2
- натяжной съ клиньями 330.3
- обыкновенный натяжной 330.1
- подручника 418.8
- поршневой . 251.4
- приподнимающiй 304.8
- продольный рамы пильнаго станка 328.1
- прямоугольный направляющiй 67.4
- рѣзца . 36.4, 126.4
- упорнаго винта 145.8
- упорный . . 194.3
- шарнира . . 181.8
Стержни для натягиванiя обручей 446.1
Стойка . 116.7, 138.5 181.3, 343.6
- боковая . . 181.1
- вспомогательная 181.1
- для укрѣпленiя рѣзца 35.8
- главная . . 180.6
- задняя люнета 143.1
- изогнутая . 138.4
- передвижная 134.3, 343.9
- рамы пильнаго станка 328.1
- сверлильнаго станка 138.2
- строгальнаго станка 4.6
- съ люнетомъ 421.3
- тисокъ . . . 144.6
- токарнаго станка 63.3
Стойки для бревенъ съ параллельнымъ перемѣщенiемъ 361.5
Стойкость рѣжущей кромки 120.6
Столечница . 384.7
Столовыя ножницы 229.6
Столъ 54.3
- вращающiйся 116.6
- въ видѣ кронштейна для укрѣпленiя предметовъ 30.6
- для поддержки предметовъ 404.2
- укрѣпленiя предметовъ 184.2
- круглый суппорта 46.1
- ленточной пилы 207.9, 357.1
- наклонный универсальный 140.7
- на роликахъ 317.2
- отдѣльный для вынимания 308.5
- пильный качающiйся 365.8
- - переставливающiйся 365.7
- поворотный 46.3
- - для укрѣпленiя предметовъ 184.3

Столъ подвижной 364.1
- - съ одной стороны пилы 365.5
- пріемный . 384.6
- рабочій . 39.1, 45.6
- - ножницъ . 233.6
- роликовый . 234.2
- сверлильнаго станка 140.1
- сверлильный 140.1
- -, откидывающійся въ сторону 140.4
- -, перемѣщающійся вертикально 140.3
- - съ крестовыми салазками 140.6
- строгальнаго станка 5.4
- съ желобкомъ для масла 46.2
- - канавками для укрѣпленія обрабатываемаго предмета 139.4
- - канавкой для масла 46.2
- угольникъ съ пазами 30.6
- фрезернаго станка 182.3
- шарошечнаго станка 182.3
Столярная круглая пила 365.2
Столяръ . . . 465.9
Стопорное кольцо 106.9
Сторона входная 335.8
- выходная . 336.1
Стремя . . . 276.2
Строгальный быстроходный станокъ 4.2
- ножъ . . . 386.7
Строганіе . . 6.5
- вертикальныхъ плоскостей 24.5
- вогнутыхъ поверхностей 44.4
- наклонныхъ плоскостей 24.7
Строгательный станокъ 1.5
Строгать . 6.2, 382.7
- наклонныя плоскости 24.8
Строгать зубцы коническихъ колесъ 44.6
- начерно . . 6.6
- начисто . . 6.7
- чистовымъ проходомъ 6.7
- вертикальныя плоскости 24.6
Строевой лѣсъ 479.10
Строеніе дерева 476.8
Строжка вертикальныхъ плоскостей 24.5
- вогнутыхъ поверхностей 44.4
- наклонныхъ плоскостей 24.7
Стругъ . . . 374.3
- для паза и гребня 397.6
- ручной . . 388.2
Стружка 3.25, 69.2 376.1
- винтообразная 70.4
- въ видѣ запятой 184.8
- вьющаяся . 70.4
- свертывается плоской спиралью 70.5
-, снятая чистильными ножами 386.5
Стружкопріемникъ 182.2
Структура древесины 476.8
Струна натяжная 355.7
Стрѣла клепки 440.5
Стуловыя ножницы 229.5
Стулъ 261.1
- составной . 261.2
Ступени скоростей 80.6
Ступенчатый зубчатый наборъ 86.3
Стыкъ доски 395.3
- съ накладкою сдѣлать 285.7
Стѣнка боковая ящика 376.7
- опокъ боковая 303.3
Стягиваніе 488.11
- бочекъ . . 444.5
Стягиваться 488.12
Стягивающій приборъ для боченковъ 444.7
Сукъ 476.4
Суппортная передняя доска 103.27
Суппортныя салазки стола 184.1
Суппортъ 97.3, 418.10
- верхній . . 98.3
- винтовой поперечный 99.1
- вращающійся 170.1
- - для обточки фланцевъ 137.3
- - - - - съ разрѣзной втулкой 137.5
- - - - шеекъ колѣнчатыхъ валовъ 137.6
- для ножа . 375.4
- - сверленія косяковъ 419.2, 450.5
- - строгальнаго рѣзца 23.3
- - точки криволинейныхъ поверхностей 100.2
- - - шаровыхъ поверхностей 100.3
- - фасонной точки 100.1
- - фрезованія, перестанавливаемый по высотѣ 419.1
- крестовый . 39.4 98.4
- нижній . . 98.2
- ножевой . . 375.4
- подвижный, несущій шлифовальный кругъ 211.6
- поперечно-патронный 98.10
- револьверный 105.8
- ручной . . 100.4
- рѣзцовый . 86.1
- - поперечно-строгальнаго станка 39.8
- рѣзцодержательный 99.2
- рѣзцодержателя 99.2
- сверлильнаго станка съ вращательнымъ движеніемъ и подачей 165.3
Суппортъ строгальнаго станка 23.7
- съ откидной поворотной доской 87.1
- токарнаго станка 98.1
Сухопечень . 492.8
Сучковатость 493.7
Сучнякъ . . 479.5
Сучокъ . . . 476.4
Сучья . 479.5, 483.8
Сушилка . . 483.4
Сушило . . . 483.4
Сушильный приборъ для спичечной соломки 458.7
Сушильня . . 483.4
- для корбокъ 459.2
Сушина . . . 492.8
Сушить . . . 483.3
- песокъ . . 315.2
Сушка дерева искусственная 487.6
- лѣса искусственная 487.6
Сфера дѣйствія 69.3
Сферическая пила 373.2
Сцѣпить . 20.3, 25.9
- ступенчатый шкивъ 92.2
Сцѣпка . . . 92.4
- автоматическая 92.6
Сцѣпленіе контръ-привода 83.4
- муфтой безъ ударовъ 93.7
- поперечнаго самохода 103.9
- - - съ зажимной муфтой 104.1
- - - - отводимой шестерней 104.5
- - - - передвижной шестерней 104.3
- продольнаго самохода 103.8
- штифтомъ . 93.6
Сцѣпляющій болтъ 92.5, 154.7
Сцѣпная двойная муфта 93.5

Сцѣпная муфта 158.4
Сшивка временная 282.7
Съемная крышка 79.6
Сѣделка . . . 248.8
Сѣдло 248.8
Сѣрный очагъ 456.2
Сѣтка предохранительная 474.4
Сѣченіе поперечное станины токарнаго станка 64.1

Т.

Таблица допусковъ 216.4
Тальникъ . . . 497.3
Тангентальный разрѣзъ 478.7
Твердая сталь 33.4
Твердость дерева 486.4
- рѣзца . . . 120.5
Текстура . . . 479.2
Телескопическій шпиндель 183.3, 191.6
Телѣжка боковая 343.4
- для возки хвороста 368.4
- - досокъ съ боковымъ зажимомъ 342.5
- - - - перемѣщеніемъ зажимного приспособленія 342.6
- - колодъ . . 340.6
- - - съ вертикальнымъ зажимомъ 342.1
- - надвиганія дерева 369.1
- - подачи дерева 369.1
- - подъема колодъ 340.5
- клещевая съ приспособленіемъ для регулировки бревна 340.3
- нижняя . . 361.6
- одностоечная для подачи колодъ 342.2
- подвижная . 364.1
- со стойками 343.5
- сушильная . 455.4
- съ зажимомъ для досокъ 341.7
- - клещевымъ зажимомъ 342.3
- - упорными угольниками 343.5
- формовочная 310.7
Температура расковки 289.3
- сварочная . 270.6
Теплопроводная способность 32.11
Теплопроводность 32.10
Термитный способъ 273.4
Термитовое желѣзо 274.3
Термитъ . . 274.2
- для заварки усадочныхъ пустотъ 274.6
- титановый . 274.5
Терновникъ 501.11
Тернъ . . . 501.11
Тесать . . . 439.6
Тигель коническій 275.3
- остроконечный 275.3
- плавильный 275.2
Тигельный ухватъ 275.9
Тиковое дерево 505.3
Тикъ 505.3
Тиски болторѣзнаго станка 171.4
- для зажиманія на центровочномъ станкѣ 166.4
- - сварки въ стыкъ 274.11
- параллельные 166.1
- самозажимающіе 269.6
- самоустанавливающіе 144.2
Тиссъ 494.9
Титановый термитъ 274.5
Ткань древесная 477.5
Товаръ коровой 483.3
Токарная работа 68.1
Токарный станокъ ручной 56.5
Толщина въ верхнемъ отрубѣ 476.6
- - нижнемъ отрубѣ 476.5
- - тонкомъ концѣ 476.6
Толщина дерева въ комелѣ 476.5
- зубца у вершины 348.2
- пильнаго полотенца 348.3
- направляющаго выступа 65.8
- стружки . . 70.2
Токарь . . . 71.3
Томасовская сталь 34.2
Томпонъ полировальный 405.7
Топка внутренняя 276.4
- наружная . 276.3
Тополь бѣлый 497.6
- канадскій . 497.8
- пирамидальный 497.9
- серебряный 497.6
- черный . . 497.7
Топоръ, вертикально движущійся 429.3
- двойной . . 430.1
- - качающійся 430.2
Торецъ . . . 478.4
Тормазная лента 94.6
Тормазъ съ колодкой 248.4, 334.5
Торцевальный станокъ 439.4
Торцевая поверхность 478.4
Точеніе инструмента 220.7
- коническое по направляющей линейкѣ 96.5
- пилъ . . . 351.6
- плоскостей . 214.4
- поперечное 72.2
- продольное 71.11
Точильный брусокъ для точки съ масломъ 223.10
Точило . . . 221.4
Точильня . . 217.7
Точить . 71.2, 212.2 216.10, 351.7
Точить безъ воды 213.2
- дерево на токарномъ станкѣ 417.6
- на конусъ . 72.3
- плоскость . 214.3
- съ водой . . 212.6
Точка впадинъ зубцовъ 352.5
- вращенія колѣна 142.2
- зубцовъ косая 352.8
- мокрая . . 212.7
- пилъ . . . 351.6
- прямая зубцовъ 352.7
- сухая . . . 212.3
Точная установка фрезернаго шпинделя 196.3
Точно обточенная поверхность 74.1
Траверса . . 265.3
Травленіе дерева 488.4
Транспортеръ въ видѣ безконечной ленты 317.5
- для песка . 316.7
- цѣпной съ открытымъ жолобомъ для стружекъ и опилокъ 469.1
Транспортированіе стружекъ и опилокъ 468.11
Трапецевидная нарѣзка 175.2
Трензель большой 88.6
- малый . . . 89.4
Тренога . . . 463.2
Трескаться . 489.5
Треугольная рѣзьба 174.9
Трехгранныя направляющія 67.1
Трехзубая вилка 419.3

Триммеръ . . 363.5
Трещина внутренняя 491.1
- въ деревѣ отъ высыханія 489.6
- древесная . 490.8
- заросшая . 491.5
- между годичными кольцами 491.7
- морозная . . 491.3
- наружная . 490.7
-, образовавшаяся при паденіи ствола 490.9
Трещина отъ усыханія 491.1
- по радіальному разрѣзу 492.1
- радіальная . 490.8
- сердцевинная 491.2
Трещины давать 489.5
- у зубцовъ 348.10
Труба всасывающая 187.6
- для удаленія стружекъ и опилокъ 469.5
Труба переполненія 187.7
- сливная . . 187.7
- телескопическая 191.3
Трубка . 41.2, 197.3 484.3
- осевая пріемная 378.1
-, передающая вращеніе шпинделю 156.2
- подвижная . 143.4
- шишечная . 309.1
Трубопроводъ 76.4
Трубопроводъ всасывающій 469.4
Труборѣзный станокъ 231.6
Трубочный зажимъ 276.2
Трубчатый фильтръ 319.1
Трутовикъ . 494.3
Тяга для перевода ремней 18.6
- золотниковая 252.2
- педали . . . 51.2
Тянуть желѣзо 263.10

У.

Угловая подкладка 29.6
Углубленіе рѣзца 68.9
-, сдѣланное кернеромъ 146.7
Уголъ дѣйствія 99.4
- задній . 31.7, 121.6 347.4
- заостренія . 347.3
- - рѣзца . . 121.5
- - центра . . 111.4
- между лезвіями у ножей 240.7
- - линіей зубцовъ и ихъ задней площадкой 347.4
- между линіей зубцовъ и ихъ передней площадкой 347.5
- - рѣжущими кромками у ножей 240.7
- - передней и задней гранями зубца 347.3
- наклона дѣлительнаго шпинделя 186.6
- - рѣзца . . 31.7
- передній . . 347.5
- при вершинѣ зубца 347.3
- рѣзанія 31.5, 121.4 237.9, 347.5
- рѣзца . . . 31.6
- сгиба . . . 291.6
- срѣза направляющаго выступа 66.1
- фрезерованія 186.6
Уголъ шарошенія 186.6
Угольникъ . 29.8 481.1
- направляющій 385.1
- передвижной 343.9
- упорный . . 343.6
Удаленіе пыли 319.3
- модельной доски 302.7
- опоки съ модельной доски 302.8
- стружекъ и опилокъ 468.11
- - - - въ открытомъ жолобѣ помощью безконечной цѣпи 469.1
Удалить стружки 69.9
Ударникъ . . 314.6
- паровой . 246.10
Ударный брусъ 473.6
Ударъ молота 262.4
- не центральный 263.5
Ударять назадъ 471.7
Удерживаніе обрабатываемаго предмета при помощи гидравлическаго давленія 289.1
Удерживать электромагнитнымъ путемъ 220.3
Удерживающая шайба 51.5
Узкій подручникъ 100.6
Узорчатость древесины 479.2
Узоръ древесный поддѣлывать 438.8
Указатель . . 184.4 189.9
- рѣзьбы . . 101.3
Укладочный станокъ для соломокъ 454.7
Укрѣпить . . 27.5
- рѣзецъ . . 126.5
Укрѣпленіе . 27.4
- двустороннее 358.4
- конца бревна 341.8
- матрицы . . 243.6
- ножа крышкою 390.6
- ножей болтами 390.5
- - кольцами съ пазами 390.7
- обрабатываемаго предмета болтами 27.6
- пильнаго полотенца 328.3
- - полотна . 328.3
- поперечное пилъ въ рамѣ 321.8
- пуансона . 243.5
- рѣзца . 35.6, 126.3
- - при помощи клина 127.3
- съ обѣихъ сторонъ шкива 358.4
Укрѣпленіе шкива на вѣсу 358.5
- электромагнитное обрабатываемаго предмета 116.3
Улиткообразное сверло 412.1
Уловитель стружекъ и опилокъ 470.3
Универсальный патронъ 115.1
- строгальный станокъ для пригонки и фугованія съ продольносверлильнымъ приборомъ 395.1
Уничтоженіе игры 112.4
- мертваго хода 112.4
Упаковочный станокъ 460.3
Уплотненіе двойное 266.6
- земли . . . 301.7
Уплотняющее манжетное кольцо 266.4
Упорка . . . 219.6
- для перемѣны хода 18.9
- переставная на столѣ 18.9
Упорки неодинаковой формы 20.1
- одинаковой длины 19.9
- - формы . . 19.9
- разной формы 20.1

Упорный валикъ 107.8
Упоръ 20.5
- выдвижной 99.6
- зажимный . 189.3
- ножа . . . 389.7
- съ поворотными кулачками 108.2
- устанавливаемый 78.7
Управленіе молотомъ посредствомъ тормаза 257.5
- отъ руки . 101.5 252.6
- подачей . . 22.2
- прессомъ . 269.2
- самодѣйствующее 252.7
- сверлильнымъ шпинделемъ 159.3
- станкомъ вручную 159.7
- - отъ руки . 159.7
- суппортомъ 101.4
Упругій буферъ 259.2
Уравнитель компрессіонный 323.2
Уравновѣшенный поводковый патронъ 113.1
Уравновѣшиваніе ножей 391.9
Уровень . . . 37.8
Урядникъ . . 455.1
Усадочная раковина 277.10
Усиліе рѣжущее 120.6
Ускоренный обратный ходъ 12.2
Ускорить обратный ходъ 12.3
Устанавливаемый упоръ 78.7
Устанавливать сверлильный шпиндель на центръ 149.5
Устанавливающаяся втулка 151.2
Установить обрабатываемый предметъ между центрами 110.6, 111.1
Установить рѣзецъ 37.4
Установка, автоматически точная точильнаго круга 218.7
- въ опорахъ двухъ сверлильныхъ шпинделей 151.5
- для удаленія стружекъ и и опилокъ 469.3
- наклонная рѣзцовой призмы 52.5
- на центрахъ 111.3
- рѣзца . 53.5, 95.2
- пилы подъ угломъ 206.7
- сверлильнаго шпинделя 150.6
- суппорта . . 101.1
- точная фрезернаго шпинделя 196.3
Установочный винтъ для направляющей 66.4
Устройство для поворачиванія револьверной головки 106.1
- - скидыванія ремня 248.6
- - сообщенія обратнаго хода 16.2
- зажимное . 292.2
- самодѣйствующее упорное 108.3
Усушки величина 488.9
Усыханіе дерева 488.7
- и разбуханіе дерева 488.10
Усыхать . . . 488.8
Уторить . . . 442.1
Утóръ . . . 441.7
Утрамбовка песка 302.1
Утрамбовывать 301.9
Ухватъ . . . 276.2
- тигельный . 275.9
Уширеніе дыръ 54.8
- отверстій . 54.8
Уширять отверстіе 54.9

Ф.

Фабрика багетная 465.7
- для производства профильныхъ брусковъ 465.6
- - деревянныхъ игрушекъ 467.8
- древесной шерсти 465.5
- жалюзная . 467.9
- паркетная . 468.1
- сигарныхъ ящиковъ 468.3
- стульевъ . 466.2
- фанерная . 465.3
- ящичная . . 468.2
Фалецъ вертикальный 299.8
- горизонтальный 299.7
- образовывать 299.6
Фальцевать . 299.6 395.5
Фальцъ . . . 395.6
- вертикальный 299.8
Фанера 376.1, 483.2
- многослойная 483.8
Фанерка . . 483.7
Фанерный заводъ 465.3
Фанеро-гладильный станокъ 484.7
-рѣзальная машина съ прямолинейнымъ движеніемъ ножа 376.2
- -строгальный станокъ 374.4
Фанерный станокъ 325.6
- - съ прямолинейнымъ движеніемъ ножа 376.2
Фаска скошенная 418.6
Фасонный рѣзецъ 124.7
Фернамбукъ 503.2
Фигурная канавка на плоскомъ дискѣ 49.4
Фильтръ трубчатый 319.1
Фланецъ втулки 41.4
Фланцевать . 297.6 298.5
- про помощи катковъ 297.7
Форма вязальная для сборки бочекъ 443.5
- для литья . 276.6
- - гнутья . . 431.3
- - - дерева . 431.5
- - -, состоящая изъ трехъ частей 432.1
- - сгибанія колецъ для сидѣній стульевъ 437.5
- клинообразная инструмента 69.5
Формовать . 301.5
Формовочная машина 300.1
Формовка въ ручную 301.2
- зубчатыхъ колесъ 311.5
- - - при помощи вытяжныхъ колецъ 312.6
- машинная . 301.3
- при помощи модельныхъ досокъ 301.4
- ручная . . 301.2
- шестеренъ . 311.5
Фреза 199.7
- быстро-рѣжущая 4007
- винтовая . 202.5
- внутренняя 204.1
- дисковая . 203.1
- - коническая 203.2
- для выбиранія уголковъ 400.2
- - дерева . . 399.5
- зубчатыхъ колесъ 202.3

Фреза для коническаго разсверливанія отверстій 167.2
- - нарѣзанія желобковъ 400.6
- - - зубчатыхъ реекъ 202.4
- - прорѣзки узкихъ пазовъ 203.5
- - шарошенія плоскостей 201.3
- зенковочная 201.2
- карнизная . 400.5
- комбинированная 205.1
- коническая 201.1
- концевая . 201.6
- круглая для полукруглыхъ шпоночныхъ канавокъ 203.7
- лобовая . . 200.5
- обыкновенная 204.7
- пазовая . . 400.3
- планочная . 399.6
- радіальная . 200.4
- развертка . 203.4
- со вставными зубьями 204.3
- - спиральной заточкой зубьевъ 200.2
- съ косыми спирально заточенными зубьями постояннаго профиля 200.3
Фреза съ подвижными рѣзцами 401.1
- - продороженными рѣжущими кромками 200.1
- угловая . . 203.6
- фасонная . 202.1 399.7
- - для спиральныхъ сверлъ 204.1
- фуговальная 400.1
- шаровая . . 202.2
- шпунтовая . 400.4
Фрезерная работа 184.6
Фрезерный зубъ 204.5
- станокъ см. станокъ фрезерный
- шпиндель см. шпиндель фрезерный
Фрезерованіе 185.2
- боковыхъ поверхностей зубьевъ 186.4
- колеснаго обода по кругу 451.2
- плоскостей 185.6
- по разверткѣ 202.6
- продольное 185.7
- шпоночныхъ канавокъ 185.9
Фрезеровать . 185.1
- зубчатыя колеса 186.3
- плоскость . 185.5
- по шаблону 187.1
- цилиндрическія поверхности 186.1
- шпоночныя дорожки 185.8
Фрезеровка подговительная первая впадинъ зубьевъ 186.5
Фрезеровочная мастерская 185.3
Фрезеръ 199.7, 399.5
- быстро-рѣжущій 400.7
- для нарѣзанія желобковъ 400.6
- пазовый . . 400.3
- планочный 399.6
- радіальный 200.4
- съ подвижными рѣзцами 401.1
- - поперечными канавками на рѣжущихъ кромкахъ 200.1
- - постояннымъ профилемъ зубьевъ 200.2
Фрезеръ съ прямыми цилиндрическими желобками 201.4
- фасонный . 399.7
- фуговальный 400.1
- цилиндрическій съ витыми желобками 201.5
- шиповальный 424.2
- шпунтовый 400.4
Фрикціонная муфта 21.5, 93.8
Фрикціонная передача см. передача фрикціонная
Фрикціонное колесо 157.4
Фрикціонный дискъ 157.4
Фрикціонъ . 41.5
Фуговальный станокъ 394.2
- - для клепокъ 441.3
Фугованіе досокъ 395.2
Фуговать . . 395.4
Фундаментная плита 139.3
Фундаментъ подъ станиной 258.5
- рамы . . . 327.7

Х.

Хворостъ 368.5, 483.8
Хвостовой молотъ 245.7
Хвостъ валка 293.9
- ножа . . . 390.4
Ходовой валикъ 108.6
Ходъ ножа у ножницъ 241.8
- обратный . 12.1
- - телѣжки . 341.6 341.6
- - ускоренный 12.2
- - ускорить . 12.3
- подачи . . . 95.5
- - прямолинейный 95.6
Ходъ поперечный рабочаго стола 47.6
- правильный шлифовальнаго круга 225.8
- продольный 101.7
- - рабочаго стола 47.5
- пуансона . 244.3
- рабочій . 7.1, 70.6
- рѣзцовой призмы 48.7
- смоляной . 477.1
- спокойный точильнаго круга 225.3
- стола . . . 189.11
Ходъ холостой 70.7
- - стола . . 11.8
Холостой шкивъ 18.1, 83.7
Холстъ наждачный 223.2
Хомутикъ 93.4, 113.2
- полировальный съ ручкой 227.2
- спеціальный 220.6
Хомутообразный поставъ 321.3
Хомутъ вращающійся 206.5
- зажимной 197.5 276.1, 329.2
Хомутъ молотовища 246.7
- поворотный 206.5
- упорный . . 107.9
Храповая цѣпь 96.4
Храповикъ 23.2, 96.2 106.2, 338.8, 339.7
Храповичный механизмъ 51.8
Храповой механизмъ подачи, помѣщенный въ закрытой коробкѣ 23.6
Хребетъ морозобоиный 491.4
Хромистая сталь 85.2

Ц.

Цапфа гребенчатая 294.5
- задняя . . . 79.8
- коническая 77.9 151.3
-, на которую надѣвается эксцентрикъ 48.1
- ножевого вала 391.3
- переставная 50.3
- - кривошипа 48.6
- стола . . . 141.2
- упорная . . 79.2
- фрезера . . 205.5
- цилиндрическая 78.2
- шарошки . 205.5
- эксцентриковая 235.2
Цементная сталь 34.6
Центрировать обрабатываемый предметъ 70.10
Центрировка 71.1
Центробѣжный пылесосъ 319.4
Центровая церка 166.7
Центровочный станокъ 167.5
Центръ . . . 419.7
- вращающійся 111.6
- задней бабки 117.2.3, 421.2
- задній . . . 197.6
- неподвижный 111.5
- подвижной бабки 421.2
- упорный . . 197.6
Центры передвижные 111.7
- подвижные 111.7
-, сдвинутые одинъ относительно другого 112.2
Центры смѣщенные одинъ относительно другого 112.2
Цилиндро-сверлильный вертикальный станокъ 186.2
- - горизонтальный станокъ 186.3
- - переносный станокъ 187.1
- - станокъ . 186.1
- - - съ вертикально перемѣщающейся шпиндельной бабкой 186.4.5
- - станокъ съ вращающимся суппортомъ 187.2
Цилиндро шлифовальный станокъ 210.4
Цилиндръ . . 182.7
- воздушнаго насоса 254.2
- инструмента 256.6
- компрессора 254.2
- шаровой . . 250.7
- передвижной фрикціонный 90.6
- пресса . . . 310.2
-, служащій бабой молота 254.4
Цѣпной роликъ 339.2
Цѣпь передаточная 96.4
- съ противовѣсомъ 161.2
- фрезерная . 399.4
- храповая . . 96.1

Ч.

Часть безполезная пути стола 18.2
- нижняя суппорта 64.8, 100.8
- опорная поворотной поперечины 142.4
- отводящаяся поворотомъ на кулакѣ 19.8
- поворотная . 25.1
Чашечка для масла 145.10
Чашечный патронъ 114.3
Чашка . 224.2, 243.9
Чека закрѣпная 106.7
Чека нажимная 330.9
Чеканенный шовъ 287.2
Чеканить заклепку 286.9
Чеканка . . . 287.5
- въ ручную . 287.4
- пневматическая 287.6
- ручная . . 287.4
Чеканочный прессъ 264.6
Червякъ 10.4, 90.1
- для подъема 141.3
- - установки 141.3
- откидывающійся 163.3
- падающій . 193.4
Червячная передача 89.7, 156.7
Червячное колесо 90.2, 156.8
Черемуха . . 502.3
Черешня . . 502.1
Черновой рѣзецъ съ прямымъ лезвіемъ 124.1
Черноклёнъ . 501.3
Четвертина . 480.6
Четырехзубая вилка 419.9
Четырехгранныя направляющія 67.3
Чехолъ зубчатаго колеса 86.4
Чехолъ предохранительный 226.4
Чинаръ . . . 501.7
Число оборотовъ 80.5
- отверстій . 239.7
- передаточное 80.9
- ходовъ рѣзцовой призмы 52.7
Чистильный станокъ 379.1
Чистить отливку 315.8
Чистовой рѣзецъ 124.4
Чувствительный рычагъ для провѣрки центровъ 74.3

Ш.

Шаблонодержатель 312.1
-, свободно передвигающійся во всѣ стороны 312.3
Шаблонъ . . 146.2
Шаблонъ впадинъ зубчатаго колеса 312.2
- направляющій 96.8
- овальный . 97.4
Шаботъ . . . 261.1
Шаботъ составной 261.2
Шагъ зубьевъ фрезера 199.8
- пилы . . . 347.6
- шипового соединенія 426.1
Шайба . . . 419.6
- для укрѣпленія обрабатываемаго предмета 115.4
- поводковаго патрона 112.6

Шайба съ канавками 110.2
- удерживающая 51.5
- шлифовальная 224.1
Шариковый подшипникъ 161.1
Шарнирно укрѣпленная доска 87.3
Шарнирный валъ 191.1
Шарниръ Гука 158.2
- гуковъ . . . 191.2
- Кардана . . 158.2
- поперечины 142.1
- универсальный 158.2
- - Кардана . 91.7
- шаровой . . 191.2
Шарообразная пила 373.2
Шарошеніе . 185.2
- боковыхъ поверхностей зубьевъ 186.4
- по кругу . 199.5
- шпоночныхъ дорожекъ 185.9
Шарошечно-копировальный станокъ для фрезерованія кривыхъ поверхностей по шаблону 179.3
Шарошечный главный шпиндель 195.2
Шарошить . 185.1
- зубчатыя колеса 186.3
- канавки . . 185.8
- пазы 185.8
- плоскость . 185.5
- по шаблону 187.1
Шарошка . . 199.7 399.5
- быстро-рѣжущая 400.7
- внутренняя 204.1
- вставная . . 205.1
- для канавокъ метчиковъ и развертокъ 203.7
- - - спиральныхъ сверлъ 204.1
- - нарѣзанія желобковъ 400.6
- - - зубчатыхъ реекъ 202.4
Шарошка для прорѣзки узкихъ канавокъ 203.5
- - развертыванія дыръ 203.4
- - фрезерованія плоскостей 201.3
- дисковая . . 203.1
- - коническая 203.2
- зуборѣзная 202.3
- карнизная . 400.5
- концевая . 201.6
- ординарная 204.7
- осевая со спиральными зубьями 201.5
- планочная . 399.6
- со вставными зубьями 204.3
- - спиральными зубьями 201.7
- съ зубьями съ задней заточкой 200.3
- - - съ косой задней задочкой 200.3
- - назубренными рѣжущими кромками 200.1
- - подвижными рѣзцами 401.1
- угловая . . 203.6
- фасонная . 202.1 399.7
- фуговальная 400.1
- червячная . 202.5
- шаровая . . 202.2
- шпоночная цилиндрическая 203.3
- шпунтовая 400.4
Шарфкантный 481.9
Шатунчикъ подачи 43.3
Шатунъ . 25.6, 50.2 236.4, 355.5, 408.1
- лѣсопильной рамы 337.4
- пильнаго станка 327.4
Шашка . . . 329.3
- деревянная 329.4
- стальная . . 329.5
Шейка гребенчатая 294.5
- задняя . . . 79.8
- коническая 77.9
- цилиндрическая 78.2
Шелковица . 499.8
Шелушильный станокъ 452.2
Шепингъ 88.4, 45.3
- двойной . . 88.5
- для продольной. поперечной и круговой строжки 88.6
- -машина . . 88.3
- универсальный 88.7
Шерсть древесная 377.1, 484.5
Шестерня . . 9.8
- двойная . . 10.2
- отводимая . 104.6
- передвижная 104.4
- сдвоенная . 10.2
Шестъ . . . 482.9
Шиповальный фрезеръ 424.2
Шипорѣзный станокъ 401.3, 419.6
Шипъ . 363.7, 402.2 425.7
- въ видѣ ласточки хвоста 426.6
- загонять въ гнѣздо 402.1
- косой . . . 426.5
Шипы глухіе 426.8
- крытые . . 426.8
- нарѣзать . 401.7 425.6
- потайные . 426.8
- сквозные . 426.7
Ширина полотенца 345.6
- пропила . . 332.7
- рабочая строгальнаго станка 382.8
- стола . . . 5.6
- строганія . 7.6
- стружки 7.6, 70.3
- шипа . . . 426.3
Шишка . . . 309.3
- для полыхъ тѣлъ 309.2
Шкала . . . 152.4
Шкафъ сушильный 454.2
Шкивъ . . . 23.6
- ведущій . . 156.4
- деревянный для ременной передачи 435.3
- для клинового ремня 91.5
- - круглаго ремня 81.3
- - ремня . . 156.3
- - шнуровогo ремня 81.3
- коренной . 17.7
Шкивъ ленточной пилы 357.7
- многоступенчатый 83.1, 154.6
- направляющій 156.5, 207.7
- натяжной . 207.8
- опорный . . 487.1
- передаточный ступенчатый 82.8
- пильный . . 357.7
- приводный ступенчатый 189.5
- рабочій . 17.7, 83.8
- ступенчатый 48.3 82.7, 154.4
- - механизма для подачи 154.5
- съ канавками для круглыхъ ремней 84.7
- - - - для шнуровыхъ ремней 84.8
- съ нѣсколькими ступенями 83.1
- - тангентными спицами 358.1
- холостой 18.1, 83.7
Шкивы ступенчатые съ зубчатымъ переборомъ 85.7
Шкурка 226.6, 405.3
Шлакъ . . . 277.7
- корундовый 277.8
Шлангъ . . . 318.3
Шлемъ, предохраняющій отъ пыли 318.6
Шлифовальный кругъ 223.11
Шлифовальня 217.5
Шлифованіе плоскихъ поверхностей 214.5
- цилиндрическихъ отверстій 214.7
Шлифовать . 212.2 405.1
Шлифовка дерева 405.2
- машинная . 217.6
- плоскостей . 214.5
- точная . . . 216.3
- тѣлъ вращенія 214.7
Шлифовщикъ 217.4
Шлихтовальный ножъ 387.4

Шнуровая передача вращенія къ сверлильному шпинделю 156.6
Шовъ заклепочный 285.3
- - въ напускъ 285.6
- - - нахлестку 285.6
- - съ накладкой 285.8
- подчеканенный 287.2
- сварной . . 270.8
- сварочный . 270.8
- чеканенный 287.2
Шпатъ алмазный 232.4
Шпилька винтовая 282.8
- закрѣпляющая 85.6
Шпиндель внѣшній 219.3
- выдвижной 191.6
- для подъема 182.8
- дѣлительной бабки 198.7
- направляющій 179.5
- наружный . 219.3
- ножевой . . 391.2
- передвижной шарошечный 195.4
- планетный . 219.1
- поворотнаго диска 25.2
- полый 172.4, 219.2
- поперечнаго хода 110.4
Шпиндель-промежуточный 189.4
- пустотѣлый 219.2
- - съ нарѣзкой 117.7
- рабочій . . 195.1
-, расположеніе его въ подшипникахъ при двухъ точильныхъ камняхъ 218.6
- - - - - шлифовальнаго станка 218.2
- сверлильный 149.3, 410.2
- - перемѣщающійся 151.6
- -, - по рукаву 153.1
- - съ винтовой подачей 161.3
- - - зубчатой рейкой 160.5
- - зубчатой муфтой 93.2
- - конической и цилиндрической цапфами 79.4
- - - - - шейками 79.4
- телескопическій 183.3
- токарнаго станка 77.1
- фрезерной бабки 195.1
- фрезерный главный 195.2
- шарошечный 195.1
- - вспомогательный 195.3
Шпиндель шлифовальнаго камня 217.9
-, эксцентрично просверленный 218.8
Шпиндельная бабка 154.1
Шпонка . . . 49.6
- направляющая 150.5
- передвижная 164.7
- пружинная 158.7
Шпоночная цилиндрическая фреза 203.3
Шпоночно-фрезерный станокъ 177.3
Шпоночныя канавки долбить 47.4
Шпунтованіе досокъ 396.1
Шпунтовать 396.2
Шпунтовый брусъ 396.3
Шпунтъ . . 396.3.4
- квадратный 396.5
- треугольный 396.6
Штабель . 482.11
- досокъ . . 482.11
Штампа подвижная клепальнаго станка 278.1
Штамповальный прессъ 298.2
Штампованіе зубцовъ 351.1
- впадинъ зубцовъ 351.3
Штамповать 239.2 264.1, 351.2, 489.3
Штамповать зубцы изношеннаго полотенца 350.8
Штамповка кромокъ у толстыхъ листовъ 298.7
Штамповочный прессъ 264.6
Штампъ верхній 264.2
- для колки дерева 480.3
- - пилъ . . . 351.4
- дровокольный 480.3
- нижній . . 264.3
Штанга для перевода ремней 18.6
- направляющая 355.6
Штемпель . . 242.2
- съ волнистой рабочей поверхностью 242.7
- - выпуклой рабочей поверхностью 242.6
Штифтъ . . 106.6
- автоматически сцѣпляющій 155.1
- копировальный 97.1
- приподнимающій 304.8
- указателя . 189.9
Штокъ золотника 252.2
- направляющій 355.6
- поршня . . 251.4
Штольный лѣсъ 480.7
Шумъ 75.10

Щ.

Щека разводныхъ щипцовъ 350.4
- сопла . . . 316.5
Щеки зажимныя 341.1
Щеки расцѣпляющейся гайки 163.1
Щепа 483.9
Щепальный станокъ 452.2
Щетка . 220.4, 387.9
Щетка чистильная 387.9
Щипцы разводные 350.1
Щитокъ . . . 88.8
Щитъ для стружекъ 386.2
Щитъ поворотный 18.5
- предохранительный 473.4
- - надъ строгальнымъ ножомъ 473.7

Э.

Эвкалиптъ красный 504.1
- разноцвѣтный 504.5
- сахаристый 504.3
- синій . . 503.10
Эксгаусторъ . 218.6 470.1
- двойной . . 470.2
- центробѣжный 319.4
Эксцентриковый дискъ 43.2
Эксцентрикъ 235.1
- механизма подачи 42.6
Эксцентрикъ натяжной для пилъ 381.4
Элеваторъ для песка 316.7

Я.

Яблонь дикая 502.6
Яблоня дикая 502.6
Яворъ 501.1
Ядро 475.6
Ядровая древесина 475.6
Якарандовое дерево 505.1
Ялина 495.8
Ямный строгальный станокъ 2.2
Ясень китайскій 500.9
- обыкновенный 505.4
Ящикъ для песка 816.8
- - шлаковъ . 277.3
- плавильный 456.7
- прессовальный 877.5
Ящикъ со встряской для укладки спичечной соломы 454.8
- съ отдѣленіями 454.9
- - рѣшеткой 454.9

www.ingramcontent.com/pod-product-compliance
Lightning Source LLC
La Vergne TN
LVHW092113300926
849161LV00002B/123